일반기계공학
문제 해설
총정리

허원회 편저

일진사

머리말

　기계일반은 기계직 관련 공무원, 군무원 및 공기업 시험의 필수 과목으로 기계에 관한 심도 있는 전문 지식보다는 기계 전반에 대한 이해도를 평가하는 과목이다. 따라서 수험생들이 학습해야 할 내용이 매우 광범위하고 방대하기 때문에 시험 준비를 하는 과정에서 막대한 어려움을 느끼게 된다. 이처럼 많은 양의 다양한 이론들을 단기간에 효율적으로 습득하기 위해서는 무작정 개념을 외우고 문제를 풀기보다는 최근 출제 경향을 파악하여 전략적으로 공부하는 것이 중요하다.

　이 책은 기계직 관련 공무원, 군무원, 공기업 시험을 준비하는 수험생들의 실력 배양 및 합격에 도움이 되고자 다음과 같은 특징으로 구성하였다.

첫째, 핵심 이론을 6편(재료역학/기계열역학/기계유체역학/기계재료 및 유압기기/기계제작법 및 기계동력학/기계설계)으로 분류하여 이해하기 쉽도록 일목요연하게 정리하였다.

둘째, 지금까지 출제된 과년도 문제를 면밀히 검토하여 적중률 높은 출제 예상 문제를 실었으며, 각 문제마다 상세한 해설을 곁들여 이해를 도왔다.

셋째, 부록에는 최근에 시행된 기출 문제를 철저히 분석하여 반영한 실전 모의고사를 수록하여 줌으로써 실제 시험에 완벽하게 대비할 수 있도록 하였다.

　끝으로 이 책으로 공부하는 모든 수험생 여러분께 합격의 영광이 함께 하길 바라며, 내용상 미흡한 부분이나 오류가 있다면 앞으로 독자들의 충고와 지적을 수렴하여 더 좋은 책이 될 수 있도록 수정 보완할 것을 약속드린다. 또한 이 책이 나오기까지 여러모로 도와주신 모든 분들과 도서 출판 **일진사** 직원 여러분께 깊은 감사를 드린다.

저자 씀

차 례

제1편 ··· 재료역학

제 2 편 ••• 기계열역학

▶ 제**3**편 ••• 기계유체역학

┌ 부 록 ••• 실전 모의고사

PART 01

재료역학

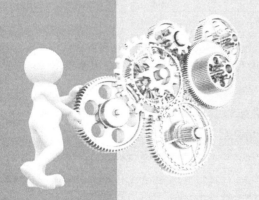

제**1**장 응력과 변형률

1. 하중과 응력

1-1 하중(load)

물체가 외부로부터 힘을 받았을 때 그 힘을 외력(external force)이라 하고, 재료에 가해진 외력을 하중이라 하며, 단위는 N(kN) 이다.

(1) 하중이 작용하는 방법에 따른 분류

① 인장 하중(tensile load) : 재료를 축방향으로 잡아당겨 늘어나도록 작용하는 하중
② 압축 하중(compressive load) : 재료를 축방향으로 눌러 수축하도록 작용하는 하중
③ 굽힘 하중(bending load) : 재료를 구부려 꺾으려고 하는 하중
④ 비틀림 하중(twisting load) : 재료를 원주방향으로 비틀어 작용하는 하중
⑤ 전단 하중(shearing load) : 재료를 세로방향으로 전단하도록 작용하는 하중
⑥ 좌굴 하중(buckling load) : 단면에 비해 길이가 긴 봉(기둥)에 작용하는 압축 하중

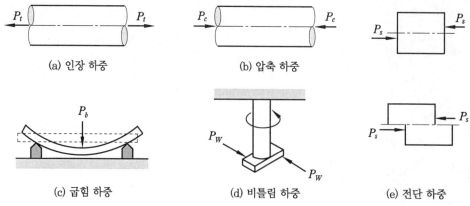

(a) 인장 하중 (b) 압축 하중 (c) 굽힘 하중 (d) 비틀림 하중 (e) 전단 하중

작용하는 상태에 따른 하중의 분류

(2) 하중이 걸리는 속도에 따른 분류

① 정하중(static load) : 정지상태에서 힘이 가해져 변화하지 않는 하중 또는 무시할 정
도로 아주 서서히 변화하는 하중으로, 특히 자중(自重)에 의한 것으로 크기와 방향이
일정한 하중을 사하중(dead load)이라 한다.

② 동하중(dynamic load) : 하중의 크기와 방향이 시간과 더불어 변화하는 하중으로 활하중
(live load)이라고도 한다. 동하중에는 주기적으로 반복하여 작용하는 반복하중
(repeated load)과 하중의 크기와 방향이 변화하고 인장력과 압축력이 상호 연속적으
로 거듭하는 교번 하중(alternate load), 비교적 짧은 시간에 급격히 작용하는 충격
하중(impulsive load) 등이 있다.

(3) 하중의 분포 상태에 따른 분류

① 집중 하중(concentrated load) : 재료의 어느 한 곳에 집중적으로 작용하고 있다고 하
는 하중

② 분포 하중(distributed load) : 재료의 어느 범위 내에 분포되어 작용하고 있는 하중으
로 균일 분포 하중과 불균일 분포 하중으로 구분된다.

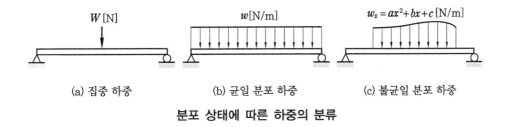

(a) 집중 하중   (b) 균일 분포 하중   (c) 불균일 분포 하중

분포 상태에 따른 하중의 분류

1-2 응력(stress)

물체에 외력이 가해지면 변형이 일어나는 동시에 저항하는 힘이 생겨 외력과 균형을 이루
는데, 이 저항력을 내력(internal force)이라 하며, 단위 면적당 내력의 크기를 응력이라 한
다. 응력의 단위는 중력(공학) 단위로는 kgf/cm^2, SI 단위로는 $Pa(N/m^2)$, kPa, MPa, GPa
이 있다.

(1) 수직응력(normal stress) σ

물체에 작용하는 응력이 단면에 직각방향으로 작용하는 응력으로 법선응력 또는 축력이
라고도 하며, 인장하중에 의한 인장응력(σ_t)과 압축하중에 의한 압축응력(σ_c)이 있다.

① 인장응력$(\sigma_t) = \dfrac{P_t}{A} [\text{Pa(N/m}^2)]$ ·································· (1-1)

② 압축응력$(\sigma_c) = \dfrac{P_c}{A} [\text{Pa(N/m}^2)]$ ·································· (1-2)

　　여기서, P_t : 인장 하중(N), P_c : 압축 하중(N), A : 단면적(m^2)

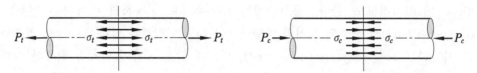

인장응력과 압축응력

(2) 전단응력(shearing stress) τ

　　물체를 물체의 단면에 평행하게 전단하려고 하는 방향으로 작용하는 전단력에 대해 평행하게 발생하는 응력으로 접선응력(tangential stress)이라고도 한다.

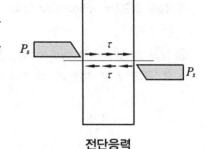

　　　　전단응력 $\tau = \dfrac{P_s}{A} [\text{Pa(N/m}^2)]$ ··············· (1-3)

　　여기서, P_s : 전단 하중(N), A : 전단면적(m^2)

전단응력

[예제] **1. 인장 강도(tensile strength)를 설명한 것으로 옳은 것은?**
　① 인장 시험의 최대 하중을 최초의 단면적으로 나눈 값
　② 인장 시험의 최대 하중을 최후의 단면적으로 나눈 값
　③ 인장 시험의 항복점 하중을 최초의 단면적으로 나눈 값
　④ 인장 시험의 항복점 하중을 최후의 단면적으로 나눈 값

[해설] 인장 시험의 최대 하중을 최초의 단면적으로 나눈 값이 인장 강도(tensile strength)
　　이다.
$$\sigma_u = \sigma_{max} = \frac{P_{max}}{A_0} [\text{kPa}]$$

[정답] ①

[예제] **2. 지름 10 mm의 균일한 원형 단면 막대기에 길이 방향으로 7850 N의 인장 하중이 걸리고 있다. 하중이 전단면에 고루 걸린다고 보면 하중 방향에 수직인 단면에 생기는 응력은?**
　① 785 MPa　　　　　　　　　　② 78.5 MPa
　③ 100 MPa　　　　　　　　　　④ 1000 MPa

[해설] $\sigma = \dfrac{P}{A} = \dfrac{4P}{\pi d^2} = \dfrac{4 \times 7850}{\pi \times 10^2} = 100 \text{ MPa}$

[정답] ③

2. 변형률과 탄성계수

2-1 **변형률(strain)**

물체에 외력을 가하면 내부에 응력이 발생하며 형태와 크기가 변화한다. 그 변형량을 원래의 치수로 나눈 것, 즉 원래 물체의 단위 길이당의 변형량을 변형률(변형도)이라 한다.

(1) 세로 변형률(longitudinal strain) ε

① 인장 변형률 : $(\varepsilon_t) = \dfrac{l'-l}{l} = \dfrac{\lambda}{l}(\lambda : 신장량)$

② 압축 변형률 : $(\varepsilon_c) = \dfrac{l'-l}{l} = \dfrac{-\lambda}{l}(-\lambda : 수축량)$ .... (1-4)

　　여기서, l : 재료의 원래 길이, l' : 변화 후 길이

(2) 가로 변형률(lateral strain) ε'

$$\varepsilon' = \frac{d'-d}{d} = \pm\frac{\delta}{d}$$ .... (1-5)

　　여기서, δ : 지름의 변화량 (+ : 압축, − : 인장)

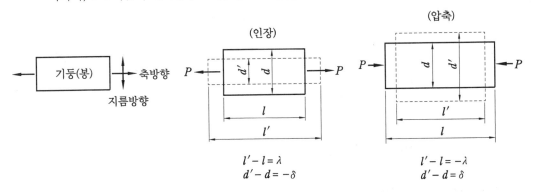

세로 및 가로 변형률

(3) 전단 변형률(shearing strain) γ

$$\gamma = \frac{\lambda_s}{l} = \tan\phi \fallingdotseq \phi\,[\mathrm{rad}]$$ .... (1-6)

　　여기서, λ_s : 전단 변형량, ϕ : 전단각(radian)

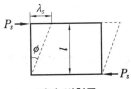

전단 변형률

(4) 체적 변형률(volumetric strain) ε_v

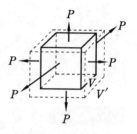

(인장 시) 체적 변화

$$\varepsilon_v = \frac{V'-V}{V} = \frac{\Delta V}{V} \quad \text{.....................} (1-7)$$

단, 등방성(정육면체)인 재료의 경우

$$\varepsilon_v = \varepsilon_x + \varepsilon_y + \varepsilon_z = 3\varepsilon$$

예제 3. 길이가 50 mm인 원형 단면의 철강 재료를 인장하였더니 길이가 54 mm로 신장되었다. 이 재료의 변형률은?

① 0.4   ② 0.8

③ 0.08   ④ 1.08

해설 $\varepsilon = \dfrac{l'-l}{l} = \dfrac{54-50}{50} = \dfrac{4}{50} = 0.08$ **정답** ③

예제 4. 그림과 같은 두 개의 판재가 볼트로 체결된 채 500 N의 전단력을 받고 있다. 볼트의 중간 단면에 작용하는 평균 전단응력은?(단, 볼트의 지름은 1 cm이다.)

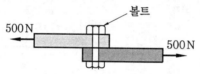

① 5.25 MPa   ② 6.37 MPa

③ 7.43 MPa   ④ 8.76 MPa

해설 $\tau = \dfrac{P_s}{A} = \dfrac{P_s}{\frac{\pi d^2}{4}} = \dfrac{4P_s}{\pi d^2} = \dfrac{4 \times 500}{\pi \times 10^2} = 6.37\,\text{MPa}$ **정답** ②

2-2   훅(Hooke)의 법칙

(1) 훅의 법칙(정비례 법칙)

$$\sigma = E\varepsilon, \quad E = \frac{\sigma}{\varepsilon} \left[\text{정수}(E) = \frac{\text{응력}(\sigma)}{\text{변형률}(\varepsilon)} \right] \quad \text{.....................} (1-8)$$

(2) 세로 탄성계수(종탄성계수) E

$$E = \frac{\sigma}{\varepsilon} = \frac{P/A}{\lambda/l} = \frac{Pl}{A\lambda} \text{ 에서,}$$

$$\therefore \ 변형량(\lambda) = \frac{Pl}{AE} = \frac{\sigma l}{E} \quad\text{(1-9)}$$

여기서, P : 인장 또는 압축 하중, A : 단면적, σ : 응력

E는 종탄성계수이며 연강인 경우 $E = 205.8\,\text{GPa}$이다.

(3) 가로 탄성계수(횡탄성계수) G

$$\tau = G\gamma \left(G = \frac{\tau}{\gamma}, \ \ \tau = \frac{P_s}{A}, \ \ \gamma = \frac{\lambda_s}{l} \right)$$

여기서, G는 가로(전단) 탄성계수이며, 연강인 경우 $G = 79.38\,\text{GPa}$이다.

$$G = \frac{\tau}{\gamma} = \frac{P_s/A}{\lambda_s/l} = \frac{P_s l}{A\lambda_s} \ \text{에서},$$

$$\therefore \ 전단변형량(\lambda_s) = \frac{P_s l}{AG} = \frac{\tau l}{G} \left(\phi = \frac{P_s}{AG}, \ \ P_s = AG\gamma \right) \quad\text{(1-10)}$$

(4) 체적 탄성계수 K

$$\sigma = K\varepsilon_v \left(K = \frac{\sigma}{\varepsilon_v}, \ \ \sigma = \frac{P}{A}, \ \ \varepsilon_v = \frac{\Delta V}{V} \right) \quad\text{(1-11)}$$

여기서, K는 체적 탄성계수

$$K = \frac{\sigma}{\varepsilon_v} = \frac{P/A}{\Delta V/V} = \frac{PV}{A\Delta V}\,[\text{GPa}] \quad\text{(1-12)}$$

입방체(육면체)가 한 변의 길이가 l인 정육면체라면,

$$\varepsilon_v = \frac{V'-V}{V} = \frac{(l\pm\lambda)^3 - l^3}{l^3} = \pm 3\left(\frac{\lambda}{l}\right) + 3\left(\frac{\lambda}{l}\right)^2 \pm \left(\frac{\lambda}{l}\right)^3 \quad\text{(1-13)}$$

에서 $3\left(\dfrac{\lambda}{l}\right)^2$과 $\left(\dfrac{\lambda}{l}\right)^3$은 무시할 수 있으므로 $\varepsilon_v = \pm 3\left(\dfrac{\lambda}{l}\right) = \pm 3\varepsilon$ 이 된다.

예제 5. 길이가 150 mm, 바깥지름이 15 mm, 안지름이 12 mm인 중공축의 구리봉이 있다. 인장 하중 19.6 kN이 작용하면 몇 mm 늘어나겠는가? (단, 구리의 세로 탄성계수 $E = 122.5\,\text{GPa}$이다.)

① 0.28 ② 0.38 ③ 0.48 ④ 0.58

해설 세로 탄성계수 $(E) = \dfrac{\sigma}{\varepsilon} = \dfrac{P/A}{\lambda/l} = \dfrac{Pl}{A\lambda}$ 에서,

$$\lambda = \frac{Pl}{AE} = \frac{19.6 \times 10^3 \times 150}{\dfrac{\pi}{4}(15^2 - 12^2) \times 122.5 \times 10^3} = 0.38\,\text{mm}$$

여기서, $E = 122.5\,\text{GPa} = 122.5 \times 10^3\,\text{MPa}(\text{N/mm}^2)$

정답 ②

예제 6. 지름이 20 mm인 연강봉에 24.5 kN의 전단력이 작용하고 있다. 가로 탄성계수를 79.4 GPa로 한다면 전단 변형률은 얼마인가?

① 7.85×10^{-4} ② 8.83×10^{-4}

③ 9.83×10^{-4} ④ 10.83×10^{-4}

해설 가로 탄성계수$(G) = \dfrac{\tau}{\gamma} = \dfrac{P_s/A}{\gamma} = \dfrac{P_s}{A\gamma}$ 에서,

$$\gamma = \frac{P_s}{AG} = \frac{P_s}{\frac{\pi}{4}d^2 G} = \frac{24.5 \times 10^3}{\frac{\pi \times 20^2}{4} \times 79.4 \times 10^3} = 9.83 \times 10^{-4}$$

여기서, $G = 79.4\,\mathrm{GPa} = 79.4 \times 10^3\,\mathrm{MPa(N/mm^2)}$

정답 ③

2-3   푸아송의 비(Poisson's ratio)

(1) 푸아송의 비

가로 변형률(ε')과 세로 변형률(ε)의 비를 푸아송의 비라 하고, μ 또는 $\dfrac{1}{m}$로 표시한다.

특히 m을 푸아송의 수라 하며, 푸아송의 비는 어느 경우라도 $\mu \leq \dfrac{1}{2}$이다.

$$\mu\left(= \frac{1}{m}\right) = \frac{\varepsilon'}{\varepsilon} = \frac{\delta/d}{\lambda/l} = \frac{\delta l}{d\lambda}$$

또, $\mu\left(= \dfrac{1}{m}\right) = \dfrac{\varepsilon'}{\varepsilon} = \dfrac{\delta/d}{\sigma/E} = \dfrac{\delta E}{d\sigma}$ 에서,

$$\therefore \ \text{변형량}(\delta) = d' - d = \frac{d\sigma}{mE} = \frac{\mu d\sigma}{E} \ \cdots\cdots (1-14)$$

(2) 탄성계수 $(E,\ G,\ K,\ m)$ 사이의 관계

$$E = 2G\left(1 + \frac{1}{m}\right) = 3K\frac{m-2}{m}$$

$$G = \frac{mE}{2(m+1)} = \frac{3K(m-2)}{2(m+1)} \qquad \mu\left(= \frac{1}{m}\right) \leq \frac{1}{2} \ \cdots\cdots (1-15)$$

$$K = \frac{GE}{9G - 3E} \qquad\qquad\qquad E \geq 2G$$

$$m = \frac{2G}{E - 2G} = \frac{6K}{3K - E} = \frac{6K + 2G}{3K - 2G}$$

예제 7. 두께 2.1 mm, 폭 20 mm의 강재에 4.2 kN의 인장력이 작용한다. 폭의 수축량은 몇 mm 인가? (단, 푸아송 비는 0.30이고, 탄성계수 E = 210 GPa이다.)

① 2.857×10^{-6}

② 2.857×10^{-3}

③ 3.0×10^{-4}

④ 3.45×10^{-3}

해설 $\mu = \dfrac{\varepsilon'}{\varepsilon} = \dfrac{\dfrac{\delta}{b}}{\dfrac{\sigma}{E}} = \dfrac{\delta E}{b\sigma}$

$\delta = \dfrac{\mu b \sigma}{E} = \dfrac{\mu b P}{E(bt)} = \dfrac{0.3 \times 4.2 \times 10^3}{210 \times 10^3 \times 2.1} = 2.857 \times 10^{-3}\ \text{mm}$

정답 ②

예제 8. 세로 탄성계수(E)가 200 GPa인 강의 전단 탄성계수(G)는? (단, 푸아송 비는 0.30이다.)

① 66.7 GPa

② 76.9 GPa

③ 100 GPa

④ 267 GPa

해설 $G = \dfrac{mE}{2(m+1)} = \dfrac{E}{2(1+\mu)} = \dfrac{200}{2(1+0.3)} = 76.9\ \text{GPa}$

정답 ②

예제 9. 지름이 22 mm인 막대에 25 kN의 전단 하중이 작용할 때 0.00075 rad의 전단 변형률이 생겼다. 이 재료의 전단 탄성계수는 몇 GPa인가?

① 87.7

② 114

③ 33

④ 29.3

해설 $\tau = G\gamma,\quad G = \dfrac{\tau}{\gamma} = \dfrac{P_s}{A\gamma} = \dfrac{4 \times 25000}{\pi \times 22^2 \times 0.00075} \times 10^{-3} = 87.7\ \text{GPa}$

정답 ①

3. 하중―변형 선도(load―deformation diagram)

연강(mild steel)의 시험편을 만능 재료시험기 양단에 고정하여 파괴될 때까지 인장시키면, 만능 시험기에 부착된 자동기록장치에 의하여 인장 하중과 신장량을 기록한 그림과 같은 하중―변형 선도가 얻어진다.

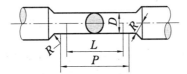

표점거리(L) : 50 mm
평행부의 길이(P) : 약 60 mm
지름(D) : 14 mm
국부의 반지름(R) : 15 mm 이상

인장 시험편의 보기

그림에서 하중을 0에서부터 서서히 증가시키면 시험편은 P점까지 하중에 비례하여 직선적으로 신장(늘어남)한다. 점 P를 지나 점 E까지는 하중을 제거하면 신장은 감소하는데, 이와 같이 "하중에 의해서 발생된 변형이 하중을 제거함으로써 원래의 재료로 되돌아가는 성질을 탄성(elasticity)"이라 한다. 다시 점 Y_1에서는 하중을 증가시키지 않아도 신장만 증가하여 점 Y_2에 도달하며, 점 M에서 최대 하중을 가질 수 있다. 그 후 시험편의 일부가 급격히 가늘게 되고 신장도 급속히 증가하여 점 Z에서 파괴된다.

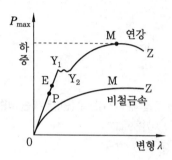

P : 비례한도 (proportional limit)
E : 탄성한도 (elastic limit)
Y_1 : 상항복점 (upper yield limit)
Y_2 : 하항복점 (lower yield limit)
M : 극한강도 (ultimate strength)
Z : 파괴강도 (rupture strength)

응력-변형률 선도

4. 응력집중과 안전율

4-1 안전율

(1) 허용응력(allowable stress) σ_a

기계나 구조물에 사용되는 재료의 최대 응력은 항상 탄성한도 이내이어야 재료에 가해진 외력을 제거하여도 영구변형(permanent deformation)이 생기지 않는다. 기계의 운전이나 구조물의 작용이 실제적으로 안전한 범위 내에서 작용하고 있을 때의 응력을 사용응력(σ_w : working stress)이라 하며, 재료를 사용하는 데 안전상 허용할 수 있는 최대 응력을 허용응력(σ_a : allowable stress)이라 한다. 이들의 관계는 탄성한도 > 허용응력 ≧ 사용응력이어야 한다.

예제 10. 허용응력(σ_a)의 범위는?

① 탄성한도 ≦ 허용응력 ≦ 극한강도　　② 사용응력 ≦ 허용응력 < 극한강도
③ 허용응력 < 사용응력 < 탄성한도　　④ 사용응력 < 극한강도 < 허용응력

해설 허용응력이란 재료를 사용함에 있어 안전상 허용할 수 있는 최대 응력을 말하며, 이는 극한강도(σ_u), 탄성한도, 항복응력보다 작아야 영구변형이 일어나지 않으므로, 반드시 $\sigma_w \leqq \sigma_a < \sigma_u$의 관계를 유지하여야 한다.　　**정답** ②

(2) 안전율(safety factor) S

① 안전율$(S) = \dfrac{\text{극한강도}(\sigma_u)}{\text{허용응력}(\sigma_a)}$ ································· (1-16)

② 사용상 안전율$(S_w) = \dfrac{\text{극한강도}(\sigma_u)}{\text{사용응력}(\sigma_w)}$ ················· (1-17)

③ 항복점의 안전율$(S_y) = \dfrac{\text{항복점의 강도}(\sigma_y)}{\text{허용응력}(\sigma_a)}$ ············· (1-18)

> **참고** 안전율이나 허용응력 결정 시 고려사항
> - 재질
> - 하중의 종류에 따른 응력의 성질
> - 하중과 응력 계산의 정확성
> - 공작 방법과 정밀도
> - 온도, 마멸, 부식, 사용 장소 등을 종합적으로 고려하여야 한다.

> **예제** 11. 허용 인장 강도 400 MPa의 연강봉에 30 kN의 축방향의 인장 하중이 가해질 경우 안전율을 5라 하면 강봉의 최소 지름은 몇 cm까지 가능한가?
> ① 2.69 ② 2.99 ③ 2.19 ④ 3.02

> **해설** $S = \dfrac{\sigma_{\max}}{\sigma_a}, \quad \sigma_a = \dfrac{\sigma_{\max}}{S} = \dfrac{400}{5} = 80 \text{ MPa}$
>
> $\sigma_a = \dfrac{P}{A} = \dfrac{4P}{\pi d^2} \quad \therefore d = \sqrt{\dfrac{4P}{\pi \sigma_a}} = \sqrt{\dfrac{4 \times 30 \times 10^3}{\pi \times 80}} \fallingdotseq 21.9 \text{ mm} = 2.19 \text{ cm}$ **정답** ③

4-2 응력집중(stress concentration)

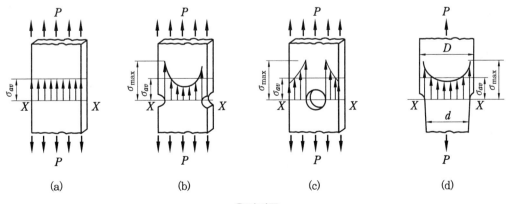

(a)   (b)   (c)   (d)

응력집중

균일 단면의 봉에 축하중이 작용할 때 응력은 하중의 끝으로부터 조금 떨어진 곳에서 단면 위에 균일하게 분포한다. 그러나 notch, hole, fillet, keyway, screw thread 등과 같이 단면적이 급격히 변하는 부품에 하중이 작용하면 그 단면에 나타나는 응력 분포 상태는 일반적으로 대단히 불규칙하게 되고 이 급변하는 부분에 국부적으로 큰 응력이 발생하게 된다. 이 큰 응력이 일어나는 상태를 응력집중이라 한다.

판의 폭 b, 두께 t인 균일 단면판에 인장 하중 P가 작용할 때,

$$\sigma = \frac{P}{A} = \frac{P}{bt}[\text{MPa}] \quad \cdots\cdots\cdots\cdots (1-19)$$

인 응력이 균일하게 분포한다.

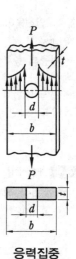

응력집중

그러나, 판에 지름 d인 원형 구멍을 뚫었다면, 이 구멍의 중심을 지나는 횡단면의 평균응력 σ_{av}는,

$$\sigma_{av} = \frac{P}{A} = \frac{P}{(b-d)t}[\text{MPa}] \quad \cdots\cdots\cdots\cdots (1-20)$$

여기서, 최대 집중응력($\sigma_{\max}$)과 평균응력(σ_{av})의 비를 α_k라 표시하고, 이를 형상계수(form factor) 또는 응력집중계수(factor of stress concentration)라 하며, α_k는 실험으로부터 구해진다.

$$\alpha_k = \frac{\sigma_{\max}}{\sigma_{av}}$$

$$\sigma_{av} = \frac{P}{A} = \frac{P}{(b-d)t} = \frac{\sigma_{\max}}{\alpha_k}[\text{MPa}] \quad \cdots\cdots\cdots\cdots (1-21)$$

예제 12. 어떤 노치(notch)에서 최대 응력 $\sigma_{\max} = 352\,\text{MPa}$이고, 평균응력 $\sigma_{av} = 176\,\text{MPa}$일 때 응력집중계수($\alpha_k$)의 값은 얼마인가?

① 1.5 ② 2

③ 3.5 ④ 4

해설 응력집중계수$(\alpha_k) = \dfrac{\text{최대 집중응력}(\sigma_{\max})}{\text{평균응력}(\sigma_{av})} = \dfrac{352}{176} = 2$ **정답** ②

출제 예상 문제

1. 다음 중 하중이 작용하는 방법에 의한 분류가 아닌 것은?

① 비틀림 하중　　② 집중 하중

③ 전단 하중　　　④ 굽힘 하중

해설 하중의 분류

(1) 하중이 작용하는 방법에 따라 : 인장 하중, 압축 하중, 전단 하중, 굽힘 하중, 비틀림 하중, 좌굴 하중

(2) 하중이 걸리는 속도에 따라

(개) 정하중 (사하중) : 점가 하중, 자중만에 의한 하중

(내) 동하중 : 반복 하중, 교번 하중, 충격 하중, 이동 하중

(3) 하중의 분포 상태에 따라 : 집중 하중, 분포 하중(균일 분포 하중, 불균일 분포 하중)

2. 다음 하중의 종류 중 성질이 다른 것은 어느 것인가?

① 정하중　　　　② 반복 하중

③ 충격 하중　　　④ 교번 하중

3. 하중의 크기와 방향이 음·양으로 반복하면서 변화하는 하중은?

① 충격 하중　　　② 정하중

③ 반복 하중　　　④ 교번 하중

해설 하중이 걸리는 속도에 따른 분류에서,

(1) 정하중 : 시간, 크기, 방향이 변화되지 않거나 변하되더라도 무시할 수 있는 하중

(2) 동하중

(개) 반복 하중 : 크기와 방향이 같고 되풀이하는 하중

(내) 교번 하중 : 하중의 크기와 방향이 음·양으로 반복·변화하는 하중

(대) 충격 하중 : 짧은 시간에 급격히 변화하는 하중

(래) 이동 하중 : 차량이 교량 위를 통과할 때처럼 하중이 이동하여 작용하는 하중

4. 다음 중 훅의 법칙(Hooke's law)을 옳게 설명한 식은?

① 응력 = 비례상수÷변형률

② 변형률 = 비례상수×응력

③ 비례상수 = 응력×변형률

④ 응력 = 비례상수×변형률

해설 훅의 법칙은 "비례한도 내에서는 응력과 변형률은 비례한다"이므로, $\sigma \propto \varepsilon$ 에서, $\sigma = E \times \varepsilon$ [응력 = 비례상수 (young 계수) × 변형률]이다.

5. 다음 중 탄소량이 증가하는 데 따라 감소하는 기계적 성질은 어느 것인가?

① 연신율　　　　② 경도

③ 인장강도　　　④ 항복점

해설 (1) 탄소의 함유량이 증가함에 따라 증가하는 기계적 성질 : 강도, 경도, 항복점

(2) 탄소의 함유량이 증가함에 따라 감소하는 기계적 성질 : 단면 수축률, 연신율, 충격치

6. 그림과 같은 응력 변형률 선도에서 각 점에 대한 명칭 중 틀린 것은?

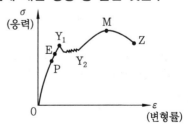

① Z점은 파괴강도이다.

---

② Y_1점은 상항복점이다.

③ E점은 비례한도이다.

④ M점은 극한강도이다.

해설 응력-변형률 선도

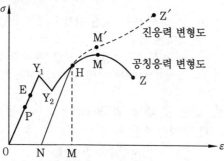

P : 비례한도, E : 탄성한도

Y_1 : 상항복점, Y_2 : 하항복점

M : 극한강도, Z' : 실제파괴강도

Z : 파괴강도, NM : 탄성변형

ON : 잔류변형 또는 영구변형

7. 다음은 Poisson's ratio (푸아송의 비)에 대한 설명이다. 옳은 것은?

① 가로 변형률을 세로 변형률로 나눈 값이다.

② 세로 변형률을 가로 변형률로 나눈 값이다.

③ 가로 변형률과 세로 변형률을 곱한 값이다.

④ 세로 변형률에서 가로 변형률을 뺀 값이다.

해설 푸아송의 비 μ는 가로 변형률(ε')을 세로 변형률(ε)로 나눈 값이다.

즉, $\left(\mu = \dfrac{1}{m}\right) = \dfrac{\varepsilon'}{\varepsilon} = \dfrac{\delta l}{d\lambda} = \dfrac{\delta E}{d\sigma}$

8. 횡탄성계수를 G, 푸아송의 비를 μ라 하면 종탄성계수 E는?

① $E = 2G\left(1 + \dfrac{1}{\mu}\right)$

② $E = 2G(1 + \mu)$

③ $E = \dfrac{G}{2(1 + \mu)}$

④ $E = \dfrac{2G}{1 + \mu}$

9. 종탄성계수를 E, 푸아송의 수를 m이라 하면 횡탄성계수 G는?

① $G = \dfrac{mE}{2(m + 1)}$

② $G = \dfrac{2mE}{(m + 1)}$

③ $G = \dfrac{(m + 1)}{2mE}$

④ $G = \dfrac{2(m + 1)}{mE}$

해설 $G = \dfrac{mE}{2(m + 1)} = \dfrac{E}{2(1 + \mu)}$ [GPa]

10. 종탄성계수를 E, 횡탄성계수를 G, 체적 탄성계수를 K라 할 때 옳은 것은?

① $K = \dfrac{(3G - E)}{3GE}$

② $K = \dfrac{3(3G - E)}{GE}$

③ $K = \dfrac{GE}{3(3G - E)}$

④ $K = \dfrac{3GE}{3G - E}$

해설 E, G, K, m의 관계식

$E = 2G(1 + \mu) = 3K\dfrac{m - 2}{m}$ [GPa]

$G = \dfrac{mE}{2(m + 1)} = \dfrac{3K(m - 2)}{2(m + 1)}$ [GPa]

$K = \dfrac{GE}{9G - 3E} = \dfrac{GE}{3(3G - E)}$ [GPa]

$m\,(\text{푸아송의 수}) = \dfrac{2G}{E - 2G} = \dfrac{6K}{3K - E}$

$\qquad\qquad = \dfrac{6K + 2G}{3K - 2G}$

정답 **7.** ① **8.** ② **9.** ① **10.** ③

11. 다음 중 안전율에 대한 식으로 옳은 것은?

① 안전율 $= \dfrac{허용응력}{탄성한도}$

② 안전율 $= \dfrac{최대응력}{허용응력}$

③ 안전율 $= \dfrac{탄성한도}{비례한도}$

④ 안전율 $= \dfrac{탄성한도}{극한한도}$

[해설] 안전율$(S) = \dfrac{최대응력(\sigma_{max})}{허용응력(\sigma_a)}$

$\qquad = \dfrac{극한강도}{허용응력} = \dfrac{인장강도}{허용응력}$

12. 다음 설명 중 맞지 않는 것은?

① 푸아송의 비는 가로 변형률을 세로 변형률로 나눈 값이다.

② 횡탄성계수는 전단응력을 전단 변형률로 나눈 값이다.

③ 안전율은 극한강도를 허용응력으로 나눈 값이다.

④ 열응력은 재료의 치수에 관계있다.

[해설] 전단응력을 전단 변형률로 나눈 값은 횡탄성계수이다 $\left(G = \dfrac{\tau}{\gamma} \right)$.

열응력$(\sigma) = E \cdot \alpha \cdot \Delta t$[MPa]이므로 열응력은 재료의 치수와는 관계없다.

13. 노치(notch)가 있는 봉이 인장 하중을 받을 때 생기는 응력의 분포상태로 옳은 것은?

①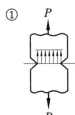

②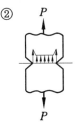

③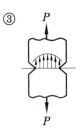

④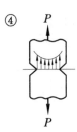

14. 다음은 변형률(strain)을 설명한 것이다. 옳지 않은 것은?

① 변형률은 변화량과 본래의 치수와의 비이다.

② 변형률은 탄성한계 내에서 응력과는 아무 관계가 없다.

③ 변형률은 탄성한계 내에서 응력과 정비례 관계에 있다.

④ 변형률은 길이와 길이와의 비이므로 무차원이다.

[해설] Hooke's law(훅의 법칙) = 정비례 법칙

$\sigma = E\varepsilon (\sigma \propto \varepsilon)$

15. 다음은 구멍이 뚫린 평판이 인장 하중을 받을 때 생기는 응력의 분포상태이다. 옳은 것은?

①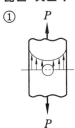

②

③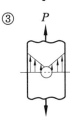

④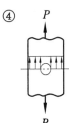

[정답] **11.** ② **12.** ④ **13.** ④ **14.** ② **15.** ②

해설 응력집중 상태

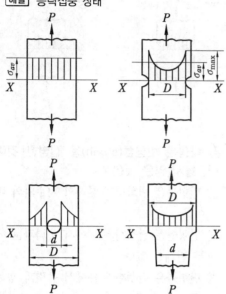

16. 다음 중 기계재료의 중요한 성질로서 최대응력 또는 항장력, 인장강도와 관계 있는 것은 어느 것인가?

① 비례한도   ② 항복점

③ 탄성한도   ④ 극한강도

해설 극한강도 = 인장강도 = 최대응력 = 항장력

17. Young률(E) 또는 Young 계수에 대하여 옳게 설명한 것은?

① 수직응력을 변형률로 나눈 값이다.

② 전단응력을 전단 변형률로 나눈 값이다.

③ 변형률을 수직으로 나눈 값이다.

④ 변형률을 전단응력으로 나눈 값이다.

해설 혹의 법칙에서 비례한도 내에서 수직응력은 변형률에 비례한다. 따라서 $\sigma \propto \varepsilon$이며, $\sigma = E \cdot \varepsilon$이다($E$는 영계수 또는 종탄성 계수).

$$\therefore \text{영계수}(E) = \frac{\sigma}{\varepsilon}[\text{GPa}]$$

18. 재료의 시험 중 가장 표준이 되는 시

험은 어느 것인가?

① 인장시험   ② 경도시험

③ 충격시험   ④ 굽힘시험

해설 기본적인 재료시험에는 인장시험, 굽힘시험, 비틀림시험, 경도시험이 있으나, 이 중 재료의 강도(σ)와 신장(λ), 단면수축 등을 관찰할 수 있는 인장시험이 표준시험이다.

19. 지름 d인 둥근봉에 축방향으로 작용한 인장 하중에 의하여 인장응력 σ가 발생하였다. 이때 지름의 변화량을 나타내는 식은 다음 중 어느 것인가? (단, 세로 탄성 계수는 E, 푸아송의 수는 m이다.)

① $\dfrac{E\sigma}{md}$ ② $\dfrac{m\sigma}{dE}$

③ $\dfrac{d\sigma}{mE}$ ④ $\dfrac{md}{\sigma E}$

해설 푸아송의 비(μ)

$$= \frac{1}{m} = \frac{\varepsilon'}{\varepsilon} = \frac{\delta/d}{\sigma/E} = \frac{\delta E}{d\sigma} \text{ 에서,}$$

$$\therefore \text{지름의 변화량}(\delta) = \frac{d\sigma}{mE} = \frac{\mu d\sigma}{E}[\text{mm}]$$

20. 다음은 푸아송의 비(μ)의 범위를 나타낸 것이다. 옳은 것은?

① $\mu = 1$ ② $\mu = \dfrac{1}{2}$

③ $\mu \leq 1$ ④ $\mu \leq \dfrac{1}{2}$

해설 푸아송의 비는 반드시 $\mu \leq \dfrac{1}{2}$이다

21. 어떤 원형봉이 압축 하중 39.2 kN을 받아 줄어든 길이가 0.4 cm였다. 이때 수축률이 0.02이라면 이 봉의 처음 길이는 얼마인가?

① 10 cm   ② 20 cm

③ 40 cm   ④ 80 cm

해설 길이방향의 변형률(세로 변형률)

정답   **16.** ④   **17.** ①   **18.** ①   **19.** ③   **20.** ④   **21.** ②

$\varepsilon = \dfrac{\lambda}{l}$ 에서,

$\therefore$ 처음 길이$(l) = \dfrac{\lambda}{\varepsilon} = \dfrac{0.4}{0.02} = 20\,\mathrm{cm}$

22. 지름이 16 mm인 펀치(punch)로 두께가 5 mm인 연강판에 구멍을 뚫고자 한다. 펀치의 하중을 몇 kN으로 하면 되는가? (단, 판의 전단응력은 313.6 MPa이다.)

① 78.82   ② 178.82

③ 157.62   ④ 357.62

[해설] 전단응력$(\tau) = \dfrac{P_s}{A}$ 에서,

전단력$(P_s) = \tau \cdot A$
$= \tau \times (\pi d \cdot t) = 313.6 \times (\pi \times 16 \times 5)$
$\fallingdotseq 78.82 \times 10^3\,\mathrm{N} = 78.82\,\mathrm{kN}$

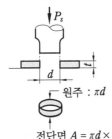

원주 : πd

전단면 $A = \pi d \times t$

23. 다음 중 단면이 4 cm×6 cm 인 사각각재가 4900 N의 전단 하중을 받아 전단변형이 1/1000로 되었다면 이 재료의 가로 탄성계수는 얼마인가?

① 약 1.25 GPa   ② 약 2.04 GPa

③ 약 2.35 GPa   ④ 약 3.94 GPa

[해설] 가로 탄성계수$(G) = \dfrac{\tau}{\gamma} = \dfrac{P_s/A}{\gamma} = \dfrac{P_s}{A\gamma}$

$= \dfrac{4900}{(40 \times 60) \times \dfrac{1}{1000}} = 2041.67\,\mathrm{MPa}$

$\fallingdotseq 2.04\,\mathrm{GPa}$

24. 인장강도가 784 MPa인 재료가 있다.

이 재료의 사용응력이 196 MPa 이라면 안전율은 얼마로 하면 되는가?

① 1   ② 2   ③ 3   ④ 4

[해설] 사용응력이란 기계나 구조물의 각 부분이 실제적으로 사용될 때 하중을 받아서 발생되는 응력을 말한다. 따라서, 이들 탄성한도, 허용응력, 사용응력과의 관계는 탄성한도 > 허용응력 ≧ 사용응력이어야 한다.

$\therefore$ 안전율$(S) \geqq \dfrac{\text{허용응력}\,(\sigma_a)}{\text{사용응력}\,(\sigma_w)} = \dfrac{784}{196} = 4$

$\therefore$ 안전율은 4 이상이어야 한다.

25. 그림과 같은 단면의 봉이 압축 하중을 받을 때 평형이 되었다면 P와 Q의 관계는 어느 것인가? (단, $Q = 2W$)

① $P = \dfrac{1}{2}Q$ ② $P = Q$

③ $P = \dfrac{3}{2}Q$ ④ $P = 2Q$

[해설] 하중의 → 방향을 ⊕, ← 방향을 ⊖로 생각하면 평형조건 ($\Sigma F = 0$: 힘의 합은 0)에 의하여 $\Sigma F = P + W - 2W - Q = 0$

문제에서 $Q = 2W$이므로 $W = \dfrac{1}{2}Q$

$P + \dfrac{1}{2}Q - 2 \times \dfrac{1}{2}Q - Q = 0$

$\therefore P = \dfrac{3}{2}Q$

26. 그림과 같은 구조물에서 수직 하중 980 N을 받고 있을 때 AC 강선이 받고 있는 힘은 얼마인가?

① 490 N

② 588 N

③ 294 N

④ 392 N

A   30°   60°   B

C

P

해설 라미의 정리(Lami's theorem)

$$\frac{P}{\sin 90°} = \frac{F_{\overline{AC}}}{\sin 150°} = \frac{F_{\overline{BC}}}{\sin 120°}$$

$$\therefore \ F_{\overline{AC}} = P \times \frac{\sin 150°}{\sin 90°}$$

$$= 980 \times \frac{0.5}{1} = 490 \, \text{N}$$

27. 그림과 같이 인장 하중 P를 받는 축에서 d_1, d_2의 지름의 비가 2 : 3 이라면 d_1쪽에 발생하는 응력 σ_1은 d_2쪽에 발생하는 응력 σ_2의 몇 배인가?

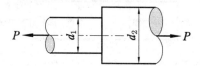

① $\dfrac{3}{2}$ 배   ② $\dfrac{9}{4}$ 배

③ $\dfrac{2}{3}$ 배   ④ $\dfrac{4}{9}$ 배

해설 인장응력 $\sigma = \dfrac{P}{A} = \dfrac{4P}{\pi d^2}$ 에서 σ 는 $\dfrac{1}{d^2}$ 에

비례하므로, $d_1 : d_2 = 2 : 3$, $d_1^2 : d_2^2 = 4 : 9$

즉, $d_1^2 = \dfrac{4}{9} d_2^2$ 이므로,

$$\sigma_1 = \frac{4P}{\pi d_1^2} = \frac{4P}{\pi \cdot \frac{4}{9} d_2^2} = \left(\frac{9}{4}\right) \frac{4P}{\pi d_2^2}$$

$$\sigma_2 = \frac{4P}{\pi d_2^2} \qquad \therefore \ \sigma_1 = \frac{9}{4} \sigma_2$$

28. 그림과 같은 볼트에 축하중 Q 가 작용할 때 볼트 머리부에 생기는 전단응력 τ를 볼트에 생기는 인장응력 σ의 0.6 배까지 허용한다면 머리의 높이 H 는 볼트의 지름 d 의 몇 배인가?

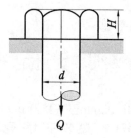

① $\dfrac{1}{4}$ 배   ② $\dfrac{3}{8}$ 배

③ $\dfrac{5}{12}$ 배   ④ $\dfrac{7}{16}$ 배

해설 인장응력 $(\sigma_t) = \dfrac{Q}{A} = \dfrac{4Q}{\pi d^2}$

전단응력 $(\tau) = \dfrac{Q}{A} = \dfrac{Q}{\pi d H}$

문제에서 $\tau = 0.6 \sigma_t$ 이므로,

$$\frac{Q}{\pi d H} = 0.6 \times \frac{4Q}{\pi d^2} = \frac{3}{5} \times \frac{4Q}{\pi d^2}$$

$$H = \frac{Q}{\pi d} \times \frac{5\pi d^2}{12Q} = \frac{5}{12} d$$

$$\therefore \ H = \frac{5}{12} d$$

29. 너비가 20 cm, 두께인 5 cm 인 노치(notch)에 양쪽으로 3 cm 의 홈이 파져 있다. 형상계수 $\alpha_k = 1.7$이며, 최대 응력 93.1 MPa이라 할 때 인장 하중 P는?

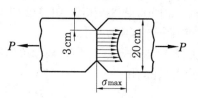

① 181500 N   ② 242100 N

③ 290500 N   ④ 383600 N

해설 $\alpha_k = \dfrac{\sigma_{\max}}{\sigma_{av}}$ 에서,

$$\sigma_{av} = \frac{\sigma_{\max}}{\alpha_k} = \frac{93.1 \, \text{MPa}}{1.7}$$

$$\fallingdotseq 54.8 \, \text{MPa}(\text{N/mm}^2)$$

$$\sigma_{av} = \frac{P}{(D-d)t} \text{에서,}$$

$$\therefore P = \sigma_{av} \times (D-d)t$$
$$= 54.8 \times (200-60) \times 50 = 383600 \, N$$

30. 그림과 같이 양단이 고정된 균일 단면 봉의 중간단면 mn에 축하중 P가 작용할 때, 양단의 반력을 R_1, R_2라고 하면, 그 비 R_1 / R_2를 나타내는 것은?

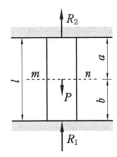

① $\dfrac{a}{l}$ 　　　② $\dfrac{b}{a}$

③ $\dfrac{a}{b}$ 　　　④ $\dfrac{b}{l}$

[해설] 하중 P는 양단의 반력 R_1 및 R_2와 더불어 평형상태를 이루어야 하므로,

$$P - R_1 - R_2 = 0$$
$$\therefore P = R_1 + R_2$$

하중 P는 R_1과 함께 봉의 아랫부분으로 줄어들게 하고 (압축), R_2와 함께 봉의 윗부분을 늘어나게 한다 (인장). 그러나, 양단이 고정되어 있어 길이 l은 변화가 없으므로 아랫부분의 줄어든 길이 $\left(\lambda_1 = \dfrac{R_1 b}{AE} \right)$ 와 윗부분의 늘어난 길이 $\left(\lambda_2 = \dfrac{R_2 a}{AE} \right)$ 는 같아야 한다.

$$\therefore \lambda_1 = \lambda_2$$
$$\frac{R_1 b}{AE} = \frac{R_2 a}{AE} \text{에서,}$$
$$\therefore \frac{R_1}{R_2} = \frac{a}{b}$$

제2장 재료의 정역학(인장, 압축, 전단)

1. 합성재료(조합된 봉에 발생하는) 응력

재질이 다른 재료를 조합하여 만든 균일 단면봉을 세로로 이은 경우, 봉의 길이를 l_1, l_2, 단면적을 A_1, A_2, 종탄성계수를 E, E_2라 하자. 조합된 봉에 압축 하중 P를 가하면 각각의 봉은 수축되고 그 수축량 λ_1과 λ_2는 Hooke의 법칙에 의하여,

$$\lambda_1 = \frac{Pl_1}{A_1E_1}, \quad \lambda_2 = \frac{Pl_2}{A_2E_2} \quad \cdots\cdots\cdots\cdots\cdots (2-1)$$

조합된 봉의 전신장량 λ는,

$$\lambda = \lambda_1 + \lambda_2 = \frac{Pl_1}{A_1E_1} + \frac{Pl_2}{A_2E_2} = P \cdot \left(\frac{l_1}{A_1E_1} + \frac{l_2}{A_2E_2} \right) \quad \cdots\cdots\cdots (2-2)$$

각 봉에 일어나는 응력 σ_1과 σ_2는,

$$\sigma_1 = \frac{P}{A_1}, \quad \sigma_2 = \frac{P}{A_2} \text{이므로,}$$

$$\therefore \ \lambda = \frac{\sigma_1}{E_1}l_1 + \frac{\sigma_2}{E_2}l_2 \quad \cdots\cdots\cdots\cdots\cdots\cdots (2-3)$$

직렬 조합인 경우 외력(P)이 각 부재에 일정하게 작용한다.

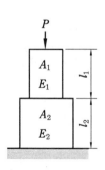

합성재료의 응력(직렬 조합)

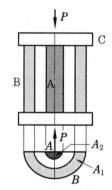

합성재료의 응력(병렬 조합)

봉의 단면적, 탄성계수, 압축응력을 A_1, E_1, σ_1, 원통의 단면적, 탄성계수, 압축응력을 A_2, E_2, σ_2라 하면 힘의 평형조건에서,

$$P = P_1(봉) + P_2(원통) = \sigma_1 A_1 + \sigma_2 A_2 [N] \quad \cdots\cdots (2-4)$$

봉과 원통의 변화량(수축량)을 λ_1, λ_2, 길이를 l이라 하면,

$$\lambda_1 = \frac{P_1 l}{A_1 E_1} = \frac{\sigma_1}{E_1} l, \quad \lambda_2 = \frac{P_2 l}{A_2 E_2} = \frac{\sigma_2}{E_2} l$$

봉의 수축량 λ_1과 원통의 수축량 λ_2는 같아야 하므로,

$$\lambda_1 = \lambda_2 에서, \quad \frac{\sigma_1}{E_1} = \frac{\sigma_2}{E_2} \left(\frac{E_2}{E_1} = \frac{\sigma_2}{\sigma_1} \right) \quad \cdots\cdots (2-5)$$

식 (2-4)와 (2-5)에서, $\sigma_1 = \frac{E_1}{E_2} \sigma_2$, $\sigma_2 = \frac{E_2}{E_1} \sigma_1$을 식(2-4)에 대입, 정리하면

$$\sigma_1 = \frac{E_1 P}{A_1 E_1 + A_2 E_2}, \quad \sigma_2 = \frac{E_2 P}{A_1 E_1 + A_2 E_2} \quad \cdots\cdots (2-6)$$

여기서, $\frac{E_1}{E_2} = K$ 라 하면,

$$\sigma_1 = \frac{KP}{KA_1 + A_2}, \quad \sigma_2 = \frac{P}{KA_1 + A_2} \quad \cdots\cdots (2-7)$$

따라서, 변형량(수축량) λ는,

$$\lambda = \frac{\sigma_1}{E_1} l = \frac{\sigma_2}{E_2} l = \frac{Pl}{A_1 E_1 + A_2 E_2} \quad \cdots\cdots (2-8)$$

[예제] 1. 그림과 같이 동일 재료의 단붙임 축에 하중이 작용하고 $d_1 : d_2 = 3 : 4$이다. 지름 d_1의 편에 생기는 응력이 $\sigma_1 = 8\,\text{MPa}$일 때 d_2의 편에 생기는 응력(σ_2)은?

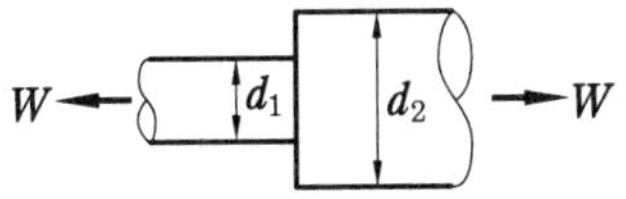

① 4.5 MPa   ② 4.0 MPa

③ 3.5 MPa   ④ 11 MPa

[해설] $W = \sigma_1 A_1 = \sigma_2 A_2$에서, $\frac{\sigma_2}{\sigma_1} = \frac{A_1}{A_2} = \left(\frac{d_1}{d_2} \right)^2$

$$\therefore \sigma_2 = \sigma_1 \times \left(\frac{d_1}{d_2} \right)^2 = 8 \times \left(\frac{3}{4} \right)^2 = 4.5\,\text{MPa}$$

[정답] ①

예제 2. 지름 10 cm인 연강봉(탄성계수 E_s = 210 GPa)이 바깥지름 11 cm, 안지름 10 cm인 구리관(탄성계수 E_c = 150 GPa) 사이에 끼워져 있다. 양단에서 강체 평판으로 10 kN의 압축 하중을 가할 때 연강봉과 구리관에 생기는 응력 비 σ_s/σ_c의 값은?

① 5/6   ② 5/7   ③ 6/5   ④ 7/5

해설 병렬 조합인 경우 응력(σ)은 탄성계수(E)에 비례하므로 $\dfrac{\sigma_s}{\sigma_c} = \dfrac{E_s}{E_c} = \dfrac{210}{150} = \dfrac{7}{5}$ 정답 ④

2. 봉의 자중에 의한 응력과 변형률

2-1 균일 단면봉(uniform bar)

(1) 응력과 안전 단면적(A)

mn 단면에서의 응력(σ_x) = 외력 P에 의한 응력 + 봉 스스로의 무게 W에 의한 응력이므로,

$$\sigma_x = \frac{P}{A} + \frac{W}{A} = \frac{P+W}{A} = \frac{P+\gamma Ax}{A} = \frac{P}{A} + \gamma x \cdots (2-9)$$

$$\sigma_{\max} = \frac{P+\gamma Al}{A} = \frac{P}{A} + \gamma l \cdots\cdots\cdots\cdots (2-10)$$

안전한 단면적(안전율 고려)을 산출하기 위하여 최대 응력 $\sigma_{\max}$ 대신에 사용응력 σ_w를 대입하면,

$$\sigma_w = \frac{P}{A} + \gamma l, \quad \frac{P}{A} = \sigma_w - \gamma l$$

$$\therefore \text{안전 단면적}(A) = \frac{P}{\sigma_w - \gamma l} = \frac{\pi d^2}{4} [\text{m}^2] \cdots\cdots\cdots\cdots (2-11)$$

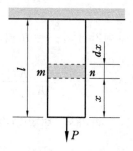

균일 단면봉의 응력

(2) 신장량(λ)

$$d\lambda = \varepsilon_x \cdot dx = \frac{\sigma_x}{E} dx \text{이고,}$$

$$\sigma_x = \frac{P}{A} + \gamma x \text{이므로,}$$

$$\therefore d\lambda = \frac{\sigma_x}{E} dx = \frac{1}{E}\left(\frac{P}{A} + \gamma x\right) dx \cdots\cdots (2-12)$$

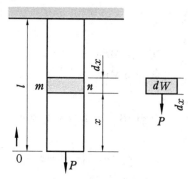

균일 단면봉의 신장

위 식의 양변을 전길이(l)에 대해 적분하면

$$\therefore \; \lambda = \int_o^l d\lambda = \int_o^l \frac{1}{E}\left(\frac{P}{A} + \gamma x\right) dx = \frac{1}{E}\left[\frac{P}{A}x + \frac{1}{2}\gamma x^2\right]_o^l$$

$$= \frac{1}{E}\left(\frac{P}{A} \cdot l + \frac{1}{2}\gamma l^2\right) = \frac{l}{AE}\left(P + \frac{1}{2}\gamma A l\right) \quad\text{..........}\quad (2-13)$$

봉의 축하중과 자중에 의한 신장량 λ는,

$$\lambda = \frac{Pl}{AE} + \frac{\gamma l^2}{2E} = \lambda_{축하중} + \lambda_{자중} \quad\text{...........................}\quad (2-14)$$

2-2 균일 강도의 봉(bar of uniform strength)

그림에서 자유단으로부터 거리 x만큼 떨어진 단면 mn과 $x+dx$만큼 떨어진 단면 m_1n_1 사이의 음영 부분에서 단면 mn의 단면적을 A_x, 단면 m_1n_1의 단면적을 $A_x + dA_x$라 하면, 음영 부분의 자중 dW_x는 재료의 비중량 γ에 음영 부분의 미소 체적 ($A_x \times dx$)를 곱한 값이다.

$$A_x = A_o \cdot e^{\frac{\gamma}{\sigma}x} \quad\text{...}\quad (2-15)$$

식 (2-15)를 ① 상용대수로 고치면 $A_x = A_o \times 10^{0.4343} \times \frac{\gamma}{\sigma}x$

② 안전 단면적을 구하려면 σ 대신 사용응력 σ_w를

사용하여, $A_x = A_o \cdot e^{\frac{\gamma}{\sigma_w}x}$ $\qquad\text{.............}\quad (2-16)$

③ 최대 단면적은 $x = l$ 에서 최대가 되므로,

$$A_{\max} = A_o \cdot e^{\frac{\gamma}{\sigma}l}$$

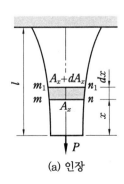

(a) 인장

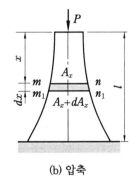

(b) 압축

균일 강도의 봉

3. 열응력

3-1 **열응력(thermal stress)** σ

재료를 가열하면 온도가 상승하여 팽창하고, 냉각시키면 온도가 내려가 수축된다. 물체에 자유로운 팽창 또는 수축이 불가능하게 장치를 하면 팽창과 수축에 상당한 만큼 압축 또는 인장을 가한 경우와 같이 응력이 발생하는데, 이와 같이 열로 생기는 응력을 열응력 (thermal stress)라 한다.

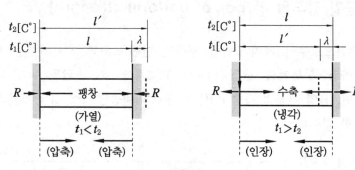

열응력

양단 고정보에서 한쪽 끝을 자유로 하면 온도 t_1[℃]에서 길이가 l이었던 것이 온도 t_2 [℃]에서 길이가 l'로 되어 변형량(가열 시 신장량, 냉각 시 수축량) λ는,

$$\lambda = l' - l = l\alpha(t_2 - t_1) = l \cdot \alpha \cdot \Delta t \quad \text{(2-17)}$$

여기서, α는 선팽창계수(coefficient of line)이다.

또, 열응력에 의한 변형률은 반력 R에 의한 봉의 변형량 λ와의 관계로부터,

$$\lambda = \frac{R \cdot l}{AE} \text{ 에서,}$$

$$R = \frac{AE}{l} \cdot \lambda = \frac{AE}{l} \times l \cdot \alpha \cdot \Delta t$$

$$\therefore \ R = AE \cdot \alpha \cdot \Delta t \quad \text{(2-18)}$$

$$\text{열응력}(\sigma) = \frac{R}{A} = \frac{AE \cdot \alpha \cdot \Delta t}{A} = E \cdot \alpha \cdot \Delta t \quad \text{(2-19)}$$

$$\text{열응력에 의한 변형률}(\varepsilon) = \frac{\sigma}{E} = \frac{E \cdot \alpha \cdot \Delta t}{E} = \alpha \cdot \Delta t \quad \text{(2-20)}$$

열응력은 사용응력 이내가 되도록 제한해야 하며 힘을 구할 때는,

$$P = \sigma \cdot A = A \cdot E \cdot \alpha \cdot \Delta t \, [\text{N}] \quad \text{(2-21)}$$

열응력은 길이에 무관하며, 봉(재료)이 가열되는 경우 $t_1 < t_2$이므로 압축응력이 생기며, 냉각될 경우 $t_1 > t_2$이므로 인장응력이 생기게 된다.

3-2 가열 끼워 맞춤(shringkage fit)

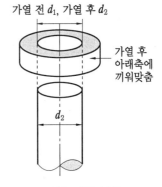

가열 전 d_1, 가열 후 d_2

가열 후 아래축에 끼워맞춤

d_2

가열 끼워 맞춤

테의 원둘레의 변형량 λ는,

$\lambda = $ 봉의 원둘레 $-$ 테의 원둘레 $= \pi d_2 - \pi d_1$ ·········· (2-22)

변형률 ε은,

$$\varepsilon = \frac{\pi d_2 - \pi d_1}{\pi d_1} = \frac{d_2 - d_1}{d_1} = \frac{\delta}{d_1} \quad \text{·····················} \quad (2-23)$$

또, 테에 발생하는 Hoop 응력 σ_r은

$$\sigma_r = E \cdot \varepsilon = E \cdot \frac{d_2 - d_1}{d_1} = E \cdot \frac{\delta}{d_1} \quad \text{···············} \quad (2-24)$$

예제 3. 강의 나사봉이 기온 27℃에서 24 MPa의 인장응력을 받고 있는 상태에서 고정하여 놓고, 기온을 7℃로 하강시키면 발생하는 응력은 모두 몇 MPa인가? (단, 재료의 탄성 계수 $E = 210$ GPa, 선팽창 계수 $\alpha = 11.3 \times 10^{-6}$/℃이다.)

① 47.46   ② 23.46   ③ 40.66   ④ 71.46

해설 열응력$(\sigma_H) = E\alpha\Delta t = 210 \times 10^3 \times 11.3 \times 10^{-6} \times (27-7) = 47.46$ MPa(인장 응력)

∴ 총 응력$(\sigma) = \sigma_t + \sigma_H = 24 + 47.46 = 71.46$ MPa(인장)   **정답** ④

4. 탄성에너지(elastic strain energy)

4-1 수직응력에 의한 탄성에너지(U)

$$U = \frac{1}{2}P\lambda \, [\text{N} \cdot \text{m}] \quad \text{···} \quad (2-25)$$

$$U = \frac{1}{2}P\lambda = \frac{P^2 l}{2AE} = \frac{\sigma^2}{2E} \cdot Al \, [\text{N} \cdot \text{m}] = \frac{E\varepsilon^2}{2} Al \, [\text{N} \cdot \text{m}] \quad \text{·····················} \quad (2-26)$$

$$u = \frac{U}{V} = \frac{U}{Al} = \frac{\frac{\sigma^2}{2E} \cdot Al}{Al} = \frac{\sigma^2}{2E} = \frac{E\varepsilon^2}{2} \, [\text{J/m}^3] \quad \text{·················} \quad (2-27)$$

한 재료가 탄성한도 내에서 단위 체적 속에 저장할 수 있는 변형에너지 $\sigma^2/2E$를 그 재료의 최대 탄성에너지 또는 리질리언스(resilience)라 하고, 이 최대 에너지량을 그 재료의 리질리언스 계수(modulus of resilience)라 한다.

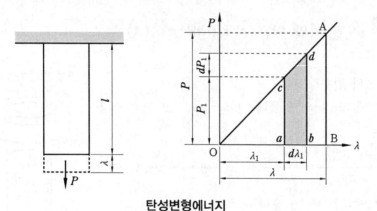

탄성변형에너지

4-2 전단응력에 의한 탄성에너지(U)

$$U = \frac{1}{2}(\tau \cdot A)(\gamma l) = \frac{1}{2}(\tau \cdot A)\left(\frac{\tau}{G} \cdot l\right)$$

$$= \frac{\tau^2}{2G} Al = \frac{G\gamma^2}{2} \cdot Al\,[\text{N} \cdot \text{m}] \quad\cdots\cdots\cdots\cdots\cdots (2-28)$$

단위 체적당 저장되는 전단 탄성에너지 u는,

$$u = \frac{U}{V} = \frac{U}{Al} = \frac{\tau^2}{2G} Al/Al = \frac{\tau^2}{2G}\,[\text{J/m}^3]$$

$$= \frac{G\gamma^2}{2} Al/Al = \frac{G\gamma^2}{2}\,[\text{J/m}^3] \quad\cdots\cdots\cdots\cdots\cdots (2-29)$$

전단변형 탄성에너지

예제 4. 수직 응력에 의한 탄성 에너지에 대한 설명 중 맞는 것은?

① 응력의 제곱에 비례하고, 탄성계수에 반비례한다.
② 응력의 세제곱에 비례하고, 탄성계수에 비례한다.
③ 응력에 비례하고, 탄성계수에도 비례한다.
④ 응력에 반비례하고, 탄성계수에 비례한다.

해설 $U = \dfrac{\sigma^2}{2E} V[\text{kJ}]\left(U \propto \sigma^2,\ U \propto \dfrac{1}{E}\right)$　　　　정답 ①

5. 충격응력(impact stress)

　재료에 급격히 충격 하중이 가해지면 진동과 동시에 봉에 위험한 영향을 주게 되는데, 재료에 충격적으로 하중이 가해질 때 생기는 응력을 충격응력이라 한다.

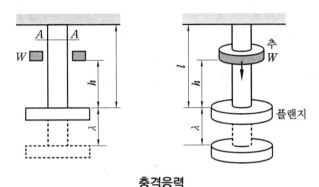

충격응력

$$\underline{W \times (h + \lambda)} = \underline{\frac{\sigma^2}{2E} Al}[\text{N} \cdot \text{m}] \quad\cdots\cdots\cdots\cdots\cdots\cdots\cdots\cdots (2-30)$$

(일＝힘×거리)　(봉에 축적된 탄성에너지)

$$\sigma^2 \cdot Al - 2W\sigma l - 2EWh = 0$$

2차 연립 방정식 근의 공식에 대입하여 정리하면,

$$\therefore \ \sigma = \frac{W}{A}\left(1 + \sqrt{1 + \frac{2AEh}{Wl}}\right)[\text{Pa}] \quad\cdots\cdots\cdots\cdots\cdots\cdots (2-31)$$

여기서, 봉에 정하중 W 가 가해졌을 때의 인장응력을 σ_o, 신장량을 λ_o 라 하면,

$$\sigma_o = \frac{W}{A}, \ \lambda_o = \frac{Wl}{AE} = \frac{\sigma_o l}{E} \quad\cdots\cdots\cdots\cdots\cdots\cdots\cdots (2-32)$$

$$\sigma = \frac{W}{A}\left(1 + \sqrt{1 + \frac{2AEh}{Wl}}\right) = \frac{W}{A}\left(1 + \sqrt{1 + 2h \cdot \left(\frac{AE}{Wl}\right)}\right)$$

$$= \sigma_o\left(1 + \sqrt{1 + \frac{2h}{\lambda_o}}\right)[\text{Pa}] \quad\cdots\cdots\cdots\cdots\cdots\cdots (2-33)$$

또, 충격에 의한 신장량(λ)

$$= \frac{Wl}{AE} = \frac{\sigma}{E}l = \frac{l}{E} \times \frac{W}{A}\left(1 + \sqrt{1 + 2h\left(\frac{AE}{Wl}\right)}\right)$$

$$= \frac{Wl}{AE}\left(1 + \sqrt{1 + 2h\left(\frac{AE}{Wl}\right)}\right) = \lambda_o\left(1 + \sqrt{1 + \frac{2h}{\lambda_o}}\right)$$

$$= \lambda_o + \lambda_o \sqrt{1 + \frac{2h}{\lambda_o}} = \lambda_o + \sqrt{\lambda_o^2 + 2h\lambda_o} \quad \cdots\cdots\cdots (2-34)$$

$h = 0$일 때[정적으로 하중이 가해질 때(즉, 초속도 $v = 0$일 때)]

$$\sigma = \sigma_o\left(1 + \sqrt{1 + \frac{2h}{\lambda_o}}\right)$$ 에서 $h = 0$이므로,

따라서, $\sigma = 2\sigma_o$ [하중이 급격히 가해질 때의 응력(σ)은 하중이 정적으로 (가만히) 가해 질 때의 응력(σ_o)의 2배]이다.

만약, 낙하 높이 h에 비해 정적 신장량 λ_o가 적은 경우 응력 σ와 신장량 λ는,

$$\sigma = \sigma_o\left(1 + \sqrt{1 + \frac{2h}{\lambda_o}}\right), \quad \lambda = \lambda_o\left(1 + \sqrt{1 + \frac{2h}{\lambda_o}}\right)$$

$$\left.\begin{array}{l} \sigma = \sigma_o \times \sqrt{\dfrac{2h}{\lambda_o}} = \dfrac{W}{A} \times \sqrt{2h \times \dfrac{AE}{Wl}} = \sqrt{\dfrac{2EWh}{Al}} \\[3mm] \lambda = \lambda_o \times \sqrt{\dfrac{2h}{\lambda_o}} = \sqrt{2h\lambda_o} = \sqrt{\dfrac{2Whl}{AE}} \end{array}\right\} \quad \cdots\cdots\cdots (2-35)$$

또, 추의 낙하속도(v) = $\sqrt{2gh}$ 이므로 $2h = \dfrac{v^2}{g}$ 을 식 (2-34)에 대입하면,

$$\lambda = \lambda_o + \sqrt{\lambda_o^2 + 2h\lambda_o} = \lambda_o + \sqrt{\lambda_o^2 + \frac{v^2}{g}\lambda_o} \fallingdotseq \lambda_o + v \cdot \sqrt{\frac{\lambda_o}{g}} \quad \cdots\cdots\cdots (2-36)$$

예제 5. 그림과 같은 봉에 하중 P가 작용하면 환봉에 저장되는 변형 에너지(strain energy)는?

(단, 응력은 각 단면에 균일하게 분포하는 것으로 가정하며, 단면적 $A = \dfrac{\pi d^2}{4}$ 이다.)

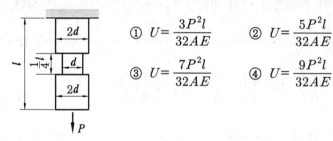

① $U = \dfrac{3P^2l}{32AE}$ ② $U = \dfrac{5P^2l}{32AE}$

③ $U = \dfrac{7P^2l}{32AE}$ ④ $U = \dfrac{9P^2l}{32AE}$

해설 $U = U_1 + U_2 = \dfrac{P^2\left(\dfrac{l}{4}\right)}{2AE} + \dfrac{P^2\left(\dfrac{3}{4}l\right)}{2(4A)E} = \dfrac{P^2l}{8AE} + \dfrac{3P^2l}{32AE}$

$= \dfrac{P^2l}{2AE}\left(\dfrac{1}{4} + \dfrac{3}{16}\right) = \dfrac{P^2l}{2AE}\left(\dfrac{7}{16}\right) = \dfrac{7P^2l}{32AE}$ [kJ]

정답 ③

6. 압력을 받는 원통 및 원환(링)

보일러, 가스탱크, 물탱크, 송수관, 압력용기 등과 같이 안지름에 비하여 두께가 얇은 원통($d > 10t$) 또는 관에 내압이 작용하는 경우 강판의 내부에는 압력에 저항하는 응력이 발생하며, 회전운동을 하는 물체에 원심력이 작용하여 물체를 외부로 밀어내려는 힘이 작용하므로 이는 내압이 작용한 것과 유사하다.

6-1 내압을 받는 얇은 원통 $(10t \leq d)$

그림에서 안지름이 d, 두께 t $(d > 10t)$, 내압 P를 받는 원통에 대해 원통이 축선을 포함한 종단면 AB를 경계로 하여 상하 방향이 파괴되는 경우와 축선에 직각인 단면 MN을 경계로 하여 축방향으로 파괴되는 두 가지 경우를 생각할 수 있다.

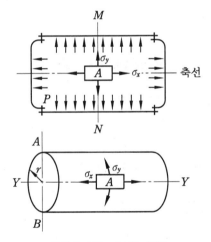

내압을 받는 얇은 원통

(1) 가로방향(종단면)의 응력(원주응력, 후프응력)

축선 YY를 따라 단면 AB를 경계로 원통을 상하 방향으로 파괴하려는 응력이며, 이 원주응력 (후프응력 : hoop stress)은 원주상에 똑같이 발생한다.

그림 (a)에서 전압력은 (단면적)×(내압) 이므로,

$$전압력\ F = P \cdot A = P \cdot dl \quad\text{(2-37)}$$

전응력은 (전압력)÷(단면적 : $t \times l$이 2개) 이므로,

전응력 $\sigma_t = F_t \div (2tl)$ $\therefore$ $F_t = \sigma_t \cdot 2tl(\sigma_t = \sigma_y)$ .... (2-38)

두 식 (2-37) = (2-38)이므로,

$$P \cdot dl = 2 \cdot \sigma_t \cdot tl$$

$$\therefore \sigma_t = \frac{Pdl}{2tl} = \frac{Pd}{2t}, \quad t = \frac{Pd}{2\sigma_t}$$ .... (2-39)

이때 $\sigma_t = \dfrac{Pd}{2t}$ 를 원주응력 또는 후프응력이라 한다.

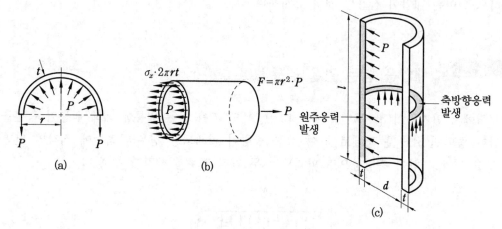

원주응력과 축방향응력

(2) 세로방향(횡단면)의 응력(축방향응력)

그림 (b)에서 전압력 $F_l = P \times A = P \times \dfrac{\pi}{4}d^2$ .... (2-40)

축방향으로 발생하는 전응력(σ_x) = 전압력(F_l) ÷ 단면적(A)이므로,

$$\sigma_x = F_l \div A = F_l \div \left[\frac{\pi}{4}(d+2t)^2 - \frac{\pi}{4}d^2 \right] = F_l \div \frac{\pi}{4}(4dt + 4t^2)$$

$$\therefore \sigma_x \fallingdotseq F_l \div \pi dt \quad \therefore F_l = \sigma_x \cdot \pi dt$$ .... (2-41)

식 (2-40) = (2-41)에서,

$$P \times \frac{\pi}{4}d^2 = \sigma_x \cdot \pi dt$$

$$\therefore \sigma_x = P \times \frac{\pi}{4}d^2 \times \frac{1}{\pi dt} = \frac{Pd}{4t}, \quad t = \frac{Pd}{4\sigma_x}$$ .... (2-42)

이때 $\sigma_x = \dfrac{Pd}{4t}$ 를 축응력(세로방향의 응력)이라 한다.

여기서, 원주응력 $\sigma_t = \dfrac{Pd}{2t}$ 와 축응력 $\sigma_x = \dfrac{Pd}{4t}$ 에서 다음의 관계가 성립한다.

$$\sigma_t = 2 \cdot \sigma_x \quad \cdots\cdots\cdots\cdots\cdots\cdots\cdots\cdots\cdots\cdots\cdots\cdots\cdots\cdots\cdots \quad (2-43)$$

원주응력(σ_t)은 축방향의 응력(σ_x)의 2배이며, 이는 원통의 강도 또는 두께 계산에서 Hoop 의 응력식으로부터 구한다.

6-2   내압을 받는 두꺼운 원통($10t \geq d$)

두꺼운 원통에서는 각 점에서의 후프응력에 차가 생기고, 반지름 방향의 응력도 무시할 수 없다. 일반적으로 사용되고 있는 식에 대해서 생각해 보자.

(1) 임의점(r)에서의 응력

임의점 (반지름이 r인 점)에서의 후프응력은,

$$\sigma_h = \frac{P r_1^2 (r_2^2 + r^2)}{r^2 (r_2^2 - r_1^2)} \, [\text{Pa}] \quad \cdots\cdots\cdots\cdots\cdots\cdots\cdots\cdots\cdots\cdots\cdots \quad (2-44)$$

임의점 (반지름이 r인 점)에서의 반지름 방향의 응력은,

$$\sigma_r = -\frac{P r_1^2 (r_2^2 - r^2)}{r^2 (r_2^2 - r_1^2)} \, [\text{Pa}] \quad \cdots\cdots\cdots\cdots\cdots\cdots\cdots\cdots\cdots \quad (2-45)$$

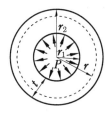

P : 내압(Pa)
r_1 : 내벽의 반지름
r_2 : 외벽의 반지름
r : 임의의 점의 반지름

두꺼운 원통

(2) 최대 응력($r = r_1$)

최대 후프응력과 최대 반지름 방향의 응력은 $r = r_1$인 내벽에 생기므로 식 (2-44)와 (2-45)에서,

$$\sigma_h |_{r=r_1} = \sigma_{h)\max} = \frac{P r_1^2 (r_2^2 + r_1^2)}{r_1^2 (r_2^2 - r_1^2)} = \frac{P(r_2^2 + r_1^2)}{r_2^2 - r_1^2} \, [\text{N/m}^2] \quad \cdots\cdots\cdots \quad (2-46)$$

$$\sigma_r |_{r=r_1} = \sigma_{r)\max} = -\frac{P r_1^2 (r_2^2 - r_1^2)}{r_1^2 (r_2^2 - r_1^2)} = -P \, [\text{N/m}^2] \quad \cdots\cdots\cdots\cdots \quad (2-47)$$

(3) 최소 응력($r = r_2$)

최소 후프응력과 최소 반지름 방향의 응력은 $r = r_2$인 외벽에 생기므로, 식 (2-44)와 (2-45)에서,

$$\sigma_h\big|_{r=r_2} = \sigma_{h)\min} = \frac{Pr_1^2(r_2^2 + r_2^2)}{r_2^2(r_2^2 - r_1^2)} = \frac{2Pr_1^2}{r_2^2 - r_1^2} [\text{N/m}^2] \cdots\cdots (2-48)$$

$$\sigma_r\big|_{r=r_2} = \sigma_{r)\min} = -\frac{Pr_1^2(r_2^2 - r_2^2)}{r_2^2(r_2^2 - r_1^2)} = 0 \cdots\cdots (2-49)$$

(4) 바깥지름과 안지름의 비

$$\sigma_{h)\max} = P \cdot \frac{r_2^2 + r_1^2}{r_2^2 - r_1^2} = P \cdot \frac{\left(\dfrac{r_2}{r_1}\right)^2 + 1}{\left(\dfrac{r_2}{r_1}\right)^2 - 1} \text{이며 정리하면,}$$

$$\therefore \frac{r_2}{r_1} = \sqrt{\frac{\sigma_{h)\max} + P}{\sigma_{h)\max} - P}} \cdots\cdots (2-50)$$

6-3 회전하는 원환(ring)

풀리, 플라이 휠 등은 원심력이 원환에 작용하여 단면에 후프응력이 발생한다. 얇은 원환의 둘레에 균일하게 분포하는 반지름 방향의 힘들이 작용하는 원환은 균일하게 늘어나고, 따라서 인장응력이 발생하게 된다.

그림에서 원환의 평균 반지름을 r, 두께 t, 속도를 v (각속도 ω), 단위 길이당 중량을 w라 하면 $v\,[\text{m/s}]$의 원주속도로 회전할 때,

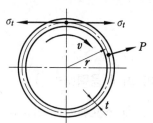

회전하는 원환

① 원심력(P) $= \dfrac{w}{g}v^2$

② 원주속도(v) $= r \cdot \omega$ (ω : 각속도 $[\text{rad/s}]$)

③ 단위 길이당 중량(w) $= \dfrac{W}{l} = \dfrac{\gamma \cdot Al}{l} = \gamma A$ 이므로,

$$\therefore \text{원심력 } P = \frac{w}{g}v^2 = \frac{w}{g}(\omega r)^2 = \frac{w}{g} \cdot \omega^2 r^2 \cdots\cdots (2-51)$$

$$\text{또는 } P = \frac{v^2}{g} \cdot w = \frac{v^2}{g} \times \frac{W}{l} = \frac{v^2}{g} \times \frac{\gamma Al}{l} = \frac{\gamma A}{g} \cdot v^2 \cdots\cdots (2-52)$$

따라서, 얇은 회전 원환에 작용하는 인장응력(= hoop 응력 = 원심응력)은,

$$\therefore \ \sigma_t = \frac{P}{A} = \frac{\dfrac{\gamma A}{g}v^2}{A} = \frac{\gamma A}{gA}v^2 = \frac{\gamma}{g}v^2 = \frac{\gamma}{g} \cdot r^2\omega^2 \ \cdots\cdots\cdots\cdots\cdots\cdots (2-53)$$

$$\therefore \ v = \sqrt{\frac{g\sigma_t}{\gamma}} \ [\text{m/s}] \ \cdots\cdots\cdots\cdots\cdots\cdots\cdots\cdots\cdots\cdots (2-54)$$

인장응력 σ_t는 재료의 밀도 $\dfrac{\gamma}{g}(=\rho)$에 비례하고, 원주속도 v의 제곱에 비례한다. 따라서, 고속으로 회전하는 반지름의 원환 속에는 대단히 큰 응력이 발생하므로 회전속도를 제한해야 한다.

예제 6. 그림의 얇은 용기가 균일 내압을 받고 있으며, 축방향의 응력을 σ_x, 원주방향의 응력을 σ_y라고 할 때 σ_x/σ_y의 값으로 옳은 것은?(단, 용기 원통의 반지름은 r이다.)

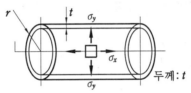

① $\dfrac{1}{2}$ ② 2   ③ 4   ④ $\dfrac{1}{4}$

해설 $\sigma_x = \dfrac{Pd}{4t}$, $\sigma_y = \dfrac{Pd}{2t}$ $\therefore \ \dfrac{\sigma_x}{\sigma_y} = \dfrac{1}{2}$ 정답 ①

예제 7. 그림과 같이 균일 단면 봉이 강체 사이에 고정되어 있고, 그림에서와 같은 위치에서 힘 $P = 10\,\text{kN}$을 작용시킬 때 A점에서의 반력 R_1은?

① 10 kN   ② 5 kN

③ 6 kN   ④ 4 kN

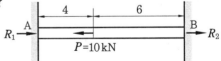

해설 $R_1 = \dfrac{P \cdot b}{l} = \dfrac{10 \times 6}{10} = 6\,\text{kN}$ 정답 ③

출제 예상 문제

1. 다음 중 봉에 하중 P가 작용할 때 자중을 고려한 최대 응력을 구하는 식은?

① $\sigma_{\max} = \dfrac{P}{A} - \gamma l$

② $\sigma_{\max} = \dfrac{P}{A} + \gamma l$

③ $\sigma_{\max} = \dfrac{P}{A} + \gamma A l$

④ $\sigma_{\max} = \dfrac{P}{A} - \gamma A l$

[해설] 최대 응력($\sigma_{\max}$) = 인장 하중에 의한 응력 (σ_P) + 자중에 의한 응력(σ_w)

$$\therefore \sigma_{\max} = \sigma_P + \sigma_w = \dfrac{P}{A} + \dfrac{W}{A} = \dfrac{P}{A} + \dfrac{\gamma A l}{A}$$

$$= \dfrac{P}{A} + \gamma l \,[\text{MPa}]$$

자중(봉의 무게) $W = \gamma V = \gamma \cdot A l \,[\text{N}]$

2. 다음 중 자중을 고려한 신장량을 나타내는 식은?

① $\lambda = \dfrac{l}{AE}(P - \gamma A l)$

② $\lambda = \dfrac{l}{AE}(P + \gamma A l)$

③ $\lambda = \dfrac{l}{AE}\left(P - \dfrac{1}{2}\gamma A l\right)$

④ $\lambda = \dfrac{l}{AE}\left(P + \dfrac{1}{2}\gamma A l\right)$

[해설] 자중에 의한 신장량 : 그림에서 미소구간 dx에 대하여

신장량은 $d\lambda$이므로 $\varepsilon_x = \dfrac{d\lambda}{dx}$에서

$d\lambda = \varepsilon_x \cdot dx$

또 응력(σ_x) $= \dfrac{Wx}{A} = \dfrac{\gamma A \cdot x}{A} = \gamma x$

따라서,

$$d\lambda = \varepsilon_x \cdot dx = \dfrac{\sigma_x}{E} \cdot dx = \dfrac{\gamma x}{E} \cdot dx$$

∴ 자중에 의한 전 신장량(λ)

$$= \int_o^l d\lambda = \int_o^l \dfrac{\gamma x}{E} dx = \dfrac{\gamma l^2}{2E}$$

그러므로, 봉의 신장량(λ)

$$= \lambda_p + \lambda_w = \dfrac{Pl}{AE} + \dfrac{\gamma l^2}{2E}$$

$$= \dfrac{l}{AE}\left(P + \dfrac{1}{2} \times \gamma A l\right)[\text{cm}]$$

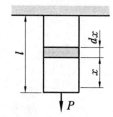

3. 다음 중 균일 강도의 봉에서 x만큼 떨어진 곳의 면적 A_x를 나타내는 식은?

① $A_x = A_o \cdot e^{\gamma x}$

② $A_x = A_o \cdot e^{\sigma x}$

③ $A_x = A_o \cdot e^{\frac{\gamma}{\sigma} x}$

④ $A_x = A_o \cdot e^{\frac{\sigma}{\gamma} x}$

[해설] 미소 부분 dx에 대한 봉의 자중

$$dW_x = \sigma \cdot dA_x = \gamma \cdot A_x \cdot dx \quad \cdots\cdots\cdots ㉠$$

㉠을 정리하여 적분하고, $x = 0$을 대입하면,

$$\log e\, A_x = \dfrac{\gamma}{\sigma} x + C$$

$$\log e\, A_x = \dfrac{\gamma}{\sigma} x + \log e\, A_x \quad \cdots\cdots\cdots ㉡$$

㉡을 정리하면, $A_x = A_o \cdot e^{\frac{\gamma}{\sigma} x}\,[\text{m}^2]$

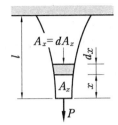

축에는 링의 압축력에 의해 압축응력이 발생한다.

4. 길이가 l이고, 단면적이 A인 봉을 한쪽 끝은 천장에 고정하여 연직으로 매달았을 때 자중에 의한 신장량을 옳게 표현한 것은?

① $\dfrac{Pl}{2EA}$ ② $\dfrac{Pl}{AE}$

③ $\dfrac{2Pl}{AE}$ ④ $\dfrac{P}{AE}$

해설 문제 2에서 자중에 의한 신장량(λ)

$= \dfrac{\gamma l^2}{2E}$ 에서,

$\gamma =$ 단위 체적당 중량 $= \dfrac{P}{V} = \dfrac{P}{Al}$ [N/m³]

$\therefore \lambda = \dfrac{\gamma l^2}{2E} = \dfrac{l^2}{2E} \times \dfrac{P}{Al} = \dfrac{Pl}{2EA}$ [cm]

5. 길이가 l이고 선팽창계수가 α, 온도차가 Δt라 하며, 재료의 세로 탄성계수가 E일 때 열응력을 나타내는 식은?

① $\alpha \cdot l$ ② $\alpha \cdot \Delta t \cdot l$

③ $\alpha \cdot \Delta t \cdot E$ ④ $\alpha \cdot \Delta t \cdot E \cdot l$

해설 열응력(σ) $= E \cdot \varepsilon = E \cdot \alpha \cdot \Delta t$[MPa]

6. 축에 두께가 얇은 링을 끼워 맞춤하였을 때, 축과 링의 각각에는 어떠한 응력이 발생하는가?

① 축 : 압축응력, 링 : 인장응력

② 축 : 전단응력, 링 : 압축응력

③ 축 : 인장응력, 링 : 전단응력

④ 축 : 인장응력, 링 : 압축응력

해설 그림에서 링을 가열하여 끼워 맞춤하면 링은 축에 끼워진 후 인장응력이 발생하고

7. 다음 중 열응력에 영향을 주지 않는 것은 어느 것인가?

① 길이 ② 선팽창계수

③ 종탄성계수 ④ 온도차

해설 열응력(σ) $= E \cdot \varepsilon = E \cdot \alpha \cdot \Delta t$이므로 치수(길이)와는 무관하다.

8. 작용하중을 P, 변형량을 λ, 세로탄성계수를 E, 단면적을 A, 재료의 길이를 l, 변형률을 ε이라 할 때 다음 중 성질이 다른 것은?

① $\dfrac{P^2 l}{2AE}$ ② $\dfrac{1}{2}P\lambda$

③ $\dfrac{\sigma^2 Al}{2E}$ ④ $\dfrac{E\varepsilon^2}{2}$

해설 탄성에너지(U) $= \dfrac{1}{2}P\lambda = \dfrac{P}{2} \times \dfrac{Pl}{AE}$

$= \dfrac{\sigma^2}{2E}Al = \dfrac{E\varepsilon^2}{2}Al$ [kJ]

단위 체적당 탄성에너지 = 최대 탄성에너지

$(u) = \dfrac{U}{V} = \dfrac{\sigma^2}{2E} = \dfrac{E\varepsilon^2}{2}$ [kJ/m³]

9. 탄성한도 내에서 인장 하중을 받는 봉이 있다. 응력을 2배로 증가시키면 최대 탄성에너지는 몇 배로 되는가?

① 4배 ② $\dfrac{1}{4}$ 배 ③ 2배 ④ $\dfrac{1}{2}$ 배

해설 단위 체적당 탄성에너지 = 최대 탄성에너지이므로,

정답 **4.** ① **5.** ③ **6.** ① **7.** ① **8.** ④ **9.** ①

$u = \dfrac{U}{V} = \dfrac{\sigma^2}{2E} = \dfrac{E \cdot \varepsilon^2}{2}$ 에서,

$u_1 = \dfrac{\sigma^2}{2E} \rightarrow u_2 = \dfrac{(2\sigma)^2}{2E} = \dfrac{4\sigma^2}{2E}$

$\therefore u_2 = 4u_1$ 이므로 4배가 된다.

10. 탄성에너지에 대한 다음 설명 중 옳은 것은?

① 세로 탄성계수에 비례하고 응력에 반비례한다.

② 세로 탄성계수에 비례하고 응력의 제곱에 반비례한다.

③ 응력에 비례하고 세로 탄성계수에 반비례한다.

④ 응력의 제곱에 비례하고 세로 탄성계수에 반비례한다.

[해설] $U = \dfrac{1}{2}P\lambda = \dfrac{\sigma^2}{2E} \cdot Al\,[\text{kJ}]$

$u = \dfrac{U}{V} = \dfrac{\dfrac{\sigma^2}{2E}Al}{Al} = \dfrac{\sigma^2}{2E}[\text{kJ/m}^3]$

11. 내압을 받는 얇은 원통에서 원주방향의 응력 σ_t와 축방향의 응력 σ_x의 관계를 나타낸 식은?

① $\sigma_t = \sigma_x$ ② $\sigma_x = 2\sigma_t$

③ $2\sigma_x = \sigma_t$ ④ $\sigma_x = 3\sigma_t$

[해설] 원주방향의 응력$(\sigma_t) = \dfrac{Pd}{2t}$

축방향의 응력$(\sigma_x) = \dfrac{Pd}{4t}$ 이므로,

$\therefore \sigma_t = 2\sigma_x[\text{MPa}]$

12. 충격에 의하여 생기는 응력은 정하중에 의해서 생기는 응력의 몇 배가 되는가?

① $\dfrac{1}{2}$ 배   ② 2배   ③ $\dfrac{1}{4}$ 배   ④ 4배

[해설] 충격에 의한 응력과 신장을 σ, λ, 정하

중에 의한 응력과 신장을 σ_o, λ_o라 하면,

$\sigma = \sigma_o\left(1 + \sqrt{1 + \dfrac{2h}{\lambda_o}}\right)$ 에서 자유단에 충격

하중을 준 경우라면

$h = 0$ 이므로 $\sigma = \sigma_o\left(1 + \sqrt{1 + \dfrac{2h}{\lambda_o}}\right)$

$= \sigma_o(1 + \sqrt{1+0}) = 2\sigma_o$

$\therefore$ 충격 하중에 의한 응력(σ)은 정하중에 의한 응력(σ_o)의 2배이다.

13. 내압을 받는 두꺼운 원통에서 최대 후프응력을 구하는 식은 어느 것인가?

① $\sigma_{\max} = \dfrac{P(r_2^2 - r_1^2)}{r_2^2 + r_1^2}$

② $\sigma_{\max} = \dfrac{P(r_2^2 + r_1^2)}{r_2^2 - r_1^2}$

③ $\sigma_{\max} = \dfrac{P(r_2 - r_1)^2}{r_2^2 + r_1^2}$

④ $\sigma_{\max} = \dfrac{P(r_2 + r_1)^2}{r_2^2 - r_1^2}$

[해설] 내압을 받는 두꺼운 원통의 응력은

후프응력$(\sigma_h) = \dfrac{Pr_1^2(r_2^2 + r^2)}{r^2(r_2^2 - r_1^2)}$,

반지름 방향 응력$(\sigma_r) = -\dfrac{Pr_1^2(r_2^2 - r^2)}{r^2(r_2^2 - r_1^2)}$ 에

서 $r = r_1$인 내벽에서 최대이고, $r = r_2$인 외벽에서 최소이다.

따라서 최대 후프응력은,

$\sigma_{h)\max} = \sigma_h\big|_{r = r_1} = \dfrac{Pr_1^2(r_2^2 + r_1^2)}{r_1^2(r_2^2 - r_1^2)}$

$= \dfrac{P(r_2^2 + r_1^2)}{r_2^2 - r_1^2}[\text{MPa}]$

14. 다음 중에서 최대 반지름 방향 응력과 같은 것은 어느 것인가?

① P ② PD ③ Pt ④ PDt

정답 **10.** ④   **11.** ③   **12.** ②   **13.** ②   **14.** ①

해설 $r = r_1$인 안지름에서 최대 응력이므로,

$$\therefore \sigma_{r)max} = -\frac{Pr_1^2(r_2^2 - r_1^2)}{r_1^2(r_2^2 - r_1^2)} = -P$$

15. 회전하는 원환에서의 인장응력을 옳게 설명한 것은?

① 재료의 밀도에 비례하고, 원주속도의 제곱에 반비례한다.

② 재료의 밀도에 반비례하고, 원주속도의 제곱에 비례한다.

③ 재료의 밀도에 반비례하고, 원주속도의 제곱에도 반비례한다.

④ 재료의 밀도에 비례하고, 원주속도의 제곱에도 비례한다.

해설 원환의 원심력$(P) = \dfrac{wv^2}{g} = \dfrac{v^2}{g} \times \dfrac{W}{l}$

$$= \frac{v^2}{g} \times \frac{\gamma Al}{l} = \frac{\gamma Av^2}{g}$$

원환에 생기는 응력$(\sigma) = \dfrac{P}{A} = \dfrac{\gamma Av^2/g}{A}$

$$= \frac{\gamma}{g}v^2 = \rho \cdot v^2 \text{이다.}$$

(ρ : 재료의 밀도, v : 원환의 원주속도)

16. 그림과 같은 봉을 천장에 고정시키고 그 재료의 하단에 하중 P를 작용시킬 때 이 봉의 신장량은? (단, 자중을 고려)

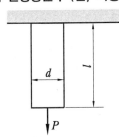

① $\dfrac{Pl}{AE} + \dfrac{\gamma l^2}{2E}$　② $\dfrac{Pl}{2AE} + \dfrac{\gamma l^2}{E}$

③ $\dfrac{Pl}{2AE} + \dfrac{2\gamma l^2}{E}$　④ $\dfrac{Pl}{AE} + \dfrac{2\gamma l^2}{E}$

해설 봉의 신장량(λ) = 하중에 의한 신장(λ_P) +자중에 의한 신장(λ_w)이므로,

$$\therefore \lambda = \lambda_P + \lambda_w = \frac{Pl}{AE} + \frac{\gamma l^2}{2E} \text{[cm]}$$

17. 자중을 받는 원추봉의 길이가 l이고, 밑변의 지름이 d이며, 이 재료의 단위 체적당 중량이 γ인 경우, 이 봉의 신장은 같은 길이, 같은 지름(d)의 균일 단면봉의 신장의 몇 배인가?

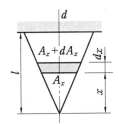

① $\dfrac{1}{2}$　② $\dfrac{1}{3}$　③ 2　④ 3

해설 원추봉의 자중에 의한 신장량 λ_c는,

응력$(\sigma_x) = \dfrac{P}{A_x}$

자중$(P) = \gamma \cdot V_x = \gamma\left(A_x \cdot \dfrac{1}{3}x\right) = \dfrac{\gamma A_x x}{3}$

$$\therefore \sigma_x = \frac{\gamma A_x x/3}{A_x} = \frac{\gamma x}{3} \text{이므로}$$

$$d\lambda_c = \varepsilon_x \cdot dx = \frac{\sigma_x}{E}dx = \frac{\gamma x/3}{E}dx \text{ 이다.}$$

$$\therefore \lambda_c = \int_0^l d\lambda_c = \int_0^l \frac{\gamma x}{3E}dx = \frac{\gamma l^2}{6E}\text{[cm]}$$

따라서, 원추봉의 경우 $\lambda_c = \dfrac{\gamma l^2}{6E}$,

균일봉의 경우 $\lambda_u = \dfrac{\gamma l^2}{2E}$이므로,

$$\lambda_c : \lambda_u = \frac{\gamma l^2}{6E} : \frac{\gamma l^2}{2E} = \frac{1}{3} : 1$$

(원추봉의 신장량이 균일봉의 신장량의 $\dfrac{1}{3}$ 배)

18. 같은 치수의 강봉과 동봉에 같은 인장

력을 가하여 변형이 생기게 할 때 신장률 ε_s와 ε_c의 비가 7 : 15 라고 하면, 종탄성 계수의 비 $\dfrac{E_s}{E_c}$의 값은 얼마인가?

① $\dfrac{7}{15}$ ② $\dfrac{14}{15}$

③ $\dfrac{15}{7}$ ④ $\dfrac{15}{8}$

해설 $\varepsilon = \dfrac{\sigma}{E}$이고 $\varepsilon_s : \varepsilon_c = 7 : 15$,

즉 $\dfrac{\varepsilon_s}{\varepsilon_c} = \dfrac{7}{15}$

또 같은 치수(A), 같은 인장력(P)이므로 응력 σ도 같다.

$$\frac{\varepsilon_s}{\varepsilon_c} = \frac{\dfrac{\sigma}{E_s}}{\dfrac{\sigma}{E_c}} = \frac{E_c}{E_s} = \frac{7}{15}$$ 이 되므로,

$$\therefore \frac{E_s}{E_c} = \frac{15}{7}$$

19. 단면적 A, 길이 $3l$인 균일 단면봉에 그림과 같이 하중 P와 Q가 작용할 때 이 봉의 전체 신장량을 나타낸 식은? (단, $P > Q$)

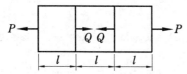

① $\dfrac{l}{AE}(P-Q)$ ② $\dfrac{3l}{AE}(P-Q)$

③ $\dfrac{l}{AE}(P-3Q)$ ④ $\dfrac{l}{AE}(3P-Q)$

해설 $\lambda = \lambda_1 + \lambda_2 + \lambda_3$

$$= \frac{Pl}{AE} + \frac{(P-Q)l}{AE} + \frac{Pl}{AE}$$

$$= \frac{2Pl}{AE} + \frac{(P-Q)l}{AE}$$

$$= \frac{l}{AE}(3P-Q)$$

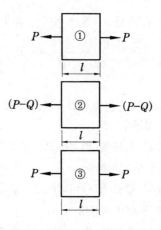

20. 그림과 같이 균일 단면봉이 축하중을 받고 평형되어 있다. $Q = 2P$ 가 되기 위해서 W는 얼마가 되어야 하는가?

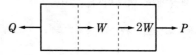

($Q = 2P$)

① $\dfrac{3}{2}P$ ② $\dfrac{1}{3}P$

③ P ④ $\dfrac{1}{2}P$

해설 힘의 평형 조건에서,

$$Q - W - 2W - P = 0\,(Q = 3W + P)$$

$$\left.\begin{array}{l} Q = 3W + P \\ Q = 2P \end{array}\right\} 에서,\ 3W + P = 2P$$

$$\therefore W = \frac{1}{3}P$$

21. 열응력을 설명한 것 중 잘못된 것은?

① 재료의 치수에 관계 있다.
② 재료의 선팽창계수에 관계 있다.
③ 온도차에 관계 있다.
④ 세로 탄성계수에 관계 있다.

해설 (1) 열에 의한 변형률(ε) $= \alpha \cdot \Delta t$

(2) 응력(σ) $= E \cdot \varepsilon = E \cdot \alpha \cdot \Delta t$

(3) 힘(P) $= \sigma A = AE\alpha \cdot \Delta t$

따라서, 재료의 치수와는 무관하다.

22. 축하중(인장력 또는 압축력)으로 인하여 재료에 발생하는 탄성에너지 U는?

① $\dfrac{Pl^2}{2AE}$ ② $\dfrac{P^2E}{2Al}$

③ $\dfrac{Pl}{2AE}$ ④ $\dfrac{P^2l}{2AE}$

해설 탄성에너지$(U) = \dfrac{1}{2}P\lambda = \dfrac{1}{2}P \times \dfrac{Pl}{AE}$

$= \dfrac{P^2l}{2AE}$ [J]

23. 초속도 없이 갑자기 하중이 가해졌을 때의 응력은 같은 하중을 정하중으로 가했을 때의 응력의 몇 배인가?

① $\dfrac{1}{2}$배   ② 2배

③ $\dfrac{3}{2}$배   ④ 3배

해설 충격에 의한 응력(σ)

$= \sigma_o\left(1 + \sqrt{1 + \dfrac{2h}{\lambda_o}}\right)$ 에서,

초속도 $v = \sqrt{2gh} = 0$이므로 $h = 0$ 이다.

$\therefore \ \sigma = \sigma_o(1 + \sqrt{1+0}) = 2\sigma_o$

(충격응력 σ는 정응력 σ_o의 2배)

제3장 조합응력과 모어의 응력원

1. 경사단면에 발생하는 응력 — 단순응력

1-1 경사단면에서의 법선응력(σ_n)과 접선응력(τ)

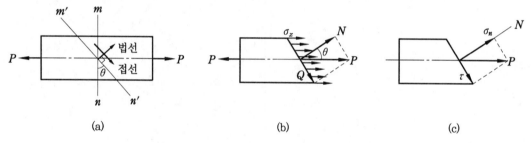

(a)   (b)   (c)

경사단면의 작용력(법선력, 접선력)과 응력

법선력$(N) = P\cos\theta \,[\mathrm{N}]$

접선력$(Q) = P\sin\theta \,[\mathrm{N}]$

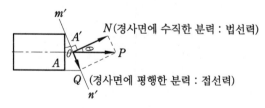

경사면에 작용하는 힘

경사단면상에서의 법선응력(normal stress) σ_n은,

$$\sigma_n = \frac{N}{A'} = \frac{P\cos\theta}{A/\cos\theta} = \frac{P}{A}\cos^2\theta = \sigma_x\cos^2\theta \,[\mathrm{MPa}] \quad\cdots\cdots (3-1)$$

경사단면상에서의 접선응력, 즉 전단응력(shearing stress) τ는,

$$\tau = \frac{Q}{A'} = \frac{P\sin\theta}{A/\cos\theta} = \frac{P}{A}\cos\theta\sin\theta = \frac{1}{2}\sigma_x\sin2\theta \text{ [MPa]}$$ ·············· (3-2)

여기서, $\sin2\theta = \sin(\theta+\theta) = 2\cos\theta\sin\theta$

횡단면 mn 위에는 수직응력(σ_x)만 작용하지만, 경사단면 위에는 법선응력(σ_n)과 전단응력(τ)이 동시에 작용한다.

경사단면이 기울어지는 각도를 $\theta = 0°$, $45°$, $90°$로 나누어 살펴보면,

① $\theta = 0°$일 때,

$$\left.\begin{array}{l} \sigma_{n)\theta=0°} = \sigma_x\cos^2 0° = \sigma_x = \sigma_{n)\max} \\[2mm] \tau_{)\theta=0°} = \frac{1}{2}\sigma_x\sin(2\times0°) = 0 = \tau_{\min} \end{array}\right\}$$ ·············· (3-3)

② $\theta = 45°$일 때,

$$\sigma_{n)\theta=45°} = \sigma_x\cos^2 45° = \frac{1}{2}\sigma_x$$

$$\tau_{)\theta=45°} = \frac{1}{2}\sigma_x\sin(2\times45°) = \frac{1}{2}\sigma_x$$

$$\therefore \ \theta = 45° \text{에서} \ \sigma_n = \tau = \frac{1}{2}\sigma_x$$ ·············· (3-4)

③ $\theta = 90°$일 때,

$$\left.\begin{array}{l} \sigma_{n)\theta=90°} = \sigma_x\cos^2 90° = 0 = \sigma_{n)\min} \\[2mm] \tau_{)\theta=90°} = \frac{1}{2}\sigma_x\sin(2\times90°) = 0 = \tau_{\min} \end{array}\right\}$$ ·············· (3-5)

따라서 θ가 증가하면서 법선응력(σ_n)은 감소하여 $\theta = 90°$에서 $\sigma_n = 0$이 되고, 전단응력(τ)은 θ가 증가함에 따라서 $\theta = 0°$일 때 $\tau = 0$이며, $\theta = 45°$에서 최대치가 되었다가 감소하여 다시 $\theta = 90°$에서 $\tau = 0$이 된다.

최대 전단응력은 최대 법선응력의 1/2에 불과하지만 인장 또는 압축보다 전단에 대하여 약한 재료에 있어서는 최대 전단응력으로 파괴된다.

1-2 공액응력 $\sigma_n{}'$ 와 τ' 와의 관계

$$\sigma_n{}' = \sigma_{n)\theta\to\theta+90°} = \sigma_x\cos^2(\theta+90°) = \sigma_x\sin^2\theta \text{ [MPa]}$$ ·············· (3-6)

$$\tau' = \tau_{)\theta\to\theta+90°} = \frac{1}{2}\sigma_x\sin2(\theta+90°)$$

$$= \frac{1}{2}\sigma_x\sin(2\theta+180°) = -\frac{1}{2}\sigma_x\sin2\theta \text{ [MPa]}$$ ·············· (3-7)

이 된다. 이들 두 직교하는 응력의 합을 살펴보면,

$$\sigma_n + \sigma_n' = \sigma_x(\cos^2\theta + \sin^2\theta) = \sigma_x\left(=\frac{P}{A}\right) [\text{MPa}] \cdots\cdots (3-8)$$

$$\tau + \tau' = \frac{1}{2}\sigma_x\sin 2\theta + \left(-\frac{1}{2}\sigma_x\sin 2\theta\right) = 0, \ \ \text{즉} \ \ \tau = -\tau' \cdots\cdots (3-9)$$

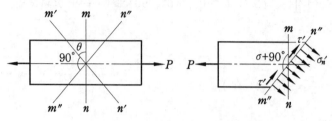

공액단면에 작용하는 응력

2. 경사단면에 대한 모어원

1882년 Otto Mohr에 의해 발표된 Mohr의 응력원은 임의의 요소에 작용하는 응력을 도해적으로 표시하는 방법이다.

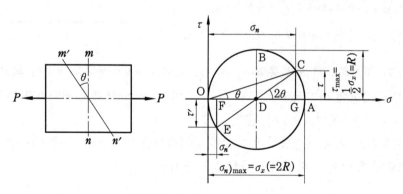

경사단면에 대한 Mohr 응력원

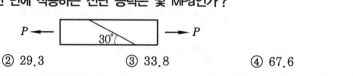

예제 1. 그림과 같이 단면의 치수가 8 mm×24 mm인 강대가 인장력 $P=$ 15 kN을 받고 있다. 그림과 같이 30° 경사진 면에 작용하는 전단 응력은 몇 MPa인가?

① 19.5   ② 29.3   ③ 33.8   ④ 67.6

해설 $\tau = \dfrac{\sigma_x}{2}\sin 2\theta = \dfrac{P}{2A} \times \sin 2\theta = \dfrac{15000}{2\times 8\times 24} \times \sin 60° = 33.8 \text{ MPa}$ 정답 ③

3. 2축응력

3-1 **두 직각 방향의 응력의 합성 – 2축응력**

(1) 2축응력($\sigma_x > \sigma_y$)

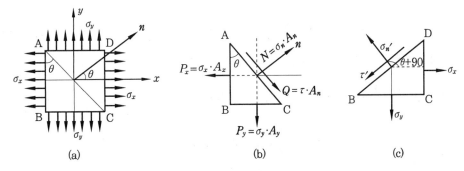

2축응력 상태의 요소

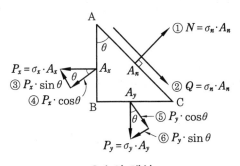

요소의 해석

$$\therefore \sigma_n = \sigma_x \cos^2\theta + \sigma_y \sin^2\theta$$

$$= \sigma_x \frac{1+\cos 2\theta}{2} + \sigma_y \frac{1-\cos 2\theta}{2}$$

$$= \frac{1}{2}(\sigma_x + \sigma_y) + \frac{1}{2}(\sigma_x - \sigma_y)\cos 2\theta \,[\text{MPa}] \quad \cdots\cdots\cdots\cdots\cdots (3-10)$$

$$\therefore \tau = \sigma_x \sin\theta \cos\theta - \sigma_y \sin\theta \cos\theta$$

$$= (\sigma_x - \sigma_y)\sin\theta \cos\theta$$

$$= \frac{1}{2}(\sigma_x - \sigma_y)\sin 2\theta \text{ [MPa]} \quad \cdots\cdots\cdots\cdots\cdots\cdots (3-11)$$

(2) 공액응력 $\sigma_n{}'$와 τ'와의 관계

법선(공액)응력 $\sigma_n{}' = \frac{1}{2}(\sigma_x + \sigma_y) + \frac{1}{2}(\sigma_x - \sigma_y)\cos 2(\theta + 90°)$

$$= \frac{1}{2}(\sigma_x + \sigma_y) - \frac{1}{2}(\sigma_x - \sigma_y)\cos 2\theta \quad \cdots\cdots\cdots\cdots (3-12)$$

전단(공액)응력 $\tau' = \frac{1}{2}(\sigma_x - \sigma_y)\sin 2(\theta + 90°)$

$$= -\frac{1}{2}(\sigma_x - \sigma_y)\sin 2\theta \quad \cdots\cdots\cdots\cdots\cdots\cdots (3-13)$$

서로 공액응력을 이루는 σ_n 과 $\sigma_n{}'$, τ와 τ'의 합은,

$$\sigma_n + \sigma_n{}' = \frac{1}{2}(\sigma_x + \sigma_y) + \frac{1}{2}(\sigma_x - \sigma_y)\cos 2\theta$$

$$+ \frac{1}{2}(\sigma_x + \sigma_y) - \frac{1}{2}(\sigma_x - \sigma_y)\cos 2\theta$$

$$= \sigma_x + \sigma_y \quad \cdots\cdots\cdots\cdots\cdots\cdots\cdots\cdots\cdots\cdots\cdots\cdots (3-14)$$

$$\tau + \tau' = \frac{1}{2}(\sigma_x - \sigma_y)\sin 2\theta - \frac{1}{2}(\sigma_x - \sigma_y)\sin 2\theta = 0 \quad \cdots\cdots\cdots (3-15)$$

① $\theta = 0°$ 일 때 $\sigma_{n(\max)}$

$$\sigma_n)_{\theta=0°} = \frac{1}{2}(\sigma_x + \sigma_y) + \frac{1}{2}(\sigma_x - \sigma_y)\cos(2\times 0°) = \sigma_x$$

$$\tau)_{\theta=0°} = \frac{1}{2}(\sigma_x - \sigma_y)\sin(2\times 0°) = 0$$

② $\theta = 45°$ 일 때 $\tau_{n(\max)}$

$$\sigma_n)_{\theta=45°} = \frac{1}{2}(\sigma_x + \sigma_y) + \frac{1}{2}(\sigma_x - \sigma_y)\cos(2\times 45°) = \frac{1}{2}(\sigma_x + \sigma_y)$$

$$\tau)_{\theta=45°} = \frac{1}{2}(\sigma_x - \sigma_y)\sin(2\times 45°) = \frac{1}{2}(\sigma_x - \sigma_y)$$

③ $\theta = 90°$ 일 때

$$\sigma_n)_{\theta=90°} = \frac{1}{2}(\sigma_x + \sigma_y) + \frac{1}{2}(\sigma_x - \sigma_y)\cos(2\times 90°) = \sigma_y$$

$$\tau)_{\theta=90°} = \frac{1}{2}(\sigma_x - \sigma_y)\sin(2\times 90°) = 0$$

④ 특히 $\theta = (90° + 45°)$일 때

$$\tau)_{\theta=135°} = \frac{1}{2}(\sigma_x - \sigma_y) \times \sin(2 \times 135°) = -\frac{1}{2}(\sigma_x - \sigma_y) \, [\text{MPa}]$$

위 ①~④에서,

$$\left.\begin{array}{l} \text{최대 법선응력}(\sigma_n)_{\max} = \sigma_n)_{\theta=0°} = \sigma_x \\ \text{최소 법선응력}(\sigma_n)_{\min} = \sigma_n)_{\theta=90°} = \sigma_y \end{array}\right\} \quad \cdots\cdots\cdots\cdots\cdots\cdots\cdots (3-16)$$

$$\left.\begin{array}{l} \text{최대 전단응력}(\tau_{\max}) = \tau)_{\theta=45°} = \frac{1}{2}(\sigma_x - \sigma_y) \\ \text{최소 전단응력}(\tau_{\min}) = \tau)_{\theta=135°} = -\frac{1}{2}(\sigma_x - \sigma_y) \end{array}\right\} \quad \cdots\cdots\cdots\cdots\cdots (3-17)$$

(3) 2축응력에서의 변형률

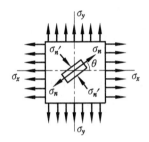

2축응력의 변형

응력 σ_x, σ_y와 변형률 ε_x, ε_y의 함수관계식은,

$$\sigma_x = \frac{(\varepsilon_x + \mu\varepsilon_y)E}{1-\mu^2} = \frac{m(m\varepsilon_x + \varepsilon_y)E}{m^2-1} \, [\text{MPa}]$$

$$\sigma_y = \frac{(\mu\varepsilon_x + \varepsilon_y)E}{1-\mu^2} = \frac{m(\varepsilon_x + m\varepsilon_y)E}{m^2-1} \, [\text{MPa}]$$

$$\cdots\cdots\cdots\cdots\cdots\cdots\cdots\cdots (3-18)$$

스트레인 게이지(strain gauge)로 주변형률(principal strain) ε_x, ε_y를 측정하여 그 면에 작용하는 응력의 크기를 산출할 수 있다.

또한, 체적 변화율

$$\varepsilon_v = \frac{\Delta V}{V} = \varepsilon_x + \varepsilon_y + \varepsilon_z \quad \cdots\cdots\cdots\cdots\cdots\cdots\cdots\cdots\cdots\cdots\cdots (3-19)$$

2축응력 상태에서의 체적 변화율

$$\varepsilon_v = \frac{\Delta V}{V} = (\sigma_x + \sigma_y)(1 - 2\mu)/E \quad \cdots\cdots\cdots\cdots\cdots\cdots (3-20)$$

예제 2. 주평면(principal plane)에 대한 다음 설명 중 옳은 것은?

① 주평면에는 전단응력과 수직응력의 합이 작용한다.

② 주평면에는 전단응력만 작용하고, 수직응력은 작용하지 않는다.

③ 주평면에는 전단응력은 작용하지 않고, 최대 및 최소의 수직응력만 작용한다.

④ 주평면에는 최대의 수직응력만 작용한다.

해설 주평면이란 최대 및 최소 수직응력만 작용하고 전단응력은 작용하지 않는 평면을 말한다.   정답 ③

4. 2축응력(서로 직각인 수직응력)에서의 모어의 원

그림은 직각응력이 작용하는 경우 임의의 각 θ인 경사면에 일어나는 응력상태를 Mohr 원으로 표시한 것이다. 주응력 $\sigma_x = \overline{OA}$, $\sigma_y = \overline{OB}$이고, $\overline{AB}$를 지름으로, 점 C를 중심으로 원을 그리면 이 원주상의 임의의 점은 경사면에 따른 경사면 위의 법선응력 σ_n과 전단응력 τ의 변화를 나타내게 된다.

작도법은 σ축과 반시계 방향으로 2θ되는 반지름 $\overline{CD}$를 긋고 원주와 만나는 점을 D, D점에서 σ축에 수선을 그어 만나는 점을 G라 한다.

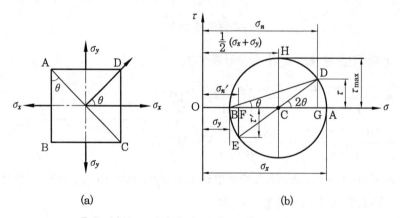

(a)   (b)

2축응력 (서로 직각인 수직력) 상태에서의 모어원

두 지름방향의 응력 σ_x, σ_y가 축압축 응력일 때 그림 (a)와 같이 좌표에서 음(−)으로 잡고 그리며, 경사면의 각이 $\theta = \dfrac{\pi}{4}\left(2\theta = \dfrac{\pi}{2}\right)$일 때 $\tau_{\max} = \sigma_x = -\sigma_y$, 즉 순수전단으로 (b)와 같이 된다.

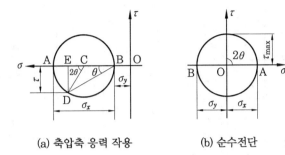

(a) 축압축 응력 작용   (b) 순수전단

축압축 응력과 순수전단

[예제] 3. 그림과 같은 스트레인 로제트(strain rosette)에서 $\varepsilon_a = 100 \times 10^{-6}$, $\varepsilon_b = 200 \times 10^{-6}$, $\varepsilon_c = 900 \times 10^{-6}$이다. 이때 주변형률의 크기는?

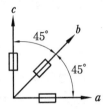

① $\varepsilon_1 = -10^{-13}$, $\varepsilon_2 = 0$ ② $\varepsilon_1 = 0$, $\varepsilon_2 = -10 \times 10^{-13}$

③ $\varepsilon_1 = 10 \times 10^{-13}$, $\varepsilon_2 = 0$ ④ $\varepsilon_1 = 10^{-3}$, $\varepsilon_2 = 0$

[해설] 우선, $\varepsilon_b = \dfrac{(\varepsilon_a + \varepsilon_c)}{2} + \left(\dfrac{\varepsilon_a - \varepsilon_c}{2}\right) \cdot \cos 2 \times 45° + \dfrac{\gamma_{xy}}{2} \cdot \sin 2 \times 45°$

$\therefore \ \varepsilon_b = \dfrac{\varepsilon_a + \varepsilon_c}{2} + \dfrac{\gamma_{xy}}{2} \rightarrow \gamma_{xy} = 2\varepsilon_b - \varepsilon_a - \varepsilon_c = (2 \times 200 - 100 - 900) \times 10^{-6} = 600 \times 10^{-6}$

$\varepsilon_{1,2} = \dfrac{\varepsilon_a + \varepsilon_c}{2} \pm \sqrt{\left(\dfrac{\varepsilon_a - \varepsilon_c}{2}\right)^2 + \left(\dfrac{\gamma_{xy}}{2}\right)^2} = 10^{-3}, 0$ [정답] ④

5. 두 직각방향의 수직응력과 전단응력의 합성 ─ 평면응력

5-1 평면응력($\sigma_x > \sigma_y, \tau_{xy}(\tau_{yx})$)

보에 직각방향으로 작용하는 하중으로 인하여 발생하는 굽힘모멘트에 의해 보속의 한 구형(사각)단면요소에는 수직응력 σ_x, σ_y와 전단응력 τ_{xy}, τ_{yx}가 동시에 작용한다. 또한 축에 축방향의 하중과 비틀림 모멘트가 작용할 때도 같은 응력상태에 놓이게 된다.

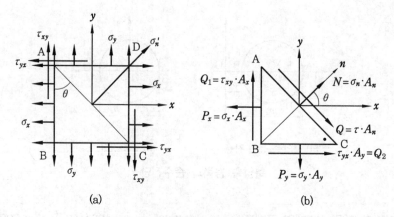

(a)   (b)

직각방향의 수직응력과 전단응력의 합성

구형 단면요소의 응력상태를 표시하고 각도를 이룬 임의의 경사 평면에 작용하는 법선응력(σ_n)과 전단응력(τ)을 고찰하고 이들의 최대응력의 크기와 방향을 구한다.

그림에서 τ_{xy} 와 τ_{yx}를 살펴보면, 첨자 xy 와 yx의 첫째 문자는 전단응력이 작용하는 면을 표시하고, 둘째 문자는 전단응력의 방향을 표시하므로, τ_{xy}는 단면요소의 x면 위에 전단응력이 y방향으로 작용할 것을 말하고, τ_{yx} 는 단면요소의 y면 위에 전단응력이 x 방향으로 작용하는 것을 말한다.

그러므로 τ_{xy} 와 τ_{yx}는 공액응력으로 크기가 같고 방향이 반대인 것이다.

그림의 (b) 힘의 요소를 살펴보고 삼각형 요소의 힘의 평형조건을 고려하면

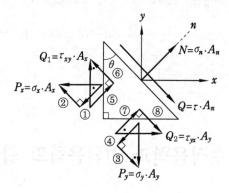

법선응력의 힘의 평형은,

$$N = ① + ④ - ⑤ - ⑦$$

전단응력의 힘의 평형은,

$$Q = ② - ③ + ⑥ - ⑧$$

$$\therefore \ \sigma_n = \frac{1}{2}(\sigma_x + \sigma_y) + \frac{1}{2}(\sigma_x - \sigma_y)\cos 2\theta - \tau_{xy}\sin 2\theta \ \cdots\cdots\cdots\cdots\cdots\cdots\cdots (3-21)$$

$$\therefore \tau = \frac{1}{2}(\sigma_x - \sigma_y)\sin 2\theta + \tau_{xy}\cos 2\theta \,[\text{MPa}] \quad\text{(3-22)}$$

5-2 공액응력 $\sigma_n{}'$ 와 τ' 와의 관계

경사면의 두 응력 σ_n 과 τ 의 공액응력은 $\theta + 90$ 에 발생하므로,

$$\sigma_n{}' = \frac{1}{2}(\sigma_x + \sigma_y) + \frac{1}{2}(\sigma_x - \sigma_y)\cos 2\,(\theta + 90) - \tau_{xy}\sin 2\,(\theta + 90)$$

$$= \frac{1}{2}(\sigma_x + \sigma_y) - \frac{1}{2}(\sigma_x - \sigma_y)\cos 2\theta + \tau_{xy}\sin 2\theta \quad\text{(3-23)}$$

$$\tau' = \frac{1}{2}(\sigma_x - \sigma_y)\sin 2\,(\theta + 90) + \tau_{xy}\cos 2\,(\theta + 90)$$

$$= -\frac{1}{2}(\sigma_x - \sigma_y)\sin 2\theta - \tau_{xy}\cos 2\theta \quad\text{(3-24)}$$

$$\left.\begin{aligned} \sigma_n + \sigma_n{}' &= \sigma_x + \sigma_y \\ \tau + \tau' &= 0 \end{aligned}\right\} \quad\text{(3-25)}$$

5-3 최대·최소 주응력 σ_1, σ_2

위의 식 (3-21), (3-22)에서 σ_n 의 최대, 최솟값은 주응력이 되고, σ_n 이 최댓값이 되는 평면은 전단응력이 0이 되며, 주응력이 발생하는 주평면의 위치, 즉 경사각은 $\dfrac{d\sigma_n}{d\theta} = 0$, 또는 $\tau = 0$ 에서 구할 수 있다. 따라서 식 (3-21)에서,

$$\frac{d\sigma_n}{d\theta} = \frac{1}{2}(\sigma_x - \sigma_y) \cdot (-2 \cdot \sin 2\theta) - \tau_{xy}(2 \cdot \cos 2\theta) = 0$$

$$-(\sigma_x - \sigma_y)\sin 2\theta - 2\tau_{xy} \cdot \cos 2\theta = 0$$

$$\therefore \frac{\sin 2\theta}{\cos 2\theta} = -\frac{2\tau_{xy}}{\sigma_x - \sigma_y} \quad (\tau = 0\text{에서도 같은 결과를 얻는다.})$$

$$\therefore \tan 2\theta = -\frac{2\tau_{xy}}{\sigma_x - \sigma_y} \quad\text{(3-26)}$$

여기서, θ 는 주평면을 정해 주는 경사각이다. θ 값 중에서 하나에 대하여 0°에서 90° 사

이에 수직응력 σ_n는 최대가 되고, 다른 하나의 θ에 대해서는 90°에서 180° 사이에서 최소가 되며, 이들 주응력은 직교좌표 평면 위에 생긴다.

즉, $\theta = -\dfrac{1}{2}\tan^{-1}\dfrac{2\tau_{xy}}{\sigma_x - \sigma_y}$ 와 $\theta' = -\dfrac{1}{2}\tan^{-1}\dfrac{2\tau_{xy}}{\sigma_x - \sigma_y} + \dfrac{\pi}{2}$ 를 식 $(3-21)$에 대입하면, 주평면의 법선응력인 주응력 [최대 주응력$(\sigma_n)_{\max}$와 최소 주응력$(\sigma_n)_{\min}$]을 얻게 된다.

$\cos 2\theta = \dfrac{1}{\sqrt{1 + \tan^2 2\theta}}$, $\sin 2\theta = \dfrac{\tan 2\theta}{\sqrt{1 + \tan^2 2\theta}}$ 와 $\tan 2\theta = \dfrac{-2\tau_{xy}}{\sigma_x - \sigma_y}$ 를 식 $(3-21)$에 대입하여 정리하면 최대 주응력 $\sigma_1 = (\sigma_n)_{\max}$가 얻어지며, $\theta' = \theta + 90°$를 대입하면 최소 주응력 $\sigma_2 = (\sigma_n)_{\min}$이 얻어진다. 즉,

$$\left.\begin{aligned}
\cos 2\theta &= \frac{1}{\sqrt{1 + \tan^2 2\theta}} = \frac{\sigma_x - \sigma_y}{\sqrt{(\sigma_x - \sigma_y)^2 + 4\tau_{xy}^2}} \\
\sin 2\theta &= \frac{\tan 2\theta}{\sqrt{1 + \tan^2 2\theta}} = \frac{-2\tau_{xy}}{\sqrt{(\sigma_x - \sigma_y)^2 + 4\tau_{xy}^2}} \\
\cos 2\theta' &= \cos 2(\theta + 90) = -\cos 2\theta = \frac{-(\sigma_x - \sigma_y)}{\sqrt{(\sigma_x - \sigma_y)^2 + 4\tau_{xy}^2}} \\
\sin 2\theta' &= \sin 2(\theta + 90) = -\sin 2\theta = \frac{+2\tau_{xy}}{\sqrt{(\sigma_x - \sigma_y)^2 + 4\tau_{xy}^2}}
\end{aligned}\right\} \quad \cdots\cdots\cdots (3-27)$$

식 $(3-27)$을 식 $(3-21)$에 대입하고,
$\cos 2\theta$, $\sin 2\theta$를 대입 정리하면, 최대 주응력 σ_1이라 할 때,

$$\sigma_1 = \sigma_n)_{\max} = \frac{1}{2}(\sigma_x + \sigma_y) + \frac{1}{2}\sqrt{(\sigma_x - \sigma_y)^2 + 4\tau_{xy}^2}\;[\mathrm{MPa}] \quad\cdots\cdots\cdots\cdots\cdots (3-28)$$

$\cos 2\theta'$, $\sin 2\theta'$를 대입 정리하면, 최소 주응력 σ_2라 할 때,

$$\sigma_2 = \sigma_n)_{\min} = \frac{1}{2}(\sigma_x + \sigma_y) - \frac{1}{2}\sqrt{(\sigma_x - \sigma_y)^2 + 4\tau_{xy}^2}\;[\mathrm{MPa}] \quad\cdots\cdots\cdots\cdots\cdots (3-29)$$

5-4 전단응력

최대 전단응력이 작용하는 평면의 경사각을 구하기 위해서는 $\dfrac{d\tau}{d\theta_1} = 0$으로 놓고 풀면,

$\tau = \dfrac{1}{2}(\sigma_x - \sigma_y)\sin 2\theta_1 + \tau_{xy}\cos 2\theta_1$ 에서

$\dfrac{d\tau}{d\theta_1} = (\sigma_x - \sigma_y)\cos 2\theta_1 - 2\tau_{xy}\sin 2\theta_1 = 0$

$$\therefore \ \tan 2\theta_1 = \frac{\sin 2\theta_1}{\cos 2\theta_1} = \frac{\sigma_x - \sigma_y}{2\tau_{xy}} \ \cdots\cdots\cdots\cdots\cdots\cdots\cdots\cdots\cdots\cdots\cdots\cdots\cdots\cdots\cdots\cdots\cdots\cdots\cdots\cdots (3-30)$$

앞의 주응력에서와 마찬가지로 $\cos 2\theta_1 = \dfrac{1}{\sqrt{1 + \tan^2 2\theta}}$, $\sin 2\theta_1 = \dfrac{\tan 2\theta_1}{\sqrt{1 + \tan 2\theta_1}}$ 과

$\tan 2\theta_1 = \dfrac{\sigma_x - \sigma_y}{2\tau_{xy}}$ 를 식 (3-22)에 대입하여 정리하면, 최대 전단응력 $\tau_{\max}$가 얻어지며

$\theta_1' = \theta_1 + 90$를 대입하면, 최소 전단응력 $\tau_{\min}$이 얻어진다.

$$\therefore \ \tau_{\max} = \frac{1}{2}(\sigma_x - \sigma_y)\sin 2\theta_1 + \tau_{xy}\cos 2\theta_1$$

$$= \frac{1}{2}\sqrt{(\sigma_x - \sigma_y)^2 + 4\tau_{xy}{}^2} \ [\text{MPa}] \ \cdots\cdots\cdots\cdots\cdots\cdots\cdots\cdots\cdots\cdots\cdots\cdots (3-31)$$

$$= \frac{1}{2}(\sigma_1 - \sigma_2) = \frac{1}{2}[(\sigma_n)_{\max} - (\sigma_n)_{\min}] \ [\text{MPa}] \ \cdots\cdots\cdots\cdots\cdots\cdots (3-32)$$

여기서, 식 (3-26)과 식 (3-30)에서,

$$\tan 2\theta \times \tan 2\theta_1 = -1$$

$\therefore \ \theta = \theta_1 \pm \dfrac{\pi}{4}$ (최대 전단응력이 작용하는 평면은 주평면과 45°를 이루는 경사면 이다.)

6. 평면응력─직각방향의 수직응력과 전단응력에 대한 모어원

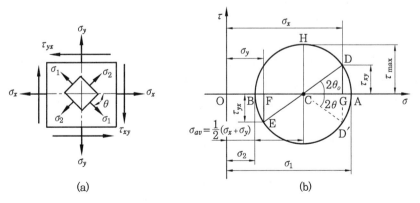

(a) (b)

직각방향의 응력과 전단응력의 평면응력 상태의 요소

반지름 $R = \overline{\mathrm{BC}} = \overline{\mathrm{CE}} = \overline{\mathrm{CD}} = \overline{\mathrm{CA}}$ 이고, 직각삼각형인 △CDG에서 $\overline{\mathrm{CD}} = R$, $\overline{\mathrm{DG}} = \tau_{xy}$,

$\overline{\mathrm{CG}} = \dfrac{1}{2}(\sigma_x - \sigma_y)$ 이므로,

따라서, $\overline{\mathrm{CD}}^2 = \overline{\mathrm{CG}}^2 + \overline{\mathrm{DG}}^2$

$$\therefore \ \overline{\mathrm{CD}} = \sqrt{(\overline{\mathrm{CG}})^2 + (\mathrm{DG})^2} = \sqrt{\left(\dfrac{\sigma_x - \sigma_y}{2}\right)^2 + \tau_{xy}^2} = R \ \cdots\cdots\cdots\cdots (3-33)$$

$$\text{최대 주응력}(\sigma_1) = \overline{\mathrm{OA}} = \overline{\mathrm{OC}} + \overline{\mathrm{CA}} = \left(\dfrac{\sigma_x + \sigma_y}{2}\right) + \sqrt{\left(\dfrac{\sigma_x - \sigma_y}{2}\right)^2 + \tau_{xy}^{\ 2}}$$

$$= \dfrac{1}{2}(\sigma_x + \sigma_y) + \dfrac{1}{2}\sqrt{(\sigma_x - \sigma_y)^2 + 4\tau_{xy}^{\ 2}} = (\sigma_n)_{\max}$$

$$= \sigma_{av} + R[\mathrm{MPa}] \ \cdots\cdots\cdots\cdots\cdots\cdots (3-34)$$

$$\text{최소 주응력}(\sigma_2) = \overline{\mathrm{OB}} = \overline{\mathrm{OC}} - \overline{\mathrm{BC}} = \left(\dfrac{\sigma_x + \sigma_y}{2}\right) - \sqrt{\left(\dfrac{\sigma_x - \sigma_y}{2}\right)^2 + \tau_{xy}^{\ 2}}$$

$$= \dfrac{1}{2}(\sigma_x + \sigma_y) - \dfrac{1}{2}\sqrt{(\sigma_x - \sigma_y)^2 - 4\tau_{xy}^{\ 2}} = (\sigma_n)_{\min}$$

$$= \sigma_{av} - R[\mathrm{MPa}] \ \cdots\cdots\cdots\cdots\cdots\cdots (3-35)$$

경사각 θ의 값은,

$$\tan 2\theta = \dfrac{\overline{\mathrm{D'G}}}{\overline{\mathrm{CG}}} = \dfrac{-\tau_{xy}}{(\sigma_x - \sigma_y)/2} = \dfrac{-2\tau_{xy}}{(\sigma_x - \sigma_y)} \ \cdots\cdots\cdots\cdots (3-36)$$

최대 전단응력

$$\tau_{\max} = \overline{\mathrm{CH}} = R = \dfrac{(\sigma_1 - \sigma_2)}{2} = \dfrac{1}{2}\sqrt{(\sigma_x - \sigma_y)^2 + 4\tau_{xy}^{\ 2}}\,[\mathrm{MPa}] \ \cdots\cdots (3-37)$$

위의 식들은 임의의 두 직교 평면에 작용하는 법선응력과 전단응력이 주어질 때 최대
주응력과 최소 주응력을 구할 수 있다.

[예제] 4. 어떤 평면상에 작용되는 수직응력과 전단응력이 $\sigma_x = -50\,\mathrm{MPa}$, $\sigma_y = 10\,\mathrm{MPa}$, $\tau_{xy} = -40\,\mathrm{MPa}$이다. 이 평면에 작용되는 주응력은 각각 몇 MPa인가?

① 70, -30 　　② 50, -50 　　③ 30, -70 　　④ 20, -80

[해설] $\sigma_1 = \dfrac{\sigma_x + \sigma_y}{2} + \dfrac{1}{2}\sqrt{(\sigma_x - \sigma_y)^2 + 4\tau_{xy}^{\ 2}} = 30\,\mathrm{MPa}$

$\sigma_2 = \dfrac{\sigma_x + \sigma_y}{2} - \dfrac{1}{2}\sqrt{(\sigma_x - \sigma_y)^2 + 4\tau_{xy}^{\ 2}} = -70\,\mathrm{MPa}$

[정답] ③

출제 예상 문제

1. 다음 중 경사단면에서의 법선응력을 나타낸 것으로 옳은 것은?

① $\sigma_n = \sigma_x \cdot \sin^2\theta$

② $\sigma_n = \sigma_x \cdot \cos^2\theta$

③ $\sigma_n = \sigma_x \cdot \sin 2\theta$

④ $\sigma_n = \sigma_x \cdot \cos 2\theta$

해설 경사단면에서의 응력은

수직응력 $\sigma_x = \dfrac{P}{A}$ 일 때,

(1) 법선응력$(\sigma_n) = \sigma_x \cdot \cos^2\theta\,(\theta = 0°$에서 최대, $\theta = 90°$에서 최소)

(2) 전단응력$(\tau) = \dfrac{1}{2}\sigma_x \cdot \sin 2\theta\,(\theta = 45°$에서 최대)

2. 다음 중 경사단면상의 전단응력을 바르게 나타낸 것은?

① $\tau = \sigma_x \sin\dfrac{\theta}{2}$

② $\tau = \sigma_x \cos\dfrac{\theta}{2}$

③ $\tau = \dfrac{1}{2}\sigma_x \sin 2\theta$

④ $\tau = \dfrac{1}{2}\sigma_x \cos 2\theta$

해설 $\tau = \sigma_x \cos\theta \sin\theta = \dfrac{1}{2}\sigma_x \sin 2\theta$

3. 경사면상의 최대 법선응력은 θ가 몇 도일 때인가?

① 0°   ② 30°

③ 45°   ④ 90°

해설 $\sigma_n = \sigma_x \cos^2\theta$에서,

$(\sigma_n)_{\theta = 0°} = \sigma_x \cos^2 0° = \sigma_x$ 최대

$(\sigma_n)_{\theta = 90°} = \sigma_x \cos^2 90° = 0 = $ 최소

$(\sigma_n)_{\theta = 45°} = \sigma_x \cos^2 45° = \dfrac{1}{2}\sigma_x$

4. 경사면상의 최대 전단응력은 θ가 몇 도일 때이며, 그 크기는 얼마인가?

① $\theta = 0°$, $\tau_{\max} = \dfrac{1}{2}\sigma_x$

② $\theta = 45°$, $\tau_{\max} = \dfrac{1}{2}\sigma_x$

③ $\theta = 0°$, $\tau_{\max} = \sigma_x$

④ $\theta = 90°$, $\tau_{\max} = \sigma_x$

해설 $\tau = \dfrac{1}{2}\sigma_x \sin 2\theta$에서,

$\tau|_{\theta = 0°} = \dfrac{1}{2}\sin 0° = 0$

$\tau|_{\theta = 45°} = \dfrac{1}{2}\sigma_x \sin(2 \times 45°) = \dfrac{1}{2}\sigma_x = $ 최대

$\tau|_{\theta = 90°} = \dfrac{1}{2}\sigma_x \sin(2 \times 90°) = 0$

5. 단순응력 σ_x만이 작용할 경우 임의의 각 θ에서 법선응력 σ_n과 공액응력 $\sigma_n{}'$와의 관계식 중 옳게 나타낸 것은?

① $\sigma_n + \sigma_n{}' = 0$ ② $\sigma_n + \sigma_n{}' = \dfrac{1}{2}\sigma_x$

③ $\sigma_n + \sigma_n{}' = \sigma_x$ ④ $\sigma_n + \sigma_n{}' = 2\sigma_x$

해설 $\sigma_n = \sigma_x \cos^2\theta$,

$\sigma_n{}' = \sigma_x \cos^2\theta\,(\theta + 90°)$

$= \sigma_x \sin^2\theta$이므로,

$\therefore \sigma_n + \sigma_n{}' = \sigma_x \cos^2\theta + \sigma_x \sin^2\theta$

$= \sigma_x(\cos^2\theta + \sin^2\theta) = \sigma_x\,[\text{MPa}]$

정답 1. ②   2. ③   3. ①   4. ②   5. ③

6. 경사단면의 임의의 각 θ에서 발생하는 전단응력 τ와 공액 전단응력 τ'와의 관계식이 맞는 것은?

① $\tau + \tau' = 2\sigma_x$ ② $\tau + \tau' = \sigma_x$

③ $\tau + \tau' = \dfrac{1}{2}\sigma_x$ ④ $\tau + \tau' = 0$

[해설] $\tau = \dfrac{1}{2}\sigma_x \sin 2\theta$

$$\tau' = \frac{1}{2}\sigma_x \sin 2(\theta + 90°) = -\frac{1}{2}\sigma_x \sin 2\theta$$

$$\therefore \ \tau + \tau' = \frac{1}{2}\sigma_x \sin 2\theta + \left(-\frac{1}{2}\sigma_x \sin 2\theta\right)$$

$$= 0$$

7. 축방향의 하중만 작용하는 단순응력의 경우 경사평면에서의 법선응력 σ_n과 전단응력 τ가 같게 되는 각도 θ는 얼마인가?

① 0°   ② 30°

③ 45°   ④ 90°

[해설] $\sigma_n = \sigma_x \cos^2\theta$, $\tau = \dfrac{1}{2}\sigma_x \sin 2\theta$에서

두 값이 같으므로 $\sigma_n = \tau$에서,

$$\sigma_x \cos^2\theta = \frac{1}{2}\sigma_x \sin 2\theta$$

$$\sigma_x \cos^2\theta = \frac{1}{2}\sigma_x \cdot 2\sin\theta \cos\theta$$

$$\therefore \ \cos\theta = \sin\theta$$

$$\therefore \ \frac{\sin\theta}{\cos\theta} = \tan\theta = 1$$

$$\therefore \ \theta = \tan^{-1}1 = 45°$$

8. 서로 직각인 두 축에서 수직응력을 σ_x, σ_y라 할 때 횡단면과 θ만큼 경사진 단면에 생기는 법선응력(σ_n)의 식은?

① $\sigma_n = \dfrac{1}{2}(\sigma_x + \sigma_y) + \dfrac{1}{2}(\sigma_x + \sigma_y)\cos 2\theta$

② $\sigma_n = \dfrac{1}{2}(\sigma_x + \sigma_y) + \dfrac{1}{2}(\sigma_x - \sigma_y)\cos 2\theta$

③ $\sigma_n = \dfrac{1}{2}(\sigma_x - \sigma_y) + \dfrac{1}{2}(\sigma_x + \sigma_y)\cos 2\theta$

④ $\sigma_n = \dfrac{1}{2}(\sigma_x - \sigma_y) + \dfrac{1}{2}(\sigma_x - \sigma_y)\cos 2\theta$

[해설] 서로 직각인 두 축에서의 법선응력은

$$\sigma_n = \sigma_x \cos^2\theta + \sigma_y \sin^2\theta$$

$$= \frac{1}{2}(\sigma_x + \sigma_y) + \frac{1}{2}(\sigma_x - \sigma_y)\cos 2\theta\,[\text{MPa}]$$

9. 서로 직각인 두 축에서 수직응력을 σ_x, σ_y라 할 때 횡단면과 θ만큼 경사진 단면에 생기는 전단응력 τ를 구하는 식은?

① $\tau = \dfrac{1}{2}(\sigma_x + \sigma_y)\sin^2\theta$

② $\tau = \dfrac{1}{2}(\sigma_x - \sigma_y)\sin^2\theta$

③ $\tau = \dfrac{1}{2}(\sigma_x + \sigma_y)\sin 2\theta$

④ $\tau = \dfrac{1}{2}(\sigma_x - \sigma_y)\sin 2\theta$

[해설] $\tau = (\sigma_x - \sigma_y)\cos\theta \sin\theta$

$$= \frac{1}{2}(\sigma_x - \sigma_y)\sin 2\theta\,[\text{MPa}]$$

10. 2축응력의 경우 공액 법선응력 σ_n'와 공액 전단응력 τ'를 옳게 나타낸 것은?

① $\sigma_n' = \dfrac{1}{2}(\sigma_x + \sigma_y) - \dfrac{1}{2}(\sigma_x - \sigma_y)\cos 2\theta$

   $\tau' = -\dfrac{1}{2}(\sigma_x - \sigma_y)\sin 2\theta$

② $\sigma_n' = \dfrac{1}{2}(\sigma_x + \sigma_y) - \dfrac{1}{2}(\sigma_x - \sigma_y)\cos 2\theta$

   $\tau' = \dfrac{1}{2}(\sigma_x - \sigma_y)\sin 2\theta$

③ $\sigma_n' = \dfrac{1}{2}(\sigma_x - \sigma_y) - \dfrac{1}{2}(\sigma_x + \sigma_y)\cos 2\theta$

   $\tau' = -\dfrac{1}{2}(\sigma_x - \sigma_y)\sin 2\theta$

④ $\sigma_n' = \dfrac{1}{2}(\sigma_x - \sigma_y) - \dfrac{1}{2}(\sigma_x + \sigma_y)\cos 2\theta$

[정답] 6. ④   7. ③   8. ②   9. ④   10. ①

$$\tau' = \frac{1}{2}(\sigma_x - \sigma_y)\sin2\theta$$

[해설] 2축응력의 경우 σ_n과 τ의 공액응력 $\sigma_n{}'$과 τ'는,

$$\sigma_n{}' = (\sigma_n)_{\theta'=\theta+90} = \frac{1}{2}(\sigma_x + \sigma_y)$$
$$+ \frac{1}{2}(\sigma_x - \sigma_y)\cos2(\theta+90)$$
$$= \frac{1}{2}(\sigma_x + \sigma_y) - \frac{1}{2}(\sigma_x - \sigma_y)\cos2\theta\,[\text{MPa}]$$
$$\tau' = (\tau)_{\theta'=\theta+90}$$
$$= \frac{1}{2}(\sigma_x - \sigma_y)\sin2(\theta+90)$$
$$= -\frac{1}{2}(\sigma_x - \sigma_y)\sin2\theta\,[\text{MPa}]$$

11. 2축응력에서 횡단면과 θ만큼 경사진 단면에 생기는 법선응력 σ_n과 공액 법선 응력 $\sigma_n{}'$의 합은 어느 것인가?

① $\frac{1}{2}(\sigma_x + \sigma_y)$ ② $\sigma_x + \sigma_y$

③ $2(\sigma_x + \sigma_y)$ ④ $(\sigma_x + \sigma_y)^2$

[해설] $\sigma_n = \frac{1}{2}(\sigma_x + \sigma_y)$
$$+ \frac{1}{2}(\sigma_x - \sigma_y)\cos2\theta\,[\text{MPa}]$$
$$\sigma_n{}' = \frac{1}{2}(\sigma_x + \sigma_y)$$
$$- \frac{1}{2}(\sigma_x - \sigma_y)\cos2\theta\,[\text{MPa}]$$
$$\therefore \ \sigma_n + \sigma_n{}' = \sigma_x + \sigma_y$$

12. 2축응력에서 임의경사각 θ에서의 전단응력 τ와 공액 전단응력 τ'와의 합은?

① 0   ② $\frac{1}{2}(\sigma_x - \sigma_y)$

③ $\frac{1}{2}(\sigma_x + \sigma_y)$ ④ $\sigma_x - \sigma_y$

[해설] 2축응력 상태에서,

전단응력$(\tau) = \frac{1}{2}(\sigma_x - \sigma_y)\sin2\theta$

공액 전단응력$(\tau') = -\frac{1}{2}(\sigma_x - \sigma_y)\sin2\theta$

$\therefore \ \tau + \tau' = 0$ 또는 $\tau = -\tau'$

13. 다음은 공액응력에 대한 설명이다. 바르게 설명한 것은?

① 두 공액 법선응력의 합은 언제나 다르다.

② 두 공액 법선응력은 크기가 0이며 부호는 반대이다.

③ 두 공액 전단응력의 차는 항상 같다.

④ 두 공액 전단응력의 합은 항상 0이며, 부호는 반대이다.

[해설] 두 공액 법선응력의 합은 항상 일정하며, 그 크기는 경사단면에서 $\sigma_n + \sigma_n{}' = \sigma_x$이고, 2축응력과 평면응력에서는 $\sigma_n + \sigma_n{}' = \sigma_x + \sigma_y$이다. 두 공액 전단응력의 합은 항상 0이며, 부호가 반대$(\tau = -\tau')$이다.

14. 평면응력 상태의 경우 최대 주응력 $(\sigma_n)_{max}$과 최소 주응력$(\sigma_n)_{min}$의 합은 어느 것인가?

① $\sigma_x + \sigma_y$ ② $\frac{1}{2}(\sigma_x + \sigma_y)$

③ $\sigma_x - \sigma_y$ ④ $\frac{1}{2}(\sigma_x - \sigma_y)$

[해설] 평면응력 (서로 직각인 수직응력과 전단응력) 상태에서,
최대 주응력$(\sigma_n)_{max}$
$$= \frac{1}{2}(\sigma_x + \sigma_y) + \frac{1}{2}\sqrt{(\sigma_x - \sigma_y)^2 + 4\tau_{xy}}$$
최소 주응력$(\sigma_n)_{min}$
$$= \frac{1}{2}(\sigma_x + \sigma_y) - \frac{1}{2}\sqrt{(\sigma_x - \sigma_y)^2 + 4\tau_{xy}}$$
$$\therefore \ (\sigma_n)_{max} + (\sigma_n)_{min} = \sigma_x + \sigma_y$$

15. 그림과 같은 단순응력의 모어원에서 수직응력 $\sigma_x = 78.4\,\text{MPa}$, 전단응력 $\tau = 19.6\,\text{MPa}$일 때 경사각 θ는 얼마인가?

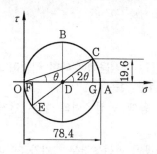

① $\theta = 15°$ ② $\theta = 30°$
③ $\theta = 45°$ ④ $\theta = 60°$

해설 $\sin 2\theta = \dfrac{\overline{CG}}{\overline{CD}} = \dfrac{\overline{CG}}{\overline{DA}} = \dfrac{19.6}{78.4/2} = \dfrac{1}{2}$

$\therefore\ 2\theta = \sin^{-1}\dfrac{1}{2} = 30°$

$\therefore\ \theta = 15°$

16. 단순응력의 모어원에 대한 설명 중 옳은 것은?

① 모어원의 지름은 최대 전단응력과 같다.
② 모어원의 반지름은 최대 법선응력과 같다.
③ 모어원의 중심각은 경사각의 $\dfrac{1}{2}$ 크기이다.
④ 모어원의 반지름은 최대 전단응력과 같다.

해설 모어원의 중심각은 경사각의 2배 크기이다.

17. 평면응력 상태에 있는 재료 내에 생기는 최대 주응력을 σ_1, 최소 주응력을 σ_2라 할 때 주전단응력을 $\tau_{\max}$를 나타내는 식은 어느 것인가?

① $\tau_{\max} = \dfrac{1}{2}\left(\sigma_1 - \sigma_2\right)$

② $\tau_{\max} = \dfrac{1}{4}\left(\sigma_1 - \sigma_2\right)$

③ $\tau_{\max} = \dfrac{1}{2}\left(\sigma_1 + \sigma_2\right)$

④ $\tau_{\max} = \dfrac{1}{4}\left(\sigma_1 + \sigma_2\right)$

해설 σ_1, σ_2, $\tau_{\max}$의 식에서 다음과 같이 구할 수 있다.

$\sigma_1 = \dfrac{1}{2}\left(\sigma_x + \sigma_y\right) + \dfrac{1}{2}\sqrt{\left(\sigma_x - \sigma_y\right)^2 + 4\tau_{xy}{}^2}$

$\sigma_2 = \dfrac{1}{2}\left(\sigma_x + \sigma_y\right) - \dfrac{1}{2}\sqrt{\left(\sigma_x - \sigma_y\right)^2 + 4\tau_{xy}{}^2}$

$\tau_{\max} = \dfrac{1}{2}\sqrt{\left(\sigma_x - \sigma_y\right)^2 + 4\tau_{xy}{}^2}$

$\sigma_1 - \sigma_2 = 2 \times \dfrac{1}{2}\sqrt{\left(\sigma_x - \sigma_y\right)^2 + 4\tau_{xy}{}^2} = 2\tau_{\max}$

$\therefore\ \tau_{\max} = \dfrac{1}{2}\left(\sigma_1 - \sigma_2\right)$

18. 축방향에 하중이 작용할 때 각 θ 만큼 경사진 단면에 생기는 최대 전단응력에 대한 설명 중 옳은 것은?

① $\theta = 90°$의 단면에 생기며, -0이다.
② $\theta = 45°$의 단면에 생기며, 수직응력의 $\dfrac{1}{2}$과 같다.
③ $\theta = 45°$의 단면에 생기며, $\tau_{\max} = \sigma_x$이다.
④ $\theta = 90°$의 단면에 생기며, $\tau_{\max} = \sigma_n$이다.

해설 $\sigma_n = \sigma_x \cos^2\theta$, $\tau = \dfrac{1}{2}\sigma_x \sin 2\theta$에서 최대 전단응력은 $\theta = 45°$에서 생기므로,

$\sigma_n = \sigma_x \cos^2 45° = \dfrac{1}{2}\sigma_x$

$\tau = \dfrac{1}{2}\sigma_x \sin 90° = \dfrac{1}{2}\sigma_x = \tau_{\max}[\text{MPa}]$

$\therefore\ \tau_{\max} = \sigma_n = \dfrac{1}{2}\sigma_x$

정답 **15.** ① **16.** ④ **17.** ① **18.** ②

_19._ 주평면(principal plane)에 대한 설명
중 옳은 것은 어느 것인가?

① 주평면에는 $(\sigma_n)_{max}$만 작용하고, $(\sigma_n)_{min}$
및 τ는 작용하지 않는다.

② 주평면에는 τ는 작용하지 않고, $(\sigma_n)_{max}$
및 $(\sigma_n)_{min}$만 작용한다.

③ 주평면에는 τ만 작용하고, σ_n은 작용
하지 않는다.

④ 주평면에는 $\tau + \sigma_n$이 작용한다.

[해설] 최대·최소 수직응력만 작용하고 전단응
력은 작용하지 않는 평면을 주평면이라 하
고, 주평면에 작용하는 $(\sigma_n)_{max}$와 $(\sigma_n)_{min}$
을 주응력이라 한다.

_20._ 인장 하중 P를 받는 봉에서 임의의 경
사단면 pq와 직교하는 경사단면 mn에 각
각 평행한 이웃단면으로 이루어지는 요소
(해칭부분)의 측면에 작용하는 응력상태는
어느 것인가?

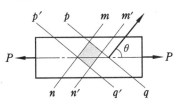

① 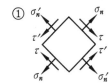 ②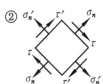

③ 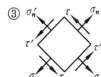 ④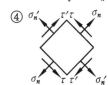

_21._ 횡단면과 각 θ를 이루는 경사단면 위
에 법선응력 $\sigma_n = 117.6\,\text{MPa}$, 전단응력
$\tau = 39.2\,\text{MPa}$이 작용할 때, 경사각 θ는?

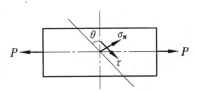

① $\tan^{-1}\dfrac{1}{3}$ ② $\cot^{-1}\dfrac{1}{3}$

③ $\cos^{-1}\dfrac{1}{3}$ ④ $\sin^{-1}\dfrac{1}{3}$

[해설] 단순응력에서 $\sigma_n = \sigma_x \cos^2\theta$,

$\tau = \dfrac{1}{2}\sigma_x \sin 2\theta\,(= \sigma_x \sin\theta \cos\theta)$

이므로,

$\dfrac{\tau}{\sigma_n} = \dfrac{\sigma_x \sin\theta \cos\theta}{\sigma_x \cos^2\theta} = \tan\theta$

$\therefore\ \tan\theta = \dfrac{\tau}{\sigma_n} = \dfrac{39.2}{117.6} = \dfrac{1}{3}$

$\therefore\ \theta = \tan^{-1}\dfrac{1}{3}$

_22._ 다음 그림과 같이 정사각형 모양에
$\sigma_x = 19.6\,\text{MPa}$, $\sigma_y = 9.8\,\text{MPa}$의 인장응
력이 작용할 때 최대
전단응력의 값은?

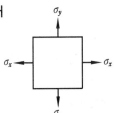

① $19.6\,\text{MPa}$

② $14.7\,\text{MPa}$

③ $9.8\,\text{MPa}$

④ $4.9\,\text{MPa}$

[해설] 2축응력에서 전단응력 τ는 $\theta = \dfrac{\pi}{4}(45°)$

에서 최대 전단응력이 되므로,

$\tau = \dfrac{1}{2}(\sigma_x - \sigma_y)\sin 2\theta\,\big|_{\theta = \frac{\pi}{4}}$

$= \dfrac{1}{2}(\sigma_x - \sigma_y) = \tau_{max}$

$\therefore\ \tau_{max} = \dfrac{1}{2}(\sigma_x - \sigma_y)$

$= \dfrac{1}{2} \times (19.6 - 9.8)$

$= 4.9\,\text{MPa}$

제4장 평면도형의 성질

1. 단면 1차 모멘트와 도심

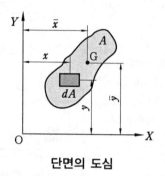

단면의 도심

임의의 면적이 A인 평면도형상에 미소면적 dA를 취하여 그의 좌표를 x, y라 할 때 dA에서 X, Y축까지의 거리를 곱한 양 xdA 및 ydA를 미소면적의 X, Y축에 관한 1차 모멘트라 하며, 그것을 도형의 전면적 A에 걸쳐 적분한 양을 X, Y축에 관한 단면 1차 모멘트(first moment of area)라 하고, 다음과 같이 표시한다.

$$G_X = y_1 dA_1 + y_2 dA_2 + \ldots + y_n dA_n$$

$$= \Sigma y_i dA_i = \int_A y \, dA \quad \text{..} \quad (4-1)$$

$$G_Y = x_1 dA_1 + x_2 dA_2 + \ldots + x_n dA_n$$

$$= \Sigma x_i dA_i = \int_A x \, dA \quad \text{..} \quad (4-2)$$

단면 1차 모멘트가 0이 되는 점을 단면의 도심(centroid of area)이라 한다.

도심 G의 좌표를 $\bar{x}$, $\bar{y}$라고 하면,

$$A \bar{x} = \int_A x \, dA = G_Y, \quad A \bar{y} = \int_A y \, dA = G_X \text{ 에서,}$$

$$\left.\begin{array}{l} \bar{x} = \dfrac{G_Y}{A} = \dfrac{\displaystyle\int_A x \cdot dA}{\displaystyle\int_A dA}[\text{cm}] \\[20pt] \bar{y} = \dfrac{G_X}{A} = \dfrac{\displaystyle\int_A y \cdot dA}{\displaystyle\int_A dA}[\text{cm}] \end{array}\right\} \quad\cdots\cdots\cdots\cdots\cdots (4-3)$$

식 (4-3)에서 $\bar{x}$, $\bar{y}$는 단면 A의 도심에서 Y 및 X축까지의 거리이고, $\bar{x}$ 및 $\bar{y}$를 0으로 하면 $G_X = 0$, $G_Y = 0$이 된다. 즉, 단면의 도심을 통하는 축에 대한 단면 1차 모멘트는 항상 0이다. 두 도형이 대칭이면 그 축은 반드시 도심을 지나고 그 축에 대한 단면 1차 모멘트는 0이다. 단면 1차 모멘트는 면적 × 거리이므로, $\text{cm}^2 \times \text{cm} = \text{cm}^3[L^3]$으로 표시된다 ($X$축에 평행한 Z축에 대한 단면 1차 모멘트).

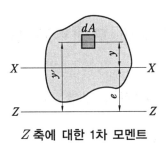

Z축에 대한 1차 모멘트

Z축에 대한 1차 모멘트는,

$$G_Z = \int_A y' dA = \int_A (y+e)\,dA = \int_A y dA + \int_A e dA$$

$$= G_X + eA\,[\text{cm}^3] \quad\cdots\cdots\cdots\cdots\cdots\cdots\cdots\cdots\cdots (4-4)$$

[예제] **1.** 그림과 같은 1 / 4이 절단된 단면의 도심의 거리 ($\bar{y}$)를 구하면?

① $\dfrac{3}{12}a$ 　　② $\dfrac{5}{12}a$

③ $\dfrac{7}{12}a$ 　　④ $\dfrac{9}{12}a$

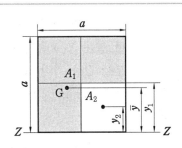

[해설] 단면 1차 모멘트$(G_Z) = \displaystyle\int_A y dA = A\bar{y}$에서,

$$\overline{y} = \frac{A_1\overline{y_1} - A_2\overline{y_2}}{A_1 - A_2} = \frac{\left(a^2 \cdot \dfrac{a}{2} - \left(\dfrac{a}{2}\right)^2 \cdot \dfrac{a}{4}\right)}{a^2 - \left(\dfrac{a}{2}\right)^2} = \frac{7}{12}a$$

정답 ③

예제 **2.** 그림과 같은 원형 단면의 도심의 위치를 구하면?

① $\dfrac{r}{2}$ ② r

③ $\dfrac{3r}{2\pi}$ ④ $\dfrac{5r}{4\pi}$

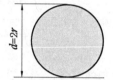

해설 단면 1차 모멘트$(G_Z) = A\overline{y} = (\pi r^2)r = \pi r^3 [\text{cm}^3]$

도심의 위치$(e) = \dfrac{G_Z}{A} = \dfrac{\pi r^3}{\pi r^2} = r [\text{cm}]$

정답 ②

2. 단면 2차 모멘트와 단면계수

2-1 단면 2차 모멘트(관성 모멘트)

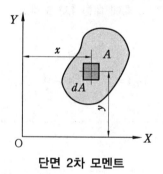

단면 2차 모멘트

그림과 같이 임의의 평면도형의 미소면적 dA에서 X, Y축까지의 거리 x 및 y의 제곱을 서로 곱한 양을 X, Y축에 관한 미소단면의 2차 모멘트라 하고, 그 도형의 전체면적 A에 걸쳐 적분한 값을 각각 X, Y축에 대한 단면 2차 모멘트(second moment of area) 또는 관성 모멘트(moment of inertia)라 하고, X축 Y축에 관한 단면 2차 모멘트를 I_X, I_Y라 하면,

$$\left. \begin{aligned} I_X &= \int_A y^2 \cdot dA = \Sigma\, y_i{}^2 dA_i [\text{cm}^4] \\ I_Y &= \int_A x^2 \cdot dA = \Sigma\, x_i{}^2 dA_i [\text{cm}^4] \end{aligned} \right\} \quad \cdots\cdots\cdots\cdots\cdots\cdots (4-5)$$

2-2 회전 반지름

도형에 있어서 2차 중심이라는 것이 있는데, 이것은 도형의 전면적이 어떠한 점에 집중하였다고 생각하고 주어진 축에 대한 이 도형의 관성 모멘트의 크기가 주어진 축에 대해 분포된 면적의 관성 모멘트와 같은 경우 이 점을 말하는 것이다. 주어진 축까지의 거리를 단면 2차 반지름(radius of gyration of area), 회전 반지름 또는 관성 반지름이라 하고, 단위는 cm이다.

관성 모멘트를 그 단면적으로 나눈 값의 제곱근이 그 단면적의 회전 반지름이다.

$$\left.\begin{aligned} I &= k^2 A \ (k : \text{회전 반지름}) \\ k_x &= \sqrt{\frac{I_x}{A}} \ (x \text{ 축에 대한 회전 반지름}) \\ k_y &= \sqrt{\frac{I_y}{A}} \ (y \text{ 축에 대한 회전 반지름}) \end{aligned}\right\} \quad (4-6)$$

2-3 단면계수(Z)

단면계수

그림에서 도심 G를 지나는 축에서 끝단까지의 거리를 e_1, e_2라 하면, 그 축에 관한 관성 모멘트 I를 e로 나눈 값을 그 축에 대한 단면계수(modulus of area)라 하고 Z로 표시하면,

$$\left.\begin{aligned} Z_1 &= \frac{I_x}{e_1} [\text{cm}^3] \\ Z_2 &= \frac{I_x}{e_2} [\text{cm}^3] \end{aligned}\right\} \quad (4-7)$$

만약, 도형이 대칭축이면 그 축에 대한 단면계수는 $Z_1 = Z_2 = Z$ 하나만 존재하고, 대칭이 아닐 때는 2개의 단면계수가 존재한다. 보(beam)나 기둥(column)의 설계에서 관성 모멘트, 단면계수, 회전 반지름은 중요한 요소이다.

예제 3. 그림과 같은 단면의 보에서 X축에 대한 단면 계수는?

① $72\ \text{cm}^3$

② $78\ \text{cm}^3$

③ $84\ \text{cm}^3$

④ $504\ \text{cm}^3$

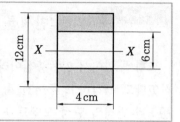

해설 $Z_x = \dfrac{I_x}{y} = \dfrac{504}{\dfrac{12}{2}} = 84\ \text{cm}^3$

$$\left(\because I_x = \frac{BH^3}{12} - \frac{Bh^3}{12} = \frac{B}{12}(H^3 - h^3) = \frac{4}{12}(12^3 - 6^3) = 504\text{cm}^4 \right)$$

정답 ③

3. 단면 2차 모멘트 평행축 정리

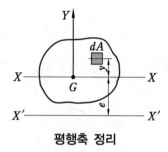

평행축 정리

평면도형의 도심 G를 지나는 $X-X$축과 거리 e만큼 떨어진 동일평면 내의 평행축 $X'-X'$축에 대한 관성 모멘트 I_x'는,

$$I_x' = \int_A (y+e)^2 dA = \int_A (y^2 + 2ey + e^2) dA$$

$$= \int_A y^2 dA + 2e \int_A y\, dA + \int_A e^2 dA$$

여기서, $\displaystyle\int_A y^2 dA = I_x$ 이고, $\displaystyle\int_A y\, dA$는 도심을 통과하는 단면 1차 모멘트이므로,

$\displaystyle\int_A y\, dA = 0$이다. 따라서,

$$I_x' = I_x + e^2 A\,[\text{cm}^4] \quad \text{..} \quad (4-8)$$

식 (4-8)을 평행축 정리(Parallel axis theorem)라 한다.

평행축 정리에서 최소의 관성모멘트($e=0$일 때 $I_x' = I_x$)는 도심을 지나는 축에 대한 관성 모멘트와 같다. 또, 임의의 평행축에 대한 회전 반지름 $k'^2 = k^2 + e^2$ 이다.

[예제] **4.** 지름 $d = 30\,\text{cm}$의 원형 단면에서 저변$(x' - x')$에 대한 단면 2차 모멘트는?

① $6627\,\text{cm}^4$

② $12425\,\text{cm}^4$

③ $24850\,\text{cm}^4$

④ $198804\,\text{cm}^4$

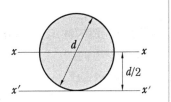

[해설] $\quad I_x' = \dfrac{5\pi d^4}{64} = \dfrac{5 \times \pi \times 30^4}{64} = 198804\,\text{cm}^4$ [정답] ④

4. 극관성 모멘트(I_P)

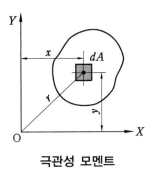

극관성 모멘트

그림과 같이 X축, Y축의 O점을 극(pole)으로 할 때, 이 도형의 극에 대한 관성모멘트를 극관성 모멘트(polar moment of inertia)라 하고 I_P로 표시한다.

임의의 미소면적 dA에서 극점 (O점)까지의 거리를 r이라 하면 극관성 모멘트 I_P는,

$$I_P = \int_A r^2 dA = \int_A (x^2 + y^2)\,dA$$

$$= \int_A x^2 dA + \int_A y^2 dA$$

$$= I_x + I_y \quad\cdots\cdots\cdots\cdots\cdots\cdots\cdots\cdots\cdots\cdots\cdots\cdots\cdots\cdots (4-9)$$

식 (4-9)에서 I_P는 X, Y축에 대한 두 관성 모멘트를 합한 것과 같고, 원, 정방형과 같은 두 직교축이 대칭일 때 $I_x = I_y$이므로,

$$I_P = 2I_x = 2I_y \ (\therefore I = I_P / 2) \quad\cdots\cdots\cdots\cdots\cdots\cdots\cdots\cdots (4-10)$$

의 관계에서 극관성 모멘트는 관성 모멘트의 2배임을 알 수 있다.

예제 5. 바깥지름 $d_2 = 20\,\text{cm}$, 안지름 $d_1 = 10\,\text{cm}$인 중공원 단면의 단면 2차 극모멘트 I_P는?

① $68275\,\text{cm}^4$ ② $14726\,\text{cm}^4$

③ $13725\,\text{cm}^4$ ④ $29425\,\text{cm}^4$

해설 $I_P = \dfrac{\pi(d_2^4 - d_1^4)}{32} = \dfrac{\pi(20^4 - 10^4)}{32} = 14726\,\text{cm}^4$ **정답** ②

5. 상승 모멘트와 주축

5-1   상승 모멘트와 주축(product of inertia and principal axis)

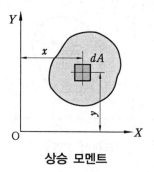

상승 모멘트

평면도형 내의 미소 단면적 dA에 X축, Y축에서 dA까지의 거리 x와 y의 상승적을 곱하여 전체 도형에 대하여 적분한 것을 그 도형의 상승 모멘트(product of inertia) I_{xy} 라 하며,

$$I_{xy} = \int_A xy\,dA = \int_A \int_A xy \cdot dx \cdot dy\,[\text{cm}^4] \quad\cdots\cdots\cdots\cdots\cdots\cdots\cdots (4-11)$$

이 식은 두 축 중 어느 한 축이라도 대칭이 있으면 그 축에 대한 상승 모멘트는 0이 된다. 대칭축의 상승 모멘트 그림에서 임의의 미소 단면적 dA에 대하여 대칭인 미소 단면적 dA가 반드시 존재하게 되어 각 요소의 상승 모멘트는 상쇄되기 때문이다.

$$\text{즉, } I_{xy} = \int_A xy\,dA = \int_o^x xy\,dA + \int_{-x}^o (-xy)\,dA$$

$$= \int_o^x xy\,dA - \int_{-x}^o xy\,dA = 0 \quad\cdots\cdots\cdots\cdots\cdots\cdots\cdots (4-12)$$

이와 같이 도형의 도심을 지나고 $I_{xy} = 0$이 되는 직교축을 그 단면의 주축(principal

axis)이라 한다.

그러므로 도형의 대칭축에 대한 상승 모멘트는 반드시 0이 되고, 그 축은 주축이 된다. 또 도심을 지나고 대칭축에 직각인 축도 주축이 된다.

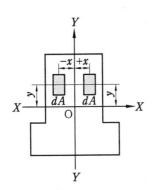
대칭축의 상승 모멘트

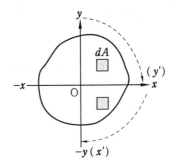
변환축에 대한 상승 모멘트

5-2 도심 주축(centroidal principal axis)

변환축에 대한 상승 모멘트 그림에서 x축 및 y축의 O점을 기준으로 시계방향으로 90° 회전시키면 두 축은 y'축, x'축으로 바꾸어진다. 따라서 미소 면적 dA의 신구 좌표는 $y' = x$, $x' = -y$ 가 된다.

변환축에 대한 상승 모멘트는,

$$I_{x'y'} = \int_A x'y'dA = \int_A (-y)(x)\,dA = -\int_A xy\,dA = -I_{xy} \quad\cdots\cdots\cdots\cdots\cdots\cdots (4-13)$$

위 식은 90° 회전할 동안에 상승 모멘트의 부호를 바꾸게 되므로 상승 모멘트는 연속함수인 이상 그 값이 반드시 0이 되는 방향에 존재한다. 이 방향의 축이 주축이며, 도심을 좌표의 원점으로 잡는다면 이 주축을 도심 주축이라 한다.

5-3 상승 모멘트의 평행축 정리

그림과 같은 임의의 도형의 도심을 지나는 두 X축 및 Y축에 대한 단면 상승 모멘트의 값을 알면 그 축들에 각각 평행한 두 X'축 및 Y'축에 대한 단면 상승 모멘트는 평행축 정리에 의하여 $x' = x + a$, $y' = y + b$ 를 대입, 정리하면,

$$I_{x'y'} = \int_A x'y'dA = \int_A (x+a)(y+b)\,dA$$

$$= \int_A (xy + bx + ay + ab)dA$$

$$= \int_A xy\,dA + b\int_A x\,dA + a\int_A y\,dA + \int_A ab\,dA$$

여기서, $\int_A xy\,dA = I_{xy}$, $\int_A x\,dA$와 $\int_A y\,dA$는 도심을 지나는 단면 1차 모멘트이므로 0

이다.

$$\therefore I_{x'y'} = I_{xy} + Aab[\text{cm}^4] \quad \cdots\cdots\cdots\cdots\cdots\cdots\cdots\cdots\cdots\cdots\cdots\cdots\cdots\cdots\cdots\cdots (4-14)$$

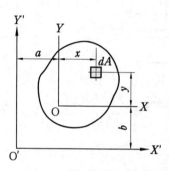

상승 모멘트의 평행축 정리

예제 6. 그림과 같은 직사각형의 $X'Y'$축에 대한 단면 상승 모멘트 (product of inertia)는?

① $I_{X'Y'} = 0$ 　　　　② $I_{X'Y'} = \dfrac{bh^3}{12}$

③ $I_{X'Y'} = \dfrac{b^2h^2}{4}$ 　　④ $I_{X'Y'} = \dfrac{b^2h^2}{12}$

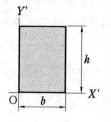

해설 $I_{x'y'} = A \cdot \bar{x} \cdot \bar{y} = bh \times \dfrac{b}{2} \times \dfrac{h}{2} = \dfrac{b^2h^2}{4}$ 　　　　정답 ③

출제 예상 문제

1. 단면 1차 모멘트의 단위를 표시한 것 중 옳은 것은?

① cm   ② cm^2

③ cm^3 ④ cm^4

[해설] $G_x = A\bar{y} =$ 단면적 × 도심까지의 거리

$$= cm^2 \times cm = cm^3$$

2. 다음 설명 중 틀린 것은 어느 것인가?

① 단면 2차 모멘트의 차원은 $[L^4]$ 이다.

② 삼각형의 도심은 밑변에서 $\dfrac{1}{3}$ 높이의 위치에 있다.

③ 단면계수는 도심축에 대한 단면 2차 모멘트를 연거리로 나눈 값이다.

④ 회전 반지름은 단면 2차 모멘트를 단면적으로 나눈 값이다.

[해설] ① $I = \int y^2 dA = [cm^4] = [L^4]$

② $\bar{y} = \dfrac{1}{3} h$

③ $Z = \dfrac{I}{e}$

④ $k = \sqrt{I/A}$ (회전 반지름은 단면 2차 모멘트를 단면적으로 나눈 값의 제곱근 ($\sqrt{}$)이다.)

3. 단면계수에 대한 설명 중 맞는 것은?

① 차원은 길이의 3승이다.

② 도심축에 대한 단면 1차 모멘트를 연거리로 나눈 값이다.

③ 도심축에 대한 단면 2차 모멘트에 면적을 곱한 값이다.

④ 대칭도형의 단면계수값은 항상 둘 이상

이다.

[해설] ① $Z = \dfrac{I}{e} = \dfrac{cm^4}{cm} = [cm^3] = [L^3]$

②, ③

$$Z = \dfrac{\text{도심축에 대한 단면 2차 모멘트}(I)}{\text{도심축에서 외단까지의 거리}(e)}$$

④ 대칭도형, 정방형 도형은 $Z_1 = Z_2 = Z$ 이므로, 하나이다.

4. 너비 b, 높이 h인 구형 단면의 도심을 지나는 x축에 대한 단면 2차 모멘트는?

① $\dfrac{bh^3}{12}$ ② $\dfrac{bh^2}{6}$

③ $\dfrac{bh^3}{24}$ ④ $\dfrac{bh^2}{12}$

[해설] 구형단면 = 사각단면이므로,

$$I_x = \int_A y^2 dA = \dfrac{bh^3}{12} [cm^4]$$

$$I_y = \int_A x^2 dA = \dfrac{hb^3}{12} [cm^4]$$

5. 너비 b, 높이 h인 사각단면의 단면계수 값은?

① $\dfrac{bh^2}{3}$ ② $\dfrac{bh^2}{6}$

③ $\dfrac{bh^2}{9}$ ④ $\dfrac{bh^2}{12}$

[해설] $Z_x = \dfrac{I_x}{e_1} = \dfrac{bh^3/12}{h/2} = \dfrac{bh^2}{6} [cm^3]$

6. 회전 반지름을 k, 단면적을 A, 단면 2차 모멘트를 I라 할 때, 회전 반지름을 옳게 표현한 것은?

① $k = I/A$ ② $k = \sqrt{I/A}$

정답   1. ③   2. ④   3. ①   4. ①   5. ②   6. ②

③ $k = A / I$ ④ $k = \sqrt{A / I}$

[해설] 회전 반지름(관성 반지름) k는,

$I = k^2 A$에서,

$\therefore k = \sqrt{I / A}$ [cm]

7. 한 변의 길이가 a인 정사각형 단면의 중심축에 대한 단면계수와 단면 2차 모멘트는 어느 것인가?

① $\dfrac{a^3}{6}$, $\dfrac{a^4}{12}$ ② $\dfrac{a^3}{12}$, $\dfrac{a^4}{6}$

③ $\dfrac{a^3}{16}$, $\dfrac{a^4}{24}$ ④ $\dfrac{a^3}{24}$, $\dfrac{a^4}{16}$

[해설] 정사각형의 단면 2차 모멘트는 $I = \dfrac{a^4}{12}$

이고, 단면계수는 $Z = \dfrac{a^3}{6}$이다.

8. 지름이 d인 원형 단면의 극단면 2차 모멘트는 다음 중 어느 것인가?

① $\dfrac{\pi d^4}{64}$ ② $\dfrac{\pi d^4}{32}$

③ $\dfrac{\pi d^4}{16}$ ④ $\dfrac{\pi d^3}{36}$

[해설] 지름 d인 원형 단면의 경우

$Z = \dfrac{\pi d^3}{32}$, $Z_P = \dfrac{\pi d^3}{16}$

$I = \dfrac{\pi d^4}{64}$, $I_P = \dfrac{\pi d^4}{32}(= 2I)$

9. 바깥지름이 d_2, 안지름이 d_1인 중공 원형 단면의 도심축에 대한 단면 2차 모멘트는 어느 것인가?

① $\dfrac{\pi}{64}(d_2{}^4 + d_1{}^4)$ ② $\dfrac{\pi}{32}(d_2{}^4 + d_1{}^4)$

③ $\dfrac{\pi}{32}(d_2{}^4 - d_1{}^4)$ ④ $\dfrac{\pi}{64}(d_2{}^4 - d_1{}^4)$

[해설] 중공인 경우

$I = I_2 - I_1 = \dfrac{\pi d_2{}^4}{64} - \dfrac{\pi d_1{}^4}{64}$

$= \dfrac{\pi}{64}(d_2{}^4 - d_1{}^4) [\text{cm}^4]$

10. 그림과 같은 3각형의 X축 및 도심을 지나는 x축에 대한 단면 2차 모멘트 I_X, I_x는 어느 것인가?

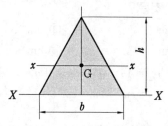

① $\dfrac{bh^3}{12}$, $\dfrac{bh^3}{24}$ ② $\dfrac{bh^3}{24}$, $\dfrac{bh^3}{36}$

③ $\dfrac{bh^3}{12}$, $\dfrac{bh^3}{36}$ ④ $\dfrac{bh^3}{12}$, $\dfrac{bh^3}{16}$

[해설] $I_X = \displaystyle\int_A y^2 dA = \int_o^h y^2 dA$

$= \displaystyle\int_o^h \dfrac{b(h-y)}{h} y^2 dy = \dfrac{bh^3}{12} [\text{cm}^4]$

$I_x = I_X - e^2 \cdot A$

$= \dfrac{bh^3}{12} - \left(\dfrac{h}{3}\right)^2 \cdot \left(\dfrac{bh}{2}\right) = \dfrac{bh^3}{36} [\text{cm}^4]$

11. 폭 × 높이 = $b \times h$ = 8 cm×12 cm인 삼각형 도형의 저변에 대한 단면 2차 모멘트는 얼마인가?

① 1152 cm⁴ ② 2282 cm⁴

③ 3376 cm⁴ ④ 5566 cm⁴

[해설] $I_z = I_x + e^2 A$

$= \dfrac{bh^3}{36} + \left(\dfrac{h}{3}\right)^2 \times \left(\dfrac{bh}{2}\right) = \dfrac{bh^3}{12}$

$= \dfrac{1}{12} \times (8 \times 12^3) = 1152 \text{ cm}^4$

12. 폭 × 높이 = $b \times h$ = 3 m×4 m의 삼각형 도심을 통과하는 축에 대한 단면 2차 모멘

트의 값은 다음 중 어느 것인가?

① 4.4 m⁴   ② 5.3 m⁴

③ 6.4 m⁴   ④ 7.3 m⁴

[해설] 도심통과$(I) = \dfrac{bh^3}{36} = \dfrac{3 \times 4^3}{36} = 5.3$ m⁴

13. 폭 10 cm, 높이 15 cm인 구형의 단면 2차 모멘트의 값 및 단면계수의 값은?

① 2182 cm⁴, 375 cm³

② 2180 cm⁴, 470 cm³

③ 4170 cm⁴, 375 cm³

④ 2180 cm⁴, 280 cm³

[해설] $I = \dfrac{bh^3}{12} = \dfrac{10 \times 15^3}{12} = 2812.5$ cm⁴

$$Z = \dfrac{bh^2}{6} = \dfrac{10 \times 15^2}{6} = 375 \text{ cm}^3$$

14. 바깥지름 d, 안지름 $\dfrac{d}{3}$인 중공의 원형 단면의 단면계수는 얼마인가?

① $\dfrac{5\pi}{9} d^3$

② $\dfrac{5\pi}{81} d^3$

③ $\dfrac{5\pi}{162} d^3$

④ $\dfrac{5\pi}{324} d^3$

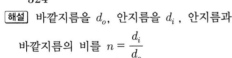

[해설] 바깥지름을 d_o, 안지름을 d_i, 안지름과 바깥지름의 비를 $n = \dfrac{d_i}{d_o}$

$$I = \dfrac{\pi}{64}(d_o{}^4 - d_i{}^4) = \dfrac{\pi d_o{}^4}{64}(1 - n^4)$$

$$Z = \dfrac{I}{e} = \dfrac{\dfrac{\pi d_o{}^4}{64}(1 - n^4)}{d_o/2} = \dfrac{\pi d_o{}^3}{32}(1 - n^4)$$

문제에서 $d_o = d$, $d_i = \dfrac{d}{3}$, $n = \dfrac{d_i}{d_o} = \dfrac{d/3}{d}$

$= \dfrac{1}{3}$이므로, 이들을 대입하면,

$$Z = \dfrac{\pi}{32} d^3 \left\{ 1 - \left(\dfrac{1}{3}\right)^4 \right\} = \dfrac{\pi d^3}{32} \times \dfrac{80}{81}$$

$$= \dfrac{5\pi}{162} d^3$$

15. 지름이 d인 원형 단면의 $X - X'$축에 대한 단면 1차 모멘트는?

① $\dfrac{\pi d^3}{8}$ ② $\dfrac{\pi d^4}{8}$

③ $\dfrac{\pi d^3}{16}$ ④ $\dfrac{\pi d^4}{16}$

[해설] $G_x = \displaystyle\int_A y \, dA = \bar{y} \cdot A = r \times \pi r^2$

$$= \pi r^3 = \pi \times \left(\dfrac{d}{2}\right)^3 = \dfrac{\pi d^3}{8} \text{ [cm3]}$$

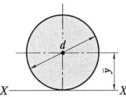

16. 다음 그림들과 같은 보의 단면 중 단면 2차 모멘트가 가장 큰 것은?

①   ②

③   ④

[해설] ① $I = \dfrac{\pi d^4}{64} \fallingdotseq 0.049\, d^4$

② $I = \dfrac{bh^3}{36} = \dfrac{d \times d^3}{36} \fallingdotseq 0.028\, d^4$

③ $I = \dfrac{bh^3}{12} = \dfrac{0.5 d \times (1.5 d)^3}{12} \fallingdotseq (0.141)\, d^4$

④ $I = \dfrac{bh^3}{12} = \dfrac{d \times d^3}{12} \fallingdotseq 0.083\, d^4$

[정답] **13.** ①   **14.** ③   **15.** ①   **16.** ③

17. 임의의 도형에서 도심축으로부터 k 만큼 이동한 축을 X' 라 하면 X' 축에 대한 단면 2차 모멘트는 얼마인가? (단, I_G 는 도심축에 대한 단면 2차 모멘트이며, A 는 단면적이다.)

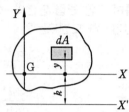

① $I_X' = I_G + kA$

② $I_X' = I_G + \dfrac{k}{A}$

③ $I_X' = I_G + k^2 A$

④ $I_X' = I_G + kA^2$

[해설] 그림에서

$$I_X' = \int_A (y+k)^2 dA$$

$$= \int_A (y^2 + 2ky + k^2) dA$$

$$= \int_A y^2 dA + \int_A 2ky dA + \int_A k^2 dA$$

$$= I_G + 2k \int_A y dA + k^2 A [\text{cm}^4]$$

여기서, $\int_A y dA = 0$ (도심을 지나므로)

위의 식 $I_X' = I_G + k^2 A [\text{cm}^4]$

18. 그림과 같이 한 변의 길이가 a 인 정사각형 보의 단면 계수는?

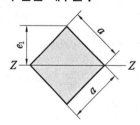

① $\dfrac{a^3}{12}$

② $\dfrac{\sqrt{2}}{12} a^3$

③ $\dfrac{a^3}{24}$

④ $\dfrac{\sqrt{2}}{24} a^3$

[해설] 정사각형 단면의 2차 모멘트 $I_x = \dfrac{a^4}{12}$ 이고, 꼭지점에서 중립축 $Z-Z$ 까지의 거리는 $\dfrac{\sqrt{2}\,a}{2}$ 이므로,

$$\therefore Z_1 = \frac{I_x}{e_1} = \frac{\dfrac{a^4}{12}}{\dfrac{\sqrt{2}\,a}{2}} = \frac{2a^4}{12\sqrt{2}\,a}$$

$$= \frac{\sqrt{2}}{12} a^3 [\text{cm}^3]$$

19. 단면적이 서로 동일한 원형 단면과 정사각형 단면의 경우 원형 단면의 단면계수를 Z_a, 정사각형 단면의 단면계수를 Z_b 라 하면, Z_a / Z_b 의 값은 얼마인가?

① $\dfrac{\sqrt{\pi}}{3}$

② $\dfrac{3}{\sqrt{\pi}}$

③ $\dfrac{2\sqrt{\pi}}{3}$

④ $\dfrac{3}{2\sqrt{\pi}}$

[해설] $A_a = A_b$ 에서, $\dfrac{\pi d^2}{4} = a^2 \left(a = \dfrac{\sqrt{\pi}}{2} d \right)$

원형 단면 : $Z_a = \dfrac{\pi d^3}{32}$

정사각 단면 : $Z_b = \dfrac{a^3}{6} = \dfrac{1}{6} \times \left(\dfrac{\sqrt{\pi}}{2} d \right)^3$

$$= \frac{\sqrt{\pi^3}}{48} d^3$$

$$\therefore \frac{Z_a}{Z_b} = \frac{\dfrac{\pi d^3}{32}}{\dfrac{\sqrt{\pi^3}\,d^3}{48}} = \frac{\pi d^3}{32} \times \frac{48}{\pi\sqrt{\pi}\,d^3}$$

$$= \frac{3}{2\sqrt{\pi}}$$

20. 반지름 r 인 원형 단면의 도심축에 대한 극단면 2차 모멘트는?

정답 17. ③ 18. ② 19. ④ 20. ④

① $\dfrac{\pi r^{4}}{16}$ ② $\dfrac{\pi r^{4}}{8}$

③ $\dfrac{\pi r^{4}}{4}$ ④ $\dfrac{\pi r^{4}}{2}$

해설 반지름이 r인 원형 단면의 2차 모멘트

는 $\dfrac{\pi}{4}r^{4}$이므로,

극단면 2차 모멘트$(I_{P}) = I_{X} + I_{Y} = 2I_{X}$

$$= 2 \times \dfrac{\pi r^{4}}{4} = \dfrac{\pi r^{4}}{2}[\text{cm}^{4}]$$

21. 지름 $4\,\text{cm}$ 의 원형 단면의 극관성 모멘트 I_{p} 와 극단면계수 Z_{p}는 얼마인가 ?

① $I_{p} = 100.53\,\text{cm}^{4}$, $Z_{p} = 50.26\,\text{cm}^{3}$

② $I_{p} = 50.26\,\text{cm}^{4}$, $Z_{p} = 25.13\,\text{cm}^{3}$

③ $I_{p} = 25.13\,\text{cm}^{4}$, $Z_{p} = 12.57\,\text{cm}^{3}$

④ $I_{p} = 6.28\,\text{cm}^{4}$, $Z_{p} = 3.14\,\text{cm}^{3}$

해설 $I_{p} = \dfrac{\pi d^{4}}{32} = \dfrac{\pi \times 4^{4}}{32} = 25.13\,\text{cm}^{4}$,

$Z_{p} = \dfrac{\pi d^{3}}{16} = \dfrac{\pi \times 4^{3}}{16} \fallingdotseq 12.57\,\text{cm}^{3}$

22. 그림과 같이 지름이 d 인 원형 단면의 $B-B$ 축에 대한 단면 2차 모멘트는 ?

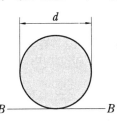

① $\dfrac{3}{64}\pi d^{4}$ ② $\dfrac{5}{64}\pi d^{4}$

③ $\dfrac{7}{64}\pi d^{4}$ ④ $\dfrac{9}{64}\pi d^{4}$

해설 밑변 (저변)에 관한 단면 2차 모멘트는

평행축 정리 $I_{B} = I + k^{2}A$에서,

$$I_{B} = \dfrac{\pi d^{4}}{64} + \left(\dfrac{d}{2}\right)^{2} \times \left(\dfrac{\pi d^{2}}{4}\right)$$

$$= \dfrac{5\pi}{64}d^{4}[\text{cm}^{4}]$$

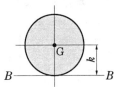

23. 그림과 같은 도형의 밑면에서 도심까지의 거리는 얼마인가 ?

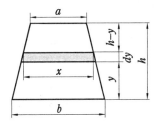

① $\dfrac{h(a+b)}{3(2a+b)}$ ② $\dfrac{h(2a+b)}{3(a+b)}$

③ $\dfrac{h(a+b)}{3(a+2b)}$ ④ $\dfrac{h(a+2b)}{3(a+b)}$

해설 $(x-a):(b-a) = (h-y):h$에서,

$$(x-a) = \dfrac{h-y}{h}(b-a)$$

$$x = a + \dfrac{h-y}{h}(b-a) = b - \dfrac{y}{h}(b-a)$$

단면적 $A = \dfrac{1}{2}(a+b)h$

$$G_{x} = \int_{0}^{h} y\,dA = \int_{0}^{h} y\,x\,dy$$

$$= \int_{0}^{h} y\left\{b - \dfrac{y}{h}(b-a)\right\}dy$$

$$= \left[\dfrac{1}{2}by^{2} - \dfrac{y^{3}}{3h}(b-a)\right]_{0}^{h}$$

$$= \dfrac{h^{2}}{6}(b+2a)$$

$$\overline{y} = \dfrac{G_{x}}{A} = \dfrac{h^{2}}{6}(b+2a) \times \dfrac{2}{h(a+b)}$$

$$= \dfrac{h(2a+b)}{3(a+b)}$$

정답 **21.** ③   **22.** ②   **23.** ②

24. 그림과 같은 T형 단면의 X축으로부터 도심의 좌표 y_G는 얼마인가?

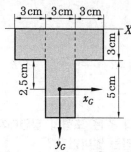

① 5.2 cm ② 4.6 cm
③ 3.5 cm ④ 2.9 cm

[해설] 9 cm × 3 cm, 3 cm × 5 cm 로 나누어 각각의 도심을 G_1, G_2 라 하면,

$$G_x = A_1\overline{y_1} + A_2\overline{y_2}$$
$$= (9 \times 3) \times 1.5 + (3 \times 5) \times 5.5$$
$$= 123 \, \text{cm}^3$$
$$A = A_1 + A_2$$
$$= (9 \times 3) + (3 \times 5) = 42 \, \text{cm}^2$$

그러므로 $G_x = y_G \cdot A$에서,

$$y_G = \frac{G_x}{A} = \frac{123}{42} ≒ 2.9 \, \text{cm}$$

25. 그림과 같은 반원의 경우 도심점의 위치는 얼마인가?

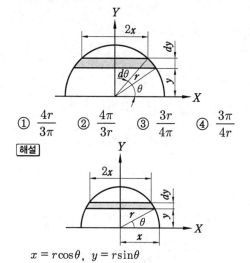

① $\dfrac{4r}{3\pi}$ ② $\dfrac{4\pi}{3r}$ ③ $\dfrac{3r}{4\pi}$ ④ $\dfrac{3\pi}{4r}$

[해설]

$x = r\cos\theta$, $y = r\sin\theta$

$dy = r\cos\theta\, d\theta$, $dA = 2x\, dy$

$$G_x = \int_A y\, dA = \int_0^r y(2x\, dy)$$
$$= \int_0^{\frac{\pi}{2}} (r\sin\theta)(2r\cos\theta)r\cos\theta\, d\theta$$

$$\begin{cases} y = r\cos\theta \text{에서}, \ y = r \text{ 이려면}, \\ \sin\theta = 1\,(\theta = \pi/2) \\ y = 0 \text{ 이려면}, \ \sin\theta = 0\,(\theta = 0) \end{cases}$$

$$= \int_0^{\frac{\pi}{2}} 2r^3\cos^2\theta : \sin\theta\, d\theta$$

$$\begin{cases} \cos\theta = t \\ \text{양변 미분} -\sin\theta\, d\theta = dt \\ \therefore\ d\theta = \dfrac{dt}{-\sin\theta} \end{cases}$$

$$= 2r^3 \int_0^{\frac{\pi}{2}} t^2\sin\theta\left(\frac{dt}{-\sin\theta}\right)$$
$$= 2r^3 \int_0^{\frac{\pi}{2}} (-t^2)\, dt = -2r^3\left[\frac{t^3}{3}\right]_0^{\frac{\pi}{2}}$$
$$= -2r^3\left[\frac{\cos^3\theta}{3}\right]_0^{\frac{\pi}{2}} = \frac{2}{3}r^3\,[\text{cm}^3]$$

$$A = \frac{1}{2}\pi r^2$$

$$\therefore\ \overline{y} = \frac{G_x}{A} = \frac{\frac{2}{3}r^3}{\frac{1}{2}\pi r^2} = \frac{4r}{3\pi}\,[\text{cm}]$$

26. 밑변의 길이 b, 높이가 h인 삼각형 단면의 밑변에 관한 단면 2차 모멘트는?

① $\dfrac{bh^3}{3}$ ② $\dfrac{bh^3}{6}$ ③ $\dfrac{bh^3}{12}$ ④ $\dfrac{bh^3}{24}$

[해설] 그림에서 $b : x = h : h - y$ 이므로,

$x = \dfrac{b(h-y)}{h}$, 따라서 음영 미소면적은,

$dA = x \cdot dy = \dfrac{b(h-y)}{h} \cdot dy$ 그러므로,

$$I_{AB} = \int y^2\, dA = \int_0^h y^2 \cdot \frac{b(h-y)}{h} \cdot dy$$
$$= b\int_0^h y^2\left(1 - \frac{y}{h}\right)dy$$

$$= b \left[\frac{1}{3} y^3 \right]_0^h - \left[\frac{y^4}{4h} \right]_0^h$$

$$= \frac{bh^3}{3} - \frac{bh^3}{4} = \frac{bh^3}{12} [\text{cm}^4]$$

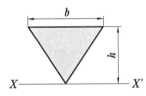

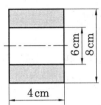

① 24.5 cm^3 ② 28.5 cm^3

③ 32.5 cm^3 ④ 36.5 cm^3

[해설] 단면 2차 모멘트

$$I = I_A - I_B = \frac{4 \times 8^3}{12} - \frac{4 \times 6^3}{12}$$

$$\fallingdotseq 98.67 \text{ cm}^4$$

단면계수 $Z = \dfrac{98.67}{4} \fallingdotseq 24.67 \text{ cm}^3$

27. 그림과 같이 삼각형의 꼭짓점을 지나는 $X - X'$에 대한 단면 2차 모멘트는 어느 것인가?

① $I_x' = \dfrac{bh^3}{36}$ ② $I_x' = \dfrac{bh^3}{12}$

③ $I_x' = \dfrac{bh^3}{6}$ ④ $I_x' = \dfrac{bh^3}{4}$

[해설] 임의의 미소면적을 dA라 하면,

$b : x = h : y$ 에서 $x = \dfrac{b \cdot y}{h}$ 이므로,

$dA = x \cdot dy = \dfrac{by}{h} \cdot dy$ 가 된다.

$$I_x' = \int_0^h y^3 \, dA = \int_0^h y^2 \cdot \frac{by}{h} \cdot dy$$

$$= \frac{b}{h} \int_0^h y^2 \, dA = \frac{b}{h} \left[\frac{1}{4} y^4 \right]_0^h = \frac{bh^3}{4}$$

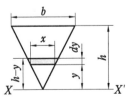

28. 다음 그림과 같은 보의 단면계수는 얼마인가?

29. 바깥지름이 d_2, 안지름이 d_1 인 중공 원형 단면의 단면계수 Z 및 극단면계수 Z_p는 얼마인가?

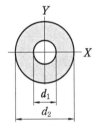

① $Z = \dfrac{\pi(d_2{}^3 - d_1{}^3)}{32}$

     $Z_p = \dfrac{\pi(d_2{}^3 - d_1{}^3)}{16}$

② $Z = \dfrac{\pi(d_2{}^3 - d_1{}^3)}{64}$

     $Z_p = \dfrac{\pi(d_2{}^3 - d_1{}^3)}{32}$

③ $Z = \dfrac{\pi(d_2{}^4 - d_1{}^4)}{32 d_2}$

     $Z_p = \dfrac{\pi(d_2{}^4 - d_1{}^4)}{16 d_2}$

④ $Z = \dfrac{\pi(d_2{}^4 - d_1{}^4)}{64 d_2}$

정답 27. ④   28. ①   29. ③

$$Z_p = \frac{\pi(d_2{}^4 - d_1{}^4)}{32d_2}$$

해설 도심을 지나는 중공 원형 단면의 2차

모멘트 $I = \dfrac{\pi(d_2{}^4 - d_1{}^4)}{64}$ 이므로,

단면계수 $Z = \dfrac{I_X}{e} = \dfrac{\dfrac{\pi(d_2{}^4 - d_1{}^4)}{64}}{\dfrac{d_2}{2}}$

$$= \frac{\pi(d_2{}^4 - d_1{}^4)}{32d_2}\,[\mathrm{cm}^3]$$

또, 극단면계수 $Z_p = \dfrac{I_p}{e} = \dfrac{I_x + I_y}{e} = \dfrac{2I_x}{e}$

$$= \frac{2 \times \dfrac{\pi(d_2{}^4 - d_1{}^4)}{64}}{\dfrac{d_2}{2}}$$

$$= \frac{\pi(d_2{}^4 - d_1{}^4)}{16d_2}\,[\mathrm{cm}^3]$$

30. 밑변이 b, 높이가 h인 4각형 단면의 도심에 대한 극단면 2차 모멘트는?

① $\dfrac{bh(b+h)}{12}$　　② $\dfrac{bh(b^2+h^2)}{12}$

③ $\dfrac{bh(b+h)}{24}$　　④ $\dfrac{bh(b^2+h^2)}{24}$

해설 도심을 지나고 두 수직축에 대한 단면

2차 모멘트는 $I_x = \dfrac{bh^3}{12}$ 이고, $I_y = \dfrac{hb^3}{12}$ 이

므로 극단면 2차 모멘트는

$$I_p = I_x + I_y = \frac{bh^3}{12} + \frac{hb^3}{12} = \frac{bh(b^2+h^2)}{12}$$

31. 그림과 같은 직사각형 단면에서 꼭지점 O를 지나는 주축의 방향을 지나는 $\tan 2\theta$ 의 값을 정하면 얼마인가?

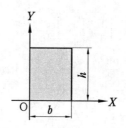

① $\dfrac{2bh}{3(b^2-h^2)}$　　② $\dfrac{2bh}{3(b^2+h^2)}$

③ $\dfrac{3bh}{2(b^2-h^2)}$　　④ $\dfrac{3bh}{2(b^2+h^2)}$

해설 X축에 대한 단면 2차 모멘트 = 저변에

대한 2차 모멘트

$$\therefore I_x = I_{G_x} + k_1{}^2 A$$

$$= \frac{bh^3}{12} + \left(\frac{h}{2}\right)^2 \times (bh)$$

$$= \frac{bh^3}{12} + \frac{bh^3}{4} = \frac{bh^3}{3}$$

$$I_y = I_{Gy} + k_2{}^2 \cdot A = \frac{hb^3}{3}$$

$$I_{xy} = \int_A xy\,dA = \frac{b^2 h^2}{4}\,[\mathrm{cm}^4]$$

$$\therefore \tan 2\theta = \frac{2I_{xy}}{I_y - I_x} = \frac{2 \times \dfrac{b^2 h^2}{4}}{\dfrac{hb^3}{3} - \dfrac{bh^3}{3}}$$

$$= \frac{3bh}{2(b^2 - h^2)}$$

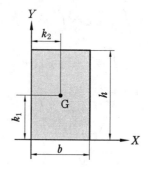

제5장 비틀림(torsion)

1. 원형축의 비틀림

1-1 **비틀림 모멘트와 응력**

그림과 같이 원형 단면의 축이 한쪽 끝을 고정하고 다른 쪽 끝에 우력(twisting moment) T를 작용시키면 이 표면 위에서 축선에 평행한 모선 AB는 비틀어져 AC로 변형되고 축 내부에서 비틀림 응력이 발생한다. 이때 가해진 우력을 비틀림 모멘트 (torsional moment) 또는 토크(torque)라 한다.

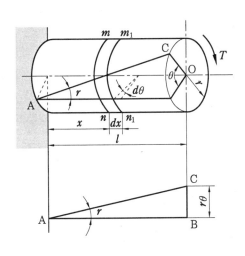

축의 비틀림

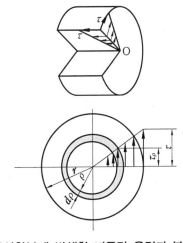

중심환봉에 발생한 비틀림 응력과 분포

그림에서 비틀림각이 작은 동안 원형을 유지하고 단면의 지름, 축의 거리는 변하지 않는다고 가정한다. AB는 AC로 비틀려 나선(helix)을 형성하고, 단면 반지름 OB는 OC로 변위하여 $\angle BOC = \theta$를 만든다.

반지름 r, $\angle BAC = \gamma$ 라면,

$$\tan\phi \fallingdotseq \phi = \frac{\mathrm{BC}}{\mathrm{AB}} = \frac{r\theta}{l} = \gamma$$

여기서, γ : 비틀림 모멘트 T에 의해서 길이 l의 원형축의 외주에 발생하는 전단변형률(shearing strain)

$$\therefore \ \gamma = \frac{r\theta}{l}\,[\mathrm{rad}] \quad\text{\dotfill (5-1)}$$

전단변형률 γ에 의해 발생하는 전단응력 τ 는,

$$\tau = G\gamma = G\frac{r\theta}{l} \quad\text{\dotfill (5-2)}$$

θ는 l에 비례하므로 θ/l은 일정한 값이며, $G\dfrac{\theta}{l}$는 일정한 값이 되므로, 전단응력 τ 는 표면에서 최대가 되며, 중심(중립축)에서 0이 되고 직선적으로 증가함을 알 수 있다. 또한 비틀림 작용에 의해서 생기는 전단응력을 비틀림 응력(torsional stress)이라 한다.

$$\frac{\tau_\rho}{\tau} = \frac{\rho}{r} \ \text{에서}$$

$$\tau_\rho = \tau\frac{\rho}{r} = \frac{\rho\theta}{l}G \quad\text{\dotfill (5-3)}$$

단면중심 O로부터 반지름 ρ의 위치에 미소면적 dA의 원환을 고려하면, 그 면적 중에 발생하는 전응력은 $\tau_\rho dA$로 되며, 이 전응력의 중심 O에 대한 비틀림 모멘트를 dT로 하면,

$$dT = \rho\tau_\rho dA = \rho\tau\frac{\rho}{r}dA = \frac{\tau}{r}\rho^2 dA$$

이 비틀림 모멘트를 중심 O에서 반지름 r까지 단면 전체에서 구한 적분값을 비틀림 저항 모멘트라 하며, 비틀림 저항 모멘트 T'는 비틀림 모멘트 T에 대하여 저항하여 생긴 것으로서 크기가 같고 방향이 반대이다. 따라서,

$$T = T' = \int dT = \frac{\tau}{r}\int \rho^2 dA \quad\text{\dotfill (5-4)}$$

식 (5-4)에서 $\displaystyle\int \rho^2 dA$는 중심 O에 대한 단면의 극관성 모멘트 I_P이므로,

$$T = \frac{\tau}{r}\int \rho^2 dA = \frac{\tau}{r}I_P = \tau\frac{I_P}{r} = \tau Z_P\,[\mathrm{N \cdot m}] \quad\text{\dotfill (5-5)}$$

식 (5-5)에서 $\dfrac{I_P}{r}$는 단면에 따라 정해지는 특이값인 극단면계수 Z_P 이다. 원형 단면에서 중심 O에 대한 극단면 2차 모멘트(극관성 모멘트) I_P는,

$$I_P = \frac{\pi d^4}{32}\left[\text{중공축인 경우}\ I_P = \frac{\pi}{32}(d_2{}^4 - d_1{}^4) = \frac{\pi d_2^4}{32}(1 - x^4) \right.$$

극단면계수 $Z_P = \dfrac{I_P}{e} = \dfrac{\pi d^4/32}{d/2} = \dfrac{\pi d^3}{16} \left[중공축인\ 경우\ Z_P = \dfrac{\pi d_2^3}{16}\left(1-x^4\right) \right]$ 이므로

여기서, $x(내외경비) = \dfrac{d_1}{d_2} < 1$

$$T = \tau \cdot \dfrac{I_P}{r} = \tau \cdot Z_P = \tau \cdot \dfrac{\pi}{16} d^3 [\text{N} \cdot \text{m}] \quad\cdots\cdots\cdots\cdots (5-6)$$

1-2 축의 강성도(stiffness)

축의 비틀림 그림에서 미소거리 dx를 취하면,

$$\gamma = \dfrac{r\,d\theta}{dx} \left(\gamma = r \cdot \dfrac{\theta}{l} 에서 \right) 이고, \ \tau = \gamma G, \ T = \tau \dfrac{I_P}{r} 이므로,$$

$$d\theta = \dfrac{\gamma}{r} dx = \dfrac{\tau}{G} \cdot \dfrac{dx}{r} = \dfrac{\tau}{r} \cdot \dfrac{dx}{G} = \dfrac{T}{I_P} \cdot \dfrac{dx}{G} = \dfrac{T}{GI_P} \cdot dx$$

$$\therefore \ \theta = \int_0^l \dfrac{T}{GI_P} dx = \dfrac{Tl}{GI_P} [\text{rad}] \quad\cdots\cdots\cdots\cdots\cdots\cdots (5-7)$$

$$\theta = \dfrac{Tl}{GI_P} [\text{rad}] = \dfrac{32\,Tl}{G\pi d^4} \times \dfrac{180}{\pi} [\text{deg}] = \dfrac{584\,Tl}{Gd^4} [\,^\circ\,] \quad\cdots\cdots (5-8)$$

식 (5-8)에서 축의 단위 길이당 비틀림각(비틀림률) θ/l을 축의 강성도(stiffness of shaft)라 하며,

$$\theta' = \dfrac{\theta}{l} = \dfrac{T}{GI_P} [\text{rad/m}] \quad\cdots\cdots\cdots\cdots\cdots\cdots\cdots (5-9)$$

전동축의 강도와 더불어 적당한 강성도를 필요로 하며, 일반적인 전동축에서는 축의 길이 1 m 에 대하여 비틀림각을 1/4 [도] 이내로 제한한 것이 표준이다.

또, 식 (5-7)에서 GI_P를 비틀림 강성계수(torsional rigidity)라 한다.

1-3 최대 비틀림 응력

최대 비틀림 응력 $\tau_{\max}$은 축의 표면에 발생하므로,

$$\tau = G \cdot \gamma = G\dfrac{r\theta}{l} 와 \ \theta' = \dfrac{\theta}{l} = \dfrac{T}{GI_P} 에서,$$

$$\therefore \ \tau\,(=\tau_{\max}) = G \cdot r \cdot \dfrac{T}{GI_P} = T \cdot \dfrac{r}{I_P} = \dfrac{T}{Z_P} = \dfrac{16\,T}{\pi d^3} \quad\cdots\cdots\cdots\cdots (5-10)$$

예제 **1.** 길이 l인 회전축이 비틀림 모멘트 T를 받을 때 비틀림 각도($\theta°$)는?

① 약 $584 \times \dfrac{Tl}{Gd^4}$

② 약 $57.3 \times \dfrac{Tl}{Gd^4}$

③ 약 $10 \times \dfrac{Tl}{Gd^4}$

④ 약 $360 \times \dfrac{Tl}{Gd^4}$

해설 $\theta = \dfrac{Tl}{GI_p} = \dfrac{32\,Tl}{G\pi\,d^4}$, $\theta° = \dfrac{180}{\pi} \times \theta ≒ 57.3 \times \theta$

∴ $\theta° = 57.3 \times \dfrac{T \cdot l}{G \cdot I_p} = 57.3 \times \dfrac{32\,Tl}{G \cdot \pi d^4} ≒ 584 \times \dfrac{T \cdot l}{G \cdot d^4}\,[°]$

정답 ①

예제 **2.** 지름 8 cm의 차축의 비틀림 각이 1.5 m에 대해 1°를 넘지 않게 하면 비틀림 응력은?
(단, $G = 80$ GPa)

① $\tau \leq 37.2$ MPa

② $\tau \leq 50.2$ MPa

③ $\tau \leq 42.2$ MPa

④ $\tau \leq 30.5$ MPa

해설 $\tau \leq G \cdot \gamma = G \cdot \dfrac{\gamma\theta}{l} = 80 \times 10^9 \times \dfrac{0.04 \times 1}{1.5} \times \dfrac{\pi}{180} = 37.2 \times 10^6 \, \text{Pa} = 37.2 \, \text{MPa}$

정답 ①

2. 동력축(power shaft)

축은 외부에서 가해지는 토크(torque)에 의해 회전하고, 원동기에서 동력을 전달한다.

(1) 중력 단위일 때

평균 토크를 $T[\text{kgf} \cdot \text{cm}]$, 각속도를 $\omega[\text{rad/s}]$, 분(分)당 회전수를 $N[\text{rpm}]$, 전달력을 $P[\text{kgf}]$, 원주속도를 $v[\text{m/s}]$, 전달마력을 PS라 하면,

$$1\text{PS} = 75 \, \text{kgf} \cdot \text{m/s}$$

$$= 632.3 \, \text{kcal/h} = 0.7355 \, \text{kW}$$

$$1 \, \text{kW} = 102 \, \text{kgf} \cdot \text{m/s} = 860 \, \text{kcal/h} = 3600 \, \text{kJ/h}$$

$$= 1 \, \text{kJ/s} = 1.36 \, \text{PS}$$

$$PS = \dfrac{Pv}{75} = \dfrac{Pr\omega}{75} = \dfrac{T \cdot \omega}{75 \times 100}$$

$$= \dfrac{2\pi N \cdot T}{75 \times 100 \times 60} = \dfrac{2\pi NT}{450000}$$

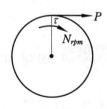

동력축

$$\therefore \ T = \frac{450000PS}{2\pi N} = 71620\frac{PS}{N}[\text{kgf} \cdot \text{cm}] = 716200\frac{PS}{N}[\text{kgf} \cdot \text{mm}]$$

$$= 7.02 \times 10^3 \frac{PS}{N}[\text{N} \cdot \text{m}] \quad\cdots\cdots\cdots\cdots\cdots\cdots\cdots\cdots\cdots\cdots (5-11)$$

$$T = \tau \cdot \frac{\pi d^3}{16} = 71620\frac{PS}{N} \text{에서},$$

$$\left.\begin{array}{l} \therefore \ d = 71.5\sqrt[3]{\dfrac{PS}{\tau \cdot N}}\,[\text{cm}] \ \ (\tau : \text{kgf/cm}^2) \\[3mm] d = 32.95\sqrt[3]{\dfrac{PS}{\tau \cdot N}}\,[\text{m}] \ \ (\tau : \text{Pa}) \end{array}\right\} \quad\cdots\cdots\cdots\cdots\cdots\cdots (5-12)$$

$$kW = \frac{Pv}{102} = \frac{T \cdot \omega}{102 \times 100} = \frac{2\pi NT}{102 \times 100 \times 60} = \frac{2\pi NT}{612000}$$

$$\therefore \ T = \frac{612000}{2\pi N} = 97400\frac{kW}{N}[\text{kgf} \cdot \text{cm}] = 974000\frac{kW}{N}[\text{kgf} \cdot \text{mm}]$$

$$= 9.55 \times 10^3\frac{kW}{N}[\text{N} \cdot \text{m}] \quad\cdots\cdots\cdots\cdots\cdots\cdots\cdots\cdots\cdots (5-13)$$

$$T = \tau \cdot \frac{\pi d^3}{16} = 97400\frac{kW}{N} \text{에서},$$

$$\left.\begin{array}{l} \therefore \ d = 79.2\sqrt[3]{\dfrac{kW}{\tau \cdot N}}\,[\text{cm}] \ \ (\tau : \text{kgf/cm}^2) \\[3mm] d = 36.51\sqrt[3]{\dfrac{kW}{\tau \cdot N}}\,[\text{m}] \ \ (\tau : \text{Pa}) \end{array}\right\} \quad\cdots\cdots\cdots\cdots\cdots\cdots (5-14)$$

바하(Bach)의 이론에 의하여 연강축에서 $\theta = \frac{1}{4}[°/\text{m}]$ 이내가 적당하므로, 강도에 의한 축지름은 $G = 8 \times 10^5[\text{kgf/cm}^2]$일 때,

$$d = 120\sqrt[4]{\frac{PS}{N}}\,[\text{mm}] = 130\sqrt[4]{\frac{kW}{N}}\,[\text{mm}] \quad\cdots\cdots\cdots\cdots\cdots\cdots (5-15)$$

(2) SI 단위일 때

평균 토크 $T[\text{N} \cdot \text{m}]$, 각속도 $\omega[\text{rad/s}]$, 분당 회전수 $N[\text{rpm}]$, 전달력 $P[\text{N}]$, 원주속도 $v[\text{m/s}]$, 전달동력 $kW(\text{kJ/s})$ 라면, 전달마력 = 전달력×원주속도이므로,

$$\text{동력(power)} = P \times v = P \times (r \cdot \omega) = (P \cdot r) \cdot \omega = T \cdot \omega = T \cdot \frac{2\pi N}{60}[\text{W}]$$

$$T = (9.55 \times 10^3)\frac{kW}{N}[\text{N} \cdot \text{m}] = 9.55\frac{kW}{N}[\text{kJ}] \quad\cdots\cdots\cdots\cdots\cdots\cdots (5-16)$$

예제 3. 7.5 kW의 모터가 3600 rpm으로 운전될 때 전단 응력이 60 MPa를 초과하지 못한다면 사용할 수 있는 최소 축 지름은?

① 6 mm

② 8 mm

③ 10 mm

④ 12 mm

해설 $T = 9.55 \times 10^6 \dfrac{kW}{N} = 9.55 \times 10^6 \times \dfrac{7.5}{3600} = 19895.83 \, \text{N} \cdot \text{mm}$

$T = \tau Z_p = \tau \dfrac{\pi d^3}{16}$

$d = \sqrt[3]{\dfrac{16T}{\pi \tau}} = \sqrt[3]{\dfrac{16 \times 19895.83}{\pi \times 60}} \fallingdotseq 12 \, \text{mm}$

정답 ④

예제 4. 그림과 같은 계단 단면의 중실 원형축의 양단을 고정하고 계단 단면부에 비틀림 모멘트 T가 작용할 경우 지름 D_1과 D_2의 축에 작용하는 비틀림 모멘트의 비 T_1/T_2은? (단, $D_1 = 8$ cm, $D_2 = 4$ cm, $l_1 = 40$ cm, $l_2 = 10$ cm이다.)

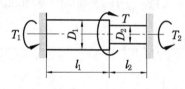

① 2

② 4

③ 6

④ 8

해설 T 작용점에서 좌·우 비틀림 각이 동일하므로, $\theta_1 = \theta_2$

$\dfrac{T_1 l_1}{G I_{p_1}} = \dfrac{T_2 l_2}{G I_{p_2}}$

$\therefore \dfrac{T_1}{T_2} = \dfrac{I_{p_1}}{I_{p_2}} \times \dfrac{l_2}{l_1} = \left(\dfrac{D_1}{D_2}\right)^4 \times \dfrac{l_2}{l_1} = \left(\dfrac{8}{4}\right)^4 \times \dfrac{10}{40} = 4$

정답 ②

---

3. 비틀림에 의한 탄성에너지(U)

　비틀림을 받는 원형축은 토크에 의해 생긴 에너지를 축 속에 저장시키는데, 이 에너지를 변형률에너지 또는 탄성에너지라 한다. 그림에서 지름이 d, 길이가 l인 원형축이 비틀림 모멘트 T를 받아 θ만큼 비틀렸다면 T가 봉에 한 일과 비틀림으로 인한 탄성에너지는 탄성한도 내에서 축에 저장되는 전 에너지는 △OAB의 면적으로 표시된다.

　그림에서 △OAB의 면적

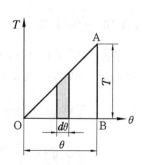

비틀림 변형(탄성)에너지

$$U = \frac{1}{2} T \cdot \theta \, [\text{J}] \quad \cdots\cdots\cdots\cdots\cdots\cdots\cdots\cdots\cdots\cdots\cdots\cdots\cdots\cdots \quad (5-17)$$

$$\theta = \frac{Tl}{GI_P} \text{이므로,}$$

$$U = \frac{1}{2} T \cdot \frac{Tl}{GI_P} = \frac{T^2 l}{2\,GI_P} \, [\text{J}] \quad \cdots\cdots\cdots\cdots\cdots\cdots\cdots\cdots\cdots\cdots \quad (5-18)$$

또한 $T = \tau \cdot Z_P = \tau \cdot \dfrac{\pi d^3}{16}$, $I_P = \dfrac{\pi d^4}{32}$ 을 식 (5-18) 에 대입하면,

$$U = \frac{\left(\tau \cdot \dfrac{\pi}{16} d^3\right)^2 \cdot l}{2\,G \times \dfrac{\pi d^4}{32}} = \frac{\tau^2}{4G} \times \frac{\pi d^2}{4} \times l = \frac{\tau^2}{4G} \cdot V \, [\text{J}]$$

따라서, 비틀림에 의한 탄성에너지 U는,

$$U = \frac{1}{2} T\theta = \frac{T^2 l}{2\,GI_P} = \frac{\tau^2}{4G} \cdot V [\text{J}] \quad \cdots\cdots\cdots\cdots\cdots\cdots\cdots \quad (5-19)$$

단위 체적당 탄성에너지 u는,

$$u = \frac{U}{V} = \frac{\tau^2}{4G} \, [\text{J/m}^3] \quad \cdots\cdots\cdots\cdots\cdots\cdots\cdots\cdots\cdots\cdots\cdots \quad (5-20)$$

중공 원형축인 경우,

$T = \tau \cdot \dfrac{\pi}{16}\left(\dfrac{d_2^{\,4} - d_1^{\,4}}{d_2}\right)$, $I_P = \dfrac{\pi}{32}(d_2^{\,4} - d_1^{\,4})$ 을 $U = \dfrac{T^2 l}{2\,GI_P}$ 에 대입 정리하면,

$$\left.\begin{array}{l} U = \dfrac{\tau^2}{4G}\left[1 + \left(\dfrac{d_1}{d_2}\right)^2\right] \cdot \dfrac{\pi}{4} \cdot (d_2^{\,2} - d_1^{\,2}) \cdot l \\[4mm] u = \dfrac{U}{V} = \dfrac{\tau^2}{4G}\left[1 + \left(\dfrac{d_1}{d_2}\right)^2\right] \end{array}\right\} \quad \cdots\cdots\cdots\cdots \quad (5-21)$$

예제 5. 지름 70 mm인 환봉에 20 MPa의 최대 응력이 생겼을 때의 비틀림 모멘트는 몇 kN · m 인가?

① 4.50   ② 3.60

③ 2.70   ④ 1.35

해설 $T = \tau Z_p = \tau \dfrac{\pi d^3}{16} = 20 \times 10^3 \times \dfrac{\pi \times (0.07)^3}{16} = 1.35 \, \text{kN} \cdot \text{m(kJ)}$ **정답** ④

4. 코일 스프링

4-1 원통형 스프링

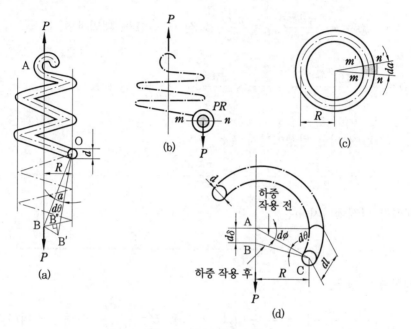

코일 스프링의 전단과 처짐

(1) 스프링의 전단응력

비틀림 모멘트(T)에 의한 비틀림 응력 τ_1은,

$$\tau_1 = \frac{T}{Z_P} = \frac{16\,T}{\pi\,d^3} = \frac{16PR}{\pi d^3}\,[\text{MPa}]$$

전단력 P에 의한 전단응력 τ_2는,

$$\tau_2 = \frac{P}{A} = \frac{4P}{\pi d^2}\,[\text{MPa}]$$

τ_2는 선재의 단면 하측으로 작용하므로 코일의 안쪽에서 τ_1의 방향과 일치하게 되어 mn 단면상에 걸리는 전응력은 τ_1, τ_2를 합하면 m점에서 최대 응력이 되며 그 크기는,

$$\tau_{\max} = \tau_1 + \tau_2 = \frac{16PR}{\pi d^3} + \frac{4P}{\pi d^2} = \frac{16PR}{\pi d^3}\left(1 + \frac{d}{4R}\right) \quad \cdots\cdots\cdots\cdots\cdots (5-22)$$

여기서, R : 코일의 반지름, d : 소선의 지름

여기서, $\dfrac{d}{4R}$ 는 전단응력의 영향을 표시하며, d/R 의 비가 클수록 최대 전단응력 $\tau_{\max}$ 가 증가함을 알 수 있다.

위의 식을 와일(Wahl)의 수정계수 $\left(\dfrac{4m-1}{4m-4}+\dfrac{0.615}{m}\right)$ 를 사용하면,

$$\tau_{\max} = \frac{16PR}{\pi d^3}\left(\frac{4m-1}{4m-4}+\frac{0.615}{m}\right) \quad\cdots\cdots\cdots\cdots (5-23)$$

여기서, $m = \dfrac{2R}{d}$

m 이 작아질수록 수정계수(correction factor)는 증가한다.

(2) 스프링의 처짐(δ)

스프링은 오직 비틀림에 의해서만 처짐이 일어난다고 가정하면, 스프링의 축 방향으로 하중 P 를 가했을 때 소선의 비틀림각을 θ 라고 하면,

원형 단면의 스프링에서 소선의 비틀림각 $\theta = \dfrac{Tl}{GI_P} = \dfrac{32\,Tl}{\pi d^4 G}$, 소선의 전체길이 l, 코일 수 n 이라면, $l = 2\pi R \cdot n$, $T = PR$ 이므로,

$$\theta = \frac{32}{\pi d^4 G}\times(PR)\times(2\pi Rn) = \frac{64PR^2 n}{Gd^4} \quad\cdots\cdots\cdots\cdots (5-24)$$

스프링의 탄성에너지를 U_1 이라 하면,

$$U_1 = \frac{1}{2}T\theta = \frac{1}{2}(PR)\cdot\frac{64PR^2 n}{Gd^4} = \frac{32P^2 R^3 n}{Gd^4}$$

스프링의 축하중 P 를 받아 축방향으로 δ 만큼 처졌다면 P 가 스프링에 한 일 U_2 는,

$$U_2 = \frac{1}{2}P\delta$$

P 가 스프링에 한 일이 스프링 내에 저장된 탄성에너지와 같으므로 $U_1 = U_2$ 에서,

$$\frac{32P^2 R^3 n}{Gd^4} = \frac{1}{2}P\delta$$

$$\therefore\ \delta = \frac{64PR^3 n}{Gd^4} = \frac{8PD^3 n}{Gd^4}\ [\text{cm}] \quad\cdots\cdots\cdots\cdots (5-25)$$

단위 길이당의 처짐량에 대한 하중을 스프링 상수(spring constant) k 라 하면,

$$k = \frac{P}{\delta} = \frac{Gd^4}{64R^3 n}\ [\text{N/cm}] \quad\cdots\cdots\cdots\cdots (5-26)$$

4-2 원추 코일 스프링

그림과 같이 원추형 스프링이 압축 하중 P를 받고 있다. 이 스프링의 평면도는 다음 식으로 주어지는 스프링을 이루고 있다.

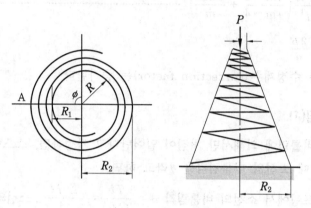

원추 코일 스프링의 비틀림

$$R = R_1 + \frac{(R_2 - R_1)\phi}{2\pi n} \quad \cdots\cdots (5-27)$$

여기서, R은 임의의 점 A에서의 스프링의 반지름이고, ϕ는 그 위치의 각도이다. 스프링 소선의 단위 길이의 비틀림각을 θ'로 하고, 소선의 길이 $Rd\phi$가 비틀림을 받을 때 비틀림각은 $\theta'Rd\phi$가 된다. 이 비틀림각에 의해 생기는 코일의 변화량, 즉 처짐은 $\theta'r^2 d\phi$이다. 따라서, 코일의 반지름 R_1에서 R_2까지의 전신장량 δ는,

$$\delta = \int_0^{2\pi n} \theta' R^2 d\phi$$

$$\frac{dR}{d\phi} = \frac{R_2 - R_1}{2\pi n}, \ d\phi = \frac{2\pi n}{R_2 - R_1} dR \ \text{이므로,}$$

$$\delta = \frac{2\pi n}{R_2 - R_1} \int_{R_1}^{R_2} \theta' R^2 dR \ [\text{cm}] \quad \cdots\cdots (5-28)$$

소선의 지름이 d인 원형의 경우,

$$\theta' = \frac{32PR}{\pi d^4} \times \frac{1}{G}$$

$$\therefore \ \delta = \frac{64n}{R_2 - R_1} \cdot \frac{P}{Gd^4} \int_{R_1}^{R_2} R^3 dR$$

$$= \frac{16\,n\,P}{G\,d^{\,4}}\,(R_1 + R_2)\,({R_1}^2 + {R_2}^2) \quad \cdots\cdots\cdots\cdots\cdots\cdots\cdots\cdots\cdots\cdots\cdots\cdots \text{ (5-29)}$$

스프링 상수$(k) = \dfrac{P}{\delta}$ 에서,

$$k = \frac{G\,d^{\,4}}{16\,n\,(R_1 + R_2)\,({R_1}^2 + {R_2}^2)}\ \text{[N/cm]} \quad \cdots\cdots\cdots\cdots\cdots\cdots\cdots \text{ (5-30)}$$

$R_1 = R_2 = R$ 이면 원통 코일 스프링의 처짐이 구해지며, $R_1 = 0$, $R_2 = R$ 이면 삼각형의 원추 코일 스프링의 처짐을 구할 수 있다.

예제 6. 코일 스프링의 평균 지름 D를 2배로 하면 같은 조건에서 처짐은 몇 배가 되는가?

① 2   ② 4

③ 6   ④ 8

해설 $\delta = \dfrac{8\,W D^3 n}{G d^4}$ 에서 $\delta \propto D^3$ 이므로

$$\dfrac{\delta_2}{\delta_1} = \left(\dfrac{D_2}{D_1}\right)^3 = 2^3 = 8\ \text{배}$$

정답 ④

출제 예상 문제

1. 지름 80 mm, 길이 600 mm, 종탄성계수 78.4 GPa 의 재료를 비틀어 0.1°를 얻었다. 이때 축에 생긴 최대 전단응력을 구하면 얼마인가?

① 9.12 MPa   ② 16.31 MPa

③ 19.43 MPa   ④ 2.96 MPa

[해설] $\tau_{\max} = G\gamma = G\dfrac{\gamma\theta}{l}$

$$= 78.4 \times 10^3 \times \dfrac{40 \times \left(\dfrac{0.1}{57.3}\right)}{600}$$

$$= 9.12 \text{ MPa}(\text{N/mm}^2)$$

2. 비틀림 모멘트 T[N·m], 1분간 회전수 N[rpm], 동력 마력 PS라 할 때, T 는 어느 식으로 표시되는가?

① $T = 9.55\dfrac{PS}{N}$ ② $T = 9550\dfrac{PS}{N}$

③ $T = 7162\dfrac{PS}{N}$ ④ $T = 7020\dfrac{PS}{N}$

[해설] $T = 7.02\dfrac{PS}{N}$ [kN·m] $= 7020\dfrac{PS}{N}$ [N·m]

3. 바하(Bach)의 이론에 의하면 축지름 d 인 축이 회전수 N[rpm]으로 동력 PS를 전달할 때 $G = 78.4$ GPa, 1 m 에 대하여 1/4°로 하면 축지름(cm)은 어느 것이 좋은가?

① $d = 120\sqrt[4]{\dfrac{PS}{N}}$

② $d = 12\sqrt[4]{\dfrac{PS}{N}}$

③ $d = 130\sqrt[4]{\dfrac{PS}{N}}$

④ $d = 43\sqrt[4]{\dfrac{PS}{N}}$

[해설] $\theta° = 584 \times \dfrac{Tl}{Gd^4}$ (degree)에서

(1) $T = 7.02 \times 10^3 \dfrac{PS}{N}$ [N·m]

$\qquad = 7.02 \times 10^5 \dfrac{PS}{N}$ [N·cm]

$d = 12\sqrt[4]{\dfrac{PS}{N}}$ [cm]

$\quad = 120\sqrt[4]{\dfrac{PS}{N}}$ [mm]

(2) $T = 9.55 \times 10^3 \dfrac{kW}{N}$ [N·m]

$\qquad = 9.55 \times 10^5 \dfrac{kW}{N}$ [N·cm]

$d = 13\sqrt[4]{\dfrac{kW}{N}}$ [cm] $= 130\sqrt[4]{\dfrac{kW}{N}}$ [mm]

4. 250 rpm으로 30 kW 를 전달시키는 주축의 지름을 강도상에서 구하면 얼마인가? (단, $\tau_w = 29.4$ MPa 이다.)

① 8.36 cm   ② 7.66 cm

③ 6.65 cm   ④ 5.83 cm

[해설] $T = 9.55 \times 10^6 \dfrac{kW}{N}$

$\qquad = 9.55 \times 10^6 \times \dfrac{30}{250} = 1146000$ N·mm

$T = \tau Z_p = \tau\dfrac{\pi d^3}{16}$

$d = \sqrt[3]{\dfrac{16T}{\pi\tau}} = \sqrt[3]{\dfrac{16 \times 1146000}{\pi \times 29.4}}$

$\quad = 58.35$ mm $= 5.835$ cm

5. 위 문제에서 $G = 81.34$ GPa일 때 1 m 에 대하여 1/4°로 할 때의 축의 지름을 구하면 얼마인가?

① 7.65 cm   ② 7.14 cm

③ 6.47 cm ④ 6.74 cm

[해설] Bach's 축공식 적용(kW인 경우)

$$\therefore d = 13\sqrt[4]{\frac{kW}{N}} = 13\sqrt[4]{\frac{30}{250}} = 7.65 \text{ cm}$$

6. 원형축이 비틀림 모멘트를 받고 있을 때, 전단응력에 대한 설명 중 맞는 것은?

① 지름에 반비례한다.
② 지름의 2승에 반비례한다.
③ 지름의 3승에 반비례한다.
④ 지름의 4승에 반비례한다.

[해설] $T = \tau \cdot Z_P$ 에서,

$$\tau = \frac{T}{Z_P} = \frac{T}{\pi d^3 / 16} = \frac{16T}{\pi d^3}$$

따라서, 전단응력 τ는 지름 d의 3승에 반비례한다.

7. 다음 중 둥근 원축을 비틀 경우에 어느 것이 가장 어려운가?

① 지름이 크고, G의 값이 작을 때
② 지름이 작고, G의 값이 작을 때
③ 지름이 크고, G의 값이 클 때
④ 지름이 작고, G의 값이 클 때

[해설] $\theta = \frac{Tl}{GI_P}$ 에서, θ가 작다는 것은 비틀기 어렵다는 것이다. θ가 작으려면 강성계수 $GI_P = G \times \frac{\pi d^4}{32}$ 가 커야 한다.

즉, G와 d가 크면 θ가 작다.

8. 다음 중 비틀림 모멘트에 대한 식으로 옳은 것은?

① 단면계수 × 굽힘응력
② 전단변형률 × 단면계수
③ 단면계수 × 2차 모멘트
④ 전단응력 × 극단면계수

[해설] $T = \frac{\tau}{r} \int \rho^2 dA = \frac{\tau}{r} \cdot I_P$

$= \tau \cdot Z_P [\text{N} \cdot \text{m}]$

9. 비틀림 모멘트 $T[\text{N} \cdot \text{m}]$, 1분간 회전수 $N[\text{rpm}]$, 전달동력 kW 라고 하면 다음 중 옳은 것은?

① $T = 71620 \frac{kW}{N}$ ② $T = 7020 \frac{kW}{N}$

③ $T = 97400 \frac{kW}{N}$ ④ $T = 9550 \frac{kW}{N}$

[해설] $T = 9.55 \times 10^3 \frac{kW}{N} [\text{N} \cdot \text{m}]$

10. 가로 탄성계수를 G, 비틀림 모멘트를 T로 하고, 극관성 모멘트를 I_p, 길이를 l이라 할 때 전체 비틀림각 θ를 나타낸 식은?

① $\theta = \frac{TI_p}{Gl}$ ② $\theta = \frac{Tl}{GI_p}$

③ $\theta = \frac{I_p l}{GT}$ ④ $\theta = \frac{Gl}{TI_p}$

[해설] $\theta = \frac{Tl}{GI_P} [\text{rad}] = \frac{584\,Tl}{Gd^4} [°]$

11. 지름 d인 봉의 허용 전단응력을 τ라 할 때 이 봉이 받는 허용 비틀림 모멘트 T는 다음 중 어느 것인가?

① $\tau \frac{\pi d^3}{16}$ ② $\tau \frac{\pi d^3}{32}$

③ $\tau \frac{\pi d^3}{48}$ ④ $\tau \frac{\pi d^3}{64}$

[해설] $T = \tau Z_p = \tau \frac{\pi d^3}{16} [\text{N} \cdot \text{m}]$

12. 전단응력 τ_a, 비틀림 모멘트 T를 받는 원형축의 지름 d를 나타낸 것은 어느 것인가?

① $\sqrt[3]{\frac{5.1\,T}{\tau_a}}$ ② $\sqrt[3]{\frac{10.2\,T}{\tau_a}}$

③ $\sqrt[4]{\frac{5.1\,T}{\tau_a}}$ ④ $\sqrt[4]{\frac{10.2\,T}{\tau_a}}$

[정답] 6. ③ 7. ③ 8. ④ 9. ④ 10. ② 11. ① 12. ①

해설 $\tau_a = \dfrac{T}{Z_P} = \dfrac{16\,T}{\pi d^3} \fallingdotseq \dfrac{5.1\,T}{d^3}$

$\therefore\ d = \sqrt[3]{\dfrac{5.1\,T}{\tau_a}}$

13. 축에 작용하는 비틀림 모멘트를 T, 축의 길이를 l, 횡탄성계수를 G라 할 때 단위 길이당 비틀림각 θ'는? (단, d는 축의 지름이다.)

① $\theta' = \dfrac{32\,T}{G\pi d^4}$ ② $\theta' = \dfrac{16\,Tl}{G\pi d^4}$

③ $\theta' = \dfrac{32\,T}{G\pi d^3}$ ④ $\theta' = \dfrac{32\,Tl}{G\pi d^4}$

해설 단위 길이당 비틀림각(θ')

$= \dfrac{\theta}{l} = \dfrac{T}{GI_p} = \dfrac{32\,T}{G\pi d^4}$ [rad/m]

축 전체 길이에 대한 비틀림각(θ)

$= \dfrac{Tl}{GI_p} = \dfrac{32\,Tl}{G\pi d^4}$ [rad]

14. 회전수가 500 rpm, 전달동력이 4 kW인 전동축의 비틀림 모멘트는 얼마인가?

① 57.3 N · m ② 76.4 N · m

③ 77.9 N · m ④ 97.4 N · m

해설 $T = 9.55 \dfrac{kW}{N}$ [kJ]

$= 9.55 \times 10^3 \dfrac{kW}{N}$ [J]

$= 9.55 \times 10^3 \times \dfrac{4}{500} = 76.4$ N · m(J)

15. 비틀림 모멘트를 T, 비틀림각을 θ라 할 때, 원형축 속에 저축되는 탄성에너지의 식을 맞게 나타낸 것은?

① $U = \dfrac{1}{2}\,T\theta$ ② $U = \dfrac{1}{2}\,T^2\theta$

③ $U = 2\,T\theta$ ④ $U = 2\,T^2\theta$

해설 $U = \Delta$OAB 의 면적

$= \dfrac{1}{2}\,T\theta$ [J]

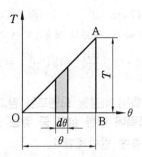

16. 평균지름 25 cm, 소선의 지름 1.25 cm인 원통형 코일 스프링에 176.4 N의 축하중을 작용시켰더니 축방향으로 10 cm 가 늘어났다. 이때 이 코일 스프링에 저장된 탄성에너지의 크기는 얼마인가?

① 2.50 J ② 1.80 J

③ 10.21 J ④ 8.82 J

해설 스프링의 탄성에너지

$U = \dfrac{1}{2}\,P\delta = \dfrac{1}{2} \times 176.4 \times 0.1$

$= 8.82$ N · m $= 8.82$ J

17. 소선의 지름이 d, 평균 지름이 D인 코일 스프링에서 스프링 하중 P를 가할 때 스프링 내의 최대 전단응력 τ를 구하면? [단, K는 와일(Wahl) 의 수정계수이다.]

① $\tau = \dfrac{16KDP}{\pi d^3}$ ② $\tau = \dfrac{8KDP}{\pi d^3}$

③ $\tau = \dfrac{\pi d^3}{16KDP}$ ④ $\tau = \dfrac{\pi d^3}{8KDP}$

해설 $\tau = \dfrac{16\,PR}{\pi d^3}\left(\dfrac{4m-1}{4m-4} + \dfrac{0.615}{m}\right)$

$= \dfrac{8\,PD}{\pi d^3} \times K$ [MPa]

18. 코일의 지름이 D, 소선의 지름이 d, 횡탄성계수가 G, 유효권수가 n일 때 하중 P를 가했다면 처짐량 δ를 구하는 식은?

① $\delta = \dfrac{64nD^3P}{Gd^4}$ ② $\delta = \dfrac{64nD^4P}{Gd^3}$

③ $\delta = \dfrac{8nD^3P}{Gd^4}$ ④ $\delta = \dfrac{8nD^3P}{Gd^3}$

정답 13. ① 14. ② 15. ① 16. ④ 17. ② 18. ③

해설 $\delta = \dfrac{8nD^3P}{Gd^4} = \dfrac{8nC^3P}{Gd}$ [cm]

19. 코일 스프링에서 코일의 평균지름을 2배로 하면 같은 축방향의 하중에 따른 처짐은 몇 배가 되는가?

① 4 배   ② 8 배

③ 16 배   ④ 32 배

해설 $\delta = \dfrac{8nPD^3}{Gd^4}$ 에서 $\delta \propto D^3$ 이므로 평균지름을 2배로 하면 처짐은 $2^3 = 8$배가 된다.

20. 중실 원형축의 지름을 2배로 증가시켰을 때 비틀림 모멘트는 몇 배가 되는가?

① 4배   ② 6배

③ 8배   ④ 10배

해설 비틀림 모멘트(T)는 지름(d)^{3}에 비례한다($T \propto d^3$).

$$\therefore \frac{T_2}{T_1} = \left(\frac{d_2}{d_1}\right)^3 = (2)^3 = 8, \quad T_2 = 8T_1$$

21. 실체원축에 있어서 다른 조건은 동일하게 하고, 지름을 2배로 하면 비틀림각은 몇 배가 되는가?

① 16   ② 32

③ $\dfrac{1}{16}$ ④ $\dfrac{1}{32}$

해설 $\theta = \dfrac{Tl}{GI_p} = \dfrac{Tl}{G\dfrac{\pi d^4}{32}} = \dfrac{32Tl}{G\pi d^4}$ [rad]이므로

$$\therefore \frac{\theta_2}{\theta_1} = \frac{\dfrac{32Tl}{G\pi d_2{}^4}}{\dfrac{32Tl}{G\pi d_1{}^4}} = \frac{d_1{}^4}{d_2{}^4} = \frac{d_1{}^4}{(2d_1)^4} = \frac{1}{16}$$

$$\therefore \theta_2 = \frac{1}{16}\theta_1$$

22. 그림과 같이 지름 d인 봉을 양단으로 고정하여 놓았다. m점에서 비틀림 모멘트

T를 작용하면 양단 A, B에 발생하는 비틀림 모멘트 T_A, T_B를 구하면?

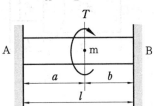

① $T_A = \dfrac{a}{l}T, \quad T_B = \dfrac{b}{l}T$

② $T_A = \dfrac{b}{l}T, \quad T_B = \dfrac{a}{l}T$

③ $T_A = \dfrac{a^2}{l}T, \quad T_B = \dfrac{b^2}{l}T$

④ $T_A = \dfrac{b^2}{l}T, \quad T_B = \dfrac{a^2}{l}T$

해설 그림의 평형 조건에서

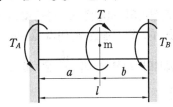

$T = T_A + T_B$ ·········· ㉠

또, m점에서 좌우 비틀림각은 같으므로,

$$\theta = \frac{T_A \cdot a}{GI_p} = \frac{T_B \cdot b}{GI_p}$$

$\therefore T_A \cdot a = T_B \cdot b$ ·········· ㉡

식 ㉠, ㉡을 연립하여 풀면,

$$T_A = \frac{b}{a+b}T = \frac{Tb}{l} = T - T_B \,[\text{N} \cdot \text{m}]$$

$$T_B = \frac{a}{a+b}T = \frac{Ta}{l} = T - T_A \,[\text{N} \cdot \text{m}]$$

23. 양단이 고정된 단붙임축의 단붙임부에 비틀림 모멘트 T가 작용할 때, 지름 D_1, D_2인 축에 각각 작용하는 비틀림 모멘트의 비 T_1 / T_2의 값은? (단, $D_1 = 8$ cm, $D_2 = 4$ cm, $l_1 = 40$ cm, $l_2 = 10$ cm이다.)

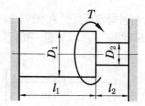

① $\dfrac{1}{2}$　　　　② 2

③ $\dfrac{1}{4}$　　　　④ 4

해설 하중점에서 비틀림각은 같으므로,

$$\therefore \theta = \frac{T_1 l_1}{G I_{P1}} = \frac{T_2 l_2}{G I_{P2}} \text{에서,}$$

$$\frac{T_1}{T_2} = \frac{I_{P1}}{I_{P2}} \times \frac{l_2}{l_1} = \left(\frac{D_1}{D_2}\right)^4 \times \frac{l_2}{l_1}$$

$$= \left(\frac{8}{4}\right)^4 \times \frac{10}{40} = 4$$

24. 중실축의 지름을 d, 중공축의 바깥지름을 d_2, 안지름을 d_1이라 할 때 동일강도에서의 지름의 비 $\dfrac{d_2}{d}$를 맞게 나타낸 것은?

① $\dfrac{1}{\sqrt[3]{1 - \left(\dfrac{d_1}{d_2}\right)^2}}$　② $\dfrac{1}{\sqrt[4]{1 - \left(\dfrac{d_1}{d_2}\right)^2}}$

③ $\dfrac{1}{\sqrt[3]{1 - \left(\dfrac{d_1}{d_2}\right)^4}}$　④ $\dfrac{1}{\sqrt[4]{1 - \left(\dfrac{d_1}{d_2}\right)^3}}$

해설 중실축의 비틀림 모멘트$(T_1) = \dfrac{\pi d^3}{16} \tau$

중공축의 비틀림 모멘트(T_2)

$$= \frac{\pi}{16} \cdot \frac{d_2^4 - d_1^4}{d_2} \cdot \tau \text{에서,}$$

$T_1 = T_2$이므로,

$$\frac{\pi d^3}{16} \tau = \frac{\pi}{16} \cdot \frac{d_2^4 - d_1^4}{d_2} \cdot \tau$$

$$d^3 = \frac{d_2^4 - d_1^4}{d_2} = d_2^3 \left\{1 - \left(\frac{d_1}{d_2}\right)^4\right\}$$

$$\left(\frac{d_2}{d}\right)^3 = \frac{1}{1 - \left(\dfrac{d_1}{d_2}\right)^4}$$

$$\therefore \frac{d_2}{d} = \sqrt[3]{\frac{1}{1 - \left(\dfrac{d_1}{d_2}\right)^4}} = \frac{1}{\sqrt[3]{1 - \left(\dfrac{d_1}{d_2}\right)^4}}$$

25. 지름이 다른 d_1, d_2인 2개 중실원형축이 있다. 동일한 비틀림 모멘트를 받을 때 탄성에너지의 비 $\dfrac{U_2}{U_1}$는 얼마인가? (단, 재료는 동일하며, $2d_1 = d_2$이다.)

① $\dfrac{1}{4}$　　　　② $\dfrac{1}{8}$

③ $\dfrac{1}{16}$　　　④ $\dfrac{1}{32}$

해설 $U = \dfrac{T^2 l}{2 G I_p} = \dfrac{32 T^2 l}{2 G \pi d^4}$에서 $U \propto \dfrac{1}{d^4}$

$$\therefore \frac{U_2}{U_1} = \left(\frac{d_1}{d_2}\right)^4 = \left(\frac{1}{2}\right)^4 = \frac{1}{16}$$

제6장

보(beam)

1. 보와 하중의 종류

1-1 보(beam)

단면의 치수에 비하여 길이가 긴 구조용 부재가 적당히 지지되어 있고, 축선에 수직방
향으로 하중을 받으면 구부러지는데, 이와 같이 굽힘작용을 받는 봉을 보라 한다.

1-2 보의 지점(support)의 종류

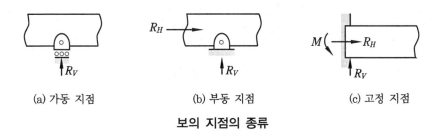

(a) 가동 지점   (b) 부동 지점   (c) 고정 지점

보의 지점의 종류

(1) 가동 지점(hinged movable support)

보의 회전과 평행이 자유로우나, 수직 이동이 불가능한 지점으로 자유 지점(free
support)이라 하며, 수평반력은 영(zero)이고, 수직반력만 존재한다.

(2) 부동 지점(hinged immovable support)

보의 회전은 자유롭지만 수평, 수직 이동이 불가능한 지점이며, 수직반력과 수평반력이
존재한다.

(3) 고정 지점(fixed support, built in support)

보의 회전은 물론 수평과 수직이동이 모두 불가한 지지점이며, 수직반력, 수평반력, 모멘트 3개의 반력이 존재한다.

1-3 하중(load)의 종류

(1) 집중 하중(concentradted load)

어느 한 지점에 집중하여 작용하는 하중이다.

(2) 균일 분포 하중(uniformly distributed load)

보의 단위 길이에 균일하게 분포하여 작용하는 하중으로, 등분포 하중이라고도 한다.

(3) 불균일 분포 하중(varying load)

보의 단위 길이에 불균일하게 분포하여 작용하는 하중이다.

(4) 이동 하중(moving load)

차량이 교량 위를 통과할 때처럼 하중이 이동하여 작용하는 하중이다.

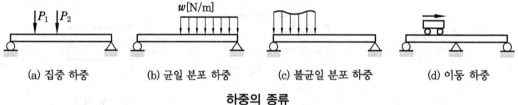

(a) 집중 하중   (b) 균일 분포 하중   (c) 불균일 분포 하중   (d) 이동 하중

하중의 종류

1-4 보의 종류

(1) 정정보(statically determinate beam)

① 외팔보(cantilever beam) : 한 끝단만 고정한 보로서 고정된 단을 고정단, 다른 끝을 자유단이라 한다 (반력수 3개).

② 단순보(simple beam) : 양단에서 받치고 있는 보로, 양단지지보이다(반력수 3개).

③ 돌출보(overhanging beam) : 지점의 바깥쪽에 하중이 걸리는 보로, 내다지보이다(반력수 3개).

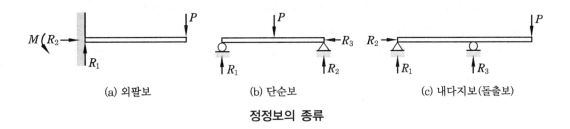

(a) 외팔보   (b) 단순보   (c) 내다지보(돌출보)

정정보의 종류

(2) 부정정보(statically indeterminate beam)

① (양단)고정보(both ends fixed beam) : 양단이 모두 고정된 보로서 보 중에서 가장 강한 보이다 (반력수 6개).

② 고정받침보(one end fixed, other end supported beam) : 한 단은 고정되고, 다른 단은 받쳐져 있는 보이다 (반력수 4개).

③ 연속보(continuous beam) : 3개 이상의 지점, 즉 2개 이상의 스팬(span)을 가진 보이다 (반력수 = 지점수 + 1).

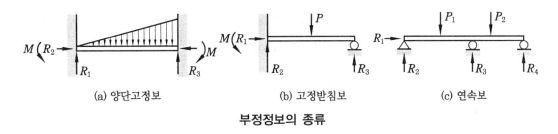

(a) 양단고정보   (b) 고정받침보   (c) 연속보

부정정보의 종류

2. 전단력과 굽힘 모멘트

2-1 보의 평형조건

보의 임의의 단면에 하중이 작용하면 평형상태를 유지하기 위해서는 그 지지점에 반작용으로서 하중에 저항하는 힘이 작용하여 평형을 이루어야 한다. 이때 이 저항력을 반력 (reaction force)이라 한다.

(1) 보의 평형조건

① 보에 작용하는 하중과 반력의 대수합은 영(0)이 되어야 한다.
 − 상향의 힘(+), 하향의 힘(−), 오른쪽 방향의 힘(+), 왼쪽 방향의 힘(−)

② 보의 임의의 점에 대한 굽힘 모멘트의 대수합은 영(0)이 되어야 한다.

– 시계방향의 모멘트(+), 반시계방향의 모멘트(–)

수평방향의 하중이 없으므로 수평반력은 영($\Sigma X_i = 0$)이고, 수직방향의 힘의 합은 영 ($\Sigma Y_i = 0$)에서, $R_A(上)$, $P_1(下)$, $P_2(下)$, $P_3(下)$, $R_B(上)$이므로,

$$R_A - P_1 - P_2 - P_3 + R_B = 0, \ \ 즉, \ \ R_A + R_B = P_1 + P_2 + P_3$$

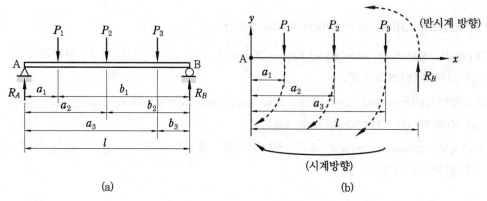

(a) (b)

보의 평형

A점에 대한 모멘트(A점을 기준점으로 한 모멘트)의 합은 영($\Sigma M_A = 0$)에서,

$P_1 a_1$, $P_2 a_2$, $P_3 a_3$: 시계방향(+)

$R_B \cdot l$: 반시계방향(–)

$\therefore \ P_1 a_1 + P_2 a_2 + P_3 a_3 - R_B l = 0$

$\therefore \ R_B = \dfrac{P_1 a_1 + P_2 a_2 + P_3 a_3}{l}$

$R_A = P_1 + P_2 + P_3 - R_B$

예제 1. 그림과 같은 단순보에서 3개의 하중을 받고 있을 때 반력 R_A, R_B는 얼마인가?

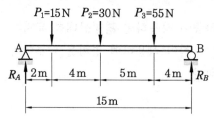

① 54.33, 45.67   ② 45.67, 54.33

③ 52.33, 47.67   ④ 47.67, 52.33

해설 $\Sigma Y_i = 0$ 에서,

$R_A + R_B - P_1 - P_2 - P_3 = 0$ ··· ㉠

$\Sigma M_A = 0$ 에서 (A점 기준),

$P_1 \times 2 + P_2 \times 6 + P_3 \times 11 - R_B \times 15 = 0$ ···················· ㉡

㉡ 에서,

$R_B = \dfrac{P_1 \times 2 + P_2 \times 6 + P_3 \times 11}{15} = \dfrac{15 \times 2 + 30 \times 6 + 55 \times 11}{15} = 54.33\,\text{N}$

㉠ 에서,

$R_A = P_1 + P_2 + P_3 - R_B = 15 + 30 + 55 - 54.33 = 45.67\,\text{N}$ 정답 ②

2-2 **전단력과 굽힘 모멘트**

그림 (a)의 $X-X$ 단면에서 그림 (b), 즉 두 부분으로 절단하여 자유물체도로 분리하면, 오른쪽 부분은 왼쪽 부분이 평형을 이루도록 작용되어야 한다.

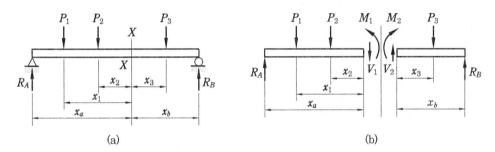

(a)   (b)

전단력과 굽힘 모멘트

① 그림 (a) 에서,

$\Sigma Y_i = 0$; $R_A - P_1 - P_2 - P_3 + R_B = 0$ ································· ㉠

$\Sigma M_{Xi} = 0$;

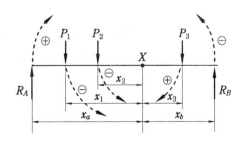

$R_A \cdot x_a - P_1\,x_1 - P_2\,x_2 + P_3\,x_3 - R_B\,x_b = 0$ ···················· ㉡

② 그림 (b)의 왼쪽에서,

$\Sigma F = 0$; 상향 $\oplus$ 하향 $\ominus$ 이므로,

$R_A - P_1 - P_2 - V_1 = 0$

$\therefore\ V_1 = R_A - P_1 - P_2$ ·· ㉢

$\Sigma M = 0$: 시계방향 $\oplus$, 반시계방향 $\ominus$ 이므로,

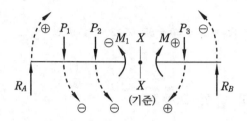

$R_A\, x_a - P_1\, x_1 - P_2\, x_2 - M_1 = 0$

$\therefore\ M_1 = R_A\, x_a - P_1\, x_1 - P_2\, x_2$ ·································· ㉣

③ 그림 (b)의 오른쪽에서,

$\Sigma F = 0$: $V_2 - P_3 + R_B = 0$

$\therefore\ V_2 = P_3 - R_B$ ·· ㉤

$\Sigma M = 0$: $M_2 + P_3\, x_3 - R_B\, x_b = 0$

$\therefore\ M_2 = R_B\, x_b - P_3\, x_3$ ·· ㉥

㉠에서, $R_A - P_1 - P_2 = P_3 - R_B$

㉢, ㉤으로부터 $\therefore\ V_1 = V_2 = V$ ··························· ㉦

㉡에서, $R_A\, x_a - P_1\, x_1 - P_2\, x_2 = R_B\, x_b - P_3\, x_3$

㉣, ㉥으로부터 $\therefore\ M_1 = M_2 = M$

즉, V_1과 V_2, M_1과 M_2는 각각 그 크기가 같고 방향이 반대이다.

여기서 수직력 V를 전단력(shearing force), 우력 M을 굽힘 모멘트(bending moment)라 한다.

2-3 전단력, 수평력 모멘트의 부호 규약

다음은 V, M, N, R 등의 부호 규약이다.

R, N, V, M의 부호 규약

부호	반력	전단력	굽힘 모멘트	N, V, M
$\oplus$				
$\ominus$				

반력은 상향의 반력이 (+), 하향의 반력이 (−)이며, 전단력은 전단면을 기준으로 전단력이 시계방향이면 (+), 그 반대이면 (−)이고, 굽힘 모멘트는 위로 오목한 형태가 (+)이며, 아래로 볼록한 형태가 (−)이고, 수평력은 인장이면 (+), 압축이면 (−)이다.

2-4 전단력, 굽힘 모멘트, 하중 사이의 관계

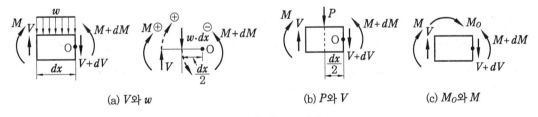

(a) V와 w   (b) P와 V   (c) M_0와 M

V, M, P 의 관계

① [그림 (a) 참조] O점에 대하여,

$(\Sigma Y_i = 0)$; $V(上)$, $w \times dx(下)$, $V + dV(下)$

$V - wdx - (V + dV) = 0$

$$\therefore \frac{dV}{dx} = -w \quad \text{(6-1)}$$

(전단력의 x에 대한 변화율은 분포 하중의 세기에 (−)를 붙인 값과 같다.)

$\Sigma M_i = 0$; $M + V \cdot dx - w \cdot dx \cdot \left(\frac{dx}{2}\right) - (M + dM) = 0$

$(dx)^2$ = 무시하고 정리하면,

$$\therefore \frac{dM}{dx} = V \quad \text{(6-2)}$$

(굽힘 모멘트의 x에 대한 변화율은 그 단면에서의 전단력과 같다.)

② [그림 (b) 참조] $\Sigma Y_i = 0 : V - P + (V + dV) = 0$

$$\therefore dV = -P \quad\text{------------------------------------}\quad (6-3)$$

(하중 작용점이 좌에서 우로 통과할 때 dx 사이에서 P의 양만큼 갑자기 감소한다.)

$$\Sigma M_i = 0 ; \; M + V \cdot dx - P \cdot \frac{dx}{2} - (M + dM) = 0$$

$$\therefore \frac{dM}{dx} = V \quad\text{------------------------------------}\quad (6-4)$$

(집중 하중 P의 작용점에서 P의 양만큼 갑자기 감소한다.)

③ [그림 (c) 참조] $\Sigma M_i = 0 : M + M_o + V \cdot dx - (M + dM) = 0$

$$\therefore dM = M_o \quad\text{------------------------------------}\quad (6-5)$$

(가해진 우력 M_o 때문에 하중의 작용점의 왼쪽에서 오른쪽으로 이동함에 따라 굽힘 모멘트는 갑자기 증가한다.)

3. 전단력 선도와 굽힘 모멘트 선도

단면에서의 응력의 크기는 전단력과 굽힘 모멘트의 값에 의해 결정되며, V와 M은 거리 x에 따라 변화한다. V와 M이 거리 x에 따라 변화하는 값을 그래프로 그리기 위해 x를 가로 좌표로 잡아 그린 것을 전단력 선도(SFD : shearing force diagram), 굽힘 모멘트 선도(BMD : bending moment digram)라고 한다.

3-1 외팔보(cantilever beam)

(1) 자유단에 집중 하중이 작용할 때

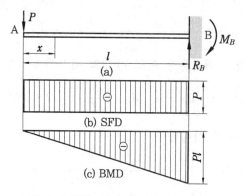

자유단에 집중 하중이 작용하는 모멘트

① 지점반력

$$\Sigma Y_i = 0 \; ; \; -P + R_B = 0$$

$$\therefore \; R_B = P \; \cdots\cdots\cdots\cdots\cdots\cdots\cdots\cdots\cdots\cdots\cdots\cdots\cdots\cdots\cdots\cdots\cdots\cdots\cdots\cdots \; ㉠$$

$\Sigma M_B = 0 \; ; \; B$점을 기준으로 한 모멘트의 합은 영

$$-Pl + M_B = 0$$

$$\therefore \; M_B = Pl \; \cdots\cdots\cdots\cdots\cdots\cdots\cdots\cdots\cdots\cdots\cdots\cdots\cdots\cdots\cdots\cdots\cdots\cdots \; ㉡$$

② 전단력(V), 굽힘 모멘트(M)의 방정식

$$\left.\begin{array}{l} V = -P \\ M_x = -P \cdot x \end{array}\right\} \; \cdots\cdots\cdots\cdots\cdots\cdots\cdots\cdots\cdots\cdots\cdots\cdots\cdots\cdots\cdots\cdots \; ㉢$$

③ SFD와 BMD

SFD ; $V = -P$로 일정한 값을 가지므로 직사각형

BMD ; $M_x = -Px \; : \; x = 0, \; M_{x=0} = 0$

$$x = l, \; M_{\max} = -Pl \; \cdots\cdots\cdots\cdots\cdots\cdots\cdots\cdots\cdots\cdots\cdots\cdots \; (6-6)$$

최대 굽힘 모멘트는 B단에 작용하며, 왼쪽이 고정되고, 오른쪽 자유단에 하중이 가해지면 SFD는 (+), BMD는 (−)가 된다.

(2) 2개 이상 다수의 집중 하중이 작용할 때

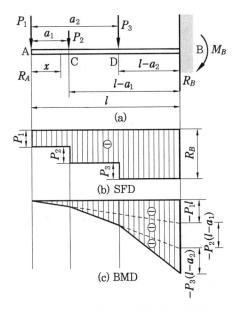

다수의 집중 하중이 작용하는 외팔보

① **지점반력**

$$\Sigma Y_i = 0 \; ; \; -P_1 - P_2 - P_3 + R_B = 0$$

$$\therefore \; R_B = P_1 + P_2 + P_3 \; \cdots\cdots\cdots\cdots\cdots\cdots\cdots\cdots\cdots ㉠$$

$$\Sigma M_B = 0 \; ; \; -P_1 \cdot l - P_2(l - a_1)$$

$$- P_3(l - a_2) + M_B = 0$$

$$\therefore \; M_B = P_1 l + P_2(l - a_1) + P_3(l - a_2) \; \cdots\cdots\cdots ㉡$$

② **V와 M의 방정식**

(개) 구간 $0 < x < a_1$

$$V_1 = -P_1 \; \cdots\cdots\cdots\cdots\cdots\cdots\cdots\cdots\cdots\cdots\cdots\cdots\cdots\cdots ㉢$$

$$M_1 = -P_1 x \; \cdots\cdots\cdots\cdots\cdots\cdots\cdots\cdots\cdots\cdots\cdots\cdots ㉣$$

(내) 구간 $a_1 < x < a_2$

$$V_2 = -P_1 - P_2 \; \cdots\cdots\cdots\cdots\cdots\cdots\cdots\cdots\cdots\cdots\cdots ㉤$$

$$M_2 = -P_1 x_1 - P_2(x - a_2) \; \cdots\cdots\cdots\cdots\cdots\cdots ㉥$$

(대) 구간 $a_2 < x < l$

$$V_3 = -P_1 - P_2 - P_3 \; \cdots\cdots\cdots\cdots\cdots\cdots\cdots\cdots\cdots ㉦$$

$$M_3 = -P_1 x_1 - P_2(x - a_1) - P_3(x - a_2) \; \cdots\cdots ㉧$$

③ **SFD와 BMD**

(개) SFD ; $0 \sim a_1 : V_1 = -P_1$

$$a_1 \sim a_2 : V_2 = -P_1 - P_2$$

$$a_2 \sim l : V_3 = -P_1 - P_2 - P_3 인 \ 사각형$$

(내) BMD ; $x = 0 : M_1 = -P_1 x = 0$

$$x = a_1 : M_2 = -P_1 x - P_2(x - a_1) = -P_1 a_1$$

$$x = a_2 : M_3 = -P_1 x - P_2(x - a_1) + P_3(x - a_2) = -P_1 a_2 - P_2(a_2 - a_1)$$

$$x = l : M_3 = -P_1 l - P_2(l - a_1) - P_3(l - a_2)$$

예제 2. 그림과 같은 외팔보에 있어서 고정단에서 20 cm 되는 점의 굽힘 모멘트 M은 몇 kN · m인가?

① 1.6 　　　　② 1.75

③ 2.2 　　　　④ 2.75

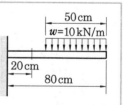

해설　$M = 10 \times 0.5 \times (0.25 + 0.1) = 1.75 \text{kN} \cdot \text{m}$　　　　정답 ②

(3) 등분포 하중이 작용할 때

등분포 하중은 합력이 wl이고, 보의 도심에 집중적으로 작용하는 집중 하중으로 고쳐 계산한다. 즉, 그림에서 하중의 합력은 $w \times x$[N] 이고, 이 하중은 분포 하중이 작용하며 C와 B의 중앙에 집중작용하므로,

w에 의한 모멘트는,

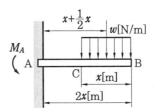

$$M_A = wx \times \left(x + \frac{1}{2}x\right)$$

$$= wx \times \frac{3}{2}x = \frac{3}{2}wx^2$$

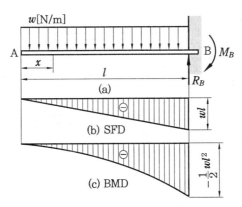

등분포 하중이 작용하는 외팔보

그림에서,

① 지지반력

$$\Sigma Y_i = 0 \; ; \; -wl + R_B = 0$$

$$\therefore R_B = wl \quad \text{···} ㉠$$

$$\Sigma M_B = 0 \; ; \; -\left(wl \times \frac{l}{2}\right) + M_B = 0$$

$$\therefore M_B = \frac{1}{2}wl^2 \quad \text{···} ㉡$$

② V와 M의 방정식

$$V_x = -wx \quad \text{···} ㉢$$

$$M_x = -wx \times \frac{x}{2} = -\frac{1}{2}wx^2 \quad \text{·······································} ㉣$$

③ SFD와 BMD

$$x = 0 \; ; \; V = 0, \; M = 0 \quad \text{···} ㉤$$

$$x = l \; ; \; V_B = -wl, \; M_B = -\frac{1}{2}wl^2 \; \text{......................................} \; ⓗ$$

최대 전단응력과 굽힘 모멘트는 자유단으로부터 $x = l$인 고정단에 생기며,

$$\left.\begin{array}{l} V_{\max} = -wl \\[2mm] M_{\max} = -\dfrac{1}{2}wl^2 \end{array}\right\} \; \text{..} \; (6-7)$$

예제 3. 그림과 같이 직선적으로 변하는 불균일 분포 하중을 받고 있는 단순보의 전단력 선도는 어느 것인가?

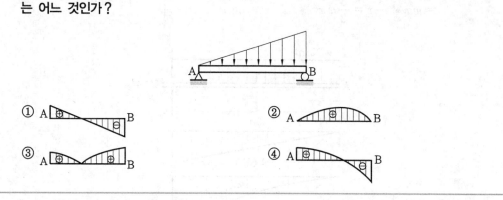

정답 ④

---

(4) 점변하는 분포 하중이 작용할 때

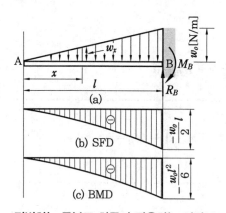

점변하는 등분포 하중이 작용하는 외팔보

자유단의 하중이 0이고 고정단의 하중이 w_0인 삼각형의 점변하는 분포 하중을 받고 있을 때,

① 지지반력

B점에서 $\dfrac{l}{3}$ 되는 거리에 $\dfrac{w_0 l}{2}$ 이 작용한다면,

$$\Sigma Y_i = 0 \ ; \ R_B - \frac{w_0 l}{2} = 0$$

$$\therefore \ R_B = \frac{w_0 l}{2} \ \text{..} ㉠$$

$$\Sigma M_B = 0 \ ; \ -\frac{w_0 l}{2} \times \frac{l}{3} + M_B = 0$$

$$\therefore \ M_B = \frac{w_0 l^2}{6} \ \text{..} ㉡$$

② V와 M의 방정식

$$V_x = -\frac{1}{2} w_x \cdot x = -\frac{1}{2} \cdot \frac{w_0 x}{l} \cdot x = \frac{w_0 x^2}{2l} \ \text{.........................} ㉢$$

$$\left(x : w_x = l : w_0 \rightarrow w_x = \frac{w_0 x}{l} \right)$$

$$M_x = -\frac{1}{2} w_x \cdot x \times \frac{x}{3} = -\frac{1}{2} \cdot \frac{w_0 x}{l} \cdot x \times \frac{x}{3} = -\frac{w_0 x^3}{6l} \ \text{...........} ㉣$$

③ SFD와 BMD

$$\left. \begin{array}{l} x = 0 : V_x = V_A = 0 \\ \qquad\quad M_x = M_A = 0 \end{array} \right\} \ \text{..} ㉤$$

$$\left. \begin{array}{l} x = l : V_x = -V_B = -\dfrac{w_0 l}{2} = V_{\max} \\ \qquad M_x = M_B = -\dfrac{w_0 l^2}{6} = M_{\max} \end{array} \right\} \ \text{.........................} ㉥$$

예제 4. 다음 그림에서 최대 굽힘 모멘트가 발생하는 위치는 A에서 얼마만큼 떨어진 곳인가?

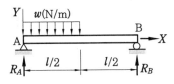

① 0 ② $\frac{1}{8} l$ ③ $\frac{1}{4} l$ ④ $\frac{3}{8} l$

해설 $F = \dfrac{3wl}{8} - w \cdot x = 0$ $\therefore \ x = \dfrac{3}{8} l$ 정답 ④

단순보(simple beam)−양단 지지보

(1) 임의의 위치에 집중 하중이 작용할 때

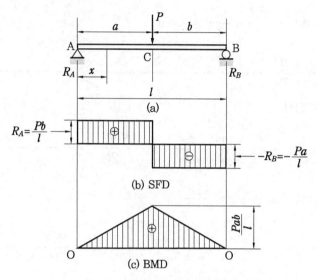

임의의 위치에 집중 하중이 작용하는 단순보

① 지점반력

$$\Sigma Y_i = 0 \ or \ \Sigma V = 0 \ ; \ R_A + R_B - P = 0 \ (R_A + R_B = P) \ \cdots\cdots\cdots\cdots\cdots\cdots ⑦$$

$$\Sigma M_B = 0 \ ; \ R_A \cdot l - Pb = 0$$

$$\left. \begin{array}{l} \therefore \ R_A = \dfrac{Pb}{l} \\[3mm] R_B = P - R_A = P - \dfrac{Pb}{l} = \dfrac{P(l-b)}{l} = \dfrac{Pa}{l} \end{array} \right\} \ \cdots\cdots\cdots\cdots\cdots\cdots\cdots (6-8)$$

$$\left. \begin{array}{l} \Sigma M_A = 0 \ ; \ -R_B \cdot l + P \cdot a = 0 \\[3mm] \therefore \ R_B = \dfrac{Pa}{l} \end{array} \right\} \ \text{로도 구해진다.}$$

② V와 M의 방정식

㈎ 구간 $0 < x < a$

$$\left. \begin{array}{l} V = R_A = \dfrac{Pb}{l} \\[3mm] M = R_A \cdot x = \dfrac{Pb}{l}x \end{array} \right\} \ \cdots\cdots\cdots\cdots\cdots\cdots\cdots\cdots ⓛ$$

(나) 구간 $a < x < l$

$$V = R_A - P = \frac{Pb}{l} - P = -\frac{Pa}{l}$$

$$M = R_A \cdot x - P(x-a)$$

$$= \frac{Pb}{l}x - P(x-a)$$

$\left.\vphantom{\begin{array}{c}V\\M\\=\end{array}}\right\}$ .... ㉢

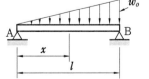

③ SFD와 BMD

(가) BMD는 위의 구간별 모멘트 식으로부터,

$$(x=0) \; ; \; M = R_A \cdot x = 0 \;\; \cdots\cdots\cdots\cdots\cdots\cdots\cdots\cdots\cdots\cdots\cdots\cdots\cdots\cdots \;\; ㉣$$

$$(x=a) \; ; \; M = R_A \cdot x = \frac{Pb}{l} \cdot x = \frac{Pab}{l}$$

$$M = R_A x - P(x-a) = R_A \cdot a - P \times 0 = \frac{Pab}{l}$$

$\left.\vphantom{\begin{array}{c}M\\M\end{array}}\right\}$ $M_{\max}$ .... (6-9)

$$(x=l) \; ; \; M = R_A \cdot x - P(x-a) = \frac{Pb}{l} \cdot l - P(l-a) = 0 \;\; \cdots\cdots\cdots\cdots \;\; ㉤$$

(나) SFD도 모멘트 식으로부터,

$$(x=0) \; ; \; \frac{dM}{dx} = V = R_A$$

$$(x=a) \; ; \; \frac{dM}{dx} = V = R_A \left(= \frac{Pb}{l} \right)$$

$$\frac{dM}{dx} = V = R_A = R_B = \frac{Pa}{l} - P$$

$$(x=l) \; ; \; \frac{dM}{dx} = R_A - P = R_B = \frac{Pa}{l}$$

$\left.\vphantom{\begin{array}{c}\frac{dM}{dx}\\\frac{dM}{dx}\\\frac{dM}{dx}\\\frac{dM}{dx}\end{array}}\right\}$ .... ㉥

최대 굽힘 모멘트는 $x = a$인 곳에서 발생하므로,

$$M_{\max} = M_{x=a} = \frac{Pab}{l} \;\; \cdots\cdots\cdots\cdots\cdots\cdots\cdots\cdots\cdots\cdots\cdots\cdots\cdots\cdots\cdots\cdots \;\; ㉦$$

$a = b = \dfrac{l}{2}$이면,

$$M_{\max} = \frac{Pl}{4} \;\; \cdots\cdots\cdots\cdots\cdots\cdots\cdots\cdots\cdots\cdots\cdots\cdots\cdots\cdots\cdots\cdots\cdots\cdots\cdots\cdots \;\; (6-10)$$

예제 5. 단순보에 직선적으로 변하는 분포 하중이 작용할 때 x위치 단면의 굽힘 모멘트는 ?

① $\dfrac{w_o x}{6l}(l^2 - x^2)$ ② $\dfrac{w_o x}{6l}(l^2 - 3x^2)$

③ $\dfrac{w_o x}{2l}(l^2 - x^2)$ ④ $\dfrac{w_o x}{2l}(l^2 - 3x^2)$

해설 $w_x = w_o \times \dfrac{x}{l}$

$$\therefore M_x = R_A \times x - \frac{1}{2} w_x \cdot x \times \frac{x}{3} = \frac{w_o l}{6} x - \frac{w_o x^3}{6l} = \frac{w_o x}{6l}(l^2 - x^2)$$

정답 ①

(2) 등분포 하중이 작용할 때

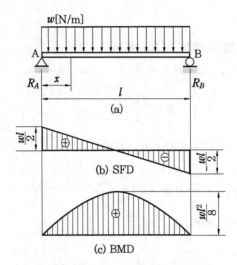

(a)

(b) SFD

(c) BMD

등분포 하중이 작용하는 단순보

① 지점반력

$$\Sigma Y_i = 0 : R_A - wl + R_B = 0$$

$$\Sigma M_B = 0 : R_A \cdot l - (wl) \times \frac{l}{2} = 0$$

$$\therefore R_A = \frac{wl}{2}, \ R_B = \frac{wl}{2} \quad \cdots\cdots\cdots\cdots\cdots\cdots\cdots\cdots\cdots\cdots\cdots\cdots\cdots\cdots\cdots\cdots \ (6-12)$$

② V와 M의 방정식

$$\left. \begin{aligned} V &= R_A - wx = \frac{wl}{2} - wx \\ M &= R_A x - (wx) \cdot \frac{x}{2} = \frac{wl}{2} x - \frac{w}{2} x^2 \end{aligned} \right\} \quad \cdots\cdots\cdots\cdots\cdots\cdots\cdots\cdots\cdots \ ㉠$$

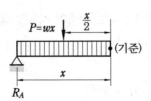

③ SFD와 BMD

$$x = 0 일 \ 때, \ V = R_A = \frac{1}{2}wl, \ M = 0 \ \cdots\cdots\cdots\cdots\cdots\cdots \ ⓛ$$

$$x = \frac{l}{2} 일 \ 때, \ V = \frac{wl}{2} - \frac{wl}{2} = 0, \ M = \frac{wl}{2} \times \frac{l}{2} - \frac{w}{2}\left(\frac{l}{2}\right)^2 = \frac{wl^2}{8} \ \cdots\cdots \ ⓒ$$

$$x = l 일 \ 때, \ V = \frac{wl}{2} - wl = -\frac{wl}{2}, \ M = \frac{wl^2}{2} - \frac{wl^2}{2} = 0 \ \cdots\cdots\cdots\cdots \ ⓔ$$

여기서, 전단력이 0인 점이 최대 굽힘 모멘트가 발생하므로,

$$\frac{dM}{dx} = \frac{wl}{2} - wx = 0 에서 \ x = \frac{l}{2} 이므로,$$

$$x = \frac{l}{2} 에서, \ M_{\max} = \frac{wl}{2} \cdot \frac{l}{2} - \frac{w}{2} \times \left(\frac{l}{2}\right)^2 = \frac{wl^2}{8} \ \cdots\cdots\cdots\cdots\cdots\cdots\cdots \ (6-13)$$

예제 6. 길이가 $l = 6\,\text{m}$인 단순보 위에 균일 분포 하중 $w = 2000\,\text{N/m}$가 작용하고 있을 때, 최대 굽힘 모멘트의 크기는?

① $7000\,\text{N} \cdot \text{m}$ ② $8000\,\text{N} \cdot \text{m}$

③ $9000\,\text{N} \cdot \text{m}$ ④ $10000\,\text{N} \cdot \text{m}$

해설 $M_{\max} = \dfrac{wl^2}{8} = \dfrac{2000 \times 6^2}{8} = 9000\,\text{N} \cdot \text{m}$ **정답** ③

(3) 점변하는 분포 하중이 작용할 때

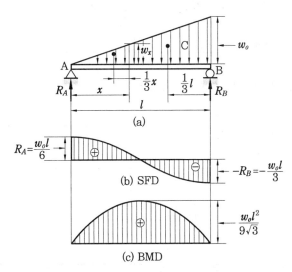

(a)

(b) SFD

(c) BMD

점변 분포 하중이 작용하는 단순보

점차 변하는 분포 하중의 합력은 $\dfrac{w_0 l}{2}$ 과 같으며, B로부터 $\dfrac{l}{3}$ 거리만큼 떨어진 도심점 C에 작용한다.

① **지점반력**

$$\Sigma Y_i = 0 \ ; \ R_A - \frac{w_0 l}{2} + R_B = 0 \ \text{\dotfill} \ ㉠$$

$$\Sigma M_B = 0 \ ; \ R_A \cdot l - \left(\frac{w_0 l}{2}\right)\left(\frac{l}{3}\right) = 0 \ \text{\dotfill} \ ㉡$$

$$\therefore \ R_A = \frac{w_0 l}{6}, \ R_B = \frac{w_0 l}{3} \ \text{\dotfill} \ (6-14)$$

② **V와 M의 방정식**

그림에서, $w_x : w_0 = x : l$

$w_x = \dfrac{w_0 x}{l}$ 이므로,

$$V = R_A - P_x = R_A - \frac{1}{2} w_x \cdot x$$

$$= R_A - \frac{1}{2}\left(\frac{w_0 x}{l}\right) x$$

$$= R_A - \frac{w_0 x^2}{2l} = \frac{w_0 l}{6} - \frac{w_0 x^2}{2l} \ \text{\dotfill} \ ㉢$$

$$M = R_A \cdot x - P_x \cdot \frac{1}{3} x = R_A \cdot x - \left(\frac{w_0 x^2}{2l}\right) \times \frac{x}{3}$$

$$= R_A \cdot x - \frac{w_0 x^3}{6l} = \frac{w_0 l}{6} x - \frac{w_0 x^3}{6l} \ \text{\dotfill} \ ㉣$$

최대 굽힘 모멘트가 걸리는 단면의 위치는 $V = 0$, 즉

$$\frac{dM}{dx} = V = \frac{w_0 l}{6} - \frac{w_0 x^2}{2l} = 0 \ \text{\dotfill} \ ㉤$$

$$\therefore \ x = \frac{l}{\sqrt{3}} \ \text{\dotfill} \ ㉥$$

$$M_{\max} = \frac{w_0 l}{6} \times \frac{l}{\sqrt{3}} - \frac{w_0}{6l}\left(\frac{l}{\sqrt{3}}\right)^3$$

$$= \frac{w_0 l^2}{6\sqrt{3}} - \frac{w_0 l^2}{18\sqrt{3}} = \frac{w_0 l^2}{9\sqrt{3}} \ \text{\dotfill} \ (6-15)$$

③ SFD와 BMD

$$x = 0 \text{ 일 때, } V = \frac{w_0 l}{6}, \ M = 0$$

$$x = \frac{l}{\sqrt{3}} \text{ 일 때, } V = 0, \ M_{\max} = \frac{w_0 l^2}{9\sqrt{3}}$$

$$x = l \text{ 일 때, } V = \frac{-w_0 l}{3}, \ M = 0$$

$$\cdots\cdots\cdots\cdots\cdots\cdots\cdots\cdots\cdots\cdots\cdots ㋨$$

예제 **7.** 그림에서 점 C 단면에 작용하는 내부 합모멘트는 몇 N·m인가?

① 270(시계 방향)

② 810(시계 방향)

③ 540(반시계 방향)

④ 1080(반시계 방향)

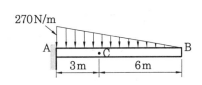

해설 내부 합모멘트 = 저항 모멘트 $w_C = 270 \times \dfrac{6}{9} = 180 \ \text{N·m}$

$$\therefore M_C = \frac{180 \times 6}{2} \times \frac{6}{3} = 1080 \ \text{N·m}(\circlearrowleft)$$

정답 ④

3-3 **돌출보(내다지보 : over hanging beam)**

(1) 등분포 하중을 받는 돌출보

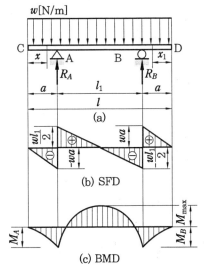

등분포 하중을 받는 돌출보

① **지점반력**

$$\Sigma Y_i = 0 \; ; \; R_A + R_B - wl = 0 \quad \cdots\cdots\cdots\cdots\cdots\cdots\cdots\cdots\cdots\cdots\cdots\cdots\cdots \text{㉠}$$

$$\Sigma M_B = 0 \; ; \; R_A \cdot l_1 - \frac{wll_1}{2} = 0 \quad \cdots\cdots\cdots\cdots\cdots\cdots\cdots\cdots\cdots\cdots\cdots \text{㉡}$$

$$\therefore \; R_A = R_B = \frac{wl}{2} \quad \cdots\cdots\cdots\cdots\cdots\cdots\cdots\cdots\cdots\cdots\cdots\cdots (6-18)$$

② V와 M의 방정식

㈎ AC 구간

$$\left. \begin{array}{l} V_{AC} = -wx \\[2mm] M_{AC} = -\dfrac{1}{2}wx^2 \end{array} \right\} \quad \cdots\cdots\cdots\cdots\cdots\cdots\cdots\cdots\cdots\cdots\cdots \text{㉢}$$

㈏ AB 구간

$$\left. \begin{array}{l} V_{AB} = R_A - wx \\[2mm] M_{AB} = R_A(x-a) - \dfrac{wx^2}{2} \end{array} \right\} \quad \cdots\cdots\cdots\cdots\cdots\cdots \text{㉣}$$

㈐ BD 구간

$$\left. \begin{array}{l} V_{BD} = wx_1 \\[2mm] M_{BD} = -\dfrac{wx_1{}^2}{2} \end{array} \right\} \quad \cdots\cdots\cdots\cdots\cdots\cdots\cdots\cdots\cdots\cdots \text{㉤}$$

③ **SFD 와 BMD**

식 ㉢에서,

$$x = 0 일 때, \; V_C = 0, \; M_C = 0$$

$$x = a 일 때, \; V_A = -wa, \; M_A = -\frac{wa^2}{2}$$

식 ㉣에서,

$$x = a 일 때, \; V_A = \frac{wl_1}{2}, \; M_A = -\frac{wa^2}{2}$$

$$x = \frac{l}{2} 일 때, \; V_{l/2} = 0, \; M_{l/2} = \frac{wl \times l_1}{4} - \frac{wl^2}{8}$$

$$x = a + l_1 일 때, \; V_B = \frac{-wl_1}{2}, \; M_B = -\frac{wa^2}{2}$$

식 ㉤에서,

$$x_1 = 0 일 때, \; V_D = 0, \; M_D = 0$$

$$x_1 = a \text{일 때, } V_B = wa, \ M_B = -\frac{wa^2}{2}$$

$$V = 0, \text{ 즉 } \frac{dM}{dx} = 0 \text{에서 } M_{\max} \text{이므로,}$$

$$x = \frac{l}{2} \text{ 에서, } M_{\max} = \frac{wl \times l_1}{4} - \frac{wl^2}{8} \ \cdots\cdots\cdots\cdots\cdots\cdots \ (6-19)$$

예제 8. 다음 그림과 같은 돌출보에서 지점 반력은?

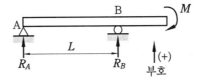

① $R_A = \dfrac{M}{L}, \ R_B = -\dfrac{M}{L}$ ② $R_A = -\dfrac{M}{L^2}, \ R_B = \dfrac{M}{L^2}$

③ $R_A = -\dfrac{M}{L}, \ R_B = \dfrac{M}{L}$ ④ $R_A = \dfrac{M}{L^2}, \ R_B = -\dfrac{M}{L^2}$

해설 자유단에서 작용하는 M의 위치는 지점 반력과 무관하다.

$$R_A = -\frac{M}{L}, \ R_B = \frac{M}{L}$$

정답 ③

3-4   우력에 의한 SFD와 BMD

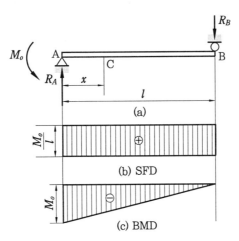

좌단에서 우력이 작용하고 있는 단순보

좌단에서 우력이 작용할 때

① 지점반력

$$\Sigma Y_i = 0 \; ; \; R_A - R_B = 0$$

$$\therefore \; R_A = R_B \quad \text{··} \; ㉠$$

$$\Sigma M_B = 0 \; ; \; R_A l - M_o = 0$$

$$\therefore \; R_A = \frac{M_o}{l} = R_B \quad \text{··} \; ㉡$$

② V와 M의 방정식

$$V_x = R_A = \frac{M_o}{l} \quad \text{···} \; ㉢$$

$$M_x = R_A \cdot x - M_o = \frac{M_o}{l}x - M_o = M_o\left(\frac{x}{l} - 1\right) \quad \text{········} \; ㉣$$

③ SFD와 BMD

$$\left.\begin{array}{l} x = 0 \text{일 때, } \; M_A = -M_o \\ x = l \text{일 때, } \; M_B = 0 \end{array}\right\} \quad \text{··} \; ㉤$$

출제 예상 문제

1. 다음 중에서 정정보가 아닌 것은?

① 돌출보 　　　② 고정지지보
③ 외팔보 　　　④ 겔버보

[해설] 보(beam)

　(1) 정정보 : 외팔보, 단순보, 돌출보, 겔버보
　(2) 부정정보 : 양단고정보, 고정받침보, 연속보

2. 내다지보라고도 하며, 일단이 부동힌지점 위에 지지되어 있고, 보의 중앙 근방에 가동힌지점이 지지되어 있어 보의 한 부분이 지점 밖으로 돌출되어 있는 보는 무엇인가?

① 연속보 　　　② 양단지지보
③ 겔버보 　　　④ 돌출보

[해설] 돌출보 = 내다지보

3. 길이가 l인 단순보에서 중앙에 집중 하중 P를 받는다면 최대 굽힘 모멘트 M_{max}는 얼마인가?

① Pl 　　　② $\dfrac{Pl}{2}$

③ $\dfrac{Pl}{4}$ 　　　④ $\dfrac{Pl}{8}$

[해설] 집중 하중을 받는 단순보의 중앙에 작용하는 최대 굽힘 모멘트는 $M_{max} = \dfrac{Pl}{4}$ 이다.

4. 길이 l인 단순보에 등분포 하중 w가 전길이에 걸쳐 작용할 때 최대 굽힘 모멘트 M_{max}는 얼마인가?

① $\dfrac{wl^2}{4}$ 　　　② $\dfrac{wl^2}{8}$

③ $\dfrac{wl^2}{16}$ 　　　④ $\dfrac{wl^2}{32}$

[해설] 등분포 하중을 받는 단순보의 최대 굽힘 모멘트는 중앙에 생기며, $M_{max} = \dfrac{wl^2}{8}$ 이다.

5. 길이 l인 외팔보에 등분포 하중 w가 전길이에 걸쳐 작용할 때 최대 굽힘 모멘트 M_{max}는 얼마인가?

① $\dfrac{wl^2}{2}$ 　　　② $\dfrac{wl^2}{4}$

③ $\dfrac{wl^2}{8}$ 　　　④ $\dfrac{wl^2}{16}$

[해설] 등분포 하중을 받는 외팔보의 최대 굽힘 모멘트는 고정단에 생기며, $M_{max} = \dfrac{wl^2}{2}$ 이다.

6. 다음 단순보에 하중 $P = 1960$ N이 작용할 때 반력 R_A 및 R_B는?

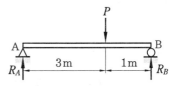

① $R_A = 490$ N, $R_B = 1470$ N
② $R_A = 735$ N, $R_B = 1225$ N
③ $R_A = 980$ N, $R_B = 980$ N
④ $R_A = 1470$ N, $R_B = 490$ N

[해설] $\Sigma F_i = 0$ 에서, $R_A + R_B = 1960$ N

　　　$\Sigma M_B = 0$ 에서, $R_A \times 4 - 1960 \times 1 = 0$

　　　$\therefore R_A = \dfrac{1960}{4} = 490$ N, $R_B = 1470$ N

7. 그림과 같은 외팔보에서 A 지점의 반력

[정답] **1.** ② **2.** ④ **3.** ③ **4.** ② **5.** ① **6.** ① **7.** ②

R_A는 얼마인가?

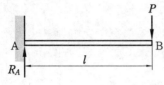

① 0   ② P

③ $P \cdot l$ ④ $\dfrac{P}{l}$

[해설] 고정단의 외력은 P 뿐이므로, R_A는 P 가 된다. 즉, $R_A - P = 0$ ∴ $R_A = P$

8. 단순보와 비교한 고정보의 강도에 관한 설명 중 옳은 것은?

① 강도는 강하게 되고 처짐도 크게 된다.
② 강도는 변함이 없고 처짐은 크다.
③ 스팬과 하중이 같으면 단순보의 강도보다 약하다.
④ 단순보의 강도보다 같은 조건에서는 강하다.

[해설] 집중 하중을 받는 경우, 단순보의

$M_{\max} = \dfrac{Pl}{4}$ 이고, $\delta_{\max} = \dfrac{Pl^3}{48EI}$ 이며, 양단

고정보의 $M_{\max} = \dfrac{Pl}{8}$ 이고, $\delta_{\max} = \dfrac{Pl^3}{192EI}$

이다. 따라서, 고정보가 단순보에 비해 강도가 강하고, 처짐은 작다.

9. 다음과 같은 외팔보에서 A점에 모멘트가 작용할 때 B점의 반력 R_B 는 얼마인가?

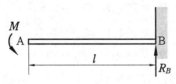

① 0   ② M

③ $M \cdot l$ ④ $\dfrac{M}{l}$

[해설] 모멘트는 외력이 아니므로 반력과 무관하다.

10. 그림과 같은 외팔보에서 B점의 반력 R_B는 얼마인가?

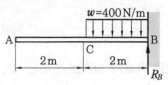

① 200 N   ② 400 N
③ 800 N   ④ 1600 N

[해설] $\Sigma F_i = 0$에서, $R_B - (400 \times 2) = 0$
∴ $R_B = 800$ N

11. 그림과 같은 돌출보에서 B점의 반력을 구하면 얼마인가?

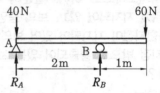

① 60 N   ② 40 N
③ 30 N   ④ 90 N

[해설] $\Sigma M_A = 0$에서, $R_B \times 2 - 60 \times 3 = 0$

∴ $R_B = \dfrac{60 \times 3}{2} = 90$ N

12. 그림과 같은 단순보에서 전단력이 0이 되는 점의 위치는 A점으로부터 얼마 되는 거리에 있는가?

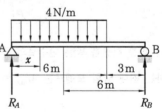

① 1 m   ② 2 m   ③ 3 m   ④ 4 m

[해설] $\Sigma F_i = 0$ 에서,

$R_A + R_B = 4 \times 6 = 24$ N

$\Sigma M_B = 0$ 에서,

$R_A \times 9 - (4 \times 6 \times 6) = 0$

정답   8. ④   9. ①   10. ③   11. ④   12. ④

$$\therefore R_A = \frac{4 \times 6 \times 6}{9} = 16\,\text{N}, \quad R_B = 8\,\text{N}$$

그러므로, 전단력이 0 이 되는 점을 x 라 하면,

전단력 $F = R_A - 4x = 16 - 4x = 0$ 에서,

$$\therefore x = 4\,\text{m}$$

13. 그림과 같은 외팔보에서 최대 굽힘 모멘트는 얼마인가?

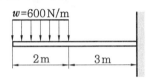

① 1200 N · m ② 2400 N · m

③ 3600 N · m ④ 4800 N · m

해설 외팔보에서 최대 굽힘 모멘트는 고정단에 생기므로,

$$M_{\max} = w \times 2 \times (1 + 3) = 600 \times 2 \times 4$$
$$= 4800\,\text{N} \cdot \text{m}$$

14. 그림과 같은 외팔보에서 최대 굽힘 모멘트는 얼마인가?

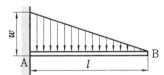

① $\dfrac{1}{3} w l^2$ ② $\dfrac{1}{4} w l^2$

③ $\dfrac{1}{5} w l^2$ ④ $\dfrac{1}{6} w l^2$

해설 외팔보의 최대 굽힘 모멘트는 고정단에서 생기고, 전단력 $F_A = \dfrac{w l}{2}$ 이므로,

$$M_{\max} = F_A \times \text{도심까지의 거리}$$
$$= \frac{w l}{2} \times \frac{l}{3} = \frac{w l^2}{6}$$

15. 그림과 같은 $l = 8\,\text{m}$ 의 외팔보에서 8000 N, 4000 N 의 하중이 고정단으로

부터 각각 8 m, 3 m 에 작용할 때 최대 굽힘 모멘트는 얼마인가?

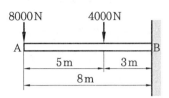

① 12000 N · m ② 62000 N · m

③ 64000 N · m ④ 76000 N · m

해설 외팔보에서 최대 굽힘 모멘트는 고정단에 생기므로,

$$M_{\max} = 8000 \times 8 + 4000 \times 3 = 76000\,\text{N} \cdot \text{m}$$

16. 다음 단순보에 으로 변화하는 불균일 분포 하중이 작용하는 경우 B 지점의 반력 R_B 는?

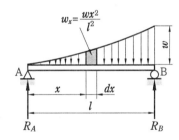

① $\dfrac{w l}{2}$ ② $\dfrac{w l}{4}$

③ $\dfrac{w l}{8}$ ④ $\dfrac{w l}{12}$

해설 반력 R_B 를 구하는 문제이므로,

$\Sigma M_A = 0$ 에서,

$$R_B \cdot l - \int_0^l dM = 0$$
$$R_B \cdot l - \int_0^l (w_x \cdot dx) \cdot x = 0$$
$$R_B \cdot l - \int_0^l \left(\frac{w x^2}{l^2} \cdot dx \right) \cdot x = 0$$
$$\therefore R_B = \frac{1}{l} \times \frac{w}{l^2} \int_0^l x^3 dx = 0$$

$$= \frac{w}{l^3}\left[\frac{1}{4}x^4\right]_0^l = \frac{wl^4}{4l^3} = \frac{wl}{4}\,[\text{N}]$$

17. 다음 그림과 같은 외팔보에 $w_x = \dfrac{wx^2}{l^2}$ 으로 변화하는 불균일 분포 하중이 작용하는 경우 B 지점의 반력 R_B 는 얼마인가?

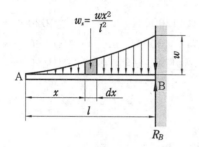

① $\dfrac{wl}{2}$ ② $\dfrac{wl}{3}$

③ $\dfrac{wl}{4}$ ④ $\dfrac{wl}{6}$

해설 불균일 분포 하중의 전면적이 전하중이므로,

$$A = \int_0^l dA = \int_0^l w_x\,dx = \int_0^l \frac{wx^2}{l^2}\,dx$$

$$= \frac{w}{l^2}\int_0^l x^2\,dx = \frac{w}{l^2}\left[\frac{x^3}{3}\right]_0^l = \frac{wl}{3}$$

$F_i = 0$ 에서, $R_B - \dfrac{wl}{3} = 0$

$$\therefore R_B = \frac{wl}{3}$$

18. 그림과 같은 내다지보에 집중 하중이 49 kN과 58.8 kN이 작용하고 있을 때 B 점의 반력은 얼마인가?

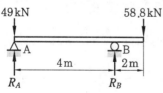

① 88.2 kN ② 49.0 kN
③ 79.2 kN ④ 21.7 kN

해설 $\Sigma M_A = 0$ 에서,

$$R_B \times 4 - 58.8 \times 6 = 0$$

$$\therefore R_B = \frac{58.8 \times 6}{4} = 88.2\,\text{kN}$$

19. 그림과 같은 단순보에서 A 지점의 반력 R_A 는 얼마인가?

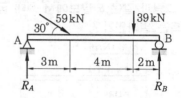

① 28.3 kN ② 33.3 kN
③ 41.7 kN ④ 50.2 kN

해설 $\Sigma M_B = 0$ 에서,

$$R_A \times 9 - (59 \times \sin 30°) \times 6 - 39 \times 2 = 0$$

$$\therefore R_A = \frac{(59 \times \sin 30°) \times 6 + 39 \times 2}{9}$$

$$\fallingdotseq 28.3\,\text{kN}$$

20. 그림과 같은 단순보에서 반력 R_A 는 얼마인가?

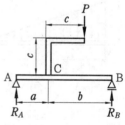

① $\dfrac{Pa}{a+b}$ ② $\dfrac{P(a+c)}{a+b}$

③ $\dfrac{Pb}{a+b}$ ④ $\dfrac{P(b-c)}{a+b}$

해설 C 점에서 하중 P와 굽힘 모멘트 $P \cdot c$ 가 동시에 작용하므로,

$\Sigma M_B = 0$ 에서,

$$R_A(a+b) + P \cdot c - P \cdot b = 0$$

$$\therefore R_A = \frac{P(b-c)}{a+b}$$

정답 **17.** ② **18.** ① **19.** ① **20.** ④

21. 그림의 단순보에서 C점에 관한 굽힘 모멘트 M_C는 얼마인가?

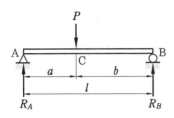

① $M_C = \dfrac{R_A \cdot a}{l}$ ② $M_C = \dfrac{R_B \cdot b}{l}$

③ $M_C = \dfrac{Pab}{l}$ ④ $M_C = \dfrac{P \cdot l}{a+b}$

해설 우선, 반력 R_A, R_B를 구하면,

$M_C = R_A \cdot a = R_B \cdot b$인데,

R_A는 $\Sigma M_B = 0$에서,

$R_A \cdot l - P \cdot b = 0$

$\therefore R_A = \dfrac{Pb}{l}$

R_B는 $\Sigma M_A = 0$에서,

$R_B \cdot l - P \cdot a = 0$

$\therefore R_B = \dfrac{Pa}{l}$

$\therefore M_C = R_A \cdot a = R_B \cdot b$

$= \dfrac{Pa}{l} \cdot b = \dfrac{Pab}{l}$

22. 그림과 같은 단순보에서 임의의 C점의 전단력 F_C와 굽힘 모멘트 M_C는 얼마인가?

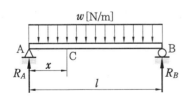

① $F_C = \dfrac{w}{2}(l-x)$, $M_C = \dfrac{wx}{2}(l-x)$

② $F_C = \dfrac{w}{2}(l-x)$, $M_C = \dfrac{wx}{2}(l-2x)$

③ $F_C = \dfrac{w}{2}(l-2x)$, $M_C = \dfrac{wx}{2}(l-x)$

④ $F_C = \dfrac{w}{2}(l-2x)$, $M_C = \dfrac{wx}{2}(l-2x)$

해설 반력 R_A, R_B를 구하면 $\Sigma F_i = 0$에서 $R_A + R_B = wl$인데, 단순보에서 균일분포 하중이 작용할 때, 반력 R_A와 R_B는 같으므로,

$R_A = R_B = \dfrac{wl}{2}$

$\therefore F_C = R_A - wx = \dfrac{wl}{2} - wx = \dfrac{w}{2}(l-2x)$

$M_C = R_A x - wx \cdot \left(\dfrac{x}{2}\right)$

$= \dfrac{wl}{2}x - \dfrac{w}{2}x^2 = \dfrac{wx}{2}(l-x)$

23. 지간 길이 l인 단순보에 그림과 같은 삼각형 분포 하중이 작용할 때, 발생하는 최대 휨 모멘트의 크기는?

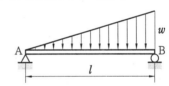

① $\dfrac{wl^2}{9}$ ② $\dfrac{wl^2}{9\sqrt{2}}$

③ $\dfrac{wl^3}{9\sqrt{2}}$ ④ $\dfrac{wl^2}{9\sqrt{3}}$

해설 우선 반력 R_A, R_B를 구하면,

$\Sigma F_i = 0$에서, $R_A - \dfrac{wl}{2} + R_B = 0$

$\therefore R_A + R_B = \dfrac{wl}{2}$

$\Sigma M_B = 0$에서, $R_A \cdot l - \dfrac{wl}{2} \times \dfrac{l}{3} = 0$

$\therefore R_A = \dfrac{\dfrac{wl}{2} \times \dfrac{l}{3}}{l} = \dfrac{wl}{6}$

$R_B = \dfrac{wl}{2} - \dfrac{wl}{6} = \dfrac{wl}{3}$

정답 21. ③ 22. ③ 23. ④

그런데, 최대 굽힘 모멘트는 전단력이 0인 점(SFD에서 부호가 변하는 점)이므로,

$$F_x = \frac{wl}{6} - \frac{wx^2}{2l} = 0$$

$$\therefore x = \frac{l}{\sqrt{3}}$$

따라서, $M_x = R_A \cdot x - \frac{wx^2}{2l} \times \frac{x}{3}$

$$= \frac{wl}{6} \cdot x - \frac{wx^3}{6l}$$

$$\therefore M_{max} = \frac{wl}{6}\left(\frac{l}{\sqrt{3}}\right) - \frac{w}{6l}\left(\frac{l}{\sqrt{3}}\right)^3$$

$$= \frac{3wl^2 - wl^2}{18\sqrt{3}} = \frac{wl^2}{9\sqrt{3}}$$

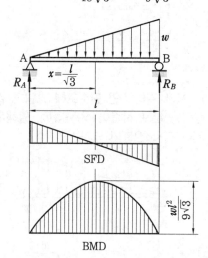

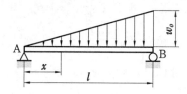

24. 단순보에서 직선적으로 변하는 분포 하중이 있을 때 x위치 단면의 굽힘 모멘트 값이 옳은 것은?

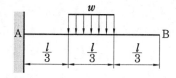

① $\dfrac{w_0 x}{6l}(l^2 - x^2)$

② $\dfrac{w_0}{6l}(l - 3x^2)$

③ $\dfrac{w_0 x}{2l}(l^2 - x^2)$

④ $\dfrac{w_0}{2l}(l^2 - 3x^2)$

해설 $\Sigma F_i = 0$에서, $R_A + R_B = \dfrac{w_0 l}{2}$

$\Sigma M_B = 0$에서,

$R_A \times l - \dfrac{w_0}{2} l \cdot \left(\dfrac{l}{3}\right) = 0$이므로,

반력 $R_A = \dfrac{w_0 l}{6}$, $R_B = \dfrac{w_0 l}{3}$

굽힘 모멘트 $M_x = R_A \cdot x - \dfrac{w_0 x^2}{2l}\left(\dfrac{x}{3}\right)$

$$= \frac{w_0 l}{6} \cdot x - \frac{w_0 x^3}{6l}$$

$$= \frac{w_0 x}{6l}(l^2 - x^2)$$

25. 그림과 같은 외팔보에 분포 하중 w [N/m]를 받고 있을 경우 고정단의 굽힘 모멘트는?

① $-\dfrac{wl^2}{4}$ ② $-\dfrac{wl^2}{2}$

③ $-\dfrac{wl^2}{6}$ ④ $-\dfrac{wl^2}{8}$

해설 전단력 $F_A = -w \times \dfrac{l}{3} = -\dfrac{wl}{3}$이므로,

$$\therefore M_A = F_A \times \frac{l}{2} = -\frac{wl}{3} \times \frac{l}{2}$$

$$= -\frac{wl^2}{6}$$

제7장 보 속의 응력

1. 보 속의 굽힘응력

1-1 순수굽힘(pure bending)

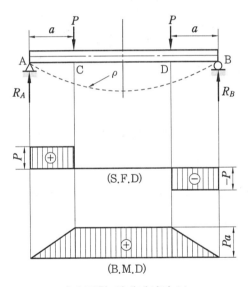

순수굽힘 상태에서의 보

　보의 단면에는 전단력과 굽힘 모멘트가 작용하고, 이것에 의해 전단응력과 수직응력이 발생한다. 그러나 전단력에 의한 영향은 매우 작으므로 이를 생략하고 굽힘 모멘트에 의한 수직응력만을 굽힘응력(bending stress)이라 한다.

　그림과 같이 하중을 받는 보의 중앙부분(C, D)에는 전단력이 걸리지 않으며, 균일한 굽힘 모멘트 $M = P \cdot a$ 만이 작용하고 있다. 이와 같이 C, D 부분의 상태를 순수굽힘 상태라 한다. 순수굽힘에 의하여 유발되는 굽힘응력을 해석, 고찰하기 위해서 다음과 같은 가정을 한다.

　① 보의 재질은 균질하며, 단면이 균일하고 중심축에 대해서 대칭면을 갖는다.

② 모든 하중들은 대칭면 내에서 작용하며, 굽힘 변형도 그 평면 내에서 일어난다.

③ 처음에 평면이었던 각 단면은 구부러진 후에도 평면을 유지하고 구부러진 축선에 직교한다.

④ 재료는 Hooke의 법칙을 따르며, 인장, 압축부분에 대한 영(young) 계수는 같다.

1-2 보 속의 인장과 압축

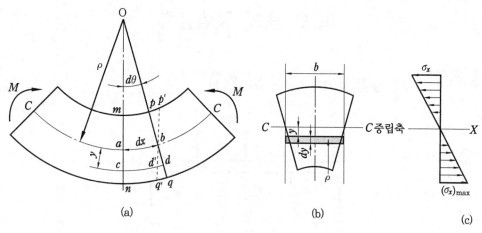

(a)   (b)   (c)

보 속의 굽힘응력

변형이 일어나면 두 인접 단면 mn과 pq는 O점에서 서로 만나게 되며, 이들이 이루는 미소각을 $d\theta$라 하고, 곡률 반지름(radius of curvature)을 ρ라 하면, 탄성곡선의 곡률은 $\dfrac{1}{\rho}$이 되고 $\triangle Oab$에서 기하학적으로,

$$ab = dx = \rho \cdot d\theta, \quad \frac{1}{\rho} = \frac{d\theta}{dx} \quad \cdots\cdots\cdots\cdots ㉠$$

중립면에서 y 만큼 떨어진 곳의 cd 는 cd'가 $d'd$ 만큼 늘어난 것으로 볼 수 있으므로,

$$d'd = cd - cd' = (\rho + y)d\theta - ab = y \cdot d\theta \quad \cdots\cdots\cdots ㉡$$

$\triangle Oab$와 $\triangle bd'd$는 닮은 꼴이므로,

$$\varepsilon = \frac{d'd}{ab} = \frac{y}{\rho} \quad \cdots\cdots\cdots\cdots\cdots\cdots\cdots ㉢$$

따라서, 이곳의 응력은 변형률에 비례하므로 Hooke의 법칙에 의하여,

$$\sigma = E \cdot \varepsilon = E \cdot \frac{y}{\rho} \quad \cdots\cdots\cdots\cdots\cdots\cdots\cdots (7-1)$$

이 식에서 Hooke의 법칙이 성립하는 한도 내에서는 순수굽힘에 의한 굽힘응력 σ_b는 중립면으로부터의 거리 y에 비례함을 알 수 있다.

1-3 보 속의 저항 모멘트(resisting moment)

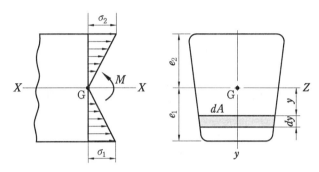

보 속의 저항 모멘트

그림에서 굽힘응력 σ_b는 중립면으로부터 가장 먼 곳에 최댓값을 갖게 되며, 윗부분에서는 최대 압축응력$(\sigma_c)_{\max}$, 아랫부분에서는 최대 인장응력$(\sigma_t)_{\max}$가 작용하게 된다.

중립축으로부터 y 만큼 떨어진 미소면적을 dA라 하면, 그 면적 위에 작용하는 힘은,

$$dF = \sigma\, dA = \frac{E}{\rho} y\, dA \quad\text{······················}ⓡ$$

$$\therefore\ F = \frac{E}{\rho} \int_A y\, dA = 0 \quad\text{······················}ⓜ$$

$\dfrac{E}{\rho}$ = 일정(상수), $\displaystyle\int_A y\, dA = 0$이 되며, 중립축에 대한 단면 1차 모멘트가 0임을 나타낸다. 또, $A \neq 0$이므로, $y = 0$이어야 한다. 따라서, 중립축은 단면의 도심을 지나는 것을 알 수 있고, 중립축은 단면의 한 주축이 된다.

dA에 작용하는 힘 $\sigma \cdot dA$의 중립축에 관한 모멘트의 합은 굽힘 모멘트 M과 같다. 미소 힘 dF의 중립축에 대한 모멘트를 취하면,

$$dM = y\, dF = y\,(\sigma\, dA)$$

$$\therefore\ M = \int_A y\sigma\, dA = \frac{E}{\rho} \int_A y^2\, dA \quad\text{······················}ⓗ$$

여기서, $\displaystyle\int_A y^2\, dA = I$로서, 중립축에 대한 단면 2차 모멘트이다.

$$\therefore\ M = \frac{E}{\rho} \int_A y^2\, dA = \frac{E}{\rho} I, \ \text{곡률}\left(\frac{1}{\rho}\right) = \frac{M}{EI} \quad\text{······················}(7-2)$$

식 (7-2)에서 곡률 $\dfrac{1}{\rho}$은 굽힘 모멘트 M에 비례하고, 굽힘 강성계수(flexural rigidity) EI에 반비례한다.

또, 보 속의 굽힘응력과 모멘트는,

$$\sigma = \frac{My}{I}, \quad M = \sigma \frac{I}{y} \quad\dotfill (7-3)$$

$$(\sigma_t)_{\max} = \frac{Me_1}{I} = \frac{M}{Z_1}, \quad (\sigma_c)_{\min} = \frac{Me_2}{I} = \frac{M}{Z_2} \quad\dotfill (7-4)$$

$$\left(Z_1 = \frac{I}{e_1}, \quad Z_2 = \frac{I}{e_2} \right)$$

만약, $e_1 = e_2 = e$라면 단면이 Z축에 대하여 대칭이고, 최대 인장응력과 압축응력의 절댓값은 같다.

$$\sigma_{\max} = -\sigma_{\min} = \frac{Me}{I} = \frac{M}{Z}$$

$$\therefore \ \sigma = \pm \frac{M}{Z}, \quad M = \sigma Z \quad\dotfill (7-5)$$

위 식을 보의 굽힘공식이라 하며, $\sigma \cdot Z$는 굽힘 모멘트에 저항하는 보의 응력 모멘트이므로, 이를 저항 모멘트(resisting moment) 라 한다.

예제 1. 그림과 같이 지름 5 mm의 강선을 495 mm 지름의 원통에 밀착시켜 감았을 때 강선에 발생하는 최대 굽힘 응력은? (단, 강선의 탄성 계수 E= 200 GPa이다.)

① 약 0.01 GPa ② 약 0.2 GPa

③ 약 1 GPa ④ 약 2 GPa

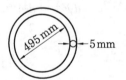

해설 $\dfrac{1}{\rho} = \dfrac{\sigma}{Ey} \rightarrow \sigma_{\max} = \dfrac{Ey}{\rho} = \dfrac{E \cdot \dfrac{d}{2}}{\dfrac{D+d}{2}} = \dfrac{Ed}{D+d} = \dfrac{200 \times 5}{495 + 5} = 2 \text{ GPa}$ **정답** ④

예제 2. 그림과 같이 외팔보에 발생하는 최대 굽힘 응력 σ_b는 몇 MPa인가? (단, 보의 단면은 한 변의 길이가 10 cm인 정사각형이다.)

① σ_b= 23.2 ② σ_b= 15.2

③ σ_b= 25.2 ④ σ_b= 28.2

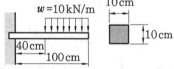

해설 $\sigma_{\max} = \dfrac{M_{\max}}{z} = \dfrac{(10 \times 0.6) \times 0.7}{\dfrac{(0.1)^3}{6}} = 25200 \text{ kPa} = 25.2 \text{ MPa}$ **정답** ③

2. 보 속의 전단응력

보는 일반적으로 하중을 받으면 각 단면에 굽힘 모멘트 M과 전단력 V를 동시에 일으킨다. 하중을 받아 구부러지면 보는 횡단면에 전단력이 일어나므로 단면에 따라 전단응력 (shearing stress)이 일어난다.

재료의 단면에서 폭을 b, 전단력을 V, 단면 1차 모멘트를 Q, 단면 2차 모멘트를 I라 할 때, 수평 전단응력(τ)은,

$$\tau = \frac{V Q}{b I} \,[\text{MPa}] \quad\text{..} \quad (7-6)$$

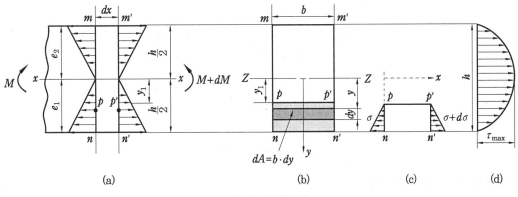

(a)　　　　　　　　　　　(b)　　　　(c)　　(d)

보 속의 전단응력

그림 (b)의 직사각형 단면에서 $dA = bdy$, $e_1 = \dfrac{h}{2}$ 이므로, 단면 1차 모멘트

$$Q = \int_{y_1}^{\frac{h}{2}} y \, dA = \int_{y_1}^{\frac{h}{2}} y b \, dy = \frac{b}{2}\left(\frac{h^2}{4} - y_1{}^2\right) [\text{cm}^3]$$

또, Q는 음영부분의 도심까지의 거리의 곱으로도 얻을 수 있다.

$$Q = b\left(\frac{h}{2} - y_1\right) \times \frac{1}{2}\left(\frac{h}{2} + y_1\right) = \frac{b}{2}\left(\frac{h^2}{4} - y_1{}^2\right) [\text{cm}^3]$$

$$전단응력(\tau) = \frac{VQ}{Ib} = \frac{V}{2I}\left(\frac{h^2}{4} - y_1^2\right)[\text{MPa}] \quad\cdots\cdots\cdots (7-7)$$

전단응력 τ는 $y_1 = \pm\dfrac{h}{2}$에서 $\tau = 0$, $y = 0$에서, $\tau_{\max} = \dfrac{Vh^2}{8I}$, $I = \dfrac{bh^3}{12}$이므로,

$$최대 \ 전단응력(\tau_{\max}) = \frac{12Vh^2}{8bh^3} = \frac{3V}{2A} = 1.5\tau_{\text{mean}}[\text{MPa}] \quad\cdots\cdots\cdots (7-8)$$

식 (7-8)에서 최대 전단응력은 전단력(V)을 횡단면적(A)으로 나눈 평균 전단응력보다 50 % 더 크다는 것을 알 수 있다.

2-3 **원형 단면의 전단응력**

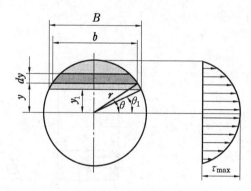

원형 단면의 전단응력

y 만큼 떨어진 미소면적 dA를 취하면,

$$y = r\sin\theta$$
$$dy = r\cos\theta\, d\theta$$
$$b = 2r\cos\theta = 2\sqrt{r^2 - y^2}$$
$$r^2 - y^2 = t\,라면 \ -2y\,dy = dt\,이고,$$
$$y = r \to t = 0, \ y = y_1 \to t = r^2 - y_1^2\,이므로,$$

$$Q = \int_{y_1}^{r} y\,dA = \int_{y_1}^{r} y\,b\,dy = \int_{y_1}^{r} 2y\,\sqrt{r^2 - y^2}\,dy = \int_{r^2 - y_1^2}^{0} -\sqrt{t}\,dt$$

$$= -\left[\frac{2}{3}t^{\frac{3}{2}}\right]_{r^2 - y_1^2}^{0} = \frac{2}{3}(r^2 - y_1^2)^{\frac{3}{2}}\,[\text{cm}^3]$$

y_1 만큼 떨어진 부분의 $B = 2r\cos\theta_1 = 2\sqrt{r^2 - y_1^2}$

$$\therefore \ Q = \frac{2}{3}(r^2 - y_1{}^2)^{\frac{3}{2}} = \frac{2}{3}(\sqrt{r^2 - y_1{}^2})^3 = \frac{2}{3}(r\cos\theta_1)^3$$

$$I = \frac{\pi r^4}{4}, \ A = \pi r^2$$

$$\therefore \ \tau = \frac{VQ}{IB} = \frac{4V}{\pi r^4} \times \frac{\frac{2}{3}r^3\cos^3\theta_1}{2r\cos\theta_1} = \frac{4V\cos^2\theta_1}{3\pi r^2}$$

$$= \frac{4V}{3A}\left(1 - \frac{y_1{}^2}{r^2}\right)[\text{MPa}] \ \cdots\cdots\cdots\cdots\cdots\cdots\cdots\cdots\cdots\cdots\cdots\cdots (7-9)$$

$\theta_1 = 0 \ (y_1 = 0)$일 때 $\tau_{\max}$이므로,

$$\tau_{\max} = \frac{4V}{3A} = 1.33\,\tau_{\text{mean}}[\text{MPa}] \ \cdots\cdots\cdots\cdots\cdots\cdots\cdots\cdots\cdots\cdots (7-10)$$

예제 3. 보 속의 굽힘응력의 크기에 대한 설명 중 옳은 것은?
① 중립면에서의 거리에 정비례한다.
② 중립면에서 최대로 된다.
③ 위 가장 자리에서의 거리에 정비례한다.
④ 아래 가장 자리에서의 거리에 정비례한다.

해설 $\sigma_b = \dfrac{M}{z} = \dfrac{M}{I}y$에서 $\sigma_b \propto y$

보 속의 굽힘응력은 중립면(축)에서의 거리(y)에 정비례한다. **정답** ①

예제 4. 사각형 단면의 전단응력 분포에 있어서 최대 응력은 전단력을 단면적으로 나눈 평균 전단 응력보다 얼마나 더 큰가?

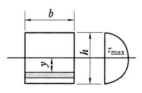

① 30 % ② 40 %
③ 50 % ④ 60 %

해설 $\tau_{\max} = \dfrac{3F}{2A} = 1.5\,\tau_{\max}$

∴ 최대 전단응력은 평균 전단응력보다 50 % 더 크다. **정답** ③

3. 상당 굽힘 모멘트와 상당 비틀림 모멘트

① 비틀림 모멘트 T로 인한 전단응력
② 굽힘 모멘트 M으로 인한 굽힘응력
③ 전단력 V로 인한 전단응력(위의 두 응력에 비해 회전축에 미치는 영향이 극히 작으
  므로 일반적으로 무시)

비틀림으로 인한 최대 전단응력은 축의 표면에 발생하고,

$$\tau = \frac{T}{Z_P} = \frac{16T}{\pi d^3} \,[\text{MPa}] \ \cdots\cdots\cdots\cdots\cdots\cdots\cdots\cdots\cdots\cdots\cdots\cdots\cdots\cdots \ \text{㉠}$$

굽힘 모멘트로 인한 최대 굽힘응력은 굽힘 모멘트가 발생하는 단면의 중립면에서 가장
먼 축의 표면에 발생하고,

$$\sigma_b = \frac{M}{Z} = \frac{32M}{\pi d^3} \,[\text{MPa}] \ \cdots\cdots\cdots\cdots\cdots\cdots\cdots\cdots\cdots\cdots\cdots\cdots\cdots\cdots \ \text{㉡}$$

가 된다. 최대 조합응력은 τ와 σ_b의 합성응력이 최대로 되는 단면에서 일어나게 된다.
위의 식 ㉠, ㉡의 두 응력의 합성에 의한 최대 및 최소 주응력은

$$\sigma_{\max} = \frac{1}{2}\sigma_b + \frac{1}{2}\sqrt{\sigma_b{}^2 + 4\tau^2} = \frac{16}{\pi d^3}\left(M + \sqrt{M^2 + T^2}\right) \ \cdots\cdots\cdots\cdots \ (7-11)$$

$$\sigma_{\min} = \frac{1}{2}\sigma_b - \frac{1}{2}\sqrt{\sigma_b{}^2 + 4\tau^2} = \frac{16}{\pi d^3}\left(M - \sqrt{M^2 + T^2}\right) \ \cdots\cdots\cdots\cdots \ (7-12)$$

여기서, $M_e = \dfrac{1}{2}(M + \sqrt{M^2 + T^2})$ 이라면,

$$\sigma_{\max} = \frac{16}{\pi d^3} \cdot 2M_e = \frac{M_e}{Z} \,[\text{MPa}] \ \cdots\cdots\cdots\cdots\cdots\cdots\cdots\cdots\cdots\cdots\cdots \ (7-13)$$

$\sigma_{\max}$와 똑같은 크기의 최대 굽힘응력을 발생시킬 수 있는 순수 굽힘 모멘트 M_e를 상당
(등가) 굽힘 모멘트(equivalent bending moment)라 한다.
또, 식 ㉠, ㉡ 두 응력의 합성에 의한 최대 전단응력은,

$$\tau_{\max} = \frac{1}{2}\sqrt{\sigma_b{}^2 + 4\tau^2} = \frac{16}{\pi d^3}\left(\sqrt{M^2 + T^2}\right) \ \cdots\cdots\cdots\cdots\cdots\cdots \ (7-14)$$

여기서, $T_e = \sqrt{M^2 + T^2}$ 이라면,

$$\tau_{\max} = \frac{16}{\pi d^3} T_e = \frac{T_e}{Z_P} \,[\text{MPa}] \ \cdots\cdots\cdots\cdots\cdots\cdots\cdots\cdots\cdots\cdots\cdots \ (7-15)$$

$\tau_{\max}$와 똑같은 크기의 최대 전단응력을 발생시킬 수 있는 비틀림 모멘트 T_e를 상당 비틀림 모멘트(equivalent twisting moment)라 한다.

축의 안전지름을 구하는 데는 $\sigma_{\max}$ 대신 σ_a, $\tau_{\max}$ 대신 τ_a를 대입하여 계산하면 된다.

$$d = \sqrt[3]{\frac{16 M_e}{\pi \sigma_a}} \fallingdotseq \sqrt[3]{\frac{5.1 M_e}{\sigma_a}} \ [\text{cm}] \ \cdots\cdots\cdots\cdots\cdots\cdots\cdots\cdots (7-16)$$

$$d = \sqrt[3]{\frac{16 T_e}{\pi \tau_a}} \fallingdotseq \sqrt[3]{\frac{5.1 T_e}{\tau_a}} \ [\text{cm}] \ \cdots\cdots\cdots\cdots\cdots\cdots\cdots\cdots (7-17)$$

두 지름값 중 큰 값을 축의 지름으로 정하면 되고, 연성재료의 경우 최대 전단응력으로 파괴된다고 보아, $\tau = \dfrac{1}{2}\sigma$ 로 잡아 식 (7-17)을, 취성재료의 경우 최대 주응력으로 파괴된다고 보아 식 (7-16)을 사용하여 계산한다.

예제 5. 길이 90 cm, 지름 8 cm의 외팔보의 자유단에 2 kN의 집중 하중이 작용하는 동시에 150 N·m의 비틀림 모멘트도 작용할 때 외팔보에 작용하는 최대 전단응력은 몇 MPa인가?

① 15   ② 16

③ 17   ④ 18

해설 $T_e = \sqrt{M^2 + T^2} = \sqrt{(2000 \times 0.9)^2 + 150^2} = 1806.2 \ \text{N·m}$

$\therefore \ \tau_{\max} = \dfrac{T_e}{Z_p} = \dfrac{16 T_e}{\pi d^3} = \dfrac{16 \times 1806.2}{\pi \times (0.08)^3} \times 10^{-6} = 17.97 \ \text{MPa} \fallingdotseq 18 \ \text{MPa}$ 정답 ④

출제 예상 문제

1. 다음은 굽힘응력에 대한 설명이다. 옳은 것은?

① 중립면의 거리에 비례한다.
② 곡률 반지름에 비례한다.
③ 곡률에 반비례한다.
④ 굽힘 모멘트에 반비례한다.

[해설] 굽힘응력

$$\sigma = E\varepsilon = \frac{Ey}{\rho} = \frac{My}{I} = \frac{M}{Z} \text{으로 표현된다.}$$

2. 굽힘응력을 σ, 굽힘 모멘트를 M, 단면계수를 Z라 하면 다음 중 옳은 것은?

① $\sigma = M \cdot Z$
② $\sigma = \frac{M}{Z}$
③ $\sigma = \frac{Z}{M}$
④ $\sigma = M + Z$

[해설] $M_{max} = \sigma Z$이므로 $\sigma = \frac{M}{Z}$ [MPa]

3. 다음 보의 굽힘 모멘트가 작용할 때 굽힘응력의 분포를 옳게 나타낸 것은?

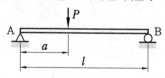

① 단면의 중립축에서 굽힘응력이 최대이다.
② 단면의 제일 위에서 최대 인장응력이 작용한다.
③ 단면의 중립축에서 굽힘응력이 0이다.
④ 단면의 제일 아래에서 최대 압축응력이 나타난다.

[해설] 단면의 중립축에서 굽힘응력은 0이며,

제일 위에서 최대 압축응력이, 제일 아래에서 최대 인장응력이 작용한다.

4. 그림과 같은 원형 단면의 외팔보에 발생하는 최대 굽힘응력을 표시한 것은?

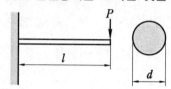

① $\frac{16Pl}{\pi d^3}$
② $\frac{32Pl}{\pi d^3}$
③ $\frac{16Pl}{\pi d^4}$
④ $\frac{32Pl}{\pi d^4}$

[해설] 단면계수$(Z) = \frac{\pi d^3}{32}$이고, 최대 굽힘 모멘트$(M_{max}) = Pl$ 이므로,

$$\therefore \sigma_{max} = \frac{M_{max}}{Z} = \frac{M_{max}}{\frac{\pi d^3}{32}} = \frac{32Pl}{\pi d^3} \text{[MPa]}$$

5. 지름 30 cm의 원형 단면을 가진 보가 그림과 같은 하중을 받을 때, 이 보에 발생되는 최대 굽힘응력은 얼마인가?

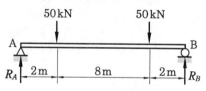

① 17.7 MPa
② 27.7 MPa
③ 37.7 MPa
④ 47.7 MPa

[해설] 반력 $R_A = R_B = 50$ kN이고, 최대 굽힘 모멘트는 하중점 사이에 작용하므로(순수 굽힘),

$$M_{\max} = R_A \times 2 = 50 \times 2 = 100\,\text{kN} \cdot \text{m}$$
$$= 100000\,\text{N} \cdot \text{m}$$

그러므로,

$$\sigma_{\max} = \frac{M_{\max}}{Z} = \frac{32 M_{\max}}{\pi d^3} = \frac{32 \times 100000}{\pi \times (0.3)^3}$$
$$\coloneqq 37.7 \times 10^6\,\text{N/m}^2$$
$$= 37.7\,\text{MPa}$$

6. 굽힘 모멘트를 M, 단면 2차 모멘트를 I, 세로 탄성계수를 E, 곡률 반지름을 ρ라 할 때 다음 중 옳은 것은?

① $M = \dfrac{EI}{\rho}$ ② $M = \dfrac{I}{E\rho}$

③ $M = \dfrac{\rho}{EI}$ ④ $M = \dfrac{E\rho}{I}$

해설 $dM = y\,dF = y\sigma\,dA$

$$\therefore M = \int_A y\sigma\,dA = \frac{E}{\rho}\int_A y^2\,dA$$
$$= \frac{EI}{\rho} = \frac{\sigma I}{y}\,(\text{kN} \cdot \text{m} = \text{kJ})$$

7. 재료의 단면에서 폭을 b, 전단력을 V, 단면 1차 모멘트를 Q, 단면 2차 모멘트를 I라 할 때, 수평 전단응력을 구하는 식은?

① $\tau = \dfrac{bQ}{VI}$ ② $\tau = \dfrac{bI}{VQ}$

③ $\tau = \dfrac{VQ}{bI}$ ④ $\tau = \dfrac{VI}{bQ}$

8. 사각 단면의 보에 있어서 단면적을 A [mm²], 전단력을 V[N]이라 하면 최대 전단응력 $\tau_{\max}$는 얼마인가?

① $\dfrac{2V}{3A}$ ② $\dfrac{3V}{4A}$

③ $\dfrac{4V}{3A}$ ④ $\dfrac{3V}{2A}$

해설 보가 사각 단면인 경우

$$\tau_{\max} = \frac{3V}{2A} = \frac{3V}{2(bh)}\,[\text{MPa}]$$

9. 원형 단면의 보에 있어서 단면적을 A [mm²], 전단력을 V[N]이라 하면 최대 전단응력 $\tau_{\max}$는 얼마인가?

① $\dfrac{3V}{2A}$ ② $\dfrac{4V}{3A}$

③ $\dfrac{3V}{4A}$ ④ $\dfrac{2V}{3A}$

해설 보가 원형 단면인 경우

$$\tau_{\max} = \frac{4V}{3A} = \frac{16V}{3\pi d^2}\,[\text{MPa}]$$

10. 길이가 5 m 이고, 그 보의 중앙점에 집중 하중 P를 받는 단순보가 있다. 이 보의 단면은 $b \times h = 4\,\text{cm} \times 10\,\text{cm}$인 직사각형이고, 중립축에 최대 전단응력 $\tau_{\max} = 1.5$ MPa이면 이 보의 중앙점에 작용하는 하중 P는 얼마인가?

① 2000 N   ② 4000 N
③ 6000 N   ④ 8000 N

해설 전단력$(V_A) = V_{\max} = R_A$이므로

$$R_A = \frac{P}{2}\ \text{이며},$$

$$\tau_{\max} = \frac{3}{2} \times \frac{V}{A}\ \text{에서},$$

$$V = \frac{2 \times A \times \tau_{\max}}{3} = \frac{2 \times (4 \times 10^{-3}) \times 1.5}{3}$$
$$= 4 \times 10^{-3}\,\text{MN} = 4\,\text{kN}$$

따라서, $V_A = 4\,\text{kN} = R_A$, $R_A = \dfrac{P}{2} = 4\,\text{kN}$

$$\therefore P = 8\,\text{kN}$$

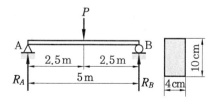

11. 그림과 같은 사각 단면의 단순보에 집중 하중 P가 작용할 때 중립축에 나타나는 최대 전단응력은 얼마인가?

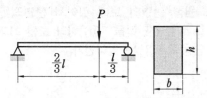

① $\dfrac{P}{bh}$　　　　② $\dfrac{P}{2bh}$

③ $\dfrac{3Ph}{2bh}$　　　　④ $\dfrac{2P}{bh}$

해설 $V_{\max} = \dfrac{2}{3}P$이므로,

$$\therefore \ \tau_{\max} = \dfrac{3V}{2A} = \dfrac{3 \times \dfrac{2}{3}P}{2bh} = \dfrac{P}{bh}\,[\text{MPa}]$$

12. 그림과 같이 지름 d인 원형 단면을 가진 단순보의 중앙에 집중 하중 P가 작용할 때 생기는 최대 전단응력을 나타낸 식은 다음 중 어느 것인가?

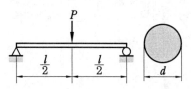

① $\dfrac{4P}{3\pi d^2}$　　　　② $\dfrac{8P}{3\pi d^2}$

③ $\dfrac{16P}{3\pi d^2}$　　　　④ $\dfrac{32P}{3\pi d^2}$

해설 $V_{\max} = \dfrac{P}{2}$이고, $A = \dfrac{\pi}{4}d^2$이므로,

$$\therefore \ \tau_{\max} = \dfrac{4V}{3A} = \dfrac{4 \times \dfrac{P}{2}}{3 \times \dfrac{\pi d^2}{4}} = \dfrac{16P}{6\pi d^2}$$

$$= \dfrac{8P}{3\pi d^2}\,[\text{MPa}]$$

13. 다음 외팔보에서 등분포 하중 $w\,[\text{N/m}]$가 작용할 때 최대 전단응력은?

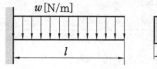

① $\dfrac{wl}{bh}$　　　　② $\dfrac{wl}{2bh}$

③ $\dfrac{2wl}{3bh}$　　　　④ $\dfrac{3wl}{2bh}$

해설 $V_{\max} = wl$ 이고, 단면적 $A = bh$이므로,

$$\therefore \ \tau_{\max} = \dfrac{3V}{2A} = \dfrac{3wl}{2bh}\,[\text{MPa}]$$

14. 굽힘 모멘트 M과 비틀림 모멘트 T를 동시에 받은 봉에서 등가 굽힘 모멘트 M_e의 식으로 옳은 것은?

① $M_e = M + \sqrt{M^2 + T^2}$

② $M_e = \dfrac{1}{2}\left(M + \sqrt{M^2 + T^2}\right)$

③ $M_e = \dfrac{1}{2}\sqrt{M^2 + T^2}$

④ $M_e = M + \dfrac{1}{2}\sqrt{M^2 + T^2}$

해설 상당 굽힘 모멘트(M_e)

$$= \dfrac{1}{2}\left(M + \sqrt{M^2 + T^2}\right) = \dfrac{1}{2}(M + T_e)\,[\text{kJ}]$$

15. 어느 회전하는 축에 굽힘 모멘트를 M, 비틀림 모멘트를 T라 할 때 상당(등가) 비틀림 모멘트 T_e를 바르게 나타낸 것은?

① $\sqrt{M^2 + T^2}$

② $M^2 + T^2$

③ $M + \sqrt{M^2 + T^2}$

④ $T + \sqrt{M^2 + T^2}$

해설 상당 비틀림 모멘트(T_e)

$$= \sqrt{M^2 + T^2}\,[\text{kJ}]$$

정답　**11.** ①　**12.** ②　**13.** ④　**14.** ②　**15.** ①

16. 그림과 같은 사각형 단면의 외팔보에 발생하는 최대 굽힘응력은 어느 식으로 표시되는가 ?

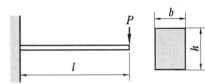

① $\dfrac{12\,Pl}{bh^2}$　　② $\dfrac{6\,Pl}{b^2 h}$

③ $\dfrac{6\,Pl}{bh^2}$　　④ $\dfrac{12\,Pl}{b^2 h}$

해설 직사각형의 단면계수$(Z) = \dfrac{bh^2}{6}\,[\mathrm{cm}^3]$이고, 최대 굽힘 모멘트 $M_{\max} = Pl$ 이므로,

$$\sigma_{\max} = \frac{M_{\max}}{Z} = \frac{Pl}{\dfrac{bh^2}{6}} = \frac{6\,Pl}{bh^2}\,[\mathrm{MPa}]$$

17. 균일 분포 하중을 받고 있는 사각 단면의 단순보에 있어서 최대 굽힘응력과 최대 전단응력의 비는 얼마인가 ?

① $\dfrac{\sigma_{\max}}{\tau_{\max}} = \dfrac{b}{h}$　　② $\dfrac{\sigma_{\max}}{\tau_{\max}} = \dfrac{h}{b}$

③ $\dfrac{\sigma_{\max}}{\tau_{\max}} = \dfrac{l}{h}$　　④ $\dfrac{\sigma_{\max}}{\tau_{\max}} = \dfrac{h}{l}$

해설 균일 분포 하중의 단순보에서 최대 굽힘 모멘트$(M_{\max}) = \dfrac{wl^2}{8}$이고,

최대 전단력$(V_{\max}) = \dfrac{wl}{2}$이므로,

$$\sigma_{\max} = \frac{M_{\max}}{Z} = \frac{\dfrac{wl^2}{8}}{\dfrac{bh^2}{6}} = \frac{6\,wl^2}{8bh^2} = \frac{3\,wl^2}{4bh^2}$$

또, $\tau_{\max} = \dfrac{3V}{2A} = \dfrac{3 \times \dfrac{wl}{2}}{2bh} = \dfrac{3\,wl}{4bh}$

$$\therefore\; \frac{\sigma_{\max}}{\tau_{\max}} = \frac{\dfrac{3wl^2}{4bh^2}}{\dfrac{3wl}{4bh}} = \frac{l}{h}$$

제8장

보의 처짐

1. 탄성곡선의 미분방정식

1-1 처짐곡선의 방정식

보에 횡하중이 작용하면 보의 축선은 구부러져 곡선으로 변형된다. 이 구부러진 중심선을 탄성곡선 또는 처짐곡선(deflection curve)이라 하고, 구부러지기 전의 곧은 중심선으로부터 이 탄성곡선까지의 수직변위를 처짐(deflection)이라 한다.

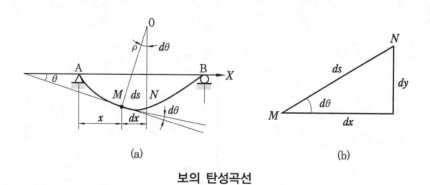

(a)　　　　　　　　(b)

보의 탄성곡선

곡선의 곡률(curvature)은 순수굽힘의 곡률과 굽힘 모멘트에 대한 관계식은

$$\frac{1}{\rho} = \frac{M}{EI} \quad \text{··· ㉠}$$

$$\frac{1}{\rho} = \left| \frac{d\theta}{ds} \right| \quad \text{··· ㉡}$$

$\dfrac{1}{\rho} = \dfrac{M}{EI}$ 의 관계에서,

$$\pm \frac{d^2 y}{dx^2} = \frac{M}{EI} \quad \text{··· ㉢}$$

그림의 위로 볼록한 곡선에서 $\dfrac{dy}{dx}$는 x가 증가함에 따라 감소하고, 아래로 볼록한 곡선에서 $\dfrac{dy}{dx}$는 x가 증가함에 따라 증가한다. $\dfrac{d^2y}{dx^2}$의 부호는 M의 부호와 항상 반대임을 알 수 있으므로,

$$\therefore \frac{1}{\rho} = -\frac{d^2y}{dx^2} \quad \cdots\cdots\cdots\cdots\cdots\cdots\cdots ㉣$$

모멘트의 부호 규약

$$따라서, \quad \frac{d^2y}{dx^2} = -\frac{M}{EI} \quad \cdots\cdots\cdots\cdots\cdots (8-1)$$

식 (8-1)은 대칭면에서 굽힘작용을 받는 보의 탄성곡선의 미분방정식 또는 처짐곡선의 미분방정식이 된다.

식 (8-1)을 응용한 w, V, M, θ, δ 식은 다음과 같이 구할 수 있다.

① 하중의 세기 : $-w = \dfrac{dV}{dx} = -\dfrac{d^2M}{dx^2} = EI\dfrac{d^4y}{dx^4}$

② 전단력 : $V = -\dfrac{dM}{dx} = EI\dfrac{d^3y}{dx^3}$

③ 굽힘 모멘트 : $M = -\displaystyle\int\int wdx \cdot dx = EI\dfrac{d^2y}{dx^2}$

④ 처짐각 : $\theta = \displaystyle\int Mdx = EI\dfrac{dy}{dx}$

⑤ 처짐(량) : $\delta = \displaystyle\int\int Mdx = EI \cdot y$

$$\cdots\cdots\cdots\cdots\cdots (8-2)$$

1-2 외팔보(cantilever beam)의 처짐

(1) 집중 하중을 받는 경우

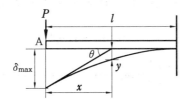

자유단에 집중 하중을 받을 때 외팔보의 처짐

길이 l 인 외팔보의 자유단에 집중 하중 P를 받을 때

① 임의의 x 단면에서의 굽힘 모멘트 M은,

$$M = -Px \quad \left(M = EI \frac{d^2 y}{dx^2} \right)$$

② 처짐의 식 : $Px = EI \frac{d^2 y}{dx^2} = EIy''$

x에 대하여 두 번 적분하면,

$$\int EI \frac{d^2 y}{dx^2} dx = \int Px \, dx + C_1 \rightarrow EI \frac{dy}{dx} = \frac{Px^2}{2} + C_1$$

$$\int EI \frac{dy}{dx} dx = \int \left(\frac{Px^2}{2} + C_1 \right) dx + C_2 \rightarrow EI \cdot y = \frac{Px^3}{6} + C_1 x + C_2$$

적분상수 C_1과 C_2를 구하기 위해 (경계) 조건을 주면,

$x = l$ (고정단)에서 기울기 $\frac{dy}{dx} = 0$, 처짐량 $y = 0$이므로,

$$EI \times 0 = \frac{Pl^2}{2} + C_1$$

$$\therefore \ C_1 = -\frac{Pl^2}{2}$$

$$EI \times 0 = \frac{Pl^3}{6} - \frac{Pl^2}{2} \cdot l + C_2$$

$$\therefore \ C_2 = \frac{Pl^3}{3}$$

$$\therefore \ EI \cdot \frac{dy}{dx} = \frac{Px^2}{2} - \frac{Pl^2}{2} \rightarrow \frac{dy}{dx} = \frac{P}{2EI} (x^2 - l^2) \ \text{............................} \ (8-3)$$

$$EI \cdot y = \frac{Px^3}{6} - \frac{Pl^2}{2}x + \frac{Pl^3}{3}$$

$$\rightarrow y = \frac{P}{6EI} (x^3 - 3l^2 x + 2l^3) \ \text{..............................} \ (8-4)$$

③ **처짐각과 처짐량** : $x = 0$ (자유단)에서 최대 처짐각(기울기) $\left(\dfrac{dy}{dx} \right)_{\max} = \theta$ 와 최대 처짐

량 $y_{\max} = \delta$ 가 일어나므로 식 $(8-3)$, $(8-4)$에서

$$\left(\frac{dy}{dx} \right)_{\max} = \theta_{\max} = -\frac{Pl^2}{2EI} [\text{rad}] \ \text{........................} \ (8-5)$$

$$y_{\max} = \delta_{\max} = \frac{P l^3}{3 EI}[\text{cm}] \quad \cdots\cdots\cdots\cdots\cdots\cdots\cdots\cdots\cdots\cdots\cdots\cdots\cdots (8-6)$$

예제 1. 길이 4 m 외팔보의 최대 처짐량이 6.132 cm 였다면, 자유단에 작용하는 집중 하중 P는 얼마인가? (단, E = 210 GPa이다.)

① 13 kN 　　② 14 kN

③ 15 kN 　　④ 20 kN

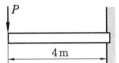

해설 집중 하중을 받는 단순보의 최대 처짐량($\delta_{\max}$) $= \frac{P l^3}{3 EI}$ 에서,

$$I = \frac{\pi d^4}{64} = \frac{\pi \times (0.15)^4}{64} = 2.484 \times 10^{-5}\,\text{m}^4$$

$$\therefore\ P = \frac{3 EI \cdot \delta_{\max}}{l^3} = \frac{3 \times (210 \times 10^9) \times (2.484 \times 10^{-5}) \times 0.06132}{4^3}$$

$$= 14994\,\text{N} \fallingdotseq 15\,\text{kN}$$

정답 ③

---

(2) 균일 분포 하중을 받는 경우

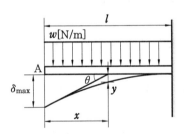

등분포 하중을 받을 때 외팔보의 처짐

단위 길이당 하중(등분포 하중)을 $w[\text{N/m}]$라 할 때,

① 임의의 x 단면에서의 굽힘 모멘트 M은

$$M = -\frac{w x^2}{2}\left(-M = EI\frac{d^2 y}{d x^2}\right)$$

② 처짐의 식 : $\dfrac{w x^2}{2} = EI\dfrac{d^2 y}{d x^2}$

x에 대하여 두 번 적분하면,

$$\int EI\frac{d^2 y}{d x^2}dx = \int \frac{w x^2}{2}dx + C_1 \to EI\frac{dy}{dx} = \frac{w x^3}{6} + C_1$$

$$\int EI \frac{dy}{dx} dx = \int \left(\frac{wx^3}{6} + C_1 \right) dx + C_2 \rightarrow EI \cdot y = \frac{wx^4}{24} + C_1 x + C_2$$

적분상수 C_1과 C_2를 구하기 위해 (경계) 조건을 주면,

$x = l$(고정단)에서 $\frac{dy}{dx} = 0$, $y = 0$이므로,

$$EI \times 0 = \frac{wl^3}{6} + C_1$$

$$\therefore C_1 = -\frac{wl^3}{6}$$

$$EI \times 0 = \frac{wl^4}{24} - \frac{wl^3}{6} \times l + C_2$$

$$\therefore C_2 = \frac{wl^4}{8}$$

$$\therefore EI \frac{dy}{dx} = \frac{wx^3}{6} - \frac{wl^3}{6} \rightarrow \frac{dy}{dx} = \frac{w}{6EI}(x^3 - l^3) \quad \cdots\cdots\cdots\cdots (8-7)$$

$$EI \cdot y = \frac{wx^4}{24} - \frac{wl^3}{6}x + \frac{wl^4}{8}$$

$$\rightarrow y = \frac{w}{24EI}(x^4 - 4l^3 x + 3l^4) \quad \cdots\cdots\cdots\cdots (8-8)$$

③ $x = 0$(자유단)에서 기울기$\left(\frac{dy}{dx} \right)$와 처짐$(y)$이 최대가 되므로,

$$\left(\frac{dy}{dx} \right)_{\max} = \theta_{\max} = -\frac{wl^3}{6EI}[\text{rad}] \quad \cdots\cdots\cdots\cdots (8-9)$$

$$y_{\max} = \delta_{\max} = \frac{wl^4}{8EI}[\text{cm}] \quad \cdots\cdots\cdots\cdots (8-10)$$

예제 2. 전길이에 걸쳐 균일 분포 하중 8000 N/m를 받는 외팔보가 자유단에서 처짐각 $\theta = 0.007$ rad, 처짐 $\delta = 2$ cm이었다. 이 외팔보의 길이 l은 얼마인가? (단, $E = 210$ GPa이다.)

① 2.81 m   ② 3.81 m

③ 4.25 m   ④ 4.75 m

해설 등분포 하중을 받는 외팔보의 최대 처짐각$(\theta_{\max}) = \frac{wl^3}{6EI}$[rad],

최대 처짐량$(\delta_{\max}) = \frac{wl^4}{8EI}$이므로, $\frac{\delta_{\max}}{\theta_{\max}} = \frac{wl^4}{8EI} \times \frac{6EI}{wl^3} = \frac{3}{4}l$

$$\therefore \ l = \frac{4\delta_{\max}}{3\theta_{\max}} = \frac{4 \times 0.02}{3 \times 0.007} \fallingdotseq 3.81 \ \text{m}$$

정답 ②

(3) 우력(moment)을 받는 경우

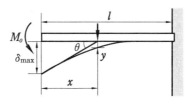

우력 M_o 를 받을 때 외팔보의 처짐

보의 자유단에 우력 M_o 가 작용할 때 보의 축방향에서 굽힘 모멘트가 일정하면,

① 임의의 x 단면에서의 굽힘 모멘트 M 은,

$$M = -M_o \left(-M = EI\frac{d^2 y}{dx^2} \right)$$

② 처짐의 식 : $M_o = EI\dfrac{d^2 y}{dx^2}$

x 에 대하여 두 번 적분하면,

$$\int EI\frac{d^2 y}{dx^2}dx = \int M_o\, dx + C_1 \rightarrow EI\frac{dy}{dx} = M_o x + C_1$$

$$\int EI\frac{dy}{dx}dx = \int (M_o x + C_1)\, dx + C_2 \rightarrow EIy = \frac{M_o x^2}{2} + C_1 x + C_2$$

$x = l$ (고정단)에서 $\dfrac{dy}{dx} = 0$, $y = 0$ 이므로,

$$EI \times 0 = M_o l + C_1$$

$$\therefore \ C_1 = -M_o l$$

$$EI \times 0 = \frac{M_o l^2}{2} - M_o l^2 + C_2$$

$$\therefore \ C_2 = \frac{M_o l^2}{2}$$

$$\therefore \ EI\frac{dy}{dx} = M_o x - M_o l \rightarrow \frac{dy}{dx} = \frac{M_o}{EI}(x - l) \ \cdots\cdots\cdots\cdots\cdots\cdots (8-11)$$

$$EIy = \frac{M_o x^2}{2} - M_o l x + \frac{M_o l^2}{2}$$

$$\rightarrow y = \frac{M_o}{2EI}(x^2 - 2lx + l^2) \quad \text{\dotfill} \quad (8-12)$$

③ $x = 0$(자유단)에서 기울기$\left(\dfrac{dy}{dx}\right)$와 처짐$(y)$이 최대가 되므로,

$$\left(\frac{dy}{dx}\right)_{\max} = \theta_{\max} = -\frac{M_o l}{EI} \, [\text{rad}] \quad \text{\dotfill} \quad (8-13)$$

$$y_{\max} = \delta_{\max} = \frac{M_o l^2}{2EI} \, [\text{cm}] \quad \text{\dotfill} \quad (8-14)$$

1-3 단순보(simple beam)의 처짐

(1) 집중 하중을 받는 경우

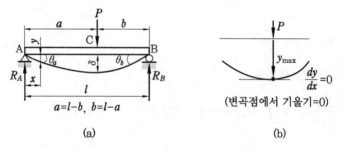

집중 하중을 받는 단순보의 처짐

양단지지의 단순보 AB에서 C에 집중 하중 P가 작용할 때
① 임의의 단면 x에서의 굽힘 모멘트 M은,

　(개) a 구간 : $0 < x < a$에서,

$$M = R_A x = \frac{Pb}{l}x \left(-M = EI\frac{d^2 y}{dx^2}\right)$$

　(내) b 구간 : $a < x < l$에서,

$$M = \frac{Pb}{l}x - P(x-a)\left(-M = EI\frac{d^2 y}{dx^2}\right)$$

② 처짐곡선의 방정식

　(개) a 구간 : $0 < x < a$에서,

$$EI\frac{d^2 y}{dx^2} = -\frac{Pb}{l}x \quad \text{\dotfill} \quad ㉠$$

x에 대하여 두 번 적분하면,

$$\int EI \frac{d^2 y}{dx^2} dx = - \int \frac{Pb}{l} x \, dx + C_1$$

$$\rightarrow EI \frac{dy}{dx} = - \frac{Pb}{2l} x^2 + C_1 \quad \dotfill \quad ⓛ$$

$$\int EI \frac{dy}{dx} dx = \int \left(- \frac{Pb}{2l} x^2 + C_1 \right) dx + C_2$$

$$\rightarrow EIy = - \frac{Pb}{6l} x^3 + C_1 x + C_2 \quad \dotfill \quad ⓒ$$

(내) b 구간 : $a < x < l$ 에서,

$$EI \frac{d^2 y}{dx^2} = - \frac{Pb}{l} x + P(x - a) \quad \dotfill \quad ⓔ$$

x 에 대하여 두 번 적분하면

$$\int EI \frac{d^2 y}{dx^2} dx = \int \left\{ - \frac{Pb}{l} x + P(x - a) \right\} dx + D_1$$

$$\rightarrow EI \frac{dy}{dx} = - \frac{Pb}{2l} x^2 + \frac{P}{2} (x - a)^2 + D_1 \quad \dotfill \quad ⓜ$$

$$\int EI \frac{dy}{dx} dx = \int \left(- \frac{Pb}{2l} x^2 + \frac{P}{2} (x - a)^2 + D_1 \right) + D_2$$

$$\rightarrow EIy = - \frac{Pb}{6l} x^3 + \frac{P}{6} (x - a)^3 + D_1 x + D_2 \quad \dotfill \quad ⓗ$$

- 하중이 작용하는 C점($x = a$)에서 기울기와 처짐량

$x = a$ 일 때, 식 ⓛ : $EI \dfrac{dy}{dx} = - \dfrac{Pb}{2l} a^2 + C_1$

식 ⓜ : $EI \dfrac{dy}{dx} = - \dfrac{Pb}{2l} a^2 + 0 + D_1$ $\Bigg\} \rightarrow C_1 = D_1$

$x = a$ 일 때, 식 ⓒ : $EIy = - \dfrac{Pb}{6l} a^3 + C_1 a + C_2$

식 ⓗ : $EIy = - \dfrac{Pb}{6l} a^3 + 0 + D_1 a + D_2$ $\Bigg\} \rightarrow \begin{array}{l} C_1 = D_1 \text{ 이므로,} \\ C_2 = D_2 \end{array}$

- 적분상수 C_1, C_2, D_1, D_2를 구하기 위해 (경계) 조건을 구하면

$x = 0$ 일 때 (a 구간 : $0 < x < a$ 적용), 처짐량 $y = 0$이므로,

식 ⓒ ; $EI \times 0 = - \dfrac{Pb}{6l} \times 0 + C_1 \times 0 + C_2$

$\therefore \ C_2 = 0 = D_2$

$x = l$ 일 때(b 구간 : $a < x < l$ 적용), 처짐량 $y = 0$ 이므로,

식 ㉤ ; $EI \times 0 = -\dfrac{Pb}{6l} l^3 + \dfrac{P}{6}(l-a)^3 + D_1 l$

$\therefore D_1 = \dfrac{1}{l}\left[\dfrac{Pb}{6l}l^3 - \dfrac{P}{6}b^3\right] = \dfrac{Pb}{6l}l^2 - \dfrac{Pb^3}{6l} = \dfrac{Pb}{6l}(l^2 - b^2) = C_1$

$\therefore C_1 = D_1 = \dfrac{Pb}{6l}(l^2 - b^2), \ C_2 = D_2 = 0$

㈐ a 구간 : $0 < x < a$ 에서,

$EI\dfrac{dy}{dx} = -\dfrac{Pb}{2l}x^2 + \dfrac{Pb}{6l}(l^2 - b^2)$

$\to \dfrac{dy}{dx} = \dfrac{Pb}{6EI}(l^2 - b^2 - 3x^2)$ ·· (8-15)

$EIy = -\dfrac{Pb}{6l}x^3 + \dfrac{Pb}{6l}(l^2 - b^2)x$

$\to y = \dfrac{Pbx}{6EI}(l^2 - b^2 - x^2)$ ·· (8-16)

㈑ b 구간 : $a < x < l$ 에서,

$EI\dfrac{dy}{dx} = -\dfrac{Pb}{2l}x^2 + \dfrac{P}{2}(x-a)^2 + \dfrac{Pb}{6l}(l^2 - b^2)$

$\to \dfrac{dy}{dx} = \dfrac{Pb}{6EI}\left[(l^2 - b^2) + \dfrac{3l}{6}(x-a)^2 - 3x^2\right]$ ·················· (8-17)

$EIy = -\dfrac{Pb}{6l}x^3 + \dfrac{P}{6}(x-a)^3 + \dfrac{Pb}{6l}(l^2 - b^2)x$

$\to y = \dfrac{Pb}{6EI}\left[(l^2 - b^2)x + \dfrac{l}{6}(x-a)^3 - x^3\right]$ ················· (8-18)

따라서, 처짐곡선의 방정식은 (8-15)~(8-18) 이다.

③ 처짐각 (기울기)

$x = 0$ 일 때, $\dfrac{dy}{dx} = \theta_a$ 이므로 식 (8-15)에서,

$\theta_a = \dfrac{dy}{dx} = \dfrac{Pb}{6EI}(l^2 - b^2)$

$\quad = \dfrac{Pb}{6EI}(l+b)(l-b) = \dfrac{Pab}{6EI}(l+b)\,[\mathrm{rad}]$ ························· (8-19)

$x = l$ 일 때, $\dfrac{dy}{dx} = \theta_b$ 이므로 식 (8-17)에서,

$$\theta_b = \frac{dy}{dx} = \frac{Pb}{6E\Pi}[(l^2-b^2)+\frac{3l}{6}(l-a)^2-3l^2]$$

$$= \frac{Pb}{6E\Pi}[(l+b)a+\frac{3l}{6}b^2-3l^2]$$

$$= \frac{Pb}{6E\Pi}[(l+b)a+3l(b-l)]$$

$$= \frac{Pb}{6E\Pi}[(l+b)a-3la]$$

$$= \frac{-Pab}{6E\Pi}(l+a)[\text{rad}] \quad\text{............}\quad (8-20)$$

④ 처짐량

$x=a$에서 처짐량 y_c는 a 구간의 식 $(8-16)$과 b 구간의 식 $(8-18)$은 같아지므로,

$$y_c = \frac{Pba}{6E\Pi}(l^2-b^2-a^2) = \frac{Pab}{6E\Pi}\cdot 2ab = \frac{Pa^2b^2}{3E\Pi} \quad\text{............}\quad (8-21)$$

$$\left[\begin{array}{l} l^2-b^2-a^2=(l^2-b^2)-a^2=(l+b)(l-b)-a^2=(l+b)a-a^2 \\ (l+b)=(l-b+2b)=(a+2b) \\ \therefore\ l^2-b^2-a^2=(l+b)a-a^2=(a+2b)a-a^2=2ab \end{array}\right]$$

최대 처짐은 $a>b$라 할 때, $\dfrac{dy}{dx}=0$일 때 일어나므로, 식 $(8-15)$에서,

$l^2-b^2-3x^2=0$ 이 된다.

$$\therefore\ x=\sqrt{\frac{l^2-b^2}{3}}$$

에서 최대 처짐이 일어나므로 식 $(8-16)$에 대입, 정리하면,

$$y_{\text{max}} = \frac{Pb}{9\sqrt{3}E\Pi}\sqrt{(l^2-b^2)^3} \quad\text{............}\quad (8-22)$$

하중이 보의 중앙점$(a=b=\dfrac{l}{2})$에 작용할 때 식 $(8-22)$에서,

$$y_{\text{max}(x=l/2)} = \frac{Pl^3}{48EI}[\text{cm}] \quad\text{............}\quad (8-23)$$

$a>b$인 보의 중앙점의 처짐은 식 $(8-16)$에서,

$$y_{x=l/2} = \frac{Pb}{48EI}(3l^2-4b^2) \quad\text{............}\quad (8-24)$$

예제 3. 그림과 같은 보에서 자유단의 처짐량은 얼마인가? (단, 보의 탄성계수를 E, 단면 2차 모멘트를 I라 한다.)

① $\dfrac{Pl^3}{24EI}$ ② $\dfrac{5Pl^3}{48EI}$

③ $\dfrac{7Pl^3}{48EI}$ ④ $\dfrac{5Pl^3}{24EI}$

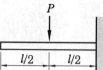

해설 $\delta_A = \delta_c + \theta_c \times a = \dfrac{P\left(\dfrac{l}{2}\right)^3}{3EI} + \dfrac{P\left(\dfrac{l}{2}\right)^2}{2EI} \times \left(\dfrac{l}{2}\right) = \dfrac{5Pl^3}{48EI}$ **정답** ②

(2) 균일 분포 하중을 받는 경우

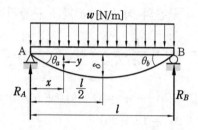

등분포 하중을 받고 있는 단순보의 처짐

① 임의의 거리 x 단면의 굽힘 모멘트 M은,

$$M = R_A x - \frac{wx^2}{2} = \frac{wl}{2}x - \frac{wx^2}{2} \left(-M = EI\frac{d^2y}{dx^2} \right) \quad \cdots\cdots\cdots\cdots\cdots ⊙$$

② 처짐의 식 : $-\dfrac{wl}{2}x + \dfrac{wx^2}{2} = EI\dfrac{d^2y}{dx^2}$

x에 대하여 두 번 적분하면,

$$\int EI\frac{d^2y}{dx^2}dx = \int \left(-\frac{wl}{2}x + \frac{w}{2}x^2 \right)dx + C_1$$

$$\rightarrow EI\frac{dy}{dx} = -\frac{wl}{4}x^2 + \frac{wx^3}{6} + C_1 \quad \cdots\cdots\cdots\cdots\cdots ⊙$$

$$\int EI\frac{dy}{dx}dx = \int \left(-\frac{wl}{4}x^2 + \frac{w}{6}x^3 + C_1 \right)dx + C_2$$

$$\rightarrow EIy = -\frac{wl}{12}x^3 + \frac{w}{24}x^4 + C_1x + C_2 \quad \cdots\cdots\cdots\cdots\cdots ⊙$$

$x = \dfrac{l}{2}$일 때 $y_{\max}$에서 $\dfrac{dy}{dx} = 0$이므로 식 ⊙에서,

$$EI \times 0 = - \frac{wl}{4} \times \left(\frac{l}{2}\right)^2 + \frac{w}{6}\left(\frac{l}{2}\right)^2 + C_1$$

$$\therefore \ C_1 = \frac{wl^3}{24}$$

$x = 0$ 일 때 $y = 0$ 이므로 식 ㉢에서,

$$EI \times 0 = 0 + C_2$$

$$\therefore \ C_2 = 0$$

$$\therefore \ \frac{dy}{dx} = \frac{w}{24EI}(4x^3 - 6lx^2 + l^3) \ \text{............................} \ (8-25)$$

$$y = \frac{wx}{24EI}(x^3 - 2lx^2 + l^3) \ \text{..................................} \ (8-26)$$

③ 처짐각

$x = 0$ 일 때 최대 처짐각 $\left(\frac{dy}{dx}\right)_{\max} = \theta_a$ 가 일어나므로,

$$\theta_a = \left(\frac{dy}{dx}\right)_{\max} = \frac{wl^3}{24EI}[\text{rad}] \ \text{..........................} \ (8-27)$$

$x = l$ 일 때 최대 처짐각 $\left(\frac{dy}{dx}\right)_{\max} = \theta_b$ 가 일어나므로,

$$\theta_b = \left(\frac{dy}{dx}\right)_{\max} = \frac{-wl^3}{24EI}[\text{rad}] \ \text{......................} \ (8-28)$$

④ 처짐량

또, $x = \frac{l}{2}$ 일 때 최대 처짐 $y_{\max}$ 가 발생하므로,

$$y_{\max} = \frac{5wl^4}{384EI}[\text{cm}] \ \text{...................................} \ (8-29)$$

예제 **4.** 그림과 같이 단순보가 전길이에 걸쳐 균일 분포 하중을 받고 있을 때 보의 중앙 부분을 밀어 올려 수평하게 만들었다면 밀어 올린 힘(P)은?

① $\frac{1}{8}wl$　　　　② $\frac{3}{8}wl$

③ $\frac{5}{8}wl$　　　　④ $\frac{7}{8}wl$

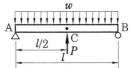

해설 $\delta_{cw} = \delta_{cp}$ 이므로 $\dfrac{5wl^4}{384EI} = \dfrac{Pl^3}{48EI}$, $P = \dfrac{5}{8}wl\,[\text{N}]$

정답 ③

(3) 우력을 받는 경우

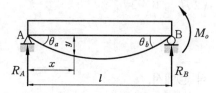

우력을 받는 단순보의 처짐

양단이 지지된 보의 오른쪽 지점 B에 우력 M_o가 작용할 때,

① 임의의 거리 x 단면에서의 굽힘 모멘트 M은,

$$M = M_o \left(\frac{x}{l} \right) \left(- M = EI \frac{d^2 y}{dx^2} \right)$$ ················· ㉠

② 처짐의 식 : $- M_o \frac{x}{l} = EI \frac{d^2 y}{dx^2}$

x에 관해 두 번 적분하면,

$$\int EI \frac{d^2 y}{dx^2} dx = \int - M_o \frac{x}{l} dx + C_1$$

$$\rightarrow EI \frac{dy}{dx} = - \frac{M_o}{2l} x^2 + C_1$$ ················· ㉡

$$\int EI \frac{dy}{dx} dx = \int \left(- \frac{M_o}{2l} x^2 + C_1 \right) dx + C_2$$

$$\rightarrow EIy = - \frac{M_o}{6l} x^3 + C_1 x + C_2$$ ················· ㉢

$x = 0$일 때 $y = 0$이므로 식 ㉢에서,

$$EI \times 0 = 0 + C_2$$

$$\therefore \ C_2 = 0$$

$x = l$일 때 $y = 0$이므로 식 ㉢에서,

$$EI \times 0 = - \frac{M_o l^2}{6} + C_1 l$$

$$\therefore \ C_1 = \frac{M_o l}{6}$$

$$\therefore \ \frac{dy}{dx} = \frac{M_o}{6 EI l} (l^2 - 3 x^2)$$ ················· (8 – 30)

$$y = \frac{M_o x}{6 EI l} (l^2 - x^2)$$ ················· (8 – 31)

③ A 및 B점에서의 탄성곡선의 기울기, 즉 처짐각은 식 (8-30)에서,

$$\left.\begin{array}{l} x = 0 \text{일 때, } \theta_a = \dfrac{M_o l}{6EI}[\text{rad}] \\[3mm] x = l \text{ 일 때, } \theta_b = -\dfrac{M_o l}{3EI}[\text{rad}] \end{array}\right\} \quad \cdots\cdots\cdots\cdots (8-32)$$

④ 최대 처짐이 발생하는 곳(변곡점)에서는 기울기 $\dfrac{dy}{dx} = 0$이므로,

식 (8-30)에서 $l^2 - 3x^2 = 0$

$$\therefore \ x = \frac{l}{\sqrt{3}}$$

이 값을 식 (8-31)에 대입, 정리하면,

$$y_{\max} = \frac{M_o l^2}{9\sqrt{3}\,EI}[\text{cm}] \quad \cdots\cdots\cdots\cdots\cdots\cdots\cdots\cdots (8-33)$$

2. 면적 모멘트법(moment area method)

2-1 모어의 정리(Mohr's theorem)

탄성곡선의 미분방정식을 이용하여 처짐각과 처짐량을 구하는 데는 어느 정도 복잡하고, 어려움이 있다. 따라서 한 점에서의 처짐량을 구하는 경우에는 굽힘 모멘트 선도를 도식적으로 이용하는 면적 모멘트법을 이용하면 간단하고 편리하게 계산할 수 있다.

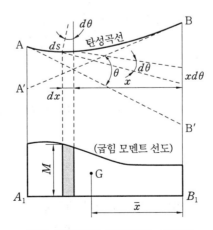

면적 모멘트의 처짐각과 처짐량

위의 그림에서 탄성곡선의 임의의 요소 ds 에 대하여,

$$\frac{d\theta}{ds} = \frac{M}{EI} \quad \dotfill ㉠$$

탄성영역 내에서만 변화한다고 가정하면,

$$d\theta = \frac{M}{EI}dx \quad \dotfill ㉡$$

식 ㉡에서 탄성곡선의 미소길이 ds 의 양쪽 끝에서 그은 두 접선 사이의 미소각 $d\theta$ 는 미소길이에 대한 굽힘 모멘트 선도의 면적, 즉 음영 부분의 면적 $M \cdot dx$ 를 EI 로 나눈 값과 같다.

A와 B에서 그은 접선 사이의 각 θ

$$\theta = \int_A^B \frac{Mdx}{EI} = \frac{1}{EI}\int_A^B Mdx = \frac{A_m}{EI} \quad \dotfill (8-34)$$

여기서, A_m : 굽힘 모멘트 선도의 면적

식 (8-34)를 모어의 1 정리 (Mohr's I theorem)라 한다.

탄성곡선 위의 두 점 A와 B 사이에서 그은 두 접선 (AB′, BA′) 사이의 각 θ 는 그 두 점 사이에 있는 B.M.D (굽힘 모멘트 선도)의 전면적을 EI 로 나눈 값과 같다.

B점 밑에서의 수직거리 BB′를 구하여 볼 때,

$$x\,d\theta = x\frac{Mdx}{EI} \quad \dotfill ㉢$$

$x\,d\theta$ 는 그 요소 ds 에 해당하는 BMD의 면적 Mdx 를 취하여 EI 로 나눈 값이며,

$$BB' = \delta = \int \frac{1}{EI}Mx\,dx = \frac{\bar{x}\,A_m}{EI} \quad \dotfill (8-35)$$

이 식은 A와 B 사이에 있는 BMD의 전면적의 1차 모멘트를 EI 로 나눈 값이다.

식 (8-35)를 모어의 2 정리 (Mohr's II theorem)라 한다.

다음 그림과 같이 탄성곡선에 변곡점이 있는 경우 굽힘 모멘트 선도가 두 부분이 되며, $A_1 C_1$ 은 (+)의 면적, $C_1 B_1$ 은 (−)의 면적이 되므로, 탄성곡선 위의 두 점 A와 B에서 그은 두 접선 사이의 각은,

$$\theta = \left(\frac{A_1 C_1 \text{ 면적}}{EI}\right) - \left(\frac{C_1 B_1 \text{ 면적}}{EI}\right)$$

또, 두 점에서 그은 접선 사이의 거리 B 에서 BB' 는,

$$\delta = BB' = \left(\frac{A_1 C_1 \text{ 면적}}{EI}\right) \times \bar{x_1} - \left(\frac{C_1 B_1 \text{ 면적}}{EI}\right) \times \bar{x_2}$$

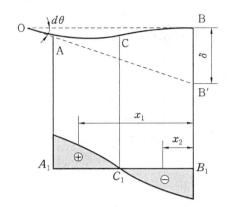

변곡점이 있는 경우의 처짐

여러 도형의 도심과 면적

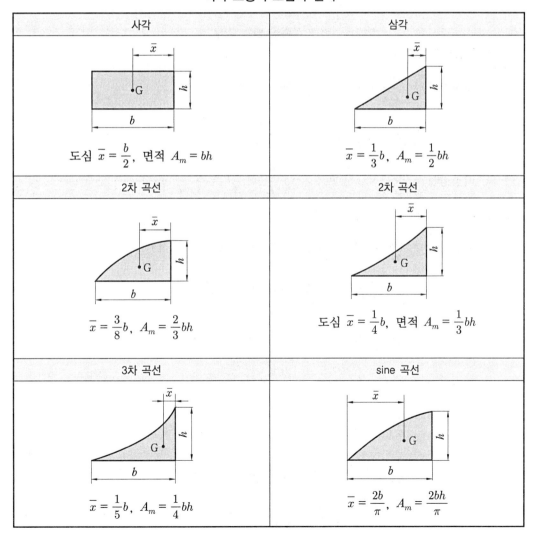

사각	삼각
도심 $\bar{x} = \dfrac{b}{2}$, 면적 $A_m = bh$	$\bar{x} = \dfrac{1}{3}b$, $A_m = \dfrac{1}{2}bh$
2차 곡선	2차 곡선
$\bar{x} = \dfrac{3}{8}b$, $A_m = \dfrac{2}{3}bh$	도심 $\bar{x} = \dfrac{1}{4}b$, 면적 $A_m = \dfrac{1}{3}bh$
3차 곡선	sine 곡선
$\bar{x} = \dfrac{1}{5}b$, $A_m = \dfrac{1}{4}bh$	$\bar{x} = \dfrac{2b}{\pi}$, $A_m = \dfrac{2bh}{\pi}$

2-2 외팔보의 면적 모멘트법

(1) 집중 하중을 받는 경우

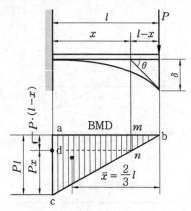

집중 하중을 받는 경우

① 전길이 l에 대하여

$$처짐각(\theta) = \frac{A_m}{EI} = \frac{1}{EI} \times \left(\frac{1}{2} \times 밑변 \times 높이\right)$$

$$= \frac{1}{EI} \times \left(\frac{1}{2} \times l \times Pl\right) = \frac{Pl^2}{2EI} \quad \text{.............................} ㉠$$

$$처짐량(\delta) = \frac{A_m}{EI} \times \overline{x} = \theta \times \overline{x} = \frac{Pl^2}{2EI} \times \frac{2}{3}l = \frac{Pl^3}{3EI} \quad \text{...........................} ㉡$$

② 임의의 단면 mn에 대하여

$$처짐각(\theta) = \frac{dy}{dx} = \frac{1}{EI}(\triangle abc의\ 면적 - \triangle mbn의\ 면적)$$

$$= \frac{1}{EI}\left[\frac{1}{2}Pl \cdot l - \frac{1}{2}P(l-x)(l-x)\right]$$

$$= \frac{Pl^2}{2EI}(2lx - x^2) \quad \text{.............................} ㉢$$

$$처짐량(\delta) = \frac{1}{EI} \times A_{m1} \times \overline{x_1} + \frac{1}{EI} \times A_{m2} \times \overline{x_2}$$

$$= \frac{1}{EI} \times \square amnd \times \overline{x_1} + \frac{1}{EI} \times \triangle dnc \times \overline{x_2}$$

$$= \frac{1}{EI} \times P(l-x)x \times \frac{x}{2} + \frac{1}{EI} \times \frac{1}{2} \cdot Px \cdot x \times \frac{2}{3}x$$

$$= \frac{P}{EI}\left(\frac{x^2}{2} - \frac{x^3}{6}\right) = \frac{Px^2}{6EI}(3l - x) \quad \text{.............................} ㉣$$

예제 5. 그림과 같이 외팔보의 자유단에 집중 하중 P와 굽힘 모멘트 M_0가 작용할 때 그 자유단의 처짐은 얼마인가?(단, 외팔보의 강성 계수는 EI이다.)

① $\dfrac{M_0 l^2}{EI} + \dfrac{P l^3}{2EI}$

② $\dfrac{M_0 l^2}{2EI} + \dfrac{P l^3}{3EI}$

③ $\dfrac{M_0 l}{3EI} + \dfrac{P l^2}{4EI}$

④ $\dfrac{M_0 l^2}{4EI} + \dfrac{P l^3}{5EI}$

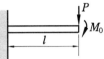

해설 $\delta_{\max} = \delta_1 + \delta_2 = \dfrac{M_0 l^2}{2EI} + \dfrac{P l^3}{3EI}\,[\mathrm{cm}]$

정답 ②

예제 6. 그림과 같이 외팔보가 자유단에서 시계 방향의 우력 M을 받는 경우, 자유단의 처짐 δ는?

① $\delta = \dfrac{M^2 l}{2EI}$

② $\delta = \dfrac{M l^2}{2EI}$

③ $\delta = \dfrac{2M l^2}{3EI}$

④ $\delta = \dfrac{M^2 l}{6EI}$

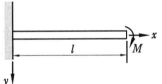

해설 $\theta = \dfrac{Ml}{EI}$, $\delta = \dfrac{M l^2}{2EI}$

정답 ②

예제 7. 길이가 L인 단순보 AB의 한 끝에 우력 M이 작용하고 있을 때 이 보의 A단에서의 기울기 θ_A는?

① $\dfrac{ML}{3EI}$

② $\dfrac{ML}{6EI}$

③ $\dfrac{ML^2}{2EI}$

④ $\dfrac{ML^2}{24EI}$

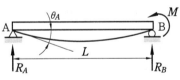

해설 $\theta_A = \dfrac{ML}{6EI}$, $\theta_B = \dfrac{ML}{3EI}$

정답 ②

3. 중첩법(method of superposition)

하나의 보에 여러 개의 하중이 동시에 작용하는 경우에 발생하는 임의단면에 대한 처짐 각과 처짐량은 그 하중들이 각각 1개씩 작용할 때 발생하는 그 단면의 처짐과 처짐량들을 합하여 구할 수 있는데, 이 방법을 중첩법(method of superposition)이라 한다.

3-1 집중 하중(P)과 등분포 하중(w)을 받는 외팔보

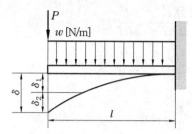

집중 하중과 같은 등분포 하중을 받는 경우

① 집중 하중 P에 의한 θ_1과 δ_1

$$\theta_1 = \frac{Pl^2}{2EI}, \quad \delta_1 = \frac{Pl^3}{3EI} \quad\text{······························} ⊙$$

② 균일 분포(등분포) 하중 w에 의한 θ_2과 δ_2

$$\theta_2 = \frac{wl^3}{6EI}, \quad \delta_2 = \frac{wl^4}{8EI} \quad\text{······························} ⓒ$$

중첩하면,

$$\theta_{\max} = \theta_1 + \theta_2 = \frac{Pl^2}{2EI} + \frac{wl^3}{6EI} = \frac{l^2}{6EI}(3P + wl)$$

$$\delta_{\max} = \delta_1 + \delta_2 = \frac{Pl^3}{3EI} + \frac{wl^4}{8EI} = \frac{l^3}{24EI}(8P + 3wl) \quad\text{······························} ⓒ$$

4. 굽힘으로 인한 탄성변형에너지

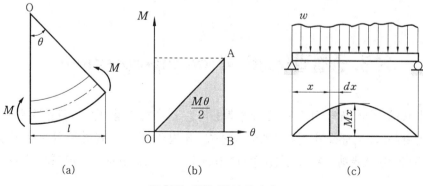

|(a)|(b)|(c)|

굽힘에 의한 탄성에너지

그림 (a)와 같은 보가 순수굽힘 모멘트를 받는 경우 굽힘 모멘트는 보의 전길이에 걸쳐 균일하고 탄성곡선은 곡률이 $\dfrac{1}{\rho} = \dfrac{\theta}{l} = \dfrac{M}{EI}$ 인 원호가 되어 원호상에서 중심각 θ 는,

$$\theta = \frac{Ml}{EI} \quad\text{...} ㉠$$

그림 (b)에서 우력 M 이 한 일 $\dfrac{M\theta}{2}$ = 보 속에 저장된 변형에너지 U 이므로,

$$U = \frac{1}{2} M\theta \quad\text{..} ㉡$$

따라서, ㉠과 ㉡에서,

$$U = \frac{M^2 l}{2EI} \quad\text{...} ㉢$$

$$U = \frac{\theta^2 EI}{2l} \quad\text{...} ㉣$$

여기서, 굽힘 모멘트 $M = \sigma_b Z$

직사각형 단면의 경우, $\sigma_b = \sigma_{\max} = \dfrac{M}{Z} = \dfrac{6M}{bh^2}$ 이고, $M = \dfrac{bh^2 \sigma_{\max}}{6}$ 이므로,

$$U = \frac{M^2 l}{2EI} = \frac{l}{2E} \times \left(\frac{bh^2}{6}\sigma_{\max}\right)^2 \times \left(\frac{12}{bh^3}\right)$$

$$= \frac{1}{3} bhl \frac{(\sigma_{\max})^2}{2E} \quad\text{...............................} ㉤$$

식 ㉤에서 "보 속의 전 에너지는 보의 모든 섬유가 최대 응력 $\sigma_{\max}$ 을 받는 경우에 이 보가 저장할 수 있는 에너지의 $\dfrac{1}{3}$ 과 같다"는 것을 알 수 있다.

그림 (c)와 같은 불균일한 보에서 거리 dx 사이의 미소요소에 저장되는 에너지는,

$$dU = \frac{M^2 dx}{2EI}, \quad dU = \frac{EI(d\theta)^2}{2dx} \quad\text{......................} ㉥$$

$\dfrac{1}{\rho} = \dfrac{d\theta}{dx}$ 에서, $d\theta = \dfrac{dx}{\rho} = \left|\dfrac{d^2 y}{dx^2}\right| dx$ 이므로,

$$U = \int_0^l \frac{M^2 dx}{2EI} \quad\text{.......................................} ㉦$$

$$U = \int_0^l \frac{EI}{2}\left(\frac{d^2 y}{dx^2}\right)^2 dx \quad\text{.......................} ㉧$$

4-1 외팔보의 탄성변형에너지(U)

임의의 거리 x 단면에 작용하는 굽힘 모멘트 $M = -Px$ 이므로,

$$U = \int_0^l \frac{M^2}{2EI}\,dx = \int_0^l \frac{(-Px)^2}{2EI}\,dx = \frac{P^2 l^3}{6EI}\,[\text{kJ}] \quad\cdots\cdots\cdots\cdots\cdots\cdots \text{㉠}$$

직사각형 단면인 경우 $\sigma_{\max} = \dfrac{M}{Z} = \dfrac{6Pl}{bh^2}$ 이므로,

$$U = \frac{1}{9}(bhl)\frac{(\sigma_{\max})^2}{2E} \quad\cdots\cdots\cdots\cdots\cdots\cdots\cdots\cdots\cdots\cdots\cdots \text{㉡}$$

이 보가 굽힘을 하는 동안에 하중 P 가 하는 일과 변형에너지가 같아야 하므로,

$$U = \frac{1}{2}P\delta = \frac{P^2 l^3}{6EI} \quad\cdots\cdots\cdots\cdots\cdots\cdots\cdots\cdots\cdots\cdots\cdots \text{㉢}$$

따라서, 자유단에서의 처짐량 $\delta_{\max}$ 는,

$$\delta_{\max} = \frac{Pl^3}{3EI}\,[\text{cm}] \quad\cdots\cdots\cdots\cdots\cdots\cdots\cdots\cdots\cdots\cdots\cdots \text{㉣}$$

4-2 단순보의 탄성변형에너지(U)

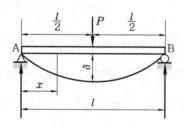

단순보의 탄성변형에너지

x 거리에 있는 임의의 단면의 굽힘 모멘트는,

$$M_x = \frac{1}{2}Px$$

보 속에 저장된 굽힘변형에너지는,

$$U = 2\int_0^{\frac{l}{2}} \frac{M^2}{2EI}\,dx = 2\int_0^{\frac{l}{2}} \frac{P^2 x^2}{8EI}\,dx$$

$$= \frac{P^2 l^3}{96 EI} \quad \cdots\cdots\cdots\cdots\cdots\cdots\cdots\cdots\cdots\cdots\cdots\cdots\cdots\cdots\cdots ㉠$$

하중이 이 보에 처짐을 주면서 영 (0) 으로부터 P 까지 천천히 증가하는 동안에 한 일과 위에서 얻은 변형에너지는 같으므로,

$$U = \frac{1}{2} P\delta = \frac{P^2 l^3}{96 EI} \quad \cdots\cdots\cdots\cdots\cdots\cdots\cdots\cdots\cdots\cdots\cdots ㉡$$

$$\delta_{\max} = \frac{P l^3}{48 EI} \quad \cdots\cdots\cdots\cdots\cdots\cdots\cdots\cdots\cdots\cdots\cdots\cdots\cdots ㉢$$

의 처짐량을 얻을 수 있다.

[예제] 8. 길이가 l인 외팔보 AB가 보의 일부분 b 위에 w의 균일 분포 하중이 작용되고 있을 때 이 보의 자유단 A의 처짐량은 얼마인가?

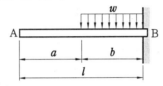

① $\delta_A = \dfrac{wb^3}{8EI}\left(a+\dfrac{3}{4}b\right)$ ② $\delta_A = \dfrac{wb^3}{6EI}\left(a+\dfrac{3}{4}b\right)$

③ $\delta_A = \dfrac{wb^2}{6EI}\left(a+\dfrac{3}{4}b\right)$ ④ $\delta_A = \dfrac{wb^2}{8EI}\left(a+\dfrac{3}{4}b\right)$

[해설] $\delta_A = \dfrac{A_M \overline{x}}{EI} = \dfrac{\dfrac{bh}{3}\times\left(l-\dfrac{b}{4}\right)}{EI} = \dfrac{b\left(\dfrac{wb^2}{2}\right)}{3EI}\left(a+b-\dfrac{b}{4}\right) = \dfrac{wb^3}{6EI}\left(a+\dfrac{3}{4}b\right)[\text{cm}]$ **[정답]** ②

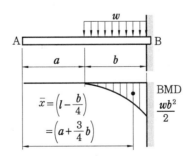

출제 예상 문제

1. 탄성곡선(처짐곡선)의 미분방정식을 바르게 나타낸 것은?

① $\dfrac{d^2 y}{dx^2} = \pm \dfrac{MI}{E}$ ② $\dfrac{dy^2}{d^2 x} = \pm \dfrac{ME}{I}$

③ $\dfrac{d^2 y}{dx^2} = \pm \dfrac{M}{EI}$ ④ $\dfrac{dy^2}{d^2 x} = \pm \dfrac{I}{ME}$

[해설] 곡률 $\left(\dfrac{1}{\rho}\right) = \left|\dfrac{d\theta}{ds}\right| = \dfrac{d\theta}{dx} = \pm \dfrac{d^2 y}{dx^2}$

2. 단순보에 하중이 작용할 때 다음 중 옳지 않은 것은?

① 중앙에 집중 하중이 작용하면 양 지점에서의 처짐각이 최대로 된다.

② 중앙에 집중 하중이 작용할 때의 최대 처짐은 하중이 작용하는 곳에서 생긴다.

③ 등분포 하중이 만재될 때, 최대 처짐은 중앙점에서 일어난다.

④ 등분포 하중이 만재될 때, 중앙점의 처짐각이 최대로 된다.

[해설] 단순보에서,

(1) 집중 하중 작용 시, 최대 처짐은 중앙에서, $\delta = \dfrac{Pl^3}{48EI}$

최대 처짐각은 양단에서, $\theta_A = \theta_B = \dfrac{Pl^2}{16EI}$

(2) 등분포 하중 작용 시, 최대 처짐은 중앙에서, $\delta = \dfrac{5wl^4}{384EI}$

최대 처짐각은 양단에서, $\theta_A = \theta_B = \dfrac{wl^3}{24EI}$

3. 단일 집중 하중 P가 길이 l인 캔틸레버보의 자유단에 작용할 때, 최대 처짐의 크기는 얼마인가? (단, EI는 일정)

① $\dfrac{Pl^2}{2EI}$ ② $\dfrac{Pl^3}{2EI}$

③ $\dfrac{Pl^2}{3EI}$ ④ $\dfrac{Pl^3}{3EI}$

[해설] $\theta_B = -\dfrac{Pl^2}{2EI}$, $\delta_B = \dfrac{Pl^3}{3EI}$

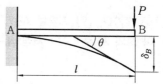

4. 그림과 같은 외팔보에서 등분포 하중 w가 작용할 때 최대 처짐각 $\theta_{\max}$와 최대 처짐량 $\delta_{\max}$를 바르게 나타낸 것은 어느 것인가?

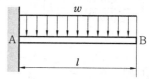

① $\theta_{\max} = \dfrac{wl^3}{3EI}$, $\delta_{\max} = \dfrac{wl^4}{8EI}$

② $\theta_{\max} = \dfrac{wl^3}{3EI}$, $\delta_{\max} = \dfrac{wl^4}{12EI}$

③ $\theta_{\max} = \dfrac{wl^3}{6EI}$, $\delta_{\max} = \dfrac{wl^4}{8EI}$

④ $\theta_{\max} = \dfrac{wl^3}{6EI}$, $\delta_{\max} = \dfrac{wl^4}{12EI}$

5. 다음의 단순보(simple beam)에서 최대 처짐각 $\theta_{\max}$와 최대 처짐량 $\delta_{\max}$는 어느 것인가?

[정답] 1. ③   2. ④   3. ④   4. ③   5. ④

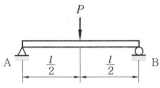

① $\theta_{\max} = \dfrac{Pl^2}{8EI}$, $\delta_{\max} = \dfrac{Pl^3}{24EI}$

② $\theta_{\max} = \dfrac{Pl^2}{8EI}$, $\delta_{\max} = \dfrac{Pl^3}{48EI}$

③ $\theta_{\max} = \dfrac{Pl^2}{16EI}$, $\delta_{\max} = \dfrac{Pl^3}{24EI}$

④ $\theta_{\max} = \dfrac{Pl^2}{16EI}$, $\delta_{\max} = \dfrac{Pl^3}{48EI}$

6. 그림과 같은 단순보에서 등분포 하중 w 가 작용할 때 최대 처짐각 $\theta_{\max}$ 와 최대 처짐량 $\delta_{\max}$ 는 얼마인가?

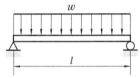

① $\theta_{\max} = \dfrac{wl^3}{24EI}$, $\delta_{\max} = \dfrac{5wl^4}{384EI}$

② $\theta_{\max} = \dfrac{wl^3}{24EI}$, $\delta_{\max} = \dfrac{8wl^4}{384EI}$

③ $\theta_{\max} = \dfrac{wl^3}{48EI}$, $\delta_{\max} = \dfrac{8wl^4}{384EI}$

④ $\theta_{\max} = \dfrac{wl^3}{48EI}$, $\delta_{\max} = \dfrac{8wl^4}{384EI}$

7. 그림과 같은 단순보에 집중 하중 P와 균일 분포 하중 w가 동시에 작용할 때 최대 처짐 $\delta_{\max}$ 는? (단, $wl = P$ 이다.)

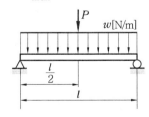

① $\dfrac{5Pl^3}{48EI}$ ② $\dfrac{13Pl^3}{48EI}$

③ $\dfrac{8Pl^3}{384EI}$ ④ $\dfrac{13Pl^3}{384EI}$

해설 집중 하중 P만 작용할 때의 최대 처짐 δ_1과 균일 분포 하중 w만 작용할 때의 최대 처짐 δ_2를 합하면 된다. 즉, 최대 처짐은 둘 다 중앙점에 생기며, 집중 하중 P만 작용할 때 최대 처짐은 $\delta_1 = \dfrac{Pl^3}{48EI}$ 이고, 균일 분포 하중 w만 작용할 때 최대 처짐은 $\delta_2 = \dfrac{5wl^4}{384EI} = \dfrac{5Pl^3}{384EI}$ 이다.

그러므로, 두 하중이 동시에 작용하는 단순보의 최대 처짐은,

$\therefore \delta_{\max} = \delta_1 + \delta_2 = \dfrac{Pl^3}{48EI} + \dfrac{5Pl^3}{384EI}$

$= \left(\dfrac{8+5}{384}\right) \cdot \dfrac{Pl^3}{EI} = \dfrac{13Pl^3}{384EI}$

8. 그림과 같은 외팔보에서 집중 하중 P 와 균일 분포 하중 w가 동시에 작용할 때 최대 처짐각 $\delta_{\max}$는 얼마인가? (단, $wl = P$ 이다.)

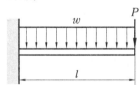

① $\dfrac{8Pl^3}{3EI}$ ② $\dfrac{11Pl^3}{12EI}$

③ $\dfrac{3Pl^3}{8EI}$ ④ $\dfrac{11Pl^3}{24EI}$

해설 집중 하중 P만 작용할 때의 최대 처짐 δ_1과 균일 분포 하중 w만 작용할 때의 최대 처짐 δ_2를 합하면 합성 최대 처짐량 δ를 구할 수 있다. 즉, 최대 처짐은 둘 다 자유단에 생기며, 집중 하중 P만 작용할 때 최대 처짐 $\delta_1 = \dfrac{Pl^3}{3EI}$ 이고, 균일 분포 하중 w만

작용할 때 최대 처짐 $\delta_2 = \dfrac{wl^4}{8EI} = \dfrac{Pl^3}{8EI}$

일 때,

$$\delta_{max} = \delta_1 + \delta_2 = \dfrac{Pl^3}{3EI} + \dfrac{Pl^3}{8EI}$$

$$= \left(\dfrac{8+3}{24}\right) \cdot \dfrac{Pl^3}{EI} = \dfrac{11Pl^3}{24EI}$$

9. 균일 분포 하중 w [N/m]를 받고 있는 외팔보가 있다. 자유단에서의 처짐이 $\delta = 3\,cm$이고, 그 점에서 탄성곡선의 기울기가 0.01 rad일 때 이 보의 길이는? (단, 재료의 탄성계수 $E = 210\,GPa$이다.)

① 100 cm   ② 200 cm
③ 300 cm   ④ 400 cm

[해설] $\theta_A = \dfrac{wl^3}{6EI} = 0.01$, $\delta = \dfrac{wl^4}{8EI} = 3$이므로,

$$\dfrac{\delta}{\theta_A} = \dfrac{\dfrac{wl^4}{8EI}}{\dfrac{wl^3}{6EI}} = \dfrac{3}{4}l = \dfrac{3}{0.01}$$

$$\therefore\ l = \dfrac{4 \times 3}{3 \times 0.01} = 400\,cm$$

10. 다음 외팔보에서 자유단에 우력 M_0 가 작용하는 경우 자유단의 최대 처짐량 δ 를 구하면 얼마인가?

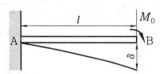

① $\dfrac{M_0 l^2}{2EI}$ ② $\dfrac{M_0 l^2}{3EI}$

③ $\dfrac{M_0 l^2}{6EI}$ ④ $\dfrac{M_0 l^2}{8EI}$

[해설] 면적 모멘트를 구하면,
아래 BMD 선도에서 빗금친 면적
$A_m = M_0 l$ 이고, $\overline{x} = \dfrac{l}{2}$ 이므로,

$$\delta = \dfrac{A_m \overline{x}}{EI} = \dfrac{M_0 l\left(\dfrac{l}{2}\right)}{EI} = \dfrac{M_0 l^2}{2EI}$$

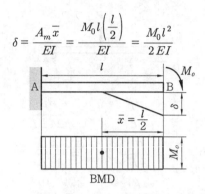

BMD

11. 그림과 같은 두 외팔보에서 생기는 최대 처짐각을 각각 θ_1, θ_2라 할 때 θ_2 / θ_1 의 값은 얼마인가?

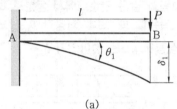

(a)

(b)

① $\dfrac{1}{3}$ ② $\dfrac{2}{3}$ ③ $\dfrac{3}{2}$ ④ 3

[해설] 두 외팔보의 최대 처짐각은 자유단에서 생기며 그 값은,

$$\theta_1 = \dfrac{Pl^2}{2EI}, \ \theta_2 = \dfrac{wl^3}{6EI} = \dfrac{Pl^2}{6EI}$$ 이므로,

$$\therefore\ \dfrac{\theta_2}{\theta_1} = \dfrac{\dfrac{Pl^2}{6EI}}{\dfrac{Pl^2}{2EI}} = \dfrac{2}{6} = \dfrac{1}{3}$$

12. 그림과 같은 $b \times h$ 인 사각 단면의 외팔보에서 집중 하중 P 가 작용할 때 자유단의 처짐량은 얼마인가?

정답 **9.** ④   **10.** ①   **11.** ①   **12.** ③

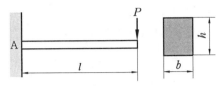

① $\dfrac{2Pl^3}{Ebh^3}$ ② $\dfrac{3Pl^3}{Ebh^3}$

③ $\dfrac{4Pl^3}{Ebh^3}$ ④ $\dfrac{6Pl^3}{Ebh^3}$

[해설] 외팔보의 자유단의 처짐 $\delta = \dfrac{Pl^3}{3EI}$ 에서

$I = \dfrac{bh^3}{12}$ 이므로,

$\therefore \ \delta = \dfrac{Pl^3}{3E \times \dfrac{bh^3}{12}} = \dfrac{4Pl^3}{Ebh^3}$

13. 다음 그림과 같은 단순보에서 생기는 최대 처짐을 각각 δ_1, δ_2라 할 때 δ_1 / δ_2 의 값은 얼마인가? (단, $P = wl$ 이다.)

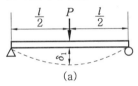

(a)

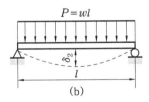

(b)

① $\dfrac{5}{8}$ ② $\dfrac{5}{16}$ ③ $\dfrac{8}{5}$ ④ $\dfrac{16}{5}$

[해설] 두 단순보의 최대 처짐은 중앙에서 생기며, 그 값은 $\delta_1 = \dfrac{Pl^3}{48EI}$, $\delta_2 = \dfrac{5wl^4}{384EI}$

$= \dfrac{5Pl^3}{384EI}$ 이므로,

$\therefore \ \dfrac{\delta_1}{\delta_2} = \dfrac{\dfrac{Pl^3}{48EI}}{\dfrac{5Pl^3}{384EI}} = \dfrac{384}{48 \times 5} = \dfrac{8}{5}$

14. 그림과 같이 균일 분포 하중 w를 받는 단순보의 중앙에 하중 P를 작용시켜 중앙점의 처짐이 "0"이 되도록 한다. 중앙점에 작용해야 할 하중은 얼마인가?

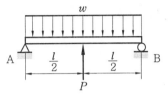

① $P = \dfrac{5wl}{4}$ ② $P = \dfrac{wl}{2}$

③ $P = \dfrac{wl}{4}$ ④ $P = \dfrac{5wl}{8}$

[해설] 균일 분포 하중 w에 의한 처짐량과 집중 하중 P에 의한 처짐량이 동일할 때 상쇄되어 0이 되므로, $\dfrac{Pl^3}{48EI} = \dfrac{5wl^4}{384EI}$

$\therefore \ P = \dfrac{5}{8}wl$

15. 그림과 같은 단순보의 B점에서 M_B의 우력이 작용하고 있다. 보의 길이를 l, 굽힘 강성계수를 EI라 할 때 A점의 처짐각 θ_A는?

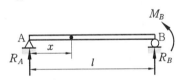

① $\dfrac{M_B l}{3EI}$ ② $\dfrac{M_B l}{6EI}$

③ $\dfrac{wl^3}{20EI}$ ④ $\dfrac{wl^3}{45EI}$

[해설] $\Sigma M_B = 0$에서, $R_A l - M_B = 0$

$\therefore \ R_A = \dfrac{M_B}{l}$

$\Sigma M_A = 0$에서, $-R_B l - M_B = 0$

$\therefore \ R_B = -\dfrac{M_B}{l}$

그러므로, A 지점에서 임의의 거리 x에 대

한 굽힘 모멘트

$$M_x = \frac{M_B x}{l}$$

$$\therefore \frac{d^2 y}{dx^2} = -\frac{1}{EI}\left(\frac{M_B x}{l}\right)$$

x에 관하여 두 번 적분하면,

$$\frac{dy}{dx} = -\frac{1}{EI}\left(\frac{M_B}{2l}x^2 + c_1\right) \quad\cdots\cdots\cdots\cdots ㉠$$

$$y = -\frac{1}{EI}\left(\frac{M_B}{6l}x^3 + c_1 x + c_2\right) \quad\cdots\cdots ㉡$$

식 ㉡에서 $x=0$ 및 $x=l$에서 $y=0$이므로,

$$c_2 = 0, \quad c_1 = -\frac{M_B l}{6}$$

이것을 위의 식에 대입하면,

즉, 처짐각 $\theta = -\frac{1}{EI}\left(\frac{M_B}{2l}x^2 - \frac{M_B l}{6}\right)$

$$\therefore \theta_A = \theta_{x=0} = \frac{M_B l}{6EI}$$

$$\theta_B = \theta_{x=l} = -\frac{1}{EI}\left(\frac{M_B l^2}{2l} - \frac{M_B l}{6}\right) = -\frac{M_B l}{3EI}$$

16. 등분포 하중 w를 미분방정식으로 표시한 것은?

① $EI\dfrac{d^4 y}{dx^4}$ ② $EI\dfrac{d^3 y}{dx^3}$

③ $EI\dfrac{dy}{dx}$ ④ $EI \cdot y$

17. 면적 모멘트의 정리에서 보의 처짐각 (기울기)과 처짐량을 나타낸 식은?

① $\theta = \dfrac{A_m}{EI}, \quad \delta = \dfrac{A_m}{EI}$

② $\theta = \dfrac{A_m}{EI} \cdot \overline{x}, \quad \delta = \dfrac{A_m}{EI} \cdot \overline{x}$

③ $\theta = \dfrac{A_m}{EI}, \quad \delta = \dfrac{A_m}{EI} \cdot \overline{x}$

④ $\theta = \dfrac{A_m}{EI} \cdot \overline{x}, \quad \delta = \dfrac{A_m}{EI}$

해설 면적 모멘트법

(1) 제1면적 모멘트법

$$\theta = \frac{A_m}{EI}\,(A_m = \text{BMD의 면적})$$

(2) 제2면적 모멘트법

$$\delta = \frac{A_m}{EI} \cdot \overline{x}$$

18. 동일 단면, 동일 길이를 가진 다음과 같은 각종 보 중에서 최대의 처짐이 생기는 것은 어느 것인가?

①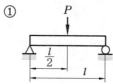

②

③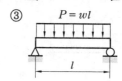

④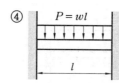

해설 ① $\delta = \dfrac{Pl^3}{48EI}$

② $\delta = \dfrac{Pl^3}{192EI}$

③ $\delta = \dfrac{5wl^4}{384EI} = \dfrac{5Pl^3}{384EI}$

④ $\delta = \dfrac{wl^4}{384EI} = \dfrac{Pl^3}{384EI}$

$\therefore$ ① : ② : ③ : ④ = 8 : 2 : 5 : 1

제9장 부정정보

1. 부정정보

앞에서 논의한 정정보 [양단지지보 (단순보), 외팔보, 돌출보]는 정역학의 평형방정식인 $\Sigma X_i = 0$, $\Sigma Y_i = 0$, $\Sigma M_i = 0$ 등에 의하여 완전히 풀 수 있었다. 그러나, 일단고정 타단 지지보, 양단고정보, 연속보 등은 미지의 반력 R과 우력 M이 3개 이상인 과잉구속을 가 졌기 때문에 R과 M은 과잉구속의 수만큼 변형의 조건을 이용하여 방정식을 만들어야만 풀 수 있다.

이와 같이 정역학의 평형방정식으로 풀지 못하고 변형의 조건을 추가시켜 풀 수 있는 보를 부정정보(statically indeteminate beam)라 부른다.

미지의 과잉반력과 우력을 구하는 방법은 다음 세 가지가 있다.

(1) 탄성곡선의 미분방정식에 의한 방법

임의의 단면에서 굽힘 모멘트를 탄성곡선의 미분방정식 $EI \dfrac{d^2 y}{dx^2} = -M$에 대입하고 처 짐에 대한 식을 유도하여 여기에 경계 조건을 대입하여 반력과 우력을 결정한다.

(2) 중첩법에 의한 방법

몇 개의 정정보로 분해하고 각각에 대한 처짐각과 처짐량을 구하여 경계 조건에 만족하 도록 중첩시켜 반력과 우력을 결정한다.

(3) 면적 모멘트에 의한 방법

면적 모멘트법을 응용하여 반력과 우력을 구한다.

2. 일단고정 타단지지보

2-1 한 개의 집중 하중을 받는 경우

그림과 같은 보에 집중 하중 P가 작용할 때 A단에 3개, B단에 1개, 모두 4개의 반력이 있으므로 1개의 과잉구속을 갖는 부정정보이다. 일단고정 타단지지의 외팔보를 지지된 외팔보(propped cantilever) 라 한다.

A단의 고정 모멘트 M_A를 부정정 요소로 보고, 그림 (b)와 (c) 같이 2개의 정정보로 분해하여 중첩법으로 풀어 본다.

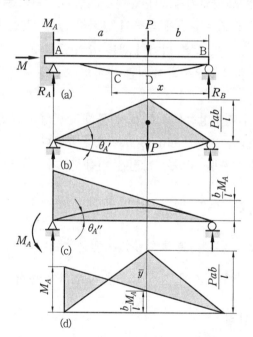

한 개의 집중 하중을 받는 일단고정 타단지지보

고정단의 처짐각은 0이므로,

$$\theta_A{}' - \theta_A{}'' = 0 \quad\text{...} \quad ㉠$$

P로 인한 처짐각 $\theta_A{}'$, 우력 M_A로 인한 처짐각 $\theta_A{}''$는,

$$\theta_A{}' = \frac{Pb}{6EIl}(l^2 - b^2), \quad \theta_A{}'' = \frac{-M_A l}{3EI} \quad\text{.................................} \quad ㉡$$

㉠과 ㉡에서,

$$\frac{Pb}{6\,EI\!l}\,(l^2 - b^2) + \frac{M_A\,l}{3\,EI} = 0$$

$$\therefore M_A = -\frac{Pb\,(l^2 - b^2)}{2\,l^2} \quad\text{..}\quad (9-1)$$

$\Sigma M_B = 0$ 에서,

$$R_A \cdot l - Pb + M_A = 0$$

$$\left.\begin{array}{l} \therefore\ R_A = \dfrac{Pb - M_A}{l} = \dfrac{Pb + Pb\,(l^2 - b^2)/2\,l^2}{l} = \dfrac{Pb}{2\,l^3}\,(3\,l^2 - b^2) \\[4mm] R_B = \dfrac{Pa^2}{2\,l^3}(3l - a) \end{array}\right\} \quad\text{..........}\quad (9-2)$$

굽힘 모멘트 선도 (B.M.D) 는 그림 (b)와 (c)를 중첩시켜 그림 (d)와 같이 그릴 수 있다. 임의의 거리 x 에서의 처짐은,

$$y_P = \frac{Pbx}{6\,EI\!l}\,(l^2 - b^2 - x^2),\ \ y_M = \frac{M_A x}{6\,EI\!l}\,(l^2 - x^2) \quad\text{..................................}\quad ㉢$$

$x = \dfrac{l}{2}$ 에서 처짐은,

$$y_{x=\frac{l}{2}} = \frac{Pb}{48\,EI}\,(3\,l^2 - 4\,b^2),\ \ y_{x=\frac{l}{2}} = \frac{M_A\,l^2}{16\,EI}$$

$$\therefore\ \delta = \frac{P\,l}{48\,EI}\,(3\,l^2 - 4\,b^2) + \frac{M_A\,l^2}{16\,EI} \quad\text{...}\quad (9-3)$$

또, $a = b = \dfrac{l}{2}$ 에서의 처짐은 식 (9-3)에 식 (9-1)을 대입하면,

$$\delta = \frac{7\,P\,l^3}{768\,EI} \quad\text{..}\quad (9-4)$$

고정단에서 일어나는 굽힘 모멘트는 하중의 위치에 관계됨을 알 수 있다.

M_A 의 최댓값은 $\dfrac{d\,M_A}{db} = 0$ 에서 $-\dfrac{P\,(l^2 - 3\,b^2)}{2\,l^2} = 0$ 으로부터 $b = \dfrac{l}{\sqrt{3}}$ 이 된다.

$$(M_A)_{\max} = \frac{-P\,l}{3\,\sqrt{3}} = -0.192\,P\,l \quad\text{...}\quad (9-5)$$

하중의 작용점 D 에서 일어나는 굽힘 모멘트는,

$$M_D = \frac{Pab}{l} + \frac{b}{l}\,M_A = \frac{Pab}{l} - \frac{b}{l}\,\frac{Pb\,(l^2 - b^2)}{2\,l^2}$$

$$= \frac{Pba^2}{2\,l^3}\,(2l + b) \quad\text{..}\quad (9-6)$$

이동 하중 P에 의한 M_D의 최댓값은 $\dfrac{dM_b}{db} = 0$ 에서 $2b^2 + 2bl - l^2 = 0$으로부터

$b = \dfrac{l}{2}(\sqrt{3} - 1) = 0.366\,l$ 이므로,

$$(M_D)_{\max} = 0.174\,Pl \quad \cdots\cdots\cdots\cdots\cdots\cdots\cdots\cdots\cdots\cdots\cdots\cdots\cdots\cdots\cdots\cdots\cdots\cdots (9-7)$$

$(M_A)_{\max}$와 $(M_D)_{\max}$ 중 $(M_A)_{\max}$가 크므로 이동 하중의 경우 최대 굽힘응력은 고정단에서 일어남을 알 수 있다.

중앙점$\left(a = b = \dfrac{l}{2}\right)$에 하중이 작용한다면,

$$R_A = \dfrac{11}{16}\,P, \; R_B = \dfrac{5}{16}\,P, \; M_A = -\dfrac{3}{16}\,Pl, \; M_B = \dfrac{5}{32}\,Pl$$

또, 굽힘 모멘트가 0인 점은,

$$M_x = -R_B \cdot x + P\left(x - \dfrac{l}{2}\right) = -\dfrac{5}{16}Px + Px - \dfrac{Pl}{2} = 0$$

$$\therefore \; x = \dfrac{8}{11}\,l$$

2-2   등분포 하중을 받는 경우

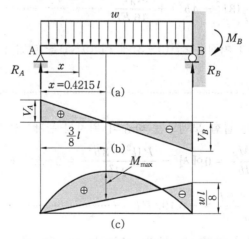

등분포 하중을 받는 일단고정 타단지지보

A점에서 임의의 거리 x 단면에서 굽힘 모멘트는,

$$M_x = R_A x - \dfrac{w x^2}{2}$$

$$EI\frac{d^2y}{dx^2} = -M_x = -R_A\,x + \frac{wx^2}{2}$$

두 번 적분하면,

$$EI\frac{dy}{dx} = -\frac{R_A x^2}{2} + \frac{wx^3}{6} + C_1 \cdots\cdots\cdots\cdots\cdots\cdots\cdots\cdots\cdots ㉠$$

$$EIy = -\frac{R_A x^3}{6} + \frac{wx^4}{24} + C_1 x + C_2 \cdots\cdots\cdots\cdots\cdots\cdots\cdots ㉡$$

(경계) 조건 $x = l \rightarrow \dfrac{dy}{dx} = 0$ 이므로 ㉠ 에서,

$$C_1 = \frac{R_A l^2}{2} - \frac{wl^3}{6}$$

$x = 0 \rightarrow y = 0$ 이므로 ㉡ 에서,

$$C_2 = 0$$

$x = l \rightarrow y = 0$ 이므로 ㉠ 또는 ㉡ 에서,

$$R_A = \frac{3\,wl}{8}, \ \ R_B = \frac{5\,wl}{8} \ \cdots\cdots\cdots\cdots\cdots\cdots\cdots\cdots\cdots (9-8)$$

따라서, $\dfrac{dy}{dx} = \dfrac{w}{48\,EI}(8\,x^3 - 9\,l\,x^2 + l^3)$

$$y = \frac{w}{48\,EI}(2\,x^4 - 3\,l\,x^3 + l^3 x) \ \cdots\cdots\cdots\cdots\cdots\cdots (9-9)$$

$x = 0$ 인 A지점에서 $\theta_{\max}$ 이므로,

$$\theta_{\max} = \left(\frac{dy}{dx}\right)_{x=0} = \frac{wl^3}{48\,EI}[\text{rad}] \ \cdots\cdots\cdots\cdots\cdots\cdots (9-10)$$

최대 처짐은 $\dfrac{dy}{dx} = 0$ 에서 일어나므로,

$$8\,x^3 - 9\,l\,x^2 + l^3 = 0$$

$$(8\,x^2 - l\,x - l^2)(x - l) = 0, \ \ x = l, \ \ x = 0.4215l, \ \ x = -0.2965l$$

적합한 x 값은 $x = 0.4215l$ 이며,

$$\delta_{\max} = \frac{wl^4}{184.6\,EI} = 0.0054\frac{wl^4}{EI}[\text{cm}] \ \cdots\cdots\cdots\cdots\cdots (9-11)$$

x 단면에서의 전단력 V_x 는,

$$V_x = R_A - w\,x = \frac{3\,wl}{8} - w\,x$$

$$\therefore \; V_A = V_{x=0} = \frac{3}{8}\,wl, \quad V_B = wl - V_A = \frac{5}{8}\,wl \quad \cdots\cdots\cdots\cdots\cdots\cdots (9-12)$$

x 단면에서의 굽힘 모멘트 M_x는,

$$M_x = R_A \cdot x - \frac{wx^2}{2} = \frac{3wl}{8}x - \frac{wx^2}{2}$$

최대 굽힘 모멘트는 $\dfrac{dM}{dx} = 0$에서 일어나므로, $x = \dfrac{3}{8}l$인 단면이다.

$$\therefore \; M_{\max} = M_{x=\frac{3}{8}l} = \frac{9wl^2}{128} \quad \cdots\cdots\cdots\cdots\cdots\cdots\cdots\cdots\cdots\cdots\cdots\cdots\cdots (9-13)$$

또, 굽힘 모멘트가 0인 점은,

$$\frac{3wl}{8}x - \frac{wx^2}{2} = 0 \text{에서,}$$

$$\therefore \; x = \frac{3}{4}l$$

$x = l$인 B점에서 일어나는 최대 굽힘 모멘트는,

$$(M_B)_{\max} = -\frac{1}{8}wl^2 \quad \cdots\cdots\cdots\cdots\cdots\cdots\cdots\cdots\cdots\cdots\cdots\cdots\cdots (9-14)$$

$x = \dfrac{l}{2}$인 중앙점에서의 처짐은,

$$\delta_{x=\frac{l}{2}} = y_{x=\frac{l}{2}} = \frac{wl^4}{192EI}[\text{cm}] \quad \cdots\cdots\cdots\cdots\cdots\cdots\cdots\cdots\cdots (9-15)$$

예제 1. 그림과 같은 양단고정보에서 최대 굽힘 모멘트와 최대 처짐으로 맞는 것은?

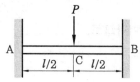

① $M_{\max} = \dfrac{Pl}{8}, \; \delta_{\max} = \dfrac{Pl^3}{192EI}$ ② $M_{\max} = \dfrac{Pl^2}{8}, \; \delta_{\max} = \dfrac{Pl^3}{48EI}$

③ $M_{\max} = \dfrac{Pl}{4}, \; \delta_{\max} = \dfrac{Pl^3}{3EI}$ ④ $M_{\max} = \dfrac{Pl}{2}, \; \delta_{\max} = \dfrac{Pl^3}{8EI}$

해설 $M_A = M_B = M_C = \dfrac{Pl}{8}, \; \delta_{\max} = \delta_C = \dfrac{Pl^3}{192EI}$ **정답** ①

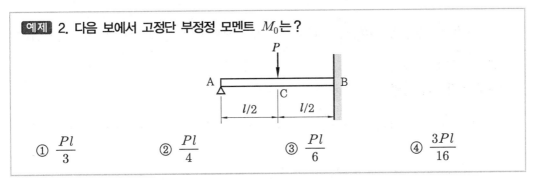

예제 2. 다음 보에서 고정단 부정정 모멘트 M_0는?

① $\dfrac{Pl}{3}$ ② $\dfrac{Pl}{4}$ ③ $\dfrac{Pl}{6}$ ④ $\dfrac{3Pl}{16}$

해설 $M_0 = \dfrac{3}{16}Pl$, $M_C = \dfrac{5}{32}Pl$

$R_A = \dfrac{5}{16}P$, $R_B = \dfrac{11}{16}P$, $y_C = \dfrac{7Pl^3}{768EI}$

정답 ④

3. 양단고정보(fixed beam)

3-1 집중 하중을 받는 경우

그림과 같이 집중 하중 P가 작용할 때 R_A, R_B, M_A, M_B, R_{AH}, R_{BH} 등 6개의 반작용 요소가 있다. 그러나 일반적으로 R_{AH}, R_{BH} 등 수평반력은 수직반력에 비해 극히 작으므로 무시하면 4개의 지지반력이 남게 되어, 과잉 구속은 2개가 되는데, 이러한 보를 2차 부정정보라 한다.

(1) 미분방정식에 의한 해법

① 굽힘 모멘트

(가) a 구간 : $0 \leq x \leq a$

$M = M_A + R_A x$ ·················· ㉠

(나) b 구간 : $a \leq x \leq l$

$M = M_A + R_A x - P(x-a)$ ········ ㉡

② 미분방정식

(가) a 구간 : $0 \leq x \leq a$

㉠식을 2번 적분하면,

$EI\dfrac{dy}{dx} = -M_A x - R_A \dfrac{x^2}{2} + C_1$ ··· ㉢

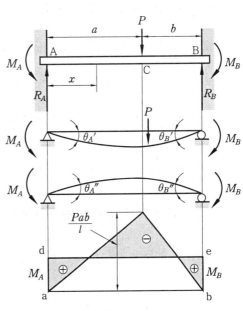

집중 하중을 받는 양단고정보

$$EIy = -M_A\frac{x^2}{2} - R_A\frac{x^3}{6} + C_1 x + C_2 \cdots\cdots ㉣$$

(나) b 구간 : $a \le x \le l$

㉡식을 2번 적분하면,

$$EI\frac{dy}{dx} = -M_A x - R_A\frac{x^2}{2} + \frac{P}{2}(x-a)^2 + C_3 \cdots\cdots ㉤$$

$$EI \cdot y = -M_A\frac{x^2}{2} - R_A\frac{x^3}{6} + \frac{P}{6}(x-a)^3 + C_3 x + C_4 \cdots\cdots ㉥$$

③ (경계) 조건 적용

$x = 0$에서 $\frac{dy}{dx} = 0$, $y = 0$이므로, ㉢와 ㉣에 대입하면, $C_1 = C_2 = 0$

$x = a$인 하중의 작용점에서 좌·우측의 처짐각$\left(\frac{dx}{dy}\right)$과 처짐$(y)$이 같으므로 ㉢~㉥에서, ㉢ = ㉤이면, $C_3 = 0$, ㉣ = ㉥이면, $C_4 = 0$이다.

$x = l$인 B단에서 $\frac{dy}{dx} = 0$, $y = 0$이므로, ㉤과 ㉥에 대입, 정리하면,

$$\left.\begin{array}{l} 2M_A l + R_A l^2 - Pb^2 = 0 \\ 3M_A l + R_A l^3 - Pb^3 = 0 \end{array}\right\} 이며 연립하여 풀면,$$

$$M_A = -\frac{Pab^2}{l^2}, \ R_A = \frac{Pb^2}{l^3}(3a+b) \cdots\cdots (9-16)$$

B점에서부터 x를 잡아 구하면,

$$M_B = -\frac{Pa^2 b}{l^2}, \ R_B = \frac{Pa^2}{l^3}(a+3b) \cdots\cdots (9-17)$$

$x = a$에서 C점의 굽힘 모멘트 M_C는,

$$M_C = M_A + R_A x = -\frac{Pab^2}{l^2} + \frac{Pb^2}{l^3}(3a+b) \cdot a$$

$$= \frac{2Pa^2 b^2}{l^3} \cdots\cdots (9-18)$$

b의 변화에 대한 굽힘 모멘트의 최댓값은 $\frac{dM_B}{db} = 0$일 때이므로,

$$M_B = \frac{Pa^2 b}{l^2} = \frac{Pb}{l^2}(l-b)^2 = \frac{P}{l^2}(l^2 b - 2lb^2 + b^3)$$

$$\frac{dM_B}{db} = \frac{P}{l^2}(l^2 - 4lb + 3b^2) = 0$$

$$(l^2 - 4lb + 3b^2) = 0, \quad b = \frac{1}{3}l$$

$$(M_B)_{\max} = (M_B)_{b = l/3} = \frac{4Pl}{27} \quad\text{............} \quad (9-19)$$

또, $M_C = \dfrac{2P}{l^3}a^2b^2 = \dfrac{2P}{l^3}(l-b)^2 \cdot b^2 = \dfrac{2P}{l^3}(l^2b^2 - 2lb^3 + b^4)$

$$\frac{dM_C}{db} = 0 = \frac{2P}{l^3}(2l^2b - 6lb^2 + 4b^3)$$

$$2l^2b - 6lb^2 + 4b^3 = 0, \quad b = \frac{1}{2}l$$

$$(M_C)_{\max} = (M_C)_{b = l/2} = \frac{Pl}{8} \quad\text{............} \quad (9-20)$$

중앙점 $\left(a = b = \dfrac{l}{2}\right)$ 에 P 가 작용할 때

$$R_A = R_B = \frac{P}{2}, \quad M_A = M_B = M_C = \pm\frac{Pl}{8}$$

$x = a$ 에서 ㉣ 또는 ㉥ 식에서,

$$\delta_c = (y)_{x = a} = \frac{1}{EI}\left(-M_A\frac{x^2}{2} - R_A\frac{x^3}{6}\right) = \frac{Pa^3b^3}{3EIl^3} \quad\text{............} \quad (9-21)$$

$a = b = \dfrac{l}{2}$ 이면,

$$\delta_c = \delta_{\max} = \frac{Pl^3}{192EI}[\text{cm}] \quad\text{............} \quad (9-22)$$

$x = \dfrac{l}{4}$ 에서 $M = 0$ 이 된다.

3-2 등분포 하중을 받는 경우

(1) 중첩법에 의한 해법

등분포 하중 w 만 받는 단순보로 생각하면,

$$\theta_A{}' = \frac{wl^3}{24EI} = \theta_B{}' \quad\text{............} \quad ㉠$$

양단에서 우력 M_A, M_B 를 받는 경우, $M_A = M_B = M_o$ 라 할 때 처짐곡선의 기울기는,

$$\theta_A{}'' = \frac{M_o l}{2EI} = \theta_B{}'' \quad\text{............} \quad ㉡$$

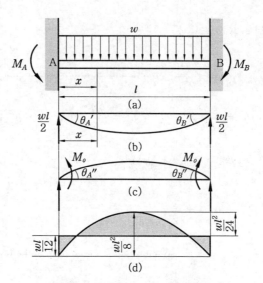

등분포 하중을 받는 양단고정보

양끝에서는 기울기가 일어나지 않으므로 $\theta_A' = \theta_A''$, $\theta_B' = \theta_B''$ 에서,

$$\frac{wl^3}{24EI} = \frac{M_o l}{2EI}$$

$$\therefore M_o = \frac{wl^2}{12} \quad\cdots\cdots\cdots\cdots\cdots\cdots\cdots\cdots\cdots\cdots\cdots\cdots\cdots\cdots (9-23)$$

그림 (b)에서 처짐은 $y = \dfrac{5wl^4}{384EI}$ 이고, 그림 (c)에서 처짐은,

$$y = \frac{M_o x}{2EI}(l-x) = \frac{wl^2 x}{24EI}(l-x)$$

$x = \dfrac{l}{2}$ 인 중앙에서, $y = \dfrac{wl^4}{96EI}$ $\quad\cdots\cdots\cdots\cdots\cdots\cdots\cdots\cdots\cdots$ ㉢

따라서, 고정보의 중앙에서 처짐은,

$$y_{\max} = \frac{5wl^4}{384EI} - \frac{wl^4}{96EI} = \frac{wl^4}{384EI} \quad\cdots\cdots\cdots\cdots\cdots\cdots (9-24)$$

그림 (b)에서 임의의 거리 x에서의 기울기는,

$$\frac{dy}{dx} = \frac{w}{24EI}(4x^3 - 6lx^2 + l^3) \quad\cdots\cdots\cdots\cdots\cdots\cdots\cdots\cdots\cdots$$ ㉣

그림 (c)에서 임의의 거리 x에서의 기울기는 $M_A = M_B = M_o$일 때,

$$\frac{dy}{dx} = \frac{M_o}{2EI}(l-2x) = \frac{wl^2}{24EI}(l-2x) \quad\cdots\cdots\cdots\cdots\cdots\cdots$$ ㉤

그러므로 고정보에 대하여,

$$\frac{dy}{dx} = \frac{w}{24EI}(4x^3 - 6lx^2 + l^3) - \frac{wl^2}{24EI}(l - 2x)$$

$$= \frac{w}{24EI}(4x^3 - 6lx^2 + 2l^2x) \quad\cdots\cdots\cdots\cdots\cdots\cdots (9-25)$$

모멘트가 0인 점은 $\frac{d^2y}{dx^2} = -M = 0$인 점이므로 식 (9-25)를 x에 대하여 미분하여 0 으로 놓으면 되므로, $6x^2 - 6lx + l^2 = 0$

$$\therefore\ x = \frac{l}{2}\left(1 \pm \frac{\sqrt{3}}{3}\right)$$에서 $x \fallingdotseq \frac{1}{5}l$인 점에서 $M = 0$이 된다.

$M = 0$인 점에서 θ가 최대가 되므로 식 (9-25)에서,

$$\theta_{\max} = \left(\frac{dy}{dx}\right)_{x = l/5} = \frac{wl^3}{125EI}[\text{rad}] \quad\cdots\cdots\cdots\cdots\cdots\cdots (9-26)$$

고정보의 중앙점에서의 모멘트의 크기는,

$$M_C = \frac{wl^2}{8} - \frac{wl^2}{12} = \frac{wl^2}{24}[\text{kJ}] \quad\cdots\cdots\cdots\cdots\cdots\cdots (9-27)$$

예제 3. 다음 그림과 같이 균일 분포 하중(w)을 받는 고정 지지보에서 최대 처짐 $\delta_{\max}$는 얼마 정도인가? (단, l은 고정 지지보의 길이, E는 탄성계수(N/m²), I는 단면 2차 모멘트(m⁴)이다.)

① $\delta_{\max} = 0.0052\dfrac{wl^3}{EI}$ ② $\delta_{\max} = 0.0054\dfrac{wl^4}{EI}$

③ $\delta_{\max} = 0.0048\dfrac{wl^3}{EI}$ ④ $\delta_{\max} = 0.0026\dfrac{wl^4}{EI}$

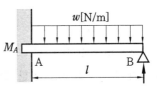

해설 $\delta_{\max} = \dfrac{wl^4}{185EI} \fallingdotseq 0.0054\dfrac{wl^4}{EI}$, $\ R_A = \dfrac{5}{8}wl$, $\ R_B = \dfrac{3}{8}wl$ 정답 ②

예제 4. 길이 2 m, 지름 12 cm의 원형 단면 고정보에 등분포 하중 $w = 15$ kN/m가 작용할 때 최대 처짐량 $\delta_{\max}$는 얼마인 가? (단, 탄성계수 $E = 210$ GPa)

① 0.2 mm   ② 0.4 mm

③ 0.3 mm   ④ 0.5 mm

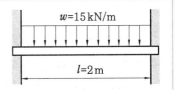

해설 $\delta_{\max} = \delta_C = \dfrac{wl^4}{384EI} = \dfrac{64wl^4}{384E\pi d^4}$

$$= \frac{64 \times 15000 \times 2^4}{384 \times 210 \times 10^9 \times \pi \times (0.12)^4} \times 10^3 = 0.3\ \text{mm}$$ 정답 ③

4. 3모멘트의 정리 (theorem of three moment)

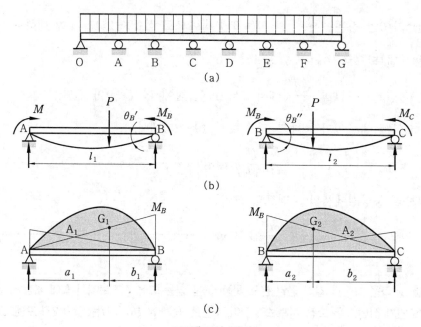

3모멘트의 정리

그림 (b)와 같이 지점 A, B, C로 지지된 임의의 두 인접 스팬을 각각 l_1, l_2라 하고, 그 지점의 과잉구속으로 인한 굽힘 모멘트를 M_A, M_B, M_C라 하면, 스팬 l_1, l_2의 두 보에 굽힘으로 인한 변형이 일어난다. B지점의 좌측 처짐각을 $\theta_B{}'$, 우측 처짐각을 $\theta_B{}''$라 할 때, 실제 탄성곡선은 절단하기 전의 연속상태이므로 이들 처짐각은 크기가 같고 방향이 반대이므로 다음의 관계식을 얻는다.

$$\theta_B{}' = \theta_B{}'' \quad\text{··}\quad ㉠$$

그림 (c)와 같은 굽힘 모멘트 선도를 이용하여 $\theta_B{}'$ 및 $\theta_B{}''$를 과잉구속의 굽힘 모멘트와 하중으로 인한 처짐각을 면적 모멘트법으로 구할 수 있다. 이때 외적 하중으로 인한 굽힘 모멘트 선도의 면적을 각각 A_1, A_2라 하고, 두 스팬의 양단으로부터 도심 G_1, G_2까지의 거리를 각각 a_1, b_1, a_2, b_2 라고 할 때 왼쪽 스팬 l_1에 의한 처짐각 $\theta_B{}'$는,

$$\theta_B{}' = \left(\frac{M_A l_1}{6EI} + \frac{M_B l_1}{3EI} \right) + \frac{A_1 a_1}{l_1 EI} \quad\text{···}\quad ㉡$$

또, l_2에 의한 처짐각 $\theta_B{}''$는,

$$\theta_B{}'' = -\left(\frac{M_B l_2}{3EI} + \frac{M_C l_2}{6EI}\right) - \frac{A_2 b_2}{l_2 EI} \ \cdots\cdots\cdots\cdots\cdots\cdots\cdots\cdots\cdots\cdots\cdots\cdots\cdots ⓒ$$

따라서, $\theta_B{}' = \theta_B{}''$ 이므로,

$$\left(\frac{M_A l_1}{6EI} + \frac{M_B l_1}{3EI}\right) + \frac{A_1 a_1}{l_1 EI} = -\left(\frac{M_B l_2}{3EI} + \frac{M_C l_2}{6EI}\right) - \frac{A_2 b_2}{l_2 EI}$$

$$M_A l_1 + 2 M_B (l_1 + l_2) + M_C l_2 = -\frac{6 A_1 a_1}{l_1} - \frac{6 A_2 b_2}{l_2} \ \cdots\cdots\cdots\cdots\cdots\cdots ㄹ$$

식 ㄹ을 3모멘트 방정식 또는 클라페이론의 정리(Clapeyron's theorem of three moment)라고 한다.

예를 들어, 지점이 A, B, C, D이고, 스팬이 l_1, l_2, l_3이며, 중앙에 집중 하중 P가 작용할 때와 등분포 하중 w가 작용할 때를 생각해 보면,

① 중앙에 집중 하중 P가 작용할 때

$$A_1 = \frac{1}{2}bh = \frac{1}{2} \times l_1 \times \frac{P_1 l_1}{4} = \frac{P_1 l_1{}^2}{8}$$

$$A_2 = \frac{P_2 l_2{}^2}{8} \ \text{이므로,}$$

$$\frac{6 A_1 a_1}{l_1} = \frac{6 \times \dfrac{P_1 l_1{}^2}{8} \times \dfrac{l_1}{2}}{l_1} = \frac{3 P_1 l_1{}^2}{8}, \quad \frac{6 A_2 b_2}{l_2} = \frac{3 P_2 l_2{}^2}{8}$$

$$\therefore \ M_A l_1 + 2 M_B (l_1 + l_2) + M_C l_2 = -\frac{3 P_1 l_1{}^2}{8} - \frac{3 P_2 l_2{}^2}{8} \ \cdots\cdots\cdots\cdots ㅁ$$

$l_1 = l_2 = l$ 이면,

$$M_A + 4 M_B + M_C = -\frac{3 Pl}{4} \ \cdots\cdots\cdots\cdots\cdots\cdots\cdots\cdots\cdots\cdots\cdots\cdots\cdots ㅂ$$

② 등분포 하중이 작용할 때

$$A_1 = \frac{2}{3}bh \times 2 = \frac{2}{3} \times \frac{l_1}{2} \times \frac{w_1 l_1{}^2}{8} \times 2 = \frac{w_1 l_1{}^3}{12}$$

$$A_2 = \frac{w_2 l_2{}^3}{12} \ \text{이므로,}$$

$$\frac{6 A_1 a_1}{l_1} = \frac{6 \times \dfrac{w_1 l_1{}^3}{12} \times \dfrac{l_1}{2}}{l_1} = \frac{w_1 l_1{}^3}{4}, \quad \frac{6 A_2 b_2}{l_2} = \frac{w_2 l_2{}^3}{4}$$

$$\therefore \; M_A l_1 + 2 M_B (l_1 + l_2) + M_C l_2 = - \frac{w_1 l_1{}^3}{4} - \frac{w_2 l_2{}^3}{4} \;\; \cdots\cdots\cdots\cdots\cdots\cdots\cdots \; ㊉$$

$l_1 = l_2 = l$ 이면,

$$M_A + 4 M_B + M_C = - \frac{1}{2} w l^2 \;\; \cdots\cdots\cdots\cdots\cdots\cdots\cdots\cdots\cdots\cdots\cdots \; ◎$$

③ 중앙에 집중 하중 및 등분포 하중이 동시에 작용할 때

$$M_A l_1 + 2 M_B (l_1 + l_2) + M_C l_2$$

$$= - \frac{3 P_1 l_1{}^2}{8} - \frac{3 P_2 l_2{}^2}{8} - \frac{w_1 l_1{}^3}{4} - \frac{w_2 l_2{}^3}{4} \;\; \cdots\cdots\cdots\cdots\cdots\cdots \; ㊈$$

만약, 연속보의 일단 또는 양단이 고정이라고 하면 과잉구속수는 중간지점수보다 많아진다. 이때에는 보의 고정단에서는 반드시 처짐각이 0이라는 조건으로 방정식을 세워 추가함으로써 구할 수 있다. 그림 (b)와 (c)에서 연속보의 최좌단이 고정되었다고 하면 처짐각 θ_A는,

$$\theta_A = \frac{M_A l_1}{3 EI} + \frac{M_B l_1}{6 EI} + \frac{A_1 b_1}{l_1 EI}$$

$\theta_A = 0$이므로,

$$M_A = - \frac{M_B}{2} - \frac{3 A_1 b_1}{l_1{}^2} \;\; \cdots\cdots\cdots\cdots\cdots\cdots\cdots\cdots\cdots\cdots\cdots \; ㊀$$

이 된다. 연속보의 모든 지점의 굽힘 모멘트가 결정되면 모든 지점의 반력은 쉽게 구할 수 있다. 반력을 구하기 위하여 A, B, C 지점에 작용하는 하중상태를 고려하면 외적 하중으로 인하여 단순보의 지점 B에서 일어나는 반력을 $R_B{}'$, $R_B{}''$로 표시하고 양단의 모멘트 M_A, M_B, M_C로 인한 B점의 반력은,

$$M_A - M_B - R_{B1} l_1 = 0 \;\to\; R_{B1} = \frac{M_A - M_B}{l_1}$$

$$M_B - M_C + R_{B2} l_2 = 0 \;\to\; R_{B2} = \frac{- M_B + M_C}{l_2}$$

$$R_{B1} + R_{B2} = \frac{M_A - M_B}{l_1} + \frac{- M_B + M_C}{l_2} \;\; \cdots\cdots\cdots\cdots\cdots\cdots \; ㊁$$

따라서, 지점 B에서의 전체 반력은,

$$R_B = R_B{}' + R_B{}'' + \frac{M_A + M_B}{l_1} + \frac{- M_B + M_C}{l_2} \;\; \cdots\cdots\cdots\cdots\cdots \; ㊂$$

지점이 $n-1$, n, $n+1$로 지지된 때의 반력을 표시하는 일반식은,

$$R_n = R_n' + R_n'' + \frac{M_{n-1} - M_n}{l_n} + \frac{-M_n + M_{n+1}}{l_{n+1}} \quad \cdots\cdots\cdots\cdots (9-28)$$

이와 같이 반력과 굽힘 모멘트가 구해지면 그 보에 대한 전단력 선도와 굽힘 모멘트 선도를 그릴 수 있다.

예제 5. 그림과 같은 3지점의 연속보에서 중앙에 집중 하중 $P = 100\,\text{N}$과 등분포 하중 $w = 500$ N/m가 작용할 때 반력 R_B는?

① 193.75 N

② 28.13 N

③ 78.13 N

④ 8.75 N

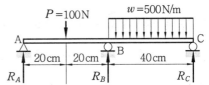

해설 (1) $M_A l_1 + 2M_B(l_1 + l_2) + M_C l_2 = -\dfrac{3Pl^2}{8} - \dfrac{wl^3}{4}$ 에서,

$$0 + 2M_B(0.4 + 0.4) + 0 = \frac{-3 \times 100 \times 0.4^2}{8} - \frac{500 \times 0.4^3}{4}$$

$$\therefore \ M_B = -8.75\,\text{N} \cdot \text{m}$$

(2) $R_n = R_n' + R_n'' + \dfrac{M_{n-1} - M_n}{l_n} + \dfrac{-M_n + M_{n+1}}{l_{n+1}}$ 에서,

$$R_B = \frac{100}{2} + \frac{500 \times 0.4}{2} + \frac{0 + 8.75}{0.4} + \frac{8.75 + 0}{0.4} = 193.75\,\text{N}$$

$$※ \ R_A = 0 + \frac{100}{2} + 0 + \frac{0 - 8.75}{0.4} = 28.125\,\text{N}$$

$$R_C = \frac{500 \times 0.4}{2} + 0 + \frac{-8.75 + 0}{0.4} = 78.125\,\text{N}$$

정답 ①

---

5. 카스틸리아노의 정리(theorem of Castigliano)

n 번째의 하중을 P_n이라고 하면 P_n의 아주 적은 양 dP_n만큼 증가할 때 탄성변형에너지도 dU만큼 증가한다. 이때 탄성변형에너지는,

$$U + \frac{\partial U}{\partial P_n} dP_n \quad \cdots\cdots\cdots\cdots\cdots\cdots\cdots\cdots\cdots\cdots ㉠$$

으로 표시되며, 여기서 $\dfrac{\partial U}{\partial P_n}$는 P_n의 변화에 의한 탄성변형에너지 U의 변화량을 표시한다. 먼저 미소의 하중 dP_n을 작용시키고 그 뒤에 P_n의 하중을 작용시키면 이 P_n이 작용

하는 동안에 먼저 걸려 있는 하중 dP_n의 작용점에도 δ_n 만큼의 변위가 일어나므로 dP_n 은 자동적으로 $dP_n \cdot \delta_n$ 만큼의 일을 하게 된다.

그러므로 전체의 변형에너지는,

$$U + dP_n \cdot \delta_n \quad\text{ⓛ}$$

$$\therefore\ U + \frac{\partial U}{\partial P_n} dP_n = U + dP_n \cdot \delta_n$$

$$\therefore\ \delta_n = \frac{\partial U}{\partial P_n} \quad\text{ⓒ}$$

즉, 탄성체에 집중 하중이 작용할 때, 그 하중에 의한 탄성변형의 하중에 대한 편미분 $\frac{\partial U}{\partial P_n}$는 하중점에 있어서 하중 방향으로 일어나는 변위와 같다.

이 관계를 카스틸리아노의 정리라 한다.

탄성체에 많은 우력이 작용할 때 n 번째의 우력 M_n에 의하여 그 작용점에 일어나는 비틀림각을 θ_n이라 하면,

$$\theta_n = \frac{\partial U}{\partial M_n} \quad\text{ⓔ}$$

또, 탄성체에 작용하는 하중 P_n 방향의 변형이 U인 경우,

$$\frac{\partial U}{\partial P_n} = 0 \quad\text{ⓜ}$$

이 되며, 이것을 최소일의 정리라 하는데, 보의 지점반력이 부정정인 경우 반력을 구하는 데 이용된다.

굽힘 모멘트를 M이라 하면,

$$U = \int_o^l \frac{M^2}{2EI} dx [\text{kJ}]$$

$$\delta_n = \frac{\partial U}{\partial P_n} = \int \frac{M}{EI} \frac{\partial M}{\partial P_n} dx [\text{cm}] \quad\text{(9-29)}$$

식 (9-29)는 하중의 처짐을 주는 식이다. 만일 처짐을 구하는 위치에서 하중이 작용하지 않는 경우는 그 점에서 가상 하중 P_o를 가하여 카스틸리아노의 정리를 응용하여 가상점의 처짐을 구한 뒤 $P_o = 0$으로 놓으면 된다.

또한 처짐각은,

$$\theta_n = \int \frac{M}{EI} \frac{\partial M}{\partial M_n} dx [\text{rad}] \quad\text{(9-30)}$$

이 된다.

예제 6. 그림과 같은 돌출보 끝에 하중 P 를 받고 있다. 카스틸리아노의 정리를 사용하여 C점의 처짐량을 계산하면 얼마인가?

① $\dfrac{Pa^2}{6EI}(l+a)$

② $\dfrac{Pa^2}{3EI}(l+a)$

③ $\dfrac{Pa^2}{2EI}(2l+a)$

④ $\dfrac{Pa^2}{5EI}(l+2a)$

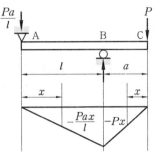

해설 (1) AB 구간($0 < x < l$)

$$M_x = -\frac{Pa}{l}x$$

(2) BC 구간($0 < x < a$)

$$M_x = -Px$$

$$\therefore \ U = \int_o^l \frac{\left(\dfrac{-Pa}{l}x\right)^2}{2EI}dx + \int_o^a \frac{(-Px)^2}{2EI}dx$$

$$= \frac{P^2a^2}{6EI}(l+a)$$

$$\therefore \ \delta_c = \frac{\partial U}{\partial P} = \frac{Pa^2}{3EI}(l+a)$$

정답 ②

출제 예상 문제

1. 그림과 같이 중앙에서 집중 하중 P 를 받고 있는 일단고정 타단지지보에서 반력 R_B 를 구하는 식은 ?

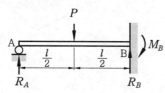

① $R_B = \dfrac{3P}{16}$ ② $R_B = \dfrac{5P}{16}$

③ $R_B = \dfrac{11P}{16}$ ④ $R_B = \dfrac{13P}{16}$

[해설] $R_A = Pb^2(3l-b)/2l^3$,

$R_B = Pa(3l^2-a^2)/2l^3$

$a = b = \dfrac{l}{2}$ 이므로,

$\therefore R_A = P \times \dfrac{l^2}{4}\left(3l - \dfrac{l}{2}\right)/2l^3$

$= P \times \dfrac{l^2}{4} \times \dfrac{5l}{2} \times \dfrac{1}{2l^3} = \dfrac{5}{16}P$

$R_B = P \times \dfrac{l}{2}\left(3l^2 - \dfrac{l^2}{4}\right) \times \dfrac{1}{2l^3} = \dfrac{11}{16}P$

2. 그림과 같이 일단고정 타단지지보의 중앙에 집중 하중 P가 작용한다면 굽힘 모멘트 M_A와 처짐량 δ_C는 얼마인가 ?

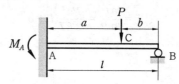

① $M_A = \dfrac{3Pl}{16}, \delta_C = \dfrac{7Pl^3}{768EI}$

② $M_A = \dfrac{5Pl}{16}, \delta_C = \dfrac{7Pl^3}{768EI}$

③ $M_A = \dfrac{3Pl}{16}, \delta_C = \dfrac{11Pl^3}{768EI}$

④ $M_A = \dfrac{5Pl}{16}, \delta_C = \dfrac{11Pl^3}{768EI}$

[해설] $M_A = Pa(l^2 - a^2)/2l^3$,

$M_B = Pab^2(2l + a)/2l^3$

$\therefore M_A = \dfrac{3Pl}{16}, M_C = \dfrac{5Pl}{32}$

$\delta = \dfrac{Pa^2b^3}{12EIl^3}(3l + a) = \dfrac{7Pl^3}{768EI}$

$\left(a = b = \dfrac{l}{2} \text{일 때}\right)$

3. 그림과 같은 일단고정 타단지지보에 집중 하중 P가 작용하는 경우의 굽힘 모멘트 모양으로 알맞은 것은 ?

①

②

③

④

4. 그림과 같은 일단고정 타단지지보에 등분포 하중이 전길이에 걸쳐 작용하고 있는 경우의 굽힘 모멘트 선도와 형태가 가

장 유사한 것은?

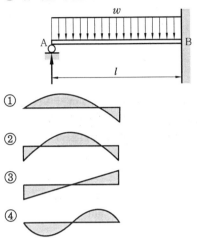

①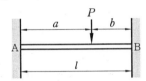

②

③

④

5. 그림과 같이 양단고정보에서 집중 하중 P가 작용할 때 A, B 양단에 생기는 반력 R_A, R_B는 얼마인가?

① $R_A = \dfrac{Pb^2}{l^2}(3a + b),$

   $R_B = \dfrac{Pa^2}{l^2}(a + 3b)$

② $R_A = \dfrac{Pb^2}{l^2}(a + 3b),$

   $R_B = \dfrac{Pb^2}{l^2}(3a + b)$

③ $R_A = \dfrac{Pb^2}{l^3}(3a + b),$

   $R_B = \dfrac{Pa^2}{l^3}(a + 3b)$

④ $R_A = \dfrac{Pa^2}{l^3}(a + 3b),$

   $R_B = \dfrac{Pb^2}{l^3}(3a + b)$

6. 그림과 같은 양단고정보에서 집중 하중 P가 작용할 때 굽힘 모멘트의 모양은?

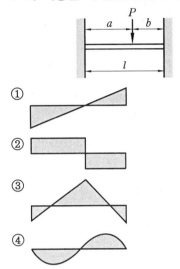

①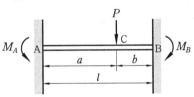

②

③

④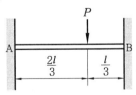

7. 그림과 같이 양단고정보에서 집중 하중 P가 작용할 때 A 지점의 굽힘 모멘트 M_A는 얼마인가?

① $\dfrac{Pa^2b}{l}$ ② $-\dfrac{Pab^2}{l}$

③ $\dfrac{Pa^2b}{l^2}$ ④ $-\dfrac{Pab^2}{l^2}$

8. 다음 그림의 양단고정보에서 양단 휨 모멘트는?

① $M_A = -\dfrac{2Pl}{27},\ M_B = -\dfrac{4Pl}{27}$

정답 **5.** ③ **6.** ③ **7.** ④ **8.** ①

② $M_A = -\dfrac{4Pl}{27}$, $M_B = -\dfrac{2Pl}{27}$

③ $M_A = -\dfrac{4Pl}{18}$, $M_B = -\dfrac{2Pl}{18}$

④ $M_A = -\dfrac{2Pl}{9}$, $M_B = -\dfrac{4Pl}{9}$

[해설] $M_A = -\dfrac{Pab^2}{l^2} = -\dfrac{P\left(\dfrac{2}{3}l\right)\left(\dfrac{l}{3}\right)^2}{l^2}$

$\qquad = -\dfrac{2Pl^3}{27l^2} = -\dfrac{2Pl}{27}$

$M_B = -\dfrac{Pa^2b}{l^2} = -\dfrac{P\left(\dfrac{2}{3}l\right)^2\left(\dfrac{l}{3}\right)}{l^2}$

$\qquad = -\dfrac{4Pl^3}{27l^2} = -\dfrac{4Pl}{27}$

9. 그림과 같은 두 개의 양단고정보에서 재료의 단면 및 세로 탄성계수가 동일하고, 집중 하중을 받을 때 최대 처짐량 δ_1과 균일 분포 하중을 받을 때 최대 처짐량이 δ_2 라 하면 최대 처짐량의 비 δ_2/δ_1 는 얼마인가? (단, $P = wl$이다.)

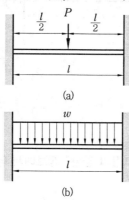

(a)

(b)

① $\dfrac{1}{2}$ ② 1

③ $\dfrac{3}{2}$ ④ 2

[해설] $\delta_1 = \dfrac{Pl^3}{192EI}$, $\delta_2 = \dfrac{wl^4}{384EI} = \dfrac{Pl^3}{384EI}$

이므로,

$\dfrac{\delta_2}{\delta_1} = \dfrac{\dfrac{Pl^3}{384EI}}{\dfrac{Pl^3}{192EI}} = \dfrac{192}{384} = \dfrac{1}{2}$

10. 그림과 같이 길이 10 m인 양단고정보 A, B에 집중 하중이 작용할 때 B의 고정단에 생기는 굽힘 모멘트는?

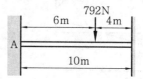

① 960 N · m ② 1140 N · m

③ 1152 N · m ④ 2880 N · m

[해설] $M_B = \dfrac{Pa^2b}{l^2} = \dfrac{792 \times 6^2 \times 4}{10^2}$

$\qquad ≒ 1140 \,\text{N} \cdot \text{m}$

11. 그림과 같은 일단고정 타단지지보에서 등분포 하중 w가 작용할 때 최대 처짐각 θ_{max} 는 얼마인가?

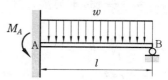

① $\theta_{max} = \dfrac{wl^3}{12EI}$ ② $\theta_{max} = \dfrac{wl^3}{16EI}$

③ $\theta_{max} = \dfrac{wl^3}{24EI}$ ④ $\theta_{max} = \dfrac{wl^3}{48EI}$

[해설] 등분포 하중을 받는 일단고정 타단지지보의 처짐각의 최댓값은 B점에서 생기며,

$\theta_{max} = \dfrac{wl^3}{48EI}$ 이다.

12. 그림과 같이 일단고정 타단지지보에서 등분포 하중 w가 작용할 때 A, B 두 지점의 반력 R_A, R_B 는 얼마인가?

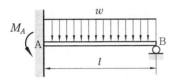

① $R_A = \dfrac{5}{16}wl, \ R_B = \dfrac{11}{16}wl$

② $R_A = \dfrac{3}{8}wl, \ R_B = \dfrac{5}{8}wl$

③ $R_A = \dfrac{5}{8}wl, \ R_B = \dfrac{3}{8}wl$

④ $R_A = \dfrac{11}{16}wl, \ R_B = \dfrac{5}{16}wl$

[해설] 일단고정 타단지지보에서 반력은 고정단 $R_A = \dfrac{5}{8}wl$ 이고, 지지단 $R_B = \dfrac{3}{8}wl$ 이다.

13. 위 문제에서 B 지점으로부터 전단력이 0이 되는 위치 x의 값과 모멘트 M_x는 얼마인가?

① $x = \dfrac{3}{8}l, \ M_x = \dfrac{9}{64}wl^2$

② $x = \dfrac{3}{8}l, \ M_x = \dfrac{9}{128}wl^2$

③ $x = \dfrac{5}{8}l, \ M_x = \dfrac{9}{64}wl^2$

④ $x = \dfrac{5}{8}l, \ M_x = \dfrac{9}{128}wl^2$

[해설] 일단고정 타단지지보에서 등분포 하중 작용 시 A점으로부터 x거리에서의 전단력 $V_x = R_A - wx = \dfrac{3}{8}wl - wx$이고,

$V_x = 0$인 $x = \dfrac{3}{8}l$에서 최대 굽힘 모멘트

$M_{\max} = \dfrac{9wl^2}{128}$이 발생한다.

14. 그림과 같은 $b \times h$인 사각단면의 일단고정 타단지지보에서 최대 굽힘응력은 얼마인가?

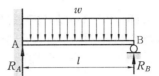

① $\dfrac{3wl^2}{2bh^2}$　　② $\dfrac{2wl^2}{3bh^2}$

③ $\dfrac{3wl^2}{4bh^2}$　　④ $\dfrac{4wl^2}{3bh^2}$

[해설] $M_x = R_A \cdot x - \dfrac{wx^2}{2} = \dfrac{3}{8}wlx - \dfrac{wx^2}{2}$

에서, B점의 거리 $x = l$ 이므로,

$M_B = \dfrac{3}{8}wl^2 - \dfrac{1}{2}wl^2 = -\dfrac{1}{8}wl^2 = M_{\max}$

(여기서, $-$부호는 값이 아니라 방향 표시를 나타냄)

단면계수 $Z = \dfrac{bh^2}{6}$ 이므로,

$\therefore \ \sigma = \dfrac{M_{\max}}{Z} = \dfrac{\dfrac{wl^2}{8}}{\dfrac{bh^2}{6}} = \dfrac{3wl^2}{4bh^2}$

15. 그림과 같은 양단고정보에서 집중 하중 $P = 20$ kN이 작용할 때 A 지점의 반력 R_A는 얼마인가?

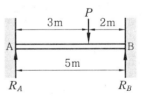

① $R_A = 6.48$ kN　② $R_A = 6.62$ kN

③ $R_A = 6.87$ kN　④ $R_A = 7.04$ kN

[해설] $R_A = \dfrac{Pb^2}{l^3}(3a + b)$

$= \dfrac{20000 \times 2^2}{5^3}\{(3 \times 3) + 2\}$

$= 7040 \ \text{N} = 7.04 \ \text{kN}$

16. 그림과 같은 길이 3 m의 양단고정보가 그 중앙점에 집중 하중 10 kN 을 받는다면 중앙점의 굽힘응력은 얼마인가?

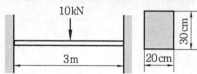

① 1.52 MPa   ② 1.25 kPa

③ 1.25 MPa   ④ 1.52 kPa

해설 중앙점에서의 모멘트

$$M = \frac{Pl}{8} = \frac{10000 \times 3}{8} = 3750 \text{ N} \cdot \text{m}$$

$$\therefore \ \sigma = \frac{M}{Z} = \frac{M}{\frac{bh^2}{6}} = \frac{6M}{bh^2} = \frac{6 \times 3750}{0.2 \times 0.3^2}$$

$$= 1250000 \text{ N/m}^2 = 1.25 \text{ MPa}$$

17. 그림과 같은 길이 l인 양단고정보에 3각형 분포 하중이 작용할 때 양단에서 굽힘 모멘트는 얼마인가?

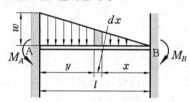

① $M_A = \dfrac{wl^2}{10}, \ M_B = \dfrac{wl^2}{20}$

② $M_A = \dfrac{wl^2}{15}, \ M_B = \dfrac{wl^2}{20}$

③ $M_A = \dfrac{wl^2}{15}, \ M_B = \dfrac{wl^2}{30}$

④ $M_A = \dfrac{wl^2}{20}, \ M_B = \dfrac{wl^2}{30}$

해설 B점에서 x 되는 거리에 있는 점의 하중은 $\dfrac{wx}{l}$가 되고, 미소 면적요소에 작용하는 하중은 $\dfrac{wx\,dx}{l}$가 된다. 그러므로 이 하중으로 생기는 양단의 미소 굽힘 모멘트는

$$dM_A = \frac{wx\,dx\,y\,x^2}{l^2},$$

$$dM_B = \frac{wx\,dx\,y^2 x}{l^3} \ \text{이므로},$$

$$M_A = \int_0^l \frac{wyx^3}{l^3}\,dx$$

$$= \frac{w}{l^3} \int_0^l (l-x)\,x^3\,dx$$

$$= \frac{w}{l^3}\left[\frac{l x^4}{4} - \frac{x^5}{5} \right]_0^l = \frac{wl^2}{20}$$

$$M_B = \int_0^l \frac{wy^2 x^2}{l^3}\,dx$$

$$= \frac{w}{l^3} \int_0^l (l-x)^2\,x^2\,dx$$

$$= \frac{w}{l^3}\left[\frac{l^2 x^3}{3} - \frac{l x^4}{2} + \frac{x^5}{5} \right]_0^l = \frac{wl^2}{30}$$

18. 다음 중 모멘트가 하는 일을 나타낸 식은 어느 것인가?

① $\displaystyle \int \frac{M}{EI}\,dx$ ② $\displaystyle \int \frac{M^2}{EI}\,dx$

③ $\displaystyle \int \frac{M^2}{2EI}\,dx$ ④ $\displaystyle \int \frac{2M^2}{EI}\,dx$

해설 굽힘에 의한 탄성에너지 $U = \displaystyle \int \frac{M^2}{2EI}\,dx$ 이다.

정답 **16.** ③   **17.** ④   **18.** ③

제10장 기둥(column)

1. 편심압축을 받는 짧은 기둥

그림과 같은 단주(짧은 기둥)의 축선에 a 만큼 편심되어 작용하는 하중을 편심 하중(eccentric load)이라 하고 a 를 편심거리라 한다.

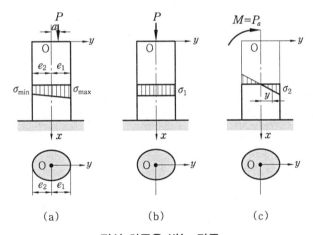

(a)　　　　　　(b)　　　　　　(c)

편심 하중을 받는 단주

짧은 기둥에 일어나는 최대 응력을 구하기 위해 y 대신 중심에서 외측까지의 거리 e_1을 최소 회전 반지름(k) $= \sqrt{I_G / A}$ 에 대입, 정리하면,

$$\sigma_{\max} = \frac{P}{A}\left(1 + \frac{ae_1}{k^2}\right)[\text{MPa}] \cdots\cdots (10-1)$$

최소 응력은 y 대신 $-e_2$를 대입하면,

$$\sigma_{\min} = \frac{P}{A}\left(1 - \frac{ae_2}{k^2}\right)[\text{MPa}] \cdots\cdots (10-2)$$

$$y = -\frac{k^2}{a},\ a = -\frac{k^2}{y} \cdots\cdots (10-3)$$

편심압축하에서 인장응력이 발생하지 않도록 하는 a 값은 $b \times h$인 직사각형 단면에서,

$$a = \frac{k^2}{y} = \frac{h^2/12}{h/2} = \pm \frac{h}{6}, \quad a = \frac{k^2}{y} = \frac{b^2/12}{b/2} = \pm \frac{b}{6} \quad \cdots\cdots (10-4)$$

지름 d인 원형 단면에서,

$$a = \frac{k^2}{y} = \frac{d^2/16}{d/2} = \pm \frac{d}{8} = \pm \frac{r}{4} \quad \cdots\cdots (10-5)$$

이러한 압축응력만 일어나고 인장응력은 일어나지 않는 a의 범위를 단면의 핵심(core of section)이라고 한다.

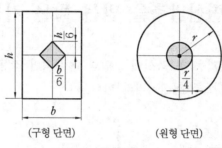

(구형 단면)　　　　(원형 단면)

단면의 핵심

예제 **1.** 그림과 같이 정사각형 단면을 갖는 짧은 기둥에 홈이 파져 있을 때 편심 하중으로 인하여 mn 단면에 발생하는 최대 압축응력은 얼마인가?

① $\dfrac{4P}{a^2}$　　　　② $\dfrac{6P}{a^2}$

③ $\dfrac{8P}{a^2}$　　　　④ $\dfrac{10P}{a^2}$

해설 $A = \dfrac{a}{2} \times a = \dfrac{a^2}{2}, \quad I_G = \dfrac{a \times \left(\dfrac{a}{2}\right)^3}{12} = \dfrac{a^4}{12 \times 8}$

$k = \sqrt{\dfrac{I_G}{A}}$ [cm]이므로 $k^2 = \dfrac{I_G}{A} = \dfrac{a^4}{12 \times 8} \bigg/ \dfrac{a^2}{2} = \dfrac{a^2}{48}$

$\therefore \sigma_{\max} = \dfrac{P}{A}\left(1 + \dfrac{ae_1}{k^2}\right) = \dfrac{P}{a^2/2}\left(1 + \dfrac{\dfrac{a}{4} \times \dfrac{a}{4}}{a^2/48}\right) = \dfrac{2P}{a^2}(1+3) = \dfrac{8P}{a^2}$ [MPa]　　　정답 ③

2. 장주의 좌굴

단면의 크기에 비하여 길이가 긴 봉에 압축 하중이 작용할 때 이를 기둥(column) 또는 장주(long column)이라 하고, 장주에서 길이가 단면 최소 치수의 약 10배 이상이거나 최

소 관성 반지름의 약 30배 이상이고, 축압축력에 의하여 굽힘을 발생하여 축압축 응력과 굽힘응력을 발생하게 된다. 길이가 길면, 재질의 불균질, 기둥의 중심선과 하중 방향이 불일치할 때, 기둥의 중심선이 곧은 직선이 아닐 때 등의 원인으로 굽힘을 하게 된다. 이와 같이 축압축력에 의하여 굽힘이 되어 파괴되는 현상을 좌굴(buckling)이라 하고, 이때의 하중의 크기를 좌굴 하중이라 한다.

2-1   세장비(slenderness ratio)

기둥의 길이 l과 최소 단면 2차 반지름 k와의 비 l/k은 기둥이 굽힘되는 정도를 비교하는 것 외에도 중요한 값이며, 이것을 장주의 세장비라 하고 λ로 표시한다.

$$\lambda = \frac{l}{k} = \frac{l}{\sqrt{\dfrac{I_G}{A}}} \quad \text{.......................................} \quad (10-6)$$

여기서, $\lambda > 30$: 단주, $30 < \lambda < 150$: 중간주, $\lambda \geqq 160$: 장주

2-2   오일러의 공식(Euler's formula)

직립하고 있는 장주의 상단에 하중을 가하면 좌굴 하중 이내에 있는 동안 그대로 있지만, 그 한계를 넘으면 기둥은 굽힘을 시작하고 좌굴 하중보다 조금이라도 커지면 기둥은 좌굴하게 된다. 고정계수를 n이라 하면 좌굴 하중과 좌굴응력의 식은 다음과 같다.

(1) 좌굴 하중(buckling load)

$$P_{cr} = n\pi^2 \frac{EI}{l^2} \, [\text{N}] \quad \text{..} \quad (10-7)$$

여기서, n : 고정계수 또는 단말계수

(2) 좌굴응력(buckling stress)

$$\sigma_{cr} = \frac{P_{cr}}{A} = n\pi^2 \frac{EI}{l^2 A} = n\pi^2 \frac{Ek^2}{l^2} = n\pi^2 \frac{E}{\left(\dfrac{l}{k}\right)^2}$$

$$= n\pi^2 \frac{E}{\lambda^2} \, [\text{MPa}] \quad \text{..} \quad (10-8)$$

여기서, E : 종탄성계수(GPa), I : 최소 단면 2차 모멘트(cm^4)
   l : 기둥의 길이(cm), n : 단말계수(고정계수)

단, 단말계수 n은 기둥양단의 조건에 따라 다음 그림과 같이 정한다.

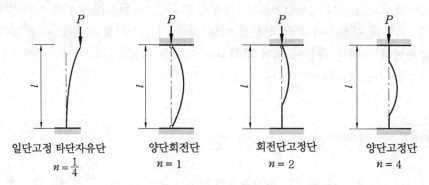

일단고정 타단자유단	양단회전단	회전단고정단	양단고정단
$n = \frac{1}{4}$	$n = 1$	$n = 2$	$n = 4$

기둥의 고정계수

2-3　오일러 공식의 적용범위

오일러 공식에서 구하는 좌굴 하중은 기둥이 굽어지는 하중이므로 실제로 작용시켜도 좋은 안전 하중 P_s는 좌굴 하중 P_{cr}을 안전율 S로 나누어서 구해야 한다.

즉, $P_s = \dfrac{P_{cr}}{S}$ [N] .... (10 – 9)

식 (10 – 6)과 (10 – 8)에서,

$$\lambda = \frac{l}{k} = \pi \sqrt{\frac{nE}{\sigma_{cr}}}$$ .... (10 – 10)

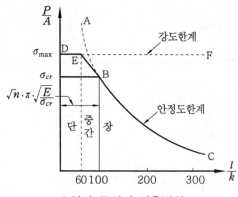

오일러 공식의 적용범위

그림의 곡선 ABC를 오일러의 곡선이라 하고 곡선 DEBC는 실제 실험 결과의 곡선이다. 이에 의하면 세장비 l/k 이 B점보다 클 때는 오일러의 곡선과 실험 결과는 일치하고 이 범위를 장주(긴 기둥)라 부르며, 식 (10 – 7) 및 식 (10 – 8)의 오일러의 식이 만족되는 경우이다. 그러나 세장비 l/k 이 B점보다 작을 때는 식 (10 – 8)의 임계응력 σ_{cr}은 곡선 AB에 따라 무한히 높아지고 파괴가 발생하지 않는 결과가 되지만 사실상 탄성한도의 응력 σ_E 또는 최대 압축응력 σ_C 에 의하여 파괴되며, 이는 단주의 순수압축에 의한 파괴이다.

따라서, 그림의 곡선 BE 에 대응되는 세장비를 가진 기둥을 중간주, 곡선 ED에 대응되는 세장비를 가진 기둥을 단주라 하고 오일러의 식이 적용되지 않는다.

오일러의 공식은 단면적이 일정하고 세장비가 160 이상이 되는 아주 긴 기둥에 정확하게 들어맞고 주로 굽힘작용으로써 파괴되는 경우에 사용된다.

다음 표는 양단회전일 때 각 재료에 대하여 오일러의 공식을 적용할 수 있는 λ의 한계점과 안전율을 표시한 것이다.

오일러의 정수값

재료 \ 구분	안전율(S)	세로탄성계수 E[GPa]	세장비 $\lambda = \dfrac{l}{k}$
주철	8~10	98	>70
연철	5~6	196	>115
연강	5~6	205.8	>102
경강	5~6	215.6	>95
목재	10~12	9.8	>85

예제 2. 그림과 같이 일단고정, 타단자유단인 기둥의 좌굴에 대한 임계 하중(buckling load) P_{cr} 은? (단, 탄성계수 E = 300 GPa이고, 오일러의 공식 적용)

① 34 kN

② 20.0 kN

③ 14.8 kN

④ 5.8 kN

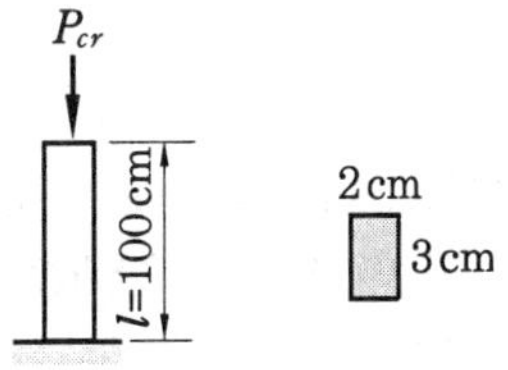

해설 $P_{cr} = n\pi^2 \dfrac{EI_{\min}}{l^2} = \dfrac{1}{4} \times \pi^2 \times \dfrac{300 \times 10^6}{1^2} \times \dfrac{0.03 \times (0.02)^3}{12} = 14.8 \text{ kN}$ 정답 ③

3. 장주의 실험 공식

3-1 ### 고든-랭킨의 공식(Gorden-Rankin's formula)

오일러의 공식은 기둥의 압축응력을 고려하지 않고 굽힘만 고려하였으므로 λ의 값이 큰 장주에 대하여는 정확한 결과를 나타내지만, 장주 중에는 단순한 압축만 받는다고 계산하기에는 너무 길고, 오일러의 공식을 사용하기에는 길이가 짧은 기둥이 많은데, 이런 경우 압축과 굽힘이 동시에 작용하여 파괴한다고 하는 고든-랭킨의 실험공식을 사용한다.

$$좌굴 하중(P_{cr}) = \frac{\sigma_c A}{1 + \frac{a}{n}\left(\frac{l}{k}\right)^2} = \frac{\sigma_c A}{1 + \frac{a}{n}\lambda^2} \, [\text{N}] \quad \cdots\cdots\cdots\cdots\cdots\cdots\cdots (10-11)$$

$$좌굴응력(\sigma_{cr}) = \frac{\sigma_c}{1 + \frac{a}{n}\left(\frac{l}{k}\right)^2} = \frac{\sigma_c}{1 + \frac{a}{n}\lambda^2} \, [\text{MPa}] \quad \cdots\cdots\cdots\cdots\cdots (10-12)$$

식 (10-11), (10-12)에서 σ_c = 압축파괴응력, n = 단말계수, a = 기둥재료에 의한 실험정수이고, σ_c와 a 및 $\frac{l}{k}$의 범위는 표와 같다.

고든-랭킨의 정수값

구분 재료	$\sigma_c[\text{MPa}]$	a	$\lambda = \dfrac{l}{k}$
주철	549	1/1600	< 80
연철	245	1/9000	< 110
연강	333	1/7500	< 90
경강	480	1/5000	< 85
목재	49	1/750	< 65

[예제] 3. 안지름 8 cm, 바깥지름 12 cm의 주철제 중공 기둥에 $P = 90 \, \text{kN}$의 하중이 작용될 때, 양단이 핀으로 고정되었다면 오일러의 좌굴 길이는 몇 cm인가?(단, 탄성계수 $E = 13 \, \text{GPa}$이다.)

① 108   ② 342

③ 80.5   ④ 95.5

[해설] $P_B = n\pi^2 \dfrac{EI}{l^2} = \pi^2 \dfrac{EI}{(l_k)^2}$ 에서

$$\therefore l_k = \sqrt{\frac{\pi^2 EI}{P_B}} = \sqrt{\frac{\pi^2 \times 13 \times 10^6 \times \pi(0.12^4 - 0.08^4)}{90 \times 64}} = 3.4124 \, \text{m} \fallingdotseq 342 \, \text{cm}$$

[정답] ②

3-2   테트마이어의 좌굴공식(Tetmajer's formula)

양단 회전의 기둥에 대하여 오일러의 공식과 고든-랭킨의 실험결과 중 맞지 않는 부분을 수정하여 만든 테트마이어의 실험식은 다음과 같다.

$$\sigma_{cr} = \frac{P_{cr}}{A} = \sigma_b \left[1 - a \left(\frac{l}{k} \right) + b \left(\frac{l}{k} \right)^2 \right] = \sigma_b \left(1 - a\lambda + b\lambda^2 \right) \cdots\cdots\cdots (10-13)$$

식 (10-13)에서 σ_b는 굽힘응력 a, b 는 다음 표에 표시한 정수이며, 세장비 λ, 즉 $\frac{l}{k}$ 는 표 중의 범위 내에서만 적합하다.

테트마이어의 정수값

구분 재료	σ_c[MPa]	a	b	$\lambda = \dfrac{l}{k}$
주철	760	0.01546	0.00007	5~88
연철	297	0.00246	0	10~112
연강	304	0.00368	0	10~105
주강	328	0.00185	0	< 90
목재	28.72	0.00625	0	1.8~100

[예제] 4. 8 cm×12 cm인 직사각형 단면의 기둥 길이를 L_1, 지름 20 cm인 원형 단면의 기둥 길이를 L_2라 하고 세장비가 같다면, 두 기둥의 길이의 비 L_2/L_1은 얼마인가?

① 1.44   ② 2.16

③ 25   ④ 3.2

[해설] $\dfrac{L_1}{k_1} = \dfrac{L_2}{k_2}$ 에서

$\therefore \dfrac{L_2}{L_1} = \dfrac{k_2}{k_1} = \dfrac{d}{4} \times \dfrac{2\sqrt{3}}{b} = \dfrac{20}{4} \times \dfrac{2\sqrt{3}}{8} = 2.16$ [정답] ②

출제 예상 문제

1. 재료의 최소 단면 2차 모멘트를 I, 단면적을 A라 할 때 다음 중에서 회전 반지름 k를 나타내는 식은?

① $k = \dfrac{I}{A}$ ② $k = \dfrac{A}{I}$

③ $k = \sqrt{\dfrac{I}{A}}$ ④ $k = \sqrt{\dfrac{A}{I}}$

2. 재료의 길이를 l, 회전 반지름을 k라 할 때 세장비 λ를 나타내는 식은?

① $\lambda = \dfrac{k}{l}$ ② $\lambda = \dfrac{l}{k}$

③ $\lambda = \dfrac{l}{k^2}$ ④ $\lambda = \dfrac{k}{l^2}$

3. 지름 D, 길이 l인 원기둥의 세장비는 얼마인가?

① $\dfrac{4l}{D}$ ② $\dfrac{8l}{D}$ ③ $\dfrac{4D}{l}$ ④ $\dfrac{8D}{l}$

[해설] $\lambda = \dfrac{l}{k}$ 인데,

$$k = \sqrt{\dfrac{I}{A}} = \sqrt{\dfrac{\pi D^4}{64} \times \dfrac{4}{\pi D^2}} = \sqrt{\dfrac{D^2}{16}} = \dfrac{D}{4}$$

$$\therefore \lambda = \dfrac{l}{\dfrac{D}{4}} = \dfrac{4l}{D}$$

4. 바깥지름이 8 cm, 안지름이 6 cm, 길이 2 m 인 경강재 원관기둥의 세장비는?

① 80   ② 89   ③ 97   ④ 500

[해설] $k = \sqrt{\dfrac{I}{A}}$ 에서,

$$I = \dfrac{\pi(D^4 - d^4)}{64} = \dfrac{\pi(8^4 - 6^4)}{64} ≒ 137.44 \text{ cm}^4$$

$$A = \dfrac{\pi(D^2 - d^2)}{4} = \dfrac{\pi(8^2 - 6^2)}{4} ≒ 22 \text{ cm}^2$$

이므로,

$$k = \sqrt{\dfrac{137.44}{22}} ≒ 2.5 \text{ cm가 된다.}$$

$$\therefore \lambda = \dfrac{l}{k} = \dfrac{200}{2.5} = 80$$

5. 단말계수를 n, 세로탄성계수를 E, 기둥 길이를 l, 단면 2차 모멘트를 I라고 할 때 오일러(Euler)의 좌굴 하중(P_{cr}) 식은?

① $P_{cr} = n\pi \dfrac{EI}{l}$ ② $P_{cr} = n\pi^2 \dfrac{EI}{l^2}$

③ $P_{cr} = n\pi \dfrac{l}{EI}$ ④ $P_{cr} = n\pi^2 \dfrac{l^2}{EI}$

6. 오일러 공식이 적용되는 긴 기둥에서 좌굴응력에 대한 설명 중 틀린 것은?

① 종탄성계수에 비례하고 단면적에 반비례한다.

② 세장비의 제곱에 반비례한다.

③ 회전 반지름의 제곱에 반비례한다.

④ 단말계수에 비례한다.

[해설] 좌굴응력 공식

$$\sigma_{cr} = \dfrac{P_{cr}}{A} = n\pi^2 \dfrac{EI}{l^2 A} = n\pi^2 \dfrac{Ek^2}{l^2}$$

$$= n\pi^2 \dfrac{E}{\left(\dfrac{l}{k}\right)^2} = n\pi^2 \dfrac{k^2 E}{l^2} = n\pi^2 \dfrac{E}{\lambda^2}$$

7. 기둥의 오일러 좌굴 하중에 대해 설명한 것 중 틀린 것은?

① 재료의 탄성계수에 비례한다.

② 최소 단면 2차 모멘트에 비례한다.

[정답]   1. ③   2. ②   3. ①   4. ①   5. ②   6. ③   7. ③

③ 세장비에 역비례한다.

④ 기둥의 길이 제곱에 역비례한다.

8. 길이가 같고, 단면적이 같은 다음의 기둥들 중에서 가장 큰 하중을 받을 수 있는 것은?

① 일단고정, 타단자유

② 일단회전, 타단고정

③ 양단고정

④ 양단회전

[해설] 좌굴 하중 $P_{cr} = n\pi^2 \dfrac{E}{\lambda^2}$ 에서, 단말계수 n이 가장 큰 것이 양단고정인 경우이므로 가장 큰 하중을 받는다.

일단고정 타단자유단 : $n = \dfrac{1}{4}$

양단회전단 : $n = 1$

일단고정 타단회전단 : $n = 2$

양단고정단 : $n = 4$

9. 연강재에서 오일러 공식에 적용시킬 수 있는 세장비의 한계치에 가장 가까운 것은 어느 것인가?

① 70   ② 80   ③ 90   ④ 100

[해설] 세장비의 한계치 : 주철(70), 연철(115), 연강(102), 경강(95), 목재(56)

10. 오일러의 기둥 공식에서 길이가 l인 양단회전기둥에 대한 임계 하중(P_{cr})은 어느 것인가?

① $P_{cr} = \dfrac{\pi EI_G}{l^2}$

② $P_{cr} = \dfrac{\pi^2 EI_G}{l^2}$

③ $P_{cr} = \dfrac{EI_G}{\pi l^2}$

④ $P_{cr} = \dfrac{EI_G}{\pi^2 l^2}$

[해설] $P_{cr} = \dfrac{n\pi^2 EI_G}{l^2}$ 에서 양단회전의 경우 단말계수 $n = 1$이므로,

$$\therefore P_{cr} = \dfrac{\pi^2 EI_G}{l^2}$$

11. 하단이 고정되고 상단이 자유로운 장주의 임계 하중(P_{cr}) 식은? (단, E는 재료의 세로 탄성계수, I_G는 단면 2차 모멘트, l은 장주의 길이이다.)

① $P_{cr} = \dfrac{\pi^2 EI_G}{4l^2}$

② $P_{cr} = \dfrac{2\pi EI_G}{l^2}$

③ $P_{cr} = \dfrac{\pi^2 EI_G}{l^2}$

④ $P_{cr} = \dfrac{4\pi^2 EI_G}{l^2}$

[해설] $P_{cr} = n\pi^2 \dfrac{EI_G}{l^2}$ 에서 $n = \dfrac{1}{4}$ 이므로,

$$P_{cr} = \dfrac{\pi^2 EI_G}{4l^2}$$ 이다.

12. 다음 중 지름 20 cm의 원형 단면의 기둥길이 l_1과 12 cm×20 cm인 사각단면의 기둥길이 l_2 와의 비 $\dfrac{l_1}{l_2}$ 는 얼마인가? (단, 세장비는 같다.)

① $\sqrt{3}$ ② $\dfrac{\sqrt{3}}{2}$ ③ $\dfrac{5}{\sqrt{3}}$ ④ $\dfrac{5}{2\sqrt{3}}$

[해설] $\lambda_1 = \lambda_2$, $\dfrac{l_1}{l_2} = \dfrac{k_1}{k_2} = \dfrac{d}{4} \times \dfrac{2\sqrt{3}}{b}$

$$= \dfrac{20}{4} \times \dfrac{2\sqrt{3}}{12} = \dfrac{5}{2\sqrt{3}}$$

[정답] 8. ③   9. ④   10. ②   11. ①   12. ④

PART 02

기계열역학

열역학 기초사항

제1장

1-1 공업 열역학

열역학(thermodynamics)이란 어떤 물질이 열에 의하여 한 형태로부터 다른 형태로 변화할 때 일어나는 상호관계를 연구하는 한 학문이다.

다시 말하면, 어떤 물체에 열을 가하거나 물체로부터 열을 제거하면 그 물체에는 어떤 변화가 일어난다. 이때 이 변화에는 물질이 열에 의한 팽창 또는 증발과 같은 물리적 변화와 연소 등과 같은 화학적 변화로 나눌 수 있는데, 이 중 열에 의한 물리적 변화만을 다루는 학문을 열역학이라 한다.

특히, 기계 분야에 응용하여 그의 열적 성질이나 작용 등에 대하여 연구하는 것, 즉 공업적 응용면에 관계있는 것만을 취급하는 것을 공업 열역학(engineering thermodynamics)이라 한다.

공업 열역학의 응용 분야로는 모든 열기관(heat engine), 즉 내연기관(internal engine), 외연기관(external engine), 가스 터빈(gas turbine), 공기 압축기(air compressor), 송풍기(blower) 및 냉동기(refrigerator) 등을 들 수 있다.

> **참고** **공업 열역학에서 사용하는 중요한 정수(암기)**
> - 지구 평균 중력 가속도 : $9.80665 \, \text{m/s}^2$
> - 표준 대기압(1 atm) : $101.325 \, \text{kPa}$
> - 0℃의 절대온도 : $273.15 \, \text{K}$
> - 1 atm, 0℃의 기체 1 kmol의 체적 : $22.4 \, \text{m}^3$(1 mol의 체적 : 22.4 L)
> - 일반 가스 정수($\overline{R}$) = $8314.3 \, \text{J/kmol} \cdot \text{K}$ = $8.314 \, \text{kJ/kmol} \cdot \text{K}$
> - 공기의 가스 정수(R) : $287 \, \text{J/kg} \cdot \text{K}$ = $0.287 \, \text{kJ/kg} \cdot \text{K}$
> - 공기의 정압비열(C_p) : $1.005 \, \text{kJ/kg} \cdot \text{K}$
> - 공기의 정적비열(C_v) : $0.72 \, \text{kJ/kg} \cdot \text{K}$
> - 공기의 비열비(k) = $\dfrac{C_p}{C_v}$ = 1.4
> - 100℃ 물의 증발잠열 : $539 \, \text{kcal/kgf}$ = $2256 \, \text{kJ/kg}$

1-2 온도와 열평형

(1) 온도(temperature)

온도란 인간의 감각작용에 의하여 느껴지는 감각의 정도이며, 인간이 어떤 물체를 만졌을 때 차갑다, 뜨겁다는 감각을 객관적으로 나타내는 것을 말한다.

① **섭씨온도 (Celsius)** : 어는점을 0℃, 끓는점을 100℃로 하여 그 사이를 100등분한 것으로, 1눈금을 1℃라고 정의한다.

② **화씨온도 (Fahrenheit)** : 어는점을 32°F, 끓는점을 212°F로 하여 그 사이를 180등분한 것으로, 1눈금을 1°F라고 정의한다.

③ **섭씨온도 t_c [℃]와 화씨온도 t_F [°F] 사이의 관계**

어는점 : 0 ℃ = 32 °F, 끓는점 : 100 ℃ = 212 °F

$$\frac{t_C}{100} = \frac{t_F - 32}{180} \text{ 에서,}$$

$$t_C = \frac{5}{9}(t_F - 32)[℃], \ t_F = \frac{9}{5}t_C + 32[°F] \quad \text{................................} (1-1)$$

(2) 절대온도(absolute temperature)

이상기체는 압력이 일정할 때 온도가 1 ℃ 낮아지면 부피는 $\frac{1}{273.15}$ 만큼 감소하며, 결국 온도 −273.15℃(−459.67 °F)에서 부피가 0이 되는데, 이 온도를 절대온도 0 K (절대영도)라 한다 (1 / 273.15 = α를 열팽창 계수라 한다).

일반적으로 온도를 측정하는 온도계는 열에 의한 물질의 팽창과 전기저항 또는 열기전력 등의 물성치의 온도에 의한 변화를 이용한 것이며, 이 물성치들은 온도 및 물질에 따라 다르다. 엄밀하게 말하면, 열팽창을 이용한 수은온도계와 gas 온도계에서는 온도의 지시도가 다른데, 이 불편을 없애기 위하여 온도 측정에 사용되는 동작 물질에 좌우되지 않는 온도의 눈금으로, 열역학에서는 Kelvin의 절대온도, 또는 열역학적 절대온도를 사용한다. 화씨온도에 대해서도 −459.67°F를 절대온도 0°R (Rankine)이라 한다.

열역학적 절대온도를 T [K]라 하고, 섭씨온도를 t_C[℃]라고 하면,

$$T[K] = t_C + 273.15[K] ≒ t_C + 273[K] \quad \text{................................} (1-2)$$

화씨온도의 절대온도를 T [°R]이라 하면,

$$T[°R] = t_F + 459.67[°R] ≒ t_F + 460[°R] \quad \text{................................} (1-3)$$

T[K]와 T[°R] 사이에는 $T[°R] = \frac{9}{5} T[K] = 1.8 \ T[K]$의 관계가 있다.

(3) 열평형(thermal equilibrium) – 열역학 제 0 법칙

온도가 서로 다른 물체를 접촉시키면 높은 온도를 지닌 물체의 온도는 내려가고(방열), 낮은 온도의 물체는 온도가 올라가서(흡열), 결국 두 물체 사이에는 온도차가 없어지며 같은 온도가 된다(열평형). 이와 같이 열평형이 된 상태를 열역학 제 0 법칙(the zeroth of thermodynamics) 또는 열평형의 법칙이라 하며, 열역학 제 0 법칙은 온도계의 원리를 제시한 법칙이다.

예제 1. 섭씨와 화씨의 온도 눈금이 같을 때의 온도는 몇 도인가?

① 30℃   ② 40℃

③ −30℃   ④ −40℃

해설 $t_F = \dfrac{9}{5} t_C + 32$ 이므로, $t_F = t_C = t$ 라 하면, $t = \dfrac{9}{5} t + 32$

∴ $t = -40℃$ 정답 ④

1-3 열량(quantity of heat)

(1) 1 kcal

순수한 물 1 kgf를 1℃ 높이는 데 필요한 열량을 말하는데, 물의 상승은 온도와 압력에 따라 약간의 차이가 있다. 1 kcal란 순수한 물 1 kgf를 표준 대기압하에서 14.5℃에서 15.5℃까지 1℃ 높이는 데 필요한 열량으로 15℃ kcal라 하고 $kcal_{15}$로 표시한다. 또, 순수한 물 1 kgf를 표준 대기압하에서 0℃에서 100℃까지 높이는 데 소요된 열량의 1/100을 말하며 $kcal_m$로 표시한다. $kcal_{int}$로 표시되는 국제 kcal도 있다. 따라서, kcal를 Joule (줄)로 표시하면,

$$1 \, kcal_{15} = 4185.5 \, J$$

$$1 \, kcal_{int} = 4186.8 \, J$$

$$1 \, kcal_m = 4186.05 \, J \text{ 이 된다.}$$

(2) 1 Btu(British thermal unit)

순수한 물 1 lbf를 60°F에서 61°F로 1°F 높이는 데 필요한 열량이다 (영국계 열량 단위).

$$1 \, Btu = 0.252 \, kcal = 1.055 \, kJ$$

(3) 1 Chu(Centigrade heat unit)

순수한 물 1 lbf를 14.5℃에서 15.5℃로 1℃ 높이는 데 필요한 열량이며, Pcu(Pound

celsius unit)로 표시하기도 한다.

$$1 \, \text{Chu} = 1.8 \, \text{Btu} = 0.4536 \, \text{kcal}$$

예제 2. 1 Btu는 몇 kcal인가?

① 0.5556   ② 0.4536

③ 0.252   ④ 4.186

해설 1 lbf = 0.4536 kgf 이고, $1°F = \dfrac{5}{9}°C$ 이므로,

$$1 \, \text{Btu} = 0.4536 \times \frac{5}{9} = 0.252 \, \text{kcal}$$

정답 ③

1-4   비열(specific heat)

비열이란 어떤 물질의 단위 질량(중량)당의 열용량으로 공업상으로는 단위 중량, 즉 1 kgf를 온도 1℃ 높이는 데 필요한 열량이다. 비열(C)의 단위는 kcal/kgf · ℃, kJ/kg · K 이다.

$$1 \, \text{kcal/kgf} \cdot ℃ = 1 \, \text{Btu/1bf} \cdot °F = 1 \, \text{Chu/1bf} \cdot ℃ = 4.186 \, \text{kJ/kg} \cdot \text{K} \quad \cdots (1-4)$$

열의 이동과정에서 질량 m[kg]의 물체에 열량 δQ를 가하여 온도가 dt만큼 상승되었다면 dt는 δQ에 비례하고 질량 m에 반비례하므로,

$$\delta Q = m C dt \, [\text{kJ}] \quad \cdots\cdots\cdots (1-5)$$

여기서, C는 비례상수로서 물질에 따라 정해지는 정수로 그 물질의 비열이라 한다.

열량 Q를 가하는 동안 온도가 t_1에서 t_2로 변했다면 열량 Q는,

$$Q = m C (t_2 - t_1) \, [\text{kJ}] \quad \cdots\cdots\cdots (1-6)$$

비열 C가 온도의 함수인 경우에는,

$$Q = m \int_{t_1}^{t_2} C dt = m \int_{t_1}^{t_2} f(t) dt \quad \cdots\cdots\cdots (1-7)$$

평균비열을 C_m이라 하면,

$$C_m = \frac{1}{t_2 - t_1} \int_{t_1}^{t_2} C dt \, [\text{kJ/kg} \cdot \text{K}] \quad \cdots\cdots\cdots (1-8)$$

따라서, 식 (1-6)은 다음 식으로 표시된다.

$$Q = m C_m (t_2 - t_1) \, [\text{kJ}] \quad \cdots\cdots\cdots (1-9)$$

(1) 혼합물체의 평균온도(t_m)

질량 m_1, m_2, 비열 C_1, C_2, 온도 t_1, t_2인 두 물체를 혼합했을 때 $t_1 > t_2$라면, 혼합 후 평형온도(t_m)는 $m_1 C_1 (t_1 - t_m) = m_2 C_2 (t_m - t_2)$ 이므로,

$$t_m = \frac{m_1 C_1 t_1 + m_2 C_2 t_2}{m_1 C_1 + m_2 C_2} = \frac{\sum_{i=1}^{n} m_i C_i t_i}{\sum_{i=1}^{n} m_i C_i} \, [\text{℃}] \quad\cdots\cdots\cdots (1-10)$$

만약 동일물질인 경우는 $C_1 = C_2 = \cdots = C_n$

$$\therefore \; t_m = \frac{\sum_{i=1}^{n} m_i t_i}{\sum_{i=1}^{n} m_i} = \frac{m_1 t_1 + m_2 t_2 + \ldots + m_n t_n}{m_1 + m_2 + \ldots + m_n} \quad\cdots\cdots\cdots (1-11)$$

(2) 정압비열(C_p)과 정적비열(C_v)의 관계

① gas인 경우 : $C_p > C_v$

② $k = \dfrac{C_p}{C_v} > 1$이며, k를 비열비(단열지수)라 한다.

③ 1원자 분자인 경우 : $k = \dfrac{5}{3} = 1.67$

　2원자 분자인 경우 : $k = \dfrac{7}{5} = 1.4$

　3원자 분자인 경우 : $k = \dfrac{4}{3} = 1.33$

④ 0℃에서 공기의 경우 : $C_p = 0.240 \, \text{kcal/kgf} \cdot \text{℃} = 1.005 \, \text{kJ/kg} \cdot \text{K}$

$$C_v = 0.171 \, \text{kcal/kgf} \cdot \text{℃} = 0.72 \, \text{kJ/kg} \cdot \text{K}$$

$$k = 1.4$$

예제 3. 공기의 정압비열은 $C_p = 1.0046 + 0.000019t$ [kJ/kg · K]인 관계를 갖는다. 이 경우 5 kg의 공기를 0℃에서 300℃까지 높이는 데 소모되는 열량(kJ)과 평균비열(kJ/kg · K)은?

① 1511, 1.01 　　　　　　　　　　② 1211, 0.24

③ 1511, 0.72 　　　　　　　　　　④ 1211, 1.01

해설 $Q = m \displaystyle\int_{t_1}^{t_2} C_p \, dt = m \int_{t_1}^{t_2} (1.0046 + 0.000019t) \, dt = m \left[1.0046t + 0.000019 \times \frac{t^2}{2} \right]_{t_1}^{t_2}$ 이

$$= 5 \times \left[1.0046 \times (300 - 0) + 0.000019 \times \frac{1}{2} (300^2 - 0^2) \right] = 1510.73 \fallingdotseq 1511 \, \text{kJ}$$

$$C_m = \frac{Q}{m(t_2 - t_1)} = \frac{1511}{5(300 - 0)} = 1.01 \, \text{kJ/kg} \cdot \text{K}$$

정답 ①

1-5 잠열(lantent heat)과 감열(sensible heat)

(1) 증발열

일정 압력하에서 1 kg의 액체를 같은 온도, 즉 포화온도의 증기로 만드는 데 필요한 열량을 증발잠열 또는 증발열이라 한다.

　⑩ 물의 증발열 539 kcal/kgf = 2256 kJ/kg

(2) 융해열

얼음이 물로 변하는 것과 같이 고체가 액체로 변화하는 데 소요되는 열을 융해잠열 또는 융해열이라 한다.

　⑩ 얼음의 융해열 79.68 kcal/kgf = 334 kJ/kg

(3) 감열

어떤 물체에 열을 가할 때 가하는 열에 비례하여 온도가 상승하는 경우와 같이 물체의 온도 상승에 소요되는 열량을 감열 또는 현열이라 한다.

$$Q_s = m C(t_2 - t_1) \, [\text{kJ}]$$

(4) 승화열

드라이아이스와 같이 고체가 직접 기체로 변화하는 현상을 승화라 하고, 이때의 소요열을 승화열이라 한다.

　⑩ 드라이아이스의 승화열 137 kcal/kgf ≒ 574 kJ/kg(승화점 : -78.5℃)

1-6 압력(pressure)

압력은 단위 면적당 작용하는 수직력이며, 단위로는 Pa(N/m²), bar 등이다. 1 표준 대기압은 지구 중력이 $g = 9.80665 \text{m/s}^2$이고, 0℃에서 수은주 760 mmHg로 표시될 때의 압력이며, 1 atm(atmosphere)로 쓴다.

또한 압력은 수주의 높이로 표시하며, 기호로는 Aq(Aqua)를 사용하는데, 수은주(mmHg)와 수주(mmAq) 등은 미소압력을 나타낼 때 사용한다.

$$1\,\text{Pa}(1\,\text{N/m}^2) = 10\,\text{dyne/cm}^2 = 10^{-5}\,\text{bar}(1\,\text{bar} = 10^5\,\text{Pa})$$

$$1\,\text{표준 대기압} = 1\,\text{atm} = 101325\text{N/m}^2 = 101325\,\text{Pa} = 760\,\text{mmHg}$$

$$= 1.0332\,\text{kgf/cm}^2 = 10.332\,\text{mAq} = 14.7\,\text{psi}(\text{lb/in}^2)$$

$$= 101.325\,\text{kPa} = 1.01325\,\text{bar}$$

$$= 1013.25\,\text{mbar(millibar)}$$

압력계로 압력을 측정할 때 대기압을 기준으로 하여 측정한 계기압력(P_g : atg), 완전 진공을 기준으로 한 절대압력(P_a : ata)과 대기압 (P_o)과의 관계는 다음과 같다.

$$P_a = P_o \pm P_g \cdots\cdots\cdots\cdots\cdots\cdots\cdots\cdots\cdots\cdots\cdots\cdots\cdots\cdots\cdots (1-12)$$

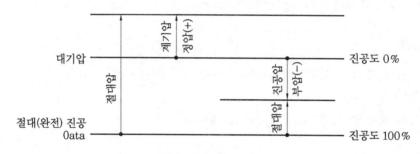

P_g, P_a, P_o의 압력 관계

대기압보다 낮은 압력을 진공(vaccum)이라 하며, 진공의 정도를 나타내는 값으로 진공도를 사용하는데, 완전 진공은 진공도 100 %이고, 표준 대기압은 진공도 0 %이다.

예제 4. 표준 대기압 상태에 있는 실린더 구경이 5 cm 인 피스톤 위에 중량 1000 N 의 추를 올려놓았다. 실린더 내 가스의 절대압력은 몇 kPa 인가 ? (단, 피스톤의 중량은 무시한다.)

① 510 ② 595 ③ 611 ④ 625

해설 추에 의한 압력은 게이지 압력 P_g 이다.

$$\therefore P_g = \frac{P}{A} = \frac{1000}{\frac{\pi}{4} \times (0.05)^2} \fallingdotseq 509296\,\text{N/m}^2(\text{Pa}) \fallingdotseq 509.30\,\text{kPa}$$

$$\therefore P_a = P_o + P_g = 101.325 + 509.30 \fallingdotseq 611\,\text{kPa}$$

정답 ③

1-7 비체적, 비중량, 밀도

(1) 비체적(specific volume)

단위 질량의 물질이 차지하는 체적을 비체적이라 하며, m³/kg으로 표시한다. 비체적을 $v[\text{m}^3/\text{kg}]$, 질량을 $m[\text{kg}]$, 체적을 $V[\text{m}^3]$ 이라 하면,

$$v = \frac{V}{m} \ [\text{m}^3/\text{kg}] \quad \text{(1-13)}$$

(2) 비중량 (specific weight)

단위 체적당 물질의 중량을 비중량이라 하며, 비체적의 역수로 $\gamma[\text{N}/\text{m}^3]$로 표시한다.

$$\gamma = \frac{1}{v} = \frac{G}{V} [\text{N}/\text{m}^3] \quad \text{(1-14)}$$

> **참고** 비중(specific gravity)
>
> 물리적인 용어로, 부피가 같은 4 ℃ 물과 물체와의 질량비를 말하며, 단위는 무차원수(dimensionless number)이다. 액체·고체는 물을 기준으로 하고, 기체는 공기를 기준으로 한다.

(3) 밀도 (density)

단위 체적당 물질의 질량을 밀도라 하며, $\rho[\text{kg}/\text{m}^3, \ \text{N} \cdot \text{s}^2/\text{m}^4]$로 표시한다.

$$\rho = \frac{m}{V} = \frac{G}{Vg} = \frac{\gamma}{g} [\text{kg}/\text{m}^3, \ \text{N} \cdot \text{s}^2/\text{m}^4] \quad \text{(1-15)}$$

1-8 일과 에너지

(1) 일(work)

일이란 물체에 힘 F가 작용하여 S만큼 이동하였을 때, 힘과 힘의 방향에 대한 변위와의 곱을 말한다.

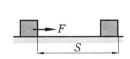   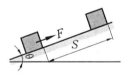

(a) 힘과 변위 방향이 동일 직선상에 있을 때   (b) 힘과 변위 방향이 θ각을 이룰 때

힘의 방향과 일

힘과 변위의 방향이 같은 직선상에 있을 때, $W = FS[\text{N} \cdot \text{m}]$
힘과 변위의 방향이 θ를 이루고 있을 때, $W = FS\cos\theta[\text{N} \cdot \text{m}]$ $\quad \text{(1-16)}$

일의 단위는 $\text{N} \cdot \text{m}(\text{J})$이며, 수치적 관계는 다음과 같다.

$$1 \text{ kcal} = 427 \text{ kgf} \cdot \text{m} = 4.186 \text{ kJ} \quad \text{(1-17)}$$

(2) 에너지(energy)

에너지란 일할 수 있는 능력을 말하며, 그 양은 외부에 행한 일로 표시되며, 단위는 일의 단위와 같다. 기계적 에너지로는 위치에너지와 운동에너지 등이 있으며, $G = mg$ 의 물체가 h[m]의 높이에 있을 때 위치에너지 E_p 와 V[m/s]의 속도로 움직일 때 운동에너지 E_k 는,

$$\left. \begin{aligned} E_p &= Gh = mgh \,[\text{J}] \\ E_k &= \frac{1}{2}m V^2 = \frac{GV^2}{2g}\,[\text{J}] \end{aligned} \right\} \quad\cdots\cdots\cdots\cdots\cdots\cdots\cdots\cdots\cdots\cdots\cdots\cdots\cdots\cdots\cdots\cdots (1-18)$$

여기서, m : 질량(mass)

> **참고** Joule, Newton, kgf의 관계
>
> $1\,\text{J} = 1\,\text{N} \cdot \text{m} = 1\,\text{kg} \cdot \text{m}^2/\text{s}^2 = 10^7\,\text{erg}$
>
> $1\,\text{kgf} \cdot \text{m} = 9.80665\,\text{N} \cdot \text{m} = 9.80665\,\text{J}$

1-9 동력(power)

동력은 단위 시간당 행한 일량을 말하며, 공률(일률)이라고도 한다. 동력 단위로는 HP (Horse Power), kW(kilo Watt), PS(Pferde Starke)가 사용되며, 동력 단위의 상호관계는 다음과 같다.

$$1\,\text{HP} = 76\,\text{kgf} \cdot \text{m/s} = 0.746\,\text{kW} = 745.3\,\text{N} \cdot \text{m/s}$$
$$= 641.6\,\text{kcal/h} = 550\,\text{ft-lb/s}$$
$$1\,\text{PS} = 75\,\text{kgf} \cdot \text{m/s} = 0.7355\,\text{kW} = 735.5\,\text{N} \cdot \text{m/s} = 632.3\,\text{kcal/h}$$
$$1\,\text{Watt} = 1\,\text{J/s} = 1\,\text{N} \cdot \text{m/s}$$
$$1\,\text{kW} = 102\,\text{kgf} \cdot \text{m/s} = 1.36\,\text{PS} = 1000\,\text{J/s(W)} = 860\,\text{kcal/h}$$
$$= 1\,\text{kJ/s} = 3600\,\text{kJ/h}$$

예제 5. 500 W 의 전열기로 물 3 kg 을 10℃ 에서 100℃ 까지 가열하는 데 몇 분이 걸리는가 ? (단, 전열기의 발생열은 전부 물의 온도 상승에 이용되는 것으로 한다.)

① 25 　　　　② 28 　　　　③ 38 　　　　④ 42

해설 물의 가열량$(Q) = m C(t_2 - t_1)$
$$= 3 \times 4.186 \times (100 - 10) = 1130.22\,\text{kJ}$$

$1\,\text{kW} = 1\,\text{kJ/s} = 60\,\text{kJ/min} = 3600\,\text{kJ/h}$

전열기 용량$(Q_1) = 500\,\text{W} = 0.5\,\text{kW} = 0.5 \times 60 = 30\,\text{kJ/min}$

$\therefore$ 분(mim)$= \dfrac{1130.22}{30} = 38$분

정답 ③

1-10   동작물질과 계(system)

(1) 동작물질(substance)

열기관에서 열을 일로 전환시킬 때, 또는 냉동기에서 온도가 낮은 곳의 열을 온도가 높은 곳으로 이동시킬 때 반드시 매개물질이 필요하며, 이 매개물질을 동작물질이라 한다 (동작물질은 열에 의하여 압력이나 체적이 쉽게 변하거나, 액화나 증발이 쉽게 이루어지는 물질로서 이것을 작업유체 또는 동작유체라 한다).

(2) 계와 주위

이러한 물질의 일정한 양 또는 한정된 공간 내의 구역을 계(system)라 하며, 그 외부를 주위(surrounding)라 하고 계와 주위를 한정시키는 칸막이를 경계(boundary)라 한다.

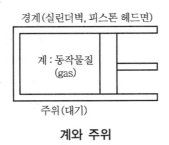

경계(실린더벽, 피스톤 헤드면)

계 : 동작물질 (gas)

주위(대기)

계와 주위

① **개방계**(opened system) : 계와 주위의 경계를 통하여 열과 일을 주고 받으면서 동작물질이 계와 주위 사이를 유동하는 계를 말한다(유동계).
② **밀폐계**(closed system) : 열이나 일만을 전달하나 동작물질이 유동되지 않는 계이다 (비유동계).
③ **절연계** : 계와 주위 사이에 아무런 상호작용이 없는 계
④ **단열계**(adiabatic system) : 경계를 통하여 열의 출입이 전혀 없는($Q = 0$) 계

출제 예상 문제

1. 다음 중 틀린 것은?

① 정압비열이 정적비열보다 크다.

② 비열의 단위는 kJ/kg · K 이다.

③ 비열은 압력만의 함수이다.

④ 정압비열을 정적비열로 나눈 것을 비열비라고 한다.

해설 반완전 가스인 경우 비열은 온도만의 함수이다.

$$C_p > C_v, \quad k = \frac{C_p}{C_v} > 1$$

$$C = f(t) [kJ/kg \cdot K]$$

2. 다음 중 옳은 것은?

① 절대압력 + 대기압 = 계기압

② 계기압 – 대기압 = 절대압

③ 절대압력 – 대기압 = 절대압

④ 절대압 – 대기압 = 계기압

해설 P_a : 절대압력, P_o : 대기압,

P_g : 게이지압(+ 정압, – 진공압)

$$P_a = P_o \pm P_g$$

게이지압$(P_g) = P_a - P_o$

진공압$(P_g) = P_o - P_a$

3. 동작물질에 대한 설명 중 틀린 것은?

① 열에 대하여 압력이나 체적이 쉽게 변하는 물질이다.

② 계 내에서 에너지를 저장 또는 운반하는 물질이다.

③ 상 변화를 일으키지 않아야 한다.

④ 증기관의 수증기, 내연기관의 연료와 공기의 혼합가스 등으로 일명 작업유체라고 한다.

해설 동작물질(working substence)은 상(phase)의 변화가 용이하다.

4. 600 W 의 전열기로 3 kg의 물을 15℃ 에서 100℃ 까지 가열하는 데 몇 분 걸리는가? (단, 열손실은 없는 것으로 한다.)

① 225

② 516

③ 30

④ 15

해설 $1 \, kW = 1 \, kJ/s = 60 \, kJ/min$

전열기 용량$(Q_1) = 600 \, W$

$= 0.6 \, kW \times 60 = 36 \, kJ/min$

물의 가열량(Q)

$= m C(t_2 - t_1) = 3 \times 4.186 (100 - 15)$

$= 1067.43 \, kJ$

가열시간$(min) = \dfrac{Q}{Q_1} = \dfrac{1067.43}{36} ≒ 30분$

5. 매 시간 40 ton의 석탄을 사용하는 발전소의 열효율이 25 % 라 할 경우 발전소의 출력은 몇 MJ/s 인가? (단, 석탄의 발열량은 25200 kJ/kg 이다.)

① 50

② 60

③ 70

④ 80

해설 $\eta = \dfrac{3600 kW}{H_L \times m_f} \times 100 \, \%$

$kW = \dfrac{H_L \times m_f \times \eta}{3600} = \dfrac{25200 \times 40 \times 0.25}{3600}$

$= 70000 \, kW (kJ/s)$

$= 70 \, MJ/s$

6. 일과 이동 열량은?

① 과정에 의존하므로 성질이 아니다.

② 점함수이다.

③ 성질이다.

정답 1. ③ 2. ④ 3. ③ 4. ③ 5. ③ 6. ①

④ 엔트로피와 같이 도정 함수이다.

[해설] 일량과 열량은 과정(process) = 경로 (path)에 의존하므로 열역학적 성질이 아니다(상태량이 아니다).

7. 1 kcal/kgf · ℃는 몇 Btu/lbf · ℉인가?

① 1 Btu/lbf · ℉

② 0.205 Btu/lbf · ℉

③ 10 Btu/lbf · ℉

④ 3.968 Btu/lbf · ℉

[해설] 1 kcal/kgf · ℃ = 1 Btu/lbf · ℉
$\qquad$ = 1 Chu/lbf · ℃

1 kcal = 3.968 Btu = 2.205 Chu = 4.186 kJ

1 kgf = 2.205 lbf = 9.8 N

8. 다음 중 가장 높은 온도는?

① 400°R

② 200 K

③ 0℉

④ 0℃

[해설] ① $T\,[°R] = t\,[℉] + 460$

$\therefore 400°R = t\,[℉] + 460$

$\therefore 400°R = -60℉$

$t\,[℃] = \dfrac{5}{9}\,(\,t\,[℉] - 32)$

$\qquad = \dfrac{5}{9}\,(-60 - 32) = -51.1℃$

② $200\,K = t\,[℃] + 273$

$\therefore 200\,K = -73\,℃$

③ $0℉ = \dfrac{9}{5}\,t\,[℃] + 32$

$\therefore 0℉ = -17.78\,℃$

9. 진공도 90 % 란?

① 0.1033 ata

② 0.92988 ata

③ 75 mmHg

④ 760 mmAq

[해설] 진공도 90 %란 표준 대기압 중 90 %가 진공압이므로 10 %가 절대압력이라는 의미이다.

$\therefore$ 절대압력$(P_a) = 1.0332 \times 0.1$
$\qquad\qquad\qquad = 0.10332$ ata

10. 정원 10명인 승강기에서 한 사람의 중량을 600 N, 운전속도를 60 m/min 이라 할 때 이 승강기에 필요한 동력은 몇 PS 인가?

① 6 PS

② 7 PS

③ 8 PS

④ 9 PS

[해설] 1 PS = 75 kgf · m/s = 0.735 kW

$V = 60$ m/min = 1 m/s

$PS = \dfrac{FV}{0.735} = \dfrac{(10 \times 0.6) \times 1}{0.735}$

$\qquad = 8.16$ PS

11. 다음 중 열역학적 성질이 다른 것은?

① 체적

② 온도

③ 비체적

④ 압력

[해설] 체적은 종량성(용량성) 상태량(성질)이고, 온도 · 비체적 · 압력은 강도성 상태량 (성질)이다. 종량성 상태량은 물질의 양에 비례하고 강도성 상태량은 물질의 양과 무관하다(관계없다).

12. 국소대기압 750 mmHg 이고, 진공도 90 %인 곳의 절대압력은 몇 kPa인가?

① 7

② 8

③ 10

④ 100

[해설] 절대압력 = 대기압 - 진공압이므로,

$P_a = P_o - P_g = 750(1 - 0.9)$

$\qquad = 75$ mmHg

$\therefore P_a = \dfrac{75}{760} \times 101.325 ≒ 10$ kPa

13. 중량 2000 N, 체적 5.6 m³인 물체의 비중량, 비체적은 얼마인가?

① 221.42 N/m³, 0.0045 m³/N

② 357.14 N/m³, 0.0028 m³/N

③ 337.4 N/m³, 0.0023 m³/N

④ 428.5 N/m³, 0.0017 m³/N

[해설] 비중량$(\gamma) = \dfrac{W}{V} = \dfrac{2000}{5.6} = 357.14 \, \text{N/m}^3$

비체적$(v) = \dfrac{1}{\gamma} = \dfrac{1}{357.14} = 0.0028 \, \text{m}^3/\text{N}$

14. 다음 중 표준 대기압(1 atm)이 아닌 것은?

① 0.9807 bar

② 1.0332 kgf/cm^2

③ 10.33 mAq

④ 101325 N/m^2

[해설] 1atm = 1.0332 kgf/cm^2 = 760 mmHg
= 10.33 mAq = 1.01325 bar
= 1013.25 mbar = 101325 Pa
= 101325 N/m^2 = 101.325 kPa

15. 다음 중 동력의 단위가 될 수 없는 것은 어느 것인가?

① PS
② kgf · m/s
③ kW
④ kWh

[해설] 1 kWh(킬로와트시) = 860 kcal이므로, kWh는 열량 단위이다. 1 PSh(마력시) = 632.3 kcal도 마찬가지이다.

16. 200 kg의 물을 15℃에서 100℃까지 가열하는 데 필요한 열량은?

① 17 kJ
② 170 kJ
③ 1700 kJ
④ 71162 kJ

[해설] $Q = m \, C(t_2 - t_1)$
$= 200 \times 4.186(100 - 15)$
$= 71162 \, \text{kJ}$

17. 표준상태(0℃, 760 mmHg)에서 이산화탄소(CO_2)의 비체적은 얼마인가?

① 0.0579 m^3/kg
② 0.0559 m^3/kg
③ 0.0539 m^3/kg
④ 0.509 m^3/kg

[해설] $\rho = \dfrac{P}{RT} = \dfrac{101.325}{\left(\dfrac{8.314}{44}\right) \times 273}$

$= 1.9642 \, \text{kg/m}^3$

$\therefore \, v = \dfrac{1}{\rho} = \dfrac{1}{1.9642}$
$= 0.509 \, \text{m}^3/\text{kg}$

18. 진공도가 715 mmHg이면 절대압력은 몇 kPa 인가?

① 5
② 6
③ 9
④ 10

[해설] $P_a = P_o - P_v = 760 - 715 = 45 \, \text{mmHg}$
$760 : 101.325 = 45 : P_a$

$\therefore \, P_a = \dfrac{45 \times 101.325}{760} = 6 \, \text{kP}$

19. 20℃의 물 150 kg과 80℃의 물 850 kg을 혼합하면 몇 ℃가 되겠는가?

① 71 ℃
② 81 ℃
③ 91 ℃
④ 101 ℃

[해설] 열역학 제0법칙(열평형의 법칙) 적용
고온체 방열량 = 저온체 흡열량
$m_1 C_1(t_1 - t_m) = m_2 C_2(t_m - t_2)$

$\therefore$ 평균온도$(t_m) = \dfrac{m_1 t_1 + m_2 t_2}{m_1 + m_2}$

$= \dfrac{850 \times 80 + 150 \times 20}{850 + 150} = 71 \, ℃$

20. 열량의 단위인 kcal 중 15℃kcal는 표준 대기압(760 mmHg)하에서 어떻게 정의되는가?

① 순수한 물 1 kgf을 온도 1℃ 상승시키는 데 필요한 열량

② 순수한 물 1 kgf을 14.5℃에서 15.5℃로 상승시키는 데 필요한 열량

③ 순수한 물 1 kgf을 0℃로부터 100℃까지 상승시키는 데 필요한 열량의 1/100

④ 순순한 물 1 lbf을 60°F에서 61°F로 상승시키는 데 필요한 열량

제2장 열역학 제1법칙

2-1 **상태량과 상태식**

상태량(quantity of state)이란 압력, 비체적, 온도, 비내부에너지, 비엔탈피, 비엔트로피 등과 같이 물질의 어떤 상태를 나타내는 것이며, 이들의 양은 한 상태에서 다른 상태로 변화한 과정, 즉 경로(path)에는 관계없으며, 변화된 후의 상태만을 정하는 양으로서, 상태량은 독립하여 변하는 것이 아니고 상호 어떤 일정한 관계를 가지고 있다. 물체의 상태는 압력, 비체적, 절대온도의 양에 의해 결정된다.

특히, 절대온도, 압력과 같이 물질의 강도를 나타내는 성질을 강도성 성질이라 하고, 체적, 내부에너지, 엔탈피, 엔트로피 등과 같이 물질의 양에 관계 있는 것을 종량(용량)성 성질이라 한다.

물체의 임의의 상태량은 두 상태량의 함수로서 표시할 수 있으므로 각 독립상태로서 압력 P, 비체적 v, 절대온도 T와의 관계는 다음과 같다.

$$\left.\begin{array}{l} v = f(P \cdot T) \\ F = f(P \cdot v \cdot T) = 0 \end{array}\right\} \quad\text{...}\quad (2-1)$$

위의 식 (2-1)을 상태식 또는 특성식이라 하며 완전가스의 특성식은,

$$Pv = RT, \ PV = mRT \quad\text{...}\quad (2-2)$$

로 표시할 수 있다.

2-2 **열역학 제1법칙(에너지 보존의 법칙)**

열에너지는 다른 에너지로, 또 다른 에너지는 열에너지로 전환할 수 있다. 열역학 제1법칙(the first law of thermodynamics)은 열역학의 기초 법칙으로 에너지 보존의 법칙이 성립함을 표시한 것이며, 이를 요약하면, "열은 본질상 에너지의 일종이며, 열과 일은 서로 전환이 가능하다. 이때 열과 일 사이에는 일정한 비례관계가 성립한다."

기계적 일 W와 열량 Q 사이에는 $Q \rightleftarrows W$의 상호 전환관계를 말해 주며 환산계수인 비례상수를 A 라면,

공학(중력) 단위 개념식

$$\left. \begin{array}{l} Q = A \, W \, [\text{kcal}] \\ W = \dfrac{Q}{A} = J \, Q \, [\text{kgf} \cdot \text{m}] \end{array} \right\} \quad \dotfill \quad (2-3)$$

SI 단위 개념식

$$Q = W \, [\text{J}]$$

의 관계가 있으며, 여기서 A를 일의 열당량, $J = \dfrac{1}{A}$을 열의 일당량이라 한다.

$$\left. \begin{array}{l} J \fallingdotseq 427 \, \text{kgf} \cdot \text{m/kcal} \\ A \fallingdotseq \dfrac{1}{427} \, \text{kcal/kgf} \cdot \text{m} \end{array} \right\} \quad \dotfill \quad (2-4)$$

"에너지의 소비 없이 계속 일을 할 수 있는 기계는 존재하지 않는다."

즉, 에너지 공급 없이 영구히 운동을 지속할 수 있는 기계는 있을 수 없으며, 만약 이와 같은 기계가 존재한다면 이런 기관을 "제 1 종 영구운동 기관"이라 하며, 실현 불가능한 기관이다.

2-3 $P - v$(일량선도)

압력 P가 피스톤의 면적 A에 작용하여 피스톤을 거리 dx만큼 이동하였다고 하면, 이때 피스톤면에 발생하는 힘은 $F = PA$이고, 유체 1 kg이 한 일을 δw라면,

$$\delta w = F dx = P A \, dx = P dv$$

$A \times dx = dv =$ 체적의 증가량이므로,

$$\left. \begin{array}{l} \delta w = P A \, dx = P dv \, [\text{kJ/kg}] (가스 \ 1 \text{kg}에 \ 대하여) \\ m \delta w = P d \, V \, [\text{kJ}] (가스 \ m [\text{kg}]에 \ 대하여) \end{array} \right\} \quad \dotfill \quad (2-15)$$

유체(동작물질)가 상태 1에서 상태 2까지 변화(팽창)하여 얻어지는 일량 W는,

$$W = m \int_1^2 P dv = \int_1^2 P d V$$

$$= 면적 12 \, V_2 \, V_1 \, [\text{kJ}] \quad \dotfill \quad (2-16)$$

이와 같은 것을 압력 - 체적 선도($P - v$ diagram)라 한다.

만약 어떤 계에 열 δq를 가하여 내부에너지가 du만큼 변화하고 외부에 대하여 $\delta w = P \cdot dV$의 일을 하였다면,

$$\delta q = du + P \cdot dv \, [\text{kJ/kg}]$$

$$\left. \therefore \ q = \int_1^2 du + \int_1^2 P \cdot dv \, [\text{kJ/kg}] \ \right\} \ \cdots\cdots \ (2-17)$$

그림 (c)에서 $q = u + w_a = u +$ 면적 $122'1'$이 되므로,

$$w_a = \int_1^2 P dv \, [\text{kJ/kg}]$$

$$w_a = \int_1^2 P dV \, [\text{kJ}] \ \cdots\cdots\cdots\cdots\cdots \ (2-18)$$

로 표시되며, 이 일 w_a를 절대일(absolute work : 팽창일, 비유동일)이라 한다. 한편 그림 (c)에서 면적 $122''1'' = -\int_1^2 v dP$이며, 피스톤의 압축 시 행해지는 일이다.

즉, $w_t = -\int_1^2 v dP \, [\text{kJ/kg}]$

$$w_t = -\int_1^2 V dp \, (\text{kJ}) \ \cdots\cdots\cdots\cdots \ (2-19)$$

w_t를 공업일 (technical work : 압축일, 유동일)이라 한다.

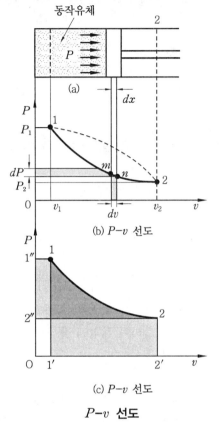

P–v 선도

2-4 내부에너지(internal energy)

한 계(system)에 외부로부터 열이나 일을 가할 경우 그 계가 외부와 열을 주고 받지 않고, 또한 외부에 일을 하지 않았다면 이 에너지는 그 계의 내부에 저장된다고 볼 수 있다. 이 내부에 저장된 에너지를 내부에너지라 한다.

내부에너지는 계의 총 에너지에서 기계적 에너지를 뺀 나머지를 말하며, 기호 U는 내부에너지(kJ), u는 비내부에너지(kJ/kg)로 표시한다. 내부에너지는 현재 상태만에 의하여 결정되는 상태량이다.

$$U = H - PV \, [\text{kJ}]$$

예제 1. 어느 계에 42 kJ 을 공급했다. 만약 이 계가 외부에 대하여 17000 N · m 의 일을 하였다면 내부에너지의 증가량은 얼마인가?

① 20   ② 25   ③ 57   ④ 67

해설 $Q = \Delta U + W[\text{kJ}]$ 에서

$\therefore \Delta U = Q - W = 42 - 17 = 25 \text{ kJ}$ 정답 ②

2-5 엔탈피(enthalpy)

엔탈피(전체 에너지)란 다음 식으로 정의되는 열역학상의 상태량을 나타내는 중요한 양이다.

$$H = U + PV[\text{kJ}]$$

$$h = \frac{H}{m} = U + Pv = U + \frac{P}{\rho} [\text{kJ/kg}] \quad \cdots\cdots\cdots\cdots\cdots\cdots\cdots\cdots \quad (2-10)$$

기호 H 는 엔탈피(kJ), h 는 비엔탈피(kJ / kg)이며, 식 (2-10)에서 PV 는 유체가 일정 압력 P에 대하여 체적 V를 차지하기 위하여 행한 계 내의 유체를 밀어내는 데 필요한 일이다.

예제 2. 2 kg 의 가스가 압력 50 kPa, 체적 2.5 m³의 상태에서 압력 1.2 MPa, 체적 0.2 m³의 상태로 변화하였다. 만약 가스의 내부에너지 변화가 없다고 하면 엔탈피의 변화량은 얼마인가?

① 85 kJ   ② 95 kJ

③ 110 kJ   ④ 115 kJ

해설 $H_2 - H_1 = (U_2 - U_1) + (P_2 V_2 - P_1 V_1)$

$= (1.2 \times 10^3 \times 0.2 - 50 \times 2.5)$

$= 115 \text{ kJ}$ 정답 ④

2-6 에너지식(energy equation)

(1) 밀폐계 에너지식

전체 가열량$(\delta Q) = dU + \delta W[\text{kJ}]$

단위 질량당 가열량$(\delta q) = \dfrac{\delta Q}{m} = du + dw[\text{kJ/kg}]$

$$\delta q = du + Pdv\,[\text{kJ/kg}]\quad \text{열역학 제1기초식 미분형} \quad\cdots\cdots\cdots\cdots\cdots\cdots (2-11)$$

식 $(2-10)$에서 이 식을 미분형으로 표시하면,

$$dh = du + d(Pv)$$

$$= du + Pdv + vdP$$

$$= \delta q + vdP\,[\text{kJ/kg}]$$

δq에 대하여 정리하면,

$$\delta q = dh - vdP\,[\text{kJ/kg}]\quad \text{열역학 제2기초식 미분형} \quad\cdots\cdots\cdots\cdots\cdots (2-12)$$

[예제] 3. 밀폐계에서 압력 $P = 0.5\,\text{MPa}$로 일정하게 유지하면서 체적이 $0.2\,\text{m}^3$ 에서 $0.7\,\text{m}^3$ 로 팽창하였다. 이 변화가 이루어지는 동안에 내부에너지는 $63\,\text{kJ}$ 만큼 증가하였다면 과정간에 이 계가 한 일량과 열량은 얼마인가?

① $250\,\text{kJ}$, $313\,\text{kJ}$ ② $260\,\text{kJ}$, $313\,\text{kJ}$

③ $280\,\text{kJ}$, $273\,\text{kJ}$ ④ $350\,\text{kJ}$, $250\,\text{kJ}$

[해설] $W = \int_1^2 PdV = P(V_2 - V_1) = (0.5 \times 10^3) \times (0.7 - 0.2) = 250\,\text{kJ}$

$Q = (U_2 - U_1) + W = 63 + 250 = 313\,\text{kJ}$ **[정답]** ①

(2) 정상유동의 에너지 방정식(에너지 보존의 법칙 적용)

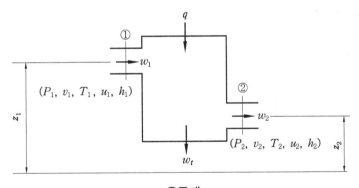

유동계

① 단면에너지 = ② 단면에너지

$$\therefore\ u_1 + P_1 v_1 + \frac{w_1^2}{2} + g z_1 + q = u_2 + P_2 v_2 + \frac{w_2^2}{2} + g z_2 + w_t\,[\text{SI 단위}] \quad\cdots\cdots (2-13)$$

비엔탈피 $h = u + Pv$이므로 식 $(2-13)$은,

$$h_1 + \frac{w_1^{\,2}}{2} + g z_1 + q = h_2 + \frac{w_2^{\,2}}{2} + g z_2 + w_t \quad\cdots\cdots\cdots\cdots\cdots\cdots\cdots\cdots (2-14)$$

위의 식 (2-13)과 식 (2-14)를 정상유동계에서의 에너지 방정식(개방계 에너지식)이라 한다.

기준면으로부터의 위치 z_1과 z_2가 그다지 높지 않다면 $z_1 \fallingdotseq z_2$로 볼 수 있으므로,

$$h_1 + \frac{w_1{}^2}{2} + q = h_2 + \frac{w_2{}^2}{2} + w_t \quad\text{(2-15)}$$

단면 ①과 ② 사이에서 가한 열량은 식 (2-15)로부터,

$$\therefore \; q = (h_2 - h_1) + \frac{1}{2}(w_2{}^2 - w_1{}^2) + w_t \quad\text{(2-16)}$$

저속(30~50 m/s 이하) 유동인 경우 식 (2-16)에서 운동에너지 항을 무시하면

$$q = (h_2 - h_1) + W_t \quad\text{(2-17)}$$

만약, 단열($q = 0$)유동이면 공업일은 비엔탈피 감소량과 같다.

$$w_t = h_1 - h_2 [\text{kJ/kg}] \quad\text{(2-18)}$$

예제 4. 이상기체에서 엔탈피 h와 내부에너지 u, 엔트로피 s 사이에 성립하는 식으로 옳은 것은? (단, T는 온도, v는 체적, P는 압력이다.)

① $Tds = dh + vdP$ 　　　② $Tds = dh - vdP$

③ $Tds = du - Pdv$ 　　　④ $Tds = dh + d(Pv)$

해설 $\delta q = dh - vdp$

$ds = \dfrac{\delta q}{T} [\text{kJ/kg} \cdot \text{K}]$

$\delta q = Tds [\text{kJ/kg}]$

$\therefore \; Tds = dh - vdp$

정답 ②

출제 예상 문제

1. 열역학 제1법칙을 바르게 표시한 것은?

① 열평형에 관한 법칙이다.

② 이상기체에만 적용되는 법칙이다.

③ 이론적으로 유도 가능하며 엔트로피의 뜻을 설명한다.

④ 에너지 보존 법칙 중 열과 일의 관계를 설명한 것이다.

[해설] 열역학 제1법칙 : 열량과 일량은 동일한 에너지이다(에너지 보존의 법칙).

2. 다음 열역학 제1법칙을 설명한 것 중 틀린 것은?

① 에너지 보존의 법칙이다.

② 열량은 내부에너지와 절대일과의 합이다.

③ 열은 고온체에서 저온체로 흐른다.

④ 계가 한 참일은 계가 받은 참열량과 같다.

[해설] 열이 고온체에서 저온체로 흐르는 것은 방향성(비가역성)을 제시한 열역학 제2법칙이다(엔트로피 증가 법칙).

3. 다음 공업일을 설명한 것 중 옳지 않은 것은?

① 가역 정상류과정 일

② 비가역 정상류과정 일

③ 개방계일

④ 압축일

[해설] 공업일$(w_t) = -\int_1^2 v dP$ = 개방계일

= 가역 정상류과정 일

= 압축일(소비일)

4. 다음 절대일(팽창일)을 설명한 것 중 옳은 것은?

① 가역 비유동과정의 일

② 가역 정상류과정의 일

③ 개방계의 일

④ 이상기체가 한 일

[해설] 절대일$(w_a) = \int_1^2 P dv$ = 밀폐계일

= 가역 비유동과정 일 = 팽창일

5. 계(system)의 경계를 통하여 에너지와 질량의 이동이 있는 계는?

① 밀폐계   ② 고립계

③ 개방계   ④ 폐쇄계

[해설] 개방계(유동계)란 계의 경계를 통한 물질의 유동과 에너지의 수수가 있는 계다.

6. 147 kJ의 내부에너지를 보유하고 있는 물체에 열을 가하였더니 내부에너지가 210 kJ로 증가하고, 외부에 대하여 7 kJ의 일을 하였다. 이때 물체에 가해진 열량은 얼마인가?

① 60 kJ   ② 70 kJ

③ 80 kJ   ④ 90 kJ

[해설] $Q = (U_2 - U_1) + W_a = (210 - 147) + 7$

$= 70$ kJ

7. $w_a = \int_1^2 P dv$가 성립되는 과정은?

① 밀폐계, 정적과정

② 정상류계, 가역과정

③ 밀폐계, 가역과정

④ 정상류계, 정압과정

정답 1. ④ 2. ③ 3. ② 4. ① 5. ③ 6. ② 7. ③

해설 밀폐계 가역과정 일은 절대일이다.

$$w_a = \int_1^2 Pdv \,[\text{kJ/kg}]$$

8. 엔탈피를 잘못 표시한 것은?

① $C_p dT$　　　　② $u + Pv$

③ $dq + vdP$　　　④ $du + Pdv$

해설 $h = \dfrac{H}{m} = u + Pv \,[\text{kJ/kg}]$

양변 미분하면 $dh = du + Pdv + vdP$
$$= \delta q + vdP \,[\text{kJ/kg}]$$

$\delta q = du + Pdv \,[\text{kJ/kg}]$은 열역학 제1기초식 미분형이다.

9. 다음 중 열역학적 성질에 속하지 않는 것은?

① 내부에너지　　　② 엔탈피

③ 일　　　　　　　④ 엔트로피

해설 일과 열은 열역학적 성질이 아닌 경로에 따라 값이 변화하는 과정(process) 함수이다.

10. 1 kW는 몇 kJ/s 인가?

① 1　　　　　　　② 10

③ 1000　　　　　④ 10000

해설 $1\,\text{kW} = 1000\,\text{W(J/s)}$
$$= 1\,\text{kJ/s} = 3600\,\text{kJ/h}$$

11. 다음 중 비체적(v)의 단위를 SI 단위로 표시하면 다음 중 어느 것인가?

① $\text{m}^3/\text{N}\cdot\text{m}$　　　② $\text{m}^3/\text{N}\cdot\text{s}^2$

③ N/m^3　　　　④ m^3/kg

해설 SI단위(국제단위)에서 비체적(v)은 밀도(ρ)의 역수다.

$$v = \frac{V}{m} = \frac{1}{\rho}\,[\text{m}^3/\text{kg}]$$

12. 어떤 계에 δQ [kJ]의 열량을 공급하면, 계 내에 내부에너지가 dU [kJ]만큼 증가하고, 동시에 외부로 δW [kJ]만큼 일을 했다면, 다음 식 중 맞는 것은?

① $\delta W = \delta Q + dU$

② $dU = \delta Q + \delta W$

③ $\delta Q = dU + \delta W$

④ $dU = dQ + \delta W$

해설 열역학 제1법칙에 의한 밀폐계 에너지식

$\delta Q = dU + \delta W \,[\text{kJ}]$
$$= dU + PdV \,[\text{kJ}]$$

13. 어떤 태양열 보일러가 900 W/m²의 율로 흡수한다. 열효율이 80 %인 장치로 67 kW의 동력을 얻으려면 전열면적은 몇 m² 이어야 하는가?

① 50.41　　　　② 74.46

③ 65.65　　　　④ 93.05

해설 전열면적(A) $= \dfrac{67 \times 10^3}{900 \times 0.8} \fallingdotseq 93.06\,\text{m}^2$

14. 100 m 높이의 폭포에서 9.5 kN의 물이 낙하했을 경우, 낙하된 물의 에너지가 전부 열로 변했다면 몇 kJ이 되겠는가?

① 220　　　　② 120

③ 550　　　　④ 950

해설 $Q = PE$(위치에너지) $= Wh = 9.5 \times 100$
$$= 950\,\text{kN}\cdot\text{m(kJ)}$$

15. 실린더 내의 어떤 기체를 압축하는 데 19.6 kN·m의 일을 필요로 한다. 기체의 내부에너지 증가를 4.2 kJ로 가정하면 외부로 방출하는 열량은 얼마인가?

① 3.68 kJ　　　② 36.8 kJ

③ -15.4 kJ　　④ -36.8 kJ

해설 $\delta Q = dU + \delta W$

$Q = \Delta U + W_a = 4.2 + (-19.6) = -15.4\,\text{kJ}$

16. 압력이 550 kPa, 체적이 0.5 m³인 공기가 압력이 일정한 상태에서 90 kN·m

정답 8. ④　9. ③　10. ①　11. ④　12. ③　13. ④　14. ④　15. ③　16. ④

의 팽창일을 행했다면 변화 후의 체적은 몇 m³인가?

① $0.33\,\text{m}^3$ ② $0.44\,\text{m}^3$

③ $0.55\,\text{m}^3$ ④ $0.66\,\text{m}^3$

해설 팽창일 = 절대일 (일정 압력하에서의 일)

$$= W_a = \int_1^2 P\,dV \text{이므로},$$

$$W_a = \int_1^2 P\,dV = P(V_2 - V_1)$$

$$\therefore\ V_2 = \frac{W_a}{P} + V_1 = \frac{90}{550} + 0.5 \fallingdotseq 0.66\,\text{m}^3$$

17. 열효율 40 % 인 열기관에서 연료의 소비량이 30 kg/h, 발열량(H_L)이 42000 kJ/kg이라면, 이때 발생되는 동력은 몇 kW인가?

① 120 kW   ② 130 kW

③ 140 kW   ④ 150 kW

해설 $\eta = \dfrac{3600\,kW}{H_L \times m_f} \times 100\,\%$

$$kW = \frac{H_L \times m_f \times \eta}{3600} = \frac{42000 \times 30 \times 0.4}{3600}$$

$$= 140\,\text{kW}$$

18. 다음 중 공업일(W_t)과 절대일(W_a) 사이의 관계를 옳게 표시한 것은?

① $W_t = W_a + P_1 V_1 - P_2 V_2$

② $W_t = W_a + P_1 V_1 + P_2 V_2$

③ $W_a = W_t - P_1 V_1 - P_2 V_2$

④ $W_a = W_t + P_1 V_1 + P_2 V_2$

19. 다음 중에서 열역학 제1법칙 식과 관계없는 것은?

① $dq = du + P\,dv$

② $dq = dh - v\,dP$

③ $Q = GC(t_2 - t_1)$

④ $Q = (U_2 - U_1) + W_a$

20. 다음 중에서 정적비열(C_v)을 잘못 표현한 것은?

① $\left(\dfrac{\partial U}{\partial T}\right)_v$ ② $\left(\dfrac{\partial S}{\partial T}\right)_v T$

③ $\dfrac{kR}{k-1}$ ④ $C_p - R$

해설 $C_v = C_p - R = \left(\dfrac{\partial U}{\partial T}\right)_v = \left(\dfrac{\partial S}{\partial T}\right)_v T$

$$= \left(\frac{\partial q}{\partial T}\right)_v$$

21. 어떤 기체 1 kg의 상태가 압력 500 kPa, 비체적 0.02 m³/kg이다. 내부에너지가 420 kJ/kg이라면, 이 상태에서의 비엔탈피는 얼마인가?

① 120 kJ/kg   ② 230 kJ/kg

③ 320 kJ/kg   ④ 430 kJ/kg

해설 $h = u + pv = 420 + 500 \times 0.02$

$$= 430\,\text{kJ/kg}$$

22. 다음 정상류계, 가역과정의 일을 표시한 것 중 맞는 것은?

① $w = -\displaystyle\int_1^2 Pv\,dv$

② $w = \displaystyle\int_1^2 Pv\,dv$

③ $w = -\displaystyle\int_1^2 P\,dv$

④ $w = -\displaystyle\int_1^2 v\,dP$

해설 절대일(w_a) $= \displaystyle\int_1^2 P\,dv\,[\text{kJ/kg}]$

공업일(w_t) $= -\displaystyle\int_1^2 v\,dP\,[\text{kJ/kg}]$

정답 **17.** ③   **18.** ①   **19.** ③   **20.** ③   **21.** ④   **22.** ④

제3장 이상기체(완전가스)

3-1 이상기체(완전가스)

(1) 기체

① **가스(gas)** : 포화온도보다 비교적 높은 상태의 기체로서, 쉽게 액화되지 않는 기체이며, 공기, 수소, 산소, 질소, 연소가스 등이다.

② **증기(vapour)** : 포화온도에 가까운 상태의 기체로서, 액화가 비교적 쉬운 냉매, 수증기 등이 이에 해당된다.

(2) 완전가스(perfect gas)

완전가스는 보일(Boyle)의 법칙과 샤를(Charles)의 법칙, 즉 완전가스의 상태방정식을 따르는 가스로서 이상기체(ideal gas)이며, 실제로는 존재하지 않는 기체이다. 원자수 1 또는 2인 가스 (He, H_2, O_2, N_2, CO 등)나 공기는 완전가스로 취급하고, 원자수 3 이상의 가스(H_2O, NH_3, CH_4, CO_2 등)는 완전가스로 취급하기 곤란하며, 과열도가 높아지면 완전가스에 가까운 성질을 지닌다.

완전가스가 성립할 조건은 가스는 완전 탄성체이고, 분자간의 인력이 없으며, 분자 자신의 체적은 없다. 분자의 운동에너지는 절대온도에 비례한다.

3-2 이상기체의 상태방정식

(1) 보일(Boyle)의 법칙(반비례 법칙 = 등온 법칙 = Mariotte law)

"온도가 일정할 때 가스의 압력과 비체적은 서로 반비례한다."는 것을 보일의 법칙이라 한다.

$T = C$ 일 때 $P = \dfrac{1}{v}$, $Pv = \text{const}$(일정)이다.

처음 상태를 P_1, v_1, T_1, 나중 상태를 P_2, v_2, T_2라 하면,

$T = C(T_1 = T_2 = T)$이면,

$$P_1 v_1 = P_2 v_2 = Pv = \text{일정} \quad\cdots\cdots\cdots\cdots\cdots\cdots\cdots\cdots\cdots\cdots\cdots\cdots (3-1)$$

의 관계를 갖는다.

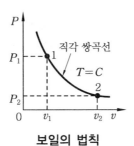

보일의 법칙

(2) 샤를 (Charles)의 법칙(정비례 법칙 = 정압 법칙 = Gay-Lussac's law)

"압력이 일정할 때 가스의 비체적은 그 온도에 비례한다."는 것을 샤를의 법칙(또는 게이 – 뤼삭의 법칙)이라 한다.

즉, $P = C$ (일정)일 때, $\dfrac{v}{T} = \text{const}$(일정)이다.

$P_1 = P_2 = P$(일정)이면,

$$\frac{v_1}{T_1} = \frac{v_2}{T_2} = \frac{v}{T} = \text{일정} \quad\cdots\cdots\cdots\cdots\cdots\cdots\cdots\cdots\cdots\cdots (3-2)$$

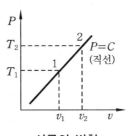

샤를의 법칙

(3) 완전가스의 상태방정식

압력 P, 체적 V, 비체적 v, 절대온도 T라고 하면, Boyle과 Charles의 법칙에 의하여 다음과 같은 상태식이 성립한다.

$$1\,\text{kg 에 대하여} : Pv = RT\left(\frac{P_1 v_1}{T_1} = \frac{P_2 v_2}{T_2} = R\right)$$

$$m\,[\text{kg}]\text{에 대하여} : PV = mRT \quad\cdots\cdots\cdots\cdots\cdots\cdots\cdots\cdots\cdots (3-3)$$

즉, 일정량의 기체의 체적과 압력과의 곱은 절대온도에 비례한다. 식 (3-3)에서 R은 기체상수(또는 가스정수)라 하며, 단위는 kJ/kg·K이고, 1 kg의 가스를 등압$(P=C)$하에서 온도를 1 K 올리는 동안에 외부에 행하는 일과 같다는 의미를 갖는다.

(4) 일반 가스 정수(공통 기체 상수)

가스의 질량 m[kg]을 분자량 M으로 나눈 값을 mol 수라 하며, 1 kmol은 분자량이 M일 때 그 가스의 질량이 m[kg]인 경우이다. 아보가드로(Avogadro)의 법칙에 의하면 "온도와 압력이 같은 경우, 같은 체적 속에 있는 가스의 분자수는 같다." 즉, 모든 가스의 분자는 같은 체적을 차지한다는 것이다.

완전가스의 상태식은 다음과 같다.

가스 m[kg]에 대하여,

$$PV = mRT = (Mn)RT = \overline{R}nT = \left(\frac{8.3143}{M}\right)nT$$

여기서, $\overline{R}$: 일반 가스 정수(universal gas constant)

$$\overline{R} = \frac{PV}{nT} = \frac{101.325 \times 22.4\,\mathrm{m}^3}{1\,\mathrm{kmol} \times 273\,\mathrm{K}} = 8.3143\,\mathrm{kJ/kmol \cdot K}$$

$$임의의\ 가스\ 정수(R) = \frac{8.3143}{M}\ [\mathrm{kJ/kmol \cdot K}] \quad \cdots\cdots\cdots\cdots\cdots\cdots\cdots\cdots\cdots (3-4)$$

SI 단위계에 대하여,

$$\overline{R} = MR = 8314.3\,\mathrm{J/kmol \cdot K} = 8.3143\,\mathrm{kJ/kmol \cdot K}$$

예제 1. 분자량이 28.97인 가스 1 kg 이 압력 500 kPa, 온도 100°C 이다. 이 가스가 차지하는 체적은 얼마인가?

① 0.214   ② 0.234

③ 0.314   ④ 0.326

해설 $PV = mRT$에서,

$$V = \frac{mRT}{P} = \frac{1 \times 0.287 \times (100 + 273)}{500} = 0.214\,\mathrm{m}^3$$

$$기체\ 상수(R) = \frac{8.3143}{분자량(M)} = \frac{8.3143}{28.97} = 0.287\,\mathrm{kJ/kg \cdot K}$$

정답 ①

참고로 여러 가스의 분자량(M)과 R, C_p, C_v, k 값은 다음 표와 같다.

여러 가스의 M, R, C_p, C_v, k 값

가스명			SI 단위계			중력 단위계			비열비 k
가스	기호	분자량	R [J/kg·K]	C_p [J/kg·K]	C_v [J/kg·K]	R [kg·m/ kg·℃]	C_p [kcal/ kg·℃]	C_v [kcal/ kg·℃]	
수소	H₂	2.016	4124	14207	10083	420.55	3.403	2.412	1.409
질소	N₂	28.016	296.8	1038.8	742	30.26	0.2482	0.1774	1.4
산소	O₂	32.000	259.8	914.2	654.2	26.49	2.2184	0.1562	1.397
공기	–	28.964	287	1005	718	29.27	0.240	0.171	1.4
일산화탄소	CO	28.01	296.8	1038.8	742	30.27	0.2486	0.1775	1.4
산화질소	NO	30.008	277	998	721	28.25	0.2384	0.1722	1.384
수증기	H₂O	18.016	461.4	1859.9	1398.2	47.06	0.444	0.334	1.33
이산화탄소	CO₂	44.01	188.9	818.6	629.7	19.26	0.1957	0.1505	1.3

(5) 내부에너지에 대한 줄(Joule)의 법칙

① 외부에 열 출입이 없이 단열상태에서 가스를 자유팽창시키면 온도는 변하지 않는다.
② 분자의 인력을 무시하면 내부에너지는 온도만의 함수이다($U=f(T)$).
③ 줄의 법칙은 엄밀히 완전가스에서만 성립한다.

3-3 가스의 비열과 가스 정수와의 관계

완전가스의 중요한 성질의 하나로 내부에너지 u와 엔탈피 h는 온도만의 함수이다.

일반 에너지식 $\delta q = du + P dv$, $\delta q = dh - v dP$ 와 $\delta q = C \cdot dT \left(C = \dfrac{\delta q}{dT} \right)$ 에서,

정적 변화인 경우 $dv = 0$이므로 일반 에너지식은 $\delta q = du + P dv = du$이므로, 가열량은 내부에너지로만 전환된다.

$dv = 0$(즉, v = 일정)인 상태에서 측정한 비열 C가 정적비열(C_v)이므로 완전가스인 경우 $dq = C_v dT$이므로, 정적변화($v = C$)에서는 $dq = du = C_v dT$이다.

따라서, 가열량은 내부에너지 변화와 같으며, 완전가스인 경우 온도만의 함수이다.

또, 정압변화, 즉 $dP = 0$(압력의 변화가 없음)인 경우 $\delta q = dh - v dP = dh$이고, $dP = 0$(즉, P = 일정)인 상태에서 측정한 비열 C를 정압비열(C_p)이라 하며, $dq = C_p \cdot dT$이므로, $P = C$에서 $dq = dh = C_p dT$ 이다.

따라서, 가열량은 엔탈피의 변화와 같으며 완전가스인 경우 온도만의 함수이다.

정리하면,

$$정적비열(C_v) = \frac{du}{dT} = \left(\frac{\partial u}{\partial T}\right)_v = \left(\frac{\partial q}{\partial T}\right)_v = \left(\frac{\partial s}{\partial T}\right)_v \cdot T$$

$$정압비열(C_p) = \frac{dh}{dT} = \left(\frac{\partial h}{\partial T}\right)_p = \left(\frac{\partial q}{\partial T}\right)_p = \left(\frac{\partial s}{\partial T}\right)_p \cdot T$$

$\qquad\qquad\qquad\qquad\qquad\qquad\qquad\qquad\qquad\qquad$ (3-6)

의 관계가 있다 (단위는 C_p, C_v 모두 SI 단위에서 kJ/kg·K, 중력 단위에서 kcal/kg·℃ 이다).

$$엔탈피식 \ h = u + Pv = u + RT$$

$$dh = du + RdT \ 으로부터,$$

$\frac{dh}{dT} = \frac{du}{dT} + R$ 이므로 식 (3-6)을 대입하면,

$$C_p - C_v = R[kJ/kg \cdot K] \qquad\qquad\qquad\qquad (3-7)$$

또, 비열비 $k = \frac{C_p}{C_v}$ 이므로 식 (3-7)에 대입 정리하면,

$$C_p = \frac{k}{k-1} R$$

$$C_v = \frac{1}{k-1} R$$

$\qquad\qquad\qquad\qquad\qquad\qquad\qquad\qquad\qquad\qquad$ (3-8)

비열비 k의 값은 완전가스의 분자를 구성하는 원자수에만 관계되며,

1원자 분자의 완전가스인 경우 $k = 1.66$
2원자 분자의 완전가스인 경우 $k = 1.40$
3원자 분자의 완전가스인 경우 $k = 1.33$

$\qquad\qquad\qquad\qquad\qquad\qquad\qquad\qquad$ (3-9)

비열이 일정한 경우와 온도의 함수인 경우에는 여러 가지 취급방법이 매우 달라지므로 편의상 비열이 일정한 경우를 완전가스라 하고, 비열이 온도의 함수인 경우를 반완전가스라 한다.

예제 2. 산소의 등압비열 C_p와 등적비열 C_v의 개략값(kJ/kg·K)을 구하면 얼마인가?

① 0.91, 0.65 　　　　　　② 0.62, 0.26
③ 0.91, 0.75 　　　　　　④ 0.86, 0.78

해설 산소의 가스정수 $(R) = \frac{8314.3}{M} = \frac{8314.3}{32} = 259.82$ J/kg·K ≒ 0.26 kJ/kg·K

등압비열 $(C_p) = \frac{k}{k-1} R = \frac{1.4}{1.4-1} \times 259.82 = 909.37$ J/kg·K ≒ 0.91 kJ/kg·K

등적비열 $(C_v) = \frac{R}{k-1} = \frac{C_p}{k} = \frac{909.37}{1.4} = 649.55$ J/kg·K ≒ 0.65 kJ/kg·K 　　**정답** ①

| 3-4 | **완전가스(이상기체)의 상태변화** |

(1) 등압변화($P = C$)

그림과 같은 장치에 열을 가하면 실린더 압력을 일정($P = C$, $dP = 0$) 상태로 유지하면서 가스의 팽창(부피 증가)에 의하여 $m[\text{kg}]$의 추를 1에서 2로 이동시키게 되는데, 이러한 변화과정을 등압(정압)변화라 한다.

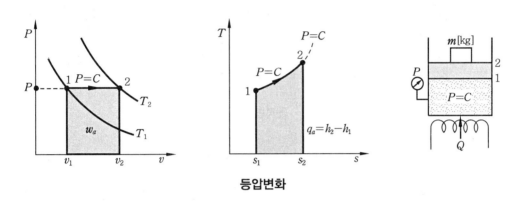

등압변화

① P, v, T 관계 : $dP = 0$ ($P = C$: $P_1 = P_2 = P =$ 일정)이므로,

$$\frac{v_1}{T_1} = \frac{v_2}{T_2} = \frac{v}{T} = 일정 \quad \cdots\cdots (3-10)$$

② 절대일(w_a) $= \displaystyle\int_1^2 P dv = P(v_2 - v_1)$

$$= R(T_2 - T_1)[\text{N} \cdot \text{m/kg} = \text{J/kg}] \quad \cdots\cdots (3-11)$$

③ 공업일(w_t) $= -\displaystyle\int_1^2 v dP = 0 \ (\because dP = 0)$ $\quad \cdots\cdots (3-12)$

④ 내부에너지 변화(du) $= C_v dT$

$$\therefore \ du = C_v(T_2 - T_1)[\text{kJ/kg}]$$

$$dU = m C_v(T_2 - T_1)[\text{kJ}] \quad \cdots\cdots (3-13)$$

⑤ 엔탈피 변화(dh) $= C_p dT = dq + v dP = dq \ (\because dP = 0)$

$$\therefore \ \Delta h = C_p(T_2 - T_1) = q_a[\text{kJ/kg}]$$

$$\Delta H = m C_p(T_2 - T_1) = Q_a[\text{kJ}] \quad \cdots\cdots (3-14)$$

⑥ 계에 출입하는 열량(dq) $= dh - v dP = dh \ (\because dP = 0)$ $\quad \cdots\cdots (3-15)$

$\therefore \ q_a = h_2 - h_1$: 가열량은 엔탈피 변화량과 같다.

(2) 등적변화($v = C$)

그림과 같이 탱크 속에 있는 물질에 열을 가하면 체적의 변화가 없으며, 체적이 일정 ($v = C,\ dv = 0$)한 상태를 유지하는 변화과정을 등적(정적)변화라 한다.

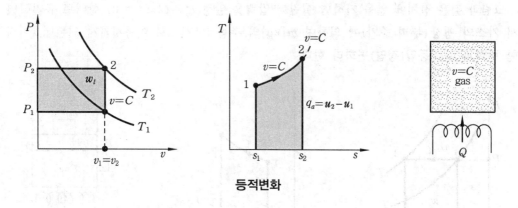

등적변화

① $P,\ v,\ T$ 관계 : $dv = 0\,(v = C : v_1 = v_2 = v = $ 일정)이므로,

$$\frac{P_1}{T_1} = \frac{P_2}{T_2} = \frac{P}{T} = \text{일정} \qquad \cdots\cdots (3-16)$$

② 절대일(w_a) $= \displaystyle\int_1^2 P\,dv = 0\,(\because dv = 0)$ $\qquad\cdots\cdots (3-17)$

③ 공업일(w_t) $= -\displaystyle\int_1^2 v\,dP$

$$= -v(P_2 - P_1) = v(P_1 - P_2)[\text{N} \cdot \text{m/kg} = \text{J/kg}] \quad\cdots\cdots (3-18)$$

④ 내부에너지 변화(du) $= C_v\,dT = dq - P\,dv = dq\,(\because dv = 0)$

$$du = C_v(T_2 - T_1) = q_a[\text{kJ/kg}] \qquad\cdots\cdots (3-19)$$

⑤ 엔탈피 변화(dh) $= C_p\,dT$

$$dh = C_p(T_2 - T_1)[\text{kJ/kg}] \qquad\cdots\cdots (3-20)$$

⑥ 가열량(δq) $= du + P\,dv = du\,(\because dv = 0)$

$$q_a = du = u_2 - u_1$$

위 식에서 가열량은 모두 내부에너지로 저장된다. 즉, 내부에너지 변화량과 같다.

$$\left.\begin{aligned} \therefore\ q_a &= u_2 - u_1 = C_v(T_2 - T_1) \\ &= \frac{R}{k-1}(T_2 - T_1) = \frac{v}{k-1}(P_2 - P_1)[\text{kJ/kg}] \end{aligned}\right\} \quad\cdots\cdots (3-21)$$

(3) 등온변화 ($T = C$)

그림과 같은 기구에 열을 가하여 실린더 내의 온도를 일정($T = C,\ dT = 0$)한 상태로 변화하는 과정을 등온(정온)과정이라 한다.

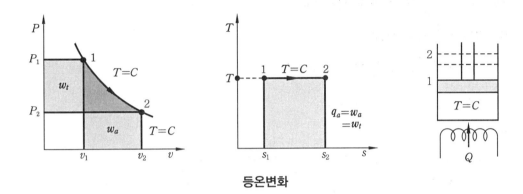

등온변화

① **$P,\ v,\ T$ 관계** : $dT = 0\,(T = C:\ T_1 = T_2 = T = $ 일정)이므로,

$$P_1 v_1 = P_2 v_2 = Pv = \text{일정} \quad \cdots\cdots\cdots (3-22)$$

② **절대일**$(w_a) = \displaystyle\int_1^2 P\,dv = \int_1^2 P_1 v_1 \frac{dv}{v} \quad \left(P_1 v_1 = Pv \text{ 에서, } P = \frac{P_1 v_1}{v}\right)$

$$\therefore\ w_a = P_1 v_1 \ln \frac{v_2}{v_1} = P_1 v_1 \ln \frac{P_1}{P_2}(P_1 v_1 = RT_1) \quad \cdots\cdots (3-23)$$

③ **공업일**$(w_t) = -\displaystyle\int_1^2 v\,dP = -\int_1^2 P_1 v_1 \frac{dP}{P}\left(P_1 v_1 = Pv \text{ 에서, } v = \frac{P_1 v_1}{P}\right)$

$$\therefore\ w_t = -P_1 v_1 \ln \frac{P_2}{P_1} = P_1 v_1 \ln \frac{P_1}{P_2} = P_1 v_1 \ln \frac{v_2}{v_1}(P_1 v_1 = RT_1) \quad \cdots (3-24)$$

$\therefore\ T = C$에서 공업일과 절대일은 서로 같다. 즉, $w_a = w_t$이다.

④ **내부에너지 변화량**$(du) = C_v\,dT = 0$ $\Big\}$ $\cdots\cdots\cdots\cdots (3-25)$
⑤ **엔탈피 변화량**$(dh) = C_p\,dT = 0$

$du = 0,\ dh = 0$이므로 등온변화 시 내부에너지 변화와 엔탈피 변화는 없다.

⑥ **가열량**$(dq) = du + P\,dv$에서 $du = 0$이므로,

$$\therefore\ q_a = \int_1^2 P\,dv = w_a = w_t = P_1 v_1 \ln \frac{v_2}{v_1} = RT_1 \ln \frac{P_1}{P_2} \quad \cdots\cdots\cdots (3-26)$$

(4) 단열변화(adiabatic change)

상태변화를 하는 동안에 외부와 계간에 열의 이동이 전혀 없는 변화를 단열변화라 한다.

① $P,\ v,\ T$ 관계 : $\delta q = du + Pdv = C_v dT + Pdv$

$Pv = RT$의 양변을 미분하면,

$\quad P \cdot dv + vdP = RdT$

$dT = \dfrac{P}{R}dv + \dfrac{v}{R}dP$인 관계식을 사용하면

$dq = 0$인 단열변화에서는,

$$dq = C_v \left(\frac{P}{R}dv + \frac{v}{R}dP \right) + Pdv = 0$$

$$(C_v + R)P \cdot dv + C_v v dP = 0$$

양변을 $C_v Pv$로 나누면,

$$\left(1 + \frac{R}{C_v} \right)\frac{dv}{v} + \frac{dP}{P} = 0 \left(k = \frac{C_p}{C_v} = \frac{C_v + R}{C_v} = 1 + \frac{R}{C_v} \right)$$

$$k \cdot \frac{dv}{v} + \frac{dP}{P} = 0$$

양변을 적분하면,

$$k \int \frac{dv}{v} + \int \frac{dP}{P} = k \ln v + \ln P = \ln v^k + \ln P = \ln C$$

$$\therefore\ Pv^k = C \quad \cdots\cdots\cdots\cdots\cdots\cdots\cdots\cdots\cdots\cdots\cdots\cdots\cdots\cdots\cdots\cdots\cdots (3-27)$$

그러므로 $Pv^k = C$에

$Pv = RT$를 대입 정리하면,

$$\left. \begin{array}{l} Tv^{k-1} = C \\ T^k P^{1-k} = C \end{array} \right\} \quad \cdots\cdots\cdots\cdots\cdots\cdots\cdots\cdots\cdots\cdots\cdots\cdots\cdots\cdots\cdots (3-28)$$

$$\frac{T_2}{T_1} = \left(\frac{v_1}{v_2} \right)^{k-1} = \left(\frac{P_2}{P_1} \right)^{\frac{k-1}{k}}$$

여기서, k : 단열지수 (비열비) > 1

② 절대일$(w_a) = \displaystyle\int_1^2 Pdv$이고 $dq = du + Pdv = 0$에서 $Pdv = -du$이므로,

$$w_a = \int_1^2 Pdv = -\int_1^2 du = -\int_1^2 C_v dT = -C_v(T_2 - T_1) = C_v(T_1 - T_2)$$

$C_v = \dfrac{1}{k-1}R$을 대입하면,

$$w_a = \int_1^2 Pdv = C_v(T_1 - T_2)$$

$$= \frac{R}{k-1}(T_1 - T_2) = \frac{P_1 v_1}{k-1}\left(1 - \frac{T_2}{T_1}\right) \quad\text{.....................}\quad (3-29)$$

③ 공업일$(w_t) = -\int_1^2 v\,dP$이고 $dq = dh - v\,dP = 0$에서 $v\,dP = dh$이므로,

$$w_t = -\int_1^2 v\,dP = -\int_1^2 dh = -\int_1^2 C_p\,dT = -C_p(T_2 - T_1) = C_p(T_1 - T_2)$$

$C_p = \dfrac{k}{k-1}R$을 대입하면,

$$w_t = -\int_1^2 v\,dP = C_p(T_1 - T_2) = \frac{kR}{k-1}(T_1 - T_2)$$

$$= \frac{kP_1 v_1}{k-1}\left(1 - \frac{T_2}{T_1}\right) \quad\text{.....................................}\quad (3-30)$$

여기서, $\dfrac{T_2}{T_1} = \left(\dfrac{v_1}{v_2}\right)^{k-1} = \left(\dfrac{P_2}{P_1}\right)^{\frac{k-1}{k}}$

$\therefore w_t = k w_a$(단열변화에서 공업일은 절대일과 비열비의 곱과 같다.) $\quad\text{.........}\quad (3-31)$

④ 내부에너지 변화량$(du) = C_v\,dT = -P\,dv$에서,

$$du = u_2 - u_1 = C_v(T_2 - T_1) = -w_a \quad\text{.............................}\quad (3-32)$$

⑤ 엔탈피 변화량$(dh) = C_p\,dT = v\,dP$에서,

$$dh = C_p(T_2 - T_1) = -w_t \quad\text{...}\quad (3-33)$$

⑥ 가열량 : $dq = 0$ [단열변화(열의 수수가 없는 변화)이므로] $\quad\text{.............}\quad (3-34)$

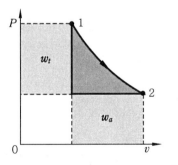 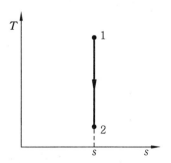

단열 변화

(5) 폴리트로픽 변화(polytropic change)

실제기관인 내연기관이나 공기 압축기의 작동유체인 공기와 같은 실제가스는 앞의 4가지 기본변화만으로 설명하기는 곤란하며, $(Pv^n = 일정)$ 식을 사용하여 표시하는데, 이 식

으로 표시되는 변화를 폴리트로픽 변화라 하고, n을 폴리트로픽 지수라 한다. 이 폴리트로픽 변화에 있어서 여러 가지 관계식은 단열변화의 k 대신에 n을 대입하면 된다.

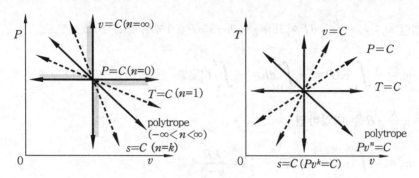

폴리트로픽 변화

① $P, \ v, \ T$ 관계 : $Pv^n = C \ (P_1 v_1^{\ n} = P_2 v_2^{\ n} = $ 일정$)$

$$Tv^{n-1} = C \ (T_1 v_1^{\ n-1} = T_2 v_2^{\ n-1} = \text{일정})$$

$$T^n P^{1-n} = C \ (T_1^{\ n} P_1^{\ 1-n} = T_2^{\ n} P_2^{\ 1-n} = \text{일정}) \qquad \Bigg\} \quad \cdots\cdots\cdots (3-35)$$

② **절대일** : 일은 단열변화에서 k 대신 n을 쓰면 된다.

$$w_a = \int_1^2 Pdv = \frac{R}{n-1}(T_1 - T_2) = \frac{1}{n-1}(P_1 v_1 - P_2 v_2)$$

$$= \frac{RT_1}{n-1}\left(1 - \frac{T_2}{T_1}\right) \quad \cdots\cdots\cdots\cdots\cdots\cdots\cdots\cdots\cdots\cdots\cdots\cdots\cdots (3-36)$$

③ **공업일**

$$w_t = \frac{n}{n-1}R(T_1 - T_2)$$

$$= \frac{n}{n-1}(P_1 v_1 - P_2 v_2) = \frac{n}{n-1}RT_1\left(1 - \frac{T_2}{T_1}\right) \quad \cdots\cdots\cdots\cdots (3-37)$$

$$\therefore \ w_t = n_1 w \, [\text{kJ/kg}]$$

④ **내부에너지 변화량**$(du) = C_v dT$에서,

$$du = u_2 - u_1 = C_v(T_2 - T_1) = \frac{RT_1}{k-1}\left\{\left(\frac{P_2}{P_1}\right)^{\frac{n-1}{n}} - 1\right\} \quad \cdots\cdots\cdots (3-38)$$

⑤ **엔탈피 변화량**$(dh) = C_v \, dT$에서,

$$dh = h_2 - h_1 = C_p(T_2 - T_1) = \frac{kRT_1}{k-1}\left\{\left(\frac{P_2}{P_1}\right)^{\frac{n-1}{n}} - 1\right\} \quad \cdots\cdots\cdots (3-39)$$

⑥ 가열량$(\delta q) = du + P dv = C_v dT + P dv$

$$\therefore \; q_a = C_v(T_2 - T_1) + w_a = C_v(T_2 - T_1) + \frac{R}{n-1}(T_1 - T_2)$$

$$= C_v \frac{n-k}{n-1}(T_2 - T_1) = C_n(T_2 - T_1) \; \cdots\cdots\cdots\cdots\cdots\cdots\cdots \; (3-40)$$

여기서, 폴리트로픽 비열$(C_n) = C_v \dfrac{n-k}{n-1} [\text{kJ/kg} \cdot \text{K}]$

참고 $\left(C_n = C_v \dfrac{n-k}{n-1}\right)$와 $(Pv^n = C)$에서,

$n = 0$일 때, "$Pv^0 = P =$ 일정"이므로 등압변화

$n = \infty$일 때, "$v =$ 일정"이므로 등적변화 $(Pv^n = \text{const}, \; P^{\frac{1}{n}} v = \text{const}, \; n = \infty$이면 $v = \text{const})$

$n = 1$일 때, "$Pv =$ 일정"이므로 등온변화

$n = k$일 때, "$Pv^k =$ 일정"이므로 단열변화

예제 3. 공기 1 kg을 정적과정으로 40℃에서 120℃까지 가열하고, 다음에 정압과정으로 120℃에서 220℃까지 가열한다면 전체 가열에 필요한 열량은 약 얼마인가? (단, 정압비열은 1.00 kJ/kg · K, 정적비열은 0.71 kJ/kg · K이다.)

① 127.8 kJ/kg   ② 141.5 kJ/kg

③ 156.8 kJ/kg   ④ 185.2 kJ/kg

해설 $_1q_2 = C_v(T_2 - T_1) + C_p(T_3 - T_2)$

$= 0.71 \times (120 - 40) + 1 \times (220 - 120) = 156.8 \text{ kJ/kg}$ **정답** ③

(6) 비가역변화(실제적인 변화)

① **비가역 단열변화** : 노즐 속 또는 일반 관로 속을 고속으로 가스가 흐를 때 외부와의 열의 차단이 있어도, 즉 단열적이어도 내부마찰열이 있기 때문에 비가역변화가 된다 $(\Delta S > 0)$.

② **교축(throttling)** : 가스가 급격히 좁은 통로를 통과할 때는 외부에 아무런 일도 하지 않고 압력이 강하하게 되는데 이러한 과정을 말하며, 하나의 비가역과정이다.

$$\left(h_1 + \frac{w_1^2}{2g} + z_1 + q = h_2 + \frac{w_2^2}{2g} + z_2 + w_t\right)에서,$$

좁은 통로 앞뒤를 1, 2로 표기할 때

$(q = 0, \; w_t = 0, \; h_1 \approx h_2, \; w_1 \approx w_2)$이므로,

"$h_1 = h_2 = h =$ 일정"이다. $\cdots\cdots\cdots\cdots\cdots\cdots\cdots\cdots\cdots\cdots\cdots$ (3-41)

즉, 교축 과정에서는 가스의 엔탈피는 변화하지 않는다.

③ **완전가스의 혼합** : 서로 다른 가스들이 확산으로 혼합할 때, 이 확산혼합 현상도 비가역변화이다.

Dalton's 분압법칙 $P = P_1 + P_2 + P_3 + \cdots + P_n = \sum_{i=1}^{n} P_i \,[\text{kPa}]$

예제 4. 탱크 속에 15℃ 공기 10 kg과 50℃의 산소 5 kg이 혼합되어 있다. 혼합가스의 평균온도는 몇 ℃인가? (단, 공기의 C_v = 0.172 kcal/kgf · ℃, 산소의 C_v = 0.156 kcal/kgf · ℃이다.)

① 24.92℃ ② 25.92℃

③ 26.92℃ ④ 27.92℃

해설 $t_m = \dfrac{m_1 C_{v_1} t_1 + m_2 C_{v_2} t_2}{m_1 C_{v_1} + m_2 C_{v_2}} = \dfrac{(10 \times 0.172 \times 15) + (5 \times 0.156 \times 50)}{(10 \times 0.172) + (5 \times 0.156)} = 25.92 ℃$ **정답** ②

예제 5. 표준 대기압에서의 온도 40℃, 상대습도 0.8인 습공기의 절대습도(x), 비엔탈피를 구하면 얼마인가? (40℃ 증기의 포화압력 P_s = 0.73766×10^4 N / m^2)

① 0.0285, 129.15 ② 0.0285, 139.18

③ 0.0385, 139.28 ④ 0.0285, 149.28

해설 절대습도$(x) = 0.622 \times \dfrac{\phi P_s}{P - \phi P_s}$

$= 0.622 \times \dfrac{0.8 \times 7376.6}{101325 - 0.8 \times 7376.6} = 0.0385$

비엔탈피$(h) = 1.0046t + (2500 + 1.846t)x$

$= 1.0046 \times 40 + (2500 + 1.846 \times 40) \times 0.0385$

$= 139.28 \,\text{kJ/kg}$ **정답** ③

출제 예상 문제

1. 다음 중 잘못 설명된 것은?

① 등온과정에서 내부에너지(u)의 변화는 없다.

② 정적과정에서 이동된 열량은 엔트로피의 변화와 같다.

③ 정적과정에서의 일은 0이다.

④ 정압과정에서의 이동된 열량은 엔탈피 변화와 같다.

해설 ① $T = C(dT = 0)$에서 $du = CvdT = 0$ 이므로 $u = C$(일정)이다.

② $v = C(dv = 0)$에서 $dq = du + APdv = du$ $(dv = 0)$이므로 이동된 열량은 내부에너지 변화와 같다.

③ $v = C(dv = 0)$에서, $w_a = \int pdv = 0$

$w_t = -\int vdP = v(P_1 - P_2)$인데 w_t는 의미 없다.

④ $P = C(dP = 0)$에서 $\delta q = dh - vdP = dh$ $(dP = 0)$이므로 이동된 열량(q)은 엔탈피 변화($h_2 - h_1$)와 같다.

2. 압력 – 비체적 선도($P-v$ 선도)에서 곡선의 기울기가 같은 변화는?

① 등온 변화

② 등적 변화

③ 등엔트로피 변화

④ 폴리트로픽 변화

해설 ① $T = C(w_a = w_t)$: w_a와 w_t가 같으므로 기울기가 45°이다(직각쌍곡선).

② $v = C(w_a = 0)$

③ $s = C(w_t = kw_a)$

④ polytrope($w_t = nw_a$)

3. 다음 중 P, v, T 관계가 잘못된 것은?

① $v = C$, $\dfrac{T}{P} = C$

② $P = C$, $\dfrac{v}{T} = C$

③ $T = C$, $\dfrac{v}{P} = C$

④ $\dfrac{Pv}{T} = C$

해설 $T = C$일 때 $Pv = C$이다(Boyle's law).

4. 돌턴(Dalton)의 분압법칙을 설명한 것 중 옳은 것은?

① 혼합기체의 온도는 일정하다.

② 혼합기체의 압력은 각 성분(기체)의 분압의 합과 같다.

③ 혼합기체의 체적은 각 성분의 체적의 합과 같다.

④ 혼합기체의 기체상수는 각 성분의 기체상수의 합과 같다.

해설 $P = P_1 + P_2 + P_3 + \cdots + P_n = \Sigma P_i$

5. 다음 중 보일 – 샤를(Boyle – Charles) 의 법칙을 옳게 표시한 것은?

① $\dfrac{Pv}{T} = C$ ② $\dfrac{T}{Pv} = C$

③ $\dfrac{Tv}{P} = C$ ④ $\dfrac{TP}{v} = C$

해설 보일의 법칙 : $T = C$일 때, $Pv = C$

샤를의 법칙 : $P = C$일 때, $\dfrac{v}{T} = C$

$v = C$일 때, $\dfrac{P}{T} = C$

정답 1. ② 2. ① 3. ③ 4. ② 5. ①

보일 – 샤를의 법칙 : $\dfrac{Pv}{T} = C$

6. 가역 정적과정에서 외부에 한 일은?

① 엔탈피 변화량과 같다.

② 이동 열량과 같다.

③ 0이다.

④ 압축일과 같다.

해설 $v = C(dv = 0)$에서,

외부에서 한 일 $w_a = \displaystyle\int_1^2 Pdv = 0$이다.

7. 정적비열(C_v)과 정압비열(C_p)과의 관계식을 옳게 표시한 것은?

① $C_p = C_v - R$ ② $C_p = C_v + R$

③ $C_p = \dfrac{R}{C_v}$ ④ $C_v / C_p = R$

해설 C_v와 C_p의 관계

$k = \dfrac{C_p}{C_v}$(가스인 경우 $C_p > C_v$이므로 k(비열비)는 항상 1보다 크다.)

$C_p - C_v = R,\ \dfrac{C_p}{C_v} - 1 = \dfrac{R}{C_v}$

$C_p = k C_v = \dfrac{k}{k-1} R$

8. 이상기체의 엔탈피(h)가 일정한 과정은?

① 교축과정

② 비가역 단열과정

③ 가역 단열과정

④ 등압과정

해설 이상기체(ideal gas)의 교축과정에서 $P_1 > P_2$, $T_1 = T_2$, $h_1 = h_2$, $\Delta S > 0$

9. 다음 각 과정의 공업일과 절대일의 관계를 표시한 것 중 잘못된 것은?

① 단열과정$(W_a = k W_t)$

② 교축과정$(W_a = W_t = 0)$

③ 등온과정$(W_a = W_t)$

④ 폴리트로픽 과정$(W_t = n \cdot W_a)$

해설 각 과정에서의 절대일(W_a)과 공업일(W_t)은,

$V = C : W_a = 0,\ W_t = -V(P_2 - P_1)$

$P = C : W_a = P(V_2 - V_1),\ W_t = 0$

$T = C : W_a = P_1 V_1 \ln \dfrac{V_2}{V_1} = mRT_1 \ln \dfrac{P_1}{P_2}$

$\qquad\qquad\qquad = W_t [\text{kJ}]$

$s = C : W_t = \dfrac{k}{k-1}(P_1 V_1 - P_2 V_2)$

$\qquad\qquad = \dfrac{k}{k-1} mR(T_1 - T_2) = k W_a [\text{kJ}]$

polytrope : $W_t = \dfrac{n}{n-1}(P_1 V_1 - P_2 V_2)$

$\qquad\qquad = \dfrac{n}{n-1} mR(T_1 - T_2)$

$\qquad\qquad = n W_a [\text{kJ}]$

10. 혼합가스의 압력, 체적, 몰수를 P, V, n, 성분가스의 압력, 체적, 몰수를 P_n, V_n, n_n이라면 다음 중 잘못 표시된 것은?

① $P_n = \dfrac{V_n}{V} \cdot P$

② $V_n = \dfrac{n_n}{n} \cdot V$

③ $\dfrac{P_n}{P} = \dfrac{V_n}{V} = \dfrac{n_n}{n}$

④ $\dfrac{P_n V_n}{n_n} = \dfrac{PV}{n}$

해설 혼합기체에서 몰수비(압력비)는 일정하다(비례한다).

11. 다음 중 점함수가 아닌 것은?

① 내부에너지 ② 엔탈피

③ 일 ④ 비체적

해설 열과 일은 경로함수(또는 도정함수 : path function)라 한다.

정답 **6.** ③ **7.** ② **8.** ① **9.** ① **10.** ④ **11.** ③

12. 이상기체의 등온과정에서 압력이 증가하면 엔탈피는?

① 증가한다.
② 감소한다.
③ 일정하다.
④ 증가 또는 감소한다.

[해설] $T = C(dT = 0)$,

$dh = C_p dT = C_p \times 0 = 0$

즉, $h = C$(엔탈피 = 일정)

13. 이상기체의 상태방정식을 옳게 표현한 것은?

① $Pv = R \cdot v$ ② $PR = T \cdot v$
③ $v = PRT$ ④ $Pv = RT$

[해설] 이상기체의 상태방정식은

보일 – 샤를의 법칙 $\dfrac{Pv}{T} = C$ 에서

$Pv = C \cdot T = RT$ 이다.

따라서, 질량 1 kg에 대해서, $Pv = RT$
질량 m[kg]에 대해서, $Pv = mRT$

14. 가스의 비열비$(k = C_p / C_v)$ 값은?

① $k < 1$ ② $k > 1$
③ $0 < k < 1$ ④ $k = 0$

[해설] 가스의 비열비 : $C_p > C_v$이므로 k는 항상 1보다 크다.

(1) 1 원자 분자인 경우 : $k = \dfrac{5}{3} = 1.66$

(2) 2 원자 분자인 경우 : $k = \dfrac{7}{5} = 1.40$

(3) 3 원자 분자인 경우 : $k = \dfrac{4}{3} = 1.33$

15. 정적가열 과정에서 내부에너지의 변화를 바르게 표현한 것은?

① $\Delta U = m(T_2 - T_1)/C_v$
② $\Delta U = mC_v(P_1 V_1 - P_2 V_2)$

③ $\Delta U = mR(T_2 - T_1)$
④ $\Delta U = mC_v(T_2 - T_1)$

[해설] $P = C$ 과정에서,

$dq = du + APdv = du$ 이므로$(dv = 0)$

$\therefore \ du = dq = C_v dT$

1 kg에 대하여, $\Delta u = C_v(T_2 - T_1)$[kJ/kg]

m[kg]에 대하여, $\Delta U = mC_v(T_2 - T_1)$[kJ]

16. 등엔트로피$(S = C)$ 과정이란?

① 가역 단열과정
② 비가역 단열과정
③ 단열과정
④ 가역과정

[해설] 가역과정에서 $S = C$, 즉 $ds = 0$인 경우

$ds = \dfrac{\delta q}{T}$ 에서 $\delta q = 0$(단열)이므로, $S = C$는 가역 단열과정(등엔트로피 과정)이다.

17. 비열비가 가장 큰 것은?

① CO_2 ② N_2
③ He ④ O_2

[해설] CO_2(3원자 분자), N_2, O_2(2원자 분자), He (1원자 분자)이므로 문제 16에서 1원자 분자의 k값이 가장 크므로 He의 값이 가장 크다.

18. 이상기체 (완전가스)의 등온변화를 옳게 설명한 것은?

① 엔탈피 변화가 없다.
② 엔트로피 변화가 없다.
③ 팽창일이 압축일보다 작다.
④ 열이동이 없다.

[해설] 이상기체의 등온과정(Boyle's law 적용)

(1) $T = C(dT = 0)$이므로, $Pv = C$

(2) $w_a = P_1 v_1 \cdot \ln \dfrac{v_2}{v_1} = RT_1 \cdot \ln \dfrac{P_1}{P_2} = w_t$

(3) $Q = w_a = w_t (w_a$: 팽창일, w_t : 압축일$)$

[정답] **12.** ③ **13.** ④ **14.** ② **15.** ④ **16.** ① **17.** ③ **18.** ①

(4) $\Delta H = 0$, $\Delta U = 0$

(5) $dS = mR \cdot \ln\dfrac{v_2}{v_1}$ [kJ/kg · K]

$$\Delta S = \frac{\delta Q}{T} = mR\ln\frac{v_2}{v_1}$$

$$= mR\ln\frac{P_1}{P_2}\,[\text{kJ/K}]$$

19. 다음 중 폴리트로픽 (polytrope) 비열을 옳게 표시한 것은?

① $C_n = C_v\dfrac{k-1}{n-1}$ ② $C_v = C_v\dfrac{n-k}{n-1}$

③ $C_n = C_v\dfrac{k-n}{1-k}$ ④ $C_n = C_v\dfrac{n-k}{n-1}$

[해설] 폴리트로픽 비열(C_n)

$$= C_v\frac{n-k}{n-1}\,[\text{kJ/kg · K}]$$

20. 다음 중 실제가스가 이상기체의 상태방정식을 근사적으로 만족하려면 어떻게 해야 하는가?

① 분자량이 클수록 만족한다.
② 압력과 온도가 높을 때 만족한다.
③ 압력이 낮고 온도가 높을 때 만족한다.
④ 비체적이 크고 분자량이 클 때 만족한다.

[해설] 완전가스의 성립조건
(1) 가스는 완전 탄성체일 것
(2) 분자간 인력이 없으며 분자 자신의 체적이 없을 것
(3) 분자의 운동에너지는 절대온도에 비례
(4) 분자량이 적을수록, 압력이 낮고 온도가 높을수록 완전가스의 성질에 가까워진다.

21. 폴리트로픽 비열이 $C_n = \infty$ 인 변화는 다음 중 어느 것인가?

① 단열변화   ② 등압변화
③ 등온변화   ④ 등적변화

[해설] $Pv^n = C$, $C_n = C_v\dfrac{n-k}{n-1}$ [kJ/kg · K]에서

(1) $n = \infty$: $C_n = C_v$, $v = C$ (등적변화)
　($C_n = C_v$)

(2) $n = 0$: $Pv^n = C$, $P = C$ (등압변화)
　($C_n = kC_v = C_p$)

(3) $n = 1$: $Pv = C$, $T = C$ (등온변화)
　($C_n = \infty$)

(4) $n = k$: $Pv^k = C$(polytrope 변화)
　($C_n = 0$)

22. 이상기체를 정적하에서 가열하면 압력과 온도 변화는 어떻게 되는가?

① 압력 증가, 온도 일정
② 압력 일정, 온도 일정
③ 압력 증가, 온도 상승
④ 압력 일정, 온도 상승

[해설] $v = C$ 과정이므로,

$$\frac{P}{T} = \text{일정} = \frac{P_1}{T_1} = \frac{P_2}{T_2}$$

$$\therefore \frac{T_2}{T_1} = \frac{P_2}{P_1}$$

정적하에서 가열하므로,

$$T_1 < T_2 \text{에서, } \frac{T_2}{T_1} > 1$$

$$\therefore \frac{T_2}{T_1} = \frac{P_2}{P_1} > 1\text{이므로,}$$

$$\therefore P_2 > P_1(\text{압력 증가}), \ T_2 > T_1(\text{온도 상승})$$

23. 이상기체를 정압하에서 가열하면 체적과 온도는 어떻게 되는가?

① 체적 상승, 온도 일정
② 체적 일정, 온도 상승
③ 체적 상승, 온도 상승
④ 체적 일정, 온도 일정

[해설] $P = C$ 과정이므로,

$$\frac{V}{T} = \text{일정} = \frac{V_1}{T_1} = \frac{V_2}{T_2}$$

$$\therefore \ \frac{T_2}{T_1} = \frac{V_2}{V_1} \text{에서, 가열하므로}$$

$$T_2 > T_1 \text{에서,} \quad \frac{T_2}{T_1} = \frac{V_2}{V_1} > 1$$

$$\therefore \ \text{체적 상승}(V_2 > V_1)$$

또, 가열한다고 했으므로 온도 상승이다.

24. 분자량이 32.012이고, 온도 40℃, 압력 200 kPa인 상태에서 이 기체(O_2)의 비체적은?

① 406 m^3/kg

② 356 m^3/kg

③ 0.406 m^3/kg

④ 0.356 m^3/kg

해설 $Pv = RT$

$$v = \frac{RT}{P} = \frac{\left(\dfrac{8.314}{32.012}\right) \times (40 + 273)}{200}$$

$$= 0.406 \ m^3/kg$$

25. 산소 1 kg이 정압하에서 온도 200℃, 압력 500 kPa, 비체적 0.3 m^3/kg인 상태에서 비체적이 0.2 m^3/kg으로 되었다. 변화 후 온도(T_2)는?

① 42.3℃ ② 55.4℃

③ 60.1℃ ④ 65.2℃

해설 $P = C$에서 $\dfrac{v_1}{T_1} = \dfrac{v_2}{T_2}$이므로,

$$\therefore \ T_2 = T_1 \times \left(\frac{v_2}{v_1}\right) = (273 + 200) \times \frac{0.2}{0.3}$$

$$= 315.3 \, \mathrm{K} = 42.3℃$$

26. 이산화탄소(CO_2)의 분자량이 44 kg/kmol이라면 기체 상수는 얼마인가?

① 0.287 kJ/kg · K

② 0.189 kJ/kg · K

③ 0.245 kJ/kg · K

④ 0.288 kJ/kg · K

해설 $MR = \overline{R} = 8.314 \ \mathrm{kJ/kmol \cdot K}$

$$R = \frac{8.314}{M} = \frac{8.314}{44} = 0.189 \ \mathrm{kJ/kg \cdot K}$$

제4장 열역학 제2법칙

4-1 열역학 제2법칙(엔트로피 증가 법칙)

열역학 제1법칙은 열과 일은 본질상 같은 에너지로서 일정한 비로 상호전환이 가능하며, 다만 그의 양적 관계를 표시하는 것으로, 그 전환 방향에 있어서 다루어지지 않는다.

열을 기계적으로 전환하는 장치, 즉 열기관을 다루는 데는 제1법칙만으로는 불충분하다. 따라서, 일과 열의 변환에 대한 방향성을 제시하는 법칙을 열역학 제2법칙(The 2nd law of thermodynamics)이라 한다. 열기관이 열을 일로 바꾸는 과정을 관찰하면 반드시 열을 공급하는 고열원과 열을 방출하는 저열원이 필요하게 된다. 즉, 온도차가 없다면 아무리 많은 열량이라도 일로 바꿀 수 없다. 어떤 열원으로부터 열원의 온도를 떨어뜨리는 일 없이, 외부에 아무런 변화 없이 열을 기계적인 일로 바꾸는 운동이 있다면, 이와 같은 운동을 하는 기관을 제2종 영구기관이라 하며, 외부로부터 에너지의 공급 없이 영구히 일을 얻는다는 것은 절대로 불가능하다.

종합적으로, 열역학 제1법칙은 열을 일로 바꿀 수 있고, 또 그 역도 가능함을 말하는데 대하여, 제2법칙은 그 변화가 일어나는 데 그 제한이 있는 것을 말하고 있다. 즉, 열이 일로 전환되는 것은 비가역현상인 것을 나타내는 점이 특징이다.

열역학 제2법칙은 정의되어 있지 않지만, 학자들은 여러 가지 방법으로 표현하고 있다.

(1) Clausius의 표현

열은 스스로 다른 물체에 아무런 변화도 주지 않고, 저온 물체에서 고온 물체로 이동하지 않는다 [성능계수(ε)가 무한정한 냉동기의 제작은 불가능하다].

(2) Kelvin – Plank의 표현

자연계에 아무런 변화도 남기지 않고 어느 열원의 열을 계속해서 일로 바꿀 수 없다. 즉, 고온 물체의 열을 계속해서 일로 바꾸려면 저온 물체로 열을 버려야만 한다 (효율이 100 % 인 열기관은 제작이 불가능하다).

(3) Ostwald의 표현

제 2 종 영구기관은 존재할 수 없다 (제 2 종 영구기관의 존재 가능성을 부인).

결론적으로, 열역학 제 2 법칙은 다음 의문에 대한 해답을 얻는 데 그 가치가 있다.

① 어떤 주어진 조건하에서 작동되는 열기관의 최대 효율은 어떠한가?

② 주어진 조건하에서 냉동기의 최대 성능계수는 얼마인가?

③ 어떤 과정이 일어날 수 있는가?

④ 동작물질과 관계없는 절대온도의 눈금의 정의 등이다.

　4-2　　**사이클, 열효율, 성능계수**

(1) 사이클 (cycle)

유체가 여러 가지 변화를 연속적으로 하고, 다른 경로를 거쳐서 다시 처음의 상태로 되돌아올 때의 $P-v$ 선도는 그림과 같으며, 이와 같은 변화의 반복을 사이클이라 한다.

예를 들면, 열기관, 냉동기, 공기압축기 등의 기계에서는 동작물질이 이와 같은 상태변화를 반복하여 동력을 발생하거나 또는 동력을 소비하면서 냉동이나 압축일을 하게 된다.

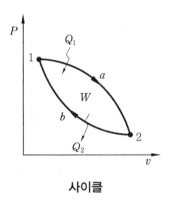

사이클

(2) 열효율(thermal efficiency)

열기관에서는 동작물질이 고열원의 열량 Q_1을 공급하여 일을 하고 저열원으로 열량 Q_2를 방출한다. 즉, $Q_1 - Q_2$에 상당하는 열에너지를 일로 변환한 것이 된다. 따라서, 일정한 공급열량 Q_1에 대하여 발생일 $W = Q_1 - Q_2$가 클수록 열기관의 성능은 향상된다. 여기서 공급열량 Q_1과 사이클의 일 W_{net}와의 비를 열효율이라 하며, η로 표기하고 그 값이 클수록 좋다.

$$\eta = \frac{W_{net}}{Q_1} = \frac{Q_1 - Q_2}{Q_1} = 1 - \frac{Q_2}{Q_1} \quad \cdots\cdots\cdots\cdots\cdots\cdots\cdots\cdots\cdots\cdots\cdots (4-1)$$

(3) 성능계수(coeffcient of performance : 성적계수)

① 냉동기의 성능(성적)계수 : 저열원에서 흡수한 열량과 공급일량의 비

$$\varepsilon_R = \frac{Q_2}{Q_1 - Q_2} = \frac{Q_2}{W} \quad \cdots\cdots\cdots\cdots\cdots\cdots\cdots\cdots\cdots\cdots\cdots\cdots\cdots\cdots\cdots (4-2)$$

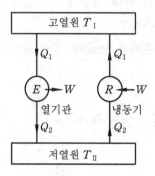

열기관과 냉동기

② 열펌프(heat pump)의 성능(성적)계수 : 고열원에서 흡수한 열량과 공급일량의 비

$$\varepsilon_H = \frac{Q_1}{Q_1 - Q_2} = \frac{Q_1}{W}$$

$$= \frac{Q_1 - Q_2 + Q_2}{Q_1 - Q_2} = 1 + \frac{Q_2}{Q_1 - Q_2} = 1 + \varepsilon_R$$

$$\therefore \varepsilon_H = \frac{Q_1}{Q_1 - Q_2} = \frac{Q_1}{W} = 1 + \varepsilon_R \quad \cdots\cdots\cdots\cdots\cdots\cdots\cdots\cdots\cdots\cdots (4-3)$$

식 (4-3)에서 열펌프의 성능계수는 냉동기의 성능계수보다 항상 1만큼 크다.

예제 1. 어느 냉동기가 2 kW의 동력을 소모하여 시간 당 15000 kJ의 열을 저열원에서 제거한다면 이 냉동기의 성능계수(ε_R)는 얼마인가?

① 2.08   ② 3.08   ③ 4.08   ④ 5.08

해설 $\varepsilon_R = \dfrac{Q_2}{W_C} = \dfrac{15000}{2 \times 3600} = 2.08$ **정답** ①

4-3   카르노 사이클(Carnot cycle)

프랑스의 Sadi Carnot가 제안한 일종의 이상 사이클로서 완전가스를 작업물질로 하는 2개의 단열과정과 2개의 등온과정을 갖는 사이클로서, 고열원에서 열을 공급받아 일로

바꾸는 과정에서 어떻게 하면 공급열량을 최대로 유효하게 이용할 수 있겠는가 하는 문제를 만족시키고자 착안한 사이클이다.

즉, 카르노 사이클의 원리는,

① 열기관의 이상 사이클로서 최대의 효율을 갖는다.

② 동작물질의 온도를 열원의 온도와 같게 한다.

③ 같은 두 열원에서 작동하는 모든 가역 사이클은 효율이 같다.

카르노 사이클을 $P-v$, $T-s$ 선도상에 표시하면 다음과 같다.

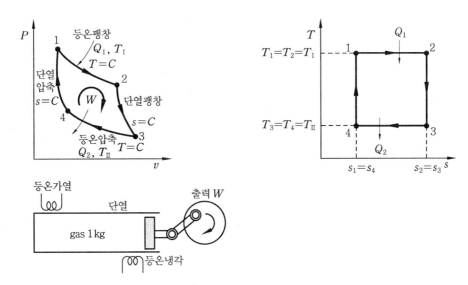

카르노 사이클의 $P-v$, $T-s$ 선도

$1 \rightarrow 2$: 등온팽창(열량 Q_1을 받아 등온 T_I을 유지하면서 팽창하는 과정)

$2 \rightarrow 3$: 단열팽창 과정

$3 \rightarrow 4$: 등온압축(열량 Q_2를 방출하면서 등온 T_II를 유지하면서 압축하는 과정)

$4 \rightarrow 1$: 단열압축 과정

따라서, 유효일 $W_{net} = Q_1 - Q_2$

$$\left. \text{열효율}(\eta_c) = \frac{\text{정미(유효)일}(W_{net})}{\text{공급열량}(Q_1)} = \frac{Q_1 - Q_2}{Q_1} = 1 - \frac{Q_2}{Q_1} \right\} \quad \cdots\cdots\cdots\cdots (4-4)$$

$$Q_1 = mRT_\mathrm{I} \cdot \ln \frac{v_2}{v_1} = mRT_\mathrm{I} \ln \frac{P_1}{P_2} \quad \cdots\cdots\cdots\cdots\cdots\cdots (4-5)$$

(2→3 과정) 단열팽창$(dQ=0, \ s=C)$이므로,

$$T_2 v_2^{k-1} = T_3 v_3^{k-1} \text{에서} (T_2 = T_\mathrm{I}, \ T_3 = T_\mathrm{II}),$$

$$\therefore \frac{T_{\mathrm{II}}}{T_{\mathrm{I}}} = \frac{T_3}{T_2} = \left(\frac{v_2}{v_3}\right)^{k-1} \quad \text{..(4-6)}$$

(3 → 4 과정) 등온압축이므로,

$$Q_2 = mRT_{\mathrm{II}} \cdot \ln\frac{v_3}{v_4} = mRT_{\mathrm{II}} \ln\frac{P_4}{P_3} \quad \text{..............................(4-7)}$$

(4 → 1 과정) 단열압축이므로,

$$T_4 v_4^{k-1} = T_1 v_1^{k-1} \text{에서}(T_4 = T_{\mathrm{II}}, \ T_3 = T_{\mathrm{I}}),$$

$$\therefore \frac{T_{\mathrm{II}}}{T_{\mathrm{I}}} = \frac{T_4}{T_1} = \left(\frac{v_1}{v_4}\right)^{k-1} \quad \text{..(4-8)}$$

식 (4-6), (4-8)로부터,

$$\frac{T_{\mathrm{II}}}{T_{\mathrm{I}}} = \left(\frac{v_2}{v_3}\right)^{k-1} = \left(\frac{v_1}{v_4}\right)^{k-1} \text{이므로,}$$

$$\therefore \frac{v_2}{v_3} = \frac{v_1}{v_4} \ \text{또는} \ \frac{v_2}{v_1} = \frac{v_3}{v_4} \quad \text{....................................(4-9)}$$

$$\frac{Q_2}{Q_1} = \frac{mRT_{\mathrm{II}} \ln\dfrac{v_3}{v_4}}{mRT_{\mathrm{I}} \ln\dfrac{v_2}{v_1}} = \frac{T_{\mathrm{II}}}{T_{\mathrm{I}}} \left(\because \frac{v_2}{v_1} = \frac{v_3}{v_4}\right) \quad \text{..........(4-10)}$$

$$\eta_c = \frac{W_{net}}{Q_1} = 1 - \frac{Q_2}{Q_1} = 1 - \frac{T_{\mathrm{II}} \,(\text{저열원의 온도})}{T_{\mathrm{I}} \,(\text{고열원의 온도})} \quad \text{......................(4-11)}$$

예제 2. 고열원 350℃, 저열원 15℃에서 작동하는 카르노 사이클의 열효율은?

① 43.8 % 　　② 47.8 %　　　③ 53.8 %　　　④ 62.8 %

해설 $\eta_c = \dfrac{W}{Q_1} = 1 - \dfrac{Q_2}{Q_1} = 1 - \dfrac{T_{\mathrm{II}}}{T_{\mathrm{I}}} = 1 - \dfrac{15+273}{350+273} \fallingdotseq 0.538\,(53.8\,\%)$　　**정답** ③

4-4　　클라우지우스의 폐적분(Clausius integral)

그림과 같이 $P-v$ 선도상의 한 가역 사이클을 편의상 많은 단열선으로 카르노 사이클로 나누고, 각 사이클 고온부의 작동유체의 열역학적 온도를 T_1, T_1', $T_1'' \ldots$, 저온부의 온도를 T_2, T_2', $T_2'' \ldots$로 하고, 각각의 카르노 사이클의 고온부에서 유체가 얻는 열량을 dQ_1, dQ_1', $dQ_1'' \ldots$, 저온부에서의 방열량을 dQ_2, dQ_2', $dQ_2'' \ldots$로 표시하면, 각각의

카르노 사이클은 식 (4-10)에 의하여,

$$\frac{dQ_1}{dQ_2} = \frac{T_1}{T_2} \rightarrow \frac{dQ_1}{T_1} = \frac{dQ_2}{T_2}$$

$$\frac{dQ_1'}{dQ_2'} = \frac{T_1'}{T_2'} = \rightarrow \frac{dQ_1'}{T_1'} = \frac{dQ_2'}{T_2'}$$

$$\vdots \qquad\qquad \vdots$$

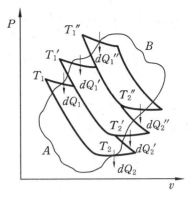

클라우지우스의 폐적분

의 관계가 있으며, 이 미소 사이클을 모두 합한 것은 처음의 가역 사이클이 된다.

따라서, 전 사이클에 대해서 합하면,

$$\left(\Sigma \frac{dQ_1}{T_1} \right) + \left(- \Sigma \frac{dQ_2}{T_2} \right) = 0$$

이 된다. 사이클에 있어서 가열량의 부호는 정(+), 방열량의 부호는 부(−)로 규정하므로, 위 식을 전 사이클에 걸쳐 적분 $\oint$ (폐적분) 형으로 표시하면,

$$\oint \frac{dQ}{T} = 0 \ (\text{가역과정}) \ \text{\dotfill} \ (4-12)$$

식 (4-12)는 모든 가역 사이클에 대한 유체가 얻은 $\frac{dQ}{T}$ 의 대수합은 0이 됨을 의미하고, 이 적분을 가역 사이클에 대한 Clausius의 폐적분이라 한다.

$$\oint \frac{dQ}{T} < 0 \ (\text{비가역과정}) \ \text{\dotfill} \ (4-13)$$

위 식은 비가역 사이클에 대한 Clausius 의 적분은 0 보다 작다는 것을 나타내며, 이 식 (4-13)을 Clausius의 부등식이라 한다.

4-5   엔트로피(entropy)

엔트로피는 무질서도를 나타내는 상태량으로 정의하며, 출입하는 열량의 이용가치를 나타내는 양으로 열역학상 중요한 의미를 가진다. 엔트로피는 에너지도 아니고, 온도와 같이 감각으로도 알 수 없으며, 또한 측정할 수도 없는 물리학상의 상태량이다. 어느 물체에 열을 가하면 엔트로피는 증가하고 냉각하면 감소하는 상상적인 양이다.

그림은 $P-v$ 선도상의 가역 사이클에 $1a2b1$을 표시한 것이며, 이것은 가역 사이클이므로 클라우지우스 적분은 $0 \left(\oint \frac{dQ}{T} = 0 \right)$이다. 이 적분의 경로 $1a2b1$은,

$$\oint \frac{dQ}{T} = \int_{1 \to a}^{2} \frac{dQ}{T} + \int_{2 \to b}^{1} \frac{dQ}{T} = 0$$

가역 사이클이므로, $\int_{1 \to a}^{2} \dfrac{dQ}{T} - \int_{1 \to b}^{2} \dfrac{dQ}{T} = 0$으로 되므로,

$$\int_{1 \to a}^{2} \frac{dQ}{T} = \int_{1 \to b}^{2} \frac{dQ}{T} \quad\text{...} \quad (4-14)$$

즉, 가역 사이클에서는 상태점 1과 상태점 2가 주어지면, 두 점간의 어떠한 가역적인 경로에 대해서도 식 (4-14)가 성립한다. 따라서,

$$\int_{1}^{2} \frac{dQ}{T} = \text{const} \quad\text{...} \quad (4-15)$$

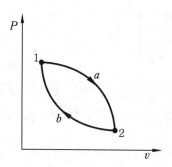

여기서, 점 1을 정점인 기준점으로 하고, 점 2를 정하면 $\int_{1}^{2} \dfrac{dQ}{T}$ 의 값은 가역변화의 경로에 관계없이 결정되며, 점 2가 정하는 상태량에 의해서 결정되므로 한 개의 새로운 상태량(종량성 상태량)이라 할 수 있다.

1kg에 대한 이 상태량은 $ds = \dfrac{dq}{T}$[kJ/kg·K]로 표시하면, 전 엔트로피, 즉 질량 m [kg]에 대하여 $\Delta S = \dfrac{\delta Q}{T}$[kJ/K]이다.

$$\Delta S = \frac{\delta Q}{T}, \quad \delta Q = TdS \quad\text{...} \quad (4-16)$$

위 식에서 $(\delta Q = dS \times T)$는 (일 = 힘×거리)의 개념을 가지며, 엔트로피 dS를 열학적 중량으로 볼 수 있다.

그림에서 상태변화가 $1-a-2-b-1$의 경로를 따라 이루어질 때 $1-a-2$는 가역변화, $2-b-1$은 비가역변화라 하면, $\int_{1 \to a}^{2} \dfrac{dQ}{T} + \int_{1 \to b}^{2} \dfrac{dQ}{T} < 0$으로 된다.

상태 1, 2의 엔트로피를 S_1, S_2라 하면,

$$S_2 - S_1 = \int_{1 \to arev}^{2} \frac{dQ}{T} > \int_{1 \to b}^{2} \frac{dQ}{T}$$

또, 가역 단열변화이면 $dS = 0(S = C)$, 비가역 단열변화이면 $dS > 0$이므로,

$$dS > \frac{dQ}{T}, \quad TdS > dQ$$

단열계에서 $dQ = 0$이므로,

$$dS \geqq 0 \quad \text{··} \quad (4-17)$$

엔트로피는 감소하지 않으며, 가역이면 불변, 비가역이면 증가한다. 실제 자연계에서 일어나는 상태변화는 비가역변화를 동반하게 되므로, 엔트로피는 증가할 뿐이고 감소하는 일이 없다. 이것을 엔트로피 증가의 원리라 한다.

4-6 완전가스의 엔트로피 식과 상태변화

(1) 완전가스의 엔트로피 식

① T와 v의 함수

열역학 제 1 법칙식으로부터 엔트로피 변화를 $T \cdot v$항으로 표시하면,

$$dq = du + Pdv = C_v dT + Pdv = T \cdot ds$$

$$\therefore ds = C_v \frac{dT}{T} + \frac{Pdv}{T} = C_v \frac{dT}{T} + R \frac{dv}{v} (\leftarrow Pv = RT \text{에서})$$

$$\therefore ds = s_2 - s_1 = \int_1^2 ds = C_v \ln \frac{T_2}{T_1} + R \cdot \ln \frac{v_2}{v_1} [\text{kJ/kg} \cdot \text{K}] \quad \text{··················} \quad (4-18)$$

② T와 P의 함수

같은 방법으로 엔트로피 변화를 T, P항으로 표시하면,

$$dq = dh - vdP = C_v dT - vdP = T \cdot ds \text{에서},$$

$$ds = C_p \cdot \frac{dT}{T} - \frac{v}{T} \cdot dP = C_p \frac{dT}{T} - R \frac{dP}{P}$$

$$\therefore \Delta s = s_2 - s_1 = \int_1^2 ds = C_p \ln \frac{T_2}{T_1} - R \cdot \ln \frac{P_2}{P_1} [\text{kJ/kg} \cdot \text{K}] \quad \text{··················} \quad (4-19)$$

③ P와 v의 함수

$$dq = dh - vdP = C_p dT - vdP = T \cdot ds \text{에서},$$

$$ds = \frac{dh}{T} - \frac{v}{T} dP = C_p \frac{dT}{T} - R \frac{dP}{P} \left(Pv = RT, \ \frac{v}{T} = \frac{R}{P} \right)$$

$$\therefore ds = s_2 - s_1 = C_p \ln \frac{T_2}{T_1} - R \cdot \ln \frac{P_2}{P_1} = C_p \ln \frac{T_2}{T_1} - (C_p - C_v) \cdot \ln \frac{P_2}{P_1}$$

$$= C_p \ln \frac{T_2}{T_1} \times \frac{P_1}{P_2} + C_v \ln \frac{P_2}{P_1} = C_p \ln \frac{v_2}{v_1} + C_v \ln \frac{P_2}{P_1} [\text{kJ/kg} \cdot \text{K}] \quad \cdots (4-20)$$

(2) $T-s$ 선도의 상태변화

① 등적변화($v = C$)

완전가스 상태 1에서 2로 등적 팽창하면,

$$dq = du + Pdv = du = C_v dT$$

$$dq = C_v dT = T \cdot ds \, \text{에서,}$$

$$\therefore \; ds = s_2 - s_1 = \int_1^2 ds = \int_1^2 \frac{dq}{T}$$

$$= \int_1^2 \frac{C_v dT}{T} = C_v \ln \frac{T_2}{T_1}$$

$T-s$ 선도

$$= C_v \cdot \ln\left(\frac{P_2}{P_1}\right) [\text{kJ/kg} \cdot \text{K}] \quad \cdots\cdots (4-21)$$

② 등압변화($P = C$)

완전가스 상태 1에서 2로 등압팽창하면,

$$dq = dh - vdP = dh = C_p dT$$

$$dq = C_p dT = Tds \, \text{에서,}$$

$$\therefore \; ds = s_2 - s_1 = \int_1^2 ds = \int_1^2 \frac{dq}{T}$$

$$= \int_1^2 \frac{C_p dT}{T} = C_p \ln \frac{T_2}{T_1} = C_p \cdot \ln\left(\frac{v_2}{v_1}\right) [\text{kJ/kg} \cdot \text{K}] \quad \cdots\cdots (4-22)$$

③ 등온변화($T = C$)

$ds = \dfrac{dq}{T}$ 에서 등온과정에서 $T =$ 일정하므로 $\Delta s = \displaystyle\int_1^2 ds = \int_1^2 \frac{dq}{T} = \frac{1}{T} q_{12}$ 이다.

$T =$ 일정에서 $q_{12} = RT \ln \dfrac{v_2}{v_1} = RT \ln \dfrac{P_1}{P_2}$ 이므로,

$$\therefore \; ds = s_2 - s_1 = \frac{q_{12}}{T} = R \ln \frac{v_2}{v_1} = R \ln \frac{P_1}{P_2} [\text{kJ/kg} \cdot \text{K}] \quad \cdots\cdots (4-23)$$

④ 단열변화($dq = 0$)

$ds = \dfrac{dq}{T}$ 에서 $dq = 0$ 이므로 $ds = 0$ 이다.

따라서, $ds = 0$ 또는 $\Delta s = s_2 - s_1 = 0 (\therefore s_1 = s_2)$

단열변화는 등엔트로피 변화($s = C$)이다. $\quad \cdots\cdots (4-24)$

⑤ polytropic 변화

$$dq = C_v \frac{n-k}{n-1} \cdot dT = C_n \cdot dT = Tds \text{ 에서,}$$

$$q = C_n(T_2 - T_1) = C_v \frac{n-k}{n-1} \cdot (T_2 - T_1)$$

$$\therefore \Delta s = s_2 - s_1 = \int_1^2 ds = \int_1^2 \frac{dq}{T} = C_n \int_1^2 \frac{dT}{T} = C_n \ln \frac{T_2}{T_1}$$

$$= C_v \frac{n-k}{n-1}(T_2 - T_1)[\text{kJ/kg} \cdot \text{K}] \quad \cdots\cdots\cdots\cdots\cdots (4-25)$$

예제 3. 공기 1 kg이 표준 대기압 하에서 18℃ 로부터 60℃ 로 가열되는 동안에 체적이 0.824 m³에서 0.943 m³로 되었다. 이 과정 중 엔트로피의 변화량(J/kg · K)은 얼마인가?

① 130.52　　　　② 135.52　　　　③ 142.05　　　　④ 153.25

해설 변화과정 중 T와 v가 변화하였으므로, T와 v의 함수식인 식 (4-18)로부터,

$$\Delta s = C_v \cdot \ln \frac{T_2}{T_1} + R \cdot \ln \frac{v_2}{v_1} \text{ (공기의 } C_v = 718 \text{ J/kg} \cdot \text{K)}$$

$$= 718 \times \ln \frac{273+60}{273+18} + 287 \times \ln \frac{0.943}{0.824} = 135.52 \text{ J/kg} \cdot \text{K}$$

정답 ②

4-7 비가역과정에서 엔트로피의 증가

(1) 열이동

고온체 T_1과 저온체 T_2의 두 물체가 접촉하면 열이 이동한다. 고온체에서는 Q만큼 열을 방출하고, 저온체에서는 Q만큼 열을 얻었으므로,

고온체 엔트로피 감소량 : $\dfrac{-Q}{T_1} = \Delta s_1$, 저온체 엔트로피 증가량 : $\dfrac{Q}{T_2} = \Delta s_2$로 된다.

$$\therefore (\Delta s)_{total} = \Delta s_1 + \Delta s_2 = Q\left(\frac{-1}{T_1} + \frac{1}{T_2}\right) = Q\left(\frac{T_1 - T_2}{T_1 T_2}\right) > 0 \quad \cdots\cdots\cdots (4-26)$$

따라서, 열이동과 같은 비가역과정에서는 계의 전체 엔트로피가 증가함을 알 수 있다.

(2) 마찰(friction)

유체가 관로를 흐를 때 유체가 관과 접촉하여 생기는 마찰이나 와류 등에 의하여 유체는 마찰일을 해야 한다. 이 일은 열로 변하여 관에 가해진다. 유체가 발생한 열(마찰열)을 Q_f라 하면, $Q_f > 0$이므로 엔트로피$\left(\Delta s = \dfrac{Q_f}{T}\right)$로 0보다 크다.

(3) 교축(throttling)

완전기체인 경우 교축에서는 엔탈피는 항상 일정하므로 교축 전후의 온도는 같고 $(T_1 = T_2)$, 압력은 내려가므로$(P_1 > P_2)$, 엔트로피의 일반 공식 $\Delta s = C_p \cdot \ln \dfrac{T_2}{T_1} + R\ln \dfrac{P_1}{P_2}$ 에서 Δs는 0보다 크다.

예제 4. 온도가 T_1, T_2인 두 물체가 있다. T_1에서 T_2로 Q의 열이 전달될 때 이 두 물체가 이루는 계의 엔트로피 변화량은 ?

① $\dfrac{Q(T_1 - T_2)}{T_1 T_2}$ ② $\dfrac{Q}{T_1}$

③ $\dfrac{Q(T_2 - T_1)}{T_1 T_2}$ ④ $\dfrac{Q}{T_2}$

해설 고열원 T_1의 엔트로피 감소 $\dfrac{Q}{T_1}$, 저열원 T_2의 엔트로피 증가 $\dfrac{Q}{T_2}$

따라서, 엔트로피 변화 Δs는,

$$\Delta s = -\frac{Q}{T_1} + \frac{Q}{T_2} = \frac{-QT_2 + QT_1}{T_1 T_2} = \frac{Q(T_1 - T_2)}{T_1 \cdot T_2} \,[\mathrm{kJ/K}]$$

정답 ①

4-8 **유효에너지와 무효에너지**

온도 T의 고열원에서 열량 Q를 얻고 온도 T_o인 저열원에 Q_o로 방출하여 일을 얻을 때 이용할 수 있는 유효 열에너지는 $Q_a = Q - Q_o$이다.

Q_a를 가능한 한 증대시키려면 가역기관을 사용하면 된다. 가역기관에서의 열효율은,

$$\eta_c = \frac{Q - Q_o}{Q} = 1 - \frac{Q_o}{Q} = 1 - \frac{T_o}{T}$$

$$\therefore \ Q_a = Q - Q_o = Q\left(1 - \frac{Q_o}{Q}\right)$$

$$= Q\left(1 - \frac{T_o}{T}\right) = Q \cdot \eta_c \quad \cdots\cdots\cdots (4-27)$$

$$Q_o = Q \cdot \frac{T_o}{T} = Q(1 - \eta_c) \quad \cdots\cdots\cdots (4-28)$$

유효 · 무효에너지(Carnot cycle)

Q_a를 유효에너지, Q_o를 무효에너지라고 한다. Q_a는 T가 클수록 증대한다.

고열원의 온도가 높을수록 엔트로피가 감소하여 유효에너지 Q_a는 증가하고 무효에너지 Q_o는 감소하므로 기관의 열효율은 증대한다.

$$\Delta s_1 = \frac{Q}{T}, \ \Delta s_2 = \frac{Q_o}{T_o} \ \text{이므로},$$

$$\left. \begin{array}{l} Q_a = Q - T_2 \cdot \Delta s \\[2mm] Q_o = T_2 \cdot \Delta s \end{array} \right\} \quad \text{.......................................} \ (4-29)$$

엔트로피가 증가하면 유효에너지는 감소하고, 반면에 무효에너지는 증가한다.

예제 5. 100℃의 물 1 kg을 건포화증기로 변화시키기 위해서는 2256 kJ의 열량이 필요하다. 최저 온도를 0℃로 할 때 무효에너지(kJ)를 구하면 얼마인가?

① 605 ② 1651

③ 506 ④ 1751

해설 무효에너지$(Q_o) = Q(1 - \eta_c) = Q\dfrac{T_2}{T_1} = 2256 \times \dfrac{273}{373} = 1651 \text{ kJ}$ **정답** ②

4-9 자유에너지와 자유엔탈피(Helmholtz 함수와 Gibbs 함수)

엔탈피 h가 $h = u + Pv$로 정의된 유도성질인 것과 같이 다른 성질도 필요에 따라 유도될 수 있다. 흔히 사용되는 성질로서 Helmholtz 함수 또는 자유에너지(free energy)라 부르는 F와, Gibbs 함수 또는 자유엔탈피(free enthalpy)라 부르는 G가 있다. 이것은 화학 방면에 중요한 상태량이다.

어떤 밀폐계가 온도 T에서 주위와 등온변화를 하는 경우 계가 받는 열량은 열역학 제2법칙으로부터,

$$\delta q \leq T_1 \cdot ds$$

계가 하는 미소일 δW를 팽창일 Pdv와 그 외의 외부일 δW_o로 나누어 생각하면 열역학 제1법칙으로부터,

$$\delta w_o + Pdv = \delta w = dq - du$$

위의 식으로부터,

$$\delta w_o \leq -(du - T \cdot ds) - Pdv \quad \text{..........................} \ (4-30)$$

$$f = u - T \cdot s \quad \text{...} \ (4-31)$$

계가 하는 외부일은 가역변화일 때 최대이며, f의 감소량과 같고, 비가역변화에서는 작아진다. f는 성질로서 Helmholtz 의 함수 또는 자유에너지라 부른다. $f = \dfrac{F}{m}$, 즉 단위 질량당의 양이다.

$$\therefore \quad F = U - T \cdot S \quad\text{(4-32)}$$

또, 식 (4-30)은,

$$\delta w_o \leq -(dh - T \cdot ds) + vdP \quad\text{(4-33)}$$

$$g = h - T \cdot s \quad\text{(4-34)}$$

여기서, g도 하나의 성질로서 Gibbs 함수 또는 자유엔탈피라 부른다. g역시 단위 질량당의 양이다.

$$\therefore \quad G = H - T \cdot S \quad\text{(4-35)}$$

이상에서 f와 g는 u, h와 같이 에너지의 일종이다.

4-10 열역학 제 3 법칙

절대 0도에 있어서는 모든 순수한 고체 또는 액체의 엔트로피와 등압비열의 증가량은 0이 된다. 바꾸어 말하면 절대온도를 떨어뜨려서 0에 가깝게 할 경우 엔트로피는 극한 0 K에 있어서 0의 값을 취한다. 따라서 각 물질의 온도 T[K]에서 엔트로피의 절대치는 0 K의 값을 기준으로 다음 식으로 구할 수 있다.

$$S_T = \int_o^T C_p \frac{dT}{T} \quad\text{(4-36)}$$

이것을 열역학 제 3 법칙(the third law of thermodynamics)이라 한다. 또, Nernst는 "어떤 방법으로도 물체의 온도를 절대 영도로 내릴 수 없다."라고 표현했고, Plank는 "균질인 결정체의 엔트로피는 절대 0도 부근에서는 0에 접근한다."라고 표현했다.

출제 예상 문제

1. 다음 카르노 사이클에 대한 설명 중 틀린 것은?

① $\dfrac{Q_2 (\text{방열량})}{Q_1 (\text{수열량})} = \dfrac{T_2 (\text{저열원})}{T_1 (\text{고열원})}$

② 열기관 중 가장 효율이 좋은 기관이다.

③ 실제 제작이 불가능한 기관이다.

④ 등온과정 2개, 정적과정 2개로 이루어진 사이클이다.

[해설] Stirling cycle은 2개의 등온과정과 2개의 정적과정으로 형성된 사이클이다.

2. 50℃와 100℃인 두 액체가 혼합되어 열평형을 이루었을 때 틀린 것은?

① 50℃의 액체에서는 엔트로피가 증가하고 100℃의 액체에서는 감소한다.

② 엔트로피 변화가 없다.

③ 비가역과정이므로 계 전체에서 엔트로피가 증가한다.

④ 엔트로피 변화량은 변화된 온도구간에 대하여 적분하여 구한다.

[해설] 비가역변화인 경우 전체 엔트로피는 항상 증가한다.

3. 다음은 열역학 제 2 법칙을 설명한 것이다. 잘못된 것은?

① 열효율 100 % 기관은 제작 불가능하다.

② 열은 스스로 저온체에서 고온체로 이동할 수 없다.

③ 제 2 종 영구기관은 동작물질의 종류에 따라 존재할 수 있다.

④ 열기관의 동작물질에 일을 하게 하려

면 그보다 낮은 열저장소가 필요하다.

4. 계(system)가 가역 사이클을 형성할 때 Clausius 적분(사이클에 관한 적분) $\dfrac{dQ}{T}$ 는?

① $\oint \dfrac{dQ}{T} = 0$　　② $\oint \dfrac{dQ}{T} < 0$

③ $\oint \dfrac{dQ}{T} > 0$　　④ $\oint \dfrac{dQ}{T} \gtreqless 0$

[해설] Clausius (클라우지우스)의 사이클간 적분은,

가역과정 : $\oint \dfrac{dQ}{T} = 0$, 비가역 : $\oint \dfrac{dQ}{T} < 0$

5. 다음 중 잘못 표현된 것은?

① $dH = TdS + VdP$

② $TdS = \delta Q$

③ $\delta Q + dU = dS$

④ $dU + PdV = T \cdot dS$

[해설] $dH = \delta Q + VdP = T \cdot dS + VdP$

$\delta Q = dU + PdV = T \cdot dS$

$dS = \dfrac{\delta Q}{T}$

6. "어떠한 방법으로도 어떤 계를 절대 0도에 이르게 할 수 없다"고 말한 사람은?

① Clausius　　② Kelvin

③ Joule　　④ Nernst

[해설] 열역학 제 3 법칙(Nernst의 열정리) : 엔트로피 절댓값을 정의한 법칙

7. 사이클의 효율을 높이는 유효한 방법은 다음 중 어느 것인가?

① 저열원 (배열)의 온도를 낮춘다.
② 동작물질의 양을 증가한다.
③ 고열원 (급열)을 높인다.
④ 고열원과 저열원 모두 높인다.

[해설] $\eta = 1 - \dfrac{Q_2}{Q_1} = 1 - \dfrac{T_2}{T_1}$ 에서,

T_1(고열원 : 급열)을 높이면 η 가 증대한다.

8. 고열원 T_1, 저열원 T_2, 공급열량 Q_1, 방출열량 Q_2인 카르노 사이클의 열효율을 표시한 것 중 맞는 것은?

① $\eta_c = 1 - \dfrac{T_2}{T_1} = 1 - \dfrac{Q_1}{Q_2}$

② $\eta_c = 1 - \dfrac{Q_2}{Q_1} = 1 - \dfrac{T_1}{T_2}$

③ $\eta_c = 1 - \dfrac{Q_2}{Q_1} = 1 - \dfrac{T_2}{T_1}$

④ $\eta_c = 1 - \dfrac{Q_1}{Q_2} = 1 - \dfrac{T_1}{T_2}$

[해설] 카르노 사이클의 열효율은,

$\eta_c = \dfrac{Q_1 - Q_2}{Q_1} = \dfrac{W_{net}}{Q_1} = 1 - \dfrac{Q_2}{Q_1} = 1 - \dfrac{T_2}{T_1}$

9. 다음 중 엔트로피(entropy)에 대한 설명이 잘못된 것은?

① 엔트로피는 증가 혹은 감소량을 구하게 된다.
② 가역과정에서는 엔트로피가 변하지 않는다.
③ 비가역과정에서는 보통 엔트로피가 증가한다.
④ $P - v$ 선도에서는 엔트로피를 설명하는 것이 좋다.

[해설] 엔트로피(entropy)는 $T - s$ 선도에서 설명하는 것이 좋다.

10. 엔트로피의 변화가 없는 변화는 어느 것인가?

① 등온변화
② 단열변화
③ 정압변화
④ 폴리트로픽 변화

[해설] $ds = \dfrac{dq}{T}$ 에서 $dq = 0$인 단열변화에서는 $ds = 0$이다.

11. 온도 – 엔트로피($T - s$) 선도를 이용함에 있어서 가장 편리한 점을 설명하는데 관계가 먼 것은?

① 단열변화를 쉽게 표시할 수 있다.
② Rankine cycle을 설명하는 데 용이하다.
③ 면적으로 열량을 표시하므로 열량을 직접 알 수 있다.
④ 구적계(planimeter)를 쓰면 일량을 구할 수 있다.

[해설] 구적계를 써서 일량을 알 수 있는 것은 $P - v$ 선도이다.

12. 제 2 종 영구운동기관이란?

① 열역학 제 1 법칙에 위배되는 기관이다.
② 열역학 제 2 법칙에 위배되는 기관이다.
③ 열역학 제 2 법칙을 따르는 기관이다.
④ 열역학 제 0 법칙에 위배되는 기관이다.

[해설] 제2종 영구운동기관(열효율 100 %인 기관)은 열역학 제2법칙(비가역 법칙)에 위배되는 기관이다.

13. 다음은 유효에너지와 무효에너지에 대한 표현이다. 옳은 것은?

① $\dfrac{Q_1}{T_1}$ 이 작을수록 유효에너지가 작게 된다.

정답 8. ③ 9. ④ 10. ② 11. ④ 12. ② 13. ②

② $\dfrac{Q_1}{T_1}$이 작을수록 무효에너지가 작게 된다.

③ $\dfrac{Q_1}{T_1}$이 클수록 무효에너지가 작게 된다.

④ $\dfrac{Q_1}{T_1}$이 커지면 유효에너지가 무효에너지로 전환된다.

[해설] 유효에너지$(Q_a) = \eta_c \cdot Q_1 = Q_1 - Q_2$

$$= Q_1\left(1 - \frac{Q_2}{Q_1}\right) = Q_1\left(1 - \frac{T_2}{T_1}\right)$$

$$= Q_1 - T_2\frac{Q_1}{T_1}\,[\text{kJ}]$$

무효에너지$(Q_2) = Q_1(1 - \eta_c) = Q_1\dfrac{T_2}{T_1}$

$$= T_2 \cdot \Delta S[\text{kJ}]$$

14. 다음 중 유효에너지(Q_a)를 잘못 표시한 것은? (단, T_1, Q_1 : 고열원, T_2, Q_2 : 저열원이다.)

① $Q_2 \cdot \eta_c$ ② $Q_1 \cdot \eta_c$

③ $(T_1 - T_2)\dfrac{Q_1}{T_1}$ ④ $Q_1 - T_2 \cdot \Delta S$

[해설] 유효에너지$(Q_a) = W_{net} = Q_1 - Q_2$

$$= Q_1\left(1 - \frac{Q_2}{Q_1}\right) = Q_1\left(1 - \frac{T_2}{T_1}\right)$$

$$= Q_1 - T_2 \cdot \Delta S = Q_1 \cdot \eta_c[\text{kJ}]$$

15. 열역학 제2법칙을 옳게 표현한 것은?

① 저온체에서 고온체로 열을 이동시키는 것 외에 아무런 효과도 내지 않고 사이클로 작동되는 장치(제2종 영구운동기관)를 만드는 것은 불가능하다.

② 온도계의 원리를 규정하는 법칙이다.

③ 엔트로피의 절댓값을 정의하는 법칙이다.

④ 에너지의 변화량을 규정하는 법칙이다.

16. 다음 중 무효에너지(Q_2)를 잘못 표시한 것은?

① $T_2 \cdot \Delta S$ ② $(\eta_c - 1)Q_1$

③ $T_2 \cdot \dfrac{Q_1}{T_1}$ ④ $(1 - \eta_c)Q_1$

[해설] 무효에너지(방출열량 : Q_2)

$$= T_2\Delta S = T_2\left(\frac{Q_1}{T_1}\right) = (1 - \eta_C)Q_1\,[\text{kJ}]$$

17. 다음 중 헬름홀츠 함수를 바르게 표현한 것은?

① $h - T \cdot s$ ② $h + T \cdot s$

③ $u + T \cdot s$ ④ $u - T \cdot s$

[해설] $\delta q = dh + pdv$ 에서,

$$w_a = \int_1^2 \delta q - \int_1^2 du = T(s_2 - s_1) - (u_2 - u_1)$$

$$= (u_1 - T \cdot s_1) = (u_2 - T \cdot s_2) = f_1 - f_2$$

여기서, $f = u - T \cdot s$

$F = U - T \cdot S$를 헬름홀츠 함수 또는 자유에너지라 한다.

18. 다음 중 카르노 사이클로 작동되는 가역기관에 대한 설명으로 잘못된 것은 어느 것인가?

① 카르노 사이클은 같은 두 열저장소 사이에서 작동하는 경우 열효율은 같다.

② 카르노 사이클은 고열원과 저열원 간의 온도차가 클수록 열효율이 좋다.

③ 카르노 사이클은 양 열원의 절대온도 범위만 알면 열효율을 산출할 수 있다.

④ 비가역 사이클은 가역 사이클보다 열효율이 더 좋다.

[해설] 가역 사이클 열효율 > 비가역 사이클 열효율

[정답] **14.** ① **15.** ① **16.** ② **17.** ④ **18.** ④

19. 저열원이 100℃, 고열원이 600℃인 범위에서 작동되는 카르노 사이클에 있어서 1사이클당 공급되는 열량이 168 kJ이라 하면, 한 사이클당 일량(kJ)과 열효율(%)은 얼마인가?

① 96.26, 59.4

② 196.23, 57.3

③ 96.26, 57.3

④ 196.23, 59.4

[해설] $\eta_c = \dfrac{W_{net}}{Q_1} = 1 - \dfrac{Q_2}{Q_1} = 1 - \dfrac{T_2}{T_1}$ 이므로,

$\eta_c = 1 - \dfrac{T_2}{T_1} = 1 - \dfrac{273 + 100}{273 + 600} = 0.573$

$\quad = 57.3\%$

$W_{net} = \eta_c Q_1 = 0.573 \times 168 = 96.26 \text{ kJ}$

20. 다음 중 깁스 함수를 바르게 표현한 것은 어느 것인가?

① $h - T \cdot s$　　② $h + T \cdot s$

③ $u + T \cdot s$　　④ $u - T \cdot s$

[해설] $\delta q = dh - vdp$ 에서,

$w_t = \displaystyle\int_1^2 \delta q - \int_1^2 dh = T(s_2 - s_1) - (h_2 - h_1)$

$\quad = (h_1 - T \cdot s_1) - (h_2 - T \cdot s_2) = g_1 - g_2$

여기서, $g = h - T \cdot s$, $G = H - T \cdot S$를 깁스 함수(Gibbs function)라 한다.

21. 표준 대기압 상태에서 물의 어는점과 끓는점 사이에서 작동하는 카르노 사이클의 열효율은 몇 %인가?

① 29.8 %　　② 28.6 %

③ 27.3 %　　④ 26.8 %

[해설] 물의 어는점 0℃, 물의 끓는점 100℃이므로,

$\therefore \eta_c = 1 - \dfrac{T_2}{T_1} = 1 - \dfrac{273 + 0}{273 + 100}$

$\quad = 0.268 ≒ 26.8\%$

22. 어떤 계(system)가 비가역 단열변화할 때 엔트로피 변화는 어떻게 되는가?

① 감소한다.

② 증가한다.

③ 비가역변화에서 엔트로피는 필요없는 상태량이다.

④ 변화없다.

23. 다음은 동일 조건하에서 작동하는 냉동기와 열펌프의 성능계수 ε_r, ε_h의 관계를 표시한 것이다. 옳은 것은?

① $\varepsilon_r = \varepsilon_h$　　② $\varepsilon_r > \varepsilon_h$

③ $\varepsilon_r < \varepsilon_h$　　④ $\varepsilon_r \geqq \varepsilon_h$

[해설] $\varepsilon_h = \dfrac{q_1}{q_1 - q_2} = \dfrac{q_1 - q_2 + q_2}{q_1 - q_2}$

$\quad = 1 + \dfrac{q_2}{q_1 - q_2} = 1 + \varepsilon_r$

$\therefore \varepsilon_h > \varepsilon_r$

제5장 증기(vapor)

증발 과정

동작유체로서 내연기관의 연소가스와 같이 액화와 증발현상 등이 잘 일어나지 않는 상태의 것을 가스라 하고, 증기 원동기의 수증기와 냉동기의 냉매와 같이 동작 중 액화 및 기화를 되풀이 하는 물질, 즉 액화나 기화가 용이한 동작물질을 증기라 한다.

액체가 물(H_2O)인 경우의 증기를 수증기라 부르며, 외연 열동력에서는 주로 수증기가 동작유체이다.

액체의 증발과정을 살펴보기 위해 일정한 양의 액체(H_2O)를 일정한 압력하에서 가열하는 경우, 그림과 같이 실린더 속에 0℃의 물 1 kg을 넣은 다음 피스톤에 중량 W[N]이 작용하여 일정한 압력을 가하면서 물을 가열할 때의 상태를 관찰한다.

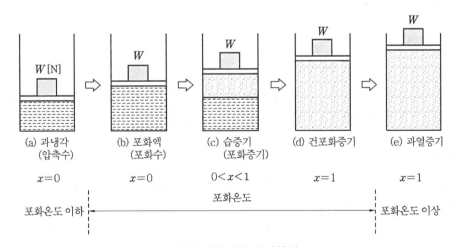

정압상태에서의 증발상태

(1) 액체열

그림에서 실린더에 외부에서 열을 가하면 가열된 열은 액체의 온도를 상승시키고 일부는 액체의 체적팽창에 따른 일을 한다. 이 일의 양은 매우 작아 무시하면 가열한 열은 전부 내부에너지로 저장된다고 볼 수 있으며, 이때의 열, 즉 포화상태까지 소요되는 열량을 액체열(liquid heat) 또는 감열(sensible heat)이라 한다.

(2) 포화액(수)

액체에 열을 가하면 온도가 상승하며 일정한 압력하에서 어느 온도에 이르면 액체의 온도 상승은 정지하며 증발이 시작된다. 이때 증발온도는 액체의 성질과 액체에 가해지는 압력에 따라 정해지며, 이 온도를 포화온도(saturated temperature)라 하고, 이때의 액체를 포화액이라 한다.

(3) 포화증기

계속하여 열을 가열하면 가한 열은 액체의 증발에 소요되며, 따라서 증발이 활발해져 증기의 양이 증가된다. 액체가 완전히 증기로 증발할 때까지는 액체의 온도와 증기의 온도는 일정하며 포화온도상태이다. 이때의 증기를 포화증기(saturated vapour)라 한다.

① 습포화증기 : 실린더 속에 액체와 증기가 공존하는 상태는 정확히 말하여 포화액과 포화상태의 증기가 공존하고 있는 것이며, 이와 같은 포화증기의 혼합체를 습포화증기 또는 습증기(wet vapour)라 한다.

② 건도와 습도 : 지금 1 kg의 습증기 속에 x[kg]이 증기라 하면 $(1-x)$[kg]은 액체이다. 이때, x를 건도(dryness), 또는 질(quality)이라 하고, $(1-x)$를 습도(wetness)라 한다. 예를 들어, 1 kg의 습증기 중에 0.9 kg이 증기라고 하면, 건도는 0.9 또는 90 %, 습도는 0.1 또는 10 % 이다.

(4) 건포화증기

그림 (d)와 같이 모든 액체가 증발이 끝나 액체 전부가 증기가 되는 순간이 존재하며 이 상태는 건도 100 %인, 즉 $x=1$인 포화증기이므로 이를 특히 건포화증기 또는 건증기라 부른다. 포화수가 포화증기로 되는 동안 소요열량을 증발잠열 또는 증발열이라 한다.

(5) 과열증기

건포화증기에 열을 가하면 증기의 온도는 계속 상승하여 포화온도 이상의 온도가 되는데 이때의 증기를 과열증기라 한다.

압력과 온도 여하에 따라 과열증기의 상태는 다르며 어떤 상태에서의 과열증기의 온도와 포화온도와의 차를 과열도라 한다. 과열증기의 과열도가 증가함에 따라 증기는 완전가스의 성질에 가까워진다.

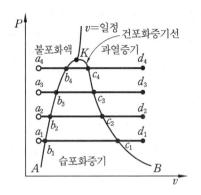

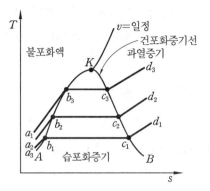

A-K-B : 포화한계선　　A~K : 포화액선
K~B : 건포화증기선　　K : 임계점 (critical point)

증기의 등압선($P = C$)

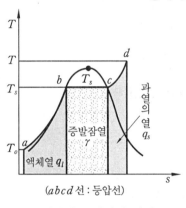

($abcd$선 : 등압선)

액체의 등압가열 변화

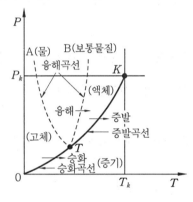

물의 3중점

5-2 **증기의 열적 상태량**

증기의 열적 상태량이란 내부에너지 u, 엔탈피 h, 엔트로피 s를 말하며, 실제의 응용
에 활용되는 것은 주로 h와 s이다.

물의 경우 0℃의 포화액에서의 h와 s를 0으로 놓고 이것을 기준으로 한다.

일반적으로 포화액(v', u', h', s'), 건포화증기(v'', u'', h'', s'')에서 각 상태의 상
태량을 살펴보자.

(1) 포화액

0℃ 포화액 : 엔탈피 $h_o{'}$, 엔트로피 $s_o{'}$는,

$$h_o{'} = 0, \quad s_o{'} = 0 \quad\quad\quad\quad\quad\quad\quad (5-1)$$

$h_o' = u_o' + P_o v_o' = 0$이고, 포화액의 $P_o = 0.006228 \, \text{kg/cm}^2$, $v_o' = 0.001 \, \text{m}^3/\text{kg}$이므로,
$u_o' = -P_o v_o' = -0.006228 \times 0.001 = -0.000146 \, \text{kcal/kg}$이다. 따라서 무시해도 상관없다.

$$\therefore \ u_o' = 0 \quad \cdots\cdots\cdots\cdots\cdots\cdots\cdots\cdots\cdots\cdots\cdots\cdots\cdots\cdots\cdots\cdots\cdots\cdots \quad (5-2)$$

0℃의 물에 대한 엔탈피는,

$$h_o = u_o + Pv_o \, [\text{kJ/kg}] \quad \cdots\cdots\cdots\cdots\cdots\cdots\cdots\cdots\cdots\cdots\cdots\cdots\cdots\cdots\cdots\cdots \quad (5-3)$$

지금 주어진 압력 하에서 0℃ 물 1 kg을 그 압력에 상당하는 포화온도 t_s [℃]까지 가열하는 데 필요한 열량, 즉 액체열 q_l은,

$$q_l = \int_o^{t_s} C \cdot dt \, [\text{kJ/kg}] \quad \cdots\cdots\cdots\cdots\cdots\cdots\cdots\cdots\cdots\cdots\cdots\cdots\cdots\cdots\cdots\cdots \quad (5-4)$$

이 q_l 은 주어진 압력 하에서 0℃ 물의 비체적을 v_o, 내부에너지를 u_o라면,

$$q_l = (u' - u_o) + P(v' - v_o) = h' - h_o \, (\text{kJ/kg}) \quad \cdots\cdots\cdots\cdots\cdots\cdots \quad (5-5)$$

로 되어, 대부분의 열량은 내부에너지의 증가에 소비된다.

$$\text{포화액의 엔탈피}(h') = h_o + \int_{273.16}^{T_s} C \cdot dT \, [\text{kJ/kg}] \quad \cdots\cdots\cdots\cdots\cdots \quad (5-6)$$

$$\text{포화액의 엔트로피}(s') = s_o + \int_{273.16}^{T_s} C \cdot \frac{dT}{T}$$

$$\therefore \ s' - s_o = \int_{273.16}^{T_s} C \cdot \frac{dT}{T} = C \cdot \ln \frac{T_s}{273.16} \, [\text{kJ/kg} \cdot \text{K}] \quad \cdots\cdots\cdots\cdots \quad (5-7)$$

예제 1. 표준 대기압 하에서 1 kg의 포화수의 내부에너지는 얼마인가? (단, 이 상태에서의 엔탈피는 418.87 kJ/kg, 비체적은 0.001435 m^3/kg이다.)

① 258.8   ② 338.8

③ 358.8   ④ 418.8

해설 $h' = u' + pv' \, [\text{kJ/kg}]$에서

$u' = h' - pv'$

$\quad = 418.87 - 101.325 \times 0.001435$

$\quad \fallingdotseq 418.72 \, \text{kJ/kg}$

정답 ④

---

(2) 포화증기

1 kg의 포화액을 등압하에서 건포화증기가 될 때까지 가열하는 데 필요한 열량, 즉 증발열 γ는,

에너지 기초식 $\delta q = du + Pdv$ 또는 $\delta q = dh - vdP$에서,

$$\gamma = u'' - u' + P(v'' - v')$$

$$= (u'' + Pv'') - (u' + Pv') = h'' - h'$$

$$\therefore \ \gamma = h'' - h' = (u'' - u') + P(v'' - v') = \rho + \psi \, [\text{kJ/kg}] \ \cdots\cdots\cdots (5-8)$$

여기서, $\rho = u'' - u'$: 내부 증발열

$\psi = P(v'' - v')$: 외부 증발열

증발열 $\gamma = \rho + \psi$는 액체에서 기체로 만들기 위한 내부에너지의 증가와 체적 팽창으로 인한 외부에 대하여 하는 일량에 상당하는 열량의 합이다.

또 전 열량을 q_t라면,

$$q_t = q_l + \gamma \ \cdots\cdots\cdots\cdots\cdots\cdots\cdots\cdots\cdots\cdots\cdots\cdots\cdots\cdots\cdots\cdots\cdots\cdots (5-9)$$

증발과정의 엔트로피 증가는,

$$\Delta s = s'' - s' = \frac{\gamma}{T_s} \, [\text{kJ/kg} \cdot \text{K}] \ \cdots\cdots\cdots\cdots\cdots\cdots\cdots\cdots\cdots (5-10)$$

두 포화한계선 사이에 있는 습증기 구역($0 < x < 1$)의 건도 x인 상태에서 $v_x,\ u_x,\ h_x,\ s_x$의 값은 다음의 관계로부터 구할 수 있다.

$$\left.\begin{array}{l} v_x = xv'' + (1-x)v' = v' + x(v'' - v') \fallingdotseq xv'' \, [\text{m}^3/\text{kg}] \\[2mm] u_x = xu'' + (1-x)u' = u' + x(u'' - u') = u' + x\rho \, [\text{kJ/kg}] \\[2mm] h_x = xh'' + (1-x)h' = h' + x(h'' - h') = h' + x\gamma \, [\text{kJ/kg}] \\[2mm] s_x = xs'' + (1-x)s' = s' + x(s'' - s') = s' + x\dfrac{\gamma}{T_s} \, [\text{kJ/kg} \cdot \text{K}] \end{array}\right\} \ \cdots\cdots (5-11)$$

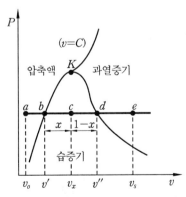

첨자 : o(압축액), $'$: (포화수), x(습증기), $''$: (건포화증기), s(과열증기)

습증기의 $P - v$ 선도

(3) 과열증기

건포화증기는 포화온도 T_s로부터 임의의 온도 T까지 과열시키는 데 요하는 열량, 즉 과열에 필요한 열 q_s는 과열증기의 비열이 C_p라면 다음 식으로 구할 수 있다.

$$q_s = \int_{T_s}^{T} C_p \cdot dT [\text{kJ/kg}] \quad \cdots\cdots\cdots\cdots (5-12)$$

과열증기의 엔탈피 $h = h'' + q_s = h'' + \int_{T_s}^{T} C_p dT [\text{kJ/kg}] \quad \cdots\cdots\cdots (5-13)$

과열증기의 엔트로피 $s = s'' + \int_{T_s}^{T} C_p \cdot \dfrac{dT}{T} [\text{kJ/kg} \cdot \text{K}] \quad \cdots\cdots\cdots (5-14)$

과열증기의 내부에너지 $u = h - Pv = u'' + \int_{T_s}^{T} C_v dT [\text{kJ/kg}] \quad \cdots\cdots\cdots (5-15)$

> **예제** 2. 과열증기를 냉각시켰더니 포화영역 안으로 들어와서 비체적이 0.2327 m³/kg이 되었다. 이때의 포화액과 포화증기의 비체적이 각각 1.079×10⁻³ m³/kg, 0.5243 m³/kg이라면 건도는 얼마인가?
>
> ① 0.964   ② 0.772
> ③ 0.653   ④ 0.443

해설 $v' = v' + x(v'' - v') [\text{kJ/kg}]$에서

$$\therefore x = \frac{v - v'}{v'' - v'} = \frac{0.2327 - 1.079 \times 10^{-3}}{0.5243 - 1.079 \times 10^{-3}} \fallingdotseq 0.443$$

정답 ④

5-3   증기의 상태변화

(1) 등적변화($dv = 0$, $v = $ const)

등적과정에서 절대일은 없고, 가열량은 내부에너지로만 변화한다.

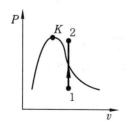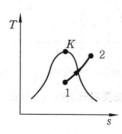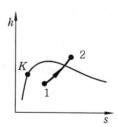

등적변화

(2) 등압변화($dP=0,\ P=\text{const}$)

등압변화에서 공업일은 없고, 가열량은 엔탈피 변화량과 같다. 보일러, 복수기, 냉동기의 증발기, 응축기에서 일어난다.

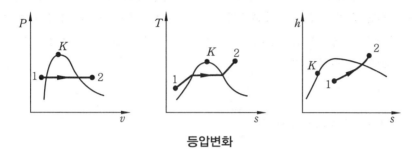

등압변화

(3) 등온변화

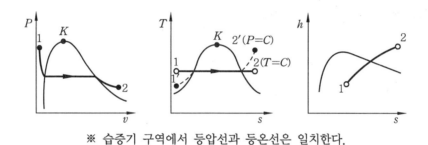

※ 습증기 구역에서 등압선과 등온선은 일치한다.

등온변화

(4) 단열변화($ds=0,\ s=\text{const}$)

단열변화 중에는 열 출입이 없으므로 가열량은 없고, 공업일은 엔탈피 변화와 같다.

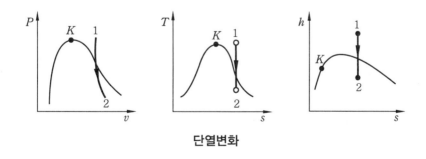

단열변화

(5) 교축과정(throttling : 등엔탈피 과정, $h=\text{const}$)

교축과정이란 증기가 밸브나 오리피스 등의 작은 단면을 통과할 때 외부에 대해서 하는 일 없고 압력 강하만 일어나는 현상이며, 비가역과정으로 외부와의 열전달이 없고($q=0$), 일을 하지 않으며($w_t=0$), 엔탈피가 일정($dh=0$, $h_1=h_2$)한 과정으로서 엔트로피는 항상 증가하고 압력은 강하한다.

교축과정은 비가역변화이므로, 압력이 감소되는 방향으로 일어나는 반면, 엔트로피는 항상 증가한다. 습증기를 교축하면 건도가 증가하여, 결국 건도는 1이 되며 건도 1의 증기를 교축하면 과열 증기가 된다. 이 현상을 이용하여 습포화증기의 건도를 측정하는 계기를 교축열량계라 한다.

> **참고** 실제 기체(수증기, 냉매)의 교축과정
> ① $P_1 > P_2$
> ② $T_1 > T_2$(Joule-Thomson effect)
> ③ $h_1 = h_2$
> ④ $\Delta S = 0$
> ⑤ 줄톰슨 계수(μ_T) $= \left(\dfrac{\partial T}{\partial P} \right)_{h=0}$ $\mu_T > 0$

출제 예상 문제

1. 다음 중 3중점을 바르게 설명한 것은 어느 것인가?

① 고체와 기체, 고체와 액체, 액체와 기체가 평형으로 존재하는 상태

② 융해, 증발, 승화가 자유롭게 이루어지는 상태

③ 고체, 액체, 기체가 평형을 유지하면서 존재하는 상태

④ 특히, 물의 3중점은 임계점과 같다.

2. 임의의 압력 P인 포화증기를 포화온도 T_s로부터 임의의 온도 T까지 일정 압력으로 가열하면 과열증기가 된다. 이때 과열증기의 엔탈피 h를 구하는 식은 다음 중 어느 것인가? (단, 정압비열을 C_p, 포화온도를 T_s, 건포화증기의 엔탈피를 h''라 한다.)

① $h = h'' + \int_{T_s}^{T} C_v dT$

② $h'' = h + \int_{T_s}^{T} C_p dT$

③ $h = h'' - \int_{T_s}^{T} C_p dT$

④ $h = h'' + \int_{T_s}^{T} C_p dT$

[해설] 과열증기의 엔탈피 = 건포화증기의 엔탈피 + 과열의 열이므로, $h = h'' + \int_{T_s}^{T} C_p dT$

특히, $h - h'' = \int_{T_s}^{T} C_p dT$를 과열의 열이라 한다.

3. 다음 중 과열증기의 엔트로피 S를 구하는 식은?

① $S = S'' + \int_{T_s}^{T} C_p dT$

② $S'' = S + \int_{T_s}^{T} \dfrac{dT}{T}$

③ $S = S'' + \int_{T_s}^{T} C_p \dfrac{dT}{T}$

④ $S = S'' - \int_{T_s}^{T} C_p \dfrac{dT}{T}$

[해설] 과열증기의 엔트로피 = 건포화증기의 엔트로피 + 포화온도 T_s를 임의의 온도 T까지 과열시키는 데 필요한 엔트로피이므로,

$\therefore\ S = S'' + \int_{T_s}^{T} C_p \dfrac{dT}{T}$

4. 습(포화)증기에서 증발열을 γ, 액체열을 q_l, 내부증발열을 ρ, 외부증발열을 ψ, 건도를 x라고 하면 다음 중 그 관계가 옳은 것은?

① $\gamma = (x_2 - x_1)\rho$ ② $\gamma = \rho + \psi$

③ $q_l = \gamma + \rho + \psi$ ④ $u = \gamma + x\rho$

[해설] 증발(잠)열 (γ) = 내부증발열 (ρ) + 외부증발열 (ψ)
$(h'' - h') = (u'' - u') + p(v'' - v')$ [kJ/kg]

5. 다음 증발(잠)열을 설명한 것 중 잘못된 것은?

① 내부증발열과 외부증발열로 이루어져 있다.

② 1 kg의 포화액을 일정압력하에서 가열하여 건포화증기로 만드는 데 필요한 열

량이다.

③ 건포화증기의 엔탈피와 포화액의 엔탈피의 차로서 표시된다.

④ 체적증가에 의하여 하는 일의 열상당량이다.

6. 다음은 증기의 Mollier 선도를 표시하고 있다.

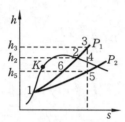

(1) 위의 선도에서 가역단열 과정은?

① 1-2   ② 2-3

③ 3-5   ④ 5-1

(2) 건도(x)가 100 %인 점은 어느 곳인가?

① 1, 2, 3   ② 2, 3, 4

③ 4, 5, 1   ④ 5, 1, 2

(3) 교축(throttling)과정은 어느 것인가?

① 1-6   ② 6-3

③ 3-5   ④ 5-6

7. 건포화증기의 건도 또는 질(quality) x는 몇 % 인가?

① 100 %   ② 50 %

③ 1 %   ④ 0 %

[해설] 과냉액, 포화액 : $x = 0$ %

　습(포화)증기 : 0 % < x < 100 %

　건포화증기, 과열증기 : $x = 100$ %

8. 다음 중 과열도를 표시한 것은?

① 포화온도 - 과열증기온도

② 포화온도 - 압축액의 온도

③ 과열증기온도 - 포화온도

④ 과열증기온도 - 압축액의 온도

9. 다음 중 습증기의 건조도 x 를 표시한 것은?

① $x = \dfrac{\text{포화증기의 질량}}{\text{습증기의 질량}}$

② $x = \dfrac{\text{포화증기의 질량}}{\text{과열증기의 질량}}$

③ $x = \dfrac{\text{포화증기의 체적}}{\text{건포화증기의 체적}}$

④ $x = \dfrac{\text{습증기의 질량}}{\text{건포화증기의 질량}}$

[해설] 건조도$(x) = \dfrac{G_w}{G_a}$

$= \dfrac{\text{습증기 1kg 중의 습증기의 중량(질량)}}{\text{습증기 1kg 중의 건포화증기의 중량(질량)}}$

10. 다음 중 증기의 교축상태에서 변화되지 않는 것은?

① 엔트로피(entropy)

② 엔탈피(enthalpy)

③ 체적(volume)

④ 내부에너지(internal energy)

[해설] 교축과정에서,

　$h_1 = h_2$, 즉 $\Delta h = 0$이다.

11. 건포화증기와 포화액의 엔탈피의 차이를 무엇이라 하는가?

① 내부에너지   ② 잠열

③ 엔트로피   ④ 현열

[해설] 증발잠열(γ)

　= 건포화증기의 엔탈피(h'') - 포화액의 엔탈피(h')

　= 내부 증발열$(u'' - u' = \rho)$ + 외부 증발열 $[p(v'' - v) = \psi]$

12. 임계점(critical point)의 설명 중 옳은 것은?

① 고체, 액체, 기체가 공존하는 3중점을

뜻한다.

② 선도상($T-s$ 선도, $h-s$ 선도)에서 선도의 양 끝점을 말한다.

③ 어떤 압력하에서도 증발이 시작되는 점과 끝나는 점이 일치하는 곳이다.

④ 임계온도 이하에서는 증기와 액체가 평형으로 존재할 수 없는 상태의 점이다.

13. 교축열량계는 무엇을 측정하기 위한 장치인가?

① 과열도   ② 증기의 건도

③ 열량   ④ 증기의 무게

14. 수증기의 몰리에르 선도(Mollier chart)에서 다음 두 개의 값을 알아도 습증기의 상태가 결정되지 않는 것은?

① 온도－엔탈피   ② 온도－압력

③ 엔탈피－비체적   ④ 엔트로피－엔탈피

해설 습증기 구역($0<x<1$)에서는 등온선과 등압선이 같으므로(일치하므로) 상태값을 구할 수 없다.

15. 습(포화)증기를 가역단열상태로 압축하면 증기의 건도는 어떻게 되는가?

① 변하지 않는다.

② 감소하기도 하고 증가하기도 한다.

③ 증가한다.

④ 감소한다.

해설 $T-s$ 선도에서 1→2는 습증기가 과냉액이 되었으므로, 건도 x는 감소하였고, 1 →2′는 습증기가 과열증기가 되었으므로, 건도 x는 증가하였다.

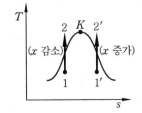

16. 건도가 x인 습(포화)증기의 상태량을 표시한 것 중 잘못된 것은?

① $v_x = v' + x(v''-v')$

② $h_x = h'' + x(h'-h)$

③ $S_x = S' + x\dfrac{\gamma}{T}$

④ $u_x = u' + x\rho$

17. 정압하에서 0℃의 액체 1 kg을 포화온도까지 가열하는 데 필요한 열량은?

① 액체열   ② 증발열

③ 과열의 열   ④ 현열

해설 (1) 액체열(q_l) : 0℃의 물 1 kg을 주어진 압력하에서 포화온도(T_s)까지 가열하는 데 필요한 열량

$$q_l = \int_{273.16}^{T_s} CdT \,[\mathrm{kJ/kg}]$$

(2) 증발 (잠)열(γ) : 포화액 1 kg을 정압하에서 가열하여 건포화증기로 만드는 데 필요한 열량

$$\gamma = h''-h' = (u''-u') + P(v''-v')$$

(3) 과열의 열(q_s) : 건포화증기를 포화온도 (T_s)에서 임의의 온도 T까지 과열시키는 데 필요한 열량

$$q_s = h-h'' = \int_{T_s}^{T} C_p dT \,[\mathrm{kJ/kg}]$$

18. 다음 중 습증기의 엔탈피(h_x)를 바르게 표시한 것은?

① $h_x = h + h''x$

② $h_x = h' + \gamma \cdot x$

③ $h_x = h'' + x(h'-h)$

④ $h_x = h' + x\dfrac{\gamma}{T}$

해설 $h_x = h' + x(h''-h')$
     $= h' + \gamma \cdot x\,[\mathrm{kJ/kg}]$

19. 건포화증기를 체적이 일정한 상태로 압력을 높이는 경우와 낮추는 경우 각각 무엇이 되는가?

① 과열증기 - 과열증기

② 과열증기 - 습증기

③ 습증기 - 습증기

④ 습증기 - 포화액

[해설] $P-v$ 선도에서, $1 \rightarrow 2$는 정적 상태로 압력을 높이면 과열증기가 되며, $1 \rightarrow 2'$는 정적 상태로 압력을 낮추면 습증기가 된다.

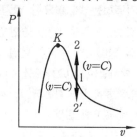

20. Van der Waals의 증기의 상태식을 표현한 것이다. 옳은 것은?

① $\left(P + \dfrac{a}{v^2}\right)(v - b) = RT$

② $\left(P - \dfrac{a}{v^2}\right)(v + b) = RT$

③ $P \cdot v = \left(R + \dfrac{a}{t^2}\right)(T - b)$

④ $Pv = \left(R - \dfrac{a}{t^2}\right)(T + b)$

[해설] 증기의 상태방정식은 완전가스의 상태식 중 압력과 비체적에 적당한 수정항을 부가하고 이들의 영향을 고려하여 다음과 같이 표시한다.

(1) Van der Waals 식

$\left(P + \dfrac{a}{v^2}\right)(v - b) = RT$

(2) Clausius 식

$\left[P + \dfrac{a}{T(v + c)^2}\right](v - b) = RT$

(3) Berthelot 식

$\left(P + \dfrac{a}{Tv^2}\right)(v - b) = RT$

21. 정적하에서 압력을 증가시키면 습포화증기는 대부분 어떻게 되는가?

① 과냉액

② 습포화증기

③ 과열증기

④ 모두 액체가 된다.

[해설] $P-v$ 선도에서 각 점의 압력을 $v = C$ 상태에서 상승시키면 대부분 건포화증기를 거쳐 과열증기가 된다.

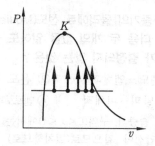

22. 포화수와 건포화증기의 엔탈피의 차를 무엇이라 하는가?

① 액체열   ② 습포화증기

③ 증발열   ④ 과열의 열

23. 수증기의 임계압력(critical pressure)은 어느 것인가?

① 273.16 ata   ② 225.5 ata

③ 255.5 ata   ④ 32.55 ata

24. 다음 중 증기의 선도로서 쓰이지 않는 것은?

① $T-s$ 선도   ② $P-h$ 선도

③ $P-s$ 선도   ④ $h-s$ 선도

[해설] 증기 선도에는 압력 - 비체적($P-v$) 선도, 온도 - 엔트로피($T-s$) 선도, 압력 - 엔

정답 **19.** ② **20.** ① **21.** ③ **22.** ③ **23.** ② **24.** ③

탈피($P-h$) 선도, 엔탈피 – 엔트로피($h-s$) 선도가 있다.

25. 증기의 몰리에르 선도에서 잘 알 수 없는 상태량은?

① 포화수의 엔탈피

② 포화증기의 엔탈피

③ 과열증기의 엔탈피

④ 과열증기의 비체적

[해설] Mollier 선도에서는 건도 0.7 이상인 습증기와 과열증기 구역의 값만 알 수 있으며, 건도 0.6 이하인 습증기와 포화액, 압축액의 값은 찾을 수 없다.

26. 습(포화)증기를 단열압축시키면 다음 중 어느 것이 되는가?

① 포화액　　　　② 압축액

③ 과열증기　　　④ 현열

27. 건조도 x가 0%가 된다면 다음 중 어느 것이 된다는 것인가?

① 습포화증기　　② 포화수

③ 건포화증기　　④ 과열증기

28. Mollier 선도에서 교축과정은 어떻게 나타나는가?

① 기울기 45°의 직선이 된다.

② 수평선이 된다.

③ 수직선이 된다.

④ Mollier chart에 교축과정은 표시할 수 없다.

[해설] $h=C$, 즉 등엔탈피(교축)과정은 수평선이다.

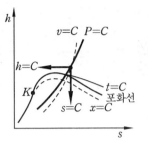

29. 수증기의 $h-s$ 선도의 과열증기 영역에서 기울기가 비슷하여 정확한 교점을 찾기 매우 곤란한 선은?

① 등온선, 등압선

② 등압선, 비체적선

③ 등엔트로피선, 등엔탈피선

④ 비체적선, 포화증기선

[해설] 문제 28번 해설 그림에서 $v=C$ 선과 $P=C$ 선은 기울기가 비슷하여 그것의 정확한 교점을 찾는 것은 매우 힘들다.

30. 물의 임계 온도는 다음 중 어느 것인가?

① 273.16℃　　　② 427.1℃

③ 225.5℃　　　　④ 374.1℃

31. 다음 증발(잠)열을 설명한 것 중 잘못된 것은?

① 건포화증기의 엔탈피 값을 말한다.

② 증발(잠)열은 내부증발열과 외부증발열로 되어 있다.

③ 내부증발열은 증발에 따른 내부에너지의 증가를 뜻한다.

④ 체적증가로서 증가하는 일의 열상당량이 외부 증발열이다.

[정답] **25.** ①　**26.** ③　**27.** ②　**28.** ②　**29.** ②　**30.** ④　**31.** ①

제6장 기체의 유동 및 공기압축기

6-1 유체의 유동

① 정상류(steady flow) : 유체의 물성치가 시간에 관계없이 일정한 흐름
② 비정상류(unsteady flow) : 유체의 물성치가 시간에 따라 변하는 흐름
③ 층류(laminar flow) : 물체가 관속을 비교적 저속으르 흐를 때 유체는 규칙적으로 흘러서 유선이 관로에 평행하게 되는 흐름
④ 난류(turbulent flow) : 층류와는 달리 유체의 흐름이 비교적 고속으로 흐를 때 흐름의 선이 불규칙한 변화를 하면서 흐르는 흐름

6-2 유동의 기본 방정식

(1) 연속 방정식

$$m = \frac{a_1 w_1}{v_1} = \frac{a_2 w_2}{v_2} \, [\text{kg/s}] \quad \cdots\cdots\cdots\cdots\cdots\cdots\cdots\cdots\cdots\cdots\cdots\cdots \quad (6-1)$$

(단, 유로단면적 $a\,[\text{m}^2]$, 유속 $w\,[\text{m/s}]$, 비체적 $v\,[\text{m}^3/\text{kg}]$이고, 첨자 1, 2는 ① 단면, ② 단면)

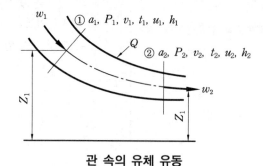

관 속의 유체 유동

(2) 정상유동의 에너지 방정식

$$q = w_t + (h_2 - h_1) + \frac{1}{2}(w_2^2 - w_1^2) + g(Z_2 - Z_1)[\text{kJ/kg}]$$

(3) 단열유동

마찰이 없을 때 단열이므로 $q = 0$이고, 제1유동단면과 제2유동단면의 거리가 비교적 가깝고, 경사가 심하지 않으면 보통 $Z_1 \approx Z_2$로 보기 때문에 일반 에너지식으로부터,

$$h_1 - h_2 = \frac{1}{2}(w_2^2 - w_1^2) \quad \cdots\cdots\cdots\cdots (6-2)$$

가 되며, 노즐에서와 같이 $w_1 \ll w_2$이면, $w_1 \approx 0$으로 볼 수 있고, 노즐에서는 외부에 대한 일 $w_t = 0$이므로 엔탈피 감소량은 속도에너지 증가로 변하므로,

$$h_1 - h_2 = \frac{1}{2}w_2^2 \quad \cdots\cdots\cdots\cdots\cdots\cdots (6-3)$$

이 되어, 노즐 출구의 유속 w_2는,

$$w_2 = \sqrt{\frac{2g}{A}(h_1 - h_2)} = 91.5\sqrt{h_1 - h_2}\,[\text{m/s}](h_1 - h_2 : \text{kcal/kgf})$$

$$\fallingdotseq 44.72\sqrt{h_1 - h_2}\,[\text{m/s}](h_1 - h_2 : \text{kJ/kg}) \quad \cdots\cdots (6-4)$$

노즐 입출구에서 엔탈피 값을 알 때 노즐 출구에서의 유출 속도를 구하는 식이다.

예제 1. 압력 12 ata, 온도 300℃인 과열증기를 이상적인 단열분류로서 2.4 ata까지 분출시킬 경우, 최대 분출속도를 구하면 얼마인가? (단, 12 ata일 때, $t = 300℃$, $h_1 = 3057.6$ kJ/kg, 2.4 ata일 때, $h_2 = 2713.2$ kJ/kg)

① 725　　　　　　　　　　　② 820

③ 830　　　　　　　　　　　④ 925

해설 최대 분출속도$(w_2) = \sqrt{2 \cdot (h_1 - h_2)} = 44.72\sqrt{(h_1 - h_2)}$

$\fallingdotseq 44.72\sqrt{3057.6 - 2713.2} = 830\,\text{m/s}$ **정답** ③

---

(4) 단열 열낙차

어떤 탱크 속에 들어 있는 유체를 오리피스나 노즐 등의 유로로 분출시킬 때 이 유로를 통과하는 동안 외부에 대하여 열 및 일의 출입이 없고 마찰 등을 무시할 경우 이는 단열유동이 된다.

마찰을 동반하는 유동에서는 마찰열은 유체로 흡수되어 유체는 엔트로피가 증가되며, 압력 P_1에서 P_2까지의 단열유동에서 상태량 h, s의 변화를 도시하면 그림과 같다.

오른쪽 그림에서,

① 1→2 : 단열(무마찰유동)

등엔트로피 유동으로 여기서, $h_1 - h_2 =$ 단열 열 낙차(kJ/kg)라고 한다.

② 1→2′ : 단열(마찰유동)

유로출구에서의 유속을 위의 경우 각각 w_2, w_2' 라고 하면,

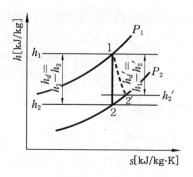

단열 분류변화

$$w_2 = 44.72\sqrt{h_1 - h_2}\,[\text{m/s}]$$

$$w_2' = 44.72\sqrt{h_2 - h_2'} : (h_1 - h_2 > h_1 - h_2')$$

$$\therefore\ w_2 > w_2'\,\text{가 되며,}$$

$$\left(\frac{h_1 - h_2'}{h_1 - h_2}\right) = \left(\frac{w_2'}{w_2}\right)^2 = \phi^2 = \eta_n$$

여기서, $\phi = \dfrac{w_2'}{w_2}$: 속도계수, $\eta_n = \phi^2$: 노즐 효율

6-3 노즐(nozzle)에서의 유동

노즐은 이것을 통과하는 유체의 팽창에 의하여 유체의 열에너지 또는 압력에너지를 운동에너지로 바꾸어 주는 장치이다.

(1) 분출속도

노즐 내에 유체가 흐를 경우, 통과하는 시간이 짧기 때문에 열의 출입량도 대단히 적으므로 단열팽창으로 보아도 무방하다.

따라서, 노즐로부터 분출되는 속도는,

노즐에서의 유동

$$\frac{(w_2^2 - w_1^2)}{2} = h_1 - h_2 = C_p(T_1 - T_2) = \frac{k}{k-1}R(T_1 - T_2)$$

$$= \frac{k}{k-1}(P_1 v_1 - P_2 v_2)$$

$$= \frac{k}{k-1}P_1 v_1\left(1 - \frac{T_2}{T_1}\right) \quad\cdots\cdots\cdots\cdots\cdots\cdots\cdots\cdots (6-5)$$

가역단열변화인 경우 $\dfrac{T_2}{T_1} = \left(\dfrac{P_2}{P_1}\right)^{\frac{k-1}{k}}$ 이므로,

$$\frac{(w_2^2 - w_1^2)}{2} = \frac{k}{k-1} P_1 v_1 \left[1 - \left(\frac{P_2}{P_1}\right)^{\frac{k-1}{k}} \right] \quad \cdots\cdots\cdots\cdots\cdots\cdots (6-6)$$

초속도 w_1 을 생략($w_2 \gg w_1$)하면,

$$w_2 = \sqrt{ 2 \times \frac{k}{k-1} \cdot P_1 v_1 \left[1 - \left(\frac{P_2}{P_1}\right)^{\frac{k-1}{k}} \right] } \; [\mathrm{m/s}] \quad \cdots\cdots\cdots\cdots\cdots\cdots (6-7)$$

여기서, k : 비열비(공기 1.4, 과열증기 1.3, 건포화증기 1.135)

[예제] 2. 압력 800 kPa, 온도 100℃인 압축공기를 대기 속에 분출시킬 경우, 이 변화가 가역단열 적이라 하면, 최대 분출속도는 얼마인가? (단, 초기 속도는 무시한다.)

① 480.65   ② 580.67

③ 628.25   ④ 725.38

[해설] $P_1 v_1 = RT_1$ 에서,

$$v_1 = \frac{RT_1}{P_1} = \frac{0.287 \times 373}{800} = 0.1338 \, \mathrm{m^3/kg}$$

$$\therefore \; w_2 = \sqrt{ 2 \cdot \frac{k}{k-1} P_1 v_1 \cdot \left[1 - \left(\frac{P_2}{P_1}\right)^{\frac{k-1}{k}} \right] }$$

$$= \sqrt{ 2 \times \frac{1.4}{1.4-1} \times (800 \times 10^3) \times 0.1338 \times \left[1 - \left(\frac{101.325}{800}\right)^{\frac{0.4}{1.4}} \right] } = 580.67 \, \mathrm{m/s} \quad \boxed{정답} \; ②$$

(2) 분출유량

분출유량 $G \, [\mathrm{kg/s}]$ 는 출구의 단면적을 a_2 라 할 때,

$$G = \frac{a_2 w_2}{v_2}, \;\; P_1 v_1^k = P_2 v_2^k \; \text{에서}, \;\; \frac{1}{v_2} = \frac{1}{v_1} \times \left(\frac{P_2}{P_1}\right)^{\frac{1}{k}}$$

$$G = \frac{a_2 w_2}{v_2} = \frac{a_2 w_2}{v_1} \times \left(\frac{P_2}{P_1}\right)^{\frac{1}{k}}$$

$$= a_2 \cdot \sqrt{ 2 \times \frac{k}{k-1} \cdot \frac{P_1}{v_1} \cdot \left[\left(\frac{P_2}{P_1}\right)^{\frac{2}{k}} - \left(\frac{P_2}{P_1}\right)^{\frac{k+1}{k}} \right] } \; [\mathrm{kg/s}] \;\; \cdots\cdots (6-8)$$

위 식에서 $a_2 =$ 일정인 경우 G 를 최대로 하고, $G =$ 일정인 경우 a_2 를 최소로 하는 조건

은, $\left[\left(\dfrac{P_2}{P_1}\right)^{\frac{2}{k}} - \left(\dfrac{P_2}{P_1}\right)^{\frac{k+1}{k}}\right]$ 이 최대이어야 하므로 이 조건은,

$$\frac{d\left[\left(\dfrac{P_2}{P_1}\right)^{\frac{2}{k}} - \left(\dfrac{P_2}{P_1}\right)^{\frac{k+1}{k}}\right]}{d\left(\dfrac{P_2}{P_1}\right)} = 0$$

이므로 이를 풀어서 G를 최대로 하는 압력 $P_2 = P_c$라 하면,

$$P_c = P_1\left(\frac{2}{k+1}\right)^{\frac{k}{k-1}} \quad \dots\dots\dots\dots\dots\dots\dots\dots\dots (6-9)$$

이 P_c를 임계압력(cirtical pressure)이라 한다.

임계압력에서의 분출속도, 즉 임계 분출속도 w_c는,

$$w_c = \sqrt{2 \cdot \frac{k}{k-1} \cdot P_1 v_1 \cdot \left(1 - \frac{2}{k+1}\right)} = \sqrt{2 \cdot \frac{k}{k+1} \cdot P_1 v_1}\ [\text{m/s}] \quad \dots\dots (6-10)$$

임계상태에서의 비체적 v_c는,

$$v_c = v_1\left(\frac{P_1}{P_c}\right)^{\frac{1}{k}} = v_1\left(\frac{k+1}{2}\right)^{\frac{1}{k-1}}\ [\text{m}^3/\text{kg}] \quad \dots\dots\dots\dots\dots\dots (6-11)$$

임계압력 P_c는 $P_1 v_1^k = P_c v_c^k$에서,

$$P_c = P_1\left(\frac{v_1}{v_c}\right)^k \quad \dots\dots\dots\dots\dots\dots\dots\dots\dots\dots\dots\dots (6-12)$$

따라서, $\dfrac{T_c}{T_1} = \left(\dfrac{v_1}{v_c}\right)^{k-1} = \left(\dfrac{P_c}{P_1}\right)^{\frac{k-1}{k}} = \dfrac{2}{k+1} \quad \dots\dots\dots\dots (6-13)$

$$\therefore\ w_c = \sqrt{k \cdot P_c v_c} = \sqrt{kRT}\ [\text{m/s}] \quad \dots\dots\dots\dots\dots\dots (6-14)$$

이며, P_c, v_c의 상태에 있어서의 유속은 음속(sonic velocity)과 같게 된다.

노즐의 최소 단면적을 a_c라 하고, 이것을 통과하는 최대 유량을 G_c라 하면,

$$G_c = a_c \cdot \sqrt{2 \cdot \frac{k}{k+1} \cdot \left(\frac{2}{k+1}\right)^{\frac{2}{k-1}} \cdot \left(\frac{P_1}{v_1}\right)}$$

$$= a_c\sqrt{k\left(\frac{2}{k+1}\right)^{\frac{k+1}{k-1}} \cdot \left(\frac{P_1}{v_1}\right)} = a_c\sqrt{k\frac{P_c}{v_c}}\ [\text{kg/s}] \quad \dots\dots\dots\dots (6-15)$$

(3) 노즐 속의 마찰손실

$$\text{노즐 효율}(\eta_n) = \frac{\text{유효 열낙차}(h_1 - h_2')}{\text{가역단열 열낙차}(h_1 - h_2)} \quad \cdots\cdots\cdots\cdots\cdots\cdots (6-16)$$

손실계수는 에너지 손실의 가열 열낙차에 대한 비로서,

$$S = \frac{h_2 - h_2'}{h_1 - h_2} = 1 - \eta_n \quad \cdots\cdots\cdots\cdots\cdots\cdots\cdots\cdots (6-17)$$

실제로 마찰을 수반하는 유출속도 w_r 은,

$$w_r = 44.72 \sqrt{(h_1 - h_2')} \, [\text{m/s}] \quad \cdots\cdots\cdots\cdots\cdots\cdots (6-18)$$

속도계수 ϕ 는 위의 관계로부터,

$$\phi = \frac{w_r}{w} = \frac{44.72\sqrt{(h_1 - h_2')}}{44.72\sqrt{(h_1 - h_2)}} \text{에서,}$$

$$\phi = \sqrt{\frac{(h_1 - h_2')}{(h_1 - h_2)}} = \sqrt{\eta_n} = \sqrt{1 - S}$$

$$\therefore \ \phi^2 = \eta_n = 1 - S \quad \cdots\cdots\cdots\cdots\cdots\cdots\cdots\cdots\cdots (6-19)$$

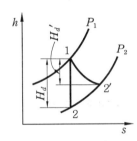 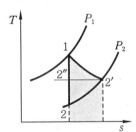

마찰유동

예제 3. 어느 노즐에서 노즐 효율$(\eta_n) = 90\,\%$일 때 단열 열낙차가 378 kJ/kg이면, 이 노즐출구의 분출속도는 몇 m/s인가?

① 724.84 ② 824.84

③ 920.25 ④ 928.38

해설 노즐 효율$(\eta_n) = \dfrac{\text{유효 열낙차}(h_1 - h_2')}{\text{단열 열낙차}(h_1 - h_2)}$ 에서,

$h_1 - h_2' = \eta_n \times (h_1 - h_2) = 0.9 \times 378 = 340.2 \text{ kJ/kg}$

$\therefore$ 분출속도$(w_2) = 44.72\sqrt{\Delta h} = 44.72\sqrt{340.2} = 824.84 \text{ m/s}$

정답 ②

6-4 공기압축기(air compressor)

외부에서 일을 공급받아 저압의 유체를 압축하여 고압으로 송출하는 기계로서, 대표적인 압축유체는 공기이다.

압축기에는 다음과 같은 종류가 있다.

① 회전식 압축기(rotary blower) : 저압 소용량
② 원심 압축기(centrifugal blower) : 저중압 대용량
③ 왕복식 압축기(reciprocating compressor) : 중고압 소용량

$$(h_2 - h_1) + \frac{1}{2}(w_2^2 - w_1^2) = q - w_c \quad \text{(6-20)}$$

$dq = dh - vdP$에서,

$$q = (h_2 - h_1) - \int_1^2 vdP \quad \text{(6-21)}$$

$$압축일(w_c) = \frac{1}{2}(w_2^2 - w_1^2) + \int_1^2 vdP(이론)$$

$$w_c = \int_1^2 vdP(실제) = 면적 \ 12341$$

$$\left. \right\} \quad \text{(6-22)}$$

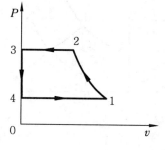

1→2 : 압축과정(단열압축, 등온압축, 폴리트로프 압축)
2→3 : 토출과정
3→4 : 토출 후 최초 상태로의 복귀
4→1 : 흡입과정

압축일

> **참고** 공기압축기의 분류
> - 팬(fan) : 0.1 kgf/cm² 미만
> - 블로어(blower) : 0.1~1 kgf/cm²
> - 압축기(compressor) : 1 kgf/cm² 이상

6-5 기본 압축 사이클-통극체적이 없는 경우

통상 압축기에서 공기를 압축하는 목적은 최종 상태의 밀도 또는 압력을 높이는 것이

다. 그림에서 과정 12″는 단열과정, 과정 12는 폴리트로프 변화, 과정 12′는 등온변화 과정이다. 압축일은 $P-v$ 선도상에서 P축에 투영한 면적이라고 했는데, 이 과정 중 압축일이 가장 적은 것은 등온압축 12′ 과정임을 알 수 있다. 그러나 압축과정은 보통 단열과정으로 취급되며, 실제는 완전단열이 있을 수 없으므로 실제 과정은 등온과 단열의 중간인 $1<n<k$, 즉 폴리트로프 과정이 된다.

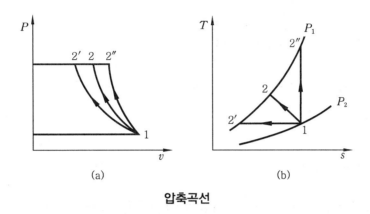

압축곡선

그림 (a) 의 경우와 같이 통극체적(clearance volume)이 없는 경우에 1 kg의 유량에 대한 압축일은 유체마찰을 무시하면 다음과 같다.

(1) 단열압축 과정($q=0,\ s=C$)

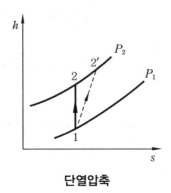

단열압축

$$w_t = (h_1 - h_2) = C_p (T_1 - T_2) \quad\cdots\cdots\cdots\cdots\cdots\cdots\cdots\cdots\cdots\cdots\cdots (6-23)$$

단열과정에서 $(dh = dq + vdP)$이므로,

$$\therefore\ h_2 - h_1 = \int_1^2 vdP = \frac{k}{k-1} \cdot P_1 v_1 \left[\left(\frac{P_2}{P_1} \right)^{\frac{k-1}{k}} - 1 \right]$$

$$= \frac{k}{k-1} R(T_2 - T_1)$$

$$\therefore \text{단열과정 압축일} : w_k = \frac{k}{k-1} P_1 v_1 \left[\left(\frac{P_2}{P_1} \right)^{\frac{k-1}{k}} - 1 \right]$$

$$= \frac{k}{k-1} R \cdot (T_2 - T_1) \quad \text{……………………} (6-24)$$

(2) 폴리트로픽 과정

$$w_n = \frac{n}{n-1} P_1 v_1 \left[\left(\frac{P_2}{P_1} \right)^{\frac{n-1}{n}} - 1 \right]$$

$$= \frac{n}{n-1} R \cdot (T_2 - T_1) \quad \text{……………………………………} (6-25)$$

(3) 등온압축과정$(q \neq 0, \ T = C)$

등온변화에서, $q = {}_1 w_2 = w_t$

$$q = \int_1^2 P(-dv) = P_1 v_1 \ln \frac{v_1}{v_2} = P_1 v_1 \ln \frac{P_2}{P_1} = RT_1 \cdot \ln \frac{v_1}{v_2}$$

$$w_T = P_1 v_1 \cdot \ln \frac{P_2}{P_1} \quad \text{………………………} (6-26)$$

각각의 압축과정 중 가열량(q)은

$$\text{등온과정} : q = P_1 v_1 \ln \left(\frac{v_1}{v_2} \right) = P_1 v_1 \ln \left(\frac{P_2}{P_1} \right) \quad \text{………………} (6-27)$$

$$\text{폴리트로프 과정} : q = C_n (T_2 - T_1) = C_v \cdot \frac{n-k}{n-1} (T_2 - T_1) \quad \text{………} (6-28)$$

단열과정 : $q = 0$

η_{ad} = 단열압축 효율(adiabatic compression efficiency)

$$= \frac{\text{상태 1에서 상태 2까지 단열압축하는 데 소요되는 이론일}}{\text{상태 1에서 상태 2까지 단열압축하는 데 소요되는 실제일}}$$

$$= \frac{h_2 - h_1}{h_2' - h_1} \quad \text{……………………} (6-29)$$

예제 4. 온도 15℃인 공기 1 kg을 압력 0.1 MPa에서 0.25 MPa까지 통극이 없는 1단 압축기로 단열압축할 때 압축 후의 온도는 몇 ℃인가?

① 95℃

② 102℃

③ 112℃

④ 135℃

해설 단열압축 후 온도

$$T_2 = T_1 \left(\frac{P_2}{P_1} \right)^{\frac{k-1}{k}} = 288 \left(\frac{0.25}{0.1} \right)^{\frac{1.4-1}{1.4}} \fallingdotseq 375 \, \text{K} = (375 - 273) \, \text{℃} = 102 \, \text{℃}$$

정답 ②

6-6 **왕복식 압축기 – 통극체적이 있는 경우**

실제 왕복식 압축기는 다음 그림에서와 같이 피스톤 상사점에 약간의 간극(통극)이 있으며, 이 곳에 남은 가스는 다음의 흡입행정이 시작할 때 다시 팽창한다.

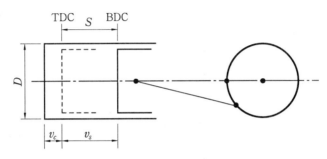

피스톤의 행정

(1) 용어 및 정의

① **통경** : 실린더 지름(D)

② **행정** : 실린더 내에서 피스톤의 이동거리(S)

③ **상사점**(TDC : top dead center) : 실린더 체적이 최소일 때 피스톤의 위치

④ **하사점**(BDC : bottom dead center) : 실린더 체적이 최대일 때 피스톤의 위치

⑤ **통극(clearance)체적**(v_c) : 피스톤이 상사점에 있을 때 가스(gas)가 차지하는 체적(실린더 최소 체적)

$$통극(간극)비 = \frac{통극체적}{행정체적} \left(\lambda = \frac{v_c}{v_s} \right) \quad \text{……………………………} (6-30)$$

⑥ **행정(stroke) 체적**(v_s) : 피스톤이 배제하는 체적

$$v_s = \frac{\pi}{4} D^2 \cdot S \, [\text{cm}^3] \quad \text{………………………………………} (6-31)$$

⑦ **압축비**(compression ratio) : 왕복 (내연)기관의 성능을 좌우하는 중요 변수

$$압축비 = \frac{실린더 체적}{통극체적} \left(\varepsilon = \frac{v_c + v_s}{v_c} = \frac{1 + \lambda}{\lambda} \right) \quad \text{………………} (6-32)$$

(2) 1단 압축기(왕복식 압축기)

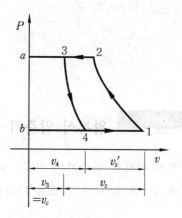

1단 압축기

$$\lambda = \frac{v_3}{v_s}\,(통극비)$$

$$v_s' = v_1 - v_4\,(유효흡입행정)$$

$$v_s = (피스톤\ 행정체적)$$

$$\eta_v = \frac{v_s'}{v_s}\,(체적효율)$$

$3 \rightarrow 4$ 과정(단열과정)이므로 $P_3 v_3^k = P_4 v_4^k$ 에서,

$$v_4 = \left(\frac{P_3}{P_4}\right)^{\frac{1}{k}} v_3 = \left(\frac{P_3}{P_4}\right)^{\frac{1}{k}} \lambda \cdot v_s$$

$$\therefore\ \eta_v = \frac{v_s'}{v_s} = \frac{v_1 - v_4}{v_s} = \frac{(v_3 + v_s) - v_4}{v_s}$$

$$= \frac{v_s \cdot \lambda + v_s - v_4}{v_s} = \frac{v_s(1+\lambda) - v_4}{v_s} \quad \cdots\cdots\cdots (6-33)$$

$$\eta_v = 1 + \lambda - \frac{v_4}{v_3} = 1 + \lambda - \left(\frac{P_3}{P_4}\right)^{\frac{1}{k}} \lambda = 1 - \lambda\left\{\left(\frac{P_3}{P_4}\right)^{\frac{1}{k}} - 1\right\} \quad \cdots\cdots (6-34)$$

$$(P_1 = P_4,\ P_2 = P_3)$$

압축기의 일 w_c는 속도에너지를 무시할 때,

$$w_c = \frac{k}{k-1} P_1 v_1 \left[\left(\frac{P_2}{P_1}\right)^{\frac{k-1}{k}} - 1\right] - \frac{k}{k-1} P_4 V_4 \left[\left(\frac{P_3}{P_4}\right)^{\frac{k-1}{k}} - 1\right]$$

$$= \frac{k}{k-1}\left(\phi^{\frac{k-1}{k}} - 1\right)(P_1 v_1 - P_4 v_4)\left(\phi = \frac{P_2}{P_1} = \frac{P_3}{P_4}\right)$$

$$= \frac{k}{k-1}\left(\phi^{\frac{k-1}{k}} - 1\right)P_1(v_1 - v_4)\ (\because P_1 = P_4)$$

$$= \frac{k}{k-1}\left(\phi^{\frac{k-1}{k}} - 1\right)P_1 v_s' = \frac{k}{k-1}\left(\phi^{\frac{k-1}{k}} - 1\right)P_1 \eta_v v_s \quad \cdots\cdots\cdots (6-35)$$

폴리트로픽 변화인 경우,

$$w_c = \frac{n}{n-1}\left(\phi^{\frac{n-1}{n}} - 1\right) \cdot P_1 v_s \cdot \eta_v \quad \cdots\cdots\cdots\cdots (6-36)$$

예제 5. 피스톤의 행정체적 22000 cc, 간극비 0.05인 1단 공기 압축기에서 100 kPa, 25℃의 공기를 750 kPa까지 압축한다. 압축과 팽창과정은 모두 $Pv^{1.3}$ = 일정에 따라 변화한다면 체적효율은 얼마인가?

① 78.55 %

② 81.44 %

③ 86.56 %

④ 92.35 %

해설 체적 효율(η_v)

$$\eta_v = 1 - \lambda\left[\left(\frac{P_2}{P_1}\right)^{\frac{1}{n}} - 1\right] = 1 - 0.05 \times \left[\left(\frac{750}{100}\right)^{\frac{1}{1.3}} - 1\right]$$

$$= 0.8144 = 81.44 \%$$

정답 ②

(3) 다단압축기

다단압축기는 2개 이상의 압축기가 직렬로 되어 있으며, 각 압축은 단(stage)이라고 한다. 각 단이 단열적으로 작동하고 한 단에서 다음 단으로 유동하는 동안 유체에 열출입이 없다면 전체의 압축기는 단열적으로 작동된다. 다단압축기를 사용하는 목적은 압축일을 감소시키고 체적효율을 증가시키기 위함이다.

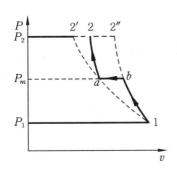

$1 \rightarrow 2'$: 등온압축
$1 \rightarrow b$: 제1단 단열압축
$a \rightarrow 2$: 제2단 단열압축

압축과정(중간 냉각 사이클) - 2단 압축

속도에너지의 차를 무시하면,

압축일 = (1 → b 과정) + (a → 2 과정)

$$W_c = \frac{k}{k-1}mRT_1\left\{\left(\frac{P_m}{P_1}\right)^{\frac{k-1}{k}} - 1\right\} + \frac{k}{k-1}mRT_1\left\{\left(\frac{P_2}{P_m}\right)^{\frac{k-1}{k}} - 1\right\}$$

$$\therefore \ W_c = \frac{k}{k-1}GRT_1\left\{\left(\frac{P_m}{P_1}\right)^{\frac{k-1}{k}} + \left(\frac{P_2}{P_m}\right)^{\frac{k-1}{k}} - 2\right\} \quad \cdots\cdots\cdots\cdots\cdots (6-37)$$

압축일을 최소로 하는 조건이 $dW_c/dP_m = 0$에서,

중간 압력 $P_m = \sqrt{P_1 \cdot P_2}$

또는 $\dfrac{P_m}{P_1} = \dfrac{P_2}{P_m} = \dfrac{P_2}{\sqrt{P_1 P_2}} = \sqrt{\dfrac{P_2}{P_1}}$ ···········(6–38)

m단 압축에서 중간단의 압력은 P_{m1}, P_{m2} ······ P_{mm} 이고, 초압은 P_1, 최종압은 P_2로 할 때,

$$\frac{P_{m1}}{P_1} = \frac{P_{m2}}{P_{m1}} = \frac{P_{m3}}{P_{m2}} = \cdots\cdots = \frac{P_2}{P_{mm}} = \left(\frac{P_2}{P_1}\right)^{\frac{1}{m}}$$

따라서, m단 단열압축인 경우 통극체적이 없고, 유출입 속도의 에너지 차를 무시할 때 압축일 w_c는,

$$w_c = \frac{k}{k-1} \times m \times P_1 v_1 \left\{\left(\frac{P_2}{P_1}\right)^{\frac{1}{m} \times \frac{k-1}{k}} - 1\right\} \ \cdots\cdots (6\text{–}39)$$

여기서, m : 단수

압축 후의 온도$(T_2) = T_1 \cdot \left(\dfrac{P_2}{P_1}\right)^{\frac{k-1}{mk}}$ ···········(6–40)

예제 6. 압력 100 kPa, 온도 30℃의 공기를 1 MPa까지 압축하는 경우 2 단 압축을 하면 1 단 압축에 비하여 압축에 요하는 일을 얼마만큼 절약할 수 있는가? (단, 공기의 상태변화는 $Pv^{1.3} = C$를 따른다고 한다.)

① 4.5 %　　　　　　　　　　　　② 7.8 %

③ 10.2 %　　　　　　　　　　　　④ 13.2 %

해설 (1) 1단 압축의 경우(폴리트로픽 일량)

$$w_1 = \frac{n}{n-1} RT_1 \left[\left(\frac{P_2}{P_1}\right)^{\frac{n-1}{n}} - 1\right] = \frac{1.3}{1.3-1} \times 0.287 \times 303 \times \left[\left(\frac{1000}{100}\right)^{\frac{0.3}{1.3}} - 1\right]$$

$$= 264.254 \text{ kJ/kg}$$

(2) 2단 압축의 경우

$$w_2 = \frac{m \cdot n}{n-1} RT_1 \left[\left(\frac{P_2}{P_1}\right)^{\frac{n-1}{mn}} - 1\right] = \frac{2 \times 1.3}{1.3-1} \times 0.287 \times 303 \times \left[\left(\frac{1000}{100}\right)^{\frac{0.3}{2 \times 1.3}} - 1\right]$$

$$= 229.355 \text{ kJ/kg}$$

∴ 2단으로 하여 절약되는 일의 비율은,

$$R = \frac{w_1 - w_2}{w_1} = \frac{264.254 - 229.355}{264.254} = 0.132 = 13.2 \%$$

정답 ④

6-7 압축기의 소요동력과 제효율

(1) 소요동력

초압 P_1[kPa], 압축 후의 압력 P_2[kPa], 초온 T_1, 압축 후의 온도 T_2, 흡입체적 V_1 [m³/min], 흡입 공기량을 m[kg/s]라고 하면,

① 등온압축 마력 : N_T

$$N_T = P_1 V_1 \ln\frac{P_2}{P_1} = mRT_1 \ln\frac{P_2}{P_1} \quad \cdots\cdots (6-41)$$

② 단열압축 마력 : N_k

$$N_k = \frac{k}{k-1} P_1 V_1 \left\{ \left(\frac{P_2}{P_1}\right)^{\frac{k-1}{mk}} - 1 \right\} \times m$$

$$= \frac{k}{k-1} mRT_1 \left\{ \left(\frac{P_2}{P_1}\right)^{\frac{k-1}{mk}} - 1 \right\} \times m \quad \cdots\cdots (6-42)$$

여기서, m : 단수

③ 폴리트로픽 압축마력 : N_n

$$N_n = \frac{n}{n-1} P_1 V_1 \left\{ \left(\frac{P_2}{P_1}\right)^{\frac{n-1}{n}} - 1 \right\}$$

$$= \frac{n}{n-1} mRT_1 \left\{ \left(\frac{P_2}{P_1}\right)^{\frac{n-1}{n}} - 1 \right\} \quad \cdots\cdots (6-43)$$

(2) 효율(efficiency)

① 전등온효율(overall isotheral efficiency) : η_{OT}

$$\eta_{OT} = \frac{N_T(\text{등온압축마력})}{N_e(\text{정미압축마력})} = \eta_T \times \eta_m \quad \cdots\cdots (6-44)$$

② 등온효율(isothermal efficiency) : η_T

$$\eta_T = \frac{N_T(\text{등온압축마력})}{N_i(\text{도시압축마력})} \quad \cdots\cdots (6-45)$$

③ 전단열압축효율(overall adiabatic efficiency) : η_{ok}

$$\eta_{ok} = \frac{N_k(\text{단열압축마력})}{N_e(\text{정미압축마력})} = \eta_k \times \eta_m \quad \cdots\cdots (6-46)$$

④ **단열효율(등온압축효율) : η_k**

$$\eta_k = \frac{N_k \,(\text{단열압축마력})}{N_i \,(\text{도시압축마력})} \quad \cdots\cdots\cdots\cdots\cdots\cdots\cdots\cdots\cdots\cdots (6-47)$$

⑤ **기계효율(mechanical efficiency) : η_m**

$$\eta_m = \frac{N_i \,(\text{도시압축마력})}{N_e \,(\text{정미압축마력})} \quad \cdots\cdots\cdots\cdots\cdots\cdots\cdots\cdots\cdots\cdots (6-48)$$

압축기가 매분 실린더 속에 흡입하는 체적을 V, 실린더 구경을 d, 피스톤 행정을 s, 매분회전수 n, 체적효율을 η_v 라고 하면,

$$V = Z \cdot i \cdot \left(\frac{\pi}{4}d^2\right) \cdot s \cdot n \cdot \eta_v = z\,i\,V_s\,n \cdot \eta_v \quad \cdots\cdots\cdots\cdots\cdots\cdots (6-49)$$

z 는 실린더 수이고, i 는 단동압축기에서 1, 복동압축기에서 2이며, 식 (6-49)에 의해서 실린더의 크기가 정해진다.

예제 7. 흡입압력 105 kPa, 토출압력 480 kPa, 흡입공기량 3 m³/min인 공기 압축기의 등온압축 마력(PS)은?

① 10.85　　　　　　　　　　　　② 7.98

③ 12.56　　　　　　　　　　　　④ 15.85

해설 등온압축마력

$$N_T = P_1 V_1 \cdot \ln\frac{P_2}{P_1} = 105 \times \frac{3}{60} \times \ln\left(\frac{480}{105}\right)$$

$$= 7.98 \text{ kW}$$

$$= 7.98 \times 1.36 \text{ PS} = 10.85 \text{ PS}$$

정답 ①

출제 예상 문제

1. 축소확대 노즐 내에서 완전가스가 마찰 없는 단열변화(등엔트로피 변화)를 할 때 초음속 구간에서 단면적이 넓어지면?

① 온도와 압력이 감소하고 속도가 증가한다.

② 밀도와 압력이 증가한다.

③ 밀도도 증가하고, 압력도 증가한다.

④ 온도와 속도가 감소한다.

해설 축소확대 노즐(라발 노즐)에서는 단면적이 넓어지면 속도가 증가하고 압력은 감소한다.

2. 초온을 T_1, 비열비를 k라 할 때 임계상태에서의 온도를 구하는 식은?

① $T_c = T_1 \left(\dfrac{2}{k+1} \right)^{k-1}$

② $T_c = T_1 \left(\dfrac{k+1}{2} \right)^{\frac{k}{k-1}}$

③ $T_c = T_1 \left(\dfrac{2}{k+1} \right)$

④ $T_c = T_1 \left(\dfrac{k+1}{2} \right)$

해설 단열과정이므로,

$$\frac{T_c}{T_1} = \left(\frac{v_1}{v_c} \right)^{k-1} = \left(\frac{P_c}{P_1} \right)^{\frac{k-1}{k}} = \left(\frac{2}{k+1} \right)$$

3. 축소확대 노즐의 목(throat)에서의 유동 속도는?

① 음속보다 작다.

② 항상 음속이다.

③ 음속보다 클 수도 있고 작을 수도 있다.

④ 음속이나 아음속이다.

해설 노즐 목(throat)에서의 유동 속도는 음속 또는 아음속이다.

4. 노즐에서 단면적을 a, 속도를 w, 비체적을 v라 할 때 유량 G를 바르게 표시한 것은?

① $\dfrac{w}{av}$ ② $\dfrac{a}{vw}$ ③ $\dfrac{aw}{v}$ ④ $\dfrac{av}{w}$

5. 다음 중 무차원수가 아닌 것은?

① 노즐 효율 ② 마하수

③ 임계 압력비 ④ 단열낙차

해설 단열 열낙차(단열 열강하) 단위는 kJ/kg 이다.

6. 노즐을 설명한 것 중 가장 적당한 것은?

① 단면적의 변화로 압력에너지를 증가시키는 유로

② 단면적의 변화로 위치에너지를 증가시키는 유로

③ 단면적의 변화로 엔탈피를 증가시키는 유로

④ 단면적의 변화로 운동에너지를 증가시키는 유로

해설 노즐(점차축소관)이란 단면적을 감소시켜(압력을 감소시키고) 속도에너지를 증가시키는 기기다.

7. 다음은 디퓨저(diffuser)에 관한 표현이다. 잘못된 것은?

① 속도를 증가시켜 유체의 운동에너지를 증가시키는 것이다.

② 속도를 감소시켜 유체의 정압력을 증

정답 **1.** ① **2.** ③ **3.** ④ **4.** ③ **5.** ④ **6.** ④ **7.** ①

가시키는 것이다.

③ 노즐과 그 기능이 반대이다.

④ 유체 압축기 등에 많이 이용된다.

해설 디퓨저(점차확대관)는 속도를 감소시키고 유체의 정압력을 높이는 기기다.

8. 초기상태의 비체적을 v_1, 비열비를 k, 임계상태에서의 비체적을 v_c라 할 때 v_c를 구하는 식은?

① $v_c = v_1 \left(\dfrac{2}{k+1} \right)^{\frac{k+1}{k}}$

② $v_c = v_1 \left(\dfrac{k+1}{2} \right)^{\frac{k+1}{k}}$

③ $v_c = v_1 \left(\dfrac{2}{k+1} \right)^{\frac{1}{k-1}}$

④ $v_c = v_1 \left(\dfrac{k+1}{2} \right)^{\frac{1}{k-1}}$

9. 음속 w_a와 절대온도 T와의 관계 중 맞는 것은?

① $w_a \propto \sqrt{T}$ ② $w_a \propto T^2$

③ $w_a \propto T^3$ ④ $w_a \propto T^{\frac{1}{2}}$

해설 음속 $w_a = \sqrt{kP_c v_c} = \sqrt{kRT}\,[\mathrm{m/s}]$

$\therefore w_a \propto \sqrt{T}$

10. 임계속도를 w_c, 임계압력을 P_c, 비체적을 v_c, 비열비를 k라 할 때 이들 사이의 관계식을 바르게 표시하고 있는 것은?

① $w_c = \sqrt{k / v_c P_c}$ ② $w_c = \sqrt{k P_c / v_c}$

③ $w_c = \sqrt{k P_c / v_c}$ ④ $w_c = \sqrt{k P_c v_c}$

해설 $w_c = \sqrt{k P_c v_c} = \sqrt{k R T_c}\,[\mathrm{m/s}]$

11. 임계압력을 P_c, 초기압력을 P_1이라 할

때 임계압력비 $\dfrac{P_c}{P_1}$는?

① $\dfrac{P_c}{P_1} = \left(\dfrac{k+1}{2} \right)^{\frac{k}{k-1}}$

② $\dfrac{P_c}{P_1} = \left(\dfrac{2}{k+2} \right)^{\frac{k+1}{k}}$

③ $\dfrac{P_c}{P_1} = \left(\dfrac{k+2}{k} \right)^{\frac{k+1}{k}}$

④ $\dfrac{P_c}{P_1} = \left(\dfrac{2}{k+1} \right)^{\frac{k}{k-1}}$

12. 축소확대 노즐에서 임계압력이란?

① 노즐 목에서의 압력

② 노즐 출구에서의 압력

③ 노즐의 유량이 최대가 되는 노즐 출구에서의 압력

④ 노즐의 유량이 최대가 되는 노즐 목에서의 압력

13. 다음 중 노즐에 대한 표현으로 옳은 것은?

① 고속의 유체분류를 내어 위치에너지를 증가시키는 유동로

② 고속의 유체분류를 내어 내부에너지를 증가시키는 유동로

③ 고속의 유체분류를 내어 운동에너지를 증가시키는 유동로

④ 고속의 유체분류를 내어 엔탈피를 증가시키는 유동로

14. 노즐에서 단열팽창하였을 때 비가역과정에서보다 가역과정에서의 출구속도는 어떠한가?

① 가역과 비가역은 무관하다.

② 빠르다.

정답 8. ④ 9. ① 10. ④ 11. ④ 12. ④ 13. ③ 14. ②

③ 느리다.

④ 같다.

15. 임계압력이 0℃, 760 mmHg인 공기의 임계속도는?

① 341 m/s ② 351 m/s

③ 321 m/s ④ 331 m/s

해설 임계속도(w_c)

$= \sqrt{kP_c v_c} = \sqrt{kRT_c}$

$= \sqrt{1.4 \times 287 \times 273} = 331.2 \text{ m/s}$

16. 단면확대 노즐을 건포화증기가 단열적으로 흐르는 사이에 엔탈피가 575.4 kJ/kg만큼 감소하였다. 입구의 속도를 무시할 경우, 노즐 출구의 속도를 구하면?

① 1470.7 m/s ② 1370.7 m/s

③ 1170.7 m/s ④ 1070.7 m/s

해설 $w_2 = 44.72 \sqrt{\Delta h} = 44.72 \sqrt{575.4}$

$= 1070.7 \text{ m/s}$

17. 노즐 효율을 η, 노즐 손실계수를 s, 노즐 속도계수를 ϕ라 할 때 관계식은?

① $s = 1 + \eta = 1 - \phi$

② $s = 1 - \eta = 1 - \phi^2$

③ $s = 1 - \eta = 1 + \phi^2$

④ $s = 1 + \eta = 1 - \phi^2$

18. diffuser를 설명한 것 중 맞는 것은?

① 입구속도가 $M < 1$이고, 목에서의 속도가 $M = 1$이며, 목의 뒷부분이 확대된 것

② 입구속도가 $M > 1$이고, 단면이 축소된 것

③ 입구속도가 $M < 1$이고, 단면이 축소된 것

④ 입구속도가 $M > 1$이고, 단면이 확대된 것

해설 diffuser는 마하수 M이 1보다 크고 단면이 축소된 것이다.

19. 다음 중 노즐 내에서 유체가 단열적으로 팽창할 때, 열낙차란 무엇을 뜻하는 것인가?

① 엔탈피의 증가량이다.

② 엔탈피의 감소량이다.

③ 엔트로피의 감소량이다.

④ 엔트로피의 증가량이다.

20. 다음 중 축소확대 노즐의 목에서의 속도를 바르게 말한 것은?

① $M = 1$ or $M < 1$

② $M = 1$ or $M > 1$

③ 항상 $M > 1$

④ 항상 $M = 1$

21. 공기를 같은 압력까지 압축할 때, 비가역단열압축 후의 온도는 가역단열 압축 후의 온도보다 어떤가?

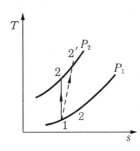

① 높다. ② 낮다.

③ 같다. ④ 수시로 변한다.

해설 $1 \rightarrow 2$: 가역단열압축

$1 \rightarrow 2'$: 비가역(실제) 단열압축

22. 기계효율(η_m), 단열효율(η_k), 전단열 효율(η_{ok})과의 관계를 표시한 것은?

정답 15. ④ 16. ④ 17. ② 18. ② 19. ② 20. ① 21. ① 22. ②

① $\eta_{ok} = \sqrt{\eta_k \cdot \eta_m}$ ② $\eta_{ok} = \eta_k \cdot \eta_m$

③ $\eta_k = \dfrac{\eta_m}{\eta_{ok}}$ ④ $\eta_m = \dfrac{\eta_k}{\eta_{ok}}$

해설 $\eta_{ok} = \eta_k \times \eta_m$

23. 압축기를 다단 압축하는 목적을 설명한 것이다. 다음 중 옳은 것은?

① 압축일과 체적효율을 증가시키기 위하여

② 압축일과 체적효율을 감소시키기 위하여

③ 압축일을 증가시키고, 체적효율을 감소시키기 위하여

④ 압축일을 감소시키고, 체적효율을 증가시키기 위하여

24. 정상 유동과정에서 압축일이 가장 작은 과정은 다음 중 어느 것인가?

① 등온과정 ② 등적과정

③ 단열과정 ④ 등엔탈피과정

해설 $1 \rightarrow 2\,(T = C) : w_T =$ 면적 $12\,m\,n\,1$

$1 \rightarrow 3\,(\text{polytrope}) : w_n =$ 면적 $13\,m\,n\,1$

$1 \rightarrow 4\,(s = C) : w_k =$ 면적 $14\,m\,n\,1$

압축일 $= P$축에 투영한 면적

$\therefore w_k > w_n > w_T$

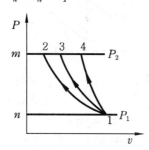

25. 초압 P_1, 압축 후의 압력이 P_2인 2단 압축기에서 압축일을 최소로 하기 위한

중간압력 (P_m)은 다음 중 어느 것인가?

① $P_m = P_1 \cdot P_2$

② $P_m = \sqrt{P_1 \cdot P_2}$

③ $P_m = \sqrt[3]{P_1 \cdot P_2}$

④ $P_m = \sqrt[4]{P_1 \cdot P_2}$

26. 압축기의 압축은 비열비 k가 작아지면 어떻게 되는가?

① 증가한다.

② 감소한다.

③ 변화없다.

④ 증가 또는 감소한다.

해설 압축일 (w_c)

$= \dfrac{k}{k-1} mRT_1 \left[\left(\dfrac{P_2}{P_1} \right)^{\frac{k-1}{k}} - 1 \right]$ 에서 k가 작아지면 w_c는 감소한다.

27. 간극비 (ε_o)가 증가하면 체적효율은? (단, 압력비는 일정하다.)

① 감소한다.

② 증가한다.

③ 증가 또는 감소한다.

④ 일정하다.

해설 $\eta_v = 1 - \varepsilon_o \left[\left(\dfrac{P_2}{P_1} \right)^{\frac{1}{k}} - 1 \right]$ 에서, ε_o가 증가하면 η_v는 감소한다.

28. v_c를 통극체적, v_s를 행정체적, ε_o를 간극(통극)비라 할 때, 맞는 것은?

① $\varepsilon_o = \dfrac{v_s}{v_c}$ ② $\varepsilon_o = \dfrac{v_c}{v_s}$

③ $\varepsilon_o = \dfrac{v_s}{v_c} - 1$ ④ $\varepsilon_o = \dfrac{v_c}{v_s} - 1$

29. 통극체적(clearance volume)에 대한 설명 중 맞는 것은?

① 실린더 체적

② TDC와 BDC 사이의 체적

③ 피스톤이 TDC에 있을 때 가스가 차지하는 체적

④ 피스톤이 BDC에 있을 때 가스가 차지하는 체적

30. 등온압축 시 압축기가 행한 일을 표현한 식은?

① $P_1 v_1 \ln \dfrac{P_1}{P_2}$

② $P_1 v_1 \ln \dfrac{P_2}{P_1}$

③ $P_1 v_1 \ln \dfrac{v_2}{v_1}$

④ $\ln \dfrac{P_2 v_2}{P_1 v_1}$

제7장 가스 동력 사이클

오토 사이클(Otto cycle)

공기 표준 오토 사이클은 전기점화기관의 이상 사이클로서 일정 체적하에서 동작유체의 열 공급과 방출이 행해지므로 정적(또는 등적) 사이클이라 한다.

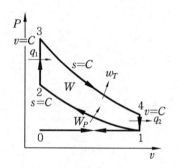 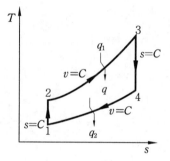

0→1 : 흡입과정   1→2 : 단열압축과정   2→3 : 정적가열과정 (폭발)
3→4 : 단열팽창과정   4→1 : 정적방열과정   1→0 : 배기과정

오토 사이클

공기 1 kg에 대해서,

① **가열량** : $q_1 = C_v(T_3 - T_2)$
② **방열량** : $q_2 = C_v(T_4 - T_1)$ .... (7-1)

각 과정의 P, v, T 관계는 다음과 같다.

1→2 (단열압축) 과정 : $T_1 v_1^{k-1} = T_2 v_2^{k-1}$ 에서,

$$\frac{T_1}{T_2} = \left(\frac{v_2}{v_1}\right)^{k-1} = \left(\frac{P_1}{P_2}\right)^{\frac{k-1}{k}}$$

$$\therefore \ T_2 = T_1 \left(\frac{v_1}{v_2}\right)^{k-1} \ [\text{K}]$$ .... (7-2)

2→3(정적가열) 과정 : $v_2 = v_3 = $ 일정

3→4(단열팽창) 과정 : $T_3 v_3^{k-1} = T_4 v_4^{k-1}$ 에서,

$$\frac{T_4}{T_3} = \left(\frac{v_3}{v_4}\right)^{k-1} = \left(\frac{P_4}{P_3}\right)^{\frac{k-1}{k}}$$

$$\therefore \ T_3 = T_4 \left(\frac{v_4}{v_3}\right)^{k-1} = T_4 \left(\frac{v_1}{v_2}\right)^{k-1} \ [\mathrm{K}] \ \cdots\cdots (7-3)$$

4→1(정적방열) 과정 : $v_1 = v_4 = $ 일정

③ **이론 열효율**

$$\eta_{tho} = \frac{W}{q_1} = \frac{q_1 - q_2}{q_1} = 1 - \frac{q_2}{q_1} = 1 - \frac{T_4 - T_1}{T_3 - T_2}$$

$$= 1 - \frac{(T_4 - T_1)}{\left(\frac{v_1}{v_2}\right)^{k-1} \times (T_4 - T_1)} = 1 - \frac{1}{\left(\frac{v_1}{v_2}\right)^{k-1}} = 1 - \frac{1}{\varepsilon^{k-1}} = 1 - \left(\frac{1}{\varepsilon}\right)^{k-1}$$

여기서, $\frac{v_1}{v_2} = \varepsilon$ (압축비 : compression ratio)

$$\therefore \ \eta_{tho} = \frac{w_{net}}{q_1} = 1 - \frac{1}{\varepsilon^{k-1}} \left(\varepsilon = \frac{v_1}{v_2}\right) \ \cdots\cdots (7-4)$$

오토 사이클의 열효율은 압축비의 함수이고, 압축비가 클수록 효율은 증대한다.

④ **평균 유효압력** : 1사이클당의 압력변화의 평균값, 즉 1사이클 중에 이루어지는 일을 행정체적으로 나눈 값을 말한다.

$$P_{me} = \frac{w_{net}}{v_1 - v_2} = \frac{\eta_{tho} q_1}{(v_1 - v_2)} \ (\because w_{net} = \eta_{tho} \times q_1)$$

$$= \frac{\eta_{tho} q_1}{v_1 \left(1 - \frac{1}{\varepsilon}\right)} = \frac{P_1}{RT_1} \times q_1 \times \frac{\varepsilon}{\varepsilon - 1} \times \eta_{tho}$$

$$= P_1 \frac{(\alpha - 1)(\varepsilon^k - \varepsilon)}{(k-1)(\varepsilon - 1)} \ [\mathrm{kPa}] \ \cdots\cdots (7-5)$$

여기서, $\alpha = \frac{P_3}{P_2}$ 로서 압력비(pressure ratio)라 한다.

예제 1. 통극체적이 행정체적의 18%인 가솔린 기관의 이론 열효율은 얼마인가?(단, $k = 1.4$이다.)
① 26.8% ② 38%
③ 48% ④ 53%

$$\boxed{\text{해설}} \quad \varepsilon = 1 + \frac{v_s}{v_c} = 1 + \frac{v_s}{0.18 v_s} = 6.56$$

$$\therefore \eta_{tho} = 1 - \left(\frac{1}{\varepsilon}\right)^{k-1} = 1 - \left(\frac{1}{6.56}\right)^{1.4-1} \fallingdotseq 53\%$$

$\boxed{\text{정답}}$ ④

7-2 디젤 사이클(Diesel cycle)

디젤 사이클은 압축착화기관의 기본 사이클로서, 2개의 단열과정과 정압과정 1개, 정적 과정 1개로 이루어진 사이클이며, 저속 디젤기관의 기본 사이클이다. 특히, 정압하에서 가열(연소)이 이루어지므로 정압 사이클이라고도 한다.

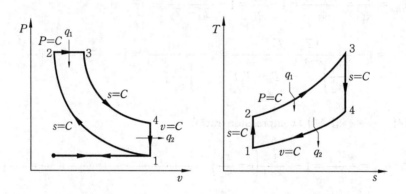

0 → 1 : 흡입과정   1 → 2 : 단열압축과정   2 → 3 : 등압가열과정
3 → 4 : 단열팽창과정   4 → 1 : 등적방열과정   1 → 0 : 배기과정

디젤 사이클

공기 1 kg에 대해서,

① 가열량 : $q_1 = C_p(T_3 - T_2)$

② 방열량 : $q_2 = C_v(T_4 - T_1)$

$\qquad\qquad\qquad\qquad\qquad\qquad\qquad\qquad\qquad\qquad\qquad\qquad\qquad$ (7 - 6)

각 과정의 P, v, T 관계는 다음과 같다.

1 → 2 (단열압축) 과정 : $T_1 v_1^{k-1}$ 에서

$$\frac{T_2}{T_1} = \left(\frac{v_1}{v_2}\right)^{k-1}$$

$$\therefore T_2 = T_1 \varepsilon^{k-1} [\text{K}] \qquad\qquad\qquad\qquad\qquad\qquad\qquad (7-7)$$

2 → 3 (등압가열) 과정 : $\dfrac{v_2}{T_2} = \dfrac{v_3}{T_3}$ 에서,

$$T_3 = \frac{v_3}{v_2} T_2 = \sigma T_2 = \sigma \varepsilon^{k-1} T_1 \quad \cdots\cdots\cdots\cdots\cdots\cdots\cdots (7-8)$$

$$\left[\sigma = \frac{v_3}{v_2} = 체절(단절)비(cut-off\ ratio) \right]$$

$3 \rightarrow 4$ (단열팽창) 과정 : $T_3 v_3^{k-1} = T_4 v_4^{k-1}$ 에서,

$$\frac{T_4}{T_3} = \left(\frac{v_3}{v_4} \right)^{k-1} = \left(\frac{v_3}{v_1} \right)^{k-1} = \left(\frac{v_3}{v_2} \cdot \frac{v_2}{v_1} \right)^{k-1}$$

$$\therefore\ T_4 = T_3 \left(\sigma \frac{1}{\varepsilon} \right)^{k-1} = (T_1 \sigma \varepsilon^{k-1}) \sigma^{k-1} \frac{1}{\varepsilon^{k-1}}$$

$$= T_1 \sigma^k \quad \cdots\cdots\cdots\cdots\cdots\cdots\cdots\cdots\cdots\cdots\cdots\cdots\cdots\cdots\cdots (7-9)$$

③ 이론 열효율

$$\eta_{thd} = \frac{w_{net}}{q_1} = 1 - \frac{q_2}{q_1} = 1 - \frac{C_v(T_4 - T_1)}{C_p(T_3 - T_2)} = 1 - \frac{1}{k} \times \frac{T_4 - T_1}{T_3 - T_2}$$

$$= 1 - \frac{1}{\varepsilon^{k-1}} \cdot \frac{\sigma^k - 1}{k(\sigma - 1)}$$

$$\therefore\ \eta_{thd} = \frac{w_{net}}{q_1} = 1 - \frac{1}{\varepsilon^{k-1}} \cdot \frac{\sigma^k - 1}{k(\sigma - 1)} = 1 - \left(\frac{1}{\varepsilon} \right)^{k-1} \cdot \frac{\sigma^k - 1}{k(\sigma - 1)} \quad \cdots\cdots (7-10)$$

디젤 사이클의 열효율은 압축비, 체절비의 함수이다.

④ 평균 유효압력(mean effective pressure)

$$P_{me} = \frac{w_{net}}{v_1 - v_2} = \frac{\eta_{thd} q_1}{(v_1 - v_2)} = \frac{\eta_{thd} q_1}{v_1 \left(1 - \frac{1}{\varepsilon} \right)}$$

$$= \frac{P_1}{RT_1} \times q_1 \times \frac{\varepsilon}{\varepsilon - 1} \times \eta_{thd}$$

$$= P_1 \frac{k \varepsilon^k (\sigma - 1) - \varepsilon(\sigma^k - 1)}{(k-1)(\varepsilon - 1)} \quad \cdots\cdots\cdots\cdots\cdots\cdots\cdots (7-11)$$

예제 2. 디젤 사이클 엔진이 초온 300 K, 초압 100 kPa이고, 최고 온도 2500 K, 최고 압력이 3 MPa로 작동할 때 열효율은 몇 %인가? (단, $k = 1.40$이다.)

① 35 % ② 45 %

③ 50 % ④ 56 %

해설 압축비 $\varepsilon = \frac{v_1}{v_2} = \left(\frac{P_2}{P_1} \right)^{\frac{1}{k}} = \left(\frac{30}{1} \right)^{\frac{1}{1.4}} = 11.35$

단절비 $\sigma = \dfrac{v_3}{v_2} = \dfrac{T_3}{T_2} = \dfrac{T_3}{T_1 \cdot \varepsilon^{k-1}} = \dfrac{2500}{300 \times (11.35)^{1.4-1}} = 3.15$

$\eta_d = 1 - \left(\dfrac{1}{\varepsilon}\right)^{k-1} \cdot \dfrac{\sigma^k - 1}{k(\sigma - 1)} = 1 - \left(\dfrac{1}{11.35}\right)^{1.4-1} \cdot \dfrac{3.15^{1.4} - 1}{1.4(3.15 - 1)} = 0.499 = 50\,\%$ 정답 ③

7-3 사바테 사이클(Sabathe cycle) — 복합 사이클

사바테 사이클은 2개의 단열과정, 2개의 정적과정, 1개의 정압과정으로 구성된 사이클로 정적 – 정압(복합) 사이클로서, 2중 연소 사이클이라고도 하며, 고속 디젤기관의 기본 사이클이다.

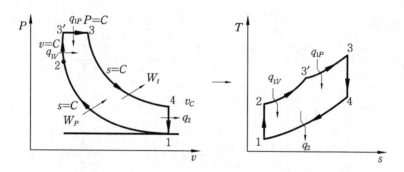

0 → 1 : 흡입과정   1 → 2 : 단열압축과정   2 → 3' : 정적가열과정 (폭발)
3' → 3 : 정압가열과정   3 → 4 : 단열팽창과정   4 → 1 : 등적방열과정
0 → 1 : 배기과정

사바테 사이클

① **가열량** : $q_1 = q_{1v} + q_{1p}$

$\qquad \therefore q_1 = C_v(T_3' - T_2) + C_p(T_3 - T_3')$ $\qquad$ .... (7 – 12)

② **방열량** : $q_2 = C_v(T_4 - T_1)$

각 과정의 P, v, T 관계는 다음과 같다.

1 → 2(단열압축) 과정 : $T_1 v_1^{k-1} = T_2 v_2^{k-1}$ 에서,

$\qquad \therefore T_2 = T_1 \left(\dfrac{v_1}{v_2}\right)^{k-1} = T_1 \varepsilon^{k-1}$ $\qquad$ .... (7 – 13)

2 → 3'(등적가열) 과정 : $\dfrac{P_2}{T_2} = \dfrac{P_3'}{T_3'}$ 에서,

$\qquad \therefore T_3' = T_2 \left(\dfrac{P_3'}{P_2}\right) = T_2 \alpha = T_1 \varepsilon^{k-1} \alpha$ $\qquad$ .... (7 – 14)

여기서, $\dfrac{P_3{}'}{P_2} = \alpha$ 를 폭발비(explosion ratio)라 한다.

$3' \rightarrow 3$ (등압가열) 과정 : $\dfrac{v_3{}'}{T_3{}'} = \dfrac{v_3}{T_3}$ 에서,

$$\therefore\ T_3 = \left(\dfrac{v_3}{v_3{}'}\right) T_3{}' = \sigma\, T_3{}' = \sigma\, \alpha\, \varepsilon^{k-1}\, T_1 \quad\text{...............}(7-15)$$

여기서, $\dfrac{v_3}{v_3{}'} = \sigma$ (단절비)이다.

$3 \rightarrow 4$ (단열팽창) 과정 : $T_3 v_3{}^{k-1} = T_4 v_4{}^{k-1}$ 에서,

$$\therefore\ T_4 = T_3 \left(\dfrac{v_3}{v_4}\right)^{k-1} = T_3 \left(\dfrac{v_3}{v_3{}'} \cdot \dfrac{v_3{}'}{v_4}\right)^{k-1} = T_3 \left(\dfrac{v_3}{v_2} \cdot \dfrac{v_2}{v_4}\right)^{k-1}$$

$$= T_3 \left(\sigma\, \dfrac{1}{\varepsilon}\right)^{k-1} = \sigma^k\, \alpha\, T_1 \quad\text{...............}(7-16)$$

③ 이론 열효율

$$\eta_{ths} = \dfrac{w}{q_1} = 1 - \dfrac{q_2}{q_1} = 1 - \dfrac{C_v(T_4 - T_1)}{C_v(T_3{}' - T_2) + C_p(T_3 - T_3{}')}\ \text{에 위의 } T_2 \sim T_4\text{를 대입·정리}$$

하면 사바테 사이클의 이론 열효율은,

$$\eta_{ths} = 1 - \dfrac{C_v(T_4 - T_1)}{C_v(T_3{}' - T_2) + C_p(T_3 - T_3{}')}$$

$$= 1 - \left(\dfrac{1}{\varepsilon}\right)^{k-1} \dfrac{\alpha\, \sigma^k - 1}{(\alpha - 1) + k\alpha(\sigma - 1)} \quad\text{...............}(7-17)$$

④ 평균 유효압력

$$P_{me} = \dfrac{w_{net}}{v_1 - v_2} = \dfrac{\eta_{ths}\, q_1}{(v_1 - v_2)} = \dfrac{P_1}{RT_1}(q_{1v} + q_{1p}) \dfrac{\varepsilon}{\varepsilon - 1} \eta_{ths}$$

$$= P_1 \dfrac{\varepsilon^k \{(\alpha - 1) + k\alpha(\sigma - 1)\} - \varepsilon(\alpha\sigma^k - 1)}{(k-1)(\varepsilon - 1)} \quad\text{...............}(7-18)$$

예제 3. Sabathe 사이클에서 다음 조건이 주어졌을 때 이론 열효율은? (단, 압축비 $\varepsilon = 14$, 체절비 $\sigma = 1.8$, 압력비 $\alpha = 1.2$, $k = 1.4$, 최저 압력 100 kPa이다.)

① 53 %　　　　② 58 %　　　　③ 61 %　　　　④ 65 %

해설 이론 열효율$(\eta_{ths}) = 1 - \dfrac{1}{\varepsilon^{k-1}} \cdot \dfrac{\alpha \cdot \sigma^k - 1}{(\alpha - 1) + k\alpha(\sigma - 1)}$

$= 1 - \dfrac{1}{14^{0.4}} \cdot \dfrac{1.2 \times 1.8^{1.4} - 1}{(1.2 - 1) + 1.4 \times 1.2 \times (1.8 - 1)} = 0.6095 \fallingdotseq 61\ \%$　　　**정답** ③

7-4 각 사이클의 비교

(1) 카르노 사이클과 오토 사이클의 비교

카르노 사이클이 오토 사이클보다 이론 열효율이 높다.

$$\therefore \eta_{thc} > \eta_{tho} \quad\text{..} (7-19)$$

(2) 오토 사이클과 디젤 사이클의 비교

① 최저 온도 및 압력, 공급열량과 압축비가 같은 경우

$$\eta_{tho} > \eta_{ths} > \eta_{thd} \quad\text{..} (7-20)$$

② 최저 온도 및 압력, 공급열량과 최고 압력이 같은 경우

$$\eta_{thd} > \eta_{ths} > \eta_{tho} \quad\text{..} (7-21)$$

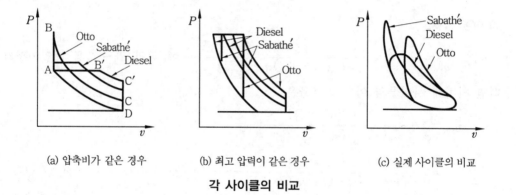

(a) 압축비가 같은 경우	(b) 최고 압력이 같은 경우	(c) 실제 사이클의 비교

각 사이클의 비교

7-5 가스 터빈 사이클(gas turbine cycle)

(1) 브레이턴 사이클(Brayton cycle)

브레이턴 사이클은 2개의 단열과정과 2개의 정압과정으로 이루어진 가스 터빈의 이상 사이클이다.

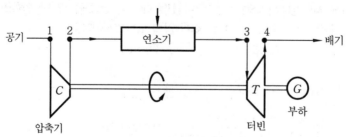

브레이턴 사이클의 개략도

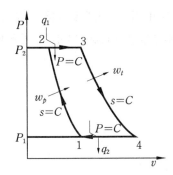 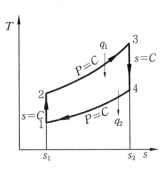

$1 \rightarrow 2$: 단열압축 과정(압축기)　　　　$2 \rightarrow 3$: 정압가열 과정(연소기)
$3 \rightarrow 4$: 단열팽창 과정(터빈)　　　　　　$4 \rightarrow 1$: 정압방열 과정

브레이턴 사이클

가스 1 kg에 대하여,

① **가열량** : $q_1 = C_p(T_3 - T_2)$
② **방열량** : $q_2 = C_p(T_4 - T_1)$ $\left.\rule{0pt}{18pt}\right\}$ ··· (7 – 22)

　각 과정의 $P,\ v,\ T$ 관계는 다음과 같다.

　$1 \rightarrow 2$ (단열압축) 과정 : $T_1^{\ k}P_1^{1-k} = T_2^{\ k}P_2^{1-k}$ 에서,

$$\therefore\ T_2 = T_1\left(\frac{P_2}{P_1}\right)^{\frac{k-1}{k}} = T_1\gamma^{\frac{k-1}{k}} \text{[K]} \quad\text{································· (7 – 23)}$$

여기서, $\dfrac{P_2}{P_1} = \gamma$ 를 압력비(pressure ratio)라 한다.

　$2 \rightarrow 3$ (정압가열) 과정 : $P_2 = P_3$

　$3 \rightarrow 4$ (단열팽창) 과정 : $T_3^{\ k}P_3^{1-k} = T_4^{\ k}P_4^{1-k}$ 에서,

$$\therefore\ T_3 = T_4\left(\frac{P_3}{P_4}\right)^{\frac{k-1}{k}} = T_4\left(\frac{P_2}{P_1}\right)^{\frac{k-1}{k}} = T_4\gamma^{\frac{k-1}{k}} \quad\text{································· (7 – 24)}$$

　$4 \rightarrow 1$ (정압비열) 과정 : $P_1 = P_4$

　운동에너지를 무시하고 각 점의 총엔탈피를 h 라 하면,

$$w_T = h_3 - h_4 \qquad\qquad\qquad w_c = h_2 - h_1$$

$$w_e = w_T - w_c = h_3 - h_4 - h_2 + h_1$$

$$\text{공급열량}(q_1) = h_3 - h_2$$

③ **이론 열효율** : 브레이턴 사이클의 열효율은 압력비만의 함수이다.

$$\eta_{thB} = 1 - \frac{q_2}{q_1} = 1 - \frac{T_4 - T_1}{T_3 - T_2} = 1 - \left(\frac{1}{\gamma}\right)^{\frac{k-1}{k}} = 1 - \frac{h_4 - h_1}{h_3 - h_2} \quad\text{···················· (7 – 25)}$$

④ **실제기관의 효율** : 실제기관에서는 압축과 팽창이 비가역적으로 이루어지므로 압축일과
팽창일은 줄어든다. 따라서, 실제일과 가역단열일을 비교한 것을 단열효율이라 한다.

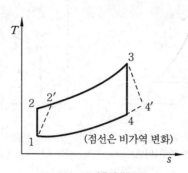

실제 브레이턴 사이클

$$\text{터빈의 단열효율}(\eta_T) = \frac{w_T{}'}{w_T} = \frac{h_3 - h_4{}'}{h_3 - h_4} = \frac{T_3 - T_4{}'}{T_3 - T_4} \quad\text{......................} (7-26)$$

$$\text{압축기의 단열효율}(\eta_c) = \frac{w_c}{w_c{}'} = \frac{h_2 - h_1}{h_2{}' - h_1} = \frac{T_2 - T_1}{T_2{}' - T_1} \quad\text{......................} (7-27)$$

가스 터빈의 역동력비(back work ratio)는,

$$\text{BWR} = \frac{w_c}{w_T} = \frac{\text{압축기의 소요일}}{\text{터빈의 총출력}} \quad\text{......................} (7-28)$$

(2) 에릭슨(Ericsson) 사이클

에릭슨 사이클은 2개의 등온과정과 2개의 정압과정으로 구성된 가스 터빈의 이상 사이
클이며, 실현이 곤란한 사이클이다.

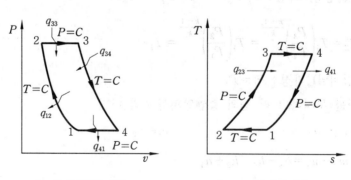

| 1→2 : 등온압축 과정 | 2→3 : 정압가열 과정 |
| 3→4 : 등온팽창 과정 | 4→1 : 정압방열(배열) 과정 |

에릭슨 사이클

예제 5. Ericsson 사이클의 구성은?

① 2개의 등온과정, 2개의 등적과정   ② 2개의 등온과정, 2개의 등압과정

③ 2개의 단열과정, 2개의 등온과정   ④ 2개의 단열과정, 2개의 등적과정

해설 Ericsson 사이클

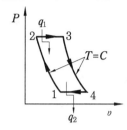

1→2 : 등온압축
2→3 : 정압가열
3→4 : 등온팽창
4→1 : 정압방열

정답 ②

7-6　기타 사이클

(1) 아트킨슨 사이클(Atkinson cycle)

오토 사이클의 배기로 운전되는 가스 터빈의 이상 사이클로서 정적가스 터빈 사이클이라고도 하며, 2개의 단열과정과 1개의 정적과정, 1개의 정압과정으로 이루어져 있다.

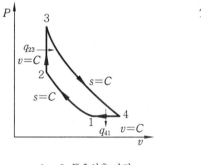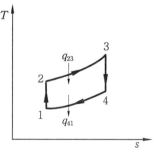

1→2 : 등온압축 과정   2→3 : 정적가열 과정
3→4 : 등온팽창 과정   4→1 : 정압방열 과정

아트킨슨 사이클

(2) 스털링 사이클(Stirling cycle)

스털링 사이클은 2개의 등온과정과 2개의 정적과정으로 이루어진 이론적인 사이클이다. 스털링 사이클에서 q_{23}와 q_{41}이 같고, q_{41}을 이용할 수 있으면 열효율은 카르노 사이클과 같아지며, 역스털링 사이클은 헬륨을 냉매로 하는 극저온용 가스냉동기의 기본 사이클이다.

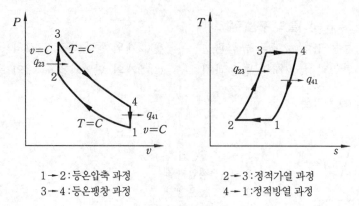

1→2 : 등온압축 과정   2→3 : 정적가열 과정
3→4 : 등온팽창 과정   4→1 : 정적방열 과정

스털링 사이클

예제 **4. Stirling 사이클의 구성은?**

① 2개의 등온과정, 2개의 등적과정   ② 2개의 단열과정, 2개의 등온과정

③ 2개의 등적과정, 2개의 등압과정   ④ 2개의 단열과정, 2개의 등압과정

해설 Stirling 사이클

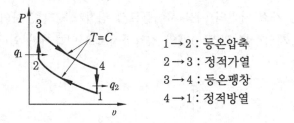

1→2 : 등온압축
2→3 : 정적가열
3→4 : 등온팽창
4→1 : 정적방열

정답 ①

(3) 르노아 사이클(Lenoir cycle)

르노아 사이클은 펄스 제트(pulse–jet) 추진 계통의 사이클과 비슷한 사이클로서 1개의 정압과정과 1개의 정적과정, 1개의 단열과정으로 이루어진 사이클이다.

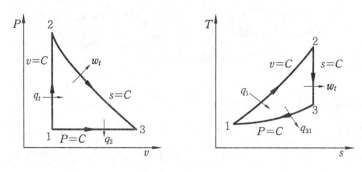

1→2 : 정적가열 과정   2→3 : 단열팽창 과정   3→1 : 정압배기 과정

르노아 사이클

출제 예상 문제

1. 디젤 사이클의 열효율(η_d)은 압축비(ε), 단절비(σ)의 함수라고 할 때 맞는 것은?

① σ가 크고 ε이 작을수록 η_d가 증가한다.

② σ가 작고 ε이 클수록 η_d가 증가한다.

③ σ와 ε이 작을수록 η_d가 증가한다.

④ σ와 ε이 클수록 η_d가 증가한다.

해설 $\eta_{thd} = 1 - \left(\dfrac{1}{\varepsilon}\right)^{k-1} \cdot \dfrac{\sigma^k - 1}{k(\sigma - 1)}$

2. 다음 디젤 사이클에 대한 설명 중 잘못된 것은?

① 대형 저속 디젤 기관의 기본 사이클이다.

② 등압하에서 열이 공급된다.

③ 열효율은 단절비만의 함수이다.

④ 단열과정에서 팽창한다.

3. 실제로 열기관에서 실시 곤란한 과정은 다음 중 어느 것인가?

① 등온과정　　　② 등압과정

③ 등적과정　　　④ 단열과정

4. Otto 사이클에서 압축비가 일정할 때 비열비가 1.3과 1.4인 경우 어느 쪽의 효율이 더 좋은가?

① $\eta_{1.3} > \eta_{1.4}$　　② $\eta_{1.3} = \eta_{1.4}$

③ $\eta_{1.3} \leq \eta_{1.4}$　　④ $\eta_{1.3} < \eta_{1.4}$

해설 예를 들어 $\varepsilon = 3$이라면,

$\eta_{1.3} = 1 - \dfrac{1}{\varepsilon^{1.3}} = 1 - \dfrac{1}{3^{1.3}} = 0.760$

$\eta_{1.4} = 1 - \dfrac{1}{\varepsilon^{1.4}} = 1 - \dfrac{1}{3^{1.4}} = 0.785$

$\therefore \eta_{1.3} < \eta_{1.4}$

5. Otto 사이클은 다음 중 어느 사이클에 속하는가?

① 등압　　　　　② 등적

③ 복합　　　　　④ 등압 - 등적

해설 오토 사이클은 가솔린기관의 기본 사이클로 연소가 정적(등적)상태에서 이루어지므로 등적사이클이다.

6. 공기 표준 사이클을 해석할 때 필요한 가정이 아닌 것은?

① 동작유체는 이상기체인 공기이다.

② 비열은 일정하다.

③ 개방 사이클을 형성한다.

④ 각 과정은 모두 가역적이다.

해설 공기 표준 사이클을 해석할 때 밀폐 사이클로 가정한다.

7. 다음 합성 사이클을 설명한 사항 중 틀린 것은?

① 열효율은 압축비, 단절비, 압력비의 함수이다.

② 열공급은 등압하에 이루어진다.

③ 등적하에서 방열이 된다.

④ 팽창은 단열과정이다.

해설 합성(복합=등가) 사이클은 사바테 사이클로 열공급이 등적, 등압하에서 이루어진다.

8. 복합 사이클의 이론 열효율 식에서 어느 항이 1이면 Otto 사이클의 열효율이 되는가?

① 압축비　　　　② 압력비

③ 비열비   ④ 단절비

[해설] $\eta_s = 1 - \dfrac{1}{\varepsilon^{k-1}} \cdot \dfrac{\alpha \cdot \sigma^k - 1}{(\alpha-1) + k\alpha(\sigma-1)}$ 에서 단절비$(\sigma) = 1$이면,

$$\therefore\ \eta_s = 1 - \dfrac{1}{\varepsilon^{k-1}} \times \dfrac{\alpha \cdot 1 - 1}{\alpha - 1 + 0} = 1 - \dfrac{1}{\varepsilon^{k-1}}$$

$$= 1 - \left(\dfrac{1}{\varepsilon}\right)^{k-1} = \eta_o$$

9. 다음 중 실용화되는 사이클은 어느 것인가?

① Atkinson 사이클   ② Lenoir 사이클
③ Brayton 사이클   ④ Carnot 사이클

[해설] 브레이턴 사이클은 가스 터빈의 이상(기본) 사이클로 실용화되는 사이클이다.

10. 체적효율(volume efficiency)을 잘못 설명한 것은?

① 압축한 공기를 흡입하면 체적효율이 커진다.
② 유효행정과 피스톤 행정과의 비이다.
③ 실제 흡입량과 행정체적과의 비이다.
④ 체적효율이 크다는 것은 실제 흡입량이 적다는 것을 뜻한다.

11. 초온, 초압, 압축비, 공급열량이 일정할 때, 각 열효율 간의 비교를 옳게 표시한 것은? (단, η_o : 오토 사이클의 열효율, η_d : 디젤 사이클의 열효율, η_s : 사바테 사이클의 열효율이다.)

① $\eta_d > \eta_s > \eta_o$ ② $\eta_o > \eta_s > \eta_d$
③ $\eta_d > \eta_o > \eta_d$ ④ $\eta_s > \eta_d > \eta_o$

12. 초온, 초압, 최고 압력, 공급열량이 일정할 때, 각 열효율 간의 비교를 옳게 표시한 것은?

① $\eta_d > \eta_s > \eta_o$ ② $\eta_o > \eta_s > \eta_d$

③ $\eta_s > \eta_o > \eta_d$ ④ $\eta_s > \eta_d > \eta_o$

13. W는 사이클당의 일, V_c는 통극체적, V는 실린더 체적일 때, 평균유효압력(P_{me})을 표시하는 것은?

① $\dfrac{V_c + V}{W}$ ② $\dfrac{W}{V} + V_c$

③ $\dfrac{V - V_c}{W}$ ④ $\dfrac{W}{V - V_c}$

[해설] 평균유효압력(P_{me})

$$= \dfrac{\text{유효일량}(W)}{\text{행정체적}(V_s)} = \dfrac{W}{V - V_c}\ [\text{kPa}]$$

14. 다음은 Brayton 사이클에 대한 표현이다. 틀린 것은?

① 2개의 단열과 2개의 등압과정으로 구성
② 압력비가 클수록 열효율 증가
③ 가스 터빈의 기본 사이클
④ 압력비가 클수록 출력이 증가

15. 디젤 사이클에서 압축비가 16, 단절비가 2.69일 때 이론 열효율을 구하면? (단, $k = 1.4$이다.)

① 58.2%   ② 68.3%
③ 32.3%   ④ 68.2%

[해설] $\eta_d = 1 - \dfrac{1}{\varepsilon^{k-1}} \times \dfrac{\sigma^k - 1}{k(\sigma - 1)}$

$$= 1 - \dfrac{1}{16^{0.4}} \times \dfrac{(2.69)^{1.4} - 1}{1.4(2.69 - 1)} = 0.582$$

$$= 58.2\%$$

16. 다음 중 2개의 정압과정과 2개의 등온과정으로 구성된 사이클은?

① 스털링 사이클
② 디젤 사이클
③ 에릭슨 사이클
④ 브레이턴 사이클

[정답] 9. ③　10. ④　11. ②　12. ①　13. ④　14. ④　15. ①　16. ③

해설 스털링 사이클은 등온 2개, 정적 2개의 과정, 디젤 사이클은 단열 2개, 등압 1개, 등적 1개의 과정, 브레이턴 사이클은 단열 2개, 정압 2개의 과정으로 되어 있다.

17. 브레이턴 사이클의 급열과정은?

① 정적과정   ② 정압과정

③ 등온과정   ④ 단열과정

해설 브레이턴 사이클의 급열과정은 정압과정 ($P = C$)이다.

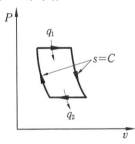

18. 다음 설명 중에서 틀린 것은?

① 소형 기관 – 디젤 사이클

② 항공기 – 브레이턴 사이클

③ 소형차 디젤 기관 – 혼합 사이클

④ 가솔린 기관 – 오토 사이클

19. 다음의 $P-v$ 선도는 어느 사이클인가? (단, s 는 엔트로피이다.)

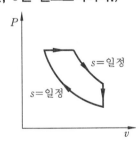

① 오토 사이클

② 브레이턴 사이클

③ 디젤 사이클

④ 복합 사이클

해설 $P-v$ 선도(일량선도)에 도시된 사이클

은 디젤 사이클(단열압축→등압연소→단열팽창→등적배기)이다.

20. Atkinson cycle은?

① 정적가열 – 등온팽창 – 정압방열 – 단열압축

② 정적가열 – 단열팽창 – 정압방열 – 단열압축

③ 등온가열 – 등온팽창 – 정적방열 – 단열압축

④ 등온가열 – 단열팽창 – 정적방열 – 단열압축

해설

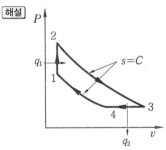

21. 브레이턴 사이클은?

① 가솔린 기관의 이상 사이클이다.

② 증기 원동기의 이상 사이클이다.

③ 가스 터빈의 이상 사이클이다.

④ 압축 점화기관의 이상 사이클이다.

22. 통극체적(clearance volume)이란 피스톤이 상사점에 있을 때, 기통의 최소 체적을 말한다. 만약 통극이 20%라면 이 기관의 압축비는 얼마인가?

① 3   ② 4   ③ 5   ④ 6

해설 압축비 = (행정체적+통극체적)/통극체적

$$= 1 + \frac{1}{\lambda} = 1 + \frac{1}{0.2} = 6$$

23. 휘발유 기관이 흡입한 혼합기를 압축하는 목적은?

① 압축하지 않으면 연소하지 않으므로
② 열효율을 좋게 하기 위하여
③ 실린더의 마모를 방지하기 위하여
④ 실린더 내 기밀을 유지하기 위하여

24. 디젤 사이클의 $T-s$ 선도에서 열공급 과정 1-2를 표시하는 곡선의 방정식은?

① $T_2 = T_1 e^{\frac{s-s_1}{c_p}}$

② $T_2 = T_1 e^{sc_p}$

③ $T_2 = T_1 e^{\frac{\Delta s}{c_p}}$

④ $T_2 = T_1 e^{(s-s_1)c_p}$

[해설] $\Delta s = C_p \ln \dfrac{T_2}{T_1}$ 에서, $T_2 = T_1 \times e^{\frac{\Delta s}{c_p}}$

25. 최고·최저 압력이 각각 500 kPa, 100 kPa인 브레이턴 사이클의 이론 열효율은 얼마인가? (단, $k = 1.4$이다.)

① 0.284　　　　② 0.312

③ 0.369　　　　④ 0.384

[해설] $\eta_{13} = 1 - \left(\dfrac{1}{\gamma}\right)^{\frac{k-1}{k}}$

$\qquad = 1 - \left(\dfrac{1}{5}\right)^{\frac{1.4-1}{1.4}} \fallingdotseq 0.369 = 36.9\%$

$\gamma = \dfrac{P_2}{P_1} = \dfrac{최고\ 압력}{최저\ 압력} = \dfrac{500}{100} = 5$

제8장 증기 원동소 사이클

8-1 랭킨 사이클(Rankine cycle)

랭킨 사이클은 2개의 정압변화와 2개의 단열변화로 구성된 증기 원동소의 이상 사이클이다. 랭킨 사이클은 보일러 내에서 가열된 물이 과열증기가 된 후에 터빈 노즐을 지나면서 일을 하며, 일을 한 습증기는 복수기에 유도되어 냉각, 응축하여 다시 물이 되고, 이와 같은 물은 다시 재순환되어 사이클을 완료한다. 이때 형성되는 사이클이 랭킨 사이클이다.

작업유체 1 kg에 대한 변화과정을 살펴보면 다음과 같다.

B : 보일러(boiler)
T : 터빈(turbine)
G : 발전기(generator)
C : 복수기(condenser)
P : 급수펌프(pump)
S : 과열기(superheater)

랭킨 사이클의 구성

- 1 → 2 과정 : 급수펌프로부터 보내진 압축수(1)를 보일러에서 가열(정압상태로)하여 과열증기(2)로 만든다.
- 2 → 3 과정 : 과열증기(2)는 터빈으로 들어가 단열팽창하여 일을 하고 습증기(3)로 된다.
- 3 → 4 과정 : 터빈에서 배출된 습증기(3)는 복수기에서 정압방열되어 포화수(4)가 된다.
- 4 → 1 과정 : 복수기에서 나온 포화수(4)를 급수펌프에서 단열(정적)상태로 압축하여 보일러로 보낸다.

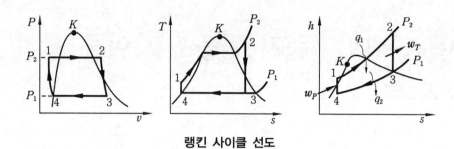

랭킨 사이클 선도

① **보일러에 가해진 열량 :** $q_1 = h_2 - h_1$ ··································· (8-1)

② **복수기에서 방출된 열량 :** $q_2 = h_3 - h_4$ ··························· (8-2)

③ **터빈이 하는 일 :** $w_t = h_2 - h_3$ ·································· (8-3)

④ **펌프를 구동시키는 데 필요한 일 :** $w_P = h_1 - h_4 = v'(P_2 - P_1)$ ······· (8-4)

⑤ **펌프일을 고려한 이론효율**

$$\eta_R = \frac{w_{net}}{q_1} = \frac{w_t - w_P}{q_1} = \frac{(h_2 - h_3) - (h_1 - h_4)}{(h_2 - h_1)} \quad \cdots\cdots\cdots (8-5)$$

⑥ **펌프일을 무시한 이론효율** ($\therefore$ 터빈 일에 비해 매우 적으므로 무시하면, $h_1 \approx h_4$)

$$\eta_R = \frac{w_t}{q_1} = \frac{h_2 - h_3}{h_2 - h_1} \fallingdotseq \frac{h_2 - h_3}{h_2 - h_4} \quad \cdots\cdots\cdots\cdots\cdots\cdots (8-6)$$

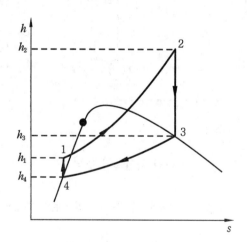

랭킨 사이클의 $h - s$ 선도

• 2 → 3 과정에서,

엔트로피 $s_2 = s_3 = s_3{}' + x_3(s_3{}'' - s_3{}')$ ··························· (8-7)

엔탈피 $h_3 = h_3{}' + x_3(h_3{}'' - h_3{}') = h_3{}' + x_3\gamma$ ··············· (8-8)

이상에서 랭킨 사이클의 이론 열효율은 초압 및 초온이 높을수록, 배압이 낮을수록 커진다.

1 kWh의 에너지를 발생하는 데 필요한 증기량(SR)은,

$$SR = \frac{3600}{h_2 - h_3} \text{[kg/kWh]} \ (w_p : 무시) \ \cdots\cdots\cdots (8-9)$$

1 kWh를 발생하기 위하여 소비한 열소비율(HR)은,

$$HR = \frac{h_2 - h_1}{h_2 - h_3} = \frac{3600}{\eta_R} \text{[kJ/kWh]} \ \cdots\cdots\cdots (8-10)$$

예제 1. 30℃, 100 kPa의 물을 800 kPa까지 압축한다. 물의 비체적이 0.001 m³/kg로 일정하다고 할 때, 단위 질량당 소요된 일(공업일)은?

① 167 J/kg

② 602 J/kg

③ 700 J/kg

④ 1400 J/kg

해설 $w_P = -\int_1^2 v dP = \int_2^1 v dP = v(P_1 - P_2) = 0.001 \times (800 - 100)$

$\qquad = 0.7 \text{ kJ/kg} = 700 \text{ J/kg}$ **정답** ③

예제 2. 그림과 같은 Rankine 사이클의 열효율은 약 몇 %인가? (단, $h_1 = 191.8$ kJ/kg, $h_2 = 193.8$ kJ/kg, $h_3 = 2799.5$ kJ/kg, $h_4 = 2007.5$ kJ/kg이다.)

① 30.3 %

② 39.7 %

③ 46.9 %

④ 54.1 %

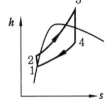

해설 $\eta_R = \dfrac{w_{net}}{q_1} = \dfrac{w_t - w_P}{q_1} = \dfrac{(h_3 - h_4) - (h_2 - h_1)}{h_3 - h_2}$

$\qquad = \dfrac{(2799.5 - 2007.5) - (193.8 - 191.8)}{2799.5 - 193.8} = 0.303 = 30.3\,\%$ **정답** ①

8-2   재열 사이클

랭킨 사이클의 열효율은 증기의 초압이나 초온을 높이고, 또 배기압을 낮게 함으로써 향상시킬 수 있으나 재료의 강도상 초온은 제한을 받으며, 배기압도 냉각수온에 의해서 제한을 받으므로 초압을 높이는 방법밖에는 없다. 그러나 초압을 높이면 높일수록 팽창

후의 증기의 습도가 증가하며, 그 결과 마찰이나 증기 터빈의 깃(회전날개)의 부식 등을
촉진시키는 해가 생긴다. 따라서, 증기의 초압을 높이면서 팽창 후의 증기의 건조도가
낮아지지 않도록 하는 재열 사이클이 고안된 것이며, 주목적이 효율 증대보다 터빈의
복수장해를 방지하기 위한 것으로 수명 연장에 주안점을 두고 있다.

① 보일러에 공급된 열량 : $q_1' = h_2 - h_1$ ⎫ 총 공급열량

② 재열기 (R)에 공급된 열량 : $q_1'' = h_4 - h_3$ ⎬ $(q_1 = q_1' + q_1'')$ ⋯⋯⋯⋯⋯ $(8-11)$

③ 발생한 정미 일량 : $w_{net} = w_{T1} + w_{T2} - w_P)$ ⋯⋯⋯⋯⋯⋯ $(8-12)$

여기서, w_{T1} : 고압 터빈에서 발생한 일량, w_{T2} : 저압에서 발생한 일량

w_p : 급수펌프를 구동하는 데 소비된 일량

$$\therefore w_{net} = (h_2 - h_3) + (h_4 - h_5) - (h_1 - h_6) \quad\cdots\cdots\cdots (8-13)$$

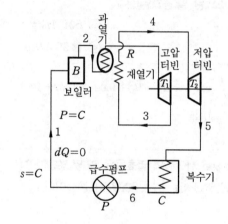

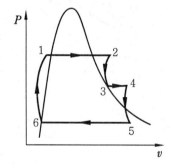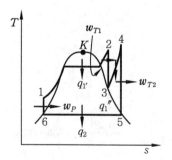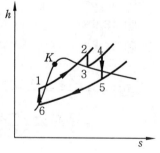

재열 사이클의 구성과 선도

④ 이론 열효율

$$\eta_{reh} = \frac{w_{net}}{q_1} = \frac{\{(h_2 - h_3) + (h_4 - h_5)\} - (h_1 - h_6)}{(h_2 - h_1) + (h_4 - h_3)} \text{ (펌프일 고려)}$$

$$= \frac{(h_2 - h_3) + (h_4 - h_5)}{(h_2 - h_6) + (h_4 - h_3)} \text{ (펌프일 무시 : } h_1 \fallingdotseq h_6) \quad\cdots\cdots\cdots (8-14)$$

⑤ 개선율$(\phi) = \dfrac{\eta_{reh} - \eta_R}{\eta_R} \times 100\,\%$

8-3 재생 사이클

랭킨 사이클에서 복수기에 버리는 열량은 아래 $T-s$ 선도상에서는 면적 $5ba6$에 상당하며, 이 열손실을 방지하기 위해서 대개는 팽창 도중에 증기를 터빈에서 추출하여 그림의 H로 표시한 급수가열기에 돌려서 급수가열을 하며, 따라서 외부의 열원에만 의존하지 않아도 된다. 이 때문에 감소하는 일의 양은 적어지며, 복수기에 버리는 열량도 적어져서 열효율은 상승한다. 이와 같은 팽창 도중의 증기를 터빈에서 추출하여 급수의 가열에 사용하는 사이클을 재생(regenerative) 사이클이라 한다.

① 보일러에 공급된 열량 : $q_1 = h_2 - h_1'$ ·· (8-15)

② 복수기에서의 방열량 : $q_2 = (1 - m_1 - m_2) \times (h_5 - h_6)$ ···················· (8-16)

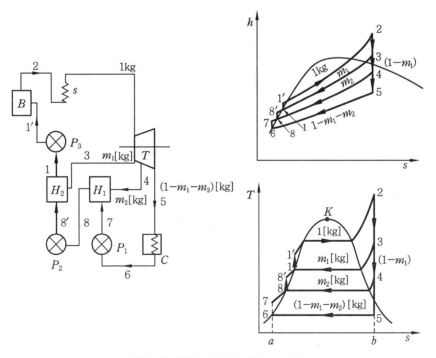

재생 사이클의 구성과 $T-s$ 선도

③ 터빈이 한 일량 : $w_t = (h_2 - h_3) \times 1 + (h_3 - h_4) \times (1 - m_1)$

$$+ (h_4 - h_5) \times (1 - m_1 - m_2)$$

$$= (h_2 - h_5) - m_1(h_3 - h_5) - m_2(h_4 - h_5) \quad \text{···············} (8-17)$$

④ 펌프에 준 일량 : $w_p = (h_1' - h_1) \times 1 + (h_8' - h_8) \times (1 - m_1) + (h_7 - h_6)$

$$\times (1 - m_1 - m_2) \cdots\cdots\cdots\cdots (8-18)$$

⑤ 이론 열효율 : $\eta_{reg} = \dfrac{w_{net}}{q_1} = \dfrac{(h_2 - h_5) - \{m_1(h_3 - h_5) - m_2(h_4 - h_5)\}}{(h_2 - h_1)}$ (펌프일 무시)

(실제로는 $h_1 \fallingdotseq h_1'$, $h_8 = h_8'$, $h_6 = h_7$) $\cdots\cdots\cdots\cdots (8-19)$

⑥ 개선율(ϕ) : $\dfrac{\eta_{reg} - \eta_R}{\eta_R} \times 100\,\%$ $\cdots\cdots\cdots\cdots\cdots\cdots (8-20)$

참고 추기량 m_1, m_2

• 제1추기량

$m_1(h_3 - h_1) = (1 - m_1)(h_1 - h_8)$ 에서,

$\therefore m_1 = \dfrac{(h_1 - h_8)}{(h_3 - h_8)}$ $\cdots\cdots\cdots\cdots\cdots\cdots\cdots (8-21)$

• 제2추기량

$m_2(h_4 - h_8) = (1 - m_1 - m_2)(h_8 - h_6)$

$\therefore m_2 = \dfrac{(1 - m_1)(h_8 - h_6)}{(h_4 - h_6)}$ $\cdots\cdots\cdots\cdots\cdots\cdots (8-22)$

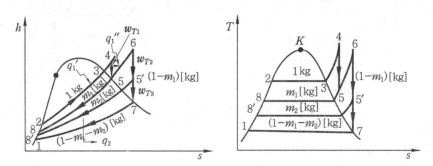

8-4 재열 · 재생 사이클

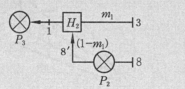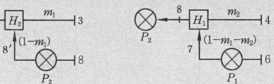

2단 추기 재생 · 재열 사이클

재열 사이클은 재열 후의 증기의 온도를 높여서 열효율을 좋게 함과 동시에 팽창 후의
건도(x)를 높여서 증기와의 마찰을 줄이고 효율을 향상시키는 사이클이며, 재생 사이클은
배기가 갖는 열량을 되도록 복수기에 버리지 않고 급수의 예열에 재생시켜서 열효율을 개
선하는 사이클이다. 따라서, 이 양자를 조합하여 한층 더 효율의 개선을 도모하고자 하는
사이클이 재생·재열 사이클이다.

① 보일러에서 공급된 열량 : $q_1 = (h_4 - h_8) + (1 - m_1)(h_6 - h_5)$ ······························· (8-23)

② 터빈에서 발생한 일량 : $w_t = w_{T1} + w_{T2} + w_{T3}$

$$w_t = (h_4 - h_5) + (1 - m_1)(h_6 - h_5') + (1 - m_1 - m_2)(h_5' - h_7)$$

$$= (h_4 - h_5) + (h_6 - h_7) - m_1(h_6 - h_7) - m_2(h_5' - h_7)$$ ······················· (8-24)

③ 이론 열효율

$$\eta_{hg} = \frac{W_t}{q_1} = \frac{(h_4 - h_5) + (h_6 - h_7) - m_1(h_6 - h_7) - m_2(h_5' - h_7)}{(h_4 - h_8) + (1 - m_1)(h_6 - h_5)}$$ ········ (8-25)

8-5 2 유체 사이클

서로 다른 2종의 유체를 동작물질로 하고, 고온측의 배열을 저온측의 가열열로 이용하
도록 한 사이클을 2 유체(증기) 사이클이라 한다.

현재 실용화되고 있는 2 유체 사이클에는 물(H_2O)-수은(Hg)을 이용한 것이 있다.

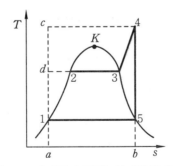

카르노 사이클과 랭킨 사이클의 비교

8-6 실제 사이클

실제 사이클은 이상 사이클에 비하여 각 부에서의 손실 때문에 다른 값을 갖게 되며 그
주요 손실은 다음과 같다.

(1) 배관 손실

마찰효과로 인한 압력강하, 주위로의 열전달이 주원인이며 터빈에 들어가는 증기의 유용성을 감소시킨다.

(2) 터빈 손실

동작물질이 터빈을 통과할 때 열전달, 난동, 잔류속도 등에 의하여 생기는 비가역적인 단열팽창으로 인한 손실이다.

실제 터빈의 효율은,

$$\eta_{ta} = \frac{\text{실제 터빈일}\,(w_{t'})}{\text{이상적인 터빈일}\,(w_t)} = \frac{h_1 - h_{2'}}{h_1 - h_2} \quad\text{............................} \quad (8-26)$$

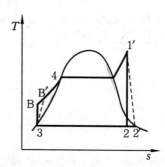

비가역 단열팽창으로 인한 손실

(3) 펌프 손실

비가역적인 유동(비등엔트로피 압축)으로 생기며 미소한 열전달로 인한 손실도 있다.

$$\text{실제 펌프 효율}\,(\eta_{Pa}) = \frac{\text{이상적인 펌프일}\,(w_{p'})}{\text{실제 펌프일}\,(w_p)} = \frac{h_B - h_3}{h_{B'} - h_3} \quad\text{...............} \quad (8-27)$$

(4) 응축기 손실

응축기에서 나오는 물이 포화온도 이하로 냉각되면 포화온도까지 다시 가열하는 데 추가적인 열량이 필요하다. 이것을 응축기 손실이라 하는데, 그 값이 비교적 작아서 무시한다.

8-7 증기소비율과 열소비율

(1) 증기소비율(SR)

1 kWh 또는 1 PSh당 소비되는 증기의 양을 kg으로 표시한 것이다 (kg/kWh, kg/PSh).

$$SR = \frac{1}{\text{정미일}} = \frac{860}{Aw_{net}} = \frac{860}{Aw_t - Aw_p} = \frac{860}{h_2 - h_3} \, [\text{kg/kWh}]$$

$$\frac{632.3}{Aw_{net}} = \frac{632.3}{h_2 - h_3} \, [\text{kg/PSh}] \quad \cdots\cdots\cdots\cdots\cdots\cdots\cdots\cdots\cdots\cdots \quad (8-28)$$

(2) 열소비율(HR)

1 kWh 또 1 PSh당 증기에 의해 소비되는 열량이다.

$$HR = \frac{860}{\eta_{th}} \, [\text{kcal/kWh}] = \frac{3600}{\eta_{th}} \, [\text{kJ/kWh}]$$

$$= \frac{632.3}{\eta_{th}} \, [\text{kcal/PSh}] = q \times SR \quad \cdots\cdots\cdots\cdots\cdots\cdots\cdots\cdots \quad (8-29)$$

여기서, η_{th} : 이론 열효율, q : 증기 1 kg이 소비하는 열량

$$w_{net} = w_t - w_p$$

펌프일을 무시하면, $w_{net} \fallingdotseq w_t = h_2 - h_3$

$$\eta_{th} = \frac{w_t}{q_1} = \frac{h_2 - h_3}{h_2 - h_4} \, (\text{펌프일 무시})$$

예제 3. 그림과 같은 랭킨 사이클의 열효율과 이 과정에 대한 이론 열소비율(HR)을 구하면 얼마인가? (단, 펌프일은 무시한다.)

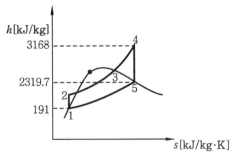

① 10631.58 kJ/kWh   ② 11631.58 kJ/kWh

③ 12631.58 kJ/kWh   ④ 13631.52 kJ/kWh

해설 1 kWh당 증기의 이론 열소비율(HR)

$$= \frac{3600}{\eta_{th}} = \frac{3600}{0.285} = 12631.58 \, \text{kJ/kWh}$$

$$\eta_{th} = \frac{w_t}{q_1} = \frac{(h_4 - h_5)}{(h_4 - h_1)} = \frac{3168 - 2319.7}{3168 - 191} \times 100\,\% \fallingdotseq 28.5\,\%$$

정답 ③

출제 예상 문제

1. 재생 랭킨 사이클을 사용하는 이유는?
  ① 보일러에서 사용되는 공기를 예열하기 위하여
  ② 펌프일을 감소시키기 위하여
  ③ 터빈 출구의 질을 향상시키기 위하여
  ④ 추기를 이용하여 급수 가열을 위하여

2. 재생 사이클의 사용 목적을 가장 옳게 표현한 것은?
  ① 방출열을 감소시켜 열효율 개선
  ② 공급열량을 적게 하여 열효율 개선
  ③ 압력을 높여 열효율 개선
  ④ 터빈 출구의 습도 감소

3. 랭킨 사이클에서 보일러 초압과 초온이 일정할 때 배압이 높을수록 열효율은?
  ① 불변이다.
  ② 증가도 하고 감소도 한다.
  ③ 감소한다.
  ④ 증가한다.
  [해설] 복수기 압력을 높이면 정미일량(w_{net})이 감소하므로 열효율이 감소한다.

4. 수은-수증기 2유체 사이클이 고온 사이클에 이용되는 이유는?
  ① 수은의 포화압력이 높아서
  ② 수은이 염가이기 때문에
  ③ 저온에서 수은을 사용하기 위하여
  ④ 수은의 포화압력이 낮아서

5. 엔탈피 3679 kJ/kg인 증기를 25 ton/h의 비율로 터빈으로 보냈더니 출구에서

엔탈피 2159 kJ/kg이었다. 터빈의 출력은 약 몇 kW인가?
  ① 12366.5   ② 18555.6
  ③ 10555.6   ④ 21326.5
  [해설] 터빈에서의 총 열낙차는
  $\Delta H = m(h_2 - h_1)$이므로,
  $$\Delta H = 25 \times 10^3 (3679 - 2159)$$
  $$= 25 \times 10^3 \times 1520 \text{ kJ/h}$$
  $$= \frac{25000 \times 1520}{3600} = 10555.6 \text{ kW}$$

6. 다음은 재열 사이클의 $T-s$ 선도이다. 열효율을 옳게 표시한 것은?

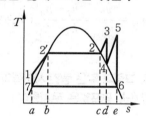

  ① $\eta_{reh} = \dfrac{\text{면적 } 76\,ea7}{\text{면적 } 12345\,ea1}$

  ② $\eta_{reh} = 1 - \dfrac{\text{면적 } 76\,ea7}{\text{면적 } 12345671}$

  ③ $\eta_{reh} = \dfrac{\text{면적 } 12345671}{\text{면적 } 12345\,ea1}$

  ④ $\eta_{reh} = 1 - \dfrac{\text{면적 } 12345671}{\text{면적 } 12345\,ea1}$

  [해설] $T-s$ 선도는 열량선도로
  $$\eta_{reh} = \frac{w_{net}}{q_1} = \frac{\text{면적} 12345671}{\text{면적} 12345\,ea1} \times 100\,\%$$
  $$= 1 - \frac{q_2}{q_1} = 1 - \frac{\text{면적 } 76\,ea7}{\text{면적 } 12345\,ea1}$$

7. 랭킨 사이클은 다음 중 어느 사이클인가?

① 가솔린 엔진의 이상 사이클

② 스팀 터빈의 이상 사이클

③ 가스 터빈의 이상 사이클

④ 디젤 엔진의 이상 사이클

해설 랭킨 사이클은 증기 원동소의 기본 사이클이다.

8. 100 kPa의 포화수를 500 kPa까지 단열 압축하는 데에 필요한 펌프일은 몇 N·m/kg인가? (단, 100 kPa 압력에서 $v' = 0.001048 \ m^3/kg$, $v'' = 1.725 \ m^3/kg$이다.)

① 69.1   ② 417.2

③ 521.4   ④ 214.7

해설 $w_p = -\int_1^2 vdP = v(P_1 - P_2)$

$\quad = -v(P_2 - P_1)$

$\quad = -(0.0010428) \times (500 - 100) \times 10^3$

$\quad = -417.2 \ N \cdot m/kg$

$\therefore \ w_p = 417.2 \ N \cdot m/kg$ (압축일)

9. 랭킨 사이클의 각 과정은 다음과 같다. 틀린 것은?

① 터빈 : 가역단열팽창 과정

② 복수기 : 등압방열 과정

③ 펌프 : 가역단열압축 과정

④ 보일러 : 등온가열 과정

10. 재열 사이클은 주로 어떤 목적에 사용되는가?

① 펌프일을 감소시키기 위하여

② 열효율을 높이기 위하여

③ 터빈 출구의 질을 향상시키기 위하여

④ 보일러의 효율을 높이기 위하여

11. 다음은 랭킨 사이클에 대한 표현이다. 틀린 것은?

① 터빈의 배기온도를 낮추면 터빈 날개

가 부식한다.

② 응축기(복수기)의 압력이 낮아지면 열효율이 증가한다.

③ 터빈의 배기온도를 낮추면 터빈 효율은 증가한다.

④ 응축기(복수기)의 압력이 낮아지면 배출 열량이 적어진다.

12. 다음 중 랭킨 사이클(Rankine cycle)을 바르게 설명한 것은?

① 단열압축 - 정압가열 - 단열팽창 - 정압냉각

② 단열압축 - 등온가열 - 단열팽창 - 정적냉각

③ 단열압축 - 등적가열 - 등압팽창 - 정압냉각

④ 단열압축 - 정압가열 - 단열팽창 - 정적냉각

해설 랭킨 사이클의 과정

단열압축(펌프) → 정압가열(보일러) → 단열팽창(터빈) → 정압냉각(응축기)

13. 그림은 증기 사이클의 $T-s$ 선도이다. 보일러에서 가열되는 과정은?

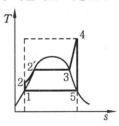

① 2 - 2′ - 3 - 4   ② 1 - 2 - 3 - 4

③ 2 - 3 - 4 - 5   ④ 3 - 4 - 5 - 1

14. 증기 원동소의 기본 사이클인 랭킨 사이클은 어떤 상태 변화로 구성되어 있는가?

① 단열, 정압, 정적, 폴리트로픽 변화가
  각각 하나이다.
② 단열변화, 정적변화가 각각 둘이다.
③ 등온변화와 단열변화가 둘이다.
④ 정압변화가 둘, 단열변화가 둘이다.

15. 사이클의 고온측에 이상적인 특징을 갖
는 작업 물질을 이용하여 작동압력을 높이
지 않고도 작동 유효 온도범위를 증가시키
는 사이클은 무엇인가 ?
① 카르노 사이클(Carnot cycle)
② 재생 사이클(Regenerating cycle)
③ 재열 사이클(Reheating cycle)
④ 2 유체 사이클(binary − vapour cycle)

16. $T-s$ 선도에서의 재생 · 재열 사이클
을 옳게 표시한 것은 ?

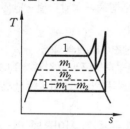

① 3단 재생, 2단 재열
② 3단 재생, 3단 재열
③ 1단 재생, 2단 재열
④ 2단 재생, 1단 재열

17. 다음은 랭킨 사이클에서 압력과 온도
의 영향에 대한 설명이다. 틀린 것은 ?
① 복수기의 압력이 낮을수록 열효율은 증
  가하나, 습기가 증가한다.
② 보일러의 최고 압력이 높을수록 열효율
  은 증가하며, 건도도 증가한다.
③ 보일러의 최고 온도가 높을수록 열효율
  은 증가하며, 건도도 증가한다.

④ 과열기를 설치하여 증기를 과열시키면
  열효율은 증가한다.
[해설] ② 건도는 감소한다.

18. 2 개의 단열변화와 2 개의 정압변화로
이루어진 랭킨 사이클에서 단열이며 정적
인 변화에 가장 가까운 것은 다음의 어느
곳에서 이루어지는가 ?
① 복수기   ② 보일러
③ 터빈   ④ 급수펌프
[해설] 급수펌프에서는 단열, 즉 외부와의 열출
  입이 없으며 물은 비압축성 유체이므로 거
  의 체적변화가 없는 정적과정이다.

19. 증기 터빈에서 터빈 효율이 커지면 ?
① 터빈 출구의 건도는 감소한다.
② 터빈 출구의 건도는 증가한다.
③ 터빈 출구의 온도는 상승한다.
④ 터빈 출구의 압력은 상승한다.

20. 랭킨 사이클에서 효율을 증가시키기
위하여 초온을 일정하게 하고 초압을 상
승시키면 터빈 출구의 증기 상태는 ?
① 건도 증가
② 엔트로피 증가
③ 건도 감소
④ 비체적 증가

21. 다음 사이클 중에서 동작유체에 상
(phase)의 변화가 있는 사이클은 ?
① 랭킨 사이클
② 오토 사이클
③ 스털링 사이클
④ 브레이턴 사이클
[해설] 동작유체에 상의 변화가 있다는 것은 기
  체, 액체와 같은 상의 변화가 사이클에서
  이루어진다는 것을 의미한다.

정답 **15.** ④ **16.** ④ **17.** ② **18.** ④ **19.** ① **20.** ③ **21.** ①

제9장   냉동 사이클

9-1   냉동 사이클(refrigeration cycle)

(1) 역 카르노 사이클(냉동기의 이상 사이클)

냉동 사이클의 이상 사이클은 고열원 T_1, 저열원 T_2인 경우의 역 카르노 사이클이다.

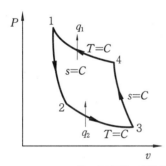
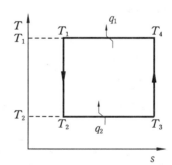

(1→2 과정) : 단열팽창 과정, (2→3 과정) : 단온팽창 과정
(3→4 과정) : 단열압축 과정, (4→1 과정) : 등온압축 과정

역 카르노 사이클

① **냉동효과 (저온체에서 흡수한 열량)**

$$q_2 = \int_2^3 P dv = P_2 v_2 \ln \frac{v_3}{v_2} = R T_2 \ln \frac{v_3}{v_2} \, [\text{kJ/kg}] \quad \cdots\cdots\cdots\cdots (9-1)$$

② **방출열량 (고온체에서 방출한 열량)**

$$q_1 = -\int_4^1 P dv = -P_1 v_1 \ln \frac{v_1}{v_4} = -R T_1 \ln \frac{v_1}{v_4}$$

$$= P_1 v_1 \ln \frac{v_4}{v_1} = R T_1 \ln \frac{v_4}{v_1} \, [\text{kJ/kg}] \quad \cdots\cdots\cdots\cdots (9-2)$$

③ **냉동기 성적계수** : 냉동효과를 표시하는 기준으로서 저온체에서 흡수한 열량(q_2)과 공급된 일(w_c)과의 비를 말한다. 또한, 냉동기와 같은 기계이면서 저열원에서 열을 흡

수하여 고열원을 가열하는 데 이용되는 기계를 열펌프(heat pump)라 하며, 열펌프의 성능계수는 고열원에서 방출한 열량(q_1)과 공급된 일(w_c)과의 비를 말한다.

(1→2 과정) : 단열팽창 과정이므로,

$$T_1 v_1^{k-1} = T_2 v_2^{k-1}$$

$$\therefore \frac{T_2}{T_1} = \left(\frac{v_1}{v_2}\right)^{k-1}$$

(3→4 과정) : 단열압축 과정이므로,

$$T_3 v_3^{k-1} = T_4 v_4^{k-1}$$

$$\therefore \frac{T_3}{T_4} = \left(\frac{v_4}{v_3}\right)^{k-1}$$

$T_1 = T_4$, $T_2 = T_3$ 이므로,

$$\therefore \frac{v_1}{v_2} = \frac{v_4}{v_3} \text{에서,}$$

$$\frac{v_4}{v_1} = \frac{v_3}{v_2}$$

위의 과정식으로부터

• 냉동기 성적계수[coefficient of performance : (COP)$_R$]

$$\varepsilon_R = \frac{q_2}{w_c} = \frac{q_2}{q_1 - q_2} = \frac{RT_2 \ln \dfrac{v_3}{v_2}}{RT_1 \ln \dfrac{v_4}{v_1} - RT_2 \ln \dfrac{v_3}{v_2}} \quad \cdots\cdots\cdots\cdots\cdots (9-3)$$

$$\therefore \varepsilon_R = \frac{T_2}{T_1 - T_2} = \frac{T_{\text{II}}}{T_{\text{I}} - T_{\text{II}}} \quad \cdots\cdots\cdots\cdots\cdots\cdots\cdots (9-4)$$

여기서, T_{I} : 고열원의 온도, T_{II} : 저열원의 온도

• 열펌프의 성적계수 [(COP)$_H$]

$$\varepsilon_H = \frac{q_1}{w_c} = \frac{q_1}{q_1 - q_2} = \frac{RT_1 \ln \dfrac{v_4}{v_1}}{RT_1 \ln \dfrac{v_4}{v_1} - RT_2 \ln \dfrac{v_3}{v_2}}$$

$$\varepsilon_H = \frac{T_1}{T_1 - T_2} = \frac{T_{\text{I}}}{T_{\text{I}} - T_{\text{II}}} \quad \cdots\cdots\cdots\cdots\cdots\cdots\cdots (9-5)$$

$$\therefore \varepsilon_R = \varepsilon_H - 1$$

예제 1. 어떤 냉동기가 1 kW의 동력을 사용하여 매 시간 저열원에서 11148.5 kJ의 열을 흡수한다. 이 냉동기의 성능(성적)계수는 얼마인가?

① 2.1   ② 2.7

③ 3.1   ④ 4.2

해설 $\varepsilon_R = \dfrac{Q_e}{w_c} = \dfrac{11148.5}{1 \times 3600} = 3.1$ **정답** ③

(2) 냉동능력 및 냉동률

① **냉동능력**(Q_e) : 냉동능력이란 증발기에서 단위 시간당 냉각열량(흡수열량)을 말하며, 냉동톤(RT)으로 표시한다.

② **냉동톤**(ton of refrigeration) : 냉동기의 능력을 냉동톤으로 표시하며, 1 냉동톤은 0℃의 물 1 ton을 24 시간 동안에 0℃의 얼음으로 만드는 냉동능력을 말한다.

1 냉동톤(RT) = $79.68 \times 1000 = 79680$ kcal/24 h = 3320 kcal/h

$$\fallingdotseq 13900 \text{ kJ/h} = 3.86 \text{ kW} \quad\cdots\cdots (9-6)$$

③ **냉동률** : 1 PS의 동력으로 1시간에 발생하는 이론 냉동능력을 냉동률 K라 하며,

$$K = \frac{Q_e}{N_i} = \frac{냉동능력}{이론지시마력} [\text{kJ/PS} \cdot \text{h}] \quad\cdots\cdots (9-7)$$

④ **냉동효과**(kJ / kg) : 증발기에서 1 kg의 냉매가 흡수하는 열량

⑤ **체적 냉동효과**(kJ/m³) : 압축기 입구에서의 건포화증기의 단위 체적당 흡수열량

예제 2. 냉동실에서의 흡수열량이 5냉동톤(RT)인 냉동기의 성능계수(COP)가 2, 냉동기를 구동하는 가솔린 엔진의 열효율이 20 %, 가솔린의 발열량이 43000 kJ/kg일 경우, 냉동기 구동에 소요되는 가솔린의 소비율은 약 몇 kg/h인가? (단, 1냉동톤(RT)은 약 3.86 kW이다.)

① 1.28 kg/h   ② 2.54 kg/h

③ 4.04 kg/h   ④ 4.85 kg/h

해설 $\eta = \dfrac{w_c}{H_L \times m_f} = \dfrac{Q_e}{H_L \times m_f \times \varepsilon_R} \times 100\%$

$\therefore m_f = \dfrac{Q_e}{H_L \times \varepsilon_R \times \eta} = \dfrac{5 \times 3.86 \times 3600}{43000 \times 2 \times 0.2} = 4.04 \text{ kg/h}$ **정답** ③

(3) 냉매(refrigerant)

냉매란 냉동기 계통 내를 순환하면서 냉동효과를 가져오는 동작물질로서 3 그룹으로 대별한다.

① **제1그룹**(가장 안전한 냉매) : Freon계 냉매, 위생과 관계 있는 곳에 사용한다 [R-12

(CF_2Cl), R $-$ 113$(C_2F_3Cl_3)$, R $-$ 114$(C_2F_4Cl_2)$, R $-$ 21$(CHFCl_2)$, R $-$ 11 $(CFCl_3)$, CO_2, R $-$ 13(CF_3Cl)].

② **제 2 그룹 (유독성이 있고, 비교적 연소하기 쉬운 냉매)** : 암모니아는 열역학적 성질이 좋고 값이 저렴하여 제빙 등 공업용으로 널리 사용한다 [암모니아(NH_3), methyle chlroide(CH_3Cl), 아황산가스(SO_2)].

③ **제 3 그룹 (매우 연소하기 쉬운 냉매)** : 석유화학 분야 등 특수한 분야 이외에는 사용하지 않는다 [butane(C_4H_{10}), propane(C_3H_8), ethane(C_2H_6), methane(CH_4)].

냉매는 화합물로서 증발과 응축이 되풀이되며, $-15℃$ 인 저온에서 $100℃$ 정도의 고온까지 사이클이 되풀이되므로 물리적, 화학적으로 어느 정도의 조건이 요구된다.

(가) 물리적인 조건

- 응고점이 낮을 것
- 증발열이 클 것
- 응축압력이 높지 않을 것
- 증발압력이 낮지 않을 것
- 임계온도는 상온보다 높아야 할 것
- 증기의 비열은 크고, 액체의 비열은 작을 것
- 증기의 비체적이 작을 것
- 소요동력이 작을 것(단위 냉동량당)
- 증기와 액체의 밀도가 작을 것
- 전열이 양호할 것
- 전기 저항이 클 것

(나) 화학적인 조건

- 안전성이 있어야 한다.
- 부식성이 없어야 한다.
- 무해 · 무독성일 것
- 인화 · 폭발의 위험성이 없을 것
- 윤활유에는 될 수 있는 대로 녹지 않을 것
- 증기 및 액체의 점성이 작을 것
- 전열계수 · 전기저항이 클 것
- 기타 누설이 적고, 가격이 저렴해야 한다.

(4) 역 브레이턴 사이클(공기 표준 냉동 사이클)

공기 압축 냉동 사이클은 가스 터빈의 이론 사이클인 브레이턴 사이클을 역방향으로 행한 역 브레이턴 사이클(Brayton cycle)이다.

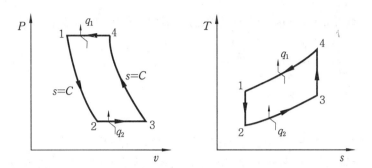

(1→2 과정) : 단열팽창 과정, (2→3 과정) : 등압흡열 과정(q_2)
(3→4 과정) : 단열압축 과정, (4→1 과정) : 등압방열 과정(q_1)

역 브레이턴 사이클

① **냉동효과 (흡수열량) : 등압과정이므로,**

$$q_2 = C_p(T_3 - T_2) \quad \text{..} (9-8)$$

② **방출열량 : 등압과정이므로,**

$$q_1 = C_p(T_4 - T_1) \quad \text{..} (9-9)$$

③ **냉동기 성적계수**

$$\varepsilon_R = \frac{q_2}{w_c} = \frac{q_2}{q_1 - q_2} = \frac{C_p(T_3 - T_2)}{C_p(T_4 - T_1) - C_p(T_3 - T_2)}$$

$$= \frac{1}{\dfrac{T_4 - T_1}{T_3 - T_2} - 1} \quad \text{..} (9-10)$$

위의 $(1 \to 2)$, $(3 \to 4)$ 과정 식에서,

$$\left[\frac{T_4 - T_1}{T_3 - T_2} = \frac{(T_4 - T_1)}{\left(\dfrac{P_2}{P_1}\right)^{\frac{k-1}{k}}(T_4 - T_1)} = \left(\frac{P_1}{P_2}\right)^{\frac{k-1}{k}} = \frac{T_1}{T_2} = \frac{T_4}{T_3} \right] \quad \text{............} (9-11)$$

$$\therefore \ \varepsilon_R = \frac{1}{\dfrac{T_4 - T_1}{T_3 - T_2} - 1} = \frac{1}{\dfrac{T_1}{T_2} - 1} = \frac{T_2}{T_1 - T_2} = \frac{1}{\dfrac{T_4}{T_3} - 1}$$

$$= \frac{T_3}{T_4 - T_3}$$

$$\therefore \ \varepsilon_R = \frac{1}{\left(\dfrac{P_1}{P_2}\right)^{\frac{k-1}{k}} - 1} = \frac{T_2}{T_1 - T_2} = \frac{T_3}{T_4 - T_3} \quad \text{............................} (9-12)$$

예제 3. 고온측이 30℃, 저온측이 −15℃인 냉동기의 성적계수(ε_R)는?

① 4.73   ② 5.73   ③ 6.73   ④ 6.85

[해설] $\varepsilon_R = \dfrac{T_2}{T_1 - T_2} = \dfrac{258}{303 - 258} = 5.73$ [정답] ②

예제 4. 밀폐 단열된 방에 (a) 냉장고의 문을 열었을 경우, (b) 냉장고의 문을 닫았을 경우에 대하여 가정용 냉장고를 가동시키고 방안의 평균온도를 관찰한 결과 가장 합당한 것은?

① (a), (b) 경우 모두 방안의 평균온도는 감소한다.
② (a), (b) 경우 모두 방안의 평균온도는 상승한다.
③ (a), (b) 경우 모두 방안의 평균온도는 변하지 않는다.
④ (a)의 경우는 방안의 평균온도는 변하지 않고, (b)의 경우는 상승한다.

[해설] 밀폐 단열된 방에서 가정용 냉장고를 작동 시 열역학 제1법칙(에너지 보존의 법칙)에 따라 응축부하 = 냉동능력 + 압축기 소요동력이며, 열역학 제2법칙에 따라 열을 저온에서 고온으로 이동시키려면 압축기 소요동력이 필요하다(방향성 제시).

※ 응축기에서의 방열량이 증발기 흡열량보다 크기 때문에 두 조건 모두 방안 평균온도는 상승한다.   [정답] ②

9-2   증기압축 냉동 사이클

(1) 습압축 냉동 사이클

습증기 영역에서 작동하며 압축기는 습증기를 흡입하고 압축 후의 상태는 건포화증기가 된다.

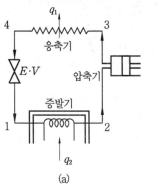 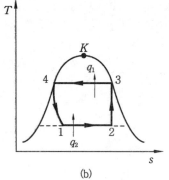 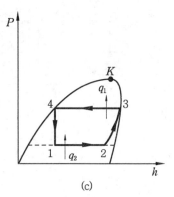

습압축 냉동 사이클

① 방열량 : $q_1 = h_3 - h_4 = h_3 - h_1$

② 냉동효과(흡입열량) : $q_2 = h_2 - h_1 = h_2 - h_4$

③ 압축기 일 : $W_c = h_3 - h_2$

④ 냉동기 성능(성적)계수 : $(\mathrm{COP})_R = \varepsilon_R = \dfrac{q_2}{W_c} = \dfrac{h_2 - h_1}{h_3 - h_2}$

.... (9 – 13)

(2) 건압축 냉동 사이클

압축기가 상태 2인 건포화증기를 흡입하여 압력 P_1, 온도 T_1의 과열증기가 될 때까지 압축을 행하는 사이클이며, 실용 냉동기의 기본 사이클로 취급한다.

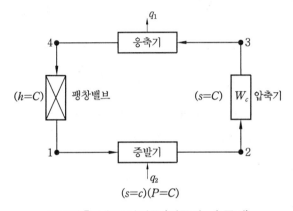

증기압축 냉동 사이클 (건증기, 습증기)

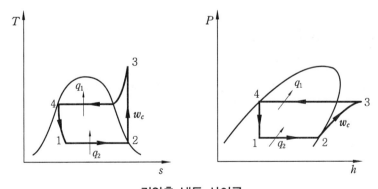

건압축 냉동 사이클

① 방출열량 : $q_1 = h_3 - h_4 = h_3 - h_1$

② 냉동효과(흡입열량) : $q_2 = h_2 - h_1 = h_2 - h_4$

③ 압축기 일 : $w_c = h_3 - h_2$

④ 냉동기 성적계수 $(\varepsilon_R) = \dfrac{q_2}{w_c} = \dfrac{h_2 - h_1}{h_3 - h_2} = \dfrac{h_2 - h_4}{h_3 - h_2}$

.... (9 – 14)

(3) 과열압축 냉동 사이클

건압축 냉동 사이클로 작동하는 냉동기에서 증발기를 나간 건포화증기가 압축기에 송입되는 도중에 열을 흡수하여 과열기에 들어가는 경우가 많다. 이와 같이 과열증기를 흡입하여 압축하는 사이클을 과열 압축 냉동 사이클이라 한다.

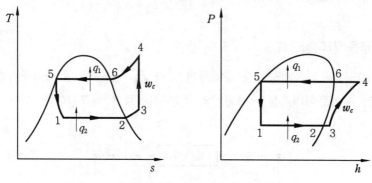

과열압축 냉동 사이클

① **냉동효과** : $q_2 = h_3 - h_1$(증발기 내에서의 과열)

$\qquad\qquad q_2 = h_2 - h_1$(증발기 외에서의 과열)

② **방열량** : $q_1 = h_4 - h_5 = h_4 - h_1$

③ **압축기 일** : $w_c = h_4 - h_3$ $\qquad\qquad\qquad\qquad$ .... (9-15)

④ **냉동기 성적계수**$(\varepsilon_R) = \dfrac{q_2}{w_c} = \dfrac{h_3 - h_1}{h_4 - h_3}$ 또는 $\dfrac{h_2 - h_1}{h_4 - h_3}$

(4) 과랭압축 냉동 사이클

응축기에서 응축된 포화액을 계속 냉각시켜 비포화액으로 하여 팽창기를 통해 증발기 내로 보내면 증발기 입구에서의 냉매의 건도가 작아지며, 따라서 냉동효과가 증가한다. 이 사이클을 과랭압축 냉동 사이클이라 하며, 실제 냉동기의 기준 사이클이 되기도 한다.

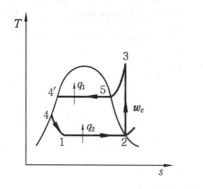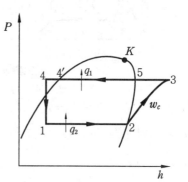

과랭압축 냉동 사이클

① **냉동효과** : $q_2 = h_2 - h_1 = h_2 - h_4$

② **방열량** : $q_1 = h_3 - h_4 = h_3 - h_1$

③ **압축기 일** : $w_c = h_3 - h_2$

④ **냉동기 성능 (성적)계수** $(\varepsilon_R) = \dfrac{q_2}{w_c} = \dfrac{h_2 - h_1}{h_3 - h_2} = \dfrac{h_2 - h_4}{h_3 - h_2}$

⑤ **과냉각도** $= t_4' - t_4$ (여기서, t_4 : 과냉각온도)

$$\cdots\cdots\cdots\cdots\cdots (9-16)$$

(5) 다단압축 냉동 사이클

압축비가 클 경우에는 다단압축하며, 중간냉각을 함으로써 압축 말의 과열도를 낮출 수 있으며, 필요한 소요동력을 절약할 수 있다.

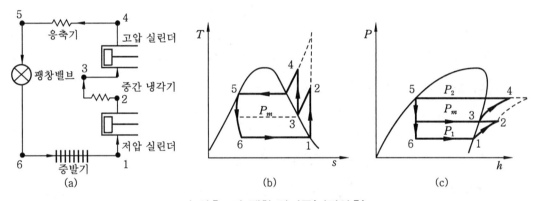

2단 압축 1단 팽창 사이클(다단압축)

그림은 중간냉각을 하는 2단 압축 냉동 사이클의 1단 팽창의 경우를 나타낸 것이다. 건 포화증기 1을 중간압력 P_m까지 저압 실린더로 단열압축하여 1에서 4까지 등압 중간냉각 을 행한다.

고압 실린더로 P_2까지 압축하고, 응축기에 보내어 액화냉매 5의 상태를 팽창밸브에 의 하여 교축한 다음, 증발기로 보내어 냉동효과를 얻는다. 압축기의 일은 1단 압축의 경우에 비하여 절약되나 냉동효과는 같다.

① **냉동효과** : $q_2 = h_1 - h_6 = h_1 - h_5$

② **압축일량** : $w_c = (h_4 - h_3) + (h_2 - h_1)$

③ **냉동기 성적계수** $(\varepsilon_R) = \dfrac{q_2}{w_c} = \dfrac{h_1 - h_6}{(h_4 - h_3) + (h_2 - h_1)}$

④ **중간압력** $(P_m) = \sqrt{P_1 P_2}$ [kPa]

$$\cdots\cdots\cdots\cdots\cdots (9-17)$$

예제 5. 암모니아를 냉매로 하는 2단 압축 1단 교축의 냉동장치의 응축기 온도가 30℃, 증발기 온도가 −30℃이다. 이때 성적계수와 냉동량이 420000 kJ/h 라고 하면 필요한 암모니아의 순환량(kg/h)은 얼마인가?

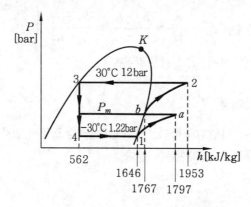

① 3.21, 387.45

② 3.25, 397.45

③ 4.25, 387.45

④ 3.25, 425.45

해설 중간압력$(P_m) = \sqrt{P_1 \cdot P_2} = \sqrt{12 \times 1.22} = 3.83\,\text{bar}$

$$냉동기\ 성적계수(\varepsilon_R) = \frac{q_2}{w_c} = \frac{h_1 - h_3}{(h_a - h_1) + (h_2 - h_b)}$$

$$= \frac{(1646 - 562)}{(1797 - 1646) + (1953 - 1767)} = 3.21$$

$$냉매순환량(G) = \frac{Q_e}{q_2} = \frac{Q_e}{h_1 - h_3} = \frac{420000}{1646 - 562} = 387.45\,\text{kg/h}$$

정답 ①

출제 예상 문제

1. 증기 냉동기에서의 냉매가 순환되는 경로가 옳은 것은?

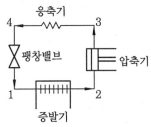

① 증발기 – 응축기 – 팽창밸브 – 압축기
② 압축기 – 응축기 – 증발기 – 팽창밸브
③ 압축기 – 증발기 – 팽창밸브 – 응축기
④ 증발기 – 압축기 – 응축기 – 팽창밸브

2. 냉장고가 저온체에서 300 kJ/h의 열을 흡수하여 고온체에 400 kJ/h의 열을 방출할 때 냉장고의 성능계수는?

① 3.5 ② 4 ③ 2.5 ④ 3

[해설] $\varepsilon_R = \dfrac{Q_2}{Q_1 - Q_2} = \dfrac{300}{400 - 300} = 3$

3. 냉동 용량이 5 냉동톤인 냉동기의 성능계수가 2.4이다. 이 냉동기를 작동하기 위해 필요한 동력은 몇 kW 인가? (단, 1 RT = 13900 kJ/h이다.)

① 2.77 ② 4.61
③ 8.04 ④ 10.94

[해설] $w_c = \dfrac{q_2}{\varepsilon_R} = \dfrac{5 \times 3.86}{2.4} = 8.04\,\text{kW}$

(1 RT = 3.86 kW = 13900 kJ/h)

4. 다음 냉매에 관한 표현 중 적당한 것은?
① 프레온계의 냉매는 보통 번호로 부른다.

② 탄산가스는 고압이 되면 임계 온도가 높아진다.
③ 암모니아 가스는 독성이 적다.
④ 비열비가 큰 냉매일수록 좋다.

5. 냉매란 무엇인가?
① 냉동장치의 연료
② 암모니아의 학술 용어
③ 열을 운반하는 동작 물질
④ 윤활유의 상품명

6. 증기 압축 냉동기에서 등엔트로피 과정은 어느 곳에서 이루어지는가?
① 압축기   ② 팽창밸브
③ 응축기   ④ 증발기

7. 열펌프(heat pump)의 성능계수는 다음 중 어느 것인가?
① 역 냉동 사이클의 효율이다.
② 저온체와 고온체의 절대온도에 비례한다.
③ 저온체에서 흡수한 열량과 기계적 입력과의 비율이다.
④ 고온체에 방출한 열량과 기계적 입력과의 비율이다.

[해설] $\varepsilon_H = \dfrac{Q_1}{w_c} = \dfrac{T_1}{T_1 - T_2}$

8. 100℃와 50℃ 사이에서 냉동기를 작동한다면 최대로 도달할 수 있는 냉동기성적계수는 약 얼마인가?
① 1.5 ② 2.5 ③ 4.25 ④ 6.46

[해설] $\varepsilon_R = \dfrac{T_2}{T_1 - T_2} = \dfrac{323}{373 - 323} = 6.46$

9. 암모니아를 냉매로 사용할 경우 효율이 높은 냉동 사이클은?
① 과냉 압축 냉동 사이클
② 습압축 냉동 사이클
③ 다효 냉동 사이클
④ 다단 압축 냉동 사이클

10. 냉장고에서 매 시간 33350 kJ의 열을 빼앗는 냉동 동력은 몇 냉동톤인가?
① 1.2   ② 0.8   ③ 2.4   ④ 5

[해설] 1 RT(냉동톤) = 3320 kcal
          = 3.86 kW = 13896 kJ/h

$\therefore$ RT $= \dfrac{33350}{13896} = 2.4$

11. 다음은 냉매로서 갖추어야 할 요구 조건이다. 적당하지 않은 것은?
① 증발 온도에서 높은 잠열을 가져야 한다.
② 열전도율이 커야 한다.
③ 비체적이 커야 한다.
④ 불활성이고 안정하며 비가연성이어야 한다.

[해설] 냉매는 비체적이 작아야 한다.

12. 증기 압축 냉동기에서 냉매의 엔탈피가 일정한 기기는?
① 응축기   ② 증발기
③ 팽창밸브   ④ 압축기

[해설] 팽창밸브(교축팽창)
  (1) 압력 강하 (2) 온도 강하
  (3) 등엔탈피   (4) 엔트로피 증가

13. 열펌프의 정의를 옳게 표시한 것은?
① 열에너지를 이용하여 유체를 이송하는

장치
② 열을 공급하여 동력을 얻는 장치
③ 동력을 이용하여 고온체에 열을 공급하는 장치
④ 동력을 이용하여 저온을 유지하는 장치

14. 냉동능력 표시방법 중 틀린 것은?
① 1 냉동톤의 능력을 내는 냉매 순환량
② 압축기 입구 증기의 체적당 흡열량
③ 1 시간에 냉동기가 흡수하는 열량
④ 냉매 1 kg이 흡수하는 열량

[해설] ② : 체적냉동효과
  ③ : 냉동능력
  ④ : 냉동효과

15. 다음 증기 압축 냉동 사이클의 설명으로 틀린 것은?

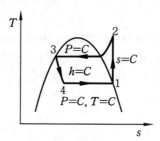

① 증발기에서의 증발 과정은 등압, 등온 과정이다.
② 압축기에서의 과정은 단열 과정이다.
③ 응축기에서는 등압, 등온 과정이다.
④ 팽창밸브에서는 교축 과정이다.

[해설] 응축기에서의 과정은 등압(고온체 열량 방열, 엔트로피 감소) 과정이다.
  냉동기 순환과정은,
  증발기 $\xrightarrow{1}$ 압축기 $\xrightarrow{2}$ 응축기 $\xrightarrow{3}$ $E \cdot V$ $\xrightarrow{4}$ 증발기

16. 냉매액의 압력이 감소하면 증발 온도는 어떻게 되는가?
① 강하   ② 상승

③ 일정   ④ 강하 또는 상승

17. 증발기와 응축기의 열 출입량 크기를 비교하면 ?
① 응축기가 크다.
② 증발기가 크다.
③ 같다.
④ 경우에 따라 다르다.

[해설] 응축기 방열량(부하) = 증발기 냉동능력 + 압축기 소요동력

18. 냉동장치의 기본 요소가 아닌 것은 ?
① 수액기   ② 압축기
③ 응축기   ④ 팽창밸브

[해설] 냉동장치 : 압축기 → 응축기 → (수액기) → 팽창밸브 → 증발기

19. 냉동을 맞게 정의한 것은 ?
① 어떤 물체를 차게 하는 것
② 얼음을 만드는 것
③ 어떤 물체를 주위 온도보다 낮게 유지하는 것
④ 방을 시원하게 하는 것

20. 1냉동톤은 몇 kJ/h를 흡수할 수 있는 능력을 말하는가 ?
① 13090   ② 13900
③ 3320   ④ 3420

[해설] 1 RT = 3320 kcal/h = 3.86 kW
     ≒ 13900 kJ/h

21. 성적계수가 4.2이고, 압축기일의 열당량이 205.8 kJ/kg인 냉동기의 냉동톤당 냉매순환량은 ?
① 16.1 kg/h   ② 18.3 kg/h
③ 22.8 kg/h   ④ 25.4 kg/hr

[해설] 냉동효과
$$q_2 = \varepsilon_R \times w_c = 4.2 \times 205.8 = 864.36 \text{ kJ/kg}$$

$$냉매순환량 = \frac{냉동톤}{냉동효과} = \frac{13900}{864.36}$$
$$= 16.08 \text{ kg/h} ≒ 16.1 \text{ kg}$$

22. 어떤 냉매액을 팽창밸브(expansion valve)를 통과하여 분출시킬 경우 교축 후의 상태가 아닌 것은 ?
① 엔탈피는 일정 불변이다.
② 온도가 강하한다.
③ 압력은 강하한다.
④ 엔트로피가 감소한다.

23. 공기 표준 냉동 사이클은 어느 열기관 사이클의 역 사이클인가 ?
① 사바테 사이클
② 디젤 사이클
③ 오토 사이클
④ 브레이턴 사이클

24. 다음 그림은 증기 압축 냉동 사이클의 $h - s$ 선도이다. 열펌프의 성능계수로 옳게 표시한 것은 ?

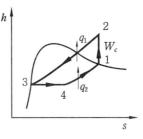

① $\dfrac{h_2 - h_3}{h_2 - h_1}$ ② $\dfrac{h_2 - h_1}{h_1 - h_4}$

③ $\dfrac{h_2 - h_1}{h_1 - h_3}$ ④ $\dfrac{h_1 - h_3}{h_2 - h_1}$

[해설] $\varepsilon_H = \dfrac{q_1}{W_c} = \dfrac{(h_2 - h_3)}{(h_2 - h_1)} = \varepsilon_R - 1$

정답 17. ① 　 18. ① 　 19. ③ 　 20. ② 　 21. ① 　 22. ④ 　 23. ④ 　 24. ①

$$\varepsilon_R = \frac{q_2}{W_c} = \frac{(h_1 - h_4)}{(h_2 - h_1)}$$

25. 공기 압축 냉동기에서 응축 온도가 일정할 때 증발 온도가 높을수록 성적계수(또는 성능계수)는?

① 증가
② 감소
③ 일정
④ 증가 또는 감소

26. 냉동기의 압축기 역할은?

① 냉매를 강제 순환시킨다.
② 냉매 가스의 열을 제거한다.
③ 냉매를 쉽게 응축할 수 있게 해준다.
④ 냉매액의 온도를 높인다.

정답 **25.** ① **26.** ③

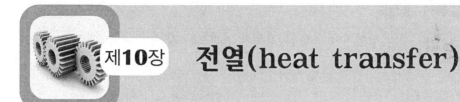

제10장 전열(heat transfer)

10-1 전도(conduction)

열전도란 고체의 내부 및 정지유체의 액체, 기체와 같이 물체 내의 온도 구배에 따른 열의 전달을 말하며, 물체 내의 그 면 사이에 단위 시간당 흐르는 열량 Q는 다음과 같다.

$$Q = -kA\frac{dT}{dx} [\text{W}] \quad\cdots\cdots\cdots (10-1)$$

여기서, k : 열전도율(W/m · K)

A : 전도 전열면적(m^2)

dT : 거리 dx 만큼 떨어진 두 면 사이의 온도차(℃)

$\dfrac{dT}{dx}$: 열이 전달되는 방향의 온도구배(temperature gradient)

위 식은 정상상태(steady state)에서의 열전도의 기본식으로 푸리에(Fourier)의 열전도 법칙을 나타낸 식이며, (−) 부호는 열이 온도가 감소하는 방향으로 흐른다는 것을 의미한다.

(1) 평면벽을 통한 열전도

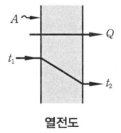

열전도

$$Q = kA\frac{(t_1 - t_2)}{x} [\text{W}]$$

$$= \frac{A(t_1 - t_2)}{x/k} = \frac{A(t_1 - t_2)}{R_c} \quad\cdots\cdots\cdots (10-2)$$

여기서, $R_c = x/k\,[\text{m} \cdot \text{K/W}]$는 열전도 저항

(2) 다층벽을 통한 열전도

그림과 같이 여러 개의 평면벽이 조합된 경우의 열전도는 각 평면벽에 대해 푸리에의 법칙을 적용하면,

Ⅰ 벽에서, $Q_1 = k_1 A \dfrac{t_1 - t_{W1}}{x_1}$

Ⅱ 벽에서, $Q_2 = k_2 A \dfrac{t_{W1} - t_{W2}}{x_2}$

Ⅲ 벽에서, $Q_3 = k_3 A \dfrac{t_{W2} - t_2}{x_3}$ 이므로,

위 식을 연립으로 풀면,

$$Q = Q_1 + Q_2 + Q_3$$

$$= A \frac{(t_1 - t_2)}{x_1/k_1 + x_2/k_2 + x_3/k_3}$$

$$= A \frac{(t_1 - t_2)}{\Sigma(x/k)} \quad \cdots\cdots (10-3)$$

여기서, $\Sigma \dfrac{x}{k} = \dfrac{x_1}{k_1} + \dfrac{x_2}{k_2} + \dfrac{x_3}{k_3}$ 이며, $\Sigma \dfrac{x}{k}$ 는 전기회로에서의 저항과 같은 역할을 하므로 열저항(thermal resistance)이라 하며,

$$R_{th} = \Sigma \frac{x}{k}$$

$$= \frac{x_1}{k_1} + \frac{x_2}{k_2} + \frac{x_3}{k_3} [\text{m} \cdot \text{K/W}] \quad \cdots\cdots (10-4)$$

와 같이 표시한다.

(3) 원통에서의 열전도

그림과 같이 원통이나 관 내에 열유체가 흐르고 있을 때 열전달이 관의 축에 대하여 직각으로 이루어지는 전열량 q_c 는 반지름 r, 길이 L 인 원관에 대하여,

$$q_c = -kA \frac{dt}{dr}, \quad A = 2\pi r L \text{에서,}$$

$$q_c = -k 2\pi r L \frac{dt}{dr}, \quad -\int_1^2 dt = \frac{q_c}{2\pi kL} \times \int_1^2 \frac{dr}{r}$$

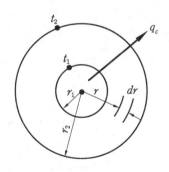

원통벽의 열전도

다층벽의 열전도

$$\int_2^1 dt = \frac{q_c}{2\pi kL} \int_1^2 \frac{1}{r} dr = \frac{q_c}{2\pi kL} \left[\ln r\right]_1^2$$

$$= \frac{q_c}{2\pi kL} \left[\ln r_2 - \ln r_1\right] = \frac{q_c}{2\pi kL} \ln\left(\frac{r_2}{r_1}\right)$$

$$\therefore \ q_c = \frac{2\pi kL(t_1 - t_2)}{\ln\left(\dfrac{r_2}{r_1}\right)} \ [\text{W}] \ \cdots\cdots\cdots\cdots\cdots\cdots\cdots\cdots\cdots\cdots (10-5)$$

(4) 다층 원통의 열전도

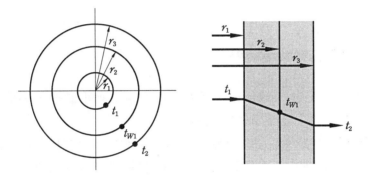

2층 원통관의 열전도

다층의 원통도 평판의 경우와 마찬가지로,

$$q_c = \frac{2\pi (t_1 - t_2) L}{\displaystyle\sum_{i=1}^{n}\left(\frac{1}{k_i} \cdot \ln\frac{r_{i+1}}{r_i}\right)} \ [\text{W}]$$

$$= \frac{t_1 - t_2}{\displaystyle\sum_{i=1}^{n} R_{th}} \ \cdots\cdots\cdots\cdots\cdots\cdots\cdots\cdots\cdots\cdots\cdots\cdots\cdots (10-6)$$

여기서, 열저항$(R_{th}) = \Sigma \dfrac{\ln(r_{i+1}/r_i)}{2\pi k_i L}$ $\cdots\cdots\cdots\cdots\cdots\cdots\cdots (10-7)$

예를 들면, 반지름이 r_1, r_2, r_3 인 다층원관의 전열량 q_c는,

$$q_c = \frac{t_1 - t_2}{\dfrac{1}{2\pi k_1 L} \ln\dfrac{r_2}{r_1} + \dfrac{1}{2\pi k_2 L} \ln\dfrac{r_3}{r_2}} \ [\text{W}] \ \cdots\cdots\cdots\cdots\cdots (10-8)$$

예제 1. 지름 20 cm, 길이 2 m 인 원통의 외부는 두께 5 cm 의 석면(열전도계수 $k = 0.12$ W/m · K)으로 감겨져 있다. 만약 보온측의 내면 온도가 100℃, 외면 온도가 0℃ 일 때, 전열량(W)은 얼마인가? (단, 양쪽 끝에서의 열손실은 없는 것으로 한다.)

① 285　　　② 305　　　③ 350　　　④ 372

해설 $r_1 = 10$ cm, $r_2 = 15$ cm, $L = 2$ m, $t_1 = 100$ ℃, $t_2 = 0$ ℃이므로,

$$\therefore \ Q_c = \frac{2\pi L(t_1 - t_2)}{\dfrac{1}{k}\ln\dfrac{r_2}{r_1}} = \frac{2\pi k L(t_1 - t_2)}{\ln\left(\dfrac{r_2}{r_1}\right)}$$

$$= \frac{2\pi \times 0.12 \times 2(100 - 0)}{\ln\left(\dfrac{15}{10}\right)} = 371.72 \text{ W} \fallingdotseq 372 \text{ W}$$

정답 ④

10-2 대류(convection)

보일러나 열교환기(heat exchanger) 등에서와 같이 고체의 표면과 이에 접하는 유체 (액체 또는 기체) 사이의 열의 흐름을 말한다.

대류 열전달에는 유체 내의 온도차에 의한 밀도차만으로 일어나는 자연대류 열전달과 펌프·송풍기 등에 의해서 강제적으로 일어나는 강제대류 열전달이 있는데, 자연대류의 경우 열전달률은 온도차의 1 / 4 승에 비례하며, 층류 유동 때보다는 난류 유동 때 열전달 이 더 잘 일어난다.

(1) 열전달량

대류에 의해서 일어나는 전열량 Q는 뉴턴의 냉각법칙에 따라 다음 식으로 표시된다.

$$Q = \alpha \cdot A \cdot (t_W - t_f) \, [\text{W}] \quad \cdots\cdots\cdots (10-10)$$

여기서, t_f : 유체의 온도(℃), t_W : 벽체의 온도(℃)

　　　　A : 대류 전열면적(m^2), α : 대류 열전달계수($\text{W/m}^2 \cdot \text{K}$)

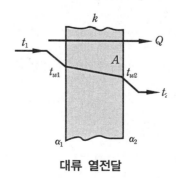

대류 열전달

대류에 의한 열전달률 α는 이론적으로나 실험적으로 구하고 있으나, 상사(相似) 법칙을 써서 무차원으로 표시되는 경우가 많으며, 그 대표적인 것은 다음과 같다.

$$N_u(\text{Nusselt 수}) = \frac{\alpha D}{k}, \quad P_r(\text{Prandtl 수}) = \frac{\nu}{a}, \quad R_e(\text{Reynolds 수}) = \frac{wD}{\nu},$$

$$G_r(\text{Grashof 수}) = g\beta(\Delta t)\frac{D^3}{\nu^2} \quad\cdots\cdots\cdots\cdots\cdots\cdots\cdots\cdots\cdots (10-10)$$

여기서, α : 열전달률, D : 대표길이, w : 유체속도, k : 유체의 열전도율

$a = \dfrac{k}{C \cdot \gamma}$: 유체온도 전파속도, $\nu = \dfrac{\mu}{\rho}$: 유체의 동점성계수

g : 중력 가속도, β : 유체의 체적 팽창계수 ($1/$ ℃)

Δt : 고체표면과 유체와의 온도차, C : 유체의 비열

γ : 유체의 비중량, μ : 유체의 점성계수, ρ : 밀도

(2) 강제대류 열전달에서의 N_u 수

① **평판** : 길이 L인 평판이 속도 w로 흐름과 평행하게 놓일 때

$$N_u = 0.0296 R_e^{0.5} P_r^{\frac{1}{3}} \quad\cdots\cdots\cdots\cdots\cdots\cdots\cdots\cdots\cdots (10-11)$$

② **관내유동** : $0.7 < P_r < 120$, $10000 < R_e < 120000$, $L/d < 60$ 일 때,

$$N_u = 0.232 R_e^{0.8} \cdot P_r^{0.4} \quad\cdots\cdots\cdots\cdots\cdots\cdots\cdots\cdots\cdots (10-12)$$

(3) 자연대류 열전달에서의 N_u 수

① **평판** : 공기 중이나 수중에 수직으로 놓인 평판에 대하여

$$\left.\begin{aligned} N_u &= 0.56(G_r \cdot P_r)^{\frac{1}{4}}, \quad (10^4 < G_r \cdot P_r < 10^9) \\ N_u &= 0.13(G_r \cdot P_r)^{\frac{1}{3}}, \quad (10^9 < G_r \cdot P_r < 10^{12}) \end{aligned}\right\} \quad\cdots\cdots\cdots\cdots\cdots (10-13)$$

② **수평관** : 공기 또는 수중에 놓인 수평원관의 주위에서 일어나는 자연대류 열전달에 대하여,

$$\left.\begin{aligned} N_u &= 0.53(G_r \cdot P_r)^{\frac{1}{4}}, \quad (10^4 < G_r \cdot P_r < 10^9) \\ N_u &= 0.13(G_r \cdot P_r)^{\frac{1}{3}}, \quad (10^9 < G_r \cdot P_r < 10^{12}) \end{aligned}\right\} \quad\cdots\cdots\cdots\cdots\cdots (10-14)$$

예제 2. 관벽온도 100℃, 지름 20 mm인 원관 내에 입구온도 10℃, 출구온도 80℃인 물이 5 m/s로 흐를 때의 열전달률(W/m² · K)을 구하면? (단, 천이 R_e 수는 2×10^4으로 본다.)

① 1.86×10^4　　② 1.94×10^4　　③ 1.96×10^4　　④ 1.98×10^4

해설 45℃에서, $\nu = 0.616 \times 10^{-6} \, \text{m}^2/\text{s}$, $k = 0.63 \, \text{W/m} \cdot \text{K}$, $a = 5.55 \times 10^{-4} \, \text{m}^2/\text{h}$

평균온도 $(t_m) = \dfrac{t_1 + t_2}{2} = \dfrac{10 + 80}{2} = 45 \, ℃$, $R_e = \dfrac{VD}{\nu} = \dfrac{5 \times 0.02}{0.616 \times 10^{-6}} = 1.63 \times 10^5$

$P_r = \dfrac{\nu}{a} = \dfrac{0.616 \times 10^{-6} \times 3600}{5.55 \times 10^{-4}} = 3.99$

이 흐름은 난류이므로, $N_u = 0.232 \times R_e^{0.8} \cdot P_r^{0.4} = 0.232 \times (1.63 \times 10^5)^{0.8} \times (3.99)^{0.4} = 592$

∴ 평균 열전달률 $(\alpha) = \dfrac{k}{d} N_u = \dfrac{0.63}{0.02} \times 592 = 1.86 \times 10^4 \, \text{W/m}^2 \cdot \text{K}$ 정답 ①

10-3 열관류율과 LMTD

(1) 열관류

$$Q = KA(t_1 - t_2)[\text{W}]$$

여기서, K : 열관류율 또는 열통과율(W/m² · K), t_1, t_2 : 고온 유체와 저온 유체의 온도(℃)

① **평면벽에서의 열관류** : 그림에서 각각의 전열량은,

$$Q_1 = \alpha_1 A(t_1 - t_{W1}) \qquad Q_2 = kA\dfrac{(t_{W1} - t_{W2})}{x} \qquad Q_3 = \alpha_2 A(t_{W2} - t_2)$$

이 세 식을 연립하여 풀면,

관류열량(전열량) $Q = A\dfrac{(t_1 - t_2)}{\dfrac{1}{\alpha_1} + \dfrac{x}{k} + \dfrac{1}{\alpha_2}} = KA(t_1 - t_2)$ ······················ (10-15)

열관류(통과)율 $(K) = \dfrac{1}{R} = \dfrac{1}{\dfrac{1}{\alpha_1} + \dfrac{x}{k} + \dfrac{1}{\alpha_2}} [\text{W/m}^2 \cdot \text{K}]$ ························ (10-16)

② **원통벽에서의 열관류** : 원통벽에서의 열관류율은,

$$\dfrac{1}{K} = \dfrac{1}{\alpha_2} + \dfrac{r_2}{k} \ln \dfrac{r_2}{r_1} + \dfrac{1}{\alpha_1} \times \dfrac{r_2}{r_1} \quad \cdots\cdots\cdots\cdots\cdots\cdots\cdots\cdots (10-17)$$

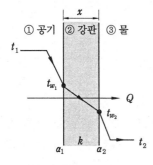

평면벽의 열관류

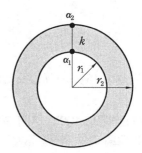

원통벽의 열관류

(2) 대수 평균 온도차(LMTD : logarithmic mean temperature difference)

열교환기는 두 유체 사이의 열관류에 의해서 열을 한 유체로부터 다른 유체로 전달하는 장치를 말하며, 여기에는 전열벽 양쪽의 유체가 같은 방향으로 흐르는 병류(parallel flow)와 서로 반대 방향으로 흐르는 향류(counter flow)가 있다. 그런데 이 열교환기에서의 전열량을 구하려면 두 유체의 온도가 계속해서 변하므로 입구와 출구의 온도를 이용하여 대수 평균 온도차(LMTD)를 이용한다. 여기서, 전열량을 $Q[\text{W}]$, 대수 평균 온도차를 LMTD, 열관류율을 $K[\text{W/m}^2 \cdot \text{K}]$, 전열면적을 $A[\text{m}^2]$라 하고, 고온 유체의 입구측 온도를 ΔT_1, 출구측 온도를 ΔT_2라 하면,

$$Q = K \cdot A \cdot \text{LMTD[W]}$$

대수 평균 온도차(LMTD)는 다음과 같다.

① 향류식

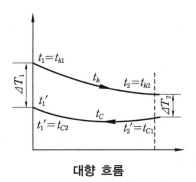

대향 흐름

$$\text{LMTD} = \frac{\Delta T_1 - \Delta T_2}{\ln\dfrac{\Delta T_1}{\Delta T_2}} \quad \cdots\cdots (10-18)$$

여기서, $\Delta T_1 = t_1 - t_1'$, $\Delta T_2 = t_2 - t_2'$

② 병류식

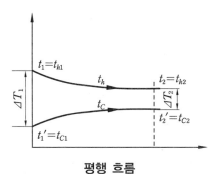

평행 흐름

$$\text{LMTD} = \frac{\Delta T_1 - \Delta T_2}{\ln \dfrac{\Delta T_1}{\Delta T_2}} \quad \text{(10-19)}$$

여기서, $\Delta T_1 = t_1 - t_1'$, $\Delta T_2 = t_2 - t_2'$

일반적으로, 향류가 병류보다 열이 잘 전달되므로, 대개 향류가 많이 사용된다.

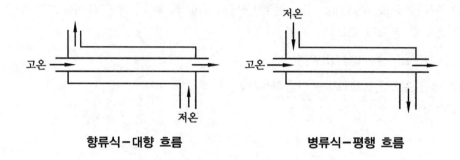

향류식-대향 흐름   **병류식-평행 흐름**

10-4   복사(radiation)

물체는 그 표면에서 그 온도와 상태에 따라서 여러 가지 파장의 방사 에너지를 전자파의 형태로 방사하여 다른 물체로의 열전달이 이루어지는데 이것을 복사 열전달이라 하며, 슈테판 – 볼츠만(Stefan – Boltzmann)의 법칙에 따라 전달되는 열량은 다음과 같다.

$$q_R = \frac{Q_R}{A} = \sigma \varepsilon (T_1^4 - T_2^4) [\text{W/m}^2] \quad \text{(10-20)}$$

여기서, σ : 슈테판 – 볼츠만 상수($4.88 \times 10^{-8} \text{kcal/m}^2 \cdot \text{h} \cdot \text{K}^4 = 5.67 \times 10^{-8} \text{ W/m}^2 \cdot \text{K}^4$)

         ε : 방사율 (복사율)

         T_1, T_2 : 방사열의 방사 및 입사체의 절대온도(K)

         A : 복사전열면적(m^2)

참고 슈테판 – 볼츠만의 법칙

흑체 표면에서 방출하는 복사 열에너지의 양은 절대온도의 4제곱에 비례한다.

일반 물체의 방사도 E는 흑체의 방사도 E_b보다 작으며, 다음 식으로 표시된다.

$$E = \varepsilon \cdot E_b$$

$$\varepsilon = \frac{E}{E_b} = a \leftarrow \text{Kirchhoff의 동일성 또는 Kirchhoff의 법칙} \quad \text{(10-21)}$$

여기서, ε : 방사율 (복사율), a : 흡수율

복사에너지가 물체에 도달하면 그림과 같이 일부는 표면에서 반사되며, 일부는 표면에서 흡수되고, 나머지는 투과된다.

반사율 r, 흡수율 a, 투과율 t 는 각각 입사한 에너지에 대한 반사, 흡수 및 투과된 에너지의 비율을 말한다.

$$r + a + t = 1 \quad\text{...} (10-22)$$

대부분의 고체 물체에서는 $t = 0$ 으로 보며,

$$r + a = 1 \quad\text{..} (10-23)$$

이고, $a = 1$, $r = 0$ 을 완전흑체, $a = 0$, $r = 1$ 을 완전백체라 하며, 일반 물체는 입사에너지의 일부는 반사하고, 일부는 흡수하여 회색체라 한다.

복사의 형태

출제 예상 문제

1. 열전달 방식에는 전도, 대류, 복사의 세 가지 방식이 있다. 다음 중 열전도에 관계 되는 법칙은 어느 것인가?

① 푸리에의 법칙

② 뉴턴의 법칙

③ 돌턴의 법칙

④ 클라우지우스의 법칙

[해설] 전도열량 $(Q_c) = k\dfrac{A}{x}(t_1 - t_2)$ [W]를 푸리에(Fourier)의 열전도 법칙이라 한다.

2. 다음 중 열전도 계수의 단위는 어느 것인가?

① kcal/kg · K

② kcal/m^3 · h · ℃

③ kcal/m · h · ℃

④ kcal/ m^2 · h · ℃

[해설] • 열전도 계수 : kcal / m · h · ℃(W/m · K)

• 대류 열전달 계수 : kcal / m^2 · h · ℃(W/m^2 · K)

• 열관류율 : kcal / m^2 · h · ℃(W/m^2 · K)

3. 열전도율이 1.05 W/m · K인 재질로 된 평면 벽의 양쪽 온도가 800℃와 100℃인 벽을 통한 열전달률이 단위 면적, 단위 시간당 5861 kJ일 때 벽의 두께는?

① 9.5 cm

② 10.5 cm

③ 11.5 cm

④ 12.5 cm

[해설] $Q = kA\dfrac{t_1 - t_2}{x}$ 에서,

$$5861 = 1.05 \times 1 \times \dfrac{800 - 100}{x}$$

$\therefore\ x = 0.125\,\text{m} = 12.5\,\text{cm}$

4. 공기 중에 있는 사방 1 m의 상자가 두께

2 cm의 아스베스토(k = 0.1163 W/m · K)로써 보온을 하였다. 상자 내부의 온도는 100℃, 외부 온도는 0℃라 할 때, 이 상자 내부에 전열기를 넣어서 100℃로 유지시키기 위해서는 몇 kW의 전열기가 필요하겠는가?

① 3.5 kW

② 4.5 kW

③ 4.7 kW

④ 4.9 kW

[해설] $Q = kA\dfrac{t_1 - t_2}{x} = 0.1163 \times 6 \times \dfrac{100 - 0}{0.02}$

$= 3489\,\text{W} \fallingdotseq 3.5\,\text{kW}$

$(A = 1\,\text{m} \times 1\,\text{m} \times 6\text{면} = 6\,\text{m}^2)$

5. 열교환기 입출구의 온도차를 각각 Δt_1, Δt_2라 할 때 대수 평균 온도차 Δt_m은?

① $\Delta t_m = \dfrac{\Delta t_2}{\Delta t_1 - \Delta t_2}$

② $\Delta t_m = \dfrac{\Delta t_1 - \Delta t_2}{\ln \dfrac{\Delta t_1}{\Delta t_2}}$

③ $\Delta t_m = \dfrac{\Delta t_2}{\ln \dfrac{\Delta t_2}{\Delta t_1}}$

④ $\Delta t_m = \dfrac{\Delta t_2}{\Delta t_2 - \Delta t_1}$

[해설] 전열량 $Q = k \cdot A \cdot \Delta t_m$이고, 여기서 대수 평균 온도차 (LMTD : logarithmic mean temperature difference) Δt_m은 다음과 같다.

(1) 향류식 열교환기

$$Q = k\Delta t_m A, \quad \Delta t_m = \dfrac{\Delta t_1 - \Delta t_2}{\ln \dfrac{\Delta t_1}{\Delta t_2}}$$

$\Delta t_1 = t_1 - t_1', \quad \Delta t_2 = t_2 - t_2'$

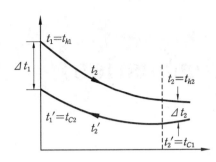

(2) 병류식 열교환기

$$Q=k\Delta t_m A, \quad \Delta t_m = \frac{\Delta t_1 - \Delta t_2}{\ln\frac{\Delta t_1}{\Delta t_2}}$$

$$\Delta t_1 = t_1 - t_1', \quad \Delta t_2 = \Delta t_2 - t_2'$$

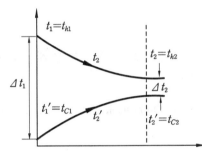

6. 어느 병류 열교환기에서 고온 유체가 90℃로 들어가 50℃로 나올 때 공기가 20℃에서 40℃까지 가열된다고 한다. 열관류율이 58 W/m² · K이고, 시간당 전열량이 33488 kJ일 때 열교환 면적은?

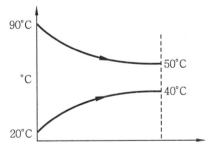

① 14.83 m²   ② 18.73 m²
③ 19.48 m²   ④ 23.73 m²

해설 $\Delta t_1 = 90 - 20 = 70$ ℃
  $\Delta t_2 = 50 - 40 = 10$ ℃

$$\therefore \Delta t_m = \frac{70 - 10}{\ln\frac{70}{10}} = 30.83 \text{ ℃}$$

$Q = kA\Delta t_m$ 에서,

$$A = \frac{Q}{k\Delta t_m} = \frac{33488}{58 \times 30.83} = 18.73 \text{ m}^2$$

7. 다음 중 물체의 방사도를 나타낸 것은? (단, E : 방사도, T : 절대온도, σ : 슈테판·볼츠만 상수, ε : 흑도이다.)

① $E = \varepsilon\sigma T^4$ ② $E = \varepsilon\sigma T^2$

③ $E = \dfrac{\varepsilon\sigma}{T^4}$ ④ $E = \dfrac{\varepsilon\sigma}{T^2}$

제11장 연소(combustion)

11-1 연소 반응식

(1) 탄소(완전 연소)

탄소가 완전 연소할 때 이산화탄소 (CO_2)가 생기며, 그의 반응식 및 양적 관계는 다음과 같다.

$$C \quad + \quad O_2 \quad = \quad CO_2 \quad + 97200 \text{ kcal/kmol} \quad \cdots\cdots\cdots (11-1)$$

12 kg	32 kg	44 kg
	22.4 Nm³	22.4 Nm³
1 kg	$\frac{32}{12} = 2.667$ kg	$\frac{44}{12} = 3.667$ kg
	$\frac{22.4}{12} = 1.867$ Nm³	$\frac{22.4}{12} = 1.867$ Nm³
1 kmol	1 kmol	1 kmol

즉, 탄소 1 kg을 공기 중에서 완전 연소하게 될 때 필요한 산소량은 2.667 kg이며, 생성되는 CO_2의 양은 3.667 kg이다.

탄소 1 kg을 연소할 때 필요한 이론 공기량은 공기의 조성 성분을 중량비(%)로 산소 (O_2) : 23.2 %, 질소 (N_2) : 76.8 %라고 하면,

$$\frac{2.667}{0.232} = 11.49 \text{ kg}$$

또는, 체적비(%)로 산소 (O_2) : 21 %, 질소 (N_2) : 79 % 라고 하면,

$$\frac{1.867}{0.21} = 8.89 \text{ Nm}^3$$

(2) 탄소 (불완전 연소)

$$C \quad + \quad \frac{1}{2}O_2 \quad = \quad CO \quad + 29400\,\text{kcal/kmol} \quad \cdots\cdots (11-2)$$

12 kg	16 kg	28 kg
	$\frac{1}{2}\times 22.4\,\text{Nm}^3$	$22.4\,\text{Nm}^3$
1 kg	$\frac{16}{12}=1.333\,\text{kg}$	$\frac{28}{12}=2.333\,\text{kg}$
	$\frac{22.4}{12\times 2}=0.933\,\text{Nm}^3$	$\frac{22.4}{12}=1.867\,\text{Nm}^3$
1 kmol	$\frac{1}{2}\,\text{kmol}$	1 kmol

(3) 일산화탄소

$$CO \quad + \quad \frac{1}{2}O_2 \quad = \quad CO_2 \quad + 67600\,\text{kcal/kmol} \quad \cdots (11-3)$$

28 kg	16 kg	44 kg
$22.4\,\text{Nm}^3$	$\frac{1}{2}\times 22.4\,\text{Nm}^3$	$22.4\,\text{Nm}^3$
1 kg	$\frac{16}{28}=0.571\,\text{kg}$	$\frac{44}{28}=1.571\,\text{kg}$
	$\frac{22.4}{28\times 2}=0.4\,\text{Nm}^3$	$\frac{22.4}{28}=0.8\,\text{Nm}^3$
1 kmol	$\frac{1}{2}\,\text{kmol}$	1 kmol

(4) 수소

수소는 탄소와 함께 각종 연료의 주성분으로 여기에 산소를 공급하면 수증기 또는 물이 생성된다.

$$H_2 \quad + \quad \frac{1}{2}O_2 \quad = \quad H_2O\,(\text{수증기}) + 57600\,\text{kcal/kmol} \quad \cdots\cdots (11-4)$$

$$H_2 \quad + \quad \frac{1}{2}O_2 \quad = \quad H_2O\,(\text{물}) + 68400\,\text{kcal/kmol} \quad \cdots\cdots\cdots (11-5)$$

2 kg	16 kg	18 kg
	$\frac{1}{2}\times 22.4\,\text{Nm}^3$	$22.4\,\text{Nm}^3$
1 kg	$\frac{16}{2}=8\,\text{kg}$	$\frac{18}{2}=9\,\text{kg}$
	$\frac{22.4}{2\times 2}=5.6\,\text{Nm}^3$	$\frac{22.4}{2}=11.2\,\text{Nm}^3$

즉, 수소 1 kg을 공기 중에서 완전 연소할 때 필요한 산소량은 8 kg이며, 생성되는 H_2O의 양은 9 kg (11.2 Nm³)이다.

(5) 유황

유황은 연료 중에 소량이 함유되어 있어서 연료 본래의 목적에서 보면 중요한 성분은 못된다. 그러나 연소 생성물의 이산화유황, 즉 아황산가스는 대기 오염원 중에서는 중요한 것으로 주목된다.

일반적으로 유황은 고체 연료 중에 0.2~2 %, 중유에는 0.5~3.5 % 포함되어 있다.

$$S \quad + \quad O_2 \quad = \quad SO_2 + 80000 \text{ kcal/kmol} \quad \cdots\cdots\cdots\cdots (11-6)$$

32 kg	32 kg	64 kg
	22.4 Nm³	22.4 Nm³
1 kg	$\dfrac{32}{32} = 1$ kg	$\dfrac{64}{32} = 2$ kg
	$\dfrac{22.4}{32} = 0.7$ Nm³	$\dfrac{22.4}{32} = 0.7$ Nm³
1 kmol	1 kmol	1 kmol

(6) 메탄(CH_4)

기체 연료에 있어서는 수소와 탄소가 화합하여 탄화수소로 함유되어 있다. 즉, 메탄, 에탄, 프로판, 부탄, 에틸렌, 벤젠 등으로 존재하며, 이 중 메탄은 천연가스, 석탄가스, 유가스 등에 함유되어 있다.

$$CH_4 + 2O_2 = CO_2 + 2H_2O\,(기체) + 191300 \text{ kcal/kmol} \quad \cdots\cdots\cdots\cdots (11-7)$$

$$CH_4 + 2O_2 = CO_2 + 2H_2O\,(액체) + 212800 \text{ kcal/kmol} \quad \cdots\cdots\cdots\cdots (11-8)$$

$$\begin{cases} 22.4 \text{ Nm}^3 & 2 \times 22.4 \text{ Nm}^3 & 22.4 \text{ Nm}^3 & 2 \times 22.4 \text{ Nm}^3 \\ 1 \text{ kmol} & 2 \text{ mol} & 1 \text{ kmol} & 2 \text{ kmol} \end{cases}$$

11-2 발열량

연소는 화학반응의 일종임을 이미 말하였으며, 특히 1 atm, 25 ℃하에서의 화학반응을 표준반응이라고 한다. 또, 표준상태에서의 반응열을 표준반응열(standard heat of reaction)이라고 부른다.

또, 0℃하에서의 연료의 단위량당 연소열을 발열량(heating value)이라고 하며, 고체 및 액체 연료에 대해서는 kcal/kg, 기체 연료에 대해서는 kcal/Nm^{3}로 표시하는 경우가 많다.

이 발열량의 값은 엄밀하게 여러 가지 열량계(colorimetor)를 써서 실측해야 하며, 고체, 액체 연료에 대해서는 결합열을 보통 무시하여 취급하고 있다.

식 (11−7), (11−8)에 표시된 바와 같이 연소 생성물 중에 H_2O를 생성하는 발열반응에서는 액체의 물[$H_2O(l)$], 또는 수증기[$H_2O(g)$]를 생성하느냐에 따라서 연소열에서는 1 kmol(18 kg)의 물의 증발열의 열량만큼 차이를 가져온다.

여기서 H_2O(기체) 및 H_2O(액체)가 생성될 때의 발열량은 각각 고발열량 H_h (higher heating value)과 저발열량 H_l (lower heating value)로 구별된다. 고체, 액체 연료에 관한 H_h[kcal/kg] 및 H_l[kcal/kg]의 값은 c, h, o, s, w를 각각 연료 조성의 중량비(질량비)라고 하면 다음과 같은 식으로 근사적으로 표시된다.

$$H_l = 8100c + 29000\left(h - \frac{o}{8}\right) + 2500s - 600\left(w + \frac{9}{8}o\right) \quad \cdots\cdots\cdots\cdots\cdots (11-9)$$

$$H_h = 8100c + 34000\left(h - \frac{o}{8}\right) + 2500s \quad \cdots\cdots\cdots\cdots\cdots\cdots\cdots (11-10)$$

윗 식에서 수소의 중량비가 $\left(h - \dfrac{o}{8}\right)$로 된 것은 연료 중에 포함되는 산소 O는 이미 연료 중에서 수소와 결합하여 H_2O로 되어 있다고 평가하였기 때문이며, $\left(h - \dfrac{o}{8}\right)$에 상당하는 양을 유효수소분(자유수소분)이라고 부른다.

출제 예상 문제

1. 28 kg의 일산화탄소가 완전 연소하는 데 필요한 최소 산소량은 몇 kg인가?

① 8 ② 16

③ 32 ④ 28

해설 $CO(28\,kg) + \dfrac{1}{2}O_2(16\,kg)$

$= CO_2(44\,kg) + 67600\,kcal/kmol$

2. 화학반응의 평형상수는 온도에 따라 다음과 같이 된다. 옳은 것은?

① 온도가 상승하면 발열반응에서는 감소한다.

② 온도가 상승하면 발열반응에서는 증가한다.

③ 온도가 상승하면 흡열반응에서는 감소한다.

④ 온도가 상승해도 일정하다.

3. 3 kmol의 탄소(C)를 완전 연소하는 데 필요한 최소 산소량은?

① 1 kmol ② 2 kmol

③ 3 kmol ④ 4 kmol

해설 $C\ +\ O_2\ =\ CO_2$

$\qquad$ 1 kmol 1 kmol 1 kmol

4. 일산화탄소(CO)를 공기 중에서 연소할 때 과잉공기의 양이 많으면 생성되는 가스량은 다음과 같은 상태가 된다. 옳은 것은?

① 이산화탄소의 양은 증가한다.

② 이산화탄소의 양은 감소한다.

③ 일산화탄소와 이산화탄소가 다같이 증가한다.

④ 일산화탄소와 이산화탄소가 다같이 감소한다.

5. 연료의 고발열량(H_h)과 저발열량(H_l)과의 관계식으로 옳은 것은? (단, w = 수분 성분(%), h = 수소 성분(%)이다.)

① $H_h = H_l + (w + h)$

② $H_h = H_l - 600(w + h)$

③ $H_h = H_l + 600(w + 9h)$

④ $H_h = H_l + 600(9h - w)$

6. "발열량이란 일정량의 연료를 완전 연소시킬 때 발생하는 총열량이며, ( )된(한)다." ( ) 안에 들어갈 문장을 다음 중에서 찾으면?

① 일반적으로 연료 1 kg 마다 발생하는 총열량으로 표시

② 일정 면적을 가열하는 열의 총량에 비례

③ 연료 단위량을 계기 내에서 완전 연소시킬 때 발생하는 총열량으로 표시

④ 연료 1 kg을 가지고 표준상태하의 물을 증발시킬 때 얻는 증기량으로 표시

7. 고체 또는 액체 연료에서 연료 1 kg 중 탄소, 수소, 유황 및 산소의 중량을 c, h, s, o라고 할 때 연소하는 수소량은 어느 것인가?

① $(s - o)$ ② h

③ $h - \dfrac{o}{8}$ ④ $(h - o)$

정답 1. ② 2. ① 3. ③ 4. ① 5. ③ 6. ③ 7. ③

PART 03

기계유체역학

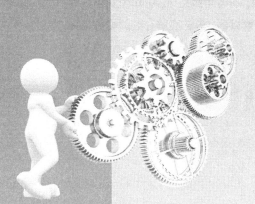

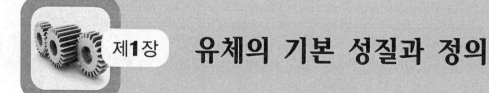

1. 유체의 정의 및 분류

1-1 　유체(fluid)의 정의

　모든 물질은 고체(solid), 액체(liquid), 기체(gas)의 세 가지 중 하나의 상태로 존재한다. 액체와 기체는 형태가 없고 쉽게 변형되는데, 이 액체와 기체를 합쳐 유체(fluid)라 한다. 유체는 아무리 작은 전단력(shear force)이 작용하여도 쉽게 미끄러지는데, 분자들 간에 계속적으로 미끄러지면서 전체 모양이 변형되는 것을 흐름(flow)이라 한다.

1-2 　비압축성 유체와 압축성 유체

(1) 비압축성 유체(밀도가 일정한 유체)

① 상온에서 액체(liquid) 상태의 물질(물, 수은, 기름)
② 물체(건물, 굴뚝 등)의 주위를 흐르는 기류
③ 달리는 물체(자동차, 기차 등) 주위의 기류
④ 저속으로 비행하는 항공기 주위의 기류
⑤ 물 속을 잠행하는 잠수함 주위의 수류

(2) 압축성 유체(밀도가 변하는 유체)

① 상온에서 기체(gas) 상태의 물질(공기, 산소, 질소)
② 음속보다 빠른 비행기 주위의 공기의 유동
③ 수압 철판 속의 수격 작용(water hammer)
④ 디젤 기관에 있어서 연료 공급 파이프의 충격파(shock wave)

1-3 이상 유체와 실제 유체

유체의 운동에서 점성을 무시할 수 있는 유체를 완전 유체(perfect fluid) 또는 이상 유체(ideal fluid)라 하고, 점성을 무시할 수 없는 유체를 실제 유체(real fluid)라 한다.

[예제] **1. 다음은 유체(fluid)를 정의한 것이다. 가장 알맞은 것은?**
① 주어진 체적을 채울 때까지 팽창하는 물질을 말한다.
② 흐르는 물질을 모두 유체라 한다.
③ 유동 물질 중에 전단응력이 생기지 않는 물질을 말한다.
④ 아주 작은 전단력이라도 물질 내부에 작용하면 정지상태로 있을 수 없는 물질을 말한다.

[해설] 유체란 아주 작은 전단력이라도 물질 내부에 작용하는 한 계속해서 변형하는 물질이다(정지 상태로 있을 수 없는 물질).　　　　　　　　　　　　　　[정답] **④**

[예제] **2. 이상 유체란 어떠한 유체를 말하는가?**
① 밀도가 장소에 따라 변화하는 유체
② 점성이 없고 비압축성인 유체
③ 온도에 따라 체적이 변하지 않는 유체
④ 순수한 유체

[해설] 이상 유체란 점성이 없고, 비압축성인 유체를 말한다.　　　　　　　[정답] **②**

[예제] **3. 비압축성 유체라고 볼 수 없는 것은 어느 것인가?**
① 흐르는 냇물　　　　　　　　　② 달리는 기차 주위의 기류
③ 건물 둘레를 흐르는 공기　　　④ 관 속에서 흐르는 충격파

[해설] 관 속을 흐르는 충격파(shock wave)는 압축성 유체이다.　　　　　[정답] **④**

[예제] **4. 다음 중 유체를 연속체로 취급할 수 있는 경우는 어느 것인가?(단, l 은 물체의 특성길이, λ는 분자의 평균 자유행로이다.)**
① $l \ll \lambda$　　　　　　　　　② $l = \lambda$
③ $l \gg \lambda$　　　　　　　　　④ $l = 0, \ \lambda = 0$

[해설] 유체를 연속체로 취급하기 위해서는 물체의 특성길이가 분자의 크기나 분자의 평균 자유행로보다 매우 커야 하며 분자의 충돌과 충돌 사이에 걸리는 시간이 아주 짧아야 한다.　　　　　　　　　　　　　　　　　　　　　　　　　[정답] **③**

2. 차원과 단위

2-1 차원(dimension)

길이, 질량, 시간, 속도, 압력, 점성계수 등 여러 가지의 자연 현상을 표시하는 양을 물리량이라 한다. 그 중에서 모든 물리량을 나타내는 기본이 되는 양으로 예를 들면 길이, 시간, 힘, 혹은 질량 등을 기본량(basic quantity)이라 하고, 이 기본량들을 구체적으로 정한 절차에 따라 유도해 낸 양을 유도량(derived quantity)이라 한다.

기본 차원 ┌ 절대단위계(MLT 계) : 질량 M, 길이 L, 시간 T
         └ 공학단위계(FLT 계, 중력단위계) : 힘 F, 길이 L, 시간 T

2-2 단위(unit)와 단위계(unit system)

(1) 절대 단위계(absolute unit system)

MLT 계로서 기본 크기를 결정한 단위계를 말한다.

물리량의 차원

물리량	절대 단위계	공학 단위계	물리량	절대 단위계	공학 단위계
길이	L	L	각도	1	1
질량	M	$FL^{-1}T^2$	각속도	T^{-1}	T^{-1}
시간	T	T	각가속도	T^{-2}	T^{-2}
힘	F	MLT^{-2}	회전력	ML^2T^{-2}	FL
면적	L^2	L^2	모멘트	ML^2T^{-2}	FL
체적	L^3	L^3	표면장력	MT^{-2}	FL^{-1}
속도	LT^{-1}	LT^{-1}	동력	ML^2T^{-3}	FLT^{-1}
가속도	LT^{-2}	LT^{-2}	절대점성계수	$ML^{-1}T^{-1}$	$FL^{-2}T$
탄성계수	$ML^{-1}T^{-2}$	FT^{-2}	동점성계수	L^2T^{-1}	L^2T^{-1}
밀도	ML^{-3}	$FL^{-4}T^2$	압력	$ML^{-1}T^{-2}$	FL^{-2}
비중량	$ML^{-2}T^{-2}$	FL^{-3}	에너지	ML^2T^{-2}	FL

① C.G.S 단위계 : 질량, 길이, 시간의 기본 단위를 g, cm, s로 하여 물리량의 단위를 유도하는 단위계이다.

② M.K.S 단위계 : 질량, 길이, 시간의 기본 단위를 kg, m, s로 하여 물리량의 단위를 유도하는 단위계이다.

(2) 중력 단위계(공학 단위계 : technical unit system)

FLT 계로서 기본 크기를 결정한 단위계를 말한다.

차원과 단위

물리량	중력 단위		절대 단위	
길이	L	m, ft	L	m, cm, ft
힘	F	kgf, lb	MLT^{-2}	kg·m/s^2
시간	T	s	T	s
질량	$FL^{-1}T^2$	kgf·s^2/m	M	kg, slug
밀도	$FL^{-4}T^{-2}$	kgf·s^2/m^4	ML^{-3}	kg/m^3
속도	LT^{-1}	m/s	LT^{-1}	m/s, ft/s
압력	FL^{-2}	kgf/m^2	$ML^{-1}T^{-2}$	kg/m·s^2

(3) 국제 단위계(SI 단위계 : System International unit)

SI 기본 단위와 보조 단위

양	SI 단위의 명칭	기호	정의
길이 (length)	미터 (meter)	m	1미터는 진공에서 빛이 1/299,792,458초 동안 진행한 거리이다.
질량 (mass)	킬로그램 (kilogram)	kg	1킬로그램(중량도, 힘도 아니다.)은 질량의 단위로서, 그것은 국제 킬로그램 원기의 질량과 같다.
시간 (time)	초 (second)	s	1초는 세슘 133의 원자 바닥 상태의 2개의 초미세준위 간의 전이에 대응하는 복사의 9,192,631,770 주기의 지속시간이다.
전류 (electric current)	암페어 (ampere)	A	1암페어는 진공 중에 1미터의 간격으로 평행하게 놓여진, 무한하게 작은 원형 단면을 가지는 무한하게 긴 2개의 직선 모양 도체의 각각에 전류가 흐를 때, 이들 도체의 길이 1미터마다 2×10^{-7} N의 힘을 미치는 불변의 전류이다.
열역학 온도 (thermodynamic temperature)	켈빈 (kelvin)	K	1켈빈은 물 3중점의 열역학적 온도의 1/273.16이다.
물질의 양 (amount of substance)	몰 (mole)	mol	① 1몰은 탄소 12의 0.012킬로그램에 있는 원자의 개수와 같은 수의 구성 요소를 포함한 어떤 계의 물질량이다. ② 몰을 사용할 때에는 구성 요소를 반드시 명시해야 하며, 이 구성 요소는 원자, 분자, 이온, 전자, 기타 입자 또는 이 입자들의 특정한 집합체가 될 수 있다.

광도 (luminous intensity)	칸델라 (candela)	cd	1칸델라는 주파수 540×1012 헤르츠인 단색광을 방출하는 광원의 복사도가 어떤 주어진 방향으로 매 스테라디안당 1/683 와트일 때, 이 방향에 대한 광도이다.
평면각 (plane angle)	라디안 (radian)	rad	1라디안은 원둘레에서 반지름의 길이와 같은 길이의 호(弧)를 절취한 2개의 반지름 사이에 포함되는 평면각이다.
입체각 (solid angle)	스테라디안 (steradian)	sr	1스테라디안은 구(球)의 중심을 정점으로 하고, 그 구의 반지름을 한 변으로 하는 정사각형의 면적과 같은 면적을 구의 표면상에서 절취하는 입체각이다.

SI 접두어

인자	접두어	기호	인자	접두어	기호
10^{24}	yotta	Y	10^{-1}	deci	d
10^{21}	zetta	Z	10^{-2}	centi	c
10^{18}	exa	E	10^{-3}	milli	m
10^{15}	peta	P	10^{-6}	micro	μ
10^{12}	tera	T	10^{-9}	nano	n
10^{9}	giga	G	10^{-12}	pico	p
10^{6}	mega	M	10^{-15}	femto	f
10^{3}	kilo	k	10^{-18}	atto	a
10^{2}	hecto	h	10^{-21}	zepto	z
10^{1}	deca	da	10^{-24}	yocto	y

고유 명칭을 가진 SI 조립 단위

양	SI 조립 단위의 명칭	기호	SI 기본 단위 또는 SI 보조 단위에 의한 표시법, 또는 다른 SI 조립 단위에 의한 표시법
주파수	헤르츠(Hertz)	Hz	$1\,Hz = 1\,s^{-1}$
힘	뉴턴(Newton)	N	$1\,N = 1\,kg \cdot m/s^2$
압력, 응력	파스칼(Pascal)	Pa	$1\,Pa = 1\,N/m^2$
에너지, 일, 열량	줄(Joule)	J	$1\,J = 1\,N \cdot m$
공률	와트(Watt)	W	$1\,W = 1\,J/s$

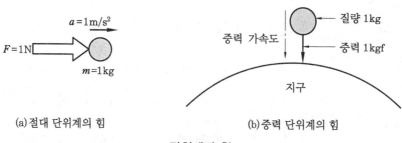

(a) 절대 단위계의 힘 (b) 중력 단위계의 힘

단위계의 힘

2-3 주요 물리량의 단위

① **힘(force)** : 질량×가속도

$$F = m \cdot a$$

$1\,\mathrm{N} = 1\,\mathrm{kg} \times 1\,\mathrm{m/s^2}$

$1\,\mathrm{kgf} = 1\,\mathrm{kg} \times 9.80665\,\mathrm{m/s^2} = 9.80665\,\mathrm{kg \cdot m/s^2} = 9.80665\,\mathrm{N}$

② **압력(pressure)** : 단위 면적당 작용하는 힘

$$p = \frac{F}{A}$$

$1\,\mathrm{Pa} = 1\,\mathrm{N/m^2} = 1\,\mathrm{kg/m \cdot s^2}$

$1\,\mathrm{kgf/m^2} = 9.8\,\mathrm{kg/m \cdot s^2} = 9.8\,\mathrm{Pa(N/m^2)}$

③ **일(work), 에너지, 열량**

$$W = F \cdot r$$

$1\,\mathrm{N \cdot m} = 1\,\mathrm{kg \cdot m^2/s^2} = 1\,\mathrm{J}$

$1\,\mathrm{kgf \cdot m} = 9.8\,\mathrm{kg \cdot m^2/s^2} = 9.8\,\mathrm{J}$

④ **동력(power) = 일률(공률)**

$$\text{Power} = \frac{W}{t} = F \cdot v$$

$1\,\mathrm{W}(1\,\mathrm{J/s}) = 1\,\mathrm{N \cdot m/s} = 1\,\mathrm{kg \cdot m^2/s^3}$

$1\,\mathrm{kgf \cdot m/s} = 9.8\,\mathrm{N \cdot m/s} = 9.8\,\mathrm{W}$

$1\,\mathrm{PS} = 75\,\mathrm{kg \cdot m/s} = 632\,\mathrm{kcal/h}(1\,\mathrm{PSh} = 632\,\mathrm{kcal})$

$1\,\mathrm{kW} = 102\,\mathrm{kg \cdot m/s} = 860\,\mathrm{kcal/h}(1\,\mathrm{kWh} = 860\,\mathrm{kcal} = 3600\,\mathrm{kJ})$

[예제] 5. 다음 중에서 힘의 차원을 절대단위계로 바르게 표시한 것은?

① M ② MT^2

③ $ML^{-1}T^{-2}$ ④ MLT^{-2}

[해설] $F = ma = MLT^{-2}$ [정답] ④

[예제] 6. 다음 중 질량의 공학단위계 차원을 옳게 표시한 것은?

① FLT^{-2} ② FT^{-2}

③ $FL^{-1}T^2$ ④ FLT^2

[해설] $m = \dfrac{w}{g} = \dfrac{1}{9.8}\,\mathrm{N \cdot s^2/m}(FT^2L^{-1})$ [정답] ③

[예제] **7. 다음 중 힘의 단위가 아닌 것은?**

① dyne   ② erg   ③ kgf   ④ Newton

[해설] 1 erg(에르그) = 1 dgne × cm로 일량 단위다.   [정답] ②

[예제] **8. 1 Newton은 중력단위로 몇 kgf인가?**

① 9.8   ② 980   ③ $\dfrac{1}{9.8}$ ④ $\dfrac{1}{980}$

[해설] $1\,\text{N} = \dfrac{1}{9.8}\,\text{kgf}(1\,\text{kgf} = 9.8\,\text{N})$ [정답] ③

3. 유체의 성질

(1) 밀도(density) = 비질량 ρ

단위 체적의 유체가 갖는 질량으로 정의하며, 비체적(v)의 역수이다.

$$\rho = \frac{m}{V}\,[\text{kg/m}^3,\ \text{N}\cdot\text{s}^2/\text{m}^4]$$

$$\rho = \frac{1}{v} = \frac{m}{v}\,[\text{kg/m}^3]$$

여기서, m : 질량(kg), V : 체적(m^3)

1 atm, 4℃의 순수한 물의 밀도(ρ_w)는 다음과 같다.

$$\rho_w = 1000\,\text{kg/m}^3 = 1000\,\text{N}\cdot\text{s}^2/\text{m}^4 = 102\,\text{kgf}\cdot\text{s}^2/\text{m}^4$$

(2) 비중량(specific weight) γ

단위 체적의 유체가 갖는 중량으로 정의하며, 비체적(v)의 역수이다.

$$\gamma = \frac{W}{V}\,[\text{N/m}^3]$$

$$\gamma = \frac{1}{v}\,[\text{N/m}^3]$$

여기서, W : 중량(N), V : 체적(m^3)

1 atm, 4℃의 순수한 물의 비중량(γ_w)은 다음과 같다.

$$\gamma_w = 9800\,\text{N/m}^3 = 1000\,\text{kgf/m}^3 = 9.8\,\text{kN/m}^3$$

비중량과 밀도 사이의 관계는 다음과 같다.

$W = m \cdot g (g : 중력\ 가속도)$이므로

$$\therefore\ \gamma = \frac{W}{V} = \frac{m \cdot g}{V} = \rho \cdot g\,[\mathrm{N/m^3}]$$

(3) 비체적(specific volume) v

단위 질량의 유체가 갖는 체적(SI 단위계), 또는 단위 중량의 유체가 갖는 체적(중력 단위계)으로 정의한다.

$$v = \frac{1}{\rho}\,[\mathrm{m^3/kg}]\ 또는\ v = \frac{1}{\gamma}\,[\mathrm{m^3/N}]$$

(4) 비중(specific gravity) S

같은 체적을 갖는 물의 질량 또는 무게에 대한 그 물질의 질량 또는 무게의 비로 정의하며, 단위는 없다(무차원수).

$$S = \frac{\rho}{\rho_w} = \frac{\gamma}{\gamma_w}$$

$$\rho = \rho_w S = 1000S\,[\mathrm{kg/m^3},\ \mathrm{N \cdot s^2/m^4}],\ \gamma = \gamma_w S = 9800S\,[\mathrm{N/m^3}]$$

예제 9. 체적이 5 m³인 유체의 무게가 35000 N이었다. 이 유체의 비중량(γ), 밀도(ρ), 비중(S)은 각각 얼마인가?

① $\gamma = 7000\,\mathrm{N/m^3}$, $\rho = 714.3\,\mathrm{N \cdot s^2/m^4}$, $S = 0.71$

② $\gamma = 8000\,\mathrm{N/m^3}$, $\rho = 600.8\,\mathrm{N \cdot s^2/m^4}$, $S = 0.71$

③ $\gamma = 9000\,\mathrm{N/m^3}$, $\rho = 732.1\,\mathrm{N \cdot s^2/m^4}$, $S = 0.71$

④ $\gamma = 7000\,\mathrm{N/m^3}$, $\rho = 600.8\,\mathrm{N \cdot s^2/m^4}$, $S = 0.71$

해설 (1) 비중량(γ) $= \dfrac{W}{V} = \dfrac{35000}{5} = 7000\,\mathrm{N/m^3}$

(2) 밀도(ρ) $= \dfrac{\gamma}{g} = \dfrac{7000}{9.8} = 714.3\,\mathrm{N \cdot s^2/m^4}$

(3) 비중(S) $= \dfrac{\gamma}{\gamma_w} = \dfrac{7000}{9800} = 0.71$, 비중($S$) $= \dfrac{\rho}{\rho_w} = \dfrac{714.3}{1000} = 0.7143$

정답 ①

예제 10. 밀도가 1290 N · s²/m⁴인 글리세린의 비중은 얼마인가?

① 0.129   ② 1.29   ③ 1.29×10^3 ④ 12.6

해설 비중(S) $= \dfrac{\rho}{\rho_w} = \dfrac{1290}{1000} = 1.29$

정답 ②

예제 11. 어떤 기름의 체적이 5.8 m³이고, 무게가 45000 N이다. 이 기름의 비중은 얼마인가?

① 0.13   ② 0.27   ③ 0.67   ④ 0.79

해설 비중$((S) = \dfrac{\gamma_{\text{oil}}}{\gamma_w} = \dfrac{7758.62}{9800} = 0.79$

$$\gamma_{\text{oil}} = \frac{W}{V} = \frac{45000}{5.8} = 7758.62 \,\text{N/m}^3$$

정답 ④

4. 유체의 점성

벽점착조건(no slip condition)은 유체가 고체 표면 위를 흐를 때 고체 표면에서 유체 입자가 고체와 미끄럼이 없다는 조건(벽에서의 유체 속도는 0이라는 조건)을 말한다.

4-1 뉴턴의 점성법칙(Newton's viscosity law)

그림과 같이 평행한 두 평판 사이에 유체가 있을 때 이동 평판을 일정한 속도로 운동시키는 데 필요한 힘 F는 평판의 면적 A와 이동 속도 u가 클수록, 두 평판의 간격(틈새) y가 작을수록 크다는 것을 실험으로 확인할 수 있다.

즉, $F \propto A\dfrac{u}{y}$ 또는 $\dfrac{F}{A} \propto \dfrac{u}{y}$ (미분형 $\dfrac{du}{dy}$)

여기서, $\dfrac{F}{A}$는 그림처럼 이동 평판에 밀착된 유체 분자층이 바로 아래의 유체층으로부터 응집력을 이기고, 미끄러지는 데 필요한 단위 면적당의 전단력(전단응력) τ이다.

$$\therefore \tau\left(= \frac{F}{A}\right) = \mu\frac{du}{dy} \,[\text{Pa}]$$

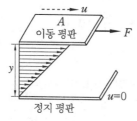

두 평판 사이의 유체 흐름

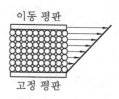

유체층 사이의 미끄럼 운동 모형

비례상수 μ는 유체의 점성계수 또는 점도라 하며, 각 유체마다 온도에 따라 독특한 값을 갖는다. 점성계수는 압력에는 커다란 변화가 없고 온도에 크게 좌우되며, 액체의 점성계수는 일반적으로 온도가 증가하면 감소되지만, 기체의 점성계수는 온도가 증가함에 따라 증가되는 경향이 있다.

뉴턴의 점성법칙을 만족시키는 유체를 뉴턴 유체(Newtonian fluid), 만족시키지 않는 유체를 비뉴턴 유체(non-Newtonian fluid), 점성이 없고 비압축성인 유체를 이상 유체(ideal fluid)라고 한다.

4-2 점성계수(coefficient of viscosity)

(1) 절대 점성계수(absolute viscosity) μ

$$\mu = \frac{\tau}{\dfrac{du}{dy}} = \frac{\tau dy}{du} = \frac{\mathrm{N/m^2 \times m}}{\mathrm{m/s}} = \mathrm{N \cdot s/m^2} = \mathrm{Pa \cdot s}$$

① 절대 단위계$[ML^{-1}T^{-1}]$: kg/m · s, g/cm · s
② 중력 단위계$[FL^{-2}T]$: kgf · s/m^2, gf · s/cm^2
③ SI 단위 : N · S/m^2(Pa · s)
④ 점성계수의 유도단위(CGS계)

$1\,\mathrm{poise} = 1\,\mathrm{dyne \cdot s/cm^2} = 1\,\mathrm{g/cm \cdot s}$ $1\,\mathrm{cP(centi\ poise)} = \dfrac{1}{100}\,\mathrm{poise}$

$1\,\mathrm{posie} = \dfrac{1}{10}\,\mathrm{Pa \cdot s(N \cdot s/m^2)} = \dfrac{1}{479}\,\mathrm{lb \cdot s/ft^2}$

(2) 동점성계수(kinematic viscosity) ν

$$\nu = \frac{\mu}{\rho}\ [\mathrm{m^2/s}]$$

① 차원 : $L^2 T^{-1}$
② 동점성계수의 유도단위(CGS계)

$1\,\mathrm{stokes} = 1\,\mathrm{cm^2/s} = 10^{-4}\,\mathrm{m^2/s}$ $1\,\mathrm{cSt(센티스토크스)} = \dfrac{1}{100}\,\mathrm{stokes}$

예제 12. 10 mm의 간격을 가진 평행한 두 평판 사이에 점성계수 $\mu = 15\,\mathrm{poise}$인 기름이 차 있다. 아래평판을 고정하고 위평판을 5 m/s의 속도로 이동시킬 때 평판에 발생하는 전단응력은 몇 Pa인가?

① 76.53 ② 85.75 ③ 750 ④ 657

해설 $\tau = \mu \dfrac{du}{dy} = 15 \times \dfrac{1}{10} \times \dfrac{5}{0.01} = 750 \, \text{Pa}$　　　　　　　정답 ③

예제 13. 어떤 유체의 점성계수 $\mu = 2.401 \, \text{N} \cdot \text{s/m}^2$, 비중 $S = 1.20$이다. 이 유체의 동점성계수는 몇 m^2/s인가?

① $2 \, \text{m}^2/\text{s}$　　　　　　　　　　　② $0.2 \, \text{m}^2/\text{s}$

③ $0.02 \, \text{m}^2/\text{s}$　　　　　　　　　④ $0.002 \, \text{m}^2/\text{s}$

해설 $\nu = \dfrac{\mu}{\rho} = \dfrac{\mu}{1000S} = \dfrac{2.401}{1000 \times 1.2} = 0.002$　　　　정답 ④

예제 14. 뉴턴의 점성법칙과 관계있는 것만으로 구성된 것은?

① 전단응력, 속도구배, 점성계수　　　　② 동점성계수, 전단응력, 속도

③ 압력, 동점성계수, 전단응력　　　　　④ 속도구배, 온도, 점성계수

해설 뉴턴의 점성법칙 $\left(\tau = \mu \dfrac{du}{dy}\right)$에서

τ : 전단응력, μ : 점성계수, $\dfrac{du}{dy}$: 속도구배, 각변형률(전단변형률)　　　정답 ①

5. 완전기체(perfect gas)

기체의 많은 구성 분자 사이에 분자력이 작용하지 않으며, 분자의 크기도 무시할 수 있다는 가정하에서 성립하는 상태 방정식을 만족하는 기체를 이상기체(ideal gas) 또는 완전기체(perfect gas)라 한다.

5-1 기체의 상태방정식

보일-샤를의 법칙에 의하여 다음 식이 성립한다.

$$\frac{pv}{T} = C = R(\text{기체 상수})$$

$$\therefore \ pv = RT(\text{가스 } 1 \, \text{kg 질량에 대한 기체 상태방정식})$$

$$pV = mRT(\text{전체 기체 } m \, [\text{kg}]\text{에 대한 기체 상태방정식})$$

이것을 이상기체의 상태방정식이라 한다.

또, $\gamma = \dfrac{1}{v}$ 이므로 다음과 같다.

$p\dfrac{1}{\gamma} = RT$ 이므로 $p = \gamma RT$[Pa]

$$\therefore \ \gamma = \frac{p}{RT}\,[\text{N/m}^3]$$

SI 단위에서는 다음과 같다.

$$pv = RT, \ \ pV = mRT$$

$$\therefore \ \rho = \frac{p}{RT}\,[\text{kg/m}^3, \ \text{N}\cdot\text{S/m}^4]$$

여기서, m : 질량(kg)

5-2 기체 상수

"모든 완전기체는 등온 등압하에서 같은 체적 내에 같은 수의 분자를 갖는다."는 아보가드로(Avogadro)의 법칙에 의하여 다음 식이 성립한다.

일반 기체 상수(universal gas constant) $\overline{R}$ or Ru

$$\overline{R} = mR = 8.314\,\text{kJ/kmol} \cdot \text{K}(8314\,\text{J/kmol} \cdot \text{K})$$

여기서, m : 분자량, R : 기체 상수(kJ/kg · K)

예제 **15.** 다음 중 완전기체를 설명한 것으로 옳은 것은?

① 비압축성 유체   ② 실제 유체

③ $pv = RT$ 를 만족시키는 기체   ④ 일정한 점성계수를 갖는 유체

정답 ③

예제 **16.** 온도 20℃, 절대 압력이 500 kPa인 산소의 비체적은 얼마인가?

① 0.551 m³/kg   ② 0.152 m³/kg

③ 0.515 m³/kg   ④ 0.605 m³/kg

해설 산소(O_2)의 기체상수$(R) = \dfrac{\overline{R}}{m} = \dfrac{8.314}{32} = 0.26\,\text{kJ/kg} \cdot \text{K}$

$pv = RT$에서

$v = \dfrac{RT}{p} = \dfrac{0.26 \times (20 + 273)}{500} = 0.152\,\text{m}^3/\text{kg}$

정답 ②

6. 유체의 탄성과 압축성

6-1 체적탄성계수(bulk modulus of elasticity)

그림과 같이 유체를 용기 속에 넣고 피스톤으로 밀어 압축할 때 유체의 체적이 V_1에서 V로 감소되고, 압력이 dP만큼 상승하였다면 용기에 가해진 압력 dP와 체적의 감소율 $\dfrac{dV}{V_1}$와의 관계는 그림 (b)와 같은 곡선이 되며, 이 곡선상의 임의의 점에서 기울기를 그 유체의 체적탄성계수(E)라고 정의한다.

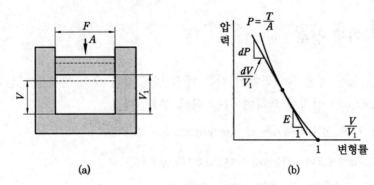

(a)　　　　　　　　　　　(b)

유체의 변형률과 압력

$$-\frac{dv}{v} = \frac{d\rho}{\rho} = \frac{d\gamma}{\gamma}$$

$$\therefore\ E = \frac{dp}{-\dfrac{dV}{V_1}} = \frac{dp}{\dfrac{d\rho}{\rho}} = \frac{dp}{\dfrac{d\gamma}{\gamma}}\ [\mathrm{Pa}]$$

이 체적탄성계수 E의 값이 클수록 그 유체는 압축하기가 더 어렵다는 것을 나타낸다.
대기압, 20℃의 물의 체적탄성계수(E) $= 2 \times 10^4\,\mathrm{bar} = 2 \times 10^9\,\mathrm{N/m^2(Pa)}$

6-2 압축률(compressibility)

압축률은 단위 압력 변화에 대한 체적의 변형도를 뜻하며, 체적탄성계수 E의 역수이다.

$$\beta = \frac{1}{E} = -\frac{\dfrac{dV}{V_1}}{dp}\ [\mathrm{m^2/N} = \mathrm{Pa^{-1}}]$$

6-3 완전기체의 체적탄성계수

(1) 등온변화

$$\therefore E = \frac{dp}{-\dfrac{dV}{V_1}} = \frac{dp}{\dfrac{d\gamma}{\gamma}} = p\,[\text{Pa}]$$

(2) 단열변화

$$\therefore E = \frac{dp}{-\dfrac{dV}{V_1}} = \frac{dp}{\dfrac{d\gamma}{\gamma}} = kp\,[\text{Pa}]$$

예제 17. 물의 체적탄성계수가 0.25×10^5 Pa일 때 물의 체적을 0.5 % 감소시키기 위하여 가해준 압력의 크기는 몇 Pa인가?

① 250 Pa   ② 500 Pa   ③ 125 Pa   ④ 1500 Pa

해설 $E = -\dfrac{dp}{\dfrac{dV}{V}}\,[\text{Pa}]$에서

$$dp = E \times \left(-\frac{dV}{V}\right) = 0.25 \times 10^5 \times \left(\frac{0.5}{100}\right)$$
$$= 0.25 \times 10^5 \times 0.005 = 125\,\text{Pa}(\text{N/m}^2)$$

정답 ③

예제 18. 기체를 단열적으로 압축할 때 체적탄성계수는 얼마인가?

① p ② $\dfrac{1}{p}$ ③ kp ④ v_s

해설 단열변화일 때는 $pv^k = \text{const}$ 이므로 이것을 미분하면

$$dp \cdot v^k + kp \cdot v^{k-1}dv = 0$$
$$\therefore E = -v\frac{dp}{dv} = kp\,[\text{Pa}]$$

정답 ③

예제 19. 4℃ 순수한 물의 체적탄성계수 $E = 2 \times 10^9$Pa이다. 이 물속에서의 음속은 몇 m/s인가? (단, 4℃ 순수한 물의 밀도(ρ_w) = 1000 kg/m³이다.)

① 1200   ② 1300   ③ 1414   ④ 1500

해설 $C = \sqrt{\dfrac{E}{\rho_w}} = \sqrt{\dfrac{2 \times 10^9}{1000}} = 1414\,\text{m/s}$

정답 ③

7. 표면장력과 모세관 현상

7-1 **표면장력(surface tension)**

액체는 액체 분자간의 인력에 의하여 발생하는 응집력(cohesive force)을 가지고 있어서 액체의 표면적을 최소화하려는 장력이 작용된다. 이것을 표면장력이라고 하며, 단위 길이당의 힘의 세기로 표시한다.

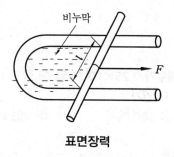

비누막

F

표면장력

7-2 **표면장력과 압력차**

$$\Delta p = p_1 - p_2 = \sigma \left(\frac{1}{R_1} + \frac{1}{R_2} \right)$$

여기서, σ : 표면장력, R_1, R_2 : 2중 만곡면의 곡률 반지름

- 액면이 원주면일 때 : $R_1 = R$, $R_2 = \infty$ 이므로 $\Delta p = \dfrac{\sigma}{R}$

- 액면이 구면일 때 : $R_1 = R_2 = R$ 이므로 $\Delta p = \dfrac{2\sigma}{R}$

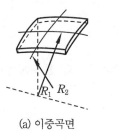

R_1 R_2

(a) 이중곡면   (b) 원주면   (c) 구면

표면장력의 실례

모세관 현상(capillarity)

액체 속에 세워진 가는 모세관 속의 액체 표면은 외부(용기)의 액체 표면보다 올라가거나 내려가는 현상이 있다. 이러한 현상을 모세관 현상이라 하며, 이 모세관 현상은 액체의 표면장력에 기인되는 것으로 고체면에 대한 액체의 응집력(cohesive force)이나 부착력(adhesive force)의 상대적인 값에 따라서 모세관에서 액체의 높이가 결정된다. 즉, 부착력이 응집력보다 크게 되면 모세관의 액체는 용기의 액체 표면보다 올라가고, 반대로 액체의 응집력이 부착력보다 크면 모세관의 액체 표면은 용기의 액체 표면보다 내려간다.

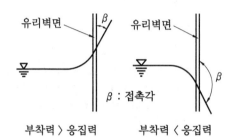

모세관 현상

모세관 현상에 의한 액면의 상승 또는 하강 높이 h는 표면장력의 크기와 액체의 무게와의 평형 조건식으로부터

$$h = \frac{4\sigma \cos\beta}{\gamma d} = \frac{4\sigma \cos\beta}{\rho g d}\,[\text{mm}]$$

여기서, σ : 유체의 표면장력, γ : 유체의 비중량, d : 관의 지름
β : 유체의 접촉각, ρ : 유체의 밀도

예제 **20.** 지름이 40 mm인 비눗방울의 내부 초과압력이 35 kPa이다. 비눗방울의 표면장력은 얼마인가?

① 0.75 N/cm   ② 0.35 N/cm   ③ 7 N/cm   ④ 1.75 N/cm

해설 $\sigma = \dfrac{\Delta p d}{8} = \dfrac{3.5 \times 4}{8} = 1.75\,\text{N/cm}\,(\Delta p = 35\,\text{kPa} = 35 \times 10^3\text{N/m}^2 = 3.5\,\text{N/cm}^2)$ 정답 ④

예제 **21.** 지름 1 mm인 유리관이 물이 담긴 그릇 속에 세워져 있다. 물의 표면장력이 8.75×10^{-4} N/m이고, 물과 유리의 접촉각 $\beta \fallingdotseq 0°$이면 모세관에서의 최대 상승 높이는 몇 cm인가?

① 0.036   ② 0.0175   ③ 0.35   ④ 0.175

해설 $h = \dfrac{4\sigma \cos\beta}{\gamma d} = \dfrac{4 \times 8.75 \times 10^{-4}}{9800 \times 0.001} = 0.000357\,\text{m} \fallingdotseq 0.036\,\text{cm}$ 정답 ①

출제 예상 문제

1. 공학 단위계에서는 힘(무게)의 단위는 kgf, 길이의 단위는 m, 시간의 단위는 s 를 사용한다. 이때 질량 m 의 단위는 다음 중 어느 것을 사용하여야 하는가?

① kgf
② slug
③ kgf · s²/m
④ kgf · m/s²

[해설] $W = mg$에서
$$m = \frac{W}{g} = kgf \cdot s^2/m \text{(질량의 공학단위)}$$

2. 다음은 점성계수의 단위이다. 틀린 것은?

① P
② St
③ cP
④ dyne · s/cm²

[해설] 1 stokes = 1 cm²/s
동점성계수 유도단위(CGS계)

3. 다음 비중이 0.88인 알코올의 밀도는 몇 N · s²/m⁴인가?

① 798
② 897
③ 987
④ 880

[해설] $\rho = \rho_w S = 1000 \times 0.88 = 880 \text{ kg/m}^3 (\text{N} \cdot \text{s}^2/\text{m}^4)$

4. 체적이 3 m³이고, 무게가 24000 N인 기름의 비중은 얼마인가?

① 0.672
② 0.816
③ 0.927
④ 0.714

[해설] $\gamma = \dfrac{W}{V} = \dfrac{24000}{3} = 8000 \text{ N/m}^3$
$$\therefore S = \frac{\gamma}{\gamma_w} = \frac{8000}{9800} = 0.816$$

5. 뉴턴의 점성법칙으로 맞는 것은 다음 식 중 어느 것인가?

① $pv = \text{const}$
② $F = ma$
③ $F = Ap$
④ $\tau = \mu \dfrac{du}{dy}$

6. 다음 중 SI 단위계에서 기본 단위가 아닌 것은?

① kg
② m
③ N
④ s

[해설] SI 단위계에서 기본 단위(7개) : 질량(kg), 길이(m), 시간(s), 물질의 양(mole), 절대온도(kelvin), 전류(A), 광도(cd)

7. 다음 중 비중이 0.8인 어떤 기름의 비체적은?

① 125 m³/N
② 1.25×10⁻³ kg/m³
③ 800 N/m³
④ 1.25×10⁻³ m³/kg

[해설] $\rho = \rho_w S = 1000 \times 0.8 = 800 \text{ kg/m}^3$
$$\therefore v = \frac{1}{\rho} = \frac{1}{800} = 1.25 \times 10^{-3} \text{ m}^3/\text{kg}$$

8. 온도가 100℃이고, 압력이 101.325 kPa (abs)인 산소의 밀도(kg/m³)는 얼마인가?

① 1.045
② 1.045×10⁻²
③ 1.045×10⁻¹
④ 1.045×10⁻⁴

[해설] 산소(O₂) 분자량(M) = 32 kg/kmol
$$\rho = \frac{P}{RT}$$
$$= \frac{101.325}{\left(\dfrac{8.314}{32}\right) \times (100 + 273)}$$
$$= 1.045 \text{ kg/m}^3$$

정답 1. ③ 2. ② 3. ④ 4. ② 5. ④ 6. ③ 7. ④ 8. ①

9. 15℃인 공기의 밀도는 얼마인가?(단, 공기의 기체상수 $R = 287$ N·m/kg·K이며 대기압은 760 mmHg이다.)

① 0.13　　　　　② 0.23

③ 1.23　　　　　④ 2.23

[해설] $\rho = \dfrac{P}{RT} = \dfrac{101.325}{0.287 \times (15+273)}$

$\qquad \coloneqq 1.23 \, \text{kg/m}^3$

10. 무게가 31360 N인 기름의 체적이 4.8 m³이다. 이 기름의 비중은 얼마인가?

① 666.67　　　　② 6.07

③ 0.67　　　　　④ 0.87

[해설] $\gamma = \dfrac{W}{V} = \dfrac{31360}{4.8} = 6533.3 \, \text{N/m}^3$

$\qquad \therefore \ S = \dfrac{\gamma}{\gamma_w} = \dfrac{6533.3}{9800} = 0.67$

11. 질량이 20 kg인 물체의 무게를 저울로 달아보니 186.2 N이었다. 이 곳의 중력 가속도는 얼마인가?

① 9.8 m/s²　　　② 7.72 m/s²

③ 9.31 m/s²　　　④ 3.62 m/s²

[해설] $W = mg$에서

$\qquad g = \dfrac{W}{m} = \dfrac{186.2}{20} = 9.31 \, \text{m/s}^2$

12. 다음 중 동력의 차원은?

① $[ML^{-2}T^{-3}]$　　② $[ML^{-1}T^{-2}]$

③ $[MLT^{-2}]$　　　④ $[ML^2T^{-3}]$

[해설] 동력(power) $= \dfrac{\text{work}}{\text{시간}} = \text{N} \cdot \text{m/s}$

$\qquad = FLT^{-1} = (MLT^{-2})LT^{-1} = ML^2T^{-3}$

13. 물의 체적을 2% 감소시키려면 얼마의 압력을 가하여야 하는가?(단, 물의 체적탄성계수는 2×10⁹Pa이다.)

① 20 MPa　　　　② 40 MPa

③ 60 MPa　　　　④ 80 MPa

[해설] $E = -\dfrac{dp}{\dfrac{dv}{v}}$ [Pa]에서

$dp = E \times \left(-\dfrac{dv}{v} \right) = 2 \times 10^9 \times 0.02$

$\qquad = 40 \times 10^6 \, \text{Pa} = 40 \times 10^3 \, \text{kPa} = 40 \, \text{MPa}$

14. 점성계수의 단위 poise(푸아즈)와 관계 없는 것은 어느 것인가?

① dyne·s/cm²　　② $\dfrac{1}{98}$ kgf·s/m²

③ g/cm·s　　　　④ gf·s/cm

[해설] 1 poise $= 1 \, \text{dyne} \cdot \text{s/cm}^2$

$\qquad = 1 \, \text{g/cm} \cdot \text{s} = \dfrac{1}{98} \, \text{kgf} \cdot \text{s/m}^2$

$\qquad = \dfrac{1}{10} \, \text{Pa} \cdot \text{s}(\text{N} \cdot \text{s/m}^2)$

15. 그림과 같이 평행한 두 평판 사이에 점성계수가 13.15 poise인 기름이 들어 있다. 아래쪽 평판을 고정시키고 위쪽 평판을 4 m/s로 움직일 때 속도분포는 그림과 같이 직선이다. 이때 두 평판 사이에서 발생하는 전단응력은 몇 Pa인가?

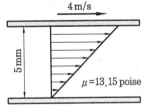

① 935　　　　　② 1052

③ 1136　　　　　④ 1282

[해설] $\tau = \mu \dfrac{du}{dy} = 13.15 \times \dfrac{1}{10} \times \dfrac{4}{0.005}$

$\qquad = 1052 \, \text{Pa} \left(1 \, \text{poise} = \dfrac{1}{10} \, \text{Pa} \cdot \text{s} \right)$

16. 어떤 기계유의 점성계수가 15 Pa·s, 비중량은 8500 N/m³이면 동점성계수는 몇 St인가?

① 86.47　　　　　② 173

③ 0.457　　　　　④ 0.176

해설 $\nu = \dfrac{\mu}{\rho} = \dfrac{\mu}{\dfrac{\gamma}{g}} = \dfrac{\mu g}{\gamma}$

$\quad = \dfrac{15 \times 9.8}{8500} = 0.0173 \text{ m}^2/\text{s}$

$\quad \fallingdotseq 173 \text{ cm}^2/\text{s(stokes)}$

17. 어떤 액체의 동점성계수와 밀도가 각 각 5.6×10^{-4} m²/s와 190 N·s²/m⁴이다. 이 액체의 점성계수는 몇 Pa·s인가?

① 0.0109　　　　② 2.9×10^{-5}

③ 2.79×10^{-4}　　④ 0.106

해설 $\nu = \dfrac{\mu}{\rho}$ 에서

$\quad \mu = \nu \times \rho = 5.6 \times 10^{-4} \times 190$

$\quad = 0.106 \text{ Pa} \cdot \text{s}$

18. 다음 중 무차원인 것은 어느 것인가?

① 동점성계수　　　② 체적탄성계수

③ 비중량　　　　　④ 비중

해설 비중(상대밀도)은 단위가 없다(무차원수).

19. 중력 단위계에서 질량의 차원으로 맞는 것은?

① $[FL^2 T^2]$　　　　② $[FLT^2]$

③ $[FL^{-1} T^{-1}]$　　④ $[FL^{-1} T^2]$

해설 $F = ma$ 에서

$\quad m = \dfrac{F}{a} = \dfrac{F}{LT^{-2}} = FL^{-1} T^2$

20. 모세관 현상으로 올라가는 액주의 높 이는?

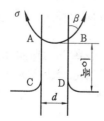

① $\dfrac{4\sigma \cos \beta}{\gamma d}$　　　　② $\dfrac{2\sigma \cos \beta}{\gamma d}$

③ $\dfrac{4d \cos \beta}{\gamma \sigma}$　　　　④ $\dfrac{2d \cos \beta}{\gamma \sigma}$

해설 자중$(W) = \gamma A h = \gamma \dfrac{\pi d^2}{4} h$

표면장력의 수직력$(F_v) = \sigma \pi d \cos \beta$

$\left(\Sigma F_y = 0, \ F_v - W = 0 \right)$

$\gamma \dfrac{\pi d^2}{4} h = \sigma \pi d \cos \beta$

$\therefore h = \dfrac{4\sigma \cos \beta}{\gamma d}$ [mm]

21. 다음 식 중 음속의 식이 아닌 것은?

① $\sqrt{\dfrac{E}{\rho}}$　　　　② $\sqrt{\dfrac{kp}{\rho}}$

③ $\sqrt{kgRT}$　　　　④ $-\dfrac{dp}{\dfrac{dv}{v}}$

해설 $E = -\dfrac{dp}{\dfrac{dv}{v}}$ [Pa]는 체적탄성 계수이다.

22. 등온기체에 대한 체적탄성계수(E)는 다음 중 어느 식인가? (여기서, p는 절대 압력, v_s는 비체적이다.)

① $E = p$　　　　② $E = pv_s$

③ $E = \dfrac{p}{v_s}$　　　　④ $E = \dfrac{dp}{dv_s}$

해설 $pv = c$ 양변 미분 $pdv + vdp = 0$

$\quad pdv = -vdp$

$\quad E = -\dfrac{dp}{\dfrac{dv}{v}} = p$ [Pa]

$\quad \therefore E = p$ [Pa]

23. 점성계수의 단위로 poise를 사용하는 데, 다음 중 poise의 단위로 옳은 것은?

① dyne/cm·s

② Newton·s/m²

③ dyne · s/cm^2

④ cm^2/s

해설 1 poise = 1 dyne · s/cm^2 = 1g/cm · s
(점성계수의 유도단위)

24. 동점성계수의 단위로 stokes를 사용하는데 다음 중 stokes는 어느 것인가?

① ft^2/s

② m^2/s

③ cm^2/s

④ m^2/h

해설 1 stokes = 1 cm^2/s(동점성계수의 유도단위)

25. 다음 중 동점성계수 ν의 차원은 어느 것인가?

① $[L^2 T^{-1}]$

② $[L^{-2} T^{-1}]$

③ $[L^{-2} T]$

④ $[LT^{-2}]$

해설 $\nu = \dfrac{\mu}{\rho} = \dfrac{\text{kg/m · s}}{\text{kg/m}^3} = \text{m}^2/\text{s} = L^2 T^{-1}$

26. 다음 중 점성계수의 단위가 아닌 것은 어느 것인가?

① N · s/m^2

② kg/m · s

③ dyne · s/cm^2

④ kgf · m/s^2

해설 점성계수(μ)의 단위 : Pa · s(N · s/m^2),
kg/m · s, dyne · s/cm^2, g/cm · s

27. 다음 중 뉴턴 유체란?

① 비압축성 유체로서 속도구배가 항상 일정한 유체

② 유체 유동 시에 전단응력과 속도구배의 관계가 원점을 통과하는 직선적인 관계를 갖는 유체

③ 유체가 정지상태에서 항복응력을 갖는 유체

④ 전단응력이 속도구배에 관계없이 항상 일정한 유체

해설 뉴턴의 점성법칙을 만족하는 유체를 뉴턴 유체(Newtonian fluid)라고 한다. 유체 유동 시에 전단응력과 속도구배의 관계가 원점을 지나는 직선적인 관계를 가지며, 이 때 비례상수에 해당하는 것이 점성계수이다. 따라서 Newton 유체의 점성계수는 속도구배에 관계없이 일정한 값을 갖는다.

28. 모세관의 지름비가 1 : 2 : 3인 3개의 모세관 속을 올라가는 물의 높이의 비는?

① 1 : 2 : 3

② 3 : 2 : 1

③ 2 : 3 : 6

④ 6 : 3 : 2

해설 모세관 현상으로 인한 상승높이는
$h = \dfrac{4\sigma \cos\theta}{\gamma D}$ [mm] $h \propto \dfrac{1}{D}$(상승높이는 모세관지름에 반비례한다.)
$\therefore \ 1 : \dfrac{1}{2} : \dfrac{1}{3} = 6 : 3 : 2$

29. 표면장력의 차원은 다음 중 어느 것인가?(단, F는 힘, L은 길이의 차원이다.)

① F

② FL^{-1}

③ FL^{-2}

④ FL^{-3}

해설 $\sigma = \dfrac{pd}{4}$ [N/m]이므로 FL^{-1}

30. 다음 중 모세관 속의 액체가 상승하는 경우는?

① 부착력이 응집력보다 크다.

② 모세관 속의 액체표면은 위로 볼록하다.

③ 다른 조건이 모두 같다면 모세관의 지름이 클수록 상승높이가 크다.

④ 부착력과 응집력의 크기에는 관계없고 위로 오목한 표면을 갖는다.

해설 모세관 속의 액체는 부착력과 응집력의 크기 관계에 따라 상승하거나 하강한다. 또 상승하는 경우는 액면이 오목하고, 하강하는 경우는 위로 볼록하다.
• 응집력 > 부착력 : 하강(수은)
• 응집력 < 부착력 : 상승(물)

정답 **24.** ③ **25.** ① **26.** ④ **27.** ② **28.** ④ **29.** ② **30.** ①

31. 표준기압 4℃인 순수한 물의 밀도는 얼마인가?

① $102 \, \text{kgf} \cdot \text{s}^2/\text{m}^4 (1000 \, \text{kg/m}^3)$

② $102 \, \text{kgf} \cdot \text{s}^2/\text{m}^3 (1000 \, \text{N} \cdot \text{s}^2/\text{m}^3)$

③ $1000 \, \text{kgf/m}^3 (9800 \, \text{N/m}^3)$

④ $10^{-3} \, \text{kgf/m}^3 (9.8 \times 10^{-3} \, \text{N/m}^3)$

해설 [공학단위]

$$\rho = \frac{\gamma}{g} = \frac{1000}{9.81} = 102 \, \text{kgf} \cdot \text{s}^2/\text{m}^4$$

[SI 단위]

$$\rho = \frac{\gamma}{g} = \frac{9800}{9.81} = 1000 \, \text{kg/m}^3 (\text{N} \cdot \text{s}^2/\text{m}^4)$$

32. 대기 중의 온도가 20℃일 때 대기 중의 음속은 얼마인가? (단, 공기를 완전가스로 취급하여 $k = 1.4$, $R = 287 \, \text{N} \cdot \text{m/kg} \cdot \text{K}$이다.)

① 433 m/s ② 343 m/s

③ 1344 m/s ④ 1433 m/s

해설 $C = \sqrt{kRT} = \sqrt{1.4 \times 287 \times (20 + 273)}$
$\qquad = 343 \, \text{m/s}$

33. 절대 압력이 300 kPa이고, 온도가 33℃인 공기의 밀도는 몇 kg/m³인가? (단, 공기의 기체상수는 287 N · m/kg · K이다.)

① 3.45 ② 4.36

③ 5.78 ④ 6.31

해설 $pv = RT \left(v = \dfrac{1}{\rho} \right)$

$$\rho = \frac{P}{RT} = \frac{300}{0.287 \times (33 + 273)} = 3.45 \, \text{kg/m}^3$$

34. 체적탄성계수와 관계 있는 것은?

① 온도에 무관하다.

② 압력이 증가하면 증가한다.

③ 압력과 점성에 영향을 받지 않는다.

④ $\dfrac{1}{\rho}$의 차원을 갖고 있다.

해설 체적탄성계수 $(E) = -\dfrac{dp}{\dfrac{dv}{v}}$ [Pa]는 압력

과 동일한 차원을 가지며 비례한다$(E \propto p)$. 따라서 압력이 증가하면 체적탄성계수는 증가한다.

제2장 유체 정역학(fluid statics)

1. 압력(pressure)

유체가 벽 또는 가상면의 단위 면적에 수직으로 작용하는 유체의 압축력, 즉 압축응력을 압력(pressure)이라 한다.

$$p = \frac{F}{A} \,[\text{N/m}^2 = \text{Pa}]$$

여기서, p : 압력(Pa), F : 수직력(N), A : 단위 면적(m^2)

2. 압력의 단위와 측정

2-1 압력의 단위

압력 p의 차원은 $[FL^{-2}]$ 또는 $[ML^{-1}T^{-2}]$이며, 압력 p의 단위로는 $\text{N/m}^2(= \text{Pa})$, dyne/cm^2, mmHg, mmAq, bar, $\text{lb/in}^2(= \text{psi})$ 등이 사용되고 있다.

(1) 표준 대기압(standard atmospheric pressure)

$$
\begin{aligned}
1\,\text{atm} &= 760\,\text{Torr} = 760\,\text{mmHg} = 29.92\,\text{inHg} = 10332.3\,\text{mmAq} = 10.3323\,\text{mAq} \\
&= 1.03323\,\text{kg/cm}^2 = 14.7\,\text{lb/in}^2 = 1.01325\,\text{bar}(1\,\text{bar} = 10^5\,\text{Pa}) = 101325\,\text{Pa} \\
&= 101.325\,\text{kPa}
\end{aligned}
$$

(2) 절대 압력과 계기 압력과의 관계

절대 압력(absolute pressure)은 절대 진공(완전 진공)을 기준으로 하여 측정한 압력을 말하며, 계기 압력(gauge pressure)은 국소 대기압(지방 대기압, local atmospheric pressure)을 기준으로 하여 측정한 압력을 말한다. 특별히 절대 압력이라고 명시하지 않는 한, 압력이라고 하면 이 계기 압력을 뜻한다.

국소 대기압보다 높은 압력을 압축 압력 또는 정압이라고 하며, 국소 대기압보다 낮은 압력을 진공 압력 또는 부압이라고 한다.

$$절대\ 압력 = 국소\ 대기압 + 계기\ 압력 \begin{cases} +\ 압축\ 압력(정압) \\ -\ 진공\ 압력(부압) \end{cases}$$

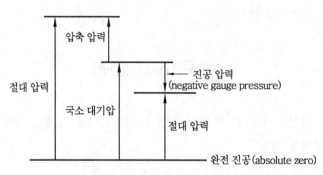

절대 압력과 계기 압력의 관계

2-2 압력의 측정

(1) 탄성 압력계

탄성체에 압력을 가하면 변형되는 성질을 이용하여 압력을 측정하는 방법으로 공업용으로 널리 사용되고 있다.

① **부르동(bourdon)관 압력계** : 고압($2.5 \sim 1000\ \mathrm{kg/cm^2}$) 측정용으로 가장 많이 사용한다.

② **벨로스(bellows) 압력계** : $2\ \mathrm{kg/cm^2}$ 이하의 저압 측정용으로 사용한다.

③ **다이어프램(diaphragm) 압력계** : 대기압과의 차이가 미소인 압력 측정용으로 사용한다.

(2) 액주식 압력계

① **수은 기압계(mercury barometer) 또는 토리첼리 압력계** : 대기압 측정용으로 사용한다.

   (개) A점에서의 압력 : $p_A = p_v + \rho g h$

   (내) B점에서의 압력 : $p_B = p_0$(대기압)

     ∴ $p_0 = \rho g h$

② **피에조미터(piezometer)** : 탱크나 관 속의 작은 유체 압 측정용으로 사용한다.

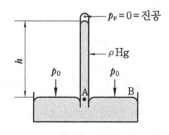

토리첼리 압력계

㈎ A점에서의 절대 압력 : $p_A = p_o + \gamma h = p_o + \gamma(h' - y)$

㈏ B점에서의 절대 압력 : $p_B = p_o + \gamma h'$

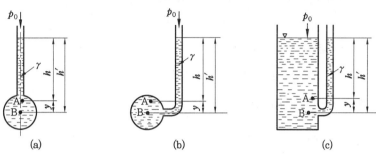

피에조미터(piezometer)

③ **U자관 액주계(U – type manometer)**

㈎ (a)의 경우 : $p_B = p_C, \quad p_A + \gamma_1 h_1 = \gamma_2 h_2$

$$\therefore \quad p_A = \gamma_2 h_2 - \gamma_1 h_1$$

㈏ (b)의 경우 : $p_B = p_C, \quad p_A + \gamma_h = 0$

$$\therefore \quad p_A = -\gamma h \,(\text{진공})$$

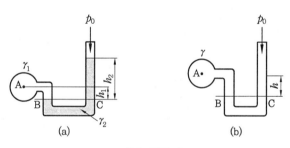

U자관 액주계

④ **시차액주계(differential manometer)**

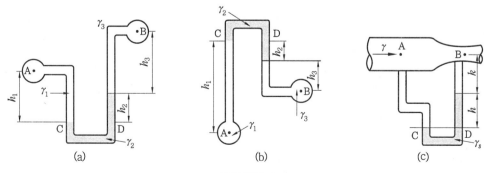

시차액주계

(가) (a) U자관의 경우 : $p_C = p_D$, $p_A + \gamma_1 h_1 = p_B + \gamma_3 h_3 + \gamma_2 h_2$

$$\therefore \ p_A - p_B = \gamma_3 h_3 + \gamma_2 h_2 - \gamma_1 h_1$$

(나) (b) 역U자관의 경우 : $p_C = p_D$, $p_A - \gamma_1 h_1 = p_B - \gamma_3 h_3 - \gamma_2 h_2$

$$\therefore \ p_A - p_B = \gamma_1 h_1 + \gamma_3 h_3 - \gamma_2 h_2$$

(다) (c) 축소관의 경우 : $p_C = p_D$, $p_A + \gamma(k + h) = p_B + \gamma_s h + \gamma k$

$$\therefore \ p_A - p_B = (\gamma_s - \gamma) h$$

⑤ 경사미압계(inclined micro manometer)

$$p_A = p_B + \gamma \left(y \sin\alpha + \frac{a}{A} y \right)$$

$$\therefore \ p_A - p_B = \gamma y \left(\sin\alpha + \frac{a}{A} \right)$$

만일 $A \gg a$이면 $\dfrac{a}{A}$ 항은 미소하므로 무시한다.

$$\therefore \ p_A - p_B = \gamma y \sin\alpha$$

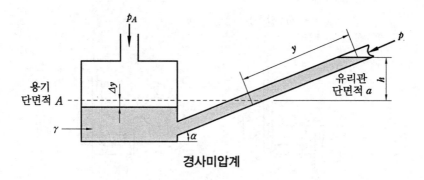

경사미압계

예제 **1. 다음 중 압력의 단위가 아닌 것은?**

① bar   ② psi   ③ mHg   ④ N

해설 N(Newton)은 힘의 단위이다$\left(1\,\mathrm{N} = \dfrac{1}{9.8}\,\mathrm{kgf}\right)$.   정답 ④

예제 **2. 다음 중 표준대기압이 아닌 것은?**

① $101325\,\mathrm{N/m^2}$ ② $14.2\,\mathrm{kg/cm^2}$

③ $760\,\mathrm{mmHg}$ ④ $1.01325\,\mathrm{bar}$

해설 $1\,\mathrm{atm} = 14.7\,\mathrm{psi(lb/in^2)} = 101.325\,\mathrm{kPa} = 1.01325\,\mathrm{bar}$
　　　　$= 101325\,\mathrm{Pa(N/m^2)} = 760\,\mathrm{mmHg} = 10.33\,\mathrm{mAq}$ 정답 ②

예제 3. 계기 압력 1 kg/cm² 를 수두로 환산하면 몇 m인가 ?

① 1 m ② 10 m ③ 100 m ④ 0.1 m

해설 $P = \gamma_w h$ 에서 $h = \dfrac{P}{\gamma_w} = \dfrac{1 \times 10^4}{1000} = 10$ mAq

정답 ②

예제 4. 표준대기압 하에서 비중이 0.95인 기름의 압력을 액주계로 잰 결과가 그림과 같을 때 A점의 계기 압력은 몇 kg / m²인가 ?

① 21.35 kPa

② 12.58 kPa

③ 10.69 kPa

④ 4.15 kPa

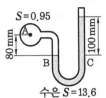

해설 $p_B = p_C$ 이므로 $p_A + 9800 \times 0.95 \times 0.08 = 9800 \times 13.6 \times 0.1$

∴ $p_A = 12583.2$ Pa ≒ 12.58kPa

정답 ②

예제 5. 그림과 같은 시차액주계에서 압력차 $p_A - p_B$ 는 얼마인가 ?

① 63.2 kPa

② 64.5 kPa

③ 68.8 kPa

④ 70.2 kPa

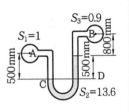

해설 $p_B = p_C$ 이므로

$p_A + 9800 \times 0.5 = p_B + 9800 \times 0.9 \times 0.8 + 9800 \times 13.6 \times 0.5$

∴ $p_A - p_B = 8820 \times 0.8 + 133280 \times 0.5 - 9800 \times 0.5 = 68796$ Pa ≒ 68.80 kPa

정답 ③

예제 6. 그림과 같이 비중이 0.8인 기름이 흐르는 벤투리관에서 시차액주계를 설치하여 $h = 500$ mm이다. 압력차 $p_A - p_B$ 는 얼마인가 ?

① 62.72 kPa

② 74.28 kPa

③ 84.72 kPa

④ 94.28 kPa

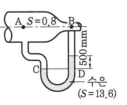

해설 $p_A - p_B = (\gamma_{Hg} - \gamma_{\text{oil}})h$

$= \gamma_w(s_{Hg} - s_{\text{oil}})h$

$= 9.8(13.6 - 0.8)0.5 = 62.72$ kPa

$\gamma_w = 9800$ N/m³ $= 9.8$ kN/m³

정답 ①

예제 7. 그림과 같은 역 U자관 차압계에서 $p_A - p_B$는 몇 kPa인가?

① 12.5 kPa

② 9.8 kPa

③ 7.5 kPa

④ 5.1 kPa

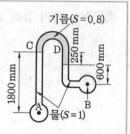

해설 $p_B = p_C$이므로

$p_A - 9800 \times 1.8 = p_B - 9800 \times 0.6 - 9800 \times 0.8 \times 0.25$

∴ $p_A - p_B = 9800 \, \text{N/m}^2(\text{Pa}) = 9.8 \, \text{kPa}$

정답 ②

3. 정지 유체 속에서 압력의 성질

정지 유체 속에서는 유체 입자 사이에 상대 운동이 없기 때문에 점성에 의한 전단력은 나타나지 않는다.

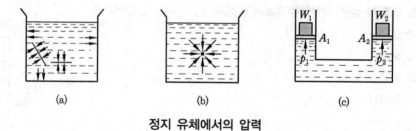

정지 유체에서의 압력

① 정지 유체 속에서의 압력은 모든 면에 수직으로 작용한다.

② 정지 유체 속에서의 임의의 한 점에 작용하는 압력은 모든 방향에서 그 크기가 같다.

③ 밀폐된 용기 속에 있는 유체에 가한 압력은 모든 방향에 같은 크기로 전달된다 (파스칼의 원리).

④ 정지된 유체 속의 동일 수평면에 있는 두 점의 압력은 크기가 같다.

4. 정지 유체 속에서 압력의 변화

4-1 수평방향의 압력의 변화

정지 유체 속에서 같은 수평면 위에 있는 두 점은 같은 압력을 가지기 때문에 수평면에 대한 압력의 변화가 없다.

그림과 같이 수평방향의 평형 조건으로부터

$$\sum F_x = 0 \text{에서}$$

$$p_1 dA - p_2 dA = 0$$

즉 $p_1 = p_2$

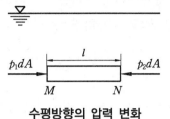

수평방향의 압력 변화

수직방향의 압력의 변화

그림과 같이 임의의 기준면에서 수직방향으로 z축을 잡고 체적요소에 대한 힘의 평형을 생각하면 다음과 같다.

$$\sum F_z = 0 \text{에서}$$

$$p_A - \left(p + \frac{dp}{dz}\Delta z\right)A - \gamma A \Delta z = 0$$

$$\frac{dp}{dz} = -\gamma$$

$$\therefore dp = -\gamma dz \,[\text{kPa}]$$

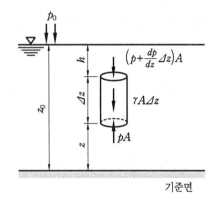

수직방향의 압력 변화

(1) 비압축성 유체 속에서의 압력의 변화

앞의 식에서 $\gamma = \text{const}$(일정)하다면 적분한다.

$$p = -\gamma z + C$$

여기서, C : 적분 상수

유체 표면의 압력을 p_o라 하고, 표면에서 수직 하방으로 거리를 $h(=-z)$라 하면 다음과 같다.

$$p = \gamma h + p_o$$

유체 표면이 자유 표면이라면 p_o는 대기압이 되므로 다음과 같다.

$$p = \gamma h \,[\text{kPa}]$$

(2) 압축성 유체 속에서의 압력의 변화

압축성 유체이면 γ는 압력 p의 함수이므로 다음과 같다.

$$\therefore dz = -\frac{dp}{\gamma}$$

기준면에서의 압력을 p_o, 비중량을 γ_o, 높이 z에서의 압력을 p, 비중량을 γ라 할 때 완전가스로 취급하면

$$\therefore\ dz = -\frac{1}{\gamma}dp = -\frac{p_0}{\gamma_0}\cdot\frac{dp}{p}$$

적분하면 $z = -\dfrac{p_0}{\gamma_0}\displaystyle\int\frac{1}{p}dp = -\dfrac{p_0}{\gamma_0}\ln\dfrac{p}{p_0} = y - y_0$

$$\therefore\ p = p_0 e^{-\frac{y-y_0}{\frac{p_0}{\gamma_0}}}\ [\text{kPa}]$$

예제 8. 수압기에서 피스톤의 지름이 각각 25 cm와 5 cm이다. 작은 피스톤에 10 N의 하중을 가하면 큰 피스톤에 몇 N의 하중을 올릴 수 있겠는가?

① 10 ② 50
③ 250 ④ 1250

해설 $\dfrac{W_1}{A_1} = \dfrac{W_2}{A_2}$

$\therefore\ W_2 = \dfrac{A_2}{A_1}W_1 = \left(\dfrac{25}{5}\right)^2 \times 10 = 250\,\text{N}$　　**정답** ③

예제 9. 높이 9 m인 물통에 물이 가득 차 있다. 기압계가 750 mmHg를 가리키고 있다면 물 속의 밑바닥에서의 절대 압력은?

① 10.53 kPa ② 99.3 kPa
③ 102.3 kPa ④ 188.19 kPa

해설 $p = p_0 + \gamma h = \dfrac{750}{760}\times 101.325 + 9.8\times 9 = 188.19\,\text{kPa}$　　**정답** ④

예제 10. 해면에서 60 m 깊이에 있는 점의 압력은 해면상보다 몇 kPa이 높은가? (단, 해수의 비중은 1.025이다.)

① 552 ② 575
③ 602 ④ 703

해설 $p = \gamma' h = \gamma_w S' h = 9.8\times 1.025\times 60 = 602.7\,\text{kPa}$　　**정답** ③

5. 유체 속에 잠겨 있는 면에 작용하는 힘

5-1 수평면에 작용하는 힘

그림과 같이 수평하게 잠겨 있는 면에 작용하는 압력은 모든 점에서 같다.

$$F = \int_A p\, dA = \int_A \gamma h\, dA = \gamma h A \,[\text{kN}]$$

① 힘의 크기 : $F = \gamma h A$
② 힘의 방향 : 면에 수직한 방향
③ 힘의 작용점 : 면의 중심

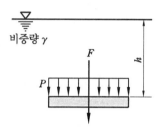

수평면에 작용하는 힘

5-2 수직면에 작용하는 힘

$$F = \int p\, dA = \frac{p_1 + p_2}{2} A = \gamma \frac{h_1 + h_2}{2} A = \gamma h_c A$$
$$[\text{kN}]$$

① 힘의 크기 : $F = \gamma h_c A$
② 힘의 방향 : 면에 수직한 방향
③ 힘의 작용점 : Varignon의 정리에 의한다.

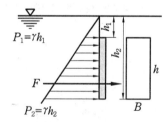

수직면에 작용하는 힘

5-3 경사면에 작용하는 힘

그림과 같이 자유 표면과 $\alpha[°]$의 경사를 이루고 있는 경사면에서 미소 면적 dA에 작용하는 힘은 다음과 같다.

$$dF = p\, dA = \gamma h\, dA = \gamma y \sin\alpha\, dA$$

따라서 전체 면적에 작용하는 전체 힘은 다음과 같다.

$$F = \int_A dF = \int_A \gamma y \sin\alpha\, dA = \gamma \sin\alpha \int_A y\, dA$$

$$\therefore\ F = \gamma A y_c \sin\alpha$$

여기서, $\displaystyle\int_A ydA = Ay_c$

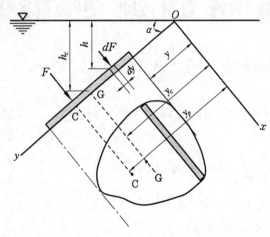

경사면에 작용하는 힘

참고 Varignon의 정리

① 전체 힘 F가 작용하는 점의 위치는 다음과 같이 구할 수 있고, 전체 힘 F의 O_x축에 대한 모멘트의 방정식을 세우면 다음과 같다.

$$Fy_p = \int_A ydF$$

$$\gamma Ay_c \sin\alpha \, y_p = \int_A \gamma y^2 \sin\alpha \, dA$$

$$\therefore \ y_p = \frac{1}{Ay_c}\int_A y^2 dA$$

여기서, $\displaystyle\int_A y^2 dA = I_{O_x}$: O_x축에 대한 단면 2차 모멘트

② 도형의 도심을 지나는 축의 관성 모멘트를 I_G라 하면, 평행축의 정리에 의하여 다음과 같다.

$$I_{O_x} = I_G + Ay_c^2 \, [\text{cm}^4]$$

$$\therefore \ y_p = y_c + \frac{I_G}{Ay_c} = y_c + \frac{K_G^2}{y_c} \, [\text{cm}]$$

여기서, $K_G = \sqrt{\dfrac{I}{A}}$: 도심축에 관한 회전 반지름

곡면에 작용하는 힘

그림과 같은 AB 곡면에 작용하는 전체 힘 F는, AB의 수평 및 수직방향으로 투영한 평면을 각각 AC 및 BC라고 하면, AC면에 작용하는 힘 F_y, BC면에 작용하는 힘 F_x를 구할 수 있다. AB 곡면에 작용하는 힘 F는 곡면 AB가 유체의 전체 힘 F에 저항하는 항력 R과 크기가 같고, 방향이 반대이다. 이때 R의 x, y의 분력을 각각 R_x, R_y라 하면, 곡선 AB에 작용하는 힘의 크기는 다음과 같다.

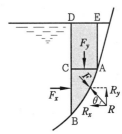

$$R_x = F_x$$

$$R_y = F_y + W_{AEDBA}$$

여기서, W_{AEDBA} : AEDBA 내의 유체의 무게(γV)

$$R = \sqrt{R_x^{\,2} + R_y^{\,2}}, \quad \theta = \tan^{-1}\left(\frac{R_y}{R_x}\right)$$

곡면의 전압력

예제 **11.** 그림에서 1×4 m의 구형 평판에 수면과 45° 기울어져 물에 잠겨 있다. 한쪽 면에 작용하는 전압력의 크기와 작용점의 위치는 각각 얼마인가?

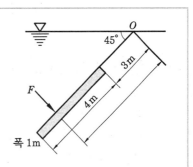

① $F = 182845\,\text{N}$, $y_F = 5.267\,\text{m}$

② $F = 138593\,\text{N}$, $y_F = 5.267\,\text{m}$

③ $F = 182845\,\text{N}$, $y_F = 5.334\,\text{m}$

④ $F = 138593\,\text{N}$, $y_F = 5.334\,\text{m}$

해설 • 전압력$(F) = \gamma A y_c \sin\alpha = 9800 \times 4 \times 1 \times 5 \times \sin 45° = 138593\,\text{N}$

• 작용점의 위치는 $y_F = y_c + \dfrac{I_G}{A y_c} = 5 + \dfrac{\dfrac{1 \times 4^3}{12}}{4 \times 1 \times 5} = 5.267\,\text{m}$

정답 ②

예제 **12.** 그림과 같이 수문이 수압을 받고 있다. 수문의 상단이 힌지되어 있을 때 수문을 열기 위하여 하단에 주어야 할 힘은 몇 N인가? (단, 수문의 폭은 1 m이다.)

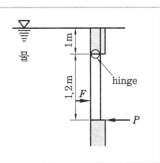

① 16464 N

② 26264 N

③ 10584 N

④ 20384 N

해설 (1) 수문에 작용하는 전압력 $F = \gamma h_c A = 9800 \times 1.6 \times 1.2 \times 1 = 18816\,\text{N}$

(2) 작용점의 위치는 $y_F = y_c + \dfrac{I_G}{Ay_c} = 1.6 + \dfrac{\dfrac{1 \times 1.2^3}{12}}{1.2 \times 1 \times 1.6} = 1.675 \, \text{m}$

(3) 힌지점에 관한 모멘트

$\therefore F \times (y_F - 1) = P \times 1.2$이므로 $P = 10584 \, \text{N}$

$\boxed{\text{정답}}$ ③

예제 13. 그림과 같이 폭×높이가 4 m×8 m인 평판이 물속에 수직으로 잠겨 있다. 이 평판에 작용하는 힘은 몇 ton인가?

① 40 ton

② 80 ton

③ 160 ton

④ 320 ton

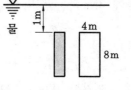

$\boxed{\text{해설}}$ $F = \gamma h_c A = 1000 \times 5 \times 4 \times 8 = 160000 \, \text{kg} = 160 \, \text{ton}$ $\boxed{\text{정답}}$ ③

---

6. 부력 및 부양체의 안정

6-1 부력(buoyant force)

물체가 정지 유체 속에 부분적으로 또는 완전히 잠겨 있을 때는 유체에 접촉하고 있는 모든 부분은 유체의 압력을 받고 있다. 이 압력은 깊이 잠겨 있는 부분일수록 크고, 유체 압력에 의한 힘은 항상 수직 상방으로 작용하는데 이 힘을 부력(buoyant force)이라고 한다.

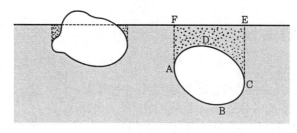

부력

잠긴 물체의 부력은 그 물체의 하부와 상부에 작용하는 힘의 수직 성분들의 차이다. 그림에서 아랫면 ABC의 수직력은 표면 ABCEFA 내의 액체의 무게와 같고, 윗면 ADC에 작용하는 수직력은 액체 ADCEFA의 액체 무게와 같다. 이 두 힘의 차가 곧 물체에 의하여 배제된 유체, 즉 ABCDA의 무게에 의한 부력이다.

$$F_B = \gamma V [\text{N}]$$

오른쪽 그림에서 물체의 요소에 가해진 수직력은 다음과 같다.

$$dF_B = (p_2 - p_1)dA = \gamma h dA = \gamma dV$$

이때 γ가 일정할 경우, 전 물체에 대하여 적분하면 다음과 같다.

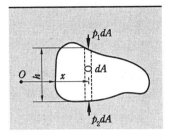

$$F_B = \gamma \int_V dV = \gamma V$$

또 부심(center of buoyance)은 다음과 같다.

$$\gamma \int_V x dV = \gamma V x_c \quad \therefore \; x_c = \int_V x \frac{dV}{V}$$

참고) **Archimedes의 원리**

① 유체 속에 잠겨 있는 물체는 그 물체가 배제하는 유체의 무게와 같은 크기의 힘에 의한 부력을 수직 상방으로 받는다.

$$F_B = \gamma V [\text{N}]$$

γ : 유체비중량(N/m^3) V : 유체 중에 잠겨진 체적(m^3)

② 유체 위에 떠 있는 부양체는 자체의 무게와 같은 무게의 유체를 배제한다.

$$W = \gamma V(\text{배제된 체적}) [\text{N}]$$

6-2   부양체의 안정

물 위에 뜨는 배는 그 중량과 부력의 크기가 같고 또 같은 연직선 위에서 평형을 이루는데, 이 연직선을 부양축이라 한다.

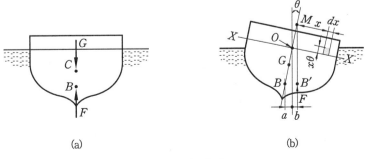

(a)   (b)

부양체의 안정

그림 (a)에서 부양체의 중량을 G, 그 중심을 C, 부력을 F, 부력의 중심을 B라 하면 그림 (a)는 평형 상태를 나타낸다. 그림 (b)에서 배가 수평과 θ만큼 경사지고 있을 때 B'를 지나는 F의 작용선과 부양축과의 교점 M을 경심(metacenter)이라 한다.

① 표면에 떠 있는 배, 또는 유체 속에 잠겨 있는 기구나 잠수함에 있어서 그의 부력과 중력은 상호 작용하여 불안정한 상태를 안정된 위치로 되돌려 보내려는 복원 모멘트 (righting moment)가 작용하여 항상 안정된 위치를 유지하게 된다(경심이 부양체의 중심보다 위에 있으면 복원 모멘트가 작용하여 안정성이 이루어지고, 두 점이 일치하면 중립 평형이 된다).

② 배가 너무 기울게 되어 부심의 위치가 중력선 밖으로 빠져나가게 되면 오히려 전복 모멘트(overturning moment)가 작용되어서 배는 뒤집히게 된다(경심이 부양체의 중심보다 아래에 올 때는 전복 모멘트가 작용하여 뒤집히게 된다).

예제 14. 어떤 돌의 중량이 공기 중에서는 4000 N이고, 수중에서는 2220 N이었다. 이 돌의 비중과 체적은 각각 얼마인가?

① $S=1.25$, $V=1.78\,\mathrm{m}^3$
② $S=2.24$, $V=0.182\,\mathrm{m}^3$
③ $S=0.95$, $V=0.42\,\mathrm{m}^3$
④ $S=1.95$, $V=1.42\,\mathrm{m}^3$

해설 공기 중의 무게(G_a) = 물속의 무게(W)+부력(F_B)이므로

$$G_a = W + \gamma_w V \,[\mathrm{N}]\text{에서}$$

$$V = \frac{G_a - W}{\gamma_w} = \frac{4000 - 2220}{9800} = 0.182\,\mathrm{m}^3$$

$$S = \frac{\gamma}{\gamma_w} = \frac{\left(\dfrac{G_a}{V}\right)}{9800} = \frac{4000}{9800 \times 0.182} = 2.24$$

정답 ②

예제 15. 얼음의 비중이 0.918, 해수의 비중이 1.026일 때 해면 위로 500 m^3이 나와 있는 빙산의 전 체적은 몇 m^3인가?

① $1750\,\mathrm{m}^3$
② $2750\,\mathrm{m}^3$
③ $3750\,\mathrm{m}^3$
④ $4750\,\mathrm{m}^3$

해설 빙산의 전 체적을 V라 하면

$$W = \gamma V' \,(V'\text{는 해수면에 잠긴 체적}: V-500\,\mathrm{m}^3)$$

$$9800 \times 0.918 \times V = 9800 \times 1.026\,(V - 500)$$

$$0.918\,V = 1.026\,V - 513$$

$$513 = 1.026\,V - 0.918\,V = 0.108\,V$$

$$\therefore\ V = \frac{513}{0.108} = 4750\,\mathrm{m}^3$$

정답 ④

예제 16. 폭이 5 m, 높이 3 m, 길이가 10 m인 각주가 그림과 같이 수중에 떠 있다. 이때 경심고는 얼마인가?

① 0.245 m

② 0.425 m

③ 0.542 m

④ 0.254 m

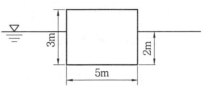

해설 경심고 $\overline{MG} = \dfrac{I_y}{V} - \overline{GB}$ 에서

$$I_y = \frac{lb^3}{12} = \frac{10 \times 5^3}{12} = 104.16\ \text{m}^4$$

$$V = 5 \times 2 \times 10 = 100\ \text{m}^3$$

$$\overline{GB} = 1.5 - 1 = 0.5$$

$$\therefore\ \overline{MG} = \frac{104.16}{100} - 0.5 = 0.5416 \fallingdotseq 0.542\ \text{m}$$

정답 ③

7. 등가속도 운동을 받는 유체

7-1 등선가속도 운동을 받는 유체

(1) 수평 등가속도 운동을 받는 유체

① 수직방향의 압력 변화

$$\Sigma F_y = ma_y$$

$$pA - \gamma hA = 0$$

$$\therefore\ p = \gamma h$$

② 수평방향의 압력 변화

$$\Sigma F_x = ma_x = \left(\gamma A \frac{l}{g}\right)a_x$$

$$p_1 A - p_2 A = \left(\gamma A \frac{l}{g}\right)a_x$$

$$\frac{p_1 - p_2}{\gamma l} = \frac{a_x}{g} = \frac{h_1 - h_2}{l}$$

$$\tan\theta = \frac{a_x}{g} = \frac{h_1 - h_2}{l}$$

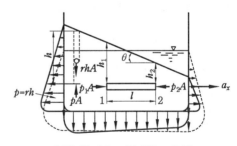

수평 등가속도를 받는 유체

(2) 수직 등가속도 운동을 받는 유체

$$\Sigma F_y = ma_y$$

$$p_2 A - p_1 A - W = ma_y$$

$$p_2 A - p_1 A - \gamma h A = \left(\gamma A \frac{h}{g}\right)a_y$$

$$\therefore \ p_2 - p_1 = \gamma h\left(1 + \frac{a_y}{g}\right)$$

만약 자유 낙하 운동이면 $a_y = -g$가 되어 $p_1 = p_2$가 된다.

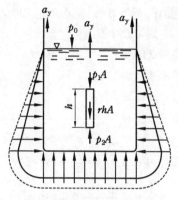

수직 등가속도를 받는 유체

7-2 등속 회전운동을 받는 유체

$$\Sigma F_r = ma_r$$

$$pdA - \left(p + \frac{\partial p}{\partial r}dr\right)dA = \frac{\gamma dA dr}{g}(-r\omega^2)$$

$$\therefore \ \frac{dp}{dr} = \frac{\gamma}{g}r\omega^2$$

$$\therefore \ p = \frac{\gamma}{g}\omega^2\frac{r^2}{2} + C$$

$r = 0$일 때 $p = p_0$라 하면 $C = p_0$이므로

$$\therefore \ p = \frac{\gamma}{2g}r^2\omega^2 + p_0$$

$$\therefore \ p - p_0 = \frac{\gamma}{2g}r^2\omega^2$$

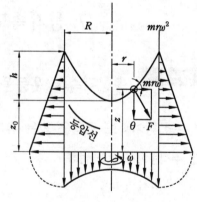

등속 원운동을 받는 유체

$\dfrac{p - p_0}{\gamma} = y - y_0 = h$라 하면 $\therefore \ h = y - y_0 = \dfrac{p - p_0}{\gamma} = \dfrac{r^2\omega^2}{2g}[\text{m}]$

예제 17. 일정 가속도 $5.65\,\text{m/s}^2$로 달리고 있는 열차 속에서 물그릇을 놓았을 때 수면은 수평에 대하여 얼마의 각도를 이루겠는가?

① 30° ② 35° ③ 45° ④ 60°

해설 $\tan\theta = \dfrac{a_x}{g} = \dfrac{5.65}{9.8} = 0.577$

$\therefore \ \theta = \tan^{-1}0.577 = 30°$

정답 ①

예제 18. 입방체의 탱크에 비중이 0.7인 기름이 1.5 m 차 있다. 이 탱크가 연직상방향으로 4.9 m/s²의 가속도를 작용시킬 때 탱크 밑에 작용하는 압력은 몇 kPa인가?

① 13.75 kPa

② 14.75 kPa

③ 15.44 kPa

④ 16.75 kPa

해설 $p = \gamma h \left(1 + \dfrac{a_y}{g}\right) = 9.8 \times 0.7 \times 1.5 \left(1 + \dfrac{4.9}{9.8}\right) = 15.435 \text{ kPa} \fallingdotseq 15.44 \text{ kPa}$ 정답 ③

예제 19. 2 m × 2 m × 2 m인 정육면체의 탱크에 비중량이 γ [N/m³]인 액체를 절반 정도 채우고 수평 등가속도 9.8 m/s²을 가할 때 옆면 AC가 받는 전압력은 몇 N인가?

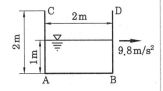

① γ

② 9.8γ

③ 2γ

④ 4γ

해설 $\tan\theta = \dfrac{a_x}{g} = \dfrac{9.8}{9.8} = 1$

$\therefore \theta = \tan^{-1}1 = 45°$

AB 양단에 생기는 수위차는 그림과 같이 된다.
따라서 AC면이 받는 전압력

$F_{AC} = \gamma h_c A = \gamma \times 1 \times (2 \times 2) = 4\gamma \text{ [N]}$

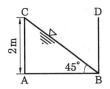

정답 ④

예제 20. 반지름이 5 cm인 원통에 물을 담아 중심축에 대하여 120 rpm으로 회전시킬 때 중심과 벽면의 수면의 차는 얼마인가?

① 0.01 m

② 0.02 m

③ 0.03 m

④ 0.04 m

해설 $y - y_0 = \dfrac{r^2\omega^2}{2g} = \dfrac{0.05^2 \times \left(\dfrac{2\pi \times 120}{60}\right)^2}{2 \times 9.8} = 0.02 \text{ m}$ 정답 ②

출제 예상 문제

1. 압력 235 kPa은 수주로 몇 m인가?

① 2.4 mAq
② 24 mAq
③ 2.32 mAq
④ 23.2 mAq

[해설] $P = \gamma_w h$ 에서

$$h = \frac{P}{\gamma_w} = \frac{235}{9.8} ≒ 24 \text{ mAq}$$

2. 다음 그림과 같은 시차 액주계에서 $p_x - p_y$는 몇 kPa인가? (단, $S_1 = 1$, $S_2 = 0.8$, $S_3 = 13.6$이다.)

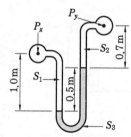

① 58.70
② 62.88
③ 67.32
④ 70.07

[해설] $p_x - p_y$

$= 9.8 \times 0.8 \times 0.7 + 9.8 \times 13.6 \times 1 - 9.8 \times 1$

$= 62.88 \text{ kN/m}^2 \text{(kPa)}$

3. 어떤 물체를 공기 중에서 잰 무게는 600 N이고, 수중에서 잰 무게는 110 N이었다. 이 물체의 체적과 비중은 얼마인가? (단, 공기의 무게는 무시한다.)

① $V = 0.04 \text{ m}^3$, $S = 1.324$
② $V = 0.045 \text{ m}^3$, $S = 1.134$
③ $V = 0.05 \text{ m}^3$, $S = 1.224$
④ $V = 0.06 \text{ m}^3$, $S = 1.452$

[해설] $G_a = W + \gamma_w V \text{[N]}$에서

$$V = \frac{G_a - W}{\gamma_w} = \frac{600 - 110}{9800} = 0.05 \text{ m}^3$$

$$S = \frac{\gamma}{\gamma_w} = \frac{\frac{G_a}{V}}{9800} = \frac{600}{9800 \times 0.05} = 1.224$$

4. 다음 그림과 같이 지름이 10 cm인 원통에 물이 담겨져 있다. 중심축에 대하여 300 rpm의 속도로 원통을 회전시키고 있다면, 수면의 최고점과 최저점의 높이차는 얼마인가?

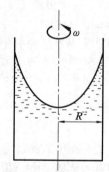

① 12.6 cm
② 4 cm
③ 40 cm
④ 1.26 cm

[해설] $h = \dfrac{R^2 \omega^2}{2g} = \dfrac{0.05^2 \times 31.42^2}{2 \times 9.8}$

$= 0.126 \text{ m} = 12.6 \text{ cm}$

$$\omega = \frac{2\pi N}{60} = \frac{2\pi \times 300}{60} = 31.42 \text{ rad/s}$$

5. 다음 그림과 같은 탱크에 물이 1.2 m만큼 담겨져 있다. 탱크가 4.9 m/s2의 일정한 가속도를 받고 있을 때 높이가 1.8 m인 경우에 물이 넘쳐 흐르게 되는 탱크의 길이는 얼마인가?

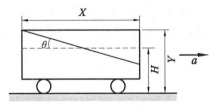

① 2.8 m　　　　② 4.8 m
③ 1.2 m　　　　④ 2.4 m

해설 $\tan\theta = \dfrac{a_x}{g} = \dfrac{4.9}{9.8} = 0.5$

$\tan\theta = \dfrac{(Y-H)}{\dfrac{X}{2}} = 0.5$

$\therefore\ X = \dfrac{2(Y-H)}{0.5} = \dfrac{2\times(1.8-1.2)}{0.5}$

$\qquad = 2.4\ \text{m}$

6. 반지름이 30 cm인 원통에 물을 담아 중심축에 대하여 180 rpm으로 회전시킬 때 중심과 벽면 수면의 차는 몇 m인가?

① 0.96　② 1.37　③ 2.76　④ 1.63

해설 $h = \dfrac{r^2\omega^2}{2g} = \dfrac{0.3^2\times\left(\dfrac{2\pi\times180}{60}\right)^2}{2\times9.8}$

$\qquad = 1.63\ \text{m}$

7. 정지 유체에 있어서 비중량을 γ, 밀도를 ρ라고 할 때 압력변화 dp와 깊이 dy와의 관계는?

① $dp = -ddy$　　② $dy = dp$
③ $dp = -\gamma dy$　　④ $dp = -\rho dy$

해설 $dp = -\rho g dy = -\gamma dy\ [\text{kPa}]$
－ 부호는 기준면으로부터 위로 올라갈수록 압력이 감소(－)함을 의미한다.

8. 피스톤 A_2의 반지름이 A_1의 반지름의 2배일 때 피스톤 A_1과 A_2에 작용하는 압력을 각각 p_1, p_2라 하면 p_1과 p_2 사이의 관계는?

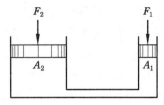

① $p_1 = p_2$　　② $p_2 = 2p_1$
③ $p_1 = 2p_2$　　④ $p_2 = 4p_1$

9. 피스톤 A_2의 반지름이 A_1의 반지름의 2배일 때 힘 F_1과 F_2 사이의 관계는?

① $F_1 = F_2$　　② $F_2 = 2F_1$
③ $F_2 = 4F_1$　　④ $F_1 = 4F_2$

해설 파스칼의 원리에 의하여 피스톤 A_1, A_2의 반지름을 각각 r_1과 r_2라 하면

$\dfrac{F_1}{\pi r_1^2} = \dfrac{F_2}{\pi r_2^2},\ \dfrac{F_1}{F_2} = \left(\dfrac{r_1}{r_2}\right)^2 = \left(\dfrac{1}{2}\right)^2 = \dfrac{1}{4}$

10. 유체 속에 잠겨있는 수직 평판의 한쪽 면에 작용하는 전압력의 크기는?

① 경사각에 비례한다.
② 경사각에 반비례한다.
③ 도심점의 압력과 면적을 곱한 값과 같다.
④ 작용점의 압력과 면적을 곱한 값과 같다.

해설 $F = pA = \gamma\bar{h}A\ [\text{N}]$

11. 경심(metacenter)의 높이는?
① 부심과 메타센터 사이의 거리
② 부심에서 부양축에 내린 수선
③ 중심과 부심 사이의 거리
④ 중심과 메타센터 사이의 거리

12. 유체에 잠겨있는 곡면에 작용하는 전압력의 수평성분은?

① 전압력의 수평성분 방향에 수직인 연직면에 투영한 투영면의 압력 중심의 압력과 투영면을 곱한 값과 같다.

② 전압력의 수평성분 방향에 수직인 연직면에 투영한 투영면 도심의 압력과 곡면의 면적을 곱한 값과 같다.

③ 수평면에 투영한 투영면에 작용하는 전압력과 같다.

④ 전압력의 수평성분 방향에 수직인 연직면에 투영한 투영면의 도심의 압력과 투영면의 면적을 곱한 값과 같다.

13. 유체 속에 잠겨진 물체에 작용하는 부력은?

① 물체의 중력과 같다.

② 물체의 중력보다 크다.

③ 그 물체에 의해서 배제된 액체의 무게와 같다.

④ 유체의 비중량과는 관계없다.

14. 부양체는 다음 중 어느 경우에 안정한가?

① 경심의 높이가 0일 때

② 경심이 중심보다 위에 있을 때

③ $\dfrac{1}{V}$ 이 0일 때

④ $\overline{CB} - \dfrac{1}{V}$ 이 0, C가 B 위에 있을 때

解說 부양체는 $\overline{MC} > 0$ 일 때 안정하므로 경심이 중심보다 위에 있을 때 안정하다.

15. 자유 낙하를 하고 있는 유체에서 내부 압력은?

① 모든 점에서 같다.

② 모든 점에서 다르다.

③ 아래 방향으로 갈수록 커진다.

④ 아래 방향으로 갈수록 작아진다.

解說 그림에서

$$p_2 A - p_1 A - \gamma h A = \frac{\gamma h A a_y}{g}$$

정리하여 $p_2 - p_1 = \gamma h \left(1 + \dfrac{a_y}{g} \right)$

여기서 자유 낙하를 할 때에는

$a_y = -g$ 가 되므로

$p_2 - p_1 = 0$

따라서 자유 낙하를 하고 있는 액체의 내부에서는 모든 점에서 압력의 변화가 없다.

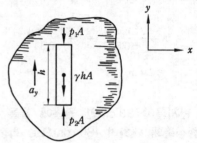

16. 압력이 p[Pa]일 때 비중이 S인 액체의 수두(head)는 몇 mm인가?

① $\dfrac{p}{9.8S}$

② $\dfrac{p}{1000S}$

③ Sp

④ $1000Sp$

解說 $p = \gamma_w S h = 9800 S h$ [Pa]이므로

$$\therefore h = \frac{p}{9800S} \text{[mAq]} = \frac{p}{9.8S} \text{[mmAq]}$$

17. 그림과 같은 용기가 가속도 α_x로 직선운동을 할 때 액체 표면경사 각도 θ는?

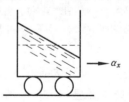

① $\tan^{-1} \dfrac{\alpha_x}{g}$

② $\sin^{-1} \dfrac{\alpha_x}{g}$

③ $\cos^{-1}\dfrac{\alpha_x}{g}$ ④ $\cot^{-1}\dfrac{\alpha_x}{g}$

[해설] $\tan\theta=\dfrac{\alpha_x}{g}$, $\theta=\tan^{-1}\dfrac{\alpha_x}{g}$

18. 비중 S인 액체의 표면으로부터 x[m] 깊이에 있는 점의 압력은 수주(meters of water) 몇 m인가?

① x ② $\dfrac{x}{S}$

③ Sx ④ $1000Sx$

[해설] 이때 압력 $P=9800\,Sx$ [N/m²]이다.

∴ 수두 $h=\dfrac{P}{\gamma_w}=\dfrac{9800\,Sx}{9800}=Sx$ [m]

19. 비중이 S인 액체의 수면으로부터 x[m] 깊이에 있는 점의 압력은 수은주로 몇 mm인가? (단, 수은주 비중은 13.6이다.)

① $13.6\,Sx$ ② $13600\,Sx$

③ $\dfrac{1000\,Sx}{13.6}$ ④ $\dfrac{Sx}{13.6}$

[해설] $p=\gamma_w Sh=9800\,Sh$ [Pa]

$h=\dfrac{p}{\gamma_{Hg}}=\dfrac{9800\,Sx}{9800\times13.6}=\dfrac{Sx}{13.6}$ [mHg]

$=\dfrac{1000\,Sx}{13.6}$ [mmHg]

20. 폭×높이 $=a\times b$인 직사각형 수문의 도심이 수면에서 h의 깊이에 있을 때 압력 중심의 위치는 수면 아래 어디에 있는가?

① $\dfrac{2}{3}h$ ② $\dfrac{1}{3}h$

③ $h+\dfrac{bh^2}{12}$ ④ $h+\dfrac{b^2}{12h}$

[해설] $y_F=\overline{y}+\dfrac{I_G}{A\overline{y}}=h+\dfrac{\dfrac{ab^3}{12}}{(ab)h}$

$=h+\dfrac{b^2}{12h}$ [m]

21. 다음 액주계에서 γ, γ_1이 비중량을 표시할 때 압력 p_x는?

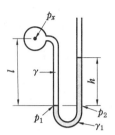

① $p_x=\gamma_1 h+\gamma l$

② $p_x=\gamma_1 h-\gamma l$

③ $p_x=\gamma_1 l-\gamma h$

④ $p_x=\gamma_1 l+\gamma h$

[해설] 정지유체인 경우 동일 수평에서 $p_1=p_2$이므로 $p_x+\gamma l=\gamma_1 h$

∴ $p_x=\gamma_1 h-\gamma l$ [Pa]

22. 표준 대기압이 아닌 것은?

① 101325 N/m²

② 1.01325 bar

③ 14.7 kg/cm²

④ 760 mmHg

[해설] 표준 대기압(1 atm) = 760 mmHg
$= 1.01325$ bar $= 101325$ Pa(N/m²)
$= 101.325$ kPa $= 14.7$ psi(lb/m²)

23. 그림에서 평판이 물에 의해서 작용되는 힘은 얼마인가?

50 cm

물

50 cm×60 cm 평판

① 1.47 kN   ② 2 kN

③ 3 kN   ④ 15 kN

[해설] $F=pA=\gamma hA=9.8\times0.5\times(0.5\times0.6)$
$=1.47$ kN

---

24. 그림에서 수직평판의 한쪽 면에 작용되는 힘은 얼마인가?

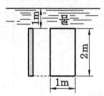

① 3.13 kg   ② 39.2 kN

③ 15.68 kN   ④ 156.8 kN

해설 $F = \gamma \bar{h} A = 9800 \times 2 \times (2 \times 1)$
$\qquad = 39200 \, N = 39.2 \, kN$

25. 그림과 같은 50 cm×3 m의 수문 평판 AB를 30°로 기울여 놓았다. A점에서 힌지 (hinge)로 연결되어 있으며 이 문을 열기 위한 힘 F(수문에 수직)는 몇 kN인가?

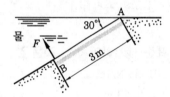

① 5.25   ② 7.35

③ 11.03   ④ 13.48

해설 $F = \gamma \bar{y} \sin\theta A$
$\qquad = 9.8 \times 1.5 \times \sin 30° \times (0.5 \times 3)$
$\qquad \fallingdotseq 11.03 \, kN$

$$y_p = 1.5 + \frac{\dfrac{0.5 \times 3^3}{12}}{3 \times 0.5 \times 1.5} = 2 \, m$$

A점에 관한 모멘트 식을 세우면
$F \times 3 = 11.03 \times 2$
$\therefore \ F = \dfrac{11.03 \times 2}{3} = 7.35 \, kN$

26. 다음 그림은 어떤 물체를 물, 수은, 알코올 속에 넣었을 때 떠 있는 모양을 나타낸 것이다. 부력이 가장 큰 것은?

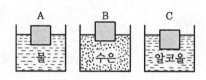

① A   ② B

③ C   ④ 부력은 같다.

해설 물체 무게 = 액체의 부력(즉, 무게는 변하지 않으므로 어느 액체에 넣어도 부력은 같다.)

27. 수은면에 쇠덩어리가 떠 있다. 이 쇠덩어리가 보이지 않을 때까지 물을 부었을 때 쇠덩어리의 수은 속에 있는 부분과 물속에 있는 부분의 부피의 비는 얼마인가? (단, 쇠의 비중은 7.8, 수은의 비중은 13.6이다.)

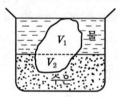

① $\dfrac{34}{29}$ ② $\dfrac{78}{136}$

③ $\dfrac{5}{7}$ ④ $\dfrac{4}{3}$

해설 쇠덩어리의 물속과 수은 속에 있는 부피를 V_1, V_2라 하면 쇠의 무게 = 물에 의한 부력 + 수은에 의한 부력
$7.8(V_1 + V_2) = V_1 + 13.6 V_2$
$\therefore \ 6.8 V_1 = 5.8 V_2$
$\therefore \ \dfrac{V_2}{V_1} = \dfrac{6.8}{5.8} = \dfrac{34}{29}$

제**3**장 유체 운동학

1. 유체 흐름의 형태

정상류와 비정상류

(1) 정상류(steady flow)

유체가 흐르고 있는 과정에서 임의의 한 점에서 유체의 모든 특성이 시간이 경과하여도 조금도 변화하지 않는 흐름의 상태를 말한다.

$$\frac{\partial \rho}{\partial t} = 0, \ \ \frac{\partial p}{\partial t} = 0, \ \ \frac{\partial T}{\partial t} = 0, \ \ \frac{\partial v}{\partial t} = 0$$

(2) 비정상류(unsteady flow)

유체가 흐르고 있는 과정에서 임의의 한 점에서 유체의 여러 가지 특성 중 단 하나의 성질이라도 시간이 경과함에 따라 변화하는 흐름의 상태를 말한다.

$$\frac{\partial \rho}{\partial t} \neq 0, \ \ \frac{\partial p}{\partial t} \neq 0, \ \ \frac{\partial T}{\partial t} \neq 0, \ \ \frac{\partial v}{\partial t} \neq 0$$

등속류와 비등속류

(1) 등속류(uniform flow)

유체가 흐르고 있는 과정에서 임의의 순간에 모든 점에서 속도벡터(vector)가 동일한 흐름, 즉 시간은 일정하게 유지되고 어떤 유체의 속도가 임의의 방향으로 속도 변화가 없는 흐름을 말하며, 균속도 유동이라고도 한다.

$$\frac{\partial v}{\partial s} = 0$$

(2) 비등속류(nonuniform flow)

유체가 흐르고 있는 과정에서 임의의 순간에 한 점에서 다른 점으로 속도벡터가 변하는 흐름을 말하며, 비균속도 유동이라고도 한다.

$$\frac{\partial v}{\partial s} \neq 0$$

2. 유선과 유관

(1) 유선(stream line)

유체의 흐름 속에 어떤 시간에 하나의 곡선을 가상하여 그 곡선상에서 임의의 점에 접선을 그었을 때 그 점에서의 유속과 방향이 일치하는 선, 즉 유동장의 모든 점에서 속도벡터의 방향을 갖는 연속적인 곡선을 말한다.

유선 위의 미소벡터를 $dr = dxi + dyj + dzk$라 하고, 속도벡터를 $v = ui + vdj + wk$라 하면 다음과 같다.

$$dv \times dr = 0 \quad \text{또는} \quad \frac{dx}{u} = \frac{dy}{v} = \frac{dz}{w}$$

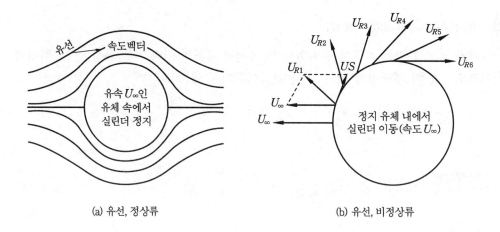

(a) 유선, 정상류   (b) 유선, 비정상류

(2) 유관(stream tube)

유선으로 둘러싸인 유체의 관을 유선관 또는 유관이라 한다. 모든 속도벡터가 유선과 접선을 이루므로 유관에 직각 방향의 유동 성분은 없다.

(3) 유적선(path line)

한 유체의 입자가 일정한 기간 내에 움직인 경로를 말한다.

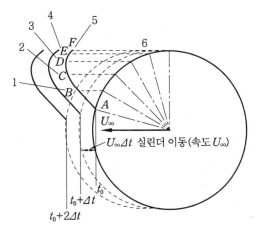

유적선, 비정상류

(4) 유맥선(streak line)

공간 내의 한 점을 지나는 모든 유체의 순간 궤적을 말한다.

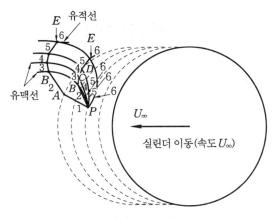

유맥선, 비정상류

예제 1. 다음 중 유선방정식을 나타내는 식은?

① $\dfrac{dx}{u} = \dfrac{dy}{v} = \dfrac{dz}{w}$

② $\dfrac{\partial u}{\partial x} + \dfrac{\partial v}{\partial y} + \dfrac{\partial w}{\partial z} = 0$

③ $\dfrac{\partial p}{\partial t} = \dfrac{\partial \rho}{\partial t}$

④ $\dfrac{dA}{A} = \dfrac{d\rho}{\rho} = \dfrac{dv}{v} = 0$

해설 3차원 유선의 미분방정식 $\dfrac{dx}{u} = \dfrac{dy}{v} = \dfrac{dz}{w}$ **정답** ①

예제 2. 정상류와 관계가 있는 식은?

① $\dfrac{\partial u}{\partial s} = 0$ ② $\dfrac{\partial u}{\partial s} \neq 0$

③ $\dfrac{\partial u}{\partial t} = 0$ ④ $\dfrac{\partial u}{\partial t} \neq 0$

해설 ① 균속도 유동(등속류), ② 비균속도 유동, ④ 비정상류 정답 ③

예제 3. 다음 중 유선에 대하여 바른 설명은?

① 층류와 난류를 구분하는 선이다.
② 3차원 공간에서만 정의될 수 있는 선이다.
③ 임의의 순간에 유체입자의 궤적과 일치한다.
④ 정상류에서 유체입자의 궤적과 일치한다.

해설 유선(stream line)은 유동장의 모든 점에서 운동의 방향을 나타내도록 유체 중에 그려진 가상곡선이다. 즉, 임의의 순간에 속도벡터의 방향을 갖는 모든 점으로 구성된 선을 유선이라 한다. 정답 ④

3. 연속방정식

질량보존의 법칙을 유체의 흐름에 적용하여 유관 내의 유체는 도중에 생성하거나 소멸하는 경우가 없다.

(1) 질량 유량(mass flow rate)

$$\dot{m} = \rho A V = c$$
$$\dot{m} = \rho_1 A_1 V_1 = \rho_2 A_2 V_2 [\text{kg/s}]$$

연속방정식 미분형

$$d(\rho A V) = 0$$
$$\frac{d\rho}{\rho} + \frac{dA}{A} + \frac{dV}{V} = 0$$

(2) 중량 유량(weight flow rate)

$$G = \gamma A V = c$$
$$G = \gamma_1 A_1 V_1 = \gamma_2 A_2 V_2 [\text{kgf/s}]$$

(3) 체적 유량(volumetric flow rate)

$$Q = A\,V = c$$

비압축성 유체($\rho = c$)인 경우만 적용

$$Q = A_1 V_1 = A_2 V_2\,[\mathrm{m^3/s}]$$

참고 일반적인 3차원 비정상유동의 연속방정식

$$\frac{\partial}{\partial x}(\rho u) + \frac{\partial}{\partial y}(\rho v) + \frac{\partial}{\partial z}(\rho w) = -\frac{\partial \rho}{\partial t}$$

연산자 $\nabla = \dfrac{\partial}{\partial x}i + \dfrac{\partial}{\partial y}j + \dfrac{\partial}{\partial z}k$와 속도벡터 $V = ui + vj + wk$를 이용하면

$$\nabla \cdot (\rho V) = \left(\frac{\partial}{\partial x}i + \frac{\partial}{\partial y}j + \frac{\partial}{\partial z}k\right) \cdot (\rho u i + \rho v j + \rho w k)$$

$$= \frac{\partial(\rho u)}{\partial x} + \frac{\partial(\rho v)}{\partial y} + \frac{\partial(\rho w)}{\partial z}$$

$$\nabla \cdot (\rho V) = -\frac{\partial \rho}{\partial t}$$

비압축성 흐름(ρ = 상수)에서는

$$\frac{\partial u}{\partial x} + \frac{\partial v}{\partial y} + \frac{\partial w}{\partial z} = 0 \ \ \text{또는} \ \ \nabla \cdot V = 0$$

여기서, $\nabla \cdot V$를 속도 V의 다이버전스(divergence)라 한다.

예제 **4.** 연속방정식이란 어떤 법칙의 일종인가?

① 질량보존의 법칙 ② 에너지보존의 법칙
③ 관성의 법칙 ④ 뉴턴의 제 2 법칙

해설 연속방정식이란 유체 유동에 질량보존의 법칙을 적용한 방정식이다. 정답 ①

예제 **5.** 지름이 10 cm인 관에 물이 5 m/s의 속도로 흐르고 있다. 이 관에 출구 지름이 2 cm인 노즐을 장치한다면 노즐에서 물의 분출속도는 몇 m/s인가?

① 25 ② 125 ③ 50 ④ 10

해설 $A_1 V_1 = A_2 V_2$

$$V_2 = V_1 \cdot \frac{A_1}{A_2} = V_1 \cdot \frac{\frac{\pi}{4}d_1^2}{\frac{\pi}{4}d_2^2} = V_1 \cdot \left(\frac{d_1}{d_2}\right)^2$$

$$\therefore \ V_2 = 5\left(\frac{10}{2}\right)^2 = 125\ \mathrm{m/s}$$

정답 ②

예제 6. 어떤 기체가 5 kg/s로 지름 40 cm인 파이프 속을 등온적으로 흐른다. 이때 압력은 30 kPa, $R = 287$ N·m/kg·K, $t = 27℃$일 때 평균속도는 몇 m/s인가?

① 48.78　　　　　　　　　　② 56.65

③ 115.39　　　　　　　　　　④ 125.39

해설　$m = \rho A V [\text{kg/s}]$

$$\rho = \frac{P}{RT} = \frac{30}{0.287 \times (27 + 273)} = 0.345 \,\text{kg/m}^3$$

$$V = \frac{m}{\rho A} = \frac{5}{0.345 \times \frac{\pi}{4}(0.4)^2} = 115.39 \,\text{m/s}$$

정답　③

4. 오일러의 운동방정식(Euler equation of motion)

그림과 같이 질량 $\rho dAds$인 유체입자가 유선에 따라 움직인다. 이 유체입자의 유동방향의 한쪽 면에 작용하는 압력을 p라 하면, 다른쪽 면에 작용하는 압력은 $p + \dfrac{\partial p}{\partial s}ds$로 표시할 수 있다.

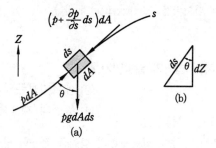

유선 위 유체입자에 작용하는 힘

그리고 유체입자의 무게는 $\rho gdAds$이다. 이 유체입자에 뉴턴의 운동방정식 $\sum F_s = ma_s$를 적용하면

$$pdA - \left(p + \frac{\partial p}{\partial s}ds\right)dA - \rho gdAds\cos\theta = \rho dAds\frac{dV}{dt}$$

여기서, V는 유선에 따라 유동하는 유체입자의 속도이다. 윗 식의 양변을 $\rho dAds$로 나누어 정리하면

$$\frac{1}{\rho}\frac{\partial V}{\partial s} + g\cos\theta + \frac{dV}{dt} = 0$$

속도 V는 s와 t의 함수, 즉 $V = f(s, t)$이므로

$$\frac{dV}{dt} = \frac{\partial V}{\partial s} \cdot \frac{ds}{dt} + \frac{\partial V}{\partial t} = V\frac{\partial V}{\partial s} + \frac{\partial V}{\partial t}$$

그리고 그림 (b)에서

$$\cos\theta = \frac{dZ}{ds}$$

$\frac{dV}{dt}$와 $\cos\theta$를 식에 대입하면 Euler의 운동방정식을 얻는다.

$$\rho\frac{\partial p}{\partial s} + V\frac{\partial V}{\partial s} + g\frac{dZ}{ds} + \frac{\partial V}{\partial t} = 0$$

정상유동에서는 $\frac{\partial V}{\partial t} = 0$이므로 Euler의 운동방정식은

$$\frac{1}{\rho}\frac{\partial p}{\partial s} + V\frac{\partial V}{\partial s} + g\frac{dZ}{ds} = 0 \quad \text{또는} \quad \frac{dp}{\rho} + VdV + gdZ = 0$$

위 식이 유도될 때 사용된 가정은 다음과 같다.
① 유체입자는 유선에 따라 움직인다.
② 유체는 마찰이 없다(점성력이 0이다).
③ 정상유동이다.

5. 베르누이 방정식(Bernoulli equation)

5-1 베르누이 방정식

유선에 따른 오일러 방정식 $\left(\dfrac{dp}{\rho} + VdV + gdZ = 0\right)$을 비압축성 유체$(\rho = c)$로 가정하고 적분하면 베르누이 방정식을 얻는다.

$$\frac{p}{\rho} + \frac{V^2}{2} + gz = c$$

∴ 유로계에 ① 단면과 ② 단면에 적용하면

$$\frac{p_1}{\rho} + \frac{V_1^2}{2} + gZ_1 = \frac{p_2}{\rho} + \frac{V_2^2}{2} + gZ_2$$

$$\frac{p}{\gamma} + \frac{v^2}{2g} + Z = c = H$$

$$\frac{p_1}{\gamma} + \frac{V_1^2}{2g} + Z_1 = \frac{p_2}{\gamma} + \frac{V_2^2}{2g} + Z_2 = H$$

여기서, $\frac{p}{\gamma}$: 압력수두(pressure head), $\frac{V^2}{2g}$: 속도수두(velocity head)

Z : 위치수두(potential head), H : 전수두(total head)

$\frac{p}{\gamma} + \frac{V^2}{2g} + Z$를 전수두선(total head line) 또는 에너지선(eneryg line) E.L이라고 하며, $\frac{p}{\gamma} + Z$를 연결한 선을 수력구배선(hydraulic grade line) H.G.L이라고 한다. 수력구배선은 항상 에너지선보다 속도수두 $\frac{V^2}{2g}$만큼 아래에 위치한다.

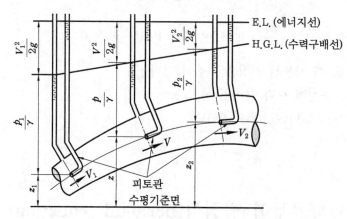

베르누이 방정식에서의 수두

실제 관로 문제에서는 유체의 마찰이 고려되어야 한다. 단면 1과 2 사이에서 손실수두(loss head)를 h_L이라 하면 수정 베르누이 방정식(modified Bernoulli equation)은 다음과 같다.

$$\frac{p_1}{\gamma} + \frac{V_1^2}{2g} + Z_1 = \frac{p_2}{\gamma} + \frac{V_2^2}{2g} + Z_2 + h_L$$

5-2　수정 베르누이 방정식(점성이 있는 유체의 흐름에 있어서의 베르누이 방정식)

하나의 유관에 있어서 상류측의 단면을 ①, 하류측의 단면을 ②로 취하면, 흐름의 전수두 사이에는 다음의 관계가 성립한다.

$$\left(\frac{p_1}{\gamma} + \frac{v_1^2}{2g} + z_1 \right) - \left(\frac{p_2}{\gamma} + \frac{v_2^2}{2g} + z_2 \right) = h_L$$

$$\frac{p_1}{\gamma} + \frac{v_1^2}{2g} + z_1 = \frac{p_2}{\gamma} + \frac{v_2^2}{2g} + z_2 + h_L$$

여기서, h_L : 손실수두

이 손실에는 유체의 점성에 기인하는 관로벽에서의 마찰응력에 저항하여 유체가 흘러 일어나는 손실과 유로의 변화에 따른 유체 내부에서의 마찰응력에 의한 손실이 포함된다. 또 단면 ①과 ② 사이에 펌프와 터빈을 설치할 경우에는 다음과 같다.

$$\frac{p_1}{\gamma} + \frac{v_1^2}{2g} + z_1 + E_p = \frac{p_2}{\gamma} + \frac{v_2^2}{2g} + z_2 + h_L + E_T$$

여기서, E_p : 펌프에너지, E_T : 터빈에너지

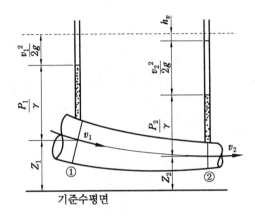

유관에서의 점성 유체의 에너지

6. 베르누이 방정식의 응용

6-1 토리첼리의 정리

$$\frac{p_1}{\gamma} + \frac{v_1^2}{2g} + z_1 = \frac{p_2}{\gamma} + \frac{v_2^2}{2g} + z_2$$ 에서 $z_1 - z_2 = h$ 로 나타내면

다음과 같다.

$$v_2 = \sqrt{\frac{2g(p_1 - p_2)}{\gamma} + v_1^2 + 2gh}$$

용기가 충분히 크면 즉, $A_1 \gg A_2$ 이면 $V_1 \ll V_2$ 이므로

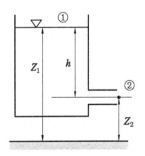

토리첼리의 정리
(Torricelli's theorem)

$V_1 = 0$으로 간주할 수 있다. 그리고 용기 내외의 압력이 같으면(대기에 노출되어 있으면) $p_1 = p_2 = p_o$이므로 다음과 같다.

$$v_2 = \sqrt{2gh} \ [\text{m/s}]$$

6-2 벤투리관(venturi tube)

$$\frac{p_1}{\gamma} + \frac{v_1^2}{2g} = \frac{p_2}{\gamma} + \frac{v_2^2}{2g}$$

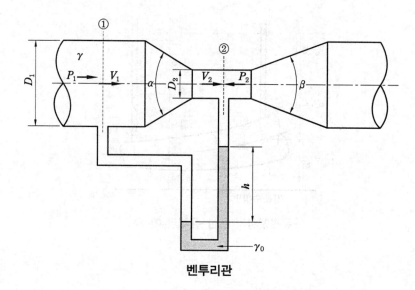

벤투리관

연속방정식 $Q = A_1 V_1 = A_2 V_2$ 에서 $\dfrac{V_1}{V_2} = \dfrac{A_2}{A_1}$ 이므로 다음과 같다.

$$\frac{p_1 - p_2}{\gamma} = \frac{V_2^2 - V_1^2}{2g} = \frac{V_2^2}{2g}\left(1 - \frac{V_1^2}{V_2^2}\right) = \frac{V_2^2}{2g}\left\{1 - \left(\frac{A_1}{A_2}\right)^2\right\}$$

$$\therefore \ V_2 = \frac{1}{\sqrt{1 - \left(\dfrac{A_2}{A_1}\right)^2}} \sqrt{\frac{2g}{\gamma}(p_1 - p_2)} \ [\text{m/s}]$$

단면 ①과 ② 사이의 압력차는 시차 액주계의 식에 의하여

$$\frac{p_1 - p_2}{\gamma} = \frac{(\gamma_o - \gamma)h}{\gamma} = \left(\frac{\gamma_o}{\gamma} - 1\right)h = \left(\frac{S_o}{S} - 1\right)h \ \text{이고},$$

면적비 $\dfrac{A_2}{A_1} = \left(\dfrac{D_2}{D_1}\right)^2$ 이므로

$$V_2 = \dfrac{1}{\sqrt{1 - \left(\dfrac{D_2}{D_1}\right)^4}} \sqrt{2g\left(\dfrac{\gamma_o}{\gamma} - 1\right)h} \ [\mathrm{m/s}]$$

따라서 유량은 다음과 같다.

$$\therefore \ Q = AV = \dfrac{A_2}{\sqrt{1 - \left(\dfrac{D_2}{D_1}\right)^4}} \sqrt{2gh\left(\dfrac{\gamma_o}{\gamma} - 1\right)}$$

$$= \dfrac{A_2}{\sqrt{1 - \left(\dfrac{D_2}{D_1}\right)^4}} \sqrt{2gh\left(\dfrac{S_o}{S} - 1\right)} \ [\mathrm{m^3/s}]$$

6-3 피토관(pitot tube)

그림에서 ①과 ② 사이에 베르누이 방정식을 적용하면

$$\dfrac{p_1}{\gamma} + \dfrac{v_1^2}{2g} = \dfrac{p_2}{\gamma} + \dfrac{v_2^2}{2g}$$

$$Z + \dfrac{v_1^2}{2g} = (Z + \Delta h) + \dfrac{v_2^2}{2g}^{0}$$

$$\dfrac{v_1^2}{2g} = \Delta h$$

$$\therefore \ v_1 = \sqrt{2g\Delta h} \ [\mathrm{m/s}]$$

이 식은 수면에서 피토관의 상승 높이 Δh를 측정함으로써 임의의 지점에서의 유속을 구하는 식이다.

$$p_2 = p_1 + \dfrac{\gamma v^2}{2g}\left(\dfrac{\rho v^2}{2}\right)$$

여기서, p_2 : 정체압(stagnation pressure) 또는 전압(total pressure)

$\quad\quad\ p_1$: 정압(static pressure)

$\quad\quad\ \dfrac{\gamma v^2}{2g}$: 동압(dynamic pressure)

한편 곧은 관내의 교란되지 않는 유속을 측정할 경우, 단면 ①과 ② 사이에 베르누이 방정식을 적용하면 다음과 같다.

$$\frac{p_1}{\gamma} + \frac{v_1^2}{2g} = \frac{p_2}{\gamma} \; (\because \; z_1 = z_2, \; v_2 = 0)$$

$$\frac{v^2}{2g} = \frac{p_2 - p_1}{\gamma}$$

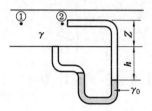

시차 액주계에서 $p_2 - p_1 = (\gamma_o - \gamma)h$ 이므로

$$\frac{v^2}{2g} = \left(\frac{\gamma_o - \gamma}{\gamma}\right)h = \left(\frac{\gamma_o}{\gamma} - 1\right)h$$

$$\therefore \; v = \sqrt{2gh\left(\frac{\gamma_o}{\gamma} - 1\right)} \; [\text{m/s}]$$

피토관을 흐름과 직각 방향으로 이동함으로써 관 내 각 점의 속도 분포상황을 알 수 있다.

7. 운동에너지의 수정계수(α)

참 운동에너지 = 수정 운동에너지

$$\int \rho \frac{v^2}{2} dA = \alpha \rho \frac{v^2}{2} A$$

$$\therefore \; \alpha = \frac{1}{A}\int \left(\frac{v}{V}\right)^3 dA \, (\text{운동에너지 수정계수})$$

[예제] 7. 그림과 같은 사이펀(siphon)에서 흐를 수 있는 유량은 약 몇 L/min인가? (단, 관로 손실은 무시한다.)

① 15

② 900

③ 60

④ 3611

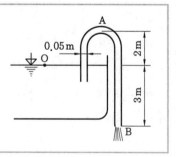

[해설] 자유표면과 B점에 대하여 베르누이 방정식을 적용하면

$$\frac{p_o}{\gamma} + \frac{V_o^2}{2g} + Z_o = \frac{p_B}{\gamma} + \frac{V_B^2}{2g} + Z_B$$

여기서 $p_o = p_B = 0$, $V_o = 0$, $Z_o - Z_B = 3 \, \text{m}$ 이므로

$$V_B = \sqrt{2g(Z_o - Z_B)} = \sqrt{2 \times 9.8 \times 3} = 7.668 \, \text{m/s}$$

따라서 유량 Q는

$$Q = AV = \frac{\pi (0.05)^2}{4} \times 7.668 \fallingdotseq 0.015 \ \text{m}^3/\text{s} = 15 \ \text{L/s} = 900 \ \text{L/min}$$

정답 ②

예제 8. 수평원관 속에 물(비중 1)이 2.8 m/s의 속도와 290 kPa의 압력으로 흐르고 있다. 이 관의 유량이 0.75 m³/s일 때 손실수두를 무시할 경우 물의 동력은 몇 kW인가?

① 220.5   ② 235.5

③ 265.5   ④ 270.5

해설 전수두$(H) = \dfrac{p}{\gamma} + \dfrac{v^2}{2g} = \dfrac{290 \times 10^3}{9800} + \dfrac{(2.8)^2}{2 \times 9.81} = 30 \ \text{m}$

$kW = 9.8 \, QH = 9.8 \times 0.75 \times 30 = 220.5 \ \text{kW}$

정답 ①

예제 9. 그림에서 물이 들어 있는 탱크 밑의 ②부분에 작은 구멍이 뚫려 있을 때 이 구멍으로부터 흘러나오는 물의 속도는 다음 중 어느 것인가? (단, 물의 자유표면 ① 및 ②에서의 압력을 P_1, P_2라 하고 작은 구멍으로부터 표면까지의 높이를 h라 한다. 또 구멍은 작고 정상류로 흐른다.)

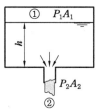

① $V_2 = \sqrt{h + 2g \left(\dfrac{P_1 - P_2}{\gamma} \right)}$ ② $V_2 = \sqrt{h - 2g \left(\dfrac{P_1 - P_2}{\gamma} \right)}$

③ $V_2 = \sqrt{2g \left(h - \dfrac{P_1 - P_2}{\gamma} \right)}$ ④ $V_2 = \sqrt{2g \left(\dfrac{P_1 - P_2}{\gamma} + h \right)}$

해설 ①과 ②에 베르누이 방정식을 적용하면

$$\frac{P_1}{\gamma} + 0 + h = \frac{P_2}{\gamma} + \frac{V_2{}^2}{2g} + 0$$

$$\therefore \ V_2 = \sqrt{2g \left(\frac{P_1 - P_2}{\gamma} + h \right)}$$

정답 ④

출제 예상 문제

1. 정상류와 비정상류를 구분하는 데 있어서 기준이 되는 것은?

① 질량보존의 법칙

② 뉴턴의 점성법칙

③ 압축성과 비압축성

④ 유동특성의 시간에 대한 변화율

[해설] 정상류는 유동특성이 시간에 따라 변화하지 않는 흐름이고

$$\left(\frac{\partial \rho}{\partial t}=0, \ \frac{\partial V}{\partial t}=0, \ \frac{\partial p}{\partial t}=0, \ \frac{\partial T}{\partial t}=0\right)$$

비정상류는 유동특성이 시간에 따라 변화하는 흐름이다.

$$\left(\frac{\partial \rho}{\partial t}\neq 0, \ \frac{\partial V}{\partial t}\neq 0, \ \frac{\partial p}{\partial t}\neq 0, \ \frac{\partial T}{\partial t}\neq 0\right)$$

2. 다음 중 실제 유체나 이상 유체 어느 것이나 적용될 수 있는 것끼리 바르게 짝지어진 것은?

―〈보기〉―

㉠ 뉴턴의 점성법칙

㉡ 뉴턴의 운동 제2법칙

㉢ 연속방정식

㉣ $\tau = (\mu + \eta)\dfrac{du}{dy}$

㉤ 고체경계면에서 접선속도가 0이다.

㉥ 고체경계면에서 경계면에 수직한 속도성분이 0이다.

① ㉠, ㉡, ㉢　　　② ㉠, ㉢, ㉥

③ ㉡, ㉢, ㉤　　　④ ㉡, ㉢, ㉥

3. 다음 중 유선이란?

① 속도벡터에 대하여 항상 수직이다.

② 유동단면의 중심만을 연결한 선이다.

③ 모든 점에서 속도벡터의 방향과 일치

되는 연속적인 선이다.

④ 정상류에서만 보여주는 선이다.

[해설] 유선이란 유체의 한 입자가 지나간 자취를 표시하는 선으로 모든 점에서 속도벡터 방향 벡터를 갖는다.

4. 안지름이 80 mm인 파이프에 비중 0.9인 기름이 평균속도 4 m/s로 흐를 때 질량유량은 몇 kg/s인가?

① 69.26　　　② 72.69

③ 80.38　　　④ 93.64

[해설] 질량유량$(m) = \rho A V = (\rho_w S) A V$

$= 1000 \times 0.9 \times \dfrac{\pi}{4} \times 0.08^2 \times 4$

$= 80.38 \, \text{kg/s}$

5. 지름이 20 cm인 관에 평균속도 40 m/s의 물이 흐르고 있다. 유량은 얼마인가?

① 2.83 m³/s　　　② 1.256 m³/s

③ 0.241 m³/s　　　④ 3.968 m³/s

[해설] $Q = A V = \dfrac{\pi}{4} \times 0.2^2 \times 40 = 1.256 \, \text{m}^3/\text{s}$

6. 비행기의 날개 주위의 유동장에 있어서 날개 단면의 먼쪽에 있는 유선의 간격은 20 mm, 그 점의 유속은 50 m/s이다. 날개 단면과 가까운 부분의 유선 간격이 15 mm라면 이 곳에서의 유속은 몇 m/s인가?

① 66.6　　　② 37.6

③ 25　　　④ 47.3

[해설] 단위폭당 유량(q)

$= \dfrac{Q}{b} = V_1 y_1 = V_2 y_2 = 50 \times 20 = V_2 \times 15$

$\therefore \ V_2 = 66.6 \, \text{m/s}$

정답 1. ④　2. ④　3. ③　4. ③　5. ②　6. ①

7. 지름이 10 cm와 20 cm인 관으로 구성된 관로에 물이 흐르고 있다. 10 cm 관에서의 평균속도가 5 m/s일 때 20 cm 관에서의 평균속도는 얼마인가?

① 5 m/s ② 2.5 m/s

③ 1.25 m/s ④ 1 m/s

해설 $Q = A_1 V_1 = A_2 V_2$에서

$$\frac{\pi}{4} d_1^2 V_1 = \frac{\pi}{4} d_2^2 V_2$$

$$\therefore V_2 = V_1 \left(\frac{d_1}{d_2}\right)^2 = 5 \left(\frac{10}{20}\right)^2 = 1.25 \text{ m/s}$$

8. 물이 평균속도 19.6 m/s로 관 속을 흐르고 있다. 이때 속도수두는 몇 m인가?

① 9.8 ② 19.6 ③ 29.4 ④ 78.4

해설 $h = \dfrac{V^2}{2g} = \dfrac{19.6^2}{2 \times 9.8} = 19.6 \text{ m}$

9. 베르누이 방정식 $\dfrac{p}{\gamma} + \dfrac{V^2}{2g} + Z = H$의 단위로서 적당한 것은?

① kg·s/s ② kg·m

③ N·m ④ J/N

해설 주어진 베르누이 방정식은 비압축성 유체의 단위 중량에 대한 에너지 방정식이다. 따라서 J/N = N·m/N = m이다.

10. 직각으로 굽힌 유리관의 한쪽을 수면 바로 밑에 넣고 다른 쪽은 연직으로 세워 수평방향으로 50 cm/s의 속도로 관을 움직이면 물은 관 속으로 얼마나 올라가는가?

① 0.076 m ② 0.013 m

③ 0.37 m ④ 0.3 m

해설 $V = \sqrt{2g \Delta h}$ 에서

$$\Delta h = \frac{V^2}{2g} = \frac{0.5^2}{2 \times 9.8} = 0.013 \text{ m}$$

11. 방정식 $gz + \dfrac{V^2}{2} + \displaystyle\int \frac{dp}{\rho} = \text{const}$를 유도하는 데 요구되는 유동에 관한 가정은?

① 유선에 따라서 정상, 무마찰, 비압축

② 유선에 따라서 균일, 무마찰, ρ는 P의 함수

③ 유선에 따라서 정상, 균일, 비압축

④ 정상, 무마찰, ρ는 P의 함수 유선에 따른다.

12. 다음 그림에서 유속 V는 몇 m/s인가?

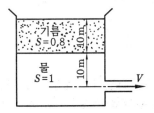

① 19.8 ② 18.78 ③ 39.6 ④ 39.8

해설 기름의 깊이로 생기는 압력과 같은 압력을 만드는 물의 깊이, 즉 상당깊이 h_e는

$$1000 \times 0.8 \times 10 = 1000 \times h_e$$

$$\therefore h_e = 8 \text{ m}$$

따라서 노즐 깊이는 $H = 8 + 10 = 18$ m이므로 토리첼리 공식에 의해서

$$V = \sqrt{2gH} = \sqrt{2 \times 9.8 \times 18} = 18.78 \text{ m/s}$$

13. 노즐 입구에서 압력계의 압력이 P(kg/m²)일 때 노즐 출구에서의 속도는 몇 m/s인가? (단, 파이프 내에서의 속도는 노즐 속도에 비하여 극히 작다고 가정하고 무시한다. 또, 노즐을 통과하는 순간에 마찰손실은 없는 것으로 하고, ρ의 단위는 kg·s²/m⁴이다.)

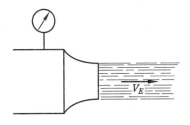

정답 7. ③ 8. ② 9. ④ 10. ② 11. ④ 12. ② 13. ③

① $\sqrt{\dfrac{2p}{\gamma}}$ ② $\sqrt{\dfrac{2gp}{\rho}}$

③ $\sqrt{\dfrac{2p}{\rho}}$ ④ $\sqrt{\dfrac{2gz}{\gamma}}$

[해설] 노즐 입구와 출구 사이에서 베르누이 방정식을 적용하면

$$\frac{p}{\gamma} + \frac{V^2}{2g} + Z = \frac{p_E}{\gamma} + \frac{V_E^2}{2g} + Z_E$$

$$Z = Z_E$$

$\dfrac{V^2}{2g}$ = 무시, $\dfrac{p_E}{\gamma} = 0$이므로

$$V_E = \sqrt{\frac{2gp}{\gamma}} = \sqrt{\frac{2p}{\rho}}$$

14. 다음 그림에서 손실과 표면장력의 영향을 무시할 때 분류(jet)에서 반지름 r의 식을 유도하면?

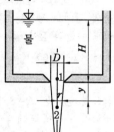

① $r = \dfrac{D}{2}\left(\dfrac{H}{H+y}\right)^{\frac{1}{4}}$

② $r = \dfrac{2}{D}\left(\dfrac{H}{H+y}\right)^{\frac{1}{4}}$

③ $r = \dfrac{1}{2}\left(\dfrac{H+D}{H+y}\right)^{\frac{1}{4}}$

④ $r = \dfrac{D}{2}\left(\dfrac{H+y}{H}\right)^{\frac{1}{4}}$

[해설] 1과 2의 유속은 토리첼리 공식에 대입해서

$$V_1 = \sqrt{2gH}, \quad V_2 = \sqrt{2g(H+y)}$$

연속방정식에서 $A_1 V_1 = A_2 V_2$

$$\frac{\pi D^2}{4}\sqrt{2gH} = \pi r^2 \sqrt{2g(H+y)}$$

따라서 $r^2 = \dfrac{D^2}{4}\sqrt{\dfrac{H}{H+y}}$

$\therefore \ r = \dfrac{D}{2}\left(\dfrac{H}{H+y}\right)^{\frac{1}{4}}$

15. 다음 그림과 같이 사이펀(siphon)에서 흐를 수 있는 유량은 몇 L/min인가? (단, 관로의 손실은 없는 것으로 한다.)

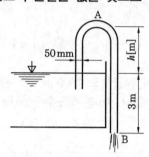

① 15.048   ② 766.8

③ 902.9   ④ 15048

[해설] 자유표면과 B점에 대하여 베르누이의 정의를 적용하면

$$\frac{p_o}{\gamma} + \frac{V_o^2}{2g} + Z_o = \frac{p_B}{\gamma} + \frac{V_B^2}{2g} + Z_B$$

$p_o = p_B =$ 대기압, $V_o = 0$이므로

$$V_B = \sqrt{2g(Z_o - Z_B)}$$
$$= \sqrt{2 \times 9.8 \times 3 \times 10^4}$$
$$= 766.8 \,\text{cm/s}$$

$$Q = AV_B = \frac{\pi}{4} \times 5^2 \times 766.8$$
$$= 15048.44 \,\text{cm}^3/\text{s}$$
$$= \frac{15048.44 \times 60}{1000} = 902.9 \,\text{L/min}$$

16. 펌프 양수량 $0.6\,\text{m}^3/\text{min}$, 관로의 전 손실 수두 5 m인 펌프가 펌프 중심으로부터 1 m 아래에 있는 물을 20 m의 송출 액면에 양수하고자 할 때 펌프의 필요한 동력은 몇 kW인가?

① 2.55   ② 4.24   ③ 5.86   ④ 7.42

[해설] $H =$ 전수두 + 손실수두
$$= (1+20) + 5 = 26 \, \text{m}$$
따라서 동력 P
$$= \gamma QH = 9800 \times \left(\frac{0.6}{60}\right) \times 26 = 2.55 \, \text{kW}$$

17. 다음 중에서 정상유동이 일어나는 경우는?

① 유동상태가 모든 점에서 시간에 따라 변화하지 않을 때

② 모든 순간에 유동상태가 이웃하는 점들과 같을 때

③ 유동상태가 시간에 따라 점차적으로 변화할 때

④ $\partial V / \partial t$ 가 일정할 때

[해설] 정상유동

$$\frac{\partial V}{\partial t} = 0, \quad \frac{\partial p}{\partial t} = 0, \quad \frac{\partial T}{\partial t} = 0, \quad \frac{\partial \rho}{\partial t} = 0$$

18. 한 유체 입자가 유동장을 운동할 때 그 입자의 운동궤적은?

① 유선   ② 유적선

③ 유맥선   ④ 유관

[해설] • 유선(stream line) : 속도벡터 방향과 접선방향이 일치하도록 그린 연속적인 가상곡선이다.

• 유맥선(streak line) : 유동장 내의 어느 점을 통과하는 모든 유체가 어느 순간에 점유하는 위치를 나타내는 선이다.

• 유관(stream tube) : 유동장 속에서 폐곡을 통과하는 유선들에 의해 형성되는 공간정상류인 경우 유선, 유맥선, 유적선은 일치한다.

19. $\dfrac{\partial q}{\partial s} = 0$ 인 흐름은? (단, 여기서 q는 속도벡터이다.)

① 정상류   ② 비정상류

③ 균속도 유동   ④ 비균속도 유동

20. 다음 중에서 유선의 방정식은?

① $\dfrac{d\rho}{\rho} + \dfrac{dA}{A} + \dfrac{du}{u} = 0$

② $\dfrac{dx}{u} = \dfrac{dy}{v} = \dfrac{dz}{w}$

③ $d(\rho A V) = 0$

④ $\dfrac{\partial V}{\partial t} = 0, \quad \dfrac{\partial u}{\partial s} = 0$

[해설] 유선의 미분방정식은 $\dfrac{dx}{u} = \dfrac{dy}{v} = \dfrac{dz}{w}$

또는 $v \times dr = 0$ 이다. 여기서 dr은 유선방향의 미소변위 벡터이다.

21. 일차원 유동에서 연속방정식을 바르게 나타낸 것은 다음 중 어느 것인가? (단, ρ : 밀도, A : 단면적, γ : 비중량, V : 속도, p : 압력, Q : 유량)

① $Q = A \rho V$

② $\rho_1 A_1 = \rho_2 A_2$

③ $\gamma_1 A_1 V_1 = \gamma_2 A_2 V_2$

④ $p_1 A_1 V_1 = p_2 A_2 V_2$

22. 다음 사항 중 유맥선이란?

① 모든 유체 입자에 순간 궤적이다.

② 속도벡터의 방향과 일치하도록 그려진 선이다.

③ 유체 입자가 일정한 기간 내에 움직인 경로이다.

④ 뉴턴의 점성법칙에 따라 그려진 선이다.

23. 다음 식 중에서 연속방정식이 아닌 것은 어느 것인가?

① $d(\rho A V) = 0$

② $\dfrac{dA}{A} + \dfrac{d\rho}{\rho} + \dfrac{dV}{V} = 0$

③ $\dfrac{dx}{u} = \dfrac{dy}{v} = \dfrac{dz}{w}$

④ $\rho_1 A_1 V_1 = \rho_2 A_2 V_2$

[해설] $\dfrac{dx}{u} = \dfrac{dy}{v} = \dfrac{dz}{w}$ 는 유선의 미분방정식이다.

24. 다음 중 연속방정식이란?

① 유체의 모든 입자에 뉴턴의 관성법칙을 적용시킨 방정식이다.

② 에너지와 일 사이의 관계를 나타낸 방정식이다.

③ 유체를 연속체라 가정하고 탄성역학의 훅의 법칙을 적용한 방정식이다.

④ 질량보존의 법칙을 유체유동에 적용한 방정식이다.

25. 베르누이 방정식이 아닌 것은?

① $\dfrac{p_1}{\gamma} + \dfrac{V_1^2}{2g} + Z_1 = \dfrac{p_2}{\gamma} + \dfrac{V_2^2}{2g} + Z_z$

② $\dfrac{p}{\gamma} + \dfrac{V^2}{2g} + Z = C$

③ $\dfrac{dA}{A} + \dfrac{d\rho}{\rho} + \dfrac{dV}{V} = 0$

④ $\dfrac{dp}{\gamma} + d\left(\dfrac{V^2}{2g}\right) + dz = 0$

26. 다음 중 베르누이 방정식 $\dfrac{p}{\gamma} + \dfrac{V^2}{2g} + z = \mathrm{const}$ 를 유도하는 데 필요한 가정이 아닌 것은?

① 비점성 유체

② 정상류

③ 압축성 유체

④ 동일유선상의 유체

[해설] 베르누이 방정식은 오일러의 운동방정식을 적분한 방정식으로 적분과정에서 압축성 유체인 경우와 비압축성 유체인 경우는 서로 다른 결과를 얻는다.

즉, 압축성 유체는 밀도 ρ 가 압력 p 의 함수이므로 $\displaystyle\int \dfrac{dp}{\rho} \neq \dfrac{p}{\rho}$ 이다.

따라서 압축성 유체의 경우는

$\displaystyle\int \dfrac{dp}{\gamma} + \dfrac{V^2}{2g} + Z = \mathrm{const}$ 가 된다.

27. Euler의 방정식은 유체운동에 대하여 어떠한 관계를 표시하는가?

① 유선상의 한 점에 있어서 어떤 순간에 여기를 통과하는 유체 입자의 속도와 그것에 미치는 힘의 관계를 표시한다.

② 유체가 가지는 에너지와 이것이 일치하는 일과의 관계를 표시한다.

③ 유선에 따라 유체의 질량이 어떻게 변화하는가를 표시한다.

④ 유체 입자의 운동경로와 힘의 관계를 나타낸다.

28. 다음 중 에너지선 E.L에 관해 옳게 설명한 것은?

① 수력구배선보다 아래에 있다.

② 수력구배선보다 속도수두만큼 위에 있다.

③ 언제나 수평선이 되어야 한다.

④ 속도수두와 위치수두의 합이다.

29. 다음 중 베르누이 방정식이란?

① 같은 유체상이 아니더라도 언제나 임의의 점에 대하여 적용된다.

② 주로 비정상상태의 흐름에 대하여 적용된다.

③ 유체의 마찰 효과와 전혀 관계가 없다.

④ 압력수두, 속도수두, 위치수두의 합이 일정하다.

[해설] 베르누이 방정식 : $\dfrac{p}{\gamma} + \dfrac{V^2}{2g} + z = H$

30. 수력구배선 H.G.L에 관해 옳게 설명한 것은 어느 것인가?

① 에너지선 E.L보다 위에 있어야 한다.

② 항상 수평이 된다.

③ 위치수두와 속도수두의 합을 나타내며 주로 에너지선보다 아래에 위치한다.

④ 위치수두와 압력수두와의 합을 나타내며 주로 에너지선보다 아래에 위치한다.

31. 오리피스의 수두는 5 m이고, 실제 물의 유속이 9 m/s이면 손실수두는?

① 약 1 m   ② 약 2 m

③ 약 3 m   ④ 약 4 m

[해설] $\dfrac{p}{\gamma}+\dfrac{V^2}{2g}+z+H_L=H$

$H_L=5-\dfrac{9^2}{2g}=5-4.1=0.9\,\text{m}$

32. 다음 중에서 2차원 비압축성 유동의 연속방정식을 만족하지 않는 속도벡터는?

① $q=(2x^2+y^2)i+(-4xy)j$

② $q=(4xy+y^2)i+(6xy+3x)j$

③ $q=(2x-3y)ti+(x-2y)tj$

④ $q=(x-2y)ti-(2x+y)tj$

[해설] ① $\nabla\cdot q=\dfrac{\partial}{\partial x}(2x^2+y^2)+\dfrac{\partial}{\partial y}(-4xy)$

$=4x-4x=0$

∴ 만족한다.

② $\nabla\cdot q=\dfrac{\partial}{\partial x}(4xy+y^2)+\dfrac{\partial}{\partial y}(6xy+3x)$

$=4y+6x\neq0$

∴ 만족하지 않는다.

③ $\nabla\cdot q=\dfrac{\partial}{\partial x}[(2x-3y)t]+\dfrac{\partial}{\partial y}[(x-2y)t]$

$=2t-2t=0$

∴ 만족한다.

④ $\nabla\cdot q=\dfrac{\partial}{\partial x}[(x-2y)]t-\dfrac{\partial}{\partial y}[(2x+y)t]$

$=t-t=0$

∴ 만족한다.

33. 40 kg/s (392 N/s)의 물이 20 cm의 관속에 흐르고 있다. 평균속도는?

① 12.7 m/s   ② 1.27 m/s

③ 0.127 m/s   ④ 3.18 m/s

[해설] $W=\gamma A V$

∴ $V=\dfrac{W}{A\gamma}=\dfrac{40}{\pi\times0.1^2\times1000}=1.27\,\text{m/s}$

[SI 단위]

$V=\dfrac{W}{A\gamma}=\dfrac{392}{\pi\times0.1^2\times9800}=1.27\,\text{m/s}$

34. 다음 그림은 원관 주위에 흐르는 2차원 유동을 표시한 것이다. 원관으로부터 멀리 떨어진 상류에서(A점 부근) 서로 이웃하는 유선이 50 mm 떨어져 있다고 가정하고, 이 두 유선이 원관 주위의 점(B점)에서 25 mm로 좁아졌다고 한다. A점에서 평균속력이 50 m/s라면 B점에서의 속력은 몇 m/s인가? (단, 유체는 비압축성이다.)

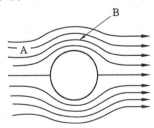

① 30   ② 100

③ 15   ④ 120

[해설] 연속방정식 $A_A V_A=A_B V_B[\text{m}^3/\text{s}]$

$q=\dfrac{Q}{b}=V_A y_A=V_B y_B$

$V_B=V_A\left(\dfrac{y_A}{y_B}\right)=50\left(\dfrac{50}{25}\right)=100\,\text{m/s}$

35. 안지름이 100 mm인 파이프에 비중

0.8인 기름이 평균속도 4 m/s로 흐를 때 질량유량은 몇 kg · s/m인가?(단, 물의 밀도는 1000 kg/m³으로 한다.)

① 25.13   ② 44.85

③ 3.25   ④ 2.56

해설 질량유량$(m) = \rho A V$

$$= 1000 \times 0.8 \times \left(\frac{\pi}{4} \times 0.1^2\right) \times 4$$

$$= 25.13 \, \text{kg} \cdot \text{s/m}$$

36. 다음 그림에서 $H = 6\,\text{m}$, $h = 5.75\,\text{m}$ 이다. 이때 손실수두는 몇 m인가?

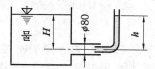

① 1 m   ② 0.75 m

③ 0.5 m   ④ 0.25 m

해설 $h_L = H - h = 6 - 5.75 = 0.25\,\text{m}$

37. 그림과 같은 관내를 비압축성 유체가 흐르고 있다. 관 A의 지름은 d이고, 관 B의 지름은 $\frac{1}{2}d$이다. 관 A에서의 유체의 흐름의 속도를 V라 하면 관 B에서의 유체의 유속은?

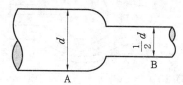

① $\frac{1}{2}V$ ② $2V$

③ $\frac{1}{\sqrt{2}}V$ ④ $4V$

해설 연속방정식 $A_1 V_1 = A_2 V_2$에서

$$d^2 V_A = \left(\frac{d}{2}\right)^2 V_B$$

$$\therefore \ V_B = 4V_A$$

38. 그림에서와 같이 양쪽의 수위가 다른 저수지를 벽으로 차단하고 있다. 이 벽의 오리피스를 통하여 ①에서 ②로 물이 흐르고 있을 때 유출속도 V_2는 얼마인가?

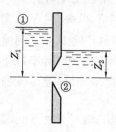

① $V_2 = \sqrt{2gZ_1}$

② $V_2 = \sqrt{2gZ_2}$

③ $V_2 = \sqrt{2g(Z_1 + Z_2)}$

④ $V_2 = \sqrt{2g(Z_1 - Z_2)}$

해설 ①, ②에 대하여 베르누이 방정식을 적용하면,

$$\frac{V_1^2}{2g} + \frac{p_1}{\gamma} + Z_1 = \frac{V_2^2}{2g} + \frac{p_2}{\gamma} + Z_2$$에서

$V_1 = 0$, $p_1 = p_2 = p_o$(대기압) $= 0$을 각각 대입시키면

$$0 + 0 + Z_1 = \frac{V_2^2}{2g} + Z_2 + 0$$

$$\therefore \ V_2 = \sqrt{2g(Z_1 - Z_2)} \, [\text{m/s}]$$

39. 수면의 높이가 지면에서 h인 물통 벽에 구멍을 뚫고 물을 지면에 분출시킬 때 구멍을 어디에 뚫어야 가장 멀리 떨어지는가?

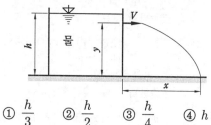

① $\frac{h}{3}$ ② $\frac{h}{2}$ ③ $\frac{h}{4}$ ④ h

해설 토리첼리 공식에서

유속$(V) = \sqrt{2g(h-y)}\,[\text{m/s}]$

여기서 자유낙하 높이 $y = \dfrac{1}{2}gt^2$, $x = Vt$이

므로 $\dfrac{x}{t} = \sqrt{2g(h-y)}$ 에서

$x = \sqrt{\dfrac{2y}{g}}\,\sqrt{2g(h-y)} = 2\sqrt{y(h-y)}$

윗식을 y에 관해서 미분하면

$\dfrac{dx}{dy} = \dfrac{h-2y}{\sqrt{y(h-y)}}$

x가 최대가 되기 위해서는 $\dfrac{dx}{dy} = 0$이어야

하므로 $h = 2y$

$\therefore\ y = \dfrac{h}{2}\,[\text{m}]$

40. 송출구의 지름 200 mm인 펌프의 양
수량이 3.6 m³/min일 때 유속은 몇 m/s
인가?

① 3.78 ② 2.11

③ 1.35 ④ 1.91

해설 유량 $Q = 3.6\,\text{m}^3/\text{min} = \dfrac{3.6}{60}\,\text{m}^3/\text{s}$

$\qquad\qquad = 0.06\,\text{m}^3/\text{s}$

$\therefore\ V = \dfrac{Q}{A} = \dfrac{0.06}{\dfrac{\pi}{4}(0.2)^2} = 1.91\,\text{m/s}$

정답 **40.** ④

제4장 운동량 방정식과 응용

1. 역적 & 운동량(모멘텀)

물체의 질량 m과 속도 v의 곱을 운동량(momentum)이라 한다. 뉴턴의 제 2 운동법칙에 의하면 다음과 같다.

$$F = ma = m\frac{dV}{dt} = \frac{d}{dt}(mV)$$

$$Fdt = mdV = d(mV)$$

여기서, Fdt : 역적(impulse) 또는 충격력, mdv : 운동량(momentum)의 변화

$$\int_1^2 Fdt = \int_1^2 mdV$$

$$F(t_2 - t_1) = m(V_2 - V_1)[\text{N} \cdot \text{s}]$$

예제 1. 유체 운동량의 법칙은 다음 중 어떤 경우에 적용할 수 있는가?

① 점성 유체에만 적용할 수 있다.

② 압축성 유체에만 적용할 수 있다.

③ 정상유동하는 이상 유체에만 적용할 수 있다.

④ 모든 유체에 적용할 수 있다.

[해설] 운동량 법칙은 모든 유체나 고체에 적용시킬 수 있는 자연법칙이다.   [정답] ④

1-1 운동량 보정계수(β)

유동 단면에 대한 속도 분포가 균일하지 않을 때 그 단면에서의 운동량은 운동량 보정계수를 도입함으로써 평균 속도 V의 운동량으로 나타낼 수 있다.

$$\text{즉, } F = \int_A \rho v v dA = \beta \rho Q V = \beta \rho A V^2$$

$$\therefore \beta = \frac{1}{A} \int \left(\frac{v}{V}\right)^2 dA \,(\text{운동량 보정계수})$$

예제 **2. 다음 중 운동량 수정계수는?**

① $\dfrac{1}{A} \displaystyle\int_A \left(\dfrac{v}{V}\right) dA$ ② $\dfrac{1}{A} \displaystyle\int_A \left(\dfrac{v}{V}\right)^2 dA$

③ $\dfrac{1}{A} \displaystyle\int_A \left(\dfrac{v}{V}\right)^3 dA$ ④ $\dfrac{1}{A} \displaystyle\int_A \left(\dfrac{v}{V}\right)^4 dA$

해설 ③은 운동에너지 수정(보정)계수   정답 ②

1-2 곡관에 작용하는 힘

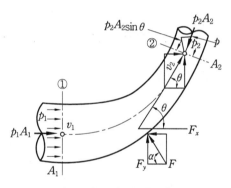

만곡 관로에 미치는 힘

그림과 같이 관로의 단면적과 방향이 함께 변하는 곡관 속을 유동할 때 단면 ①과 ② 사이의 유체에 운동량 방정식을 적용하면 다음과 같다.

$$\Sigma F_x = \rho Q(V_{x2} - V_{x1})[\text{N}]$$

$$p_1 A_1 - p_2 A_2 \cos\theta - F_x = \rho Q(v_2 \cos\theta - v_1)$$

$$\therefore F_x = p_1 A_1 - p_2 A_2 \cos\theta + \rho Q(v_1 - v_2 \cos\theta)[\text{N}]$$

$$\Sigma F_y = \rho Q(V_{y2} - V_{y1})[\text{N}]$$

$$F_y - p_2 A_2 \sin\theta = \rho Q(v_2 \sin\theta - 0)$$

$$F_y = p_2 A_2 \sin\theta + \rho Q v_2 \sin\theta [\text{N}]$$

따라서 합력의 크기는 다음과 같다.

$$F = \sqrt{F_x^2 + F_y^2}, \quad \theta = \tan^{-1} \frac{F_y}{F_x}$$

1-3 분류가 평판에 작용하는 힘

(1) 고정 평판에 수직으로 작용하는 힘

$$F = \rho Q V = \rho A V^2 [\text{N}]$$

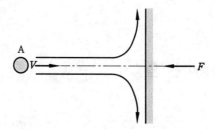

고정 평판에 충돌하는 분류

(2) 경사진 고정 평판에 작용하는 힘

$$F = \rho Q V \sin\theta [\text{N}]$$

$$F_x = F \sin\theta = \rho Q V \sin^2\theta [\text{N}]$$

$$F_y = F \cos\theta = \rho Q V \sin\theta \cos\theta [\text{N}]$$

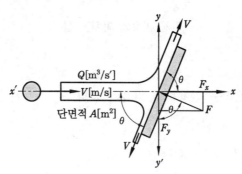

고정 평판에 경사각으로 충돌하는 분류

평판과 평행한 힘은 작용하지 않고, 평판과 평행한 방향의 운동량의 변화도 없다. 따라서 평행한 분류의 최초의 운동량은 충돌 후의 합과 같으므로

$$\rho Q V \cos\theta = \rho Q_1 V - \rho Q_2 V$$

$$\therefore \ Q \cos\theta = Q_1 - Q_2$$

또한 연속의 방정식에서 $Q = Q_1 + Q_2$이므로 다음과 같은 식이 성립한다.

$$Q_1 = \frac{Q}{2}(1 + \cos\theta)\,[\mathrm{m^3/s}]$$

$$Q_2 = \frac{Q}{2}(1 + \cos\theta)\,[\mathrm{m^3/s}]$$

(3) 움직이고 있는 평판에 수직으로 작용하는 힘

그림과 같이 평판이 분류의 방향으로 u의 속도를 가지고 움직일 때 분류가 평판에 충돌하는 속도는 분류의 속도 v에서 평판의 속도 u를 뺀 값, 즉 평판에 대한 분류의 상대 속도이다.

$$F = \rho Q(V - u) = \rho A(V - u)^2\,[\mathrm{N}]$$

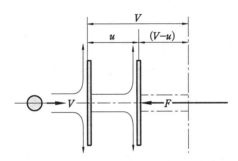

분류 방향으로 운동하는 평판에 충돌하는 분류의 힘

1-4 분류가 곡면판에 작용하는 힘

(1) 고정 곡면판(고정 날개)에 작용하는 힘

$$F_x = \rho Q V(1 - \cos\theta)\,[\mathrm{N}]$$

$$F_y = \rho Q V \sin\theta\,[\mathrm{N}]$$

$$\therefore\ F\sqrt{F_x^2 + F_y^2} = \rho Q V\sqrt{(1 - \cos\theta)^2 + \sin^2\theta} = 2Qv\sin\left(\frac{\theta}{2}\right)[\mathrm{N}]$$

$$\theta = \tan^{-1}\frac{F_y}{F_x} = \sin\frac{\theta}{(1 - \cos\theta)} = \cot\frac{\theta}{2} = \tan\frac{\pi - \theta}{2}$$

위의 식에 의하면 그 방향은 분류가 곡면판에 부딪치는 전후 속도의 방향을 이등분하는 선의 방향과 일치한다. 또 곡면판이 받는 힘 F는 $\theta = 180°$, 즉 U자형으로 만들 때가 최대로 되고 분류가 평판과 수직인 경우의 2배가 된다.

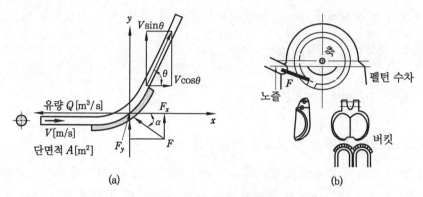

(a)   (b)

고정 곡면판에 미치는 분류의 힘

(2) 움직이는 곡면판(가동 날개)에 작용하는 힘

그림에서 유체 분류가 가동 날개의 접선 방향으로 유입한다면 유체가 날개에 작용하는 분력 F_x, F_y는 운동량 방정식에 의하여 결정된다. 날개 위를 지나는 상대 속도는 분류의 절대속도 V와 날개의 절대속도 u의 차로서 크기는 변함이 없다.

$$F_x = \rho Q(V_{x1} - V_{x2}) \text{에서}$$

$$V_{x1} = V - u, \quad V_{x2} = (V - u)\cos\theta$$

또한 유량 $Q = A(V - u)$이므로 다음과 같다.

$$\therefore F_x = \rho Q(V - u)(1 - \cos\theta)$$

$$= \rho A(V - u)^2(1 - \cos\theta)$$

$$F_y = \rho Q(V_{y1} - V_{y2}) \text{에서}$$

$$V_{y1} = 0$$

$$V_{y2} = (V - u)\sin\theta \text{이므로}$$

$$\therefore F_y = \rho Q(V - u)\sin\theta = \rho A(V - u)^2\sin\theta$$

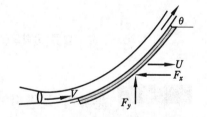

**움직이는 곡면판(가동 날개)에
작용하는 힘**

또한 날개 출구에서의 절대속도 x방향의 성분 V_x와 y방향의 성분 V_y를 구하면 다음과 같다.

$$V_x = (V - u)\cos\theta + u[\text{m/s}]$$

$$V_y = (V - u)\sin\theta[\text{m/s}]$$

단일 가동 날개에서의 유량은 분류의 단면적에 상대속도를 곱한 값이며, 펠톤 수차와 같은 연속 날개에서는 분류의 단면적에 절대속도를 곱한 값이다.

예제 3. 그림과 같이 단면적이 0.002 m²인 노즐에서 물이 30 m/s의 속도로 분사되어 평판을 5 m/s로 분류의 방향으로 움직이고 있을 때 분류가 평판에 미치는 충격력은 약 얼마인가? (단, 물의 비중은 1이다.)

① 948 N   ② 1345 N

③ 1250 N   ④ 1837 N

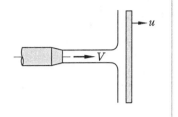

해설 $F = \rho Q (V-u)^2 = 1000 \cdot (0.002)(30-5)^2 = 1250\,N$

정답 ③

예제 4. 오른쪽 그림에서 R_x를 구하는 운동량 방정식은 어느 것인가?

① $p_1 A_1 - p_2 A_2 \cos\theta + R_x - W = \rho Q(V_1 - V_2 \cos\theta)$

② $-p_1 A_1 + p_2 A_2 \cos\theta + R_x = \rho Q(V_2 \cos\theta - V_1)$

③ $-p_1 A_1 + p_2 A_2 \cos\theta + R_x = \rho Q(V_1 - V_2 \cos\theta)$

④ $-p_1 A_1 + p_2 A_2 \sin\theta + R_x = \rho Q(V_2 \sin\theta - V_1)$

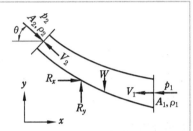

해설 $\Sigma F_x = \rho Q(V_{x2} - V_{x1})$

$-p_1 A_1 + p_2 A_2 \cos\theta + R_x = \rho Q(-V_2 \cos\theta - (-V_1))$

$R_x = p_1 A_1 - p_2 A_2 \cos\theta + \rho Q(V_1 - V_2 \cos\theta)\,[N]$

정답 ③

예제 5. 단면적이 25 cm²이고, 속도가 60 m/s인 물제트가 20 m/s의 속도로 물제트와 같은 방향으로 이동하고 있는 깃에 분사될 때 깃을 지나는 체적 유량은 몇 m³/s인가?

① 1500   ② 1.5

③ 0.1   ④ 0.15

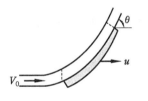

해설 $Q = A(V_0 - u) = 25 \times 10^{-4}(60-20) = 0.1\,m^3/s$

정답 ③

---

2. 프로펠러와 풍차

2-1 **프로펠러(propeller)**

항공기, 선박 또는 축류식 유체 기계의 프로펠러는 유체에 운동량의 변화를 주어 추진력 F를 발생시키는 장치이다.

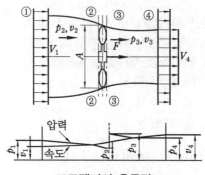

프로펠러의 운동량

그림에서 프로펠러의 상류 ①에서의 압력이 p_1, 속도가 v_1인 균일한 흐름이고 프로펠러 가까이에 이르러서는 속도가 증가하며, 압력은 감소한다. 프로펠러를 지나면 다시 압력은 증가하고 흐름의 속도도 증가하며, 흐름의 단면적이 작아져서 단면 ④에 이른다.

이것은 프로펠러가 진행되고 있는 상태이고 프로펠러 우측의 유속은 v_4이다. 따라서 프로펠러의 단면 ②와 ③에서의 속도는 같다고 볼 수 있으므로 $v_2 ≒ v_3$이다.

그러나 $p_2 < p_1$, $p_3 > p_4$이고, 프로펠러로부터 멀리 떨어진 p_1과 p_4는 같으므로 $p_2 < p_3$이다.

운동량의 원리를 단면 ①, ② 및 프로펠러의 반류(slip stream)로 둘러싸인 흐름에 적용하면 이에 미치는 힘은 프로펠러가 주는 힘뿐이다. 따라서 추진력 F는 다음과 같다.

$$F = \rho Q(V_4 - V_1) = (p_3 - p_1)A = \rho A V(V_4 - V_1)[\text{N}]$$

단면 ①과 ②, ③과 ④에 베르누이 방정식을 적용하면

$$p_1 + \rho\frac{V_1^2}{2} = p_2 + \rho\frac{V_2^2}{2}$$

$$p_3 + \rho\frac{V_3^2}{2} = p_4 + \rho\frac{V_4^2}{2}$$

와 같고, 이 두 식을 정리하면 다음과 같다.

$$p_3 - p_2 = \frac{1}{2}\rho(V_4^2 - V_1^2)$$

$$\therefore \text{평균속도}(V) = \frac{V_1 + V_4}{2}[\text{m/s}]$$

프로펠러로부터 얻어지는 출력 L_o은 추력 F에 프로펠러의 전진속도 v_1을 곱한 것과 같으므로

$$L_o = FV_1 = \rho Q(V_4 - V_1)V_1[\text{W}]$$

또한 입력 L_i는 유속 v_1을 v_4로 계속적으로 증가시키기 위한 동력이므로

$$L_i = \frac{1}{2}\rho Q(V_4^2 - V_1^2) = \frac{\rho Q}{2}(V_4 + V_1)(V_4 - V_1) = \rho Q(V_4 - V_1)V[\text{W}]$$

따라서 프로펠러의 효율(η_p)은 다음과 같다.

$$\eta_p = \frac{L_o}{L_i} = \frac{V_1}{V} \times 100\,\%$$

예제 6. 나사 프로펠러(screw propeller)로 추진되는 배가 5 m/s의 속도로 달릴 때 프로펠러의 후류속도는 6 m/s이다. 프로펠러의 지름이 1 m이면 이 배의 추력은 몇 kN인가?

① 37.68   ② 42.68

③ 52.68   ④ 62.68

해설 항공기의 프로펠러에 적용했던 식들은 그대로 이용할 수 있다. $V_1 = 5$ m/s이고 후류(後流)의 속도가 6 m/s이므로 이동하는 배를 기준으로 할 때 $V_4 = 6 + 5 = 11$ m/s임을 알 수 있다.

따라서 평균속도 $V = \dfrac{V_1 + V_4}{2} = \dfrac{5 + 11}{2} = 8$ m/s

$Q = AV = \dfrac{\pi}{4}d^2 V = \dfrac{\pi}{4} \times 1^2 \times 8 = 6.28\ \text{m}^3/\text{s}$

추력 $F = \rho Q(V_4 - V_1) = 1000 \times 6.28 \times (11 - 5) = 37680\ \text{N} = 37.68\ \text{kN}$ 정답 ①

예제 7. 위 문제에서 배의 이론추진효율은 몇 %인가?

① 83   ② 62.5

③ 50   ④ 72.5

해설 $\eta_{th} = \dfrac{2V_1}{V_1 + V_4} = \dfrac{2 \times 5}{5 + 11} = 0.625 = 62.5\,\%$ 정답 ②

---

3. 분류(jet)에 의한 추진

3-1   탱크에 붙어 있는 노즐에 의한 추진

- 분류의 속도 : $V = C_c\sqrt{2gh}\ [\text{m/s}]$
- 추력 : $F = \rho QV$(단, $Q = C_c AV$)

$$= \rho(C_c A \sqrt{2gh})(C_v \sqrt{2gh})$$

$$= 2\gamma CAh \, (C = C_c \times C_v)$$

노즐의 경우 $C = 1$ 이므로 $F = 2\gamma Ah [\text{N}]$

즉, 탱크는 분류에 의하여 노즐의 면적에 작용하는 정수압의 2배와 같은 힘을 받는다.

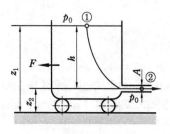

분사 추진

3-2 제트 추진

공기가 흡입구에서 v_1 의 속도로 흡입되어 압축기에서 압축되고, 연소실에 들어가 연료와 같이 연소되어 팽창된다. 이때 팽창된 가스는 고속도 v_2 로 노즐을 통하여 공기 속으로 분출된다.

추력 $F = \rho_2 Q_2 V_2 - \rho_1 Q_1 V_1$

만일 연료에 의한 운동량의 변화를 무시하면

$\rho_1 Q_1 = \rho_2 Q_2 = \rho Q$

$\therefore \ F = \rho Q(V_2 - V_1)[\text{N}]$

이며, 또한 출력은 다음과 같다.

$L_o = FV_1$

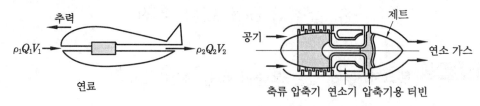

터보 제트 추진의 원리

3-3 **로켓 추진**

추진력 $F_{th} = \rho Q V = m V$ [N]

로켓 추진

4. 각운동량

임의의 한 점을 중심으로 물체에 작용하는 힘의 모멘트는 그 점을 중심으로 한 물체의 운동량 모멘트의 시간에 대한 변화율과 같다. 이것을 운동량 모멘트의 원리(moment of momentum theory) 또는 각운동량의 원리라 한다.

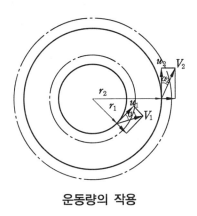

운동량의 작용

질량 m 인 물체가 임의의 한 점을 중심으로 반지름 r 인 곡선 위를 속도 V 로 운동하고 있을 때 이 물체에 작용하는 힘의 모멘트 T 는 다음과 같다.

$$T = \frac{d(mVr)}{dt}$$

이것을 선회체에 적용하면 다음과 같은 식이 성립한다.

$$T = \rho_2 Q_2 (V_2 \cos \alpha_2) r_2 - \rho_1 Q_1 (V_1 \cos \alpha_1) r_1$$

$$= \rho_2 Q_2 u_2 r_2 - \rho_1 Q_1 u_1 r_1 [\text{kN} \cdot \text{m}]$$

여기서, $u_2 = V_2 \cos \alpha_2$, $u_1 = V_1 \cos \alpha_1$

만일 연속의 방정식 $\rho_1 = \rho_2 Q_2 = \rho Q$ 가 성립하면 다음 식이 성립한다.

$$T = \rho Q (u_2 r_2 - u_1 r_1)[\text{kN} \cdot \text{m}]$$

또 동력 L은 다음과 같다.

$$L = T\omega = \rho Q (u_2 r_2 - u_1 r_1)\omega [\text{kW}]$$

여기서, ω : 각속도

이 원리는 펌프, 수차 및 송풍기(blower)의 회전차(impeller) 이론에 적용된다.

예제 8. 다음 그림에서 4개의 노즐은 모두 같은 지름인 2.5 cm를 가지고 있다. 각 노즐에서의 유량이 0.007 m³/s의 물이 분출되고 터빈의 회전수가 100 rpm일 때 여기에서 얻어지는 동력(kW)은 얼마인가?

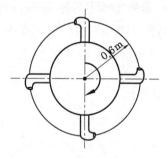

① 1.75   ② 2.51

③ 3.51   ④ 4.25

해설 분출속도$(V) = \dfrac{Q}{A} = \dfrac{0.007}{\dfrac{\pi}{4}(0.025)^2} = 14.26\,\text{m/s}$

각속도$(\omega) = \dfrac{2\pi N}{60} = \dfrac{2\pi \times 100}{60} = 10.47\,\text{rad/s}$

동력$(L) = T\omega = (\rho QV) r\omega = 1000 \times (0.007 \times 4) \times 14.26 \times 0.6 \times 10.47$

$= 2508.75\,\text{W} = 2.51\,\text{kW}$

정답 ②

출제 예상 문제

1. 다음 중 운동량 방정식 $\Sigma F = \rho Q$ $(V_2 - V_1)$을 적용할 수 있는 조건은?

① 비압축성 유체

② 압축성 유체

③ 비정상 유동

④ 모든 점에서의 속도가 일정할 때

해설 운동량 법칙을 이용하여 식 $\Sigma F = \rho Q$ $(V_2 - V_1)$을 유도하는 데 다음과 같은 가정이 필요하다.

(1) 비압축성 유체

(2) 정상류

(3) 유관의 양 끝 단면에서 속도가 균일하다.

2. 다음 중 차원이 틀린 것은?

① 역적 $= [MLT^{-1}]$

② 일 $= [ML^2T^{-2}]$

③ 운동량 $= [MLT^{-1}]$

④ 동력 $= [ML^{-2}T^{-1}]$

해설 ① 역적 = 힘×시간

$\quad = [MLT^{-2}] \times [T] = [MLT^{-1}]$

② 일 = 힘×거리

$\quad = [MLT^{-2}] \times [L] = [ML^2T^{-2}]$

③ 운동량 = 질량×속도

$\quad = [M] \times [LT^{-1}] = [MLT^{-1}]$

④ 동력 = 일/시간

$\quad = [ML^2T^{-2}]/[T] = [ML^2T^{-3}]$

3. 지름이 5 cm인 소방노즐에서 물제트가 40 m/s의 속도로 건물벽에 수직으로 충돌하고 있다. 이때 벽이 받는 힘은 몇 N인가?

① 2250

② 2450

③ 3140

④ 2170

해설 $F = \rho QV = \rho A V^2$

$\quad = 1000 \times \dfrac{\pi}{4}(0.05)^2 \times 40^2 = 3140$ N

4. 그림에서 보듯이 속도 3 m/s로 운동하는 평판에 속도 10 m/s인 물분류가 직각으로 충돌하고 있다. 분류의 단면적이 0.01 m² 이라고 하면 평판이 받는 힘은 몇 N이 되겠는가?

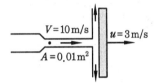

① 320 N

② 450 N

③ 640 N

④ 490 N

해설 평판에 대한 분류(jet)의 상대속도는

$\quad (V-u) = 10-3 = 7$ m/s

$\quad Q = A(V-u) = 0.01 \times 7 = 0.07$ m³/s

$\quad -F = \rho Q[0-(V-u)]$

$\quad \therefore F = \rho Q(V-u) = \rho A(V-u)^2$

$\quad\quad = 1000 \times 0.01 \times 7^2 = 490$ N

5. 다음 그림과 같이 지름 5 cm인 분류가 30 m/s의 속도로 고정된 평판에 30°의 경사를 이루면서 충돌하고 있다. 분류는 물로서 비중량이 9800 N/m³일 때 판에 작용하는 힘 F는 몇 N인가?

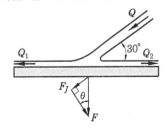

① 685 ② 784
③ 850 ④ 884

[해설] 분류가 평판에 충돌하기 전·후에 있어서 운동량 법칙을 적용하고 판에 수직인 방향의 힘만 고려하면,

$\Sigma F_y = -F = \rho Q(V_{2y} - V_{1y}\sin\theta)$

$\therefore F = \rho Q(V_{1y}\sin\theta - V_{2y})$

$= 1000 \times \dfrac{\pi}{4} \times 0.05^2 \times 30(30\sin 30° - 0)$

$\fallingdotseq 884\,N$

6. 그림과 같은 물탱크의 하단에 설치된 노즐을 통하여 물이 분사되고 있다. 이때 탱크는 추력을 받아 운동하게 되는데 물 제트에 의하여 탱크에 작용되는 추력 F는 얼마인가?

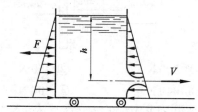

① $\sqrt{2gh}$ ② γAh
③ $2\gamma Ah$ ④ $Q\gamma\sqrt{2gh}$

[해설] 노즐 출구에서의 속도 V_2는 탱크의 수면과 노즐의 출구에 대해 베르누이 방정식을 적용하여

$$\frac{V_1^2}{2g} + \frac{p_1}{\gamma} + z_1 = \frac{V_2^2}{2g} + \frac{p_2}{\gamma} + z_2$$

여기에서 $V_1 = 0$, $p_1 = p_2 = 0$, $z_2 = 0$,

$z_1 = h$이므로 $V_2 = V = \sqrt{2gh}$

역적과 운동량의 원리로부터 물제트에 의한 추력 $F = Q\rho V$

여기에서 $Q = AV$, $\rho = \dfrac{\gamma}{g}$, $V = \sqrt{2gh}$ 이

므로 $F = A \times \dfrac{\gamma}{g}(\sqrt{2gh})^2 = 2\gamma Ah\,[N]$

7. 운동 방정식 $\Sigma F = \rho_2 Q_2 V_2 - \rho_1 Q_1 V_1$은

다음 중 어떤 가정하에서 유도할 수 있는가?
① 각 단면에서의 속도분포는 일정하다.
② 흐름이 비정상류다.
③ 비압축성 유체에서의 흐름에서만 가능하다.
④ 점성 흐름에서만 가능하다.

[해설] $\Sigma F = Q\rho(V_2 - V_1)$에서 V_2와 V_1은 임의의 단면에서의 속도이므로 그 단면에서의 평균속도라고 가정된 값이다. 따라서 임의의 단면에서 속도분포는 일정하여야 한다.

8. 운동량의 차원은? (단, M : 질량, L : 길이, T : 시간, F : 힘)
① $[FL^{-1}T^{-1}]$ ② $[FLT^{-1}]$
③ $[MLT^{-1}]$ ④ $[ML^{-1}T^{-1}]$

[해설] 운동량 $= m \cdot V$이므로

$[M] \cdot [LT^{-1}] = [MLT^{-1}]$

$= [FL^{-1}T^2][LT^{-1}] = [FT]$

9. 다음 그림과 같이 고정된 터빈 날개에 V [m/s]의 분류가 날개를 따라 유입할 때 중심선 방향으로 날개에 미치는 힘은?

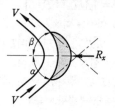

① $\rho QV(\cos\alpha + \cos\beta)$
② $\rho QV(\cos\alpha - \cos\beta)$
③ $\rho QV(\cos\alpha + \sin\beta)$
④ $\rho QV(\sin\alpha - \cos\beta)$

[해설] $\Sigma F_x = \rho Q(V_{x2} - V_{x1})$

$-R_x = \rho Q(V_{x2} - V_{x1})$

$R_x = \rho Q(V_{x1} - V_{x2})$

$= \rho QV[\cos\alpha - (-\cos\beta)]$

$= \rho QV(\cos\alpha + \cos\beta)\,[N]$

10. 운동량 방정식에서의 보정계수 β는 어느 것인가?

① $\dfrac{1}{A}\displaystyle\int_A \left(\dfrac{v}{V}\right)dA$ ② $\dfrac{1}{A}\displaystyle\int_A \left(\dfrac{v}{V}\right)^2 dA$

③ $\dfrac{1}{A}\displaystyle\int_A \left(\dfrac{v}{V}\right)^3 dA$ ④ $\dfrac{1}{A}\displaystyle\int_A \left(\dfrac{v}{V}\right)^4 dA$

해설 운동량 보정계수(β)

$$= \dfrac{1}{A}\int_A \left(\dfrac{U}{V}\right)^2 dA = \dfrac{1}{AV^2}\int_A U^2 dA$$

11. 프로펠러나 풍차에서 그의 전후방에서의 속도를 각각 V_1, V_4라고 할 때 프로펠러나 풍차를 직접 통과하는 속도 V는?

① $V = \dfrac{(V_1 - V_4)}{2}$ ② $V = \dfrac{(V_1 + V_4)}{2}$

③ $V = (V_1 - V_4)$ ④ $V = (V_1 + V_4)$

해설 프로펠러 그림에서 단면 1, 4에 대하여 운동량의 원리를 적용시키면

$(p_3 - p_2)A = F = Q\rho(V_4 - V_1)$

$\qquad\qquad\quad = A\rho V(V_4 - V_1)$

여기서 V는 프로펠러를 지나는 유체의 평균속도이다.

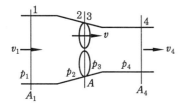

따라서 정리하면

$p_3 - p_2 = \rho V(V_4 - V_1)$ ·········· ㉠

1, 2 단면에 대한 베르누이 방정식은

$p_1 + \dfrac{1}{2}\rho V_1^2 = p_2 + \dfrac{1}{2}\rho V_2^2$

3, 4 단면에 대한 베르누이 방정식은

$p_3 + \dfrac{1}{2}\rho V_3^2 = p_4 + \dfrac{1}{2}\rho V_4^2$

위의 두 식에서 $p_1 = p_4$가 되므로

$p_3 - p_2 = \dfrac{1}{2}\rho(V_4^2 - V_1^2)$ ·········· ㉡

㉠, ㉡식으로부터 $V = \dfrac{(V_1 + V_4)}{2}$

12. 수평으로 5 m/s 움직인 평판에 지름이 20 mm인 노즐에서 물이 30 m/s의 속도로 평판에 수직으로 충돌할 때 평판에 미치는 힘은 얼마인가?

① 196.2 N   ② 280.2 N

③ 2080 N   ④ 1125 N

해설 $F = \rho Q(V - u) = \rho A(V - u)^2$

$\qquad = 1000 \times \dfrac{\pi}{4}(0.02)^2(30 - 5)^2$

$\qquad = 196.2\,\text{N}$

정답 **10.** ② **11.** ② **12.** ①

제5장 실제 유체의 흐름

1. 유체의 유동 형태

1-1 층류와 난류

유체 유동에서 유체 입자들이 대단히 불규칙적인 유동을 할 때 이 유체의 흐름을 난류 (turbulent flow)라 하고, 이에 반해 유체 입자들이 각층 내에서 질서정연하게 미끄러지 면서 흐르는 유동 상태를 층류(laminar flow)라 한다.

(1) 층류(laminar flow)

층류에서는 층과 층 사이가 미끄러지면서 흐르며, 뉴턴의 점성 법칙이 성립된다. 따라 서 전단응력은 다음과 같다.

$$\tau = \mu \frac{du}{dy} [\text{Pa}]$$

(2) 난류(turbulent flow)

난류에서는 전단응력이 점성뿐만 아니라 난류의 불규칙적인 혼합 과정의 결과로 다음과 같이 표시된다(Boussinesq).

$$\tau = \eta \frac{du}{dy} [\text{Pa}]$$

여기에서 η를 와점성계수(eddy viscosity) 또는 난류 점성계수(turbulent viscosity)라 하며, 난류의 정도와 유체의 밀도에 의하여 결정되는 계수이다. 그러나, 실제 유체의 유동 은 일반적으로 층류와 난류의 혼합된 흐름이므로 다음과 같다.

$$\tau = (\mu + \eta) \frac{du}{dy} [\text{Pa}]$$

위 식에서 완전 층류일 때는 η의 값이 0이 되고, 완전 난류일 때는 μ는 η에 비하여 극히 작은 값이 되므로 $\mu = 0$으로 쓸 수 있다.

1-2 레이놀즈(Reynolds)수

1883년에 레이놀즈는 층류에서 난류로 바뀌는 조건을 왼쪽 그림과 같은 장치로써 조사하였다. 관 끝의 밸브를 조금 열어 느리게 한 후 착색 용액을 주입한 결과 선모양의 착색액은 확산됨이 없이 축과 평행으로 전반에 걸쳐 오른쪽 그림의 (a)와 같이 층류를 이루었다. 다시 밸브를 조금 더 열어 유속을 빠르게 하였더니 착색액은 그림 (c)와 같이 관의 전단면에 걸쳐 확산되어 난류를 이루었다. 그림 (b)와 같이 층류와 난류의 경계를 이루는 구역을 천이 구역이라 한다.

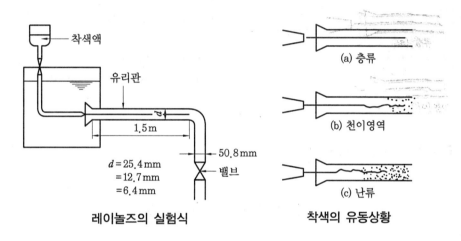

레이놀즈의 실험식   착색의 유동상황

이 결과를 종합하여 레이놀즈는 층류와 난류 사이의 천이 조건으로서 속도 v, 지름 d 및 유체의 점도 μ가 관계됨을 확인하고, 다음과 같은 식을 세웠다.

$$Re = \frac{\rho V d}{\mu} = \frac{Vd}{\nu} = \frac{4Q}{\pi d \nu}$$

이 Re를 레이놀즈수(Reynolds number)라 하며, 단위가 없는 무차원수로서 실제 유체의 유동에서 관성력과 점성력의 비를 나타낸다.
- 층류 : $Re < 2100(2320$ 또는 $2000)$
- 난류 : $Re > 4000$
- 천이구역 : $2100 < Re < 4000$

(1) 하임계 레이놀즈수(lower critical Reynolds number)

난류에서 층류로 천이하는 레이놀즈수로 2100, Schiller의 실험으로는 2320이다.

(2) 상임계 레이놀즈수(upper critical Reynolds number)

층류에서 난류로 천이하는 레이놀즈수로 원관인 경우 4000이다.

> **예제** **1. 난류에서 전단응력과 속도 구배의 비를 나타내는 점성계수는?**
> ① 유체의 성질이므로 온도가 주어지면 일정한 상수이다.
> ② 뉴턴의 점성법칙으로부터 구한다.
> ③ 임계 레이놀즈수를 이용하여 결정한다.
> ④ 유동의 혼합길이와 평균속도 구배의 함수이다.

> **해설** $\tau = \eta \dfrac{du}{dy}$ [Pa] 와점계수$(\eta) = \rho l^2 \left| \dfrac{du}{dy} \right|$ **정답** ④

> **예제** **2. 비중이 0.85, 동점성계수가 0.84×10^{-4} m^2/s인 기름이 지름 10 cm인 원형관 내를 평균속도 3 m/s로 흐를 때의 흐름은?**
> ① 층류이다. 　　　　　　　② 난류이다.
> ③ 천이구역이다. 　　　　　④ 하한임계 레이놀즈수이다.

> **해설** $Re = \dfrac{Vd}{\nu} = \dfrac{3 \times 0.1}{0.84 \times 10^{-4}} = 3571 < 4000$

> $2100 < Re < 4000$(천이구역)   **정답** ③

---

2. 1차원 층류 유동

2-1 　고정된 평판 사이의 정상 유동

간격 $2h$인 고정된 평행 평판 사이의 길이 dl, 두께 $2y$, 단위 폭인 미소체적에 미치는 정상류의 경우 다음과 같은 식을 만족한다.

$$p(2y \times 1) - (p + dp)(2y \times 1) - \tau 2(dl \times 1) = 0$$

$$\tau = -\frac{dp}{dl} y \, [\text{Pa}]$$

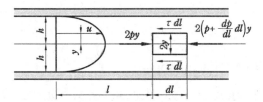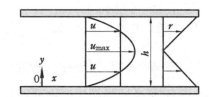

평행 평판 사이의 층류

또 유동 상태가 층류이고, y가 증가함에 따라 속도 u가 감소하므로 뉴턴의 점성법칙은 다음과 같다.

$$\tau = -\mu \frac{du}{dy} \, [\text{Pa}]$$

$$\therefore \ \frac{du}{dy} = \frac{1}{\mu} \frac{dp}{dl} y$$

적분하면 다음과 같다.

$$u = \frac{1}{2\mu} \frac{dp}{dl} y^2 + C$$

경계조건 $y = \pm h$일 때 $u = 0$이므로 다음과 같다.

$$C = -\frac{1}{2\mu} \frac{dp}{dl} h^2$$

$$\therefore \ u = -\frac{1}{2\mu} \frac{dp}{dl} (h^2 - y^2)$$

위 식에서 속도 분포는 포물선임을 알 수 있고, $y = 0$에서 최대 속도가 된다.

$$\text{최대 속도}(U_{\max}) = -\frac{1}{2\mu} \frac{dp}{dl} h^2$$

유량 Q는 속도를 전단면에 걸쳐 적분하면 다음과 같이 된다.

$$Q = \int u dA = -\frac{1}{2\mu} \frac{dp}{dl} \int_{-h}^{h} (h^2 - y^2)(dy \times 1) = -\frac{2}{3} \frac{h^3}{\mu} \frac{dp}{dl} \, [\text{m}^3/\text{s} \cdot \text{m}]$$

또 평균유속 V는 다음과 같다.

$$\therefore \ V = \frac{Q}{A} = \frac{Q}{2h \times 1} = -\frac{h^3}{3\mu} \frac{dp}{dl} = \frac{2}{3} u_{\max} \, [\text{m/s}]$$

길이 l인 평행 평판 사이의 층류 흐름에서 압력 강하를 Δp라 하면

$$\therefore \ \Delta p = \frac{3}{2} \frac{\mu Q l}{h^3} \, [\text{kPa}]$$

2-2 수평 원관 속에서의 정상 유동

단면적이 일정한 수평 원관에서 점성 유체가 정상류로 흐르고 있을 때 그림과 같은 모양의 자유물체도에 운동량 방정식을 적용시키면 다음과 같다.

$$p(\pi r^2) - (p + dp)(\pi r^2) - \tau(2\pi r dl) = 0$$

$$\tau = -\frac{dp}{dl} \frac{r}{2} \, [\text{Pa}]$$

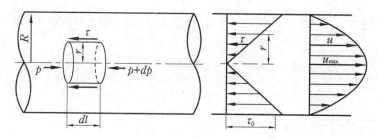

수평 원관 속에서의 정상 유동

1차 층류 유동에 대하여 r가 증가함에 따라 속도 u가 감소하므로 점성법칙 $\tau = -\mu\dfrac{du}{dy}$ 대신에 $\tau = -\mu\dfrac{du}{dr}$가 된다.

$$\therefore \frac{du}{dr} = \frac{1}{\mu}\frac{dp}{dl}\frac{r}{2}$$

r에 대하여 적분하면 다음과 같다.

$$u = \frac{1}{4\mu}\frac{dp}{dl}r^2 + C$$

경계조건 $r = R$일 때 유속 $u = 0$이므로 $C = -\dfrac{1}{4\mu}\dfrac{dp}{dl}R^2$

$$\therefore u = -\frac{1}{4\mu}\frac{dp}{dl}(R^2 - r^2)$$

위 식에서 속도 분포는 포물선으로 관벽($r = R$)에서 0이며, 중심까지 포물선으로 증가한다. 또 최대 속도는 관의 중심($r = 0$)에서 일어나며 다음과 같다.

$$u_{\max} = -\frac{1}{4\mu}\frac{dp}{dl}R^2$$

그러므로 속도 분포방정식은 다음과 같이 바꿔 쓸 수 있다.

$$\therefore u = u_{\max}\left[1 - \left(\frac{r}{R}\right)^2\right] [\text{m/s}]$$

유량 Q는 속도를 원관의 전단면에 걸쳐 적분하면 다음과 같이 된다.

$$Q = \int u\,dA = \int u(2\pi r\,dr) = -\frac{\pi}{2\mu}\frac{dp}{dl}\int(R^2 - r^2)r\,dr = -\frac{\pi R^4}{8\mu}\frac{dp}{dl}$$

$$= \frac{\Delta p\pi R^4}{8\mu l} [\text{m}^3/\text{s}]$$

관의 길이 l에서의 압력 강하를 Δp라 하면

$$Q = \frac{\Delta p\pi R^4}{8\mu l} = \frac{\Delta p\pi d^4}{128\mu l} \text{ (Hagen} - \text{Poiseuille 방정식)}$$

또 평균유속 V는 다음과 같다.

$$\therefore V = \frac{Q}{A} = \frac{\Delta p R^2}{8\mu l} = \frac{\Delta p d^2}{32\mu l} = \frac{1}{2} u_{\max}$$

그림과 같이 관이 경사져 있을 때는 점성으로 인한 손실이 압력 에너지 Δp와 위치 에너지 γz의 합으로 나타난다.

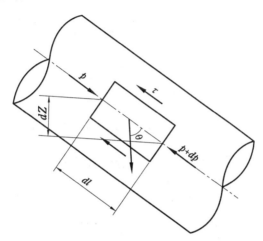

$$\therefore \tau = -\frac{d}{dl}(p + \gamma z)\frac{r}{2}, \quad Q = -\frac{d}{dl}(p + \gamma z)\frac{\pi R^4}{8\mu}$$

[예제] 3. 고정된 평판 위에 유체가 놓여 있고, 그 위에 평행하게 평판이 놓여 있으며, 이 평판이 등속도 U로 이동할 때 속도분포 $u = \dfrac{Uy}{a} - \dfrac{1}{2\mu} \cdot \dfrac{dp}{dx}(ay - y^2)$으로 표시할 수 있다. 고정 평판에서 전단응력이 0일 때 흐르는 유량을 U와 a의 함수로 나타낸 것 중 옳은 것은?

① Ua ② $\dfrac{1}{2} Ua$ ③ $\dfrac{1}{3} Ua$ ④ $\dfrac{1}{4} Ua$

[해설] $\tau = \mu \dfrac{du}{dy} = \mu \left[\dfrac{U}{a} - \dfrac{1}{2\mu} \cdot \dfrac{dp}{dx}(a - 2y) \right]$

$y = 0$에서 $\tau = 0$이면

$$\left[\dfrac{U}{a} - \dfrac{1}{2\mu} \cdot \dfrac{dp}{dx}(a) \right] = 0$$

$$\therefore \frac{dp}{dx} = \frac{2\mu U}{a^2}$$

속도분포 $u = \dfrac{Uy}{a} - \dfrac{U}{a^2}(ay - y^2)$

$$\therefore \text{유량} \quad Q = \int_o^a u\,dy = \int_o^a \left[\frac{Uy}{a} - \frac{U}{a^2}(ay - y^2) \right] dy = \frac{Ua}{3}\,[\text{m}^3/\text{s}]$$

정답 ③

예제 4. 원형관에 유체가 흐를 때 최대 속도를 u_c로 표시하면 속도분포식은 어떻게 표시할 수 있는가?

① $\dfrac{u}{u_c} = \left(\dfrac{r}{r_0}\right)^2$ 　　　　　　　② $\dfrac{u}{u_c} = \left(\dfrac{r}{r_0}\right)^2 - 1$

③ $\dfrac{u}{u_c} = 2\left(\dfrac{r}{r_0}\right)^2$ 　　　　　　　④ $\dfrac{u}{u_c} = 1 - \left(\dfrac{r}{r_0}\right)^2$

해설　$u = -\dfrac{1}{4\mu} \cdot \dfrac{dp}{dl}(r_0^2 - r^2)$, 최대 속도가 되는 조건은 $\dfrac{du}{dr} = 0$

즉, $r = 0$에서 최대 속도가 일어나고 이때 속도를 u_c로 한다.

$$u_c = -\frac{1}{4\mu} \cdot \frac{dp}{dl} \cdot r_0^2, \quad -\frac{1}{4\mu} \cdot \frac{dp}{dl} = \frac{u_c}{r_0^2}$$

$$u = \frac{u_c}{r_0^2}(r_0^2 - r^2) = u_c\left[1 - \left(\frac{r}{r_0}\right)^2\right]$$

$$\therefore \quad \frac{u}{u_c} = 1 - \left(\frac{r}{r_0}\right)^2$$

정답 ④

3. 난류

3-1 　프란틀(Prandtl)의 난류 이론

　프란틀은 불규칙한 난류 운동을 설명하기 위하여 기체론의 분자 평균 자유 행로 (molecular mean free path)의 개념과 유사한 프란틀의 혼합 거리를 정의하였다. 즉, 프란틀의 혼합 거리(Prandtl's mixing length)는 난동하는 유체 입자가 운동량의 변화 없이 움직일 수 있는 거리로 정의된다. 따라서 난류의 정도가 심하면 난동하는 유체 입자의 운동량이 크므로 운동량의 변화 없이 움직일 수 있는 거리는 커진다.

　변동 속도 u'는 난류의 혼합 거리 l과 속도 구배 $\dfrac{du}{dy}$에 비례하게 된다. 즉,

$$u' = l\frac{du}{dy}, \quad u_x' = l\frac{du_x}{dy}, \quad u_y' = l\frac{du_y}{dy}$$

따라서 난류의 전단응력 $\tau_t = \rho u_x{}' u_y{}' = \rho l^2 \left(\dfrac{du}{dy}\right)^2$

전체의 전단응력은 $\tau = \mu\left(\dfrac{du}{dy}\right) + \rho l^2 \left(\dfrac{du}{dy}\right)^2$

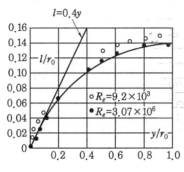

혼합 거리 l의 분포

또한 혼합 거리 l은 그림과 같이 흐름 환경에 따라 다르지만 실험에 의하면 벽 근처의 흐름은 벽에 가까울수록 혼합 작용이 억제되어 l이 작게 되지만, 벽에서 떨어지면 혼합 작용이 잘 되어 l은 크게 된다. 따라서 l은 벽면으로부터의 거리 y에만 비례한다고 생각하여 $l = ky$로 표시한다.

1930년 Karman은 상사 이론에 의하여 임의의 점에 적용할 수 있는 혼합 거리 l을 구하였다.

$$l = k\left(\frac{du}{dy}\right)^2 \bigg/ \left(\frac{d^2 u}{dy^2}\right)$$

이것을 위의 난류의 전단응력을 구하는 식에 대입하면 다음과 같다.

$$\tau_t = \rho l^2 \left(\frac{du}{dy}\right)^2 = k^2 \rho \left(\frac{du}{dy}\right)^4 \bigg/ \left(\frac{d^2 u}{dy^2}\right)^2 \,[\mathrm{kPa}]$$

예제 5. 난류경계층의 두께는 다음과 같이 표시할 수 있다. 동점성계수가 $1.45 \times 10^{-5}\,\mathrm{m^2/s}$인 공기가 $30\,\mathrm{m/s}$의 속도로 흐르고 있을 때 레이놀즈수가 2×10^6인 곳에서의 경계층 두께는 몇 mm인가?

$$\delta = 0.37\left(\frac{\nu}{u_\infty}\right)^{\frac{1}{5}} x^{\frac{4}{5}}$$

① 19.65 　　② 8.75 　　③ 24.55 　　④ 50

해설 $Re_x = \dfrac{u_\infty x}{\nu}$

$$x = \frac{Re_x \cdot \nu}{u_\infty} = \frac{2 \times 10^6 \times 1.45 \times 10^{-5}}{30} = 0.967\,\text{m} = 967\,\text{mm}$$

$$\delta = \frac{0.37x}{(Re_x)^{\frac{1}{5}}} = \frac{0.37x}{\sqrt[5]{Re_x}} = \frac{0.37 \times 967}{\sqrt[5]{2 \times 10^6}} = 19.65\,\text{mm} \qquad \boxed{\text{정답}}\ ①$$

4. 유체 경계층

4-1 경계층

(1) 경계층의 정의

그림과 같이 고체 벽면을 흐르는 물의 상태를 관찰하면 2개의 층으로 나누어진다. 첫째 층은 물체 표면에 매우 가까운 엷은 영역으로서 여기에서는 점성의 영향이 현저하게 나타나고 속도 구배가 크며 마찰응력이 크게 작용한다.

둘째층은 이 엷은 첫째층의 바깥쪽 전체의 영역으로서 점성에 대한 영향이 거의 없고 이상 유체와 같은 형태의 흐름을 이룬다. 프란틀(Prandtl)은 이 사실을 관찰하여 첫째층, 즉 점성의 영향이 미치는 물체에 따른 엷은 층을 경계층(boundary layer)이라 하였다.

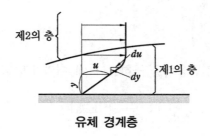

유체 경계층

(2) 경계층의 종류

경계층 바깥은 완전 유체와 같은 흐름, 즉 퍼텐셜(potential) 흐름을 이룬다. 경계층 내의 흐름에도 층류와 난류가 있는데 이것을 각각 층류 경계층(laminar boundary layer), 난류 경계층(turbulent boundary layer)이라 하고, 층류 경계층에서 난류 경계층으로 천이되는 영역을 천이 영역이라 한다.

또 난류 경계층이라 하더라도 표면에 매우 가까운 층은 여전히 층류를 이루는데, 이를 층류 저층(laminar sublayer)이라 하고, 층류 경계층에서 난류 경계층으로 천이할 때의 레이놀즈수를 임계 레이놀즈수(Re_c)라 하며, $Re_c = 5 \times 10^5$이다.

$$\text{레이놀즈수}(Re) = \frac{Ux}{\nu}$$

여기서, U : 경계층 바깥의 유속, x : 평판 선단에서 떨어진 거리, ν : 유체의 동점성 계수

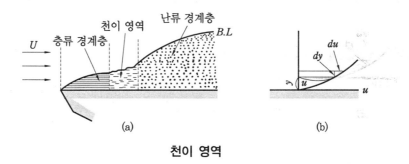

천이 영역

4-2 경계층의 두께

경계층 내부와 외부의 속도 변동은 점차적으로 이루어지므로 경계층 두께와 한계는 명확하지 않다. 따라서 경계층 내부와 외부의 유속을 각각 u, U 라고 할 때 그림과 같이 $\frac{u}{U} = 0.99$가 되는 지점까지의 y 좌표 값이 경계층의 두께 δ이다.

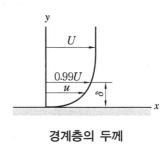

경계층의 두께

(1) 배제 두께(displacement thickness)

유체의 유동장에 물체를 놓으면 물체 표면에 경계층이 생성되고, 경계층 내의 유동은 점성 마찰력의 작용으로 감속되고 유체의 일부가 배제된다.

이 배제량은 경계층의 두께가 두꺼울수록 많아지므로 배제량을 통과시킬 수 있는 자유 유동에서의 두께를 경계층의 배제 두께라 정의하고 이것을 경계층 두께 대신 사용한다.

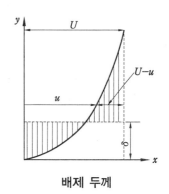

배제 두께

따라서 배제량 Δq와 배제 두께 δ는 다음과 같다.

$$\Delta q = \int (U-u)dy$$

$$\delta^* = \frac{\Delta q}{U} = \frac{1}{U}\int (U-u)dy = \int \left(1 - \frac{u}{U}\right)dy$$

(2) 운동량 두께(momentum thickness)

경계층 생성으로 인하여 배제되는 운동량에 대응하는 자유 유동에서의 두께를 운동량 두께라 한다. 이때 배제된 운동량을 운반하는 자유 유동에서의 두께를 δ^{**}라 하면 다음과 같다.

$$(\rho U \delta^{**})u = \int \rho u (U-u)dy$$

$$\delta^{**} = \int \frac{u}{U}\left(1 - \frac{u}{U}\right)dy$$

4-3 박리와 후류

흐름의 방향으로 속도가 감소하여 압력이 증가할 때는 경계층의 속도 구배가 물체 표면에서 심하게 커지고 드디어 경계층이 물체 표면에서 떨어진다.

이것을 경계층의 박리(separation)라 하고, 박리가 일어나는 경계로부터 하류 구역을 후류(wake)라 한다.

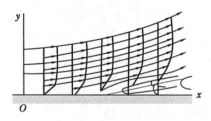

경계층의 박리와 후류

예제 6. 500 K인 공기가 매끈한 평판 위를 15 m/s로 흐르고 있을 때 경계층이 층류에서 난류로 천이하는 위치는 선단에서 몇 m인가? (단, 동점성계수는 $3.8 \times 10^{-5} \text{m}^2/\text{s}$이다.)

① 3.81　　　　　　　　　　　　② 2.52

③ 1.27　　　　　　　　　　　　④ 1.82

해설 평판의 임계레이놀즈수$(Re_c) = 5 \times 10^5$

$$Re_c = \frac{U_\infty x}{\nu} \text{ 에서 } x = \frac{Re_c \nu}{U_\infty} = \frac{5 \times 10^5 \times 3.8 \times 10^{-5}}{15} = 1.27 \text{ m}$$

정답 ③

5. 유체 속에 잠겨진 물체의 저항

5-1 항력과 양력

물체가 유체 속에 정지하고 있거나 또는 비유동 유체에서 물체가 움직일 때는 유체의 저항에 의하여 힘을 받는다.

유동 방향 성분 D를 물체의 유체 저항(fluid resistance) 또는 항력(drag force)이라 하며, 유동 방향과 직각 성분을 양력(lift force)이라고 한다.

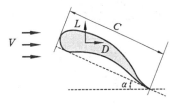

날개의 양력, 항력 및 양각

5-2 항력(drag)

(1) 후류와 형상저항

그림과 같이 원주를 흐름에 직각으로 세우면 원주의 후방에는 복잡한 소용돌이가 발생하는데 이것을 후류(wake)라 한다.

후류의 압력 p_2는 원주의 압력 p_1보다 작게 되며, 원주는 유체로부터 흐름의 방향에 힘을 받아서 저항을 일으킨다. 이 저항을 형상저항이라 한다.

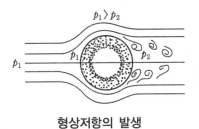

형상저항의 발생

유선형(stream line type)은 모양을 완만하게 하여 후류의 발생을 방지하여 형상저항을 작게 만든 것이다.

(2) 물체가 받는 항력

유체 속에 있는 물체는 형상저항과 마찰저항 등에 의하여 흐름의 방향으로 힘을 받는다. 이 힘을 항력이라 한다.

$$\text{항력}(D) = C_D A \frac{1}{2} \rho V^2 [\text{N}]$$

여기서, C_D : 무차원으로 표시되는 항력계수, ρ : 유체의 밀도

A : 유체의 유동 방향에 수직인 평면에 투영한 면적, V : 유체의 유동 속도

항력계수 C_D는 물체의 형상, 점성, 표면 조도 및 유동 방향에 따라 다르다.

여러 물체의 항력계수

물체	크기	기준 면적(A)	항력계수(C_D)
수평원주	$\dfrac{l}{d} = 1$ 2 4 7	$\dfrac{\pi d^2}{4}$	0.91 0.85 0.87 0.99
수직원주	$\dfrac{l}{d} = 1$ 2 5 10 40 ∞	dl	0.63 0.68 0.74 0.82 0.98 1.20
사각형판 (흐름에 직각)	$\dfrac{a}{d} = 1$ 2 4 10 18 ∞	ad	1.12 1.15 1.19 1.29 1.40 2.01
반구	–	$\dfrac{\pi}{4}d^2$	0.34 1.33
원추	$a = 60°$ $a = 30°$	$\dfrac{\pi}{4}d^2$	0.51 0.34
원판 (흐름에 직각)	–	$\dfrac{\pi}{4}d^2$	1.11

(3) 스토크스(Stokes)의 법칙

구(sphere) 주위의 점성 비압축성 유동에서 $Re \leq 1$(또는 0.6) 정도이면 박리가 존재하지 않으므로 항력은 점성력만의 영향을 받는다(스토크스의 법칙).

$$항력(D) = 3\pi\mu d V = 6\pi\mu a V [\text{N}]$$

여기서, d : 구의 지름(a : 구의 반지름), V : 유체에 대한 구의 상대 속도

5-3   양력(lift)

(1) 양력의 발생

그림과 같이 흐름에 평행하게 놓인 물체가 상하 비대칭이고 윗면이 밑면보다 곡선이 길면 윗면의 속도 v_1은 밑면의 속도 v_2보다 크게 된다.

따라서 베르누이의 정리로부터 윗면의 압력 p_1은 밑면의 압력 p_2보다 낮게 되며, 이 때문에 물체는 위쪽으로 향하는 힘을 받게 된다. 이것을 양력이라 한다.

양력의 발생

(2) Kutter-Joukowski의 정리

밀도가 ρ인 평행류 V 속에 놓인 물체 주위의 순환(circulation)이 $\varGamma$일 때 물체에 작용하는 양력 L은 다음과 같다.

$$L = \rho V \varGamma [\text{N}]$$

공에 회전을 주어 던질 때 공이 커브를 이루는 것은 이 양력이 발생되기 때문이다.

(3) 익형(wing or airfoil)

큰 양력이 발생되도록 물체의 형을 만들어 그 양력을 이용하도록 한 것을 익형이라 한다. 익형의 앞쪽에서 뒤쪽까지의 수직길이를 익현장(chord length)이라 하고, 유체의 흐름의 방향과 익현장이 이루는 각 α를 앙각(angle of attack)이라 한다.

$$양력(D) = C_L A \frac{1}{2} \rho V^2$$

여기서, C_L : 무차원으로 표시되는 양력계수

ρ : 유체의 밀도

A : 유체의 유동 방향에 수직인 평면에 투영한 면적

V : 유체의 유동 속도

익형에서 양력이 발생되는 이유는 익형 상하의 압력차 때문이다. 즉, 익형 윗면의 평행류와 순환류의 속도가 가해져서 속도가 커지기 때문에 베르누이의 정리에 의하여 압력이 낮아진다. 또 익형의 아랫면에서는 평행류의 속도가 순환류의 속도 방향의 역이 되기 때문에 속도가 낮아지고, 압력이 높아진다.

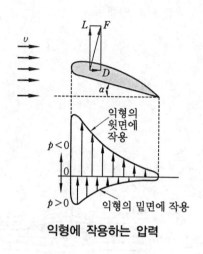

익형에 작용하는 압력

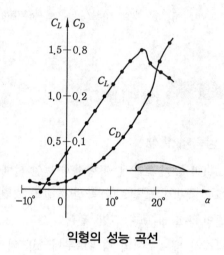

익형의 성능 곡선

예제 **7.** 유동에 수직하게 놓인 원판의 항력계수는 1.12이다. 지름 0.5 m인 원판이 정지공기 ($\rho = 1.275\,\text{kg/m}^3$) 속에서 15 m/s로 움직일 때 필요한 힘은 몇 N인가?

① 31.53　　　　　　　　② 52.23

③ 82.53　　　　　　　　④ 92.53

해설 항력$(D) = C_D \dfrac{\rho A V^2}{2}$

$$= 1.12 \times \frac{1.275 \times \dfrac{\pi}{4}(0.5)^2 \times 15^2}{2} = 31.53\,\text{N}$$

정답 ①

출제 예상 문제

1. 레이놀즈수에 대한 설명 중 옳은 것은?

① 레이놀즈수가 큰 것은 점성 영향이 크다는 것이다.

② 아임계와 초임계를 구분해 주는 척도이다.

③ 균속도 유동과 비균속도 유동을 구분해 주는 척도이다.

④ 층류와 난류 구분의 척도이다.

2. 레이놀즈수가 아닌 것은?

① $\dfrac{vd}{\nu}$　　② $\dfrac{vd\rho}{\mu}$

③ $\dfrac{\rho l V^2}{\sigma}$　　④ $\dfrac{u_\infty x \rho}{\mu}$

해설 $\dfrac{\rho l V^2}{\sigma}$ 은 웨버수(Weber number)이다.

3. 다음 중 상임계 레이놀즈수는?

① 층류에서 난류로 변하는 레이놀즈수

② 난류에서 층류로 변하는 레이놀즈수

③ 등류에서 비등류로 변하는 레이놀즈수

④ 비등류에서 등류로 변하는 레이놀즈수

해설 층류에서 난류로 변하는 레이놀즈수를 상임계 레이놀즈수라 하고, 난류에서 층류로 변하는 레이놀즈수를 하임계 레이놀즈수라고 한다. 원관 속의 흐름에서 상임계 레이놀즈수는 4000, 하임계 레이놀즈수는 2100이며, 학자에 따라 2000~2300을 쓰기도 한다.

4. 레이놀즈수에 대한 설명으로 옳은 것은?

① 정상류와 비정상류를 구별하여 주는 척도이다.

② 등류와 비등류를 구별하여 주는 척도이다.

③ 층류와 난류를 구별하여 주는 척도가 된다.

④ 실제 유체와 이상 유체를 구별하여 주는 척도가 된다.

해설 레이놀즈수는 층류와 난류를 구별하여 주는 척도가 된다. $Re < 2100$에서는 층류, $Re > 4000$에서는 난류의 성질을 갖게 된다.

5. 지름이 120 mm인 원관에서 유체의 레이놀즈수가 20000이라 할 때 관지름이 240 mm이면 레이놀즈수는 얼마인가?

① 5000　　② 10000

③ 20000　　④ 40000

해설 $Re = \dfrac{4Q}{\pi D \nu}$ 이므로 $Re \propto \dfrac{1}{D}$

$\therefore Re = 20000 \times \dfrac{120}{240} = 10000$이 된다.

6. 30℃인 글리세린(glycerin)이 0.3 m/s로 5 cm인 관 속을 흐르고 있을 때 유동 상태는? (단, 글리세린은 30℃에서 $\nu = 0.0005$ m²/s이다.)

① 층류　　② 난류

③ 천이구역　　④ 비정상류

해설 $Re = \dfrac{Vd}{\nu} = \dfrac{0.3 \times 0.05}{0.0005} = 30 < 2100$

$\therefore$ 층류

7. 다음 중 지름 10 cm인 관에 20℃인 물이 0.002 m³/s로 흐르고 있을 때 유동 상태는 어느 것인가? (단, 물의 20℃에서 $\nu = 1.007 \times 10^{-6}$ m²/s이다.)

정답 1. ④　2. ③　3. ①　4. ③　5. ②　6. ①　7. ②

① 층류   ② 난류
③ 천이구역   ④ 비정상류

[해설] $V = \dfrac{Q}{A} = \dfrac{0.002}{\dfrac{\pi}{4}(0.1)^2} = 0.2547 \text{ m/s}$

$Re = \dfrac{Vd}{\nu} = \dfrac{0.2547 \times 0.1}{1.007 \times 10^{-6}} = 25300 > 4000$

∴ 난류

8. 10℃의 물($\nu = 0.0131 \text{ cm}^2\text{/s}$)이 지름 20 mm인 원관을 통하여 흐른다. 이때 고속의 난류 상태에서 저속으로 떨어뜨려 가면 얼마만한 유속에서 층류로 되겠는가?

① 0.152 m/s   ② 0.215 m/s
③ 0.512 m/s   ④ 0.252 m/s

[해설] $Re = \dfrac{VD}{\nu} = 2320$

∴ $V = \dfrac{Re\nu}{D} = \dfrac{2320 \times 0.0131 \times 10^{-4}}{0.02}$

    $= 0.152 \text{ m/s}$

9. 다음 그림에서 지름이 75 mm인 관에서 $Re = 20000$일 때, 지름이 150 mm인 관에서 Re는? (단, 모든 손실은 무시한다.)

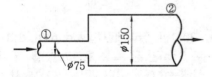

① 40000   ② 80000
③ 5000   ④ 10000

[해설] $Re = \dfrac{Vd}{\nu} = \dfrac{\dfrac{Q}{\dfrac{\pi}{4}d^2}d}{\nu} = \dfrac{4Q}{\pi\nu d}$

$Re \propto \dfrac{1}{d}$

$\dfrac{Re}{Re_1} = \left(\dfrac{d_1}{d}\right)$

∴ $Re = Re_1\left(\dfrac{d_1}{d}\right) = 20000\left(\dfrac{75}{150}\right) = 10000$

10. 다음 중 하겐-푸아죄유의 방정식은? (단, D는 관의 지름, Δp는 관의 길이 L에서의 압력강하, μ는 점성계수, Q는 유량이다.)

① $Q = \dfrac{\pi D^2 \Delta p}{8\mu L}$ ② $Q = \dfrac{8\pi L}{\pi D^2 \Delta p}$

③ $Q = \dfrac{128\mu L}{\pi D^4 \Delta p}$ ④ $Q = \dfrac{\pi D^4 \Delta p}{128\mu L}$

[해설] $Q = \dfrac{\pi D^4 \Delta p}{128\mu L}$ 을 하겐-푸아죄유의 방정식이라고 하며, 층류 흐름의 경우에만 적용할 수 있다.

11. 점성 유체가 단면적이 일정한 수평원관 속을 정상류, 층류로 흐를 때 유량은?

① 길이에 비례하고 지름의 제곱에 반비례한다.
② 압력강하에 반비례하고 관 길이의 제곱에 비례한다.
③ 점성계수에 반비례하고 관의 지름의 4제곱에 비례한다.
④ 압력강하와 관의 지름에 비례한다.

[해설] $Q = \dfrac{\pi D^4 \Delta p}{128\mu L}$ 에서 유량 Q는 점성계수 μ에 반비례하고 관의 지름 D의 4제곱에 비례한다.

12. 반지름 r_0인 수평원관 속을 기름이 층류로 흐를 때 반지름 r인 지점의 속도분포는? (단, μ는 기름의 점성계수, $-\dfrac{dp}{dl}$는 유동방향 길이에 대한 압력강하이다.)

① $u = -\dfrac{1}{4\mu}\dfrac{dp}{dl}(r_0^2 - r^2)$

② $u = -\dfrac{1}{2\mu}\dfrac{dp}{dl}(r_0 - r)$

③ $u = -\dfrac{1}{4\mu}\dfrac{dp}{dl}(r_0 - r)$

④ $u = -\dfrac{1}{2\mu}\dfrac{dp}{dl}(r_0^2 - r^2)$

13. 와점성계수와 관계없는 것은?

① 평균속도구배

② 유동의 혼합길이

③ 유체의 밀도

④ 층류

해설 난류유동에서의 전단응력은

$\tau = \eta\dfrac{du}{dy}$ [Pa]

여기서 η는 유체의 와점성계수이고,

$\eta = \rho l^2 \left|\dfrac{du}{dy}\right|$ 이다.

14. 레이놀즈수에 관한 설명 중 틀린 것은?

① 층류와 난류를 구분하는 척도이다.

② 점성력과 관성력의 비이다.

③ 레이놀즈수가 작은 경우는 점성력이 크게 영향을 미친다.

④ 유동단면의 형상에는 무관하며, 하임계 레이놀즈수는 2100이다.

해설 레이놀즈수는 층류와 난류를 구분하는 척도로서 점성력과 관성력의 비이다.

즉, $Re = \dfrac{관성력}{점성력}$이다.

따라서 레이놀즈수가 작은 경우는 점성력이 관성력에 비해 크게 영향을 미친다는 것을 의미하며 상임계 레이놀즈수 및 하임계 레이놀즈수는 각각 원관 속의 흐름에서는 4000과 2100이다. 유동단면의 형상이 변하면 임계 레이놀즈수도 변화한다.

15. 관속 흐름에 대한 문제에 있어서 레이놀즈수를 Q, d 및 ν의 함수로 표시하면 어느 것인가?

① $Re = \dfrac{4Q}{\pi d\nu}$　　② $Re = \dfrac{Q\rho}{4\pi d\nu}$

③ $Re = \dfrac{\pi\nu}{Qd}$　　④ $Re = \dfrac{\pi d}{\nu Q}$

해설 연속방정식에서 $V = \dfrac{Q}{A} = \dfrac{4Q}{\pi d^2}$

레이놀즈수 Re로부터

$Re = \dfrac{Vd}{\nu} = \dfrac{d}{\nu} \times \dfrac{4Q}{\pi d^2}$

$\therefore Re = \dfrac{4Q}{\pi d\nu}$

16. 원관에서 유체가 층류로 흐를 때 속도 분포는?

① 전단면에서 일정하다.

② 관벽에서 0이고, 관벽까지 선형적으로 증가한다.

③ 관 중심에서 0이고, 관벽까지 직선적으로 증가한다.

④ 2차 포물선으로 관벽에서 속도는 0이고, 관 중심에서 속도는 최대 속도이다.

17. 비압축성 유체가 원관 속을 층류로 흐를 때 전단응력은?

① 관의 중심에서 0이고 반지름에 따라 선형적으로 증가한다.

② 관의 벽에서 0이고 선형적으로 증가하여 관의 중심에서 최대가 된다.

③ 관의 단면 전체에 걸쳐 일정하다.

④ 관의 중심에서 0이고 반지름의 제곱에 비례하여 증가한다.

해설 전단응력$(\tau) = -\dfrac{r}{2}\dfrac{l}{dl}(p+\gamma h)$

여기서 $-\dfrac{d}{dl}(p+\gamma h)$는 수력구배선의 하강을 의미하므로 $r=0$, 즉 관 중심에서는 전단응력이 0이며 r에 비례하여 증가하게 된다.

18. 원관 내의 층류 유동에서의 유량은?

① 점성계수에 비례한다.

정답 **13.** ④　**14.** ④　**15.** ①　**16.** ④　**17.** ①　**18.** ④

② 반지름의 제곱에 반비례한다.

③ 압력 강하에 반비례한다.

④ 점성계수에 반비례한다.

해설 하겐-푸아죄유의 방정식에서

$$Q = \frac{\Delta p \pi d^4}{128 \mu l} [\text{m}^3/\text{s}]$$

19. 일정한 유량의 물이 원관 속을 흐를 때 지름을 2배로 하면 손실수두는 몇 배로 되는가? (단, 층류로 가정한다.)

① $\dfrac{1}{16}$ ② $\dfrac{1}{8}$ ③ $\dfrac{1}{4}$ ④ $\dfrac{1}{2}$

해설 하겐-푸아죄유의 방정식 $h_L = \dfrac{128 \mu L Q}{\pi D^4 \gamma}$ 에서 손실수두는 지름의 4제곱에 반비례한다 $\left(h_L \propto \dfrac{1}{D^4} \right)$. 따라서, 지름을 2배로 하면 손실수두는 $\dfrac{1}{2^4} = \dfrac{1}{16}$ 배가 된다.

20. 층류에서 속도분포는 포물선을 그리게 된다. 이때 전단응력의 분포는?

① 직선이다.   ② 포물선이다.

③ 쌍곡선이다.   ④ 원이다.

해설 속도분포 u가 포물선이면 $u = c_1 y^2 + c_2$ 에서 c_1, c_2는 일반상수이다.

따라서 $\dfrac{du}{dy} = 2 c_1 y$

뉴턴의 점성법칙에 대입하면

$$\tau = \mu \frac{du}{dy} = 2 c_1 \mu y = c' y$$

즉, τ는 y의 1차 함수이므로 반드시 직선이다.

21. 원관 속을 점성 유체가 층류로 흐를 때 평균속도 V와 최대 속도 $u_{\max}$는 어떤 관계가 있는가?

① $V = \dfrac{1}{3} u_{\max}$ ② $V = \dfrac{1}{2} u_{\max}$

③ $V = \dfrac{2}{3} u_{\max}$ ④ $V = \dfrac{3}{4} u_{\max}$

22. 수평원관 속을 층류로 흐를 때 최대 속도를 $u_{\max}$라고 하면 속도 분포식은 다음 중 어느 것인가? (단, r_0는 관의 반지름이다.)

① $u = u_{\max} \left\{ \left(\dfrac{r}{r_0} \right)^2 - 1 \right\}$

② $u = u_{\max} \left\{ 1 - \left(\dfrac{r}{r_0} \right)^2 \right\}$

③ $u = u_{\max} \left\{ \left(\dfrac{r_0}{r} \right)^2 - 1 \right\}$

④ $u = u_{\max} \left\{ 1 - \left(\dfrac{r_0}{r} \right)^2 \right\}$

해설 $u = -\dfrac{1}{4 \mu} \dfrac{dp}{dl} (r_0^2 - r)$

최대 속도는 $r = 0$인 점, 즉 원관의 중심속도이므로

$$u_{\max} = -\frac{r_0^2 dp}{4 \mu dl}, \quad \frac{u_{\max}}{r_0^2} = -\frac{1}{4 \mu} \frac{dp}{dl}$$

$$\therefore \ u = -\frac{1}{4 \mu} \frac{dp}{dl} (r_0^2 - r) = \frac{u_{\max}}{r_0^2} (r_0^2 - r)$$

$$= u_{\max} \left\{ 1 - \left(\frac{r}{r_0} \right)^2 \right\}$$

23. 어떤 유체가 반지름 r_0인 수평원관 속을 층류로 흐르고 있다. 속도가 평균속도와 같게 되는 위치는 관의 중심에서 얼마나 떨어져 있는가?

① $\sqrt{\dfrac{r_0}{3}}$ ② $\sqrt{\dfrac{r_0}{2}}$

③ $\dfrac{r_0}{\sqrt{2}}$ ④ $\dfrac{r_0}{\sqrt{3}}$

[해설] 속도분포 $u = -\dfrac{1}{4\mu} \cdot \dfrac{dp}{dl}(r_0^2 - r)$

평균속도 $V = \dfrac{Q}{\pi r_0^2} = \dfrac{r_0^2 \Delta p}{8\mu L}$

속도 u가 평균속도 V와 같을 때의 r값을 구하면 되므로

$-\dfrac{1}{4\mu} \cdot \dfrac{dp}{dl}(r_0^2 - r^2) = \dfrac{r_0^2 \Delta p}{8\mu L}$

여기서 $\left(-\dfrac{dp}{dl}\right)$는 $\dfrac{\Delta p}{L}$이므로 $r_0^2 - r^2 = \dfrac{r_0^2}{2}$

$\therefore r = \dfrac{r_0}{\sqrt{2}}$

24. 수평으로 놓인 두 평행평판 사이를 층류로 흐를 때 속도분포는?

① 직선
② 포물선
③ 쌍곡선
④ 직선과 포물선의 조합

[해설] 속도분포는 $u = -\dfrac{1}{4\mu} \cdot \dfrac{dp}{dl}(h^2 - y^2)$

따라서 속도분포는 포물선이며 두 평판 사이의 중앙부에서는 최대 속도이고, 평면벽에서의 속도는 0이다.

25. 두 고정된 평행평판 사이의 층류 흐름에 있어서 전단응력 분포는?

① 포물선 분포이다.
② 평판에서 0이며 중앙면까지 선형적으로 증가한다.
③ 두 평판 사이의 중앙면에서 0이며 평판까지 선형적으로 증가한다.
④ 단면 전체에 걸쳐 일정하다.

[해설] 전단응력 $\tau = -\dfrac{dp}{dl}y$

여기서 $y=0$, 즉 두 평판 사이의 중앙면에서는 0이며 y에 비례하여 평판까지 선형적으로 증가하게 된다.

26. 난류 흐름에서의 전단응력의 관계식이 아닌 것은?

① $\tau = \rho u' v'$ ② $\tau = \varepsilon \dfrac{du}{dy}$

③ $\tau = (\mu + \varepsilon)\dfrac{du}{dy}$ ④ $\tau = \mu \dfrac{du}{dy}$

[해설] $\tau = \mu \dfrac{du}{dy}$는 뉴턴의 점성법칙으로 층류 흐름에서만 적용되는 방정식이다.

27. 난류 유동에서 와점성계수 η는?

① 유동의 성질과 무관하다.
② 난류의 점도와 유체의 밀도에 의하여 결정되는 계수이다.
③ 유체의 물리적 성질이다.
④ 밀도로 나눈 점성계수이다.

28. 평판 위의 흐름에 대한 레이놀즈수는?

① $\dfrac{u_\infty d}{\nu}$ ② $\dfrac{u_\infty x}{\nu}$

③ $\dfrac{u_\infty x}{\mu}$ ④ $\dfrac{\rho u_\infty x}{\nu}$

[해설] 평판상의 흐름에 대한 레이놀즈수는 다음과 같이 정의된다.

즉, $Re_x = \dfrac{u_\infty \rho x}{\mu}$ 또는 $\dfrac{u_\infty x}{\nu}$

29. 다음 중 프란틀의 혼합거리(mixing length)는?

① 점성이 지배적인 거리로서 뉴턴 유체에서는 0.4이다.
② 난류에서 유체입자가 이웃에 있는 다른 속도구역으로 이동되는 평균거리로서 경계면 부근에서는 수직거리에 비례한다.
③ 유체의 평균속도와 변동속도의 차를 나타내는 거리로서 층류에서보다 난류

에서 큰 값을 갖는다.

④ 난류에서 유체입자가 충돌 없이 이동할 수 있는 거리로서 점성이 주어지면 일정한 상수이다.

해설 혼합거리는 분자이론에서 한 분자가 이웃하고 있는 분자와 충돌하는 데 필요한 평균거리인 평균자유행로(mean free path)와 유사한 개념으로서 경계면 부근에서는 수직거리에 비례한다. 즉, $l = ky$ 에서 $k = 0.4$ 이다. 또 경계면에서 멀리 떨어진 난류 구역에서는 다음과 같다.

$$l = k \frac{\left(\dfrac{d\overline{u}}{dy}\right)}{\left(\dfrac{d^2\overline{u}}{dy^2}\right)}$$

30. 비중량이 γ 이고, 점성계수 μ 인 유체 속에서 자유 낙하하는 구의 최종 속도 V 는? (단, 구의 반지름을 a, 구의 비중량은 γ_s 이다.)

① $\dfrac{1}{3} \cdot \dfrac{a}{\mu}(\gamma_s - \gamma)$

② $\dfrac{2}{9} \cdot \dfrac{a^3}{\mu}(\gamma_s - \gamma)$

③ $\dfrac{2}{9} \cdot \dfrac{a^2}{\mu}(\gamma_s - \gamma)$

④ $\dfrac{1}{3} \cdot \dfrac{a}{\mu}(\gamma_s - \gamma)^2$

해설 구에 작용하는 항력과 유체에 의한 부력의 합은 구의 무게와 같아야 한다.
즉, $D + F_B = W$ 이므로

$$6\pi a \mu V + \frac{4}{3}\pi a^3 \gamma = \frac{4}{3}\pi a^3 \gamma_s$$

$$\therefore V = \frac{2}{9} \cdot \frac{a^2}{\mu}(\gamma_s - \gamma)$$

31. 흐르는 유체 속에 잠겨진 물체에 작용되는 항력 D의 관계식으로 옳은 것은 어느 것인가?

① $D = C_D A \dfrac{\rho u_\infty^2}{2g}$

② $D = C_D A \dfrac{\rho u_\infty^2}{2}$

③ $D = 6\pi a \mu u_\infty$

④ $D = f \dfrac{l}{d} \cdot \dfrac{V^2}{2g}$

해설 흐름 유체 속에 잠겨진 물체에 작용되는 항력 D는 항력계수 C_D를 사용하여 다음과 같이 정의된다.

$$D = C_D A \frac{\rho u_\infty^2}{2}[\text{N}]$$

32. 원관 속에 유체가 흐르고 있다. 다음 중 층류인 것은?

① 레이놀즈수가 200이다.

② 레이놀즈수가 20000이다.

③ 마하수가 0.5이다.

④ 마하수가 1.5이다.

해설 층류와 난류의 구분은 레이놀즈수로 하며 $Re < 2320$ 일 때 층류이다.

33. 두 평행 평판 사이를 점성 유체가 층류로 흐를 때 최대속도가 1.2 m/s이면 평균속도는 몇 m/s인가?

① 0.4 ② 0.6 ③ 0.8 ④ 1.0

해설 평균속도는 최대속도의 $\dfrac{2}{3}$ 이므로

$$V = \frac{2}{3}u_{\max} = \frac{2}{3} \times 1.2 = 0.8 \text{ m/s}$$

 제6장 차원해석과 상사법칙

1. 차원해석

차원해석법은 차원의 동차성의 원리(principle of dimensional homogeneity), 즉 물리적 관계를 나타내는 방정식은 좌변과 우변의 차원, 방정식의 가감 시 각 항은 동차가 되어야 한다는 원리를 이용하고 있다. 즉, 어떤 물리 현상에 관한 방정식이 $A = B$일 때 A의 차원과 B의 차원은 같아야 한다(차원의 동차성의 원리).

뉴턴의 제2법칙은 $F = ma$이므로 [F의 차원] = [m의 차원] × [a의 차원]

$$\therefore [F] = [M][LT^{-2}]$$

2. 버킹엄의 π 정리

n개의 물리적 양을 포함하고 있는 임의의 물리적 관계에서 기본차원의 수를 m개라고 할 때, 이 물리적 관계는 $(n-m)$개의 서로 독립적인 무차원함수로 나타낼 수 있다.

(무차원 양의 개수) = (측정 물리량의 개수) – (기본차원의 개수)

어떤 물리적인 현상에 물리량 A_1, A_2, A_3, ……, A_n이 관계되어 있다면 다음과 같이 표시된다.

$$F(A_1,\ A_2,\ A_3,\ \cdots\cdots,\ A_n) = 0$$

기본차원의 개수를 m개라고 할 때 π_1, π_2, π_3, ……, π_{n-m}의 $(n-m)$개의 독립 무차원함수로 고쳐 쓸 수 있다.

$$f(\pi_1,\ \pi_2,\ \pi_3,\ \cdots\cdots,\ \pi_{n-m}) = 0$$

여기서, π : 무차원함수, n : 물리적 양의 수, m : 기본차원의 개수

이때 무차원 수 π_1, π_2, π_3, ……, π_{n-m}을 구하는 방법은 n개의 물리량 중에서 기본차원의 개수 m개만큼 반복변수를 결정한다. 즉, 기본차원이 M, L, T라면 물리량 중에서

M, L, T를 포함하는 물리량 3개를 반복변수로 결정하고, 그 반복변수를 이용하여 독립 무차원의 매개변수를 다음과 같이 결정한다.

$$\pi_1 = A_1^{x_1} A_2^{y_1} A_3^{z_1} A_4$$

$$\pi_2 = A_1^{x_2} A_2^{y_2} A_3^{z_2} A_5$$

$$\pi_3 = A_1^{x_3} A_2^{y_3} A_3^{z_3} A_6$$

$$\vdots$$

$$\pi_{n-m} = A_1^{x_{n-m}} A_2^{y_{n-m}} A_3^{z_{n-m}} A_n$$

여기서 A_1, A_2, A_3은 반복변수로서 n개의 물리량 중에서 택한 임의의 3개의 변수로서 적어도 M, L, T를 모두 포함하고 있어야 한다.

예제 1. 어떤 유동장을 해석하는 데 관계되는 변수는 7개이다. 기본차원을 M, L, T로 할 때 버킹엄의 파이(π) 정리로 해석한다면 몇 개의 파이(π)를 얻는가?

① 2   ② 3   ③ 4   ④ 5

해설 변수$(n)=7$, 기본차원수$(m)=3$이므로 독립 무차원 매개변수(π)는
$\pi = (n-m) = 7-3 = 4$개   정답 ③

예제 2. 차원해석에 있어서 반복변수는?
① 기본차원을 모두 포함하는 변수로 택한다.
② 기본차원의 수를 가능한 한 감소할 수 있도록 택한다.
③ 같은 차원을 갖는 두 변수가 있으면 이들 모두를 택한다.
④ 중요하지 않은 변수라고 하더라도 꼭 포함시켜야 한다.

해설 반복변수의 개수는 기본차원의 수와 같게 하고 반복변수는 기본차원을 모두 포함해야 하며 종속변수는 택하지 않는다.   정답 ①

3. 상사법칙

유체역학에서는 유동 현상을 연구할 때 모형(model)을 사용하는 경우가 많다. 이 모형은 원형(prototype)에 비해서 작으므로 시간과 비용이 적게 들어 경제적이지만 모형을 사용하는 것도 해석적인 방법에 비하면 비경제적이다. 그러므로 해석적인 방법으로 믿을 만한 해답을 얻을 수 없는 경우에만 모형 실험을 하는 것이 보통이다.

이와 같은 모형 실험을 할 때는 모형과 원형 사이에 서로 상사가 되어야 할 뿐만 아니라 모형에 미치는 유체의 상태, 즉 속도 분포나 압력 분포의 상태가 실물에 미치는 유체의 상태와 꼭 상사가 되도록 할 필요가 있다. 이와 같이 모형 실험이 실제의 현상과 상사가 되기 위해서는 기하학적 상사, 운동학적 상사 및 역학적 상사의 세 가지 조건이 필요하다.

3-1 기하학적 상사(geometric similitude)

원형과 모형은 동일한 모양이 되어야 하고, 원형과 모형 사이에 서로 대응하는 모든 치수의 비가 같아야 한다.

① 길이 : $L_r = \dfrac{L_m}{L_p}$ ② 넓이 : $A_r = \dfrac{A_m}{A_p} = \dfrac{L_m^2}{L_p^2} = L_r^2$

3-2 운동학적 상사(kinematic similitude)

원형과 모형 주위에 흐르는 유체의 유동이 기하학적으로 상사할 때, 즉 유선이 기하학적으로 상사할 때 원형과 모형은 운동학적 상사가 존재한다. 그러므로 운동학적으로 상사하는 두 유동 사이에는 서로 대응하는 점에서의 속도가 평행하여야 하고, 속도의 크기비는 모든 대응점에서 같아야 한다.

① 속도비 : $v_r = \dfrac{v_m}{v_p} = \dfrac{L_m/T_m}{L_p/T_p}\dfrac{L_r}{L_p} = \dfrac{L_r}{T_r}$

② 가속도비 : $a_r = \dfrac{a_m}{a_p} = \dfrac{v_m/T_m}{v_p/T_p} = \dfrac{L_m/T_m^2}{L_p/T_p^2} = \dfrac{L_r}{T_r^2}$

③ 유량비 : $Q_r = \dfrac{Q_m}{Q_p} = \dfrac{v_m A_m}{v_p A_p} = \dfrac{L_r}{T_p}L_r^2 = \dfrac{L_r^3}{T_r}$

3-3 역학적 상사(dynamic similitude)

기하학적으로 상사하고 또 운동학적으로 상사한 두 원형과 모형 사이에 서로 대응하는 점에서의 힘(전단력, 압력, 관성력, 표면장력, 탄성력, 중력 등)의 방향이 서로 평행하고 크기의 비가 같을 때 두 형은 역학적 상사가 존재한다고 말한다. 따라서 두 원형과 모형 사이에 역학적 상사가 존재하려면 다음과 같이 힘의 비로 정의되는 무차원수가 두 형식에서 같아야 한다.

무차원수의 특징

명칭	정의	물리적 의미	중요성
웨버수 (Weber number)	$We = \dfrac{\rho V^2 L}{\sigma}$	$\dfrac{\text{관성력}}{\text{표면장력}}$	표면장력이 중요한 유동
마하수 (Mach number)	$Ma = \dfrac{V}{\alpha}$	$\dfrac{\text{관성력}}{\text{탄성력}}$	압축성 유동
레이놀즈수 (Reynolds number)	$Re = \dfrac{\rho VL}{\mu}$	$\dfrac{\text{관성력}}{\text{점성력}}$	모든 유체 유동
프루드수 (Froude number)	$Fr = \dfrac{V}{\sqrt{Lg}}$	$\dfrac{\text{관성력}}{\text{중력}}$	자유 표면 유동
압력계수 (pressure coefficient)	$C_P = \dfrac{P}{\dfrac{\rho V^2}{2}}$	$\dfrac{\text{정압}}{\text{동압}}$	압력차에 의한 유동

여기서, 관성력(inertia force) : $F_i = ma = \rho V^2 L^2$

　　　　점성력(viscosity force) : $F_v = \mu A \dfrac{du}{dy} = \mu VL$

　　　　중력(gravity force) : $F_g = mg = \rho L^3 g$

　　　　탄성력(elasticity force) : $F_e = kA = kL^2$

　　　　표면장력(surface tension) : $F_t = \sigma L$, L : 물체의 특성 길이

3-4 역학적 상사의 적용

역학적 상사의 적용

실험 내용	역학적 상사율
관(원관 운동) 익형(비행기의 양력과 항력) 경계층 잠수함 압축성 유체의 유동(단, 유동속도가 $M < 0.3$일 때)	레이놀즈수 $(Re)_m = (Re)_p$
개방수력 구조물(하수로, 위어, 강수로, 댐) 수력 도약 수력선박의 조파저항	프루드수 $(Fr)_m = (Fr)_p$
풍동실험 유체기계(단, 축류 압축기와 가스터빈에서는 마하수가 중요 무차원수가 된다.)	레이놀즈수, 마하수

예제 3. 풍동시험에서 중요한 무차원수는?

① 레이놀즈수, 마하수　　　　　　② 프루드수, 코시수

③ 프루드수, 오일러수　　　　　　④ 웨버수, 코시수

해설 풍동시험에서 유속이 작은 경우($M < 0.3$)는 레이놀즈수가 중요한 무차원수이지만 유속이 클 때($M > 0.3$)는 마하수도 중요하다. **정답** ①

예제 4. 길이의 비 $\dfrac{L_m}{L_p} = \dfrac{1}{20}$ 로 기하학적 상사인 댐(dam)이 있다. 모형 댐의 상봉에서 유속이 2 m/s일 때 실형의 대응점에서 유속은 몇 m/s인가?

① 5.91　　　　　　② 6.36

③ 7.41　　　　　　④ 8.94

해설 역학적 상사가 존재하기 위해서는 프루드수가 같아야 한다.

$$\therefore \quad \frac{V_p}{\sqrt{L_p g_p}} = \frac{V_m}{\sqrt{L_m g_m}}$$

따라서 $g_p = g_m$ 이므로

$$V_p = V_m \sqrt{\frac{L_p}{L_m}} = 2 \times \sqrt{20} \fallingdotseq 8.94 \ \text{m/s}$$

정답 ④

출제 예상 문제

1. 다음 중 차원이 틀린 것은?

① 운동량 $= [ML^{-2}T^{-1}] = [FT]$

② 일량 $= [ML^2T^{-2}] = [FL]$

③ 동력 $= [ML^2T^{-3}] = [FLT^{-1}]$

④ 압력 $= [ML^{-1}T^{-2}] = [FL^{-2}]$

[해설] 운동량$(mV) = [MLT^{-1}] = [FT]$

2. 어떤 유체공학적 문제에서 10개의 변수가 관계되고 있음을 알았다. 기본차원을 M, L, T로 할 때 버킹엄의 π정리로서 차원해석을 한다면 몇 개의 π를 얻을 수 있는가?

① 5개   ② 6개

③ 7개   ④ 8개

[해설] 변수가 10개이므로 $n=10$, 기본차원의 수 $m=3$이므로$(n-m)$, 즉 (10-3)개의 무차원함수를 얻을 수 있다.

3. $F(\Delta p, l, d, \rho, \mu)$의 무차원수 π의 개수는? (단, 여기서 Δp는 압력강하, l은 길이, d는 지름, V는 평균유속, ρ는 밀도, μ는 점성계수이다.)

① 6개   ② 5개

③ 4개   ④ 3개

[해설] 물리량의 차원은

$[\Delta p] = [FL^{-2}] = [ML^{-1}T^{-2}]$,

$[l] = [L]$, $[d] = [L]$, $[V] = LT^{-1}$,

$[\rho] = [ML^{-3}]$, $[\mu] = [ML^{-1}T^{-1}]$

물리량은 $n=6$개, 기본차원은 M, L, T이므로 $m=3$개이다.

∴ 무차원수의 개수는 $n-m = 6-3 = 3$개

4. 다음 중 조파저항이 생기는 조건이 아닌 것은?

① 배가 진행될 때 앞부분의 압력의 영향

② 배가 진행할 때 후미 부분의 압력의 영향

③ 배의 중력의 작용

④ 배와 유체의 마찰

[해설] 배와 유체의 마찰은 마찰저항만을 일으킨다.

5. 실제의 모형실험에서 조파 항력은?

① 프루드수가 같은 상태의 항력에서 마찰저항을 뺀 것

② 레이놀즈수가 같은 상태의 항력에서 마찰저항을 뺀 것

③ 레이놀즈수가 같은 상태의 마찰저항에서 항력을 뺀 것

④ 프루드수가 같은 상태의 마찰저항에서 저항을 뺀 것

[해설] 실제의 모형실험에서 조파 저항의 값은 프루드수가 같은 상태로 배의 항력을 구하여 마찰저항을 뺀 값이다.

6. 잠수함이 12 km/h로 잠수하는 상태를 관찰하기 위해서 1/10인 길이의 모형을 만들어 해수에 넣어 탱크에서 실험을 하려 한다. 모형의 속도는 몇 km/h인가?

① 38   ② 180   ③ 74   ④ 120

[해설] 역학적 상사를 만족하기 위해서는 레이놀즈수와 같아야 한다.

즉, $(Re)_p = (Re)_m$이므로 $\left(\dfrac{Vl}{\nu}\right)_p = \left(\dfrac{Vl}{\nu}\right)_m$

[정답] **1.** ①   **2.** ③   **3.** ④   **4.** ④   **5.** ①   **6.** ④

$$\therefore\ V_m = V_p \frac{\nu_m}{\nu_p} \cdot \frac{l_p}{l_m}$$

여기서, $\nu_p = \nu_m$이므로

$$V_m = V_p \frac{l_p}{l_m} = 12 \times 10 = 120\,\text{km/h}$$

7. 실물과 모형이 상사될 경우 길이의 비가 1 : 120이다. 이 모형의 표면적이 0.2 m²이면 실물의 표면적은 몇 m²가 되겠는가?

① 28.8   ② 40.6

③ 71.3   ④ 80.8

해설 $l_m : l_p = 1 : 12$이므로 $l_m^2 : l_p^2 = 1 : 144$

실물의 표면적은

$$\therefore\ l_p^2 = 0.2 \times 144 = 28.8\,\text{m}^2$$

8. 전길이가 150 m인 배가 8 m/s의 속도로 진행할 때의 모형으로 실험할 때 속도는 얼마인가? (단, 모형 전길이는 3 m이다.)

① 0.16 m/s   ② 1.13 m/s

③ 56.57 m/s   ④ 400 m/s

해설 $(fr)_m = (fr)_p$에서 $\dfrac{V_m}{\sqrt{l_m g}} = \dfrac{V_p}{\sqrt{l_p g}}$

이므로

$$V_m = V_p \sqrt{\frac{l_m}{l_p}} = 8 \times \sqrt{\frac{3}{150}} = 1.13\,\text{m/s}$$

9. 해면에 떠 있는 배의 길이가 120 m이다. 이 배의 모형을 만들어서 시험하기 위하여 모형배의 길이를 3 m로 만들었다. 배의 항해 속도가 10 m/s라면 역학적 상사를 이루기 위한 모형배의 속도와 모형배의 시험에서 배의 저항력이 9 kg(88.2 N)일 때 원형배의 항력은 얼마인가?

① 3.68 m/s, 576 kg(5.65 kN)

② 4.58 m/s, 4590 kg(45 kN)

③ 1.58 m/s, 576.8×10³ kg(5.65×10⁶ N)

④ 1.98 m/s, 475×10³ kg(4.66 ×10⁶ N)

해설 모형과 원형에 대하여 프루드수를 같게 놓으면

$(Fr)_p = (Fr)_M$ 즉, $\left(\dfrac{V^2}{lg}\right)_p = \left(\dfrac{V^2}{lg}\right)_M$

$$\frac{10^2}{120 \times 9.8} = \frac{V^2}{3 \times 9.8}$$

$$\therefore\ V = 1.58\,\text{m/s}$$

항력에 대한 무차원함수를 모형과 원형에 대하여 같게 놓으면

$$\left(\frac{D}{\rho V^2 l^2}\right)_p = \left(\frac{D}{\rho V^2 l^2}\right)_M$$

같은 유체이므로 ρ를 소거하면

$$\frac{9}{1.58^2 \times 3^2} = \frac{D_p}{10^2 \times 120^2}$$

$$\therefore\ D_p = 576.8 \times 10^3\,\text{kg}$$

[SI 단위]

$$\frac{88.2}{1.58^2 \times 3^2} = \frac{D_p}{10^2 \times 120^2}$$

$$\therefore\ D_p = 5.65 \times 10^6\,\text{N}$$

10. 회전속도가 1200 rpm인 원심펌프로 동점성계수가 1.05×10^{-3}인 기름을 수송하고 있다. 원심펌프의 모형을 만들어 동점성계수가 1.56×10^{-4} m²/s인 유체로 모형실험을 하려고 한다. 모형펌프의 지름을 실형의 2배로 하였을 때 모형펌프의 회전수는 몇 rpm인가?

① 30   ② 35   ③ 40   ④ 45

해설 역학적 상사가 이루어지려면 레이놀즈 상사법칙이 성립해야 한다. 따라서

$$\left(\frac{VD}{\nu}\right)_p = \left(\frac{VD}{\nu}\right)_m$$

여기서 속도는 회전차의 원주속도를 사용해야 하므로 각속도를 ω라고 하면 원주속도는 $r\omega$이다.

즉, $\left(\dfrac{r\omega D}{\nu}\right)_p = \left(\dfrac{r\omega D}{\nu}\right)_m$이므로

$$\frac{\omega_m}{\omega_p} = \left(\frac{r_p}{r_m}\right)\left(\frac{D_p}{D_n}\right)\left(\frac{\nu_m}{\nu_p}\right)$$

정답 **7.** ①   **8.** ②   **9.** ③   **10.** ④

$$= \left(\frac{1}{2}\right)\left(\frac{1}{2}\right)\left(\frac{1.56 \times 10^{-4}}{1.05 \times 10^{-3}}\right) \fallingdotseq 0.0371$$

$$\therefore N_m = N_p \times 0.0371 = 1200 \times 0.0371$$
$$\fallingdotseq 45 \text{ rpm}$$

11. 실형의 1/16인 모형 잠수함을 해수에서 시험한다. 실형 잠수함이 5 m/s로 움직인다면, 역학적 상사를 만족하기 위해서는 모형 잠수함을 몇 m/s로 끌어야 하는가?

① 0.3125 　　② 20

③ 80 　　　　④ 1.25

[해설] 레이놀즈수가 같아야 한다.

$$(Re)_p = (Re)_m \text{이므로} \left(\frac{Vl}{\nu}\right)_p = \left(\frac{Vl}{\nu}\right)_m$$

$$\therefore V_m = V_p \frac{\nu_m}{\nu_p} \cdot \frac{l_p}{l_m} = 5 \times 1 \times 16 = 80 \text{ m/s}$$

12. 다음 중 회전력의 차원은?

① $[ML^2 T^{-3}]$ 　　② $[ML^{-1} T^{-2}]$

③ $[ML^{-1} T^2]$ 　　④ $[ML^2 T^{-2}]$

[해설] 회전력의 단위는 kg·m이다. 그러므로 차원은 $[FL] = [MLT^{-2}L] = [ML^2 T^{-2}]$

13. 다음 물리량을 차원으로 표시한 것 중 틀린 것은?

① 운동량 $= mV = [ML^{-3} T^{-1}]$

② 각운동량 $= mVr = [ML^2 T^{-2}]$

③ 동점성계수 $= \nu = [L^2 T^{-1}]$

④ 역적 $= F \cdot t = [MLT^{-1}]$

[해설] $mv = [MLT^{-1}]$

14. 다음 중 절대 점성계수의 차원은?

① $[ML^{-1} T^{-2}]$ 　　② $[ML^{-1} T^{-1}]$

③ $[ML^{-1} T^2]$ 　　④ $[MT^{-2}]$

[해설] 전단응력의 차원은

$$[FL^{-2}] = [MLT^{-2}L^{-2}] = [ML^{-1} T^{-2}]$$

각변형률의 차원은

$$\left[\frac{du}{dy}\right] = \left[\frac{LT^{-1}}{L}\right] = [T^{-1}]$$

그러므로 뉴턴의 점성법칙에서

$$\mu = \frac{\tau}{\frac{du}{dy}} = \left[\frac{ML^{-1} T^{-2}}{T^{-1}}\right] = [ML^{-1} T^{-1}]$$

15. 물리량은 어떤 기본 단위를 종합해서 측정하게 되는데 다음 설명 중 틀린 것은?

① MKS 단위는 길이, 질량, 시간(m, kg, s)을 기본으로 하는 단위이다.

② 기본 단위를 조합해서 유도되는 단위를 유도 단위라 한다.

③ 물리량을 어떤 기본량의 조합으로 표현하는 것을 차원이라 한다.

④ 물리량의 차원은 질량(M), 길이(L), 시간(T)의 기본량으로만 표현된다.

[해설] 물리량의 차원은 MLT로 나타낼 수 있고 또 FLT로도 나타낼 수 있다.

16. 차원해석에 있어서 반복변수의 설명으로 옳은 것은?

① 별로 중요하지 않은 변수도 포함시켜야 한다.

② 기본차원을 모두 포함하는 변수로 택하여야 한다.

③ 가능하면 같은 차원을 갖는 두 변수를 포함시켜야 한다.

④ 각 변수로부터 한 개의 차원을 제거시켜야 한다.

[해설] 물리량이 n개, 기본차원수가 m개일 때, 반복변수를 가정하는 데 주의해야 할 점은 다음과 같다.

(1) 반복변수의 개수는 m개이고, 반복변수 속에는 기본차원(대개 M, L, T)이 모두

포함되어 있어야 한다.

(2) 종속변수는 반복변수로 택해서는 안 된다.

(3) 가능하면 기하학적 상사, 운동학적 상사, 역학적 상사를 만족하는 변수를 반복변수로 택한다. 예 d, V, ρ

17. 다음 변수 중에서 무차원함수가 아닌 것은?

① 레이놀즈수　　② 음속

③ 마하수　　　　④ 프루드수

해설　음속 $c = \sqrt{kgRT}$ 로서, 단위는 m/s가 되어 $[LT^{-1}]$의 차원을 갖는다.

18. 다음 변수 중에서 무차원함수는?

① 가속도　　　　② 동점성계수

③ 비중　　　　　④ 비중량

해설　비중 S는 어떤 물질의 무게에 대한 같은 체적의 양의 무게에 대한 비로서 정의되므로 차원이 없다.

19. 다음 중 무차원이 아닌 것은?

① 마찰계수　　　② 동점성계수

③ 단면 수축계수　④ 유량계수

해설　$\nu = \dfrac{\mu}{\rho} = \left[\dfrac{ML^{-1}T^{-1}}{ML^{-3}} \right] = [L^2 T^{-1}]$

20. 길이 300 m인 유조선을 1 : 25인 모형 배로 시험하고자 한다. 유조선이 12 m/s로 항해한다면 역학적 상사를 얻기 위해서 모형은 몇 m/s로 끌어야 하는가? (단, 점성 마찰은 무시한다.)

① 4.8　　　　　② 0.48

③ 60　　　　　　④ 2.4

해설　역학적 상사를 만족하기 위해서 프루드 수가 같아야 한다.

$F_p = F_m$ 이므로 $\left(\dfrac{V}{\sqrt{lg}} \right)_p = \left(\dfrac{V}{\sqrt{lg}} \right)_m$

$\therefore V_m = V_p \sqrt{\dfrac{l_m}{l_p}} = 12 \sqrt{\dfrac{1}{25}} = 2.4 \, \text{m/s}$

21. 다음 중 ρ, g, V, F의 무차원수는 어느 것인가?

① $\dfrac{Fg}{\rho V}$ 　　　　　② $\dfrac{F^2 V^3}{\rho^2 g}$

③ $\dfrac{F^2 \rho}{g V}$ 　　　　　④ $\dfrac{g^2 F}{\rho V^6}$

해설　물리량의 차원은 $[\rho] = [ML^{-3}]$, $[g] = [LT^{-2}]$, $[V] = [LT^{-1}]$, $[F] = [MLT^{-2}]$ 그러므로 무차원수

$\pi = \rho^x g^y V^z F = (ML^{-3})^x (LT^{-1})^z MLT^{-2}$

π는 무차원수이므로 M, L, T의 지수를 0으로 놓으면

$M : x + 1 = 0$,

$L : -3x + y + z + 1 = 0$,

$T : 2y - z - 2 = 0$

$x = -1$, $y = 2$, $z = -6$

$\therefore \pi = \dfrac{g^2 F}{\rho V^6}$

22. 물리량이 다음과 같은 함수 관계를 가질 때 무차원수는 몇 개인가?

$$f(Q, V, D, \nu, a, N)$$

① 5　　② 4　　③ 3　　④ 2

해설　물리량은 6개이다 (즉, $n = 6$). 물리량이 포함하고 있는 기본차원은 L과 T이다 (즉, $m = 2$). 그러므로 무차원수는 $n - m$에서 $6 - 2 = 4$이다.

23. 압력강하 ΔP, 밀도 ρ, 길이 L, 유량 Q에서 얻을 수 있는 무차원수는?

① $\sqrt{\dfrac{\rho}{\Delta P}} \dfrac{Q}{L^2}$ 　　② $\dfrac{\Delta P}{\rho} \cdot \dfrac{L^4}{Q^2}$

③ $\left(\dfrac{\rho}{\Delta P} \right) \dfrac{Q^2}{L^4} \quad \frac{1}{3}$ 　④ $\left(\dfrac{\Delta P}{\rho} \right)^2 \dfrac{L^2}{Q}$

해설　각 물리량의 차원은

정답　17. ②　18. ③　19. ②　20. ④　21. ④　22. ②　23. ①

$\Delta P = [ML^{-1}T^{-2}]$, $\rho = [ML^{-3}]$,
$L = [L]$, $Q = [L^3 T^{-1}]$
기본차원은 M, L, T의 3개이므로
(물리량의 수)−(기본차원의 수)$= 4 - 3 = 1$
$\therefore \pi = \Delta P^a \cdot \rho^b \cdot L^c \cdot Q$
$= [ML^{-1}T^{-2}]^a \cdot [ML^{-3}]^b \cdot [L]^c \cdot [L^3 T^{-1}]$
$M : a + b = 0$, $L : -a - 3b + c + 3 = 0$,
$T : -2a - 1 = 0$
$\therefore a = -\dfrac{1}{2}$, $b = \dfrac{1}{2}$, $c = -2$

$$\pi = \frac{\rho^{\frac{1}{2}} Q}{\Delta P^{\frac{1}{2}} L^2} = \sqrt{\frac{\rho}{\Delta P}} \frac{Q}{L^2}$$

24. 다음 무차원 함수 중에서 레이놀즈수 (Reynolds number)는?

① $\dfrac{VD}{\nu}$ ② $\dfrac{\Delta P}{\rho V^2}$

③ $\dfrac{V^2}{\sqrt{lg}}$ ④ $\dfrac{V}{C}$

[해설] $Re = \dfrac{\rho VD}{\mu} = \dfrac{VD}{\dfrac{\mu}{\rho}} = \dfrac{VD}{\nu}$

25. 수력기계의 문제에 있어서 모형과 원형 사이에 역학적 상사를 이루려면 다음 어느 함수를 주로 고려하여야 하는가?

① 레이놀즈수, 마하수
② 레이놀즈수, 웨버수
③ 오일러수, 레이놀즈수
④ 코시수, 오일러수

[해설] 수력기계에서는 러너 또는 임펠러 등의 수차에 있어서 가중부에서의 속도벡터, 점성력에 의한 저항 등이 역학적 상사를 이루는데 중요한 고려요소가 되며, 특히 고속회전시에는 유체의 압축성이 고려되어야 하므로 주로 레이놀즈수와 마하수가 중요하게 된다.

26. 다음 무차원 함수 중에서 틀린 것은?

① $We = \dfrac{\rho l V^2}{\sigma}$ ② $Fr = \dfrac{V}{\sqrt{lg}}$

③ $Ca = \dfrac{V^2}{\dfrac{E}{\rho}}$ ④ $Fu = \dfrac{\rho V^2}{\Delta P}$

[해설] $E_u = \dfrac{E_p}{F_j} = \dfrac{\Delta P l^2}{\rho l^2 V^2} = \dfrac{\Delta P}{\rho V^2}$

27. 다음 중에서 압력계수는?

① $\dfrac{\Delta p}{\gamma H}$ ② $\dfrac{\Delta p}{\dfrac{\rho V^2}{2}}$

③ $\dfrac{\Delta p}{l \mu V}$ ④ $\Delta p \dfrac{\rho}{\mu^2 l^4}$

[해설] 압력계수$(C_p) = \dfrac{\text{압력}}{\text{동압}} = \dfrac{\Delta p}{\dfrac{\rho V^2}{2}}$

28. 다음 중 프루드수의 정의는?

① $\dfrac{\text{관성력}}{\text{압력}}$ ② $\dfrac{\text{관성력}}{\text{탄성력}}$

③ $\dfrac{\text{관성력}}{\text{중력}}$ ④ $\dfrac{\text{관성력}}{\text{점성력}}$

29. 밀도 ρ, 속도 V, 체적탄성계수 K일 때 관성력과 탄성력의 비로 표시되는 무차원수 $\dfrac{\rho V^2}{K}$은?

① 오일러수   ② 코시수
③ 마하수   ④ 웨버수

[해설] $Ca = \dfrac{\rho V^2}{K} = \dfrac{\text{관성력}}{\text{탄성력}}$

30. 강의 모형시험에서 중요한 무차원수는?

① 레이놀즈수   ② 프루드수
③ 오일러수   ④ 코시수

[해설] 자유표면을 갖는 강의 모형시험에서 중요한 힘은 중력이므로 프루드수가 중요한 무차원수이다.

정답 24. ①   25. ①   26. ④   27. ②   28. ③   29. ②   30. ②

31. 압축성을 무시할 수 있는 유체기계에서 모형과 실형 사이에 역학적 상사가 되려면 다음 중 어떤 무차원수가 같아야 하는가?

① 레이놀즈수   ② 마하수

③ 웨버수   ④ 프루드수

해설 유체기계 문제에서는 레이놀즈수와 마하수가 중요하지만 압축성을 무시할 수 있을 경우에는 레이놀즈수만 고려하면 된다.

32. 두 평행한 평판 사이에서 층류의 흐름이 있을 때 가장 중요한 두 힘은?

① 압력, 관성력

② 관성력, 점성력

③ 중력, 압력

④ 점성력, 압력

해설 층류 흐름에 중요한 함수는 레이놀즈수로서 레이놀즈수는 관성력과 점성력의 비로 정의된다.

33. 실형과 모형의 길이가 $L_p : L_m = 10 : 1$인 모형 잠수함을 바닷물에서 실험하고자 할 때 실형을 5 m/s로 운전하려면 모형의 속도는 몇 m/s로 해야 하는가?

① 40   ② 50   ③ 60   ④ 70

해설 점성력과 관성력이 관계되므로 역학적 상사가 존재하려면 레이놀즈수가 같아야 한다.

$$\left(\frac{VL}{\nu}\right)_p = \left(\frac{VL}{\nu}\right)_m$$

$\nu_p = \nu_m =$ 바닷물의 동점성계수이므로

$$\therefore \ V_m = V_p \cdot \frac{L_p}{L_m} = 5 \times \frac{10}{1} = 50\,\text{m/s}$$

34. 풍동(wind tunnel)시험에 있어서 실형과 모형 사이에 서로 상사를 이루려면 어떤 무차원 함수들이 같아야 하는가?

① 웨버수, 마하수

② 레이놀즈수, 마하수

③ 오일러수, 레이놀즈수

④ 웨버수, 오일러수

해설 풍동시험에 있어서 중요한 무차원수는 레이놀즈수와 마하수이다.

35. 개수로 흐름에서 가장 중요한 두 힘은 다음 중 어느 것인가?

① 중력과 점성력

② 표면장력과 탄성력

③ 중력과 관성력

④ 표면장력과 관성력

해설 개수로 유동에서는 중력과 관성력이 점성력보다 강하게 작용하므로 역학적 상사를 만족하기 위해서는 프루드수가 같아야 한다.

36. 유체의 압축성을 고려하는 경우의 유체기계에 관한 문제에서 레이놀즈수 외에 고려해야 할 무차원 수는?

① 오일러수   ② 마하수

③ 코시수   ④ 프루드수

해설 유체의 압축성이 문제가 되는 경우로서 고속 기류의 흐름을 고려하는 경우는 마하수가 중요하다.

$$M = \frac{V}{a} = \frac{\text{유속}}{\text{음파속도}}$$

37. 대기 속을 30 m/s의 속력으로 날고 있는 비행기의 상태를 알기 위하여 모형을 1/5로 만들어서 풍동실험을 할 때 모형에 대한 공기의 속도는 몇 m/s인가?

① 6   ② 13.4

③ 67   ④ 150

해설 $V_m = \dfrac{V_p l_p}{l_m} = \dfrac{V_p l_p}{\frac{1}{5} l_p} = 30 \times 5 = 150\,\text{m/s}$

제7장

관로 유동

1. 원형관 속의 손실

1-1 손실수두

그림과 같이 길고 곧은 수평원관 속의 흐름이 정상류라면 손실수두는 속도수두와 관의 길이에 비례하고, 관의 지름에 반비례하게 된다.

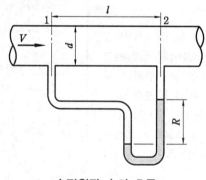

수평원관 속의 흐름

따라서 관로가 층류이거나 난류이거나 관계없이 관벽에 생기는 전단응력은 다음과 같은 식으로 나타낸다.

$$\tau = \frac{\Delta p r}{2l} = \frac{\Delta p d}{4l} \, [\text{Pa}]$$

$$\therefore \; 4\tau = \frac{\Delta p d}{l}$$

양변을 동압 $\dfrac{\gamma v^2}{2g}$ 으로 나누면 $\dfrac{4\tau}{\dfrac{\gamma v^2}{2g}} = \dfrac{\dfrac{\Delta p d}{l}}{\dfrac{\gamma v^2}{2g}} = f$

$$\therefore \ \Delta p = f \frac{l}{d} \frac{\gamma v^2}{2g}$$

$$\therefore \ h_L = \frac{\Delta p}{\gamma} = f \frac{l}{d} \frac{v^2}{2g} \ [\text{m}]$$

단, f 는 관마찰계수(pipe friction coefficient)로서 일반적으로 레이놀즈수와 상대 조도의 함수이다. 이 식을 Darcy–Weisbach 방정식이라 한다.

1-2 관마찰계수

(1) 층류 구역($Re < 2100$)

원관 속의 흐름이 층류일 때 Hagen–Poiseuille의 압력 강하식과 Darcy–Weisbach의 압력 손실이 같아야 하므로

$$\Delta p = f \frac{l}{d} \frac{\gamma v^2}{2g} = \frac{128 \mu l Q}{\pi d^4}$$

$$\therefore \ f = \frac{64 \mu}{\rho v d} = \frac{64}{Re}$$

즉, $Re < 2100$ 인 층류에서 관마찰계수 f 는 Reynolds수만의 함수이다.

(2) 천이 구역($2100 < Re < 4000$)

관마찰계수 f 는 상대 조도와 Reynolds수의 함수이다.

(3) 난류 구역($Re > 4000$)

① Blasius의 실험식 : 매끈한 관

$$f = 0.3164 Re^{-\frac{1}{4}}, \ (3000 < Re < 10^5)$$

② Nikuradse의 실험식 : 거친 관

$$\frac{1}{\sqrt{f}} = 1.14 - 0.86 \ln \left(\frac{e}{d} \right)$$

③ Colebrook의 실험식 : 중간 영역의 관

$$\frac{1}{\sqrt{f}} = -0.86 \ln \left(\frac{\dfrac{e}{d}}{3.71} + \frac{2.51}{Re \sqrt{f}} \right)$$

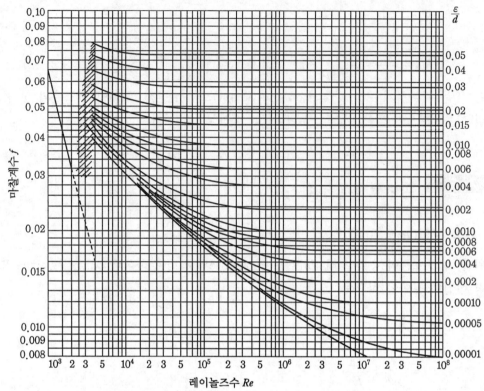

리벳한 강 9.15~0.915, 콘크리트 3.048~0.3048, 목재판 0.915~0.813, 광금철(함석) 0.152
주철 0.183, 아스팔트를 칠한 주철 0.122, 상업용 간판 0.0457, drawing관 0.00152   단위(ε, mm)

무디 선도(Moody diagram)

예제 1. 완전 난류 구역에 있는 거친 관에 대한 설명으로 옳은 것은 ?

① 마찰계수가 레이놀즈수의 함수이다.　　② 마찰계수가 상대 조도만의 함수이다.
③ 매끈한 관과 마찰계수가 같다.　　　　④ 손실수두가 속도 세제곱에 비례한다.

해설 완전 난류 구역의 거친 관인 경우 마찰계수(f)는 상대 조도$\left(\dfrac{e}{d}\right)$만의 함수이다.　**정답** ④

예제 2. 안지름 15 cm, 길이 1000 m인 원관 속을 물이 50 L/s의 비율로 흐르고 있을 때 관마
찰계수 $f = 0.02$로 가정하면 마찰 손실수두는 몇 m인가 ?

① 5.45 m　　　　　　　　　② 54.5 m
③ 2.83 m　　　　　　　　　④ 28.3

해설 관 속의 평균유속 $V = \dfrac{Q}{A} = \dfrac{4Q}{\pi d^2} = \dfrac{4 \times 0.05}{\pi \times 0.15^2} = 2.83\,\text{m/s}$

구하는 손실수두를 h_L라 하면

$$h_L = \frac{\Delta p}{\gamma} = \frac{f \cdot \frac{L}{d} \cdot \frac{\gamma V^2}{2g}}{\gamma} = f \cdot \frac{L}{d} \cdot \frac{V^2}{2g}$$

$$= 0.02 \times \frac{1000}{0.15} \times \frac{2.83^2}{2 \times 9.8} = 54.5 \text{ m}$$

정답 ②

2. 비원형 단면관에서의 손실

실제적인 문제에서 가끔 관의 단면이 원형이 아닌 경우가 있다. 이러한 경우에는 유동 상태가 훨씬 복잡하게 된다. 흐름이 층류인 경우에는 속도 분포 및 압력 손실을 이론적으로 구할 수 있지만 난류의 경우는 불가능하다. 따라서 원관 속의 흐름과 비교하여 비원형 단면의 수력반지름의 개념을 이용하여 마찰 손실을 구할 수 있다.

$$수력반지름(R_h) = \frac{유동\ 단면적}{접수\ 길이} = \frac{A(\text{Area})}{P(\text{Perimeter})} [\text{m}]$$

원형 단면에 유체가 가득 차 흐르는 경우

$$R_h = \frac{\frac{\pi d^2}{4}}{\pi d} = \frac{d}{4}$$

$$\therefore 수력지름(d) = 4R_h$$

$$Re = \frac{V(4R_h)}{\nu}, \quad \frac{e}{d} = \frac{e}{4R_h}$$

비원형단면인 경우 손실수두$(h_L) = f\frac{L}{4R_h}\frac{V^2}{2g} [\text{m}]$

예제 3. 안지름이 10 cm인 관 속에 한 변의 길이가 5 cm인 정사각형 관이 중심을 같이하고 있다. 원관과 정사각형관 사이에 평균유속 2 m/s인 물이 흐른다면 관의 길이 10 m 사이에서 압력 손실수두는 몇 m인가? (단, 마찰계수는 0.04이다.)

① 1.96 m ② 2.5 m
③ 5.3 m ④ 6.5 m

해설 $R_h = \frac{A}{\rho} = \frac{\pi r_1^2 - a^2}{\pi d_1 + 4a} = \frac{\pi \times 5^2 - 5^2}{\pi \times 10 + 4 \times 5}$

$= 1.04 \text{ cm} = 1.04 \times 10^{-2} \text{ m}$

$h_L = f \cdot \frac{L}{4R_h} \cdot \frac{V^2}{2g} = 0.04 \times \frac{10}{4 \times (1.04 \times 10^{-2})} \times \frac{2^2}{2 \times 9.8} = 1.96 \text{ m}$

정답 ①

3. 부차적 손실

관 속에 유체가 흐를 때 앞의 관마찰 손실 이외에 단면 변화, 곡관부, 벤드(bend), 엘보 (elbow), 연결부, 밸브, 기타 배관 부품에서 생기는 손실을 통틀어서 부차적 손실(minor loss)이라 한다. 이 부차적 손실은 속도수두에 비례한다$\left(h_L \propto \dfrac{V^2}{2g} \right)$.

$$h_L = K \frac{V^2}{2g} \, [\text{m}]$$

여기서, K : 손실계수

3-1 돌연 확대관에서의 손실

압력과 속도가 각 단면에서 일정하다면 각 방정식은 다음과 같다.

① **연속방정식** : $Q = A_1 V_1 = A_2 V_2$

② **운동량 방정식** : $p_1 A - p_2 A = \rho Q = \rho Q (V_2 - V_1)$

확대된 측면 부분의 압력은 그 부분에 와류가 발생하여 압력 p_1이 그대로 유지된다고 가정하였다. 또한 베르누이 방정식을 적용하면 다음과 같다.

$$\frac{p_1}{\gamma} + \frac{V_1^2}{2g} = \frac{p_2}{\gamma} + \frac{V_2^2}{2g} + h_L$$

위의 두 식에서 $\dfrac{(p_1 - p_2)}{\gamma}$를 소거하면

$$\therefore \; h_L = \frac{(V_1 - V_2)^2}{2g} \, [\text{m}]$$

연속방정식을 적용시키면 다음과 같다.

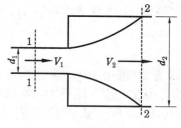

돌연 확대관

$$h_L = \left(1 - \frac{A_1}{A_2} \right)^2 \frac{V_1^2}{2g} = K \frac{V^2}{2g} \, [\text{m}]$$

여기서, K는 돌연 확대관에서의 손실계수이고, $A_1 \ll A_2$인 경우 $K = 1$이 된다.

 3-2 　**돌연 축소관에서의 손실**

그림과 같은 돌연 축소관에서의 손실수두 h_L은 단면 0으로부터 단면 2까지의 운동에너지가 압력에너지로 변환되는 과정의 손실로서 다음과 같다.

$$h_L = \frac{(V_0 - V_2)^2}{2g} \, [\text{m}]$$

연속방정식 $Q = A_0 V_0 = A_2 V_2$ 에서

$$V_0 = \frac{A_2}{A_0} V_2 = \frac{1}{C_c} V^2$$

여기서, $C_c = \dfrac{A_0}{A_2}$: 단면 축소계수

따라서 손실수두는 다음과 같이 구한다.

$$h_L = \left(\frac{1}{C_c} - 1\right)^2 \frac{V_2^2}{2g} = K \frac{V^2}{2g} \, [\text{m}]$$

여기서, K : 돌연 축소관에서의 손실계수

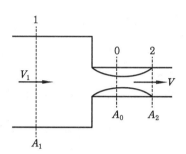

돌연 축소관

 3-3 　**점차 확대관에서의 손실**

점차 확대되는 원형 단면관에서는 확대각 θ에 따라 손실이 달라지게 된다. Gibson의 실험에 의하면 $h_L = K \dfrac{(V_1 - V_2)^2}{2g}$ 이며, K값은 다음 그림과 같고, 최대 손실은 θ가 62° 근방에서, 최소 손실은 6~7° 근방에서 생긴다.

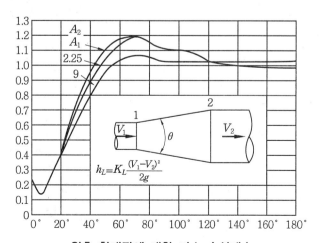

원추 확대관에 대한 미소 손실계수

3-4 ## 관로의 방향이 변화하는 관의 손실

매끈한 곡관(bend pipe)에서의 손실은 곡호반지름이 큰 곡관에서는 마찰과 2차 흐름(와류)이 손실의 주원인이 되며, 곡호반지름이 작은 곡관에서는 박리와 2차 흐름이 중요하다.

(1) 원형 곡관(bend)에서의 손실

그림에서 곡관의 손실수두 h_L은

$$h_L = \left(K + f\frac{l}{d}\right)\frac{V^2}{2g}$$

Weisbach에 의하면 다음과 같다.

$$K = \left[0.131 + 0.1632\left(\frac{d}{\rho}\right)^{3.5}\right]\frac{\theta°}{90}$$

곡관 속의 흐름

$\theta = 90°$인 직각 곡관의 경우, $\dfrac{d}{\rho} = 0.5 \sim 2.5$인 범위에서는

$$\left(K + f\frac{l}{d}\right) = 0.175$$

(2) 엘보(elbow)에서의 손실

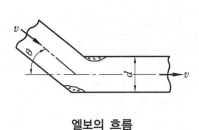

엘보의 흐름

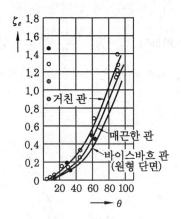

엘보의 손실계수(ζ_e)

엘보의 흐름에서 곡관의 손실수두 h_L은 다음과 같다.

$$h_L = \left(K + f\frac{l}{d}\right)\frac{V^2}{2g}\,[\mathrm{m}]$$

3-5 **관부속품의 부차적 손실**

관로를 흐르는 유체의 유량이나 흐름의 방향을 제어하기 위하여 각종 밸브나 콕이 사용되는데 밸브가 달린 부분에서 흐름의 단면적이 변하기 때문에 에너지의 손실이 생긴다.

$$h_L = K \frac{V^2}{2g} \, [\text{m}]$$

(1) 슬루스 밸브(게이트 밸브)

슬루스 밸브(sluice valve)는 밸브 단의 직후에서 흐름의 단면적이 돌연 확대되기 때문에 손실이 발생한다. 이때 $\frac{x}{d}$ 가 작을수록 손실은 커져서 관로의 유량이 감소한다.

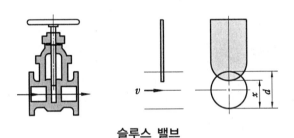

슬루스 밸브

(2) 글로브 밸브(구형 밸브)

글로브 밸브(globe valve)에 있어서 $\frac{x}{d}$ 가 클수록 글로브 밸브의 손실계수 값은 작아지지만 전개하였을 때는 아래 표의 값을 가진다.

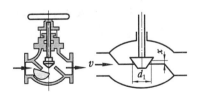

글로브 밸브

글로브 밸브의 K값

x/d_1	1/4	1/2	3/4	1
K	16.3	10.3	7.36	6.09

(3) 콕(cock)

콕에 있어서 각 θ가 증가하면 흐름의 단면적도 커져서 손실이 증대한다. 아래 표는 원형과 사각형 콕의 손실계수 값을 나타낸 것이다.

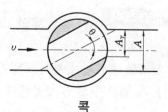

콕

원형과 사각형 콕의 K값

구분	$\theta°$	5	10	15	20	30	40	50	55	60
원형	A_r/A	0.93	0.85	0.77	0.69	0.52	0.38	0.29	0.91	0.14
	K	0.05	0.25	0.75	1.56	5.47	17.30	52.60	106.00	206.00
사각형	A_r/A	0.93	0.85	0.77	0.69	0.52	0.35	0.19	0.11	−
	K	0.05	0.31	0.88	1.84	6.15	20.70	95.30	275.000	−

3-6 관의 상당 길이

부차적 손실은 같은 손실수두를 갖는 관의 길이로 나타낼 수 있다. 즉,

$$h_L = K\frac{V^2}{2g} = f\frac{L_e}{d}\frac{V^2}{2g}$$

위 식에서 L_e에 대하여 풀면 다음과 같다.

$$L_e = \frac{Kd}{f}\,[\mathrm{m}]$$

길이 L_e를 관의 상당 길이 또는 등가 길이(equivalent length of pipe)라 한다.

예제 4. 지름 5 cm인 매끈한 원관 속을 동점성계수가 1.15×10^{-6} m²/s인 물이 1.8 m/s로 흐르고 있다. 길이 100 m에 대한 손실수두(h_L)는 몇 m인가?

① 3.45 ② 4.35
③ 5.75 ④ 6.25

해설 $Re = \dfrac{Vd}{\nu} = \dfrac{1.8 \times 0.05}{1.15 \times 10^{-6}} = 78261 > 4000$ 이므로 난류

Blausius의 실험식을 적용

$$f = 0.3164\,Re^{-\frac{1}{4}} = \frac{0.3164}{\sqrt[4]{78261}} = 0.0189$$

$$\therefore\ h_L = f\frac{L}{d}\frac{V^2}{2g} = 0.0189 \times \frac{100}{0.05} \times \frac{(1.8)^2}{2 \times 9.8} = 6.25\,\mathrm{m}$$

정답 ④

출제 예상 문제

1. 층류구역과 난류구역의 중간 천이구역에서의 관마찰계수 f는?

① 레이놀즈수 Re와 상대조도 $\dfrac{e}{d}$와의 함수이다.

② 마하수와 코시수와의 함수가 된다.

③ 상대조도와 오일러수의 함수가 된다.

④ 언제나 레이놀즈수만의 함수가 된다.

2. Nikuradse가 원관에 대해 조도실험을 한 결과 얻은 그래프에서 천이영역이란?

① 상대조도가 변하는 영역

② 층류에서 난류로 변하는 영역

③ 상대조도는 변하지 않고 Re 수가 큰 영역

④ 수력학적으로 매끈한 원관에서 거친 관으로 관마찰계수가 변하는 영역

3. 어떤 유체가 매끈한 관에서 난류유동을 할 때 관마찰계수와 관계없는 것은?

① 유속   ② 관의 지름

③ 점성계수   ④ 관의 조도

[해설] 매끈한 관 속의 난류에 대한 관마찰계수는 레이놀즈수만의 함수이므로 점성계수, 유체의 밀도, 유속, 관의 지름에 관계된다.

4. 유동단면 10 cm×10 cm인 매끈한 관 속에 어떤 액체($\nu = 10^{-5}$ m²/s)가 가득 차 흐른다. 이 액체의 평균속도가 2 m/s라면 이때 10 m당 손실수두는 몇 m인가?(단, 관마찰계수는 블라시우스의 공식을 이용한다.)

① 0.542   ② 1.327

③ 0.316   ④ 2.73

[해설] • 수력반지름(R_h)

$$= \frac{A(유동단면적)}{P(접수길이)} = \frac{10 \times 10}{4 \times 10} = 2.5 \,\text{cm}$$

$$= 0.025 \,\text{m}$$

• 레이놀즈수(Re)

$$= \frac{V(4R_h)}{\nu} = \frac{2(4 \times 0.025)}{10^{-5}} = 20000 > 4000$$

∴ 난류 흐름

블라시우스 공식에서 마찰계수 f를 구하면

$$f = 0.3164 Re^{-\frac{1}{4}} = 0.3164(20000)^{-\frac{1}{4}}$$

$$= 0.0266$$

따라서 다르시 방정식을 이용하면

$$h_L = f \frac{L}{4R_h} \cdot \frac{V^2}{2g}$$

$$= 0.0266 \times \frac{10}{4 \times 0.025} \times \frac{2^2}{2 \times 9.8}$$

$$= 0.542 \,\text{m}$$

5. 안지름 20 mm인 원관 속을 평균유속 0.4 m/s로 물이 흐르고 있을 때 관의 길이 50 m에 대한 손실수두는 몇 m인가?(단, 마찰계수는 0.013이다.)

① 0.265   ② 2.65

③ 0.432   ④ 4.32

[해설] 다르시 방정식(Darcy equation)에 의하면

$$h_L = \lambda \frac{L}{D} \cdot \frac{V^2}{2g}$$

$$= 0.013 \times \frac{50}{0.02} \times \frac{(0.4)^2}{2 \times 9.8} = 0.265 \,\text{m}$$

6. 지름 5 cm인 매끈한 관에 동점성계수가 1.57×10^{-5} m²/s인 공기가 0.5 m/s의 속도로 흐른다. 관의 길이 100 m에 대한

손실수두는 몇 m인가?

① 1.024 m   ② 1.572 m

③ 3.540 m   ④ 2.641 m

[해설] $Re = \dfrac{Vd}{\nu} = \dfrac{0.5 \times 0.05}{1.57 \times 10^{-5}}$

$\qquad\quad = 1592 < 2100(충류)$

$\quad f = \dfrac{64}{Re} = \dfrac{64}{1592} = 0.0402$

$\quad h_L = f\dfrac{L}{d} \cdot \dfrac{V^2}{2g}$

$\qquad = 0.0402 \times \dfrac{100}{0.05} \times \dfrac{(0.5)^2}{2 \times 9.8} = 1.024\,m$

7. 레이놀즈수가 1800인 유체가 매끈한 원관 속을 흐를 때 관마찰계수는?

① 0.0134   ② 0.0211

③ 0.0356   ④ 0.0423

[해설] 충류이므로 $\lambda = \dfrac{64}{Re} = \dfrac{64}{1800} ≒ 0.0356$.

8. 수력반지름에 대한 설명으로 옳은 것은?

① 접수길이(wetted perimeter)를 면적으로 나눈 것

② 면적을 접수길이의 제곱으로 나눈 것

③ 면적의 제곱근

④ 면적을 접수길이로 나눈 것

[해설] $R_h = \dfrac{A(유동단면적)}{P(접수길이)}$

9. 유동 단면의 폭이 3 m, 깊이가 1.5 m인 개수로에서 수력반지름은 몇 m인가?

① 0.42   ② 0.75

③ 1.33   ④ 1.48

[해설] $R_h = \dfrac{A}{P} = \dfrac{3 \times 1.5}{1.5 \times 2 + 3} = \dfrac{4.5}{6} = 0.75\,m$

10. 점성계수 0.98 Pa·s, 비중 0.95인 기름을 매분 100 L씩 안지름 100 mm 원

관을 통하여 30 km 떨어진 곳으로 수송할 때 필요한 동력은 몇 kW인가?

① 25.6   ② 33.2

③ 46.5   ④ 51.8

[해설] $H_{kW} = \Delta PQ = \dfrac{128\mu Q^2 L}{\pi d^4}$

$\qquad = \dfrac{128 \times 0.98 \times \left(\dfrac{100}{60000}\right)^2 \times 30000}{\pi \times 0.1^4}$

$\qquad = 33274\,W = 33.27\,kW$

11. 돌연축소관에서 수축부의 속도를 V_c, 지름이 큰 관에서 속도를 V_1, 지름이 작은 관에서의 속도를 V_2라고 할 때 손실수두는?

① $\dfrac{V_c^2 - V_2^2}{2g}$ ② $\dfrac{(V_c - V_2)^2}{2g}$

③ $\dfrac{V_c^2 - V_1^2}{2g}$ ④ $\dfrac{(V_c - V_1)^2}{2g}$

[해설] 손실수두$(h_L) = \dfrac{(V_c - V_2)^2}{2g}$[m]

12. 다음 부차적인 손실수두의 관계를 표시한 것 중 틀린 것은?

① 점차 확대관의 손실수두(h_L)

$\quad = \zeta\dfrac{(V_1 - V_2)^2}{2g}$

② 급격한 확대관의 손실수두(h_L)

$\quad = \dfrac{V_1^2}{2g}\left\{1 - \left(\dfrac{D_1}{D_2}\right)^2\right\}$

③ 급격한 관의 손실수두(h_L)

$\quad = \left(\dfrac{1}{C_c} - 1\right)^2 \dfrac{V_2^2}{2g}$

④ 밸브 및 콕의 손실수두$(h_L) = \zeta\left(\dfrac{V^2}{2g}\right)$

해설 급격한 확대관에서 손실수두(h_L)

$$= \left(1 - \frac{A_1}{A_2}\right)^2 \frac{V_1^2}{2g} = \zeta \frac{V_1^2}{2g} \, [\mathrm{m}]$$

13. 지름이 150 mm인 원관과 지름이 400 mm인 원관이 직접 연결되어 있을 때, 작은 관에서 큰 관 쪽으로 매초 300 L의 물을 보낸다. 연결부의 손실수두는 몇 mAq 인가 ?

① 12.87 m ② 18.16 m

③ 16.18 m ④ 11.68 m

해설 $h_L = \left\{1 - \left(\frac{A_1}{A_2}\right)\right\}^2 \frac{V_1^2}{2g}$ 에서

$$\frac{A_1}{A_2} = \left(\frac{150}{400}\right)^2 = 0.11$$

$$V_1 = \frac{Q}{\dfrac{\pi d_1^2}{4}} = \frac{4 \times 0.3}{\pi (0.15)^2} = 17 \, \mathrm{m/s}$$

$$\therefore h_l = (1 - 0.11)^2 \frac{17^2}{2 \times 9.8} = 11.68 \, \mathrm{m}$$

14. 그림과 같은 수평관에서 압력계의 읽음이 5 kg/cm²(4.9 bar)이다. 관의 안지름은 60 mm이고 관의 끝에 달린 노즐의 지름은 20 mm이다. 노즐의 분출속도는 얼마인가 ? (단, 노즐에서의 손실은 무시할 수 있고 관마찰계수는 0.025이다.)

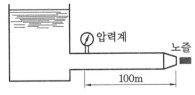

① 25.5 m/s ② 30.6 m/s

③ 16.4 m/s ④ 15.4 m/s

해설 압력계와 노즐 지점에 대하여 베르누이 방정식을 적용한다.

$$\frac{p_1}{\gamma} + \frac{V_1^2}{2g} = \frac{p_2}{\gamma} + \frac{V_2^2}{2g} + h_l$$

여기에서 $p_2 = 0$, $\dfrac{V_1}{V_2} = \left(\dfrac{d_2}{d_1}\right)^2$

$$\therefore V_1 = V_2 \left(\frac{20}{60}\right)^2 = \frac{V_2}{9}$$

$$h_l = f \frac{l}{d} \cdot \frac{V_1^2}{2g} = f \frac{l}{d} \cdot \frac{V_2^2}{2g} \cdot \frac{1}{81}$$

$$\therefore \frac{5 \times 10^4}{10^3} + \frac{V_2^2}{2 \times 9.8 \times 81}$$

$$= 0 + \frac{V_2^2}{2 \times 9.8} + 0.025 \times \frac{100}{0.06} \times \frac{V_2^2}{2 \times 9.8} \times \frac{1}{81}$$

$$50 + 0.00063 V_2^2 = 0 + 0.051 V_2^2 + 0.0263 V_2^2$$

$$\therefore V_2^2 = 652$$

$$\therefore V_2 = 25.5 \, \mathrm{m/s}$$

[SI 단위]

$$\frac{4.9 \times 10^5}{9800} + \frac{V_2^2}{2 \times 9.8 \times 81}$$

$$= 0 + \frac{V_2^2}{2 \times 9.8} + 0.025 \times \frac{100}{0.06} \times \frac{V_2^2}{2 \times 9.8} \times \frac{1}{81}$$

$$\therefore V_2 = 25.5 \, \mathrm{m/s}$$

15. 단면적이 4 m²인 관에 단면적이 1.5 m²인 관이 연결되어 있다. 수축계수가 0.68 이면 수축부의 단면적은 몇 m²인가 ?

① 0.83 ② 1.02

③ 2.13 ④ 3.26

해설 수축계수(C_c) $= \dfrac{A_c}{A_2}$

$$\therefore A_c = C_c \cdot A_2 = 0.68 \times 1.5 = 1.02 \, \mathrm{m}^2$$

16. 다음 중 다르시(Darcy) 방정식에 대한 옳은 설명은 ?

① 돌연 수축관에서의 손실수두를 계산하는 데 적용된다.

② 점차 확대관에서의 손실수두를 계산하는 데 적용된다.

③ 곧고 긴 관에서의 손실수두를 계산하는 데 이용된다.

---

④ 베르누이 방정식의 변형이다.

[해설] 다르시 방정식을 곧고 긴 관에 대한 손실수두의 계산에 이용하면 다음과 같다.

$$h_L = f \frac{L}{d} \cdot \frac{V^2}{2g} [\text{m}]$$

17. 일반적으로 관마찰계수 f 는?

① 상대조도와 오일러수의 함수이다.

② 상대조도와 레이놀즈수의 함수이다.

③ 마하수와 레이놀즈수의 함수이다.

④ 레이놀즈수와 프루드수의 함수이다.

[해설] 차원해석에서 관마찰계수

$$f = F\left(Re, \ \frac{e}{d} \right)$$

18. 다음 중 완전히 난류 구역인 관에 대한 설명은?

① 거친 관과 매끈한 관은 같은 마찰계수를 갖는다.

② 난류막은 조도투영을 덮는다.

③ 마찰계수는 레이놀즈수만이 관계된다.

④ 수두손실은 속도의 제곱에 따라 변화한다.

19. 완전한 층류의 흐름에서 관마찰계수에 대한 설명은?

① 상대조도만의 함수가 된다.

② 레이놀즈수만의 함수이다.

③ 마하수만의 함수이다.

④ 오일러수만의 함수이다.

20. 다음 중 다르시(Darcy) 방정식은 어느 것인가?

① $\tau_0 = \dfrac{f \rho v^2}{8}$

② $h_l = \left(\dfrac{1}{C_c} - 1 \right)^2 \dfrac{V^2}{2g}$

③ $h_l = \left[1 - \left(\dfrac{d_1}{d_2} \right) \right] \dfrac{V^2}{2g}$

④ $h_l = f \dfrac{l}{d} \cdot \dfrac{V^2}{2g}$

21. 안지름 d_1, 바깥지름 d_2 인 동심 이중관에 액체가 가득차 흐를 때 수력반지름 R_h 는?

① $\dfrac{1}{4}(d_2 + d_1)$

② $\dfrac{1}{4}(d_2 - d_1)$

③ $\dfrac{1}{2}(d_2 + d_1)$

④ $\dfrac{1}{2}(d_2 - d_1)$

[해설] $R_h = \dfrac{A}{P} = \dfrac{\frac{\pi}{4}(d_2^2 - d_1^2)}{\pi d_1 + \pi d_2} = \dfrac{1}{4}(d_2 - d_1)$

22. 다음 중 관로의 부차적 손실에 속하지 않는 것은?

① 돌연 축소 손실

② 돌연 확대 손실

③ 밸브 손실

④ 마찰 손실

[해설] 부차적 손실은 관마찰 손실 외에 관로에의 단면적이 돌연 확대되는 경우, 단면적이 돌연 축소되는 경우, 방향이 변화하는 경우 등에 대한 에너지 손실을 말한다.

23. 돌연 축소관이나 돌연 확대관에서 손실수두 $h_l = k \cdot \dfrac{V^2}{2g}$ 으로 나타낼 때 속도수두는?

① 축소나 확대된 후의 단면에서의 속도수두이다.

② 축소나 확대되기 전의 단면에서의 속도수두이다.

③ 단면 변화 전후의 속도수두 중 큰 값이다.

④ 단면 변화 전후의 속도수두 중 작은

값이다.

해설 속도 V는 손실이 생기는 곳의 전후에서 평균유속이 변하므로 큰 쪽의 값을 잡는다.

24. 다음 중 관의 상당길이 L_e는? (단, 여기서 K는 부차 손실계수, d는 관의 지름, f는 관마찰계수이다.)

① $\dfrac{K}{fd}$ ② $\dfrac{fd}{K}$ ③ $\dfrac{Kd}{f}$ ④ $\dfrac{f}{Kd}$

해설 $h_L = f\dfrac{L_e}{d} \cdot \dfrac{V^2}{2g} = K\dfrac{V^2}{2g}$

$\therefore L_e = \dfrac{Kd}{f}$

25. 점차 확대관에서 최소 손실계수를 갖는 원추각은 몇 도인가?

① 7° ② 10° ③ 15° ④ 21°

해설 점차 확대관에서 최소 손실계수를 갖는 원추각은 5~7°이다.

26. 점차 확대관에서 최대 손실계수를 갖는 원추각은 몇 도인가?

① 43° ② 56° ③ 62° ④ 75°

해설 점차 확대관은 62° 근방에서 최대 손실계수를 갖는다.

27. 다음 중 돌연 확대관에서의 손실수두 $h_l = k\dfrac{V_1^2}{2g}$ 이라고 할 때 손실계수 k는? (단, A_1, A_2는 단면적, D_1, D_2는 관의 지름이고, $\dfrac{A_2}{A_2} > 1$, $\dfrac{D_2}{D_1} > 1$ 이다.)

① $\left(1 - \dfrac{A_1}{A_2}\right)^2$ ② $\left(1 - \dfrac{A_2}{A_1}\right)^2$

③ $\left(1 - \dfrac{D_1}{D_2}\right)^2$ ④ $\left(1 - \dfrac{D_2}{D_1}\right)^2$

해설 $h_l = \left(1 - \dfrac{A_1}{A_2}\right)^2 \dfrac{V_1^2}{2g} = k \cdot \dfrac{V_1^2}{2g}$

$\therefore k = \left(1 - \dfrac{A_1}{A_2}\right)^2$

28. 그림과 같은 평행 관로에서 물이 흐를 때 ACD와 ABD 사이에서 발생하는 손실수두는?

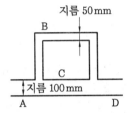

① 관로 ACD와 ABD 사이에서 생기는 손실은 같다.

② ACD에서 생기는 손실이 ABD에서보다 2배 크다.

③ ACD에서 생기는 손실이 ABD에서보다 4배 크다.

④ ACD에서 생기는 손실이 ABD에서 생기는 손실의 8배이다.

해설 평행관에서는 관의 경로에 관계없이 분기관의 손실수두는 같다.

29. 지름 2 cm인 원형관에 동점성계수가 1.006×10^{-6} m²/s인 물이 5 m/s의 속도로 흐를 때의 마찰계수는 얼마인가?

① 0.05 ② 0.027

③ 0.018 ④ 0.010

해설 $Re = \dfrac{Vd}{\nu} = \dfrac{5 \times 0.02}{1.006 \times 10^{-6}}$

$= 99404 > 4000$(난류)

$\therefore f = \dfrac{0.3164}{Re^{\frac{1}{4}}} = \dfrac{0.3164}{99404^{\frac{1}{4}}} = 0.018$

30. 동점성계수가 1.57×10^{-5} m²/s인 공기

가 지름이 5 cm인 매끈한 관 내를 0.5 m/s의 속도로 흐른다. 이때 마찰계수 λ는 얼마인가?

① 0.064   ② 0.052

③ 0.025   ④ 0.0402

[해설] $Re = \dfrac{Vd}{\nu} = \dfrac{0.5 \times 0.05}{1.57 \times 10^{-5}} = 1592$

$Re = 1592 < 2320$

$\therefore$ 층류

$\lambda = \dfrac{64}{Re} = \dfrac{64}{1592} = 0.0402$

31. 물이 평균유속 5 m/s로 지름 20 cm인 관 속을 흐르고 있다. 관의 길이 30 m에 대하여 손실수두가 6 m로 실험에 의해서 측정되었을 때 마찰계수 f는?

① 0.031   ② 0.026

③ 0.017   ④ 0.042

[해설] 다르시 방정식에서

$h_L = f \dfrac{L}{d} \cdot \dfrac{V^2}{2g} = f \dfrac{30}{0.2} \cdot \dfrac{5^2}{2 \times 9.8} = 6$

$\therefore f = 0.03136$

32. 안지름 25 mm, 길이 10 m, 관마찰계수 0.02인 원관 속을 난류로 흐를 때 관 입구와 출구 사이의 압력차가 40 kPa이다. 이때 유량은 몇 m³인가? (단, 비중은 1.12이다.)

① 0.81×10^{-3} ② 1.47×10^{-3}

③ 2.31×10^{-4} ④ 3.25×10^{-4}

[해설] 손실수두(h_L)

$= \Delta \dfrac{p}{\gamma} = \dfrac{40 \times 10^3}{9800 \times 1.12} = 3.64\,\text{m}$

$h_l = \lambda \cdot \dfrac{L}{D} \cdot \dfrac{V^2}{2g}$ 이므로

$V = \sqrt{\dfrac{2g \cdot D \cdot h_l}{\lambda L}}$

$= \sqrt{\dfrac{2 \times 9.8 \times 0.025 \times 3.64}{0.02 \times 10}} = 2.99\,\text{m/s}$

$\therefore Q = AV = \dfrac{\pi}{4} D^2 V = \dfrac{\pi}{4} \times 0.025^2 \times 2.99$

$= 1.47 \times 10^{-3}\,\text{m}^3/\text{s}$

33. 지름 10 cm인 매끈한 원관에 물(동점성계수 $\nu = 10^{-6}$ m²/s)이 0.02 m³/s의 유량으로 흐르고 있을 때 길이 100 m당 손실수두는 몇 m인가?

① 18.64   ② 10.68

③ 2.67   ④ 4.66

[해설] 평균유속(V)

$= \dfrac{Q}{A} = \dfrac{0.02}{\dfrac{\pi}{4}(0.1)^2} = 2.547\,\text{m/s}$

레이놀즈수(Re)

$= \dfrac{Vd}{\nu} = \dfrac{2.547 \times 0.1}{10^{-6}} = 254700$

블라시우스 공식에서

$f = 0.3164 Re^{\frac{1}{4}} = 0.3164(254700)^{\frac{1}{4}} = 0.014$

손실수두(h_L)

$= f \cdot \dfrac{L}{d} \cdot \dfrac{V^2}{2g} = 0.014 \times \dfrac{100}{0.1} \times \dfrac{(2.547)^2}{2 \times 9.8}$

$= 4.66\,\text{m}$

34. 표고 30 m인 저수지로부터 표고 75 m인 지점까지 0.6 m³/s의 물을 송수시키는 데 필요한 펌프 동력은 몇 kW인가? (단, 전손실수두는 12 m이다.)

① 248   ② 256   ③ 336   ④ 350

[해설] $\dfrac{p_1}{\gamma} + \dfrac{V_1^2}{2g} + Z_1 + E_P$

$= \dfrac{p_2}{\gamma} + \dfrac{V_2^2}{2g} + Z_2 + H_L$

$p_1 = p_2 = 0$이라면 $V_1 = V_2$이므로

$H_L = 12\,\text{m},\ Z_1 = 30\,\text{m},\ Z_2 = 75\,\text{m}$

$E_P = (Z_2 - Z_1) + H_L = (75 - 30) + 12 = 57\,\text{m}$

$L_P = 9.8 QH$

$= 9.8 \times 0.6 \times 57 = 335.16\,\text{kW}$

정답   31. ①   32. ②   33. ④   34. ③

제8장 **개수로의 흐름**

1. 개수로 흐름의 특성

개수로는 유체의 고정 경계면에 의하여 완전히 닫혀지지 않고 대기압이 작용하는 자유 표면을 가진 수로로 하천, 인공 수로, 하수구, 방수로 등이 개수로(open channel)의 예이다. 이 흐름은 수로와 액면의 경사에 의하여 일어난다.

1-1 개수로 흐름의 특성

① 유체의 자유 표면이 대기와 접해 있다.
② 수력 구배선(HGL)은 유체와 일치한다.
③ 에너지선(EL)은 유면 위로 속도수두만큼 높다.
④ 손실수두는 수평선과 에너지선의 차이다.

1-2 개수로 흐름의 형태

(1) 층류 또는 난류

① **층류 :** $Re < 500$
② **천이구역 :** $500 < Re < 2000$
③ **난류 :** $Re > 2000$
④ **레이놀즈수 :** $Re = \dfrac{VR_h}{\nu}$

일반적으로 개수로에서는 수력반지름이 크므로 흐름은 난류이다.

(2) 정상류 또는 비정상류

① **정상류** : 유체의 여러 특성이 시간에 따라 변화가 없는 흐름이다.

② **비정상류** : 유체의 여러 특성이 시간에 따라 변화가 있는 흐름이다.

(3) 등류 또는 비등류

① **등류(등속류 : uniform flow)** : 깊이의 변화가 없고 유속이 일정한 흐름이며, 이것은 점성에 의한 마찰 저항과 중력의 운동방향 성분으로 가속하려는 힘이 평형을 이룰 때 나타난다.

② **비등류(비등속류, 변류 : varied flow)** : 유동 조건이 길이의 변화에 따라서 변화되는 액체의 흐름이다.

(4) 상류와 사류

① **상류(tranquil flow)** : 경사가 급하지 않은 수로에서 볼 수 있는 느린 흐름으로서 하류의 작은 교란을 상류로 이동시켜 상류 조건을 변화시키는 흐름이다.

② **사류(rapid flow)** : 경사가 급하고 빠른 속도의 흐름으로서 하류에서 생긴 교란이 상류의 조건에 영향을 주지 못하는 흐름이다.

(5) 이상 유체에 대한 개수로 흐름

하류 방향으로 갈수록 유속은 계속 증가하는 변류(비등속류)이다.

(6) 실제 유체에 대한 개수로 흐름

변류로 시작되지만 일정한 구간에는 등속류로의 상태로 유지되다가 다시 변류가 된다.

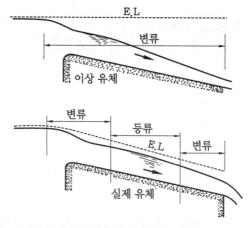

이상 유체와 실제 유체에서의 개수로 흐름

예제 1. 개수로의 흐름에 대한 다음 설명 중 옳은 것은?

① 수력 구배선은 에너지선과 항상 평행이다.

② 에너지선은 자유표면과 일치한다.

③ 수력 구배선은 에너지선과 일치한다.

④ 수력 구배선은 자유표면과 일치한다.

해설 개수로의 수력 구배선은 언제나 유체의 자유표면과 일치하고, 에너지선은 유체 자유

표면에서 속도수두 $\dfrac{V^2}{2g}$ 만큼 위에 있다.　　　　　　　　　　**정답** ④

예제 2. 사류(rapid flow) 유동을 얻을 수 있는 경우는 다음 중 어느 것인가? (단, 여기서 Re

는 레이놀즈수이고 Fr은 프루드수이다.)

① $Re < 500$　　　　　　　　　　② $Re > 500$

③ $Fr < 1$　　　　　　　　　　④ $F > 1$

해설 사류란 유동속도가 기본파의 진행속도보다 빠를 때의 흐름으로 $F > 1$일 때 일어

난다.　　　　　　　　　　　　　　　　　**정답** ④

2. 개수로에서의 등류 흐름

일정한 유동 단면적과 기울기를 갖는 수로에서 단면 ①과 ② 사이의 흐름을 등류(균속
도 흐름)라 하고, 운동량 방정식을 적용시키면

$$\therefore 유동속도(V) = \sqrt{\frac{2g}{C_f}}\,\sqrt{R_h S} = C\sqrt{R_h S} : \text{Chezy 방정식}$$

$$C = \sqrt{\frac{2g}{C_f}} : \text{Chezy 상수(Chezy constant)}$$

$$유량\ Q = AV = AC\sqrt{R_h S}$$

이다. Chezy 상수 C를 결정하는 여러 가지 공식이 다음과 같이 제정되어 있다.

① Ganguillet Kutler 식

$$C = \frac{\left(23 + \dfrac{0.00155}{S}\right) + \dfrac{1}{n}}{1 + \left(23 + \dfrac{0.00155}{S}\right)\dfrac{n}{\sqrt{R_h}}}$$

여기서, n : 조도계수

② Bazan 식

$$C = \frac{87}{1 + \dfrac{K}{\sqrt{R_h}}}$$

③ Manning 식

$$C = \frac{1}{n} R_h^{\frac{1}{6}} \ (R_h \text{의 단위 : m}) = \frac{1.49}{n} R_h^{\frac{1}{6}} \ (R_h \text{의 단위 : ft})$$

위의 n, K, M은 벽의 상태에 따라 변하는 실험값이다.

• 유속$(V) = C\sqrt{R_h S_v} = M R_h^{\frac{1}{6} + \frac{1}{2}} S^{\frac{1}{2}} = M R_h^{\frac{2}{3}} S^{\frac{1}{2}}$

• 개수로의 유량$(Q) = AV = MA R_h^{\frac{2}{3}} S^{\frac{1}{2}}$

벽면 재료에 대한 조도계수 n의 평균값

벽면 상태	n	벽면 상태	n
대패질한 나무	0.012	리벳한 강	0.018
대패질 안 한 나무	0.013	주름진 금속	0.022
손질한 콘크리트	0.012	흙	0.025
손질 안 한 콘크리트	0.014	잡석	0.025
주철	0.015	자갈	0.029
벽돌	0.016	돌 또는 잡초가 있는 흙	0.035

예제 3. 셰지 상수가 127 m$^{\frac{1}{2}}$/s인 사각형 수로가 있다. 이 수로의 폭이 2 m, 깊이 1 m, 경사도가 0.0016일 때 유량은 몇 m^3/s인가?

① 4.245 ② 5.375
③ 7.184 ④ 10.425

해설 • 단면적$(A) = 2 \times 1 = 2 \text{ m}^2$

• 수력반지름$(R_h) = \dfrac{A}{P} = \dfrac{2}{2 + 2 \times 1} = 0.5 \text{ m}$

∴ $Q = CA\sqrt{R_h \cdot S} = 127 \times 2 \times \sqrt{0.5 \times 0.0016} = 7.184 \text{ m}^3/\text{s}$

정답 ③

예제 4. 벽돌로 된 사각형 수로의 등류 깊이가 1.7 m이고 폭이 6 m이며, 경사는 0.0001이다. 마찰계수 $n = 0.016$일 때 유량은 얼마인가?

① 6.7 m^3/s ② 10 m^3/s
③ 16.7 m^3/s ④ 20 m^3/s

해설 $Q = \dfrac{1}{n} A R_h^{\frac{2}{3}} S^{\frac{1}{2}}$ 에서 $R_h = \dfrac{A}{P} = \dfrac{6 \times 1.7}{(1.7 \times 2 + 6)} = 1.09$, $S = 0.0001$

$\therefore Q = \dfrac{1}{n} A R_h^{\frac{2}{3}} S^{\frac{1}{2}} = \dfrac{1}{0.016} \times (6 \times 1.7) \times (1.09)^{\frac{2}{3}} (0.0001)^{\frac{1}{2}} = 6.71 \, \mathrm{m^3/s}$ 정답 ①

3. 경제적인 수로 단면

3-1 최적 수력 단면

개수로의 유속은 기울기와 조도가 같을 때 수력반지름이 클수록 증가함을 표시하고 있다. 그러므로 단면적이 일정할 때에는 수력반지름이 클수록 유량이 증가하고, 주어진 단면적에 대하여 수력반지름이 최대가 되기 위해서는 접수 길이 P가 최소가 되어야 한다. 즉, 최소의 접수 길이를 갖는 단면을 최적 수력 단면(best hydraulic cross section) 또는 최대 효율 단면(best efficient cross section)이라 한다.

$$\therefore A = \left(\frac{Qn}{S^{\frac{1}{2}}} \right)^{\frac{3}{5}} P^{\frac{2}{5}} = CP^{\frac{2}{5}}$$

3-2 사각형 단면

$A = by$, $P = b + 2y$ 에서

$b = P - 2y$

$\therefore A = (P - 2y)y = CP^{\frac{2}{5}}$

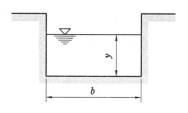

사각형 단면의 개수로

P의 값이 최소가 될 조건은 $\dfrac{dP}{dy} = 0$

$\left(\dfrac{dP}{dy} - 2 \right) y + (P - 2y) = \dfrac{2}{5} CP^{-\frac{3}{5}} \dfrac{dP}{dy}$

$\therefore P = 4y$, $b = 2y$

사각형 단면의 최적 수력 단면은 깊이 y가 폭 b의 $\dfrac{1}{2}$이 될 때이다.

3-3 사다리꼴 단면

$A = by + my^2, \quad P = b + 2y\sqrt{1+m^2}$ 에서

$b = P - 2y\sqrt{1+m^2}$

$\therefore \quad A = (P - 2y\sqrt{1+m^2}) + my^2 = CP^{\frac{2}{5}}$

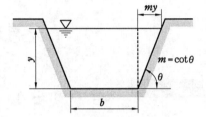

사다리꼴 단면의 개수로

① m = 일정인 경우

$\dfrac{dP}{dy} = 0$ 에서 $P = 4y\sqrt{1+m^2} - 2my$

$A = y^2 [2(1+m^2)^{\frac{1}{2}} - m]$

$R_h = \dfrac{y}{2}$

즉, 주어진 m(또는 θ)에 대한 최적 수력 단면은 수력반지름이 깊이 y의 $\dfrac{1}{2}$ 이 될 때이다.

② y = 일정인 경우

$\dfrac{dP}{dm} = 0$ 에서 $2m = (1+m^2)^{\frac{1}{2}}$

$\therefore \quad m = \dfrac{1}{\sqrt{3}} (\theta = 60°)$

$P = 2\sqrt{3}\,y, \quad A = \sqrt{3}\,y^2, \quad b = \dfrac{P}{3}$

따라서 경사면의 길이와 밑면의 길이가 같고, 경사면의 각도가 60°인 정육각형의 $\dfrac{1}{2}$ 단면이 될 때이다.

예제 5. 수로의 깊이가 y이고 바닥 폭이 b인 구형 수로에서의 최적 수력 단면은?

① $y = \dfrac{b}{2}$ ② $y = b^2$

③ $y = 2b$ ④ $y = b$

정답 ①

4. 비에너지와 임계 깊이

비에너지(specific energy)

수로의 밑면(바닥)을 기준으로 하여 에너지선(EL)까지의 높이, 즉 수심과 속도수두의 합으로 정의된다.

$$E = \frac{p}{\gamma} + \frac{V^2}{2g} + z$$

$$= y + \frac{V^2}{2g}$$

$$= y + \frac{1}{2g}\left(\frac{Q}{A}\right)^2$$

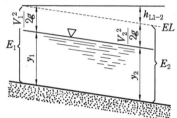

개수로 흐름에서의 비에너지

단위 폭당 유량 $q = \dfrac{Q}{b} = Vy$인 관계를 이용하면 다음과 같다.

$$E = y + \frac{1}{2g}\left(\frac{q}{y}\right)^2$$

$$\therefore \quad q = \sqrt{2g\left(y^2 E - y_3\right)} = y\sqrt{2g\left(E - y\right)}$$

위 방정식으로부터 다음과 같은 관계를 알 수 있다.

① q를 상수로 놓으면 E와 y의 관계를 함수로 나타낼 수 있다.

② E를 상수로 놓으면 q와 y의 관계를 알 수 있다.

다음 그림은 이러한 관계를 나타낸 것이다.

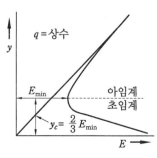

비에너지 선도

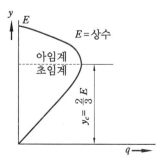

유량 선도

4-2 임계 깊이

비에너지 선도에 의하면 동일 비에너지에 대하여 두 종류의 수심이 존재하고, 거기에 따라서 유속이 정해진다. 이때 q는 일정하게 하고, E가 최소가 될 때의 수심 y_c를 구하기 위해서는 다음 조건을 이용한다.

$$\frac{dE}{dy} = 0 \text{에서} \quad \frac{dE}{dy} = 1 - \frac{q^2}{gy^3} = 0$$

$$\therefore \ y_c = \sqrt[3]{\frac{q^2}{g}} \ \text{또는} \ q = \sqrt{gy_c{}^3} \ : \text{임계 깊이(critical depth)}$$

임계 상태에 있을 때의 유속을 V_c라 하면 다음과 같다.

$$\therefore \ V_c = \sqrt{gy_c} \ : \text{임계 속도}$$

수심 $y > y_c$일 때 유속은 $V < V_c$가 되고, 이와 같은 흐름을 상류(tranquil flow) 또는 아임계 흐름(subcritical flow)이라 하며, $y < y_c$, 즉 $V > V_c$일 때 이와 같은 흐름을 사류 (rapid flow) 또는 초임계 흐름(supercritical flow)이라 한다.

$$\frac{dq}{dy} = 0 \text{에서} \quad \frac{dq}{dy} = \frac{\sqrt{2}\,g}{2}\left(\frac{2yE - 3y^2}{\sqrt{y^2E - y^3}}\right) = 0$$

$$\therefore \ y_c = \frac{2}{3}E_{min} \ \text{또는} \ E = \frac{3}{2}y$$

예제 6. 단위폭당 유량이 $2\,\mathrm{m}^3$/s일 때 임계 깊이 y_c는 몇 m인가?

① 0.46 　　　　② 0.74 　　　　③ 2.45 　　　　④ 3.25

해설 $y_c = \sqrt[3]{\dfrac{q^2}{g}} = \sqrt[3]{\dfrac{2^2}{9.8}} = 0.74\,\mathrm{m}$ 　　　　　　정답 ②

예제 7. 수로폭이 $6\,\mathrm{m}$인 사각형 수로에서 $11\,\mathrm{m}^3$/s의 물이 흐르고 있다. 임계 속도(V_c)는 얼마 인가?

① 0.7 m/s 　　　② 2.62 m/s 　　　③ 3.45 m/s 　　　④ 4.45 m/s

해설 임계 깊이$(y_c) = \sqrt[3]{\dfrac{\left(\dfrac{Q}{b}\right)^2}{g}} = \sqrt[3]{\dfrac{\left(\dfrac{11}{6}\right)^2}{9.8}} = 0.7\,\mathrm{m}$

$\therefore$ 임계 속도$(V_c) = \sqrt{gy_c} = \sqrt{9.8 \times 0.7} = 2.62\,\mathrm{m/s}$ 　　　　정답 ②

5. 수력도약(hydraulic jump)

개수로 유동에서 수로의 경사가 급경사에서 완만한 경사로 변하게 될 때 다시 말하면 흐름의 조건이 초임계 흐름에서 아임계 흐름으로 변할 때 수심이 갑자기 깊어지는데 이것은 운동에너지가 위치에너지로 변하기 때문이다. 이러한 현상을 수력도약(hydraulic jump)이라 한다.

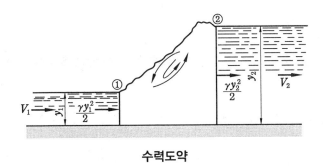

수력도약

그림에서 단면 ①과 ② 사이에 운동량의 방정식을 적용시키면 다음과 같다.

$$\Sigma F_x = F_1 - F_2 = \rho Q(v_2 - v_1)$$

$$\therefore \frac{\gamma y_1^2}{2} - \frac{\gamma y_2^2}{2} = \frac{\gamma q}{g}(v_2 - v_1)$$

연속방정식에서 $q = y_1 v_1 = y_2 v_2$ 이므로

$$v_1 = \frac{q}{y_1}, \quad v_2 = \frac{q}{y_2}$$

위의 두 식을 정리하면

$$\therefore \frac{\gamma y_1^2}{2} + \frac{\rho q^2}{y_1} = \frac{\gamma y_2^2}{2} + \frac{\rho q^2}{y_2}$$

이다. 수력도약 후의 깊이 (y_2)에 대하여 풀면

$$y_2 = \frac{y_1}{2}\left[-1 + \sqrt{1 + \left(\frac{8q^2}{gy_1^3}\right)}\right] = \frac{y_1}{2}\left(-1 + \sqrt{1 + \frac{8v_1^2}{gy_1}}\right)$$

위의 식 중에서 $\frac{v^2}{gy_1}$ = 프루드수(Froude number)이며, 수력도약이 발생할 수 있는 조건 $y_1 < y_2$가 되려면 $Fr > 1$이어야 함을 알 수 있다.

$$\frac{v^2}{gy_1} = 1\,(Fr = 1)\text{이면} \quad y_1 = y_2$$

$$\frac{v^2}{gy_1} > 1\,(Fr > 1)\text{이면} \quad y_1 < y_2$$

$$\frac{v^2}{gy_1} < 1\,(Fr < 1)\text{이면} \quad y_1 > y_2$$

수력도약 전후에서의 깊이, 즉 y_1, y_2 는 서로 공액 깊이(alternate depth)가 되며, 다음과 같이 M 으로 정의한다.

$$M = \frac{q^2}{gy_1} + \frac{y^2}{2}$$

수력도약으로 인한 에너지 손실은 단면 ①과 ② 사이에 베르누이의 방정식을 적용시킴으로써 구해진다.

$$\frac{v_1^2}{2g} + y_1 = \frac{v_2^2}{2g} + y_2 + h_L$$

$$\therefore h_L = \frac{(y_2 - y_1)^3}{4y_1 y_2}$$

예제 8. $y_1 = 3\,\text{m}$, $V_1 = 0.3\,\text{m/s}$일 때 수력도약은 일어나는가?

① 일어난다.　　　　　　　　　　② 일어날 수도 일어나지 않을 수도 있다.

③ 일어나지 않는다.　　　　　　　④ 답이 없다.

해설 $\dfrac{V_1^2}{gy_1} = \dfrac{(0.3)^2}{9.8 \times 3} = 3.06 \times 10^{-3} < 1$

　∴ 수력도약이 일어나지 않는다.　　　　　　　　　　　　　　　　　정답 ③

예제 9. 다음 중 수력도약에 의한 손실수두는?

① $h_l = \dfrac{(y_1 - y_2)^2}{4y_1 y_2}$　　　　　　　　② $h_l = \dfrac{(V_1 - V_2)^2}{2g}$

③ $h_l = \dfrac{(V_2 - V_1)^3}{2g}$　　　　　　　　④ $h_l = \dfrac{(y_2 - y_1)^3}{4y_1 y_2}$

정답 ④

출제 예상 문제

1. 폭이 3.6 m이고, 깊이가 1.5 m인 사각형 수로의 수력반지름은 얼마인가?

① 1.22 m   ② 1.5 m

③ 0.82 m   ④ 0.18 m

해설 $R_h = \dfrac{A}{P} = \dfrac{3.6 \times 1.5}{3.6 + (2 \times 1.5)} = 0.82\,\text{m}$

2. 그림과 같은 사다리$^{\frac{1}{2}}$꼴 수로에서 경제적인 단면은?

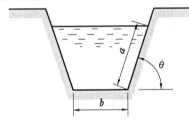

① 정팔각형의 하측반과 같다.

② 정사각형이다.

③ 정육각형의 하측반과 같다.

④ $b = \dfrac{a}{2}$ 이다.

해설 그림에서 단면적 $A = (b + a\cos\theta)a\sin\theta$

$\therefore\ b = \dfrac{A}{a\sin\theta} - a\cos\theta$

접수길이 $P = b + 2a = \dfrac{A}{a\sin\theta} - a\cos\theta + 2a$

경제적인 수로단면은 P가 최소일 때이므로

$\dfrac{\partial P}{\partial a} = 0,\ \dfrac{\partial P}{\partial \theta} = 0$을 각각 계산하면

$-\dfrac{A}{a^2\sin\theta} - \cos\theta + 2 = 0$

$-\dfrac{A\cos\theta}{a\sin^2\theta} + a\sin\theta = 0$

여기에 A값을 대입시키면

$-(B + a\cos\theta) - a\cos\theta + 2a = 0$

$-(B + a\cos\theta)\cos\theta + a\sin^2\theta = 0$

두 식에서 θ, a를 구하면 $\theta = \dfrac{\pi}{3} = 60°$, $a = b$

즉, 경제적인 단면은 정육각형의 하측반과 같다.

3. 개수로의 흐름은 다음의 어느 경우에 속하는가?

① 수력기울기선(HGL)은 에너지선(EL)과 언제나 평행하게 된다.

② 에너지선은 자유표면과 일치된다.

③ 에너지선과 수력기울기선은 일치한다.

④ 수력기울기선은 자유표면과 일치한다.

해설 개수로의 흐름에서는 언제나 자유표면이 대기압에 노출되고 있으므로, 수력기울기선은 자유표면과 일치되어야 한다.

4. 수력도약이 일어나기 전·후의 수심이 각각 2 m, 8 m일 때 수력도약으로 인한 손실수두는?

① 3.38 m   ② 3.83 m

③ 4.24 m   ④ 4.75 m

해설 $h_l = \dfrac{(y_2 - y_1)^3}{4y_1 y_2} = \dfrac{(8-2)^3}{4 \times 2 \times 8} = 3.38\,\text{m}$

5. 개수로 흐름에서 등류의 흐름일 때 다음 중 맞는 것은?

① 유속은 점점 빨라진다.

② 유속은 점점 늦어진다.

③ 유속은 일정하게 유지된다.

④ 유체의 속도는 0이다.

해설 등류란 개수로 흐름에서 유속이 일정하게 유지되는 구간에서의 흐름을 말한다.

정답   **1.** ③   **2.** ③   **3.** ④   **4.** ①   **5.** ③

6. 개수로 흐름에 있어서 등속류가 될 수 없는 것은 ?

① 실제 유체에서 유체에 가속되는 힘과 마찰력이 서로 평행을 이룰 때

② 수로의 어느 길이에 걸쳐서 기울기, 조도 등이 일정할 때

③ 수로의 어느 구역에서는 저항력으로 유체의 단면이나 수심은 변하지 않는 흐름일 때

④ 수로의 유동에서 이상 유체일 때

[해설] 유체의 속도가 일정하게 유지되는 구역에서의 흐름을 등속류라 하며, 이것은 유체의 중력 분력과 마찰력이 평형을 이룰 때 가능하므로 이상 유체에서는 불가능하다.

7. 개수로 유동에서 $\dfrac{\partial V}{\partial S}=0$ 으로 나타낼 수 있는 흐름은 ? (단, V는 속도 벡터, S는 변위이다.)

① 상류 　　　　② 사류

③ 정상류 　　　④ 등류

[해설] 유동단면과 깊이가 일정하게 유지되면서 유속이 일정한 흐름을 등류 또는 균속도유동이라 한다.

8. 다음 중 사류(rapid flow) 유동을 얻을 수 있는 경우는 ? (단, 여기서 Re는 레이놀즈수이고, F는 프루드수이다.)

① $Re < 500$ 　　② $Re > 500$

③ $F < 1$ 　　　④ $F > 1$

[해설] 사류란 유동속도가 기본파의 진행속도보다 빠를 때의 흐름으로 $F > 1$일 때 일어난다.

9. 지름 D인 원관에 물이 꽉 차서 흐를 때의 수력반지름은 ?

① $\dfrac{D}{2}$ 　　　　② $2D$

③ $4D$ 　　　　④ $\dfrac{D}{4}$

[해설] $R_h = \dfrac{A}{P} = \dfrac{\frac{\pi D^2}{4}}{\pi D} = \dfrac{D}{4}$

10. 다음 그림과 같은 개수로에서 등류 흐름일 경우 유량 Q는 ?

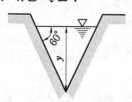

① $y^{\frac{5}{3}}$ 에 비례한다.

② $y^{\frac{7}{3}}$ 에 비례한다.

③ $y^{\frac{8}{3}}$ 에 비례한다.

④ $y^{\frac{10}{3}}$ 에 비례한다.

[해설] $Q = \dfrac{1}{n} A R_h^{\frac{2}{3}} S^{\frac{1}{2}}$ 에서 y값과 관계되는 것은 단면적 A와 수력반지름 R_h이다.

따라서, $Q \propto A R_h^{\frac{2}{3}} = A \left(\dfrac{A}{P} \right)^{\frac{2}{3}} = A^{\frac{5}{3}} P^{-\frac{2}{3}}$

$A = \dfrac{y^2}{\sqrt{3}} \quad \therefore A \propto y^2$

$P = \dfrac{4}{\sqrt{3}} y \quad \therefore P \propto y$

그러므로 $Q \propto (y^2)^{\frac{5}{3}} \cdot (y)^{-\frac{2}{3}}$

$\therefore y^{\frac{8}{3}}$ 에 비례한다.

11. 사다리꼴 개수로에서 최적 단면은 ?

① 수심이 단면적의 1/2 되는 단면형

② 정육각형의 절반 되는 단면형

③ 수심이 밑면의 1/2 되는 단면형

④ 수심이 밑면과 같은 단면형

정답　6. ④　7. ④　8. ④　9. ④　10. ③　11. ②

[해설] 최적 사다리꼴 단면은 밑면과 경사면의 길이가 같을 때이다. 따라서 정답은 정육각형의 1/2인 단면형이다.

12. 임계 깊이(critical depth)란?

① 주어진 유량에 대해 비에너지가 최소로 되는 깊이

② 주어진 유량에 대해 비에너지가 최대로 되는 깊이

③ 주어진 비에너지에 대한 유량의 최소로 되는 깊이

④ 비에너지와 유량이 일정할 때의 최대 깊이

[해설] 임계 깊이란 주어진 유량에 대해 비에너지가 최소로 되는 깊이이다. 이를 y_c로 표시하면 $y_c = \dfrac{2}{3} E_{min}$ 또는 $y_c = \left(\dfrac{q^2}{g}\right)^{\frac{1}{3}}$

13. 다음 중 초임계 흐름(사류)이 일어나는 경우는?

① 표준 깊이 이상일 때

② 표준 깊이 이하일 때

③ 임계 깊이 이상일 때

④ 임계 깊이 이하일 때

[해설] 초임계 흐름이란 임계 깊이보다 얕게 흐르는 개수로의 흐름으로 $F > 1$일 때 일어난다.

14. 다음 중 아임계 흐름이란?

① 임계 깊이 이상일 때

② 임계 깊이 이하일 때

③ 임계 깊이일 때

④ 프루드수가 1보다 클 때

[해설] 아임계 흐름이란 수심이 임계 깊이보다 깊은 경우로, 상류를 말하며 $F < 1$일 때 일어난다.

15. 개수로 흐름에 있어서 임계 속도 V_c는? (단, 수로 깊이를 y, 임계 깊이를 y_c, 중력 가속도를 g라고 한다.)

① $V_c = \sqrt{gy_c}$

② $V_c = \sqrt{gy}$

③ $V_c = (g^2 y_c)^{\frac{1}{2}}$

④ $V_c = (gy_c)^{\frac{1}{3}}$

[해설] 임계 깊이 y_c에서의 속도를 임계 속도 V_c라고 하므로 $q = V_c y_c$가 되고, 한편 임계 깊이에서의 유량은 $q = \sqrt{gy_c^3}$이므로 $V_c = \sqrt{gy_c}$이다.

16. 공액 깊이에 관한 내용 중 맞는 것은?

① 공액 깊이는 임계점에서만 정의될 수 있다.

② 공액 깊이는 아임계 흐름에서만 존재한다.

③ 공액 깊이는 초임계 흐름에서만 존재한다.

④ 같은 비에너지 값에 대한 아임계 흐름과 초임계 흐름에서의 깊이를 말한다.

[해설] 임계점을 제외하고는 같은 비에너지 값을 갖는 깊이는 아임계 흐름과 초임계 흐름에서 각각 하나씩 두 개의 깊이가 존재하는데, 이것을 공액 깊이라고 한다.

17. 폭 4 m, 깊이 1 m인 구형의 개수로에 물이 흐르고 있다. 이 개수로의 수력반지름은 몇 m인가? (단, 이 개수로의 경사도는 0.0004이다.)

① 0.0133

② 0.67

③ 0.783

④ 1

[해설] 수력반지름(R_h)

$= \dfrac{A}{P} = \dfrac{4 \times 1}{4 + 2 \times 1} = 0.67\,\mathrm{m}$

제9장 압축성 유동

1. 정상 유동의 에너지 방정식

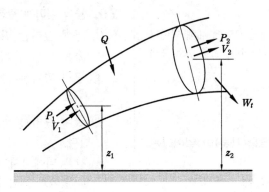

$$Q = H_1 \frac{mV_1^2}{2} + mgZ_1 = W_t + H_2 + \frac{mV_2^2}{2} + mgZ_2$$

$$Q = W_t + (H_2 - H_1) + \frac{m}{2}(V_2^2 - V_1^2) + mg(Z_2 - Z_1)[\text{kJ/s} = \text{kW}]$$

만약 단위질량의 기체가 유동 시 정상유동의 에너지 방정식은

$$q = w_t + (h_2 - h_1) + \frac{1}{2}(V_2^2 - V_1^2) + g(Z_2 - Z_1)[\text{kJ/kg} \cdot \text{s}]$$

예제 1. 수직으로 세워진 노즐에서 물이 초속 15 m/s로 뿜어 올려진다. 마찰 손실을 포함한 모든 손실이 무시된다면 그 물은 몇 m까지 올라갈 수 있겠는가?

① 6.27   ② 8.27

③ 9.27   ④ 11.48

해설 $h = \dfrac{V^2}{2g} = \dfrac{15^2}{2 \times 9.8} = 11.48 \text{ m}$ 정답 ④

2. 압축파의 전파 속도

압축파의 전파 속도(음속) $C = \sqrt{\dfrac{dp}{d\rho}}$

기체 속에서 단열 변화를 하면, 즉 $\dfrac{p}{\rho^k} = \text{const}(p = c\rho^k)$가 되며

$$\frac{dp}{d\rho} = ck\rho^{k-1} = ck\rho^k \frac{1}{\rho} = \frac{kp}{\rho}$$

$$\therefore\ C = \sqrt{\frac{dp}{d\rho}} = \sqrt{\frac{kp}{\rho}} = \sqrt{kRT}\,[\text{m/s}]$$

예제 2. 물속에서의 유속은 몇 m/s인가? (단, 물의 체적 탄성계수 $E = 2\,\text{GPa}$이다.)

① 346   ② 928   ③ 1353   ④ 1414

해설 $C = \sqrt{\dfrac{F}{\rho_w}} = \sqrt{\dfrac{2 \times 10^9}{1000}} = 1414\,\text{m/s}$ **정답** ④

예제 3. 20℃인 공기(air) 중에서의 유속은?

① 268   ② 275   ③ 343   ④ 365

해설 $C = \sqrt{kRT} = \sqrt{1.4 \times 287 \times (20 + 273)} = 343\,\text{m/s}$ **정답** ③

---

3. 마하수와 마하각

3-1   마하수(Mach number)

마하수 $M = \dfrac{V}{C} = \dfrac{V}{\sqrt{kRT}}$

여기서, V : 물체의 속도, C : 음속

  $M < 1$: 아음속 흐름(subsonic flow)

  $M > 1$: 초음속 흐름(supersonic flow)

  $M > 5$: 극초음속 흐름(hypersonic flow)

3-2 마하각(Mach angle)

그림 (a)는 총알이 오른쪽으로 음속 C의 1/2배의 속도 v로 진행하는 상태를 나타낸 것이다. 0의 위치에 있는 총알이 1, 2, 3초 후에 1, 2, 3의 위치에 도달한다고 하면, 총알에서 0, 1, 2초에 발생한 구면파(압축파)는 3초 후에는 반지름 $3C$, $2C$, C의 원이 된다.

그림 (b)는 총알의 속도 V가 음속보다 2배 빠른 속도로 진행하는 경우를 나타낸 것이다. 1, 2, 3초 후에 1, 2, 3의 위치에 도달한다고 하면, 총알에서 0, 1, 2초에 발생한 압축파는 3초 후에 총알을 꼭지점으로 하는 구형파의 접선을 그으면 원뿔이 된다.

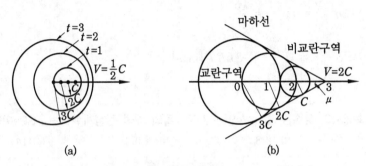

음파의 전달

이 원뿔의 안쪽은 총알의 운동을 감지할 수 있는 교란 구역(zone of action)이고, 바깥쪽은 총알의 운동을 감지할 수 없는 비교란 구역(zone of silence)이다. 이때 원뿔선을 마하선(Mach line)이라 하고, 마하선과 총알의 운동방향이 이루는 각을 마하각(Mach angle)이라 한다.

$$\sin\mu = \frac{C}{V} \qquad \therefore \ \mu = \sin^{-1}\frac{C}{V}$$

$\therefore$ 아음속($V < C$)이면, $\mu > 90°$

　음속($V = C$)이면, $\mu = 90°$

　초음속($V > C$)이면, $\mu < 90°$

예제 4. 음속 320 m/s인 공기 속을 초음속으로 달리는 물체의 마하각이 45°일 때 물체의 속도는 몇 m/s인가?

① 385　　　　　② 453　　　　　③ 552　　　　　④ 638

해설 $\sin\alpha = \dfrac{C}{V}$

$\therefore V = \dfrac{C}{\sin\alpha} = \dfrac{320}{\sin 45°} = 453 \text{ m/s}$

정답 ②

4. 축소-확대 노즐에서의 흐름

그림에서 축소-확대 노즐을 지나는 완전기체에 대한 1차원 정상류에서 위치 에너지를 무시하면 오일러의 운동방정식은 다음과 같다.

$$\frac{dp}{\rho} + VdV = 0$$

연속방정식의 미분형은 다음과 같다.

$$\frac{d\rho}{\rho} + \frac{dV}{V} + \frac{dA}{A} = 0$$

또 음속은 다음과 같다.

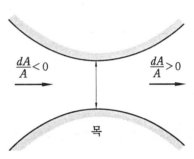

$C = \sqrt{\dfrac{dp}{d\rho}}$ 이므로 $dp = C^2 d\rho$

$$\frac{dp}{\rho} + VdV = 0 \rightarrow \frac{C^2 d\rho}{\rho} + VdV = 0$$

축소-확대 노즐에서의 흐름

위의 두 식에서 $d\rho/\rho$를 소거하면

$$\frac{dA}{dV} = \frac{A}{V}\left(\frac{V^2}{C^2} - 1\right) = \frac{A}{V}(M^2 - 1)$$

① **아음속 흐름**($M < 1$)

$$\frac{dA}{dV} < 0$$

$dV > 0$이 되려면 $dA < 0$이어야 한다. 즉, 속도가 증가하기 위해서는 단면적은 감소되어야 한다(축소 노즐).

② **음속 흐름**($M = 1$)

$$\frac{dA}{dV} = 0$$

즉, 속도는 단면적의 변화가 없는 목(throat)까지 증가되고, 목에서 음속 및 아음속을 얻을 수 있다.

③ **초음속 흐름**($M > 1$)

$$\frac{dA}{dV} > 0$$

즉, 속도가 증가하기 위해서는 단면적도 증가되어야 한다(확대 노즐). 이상과 같이 축소 노즐에서는 아음속 흐름을 음속 이상의 속도로 가속시킬 수 없다. 따라서 초음속을 얻으려면 반드시 축소-확대 노즐(라발 노즐)을 통과시켜야 한다.

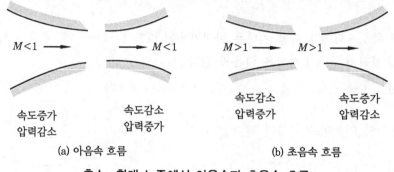

(a) 아음속 흐름　　　　　　(b) 초음속 흐름

축소-확대 노즐에서 아음속과 초음속 흐름

예제 5. 축소-확대 노즐에서 목에서의 공기의 유속이 음속이 될 때 정체온도와의 비 $\dfrac{T^*}{T_0}$ 의 값은?

① 0.528　　　　② 0.833　　　　③ 0.634　　　　④ 0.428

해설 $\dfrac{T^*}{T_0} = \dfrac{2}{k+1} = 0.833\,(k=1.4)$　　　　　　　　**정답** ②

---

5. 이상기체의 등엔트로피 유동

5-1 등엔트로피 유동의 에너지 방정식

완전기체가 관 속을 고속(음속 부근 또는 음속 이상)으로 흐를 때 마찰이 없고 외부와의 열전달이 없는 흐름, 즉 등엔트로피 유동으로 취급한다. 따라서, 정상 유동의 에너지 방정식은 다음과 같다.

$$h_1 + \frac{V_1^2}{2g} = h_2 + \frac{V_2^2}{2g}$$

$h = C_p T$ 이므로 다음과 같다.

$$C_p T_1 + \frac{V_1^2}{2g} = C_p T_2 + \frac{V_2^2}{2g} \quad\cdots\cdots (9-1)$$

5-2 정체점(stagnation point)

그림에서와 같이 외부와 열의 출입이 없는 단열 용기에 들어 있는 기체가 단면적이 변화하는 관을 통하여 흐른다고 가정하고, 용기 안의 단면적은 매우 크다고 생각하면 유속은 0이다.

식 (9-1)에서

$$C_p T_0 = C_p T + \frac{V^2}{2}$$

$$T_0 = T + \frac{1}{C_p} \frac{V^2}{2}$$

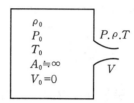

단열 용기

$$C_p = \frac{k}{k-1} R \text{을 대입하면}$$

$$\therefore \ T_0 = T + \frac{k-1}{kR} \frac{V^2}{2}$$

여기서, T_0 : 정체 온도(stagnation temperature) 또는 전 온도(total temperature)

T : 정온(static temperature)

$\dfrac{k-1}{kR} \dfrac{V^2}{2g}$: 동온(dynamic temperature)

$M = \dfrac{V}{C}$, $C = \sqrt{kRT}$ 를 대입시키면 정체 온도비 $\dfrac{T_0}{T}$ 는 다음과 같다.

$$\frac{T_0}{T} = 1 + \frac{k-1}{2} M^2$$

열역학에서 등엔트로피의 상태 방정식을 적용시키면 다음과 같다.

- 정체 압력비 : $\dfrac{p_0}{p} = \left(1 + \dfrac{k-1}{2} M^2 \right)^{\frac{k}{k-1}}$

- 정체 밀도비 : $\dfrac{\rho_0}{\rho} = \left(1 + \dfrac{k-1}{2} M^2 \right)^{\frac{1}{k-1}}$

5-2 임계점(critical point)

유체의 속도가 목에서 음속에 도달한 때의 상태를 임계 상태(critical state)라 한다. 에너지 방정식에서 다음과 같은 식을 얻을 수 있다.

$$\frac{V_2^2 - V_1^2}{2} = C_p(T_1 - T_2) = \frac{kR}{k-1}(T_1 - T_2) = \frac{k}{k-1}(p_1 V_1 - p_2 V_2)$$

$$= \frac{k}{k-1}p_1 V_1 \left\{ 1 - \left(\frac{p_2}{p_1}\right)^{\frac{k}{k-1}} \right\}$$

단열된 노즐 내의 유동이라고 하면, 입구 속도가 출구 속도에 비하여 매우 작으므로 입구 속도를 무시하면

$$V_2 = \sqrt{\frac{2k}{k-1}p_1 V_1 \left\{ 1 - \left(\frac{p_2}{p_1}\right)^{\frac{k}{k-1}} \right\}} \; [\text{m/s}]$$

따라서 중량 유량 $G = \gamma A V[\text{kgf/s}]$이므로

$$G = \gamma_2 A_2 V_2 = \gamma_2 A_2 \sqrt{\frac{2k}{k-1}p_1 V_1 \left\{ 1 - \left(\frac{p_2}{p_1}\right)^{\frac{k}{k-1}} \right\}}$$

$$= \gamma_2 A_2 \sqrt{\frac{2k}{k-1}p_1 \left\{ \left(\frac{p_2}{p_1}\right)^{\frac{2}{k}} - \left(\frac{p_2}{p_1}\right)^{\frac{k}{k-1}} \right\}} \; [\text{kgf/s}]$$

① 임계 압력비 : $\left(\dfrac{p_c}{p_1}\right) = \left(\dfrac{2}{k+1}\right)^{\frac{k}{k-1}} = 0.5283$

② 임계 온도비 : $\left(\dfrac{T_c}{T_1}\right) = \dfrac{2}{k+1} = 0.8333$

③ 임계 밀도비 : $\left(\dfrac{\rho_c}{\rho_1}\right) = \left(\dfrac{2}{k+1}\right)^{\frac{1}{k-1}} = 0.6339$

따라서 최대 질량 유량(노즐목에서 음속일 때)은 다음과 같다.

$$M_{\max} = \rho_2 A_2 V_2 = \frac{A_2 p_1}{\sqrt{T_1}} \sqrt{\frac{k}{R}\left(\frac{2}{k+1}\right)^{\frac{k+1}{k-1}}} \; [\text{kg/s}]$$

$k = 1.4$일 때

$$M_{\max} = 0.686 \frac{A_2 P_1}{\sqrt{RT_1}} \; [\text{kg/s}]$$

예제 6. 20℃인 공기 속을 1000 m/s로 나는 비행기의 정체온도는 몇 ℃인가?

  ① 470　　　　　　　　　　　　② 495

  ③ 520　　　　　　　　　　　　④ 623

[해설] $M = \dfrac{V}{C} = \dfrac{V}{\sqrt{kRT}} = \dfrac{1000}{\sqrt{1.4 \times 287 \times 293}} \fallingdotseq 2.92$

$\therefore \ T_0 = T\left(1 + \dfrac{k-1}{2}M^2\right) = 293 \times \left[1 + \dfrac{(1.4-1) \times 2.92^2}{2}\right]$

$= 793\,\text{K} = 520\,℃$

[정답] ③

[예제] 7. 정압비열 $C_p = 1.34\,\text{kJ/kg} \cdot \text{K}$, 정적비열 $C_v = 1.005\,\text{kJ/kg} \cdot \text{K}$인 어떤 기체의 임계 압력비는 얼마인가?

① 0.35   ② 0.54

③ 0.58   ④ 0.83

[해설] $k = \dfrac{C_p}{C_v} = \dfrac{1.34}{1.005} \fallingdotseq 1.33$이므로

$\dfrac{P^*}{P_0} = \left(\dfrac{2}{k+1}\right)^{\frac{k}{k-1}} = \left(\dfrac{2}{1.33+1}\right)^{\frac{1.33}{1.33-1}} \fallingdotseq 0.54$

[정답] ②

6. 충격파(shock wave)

초음속 흐름($M > 1$)이 갑자기 아음속 흐름($M < 1$)으로 변하게 되는 경우, 이 흐름 속에서 매우 얇은 불연속면이 생긴다. 이러한 불연속면을 충격파(shock wave)라 하며, 이 불연속면에서 압력, 온도, 밀도, 엔트로피 등이 급격하게 증가하여 하나의 압축파로 나타난다.

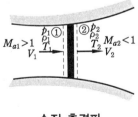

수직 충격파

그림과 같이 흐름에 대하여 수직으로 생기는 충격파를 수직 충격파(normal shock wave)라 하고, 흐름에 대하여 경사진 충격파를 경사 충격파(oblique shock wave)라 한다.

출제 예상 문제

1. 공기 중에서 음파의 전파 과정을 등엔트로피 과정으로 볼 때 음속 C는?

① $C = \sqrt{kRT}$ ② $C = \sqrt{\dfrac{k}{\rho}}$

③ $C = \sqrt{\dfrac{d\rho}{dp}}$ ④ $C = \sqrt{\dfrac{\rho}{kp}}$

해설 등엔트로피 과정에 대하여 $\dfrac{p}{\gamma^k} = C$,

미분을 하면 $\dfrac{dp}{d\gamma} = \dfrac{kp}{\gamma}$

그런데, $C = \sqrt{\dfrac{dp}{d\rho}} = \sqrt{\dfrac{gdp}{d\gamma}} = \sqrt{g\dfrac{kp}{\gamma}}$ 인

관계를 이용하면 $C = \sqrt{\dfrac{kp}{\gamma}}$ 가 된다.

완전기체에 대하여 $p = \gamma RT$가 되므로,

$C = \sqrt{kgRT}$ [m/s]

[SI 단위]

완전기체에 대하여 $p = \rho RT$가 되어

$C = \sqrt{kRT}$ [m/s]

2. 30℃인 공기 속을 어떤 물체가 960 m/s로 날 때 마하각은?

① 30° ② 21.3°

③ 15.6° ④ 40.2°

해설 음속 $C = \sqrt{1.4 \times 287 \times 303}$

$= 349$ m/s

마하각 $\mu = \sin^{-1}\dfrac{C}{V} = \sin^{-1}\dfrac{349}{960} = 21.3°$

3. 상온의 물속에서 압력파의 전파속도는 몇 m/s인가? (단, 물의 압축률은 5.1×10^{-5} cm²/ kg이다.)

① 1211 ② 1386

③ 1451 ④ 1561

해설 압력파의 전파속도는 음속과 같다.

체적탄성계수

$E = \dfrac{1}{\beta} = \dfrac{1}{5.1 \times 10^{-5}} \fallingdotseq 1.96 \times 10^4 \, \text{kg/cm}^2$

$= 1.96 \times 10^8 \, \text{kg/m}^2$

$\therefore \alpha = \sqrt{\dfrac{E}{\rho}} = \sqrt{\dfrac{1.96 \times 10^8}{102}}$

$\fallingdotseq 1386$ m/s

4. 다음 중 축소–확대 노즐에서 축소 부분의 유속은?

① 아음속만 가능하다.

② 초음속만 가능하다.

③ 아음속과 초음속이 가능하다.

④ 음속과 초음속이 가능하다.

해설 축소 부분에서 $\dfrac{dA}{A} < 0$, $M < 1$이므로

아음속만 가능하다.

5. 단열흐름에서의 축소–확대 노즐에서 수직충격파가 발생되었을 때 그 전후에 대하여 다음 중 어느 것을 만족시키는가?

① 연속방정식, 에너지방정식, 상태방정식, 등엔트로피 관계

② 에너지방정식, 모멘텀방정식, 상태방정식, 등엔트로피 관계

③ 연속방정식, 에너지방정식, 모멘텀방정식, 상태방정식

④ 상태방정식, 등엔트로피 관계, 모멘텀방정식, 질량보존의 법칙

해설 충격파 전후에 대하여 적용시킬 수 있는 방정식은 연속방정식, 에너지방정식, 모멘텀방정식, 상태방정식 등이다.

정답 1. ① 2. ② 3. ② 4. ① 5. ③

6. 다음 중 완전기체란?

① 포화상태에 있는 포화증기를 말한다.

② 완전기체의 상태방정식을 만족시키는 기체이다.

③ 체적탄성계수가 언제나 일정한 기체이다.

④ 높은 압력하의 기체를 말한다.

7. 완전기체의 엔탈피는?

① 마찰로 인해서 언제나 증가한다.

② 압력만의 함수이다.

③ 온도만의 함수이다.

④ 내부에너지 감소로 증가된다.

8. 음파의 속도가 아닌 것은?

① $\sqrt{kgRT}$　　　② $\sqrt{\dfrac{k}{\rho}}$

③ $\sqrt{\dfrac{dp}{d\rho}}$　　　④ $\sqrt{\dfrac{kp}{\rho}}$

해설 $\sqrt{\dfrac{k}{\rho}}$ 에서 k는 무차원의 값이다. 따라서 ρ의 차원만으로는 속도의 차원이 될 수 없다.

9. 아음속 흐름의 축소-확대 노즐 중 축소되는 부분에서 증가하는 것은?

① 압력　　　② 온도

③ 밀도　　　④ 마하수

해설 아음속 흐름의 축소-확대 노즐 중 축소부분에서는 마하수와 속도가 증가하고 압력, 온도 밀도는 감소하며, 확대 부분에서는 반대이다.

10. 축소-확대 노즐의 목에서 유속은?

① 초음속을 얻을 수 있다.

② 언제나 아음속이다.

③ 초음속 및 아음속이다.

④ 음속 및 아음속이다.

해설 축소-확대 노즐 목(throat)에서의 유속은 음속 및 아음속이 가능하다.

11. 초음속 흐름의 축소-확대 노즐 중 축소되는 부분에서 감소하는 것은?

① 압력　② 온도　③ 밀도　④ 속도

해설 초음속 흐름의 축소-확대 노즐 중 축소 부분에서는 압력, 온도, 밀도는 증가하고, 속도, 마하수는 감소한다. 또 확대부분에서는 반대이다.

12. 다음 중 평면 충격파는?

① 가역과정이다.

② 수축관에서 일어날 수 있다.

③ 마찰이 없다.

④ 등엔트로피 변화이다.

13. 수직충격파와 유사한 것은?

① 정지한 액체에 생기는 기본파

② 수력도약

③ $F<1$인 개수로 유동

④ 팽창 노즐에서 액체 유동

해설 속도와 깊이가 급격히 변화하면서 초임계($F>1$)에서 아임계($F<1$)로 변하는 수력도약은 수직충격파와 비슷하다.

14. 다음 중 내용이 잘못된 것은?

① 충격파는 초음속 흐름에서 갑자기 아음속 흐름으로 변할 때 발생한다.

② 수직충격파가 발생하면 압력, 온도, 밀도가 상승한다.

③ 수직충격파는 등엔트로피 과정이다.

④ 충격파가 발생하면 압력, 온도, 밀도 등이 불연속적으로 변한다.

해설 수직충격파가 발생하면 엔트로피도 갑자기 증가하므로 비가역 과정이다.

정답 6. ②　7. ③　8. ②　9. ④　10. ④　11. ④　12. ③　13. ②　14. ③

제10장　유체의 계측

1. 유체 성질의 측정

1-1　비중량(밀도)의 측정

(1) 용기(비중병 : pycnometer)를 이용하는 방법

용기의 질량을 m_1, 용기에 액체를 채운 후의 질량을 m_2, 용기의 체적을 V라고 할 때 온도 $t(℃)$의 액체의 밀도 ρ_t는 다음과 같다.

$$\rho_t = \frac{m_2 - m_1}{V} [\text{kg/m}^3] \text{ 또는 } \gamma_t = \frac{W_2 - W_1}{V} [\text{N/m}^3]$$

(2) 추를 이용하는 방법(Archimedes의 원리)

공기 중에서의 질량을 m_1, 액체 속에 추를 담근 후의 질량을 m_2, 추의 체적을 V라고 할 때 온도 $t(℃)$의 액체의 밀도 ρ_t는 다음과 같다.

$$\rho_t = \frac{m_1 - m_2}{V} [\text{kg/m}^3]$$

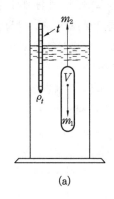
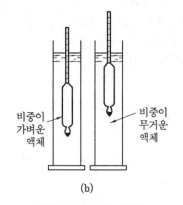
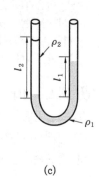

비중량(밀도)의 측정

(3) 비중계(hydrometer)를 이용하는 방법

액체의 밀도나 비중량을 측정하는 가장 보편적인 방법으로 사용되며, 그림 (b)와 같은 추를 가진 관을 서로 다른 밀도를 가진 액체 속에서 그 평형 위치가 다른 사실을 이용하여 액면과 일치하는 점의 눈금을 읽어 측정한다(그림 (b)).

(4) U자관을 이용하는 방법

측정하고자 하는 액체와 밀도(또는 비중량)를 알고 있는 혼합되지 않은 액체를 그림과 같이 U자관 속에 넣어 액주의 길이 l_1과 l_2를 측정하면 액주계의 원리에 따라 다음과 같이 된다(그림 (c)).

$$\gamma_1 l_1 = \gamma_2 l_2, \quad \rho_1 l_1 = \rho_2 l_2, \quad \rho_1 = \frac{l_2}{l_1}\rho_2$$

예제 1. 비중병에 액체를 채웠을 때의 무게가 500 N이었다. 비중병의 무게가 2.5 N이라면 이 액체의 비중은 얼마인가? (단, 비중병 속에 있는 액체의 체적은 50 L이다.)

① 1.02   ② 1.2

③ 1.5   ④ 2.1

해설 $\gamma = \dfrac{W_2 - W_1}{V} = \dfrac{500 - 2.5}{0.05} = 9950 \, \text{N/m}^3$

$\therefore \ S = \dfrac{\gamma}{\gamma_w} = \dfrac{9950}{9800} = 1.02$ 정답 ①

1-2 점성계수의 측정

(1) 낙구에 의한 방법(낙구식 점도계)

층류 조건($Re < 1$ 또는 0.6)에서 스토크스의 법칙에 따라 유체 속에 일정한 속도 v로 운동하는 지름 d인 구의 항력 D는 다음과 같다.

$$D = 3\pi\mu vd$$

구가 일정한 속도를 얻은 뒤에는 무게 W, 부력 F_B의 힘 등과 평형을 이루므로

$$D - W - F_B = 0$$

$$\therefore \ 3\pi\mu vd - \frac{\pi}{6}d^3\gamma_s - \frac{\pi}{6}d^3\gamma_l$$

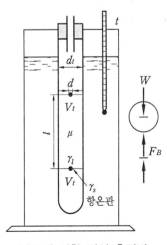

낙구에 의한 점성 측정법

$$\therefore \ \mu = \frac{d^2(\gamma_s - \gamma_l)}{18v}[\text{Pa}\cdot\text{s}]$$

여기서, γ_s : 구의 비중량, γ_l : 액체의 비중량

(2) 오스트발트(Ostwald)법

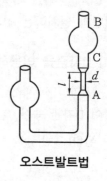

그림에서 A눈금까지 액체를 채운 다음 이 액체를 B눈금까지 밀어 올린 다음에 이 액체가 C눈금까지 내려오는 데 필요한 시간으로 측정하는 방법이다.

기준 액체를 물로 하여 그 점도를 μ_w, 비중을 S_w, 소요 시간을 t_w, 또 측정하려는 액체의 것을 각각 μ, S, t라 하면 다음과 같다. t_w와 t를 측정하여 다음 식에서 μ를 계산한다.

오스트발트법

$$\mu = \mu_w \frac{St}{S_w t_w}$$

(3) 세이볼트(Saybolt)법

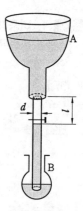

그림에서 측정기의 아래 구멍을 막은 다음 액체를 A점까지 채우고, 막은 구멍을 다시 열어서 B점까지 채워지는 데 걸리는 시간으로 측정한다. 배출관을 통하여 B용기에 60 cc가 채워질 때까지의 시간을 측정하여 다음 식으로 계산한다.

$$\nu = 0.0022t - \frac{1.8}{t}[\text{St}]$$

세이볼트법

(4) 뉴턴의 점성 계측법(회전식 점도계)

두 동심 원통 사이에 측정하려는 액체를 채우고 외부 원통이 일정한 속도로 회전하면 내부 원통은 점성 작용에 의하여 회전하게 되는데 내부 원통 상부에 달려 있는 스프링의 복원력과 점성력이 평형이 될 때 내부 원통이 정지하는 원리를 이용한 점도계이다.

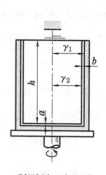

$$T = \frac{\mu\pi^2 n r_1^4}{60a} + \frac{\mu\pi^2 r_1^2 r_2 hn}{15b}$$
$$= \frac{\mu\pi^2 n r_1^2}{15}\left(\frac{r_1^2}{4a} + \frac{r_2 h}{b}\right)$$
$$= \mu Kn$$
$$= k\theta$$
$$\therefore \ \mu = \frac{k\theta}{Kn}$$

회전식 점도계

예제 2. 하겐-푸아죄유의 법칙을 이용한 점도계는?

① 낙구식 점도계　　　　　　　② 세이볼트 점도계

③ 맥미첼 점도계　　　　　　　④ 회전식 점도계

해설 세이볼트(Saybolt) 점도계는 일정량의 액체가 일정한 지름의 모세관을 통과하는 시간을 측정하여 하겐-푸아죄유의 법칙을 이용함으로써 동점성계수 계산하는 것이다.

$$\nu = 0.0022t - \frac{1.8}{t}\,[\text{cm}^2/\text{s(stokes)}]$$

정답 ②

2. 압력의 측정

2-1　피에조미터의 구멍을 이용하는 방법

구멍의 단면은 충분히 좁고, 매끈해야 하며, 관 표면에 수직이어야 한다. 또 그 길이는 적어도 지름의 2배가 되어야 하고 이때 정압의 크기는 액주계의 높이로 측정된다.

2-2　정압관을 이용하는 방법

정압관을 유체 속에 직접 넣어서 마노미터의 높이 Δh로부터 측정한다. 이때 정압관은 유선의 방향과 일치해야 한다.

$$\Delta h = C\frac{v^2}{2g}$$

여기서, C : 보정계수

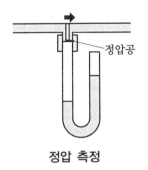

정압 측정

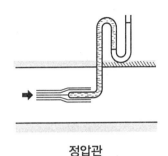

정압관

3. 유속의 측정

3-1 피토관(pitot tube)

그림과 같이 직각으로 굽은 관으로 선단에 구멍이 뚫어져 있어서 유속을 측정한다. 피토관이 유속이 v_0인 유체 속에 있을 때 점 ①과 ② 사이에 베르누이 방정식을 적용시키면

$$\frac{v_0^2}{2g} + \frac{p_0}{\gamma} = \frac{p_s}{\gamma} + \frac{v_s^2}{\gamma} \, (v_s = 0 \ ; \ \text{정체점})$$

$$\therefore \ p_s = \gamma \frac{v_0^2}{2g} + p_0$$

여기서, $p_0 = \gamma h_0$, $p_s = \gamma h_0 + \Delta h$ 이므로

$$\therefore \ \Delta h = \frac{v_0^2}{2g} \, [\text{m}]$$

$$\therefore \ v_0 = \sqrt{2g\Delta h} = \sqrt{\frac{2g(p_s - p_0)}{\gamma}} = \sqrt{\frac{2(p_s - p_0)}{\rho}} \, [\text{m/s}]$$

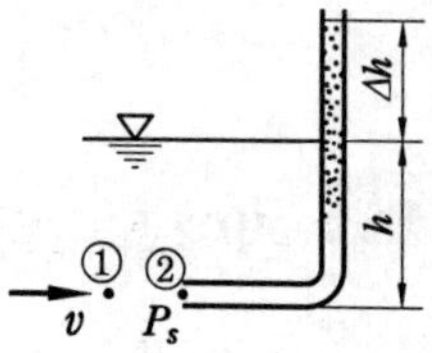

피토관에 의한 측정

3-2 시차 액주계

그림과 같이 피에조미터와 피토관을 시차 액주계의 양단에 각각 연결하여 유속을 측정한다. 점 ①과 ②에 베르누이 방정식을 적용시키면 다음과 같다.

$$\frac{v_1^2}{2g} + \frac{p_1}{\gamma} = \frac{p_2}{\gamma} \, (v_2 = 0 \, : \, \text{정체점})$$

시차 액주계에서 $p_A = p_B$ 이므로

$$p_1 + SK + S_0 R$$

$$= p_2 + (K + R)S$$

$$\therefore \ v_1 = \sqrt{2gR\left(\frac{S_0}{S} - 1\right)} \, [\text{m/s}]$$

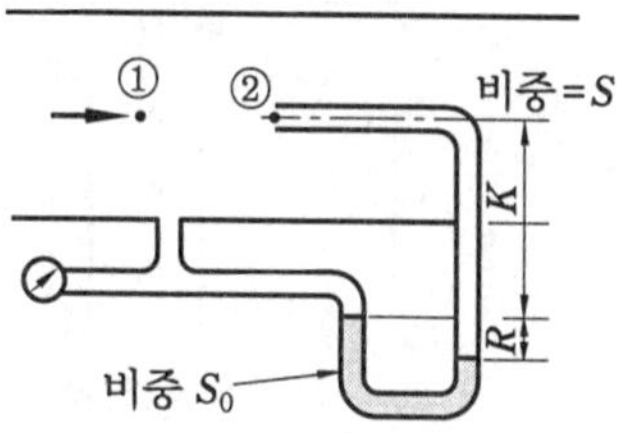

유속의 측정

3-3 피토-정압관

그림과 같이 피토관과 정압관을 하나의 기구로 조합하여 유속을 측정한다.

$$\frac{p_s - p_0}{\gamma} = H\left(\frac{S_0}{S} - 1\right)$$

$$\therefore v_0 = \sqrt{2gH\left(\frac{S_0}{S} - 1\right)} \; [\text{m/s}]$$

그러나 실제의 경우 피토-정압관의 설치로 인하여 교란이 야기되므로 보정계수 C를 도입한다.

$$\therefore v_0 = C\sqrt{2gH\left(\frac{S_0}{S} - 1\right)} \; [\text{m/s}]$$

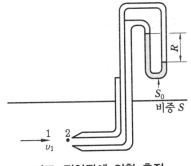

피토-정압관에 의한 측정

3-4 열선 풍속계(hot wire anemometer)

금속선에 전류가 흐를 때 일어나는 선의 온도와 전기 저항과의 관계를 이용하여 유속을 측정하는 것으로 현재는 기체의 유동 측정에 사용되고 있다.

전기적으로 가열된 백금선을 흐름에 직각으로 놓으면 기체의 유동 속도가 클수록 냉각이 잘 되어 이 백금선의 온도가 내려간다. 이 온도 변화에 따라 전기 저항이 달라지므로 전류의 변화가 초래된다. 이때 전류와 풍속의 관계를 미리 검토하여 놓았다가 전류의 눈금에서 풍속을 구하는 것이다.

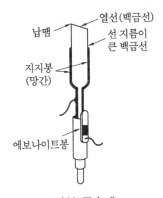

열선 풍속계

(1) 정전류형

열선에 흐르는 전류의 크기를 일정하게 유지하고, 전기 저항의 변화로 유속을 측정하는 방법의 풍속계이다.

(2) 정온도형

열선의 온도를 일정하게 유지하기 위하여 전류를 변화시켜서 전류의 변화로 유속을 측정하는 방법의 풍속계이다. 정전류형에 비하여 측정의 정확도가 좋고 기구의 조작도 간편하며, 특히 난류의 측정에 장점을 가지고 있다.

(3) 열필름 풍속계(hot film anemometer)

열선은 너무 가늘어(0.01 mm 이하) 약하므로 밀도가 크고, 부유물이 많은 유동에 사용한다.

예제 3. 유속계수가 0.97인 피토관에서 정압수두가 5 m, 정체 압력수두가 7 m이었다. 이때 유속은 얼마인가?

① 6.1 m/s

② 7.5 m/s

③ 8.4 m/s

④ 9.4 m/s

해설 $V = C_v \sqrt{2g\Delta h} = 0.97 \times \sqrt{2 \times 9.8 \times (7-5)} \fallingdotseq 6.1\,\text{m/s}$

정답 ①

예제 4. 지름이 7.5 cm인 노즐이 지름 15 cm 관의 끝에 부착되어 있다. 이 관에는 비중량이 1.17 kg/m³인 공기가 흐르고 있는데, 마노미터의 읽음이 7 mmAq였다면 이 관에서의 유량은 얼마인가?(단, 노즐의 속도계수는 0.97이다.)

① 0.033 m³/s

② 0.048 m³/s

③ 0.058 m³/s

④ 0.079 m³/s

해설 $C = \dfrac{C_v}{\sqrt{1 - \left(\dfrac{d_2}{d_1}\right)^4}} = \dfrac{0.97}{\sqrt{1 - \left(\dfrac{7.5}{15}\right)^4}} = 1.002$

$\therefore\ Q' = CA_2\sqrt{2gH'\left(\dfrac{S_0}{S_1} - 1\right)}$

$= 1.002 \times \dfrac{\pi}{4}(0.075)^2 \sqrt{2 \times 9.8 \times 0.007\left(\dfrac{1}{0.00117} - 1\right)} = 0.048\,\text{m}^3/\text{s}$

정답 ②

예제 5. 섀도 그래프 방법은 다음 중 어느 것을 측정하는 데 사용되는가?

① 기체 흐름에 대한 속도의 변화

② 기체 흐름에 대한 온도의 변화

③ 기체 흐름에 대한 밀도 기울기의 변화

④ 기체 흐름에 대한 압력의 변화

해설 섀도 그래프 방법은 한 점으로부터의 광원을 오목렌즈를 이용하여 평행하게 만들고 밀도가 다른 경로를 빛이 지나갈 때 굴절되는 현상을 이용하는 것으로 주로 밀도의 변화를 보여 주게 된다.

정답 ③

4. 유량의 측정

4-1 벤투리미터(venturimeter)

유량 측정 장치 중에서 비교적 정확한 계측기로 그림에서와 같이 단면에 축소부가 있어 두 단면에서의 압력차로서 유량을 측정할 수 있도록 되어 있다. 그리고 확대부는 손실을 최소화하기 위하여 5~7°로 만든다.

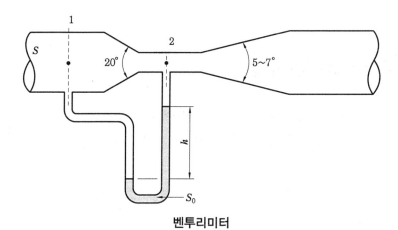

벤투리미터

$$V_2 = \frac{1}{\sqrt{1-\left(\dfrac{A_2}{A_1}\right)^2}} \sqrt{\frac{2g}{\gamma}(p_1 - p_2)} = \frac{1}{\sqrt{1-\left(\dfrac{D_2}{D_1}\right)^4}} \sqrt{2g\left(\frac{\gamma_0}{\gamma}-1\right)h}$$

따라서 유량은 다음과 같다.

$$Q = C_v \frac{A_2}{\sqrt{1-\left(\dfrac{D_2}{D_1}\right)^4}} \sqrt{2gh\left(\frac{\gamma_0}{\gamma}-1\right)}$$

$$= C_v \frac{A_2}{\sqrt{1-\left(\dfrac{D_2}{D_1}\right)^4}} \sqrt{2gh\left(\frac{S_0}{S}-1\right)}$$

$$= C A_2 V_2$$

여기서, C_v : 속도계수, C : 유량계수

4-2 노즐(nozzle)

벤투리미터에서 수두 손실을 감소시키기 위하여 부착된 확대 원추를 가지지 않은 것으로, 축소부가 없으므로 축소계수는 1이다.

$$V_2 = \frac{1}{\sqrt{1 - \left(\dfrac{A_2}{A_1}\right)^2}} \sqrt{\frac{2g}{\gamma}(p_1 - p_2)} \text{ [m/s]}$$

$$Q = C_v \frac{A_2}{\sqrt{1 - \left(\dfrac{D_1}{D_2}\right)^4}} \sqrt{2gh\left(\frac{\gamma_0}{\gamma} - 1\right)} \text{ [m}^3\text{/s]}$$

4-3 오리피스(orifice)

오리피스는 플랜지 사이에 끼워 넣은 얇은 평판에 구멍이 뚫려 있는 것으로, 판의 상하류의 압력 측정용 구멍에 시차 액주계와 압력계가 부착된다.

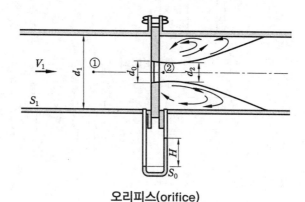

오리피스(orifice)

점 ①과 ②에 대하여 베르누이 방정식을 적용시키면

$$\frac{p_1}{\gamma} + \frac{v_1^2}{2g} = \frac{p_2}{\gamma} - \frac{v_2^2}{2g}$$

$C_c = \dfrac{A_2}{A_0}$ 이므로 연속방정식에서

$$V_1 \frac{\pi d_1^2}{4} = V_2 C_c \frac{\pi v_2^2}{4}$$

위의 두 식에서

$$\frac{V_1^2}{2g}\left[1 - C_c^2\left(\frac{d_0}{d_1}\right)^4\right] = \frac{p_1 - p_2}{\gamma}$$

$$\therefore \ V_2 = \frac{1}{\sqrt{1 - C_c^2\left(\dfrac{d_0}{d_1}\right)^4}}\sqrt{\frac{2g}{\gamma}(p_1 - p_2)}$$

실제 유체의 속도는

$$\therefore \ V_2' = C_v V_2 = C_v\frac{1}{\sqrt{1 - C_c^2\left(\dfrac{d_0}{d_1}\right)^4}}\sqrt{\frac{2g}{\gamma}(p_1 - p_2)}\ [\mathrm{m/s}]$$

실제 유량은 다음과 같다.

$$\therefore \ Q' = C_d A_0\frac{1}{\sqrt{1 - C_c^2\left(\dfrac{d_0}{d_1}\right)^4}}\sqrt{\frac{2g}{\gamma}(p_1 - p_2)}$$

$$C_d = C_v C_c$$

$$\therefore \ Q' = C_d A_0\frac{1}{\sqrt{1 - C_c^2\left(\dfrac{d_0}{d_1}\right)^4}}\sqrt{2gH\left(\frac{S_0}{S_1} - 1\right)}$$

$$= CA_0\sqrt{\frac{2\Delta p}{\rho}} = CA_0\sqrt{2gH\left(\frac{S_0}{S} - 1\right)}\ [\mathrm{m^3/s}]$$

4-4　위어(weir)

(1) 예봉 전폭 위어(sharp-crested rectangular weir)

위어 판의 끝이 칼날과 같이 예리하고, 수로의 전폭을 하나도 줄이지 않은 형태를 갖는 위어이다.

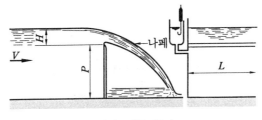

예봉 전폭 위어

• 이론 유량 : $Q = \dfrac{2}{3}\sqrt{2g}\,LH^{\frac{3}{2}}$ [m³/min]

• 실제 유량 : $Q_a = KLH^{\frac{3}{2}}$ [m³/min]

(2) 사각 위어(sharp-edged rectangular weir)

위어가 수로폭 전면에 걸쳐 만들어져 있지 않고, 폭의 일부에만 걸쳐져 있는 위어이다.

• 실제 유량 : $Q_a = KLH^{\frac{3}{2}}$ [m³/min]

(3) V노치 위어 (삼각 위어)

꼭지각이 ϕ인 역삼각형 모양이고, 꼭지각을 사이에 둔 양 끝을 예리하게 한 위어이다.

• 이론 유량 : $Q = \dfrac{8}{15}C\tan\dfrac{\phi}{2}\sqrt{2g}\,H^{\frac{5}{2}}$ [m³/min]

• 실제 유량 : $Q_a = KH^{\frac{5}{2}}$ [m³/min]

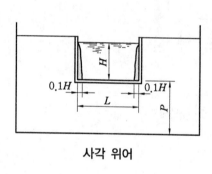

사각 위어   V노치 위어

(4) 광봉 위어

광봉 위어는 위어 봉이 비교적 넓게 수평으로 연장되어 있어, 그 위에 흐르는 물의 압력은 정수압력이 작용한다고 가정할 수 있는 수력 구조물이다. 일반적으로 광봉 위어가 위어로서의 역할을 하려면 $0.08 < \dfrac{수심}{수로폭} < 0.50$의 범위에 있어야 한다.

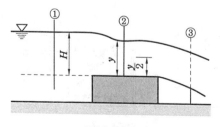

광봉 위어

(5) 사다리꼴 위어

$$Q = C \int_0^b b \sqrt{2gz}\, dz = \frac{2}{15} C \sqrt{(2b_0 + 3b_u)}\, h^{\frac{3}{2}} \, [\mathrm{m^3/min}]$$

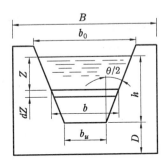

사다리꼴 위어

예제 **6.** 다음 위어(weir) 중에서 중간 유량 측정에 적합한 것은?

① 삼각 위어
② 사각 위어
③ 광봉 위어
④ 예봉 위어

해설 삼각 위어는 소유량 측정, 광봉 위어는 대유량 측정에 적합하다.   정답 ②

예제 **7.** 삼각 위어에서 유량은 다음 어느 값에 비례하는가? (단, H는 위어의 수두이다.)

① H^2
② H^3
③ $H^{\frac{3}{2}}$
④ $H^{\frac{5}{2}}$

해설 삼각 위어(V-노치 위어)에서의 유량은 다음과 같다.

$$Q' = KH^{\frac{5}{2}} \, [\mathrm{m^3/min}]$$ 정답 ④

출제 예상 문제

1. U자관의 양쪽에 기름과 물을 넣었더니 $h_1 = 10\,\text{cm}$, $h_2 = 8\,\text{cm}$였다. 기름의 비중량은 몇 N/m³인가?

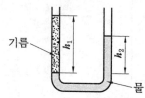

기름

물

① 7840　　　　② 8500
③ 9320　　　　④ 9750

[해설] $\gamma_1 h_1 = \gamma_2 h_2$에서

$$\gamma_1 = \gamma_2 \frac{h_2}{h_1} = 9800 \times \frac{8}{10} = 7840\,\text{N/m}^3$$

2. 다음 중 간섭계의 방법은?

① 광파의 운동에 있어서 입상변화에 관계된다.
② 칼날 끝(knife-edge)을 사용하여 광선의 일부를 차단시킨다.
③ 2개의 광원을 이용한다.
④ 단일광원으로부터 3개의 광선으로 분리시킨다.

[해설] 간섭계는 2개의 반사경, 2개의 반투과경을 이용하여 한 개의 광원으로부터의 단색광을 이용하여 유동장에서의 밀도의 변화에 따르는 프린지(fringe)를 나타나게 하여 밀도의 변화를 측정한다. 여기에서 프린지는 빛의 입상변화에 관계된다.

3. 다음 점도계 중 뉴턴의 점성법칙을 이용한 것은?

① 낙구식 점도계

② 오스트발트 점도계
③ 세이볼트 점도계
④ 스토머 점도계

[해설] (1) 스토크스 법칙을 이용한 점도계 : 낙구식 점도계
(2) 하겐-푸아죄유의 법칙을 이용한 점도계 : 오스트발트 점도계, 세이볼트 점도계
(3) 뉴턴의 점성법칙을 이용한 점도계 : 맥미첼 점도계, 스토머 점도계

4. 다음 계측기 중에서 점성계수를 측정하는 것이 아닌 것은?

① 세이볼트
② 오스트발트
③ 스토머
④ 하이드로미터

[해설] 하이드로미터는 부력에 의한 평형으로 액체의 밀도를 계측하는 기구이다.

5. 다음 그림과 같은 벤투리관에 물이 흐르고 있다. 단면 1과 단면 2의 단면적비가 2이고, 압력 수두차가 Δh일 때 단면 2에서의 속도는 얼마인가? (단, 모든 손실은 무시한다.)

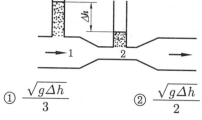

① $\dfrac{\sqrt{g\Delta h}}{3}$　　　　② $\dfrac{\sqrt{g\Delta h}}{2}$

③ $2\sqrt{\dfrac{2g\Delta h}{3}}$　　　　④ $\sqrt{g\Delta h}$

[정답] 1. ①　2. ④　3. ④　4. ④　5. ③

해설 손실이 없는 벤투리관에서 $C_v = 1$이므로

$$V_2 = \frac{Q}{A_2} = \frac{1}{\sqrt{1 - \left(\frac{A_2}{A_1}\right)^2}} \sqrt{2g\left(\frac{p_1 - p_2}{\gamma}\right)}$$

여기서, $\frac{A_2}{A_1} = \frac{1}{2}$, $\frac{p_1 - p_2}{\gamma} = \Delta h$이므로

$$V_2 = \frac{1}{\sqrt{1 - \left(\frac{1}{2}\right)^2}} \sqrt{2g\Delta h}$$

$$= 2\sqrt{\frac{2g\Delta h}{3}} \,[\text{m/s}]$$

6. 다음 계측기 중에서 유량을 측정하는 것이 아닌 것은?

① 오리피스

② 위어

③ 노즐

④ 피에조미터

해설 피에조미터는 압력을 측정할 수 있는 액주계로서 유리관을 용기 또는 관에 연결시켜 액체의 상승 높이를 측정하여 대기와의 차로 압력을 나타낸다.

7. 다음 그림과 같이 피토-정압관을 설치하였을 때 속도수두 $\frac{V^2}{2g}$는?

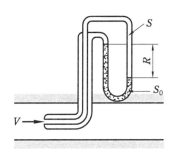

① R

② $SS_0 R$

③ $R\left(\frac{S_0}{S} - 1\right)$

④ $R\left(\frac{S_0}{S}\right)$

해설 유속 $V = \sqrt{2gR\left(\frac{S_0}{S} - 1\right)}$

∴ 속도수두 $\frac{V^2}{2g} = R\left(\frac{S_0}{S} - 1\right)$

8. 열선 풍속계는 무엇을 측정하는 데 사용되는가?

① 유동하고 있는 기체 흐름에 있어서의 기체의 압력

② 유동하고 있는 액체 흐름에 대한 액체의 압력

③ 유동하고 있는 기체의 속도

④ 유동하고 있는 기체에 대하여 정체점 온도

해설 열선 풍속계는 백금선(센서)을 기체 흐름 속에 노출시킴으로써 그 냉각효과를 이용하여 유속의 변화를 측정한다.

9. 다음 중 개수로의 유량 측정에 이용되는 것은?

① 위어 ② 벤투리미터

③ 오리피스 ④ 피토관

해설 위어(weir)는 개수로의 유량 측정용 계기이다.

10. 슐리렌 방법은 다음 중 무엇을 측정하는 데 사용되는가?

① 기체 흐름에 대한 정압 변화

② 기체 흐름에 대한 압력 변화

③ 기체 흐름에 대한 밀도 변화

④ 기체 흐름에 대한 속도 변화

해설 슐리렌 방법은 한 개의 광원과 2개의 오목렌즈 및 나이프에지를 이용하여 유동장에서 밀도의 변화를 측정한다.

정답 6. ④ 7. ③ 8. ③ 9. ① 10. ③

기계재료 및
유압기기

제1장 기계재료

1. 기계재료의 개요

1-1 금속과 합금의 특징

(1) 금속의 특징

금속(metal)은 고체 상태에서 원자의 결정 방법에 따라 금속 결합, 이온 결합, 공유 결합, 분자 결합 등 집합체의 결정으로 되어 있다.

① 상온에서 고체(solid)이며 결정체이다. 단, 수은(Hg)은 예외

② 금속 결합인 결정체로 되어 있어 소성 가공이 용이하다(가공과 변형이 쉽다).

③ 열과 전기의 양도체이므로 전자기 부품에 활용된다.

④ 전성과 연성이 커서 가공이 용이하다(용융점이 높다).

⑤ 비중이 크고 금속적 광택을 가지며 비교적 강도가 크므로 기계 부품에 널리 사용 가능하다(철강은 용접 가능).

(2) 합금(alloy)의 특징

순수한 단일 금속을 제외한 모든 금속을 합금(alloy)이라 하며 2원 합금, 3원 합금, 4원 합금, 다원 합금으로 분류한다.

㉠ 철합금 : 탄소강, 특수강, 주철 등

　　구리합금 : 황동, 청동, 특수청동 등

① 전성과 연성이 작다.

② 열전도율, 전기전도율이 낮다.

③ 용융점이 낮다.

④ 강도, 경도, 담금질 효과가 크다.

⑤ 내열성, 내산성, 주조성이 좋다.

예제 **1. 일반적인 금속의 공통적 특성을 설명한 것으로 틀린 것은?**

① 상온에서 고체이며 결정체이다(단, 수은 제외).

② 비중이 작고 광택을 갖는다.

③ 열과 전기의 양도체이다.

④ 소성변형성이 있어 가공하기 쉽다.

해설 일반적인 금속의 공통적 성질은 비중(S)이 크고 아름다운 광택면을 갖는다. 정답 ②

1-2 금속재료의 성질

(1) 물리적 성질

① **비중(specific gravity) = 상대 밀도**

㈎ 경금속(light metal) : 비중이 5 이하인 것

예 Li(0.53), Mg(1.74), Al(2.74), Na(0.97), Mo(1.22), Ti(4.5)

㈏ 중금속(heavy metal) : 비중이 5 이상인 것

예 Fe(7.87), Cu(8.96), Mn(7.43), Pb(11.36), Pt(21.45), W(19.3), Zn(7.13), Sn(7.29), Ag(10.49)

② **용융점(녹는점) :** 고체에서 액체로 변하는 온도 예 W(3410℃), Hg(−38.8℃), Sb(631℃), Bi(271℃), Sn(232℃), Al(660℃), Zn(420℃), As(816℃)

③ **비열(specific of heat) :** 물의 비열(C) = 4.186 kJ/kg · K

④ **열팽창계수 :** 일정한 압력 아래서 물체의 열팽창의 온도에 대한 비율

⑤ **열전도율(열전도계수) :** 물체 속을 열이 전도하는 정도를 나타낸 수치(W/m · K)

⑥ **전기전도율 :** 물질 내에서 전류가 잘 흐르는 정도를 나타내는 양

⑦ **자성 :** 자석에 끌리는 성질(물질이 가지는 자기적 성질)

㈎ 강자성체 : 강하게 잡아당기는 성질(Fe, Co, Ni)

㈏ 상자성체 : 약하게 잡아당기는 성질

㈐ 반자성체 : 같은 극이 생겨 반발하는 물질

⑧ **잠열(latent of heat) :** 융해열, 기화열(증발열), 승화열, 액화열(응축열) 등

예제 **2. 다음 중 전기전도도가 좋은 순서로 나열된 것은?**

① Cu > Al > Ag

② Al > Cu > Ag

③ Fe > Ag > Al

④ Ag > Cu > Al

해설 전기전도도가 좋은 순서 : Ag > Cu > Au > Al > Mg > Zn > Ni > Fe > Pb > Sb 정답 ④

예제 3. 다음 금속 중 비중이 가장 큰 금속은?

① Li   ② Ir

③ Al   ④ Fe

해설 Li(0.53), Ir(22.5), Al(2.74), Fe(7.87)   **정답** ②

예제 4. 다음 중 중금속이 아닌 것은?

① Fe   ② Ni

③ Cr   ④ Mg

해설 Fe(7.87), Ni(8.9), Cr(7.19), Mg(1.74)   **정답** ④

(2) 기계적 성질(mechanical property)

① **강도**(strength) : 외력에 대한 저항력

② **경도**(hardness) : 재료의 단단한 정도

③ **인성**(toughness) : 질긴 성질(내충격성)

④ **연성**(ductility) : 가느다란 선으로 늘어나는 성질

⑤ **취성**(brittleness) : 잘 부서지고 깨지는 성질(= 메짐성, 여림성)

⑥ **전성**(malleability) : 얇은 판으로 넓게 펼 수 있는 성질

⑦ **피로**(fatigue) : 재료의 파괴력보다 적은 힘으로 오랜 시간 반복 작용하면 파괴되는 현상

⑧ **크리프**(creep) : 금속을 고온에서 오랜 시간 외력을 가하면 시간의 경과에 따라 서서히 변형이 증가하는 현상

⑨ **연신율(신장률)** : 재료에 하중을 가할 때 원래의 길이에 대한 늘어난 길이의 비를 백분율(%)로 나타낸 값

⑩ **항복점** : 탄성한도 이상에서 외력을 가하지 않아도 재료가 급격히 늘어나기 시작할 때의 응력

⑪ 비탄성률$\left(=\dfrac{탄성계수}{비중}\right)$, 비강도$\left(=\dfrac{강도}{비중}\right)$

(3) 화학적 성질(chemical property)

내식성, 연소열(가연성), 폭발성, 화학적 안전성

(4) 제작상 성질

주조성, 가단성, 가소성, 용접성, 절삭성

1-3 금속의 결정 구조 및 변태

(1) 금속의 결정 구조

① **체심입방격자(BCC)** : 강도, 경도가 크다. 융용점이 높다. 연성, 전성이 떨어진다.

　예 V, Ta, W, Rb, K, Li, Mo, α-Fe, δ-Fe, Cs, Cr, Ba, Na

② **면심입방격자(FCC)** : 강도, 경도가 작다. 연성, 전성이 좋다(가공성 우수).

　예 Ag, Cu, Au, Al, Ni, Pb, Pt, γ-Fe, Pd, Rh, Sr, Ge, Ca

③ **조밀육방격자(HCP)** : 연성, 전성이 나쁘다. 취성이 있다.

　예 Mg, Zn, Ce, Zr, Ti, La, Y, Ru, Gd, Co

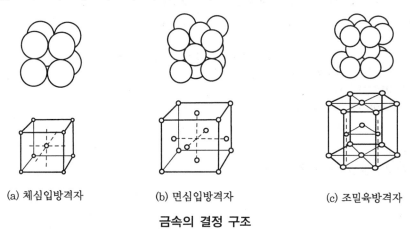

　　(a) 체심입방격자　　　　(b) 면심입방격자　　　　(c) 조밀육방격자

금속의 결정 구조

예제 **5. 상온에서 체심입방격자들로만 이루어진 금속은?**

① W, Ni, Au, Mg　　　　　　　　② Cr, Zn, Bi, Cu

③ Fe, Cr, Mo, W　　　　　　　　④ Mo, Cu, Ag, Pb

해설 체심입방격자 : Fe(δ철, γ철), Cr, Mo, W　　　　　　정답 ③

(2) 금속의 변태

① **동소변태** : 고체 내에서 온도 변화에 따라 결정격자(원자 배열)가 변하는 현상

　(가) 순철의 동소변태 : A₃ 변태(912℃), A₄ 변태(1400℃)

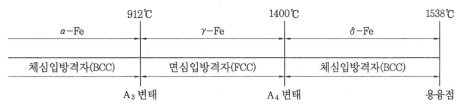

순철의 변태

(내) 동소변태가 일어나는 금속 : Fe, Co, Ti, Sn, Zr, Ce

② **자기변태** : 결정격자(원자 배열)는 변하지 않고 자기의 크기만 변하는 현상

③ **변태점 측정법** : 열분석법, 시차열분석법, 비열법, 전기저항법, 열팽창법, 자기분석법, X선 분석법

참고 **퀴리점(Curie point)**

Fe(768℃), Ni(358℃), Co(1150℃)와 같은 강자성체를 가열하면 일정 온도에서 자성을 잃어 상자성체로 변화하는데, 이때의 온도를 퀴리점(Curie point)이라 한다.

예제 **6. 순철(pure iron)에 없는 변태는 어느 것인가?**

① A_1 ② A_2 ③ A_3 ④ A_4

해설 ① A_1(723℃) : 공석점(순철에는 없고, 강에만 있는 변태)
② A_2(768℃) : 자기변태점(퀴리점)
③ A_3(912℃) : 동소변태
④ A_4(1400℃) : 동소변태   정답 ①

1-4 합금의 조직

(1) 고용체

2가지 이상의 물질이 혼합하여 완전히 균일한 고체가 되는 것

고체 A + 고체 B ⇄ 고체 C(기계적인 방법으로는 분리할 수 없는 상태)

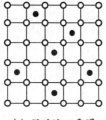
(a) 침입형 고용체

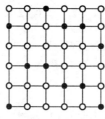
(b) 치환형 고용체

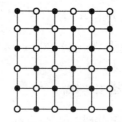
(c) 규칙 격자형 고용체

고용체의 결정격자

① **치환형 고용체** : 어떤 금속 성분의 결정격자의 원자가 다른 성분의 결정격자 원자와 바뀌어져 고용되는 것, 즉 원자 반지름의 크기가 유사한 원자끼리 적절한 배열을 형성하면서 새로운 상을 형성하는 것

② **침입형 고용체** : 어떤 금속 성분의 결정격자 중의 원자 중에 다른 성분의 결정격자 원자가 침입되어 고용되는 것, 즉 원자 반지름의 크기가 다른 경우 형성

③ **규칙 격자형 고용체** : 성분 금속의 원자에 규칙적으로 치환되어 고용되는 것

> **참고** **치환 합금과 틈새 합금**
>
> 치환 합금은 용질 원자가 용매 원자의 자리를 대신 차지하며, 용질－용매 성분의 원자 반지름, 화학적 성질이 비슷하다. 예 금(Au)＋은(Ag)
>
> 틈새 합금은 용질 원자가 용매 원자들 사이의 틈새 위치에 들어가며, 용질은 용매보다 원자 반지름이 훨씬 작다. 예 철(Fe)＋탄소(C)

(2) 금속간 화합물

친화력이 큰 두 가지 이상의 금속 원소가 간단한 정수비로 결합해서 새로운 성질을 가진 화합물(Fe_3C 등)

(3) 합금되는 금속의 반응

① **공정 반응** : 2가지 성분 금속이 용융되어 있는 상태에서는 하나의 액체로 존재하나 응고 시 두 종류의 금속이 일정한 비율로 동시에 정출되는 반응(공정점 : 1130℃)

액체$\rightleftarrows \gamma$철＋Fe_3C　　　　　　　액체$\rightleftarrows$고체 A＋고체 B

② **공석 반응** : 하나의 고용체로부터 두 종류의 고체가 일정한 비율로 변태하는 반응(공석점 : 723℃)

γ철$\rightleftarrows \alpha$철＋Fe_3C　　　　　　　고체 A$\rightleftarrows$고체 B＋고체 C

③ **포정 반응** : 냉각 중에 고체와 액체가 다른 조성의 고체로 변하는 것(포정점 : 1495℃)

δ철$\rightleftarrows \gamma$철＋액체　　　　　　　고체 A$\rightleftarrows$고체 B＋액체

④ **편정 반응** : 냉각 중인 액체가 처음의 액체와는 다른 조성의 액체와 고체로 변하는 것

고체＋액체 A $\rightleftarrows$ 액체 B

1-5 **금속 재료의 소성 변형**

(1) 소성 변형의 원리

① **슬립(slip, 미끄럼)** : 인장, 압축에 의한 결정의 미끄럼 현상, 전위의 움직임에 따른 소성 변형 과정으로 결정면의 연속성을 파괴한다.

② **쌍정(twin)** : 변형 전과 변형 후 일정한 각도만큼 회전하여 어떤 면을 경계로 하여 대칭이 되는 상태

③ **전위(dislocation)** : 불완전하거나 결함이 있을 때 외력이 작용하면 불완전한 곳이나 결함이 있는 곳에서부터 이동이 생기는 현상, 전위의 움직임을 방해할수록 재료는 강

도와 경도가 증가한다.

  ㉔ 칼날전위, 나사전위, 혼합전위(각종 전위가 혼합된 것)

(2) 재결정

  재결정은 냉간 가공한 재료를 가열하면 내부 응력이 제거되어 회복(recovery)되며, 새로운 결정핵이 생기고, 이것이 성장하여 전체가 새로운 결정으로 변하는 것이다. 회복은 금속의 재결정온도 이하에서 일어난다.

  ① **재결정온도** : 1시간 안에 95 % 이상의 재결정이 생기도록 가열하는 온도(소성 변형된 금속이 가열되면서 재결정화가 되기 시작할 때의 온도)

    ※ 재결정온도는 대략 $(0.3\sim0.5)T_m$ 범위(단, T_m : 금속의 용융온도)

  ② **특징**

    ㈎ 재결정은 금속의 연성을 증가, 강도를 저하시킨다.

    ㈏ 가공도가 큰 재료는 재결정온도가 낮고(가공하기 쉽다), 가공도가 작은 재료는 재결정온도가 높다(가공하기 어렵다).

    ㈐ 순철 및 저탄소강의 재결정온도는 각기 400℃와 550℃ 근처이며, 합금 원소의 첨가에 따라 재결정온도는 상승하므로 재결정이 일어나게 된다.

금속의 재결정온도

금속 원소	재결정온도(℃)	금속 원소	재결정온도(℃)
금(Au)	200	알루미늄(Al)	150
은(Ag)	200	아연(Zn)	15~50
구리(Cu)	200~300	주석(Sn)	0
철(Fe)	350~450	납(Pb)	-3
니켈(Ni)	500~650	백금(Pt)	450
텅스텐(W)	1200	마그네슘(Mg)	150

(3) 냉간 가공과 열간 가공

  냉간 가공과 열간 가공의 기준이 되는 온도는 재결정온도이며, 냉간 가공은 재결정온도 이하에서, 열간 가공은 재결정온도 이상에서 가공한다.

  ① **냉간 가공의 특징**

    ㈎ 가공면이 아름답다(치수정밀도가 높다).

    ㈏ 기계적 성질이 개선된다.

    ㈐ 가공방향으로 섬유조직이 되어 방향에 따라 강도가 달라진다.

    ㈑ 인장강도, 항복점, 탄성한계, 경도가 증가한다.

    ㈒ 연신율(신장률), 단면수축률, 인성 등은 감소한다.

② 소재에서 일어나는 변화(냉간 가공 시)

   (가) 전위의 집적으로 인한 가공 경화

   (나) 결정립의 변형으로 인한 단류선(grain flow line) 형성

   (다) 불균질한 응력을 받음으로 인해 잔류응력의 발생

③ 열간 가공의 특징

   (가) 작은 동력으로 커다란 변형을 줄 수 있다.

   (나) 재질의 균일화가 이루어진다.

   (다) 가공도($= \dfrac{A'}{A_o} \times 100\,\%$)가 크므로 거친 가공에 적합하다.

   (라) 가열 때문에 산화되기 쉬워 정밀 가공은 곤란하다.

   (마) 대량생산이 가능하다.

   (바) 기계적 성질인 연신율, 단면수축률, 충격값 등은 개선되나 섬유조직 및 방향성과 같은 가공 성질이 나타난다.

예제 7. 금속을 소성가공할 때 냉간 가공과 열간 가공을 구분하는 온도는?

① 담금질온도   ② 변태온도

③ 재결정온도   ④ 단조온도

정답 ③

---

(4) 가공 경화(work hardening)

① 재결정온도 이하에서 가공(= 냉간 가공)하면 할수록 단단해지는 현상

② 강도, 경도는 증가하고 연신율, 단면수축률, 인성 등은 감소한다.

(5) 시효경화와 인공시효

① **시효경화(age hardening)** : 가공 경화한 직후부터 시간의 경과와 함께 기계적 성질이 변화하나 나중에는 일정한 값을 나타내는 현상

   (예) 담금질한 후 오래 방치하거나 적당히 뜨임하면 경도가 증가하는 현상(시효경화를 일으키기 쉬운 재료 : 황동, 강철, 두랄루민)

   ※ 시효경화(seasoning) : 주물의 주조 내부 응력을 제거하기 위해 오래도록 방치하는 조작

② **인공시효(artificial aging)** : 인공적으로 시효경화를 촉진시키는 것

(6) 상률(phase rule)

물질이 여러 가지 상으로 되어 있을 때 상들 사이의 열적 평형 관계를 표시하는 것으로 깁스(Gibbs)의 일반 계의 상률은 다음과 같다.

$$F = C - P + 2$$

여기서, F : 자유도, C : 성분의 수, P : 상의 수

금속 재료는 대기압하에서 취급하므로 기압에는 관계가 없다고 생각하여 1을 감해준다 (-1).

$$F = C - P + 1$$

[예제] 8. 다성분계에서 평형을 이루고 있는 상의 수와 자유도 수 간의 관계는 깁스(gibbs)의 상률로 나타낸다. 성분 수를 C, 상의 수를 P, 자유도의 수를 F라 하면 상률의 일반식은?

① $C + P = F$ ② $P + F = C + 2$

③ $F = C - P + 3$ ④ $P + C = F + 2$

[해설] 상률(phase rule) : 2개 이상의 상이 존재할 때, 이것을 불균일계라 하며 이것들이 안정한 상태에 있을 때 서로 다른 상들이 평형 상태에 있다고 한다. 이 평형을 지배하는 법칙을 상률이라 한다. 깁스의 일반 계의 상률은 일반 물질인 경우 $F = C + 2 - P$, 금속인 경우 $F = C + 1 - P$ 이다.   **[정답]** ②

---

2. 철강 재료

2-1 철강 재료의 분류와 제조법

(1) 철강 재료의 분류

① 탄소 함유량에 따른 분류

(가) 순철 : 0.025 %C 이하(전기 재료)

(나) 강(탄소강) : 0.025~2.11 %C(기계구조용 재료)

(다) 주철 : 2.11~6.68 %(주물 재료)

② 제조 방법에 따른 분류 : 가단철, 선철(백선철, 회선철), 주철(백주철, 회주철)

(2) 철강의 제조법

① 제선법 : 용광로에서 선철(pig iron)을 제조하는 방법

(가) 선철(pig iron) : 용광로에 철광석, 코크스, 석회석, 형석을 교대로 장입한 후 약 1600℃ 정도의 고온, 고압의 공기를 불어 넣으면 선철이 간접 환원 반응에 의해 환원된다.

(나) 선철의 분류

• 회선철 : 탄소가 흑연(유리탄소)으로 존재, 회색, 연하다.

• 백선철 : 탄소가 화합탄소(Fe_3C 탄화철)로 존재, 백색, 단단하다(경도가 크고 취성

이 있다.).

㈐ 용광로 : 선철 용해-크기 : 24시간 동안 생산된 선철의 무게(ton/24h)

> **참고** **노(furnace)의 종류**
> • 큐폴라(용선로) : 주철 용해-크기 : 1시간에 용해할 수 있는 쇳물의 무게(ton/h)
> • 도가니로 : 합금강 용해-1회에 용해할 수 있는 구리(Cu)의 중량을 번호로 표시
>   ㉮ 구리 50 kg 용해 : 50번 도가니로

② **제강법** : 선철에 포함된 C, Si, P, S 등의 불순물을 제거하고 정련시키는 것
   ㈎ 노내의 내화물에 따라 산성과 염기성으로 구분
   ㈏ 종류 : 전로, 평로(= 반사로), 전기로

③ **강괴(steel ingot)** : 평로, 전로, 전기로 등에서 정련이 끝난 용강에 탈산제를 넣어 탈산시킨 다음 주형에 주입하고 그 안에서 응고시켜 제조한 금속 덩어리

> **참고** **강괴(steel ingot)의 탈산 정도에 따른 분류**
> ① 림드강(rimmed steel)
>   • 탈산제 : 페로망간(망간철 : Fe-Mn)
>   • 불완전탈산강
>   • 단점 : 기포 발생, 편석이 되기 쉽다.
> ② 킬드강(killed steel)
>   • 탈산제 : 페로실리콘(Fe-Si), 알루미늄(Al)
>   • 완전탈산강
>   • 단점 : 상부에 수축공, 헤어크랙(hair crack)이 생김
> ③ 세미킬드강(semi-killed steel) : 림드강과 킬드강의 중간
> ④ 캡드강(capped steel) : 림드강을 변형시킨 것(Fe-Mn을 첨가)

예제 9. 레들 안에서 페로실리콘(Fe-Si), 알루미늄 등의 강력한 탈산제를 첨가하여 충분히 탈산시킨 강은?
   ① 세미킬드강(semi-killed steel)   ② 림드강(rimmed steel)
   ③ 캡드강(capped steel)   ④ 킬드강(killed steel)

   해설 킬드강(killed steel) : 페로실리콘(Fe-Si), 알루미늄 등의 강력한 탈산제를 첨가하여 충분히 탈산시킨 강으로 기포나 편석은 없으나 헤어 크랙(hair crack)이 생기기 쉬우며 상부에 수축관이 생겨서 그 부분에 불순물이 모이게 되므로 강괴의 10~20 %는 잘라버린다.
   정답 ④

예제 10. 노 안에서 페로실리콘, 알루미늄 등의 탈산제로 충분히 탈산시킨 강은?
   ① 림드강   ② 킬드강   ③ 세미킬드강   ④ 캡드강

정답 ②

| 2-2 | 순철(pure iron)과 탄소강(carbon steel) |

(1) 순철의 변태

① **자기변태** : A_2 변태점(768℃), 퀴리점(curie point)

② **동소변태** : A_3 변태점(910℃), A_4 변태점(1400℃)

순철의 동소체

동소체	온도	원자 배열
α-Fe	910℃	체심입방격자(BCC)
γ-Fe	910~1400℃	면심입방격자(FCC)
δ-Fe	1400℃ 이상	체심입방격자(BCC)

예제 **11. 다음 중 자기변태의 설명이 옳은 것은?**

① 원자 내부의 변화이다.

② 상이 변한다.

③ 분자 배열의 변화이다.

④ 비연속적으로 급격한 상의 변화를 일으킨다.

해설 자기변태는 원자 배열의 변화 없이 자기의 크기만 변화되는 것으로(원자 내부의 변화) 강자성에서 상자성으로 변화한다. Fe(768℃), Ni(360℃), Co(1120℃)   정답 ①

---

(2) 순철(pure iron)의 성질

① **비중** : 7.87, **용융점** : 1538℃, **탄소함유량** : 0.025 % 이하

② 유동성, 열처리성이 떨어진다.

③ 항복점, 인장강도가 낮다.

④ 단면수축률, 충격값, 인성이 크다.

⑤ α고용체(페라이트 조직)이다.

(3) 탄소강(carbon steel)

기계구조용 재료로 가장 많이 사용되는 2원 합금(Fe + C)

※ Fe-C 평형 상태도 : 철과 탄소량에 따른 조직을 변태점과 연결하여 만든 선도

① **탄소 함유량에 따른 분류**

(개) 순철 : 0.025 % 이하(페라이트)

(내) 강(= 탄소강)

- 아공석강 : 0.025~0.8 %C(페라이트 + 펄라이트)
- 공석강 : 0.8 %C(펄라이트)
- 과공석강 : 0.8~2.11 %C(펄라이트 + Fe₃C)

(다) 주철

- 아공정주철 : 2.11~4.3 %C(오스테나이트 + 레데부라이트)
- 공정주철 : 4.3 %C(레데부라이트) : γ − Fe + Fe₃C(시멘타이트)
- 과공정주철 : 4.3~6.68 %C(레데부라이트 + Fe₃C)

② **변태점**

(가) A₄ 변태점 : 1400℃(동소변태점)

(나) A₃ 변태점 : 910℃(동소변태점)

(다) A₂ 변태점(순철) : 768℃(자기변태점, 퀴리점)

(라) A₁ 변태점 : 723℃(공석점, 강에만 있는 변태점)

(마) A₀ 변태점 : 210℃(시멘타이트(Fe₃C) 자기변태점)

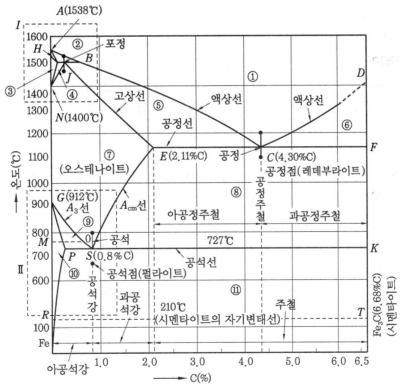

① 용액　② δ 고용체+용액　③ δ 고용체　④ δ 고용체+γ 고용체
⑤ γ 고용체+용액　⑥ 용액+Fe₃C　⑦ γ 고용체　⑧ γ 고용체+Fe₃C
⑨ α 고용체+γ 고용체　⑩ α 고용체　⑪ α 고용체+Fe₃C

Fe−C 평형 상태도

③ 합금이 되는 금속의 반응

(가) 공정 반응 : 액체 $\underset{\text{가열}}{\overset{\text{냉각}}{\rightleftharpoons}}$ γ철 + Fe_3C(공정점 : 4.3 %C, 1130℃)

(나) 공석 반응 : γ철 $\underset{\text{가열}}{\overset{\text{냉각}}{\rightleftharpoons}}$ α철 + Fe_3C(공석점 : 0.8 %C, 723℃)

(다) 포정 반응 : δ철+액체 $\underset{\text{가열}}{\overset{\text{냉각}}{\rightleftharpoons}}$ γ철(포정점 : 0.17 %C, 1495℃)

(4) 탄소강의 표준 조직

강을 Ac_3선 또는 A_{cm}선 이상 40~50℃까지 가열 후 서랭시켜서 조직의 평준화를 기한 것으로 불림(normalizing)에 의해 얻는 조직

① **오스테나이트(A)** : γ고용체, 면심입방격자(FCC), 인성(내충격성)이 크다.

② **페라이트(F)** : α고용체(순철), 체심입방격자(BCC), 열처리가 되지 않는다. 대단히 연하고, 전성, 연성이 크다.

③ **펄라이트(P)** : 탄소 약 0.8 %의 γ고용체가 723℃(A_1 변태점)에서 분열하여 생긴 페라이트(F)와 시멘타이트(Fe_3C)의 공석 조직으로 페라이트와 시멘타이트가 층상으로 나타나는 강인한 조직이다.

④ **레데부라이트(L)** : γ철(오스테나이트)+Fe_3C(시멘타이트), 공정 조직(4.3 %C)

⑤ **시멘타이트(Fe_3C)** : 백색 침상의 금속간화합물, 6.68 %C, 취성이 있다. 상온에서 강자성체이나 210℃가 넘으면 상자성체로 변하여 A_0 변태를 한다. 경도가 대단히 높아 압연이나 단조 작업을 할 수 없다. 연성은 거의 없으며, 인장강도에는 약하다.

(5) 탄소강의 성질

① **물리적 성질** : 탄소(C) 함유량이 증가하면 비열, 전기저항은 증가하고, 비중, 열팽창계수, 탄성률, 열전도율, 용융점은 감소한다.

② **기계적 성질**

(가) 탄소 함유량 증가에 따라 강도, 경도, 항복점은 증가하고, 연신율(신장률), 단면수축률, 내충격값(인성), 연성은 감소한다.

(나) 온도의 상승에 따라 연신율(신장률), 단면수축률은 증가하고, 탄성한계 및 항복점은 감소한다.

(6) 취성(메짐성)의 종류

① **청열취성** : 200~300℃의 강에서 일어난다.

② **적열취성(고온취성)** : 황(S)이 원인(Mn : 적열취성 방지 원소)

③ **상온취성(냉간취성)** : 인(P)이 원인

(7) 탄소강 중에 함유된 성분의 영향

※ 탄소강 중에 함유된 5대 원소 : C, Si, Mn, P, S

① 규소(Si) : 단접성, 냉간 가공성을 해치고, 연신율, 충격치를 감소시키며, 탄성한계, 강고, 경도를 증가시킨다.

② 망간(M) : 흑연화, 적열취성을 방지하고, 고온에서 결정립 성장을 억제한다. 인장강도, 고온 가공성을 증가시키고, 주조성, 담금질 효과를 향상시킨다.

③ 인(P) : 강도, 경도를 증가시켜 상온취성의 원인이 되고 제강 시 편석을 일으키며, 담금 균열의 원인이 된다. 주물의 경우 기포를 줄이는 작용을 하고 결정립을 조대화시킨다.

④ 황(S) : 절삭성을 좋게 하고 유동성을 저해한다.

⑤ 수소(H_2) : 백점(flake)이나 헤어크랙(hair crack)의 원인

예제 **12. 탄소강 중에 함유되어 있는 대표적인 다섯 가지 원소는?**
① 주석, 납, 은, 니켈, 수소
② 구리, 크롬, 수소, 탄소, 주석
③ 니켈, 망간, 황, 탄소, 몰리브덴
④ 탄소, 규소, 망간, 인, 황

해설 탄소강의 주요(5대) 원소는 탄소(C), 규소(Si), 망간(Mn), 인(P), 황(S)이다. 정답 ④

예제 **13. 탄소강에 함유된 성분으로서 헤어크랙의 원인으로 내부 균열을 일으키는 원소는?**
① 망간   ② 규소
③ 인   ④ 수소

해설 수소(H_2)는 백점(flake)나 헤어크랙(hair crack)의 원인이 된다. 정답 ④

예제 **14. 탄소강에서 인(P)의 영향으로 맞는 것은?**
① 결정립을 조대화시킨다.   ② 연신율, 충격값을 증가시킨다.
③ 적열취성을 일으킨다.   ④ 강도, 경도를 감소시킨다.

해설 인(P)은 결정립을 조대화시키며, 상온취성(200~300℃)의 원인이 된다. 황(S)은 적열취성 (고온취성, 900℃ 이상)을 일으키고, 규소(Si)는 연신율, 충격값을 감소시킨다. 정답 ①

2-3 **특수강**

탄소강에 다른 원소를 첨가하여 강의 기계적 성질을 개선한 강

(1) 구조용 특수강

① 강인강

(가) Ni강(니켈강)

(나) Cr강(크롬강)

(다) Ni-Cr강(SNC) : 550~580℃에서 뜨임메짐 발생(방지제 : Mo 첨가)

(라) Cr-Mo강 : 열간가공이 쉽고, 다듬질 표면이 깨끗하고, 용접성 우수, 고온강도 큼

(마) Cr-Mn-Si강

(바) Mn강(망간강)

- 저Mn강(1~2 %) : 펄라이트 Mn강, 듀콜강, 고력도강, 구조용으로 사용
- 고Mn강(10~14 %) : 오스테나이트 Mn강, 하드필드강(Hadfield steel), 수인강, 각 종 광산기계, 기차레일의 교차점 등의 내마멸성이 요구되는 곳에 사용

② 표면경화강

(가) 침탄용강 : Ni, Cr, Mo 함유강

(나) 질화용강 : Al, Cr, Mo 함유강(Al은 질화층의 경도 향상)

③ 스프링강 : 탄성한계, 항복점, 충격값, 피로한도가 높다.

(가) Si-Mn강, Mn-Cr강

(나) Cr-V강

(다) Cr-Mo강(대형 겹판·코일 스프링용 : SPS 9)

④ 쾌삭강(free cutting steel) : 강의 피삭성을 증가시켜 절삭가공을 쉽게 하기 위하여 S, Pb 등을 첨가한 강(절삭성이 좋아져 절삭공구의 수명을 늘릴 수 있으며 절삭속도를 높일 수 있다. 황(S)의 피해를 막기 위해 망간(Mn)을 첨가한다.)

(2) 공구강 및 공구 재료

① 공구강의 구비 조건

(가) 상온 및 고온에서 경도를 유지할 것

(나) 내마멸성 및 강인성이 클 것

(다) 열처리가 쉬울 것

(라) 제조와 취급이 쉽고, 가격이 저렴할 것

② 공구강의 종류

(가) 탄소공구강 : 0.6~1.5 % C, 300℃ 이상에서 사용할 수 없음. 주로 줄, 정, 펀치, 쇠 톱날, 끌 등의 재료에 사용

(나) 합금공구강 : 0.6~1.5 % C+Cr, W, Mn, Ni, V 등을 첨가하여 성질 개선, 절삭용(절 삭공구), 내충격용(정, 펀치, 끌), 열간금형용(단조용 공구, 다이스)

(다) 고속도강(HSS) : Taylor가 발명

㉑ W계 고속도강(표준형) : 0.8 % C, W(18)-Cr(4)-V(1 %)

- 600℃까지 경도 저하 안 됨
- 예열 : 800~900℃
- 담금질 : 1250~1300℃
- 뜨임 : 550~580℃(목적 : 경도 증가)

㈃ 주조경질합금(stellite) : Co-Cr-W-C, 열처리를 하지 않고 주조한 후 연삭하여 사용

㈄ 초경합금 : 금속탄화물(WC, TiC, TaC)에 Co 분말과 함께 금형에 넣어 압축 성형하여 800~900℃로 예비소결하고, 1400~1500℃의 H_2 기류 중에서 소결한 합금

㈅ 세라믹(ceramic) : Al_2O_3을 1600℃ 이상에서 소결 성형, 고온경도가 가장 크며 내열성이 크다. 인성이 작아 충격에 약하며 고온 절삭 시 절삭제를 사용하지 않는다.

예제 **15.** 다음 중 표준형 고속도공구강의 주성분으로 옳은 것은?

① 18 % W, 4 % Cr, 1 % V, 0.8~1.5 % C
② 18 % C, 4 % Mo, 1 % V, 0.8~1.5 % Cu
③ 18 % C, 4 % W, 1 % Ni, 0.8~1.5 % Al
④ 18 % C, 4 % Mo, 1 % Cr, 0.8~1.5 % Mg

해설 표준형 고속도공구강은 텅스텐(W) 18 %, 크롬(Cr) 4 %, 바나듐(V) 1 %, 탄소(C) 0.8~1.5 %로 이루어져 있다. 정답 ①

예제 **16.** 다음 중 고속도공구강에서 요구되는 일반적 성질과 가장 관련이 없는 항목은?

① 내충격성 필요   ② 고온경도 필요
③ 전연성 필요   ④ 내마모성 필요

해설 고속도공구강에서 요구되는 성질은 내충격성, 고온경도, 내마모성 등이며, 전성과 연성은 필요하지 않다. 정답 ③

예제 **17.** 초경합금 공구강을 구성하는 탄화물이 아닌 것은?

① WC   ② TiC
③ TaC   ④ Fe_3C

해설 소결초경합금(sintered hard metal) : 탄화텅스텐(WC), 탄화티탄(TiC), 탄화탈탄(TaC) 등의 분말에 코발트(Co) 분말을 결합제로 하여 혼합한 다음 금형에 넣고 가압, 성형한 것을 800~1000℃에서 예비 소결한 뒤 희망하는 모양으로 가공하고, 이것을 수소기류 중에서 1300~1600℃로 가열, 소결시키는 분말야금법으로 만들어진다. 정답 ④

③ 특수 목적용 특수강

㉮ 스테인리스강(STS : stainless steel)

- 13Cr : 페라이트계 스테인리스강으로 열처리하면 마텐자이트계 스테인리스강이 된다.
- 18Cr-8Ni : 오스테나이트계(18-8형 : 표준형), 담금질 안 됨, 용접성 우수, 비자성체, 내식성 및 내충격성이 크다. 600~800℃에서 입계부식 발생(방지제 : Ti)

㉯ 규소강 : 변압기 철심이나 교류 기계의 철심 등에 사용

㉰ 베어링강 : 주성분은 고탄소 크롬강(C : 1 %, Cr : 1.2 %)이며, 강도, 경도, 내구성 및 탄성한계, 피로한도가 높다. 담금질 후 반드시 뜨임이 필요하다.

㉱ 불변강(고Ni강) : 열팽창계수가 작고, 온도 변화에 따른 길이 변화가 없으며 내식성이 우수하다.

- 인바(invar) : Fe(64 %)-Ni(36 %), 길이 불변, 시계 부품, 표준자, 지진계, 바이메탈, 정밀기계 부품으로 사용
- 슈퍼인바(super invar) : 인바보다 팽창률이 더 작은 불변강
- 엘린바(elinvar) : Fe-Ni 36 %-Cr 12 %, 탄성 불변이며, 계측기, 전자기장치, 정밀 계측기 부품으로 사용
- 퍼멀로이(permalloy) : Ni 78.5 %-Fe 21.5 %, 해저전선 전류계판, 통신기기 자심, 변압기 자심
- 플래티나이트(platinite) : Fe-Ni 42~46 %, 전구나 진공관의 도입선(봉입선), 니켈(Ni) 46 %를 포함하고 열팽창계수가 유리와 거의 같다.

예제 18. 스테인리스강의 주요 합금 성분에 해당되는 것은?

① 크롬과 니켈　　　　　　　　② 니켈과 텅스텐
③ 크롬과 망간　　　　　　　　④ 크롬과 텅스텐

해설 스테인리스강은 Cr과 Ni 합금이며 대표적인 오스테나이트 조직의 스테인리스강은 크롬 18 %-니켈 8 % 합금이다.　　　　　　　　　　　**정답** ①

예제 19. Ni-Fe계의 36 % Ni 합금으로 열팽창계수가 대단히 작고, 내식성도 좋으므로 시계추, 바이메탈 등에 사용되는 것은?

① 인코넬　　　　　　　　　　② 인바
③ 콘스탄탄　　　　　　　　　④ 플래티나이트

해설 인바(invar)는 Fe 64 %, Ni 36 %의 합금으로 불변강이며, 줄자, 시계추, 바이메탈 등의 재료로 많이 사용된다.　　　　　　　　　　　**정답** ②

3. 주철(cast iron)

3-1 주철의 개요

주철의 탄소 함유량은 Fe-C 평형 상태도(Fe-C diagram)에서 2.11~6.68 %(현실적 사용은 2.5~4.5 %C)까지이고, Fe, C 이외에 Si(약 1.5~3.5 %), Mn(0.3~1.5 %), P(0.1~1.0 %), S(0.05~0.15 %) 등을 포함하고 있다.

주철의 장점 및 단점

장점	단점
① 용융점이 낮고 유동성이 좋다.	① 인장강도, 휨강도가 작다.
② 주조성이 양호하다.	② 충격값, 연신율이 작다.
③ 마찰저항 및 절삭성이 우수하다.	③ 가공이 어렵다(고온가공).
④ 가격이 저렴하다.	
⑤ 녹 발생이 거의 없다(도색 양호).	
⑥ 압축강도가 크다(인장강도의 3~4배).	

예제 **20. 충격에는 약하나 압축강도는 크므로 공작기계의 베드, 프레임, 기계 구조물의 몸체 등에 가장 적합한 재질은?**
① 합금공구강   ② 탄소강
③ 고속도강   ④ 주철

해설 주철(cast iron)은 충격에 약하고 압축강도는 크며 인장강도, 연신율은 작다. 따라서 공작기계의 베드, 프레임, 기계 구조물의 몸체 등에 적합한 재질이다.   정답 ④

3-2 주철의 조직과 성질

(1) 탄소의 상태와 파단면의 색에 따른 분류

① 회주철 : 유리탄소(흑연), Si가 많고 냉각속도가 느릴 때
    ㉑ 주철관, 농기구, 펌프, 공작기계의 베드(회색)
② 백주철 : 화합탄소(Fe_3C), Mn이 많고 냉각속도가 빠를 때

⑩ 각종 압연기 롤러(백색)

③ 반주철 : 회주철과 백주철의 중간 상태

※ 주철에 포함된 전탄소량 = 흑연량 + 화합탄소량

(2) 탄소 함유량에 따른 분류

① **아공정주철** : 2.11~4.3 %C, 조직은 오스테나이트 + 레데부라이트

② **공정주철** : 4.3 %C, 조직은 레데부라이트(γ−Fe과 Fe$_3$C의 기계적 혼합)

③ **과공정주철** : 4.3~6.68 %C, 조직은 레데부라이트 + 시멘타이트(Fe$_3$C)

(3) 마우러 조직도

주철 중의 탄소(C)와 규소(Si)의 함량에 따른 주철의 조직도

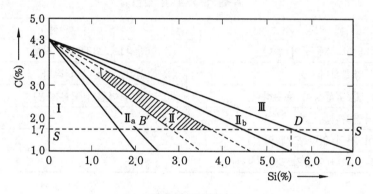

마우러 조직도

구역	조직	명칭
Ⅰ	펄라이트 + 시멘타이트	백주철(경도가 높은 주철)
Ⅱ$_a$	펄라이트 + 시멘타이트 + 흑연	반주철(경질주철)
Ⅱ	펄라이트 + 흑연	회주철(강력주철)
Ⅱ$_b$	펄라이트 + 페라이트 + 흑연	회주철(보통주철)
Ⅲ	페라이트 + 흑연	회주철(극연주철)

예제 21. C와 Si의 함량에 따른 주철의 조직을 나타낸 조직 분포도는?

① Gueiner, Klingenstein 조직도   ② 마우러(Maurer) 조직도

③ Fe−C 복평형 상태도   ④ Guilet 조직도

해설 마우러 조직도 : 탄소(C)와 규소(Si)의 양에 따른 조직관계를 나타낸 대표적인 조직도
로 기계구조용 주철로서 가장 우수한 성질을 나타내는 펄라이트 주철(pearlite cast iron)
은 탄소 2.8~3.2 % 규소 1.5~2 % 부근이다.   정답 ②

(4) 흑연화의 영향(6가지 형상 : 편상, 괴상, 구상, 장미상, 공정상, 문어상)

① 인장강도가 작아진다(회주철 CG).
② 흑연이 많으면 수축이 적게 되고 유동성이 좋다.
③ 흑연화 촉진 원소 : 규소(Si), 알루미늄(Al), 니켈(Ni), 티탄(Ti)
④ 흑연화 저해 원소 : 크롬(Cr), 망간(Mn), 황(S), 몰리브텐(Mo)

(5) 주철에 미치는 원소의 영향

① **탄소(C)** : 주철에 가장 큰 영향을 미치며, 탄소 함유량(4.3 %)이 증가하면 용융점이 저하되고 주조성이 좋아진다.
② **규소(Si)** : 주철의 질을 연하게 하고 냉각 시 수축을 적게 한다.
③ **망간(Mn)** : 적당한 양의 망간은 강인성과 내열성을 크게 한다.
④ **인(P)** : 쇳물의 유동성을 좋게 하고, 재질을 여리게 하는 성질. 주물의 수축을 적게 하나 너무 많으면 단단해지고 균열이 생기기 쉽다.
⑤ **황(S)** : 쇳물의 유동성을 나쁘게 하고 기공이 생기기 쉬우며, 수축률이 증가된다.

예제 22. 주철에서 쇳물의 유동성을 감소시키는 가장 주된 원소는?

① P ② Mn ③ S ④ Si

해설 S의 영향 : 주물의 유동성을 나쁘게 하고, 흑연의 생성을 방해하여 900~950℃에서 고온메짐(적열취성)을 일으키게 한다. 또한, 수축률을 크게 하므로 기공(blow hole)을 만들기 쉽고 주조응력을 크게 하여 균열(crack)을 일으키기 쉽다. 될 수 있는 한 0.1 % 이하로 제한하는 것이 좋다. **정답** ③

---

(6) 주철의 성질

① 전연성이 작고 가공이 불량하며, 점성은 C, Mn, P이 첨가되면 낮아진다.
② 비중 : 7.68(흑연이 많을수록 작아진다.)
③ 담금질 뜨임이 안 되나 주조 응력을 제거하기 위해 풀림 처리가 가능하다. 500~600℃로 6~10시간 풀림(주조 응력 제거, 변형 제거 목적)
④ **자연시효** : 주조 후 장시간(1년 이상) 자연 대기 중에 방치하여 주조 응력이 없어지는 현상

주철의 물리적 성질

종류	색상	비중	용융 응고범위 (℃)	용융 숨은열 (cal/kg)	열팽창계수 (20~100℃)	열전도율 (cal/cm·s·℃)	전기 비저항 (Ω/cm)	변태점 및 강자성 소멸점
회주철	흑회색	7.03~7.13	1150	32~34	8.4×10^{-6}	0.045~0.08	74.6×10^{-6}	A_0 215℃
백주철	은백색	7.58~7.73	1350	23	–	0.12~0.13	98.0×10^{-6}	A_1 725℃

3-3 주철의 성장

주물은 600℃ 이상의 온도에서 가열 및 냉각을 반복하면 체적이 증가하여 결국은 파열 되는데, 이와 같은 현상을 주철의 성장(growth of cast iron)이라 한다.

(1) 원인

① 시멘타이트(Fe_3C)의 흑연화에 의한 팽창
② 페라이트 중에 고용되어 있는 Si의 산화에 의한 팽창
③ A_1 변태에서 체적 변화로 인한 팽창
④ 불균일한 가열로 생기는 균열에 의한 팽창
⑤ 흡수된 가스에 의한 팽창
⑥ Al, Si, Ni, Ti 등의 원소에 의한 흑연화 현상 촉진

(2) 방지법

① 흑연의 미세화(조직 치밀화)
② 탄화물 안정 원소 Mn, Cr, Mo, V 등을 첨가하여 Fe_3C 분해 방지
③ Si의 함유량 저하

> **참고** 주철의 수축
> 주철의 수축은 용체의 수축 → 응고 시의 수축 → 응고 후의 수축 3단계로 이루어진다.

3-4 보통 주철과 고급 주철

(1) 보통 주철(회주철 GC 1~3종 또는 GC 100~GC 200)

① 조직 : 편상 흑연+페라이트(α-Fe)
② 인장강도 : 10~20 kg/mm^2(100~200 MPa) 정도
③ 용도 : 일반 기계 부품, 수도관, 난방용품, 가정용품, 농기구, 공작기계의 베드 등

(2) 고급 주철(회주철 GC 4~6종 또는 GC 250~GC 350) : 펄라이트 주철

① 조직 : 흑연(미세하다)+펄라이트(바탕)
② 인장강도 : 25 kg/mm^2(250 MPa) 정도
③ 용도 : 고강도, 내마멸성을 요구하는 기계 부품

[예제] **23. 다음 주철에 관한 설명 중 틀린 것은?**

① 주철 중에 전탄소량은 유리탄소와 화합탄소를 합한 것이다.

② 탄소(C)와 규소(Si)의 함량에 따른 주철의 조직관계를 마우러 조직도(Maurer's diagram)라 한다.

③ 주강은 일반적으로 전기로에서 용해한 용강을 주형에 넣어 풀림 열처리한다.

④ C, Si 양이 많고 냉각이 빠를수록 흑연화하기 쉽다.

[해설] 흑연화는 냉각속도가 늦어질수록 Si량이 많아질수록 Mn의 양이 작을수록 촉진되며 따라서 양질의 조직을 얻으려면 시멘타이트(Fe_3C)와 흑연(graphite) 양을 상대적으로 조절해야 한다. [정답] ④

3-5 특수 주철

(1) 미하나이트 주철(meehanite cast iron)

접종(inoculation) 백선화를 억제시키고, 흑연의 형상을 미세, 균일하게 하기 위하여 규소 및 칼슘-실리사이드(calcium-silicide : Ca-Si) 분말을 접종 첨가하여 흑연의 핵 형성을 촉진시키는 조작을 이용하여 만든 고급 주철로 일명 공작기계 주철이라고 한다.

① **인장강도** : 35~45 kg/mm²(350~450 MPa)

② **조직** : 미세 흑연+펄라이트(pearlite)

③ **용도** : 내마멸성(공작기계의 안내면), 내열성(내연기관의 피스톤)이 우수하다.

[예제] **24. 미하나이트 주철(meehanite cast iron)의 바탕조직은?**

① 오스테나이트   ② 펄라이트

③ 시멘타이트   ④ 페라이트

[해설] 미하나이트 주철은 회주철에 강을 넣어 탄소량을 적게 하고 접종하여 미세 흑연을 균일하게 분포시키며, 규소(Si), 칼슘(Ca)-규소(Si) 분말을 첨가하여 흑연의 핵 형성을 촉진시켜 재질을 개선시킨 주철로 기본조직은 펄라이트(pearlite) 조직이다. [정답] ②

---

(2) 합금주철(alloy cast iron)

특수 원소(Ni, Cr, Cu, Mo, V, Ti, Al, W, Mg)를 단독 또는 함께 함유시키거나 Si, Mn, P를 많이 넣어 강도, 내열성, 내부식성, 내마모성을 개선시킨 주철

① **Cr** : 흑연화 방지 원소, 탄화물 안정화, 내열성·내부식성 향상

② **Ni** : 흑연화 촉진 원소, 흑연화 능력 Si의 $\frac{1}{2} \sim \frac{1}{3}$(조직 미세화)

③ Mo : 흑연화 다소 방지, 강도·경도·내마멸성 증대, 두꺼운 주물조직 균일화

④ Ti : 강탈산제, 흑연화 촉진(다량 시 흑연화 방지제)

⑤ Cu : 공기 중 내산화성 증대, 내부식성 증가

⑥ V : 강력한 흑연화 방지제(흑연의 미세화)

⑦ Al : 강력한 흑연화 촉진제, 내열성 증대

⑧ 합금주철의 종류

(가) 내열 주철 : 고크롬 주철(Cr 34~40 %), 니켈(Ni), 오스테나이트 주철(Ni 12~18 %, Cr 2~5 %), 연성, 인성이 있고 내산성, 내알칼리성, 내열성이 높다.

(나) 내산 주철 : 고규소 주철(Si 14~18 %), 듀리런이라고도 한다.

• 취성이 높고 절삭이 곤란하다.

• 진한 열황산, 황산동액, 황산과 초산의 혼합액 등에도 사용한다.

• 염산에는 어느 정도 견디나 진한 열염산에는 견디지 못한다.

(3) 구상 흑연 주철

용융 상태에서 Mg, Ce, Mg-Cu, Ca(Li, Ba, Sr) 등을 첨가하거나 그 밖의 특수한 용선 처리를 하여 편상 흑연을 구상화한 것으로 노듈러 주철이라고도 한다.

① 기계적 성질

(가) 주조 상태 : 인장강도 50~70 kg/mm^2(500~700 MPa), 연신율 2~3 %

(나) 풀림 상태 : 인장강도 45~55 kg/mm^2(450~550 MPa), 연신율 12~20 %(1시간 정도)

② 조직

(가) 시멘타이트(cementite)형 : Mg 많고 Si 적을 때

(나) 펄라이트(pearlite)형 : 중간 상태

(다) 페라이트(ferrite)형 : Mg 적당, Si 많을 때

③ 용도 : 자동차 크랭크축, 캠축, 브레이크 드럼, 자동차용 주물(내마멸성, 내열성 우수)

예제 25. S 성분이 적은 선철을 용해로, 전기로에서 용해한 후 주형에 주입 전 마그네슘, 세륨, 칼륨 등을 첨가시켜 흑연을 구상화한 것은?

① 합금주철　　　　　　　　　　　② 구상 흑연 주철

③ 칠드 주철　　　　　　　　　　　④ 가단주철

해설 구상 흑연 주철(덕타일 주철, 일명 노들러 주철)은 용융 상태에서 Mg, Ce, Ca 등을 첨가시켜 흑연을 구상화하여 석출시킨 것을 말한다.　　　　　정답 ②

---

(4) 가단주철(malleable cast iron)

보통 주철의 결점인 여리고 약한 인성을 개선하기 위하여 백주철을 장시간 열처리하여

C의 상태를 분해 또는 소실시켜 인성 또는 연성을 증가시킨 주철이며 자동차의 부속품, 관이음쇠 등에 사용된다.

① 백심가단주철(WMC : white-heart malleable cast iron) : 탈탄(40~100시간)이 주목적

② 흑심가단주철(BMC : black-heart malleable cast iron) : Fe_3C의 흑연화가 목적

예제 26. 백주철 열처리로에서 가열한 후 탈탄시켜 인성을 증가시킨 주철은?

① 가단주철   ② 회주철   ③ 보통주철   ④ 구상 흑연 주철

해설 가단주철은 백주철을 장시간 열처리하여 탄소(C)의 상태를 분해 또는 소실시켜 인성, 연성을 증가시킨 주철을 말한다.   **정답** ①

(5) 칠드 주철(chilled cast iron : 냉경 주철)

주조 시 규소(Si)가 적은 용선에 망간(Mn)을 첨가하고 용융 상태에서 철주형에 주입하여 접촉된 면이 급랭되어 아주 가벼운 백주철로 만든 주철을 말한다.

① 경도, 내마모성, 압축강도, 충격성 등 증가

② 칠(chill) 부분은 Fe_3C(시멘타이트)이며, 칠층의 두께는 10~25 mm 정도이다.

③ 용도 : 기차바퀴, 각종 분쇄기 롤러 등

예제 27. 압연용 롤, 분쇄기 롤, 철도 차량 등 내마멸성이 필요한 기계 부품에 사용되는 가장 적합한 주철은?

① 칠드 주철   ② 구상 흑연 주철   ③ 회주철   ④ 펄라이트 주철

해설 칠드 주철(chilled cast iron) : 주조 시 주형에 냉금을 삽입하여 주물 표면을 급랭시키므로 백선화하고 경도를 증가시킨 내마모성 주철이다. 백선화 부분은 취성이 있으나 내부는 강하고 인성이 있는 회주철로서 전체 주물은 취약하지 않으며, 압연기의 롤러, 철도차륜, 볼밀의 볼 등에 적용된다.   **정답** ①

4. 강의 열처리

4-1 개요

(1) 열처리(heat treatment)

적당한 온도로 가열, 냉각하여 사용 목적에 적합한 성질로 개선하는 것

※ 탄소강의 열처리에 영향을 주는 요소 : 탄소함유량, 가열온도, 가열방법, 냉각방법

(2) 분류

① **일반 열처리** : 담금질(퀜칭), 뜨임(템퍼링), 풀림(어닐링), 불림(노멀라이징)

② **항온 열처리** : 항온담금질(오스템퍼링, 마템퍼링, 마퀜칭, Ms 퀜칭), 항온풀림, 항온 뜨임, 오스포밍

③ **표면경화 열처리**

  (가) 화학적인 방법

    • 침탄법 : 고체침탄법, 가스침탄법, 액체침탄법(= 침탄질화법 = 청화법 = 시안화법)

    • 질화법

  (나) 물리적인 방법 : 화염경화법, 고주파경화법

  (다) 금속침투법(시멘테이션) : 크로마이징(Cr), 칼로라이징(Al), 실리코나이징(Si), 보로 나이징(B), 세라다이징(Zn)

  (라) 기타 표면경화법 : 쇼트피닝(shot peening), 방전경화법, 하드페이싱(hard facing)

> 예제 **28.** 금속침투법 중 Zn을 강 표면에 침투 확산시키는 표면처리법은 ?
> ① 크로마이징　　② 세라다이징　　③ 칼로라이징　　④ 보로나이징
>
> 해설 금속침투법에는 크로마이징(Cr), 칼로라이징(Al), 세라다이징(Zn), 보로나이징(B), 실 리코나이징(Si) 등이 있다.　　　　　　　　　　　　　　　　정답 ②

> **4-2**　　일반 열처리

(1) 담금질(quenching : 소입)

① **목적** : 재질을 경화(hardening), 마텐자이트(M) 조직을 얻기 위한 열처리

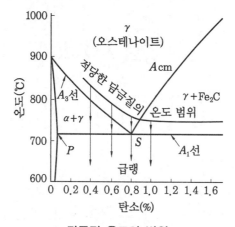

담금질 온도의 범위

② **담금질 효과를 좌우하는 요인** : 냉각제, 담금질 온도, 냉각속도, 냉각제의 비열, 끓는 점, 점도, 열전도율

③ **담금질 온도**

(가) 아공석강 : A_3 변태점(912℃)보다 30~50℃ 높게 가열 후 냉각

(나) 과공석강 : A_1 변태점(723℃)보다 30~50℃ 높게 가열 후 냉각

④ **냉각제** : 보통물, 소금물, 비눗물, 기름 등

⑤ **담금질 조직(냉각속도에 따라)** : 마텐자이트(M) → 트루스타이트(T) → 소르바이트(S) → 오스테나이트(A)로 변화한다.

(가) 마텐자이트 : 강을 물속에서 급랭시켰을 때 나타나는 침상조직, 부식에 강하며 경도 가 최대, 취성이 있다.

• Ms점 : 마텐자이트 변태가 일어나는 점

• Mf점 : 마텐자이트 변태가 끝나는 점

(나) 트루스타이트 : 오스테나이트를 냉각할 때 마텐자이트를 거쳐 탄화철(Fe_3C)이 큰 입 자로 나타나며 α철이 혼합된 급랭조직으로, 부식에 약하다.

(다) 소르바이트 : 강도, 탄성이 함께 요구되는 구조용 강재에 사용

(예) 스프링, 와이어(wire)

(라) 오스테나이트 : 경도는 낮으나 전기저항, 연신율이 크다.

• 파텐팅(patenting) : 강을 A_3점 이상으로 가열하여 연욕납을 용융한 수조 또는 수증 기 중에 담금질하는 연욕담금질에 의해 소르바이트 조직을 얻는 과정으로 주로 강인 한 탄소강(경강) 재료에서 실시한다.

• 오스테나이트(A) $\xrightarrow{\text{Ar}''\text{변태}}$ 마텐자이트(M) $\xrightarrow{\text{Ar}'\text{변태}}$ 펄라이트(P)

→ 상부 임계속도 : Ar″ 변태만이 나타나는 냉각속도

⑥ **담금질 조직의 경도 순서** : M > T > S > P > A > F

⑦ **담금질 균열** : 재료를 경화시키기 위해 급랭하면 내·외부의 온도차에 의해 내부 변형 또는 균열이 일어나는 현상(원인 : 담금질 온도가 너무 높다. 냉각속도가 너무 빠르 다. 가열이 불균일하다.)

⑧ **질량효과(mass effect)** : 같은 조성의 강을 같은 방법으로 담금질해도 그 재료의 굵기 와 질량에 따라 담금질 효과가 달라진다. 이와 같이 질량의 크기에 따라 담금질 효과 가 달라지는 것을 말하며 소재의 두께가 두꺼울수록 질량효과가 크다.

(가) 질량효과가 큰 재료 : 탄소강

(나) 질량효과를 줄이려면 Cr, Ni, Mo, Mn 등을 첨가한다.

예제 29. 강의 특수 원소 중 뜨임취성(temper brittleness)을 현저히 감소시키며 열처리 효과를 더욱 크게 하여 질량효과를 감소시키는 특성을 갖는 원소는?

① Ni   ② Cr   ③ Mo   ④ W

해설 몰리브덴(Mo) : 뜨임취성 방지, 고온에서의 인장강도 증가, 탄화물을 만들고 경도 증가, 담금질 효과 증대, 크리프 저항, 내식성의 증대   **정답** ③

예제 30. 탄소강을 담금질할 때 재료의 내부와 외부에 담금질 효과가 서로 다르게 나타나는 현상을 무엇이라고 하는가?

① 노치효과   ② 담금질효과   ③ 질량효과   ④ 비중효과

해설 질량효과(mass effect) : 같은 조성의 탄소강을 같은 방법으로 담금질해도 그 재료의 굵기와 질량에 따라 담금질 효과가 달라진다. 이는 냉각속도가 질량의 영향을 받기 때문이다. 이와 같이 질량의 대소에 따라 담금질 효과가 다른 현상을 질량효과라 하며 소재의 두께가 두꺼울수록 질량효과가 크다.   **정답** ③

⑨ **심랭 처리(서브제로 처리 : sub-zero treatment)**

　(개) 담금질된 잔류 오스테나이트(A)를 0℃ 이하의 온도로 냉각시켜 마텐자이트(M)화 하는 열처리

　(내) 주로 게이지강에 사용(측정기기)

　(대) 담금질한 조직의 안정화, 게이지강 등의 자연시효, 공구강의 경도 증가와 성능 향상

(2) 뜨임(tempering : 소려)

　담금질한 강은 경도는 크나 반면 취성을 가지게 되므로 경도는 다소 저하되더라도 인성을 증가시키기 위해 A_1 변태점(723℃ : 공석점) 이하에서 재가열하여 재료에 알맞은 속도로 냉각시켜주는 열처리

　① **목적** : 담금질한 것에 내부응력을 제거시켜 인성(내충격성)을 부여(A_1 변태점 이하에서 재가열하여 냉각함으로써 마텐자이트(M) 조직을 소르바이트(S) 조직으로 변화)

　② **사용 목적에 따른 뜨임의 종류**

　　(개) 저온뜨임 : 150℃ 부근에서 담금질에 의해 생긴 재료 내부의 잔류응력을 제거하고, 경도를 필요로 할 경우에 하는 뜨임

　　(내) 고온뜨임 : 500~600℃ 부근에서 담금질한 강에 강인성을 주기 위한 뜨임

예제 31. 다음 중 경화된 재료에 인성을 부여하기 위해 A_1 변태점 이하로 재가열하여 행하는 열처리는?

① 침탄법   ② 담금질   ③ 뜨임   ④ 질화법

해설 뜨임(tempering) : 담금질한 강은 경도는 크나 반면 취성을 가지게 되므로 경도는 저하

되더라도 인성을 증가시키기 위해 A₁ 변태점 이하에서 재가열하여 재료에 알맞은 속도로 냉각시켜주는 열처리를 말한다(소려). 스트레인(strain)을 감소시키기 위한 열처리로 내충격성(인성)을 부여한다.　　　　　　　　　　　　　　　　　**정답**　③

(3) 풀림(annealing : 소둔)

A₁ 또는 A₃ 변태점 이상으로 가열하여 냉각

① 목적
　(가) 재질 연화 및 내부응력 제거
　(나) 기계적 성질 개선
　(다) 담금질 효과 향상
　(라) 결정조직의 불균일 제거(균일화)
　(마) 인성, 연성, 전성 증가
　(바) 흑연 구상화

② 종류
　(가) 완전풀림 : A₃(아공석강), A₁(과공석강) 변태점보다 30~50℃ 높게 가열하여 노내에서 서랭하면 미세한 결정입자가 새로 생겨 내부응력이 제거되어 연화되는 것
　(나) 항온풀림 : A₁ 변태점 바로 위 온도로 가열한 후 일정 시간 유지, 그 다음 A₁ 변태점 바로 밑 온도에서 항온으로 변태를 완료하는 것
　(다) 응력제거풀림 : 내부응력을 제거하고 연화시키거나 담금질에 의한 균열을 방지하기 위한 목적으로 실시(기계 가공 시)
　(라) 연화풀림 : 냉간 가공 시 가공 도중 경화된 재료를 연화시키는 것이 목적(가공을 쉽게 하기 위한 풀림)
　(마) 중간풀림 : 650~750℃
　(바) 구상화풀림 : 시멘타이트의 연화가 목적(A₁ 변태점 부근까지 가열한 다음 일정 시간 후 서랭, 소성가공이나 절삭가공을 쉽게 하거나 기계적 성질을 개선할 목적으로 탄화물을 구상화시키는 열처리 조작
　(사) 저온풀림 : 내부응력을 제거하여 재질을 연화(500~600℃ 부근에서 하는 풀림)

예제 32. 단조 작업한 강철 재료를 풀림하는 목적으로서 적합하지 않은 것은?
　① 내부응력 제거　　　　　　　　　② 경화된 재료의 연화
　③ 결정입자의 크기 조절　　　　　　④ 석출된 성분의 고정

　해설 풀림(annealing)의 목적
　(1) 기계적 성질 개선　　　　　　　(2) 내부응력 제거
　(3) 입자 조정(재결정)　　　　　　 (4) 조직의 균질화
　(5) 조직 개선 및 담금질 효과 향상　 (6) 경화된 재료의 연화　　**정답**　④

(4) 불림(노멀라이징 : 소준)

① **방법** : A₃, Acm보다 30~50℃ 높게 가열한 후 공기 중에서 냉각시켜 미세한 소르바이트 조직을 얻는다.

② **목적** : 가공 재료의 내부응력 제거, 결정조직의 표준화(미세화)

4-3 항온 열처리

(1) 개요

① 항온변태곡선(T.T.T(Time-Temperature-Transformation : 시간, 온도, 변태)곡선 = S곡선 = C곡선)을 이용한 열처리

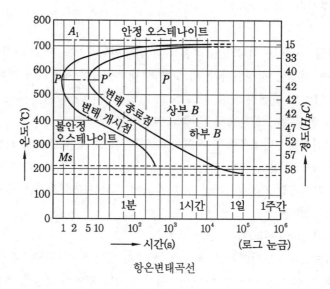

항온변태곡선

② 담금질과 뜨임을 동시에 하는 열처리로 베이나이트(B) 조직을 얻는다. 베이나이트 조직은 열처리에 따른 변형이 적고, 경도가 높고, 인성이 크다.

(2) 항온 열처리의 종류

① 항온담금질

㈎ 오스템퍼링 : 오스테나이트에서 베이나이트로 완전한 항온변태가 일어날 때까지 특정 온도로 유지 후 공기 중에서 냉각, 베이나이트 조직을 얻는다. 뜨임이 필요 없고, 담금 균열과 변형이 없다.

㈏ 마템퍼링 : Ms점과 Mf점 사이에서 항온처리하는 열처리 방법으로 마텐자이트와 베이나이트의 혼합 조직을 얻는다.

(대) 마퀜칭 : 담금균열과 변형이 적은 마텐자이트 조직을 얻는다.

(래) Ms 퀜칭 : Ms보다 약간 낮은 온도에서 항온 유지 후 급랭하여 잔류 오스테나이트를 감소

② 항온풀림

③ 항온뜨임

④ **오스포밍** : 과랭 오스테나이트 상태에서 소성 가공을 한 후 냉각 중에 마텐자이트화하는 항온 열처리 방법

예제 33. 과랭 오스테나이트 상태에서 소성가공을 하고 그 후의 냉각 중에 마텐자이트화하는 열처리 방법을 무엇이라 하는가?

① 마퀜칭   ② 오스포밍

③ 마템퍼링   ④ 오스템퍼링

해설 오스포밍(ausforming) : 과랭 오스테나이트 상태에서 소성가공하고 그 후의 냉각 중에 마텐자이트화하는 방법으로 인장강도 300 kg/mm^2(3000 MPa), 신장 10 %의 초강력성이 발생되며 가공열처리(TMT)의 대표적인 예이다.   **정답** ②

4-4 표면경화법

(1) 화학적 표면경화법

① **침탄법** : 0.2 % 이하의 저탄소강을 침탄제 속에 파묻고 가열하여 그 표면에 탄소(C)를 침입, 고용하는 방법으로 내마모성, 인성, 기계적 성질을 개선한다.

(가) 고체침탄법 : 목탄, 코크스 등의 침탄제와 촉진제 60 %와 탄산바륨($BaCO_3$) 40 %를 혼합하여 일정 시간 가열 후 담금질하여 경화한다.

(나) 가스침탄법 : 탄화수소계(C_nH_{2n+2})의 가스를 사용한 침탄 방법

(다) 액체침탄법(= 침탄질화법 = 시안화법 = 청화법) : 시안화칼륨(KCN), 시안화나트륨(NaCN)을 600~900℃로 용해시킨 염욕 중에 제품을 일정 시간 넣어 두어 C와 N가 강의 표면으로 들어가 침투하는 침탄법

② **질화법** : 강을 500~550℃의 암모니아(NH_3)가스 중에서 장시간 가열하면 질소(N)가 흡수되어 질화물을 형성하여 표면에 질화경화층을 만드는 방법

(가) 일부분의 질화층 생성을 방해하기 위한 방법 : Ni, Sn 도금을 한다.

(나) 용도 : 기어의 잇면, 크랭크축, 캠, 스핀들, 펌프축, 동력전달용 체인 등

침탄법과 질화법의 비교

침탄법	질화법
① 경도가 낮다.	① 경도가 높다.
② 침탄 후 열처리(담금질)가 필요하다.	② 질화 후 열처리(담금질)가 필요 없다.
③ 침탄 후에도 수정이 가능하다.	③ 질화 후에도 수정이 불가능하다.
④ 표면 경화 시간이 짧다.	④ 표면 경화 시간이 길다.
⑤ 변형이 크다.	⑤ 변형이 적다.
⑥ 침탄층이 단단하다(두껍다).	⑥ 질화층이 여리다(얇다).
⑦ 가열온도가 높다(900~950℃).	⑦ 가열온도가 낮다(500~550℃).

(2) 물리적 표면경화법

① **화염경화법(flame hardening, shorterizing)** : 0.4 %C 정도의 탄소강 표면에 산소-아세틸렌 화염으로 표면만을 가열하여 오스테나이트 조직으로 한 다음 급랭하여 표면층만을 담금질하는 방법

② **고주파경화법(induction hardening)** : 표면경화법 중 가장 편리한 방법으로 고주파 유도전류에 의해 소요깊이까지 짧은 시간에 급속히 가열한 다음 급랭하여 표면층만을 경화시키는 방법이며, 경화면의 탈탄이나 산화가 극히 적다.

(3) 그 밖의 표면경화법

① **쇼트 피닝(shot peening)**
  (개) 금속 재료의 표면에 강이나 주철의 작은 입자들을 고속으로 분사시켜 가공경화에 의하여 표면층의 경도를 높이는 방법
  (나) 피로한도, 탄성한계를 현저히 증가시킴

② **하드페이싱(hard facing)** : 금속의 표면에 스텔라이트나 경합금 등의 특수금속을 용착시켜 표면경화층을 만드는 방법

예제 34. 금속재료의 표면에 강이나 주철의 작은 입자들을 고속으로 분산시켜, 가공경화에 의해 표면층의 경도를 높이는 방법은?

① 금속침투법　　　　　　　　② 하드페이싱
③ 쇼트 피닝　　　　　　　　④ 고체침탄법

해설 쇼트 피닝(shot peening) : 금속 재료의 표면에 강이나 주철의 작은 입자들을 고속으로 분산시켜 표면층의 경도를 높이는 방법으로 피로한도, 탄성한계가 향상된다.　　정답 ③

예제 35. 강의 열처리 방법 중 표면경화법에 속하는 것은?

① 담금질   ② 노멀라이징   ③ 뜨임   ④ 침탄법

해설 담금질, 불림(노멀라이징), 뜨임(템퍼링), 어닐링 등은 기본 열처리 방법이고, 침탄법은 표면경화법이다.   정답 ④

5. 비철금속재료

5-1   구리와 그 합금

(1) 구리(Cu)의 성질

① 비중은 8.96, 용융점 1083℃이며, 변태점은 없다.

② 비자성체이며, 전기 및 열의 양도체이다(전기전도율을 해치는 원소 : Al, Mn, P, Ti, Fe, Si, As).

③ 전연성이 풍부하며, 가공 경화로 경도가 크다(600~700℃에서 30분간 풀림하여 연화).

④ 황산, 질산, 염산에 용해, 습기, 탄산가스, 해수에 녹 발생, 공기 중에서 산화피막 형성

(2) 황동(Cu-Zn)

- Cu + Zn 30 % : 7·3 황동(α고용체)은 연신율 최대, 가공성 목적
- Cu + Zn 40 % : 6·4 황동($\alpha+\beta$고용체)은 인장강도 최대, 강도 목적(일명 문츠메탈)

① **톰백(tombac)** : 8~20 % Zn 함유, 색상이 황금빛이며 연성이 크다. 금대용품, 장식품(불상, 악기, 금박)에 사용된다.

② **주석 황동** : 내식성 및 내해수성 개량(Zn의 산화, 탈아연 방지)

  (가) 애드미럴티 황동(admiralty brass) : 7·3 황동에 Sn 1% 첨가

  (나) 네이벌 황동(naval brass) : 6·4 황동에 Sn 1% 첨가

③ **강력 황동** : 6·4 황동에 Mn, Al, Fe, Ni, Sn을 첨가

④ **양은(nickel silver)** : 7·3 황동에 Ni 15~20 % 첨가, 전기 저항선, 스프링 재료, 바이메탈에 사용(백동, 양백)

예제 36. 5~20 %의 Zn의 황동을 말하며, 강도는 낮으나 전연성이 좋고 색깔이 금색에 가까우므로 모조 금이나 판 및 선 등에 사용되는 구리 합금은?

① 톰백   ② 7 : 3 황동

③ 6 : 4 황동   ④ 니켈 황동

[해설] 톰백(tombac) : Cu + Zn 5~20 %, 황금색, 금색에 가까우므로 금 대용품으로 쓰이며 화폐, 메달, 금박단추, 액세서리 등에도 쓰인다. 강도는 낮으나 전연성이 좋고 냉간가공이 쉽다. [정답] ①

[예제] **37. 황동의 종류를 설명한 것으로 틀린 것은?**

① 톰백 : Zn 8~20 %로 색깔이 황금색에 가깝고 냉간가공이 쉬워 단추, 금박, 금모조품, 건축용 금속에 주로 사용

② 카트리지 메탈 : 전구의 소켓, 탄피 같은 복잡한 가공물에 적합

③ 하이브래스 : Zn 30 %로 7·3 황동과 용도가 거의 비슷하며 냉간가공하기 전에 400~500℃의 풀림으로써 β를 소멸시킬 필요가 있다.

④ 문츠메탈 : Zn 35~45 %로 Zn의 양이 많으므로 가격이 고가이나 가공하기 어렵고 판재, 봉재, 선재, 볼트, 너트, 밸브 등에 사용

[해설] 문츠메탈(muntz metal) : 6·4 황동으로 인장강도는 크나 연신율이 작기 때문에 냉간 가공성은 나쁘다. 560~600℃로 가열하면 유연성이 회복되므로 열간가공에 적당하다. [정답] ④

(3) 청동(Cu-Sn)

- Cu + Sn 4 % : 연신율 최대
- Cu + Sn 15~17(20) % : 강도, 경도 급격히 증가

① **인청동** : Cu + Sn 9 % + P 0.35 %(탈산제), 내마멸성, 인장강도, 탄성한계가 높으며, 스프링재(경년 변화가 없다), 베어링, 밸브시트 등에 쓰인다.

② **베어링용 청동** : Cu + Sn 13~15 %

③ **켈밋(kelmet)** : 열전도, 압축강도가 크고 마찰계수가 작으며, 고속 고하중용 베어링에 사용된다. Cu + Pb 30 ~ 40 %(Pb 성분이 증가될수록 윤활 작용이 좋다.)

④ **오일리스 베어링** : Cu + Sn + 흑연 분말을 소결시킨 것으로 기름 급유가 곤란한 곳의 베어링용으로 사용되며, 주로 큰 하중 및 고속회전부에는 부적당하고 가전제품, 식품기계, 인쇄기 등에 사용된다.

⑤ **베릴륨 청동(Be-bronze)** : Cu + Be 2~3 %, 베어링, 고급 스프링 등에 이용

⑥ **납(lead) 청동/알루미늄(Al) 청동**

⑦ **호이슬러 합금** : Mn 26 %, Al 13 % 함유(강자성)

[예제] **38. 인청동의 특징이 아닌 것은?**

① 내식성이 좋다. ② 내산성이 좋다.

③ 탄성이 좋다. ④ 내마멸성이 좋다.

[해설] 인청동은 내산성이 약하며 내마멸성, 인장강도, 탄성한계가 높다. [정답] ②

5-2 알루미늄과 그 합금

(1) 주조용 Al 합금

① **실루민(silumin)** : Al – Si계 합금, 주조성은 좋으나 절삭성은 나쁘다, 개량 처리(Na : 가장 널리 사용, NaOH(가성소다), F(불소) 등을 첨가 조작)

② **라우탈(lautal)** : Al – Cu – Si계 합금, 피스톤, 기계부품, 시효 경화성이 있다(구리 첨가로 절삭성 향상).

③ **Y합금(내열합금)** : Al – Cu 4 % – Ni 2 % – Mg 1.5 %, 내연기관의 실린더, 피스톤에 사용

④ **로엑스(Lo-Ex) 합금** : Al – Si – Mg계 합금, 열팽계수가 작고 내열성, 내마멸성이 우수하다.

⑤ **하이드로날륨** : Al – Mg계 합금, 내식성이 가장 우수하다.

⑥ **코비탈륨(cobitalium)** : Y합금에 Ti, Cu 0.5 %를 첨가한 내열합금

(2) 단련용(가공용) Al 합금

두랄루민은 Al – Cu – Mg – Mn계 시효경화합금으로 항공기 재료로 사용된다.

(3) 내식용 Al 합금

① **하이드로날륨(hydronalium)** : Al – Mg계 합금, 내식성이 가장 우수하다.

② **알민(almin)** : Al – Mn계 합금

③ **알드레(aldrey)** : Al – Mn – Si계 합금

④ **알클래드(alclad)** : 내식 알루미늄 합금을 피복한 것

예제 **39. 내열성 주물로서 내연기관의 피스톤이나 실린더 헤드로 많이 사용되며 표준성분이 Al-Cu-Ni-Mg으로 구성된 합금은?**
① 하이드로날륨   ② Y합금   ③ 실루민   ④ 알민

해설 (1) 하이드로날륨 : Al-Mg계 합금, 내식성이 가장 우수
(2) 알민 : Al-Mn계 합금
(3) 실루민 : Al-Si계 합금   정답 ②

5-3 마그네슘과 그 합금

(1) Mg – Al계 합금

Al 4~6 % 첨가, Al 6 %(인장강도 최대), Al 4 %(연신율 최대), 도우 메탈(dow metal)

이 대표적이다.

(2) Mg – Al – Zn계 합금

Mg, Al 3~7 %, Zn 2~4 %, 주로 주물용 재료로 쓰이며 엘렉트론(elektron)이 대표적이다.

5-4 니켈 및 티타늄과 그 합금

(1) Ni-Cu계 합금

① **콘스탄탄(constantan)** : Cu 55 %-Ni 45 %, 열전대용, 전기저항선에 사용
② **어드밴스(advance)** : Cu 54 %-Ni 44 %+Mn 1 %, 정밀 전기기계의 저항선
③ **모넬메탈(monel metal)** : Cu-Ni 65~70 %, Cu · Fe 1~3 %(화학공업용)

> **참고** 니켈(Ni) 청동
> ① 콜슨 합금(탄소 합금) : Ni 4 %, Si 1 % 함유(전선용)
> ② 쿠니알 청동 : Ni 4~6 %, Al 1.5~7 %, 그 밖에 Fe, Mn, Zn 등을 첨가한 Cu-Ni-Al계 청동

(2) 티타늄(Ti)

① **성질** : 비중 4.5, 인장 강도 $50\,kg/mm^2$(500 MPa), 고온 강도, 내식성, 내열성, 절삭성이 우수하고, 강도가 크다.
② **용도** : 초음속 항공기 외판, 송풍기의 프로펠러

5-5 베어링용 합금

화이트 메탈(white metal)은 Sn – Cu – Sb – Zn의 합금으로 저속기관의 베어링으로 사용된다.
① **주석계 화이트 메탈** : 우수한 베어링 합금(Sn-Sb-Cu계)으로 배빗 메탈(babit metal)이라고도 한다.
② **납계 화이트 메탈** : Pb-Sn-Sb계(러지 메탈)
③ **아연계 합금** : Zn-Cu-Sn계

> **참고** 베어링용 합금의 구비 조건
> ① 열전도도가 좋을 것 ② 피로강도가 클 것
> ③ 마찰계수가 작을 것 ④ 내마멸성, 내식성이 클 것

예제 40. 다음 합금 중 베어링용 합금이 아닌 것은?

① 화이트 메탈   ② 켈밋 합금

③ 배빗 메탈   ④ 문츠메탈

해설 베어링용 합금

(1) 화이트 메탈(Sn + Cu + Sb + Zn 합금) = 배빗 메탈

(2) 구리계 : 켈밋 합금(Cu + Pb), 주석, 청동, 인청동, 납청동

(3) 주석계 : 배빗 메탈(Sn–Sb–Cu계)

(4) 아연계 합금 : Zn–Cu–Sn계

(5) 알루미늄계 합금(Al, Zn, Si, Cu) : 자동차 엔진의 메인 베어링에 사용된다.

※ 문츠메탈(muntz metal)은 6–4 황동이다.   정답 ④

6. 비금속재료 및 신소재

6-1   신소재의 종류 및 특성과 용도

(1) 금속복합재료

① **섬유 강화 금속복합재료(FRM : fiber reinforced metals)** : 휘스커(whisker) 등의 섬유를 Al, Ti, Mg 등의 연성과 전성이 높은 금속이나 합금 중에 균일하게 배열시켜 복합화한 재료

(가) 강화 섬유의 종류

- 비금속계 : C, B, SiC, Al_2O_3, AlN(질화알루미늄), ZrO_2 등
- 금속계 : Be, W, Mo, Fe, Ti 및 그 합금

(나) 특징

- 경량이고 기계적 성질이 매우 우수하다.
- 고내열성, 고인성, 고강도를 지닌다.
- 주로 항공 우주 산업이나 레저 산업 등에 사용된다.

② **분산 강화 금속복합재료** : 기지금속 중에 $0.01 \sim 0.1 \, \mu m$ 정도의 산화물 등 미세한 입자를 균일하게 분포시킨 재료로 기지 금속으로는 Al, Ni, Ni–Cr, Ni–Mo, Fe–Cr 등이 이용된다.

(가) 특징

- 고온에서 크리프 특성이 우수하다.
- 분산된 미립자는 기지 중에서 화학적으로 안정하고 용융점이 높다.
- 복합재료의 성질은 분산 입자의 크기, 형상, 양 등에 따라 변한다.

㈏ 실용 재료의 종류

- SAP(sintered aluminium powder producut) : 저온 내열 재료
  - Al 기지 중에 Al_2O_3의 미세 입자를 분산시킨 복합 재료로 다른 Al 합금에 비해 350 ~550℃에서도 안정한 강도를 나타낸다.
  - 주로 디젤 엔진의 피스톤 밴드나 제트 엔진의 부품으로 사용된다.
- TD Ni(thoria dispersion strengthened nickel) : 고온 내열 재료
  - Ni 기지 중에 ThO_2 입자를 분산시킨 내열 재료로 고온 안정성이 크다.
  - 주로 제트 엔진의 터빈 블레이드(turbine blade) 등에 응용된다.

③ **입자 강화 금속복합재료** : 1~5μm 정도의 비금속입자가 금속이나 합금의 기지 중에 분산되어 있는 것으로 서멧(cermet)이라고도 한다.

④ **클래드 재료** : 두 종류 이상의 금속 특성을 복합적으로 얻을 수 있는 재료로 얇은 특수한 금속을 두껍고 가격이 저렴한 모재에 야금학적으로 접합시킨 것이 많다. 제조법으로 폭발압착법, 압연법, 확산결합법, 단접법, 압출법 등이 있다.

⑤ **다공질 재료** : 다공질 금속으로는 소결체의 다공성을 이용한 베어링이나 다공질 금속 필터가 있다. 소결 다공성 금속 제품으로는 방직기용 소결 링크, 열교환기, 전극 촉매, 발포성 금속 등이 있다.

(2) 형상기억합금

고온 상태에서 기억한 형상을 언제까지라도 기억하고 있는 것으로, 저온에서 작은 가열 만으로도 다른 형상으로 변화시켜 곧 원래의 형상으로 되돌아가는 현상을 형상기억효과라 하며, 이 효과를 나타내는 합금을 형상기억합금(shape memory alloy)이라고 한다. 즉, 형상기억합금이란 변형 전의 모습을 기억하고 있다가 일정한 온도에서 원래의 모양으로 되돌아가는 합금을 말한다.

현재 실용화된 대표적인 형상기억합금은 Ni-Ti 합금이며, 회복력은 3 MPa이고 반복 동작을 많이 하여도 회복 성능이 거의 저하되지 않는다. 이 합금은 주로 우주선의 안테나, 치열 교정기, 여성의 속옷 와이어, 전투기의 파이프 등에 사용된다.

(3) 제진 재료

제진 재료란 "두드려도 소리가 나지 않는 재료"라는 뜻으로, 기계 장치나 차량 등에 접착되어 진동과 소음을 제어하기 위한 재료를 말한다.

(4) 초전도 재료

금속은 전기저항이 있기 때문에 전류를 흘리면 전류가 소모된다. 보통 금속은 온도가 내려갈수록 전기저항이 감소하지만, 절대온도 근방으로 냉각하여도 금속 고유의 전기저항은 남는다. 그러나 초전도 재료는 일정 온도에서 전기저항이 0이 되는 현상이 나타난다.

초전도 재료는 전기저항이 0으로 에너지 손실이 전혀 없으므로 전자석용 선재의 개발, 초고속 스위칭 시간을 이용한 논리 회로, 미세한 전자기장 변화도 감지할 수 있는 감지기 및 기억 소자 등에 응용할 수 있다. 또한 전력 시스템의 초전도화, 핵융합, MHD(magnetic hydrodynamic generator), 자기부상열차, 핵자기 공명 단층 영상 장치, 컴퓨터 및 계측기 등의 여러 분야에 응용할 수 있다.

(5) 자성 재료

자성 재료는 자기적 성질을 가지는 재료를 말하며, 공업적으로 자기의 성질이 필요한 기계, 장치, 부품 등에 활용된다.
- ① **경질 자성 재료(영구 자성 재료)** : 주로 음향기기, 전동기, 통신 계측 기기 등에 이용된다.
- ② **연질 자성 재료** : 주로 전동기나 변압기의 자심, 자기 헤드 마이크로파(microwave) 재료 등에 이용된다.

(6) 그 밖의 새로운 금속 재료

- ① **수소 저장 합금** : 금속 수소화합물의 형태로 수소를 흡수 방출하는 합금으로 종류에는 $LaNi_5$, $TiFe$, Mg_2Ni 등이 있다.
- ② **금속 초미립자** : 초미립자의 크기는 미크론(μm) 이하 또는 100 nm의 콜로이드(colloid) 입자의 크기와 같은 정도의 분체라 할 수 있다. 현재 초미립자는 자기테이프, 비디오테이프, 태양열 이용 장치의 적외선 흡수 재료 및 새로운 합금 재료, 로켓 연료의 연소 효율 향상을 위해 이용되고 있다.
- ③ **초소성 합금** : 초소성 재료는 수백 % 이상의 연신율을 나타내는 재료를 말한다. 초소성 현상은 소성 가공이 어려운 내열 합금 또는 분산 강화 합금을 분말야금법으로 제조하여 소성가공 및 확산 접합할 때 응용할 수 있으며, 서멧과 세라믹에도 응용이 가능하다.
- ④ **반도체 재료** : 반도체는 도체와 절연체의 중간인 약 $10^5 \sim 10^7$ Ωm 범위의 저항률을 가지고 있다. 현재, 반도체 중에서 Si 반도체가 가장 큰 비중을 차지하고 있다.

6-2 그 밖의 공업 재료(비금속재료)

(1) 무기 공업 재료

무기 공업 재료로는 세라믹, 단열재, 연마재 등이 있다.

(2) 유기 공업 재료

유기 공업 재료에는 플라스틱과 고무가 있다. 플라스틱은 열가소성 수지와 열경화성 수지가 있으며, 주로 전선, 스위치, 커넥터, 전기기계 · 기구 부품 및 장난감, 생활용품 등에 많이 사용되고 있다.

① 플라스틱의 특징

(개) 원하는 복잡한 형상으로 가공이 가능하다.

(나) 가볍고 단단하다.

(다) 녹이 슬지 않고 대량 생산으로 가격도 저렴하다.

(라) 우수하여 전기 재료로 사용된다.

(마) 열에 약하고 금속에 비해 내마모성이 적다.

② 열가소성 수지

(개) 가열하여 성형한 후에 냉각하면 경화하며, 재가열하여 새로운 모양으로 다시 성형할 수 있다.

(나) 종류에는 폴리에틸렌 수지, 폴리프로필렌 수지, 폴리스티렌 수지, 염화비닐 수지, 폴리아미드 수지, 폴리카보네이트 수지, 아크릴로니트릴부타디엔스티렌 수지 등이 있다.

③ 열경화성 수지

(개) 가열하면 경화하고 재용융하여도 다른 모양으로 다시 성형할 수 없다.

(나) 종류에는 페놀 수지, 멜라민 수지, 에폭시 수지, 요소 수지 등이 있다.

예제 41. 일반적인 합성수지의 공통적인 성질을 설명한 것으로 잘못된 것은?
① 가공성이 크고 성형이 간단하다.
② 열에 강하고 산, 알칼리, 기름, 약품 등에 강하다.
③ 투명한 것이 많고, 착색이 용이하다.
④ 전기 절연성이 좋다.

해설 합성수지는 열에 약하고 내식성이 크며 산 · 알칼리 등의 부식성 약품에 대해 거의 부식되지 않는다.
정답 ②

---

7. 재료 시험

(1) 기계적 시험(mechanical test)

① 인장 시험(tensile test) : 암슬러 시험기를 이용한다.

(개) 인장 강도$(\sigma_t) = \dfrac{P_{\max}}{A_0}$ $[\mathrm{N/mm^2}]$

(나) 연신율$(\varepsilon) = \dfrac{l - l_0}{l_0} \times 100\,\%$

(대) 단면수축률$(\phi) = \dfrac{A_0 - A}{A_0} \times 100\,\%$

② **경도 시험(hardness test)**

(가) 압입자 하중에 의한 경도 시험
- 브리넬 경도(H_B) : 고탄소강 강구
- 비커스 경도(H_V) : 대면각 $136°$

- 로크웰 경도(H_R) $\begin{cases} \text{B 스케일 : } 1/16'' \text{ 강구} \\ \text{C 스케일 : } 120° \text{ 원추} \end{cases}$

(나) 반발 높이에 의한 방법(탄성 변형에 대한 저항으로 강도를 표시) : 완성 제품 검사

- 쇼어 경도$(H_S) = \dfrac{10000}{65} \times \dfrac{h}{h_0}$

예제 42. 시료의 시험면 위에 일정한 높이 h_0에서 낙하시킨 해머의 튀어 올라가는 높이 h에 비 례하는 값으로서 다음 보기의 식으로 표시되는 경도는?

$$H_S = k \times \frac{h}{h_0}$$

① 로크웰 경도   ② 비커스 경도
③ 브리넬 경도   ④ 쇼어 경도

해설 쇼어 경도(shore hardness) : 압입체를 사용하지 않고 낙하체를 이용하는 반발 경도 시험법으로 주로 완성된 제품의 경도 측정에 적당하다.

$H_S = k \times \dfrac{h}{h_0}$ (여기서, h_0 : 낙하체의 높이, h : 반발하여 올라간 높이)   **정답** ④

---

③ **충격 시험(impact test)** : 인성과 메짐을 알아보는 시험

(가) 방법 : 샤르피식(단순보), 아이조드식(내다지보)

(나) 충격값$(U) = \dfrac{E}{A} = \dfrac{WR(\cos\beta - \cos\alpha)}{A}\,[\text{N} \cdot \text{m/cm}^2]$

여기서, E : 시험편을 절단하는 데 흡수된 에너지(N · m = J)

A : 노치부의 단면적(cm^2)

④ **피로 시험(fatigue test)** : 반복되어 작용하는 하중 상태의 성질을 알아낸다.

(가) 강의 피로 반복 횟수 : $10^6 \sim 10^7$ 정도

(나) 피로파괴 : 재료의 인장강도 및 항복점으로부터 계산한 안전하중 상태에서도 작은 힘이 계속적으로 반복하면 재료가 파괴를 일으키는 경우

(2) 비파괴 검사(NDT : Non-Destructive Testing)

① 타진법

② 육안 검사(VT : Visual Testing)

③ 자분 탐상 검사(MT : Magnetic Particle Testing)

④ 침투 탐상 검사(PT : Liquid Penetrant Testing)

⑤ 와전류 탐상 검사(ET : Eddy Current Testing)

⑥ 방사선(X-선, γ-선) 투과 검사(RT : Radiographic Testing)

⑦ 초음파 탐상 검사(UT : Ultrasonic Testing)

⑧ 누설 검사(LT : Leak Testing)

⑨ 음향 방출 검사(AET : Acoustic Emission Testing)

⑩ 적외선 열화상 검사(IRT : Infrared Thermography Testing)

⑪ 중성자 검사(NRT : Neutron Radiographic Testing)

⑫ 응력 측정(SM : Stress Measurement)

예제 43. 다음 중 비파괴 시험이 아닌 것은?

① 자기 탐상법   ② X선 검사법

③ 금속현미경 검사법   ④ 초음파 탐상법

해설 비파괴 시험(NDT) : 침투 탐상법(PT), 자기 탐상법(MT), 초음파 탐상법(UT), 방사선 탐상법(X선, γ선), 형광 탐상법, 육안 검사법(VT), 와류 탐상법(ET)   정답 ③

출제 예상 문제

1. 다음 금속 중 비중이 가장 큰 것은?

① Fe   ② Al

③ Pb   ④ Cu

해설 철(Fe) : 7.87, 알루미늄(Al) : 2.7, 납 (Pb) : 11.36, 구리(Cu) : 8.96

2. 다음 금속 중에서 용융점이 가장 높은 것은?

① V   ② W

③ Co   ④ Mo

해설 금속의 용융점(녹는점)

V(바나듐) : 1910℃, W(텅스텐) : 3410℃, Co(코발트) : 1495℃, Mo(몰리브덴) : 1910℃

3. 순철의 자기변태와 동소변태를 설명한 것으로 틀린 것은?

① 동소변태란 결정격자가 변하는 변태를 말한다.

② 자기변태도 결정격자가 변하는 변태이다.

③ 동소변태점은 A_3점과 A_4점이 있다.

④ 자기변태점은 약 768℃ 정도이며 일명 퀴리(Curie)점이라 한다.

해설 Fe(768℃), Ni(358℃), Co(1120℃) 등과 같은 강자성체인 금속을 가열하면 일정한 온도 이상에서 금속의 결정구조는 변하지 않으나 자성을 잃어 상자성체로 변하는데 이와 같은 변태를 자기변태라 한다.

4. 다음 중 기계적 성질로만 짝지어진 것은?

① 비중, 용융점, 비열, 선팽창계수

② 인장강도, 연신율, 피로, 경도

③ 내열성, 내식성, 충격, 자성

④ 주조성, 단조성, 용접성, 절삭성

해설 금속 재료의 성질

(1) 물리적 성질 : 비중(상대밀도), 용융점, 비열, 선팽창계수, 열전도율, 전기전도율, 자기적 성질(자성)

(2) 기계적 성질 : 강도(strength), 경도 (hardness), 메짐, 전성, 연성, 연신율, 피로(fatigue), 인성, 크리프(creep), 단면수축률, 충격값

(3) 화학적 성질 : 내열성, 내식성

(4) 제작상 성질 : 주조성, 단조성, 절삭성, 용접성

5. 다음 중 금속의 결정 구조가 아닌 것은?

① 체심입방격자   ② 면심입방격자

③ 중심입방격자   ④ 조밀육방격자

해설 금속의 결정 구조

(1) 체심입방격자(BCC) : 용점이 높고, 강도가 크다. (소속원자수 : 2개, 배위수(인접원자수) : 8개) Cr, W, Mo, V, Li, Na, K, α-Fe, δ-Fe, Nb, Ta

(2) 면심입방격자(FCC) : 전연성, 전기전도율이 크다. 가공성 우수(소속원자수 : 4개, 배위수 : 12개) Al, Ag, Au, Cu, Ni, Pb, Ca, Co, γ-Fe, Pt, Th, Rh

(3) 조밀육방격자(HCP) : 전연성, 접착성 불량(소속원자수 : 2개, 배위수 : 12개) Mg, Zn, Cd, Ti, Be, Zr, Ce, Os

6. 강의 인장시험에서 시험 전 평행부의 길이 55 mm, 표점 거리 50 mm인 시험편을 시험한 후 절단된 표점거리를 측정하였더니 70 mm이었다. 이 시험편의 연신율은 얼마인가?

① 20 %   ② 25 %

정답   1. ③   2. ②   3. ②   4. ②   5. ③   6. ④

③ 30 %   ④ 40 %

[해설] $\varepsilon = \dfrac{l'-l}{l} = \dfrac{\lambda}{l} = \dfrac{70-50}{50} \times 100\%$
$= 40\%$

7. 다음 금속 중 재결정온도가 가장 높은 것은?

① Zn   ② Sn   ③ Au   ④ Pb

[해설] 재결정온도 : W(1200℃), Mo(900℃), Ni (600℃), Fe, Pt(450℃), Ag, Cu, Au(200 ℃), Al(180℃), Zn(18℃), Sn(−10℃), Pb (−13℃)

8. 금속의 결정 입자를 X선으로 관찰하면 금속 특유의 결정형을 가지고 있는데, 그림과 같은 결정격자의 모양은 무엇인가?

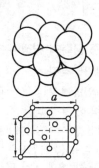

① 면심입방격자   ② 체심입방격자
③ 조밀육방격자   ④ 단순입방격자

[해설] 도시된 결정격자의 모양은 면심입방격자 (FCC)를 나타낸 것이다.

9. 다음 중 가공성이 가장 우수한 결정격자는?

① 면심입방격자   ② 체심입방격자
③ 정방격자   ④ 조밀육방격자

[해설] 금속의 결정 구조
(1) 체심입방격자(BCC) : 강도·경도가 크다. 융용점이 높다. 연성이 떨어진다.(Be, K, Li, Mo, Na, Nb, Ta, α-Fe, W, V)
(2) 면심입방격자(FCC) : 연성·전성이 좋아 가공성이 우수하다. 강도·경도 낮

다.(Ag, Au, Al, Ca, Cu, γ-Fe, Ni, Pb, Pt, Rh, Th)
(3) 조밀육방격자(HCP) : 연성·전성이 나쁘다. 취성이 있다.(Be, Cd, Mg, Zn, Ti, Zr, Os)

10. 제강에서 킬드강은?

① 탈탄하지 않은 강
② 용강 중의 가스를 규소철, 망간철, Al 등으로 탈산하여 기공이 생기지 않도록 진정(鎭靜)시킨 강
③ 탈산의 정도를 적당히 하여 수축관을 짧게 하고 절단부를 짧게 한 강
④ 불완전 탈산시킨 강

[해설] 탈산 정도에 따른 강괴(steel ingot)의 분류
(1) 림드강(rimmed steel) : 평로나 전로에서 정련된 용강을 페로망간(Fe−Mn)으로 가볍게 탈산시킨 강, 저탄소강(탄소함유량 0.15 % 이하) 구조용 강재로 이용
(2) 킬드강(killed steel) : 페로실리콘(Fe−Si), 알루미늄(Al) 등의 강력탈산제를 첨가하여 충분히 탈산시킨 강(탄소함유량 0.3 % 이상)
(3) 세미킬드강(semi−killed steel) : 림드강과 킬드강의 중간(탄소함유량 0.15~0.3 % 정도)
(4) 캡드강(capped steel) : 림드강을 변형시킨 것(편석을 적게 한 강괴)

11. 다음 중 금속재료의 가공도와 재결정온도의 관계를 가장 올바르게 나타낸 것은 어느 것인가?

① 가공도가 큰 것은 재결정온도가 높아진다.
② 가공도가 큰 것은 재결정온도가 낮아진다.
③ 재결정온도가 낮은 금속은 가공도가 적다.

④ 가공도와 재결정온도는 관계없다.

[해설] 가공도, 가열시간에 따른 재결정온도
  (1) 가공도가 클수록 재결정온도는 낮다.
  (2) 가열시간이 길수록 재결정온도는 낮아
     진다.

12. 강 중의 펄라이트(pearlite)조직이라 하
는 것은?

① α고용체와 Fe_3C의 혼합물

② γ고용체와 Fe_3C의 혼합물

③ α고용체와 γ고용체의 혼합물

④ δ고용체와 α고용체의 혼합물

[해설] 조직의 결정격자 및 특징

기호	조직명	결정격자 및 특징
α	페라이트 (α-ferite)	BCC (탄소 0.025 %)
γ	오스테나이트 (austenite)	FCC (탄소 2.11 %)
δ	페라이트 (δ-ferite)	BCC
Fe_3C	시멘타이트 (cementite)	금속간 화합물 (탄소 6.68 %)
$\alpha+Fe_3C$	펄라이트 (pearlite)	$\alpha+Fe_3C$의 혼합 조직 (탄소 0.77 %)
$\gamma+Fe_3C$	레데부라이트 (ledeburite)	$\gamma+Fe_3C$의 혼합 조직 (탄소 4.3 %)

13. 순철에 관한 다음 사항 중 틀린 것은?

① 공업적으로 가장 순수한 철은 카르보
닐철이다.

② 순철에는 α, γ, δ철의 3개의 동소체
가 있다.

③ 순철의 자기변태점은 A_2 변태로서 상
자성체이다.

④ 순철은 기계구조용으로 많이 사용된다.

[해설] 순철(pure iron)의 성질
  (1) 탄소 함유량 0.025 % 이하
  (2) 항자력이 작고 투자성이 우수하여 전기
     재료로 사용된다.

(3) 용접성이 우수하고 전·연성이 풍부하다.
(4) 동소체는 α, γ, δ철이 있다.
(5) 순철의 종류에는 암코철, 전해철, 카르
  보닐철이 있다.

14. 탄소강의 탄소 함유량(%)을 올바르게
나타낸 것은?

① 0.025~2.11 %   ② 2.05~2.43 %

③ 2.67~4.20 %   ④ 4.30~6.67 %

[해설] (1) 순철(pure iron) : 0.025 %C 이하
  (2) 탄소강(carbon steel) : 0.025~2.11%C
  (3) 주철(cast iron) : 2.11~6.68 %

15. 공구강 재료로서 구비해야 할 조건에
속하지 않는 것은?

① 연성 및 취성이 좋을 것

② 내마모성이 있을 것

③ 강인성이 있을 것

④ 상온 및 고온경도가 높을 것

[해설] 공구재료의 구비 조건
  (1) 상온 및 고온에서 경도가 높을 것
  (2) 강인성, 내마모성이 클 것
  (3) 제조와 취급이 쉽고 열처리가 쉬울 것
  (4) 가격이 저렴할 것

16. 합금강에서 소량의 Cr이나 Ni을 첨가
하는 가장 큰 이유는 무엇인가?

① 내식성을 증가시킨다.

② 경화능(hardenability)을 증가시킨다.

③ 마모성을 증가시킨다.

④ 담금질 후 마텐자이트(martensite) 조
직의 경도를 증가시킨다.

[해설] 각 원소가 합금강에 미치는 영향
  (1) Ni : 강인성, 내식성, 내산성 증가
  (2) Mn : 내마멸성, 강도, 경도, 인성 증가,
     고온 가공 용이
  (3) Cr : 경도, 인장강도, 내식성, 내열성, 내
     마멸성의 증가, 열처리 용이

(4) W : 경도, 강도, 고온경도, 고온강도의 증가, 탄화물 생성

(5) Mo : 담금성, 내식성, 크리프 저항성 증가

(6) Co : 고온경도, 고온강도의 증가(Cu와 병용)

(7) Ni-Cr강 : 강인성이 높고 담금성이 좋다. 적당한 열처리에 의해 경도, 강도, 인성이 높아진다.

17. 다음 중 공석강의 탄소함유량으로 적당한 것은?

① 약 0.08 %
② 약 0.02 %
③ 약 0.2 %
④ 약 0.8 %

[해설] 탄소함유량에 따른 강의 분류
(1) 아공석강 : 0.025~0.8 % C
(2) 공석강 : 0.8 % C
(3) 과공석강 : 0.8~2.11 % C

18. 다음 중 순철(α-Fe)의 자기변태 온도 (℃)는?

① 210℃
② 768℃
③ 910℃
④ 1410℃

[해설] 순철(α-Fe)의 자기변태 온도는 A_2 변태점(768℃)이며, 퀴리점(Curie point)이라고도 한다.

19. Fe-C 상태도에서 온도가 가장 낮은 것은 어느 것인가?

① 공석점
② 포정점
③ 공정점
④ 자기변태점

[해설] (1) 공석점(A_1 변태점) : 723℃
(2) 공정점 : 1130℃
(3) 포정점 : 1495℃
(4) 자기변태점(A_2 변태점) : 768℃

20. 다음 펄라이트에 관한 설명 중 맞는 것은?

① 1.7 %까지의 탄소가 고용체 오스테나이트라고도 한다.

② 탄소가 6.68 % 되는 철의 화합물인 시멘타이트로서 금속간 화합물이다.

③ 0.86 %C의 γ고용체가 723℃에서 분열하여 생긴 페라이트와 시멘타이트의 공석 조직이다.

④ 1.7 % γ고용체와 6.68 %의 시멘타이트와의 공정 조직이다.

[해설] 펄라이트(pearlite) : 탄소 0.86 %의 γ고용체가 723℃(공석점)에서 분열하여 생긴 페라이트와 시멘타이트(Fe_3C)의 공석 조직으로 페라이트(ferrite)와 시멘타이트가 층으로 나타나는 강인한 조직(인장강도와 내마모성을 동시에 갖는 우수한 조직)이다.

21. 강(steel)에서만 일어나는 변태는?(이 변태를 이용하여 강의 강도 및 경도를 향상시킨다.)

① A_1 변태
② A_2 변태
③ A_3 변태
④ A_4 변태

[해설] 강(steel)에서만 일어나는 변태는 A_1 변태(723℃ ; 공석점)이며, A_2 변태(768℃)는 순철의 자기변태, A_3 변태(910℃), A_4 변태(1400℃)는 순철의 동소변태이다.

22. 탄소강의 표준조직에 대한 설명으로 옳은 것은?

① 담금질(quenching)에 의해서 얻은 조직을 말한다.

② 뜨임(tempering)에 의해서 얻은 조직을 말한다.

③ 불림(normalizing)에 의해서 얻은 조직을 말한다.

④ 서브제로(sub-zero) 처리에 의해서 얻은 조직을 말한다.

[해설] 탄소강(carbon steel)의 표준조직이란 불림(normalizing) 처리로 조대화된 조직을 표준화(미세화)시킨 것을 의미한다.

23. 상온에서 탄소강의 현미경 조직으로 탄소가 0.8%인 강의 조직은?

① 오스테나이트　　② 펄라이트
③ 레데부라이트　　④ 시멘타이트

해설 펄라이트(pearlite)는 탄소강의 현미경 조직으로 탄소 0.86 %의 γ고용체가 723℃에서 분열하여 생긴 페라이트와 시멘타이트의 공석 조직이며 페라이트와 시멘타이트가 층으로 나타나는 강인한 조직이다.

24. Fe-C 평형 상태도의 723℃(A₁)에서 일어나는 변태로부터 나타나는 조직은?

① 마텐자이트　　② 오스테나이트
③ 펄라이트　　④ 베이나이트

해설 A₁ 변태점(723℃, 공석점)에서 생성되는 조직은 펄라이트 조직이다.

25. 철-탄소계 평형 상태도에서 탄소함유량 6.68 %를 함유하고 있는 조직은?

① 시멘타이트　　② 오스테나이트
③ 펄라이트　　④ 페라이트

해설 시멘타이트(cementite) : 6.68 %의 탄소를 함유한 탄화철로 경도와 메짐성이 크며 백색이다. 상온에서 강자성체이며 담금질을 해도 경화되지 않고 화학식으로는 Fe₃C로 표시한다.

26. Fe-C 평형 상태도에서 나타나는 철강의 기본 조직이 아닌 것은?

① 페라이트　　② 펄라이트
③ 시멘타이트　　④ 마텐자이트

해설 마텐자이트(martensite)는 강을 담금질(급랭)할 때 생기는 바늘 모양의 단단한 조직이다.

27. 경도가 대단히 높아 압연이나 단조 작업을 할 수 없는 조직은?

① 시멘타이트　　② 오스테나이트
③ 페라이트　　④ 펄라이트

해설 시멘타이트(cementite) : 6.68 %의 탄소와 철(Fe)의 화합물로서 매우 단단하고 부스러지기 쉽다. 또한 연성은 거의 없고 상온에서 강자성체이며 담금질을 해도 경화되지 않는다.

28. 듀콜강이란 무엇인가?

① 고코발트강　　② 저코발트강
③ 고망간강　　④ 저망간강

해설 망간(Mn)강의 종류
(1) 저망간(Mn)강(1~2 %) : 듀콜강이라 하며, 펄라이트 망간강이라고도 한다.
(2) 고망간(Mn)강(10~14 %) : 하드필드강, 수인강, 오스테나이트 망간강, 내마멸용으로 광산기계, 기차 레일의 교차점에 사용

29. 탄소강에서 탄소량이 증가하면 일반적으로 용융온도는?

① 높아진다.　　② 낮아진다.
③ 같다.　　④ 불변이다.

해설 ・탄소량이 많을수록 증가하는 것 : 강도, 경도, 비열, 전기저항
・탄소량이 많을수록 감소하는 것 : 비중, 열팽창계수, 열전도도, 용융점

30. 탄소강 중에 함유된 원소의 영향을 잘못 설명한 것은?

① Mn : 결정의 성장을 방지하고 표면소성을 저지한다.
② P : 경도 및 강도가 다소 증가되나 연신율이 감소되고, 편석이 생기기 쉬우며 상온취성의 원인이 된다.
③ S : 압연, 단조성을 좋게 하며 적열취성의 원인이 된다.
④ Si : 인장강도, 탄성한계, 경도 등을 크게 하나 연신율, 충격치를 감소시킨다.

해설 황(sulfur) S
(1) 강의 유동성을 해치고 기포가 발생한다.

(2) 900~950℃에서 적열취성(고온취성)의 원인이 된다.

(3) 인장강도, 연신율, 충격값을 감소시킨다.

(4) 강의 용접성을 나쁘게 한다.

(5) 적열취성 방지 원소는 망간(Mn)이다.

31. 탄소강에서 탄소량이 증가하면 일반적으로 감소하는 성질은?

① 전기저항　　　② 열팽창계수

③ 항자력　　　　④ 비열

[해설] 탄소량이 증가하면 전기저항, 항자력 (coercive force : 보자력), 비열은 증가하고 열팽창계수는 감소한다.

32. 다음 탄소강의 기계적 성질 중 옳지 않은 것은?

① 탄소강의 기계적 성질에 가장 큰 영향을 주는 원소는 탄소이다.

② 탄소량이 많을수록 인성과 충격값은 증가한다.

③ 표준 상태에서는 탄소가 많을수록 강도, 경도가 증가한다.

④ 탄소가 많을수록 가공 변형은 어렵게 된다.

[해설] 탄소량의 증가에 따른 탄소강의 기계적 성질

(1) 강도, 경도가 증가한다.

(2) 인성과 충격값은 감소한다.

(3) 용융점이 낮아지고 비중도 작아진다.

(4) 가공 변형이 어렵다.

(5) 담금질 효과가 커진다.

(6) 비중, 열전도율, 열팽창계수는 감소한다.

(7) 전기저항은 증가한다.

(8) 용접성은 저하, 열처리는 향상된다.

33. 다음 중 탄소강에서 인(P)의 영향으로 맞는 것은?

① 냉간가공 시 균열이 생기기 쉽다.

② 연신율, 충격값을 증가시킨다.

③ 적열취성을 일으킨다.

④ 강도, 경도를 감소시킨다.

[해설] 탄소강에서 인(P)의 영향

(1) 강도, 경도를 증가시킨다.

(2) 결정립을 조대화시킨다.

(3) 연신율, 충격값을 감소시킨다.

(4) 냉간가공 시 균열(crack)이 생기기 쉽다.

(5) 상온취성의 원인이 된다.

34. 탄소강에 미치는 인(P)의 영향에 대하여 가장 올바르게 표현한 것은?

① 강도와 경도는 증가시키나 고온취성이 있어 가공이 곤란하다.

② 인성과 내식성을 주는 효과는 있으나 청열취성을 준다.

③ 경화능이 감소하는 것 이외에는 기계적 성질에 해로운 원소이다.

④ 강도와 경도를 증가시키고 연신율을 감소시키며 상온취성을 일으킨다.

[해설] 탄소강에서 인(P)은 강도와 경도를 증가시키고 연신율(신장률)을 감소시키며 상온취성의 원인이 된다.

35. 탄소함유량이 0.8%가 넘는 고탄소강의 담금질 온도서 적당한 것은?

① 조직이 페라이트로 변할 때까지

② A_1 변태점 이상에서 충분히 가열

③ A_3 변태점 이상

④ A_{cm}선 이상

[해설] 담금질 온도

(1) 아공석강(0.025~0.8%C) : A_3 변태점보다 30~50℃ 높게 가열 후 급랭

(2) 과공석강(0.8~2.11%C) : A_1 변태점보다 30~50℃ 높게 가열 후 급랭

36. 탄소가 0.9% 함유되어 있는 탄소강을 수중 냉각하였을 때 나타나는 조직은?

정답 31. ②　32. ②　33. ①　34. ④　35. ②　36. ④

① 소르바이트 ② 펄라이트
③ 트루스타이트 ④ 마텐자이트

해설 담금질(quenching) 조직
　(1) 수중 냉각 : 마텐자이트
　(2) 유중 냉각 : 트루스타이트
　(3) 공기중 냉각 : 소르바이트
　(4) 노중 냉각 : 펄라이트

37. 담금질(quenching)의 냉각제에 대하여 설명한 것이다. 틀린 것은?
① 액온–비교적 낮은 쪽이 좋다.
② 비등점–낮은 편이 좋다.
③ 비열–큰 편이 좋다.
④ 열전도도–높은 편이 좋다.

해설 고온가열한 철강재를 물속에 넣으면 수증기가 발생하여 냉각효과를 감소시킨다. 이러한 현상을 방지하기 위해 소금물을 사용한다. 냉각제의 비등점이 낮으면 수증기가 빨리 발생하게 된다. 따라서 비등점은 높은 편이 좋다.

38. 다음 중 항온 열처리의 종류에 해당되지 않는 것은?
① 마템퍼링(martempering)
② 오스템퍼링(austempering)
③ 마퀜칭(marquenching)
④ 오스퀜칭(ausquenching)

해설 항온 열처리
　(1) 오스템퍼링 : A′과 Ar″ 사이 염욕에 퀜칭하여 베이나이트(bainite) 조직을 얻는 열처리
　(2) 마템퍼링 : 마텐자이트＋베이나이트 조직(마텐자이트와 트루스타이트의 중간조직)
　(3) 마퀜칭 : 중간 담금질로 Ms점 직상으로 가열된 염욕에 담금질하는 것
　(4) 항온뜨임

39. 강의 담금질(quenching) 조직 중에서

경도가 가장 높은 것은?
① 펄라이트 ② 오스테나이트
③ 페라이트 ④ 마텐자이트

해설 담금질 열처리의 경도 순서는 마텐자이트(M) > 트루스타이트(T) > 소르바이트(S) > 펄라이트(P) > 오스테나이트(A) > 페라이트(F)이다.

40. 다음 중 극히 짧은 시간(수초)으로 가열할 수 있고 피가역물의 스트레인(strain)을 최소한으로 억제하며 전자에너지의 형식으로 가열하여 표면을 경화시키는 방법은 어느 것인가?
① 침탄법
② 질화법
③ 청화법
④ 고주파 표면경화법

해설 고주파 표면경화법 : 금속 재료의 표면에 고주파를 유도하여 담금질(퀜칭)하는 방법 (담금질 시간이 짧고 복잡한 형상에 사용)

41. 담금질 균열의 원인이 아닌 것은?
① 담금질 온도가 너무 높다.
② 냉각속도가 너무 빠르다.
③ 가열이 불균일하다.
④ 담금질하기 전에 노멀라이징을 충분히 했다.

해설 재료를 경화하기 위하여 급랭하면 재료 내부와 외부의 온도차에 의해 열응력과 변태응력으로 인하여 내부변형 또는 균열이 일어나는데 이와 같이 갈라진 금을 담금질 균열(quenching crack)이라 하며 담금질할 때 작업 중이나 담금질 직후 또는 담금질 후 얼마되지 않아 균열이 생기는 경우가 대단히 많이 있다.

42. 금형의 표면과 중심부 또는 얇은 부분과 두꺼운 부분 등에서 담금질할 때 균열

이 발생하는 가장 큰 이유는?

① 마텐자이트 변태 발생 시간이 다르기 때문에

② 오스테나이트 변태 발생 시간이 다르기 때문에

③ 트루스타이트 변태 발생 시간이 늦기 때문에

④ 소르바이트 변태 발생 시간이 빠르기 때문에

해설 오스테나이트 조직이 마텐자이트 조직으로 변하는 것을 마텐자이트 변태라 하며 Ar″ 변태라고도 한다. 이때 마텐자이트 변태가 시작되는 점을 Ms, 마텐자이트 변태가 종료(끝나는)되는 점을 Mf라 한다.

43. 특수강의 질량효과(mass effect)와 경화능에 관한 다음 설명 중 옳은 것은?

① 질량효과가 큰 편이 경화능을 높이고, Mn, Cr 등은 질량효과를 크게 한다.

② 질량효과가 큰 편이 경화능을 높이고, Mn, Cr 등은 질량효과를 작게 한다.

③ 질량효과가 작은 편이 경화능을 높이고, Mn, Cr 등은 질량효과를 크게 한다.

④ 질량효과가 작은 편이 경화능을 높이고, Mn, Cr 등은 질량효과를 작게 한다.

해설 질량효과(mass effect)가 작은 편이 경화능을 높이고, 망간(Mn), 크롬(Cr) 등은 질량효과를 작게 한다.

44. 게이지류나 측정공구를 만들 때 치수 변화를 없애기 위해 담금질한 강재를 실온까지 냉각한 후 계속해서 0℃ 이하의 온도로 냉각하여 잔류 오스테나이트를 적게 하는 열처리법은?

① 오스템퍼링   ② 마퀜칭

③ 마템퍼링   ④ 심랭처리

해설 서브제로(sub-zero)처리(= 심랭처리) :
잔류 오스테나이트(A)를 0℃ 이하로 냉각하여 마텐자이트화 하는 열처리

45. 다음 중 풀림의 목적이 아닌 것은 어느 것인가?

① 내부응력 제거

② 인성 향상

③ 조직의 미세화

④ 경화된 재료의 연화

해설 풀림(annealing)의 목적

(1) 기계적 성질의 개선

(2) 경화된 재료를 연화(soft)시킴

(3) 내부응력 제거 및 인성 향상

※ 불림(normalizing)은 조대화된 조직을 표준화(미세화)시키는 열처리 방법이다.

46. 다음 그림은 C = 0.35 %, Mn = 0.37 % 를 함유한 망간강의 항온변태곡선이다. 이 그림에 나타난 a의 현미경 조직은 어느 것인가?

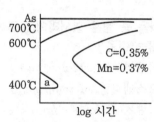

① 마텐자이트   ② 베이나이트

③ 오스테나이트 ④ 펄라이트

해설 항온변태곡선

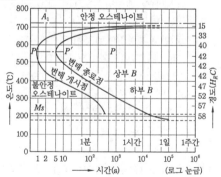

47. 철강재료의 열처리에서 많이 이용되는 S곡선이란 어떤 것을 의미하는가?

① T.T.L 곡선 ② S.C.C 곡선
③ T.T.T 곡선 ④ S.T.S 곡선

해설 항온변태곡선 = T.T.T 곡선(시간, 온도, 변태) = S곡선(C곡선)

48. Ms점과 Mf점 사이에서 항온처리하는 열처리 방법으로 마텐자이트와 베이나이트의 혼합 조직을 만드는 것은?

① 마템퍼링 ② 타임퀜칭
③ 오스템퍼링 ④ 마퀜칭

해설 항온 열처리(isothermal heat treatment)
① 마템퍼링 : 베이나이트(B)와 마텐자이트(M)의 혼합 조직
④ 마퀜칭 : 마텐자이트(M) 조직

49. 다음 중 마템퍼링에 대한 설명으로 올바른 것은?

① Ms점 직상의 온도까지 급랭한 후 그 온도에서 변태를 완료시키는 것이다.
② 조직은 완전한 펄라이트가 된다.
③ Mf점 이하의 온도까지 급랭한 후 그 온도에서 변태를 완료시키는 것이다.
④ 조직은 베이나이트와 마텐자이트가 된다.

해설 마템퍼링 : Ar″점 부근, 즉 Ms점 이하 Mf점 이상을 이용한 것으로 오스테나이트 조직의 온도에서 Ms점(100∼200℃) 이하로 열욕 담금질하여 뜨임 마텐자이트와 하부 베이나이트 조직으로 만드는 것

50. 베이나이트(bainite) 조직을 얻기 위한 항온 열처리 조작으로 가장 적합한 것은?

① 오스포밍 ② 마퀜칭
③ 오스템퍼링 ④ 마템퍼링

해설 오스템퍼링(austempering) : 일명 하부 베이나이트 담금질이라고 부르며 오스테나이트 상태에서 Ar′와 Ar″의 중간 온도로 유지된 용융열욕 속에서 담금질하여 강인한 하부 베이나이트로 만든다. 또한, 담금질 변형과 균열을 방지하고 피아노선과 같이 냉간인발로 제조하는 과정에서 조직을 균일하게 하고 인발작업을 쉽게 하기 위한 목적으로 파텐팅 처리를 한다.

51. 강을 오스템퍼링(austempering) 처리하면 얻어지는 조직으로서 열처리 변형이 적고 탄성이 증가하는 조직은?

① 펄라이트 ② 마텐자이트
③ 베이나이트 ④ 시멘타이트

해설 (1) 오스템퍼링 : 하부 베이나이트 조직을 얻는다.
(2) 마템퍼링 : 마텐자이트와 베이나이트의 혼합 조직을 얻는다.
(3) 마퀜칭 : 마텐자이트 조직을 얻는다.

52. 항온 열처리를 하여 마텐자이트와 베이나이트의 혼합 조직을 얻는 열처리는?

① 담금질 ② 오스템퍼링
③ 파텐팅 ④ 마템퍼링

해설 마템퍼링 : Ms점과 Mf점 사이에서 항온 변태시킨 열처리로 마텐자이트와 베이나이트의 혼합 조직을 얻는다.

53. 질화법과 침탄법을 비교 설명한 것으로 틀린 것은?

① 침탄법보다 질화법이 경도가 높다.
② 침탄법은 침탄 후에도 수정이 가능하지만 질화법은 질화 후의 수정은 불가능하다.
③ 침탄법은 침탄 후에는 열처리가 필요없고, 질화법은 질화 후에는 열처리가 필요하다.
④ 침탄법은 경화에 의한 변형이 생기며, 질화법은 경화에 의한 변형이 적다.

정답 47. ③ 48. ① 49. ④ 50. ③ 51. ③ 52. ④ 53. ③

해설 질화법과 침탄법의 비교

침탄법	질화법
경도가 낮다.	경도가 높다.
침탄 후 열처리(담금질)가 필요하다.	질화 후 열처리(담금질)가 필요 없다.
침탄 후에도 수정이 가능하다.	질화 후에도 수정이 불가능하다.
표면 경화 시간이 짧다.	표면 경화 시간이 길다.
변형이 크다.	변형이 적다.
침탄층이 단단하다(두껍다).	질화층이 여리다(얇다).

54. 표면경화법 중 가장 편리한 방법으로 고주파 유도전류에 의해 소요깊이까지 급속히 가열한 다음, 급랭하여 경화시키는 방법은?

① 침탄법   ② 금속침투법

③ 질화법   ④ 고주파경화법

해설 고주파경화법 : 표면경화할 재료의 표면에 코일을 감아 고주파, 고전압의 전류를 흐르게 하여 내부까지는 적열되지 않고 표면만 경화시키는 방법

55. 특수강은 대개 탄소강에 비해 가공하기 힘든 결점이 있다. 다음 중 그 원인이 아닌 것은?

① 특수원소가 만드는 탄화물 때문에 고온에서도 단단하다.

② 복잡한 조직으로 인해 전위의 이동이 용이하지 않다.

③ 열전도율이 높으므로 가열 시 온도가 균일하게 된다.

④ 표면 산화막이 잘 떨어지지 않는다.

해설 특수강(합금강)의 특징
  (1) 강도, 경도가 증가한다.
  (2) 내열성, 내식성이 증가한다.
  (3) 열처리가 가능하다.
  (4) 비중, 용융점, 열전도율이 낮다.

56. 크롬이 특수강의 재질에 미치는 가장 중요한 영향은?

① 결정립의 성장 저해 ② 내식성 증가

③ 저온취성 촉진   ④ 내마모성 저하

해설 크롬(Cr)을 특수강에 첨가하면 경도, 강도, 내식성, 내열성, 내마멸성을 증대시킨다.

57. 다음 특수강의 목적 중 틀린 것은?

① 내마멸성, 내식성 개선

② 고온강도 저하

③ 절삭성 개선

④ 담금질성 향상

해설 특수강(합금강)의 목적
  (1) 소성가공의 개량(절삭성 개선)
  (2) 결정입도의 성장 방지
  (3) 내마멸성, 내식성 개선
  (4) 담금질성 향상
  (5) 단접 및 용접이 쉽다.
  (6) 물리적·기계적·화학적 성질 개선

58. 다음 중 Ni-Fe계 합금인 인바(invar)를 바르게 설명한 것은?

① Ni 35~36 %, C 0.1~0.3 %, Mn 0.4 %와 Fe의 합금으로 내식성이 우수하고, 상온 부근에서 열팽창계수가 매우 작아 길이 측정용 표준자, 시계의 추, 바이메탈 등에 사용된다.

② Ni 50 %, Fe 50 % 합금으로 초투자율, 포화자기, 전기저항이 크므로 저출력 변성기, 저주파 변성기 등의 자심으로 널리 사용된다.

③ Ni에 Cr 13~21 %, Fe 6.5 %를 함유한 강으로 내식성, 내열성이 우수하여 다이얼게이지, 유량계 등에 사용된다.

④ Ni-Mo-Cr-Fe 등을 함유한 합금으로 내식성이 우수하다.

해설 인바(invar) : Ni 36%를 함유하는 Fe-Ni 합금으로 상온에서 열팽창계수가 매우 작고 내식성이 대단히 좋으므로 줄자, 시계의 진자, 바이메탈 등에 쓰인다.

59. 탄소공구강 재료의 구비 조건으로 틀린 것은?

① 상온 및 고온경도가 클 것

② 내마모성이 작을 것

③ 가공 및 열처리성이 양호할 것

④ 강인성 및 내충격성이 우수할 것

해설 탄소공구강(STC)의 구비 조건

　(1) 상온 및 고온경도가 클 것

　(2) 내마모성이 클 것

　(3) 강인성 및 내충격성이 클 것

　(4) 가공 및 열처리가 양호할 것

　(5) 마찰계수가 작을 것

　(6) 제조, 취급, 구입이 용이할 것

60. 특수강 중에 자경강(self-hardening steel)이란 무엇인가?

① 담금질에 의해서 경화되는 강

② 뜨임에 의해서 경화되는 강

③ 공랭정도로 경화되는 강

④ 극히 서랭에 의해 경화되는 강

해설 자경성 : 담금질 온도에서 대기 중에 방랭하는 것만으로도 마텐자이트 조직이 생성되어 단단해지는 성질로 Ni, Cr, Mn 등의 특수강에서 볼 수 있는 현상이다.

61. 니켈-크롬강에 이 원소를 첨가시키면 강인성을 증가시키고 질량효과를 감소시키며, 뜨임메짐을 방지하는 데 가장 적합한 이 원소의 명칭은?

① Mn　　　　　② Mo

③ V　　　　　　④ W

해설 Ni-Cr강 : 1.0~1.5% Ni를 첨가하여 점성을 크게 한 강으로 담금질성이 극히 좋

다. 550~580℃에서 뜨임메짐이 발생하는데, 이를 방지하기 위해 Mo, V, W을 첨가한다. 이 중에서 Mo이 가장 적합한 원소이다.

62. 저망간강으로 항복점과 인장강도가 큰 것을 무엇이라 하는가?

① 하드필드강　　② 쾌삭강

③ 불변강　　　　④ 듀콜강

해설 저망간강(pearlite 망간강, 1~2% Mn)으로 항복점과 인장강도가 대단히 크며, 고력강도강으로 차량, 건축 등 구조용강에 사용되며 듀콜강(ducol steel)이라고도 한다.

63. 강의 쾌삭성을 증가시키기 위하여 첨가하는 원소는?

① Pb, S　　　　② Mo, Ni

③ Cr, W　　　　④ Si, Mn

해설 쾌삭강(free cutting steel) : 공작기계의 고속, 고능률화에 따라 생산성을 높이고 가공재료의 피절삭성, 제품의 정밀도 및 절삭공구의 수명 등을 향상시키기 위하여 탄소강에 S, Pb, P, Mn을 첨가하여 개선한 구조용 특수강

64. 다음 중 스프링강의 기호로 맞는 것은?

① SPS　　　　　② SUS

③ SKH　　　　　④ STB

해설 SPS(스프링강), STD(다이스강), SKH(고속도강), STC(탄소공구강), STS(합금공구강)

65. 다음 중 STC에 관한 설명이 잘못된 것은?

① STC는 탄소공구강이다.

② 인(P)과 황(S)의 양이 적은 것이 양질이다.

③ 주로 림드강으로 만들어진다.

④ 탄소의 함량이 0.6~1.5% 정도이다.

[해설] 탄소공구강(STC)

(1) STC는 탄소공구강이다.

(2) 탄소의 함량이 0.6~1.5 % 정도이다.

(3) 인(P)과 황(S)의 양이 적은 것이 양질 재료다.

(4) 킬드강(killed steel)으로 만들어진다.

66. 다음 합금 중 톱날이나 줄의 재료로 가장 적합한 재료는?

① 스테인리스강　　② 저탄소강

③ 고탄소강　　④ 구상흑연주철

[해설] 고탄소강 : 탄소강에 0.5 % 이상 탄소를 함유하고 있는 강으로 주로 줄(file), 정, 쇠 톱날, 끌 등의 재질로 사용된다.

67. 고속도강(SKH)의 담금질 온도로 가장 적당한 것은?

① 720℃　　② 910℃

③ 1250℃　　④ 1590℃

[해설] 고속도강(SKH)

(1) 예열 : 800~900℃

(2) 담금질 : 1260~1300℃(1차 경화)

(3) 뜨임 : 550~580℃(2차 경화)

68. 다음 중 고속도 공구강의 성질로 요구되는 사항과 가장 먼 것은?

① 내충격성　　② 고온경도

③ 전연성　　④ 내마모성

[해설] 전연성이란 재료를 가느다란 선과 같이 늘릴 수 있는 성질이므로 공구강은 전연성이 있으면 안 된다.

※ 전성 : 판과 같이 얇게 펼 수 있는 성질

69. 산화알루미나(Al_2O_3)를 주성분으로 하며 철과 친화력이 없고, 열을 흡수하지 않으므로 공구를 과열시키지 않아 고속 정밀 가공에 적합한 공구의 재질은?

① 세라믹

② 인코넬

③ WC계 초경합금

④ TiC계 초경합금

[해설] 세라믹(ceramics) 공구

(1) 주성분 : 산화알루미나(Al_2O_3)

(2) 내열, 고온경도, 내마모성이 크다.

(3) 충격에 약하다(1200℃까지 경도 변화가 없다).

(4) 구성인선(built up edge)이 발생하지 않는다.

(5) 절삭속도 : 300 m/min 정도

70. 스테인리스강을 조직상으로 분류한 것 중 옳지 않은 것은?

① 시멘타이트계

② 오스테나이트계

③ 마텐자이트계

④ 페라이트계

[해설] 스테인리스강의 금속 조직상 분류

(1) 페라이트계(13Cr계 스테인리스강)

(2) 오스테나이트계(18Cr-8Ni 스테인리스강)

(3) 마텐자이트계(Cr 11.5~18 % 스테인리스강)

71. 다음 ( ) 안에 알맞은 것은?

─── 〈보 기〉 ───

페라이트계 스테인리스강은 내식성을 높이기 위하여 탄소함유량을 낮게 하고 ( )함유량을 높이며, 몰리브덴 등을 첨가하여 개선한다.

① Cr　　② Mn

③ P　　④ S

72. 18-8 스테인리스강에서 입계부식의 원인은?

① 인화물 석출　　② 질화물 석출

③ 탄화물 석출　　④ 규화물 석출

[해설] 18-8 스테인리스강(오스테나이트계 스테인리스강)에서 입계부식의 원인은 결정입계부근의 Cr원자가 C원자와 결합해서 70 %

Cr 이하의 크롬탄화물(Cr₄C)을 형성하므로 결정입계부근의 조직은 Cr 12 % 이하의 Cr 농도가 되어 그 부분이 결정립의 내부조직에 비하여 양극적으로 작용하는 데 있다.

73. 다음 중 불변강의 종류가 아닌 것은?

① 인바 ② 코엘린바
③ 쾌스테르바 ④ 엘린바

[해설] 불변강이란 주위의 온도가 변하더라도 재료가 가지는 열팽창계수, 탄성계수 등이 변하지 않는 강이다.
(1) 인바(invar)
(2) 초인바(super inver)
(3) 엘린바(elinvar)
(4) 코엘린바(coelinvar)
(5) 플래티나이트(platinite)
(6) 퍼멀로이(permalloy)

74. 탄소강에 약 30~36 %를 첨가하여 주위의 온도가 변해도 선팽창계수나 탄성률이 변하지 않는 불변강에 합금되는 원소로 가장 적합한 것은?

① Al ② Ni
③ Zn ④ Cu

[해설] 엘린바(elinvar) : Fe 52 %–Ni 36 %–Cr 12 % 합금으로서 온도 변화에 따른 탄성계수가 거의 변화하지 않고 열팽창계수도 작아 고급시계, 정밀저울의 스프링이나 정밀기계의 부품 등에 사용한다.

75. 다음 중 KS 기호가 STD로 표기되는 강재는?

① 탄소공구강 ② 초경구강
③ 다이스강 ④ 고속도강

[해설] 탄소공구강(STC), 다이스강(STD), 고속도강(SKH)

76. 다음 금형재료 중 공랭처리에서도 담금질이 가능한 강은?

① STC3 ② STS3
③ STD11 ④ SM25C

[해설] 합금공구용 다이스강(STD11) : 금형용 다이 소재로 상온, 고온에서도 경도가 뛰어나다.

77. 18–8형 스테인리스강의 주성분은?

① 크롬 18 %, 니켈 8 %
② 니켈 18 %, 크롬 8 %
③ 티탄 18 %, 니켈 8 %
④ 크롬 18 %, 티탄 8 %

[해설] 18–8형 스테인리스강은 오스테나이트 조직을 갖는 스테인리스강으로 주성분은 크롬(Cr) 18 %–니켈(Ni) 8 %이며 비자성체로 용접성이 우수하다.

78. 공정주철(eutectic cast iron)의 탄소함량으로 적합한 것은?

① 4.3 % ② 4.3 % 이상
③ 2.11~4.3 % ④ 0.86 % 이하

[해설] 주철의 분류
(1) 아공정주철 : 2.11~4.3 %C
(2) 공정주철 : 4.3 %C
(3) 과공정주철 : 4.3~6.68 %C

79. 다음 중 주철 중에 함유되는 유리탄소라는 것은?

① Fe₃C(cementite) ② 화합탄소
③ 전탄소 ④ 흑연

[해설] 주철 중 탄소의 형상
(1) 유리탄소(흑연) : Si가 많고 냉각속도가 느릴 때, 회주철(연하다)
(2) 화합탄소(Fe₃C) : Mn이 많고 냉각속도가 빠를 때, 백주철(단단하다)
(3) 전탄소 : 유리탄소(흑연)+화합탄소(Fe₃C)

80. 주철의 성장을 방지하는 일반적인 방법이 아닌 것은?

① 흑연을 미세하게 하여 조직을 치밀하게 한다.
② C, Si량을 감소시킨다.
③ 탄화물 안정원소인 Cr, Mn, Mo, V 등을 첨가한다.
④ 주철을 720℃ 정도에서 가열, 냉각시킨다.

[해설] 주철의 성장을 방지하는 방법
  (1) 흑연의 미세화로써 조직을 치밀하게 한다.
  (2) C 및 Si량을 적게 한다.
  (3) 탄화안정원소인 Cr, Mn, Mo, V 등을 첨가하여 펄라이트 중의 Fe_3C 분해를 막는다.
  (4) 편상 흑연을 구상화시킨다.
  ※ ④는 주철의 성장 원인에 해당한다.

81. 주철은 함유하는 탄소의 상태와 파단면의 색에 따라 3종으로 분류되는데 다음 중 아닌 것은?
① 회주철(grey cast iron)
② 백주철(white cast iron)
③ 반주철(mottled cast iron)
④ 합금주철(alloyed cast iron)

[해설] 주철의 파단면 색에 따른 분류
  (1) 회주철 : 탄소가 흑연상태로 존재하며 파단면이 회색(유리탄소)
  (2) 백주철 : 탄소가 시멘타이트 상태로 존재(화합탄소)
  (3) 반주철 : 회주철과 백주철의 중간

82. 주로 표면이 시멘타이트(Fe_3C) 조직으로서 경도가 높고, 내마멸성과 압축강도가 커서 기차의 바퀴, 분쇄기의 롤 등에 많이 쓰이는 주철은?
① 가단주철
② 구상 흑연 주철
③ 미하나이트 주철
④ 칠드 주철

[해설] 칠드 주철(chilled cast iron) : 주철을 두꺼운 금형에 주입하면 금형에 접촉된 표면 부분은 급랭되어 백색의 매우 굳고 마멸에 견디는 시멘타이트(Fe_3C) 조직으로 되며 내부는 서서히 냉각되므로 흑연 양이 많아 인성이 풍부한 회주철이 된다. 이와 같은 표면의 경화층을 칠(chill)층이라 한다.

83. 구상 흑연 주철에서 흑연을 구상으로 만드는 데 사용하는 원소는?
① Ni ② Ti
③ Mg ④ Cu

[해설] 흑연을 구상화시키는 원소 : Mg, Ce, Ca

84. 구상 흑연 주철에서 페이딩(fading) 현상이란 다음 중 어느 것을 말하는가?
① 구상화 처리 후 용탕 상태로 방치하면 흑연 구상화의 효과가 소멸하는 것이다.
② Ce, Mg 첨가에 의하여 구상 흑연화를 촉진하는 것이다.
③ 두께가 두꺼운 주물이 흑연 구상화 처리 후에도 냉각속도가 늦어 편상 흑연 조직으로 되는 것이다.
④ 코크스비를 낮추어 고온 용해하므로 용탕에 산소 및 황의 성분이 낮게 되는 것이다.

[해설] 페이딩(fading) 현상 : 구상화 처리 후 흑연 구상화의 효과가 소실되는 현상(다시 편상 흑연 주철로 복귀되는 현상)

85. 다음 중 가단주철을 설명한 것으로 가장 적합한 것은?
① 기계적 특성과 내식성, 내열성을 향상시키기 위해 Mn, Si, Ni, Cr, Mo, V, Al, Cu 등의 합금원소를 첨가한 것이다.
② 탄소량 2.5 % 이상의 주철을 주형에 주입한 그 상태로 흑연을 구상화한 것이다.

③ 표면을 칠(chill)상에서 경화시키고 내부조직은 펄라이트와 흑연인 회주철로 해서 전체적으로 인성을 확보한 것이다.

④ 백주철을 고온도로 장시간 풀림해서 시멘타이트를 분해 또는 감소시키고 인성이나 연성을 증가시킨 것이다.

[해설] 가단주철(malleable cast iron) : 주철의 결점인 여리고 약한 인성을 개선하기 위하여 먼저 백주철의 주물을 만들고 이것을 장시간 열처리하여 탄소의 상태를 분해 또는 소실시켜 인성 또는 연성을 증가시킨 주철

86. 다음 주철의 특성 중 틀린 것은 어느 것인가?

① 주조성이 우수하다.

② 복잡한 형상도 쉽게 제작할 수 있다.

③ 가격이 싸도 널리 사용된다.

④ 인장강도가 강에 비해 우수하다.

[해설] 주철(cast iron)의 장점
  (1) 주조성이 우수하여 크고 복잡한 것도 제작이 가능하다.
  (2) 가격이 저렴하다.
  (3) 표면은 굳고 녹슬지 않으며 칠도 잘된다.
  (4) 마찰저항이 우수하고 절삭가공이 쉽다.
  (5) 인장강도, 휨강도 및 충격값은 작으나 압축강도는 크다.
  (6) 매설관으로 많이 사용된다.

87. 켈밋 합금(kelmet alloy)에 대한 사항 중 옳은 것은?

① Pb-Sn 합금, 저속 중하중용 베어링합금

② Cu-Pb 합금, 고속 고하중용 베어링합금

③ Sn-Sb 합금, 인쇄용 활자 합금

④ Zn-Al-Cu 합금, 다이캐스팅용 합금

[해설] 켈밋(kelmet)합금 : Cu+Pb 30~40 %, 고속고하중의 베어링용

88. Al-Si계 합금 평형 상태도에서 나타나는 반응은?

① 공석반응   ② 공정반응

③ 편정반응   ④ 포정반응

[해설] 실루민(silumin) : Al-Si계 합금으로 주조성은 좋으나 절삭성은 나쁘다. 평형 상태도에서 공정반응(1145℃)이 나타나며 알팩스(alpax)라고도 한다.

89. 6·4 황동의 특성을 설명한 것으로 가장 올바른 것은?

① $\alpha+\beta$ 조직, 가공성이 좋음, 강력하지 못함

② $\alpha+\gamma$ 조직, 가공성 불량, 강력함

③ $\alpha+\gamma$ 조직, 가공성 불량, 탈아연 부식을 일으킴

④ $\alpha+\beta$ 조직, 강력하나 내식성이 다소 낮고, 탈아연 부식을 일으킴

[해설] 6·4 황동(문츠메탈) : Cu 60 %+Zn 40 %, 조직이 $\alpha+\beta$이므로 상온에서의 7-3 황동에 비해 전연성은 낮으나 인장강도는 크다. 아연 함량이 많으므로 가격은 황동 중에서 가장 저렴하며 가장 많이 사용된다. 고온가공하여 상온에서 판, 봉 등으로 만들며, 내식성이 낮고 탈아연부식을 일으키기 쉬우나 강력하다. 일반 판금용으로 많이 사용되며 자동화 부품, 열교환기, 탄피 등에 사용된다.

90. Al 합금의 열처리법이 아닌 것은?

① 용체화처리   ② 인공시효처리

③ 풀림   ④ 노멀라이징

[해설] Al 합금의 열처리
  (1) 용체화처리 : 금속재료를 석출경화시키기 위한 열처리
  (2) 시효경화 : 시간의 경과에 따라 합금의 성질이 변하는 것
  (3) 풀림(어닐링) : 내부응력 제거 및 연화

91. 기계재료를 석출경화시키기 위해서는 어떠한 예비 처리가 가장 필요한가?

① 노멀라이징   ② 파텐팅
③ 마퀜칭   ④ 용체화처리

해설 (1) 석출경화(precipitation hardening) : 시효처리에 의해 형성되는 미세분산 석출상에 의한 경화를 석출경화라고 한다(과포화 상태의 고용체가 분해되면서 강도가 높아지는 현상으로 합금의 강도를 높이는 데 쓰인다.

(2) 고용화열처리(solution treatment) : 고용한도 이상의 온도로 가열해서 석출물을 고용시킨 다음 급랭하여 석출을 저지하고 과포화 고용체를 얻는 열처리로 용체화처리라고도 한다.

92. 베어링에 사용되는 구리 합금인 켈밋의 주성분은?

① 구리-주석   ② 구리-납
③ 구리-알루미늄   ④ 구리-니켈

해설 켈밋(kelmet) : 구리(Cu)에 30~40%의 납(Pb)을 첨가한 합금이며, 고속·고하중용 베어링으로 항공기, 자동차 등에 널리 사용된다.

93. 특수 청동 중 열전대 및 뜨임시효 경화성 합금으로 사용되는 것은?

① 인청동   ② 알루미늄 청동
③ 베릴륨 청동   ④ 니켈 청동

해설 니켈 청동(nickel bronze) : Cu-Ni계에 Al, Zn, Mn 등을 적당량 첨가한 합금으로 고온에서 강도가 크며 내식성이 우수하다. 시효경화성 합금으로 사용되는 것이 보통이다.

94. 포금(gun metal)은 대포의 포신으로 내식성이 좋은 금속이다. 이것의 주성분은 어느 것인가?

① Cu, Sn, Zn   ② Cu, Zn, Ni
③ Cu, Al, Sn   ④ Cu, Ni, Sn

해설 포금(gun metal) : Cu 88%+Sn 10%+Zn 2% 청동의 일종으로 적재량이 크고 속력이 느릴 때 사용되는 기어나 베어링에 쓰인다. 내식성과 내마모성이 뛰어나므로 밸브, 콕, 톱니바퀴, 플랜지 등에 많이 사용되었으며, 옛날에는 오로지 포신 재료로만 사용되었다.

95. 구리 합금 중에서 가장 높은 경도와 강도를 가지며, 피로한도가 우수하여 고급 스프링 등에 쓰이는 것은?

① Cu-Be 합금   ② Cu-Cd 합금
③ Cu-Si 합금   ④ Cu-Ag 합금

해설 Be 청동(Cu+Be 2~3%) : 구리 합금 중에서 가장 높은 강도와 경도를 가진다. 경도가 커서 가공하기 어렵지만 강도, 내마모성, 내피로성, 전도율 등이 좋으므로 베어링, 기어, 고급 스프링, 공업용 전극 등에 쓰인다.

96. 주물용 알루미늄(Al) 합금 중 시효경화되지 않는 것은?

① 라우탈(lautal)

② Y합금

③ 실루민(silumin)

④ 로엑스(Lo-Ex) 합금

해설 (1) 실루민 : Al-Si계 합금, 주조성은 좋으나 절삭성은 좋지 않다.

(2) Y합금 : Al-Cu-Ni-Mg계 합금(내열합금), 주로 내연기관의 피스톤, 실린더에 사용

(3) 라우탈 : Al-Cu-Si계 합금, 주조균열이 적어 두께가 얇은 주물의 주조와 금형주조에 적합하다.

(4) 로엑스(Lo-Ex) 합금 : Al-Si계에 Cu, Mg, Ni를 1% 첨가

(5) 코비탈륨 : Y합금+0.5%(Cu+Ti)

97. 실용금속 중 비중이 가장 작아 항공기

정답 91. ④   92. ②   93. ④   94. ①   95. ①   96. ③   97. ④

부품이나 전자 및 전기용 제품의 케이스 용도로 사용되고 있는 합금 재료는?

① Ni 합금
② Cu 합금
③ Pb 합금
④ Mg 합금

해설 마그네슘(Mg)
(1) 비중 1.74로서 실용금속 중 가장 가볍다.
(2) 절삭성은 좋으나 250℃ 이하에서는 소성가공성이 나쁘다.
(3) 산류, 염류에는 침식되나 알칼리에는 강하다.
(4) 용도 : 항공기 부품, 전자 전기용 제품의 케이스용, 자동차 재료
(5) 용융점 : 650℃
(6) 구상흑연주철의 첨가재로 사용된다.

98. 다음 중 ESD(Extra Super Duralumin) 합금계는?

① Al-Cu-Zn-Ni-Mg-Co
② Al-Cu-Zn-Ti-Mn-Co
③ Al-Cu-Sn-Si-Mn-Cr
④ Al-Cu-Zn-Mg-Mn-Cr

해설 초초두랄루민(ESD : Extra Super Duralumin) : Al-Cu-Mg-Mn-Zn-Cr계 고강도 합금으로 항공기 재료에 사용된다.

99. 구리에 65~70 % Ni을 첨가한 것으로 내열·내식성이 우수하므로 터빈 날개, 펌프 임펠러 등의 재료로 사용되는 합금은?

① 콘스탄탄
② 모넬메탈
③ Y합금
④ 문츠메탈

해설 모넬메탈(monel matal)
(1) Cu-Ni 65~70 %을 함유한 합금이며 내열성, 내식성, 내마멸성, 연신율이 크다.
(2) 주조 및 단련이 쉬우므로 고압 및 과열증기밸브, 터빈날개(blade), 펌프 임펠러(회전차), 화학기계 부품 등의 재료로 널리 사용된다.

100. 40~50 % Ni을 함유한 합금이며, 전

기저항이 크고 저항온도 계수가 작으므로 전기저항선이나 열전쌍의 재료로 많이 쓰이는 Ni-Cu 합금은?

① 엘린바
② 라우탈
③ 콘스탄탄
④ 인바

해설 콘스탄탄 : Cu 55 %+Ni 45 % 합금(열전쌍 재료)

101. 구리-니켈계 합금에 소량의 규소를 첨가한 것으로 강도와 전기전도도가 높아 통신선과 전화선에 사용되는 합금은?

① 암즈청동
② 켈밋
③ 콜슨합금
④ 포금

해설 콜슨합금(corson alloy) : Cu+Ni 4 %+Si 1 %, 인장강도 1050 MPa(전기전도도가 높아 통신선과 전화선으로 사용되는 합금이다.)

102. 배빗메탈이라고도 하는 베어링용 합금인 화이트 메탈의 주요 성분으로 옳은 것은?

① Pb-W-Sn
② Fe-Sn-Cu
③ Sn-Sb-Cu
④ Zn-Sn-Cr

해설 배빗메탈(babbit metal) 주성분 : Sn(주석)-Sb(안티몬)-Zn(아연)-Cu(구리)

103. 오일리스 베어링과 관계없는 것은?

① 구리와 납의 합금이다.
② 기름 보급이 곤란한 곳에 적당하다.
③ 너무 큰 하중이나 고속 회전부에는 부적당하다.
④ 구리, 주석, 흑연의 분말을 혼합 성형한 것이다.

해설 오일리스 베어링(oilless bearing)
(1) Cu+Sn+흑연 분말을 혼합 성형
(2) 기름 보급이 곤란한 곳에 적당
(3) 고속중하중용에는 부적당
(4) 용도 : 식품기계, 인쇄기계, 가전제품

104. 보기에서 설명하는 신소재는 어느 것인가?

――――〈보 기〉――――

- 일정한 온도에서 형성된 자기 본래의 모양을 기억하고 있어서 변형을 시켜도 그 온도가 되면 본래의 모양으로 되돌아가는 성질
- 우주선 안테나, 전투기의 파이프 이음, 치열 교정기, 여성의 속옷 와이어

① 형상기억합금   ② 액정
③ 초전도체   ④ 파인 세라믹스

해설 형상기억합금(shape memory alloy)이란 변형 전의 모습을 기억하고 있다가 일정한 온도에서 원래의 모양으로 되돌아가는 합금을 말한다.

105. 다음 합금 중 고체 음이나 고체 진동이 문제가 되는 경우 음원이나 진동원을 사용하여 공진, 진폭, 진동속도를 감쇠시키는 합금은?

① 초소성 합금   ② 초탄성 합금
③ 제진 합금   ④ 초내열 합금

해설 제진합금(damping alloy)이란 진동의 발생원 및 고체 진동 자체를 감소시키는 합금이다.

106. 다음 (개)~(대)는 열경화성 수지의 내용이다. 보기에서 골라 바르게 짝지은 것은?

―――――――――――――――

(개) 내열성이 좋고, 전기 절연성이 우수하여 전기기기, 가전제품, 자동차 부품 등에 쓰이며, 특히 베이클라이트가 있다.
(내) 가공성과 착색성이 좋고 외관이 아름다워 진열 상자, 단추, 가전제품 등에 사용
(대) 내열성, 절연성, 가공성이 우수하여 절연체, 도료 등에 사용

――――〈보 기〉――――

ㄱ. 규소계 수지
ㄴ. 요소계 수지
ㄷ. 페놀계 수지

① (개) - ㄱ, (내) - ㄴ, (대) - ㄷ
② (개) - ㄱ, (내) - ㄷ, (대) - ㄴ
③ (개) - ㄷ, (내) - ㄱ, (대) - ㄴ
④ (개) - ㄷ, (내) - ㄴ, (대) - ㄱ

107. 다음 중 열가소성 수지가 아닌 것은?

① 폴리에틸렌 수지   ② 염화비닐 수지
③ 폴리스티렌 수지   ④ 멜라민 수지

해설 열가소성 수지 : 상온에서 탄성을 지니며 변형하기 어려우나 가열하면 유동성을 가지게 되어 여러 가지 모양으로 가공할 수 있는 합성수지로 종류에는 폴리에틸렌 수지, 폴리프로필렌 수지, 폴리스티렌 수지, 염화비닐 수지, 폴리아미드 수지, 폴리카보네이트 수지, 아크릴로니트릴부타디엔스티렌 수지 등이 있다.

108. 다음 중 열경화성 수지에 해당하는 것은 어느 것인가?

① 페놀 수지
② 아크릴 수지
③ 폴리프로필렌 수지
④ 폴리아미드 수지

해설 열경화성 수지(thermosetting resin) : 열을 가하여 어떠한 모양을 만든 다음에는 다시 열을 가하여도 물러지지 않는 수지로 페놀 수지, 멜라민 수지, 에폭시 수지, 요소 수지 등이 있다.

109. 표점거리가 100 mm, 평행부 지름 14 mm인 시험편을 최대하중 6400 N으로 인장한 후 표점거리가 120 mm로 변화되었다. 이때 인장강도는 약 몇 MPa인가?

① 10.4   ② 32.7
③ 41.6   ④ 61.4

해설 $\sigma_t = \dfrac{P_{max}}{A} = \dfrac{P_{max}}{\dfrac{\pi d^2}{4}} = \dfrac{6400}{\dfrac{\pi \times 14^2}{4}}$

$= 41.6\,\text{MPa}(\text{N/mm}^2)$

 제**2**장

유압기기

1. 유압의 개요

유압 기초

(1) 유압의 개요

유압(oil hydraulics)이란 유압 펌프에 의하여 동력의 기계적 에너지를 유체의 압력 에너지로 바꾸어 유체 에너지에 압력, 유량, 방향의 기본적인 3가지 제어를 하여 유압 실린더나 유압 모터 등의 작동기(actuator)를 작동시킴으로써 다시 기계적 에너지로 바꾸는 역할을 하는 것이며, 동력의 변환이나 전달을 하는 장치 또는 방식을 말한다. 다시 말하면, 기름(작동유)이라는 액체를 잘 활용하여 기름에 여러 가지 능력을 주어서 요구되는 일의 가장 바람직한 기능을 발휘시키는 것을 말한다.

(2) 유압의 특징

① 대단히 큰 힘을 아주 작은 힘으로 제어할 수 있다.
② 동작속도의 조절이 용이하다.
③ 원격제어(remote control)가 된다.
④ 운동의 방향 전환이 용이하다.
⑤ 과부하의 경우 안전장치를 만드는 것이 쉽다(용이하다).
⑥ 에너지의 저장이 가능하다.
⑦ 윤활 및 방청 작용을 하므로 가동 부분의 마모가 적다.
⑧ 입력에 대한 출력의 응답이 빠르다.

(3) 층류와 난류

① **층류**(laminar flow) : 동점성계수가 크고, 유속이 비교적 적고, 유체가 미세한 관이나 좁은 틈 사이로 흐를 때 형성된다.

② 난류(turbulent flow) : 동점성계수가 작고, 유속이 크며, 유체의 굵은 관내의 흐름에서 주로 형성된다.

※ 레이놀즈수(Reynold's number, Re 또는 N_R) : 층류와 난류를 구분하는 무차원수로 지름이 d인 원관 유동인 경우 다음과 같이 정의한다.

$$Re = \frac{관성력}{점성력} = \frac{Vd}{\nu} = \frac{\rho Vd}{\mu} = \frac{4Q}{\pi d\nu}$$

여기서, ρ : 밀도(N·s²/m⁴), d : 관의 지름(m), ν : 동점성계수(m²/s)
Q : 체적유량(m³/s), μ : 점성계수(N·s/m² = Pa·s), V : 평균속도(m/s)

• $Re < 2100$: 층류
• $2100 < Re < 4000$: 천이구역
• $Re > 4000$: 난류

예제 1. 다음 중 동점성계수의 설명으로 가장 적합한 것은?
① 밀도를 점성계수로 나눈 값이다.　　② 점성계수를 밀도로 나눈 값이다.
③ 단위는 푸아즈이다.　　　　　　　④ 압력을 밀도로 나눈 값이다.

해설 동점성계수(ν)는 절대점성계수(μ)를 유체의 밀도(ρ)로 나눈 값이다.　　정답 ②

예제 2. 다음 중 일반적인 층류의 특징 설명으로 틀린 것은?
① 레이놀즈수가 4000 이상일 때 발생한다.　② 유체의 동점도가 클 때 발생한다.
③ 유속이 비교적 작을 때 발생한다.　　　　④ 배관의 지름에 영향을 받는다.

해설 층류란 레이놀즈수가 2320(2100) 이하일 때 발생한다. 레이놀즈수가 4000 이상일 때는 난류가 발생한다.　　정답 ①

---

(4) 유량(flow)

유량이란 단위 시간에 이동하는 액체의 양을 말하며, 유압에서는
① 유량은 토출량으로 나타낸다.
② 단위는 [L/min] (분당 토출되는 양) 또는 [cc/s](초당 토출되는 양)로 표시한다. 즉, 이동한 유량을 시간으로 나눈 것이다.

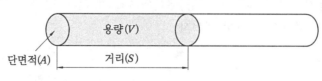

유량

③ 기호는 Q로 표시한다.

$$Q = \frac{V}{t} = \frac{A \cdot S}{t} = A \cdot v$$

여기서, Q : 유량(L/min), V : 용량(L), t : 시간(min),
v : 유속(m/s), S : 거리(m), A : 단면적(m^2)

예제 3. 유압 실린더의 안지름이 20 cm이고 피스톤의 속도가 5 m/min일 때 소요되는 유량은?

① 0.157 L/s ② 1.57 L/s ③ 15.7 L/min ④ 157 L/min

해설 $Q = AV = \frac{\pi d^2}{4} V = \frac{\pi \times 20^2}{4} \times 500 \times 10^{-3} = 157\,\text{L/min}$ **정답** ④

(5) 유속(flow velocity)

유속이란 단위 시간에 액체가 이동한 거리를 나타내며, 유압에서는
① 단위는 매 초당 움직인 거리(m/s)로 나타낸다.
② 기호는 V로 표시한다.

$$V = \frac{Q}{A}\,[\text{m/s}]$$

여기서, V : 유속(m/s), Q : 유량(m^3/s), A : 단면적(m^2)

예제 4. 안지름이 10 mm인 파이프에 2×10^4 cm³/min의 유량을 통과시키기 위한 유체의 속도는 약 몇 m/s인가?

① 4.25 ② 5.25 ③ 6.25 ④ 7.25

해설 $Q = AV = \frac{\pi}{4} d^2 V\,[\text{m}^3/\text{s}]$에서 $V = \frac{Q}{A} = \frac{4Q}{\pi d^2} = \frac{4 \times (2 \times 10^{-2}/60)}{\pi \times (0.01)^2} = 4.25\,\text{m/s}$ **정답** ①

(6) 연속방정식(질량보존의 법칙)

유체가 관을 통해 흐를 경우 입구에서 단위 시간당 흘러 들어가는 유체의 질량과 출구를 통해 나가는 유체의 질량은 같아야 한다. 이를 연속방정식이라 한다.

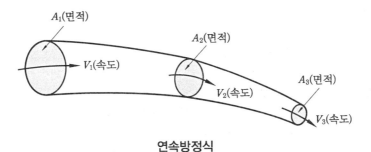

연속방정식

따라서 입구의 단면적을 A_1, 속도를 V_1, 그리고 출구에서의 단면적을 A_3, 속도를 V_3 라 하고 중간 부분의 단면적을 A_2, 속도를 V_2라 하면 다음 식이 성립된다.

$$Q = A_1 V_1 = A_2 V_2 = A_3 V_3 = \text{일정}$$

따라서, $\dfrac{V_1}{V_2} = \dfrac{A_2}{A_1}$, $\dfrac{V_2}{V_3} = \dfrac{A_3}{A_2}$ 그리고, $V_1 = V_2\left(\dfrac{A_2}{A_1}\right) = V_2\left(\dfrac{D_2}{D_1}\right)^2$ [m/s]이 된다.

(7) 관의 안지름을 구하는 공식

$Q = AV = \dfrac{\pi d^2}{4}V$이므로 $d^2 = \dfrac{4Q}{\pi V}$이며, $d = \sqrt{\dfrac{4Q}{\pi V}}$ 이다.

여기서, Q : 유량, A : 관의 단면적, V : 유속, d : 관의 안지름

예제 5. 일정한 유량으로 유체가 흐르고 있는 관의 지름을 5배로 하면 유속은 어떻게 변화하는가?

① 1/5로 준다.　　② 25배로 는다.　　③ 5배로 는다.　　④ 1/25로 준다.

해설 $Q = \dfrac{A}{V}$ [m³/s]에서 $A_1 V_1 = A_2 V_2$

$V_2 = V_1\left(\dfrac{A_1}{A_2}\right) = V_1\left(\dfrac{d_1}{d_2}\right)^2 = V_1\left(\dfrac{d_1}{5d_1}\right)^2 = \dfrac{1}{25}V_1$

정답 ④

---

(8) 펌프의 축동력

유압에서는 유압 펌프를 사용하여 유체 동력을 발생시키므로 이 펌프를 작동시키기 위하여 일반적으로 전동기를 이용하여 펌프에 동력을 전달하며, 이를 축동력이라고 한다.

펌프의 축동력$(L_S) = \dfrac{PQ}{612 \times \eta_P}$ [kW]이며, η_P는 펌프의 효율을 나타낸다.

(9) 유압 모터의 여러 가지 계산식

① 모터의 토크 : $T = \dfrac{Pq}{2\pi}\eta_T$ [N·m]

② 모터의 회전수 : $N = \dfrac{Q}{q/\eta_V}$ [rpm]

③ 모터의 출력 : $L_m = \dfrac{2\pi NT}{612 \times 10^3}$ [kW]

여기서, T : 토크(N·m), Q : 공급 유량(cm³/min),
q : 모터 용량(cm³/rev), L_m : 모터의 출력(kW),
η_T : 토크 효율, η_V : 용적 효율,
N : 회전수(rpm), P : 유입구와 유출구의 압력차(Pa)

예제 6. 토출압력이 5 MPa이고 유량이 48 L/min이며 회전수가 1200 rpm인 유압펌프의 소비
동력이 4.3 kW일 때 이 펌프의 전체효율은 얼마인가?

① 87 %
② 95 %
③ 82 %
④ 93 %

해설 $\eta_p = \dfrac{L_p}{\text{소비동력(kW)}} = \dfrac{PQ}{4.3} = \dfrac{5 \times \left(\dfrac{48}{60}\right)}{4.3} = 0.93\,(93\,\%)$　　　정답 ④

(10) 속도

A 실린더에 Q_1의 유량이 들어가는 경우의 속도 $v_1 = \dfrac{Q_1}{A}$ 이 되어 우측으로 움직이는 속

도를 알 수 있고, B 실린더에 Q_2의 유량이 들어가는 경우의 속도 $v_2 = \dfrac{Q_2}{B}$ 가 되어 좌측으

로 움직이는 속도를 알 수 있다.

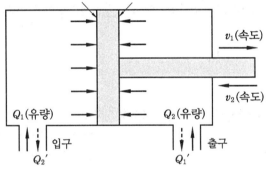

예제 7. 그림과 같은 실린더에서 로드에는 부하가 없는 것으로 가정한다. A측에서 3 MPa의
압력으로 기름을 보낼 때 B측 출구를 막으면 B측에 발생하는 압력 P_B는 몇 MPa인가? (단,
실린더 안지름은 50 mm, 로드 지름은 25 mm이다.)

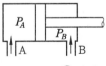

① 4.0
② 3.0
③ 6.0
④ 1.5

해설 $P_A A_A = P_B A_B$에서 $P_B = P_A\left(\dfrac{A_A}{A_B}\right) = 3 \times \dfrac{\dfrac{\pi}{4} \times 50^2}{\dfrac{\pi}{4} \times (50^2 - 25^2)} = 4.0\,\text{MPa}$　　　정답 ①

예제 8. 그림과 같은 실린더를 사용하여 $F = 3\,kN$의 힘을 발생시키는 데 최소한 몇 MPa의 유압(P)이 필요한가? (단, 실린더의 안지름은 45 mm이다.)

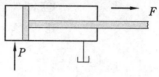

① 1.89   ② 2.14   ③ 3.88   ④ 4.14

해설 $P = \dfrac{F}{A} = \dfrac{F}{\dfrac{\pi}{4}d^2} = \dfrac{3000}{\dfrac{\pi}{4} \times 45^2} = 1.89\,\text{MPa}$ 정답 ①

(11) 정지유체의 기본적 성질

① 임의의 한 점에 작용하는 압력은 어느 방향에서나 같다.

② 동일 수평면이면 압력은 동일하다.

③ 압력은 항상 단면에 수직으로 작용한다.

④ 밀폐된 용기 속에서의 압력의 크기는 동일한 세기로 전달된다(파스칼의 원리).

$$P_1 = P_2 \text{이므로} \quad \frac{F_1}{A_1} = \frac{F_2}{A_2}$$

예제 9. 유압기기의 작동원리로 가장 밀접한 것은?

① 보일의 원리   ② 아르키메데스의 원리

③ 샤를의 원리   ④ 파스칼의 원리

해설 유압기기의 작동원리는 파스칼의 원리를 기본으로 한다.   정답 ④

예제 10. 다음 그림과 같은 유압 잭에서 지름(D)이 $D_2 = 2D_1$일 때 누르는 힘 F_1과 F_2의 관계를 나타낸 식으로 올바른 것은?

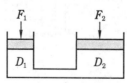

① $F_2 = F_1$ ② $F_2 = 2F_1$ ③ $F_2 = 4F_1$ ④ $F_2 = (1/4)F_1$

해설 $P_1 = P_2, \quad \dfrac{F_1}{A_1} = \dfrac{F_2}{A_2}$

$$\therefore \ F_2 = F_1 \frac{A_2}{A_1} = F_1 \left(\frac{D_2}{D_1} \right)^2 = F_1 2^2 = 4F_1\,[\text{N}]$$

정답 ③

1-2 유압장치의 구성

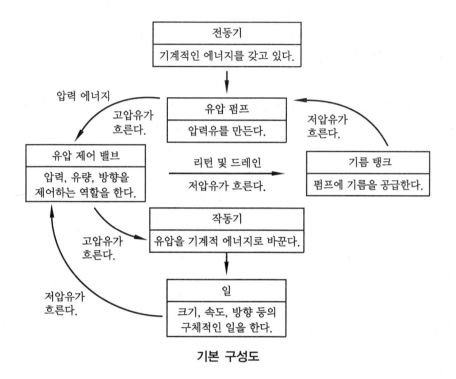

기본 구성도

(1) 유압 펌프

유압을 발생시키는 부분으로서 구조에 따라 회전식과 왕복식이 있으며, 기능에 따라서는 정용량형과 가변 용량형으로 구분된다.

(2) 유압 제어 밸브

제어하는 종류에 따라 압력 제어 밸브, 유량 제어 밸브, 방향 제어 밸브 등이 있다.

(3) 작동기(actuator)

액추에이터라고도 말하며, 유압 실린더와 유압 모터 등이 있다.

예제 11. 유압 실린더와 유압 모터의 기능을 바르게 설명한 것은?

① 유압 실린더와 유압 모터는 모두 직선왕복운동을 한다.

② 유압 실린더와 유압 모터는 모두 회전운동을 한다.

③ 유압 실린더는 직선왕복운동, 유압 모터는 회전운동을 한다.

④ 유압 실린더는 회전운동, 유압 모터는 직선왕복운동을 한다.

[해설] 유압 액추에이터(작동기)에는 유압 실린더와 유압 모터가 있으며, 유압 실린더는 직선 왕복운동, 유압 모터(motor)는 회전운동을 한다. [정답] ③

(4) 부속 기기

기타의 기기를 말하며, 기름 탱크, 필터, 압력계, 배관 등이 있다.

[예제] 12. 다음은 유압 변위단계 선도(도표)이다. 이 선도에서 시스템의 동작순서가 옳은 것은? (단, + : 실린더의 전진, − : 실린더의 후진을 나타낸다.)

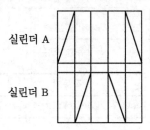

① A⁺ B⁺ B⁻ A⁻   ② A⁻ B⁻ B⁺ A⁺
③ B⁺ A⁺ A⁻ B⁻   ④ B⁻ A⁻ A⁺ B⁺

[해설] 전진(A^+) − 전진(B^+) − 후진(B^-) − 후진(A^-)을 나타낸 유압 변위단계 선도이다. [정답] ①

[예제] 13. 일반적인 유압장치의 구성 순서에 관한 설명으로 올바른 것은?
① 유압장치의 구성은 유압 발생장치, 유압 제어 밸브, 유압작동기의 순서로 이루어져 있다.
② 유압장치의 구성은 유압 제어 밸브, 유압 펌프, 유압작동기의 순서로 이루어져 있다.
③ 유압장치의 구성은 유압 펌프, 유압작동기, 유압 제어 밸브의 순서로 이루어져 있다.
④ 유압장치의 구성은 유압작동기, 유압 발생장치, 유압 모터의 순서로 이루어져 있다.

[해설] 유압장치의 구성은 유압 발생장치, 유압 제어 밸브, 유압 작동기(액추에이터)의 순서로 이루어져 있다. [정답] ①

1-3 유압유

① 밀도(density) ρ : 단위체적당 질량

$$\rho = \frac{m}{V} \, [\text{kg/m}^3 = \text{N} \cdot \text{s}^2/\text{m}^4]$$

여기서, m : 질량(kg), V : 체적(m^3)

② 비중량(specific weight) γ : 단위체적당 중량(무게)

$$\gamma = \frac{W}{V} = \rho g$$

여기서, W : 물질(유체)의 무게(N), ρ : 밀도($\text{kg/m}^3 = \text{N} \cdot \text{s}^2/\text{m}^4$)

g : 중력가속도(m/s^2), V : 체적(m^3)

※ 4℃ 물의 비중량(γ_w) = $9800\text{N/m}^3 = 9.8\text{kN/m}^3$

③ 비중(specific gravity) S

$$S = \frac{\rho}{\rho_w} = \frac{\gamma}{\gamma_w}$$

여기서, ρ_w, γ_w : 물의 밀도, 비중량

ρ, γ : 어떤 물질의 밀도, 비중량

④ 비체적(specific volume) v : 단위질량당 체적(밀도의 역수)

$$v = \frac{V}{m} = \frac{1}{\rho} \, [\text{m}^3/\text{kg}]$$

※ 단위중량당 체적(비중량의 역수) $v' = \frac{V}{W} = \frac{1}{\gamma} \, [\text{m}^3/\text{N}]$

⑤ 압축성 : 유압유의 압축성은 고압화가 진행됨에 따라 제어 기기의 응답성이나 정밀도에 영향을 주는 관계로 최근 중요시되고 있다. 압축률 β는 다음 식으로 나타낸다.

$$\beta = \frac{1}{V} \cdot \frac{\Delta V}{\Delta P} \, [\text{Pa}^{-1}]$$

⑥ 체적탄성계수(bulk modulus of elasticity) E : 압력 변화량(dP)과 체적 감소율($-\frac{dV}{V}$)의 비

$$E = \frac{dP}{-\frac{dV}{V}} = \frac{1}{\beta} \, [\text{Pa}]$$

여기서, dP : 압력의 변화량, V : 처음의 체적, dV : 체적의 변화량

(−) : 압력의 증가에 따른 체적의 감소(−)를 의미함

⑦ 점도 : 기름의 끈끈한 정도를 나타내는 것

㈎ 유압에서의 점도의 영향

• 유압 펌프나 유압 모터 등의 효율에 영향을 준다.

• 관로 저항에 영향을 준다.

• 유압 기기의 윤활 작용, 누설량에 영향을 준다.

㈏ 뉴턴의 점성법칙

$$\tau = \frac{F}{A} = \mu \frac{dv}{dy} \text{에서} \quad \mu = \tau \frac{dy}{dv} \, [\text{Pa} \cdot \text{s}]$$

$$1푸아즈(poise) = 1\,dyne/cm^2 = \frac{1}{10}N \cdot s/m^2(Pa \cdot s)$$

차원 해석 : $\mu = FTL^{-2} = ML^{-1}T^{-1}$

㈐ 점도의 표시 방법

공학적 점도 표시 ─┬─ 절대점도 : 푸아즈(P)
　　　　　　　　└─ 동점도 ─┬─ 스토크스(St)
　　　　　　　　　　　　　　└─ 센티스토크스(cSt)

$$\nu = \frac{\mu}{\rho}$$ (여기서, μ : 절대점도, ν : 동점도, ρ : 밀도)

㈑ 적정 점도 : 유압 장치에서의 적정 점도는 펌프 종류나 사용 압력 등에 따라 다르지만 일반적으로 40℃에서 20~80 cSt의 유압유가 사용된다.

⑧ **점도 지수(VI : viscosity index)** : 온도의 변화에 대한 점도의 변화량을 표시하는 것
　㈎ 점도 지수가 높은 기름일수록 넓은 온도 범위에서 사용할 수 있다.
　㈏ 일반 광유계 유압유의 VI는 90 이상이다.
　㈐ 고점도지수 유압유의 VI는 130~225 정도이다.
　㈑ 점도 지수가 낮을수록 온도 변화에 대한 점도 변화가 크다.

⑨ **관로에서의 손실수두(h_l)** : Darcy-Weisbach equation

$$h_l = f \cdot \frac{l}{d} \cdot \frac{V^2}{2g}\,[m]$$

여기서, f : 관마찰계수, l : 관의 길이(m), d : 관의 지름(m)
　　　　 V : 관로내 유체의 평균속도(m/s), g : 중력가속도(m/s^2)

예제 14. 유압에 대한 다음 설명 중 잘못된 것은?
① 점성계수의 차원은 $ML^{-1}T$이다. (M : 질량, L : 길이, T : 시간)
② 동점성계수의 유도 단위는 stokes이다.
③ 유압 작동유의 점도는 온도에 따라 변한다.
④ 점성계수의 유도 단위는 piose이다.

해설 점성계수(μ)의 차원은 $ML^{-1}T^{-1}$이다(Pa $\cdot$ s = kg/m $\cdot$ s).　　　　정답 ①

예제 15. 유압 회로에서 파이프 내에 발생하는 에너지 손실을 줄일 수 있는 방법이 아닌 것은?
① 관의 길이를 길게 한다.
② 관 내부의 표면을 매끄럽게 한다.
③ 작동유의 흐름 속도를 줄인다.
④ 관의 지름을 크게 한다.

[해설] 관의 길이가 길수록 에너지 손실(압력 강하)은 증가하므로 관의 길이를 짧게 해야 한다.

[정답] ①

⑩ **인화점** : 기름을 가열하여 발생된 가스에 불꽃을 가까이 했을 때 순간적으로 빛을 발하며, 인화할 때의 온도를 인화점이라고 한다.

> [참고] **유압유의 종류에 따른 인화점**
> • 광유계 유압유 : 일반적으로 200℃ 이상
> • 인산에스테르계 유압유 : 250℃ 전후
> • 물 글리콜계 유압유
> • W/O 에멀션계 유압유
> • O/W 에멀션계 유압유
> ※ 물 글리콜계 유압유, W/O 에멀션계 유압유, O/W 에멀션계 유압유는 인화점이 없다.

⑪ **유동점** : 기름이 응고하는 온도보다 2.5℃ 높은 온도를 말하며, 저온 유동성을 나타내는 방법으로 표시한다(실용상의 최저 온도는 유동점보다 10℃ 이상 높은 온도가 바람직하다). 한랭지에서의 겨울철 사용 개시 시 −10℃ 이하가 되는 곳에서는 유동점에 주의할 필요가 있다.

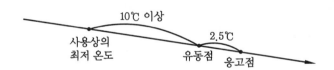

$$\text{시판 유압유의 유동점} \begin{cases} \text{일반 유압유 : } -10 \sim -35℃ \\ \text{저온용 유압유 : } -40 \sim -60℃ \end{cases}$$

⑫ **색상** : 유압 회로에 사용하고 있는 유압유의 색깔을 나타내는 방법이며, 기름 열화 판정의 기준으로도 쓰인다(유니언 색으로 불리고 있다). 일반 유압유의 사용 전 유니언 색은 $1 \sim 1\frac{1}{2}$ 이다.

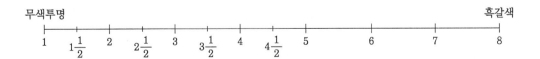

2. 유압기기

2-1 유압기기의 개요

유압기기란 유압으로 움직이는 기기를 의미하며, 압력에너지를 부여하여 기계적인 일로 변환시키는 기기를 말한다.

(1) 유압기기의 장점

① 원격조작(remote control) 및 무단변속이 가능하다.
② 에너지의 축적이 가능하다.
③ 소형장치로 큰 출력을 얻을 수 있다.
④ 전기적 신호를 제어할 수 있어 프로그램 제어가 가능하다.
⑤ 동작속도를 자유로이 바꿀 수 있다.
⑥ 압력, 유량, 방향 제어가 간단하다.
⑦ 과부하에 대한 안전장치를 만드는 것이 용이하다.
⑧ 입력에 대한 출력의 응답이 빠르다.

(2) 유압기기의 단점

① 유압을 사용하기 위해서는 많은 설비장치가 필요하다.
② 유압회로는 전기회로의 구성보다 복잡하다.
③ 동작 기름의 성질상 온도의 영향을 받으며 점도가 변하여 추력 효율이 낮아진다.
④ 유속에 제한이 있으므로 작동체에 제한이 있다.
⑤ 기름 속에 먼지가 혼합하면 고장을 일으키기 쉽다.

(3) 유압 작동유의 구비 조건

① 작동유를 확실히 전달시키기 위하여 비압축성이어야 한다.
② 동력 손실을 최소화하기 위해 장치의 오일 온도 범위에서 회로 내를 유연하게 유동할 수 있는 점도가 유지되어야 한다.
③ 운동부의 마모를 방지하고, 실(seal) 부분에서의 오일 누설을 방지할 수 있는 정도의 점도를 가져야 한다.
④ 인화점과 발화점이 높아야 한다.

⑤ 장시간 사용하여도 화학적으로 안정해야 한다(산화안정성 및 내유화성).

⑥ 녹이나 부식 등의 발생을 방지해야 한다(방청 및 방식성이 우수할 것).

⑦ 외부로부터 침입한 먼지나 오일 속에 혼입한 공기 등의 분리를 신속히 할 수 있어야 한다.

⑧ 점도 지수가 높아야 한다(온도 변화에 대한 점도 변화가 작을 것).

⑨ 열전달률이 높아야 한다.

⑩ 실(seal)재와 적합성이 좋아야 한다.

예제 16. 유압 작동유의 구비 조건으로 부적당한 것은?

① 비압축성일 것

② 큰 점도를 가질 것

③ 온도에 대해 점도 변화가 작을 것

④ 열전달률이 높을 것

해설 유압 작동유는 적당한 점도를 가질 것 **정답** ②

예제 17. 유압 작동유에 요구되는 성질이 아닌 것은?

① 비인화성일 것

② 오염물 제거 능력이 클 것

③ 체적탄성계수가 작을 것

④ 캐비테이션에 대한 저항이 클 것

해설 유압 작동유는 체적탄성계수가 클 것(비압축성 유체일 것) **정답** ③

참고 • 동력 손실로 인한 점도가 너무 높을 때 영향

① 기계효율(η_m) 저하

② 내부 마찰 증대로 인한 온도 상승

③ 소음 및 공동현상(캐비테이션) 발생

④ 유동저항 증가로 인한 압력손실 증대

⑤ 유압기기 작동 불활발

• 동력 손실로 인한 점도가 너무 낮을 때 영향

① 펌프 및 모터의 용적효율 저하

② 오일 누설 증대

③ 압력 유지 곤란

④ 마모 증대

⑤ 압력 발생 저하로 정확한 작동 불가능

예제 18. 다음 중 유압 작동유의 점도가 너무 높을 경우 나타나는 현상으로 가장 적합한 것은 ?

① 내부 누설 및 외부 누설

② 동력손실의 증대

③ 마찰부분의 마모 증대

④ 펌프 효율 저하에 따르는 온도 상승

정답 ②

---

(4) 유압 작동유의 첨가제

① **산화 방지제** : 유황 화합물, 인산 화합물, 아민 및 페놀 화합물

② **방청제** : 유기산 에스테르, 지방산염, 유기인 화합물, 아민 화합물

③ **소포제** : 실리콘유, 실리콘의 유기 화합물

④ **점도 지수 향상제** : 고분자 중합체의 탄화수소

⑤ **유성 향상제** : 유기인 화합물이나 유기 에스테르와 같은 극성 화합물

⑥ **유동점 강하제** : 유동점은 기름이 응고하는 온도보다 2.5℃ 높은 온도를 말하며 저온 유동성을 나타내는 방법으로 표시된다(실용상 최저온도는 유동점보다 10℃ 이상 높은 온도가 바람직하다).

예제 19. 다음 중에서 유압유의 첨가제가 아닌 것은 ?

① 소포제　　　　　　　　　② 산화 향상제

③ 유성 향상제　　　　　　　④ 점도 지수 향상제

해설 유압유 첨가제에는 소포제(기포 제거), 유성 향상제, 점도 지수 향상제, 산화 방지제, 방청제 등이 있다.

정답 ②

---

(5) 플러싱(flushing)

① **플러싱의 개요** : 플러싱은 유압 회로 내의 이물질을 제거하거나 작동유 교환 시 오래된 오일과 슬러지를 용해하여 오염물의 전량을 회로 밖으로 배출시켜서 회로를 깨끗하게 하는 것이다. 플러싱유는 작동유와 거의 같은 점도의 오일을 사용하는 것이 바람직하나 슬러지 용해의 경우에는 조금 낮은 점도의 플러싱유를 사용하여 유온을 60~80℃로 높여서 용해력을 증대시키고 점도 변화에 의한 유속 증가를 이용하여 이물질의 제거를 용이하게 한다. 열팽창과 수축에 의하여 불순물을 제거시킬 수도 있으며 적당한 방청 특성을 가진 플러싱유를 사용한다.

② **플러싱 방법** : 플러싱은 주로 주회로 배관을 중점적으로 한다. 유압 실린더는 입구와 출구를 직접 연결하고 유압 실린더 내부는 플러싱 회로에서 분리한다. 전환 밸브 등

도 고정하며 회로가 복잡한 경우나 대형인 경우에는 회로를 구분하여 플러싱한다. 오일 탱크는 플러싱 전용 히터를 사용하여 오일을 가열하고 회로 출구의 끝에 필터를 설치하여 플러싱유를 순환시켜서 배관 내의 오염물질을 제거한다. 일반적으로 플러싱 시간은 수시간 내지 20시간 정도이나 가설필터에 이물질이 없어도 다시 1시간 정도 더 플러싱한다.

예제 20. 유압장치를 새로 설치하거나 작동유를 교환할 때 관내의 이물질 제거 목적으로 실시하는 파이프 내의 청정 작업은?
① 플러싱   ② 블랭킹
③ 커미싱   ④ 엠보싱

해설 플러싱(flushing) 작업은 유압장치를 새로 설치하거나 작동유를 교환 시 관내의 이물질 제거 목적으로 실시하는 파이프 내의 청정 작업이다.   **정답** ①

2-2   유압 펌프

(1) 유압 펌프의 분류

유압 펌프
- 기어 펌프 : 외접 기어 펌프, 내접 기어 펌프
- 피스톤 펌프 : 액시얼형 피스톤 펌프, 레이디얼형 피스톤 펌프, 리시프트형 피스톤 펌프
- 베인 펌프 : 1단 베인 펌프, 2단 베인 펌프, 각형 베인 펌프, 가변 베인 펌프, 2련 베인 펌프(복합 베인 펌프)

> **참고** 용적형 펌프와 비용적형 펌프
> - 용적형 펌프
>   ① 회전 펌프 : 기어 펌프, 나사 펌프, 베인 펌프
>   ② 왕복식 펌프 : 플런저 펌프, 피스톤 펌프
> - 비용적형 펌프 : 축류 펌프, 벌류트 펌프, 사류 펌프

(2) 유압 펌프 계산 관련식

① **펌프 동력** : 실제로 펌프에서 토출되는 출력(손실 고려된 출력)

$$L_p = \frac{PQ}{75\eta}[\text{PS}] = \frac{PQ}{102\eta}[\text{kW}]$$

송출량$(Q) = Q_{th} - \Delta Q$

여기서, P : 송출압력, Q : 송출량, Q_{th} : 이론유량, ΔQ : 손실유량

② 펌프 효율 : $\eta = \dfrac{L_P(\text{펌프 동력})}{L_S(\text{소비 동력})} \times 100\%$

③ 체적 효율(η_v) : 이론 송출량(Q_i)에 대한 실제 송출량(Q_0)

$$\eta_v = \frac{Q_0}{Q_i} = \frac{Q_i - Q}{Q_i} = 1 - \frac{\Delta Q}{Q_i}$$

④ 토크 효율

$$\eta_t = \frac{T_{th}}{T_{th} + \Delta T}$$

여기서, T_{th} : 이론 토크, ΔT : 토크손실

⑤ 동력과 토크 관계

$$L = PQ = PqN = T\omega = T\left(\frac{2\pi N}{60}\right)[\text{kN} \cdot \text{m} = \text{kJ/s} = \text{kW}]$$

$$\therefore T = \frac{Pq}{2\pi}[\text{N} \cdot \text{m}]$$

여기서, N : 분당회전수(rpm), q : 회전당 토출량(cc/rev)

예제 21. 굴착기에서 송출 압력이 550 N/cm²이고, 송출 유량이 30 L/min인 펌프의 동력은 약 몇 kW인가? (단, 효율은 100 %로 간주한다.)

① 0.28　　　　② 16.5　　　　③ 2.75　　　　④ 18.33

해설 $kW = \dfrac{PQ}{60 \times 100 \times \eta} = \dfrac{550 \times 30}{60 \times 100 \times 1}$

　　　　$= 2.75\,\text{kW}\,(1\,\text{kW} = 1\,\text{kJ/s} = 60\,\text{kJ/min} = 3600\,\text{kJ/h})$　　　정답 ③

예제 22. 토출압력 7.84 MPa, 토출량 3×10^4 cm³/min인 유압 펌프의 펌프동력은 약 몇 kW인가?

① 2.4　　　　② 3.2　　　　③ 3.9　　　　④ 4.6

해설 $kW = \dfrac{Power}{1000} = \dfrac{PQ}{1000} = \dfrac{7.84 \times \left(\dfrac{3 \times 10^4}{60}\right)}{1000} = \dfrac{7.84 \times 3 \times 10^4}{60000} = 3.92\ \text{kW}$　　　정답 ③

(3) 유압 펌프의 송출압력

① 기어 펌프 : 최대 27 MPa ② 베인 펌프 : 최대 40 MPa

③ 피스톤 펌프 : 20~60 MPa ④ 나사 펌프 : 1.02 MPa

2-3 **기어 펌프의 특징 및 구조**

(1) 기어 펌프의 특징

① 구조가 간단하다(밸브가 필요 없다).

② 다루기 쉽고 가격이 저렴하다.

③ 기름의 오염에 비교적 강한 편이다.

④ 펌프의 효율은 피스톤 펌프에 비하여 떨어진다.

⑤ 가변 용량형으로 만들기가 곤란하다(정용량형 펌프).

⑥ 흡입 능력이 가장 크다.

⑦ 보수가 용이하고 신뢰도가 높다.

(2) 외접식 기어 펌프

2개의 기어가 케이싱 안에서 맞물려서 회전하며, 맞물림 부분이 떨어질 때 공간이 생겨서 기름이 흡입되고, 기어 사이에 기름이 가득 차서 케이싱 내면을 따라 토출 쪽으로 운반한다(기어의 맞물림 부분에 의하여 흡입 쪽과 토출 쪽은 차단되어 있다).

(3) 내접식 기어 펌프

외접식과 같은 원리이나 두 개의 기어가 내접하면서 맞물리는 구조이며, 초승달 모양의 칸막이판이 달려 있다.

예제 23. 모듈이 10, 잇수가 30개, 이의 폭이 50 mm일 때, 회전수가 600 rpm, 체적 효율은 80 %인 기어펌프의 송출 유량은 약 몇 m³/min인가?

① 0.45 ② 0.27

③ 0.64 ④ 0.77

해설 실제 송출 유량$(Q_a) = \eta_v \times Q_{th} = \eta_v (2\pi m^2 ZbN)$

$$= 0.8(2\pi \times (0.01)^2 \times 30 \times 0.05 \times 600) = 0.452 \,\text{m}^3/\text{min}$$

정답 ①

2-4 피스톤 펌프의 특징 및 구조

(1) 피스톤 펌프의 특징

① 고압에 적합하며 펌프 효율이 가장 높다.

② 가변 용량형에 적합하며, 각종 토출량 제어장치가 있어서 목적 및 용도에 따라 조정
할 수 있다.

③ 구조가 복잡하고 비싸다.

④ 기름의 오염에 극히 민감하다.

⑤ 흡입 능력이 가장 낮다.

(2) 레이디얼형 피스톤 펌프

실린더 블록이 회전하면 피스톤 헤드는 케이싱 안의 로터의 작용에 의하여 행정이 된
다. 피스톤이 바깥쪽으로 행정하는 곳에서는 기름이 고정된 밸브축의 구멍을 통하여 피스
톤의 밑바닥에 들어가며, 안쪽으로 행정하는 곳에서 밸브 구멍을 통하여 토출된다.

(3) 액시얼형 피스톤 펌프(사판식)

경사판과 피스톤 헤드 부분이 스프링에 의하여 항상 닿아 있으므로 구동축을 회전시키
면 경사판에 의하여 피스톤이 왕복 운동을 하게 된다. 피스톤이 왕복 운동을 하면 체크 밸
브에 의해 흡입과 토출을 하게 된다. 사판의 기울기 α에 의해 피스톤의 스트로크(행정)가
달라진다.

(4) 액시얼형 피스톤 펌프(사축식)

축 쪽의 구동 플랜지와 실린더 블록은 피스톤 및 연결봉의 구상 이음(ball joint)으로 연
결되어 있으므로 축과 함께 실린더 블록은 회전한다. 기울기 α에 의해 피스톤의 스트로크
(행정)가 달라진다.

(5) 리시프트형 피스톤 펌프

크랭크 또는 캠에 의하여 피스톤을 행정시키는 구조이며, 고압에서는 적합하지만 용량
에 비하여 대형이 되므로 가변 용량형으로 할 수 없다.

2-5 베인 펌프의 특징

① 수명이 길고 장시간 안정된 성능을 발휘할 수 있어서 산업 기계에 많이 쓰인다.

② 송출압력의 맥동이 적고 소음이 작다.

③ 고장이 적고 보수가 용이하다.

④ 펌프 중량에 비해 형상치수가 작다.

⑤ 피스톤 펌프보단 단가가 싸다.

⑥ 기름의 오염에 주의하고 흡입 진공도가 허용 한도 이하이어야 한다.

예제 24. 베인 펌프의 일반적인 특징에 해당하지 않는 것은?

① 송출 압력의 맥동이 적다.

② 고장이 적고 보수가 용이하다.

③ 압력 저하가 적어서 최고 토출 압력이 21 MPa 이상 높게 설정할 수 있다.

④ 펌프의 유동력에 비하여 형상치수가 작다.

해설 토출 압력을 21~35 MPa 이상 초고압용으로 사용하는 펌프는 플런저(plunger) 펌프 이다.　　　　　　　　　　　　　　　　　　　　　　　　　　　**정답** ③

예제 25. 베인 펌프의 특징에 대한 설명으로 옳지 않은 것은?

① 펌프출력에 비해 형상치수가 작다.

② 작동유의 점도에 제한이 없다.

③ 베인의 마모에 의한 압력저하가 발생되지 않는다.

④ 피스톤펌프에 비해 토출압력의 맥동현상이 적다.

해설 베인 펌프(vane pump)의 작동유는 점도(viscosity) 제한이 있다(동점도는 약 35 cSt(centi stokes)이다).　　　　　　　　　　　　　　　　　　　　　**정답** ②

2-6　유압 제어 밸브

(1) 압력 제어 밸브

① 릴리프 밸브(relief valve) 또는 안전밸브 : 유압회로의 압력이 설정된 압력 이상으로 되 는 것을 방지

※ 크래킹(cracking) 압력 : 체크 밸브, 릴리프 밸브 등에서 압력이 상승하고 밸브가 열 리기 시작하여 어느 일정한 흐름의 양이 인정되는 압력

② 시퀀스 밸브(sequence valve) : 여러 개의 분기회로를 가진 회로로서 그 작동 순서를 설정해 주는 밸브

③ 카운터 밸런스 밸브(counter balance valve) : 실린더 자중에 의하여 떨어지는 것을 방 지하기 위하여 배압을 설정하므로 낙하 방지 또는 역류를 자유롭게 해주는 밸브

④ **언로더 밸브(unloader valve)** : 설정값 압력을 갖는 2개 또는 3개 펌프로부터 연결된 것을 한두 개 펌프가 설정값 이하의 압력으로 떨어지면 부하가 걸리지 않게 공회전시 키므로 열화 방지 및 동력 절감 효과가 있는 밸브

⑤ **감압 밸브(reducing valve)** : 설정된 압력보다 낮으면 압력 유지가 곤란하여 분기회로가 있어 고압측의 압력이 변해도 감압된 출구의 압력이 조정된 압력으로 유지되는 밸브

⑥ **압력 스위치** : 압력의 상승 또는 하강을 구분하여 미리 설정된 압력에 도달하면 전기 회로가 개폐되는 역할을 하는 스위치

예제 26. 다음 그림은 어떤 밸브를 나타내는 기호인가?

① 시퀀스 밸브
② 카운터 밸런스 밸브
③ 무부하 밸브
④ 일정 비율 감압 밸브

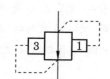

해설 그림의 유압 기호는 일정 비율 감압 밸브(리듀싱 밸브)를 나타내는 기호이다.　**정답** ④

예제 27. 압력 오버라이드(pressure override)에 대한 설명으로 가장 적합한 것은?

① 커질수록 릴리프 밸브의 특성이 좋아진다.
② 설정압력과 크래킹 압력의 차이이다.
③ 밸브의 진동과 관계없다.
④ 전량 압력이다.

해설 압력 오버라이드 : 압력 제어 밸브에서 어느 최소 유량에서 어느 최대 유량까지의 사이 에 증대하는 압력　**정답** ②

---

(2) 유량 제어 밸브

① **교축 밸브(flow metering valve, 니들 밸브)**

⑦ 스톱 밸브(stop valve) : 작동유의 흐름을 완전히 멎게 하거나 또는 흐르게 하는 것 을 목적으로 할 때 사용한다.

⑨ 스로틀 밸브(throttle valve) : 미소 유량으로부터 대유량까지 조정할 수 있는 밸브

⑩ 스로틀 체크 밸브(throttle and check valve) : 한쪽 방향으로의 흐름은 제어하고 역 방향의 흐름은 자유로 제어가 불가능한 것으로 압력 보상 유량 제어 밸브로 사용한다.

② **압력 보상 유량 제어 밸브(pressure compensated valve)** : 압력 보상 기구를 내장하고 있으므로 압력의 변동에 의하여 유량이 변동되지 않도록 회로에 흐르는 유량을 항상 일정에게 자동적으로 유지시켜 주면서 유압 모터의 회전이나 유압 실린더의 이동 속 도 등을 제어한다.

③ **바이패스식 유량 제어 밸브** : 이 밸브는 오리피스와 스프링을 사용하여 유량을 제어하며, 유동량이 증가하면 바이패스로 오일을 방출하여 압력의 상승을 막고, 바이패스된 오일은 다른 작동에 사용되거나 탱크로 돌아가게 된다.

④ **유량 분류 밸브** : 유량 분류 밸브는 유량을 제어하고 분배하는 기능을 하며, 작동상의 기능에 따라 유량순위 분류 밸브, 유량 조정 순위 밸브 및 유량 비례 분류 밸브의 세 가지로 구분된다.

⑤ **압력 온도 보상 유량 조정 밸브(pressure and temperature compensated flow control valve)** : 압력 보상형 밸브는 온도가 변화하면 오일의 점도가 변화하여 유량이 변하는 것을 막기 위하여 열팽창률이 다른 금속봉을 이용하여 오리피스 개구넓이를 작게 함으로써 유량 변화를 보정하는 것이다.

⑥ **인라인형(in line type) 유량 조정 밸브** : 소형이며 경량이므로 취급이 편리하고 특히 배관라인에 직결시켜 사용함으로써 공간을 적게 차지하며 조작이 간단하다.

⑦ **디셀러레이션(deceleration) 붙이 스로틀 밸브** : 유압 실린더의 속도를 행정 도중에 감속 또는 증속할 때 사용된다. 주로 공작 기계의 이송속도 제어용으로서 캠 조작으로 조기 이송 → 지체 이송(절삭 이송) → 조속 환원의 속도 제어에 적합하다.

예제 28. 다음 중 채터링 현상에 대한 설명으로 가장 적합한 것은?

① 유량 제어 밸브의 개폐가 연속적으로 반복되어 심한 진동에 의한 밸브 포트에서의 누설 현상

② 유동하고 있는 액체의 압력이 국부적으로 저하되어 증기나 함유 기체를 포함하는 기체가 발생하는 현상

③ 감압 밸브, 체크 밸브, 릴리프 밸브 등에서 밸브 시트를 두드려 비교적 높은 소음을 내는 자려 진동 현상

④ 슬라이드 밸브 등에서 밸브가 중립점에서 조금 변위하여 포트가 열릴 때, 발생하는 압력 증가 현상

정답　③

예제 29. 다음 중 유압기기에서 유량 제어 밸브에 속하는 것은?

① 릴리프 밸브　　② 체크 밸브　　③ 감압 밸브　　④ 스로틀 밸브

해설 릴리프 밸브와 감압 밸브는 압력 제어 밸브이고 체크 밸브는 방향 제어 밸브이며 스로틀 밸브는 유량 제어 밸브이다.　　정답　④

---

(3) 방향 제어 밸브

① **체크 밸브** : 유체의 한쪽 방향으로 흐름은 자유로우나 역방향의 흐름은 허용하지 않는

밸브

② **셔틀 밸브** : 항상 고압측의 압유만을 통과시키는 밸브

③ **로터리(rotary valve)** : 밸브의 구조가 비교적 간단하며 조작이 쉽고 확실하므로 원격 제어용 파일럿 밸브로 사용되는 경우가 많다.

④ **스풀 밸브(spool valve)** : 스풀에 대한 압력이 평형을 유지하여 조작이 쉽고 고압 대용량의 흐름에 적용시킬 수 있다. 일반적으로 가장 널리 사용되는 밸브로서 실린더와 스풀 사이에 약간의 누설이 발생되는 단점이 있다.

2-7 유압 액추에이터

(1) 유압 실린더

유압용 실린더는 한국 산업 규격(KS B 6370)에 의해 정해져 있다. 이 표준 실린더를 사용하면 다음과 같은 이점이 있다.

① 부품의 호환성이 좋다.

② 기능 설정 시험을 통하여 그 성능이 보증된다.

③ 값이 싸고 취득이 쉽다.

(2) 유압 모터

유압 모터는 유압에 의하여 출력축을 회전시키는 것으로, 기구는 유압 펌프와 비슷하지만 구조상 다른 점이 많다. 유압 모터는 속도 제어나 역전이 손쉬우며 소형 경량이고 큰 힘을 낼 수 있다. 가변 용량형도 있으나 일반적으로 정용량형 모터를 사용하고 속도 제어는 펌프로부터 공급되는 유량을 제어하고 있는 방법을 쓰고 있다.

2-8 기타 부속기기

(1) 축압기(accumulator)

① **용도** : 유압유의 축적과 유압회로에서의 맥동, 서지 압력의 흡수 목적으로 사용된다.

② **축압기의 용량 및 방출 유량**

$$P_0 V_0 = P_1 V_1 = P_2 V_2$$

여기서, P_0 : 봉입가스 압력(kPa), P_1 : 최고압력(kPa), P_2 : 최저압력(kPa)

V_0 : 축압기 용량(L), V_1 : 최고압력 시 체적(L), V_2 : 최저압력 시 체적(L),

$$방출 유량(\Delta V) = V_2 - V_1 = P_0 V_0 \left(\frac{1}{P_2} - \frac{1}{P_1} \right) [L]$$

> **예제** 30. 용기 내에 오일을 고압으로 압입한 유압유 저장 용기로서 유압에너지 축적, 압력 보상, 맥동 제거, 충격 완충 등의 역할을 하는 유압 부속장치는?
> ① 어큐뮬레이터　　② 스트레이너　　③ 오일 냉각기　　④ 필터

해설 축압기(어큐뮬레이터)는 맥동 압력이나 충격 압력을 흡수하여 유압장치를 보호하거나 유압펌프의 작동 없이 유압장치에 순간적인 유압을 공급하기 위하여 압력을 저장하는 유압 부속장치이다.　　　　　　　**정답** ①

> **예제** 31. 유압 시스템의 주요 구성 요소에 속하지 아니하고 부속기기로 분류되는 것은 어느 것인가?
> ① 축압기　　② 액추에이터　　③ 유압 펌프　　④ 제어 밸브

해설 축압기(어큐뮬레이터)는 부속장치(기기)로 종류에는 중량식, 스프링식, 공기압식, 실린더식 등이 있고 용도는 맥동, 충격 흡수, 압력에너지 축적, 펌프 대용, 2차 유압회로 구동 등 방출시간 단축에 사용된다.　　　　　　　**정답** ①

(2) 여과기(strainer)

압유에 불순물이 혼입되어 있으면 유압기기의 효율 저하나 고장의 원인이 되므로 여과기를 설치하여 압유를 청정하며, 일반적으로 미세한 불순물 제거에 사용되는 것을 필터 (filter), 비교적 큰 불순물 제거에 사용되는 것을 스트레이너 (strainer)라고 한다.

① 스트레이너 (strainer) : 탱크 내의 펌프 흡입구에 설치하며, 펌프 및 회로에 불순물의 흡입을 막는다. 스트레이너는 펌프 송출량의 2배 이상의 압유를 통과시킬 수 있는 능력을 가져야 하며, 흡입 저항이 작은 것이 바람직하고 보통 100~200 메시의 철망이 사용된다.

② 필터 (filter) : 배관 도중, 복귀 회로, 바이패스 회로 등에 설치되며, 미세한 불순물의 여과 작용을 하는 여과기로서 여과 작용면에서 분류하면 표면식, 적층식, 다공체식, 흡착식, 자기식으로 크게 나눌 수 있다.

※ 필터 선정 시 주의사항 : 여과 입도(필터의 여과 입도가 너무 높으면 공동현상 발생), 내압, 여과재의 종류, 유량, 점도 및 압력 강하

> **예제** 32. 작동유 속에 불순물을 제거하기 위하여 사용하는 부품은?
> ① 패킹　　② 스트레이너　　③ 축압기　　④ 유체 커플링

정답 ②

예제 33. 다음 중 필터의 여과 입도가 너무 높을 때 발생하는 현상과 가장 관계있는 것은?
① 유체 고착현상이 생긴다.　　　　　② 컷 아웃 현상이 생긴다.
③ 공동현상이 생긴다.　　　　　　　④ 크래킹 현상이 생긴다.

정답 ③

③ 오일 여과 방식

(개) 전류식(full flow filter) : 오일 펌프에서 압송한 오일이 오일 여과기를 거쳐 각 윤활 부로 공급되는 방식이다(가솔린 엔진에서 많이 사용한다).

(내) 분류식(by-pass filter) : 오일 펌프에서 압송된 오일을 각 윤활부로 직접 공급하고 일부 오일을 오일 여과기로 보내어 여과시킨 다음 오일 팬으로 되돌아가게 하는 방식 이다.

(대) 복합식(샨트식) : 전류식과 분류식을 결합한 방식이다. 입자의 크기가 다른 두 종류 의 여과기를 사용하여 입자가 큰 여과기를 거친 오일은 오일 팬으로 복귀시키고 입자 가 작은 여과기를 거친 오일은 각 윤활부에 직접 공급하는 방식이다(디젤 엔진에서 많이 사용한다).

(3) 실(seal)

유압 장치의 접합부나 이음 부분은 고압이 될수록 기름 누설이 발생하기 쉬우며, 외부 에서 이물이 침입하는 경우도 있다. 이러한 점을 방지하는 기구를 실(seal)이라 하며, 고 정 부분에 사용하는 실을 개스킷(gasket), 운동 부분에 사용하는 실을 패킹(packing)이라 한다.

① 실의 구비 조건

(개) 양호한 유연성 : 압축 복원성이 좋고, 압축 변형이 작아야 한다.

(내) 내유성 : 기름 속에서 체적 변화나 열화가 적고, 내약품성이 양호해야 한다.

(대) 내열, 내한성 : 고온에서의 노화나 저온에서의 탄성 저하가 작아야 한다.

(래) 기계적 강도 : 오랜 시간의 사용에 견딜 수 있도록 내구성 및 내마모성이 풍부해야 한다.

② 실의 재료 : 실의 재료로는 마, 무명, 피혁, 천연 고무 등이 있으나 고압, 고온, 특수 한 유압유 등에는 대부분 단독으로는 사용되지 않고 합성 고무, 합성수지와 혼용되고 있다. 그밖에 연강, 스테인리스 등의 금속류나 세라믹, 카본 등도 사용되고 있다.

③ 실의 종류

(개) O링(O-ring) : 구조가 간단하기 때문에 개스킷, 패킹에 가장 널리 사용되며, 재질은 니트릴 고무가 표준이다. 고압($100 \text{ kgf/cm}^2 = 9.8 \text{ kPa}$)에서 사용할 때는 백업링을 O 링의 외측에 사용하면 좋다.

(내) 성형 패킹(forming packing) : 합성 고무나 합성 수지 또는 합성 고무 속에 천을 혼

입하여 압축 성형한 패킹으로서 단면 형상에 따라 V형, U형, L형, J형 등이 있으며, 주로 왕복 운동용에 사용된다.

㈐ 메커니컬 실(mechanical seal) : 회전축을 가진 유압기기에서 축 둘레의 기름 누설을 방지하는 실이며, 접동 재료는 카본 그라파이트, 세라믹, 그라파이트가 든 디프론 등이 사용되며, 상대재는 표면 경화한 각종 금속 재료를 사용한다.

㈑ 오일 실(oil seal) : 유압 펌프의 회전축, 변환 밸브의 왕복축(압력 45 kgf/cm² 이하) 등의 실로 널리 사용되며, 재료는 주로 합성 고무가 사용된다.

예제 34. 유압장치의 운동 부분에 사용되는 실(seal)의 일반적인 명칭은 ?
① 패킹(packing)　　　　　② 개스킷(gasket)
③ 심리스(seamless)　　　　④ 필터(filter)

정답 ①

---

(4) 오일 탱크

오일 탱크의 크기는 토출량의 3배 이상(3~6배)으로 한다.

(5) 배관의 이음(joint)

① **나사 이음** : 저압용 작은 관의 지름(엘보, 티, 유니언, 플러그, 캡) 등의 이음
② **용접 이음** : 고압용 또는 큰 관의 관로 이음에 사용(기밀성)
③ **플랜지 이음** : 고압 및 저압의 비교적 큰 관(65 A 이상)에 사용(볼트로 체결하여 분해 및 조립이 쉽다.)

3. 유압 회로

(1) 압력 제어 회로

① **압력 설정 회로** : 모든 유압 회로의 기본으로 회로 내의 압력을 설정 압력으로 조정하는 회로
② **압력 가변 회로** : 릴리프 밸브의 설정 압력을 변화시키면 행정 중 실린더에 가해지는 압력을 변화시킬 수 있다.
③ **충격압 방지 회로** : 대유량·고압유 충격압을 방지하기 위한 회로
④ 고저압 2압 회로

(2) 언로드 회로(unload circuit, 무부하 회로 unloading hydraulic circuit)

유압 펌프의 유량이 필요하지 않게 되었을 때, 즉 조작단의 일을 하지 않을 때 작동유를 저압으로 탱크에 귀환시켜 펌프를 무부하로 만드는 회로로서 펌프의 동력이 절약되고, 장치의 발열이 감소되며, 펌프의 수명을 연장시키고, 장치 효율의 증대, 유온 상승 방지, 압유의 노화 방지 등의 장점이 있다.

(3) 축압기 회로

유압 회로에 축압기를 이용하면 축압기는 보조 유압원으로 사용되며, 이것에 의해 동력을 크게 절약할 수 있고, 압력 유지, 회로의 안전, 사이클 시간 단축, 완충 작용은 물론, 보조 동력원으로 효율을 증진시킬 수 있고, 콘덴서 효과로 유압 장치의 내구성을 향상시킨다.

(4) 속도 제어 회로

① **미터-인 회로(meter in circuit)** : 이 회로는 유량 제어 밸브를 실린더의 작동 행정에서 실린더의 오일이 유입되는 입구 측에 설치한 회로이다.

② **미터-아웃 회로(meter out circuit)** : 이 회로는 작동 행정에서 유량 제어 밸브를 실린더의 오일이 유출되는 출구 측에 설치한 회로로서, 실린더에서 유출되는 유량을 제어하여 피스톤 속도를 제어하는 회로이다. 미터-인 회로와 마찬가지로 동력 손실이 크나, 미터-인 회로와는 반대로 실린더에 배압이 걸리므로 끌어당기는 하중이 작용하더라도 자주(自走)할 염려는 없다. 또한 미세한 속도 조정이 가능하다.

③ **블리드 오프 회로(bleed off circuit)** : 이 회로는 작동 행정에서의 실린더 입구의 압력 쪽 분기 회로에 유량 제어 밸브를 설치하여 실린더 입구 측의 불필요한 압유를 배출시켜 일정량의 오일을 블리드 오프하고 있어 작동 효율을 증진시킨 회로이다.

④ **재생 회로(regenerative circuit, 차동 회로 differential circuit)** : 전진할 때의 속도가 펌프의 배출 속도 이상으로 요구되는 것과 같은 특수한 경우에 사용된다. 피스톤이 전진할 때에는 펌프의 송출량과 실린더의 로드 쪽의 오일이 함유해서 유입되므로 피스톤 진행 속도는 빠르게 된다. 또, 피스톤을 미는 힘은 피스톤 로드의 단면적에 작용되는 오일의 압력이 되므로 전진 속도가 빠른 반면, 그 작용력은 작게 되어 소형 프레스에 간혹 사용된다.

예제 35. 액추에이터의 공급 쪽 관로에 설정된 바이패스 관로의 흐름을 제어함으로써 속도를 제어하는 회로로 가장 적합한 것은?
① 인터로크 회로 ② 블리드 오프 회로
③ 시퀀스 회로 ④ 미터아웃 회로

정답 ②

[예제] 36. 주로 시스템의 작동이 정부하일 때 사용되며 피스톤의 속도를 실린더에 공급되는 입구측 유량을 조절하여 제어하는 회로는?

① 카운터 밸런스 회로   ② 블리드 오프 회로

③ 미터 인 회로   ④ 미터 아웃 회로

[정답] ③

[예제] 37. 유압 실린더의 속도 제어 회로가 아닌 것은?

① 로킹 회로   ② 미터 인 회로

③ 미터 아웃 회로   ④ 블리드 오프 회로

[정답] ①

---

(5) 위치, 방향 제어 회로

① **로크 회로** : 실린더 행정 중에 임의 위치에서, 혹은 행정 끝에서 실린더를 고정시켜 놓을 필요가 있을 때 피스톤의 이동을 방지하는 회로이다.

② **파일럿 조작 회로** : 파일럿 압력을 사용하는 밸브를 사용하여 전기적 제어가 위험한 장소에서도 안전하게 원격 조작이나 자동 운전 조작을 쉽게 하고 또한 값이 싼 회로를 만들 수가 있다. 파일럿압의 대부분은 별개의 회로로부터 유압원을 취하고 있으나, 이때 주 회로를 무부하시키더라도, 파일럿 압은 유지되게 해야 하고, 유압 실린더에 큰 중량이 걸려 있을 때에는 파일럿 압유를 교축시키거나, 파일럿 조작 4방향 밸브의 교축이 되게끔 제작하여, 밸브 전환 시의 충격을 완화시켜야 한다.

(6) 시퀀스 회로(sequence circuit)

시퀀스 회로에는 전기, 기계, 압력에 의한 방식과 이들의 조합으로 된 것이 있다. 전기는 거리가 떨어져 있는 경우나, 환경이 좋고, 또 가격면에서 조금이라도 유압 밸브를 절약하고 싶을 때, 또는 특히 시퀀스 밸브의 간섭을 받고 싶지 않을 때 사용된다. 그리고 기계 방식은 전기 방식보다 고장이 적고 작동도 확실하여 눈으로 확인할 수 있으며, 밸브 간섭의 염려도 없다. 또, 압력 방식은 주위 환경의 영향을 좀처럼 받지 않고, 실린더 등의 작동부 가까이까지 배치하지 않아도 임의의 배관으로 가능하게 할 수 있다.

(7) 증압 및 증강 회로(booster and intensifier circuit)

① **증강 회로(force multiplication circuit)** : 유효 면적이 다른 2개의 탠덤 실린더를 사용하거나, 실린더를 탠덤(tandem)으로 접속하여 병렬 회로로 한 것인데 실린더의 램을 급속히 전진시켜 그리 높지 않은 압력으로 강력한 압축력을 얻을 수 있는 힘의 증대 회로인 증강 회로이다.

② 증압 회로 : 이 회로는 4포트 밸브를 전환시켜 펌프로부터 송출압을 증압기에 도입시켜 증압된 압유를 각 실린더에 공급시켜 큰 힘을 얻는 회로이다.

(8) 동조 회로

같은 크기의 2개의 유압 실린더에 같은 양의 압유를 유입시켜도 실린더의 치수, 누유량, 마찰 등이 완전히 일치하지 않기 때문에 완전한 동조 운동이란 불가능한 일이다. 또 같은 양의 압유를 2개의 실린더에 공급한다는 것도 어려운 일이다. 이 동조 운동의 오차를 최소로 줄이는 회로를 동조 회로라 한다. ① 래크와 피니언에 의한 동조 회로, ② 실린더의 직렬 결합에 의한 동조 회로, ③ 2개의 펌프를 사용한 동조 회로, ④ 2개의 유량 조절 밸브에 의한 동조 회로, ⑤ 2개의 유압 모터에 의한 동조 회로, ⑥ 유량 제어 밸브와 축압기에 의한 동조 회로가 있다.

예제 38. 다음 중 같은 크기의 실린더를 사용하여 동일압력을 공급하는 동조 회로에서 동조를 저해하는 요소가 아닌 것은?
① 부하 분포의 균일   ② 마찰 저항의 차이
③ 유압기기의 내부 누설   ④ 실린더 조립상의 공차에 의한 치수 오차

정답 ①

---

4. 공압 기호

(1) 펌프 및 모터

기호	설명	기호	설명
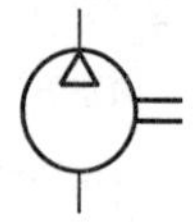	압축기 및 송풍기	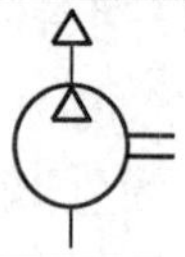	진공 펌프
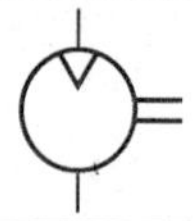	공압 모터 (한쪽 방향 회전)	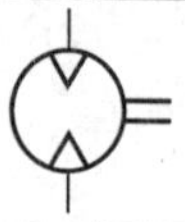	공압 모터 (양쪽 방향 회전)
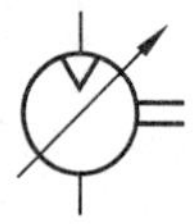	가변 용량형 공압 모터 (한쪽 방향 회전)		가변 용량형 공압 모터 (양쪽 방향 회전)
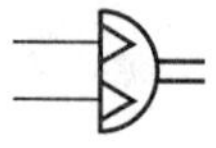	요동형 공기압 작동기 또는 회전각이 제한된 공압 모터		

(2) 실린더

기호	설명	기호	설명
	단동 실린더 (스프링 없음)		단동 실린더 (스프링 있음)
	복동실린더 (한쪽 피스톤 로드)		복동실린더 (양쪽 피스톤 로드)
	차동 실린더		양쪽 쿠션 조절 실린더
	단동식 텔레스코핑 실린더		복동식 텔레스코핑 실린더
	같은 유체 압력 변환기		다른 유체 압력 변환기
	공유압 압력 전달기		

(3) 방향 제어 밸브

기호	설명	기호	설명
	2포트 2위치 전환 밸브 (상시 닫힘)		2포트 2위치 전환 밸브 (상시 열림)
	3포트 2위치 밸브 (상시 닫힘)		3포트 2위치 밸브 (상시 열림)
	3포트 3위치 밸브 (올 포트 블록)		4포트 2위치 밸브
	4포트 3위치 밸브 (올 포트 블록)		4포트 3위치 밸브 (프레셔 포트 블록)

	5포트 2위치 밸브		5포트 3위치 밸브 (올 포트 블록)
	중간 위치에 고정할 수 없고 2개의 제어 위치 가 있는 밸브		방향 제어 밸브 간이 표시 ⑩ 4포트형
 	체크 밸브	스프링 없음 스프링 있음		파일럿 체크 밸브 (신호에 의하여 열림)
	파일럿 체크 (신호에 의하여 닫힘)		셔틀 밸브
	급속 배기 밸브		2압 밸브

(4) 압력 제어 밸브

기호	설명	기호	설명
	조절 가능 릴리프 밸브(내부 파일럿 방식)		조절 가능 시퀀스 밸브 (내부 파일럿 방식)
	시퀀스 밸브 (릴리프 있음, 조절 가능)		감압 밸브 (릴리프 없음, 조절 가능)
	감압 밸브 (릴리프 있음, 조절 가능)		

(5) 유량 제어 밸브

기호	설명	기호	설명
	초크, 스로틀 밸브		오리피스
	스로틀 밸브 (조절 가능)		스톱 밸브, 콕
	가변 조절 밸브 (수동 조작, 조절 가능)		가변 조절 밸브 (기계 방식 스프링 리턴)
	체크 밸브 붙이 가변 유량 조절 밸브 (초크 사용)		체크 밸브 붙이 가변 유량 조절 밸브 (오리피스 사용)

(6) 에너지 전달

기 호	설 명	기 호	설 명	
	압력원		주관로	
	파일럿 라인(제어 라인)		드레인 라인(배기)	
	휨 관로 (유연성 있는 관)		전기 신호	
	관로의 접속		관로의 교차	
	통기 관로(배기)		배기공 (파이프 연결이 없음)	
	배기공 (파이프 연결이 있음)		취출구(닫힌 상태)	
	취출구(열린 상태)		급속 이음 설치 상태 (체크 밸브 없음)	
	급속 이음 설치 상태 (양쪽 체크 밸브)		급속 이음 미설치 상태	체크 밸브 없음
				체크 밸브 있음
	회전 이음(1관로)		회전 이음(3관로)	

(7) 보조 기기

기호	설명	기호	설명	기호	설명
	필터 (배수기 없음)		필터 (수동 작동 배수기 있음)		필터 (자동 작동 배수기 있음)
	기름 분무 분리기 (수동 배출)		기름 분무 분리기 (자동 배출)		공기 건조기
	윤활기		에어 컨트롤 유닛		냉각기
	소음기		공기 탱크		공압용 경음기

(8) 기계식 연결

기호	설명	기호	설명
	회전축(한방향 회전)		회전축(양방향 회전)
	위치 고정 방식		래치(latch)
	오버 센터 방식		레버 · 로드(힌지 연결)
	연결부(레버 있음)		고정점붙이 연결부

(9) 수동 제어 방식

기호	설명	기호	설명
	수동 방식(기본 기호)		누름 버튼 방식
	레버 방식		페달 방식

(10) 기계 제어 방식

기호	설명	기호	설명
	플런저 방식		스프링 방식
	롤러 방식		한쪽 작동 롤러 방식
	감지기 방식(표준으로 정해지지 않았음)		

(11) 전기 전자 제어 방식

기호	설명	기호	설명
	단일 코일형		복수 코일형
	전동기 방식		전기 스텝 모터 방식

(12) 압력 제어 방식

기호	설명	기호	설명
	가압하여 직접 작동		감압하여 직접 작동
	가압하여 간접 작동		감압하여 간접 작동
	차등 압력 작동 방식		압력에 의하여 중립 위치 유지
	스프링에 의하여 중립 위치 유지		압력 증폭기에 의한 압력 작동 방식
	압력 증폭기에 의한 간접 작동 방식		펄스 작동 방식

(13) 조합 제어 방식

기호	설명	기호	설명
	전자 공압 작동식		전자 또는 공압 방식
	전자 또는 수동 방식		일반 제어 방식 (*는 제어 방식 설명)

(14) 기타 부품

기호	설명	기호	설명
	압력계		반향 감지기
	에어게이트용 분사 노즐		공기 공급원이 있는 수신 노즐 (에어게이트용)
	배압 노즐		중간 차단 감지기
	압력 증폭기 $(0.05\sim1\,kgf/cm^2)$		전기 → 공압 신호 변환기
	압력 증폭기부 3포트 2위치 밸브		공제 계수기
	공압 → 전기 신호 변환기		누계 계수기
	누계 → 공제 계수기		

※ 공압 기호는 KS B 0054 유압·공기압 도면 기호에 정해져 있다.

5. 유압 기호

(1) 기호 표시의 기본

기호	설명	기호	설명
────── - - - - - - ·-·-·-·-·	관로		밸브 (기본 기호)
●	관로의 접속점		
══════	축, 레버, 로드		
◯	펌프 모터		회전 방향
○	계기, 회전 이음	◇	필터, 열교환기
○	링크 연결부 롤러		조립 유닛
▲	유체 흐름의 방향 유체의 출입구		조정 가능한 경우
↑	유체 흐름의 방향		

(2) 실린더

기호	설명		기호	설명	
	단동 실린더	피스톤식		쿠션붙이 실린더	한쪽 쿠션형
		램식			양쪽 쿠션형
	복동 실린더	한쪽 로드형		차동 실린더	
		양쪽 로드형			

① 간략 기호를 사용함을 원칙으로 한다.
② 쿠션의 표시는 쿠션이 작동되는 쪽에 화살표를 기입할 것.

(3) 관로 및 접속

기호	설명		기호	설명		
————————	주관로		—×‹—	연결부	열린 상태(접속)	
- - - - - - - -	파일럿 관로		—≍—	고정 스로틀		
- - - - - - - - - -	드레인 관로		—→┤	분리된 상태		체크 밸브 없음
접속하는 관로			—◯┤			체크 밸브 붙이
접속하는 관로			—→┆‹—	급속 이음	부착된 상태	체크 밸브 없음
접속하지 않는 관로			—◯┆‹—			한쪽 체크 밸브 붙이
접속하지 않는 관로			—◯┆◯—			양쪽 체크 밸브 붙이
플렉시블 관로			—◯—	회전 이음	1관로의 경우	
탱크 관로	유면보다 위		—◯—		3관로의 경우	
탱크 관로	유면보다 아래				회전축, 축, 로드, 레버	
—→ —→	기름 흐름의 방향			기계식 연결		
↑ ↓	밸브 안의 흐름 방향				연결부	
통기 관로					고정점붙이 연결부	
—×—	연결부	닫힌 상태	—⁄⁄—⁄⁄—		신호 전달로	

(4) 부속 기기

기호	설명		기호	설명	
⊔	기름 탱크	개방 탱크	◇ (냉각기 기호)	냉각기	
(예압 탱크 기호)		예압 탱크	◇ (냉각제 배관붙이 기호)	냉각제 배관붙이	
⋈	스톱 밸브 또는 콕		◇ (열교환기 기호)	열교환기 (온도 조절기)	
(압력 스위치 기호)	압력 스위치		◇ (가열기 기호)	가열기	
(어큐뮬레이터 기호)	어큐뮬레이터		(압력계 기호)	압력계	
Ⓜ	전동기		(온도계 기호)	온도계	
▣ M	내연기관이나 그 밖의 열기관		(유량계 기호)	유량계	순간 지시계
(스트레이너 기호)	스트레이너 (흡입용 필터)		(적산 지시계 기호)		적산 지시계

(5) 펌프 및 모터

기호	설명	기호	설명
(정토출형 펌프 기호)	정토출형 펌프	(조합 펌프 기호)	조합 펌프
(가변 토출형 펌프 기호)	가변 토출형 펌프	(정용적형 모터 기호)	정용적형 모터 (2방향형)

(6) 제어 밸브 일반

기호	설명		기호	설명	
	감압 밸브	체크 밸브 없음		릴리프 밸브	
		체크 밸브 붙이		파일럿 작동형 릴리프 밸브	
	시퀀스 밸브	직동형(1형) 내부 드레인		프레셔 스위치	
		직동형(2형) 외부 드레인		압력 보상붙이	체크 없는 플로우 컨트롤 밸브
		원방 제어(3형) 외부 드레인			체크붙이 플로우 컨트롤 밸브
		원방 제어(4형) 내부 드레인			
	체크붙이 시퀀스 밸브	직동형(1형) 내부 드레인		스로틀 체크 밸브	
		직동형(2형) 외부 드레인		스로틀 밸브	
		원방 제어(3형) 외부 드레인		디셀러레 이션붙이 플로우 컨트롤 밸브	노멀 오픈형
		원방 제어(4형) 내부 드레인			노멀 클로즈드형

(7) 전자 전환 밸브

기호	설명	기호	설명
	스프링 오프셋형		올 포트 블록
	올 포트 블록		
			사이드 포트 블록 (B, T 접속)
	올 포트 오픈		
	노 스프링형		사이드 포트 블록 (P, B 접속)
	올 포트 오픈		
			센터 바이패스
	올 포트 블록		
	스프링 센터형		실린더 포트 블록 (A, P, T 접속)
	탱크 포트 블록 (A, B, P 접속)		
	프레셔 포트 블록 (A, B, T 접속)		콘시트형 전자 밸브
	올 포트 오픈		

(8) 전자 유압 전환 밸브

기호	설명	기호	설명
	프레셔 포트 블록	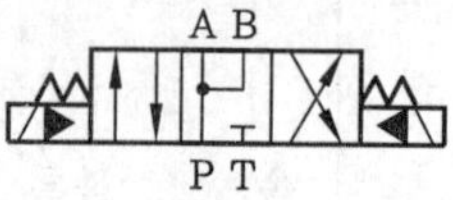	탱크 포트 블록
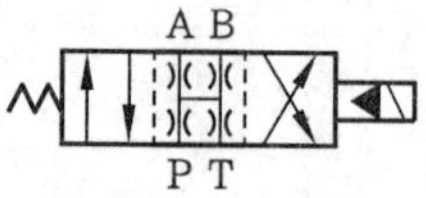	올 포트 오픈 (세미 오픈)	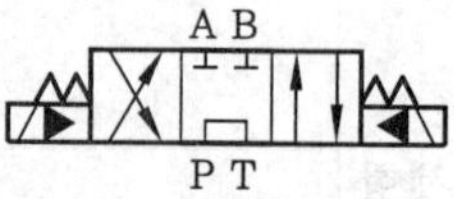	센터 바이패스
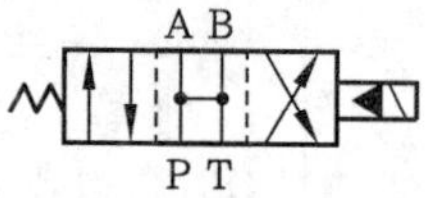	올 포트 오픈	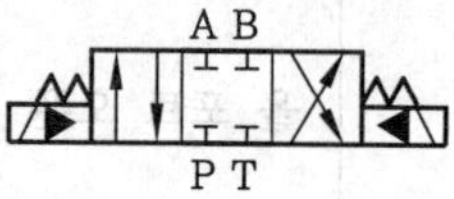	올 포트 블록
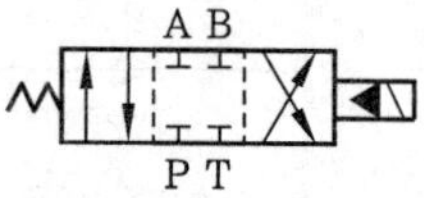	올 포트 블록	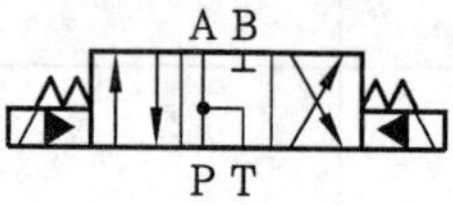	실린더 포트 블록
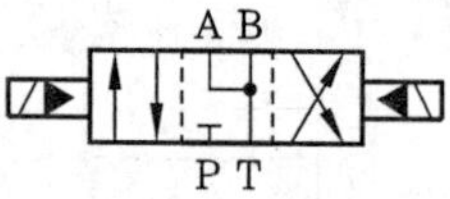	프레셔 포트 블록 (A, B, T 접속)	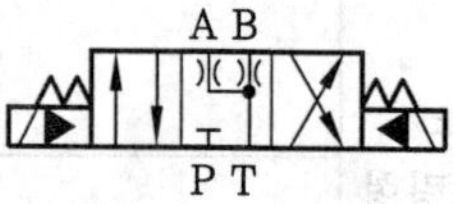	프레셔 포트 블록 (세미 오픈) (A, B, T 접속)
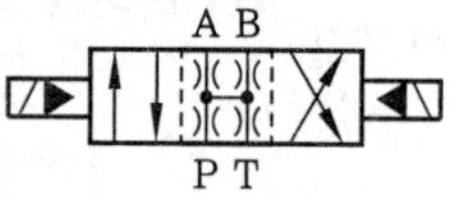	올 포트 오픈 (세미 오픈)	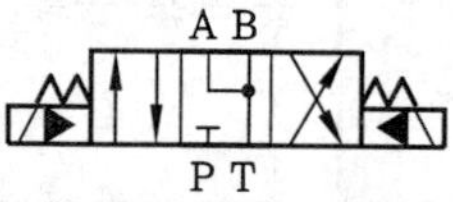	프레셔 포트 블록 (A, B, T 접속)
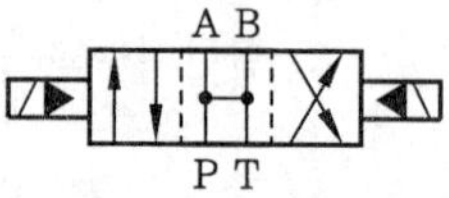	올 포트 오픈	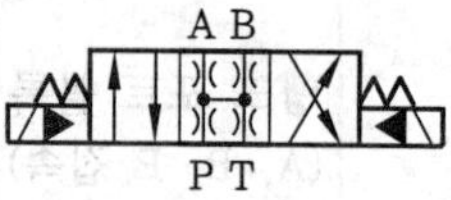	올 포트 오픈 (세미 오픈)
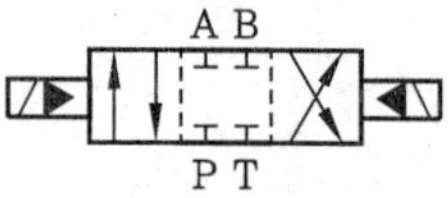	올 포트 블록	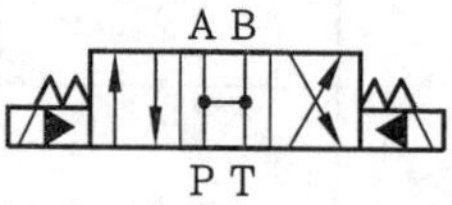	올 포트 오픈
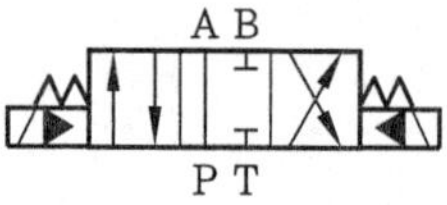	사이드 포트 블록(1) (A, P 접속)		
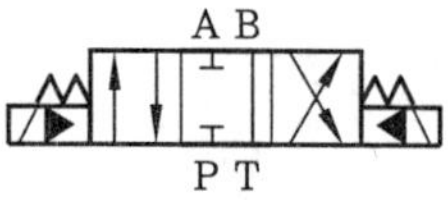	사이드 포트 블록(2) (B, T 접속		

스프링 오프셋형 (기호 1~4)
노 스프링형 (기호 5~8)
스프링 센터형 (기호 17, 18 및 9~16)

(9) 수동 전환 밸브

기호	설명		기호	설명	
		센터 바이패스		스프링 센터형	올 포트 블록
	스프링 센터형	실린더 포트 블록			센터 바이패스
		프레셔 포트 블록		노 스프링형	실린더 포트 블록
		올 포트 오픈			프레셔 포트 블록

(10) 파일럿 작동 전환 밸브

기호	설명		기호	설명	
		올 포트 블록		스프링 센터형	실린더 포트 블록 (A, P, T 접속)
	스프링 센터형	올 포트 오픈			탱크 포트 블록
		올 포트 오픈 (세미 오픈)			사이드 포트 블록(1)
		프레셔 포트 블록 (A, B, T 접속)		스프링 오프셋형	사이드 포트 블록(2) (A, P 접속)
		프레셔 포트 블록 (세미 오픈) (A, B, T 접속)			

(11) 기타 밸브

기호	설명		기호	설명
(도면: 노멀 오픈형 디셀러레이션 밸브)	디셀러레이션 밸브	노멀 오픈형	(도면: 인라인 체크 밸브)	인라인 체크 밸브 앵글 체크 밸브
(도면: 노멀 클로즈드형 디셀러레이션 밸브)		노멀 클로즈드형	(도면: 파일럿 체크 밸브)	파일럿 체크 밸브

※ 유압 기호는 KS B 0054 유압·공기압 도면 기호에 정해져 있다.

예제 39. 다음 기호는 어떤 유압 기호인가?

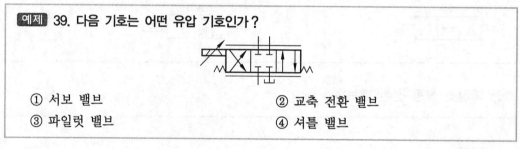

① 서보 밸브   ② 교축 전환 밸브
③ 파일럿 밸브   ④ 셔틀 밸브

정답 ①

예제 40. 다음 기호는 어떤 것을 표시한 유압 기호인가?

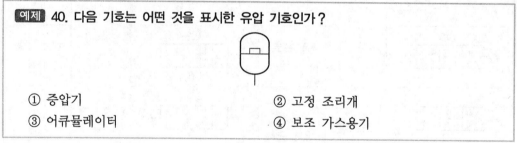

① 증압기   ② 고정 조리개
③ 어큐뮬레이터   ④ 보조 가스용기

[해설] 그림의 유압 기호는 어큐뮬레이터(중량식)이다.   **정답** ③

예제 41. 밸브의 전환 도중에서 과도적으로 생기는 밸브 포트 사이의 흐름을 의미하는 용어는?

① 자유 흐름(free flow)   ② 인터플로(interflow)
③ 제어 흐름(controlled flow)   ④ 아음속 흐름(subsonic flow)

정답 ②

출제 예상 문제

1. 유압잭(jack)은 다음 중 어느 것을 이용한 것인가?

① 베르누이 정리

② 보일-샤를의 법칙

③ 레이놀즈의 이론

④ 파스칼의 원리

해설 파스칼의 원리(Pascal's principal) : 밀폐된 용기 속에 담겨 있는 액체의 한쪽에 가한 압력은 모든 부분에 같은 크기로 전달된다는 법칙

예 ABS 유압식 브레이크, 정비업소 유압식 승강기, 유압잭

2. 다음 그림 중 (5)는 무엇을 나타내는 기호인가?

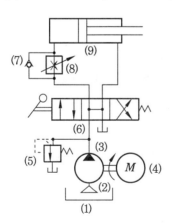

① 릴리프 밸브 ② 유량 조절 밸브

③ 스톱 밸브 ④ 분류 밸브

해설 (1) 유압 탱크, (2) 필터, (3) 유압 펌프, (4) 전동기(모터), (5) 릴리프 밸브, (6) 방향 전환 밸브, (7) 체크 밸브, (8) 유량 제어 밸브, (9) 실린더

3. 액체가 들어간 밀폐된 용기에서 특정 하중이 가해질 때, 이 하중에 의해 발생한 압력은 용기 안쪽 벽면에 동일하게 작용한다. 이러한 법칙(원리)을 무엇이라 하는가?

① 보일의 법칙

② 샤를의 법칙

③ 아르키메데스의 원리

④ 파스칼의 원리

해설 파스칼의 원리란 밀폐된 용기의 임의의 한쪽에 가한 압력은 모든 방향으로 균일한 세기로 전달된다는 법칙이다.

4. 공기압 장치와 비교하여 유압장치의 일반적인 특징에 대한 설명 중 틀린 것은?

① 작은 장치로 큰 힘을 얻을 수 있다.

② 입력에 대한 출력의 응답이 빠르다.

③ 인화에 따른 폭발의 위험이 적다.

④ 방청과 윤활이 자동적으로 이루어진다.

해설 유압장치의 일반적인 특징

(1) 입력에 대한 출력의 응답이 빠르다.

(2) 작동유량을 조절하여 무단변속을 할 수 있다.

(3) 원격 조작(remote control)이 가능하다.

(4) 방청과 윤활이 자동적으로 이루어진다.

(5) 전기적인 조작, 조합이 간단하다.

(6) 작은 장치로 큰 출력을 얻을 수 있다.

(7) 인화에 따른 폭발 위험이 있다.

(8) 온도 변화에 대한 점도 변화가 있으며 기름이 누출될 수 있다.

(9) 회전 운동과 직선 운동이 자유롭다.

5. 다음 중 유압장치의 단점인 것은?

① 작은 힘으로 큰 힘을 얻을 수 있다.

② 회전 운동과 직선 운동이 자유로우며 원격 조작이 가능하다.

③ 유량을 조절하여 무단 변속운전을 할 수 있다.

④ 유압유는 온도의 영향을 받기 쉽다.

6. 다음 중 유체 토크 컨버터의 구성 요소가 아닌 것은?

① 스테이터   ② 펌프

③ 터빈   ④ 릴리프밸브

해설 유체 토크 컨버터(fluid torque converter) : 토크를 변환하여 동력을 전달하는 장치로 펌프 임펠러(impeller), 스테이터(stator), 터빈 러너(runner)로 구성되어 있다.

7. 다음 중 체적탄성계수의 설명이 잘못된 것은?

① 압력에 따라 증가한다.

② 압력의 단위와 같다.

③ 체적탄성계수의 역수를 압축률이라 한다.

④ 비압축성 유체일수록 체적탄성계수는 작다.

해설 체적탄성계수(E)

$$= \frac{1}{압축률(\beta)} = \frac{dP}{-\frac{dV}{V}} [\text{Pa=N/m}^2]$$

비압축성 유체일수록 체적탄성계수(E)는 크다(체적탄성계수가 크다는 것은 압축이 잘 안 되는 것을 의미한다).

8. 레이놀즈(Reynold's)수를 설명한 것으로 올바른 것은?

① 레이놀즈수가 크면 층류가 발생한다.

② 레이놀즈수가 크면 점성계수가 커진다.

③ 층류와 난류는 레이놀즈수와 무관하다.

④ 점도가 큰 유체가 지름이 작은 관내를 아주 느리게 유동할 경우는 레이놀즈수는 0에 가깝다.

해설 레이놀즈수(Reynold's number)

(1) 층류와 난류를 구분하는 척도가 되는 값이다.

(2) 물리적인 의미 : $\dfrac{관성력}{점성력}$

(3) $Re = \dfrac{Vd}{\nu} = \dfrac{\rho Vd}{\mu} = \dfrac{4Q}{\pi d \nu}$

(4) 층류 : $Re < 2100$

천이구역 : $2100 < Re < 4000$

난류 : $Re > 4000$

9. 안지름 0.1 m인 파이프 내를 평균 유속은 5 m/s로 물이 흐르고 있다. 배관길이 10 m 사이에 나타나는 손실수두는 약 몇 m인가? (단, 관 마찰계수 $f = 0.013$이다.)

① 1 m   ② 1.7 m

③ 3.3 m   ④ 4 m

해설 $h_l = f \dfrac{l}{d} \dfrac{V^2}{2g} = 0.013 \times \dfrac{10}{0.1} \times \dfrac{5^2}{2 \times 9.8}$

$\fallingdotseq 1.7 \text{ m}$

10. 배관 내에서의 유체의 흐름을 결정하는 레이놀즈수(Reynold's Number)가 나타내는 의미는?

① 관성력과 점성력의 비

② 점성과 중력의 비

③ 관성력과 중력의 비

④ 압력힘과 점성력의 비

해설 레이놀즈수는 관성력과 점성력의 비로 무차원 수이다.

11. 일정한 유량의 기름이 흐르는 관의 지름이 배로 늘었다면 기름의 속도는 몇 배로 되는가?

① $\dfrac{1}{4}$ 배   ② $\dfrac{1}{2}$ 배

---

③ 2배　　　　　　　　④ 4배

[해설]　$Q = AV = \dfrac{\pi d^2}{4} V [\text{m}^3/\text{s}]$에서

$$\therefore V \propto \dfrac{1}{d^2} = \dfrac{1}{2^2} = \dfrac{1}{4} \text{배}$$

12. 다음 그림은 유압 도면 기호에서 무슨 밸브를 나타낸 것인가?

① 릴리프 밸브　　　　② 무부하 밸브
③ 시퀀스 밸브　　　　④ 감압 밸브

[해설]　무부하 밸브(unloading valve) : 회로 내의 압력이 설정압력에 이르렀을 때 이 압력을 떨어뜨리지 않고 펌프 송출량을 그대로 기름 탱크에 되돌리기 위하여 사용하는 밸브

13. 그림과 같은 관에서 d_1(안지름 $\phi 4\,\text{cm}$)의 위치에서의 속도(v_1)는 4 m/s일 때 d_2(안지름 $\phi 2\,\text{cm}$)에서의 속도(v_2)는 약 몇 m/s인가?

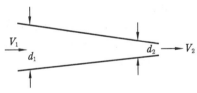

① 16　　　　　　　　② 8
③ 2　　　　　　　　④ 1

[해설]　$Q = A_1 V_1 = A_2 V_2 [\text{m}^3/\text{s}]$에서

$$\dfrac{\pi}{4} d_1^{\,2} V_1 = \dfrac{\pi}{4} d_2^{\,2} V_2$$

$$\therefore V_2 = V_1 \left(\dfrac{d_1}{d_2}\right)^2 = 4 \left(\dfrac{4}{2}\right)^2 = 16 \text{ m/s}$$

14. 다음 유압기기 중 오일의 점성을 이용한 기계, 유속을 이용한 기계, 팽창 수축을 이용한 기계로 분류할 때, 점성을 이용한

기계로 가장 적합한 것은?

① 토크 컨버터(torque converter)
② 쇼크 업소버(shock absorber)
③ 압력계(pressure gage)
④ 진공 개폐 밸브(vacuum open-closed valve)

[해설]　쇼크 업소버(shock absorber) : 기계적 충격을 완화하는 장치로 점성을 이용하여 운동에너지를 흡수한다.

15. 다음 중 점성계수의 차원으로 옳은 것은? (단, M은 질량, L은 길이, T는 시간이다.)

① $ML^{-1}T^{-1}$　　　　② $ML^{-2}T^{-1}$
③ MLT^{-2}　　　　　④ $ML^{-2}T^{-2}$

[해설]　점성계수(μ) = Pa $\cdot$ s = N $\cdot$ s/m^2
$$= \text{kg/m} \cdot \text{s} = ML^{-1}T^{-1}$$

16. 비중량(specific weight)의 MLT계 차원은?

① $ML^{-1}T^{-1}$　　　　② ML^2T^{-3}
③ $ML^{-2}T^{-2}$　　　　④ ML^2T^{-2}

[해설]　비중량(γ) = $\dfrac{W}{V}$ [N/m^3]
$$= FL^{-3} = (MLT^{-2})L^{-3} = ML^{-2}T^{-2}$$

17. 베르누이의 정리에서 전수두란?

① 압력수두 + 위치수두 + 용적수두
② 압력수두 + 속도수두 + 용적수두
③ 압력수두 + 양적수두 + 위치수두
④ 압력수두 + 위치수두 + 속도수두

[해설]　베르누이 방정식 : 에너지 보존의 법칙을 적용한 방정식
$$\dfrac{P}{\gamma} + Z + \dfrac{V^2}{2g} = H(\text{전수두}) = \text{일정}$$

18. 다음 중 유압 작동유의 구비 조건이 아닌 것은?

<hr/>

정답　12. ②　13. ①　14. ②　15. ①　16. ③　17. ④　18. ④

① 운전온도 범위에서 적절한 점도를 유지할 것

② 연속 사용해도 화학적, 물리적 성질의 변화가 적을 것

③ 녹이나 부식 발생을 방지할 수 있을 것

④ 동력을 확실히 전달하기 위해서 압축성일 것

[해설] 유압 작동유의 구비 조건

(1) 동력을 확실히 전달하기 위해 비압축성 유체($\rho = c$)일 것

(2) 장치의 운전온도범위에서 적절한 점도를 유지할 것

(3) 장시간 사용하여도 화학적으로 안정하여야 한다.

(4) 녹이나 부식 발생을 방지할 수 있을 것

(5) 열을 빨리 방출시킬 수 있어야 한다(방열성).

(6) 외부로부터 침입한 불순물을 침전 분리시키고 기름 중의 공기를 신속히 분리시킬 수 있을 것

(7) 비중과 열팽창계수는 작고 비열은 클수록 좋다.

19. 유압 작동유에서 수분의 영향으로 틀린 것은?

① 작동유의 윤활성을 저하시킨다.

② 작동유의 산화·열화를 저하시킨다.

③ 작동유의 방청성을 저하시킨다.

④ 캐비테이션이 발생한다.

[해설] 유압 작동유에서 수분의 영향

(1) 작동유의 열화 촉진

(2) 공동현상(cavitation) 발생

(3) 유압기기의 마모 촉진

(4) 작동유의 윤활성, 방청성 저하

(5) 작동유의 산화 촉진

20. 유압유의 점도지수(viscosity index) 설명으로 적합한 것은?

① 압력 변화에 대한 점도 변화의 비율을 나타내는 척도이다.

② 온도 변화에 대한 점도 변화의 비율을 나타내는 척도이다.

③ 공업점도 세이볼트(saybolt)와 절대 점도 푸아즈(poise)와의 비이다.

④ 파라핀(parafin)계 펜실바니아 원유의 함유량을 나타내는 척도이다.

[해설] 유압유의 점도지수는 클수록 좋은 것(점도지수가 크면 온도 변화에 대한 점도 변화가 작다는 것을 의미한다.)

21. 유압유의 점도가 낮을 때 유압장치에 미치는 영향에 대한 설명으로 거리가 먼 것은?

① 내부 및 외부의 기름 누출 증대

② 마모의 증대와 압력 유지 곤란

③ 펌프의 용적 효율 저하

④ 마찰 증가에 따른 기계 효율의 저하

[해설] 점도가 너무 낮을 경우

(1) 내부 및 외부의 기름 누출 증대

(2) 마모 증대와 압력 유지 곤란(고체 마찰)

(3) 유압 펌프, 모터 등의 용적(체적) 효율 저하

(4) 압력 발생 저하로 정확한 작동 불가

※ ④는 유압유의 점도가 너무 높을 경우의 영향이다.

22. 유압 작동유의 점도가 높을 경우 유압장치에 미치는 영향에 대한 설명으로 옳은 것은?

① 유압 펌프에서 캐비테이션이 잘 발생되지 않는다.

② 유압 펌프의 동력손실이 감소하여 기계효율이 높아진다.

③ 유동에 따르는 압력손실이 증가한다.

④ 제어밸브나 실린더의 응답성이 좋아진다.

정답 19. ② 20. ② 21. ④ 22. ③

[해설] 점도가 너무 높을 경우
(1) 동력손실 증가로 기계 효율(η_m)의 저하
(2) 소음이나 공동현상(cavitation) 발생
(3) 유동저항의 증가로 인한 압력손실의 증대
(4) 내부마찰의 증대로 인한 온도의 상승
(5) 유압기기 작동의 불활발(제어밸브나 실린더 응답성이 나빠진다.)

23. 유압회로에서 캐비테이션이 발생하지 않도록 하기 위한 방지대책으로 가장 적합한 것은?
① 흡입관에 급속 차단장치를 설치한다.
② 흡입 유체의 유온을 높게 하여 흡입한다.
③ 과부하 시는 패킹부에서 공기가 흡입되도록 한다.
④ 흡입관 내의 평균유속이 3.5 m/s 이하가 되도록 한다.
[해설] 공동현상(cavitation)의 방지책
(1) 기름탱크 내의 기름의 점도는 800 ct를 넘지 않도록 할 것
(2) 흡입구 양정은 1 m 이하로 할 것
(3) 흡입관의 굵기는 유압 펌프 본체의 연결구의 크기와 같은 것을 사용할 것
(4) 펌프의 운전속도는 규정속도(3.5 m/s) 이하가 되도록 한다.

24. 다음 중 난연성 작동유(fire resistant fluid)가 아닌 것은?
① 수중 유형 작동유
② 유중 수형 작동유
③ 합성 작동유
④ 고 VI형 작동유
[해설] 고 VI(점도지수)형 작동유 : 점도지수가 큰 작동유로 온도에 따른 점도의 변화가 작으며, 석유계 작동유가 이에 해당한다.

25. 유압시스템에서 작동유의 과열 원인이 아닌 것은?

① 작동유의 점성이 낮은 경우
② 작동유의 점성이 높은 경우
③ 작동 압력이 높은 경우
④ 유량이 많은 경우
[해설] 유압장치의 작동유가 과열하는 원인
(1) 오일탱크의 작동유가 부족할 때
(2) 작동유가 노화되었을 때
(3) 작동유의 점도가 부적당할 때(점도가 너무 높거나 너무 낮은 경우)
(4) 오일냉각기의 냉각핀 등에 오손이 있을 때
(5) 펌프의 효율이 불량할 때
(6) 작동 압력이 높은 경우

26. 소포제에 대한 설명 중 맞는 것은?
① 금속 표면에 잘 퍼지고 녹을 방지하게 하는 것
② 거품을 빨리 유면에 부상시켜서 거품을 없애는 작용을 하게 하는 것
③ 유기 화합물로 우수한 온도, 특성, 저온의 유동성을 가진 값비싼 기름의 통칭을 말하는 것
④ 인화 위험성이 가장 큰 장치에 쓰이는 소화제
[해설] 소포제 : 거품을 빨리 유면에 부상시켜서 거품을 없애는 작용을 하는 것으로 실리콘유 또는 실리콘의 유기화합물이 있다.

27. 다음 중 비용적형 펌프에 해당되는 것은 어느 것인가?
① 원심 펌프　② 기어 펌프
③ 나사 펌프　④ 베인 펌프
[해설] 유압 펌프의 분류
(1) 용적형 펌프 : 토출량이 일정하며 중압 또는 고압에서 압력 발생을 주된 목적으로 한다.
• 회전 펌프(왕복식 펌프) : 기어 펌프, 베인 펌프, 나사 펌프
• 플런저 펌프(피스톤 펌프)

- 특수 펌프 : 다단 펌프, 복합 펌프
(2) 비용적형 펌프 : 토출량이 일정하지 않으며 저압에서 대량의 유체를 수송한다.
  - 원심 펌프(터빈 펌프)
  - 축류 펌프
  - 혼류 펌프

28. 기어 펌프에서 발생하는 폐입 현상을 방지하기 위한 방법으로 가장 적절한 것은?

① 오일을 보충한다.
② 베어링을 교환한다.
③ 릴리프 홈이 적용된 기어를 사용한다.
④ 베인을 교환한다.

[해설] 기어 펌프에서 폐입 현상 : 두 개의 기어가 물리기 시작하여(압축) 중간에서 최소가 되며 끝날 때(팽창)까지의 둘러싸인 공간이 흡입측이나 토출측에 통하지 않는 상태의 용적이 생길 때의 현상으로 이 영향으로 기어의 진동 및 소음의 원인이 되고 오일 중에 녹아 있던 공기가 분리되어 기포가 형성(공동현상 : cavitation)되어 불규칙한 맥동의 원인이 된다. 방지책으로 릴리프 홈이 적용된 기어를 사용한다.

29. 베인 펌프의 특성을 설명한 것 중 옳지 않은 것은?

① 평균 효율이 피스톤 펌프보다 높다.
② 토출 압력의 맥동과 소음이 적다.
③ 단위 무게당 용량이 커 형상치수가 작다.
④ 베인의 마모로 인한 압력저하가 적어 수명이 길다.

[해설] 베인 펌프(vane pump)의 특성
(1) 토출압력의 맥동과 소음이 적다.
(2) 압력저하량이 적다.
(3) 단위 중량당 용량이 커 형상치수가 작다.
(4) 호환성이 좋고 보수가 용이하다.
(5) 구조상 소음 진동이 크고 베어링 수명이 짧다(가변 용량형 베인 펌프).

(6) 다른 펌프에 비해 부품수가 많다.
(7) 작동유의 점도에 제한이 있다.

30. 다음 중 일반적으로 가장 높은 압력을 생성할 수 있는 펌프는?

① 베인 펌프
② 기어 펌프
③ 스크루 펌프
④ 플런저 펌프

[해설] 플런저 펌프(plunger pump)는 왕복 펌프의 일종으로 초고압용 펌프이다.

31. 다음 중 유압이 14 MPa이고, 토출량이 200 L/min 이상의 고압 대유량에 사용하기에 가장 적당한 펌프는?

① 회전 피스톤 펌프
② 기어 펌프
③ 왕복동 펌프
④ 베인 펌프

[해설] 회전 피스톤 펌프) : 대용량이며 토출압력이 최대인 고압 펌프로 펌프 중에서 전체 효율이 가장 좋다.

32. 유압 펌프의 전효율이 $\eta = 88\%$, 체적 효율은 $\eta_v = 96\%$이다. 이 펌프의 축동력 $L_S = 7.5$ kW일 때, 이 펌프의 기계 효율 η_m은? (단, 효율은 100 %라고 가정한다.)

① 45.9 %
② 73.2 %
③ 91.7 %
④ 80.9 %

[해설] $\eta_P = \eta_v \times \eta_m$

$$\eta_m = \frac{\eta_P}{\eta_v} \times 100\% = \frac{0.88}{0.96} \times 100\% = 91.7\%$$

33. 유압 펌프에 있어서 체적 효율이 90 %이고 기계 효율이 80 %일 때 유압 펌프의 전효율은?

① 23.7 %
② 72 %
③ 88.8 %
④ 90 %

[해설] $\eta_P = \eta_v \times \eta_m = (0.9 \times 0.8) \times 100\% = 72\%$

34. 토출압력이 7 MPa, 토출량은 50 L/min 인 유압 펌프용 모터의 1분간 회전수는 얼마인가? (단, 펌프 1회전당 유량은 $Q_n = 20$ cc/rev이며, 효율은 100 %로 가정한다.)

① 1250   ② 1750

③ 2250   ④ 2500

해설 $Q_{th} = qN[\text{L/min}]$에서

$$N = \frac{Q_{th}}{q} = \frac{50 \times 10^3}{20} = 2500 \, \text{rpm}$$

35. 펌프 토출량이 30 L/min이고 토출압이 800 N/cm²인 유압 펌프 효율이 90 %라고 하면 이 펌프를 가동시키기 위한 동력은 몇 kW인가?

① 6.9   ② 5.7

③ 4.4   ④ 2.1

해설 펌프 소비동력(L)

$$= \frac{L_P}{\eta_P} \times 100 \% = \frac{pQ}{0.9} \times 100 \%$$

$$= \frac{8 \times \left(\frac{30}{60}\right)}{0.9} \times 100 \% = 4.4 \, \text{kW}$$

36. 베인 펌프의 1회전당 유량이 40 cc일 때, 1분당 이론 토출유량이 25 L이면 회전수는 약 몇 rpm인가? (단, 내부누설량과 흡입저항은 무시한다.)

① 62   ② 625

③ 125   ④ 745

해설 $Q = qN[\text{cm}^3/\text{s}]$에서

$$N = \frac{Q}{q} = \frac{25 \times 10^3}{40} = 625 \, \text{rpm}$$

37. 압력 6.86 MPa, 토출량이 50 L/min, 회전수 1200 rpm인 유압 펌프가 있는데 펌프를 운전하는 데 소요 동력이 7 kW이라면 펌프의 효율은 약 몇 %인가?

① 65 %   ② 77 %

③ 82 %   ④ 87 %

해설 $L_P = pQ = 6.86 \times \left(\frac{50}{60}\right) = 5.72 \, \text{kW}$

$$\eta_P = \frac{\text{펌프동력}(L_P)}{\text{소비동력}(L)} \times 100 \%$$

$$= \frac{5.72}{7} \times 100 \% \fallingdotseq 82 \%$$

38. 펌프의 토출 압력 3.92 MPa이고, 실제 토출 유량은 50 L/min이다. 이때 펌프의 회전수는 1000 rpm이며, 소비동력이 3.68 kW라 하면 펌프의 전효율은 몇 %인가?

① 80.4 %   ② 84.7 %

③ 88.8 %   ④ 92.2 %

해설 $L_P = pQ = 3.92 \times \left(\frac{50}{60}\right) = 3.27 \, \text{kW}$

$$\eta_P = \frac{\text{펌프동력}(L_P)}{\text{소비동력}(L)} \times 100 \%$$

$$= \frac{3.27}{3.68} \times 100 \% \fallingdotseq 88.8 \%$$

39. 유압장치에서 플러싱(flushing)을 하는 목적은 ?

① 유압장치 내 점검

② 유압장치의 유량 증가

③ 유압장치의 고장 방지

④ 유압장치의 이물질 제거

해설 플러싱(flushing) : 유압회로내 이물질을 제거하는 것과 작동유 교환 시 오래된 오일과 슬러지를 용해하여 오염물의 전량을 회로 밖으로 배출시켜서 회로를 깨끗하게 하는 것

40. 유압 펌프에서 펌프가 축을 통하여 받은 에너지를 얼마만큼 유용한 에너지로 전환시켰는가의 정도를 나타내는 척도로서 펌프동력의 축동력에 대한 비를 무엇이라 하는가?

① 용적효율   ② 기계효율

③ 전체효율　　　　④ 유압효율

[해설] 유압 펌프의 각종 효율

(1) 전효율$(\eta_p) = \dfrac{\text{펌프동력}(L_P)}{\text{축동력}(L_s)}$

(2) 용적효율$(\eta_v) = \dfrac{\text{실제 펌프토출량}(Q)}{\text{이론 펌프토출량}(Q_{th})}$

(3) 압력효율(η_c)

$= \dfrac{\text{실제 펌프토출압력}(P)}{\text{펌프에 손실이 없을 때의 토출압력}(P_o)}$

(4) 기계효율$(\eta_m) = \dfrac{\text{유체동력}(L_h)}{\text{축동력}(L_s)}$

41. 유압 펌프에서 소음이 발생하는 원인으로 가장 옳은 것은?

① 펌프 출구에서 공기의 유입

② 유압유의 점도가 지나치게 낮음

③ 펌프의 속도가 지나치게 느림

④ 입구 관로의 연결이 헐겁거나 손상되었음

[해설] 유압 펌프의 소음이 발생하는 원인

　(1) 흡입관이나 흡입여과기의 일부가 막혀 있다.

　(2) 펌프 흡입관의 결합부에서 공기가 누입되고 있다.

　(3) 펌프의 상부커버(top cover)의 고정볼트가 헐겁다.

　(4) 펌프축의 센터와 원동기축의 센터가 맞지 않다.

　(5) 흡입오일 속에 기포가 있다.

　(6) 펌프의 회전이 너무 빠르다.

　(7) 오일의 점도가 너무 진하다.

　(8) 여과기가 너무 작다.

42. 일반적으로 유압 펌프의 크기(용량)는 무엇으로 결정하는가?

① 속도와 무게　　　② 압력과 속도

③ 압력과 토출량　　④ 토출량과 속도

[해설] 펌프동력$(L_p) = pQ[\text{kW}]$

　p : 압력(MPa), Q : 토출량(L/s)

43. 두 개 이상의 분기회로를 갖는 회로 중에서 그 작동 순서를 회로의 압력 또는 유압실린더 등의 운동에 의해서 규제하는 자동 밸브는?

① 릴리프 밸브(relief valve)

② 시퀀스 밸브(sequence valve)

③ 언로딩 밸브(unloading valve)

④ 카운터 밸런스 밸브(counter valance valve)

[해설] 시퀀스 밸브(= 순차 동작 밸브) : 둘 이상의 분기회로가 있는 회로 내에서 그 작동 순서를 회로의 압력 등에 의해 제어하는 밸브로 주회로에서 몇 개의 실린더를 순차적으로 작동시키기 위해 사용되는 밸브

44. 유압 회로 내의 압력이 설정값에 달하면 자동적으로 펌프 송출량을 기름 탱크로 복귀시켜 무부하 운전을 하는 압력 제어 밸브는?

① 언로드 밸브　　　② 감압 밸브

③ 시퀀스 밸브　　　④ 체크 밸브

[해설] 무부하 밸브(unload valve) : 회로의 압력이 설정값에 달하면 펌프를 무부하로 하는 밸브. 즉, 회로내의 압력이 설정압력에 이르렀을 때 이 압력을 떨어뜨리지 않고 펌프 송출량을 그대로 기름 탱크에 되돌리기 위하여 사용하는 밸브

45. 두 개의 유입 관로의 압력에 관계없이 정해진 출구 유량이 유지되도록 합류하는 밸브의 명칭은?

① 집류 밸브　　　② 셔틀 밸브

③ 적층 밸브　　　④ 프리필 밸브

[해설] 집류 밸브 : 두 개의 유입 관로의 압력에 관계없이 정해진 출구 유량이 유지되도록 합류하는 밸브

46. 일반적으로 유압 실린더의 작동속도를

바꾸자면 유압유의 무엇을 변환하여야 하는가?

① 유량　　　　　② 점도
③ 압력　　　　　④ 방향

해설 유압 제어 밸브의 종류
　(1) 압력 제어 밸브 : 힘의 크기 제어
　(2) 유량 제어 밸브 : 속도 크기 제어
　(3) 방향 제어 밸브 : 방향 제어

47. 하역 운반기계는 다수의 액추에이터를 사용한다. 이때 각 액추에이터의 작동 순서를 미리 정해 놓고 차례대로 제어하고자 할 때 사용하는 밸브는?

① 무부하 밸브
② 시퀀스 밸브
③ 카운터 밸런스 밸브
④ 릴리프 밸브

해설 시퀀스 제어밸브는 미리 정해진 순서대로 순차적으로 제어하는 밸브이다.

48. 2개의 입구와 1개의 공통 출구를 가지고 출구는 입구 압력의 작용에 의하여 입구의 한쪽 방향에 자동적으로 접속되는 밸브는?

① 체크 밸브　　　② 서보 밸브
③ 감압 밸브　　　④ 셔틀 밸브

해설 (1) 체크 밸브(역지 밸브) : 한 방향의 흐름은 허용하나 역방향의 흐름은 완전히 저지하는 역할을 한다.
　(2) 서보 밸브 : 전기신호로 입력을 받아 유량·유압을 제어, 원격조작이 가능하다.
　(3) 감압 밸브 : 유압회로에서 분기회로의 압력을 주회로의 압력보다 저압으로 해서 사용하고 싶을 때 쓰이는 밸브

49. 다음 중 방향 제어 밸브에 속하는 것은 어느 것인가?

① 릴리프 밸브(relief valve)

② 시퀀스 밸브(sequence valve)
③ 체크 밸브(check valve)
④ 교축 밸브(throttling valve)

해설 (1) 방향 제어 밸브 : 체크 밸브, 스풀 밸브, 감속 밸브, 셔틀 밸브, 전환 밸브
　(2) 압력 제어 밸브 : 릴리프 밸브, 시퀀스 밸브, 무부하 밸브, 카운터 밸런스 밸브, 감압 밸브(리듀싱 밸브)
　(3) 유량 제어 밸브 : 교축 밸브, 분류 밸브, 집류 밸브, 스톱 밸브(정지 밸브)

50. 다음 중 압력 제어 밸브의 종류가 아닌 것은?

① 안전밸브(safety valve)
② 릴리프밸브(relief valve)
③ 역지밸브(check valve)
④ 유체퓨즈(hydraulic fuse)

해설 역지밸브(체크 밸브)는 방향 제어 밸브이다.

51. 다음 중 압력 제어 밸브들로만 구성되어 있는 것은?

① 릴리프 밸브, 무부하 밸브, 스로틀 밸브
② 무부하 밸브, 체크 밸브, 감압 밸브
③ 셔틀 밸브, 릴리프 밸브, 시퀀스 밸브
④ 카운터 밸런스 밸브, 시퀀스 밸브, 릴리프 밸브

해설 압력 제어 밸브에는 릴리프 밸브, 카운터 밸런스 밸브, 시퀀스 밸브, 무부하 밸브(언로딩 밸브), 감압 밸브(리듀싱 밸브) 등이 있다.

52. 한쪽 방향으로 흐름은 자유로우나 역방향의 흐름을 허용하지 않는 밸브는?

① 체크 밸브
② 언로드 밸브
③ 스로틀 밸브
④ 카운터 밸런스 밸브

정답 47. ②　48. ④　49. ③　50. ③　51. ④　52. ①

해설 체크 밸브(check valve)는 역류 방지용 밸브로 방향 제어 밸브이다.

53. 자중에 의한 낙하, 운동 물체의 관성에 의한 액추에이터의 자중 등을 방지하기 위해 배압을 생기게 하고, 다른 방향의 흐름이 자유롭게 흐르도록 한 밸브는?

① 카운터 밸런스 밸브
② 감압 밸브
③ 릴리프 밸브
④ 스로틀 밸브

해설 카운터 밸런스 밸브(counter balance valve) : 회로의 일부에 배압을 발생시키고자 할 때 사용하는 밸브이다. 예를 들어, 드릴 작업이 끝나는 순간 부하저항이 급히 감소할 때, 드릴의 도출을 막기 위하여 실린더에 배압을 주고자 할 때, 연직방향으로 작동하는 램이 중력에 의하여 낙하하는 것을 방지하고자 할 경우에 사용한다. 한 방향의 흐름에는 설정된 배압을 주고 반대 방향의 흐름을 자유흐름으로 하는 밸브이다.

54. 유압 모터의 종류가 아닌 것은?

① 기어 모터
② 베인 모터
③ 회전 피스톤 모터
④ 나사 모터

해설 유압 모터의 종류
(1) 기어 모터 : 내접형, 외접형
(2) 베인 모터
(3) 회전 피스톤 모터 : 액시얼형, 레이디얼형
※ 나사(스크루) 펌프는 있으나 나사 모터는 없다.

55. 다음 실린더의 간략도에서 실린더 하우징의 안지름이 100 mm이고, 피스톤 로드의 지름이 50 mm이며, 오일구멍에서 나가는 오일 유량이 50 L/min이다. 피스톤이 우측으로 전진할 때 피스톤의 속도는 약 몇 m/s인가?

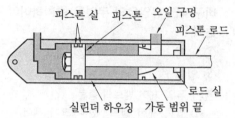

① 0.425
② 0.212
③ 0.106
④ 0.141

해설 $Q = AV [\mathrm{m^3/s}]$에서

$$V = \frac{Q}{A} = \frac{Q}{\frac{\pi}{4}(d_2^2 - d_1^2)} = \frac{\left(\frac{50}{60000}\right)}{\frac{\pi}{4}(0.1^2 - 0.05^2)}$$

$$= 0.141 \ \mathrm{m/s}$$

56. 유압 실린더의 주요 구성 요소가 아닌 것은?

① 스풀
② 피스톤
③ 피스톤 로드
④ 실린더 튜브

해설 유압 실린더의 구성 요소 : 실린더 튜브, 피스톤, 피스톤 로드, 커버, 패킹, 쿠션장치, 원통형 실린더

57. 액추에이터의 설명으로 다음 중 가장 적합한 것은?

① 공기 베어링의 일종
② 압력에너지를 속도에너지로 변환시키는 기기
③ 압력에너지를 회전운동으로 변환시키는 기기
④ 유체에너지를 이용하여 기계적인 일을 하는 기기

해설 액추에이터(actuator) : 유압 펌프에 의하여 공급되는 유체의 압력에너지를 회전운동 및 직선왕복운동 등의 기계적인 에너지로 변환시키는 기기(유압을 일로 바꾸는 장치)

58. 유압 브레이크 장치의 주요 구성 요소

가 아닌 것은?

① 마스터 롤러

② 마스터 실린더

③ 브레이크 슈

④ 브레이크 드럼

해설 유압 브레이크의 장치의 구조

(1) 마스터 실린더

(2) 브레이크 슈

(3) 브레이크 드럼

(4) 휠 실린더

59. 다음 중 베인 모터의 장점 설명으로 틀린 것은?

① 베어링 하중이 작다.

② 정·역회전이 가능하다.

③ 토크 변동이 비교적 작다.

④ 기동 시나 저속 운전 시 효율이 높다.

해설 베인 모터(vane motor)

(1) 기동 시나 저속 운전 시 효율이 낮다.

(2) 토크 변동은 작다.

(3) 로터에 작용하는 압력의 평형이 유지되고 있으므로 베어링 하중이 적다.

(4) 정·역회전이 가능하다.

60. 구조가 간단하며 값이 싸고 유압유 중의 이물질에 의한 고장이 생기기 어렵고 가혹한 조건에 잘 견디는 유압 모터로 다음 중 가장 적합한 것은?

① 베인 모터

② 기어 모터

③ 액시얼 피스톤 모터

④ 레이디얼 피스톤 모터

해설 기어 모터 : 주로 평치차를 사용하나 헬리컬 기어도 사용한다.

(1) 장점

• 구조가 간단하고 가격이 저렴하다.

• 유압유 중의 이물질에 의한 고장이 적다.

• 과도한 운전조건에 잘 견딘다.

(2) 단점

• 누설 유량이 많다.

• 토크 변동이 크다.

• 베어링 하중이 크므로 수명이 짧다.

(3) 용도 : 건설기계, 산업기계, 공작기계에 사용한다.

61. 1회전당의 유량이 40 cc인 베인모터가 있다. 공급 유압을 600 N/cm², 유량을 60 L/min으로 할 때 발생할 수 있는 최대 토크(torque)는 약 몇 N·m인가?

① 28.2

② 38.2

③ 48.2

④ 58.2

해설 $T = \dfrac{pq}{2\pi} = \dfrac{600 \times 10^4 \times 40 \times 10^{-6}}{2\pi}$

$\qquad \fallingdotseq 38.2 \, \text{N} \cdot \text{m}$

62. 유압실린더에서 피스톤 로드가 부하를 미는 힘이 50 kN, 피스톤 속도가 3.8 m/min인 경우 실린더 안지름이 8 cm이라면 소요동력은 약 몇 kW인가? (단, 편로드형 실린더이다.)

① 2.45

② 3.17

③ 4.32

④ 5.89

해설 동력(power)

$\quad = FV = 50 \times \left(\dfrac{3.8}{60} \right)$

$\quad = 3.17 \, \text{kN} \cdot \text{m/s} (= \text{kJ/s} = \text{kW})$

63. 다음과 같은 실린더의 피스톤 단면적(A)이 8 cm²이고 행정거리(S)는 10 cm일 때, 이 실린더의 전진행정 시간이 1분인 경우 필요한 공급 유량은 몇 cm³/min인가? (단, 피스톤 로드의 단면적은 1 cm²이다.)

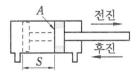

① 60　　② 70　　③ 80　　④ 90

[해설]
$$Q[\text{m}^3/\text{s}] = \frac{V(체적)}{t(시간)} = \frac{AS}{t} = \frac{8 \times 10}{1}$$
$$= 80\,\text{cm}^3/\text{min}$$

64. 서지압 발생원에 가까이 장착하여 충격 압력을 흡수하여 배관, 밸브, 기계류를 보호하는 기기는?

① 디퓨저　　　　② 액추에이터

③ 스로틀　　　　④ 어큐뮬레이터

[해설] 어큐뮬레이터(accumulator : 축압기)의 용도

  (1) 에너지의 축적

  (2) 압력 보상

  (3) 서지 압력 방지

  (4) 충격 압력 흡수

  (5) 유체의 맥동 감쇄(맥동 흡수)

  (6) 사이클 시간 단축

  (7) 2차 유압회로의 구동

  (8) 펌프 대용 및 안전장치의 역할

  (9) 액체 수송(펌프 작용)

  (10) 에너지의 보조

65. 축압기의 용량 4 L, 기체의 봉입압력을 29.4 kPa로 한다. 동작유압이 $P_1 = 73.5$ kPa에서 $P_2 = 39.2$ kPa까지 변화한다면 방출되는 유량은 몇 L인가?

① 1.4 L　　　　② 2.6 L

③ 3.4 L　　　　④ 4.6 L

[해설] $P_0 V_0 = P_1 V_1 = P_2 V_2$에서,

$$\Delta V = V_2 - V_1 = P_0 V_0 \left(\frac{1}{P_2} - \frac{1}{P_1} \right)$$

$$= P_0 V_0 \left(\frac{P_1 - P_2}{P_1 P_2} \right) = 29.4 \times 4 \left(\frac{1}{39.2} - \frac{1}{73.5} \right)$$

$$= 1.4\,\text{L}$$

66. 유압기기 중 작동유가 가지고 있는 에너지를 잠시 저축했다가 사용하며, 이것을 이용하여 갑작스런 충격 압력에 대한 완충작용도 할 수 있는 것은?

① 축압기　　　　② 유체 커플링

③ 스테이터　　　④ 토크 컨버터

[해설] 축압기(accumulator) : 유압회로 중에서 기름이 누출될 때 기름 부족으로 압력이 저하하지 않도록 누출된 양만큼 기름을 보급해 주는 작용을 하며, 갑작스런 충격 압력을 예방하는 역할도 하는 안전보장장치이다.

67. 오일 탱크의 부속장치에서 오일 탱크로 돌아오는 오일과 펌프로 가는 오일을 분리시키는 역할을 하는 것은?

① 배플　　　　② 스트레이너

③ 노치 와이어　　④ 드레인 플러그

[해설] (1) 배플(baffle) : 오일 탱크의 부속장치로 오일 탱크로 돌아오는 오일과 펌프로 가는 오일을 분리시키는 역할을 하는 장치

  (2) 스트레이너(strainer) : 펌프 흡입구 쪽에 설치하여 비교적 큰 유해물질을 제거시키기 위한 요소(여과기)

68. 유압기기에서 실(seal)의 요구 조건과 관계가 먼 것은?

① 압축 복원성이 좋고 압축변형이 적을 것

② 체적 변화가 적고 내약품성이 양호할 것

③ 마찰저항이 크고 온도에 민감할 것

④ 내구성 및 내마모성이 우수할 것

[해설] 실(seal)은 작동유에 대하여 마찰저항이 적고 온도에 민감하지 않으며 내구성·내마모성이 우수하고, 복원성이 좋고, 압축변형이 적으며, 내약품성이 양호할 것

69. 불순물 등을 제거할 목적으로 사용되는 여과기는?

① 패킹　　　　② 스트레이너

③ 개스킷　　　　④ 오일 실

[해설] 스트레이너(strainer) : 탱크 내의 펌프 흡입구에 설치하며 펌프 및 회로의 불순물을 제거하기 위해 사용한다.

정답 64. ④　65. ①　66. ①　67. ①　68. ③　69. ②

70. 다음 중 유량조정밸브에 의한 속도 제어 회로를 나타낸 것이 아닌 것은?

① 미터 인 회로

② 블리드 오프 회로

③ 미터 아웃 회로

④ 카운터 회로

해설 유량을 제어하는 속도 제어 회로 방식

(1) 미터 인 회로(meter in circuit) : 액추에이터의 입구쪽 관로에서 유량을 교축시켜 작동속도를 조절하는 방식(유체손실이 가장 크다.)

(2) 미터 아웃 회로(meter out circuit) : 액추에이터의 출구쪽 관로에서 유량을 교축시켜 작동속도를 조절하는 방식(실린더에서 유출하는 유량을 복귀측에 직렬로 유량조절 밸브를 설치하여 제어하는 방식)

(3) 블리드 오프 회로(bleed off circuit) : 액추에이터로 흐르는 유량의 일부를 탱크로 분기함으로써 작동속도를 조절하는 방식으로 실린더 입구의 분기회로에 유량 조절 밸브를 설치하여 실린더 입구측의 불필요한 압유를 배출시켜 작동효율을 증진시킨다. 회로 연결은 병렬로 한다.

71. 그림과 같이 액추에이터의 공급쪽 관로 내의 흐름을 제어함으로써 속도를 제어하는 회로는?

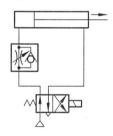

① 인터록 회로

② 미터 인 회로

③ 시퀀스 회로

④ 미터 아웃 회로

해설 피스톤의 속도를 실린더에 공급되는 입구측 유량을 조절하여 제어하는 회로는 미터 인 회로(meter in circuit)이다.

72. 다음 유압회로에서 (1)은 무엇을 나타내는 기호인가?

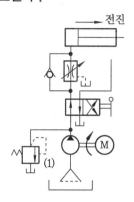

① 릴리프 밸브

② 유량 조절 밸브

③ 스톱 밸브

④ 분류 밸브

해설 미터 인 회로(meter in circuit) : 실린더 입구측에 유량제어밸브와 체크 밸브를 붙여 단로드 실린더의 전진행정만을 제어하고 후진행정에서 피스톤측으로부터 귀환되는 압유는 체크 밸브를 통해 자유로이 흐를 수 있도록 한 회로(유체손실이 가장 크다.)

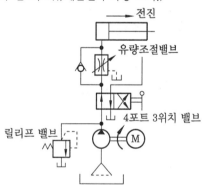

73. 2개 이상의 입력포트와 1개의 출력포트를 가지고, 모든 입력포트에 입력이 더해진 경우에만 출력포트에 출력이 나타나는 회로는?

① OR 논리회로

② AND 논리회로

③ NOT 논리회로

④ X-OR 논리회로

해설 (1) OR 회로 : 입력단자가 어느 한쪽이라도 1이 입력되면 출력단자가 1을 나타내

는 회로(병렬 회로)

(2) AND 회로 : 모든 입력단자에 1이 입력
되었을 때 출력단자가 1을 나타내는 회로
(직렬 회로)

(3) NOT 회로 : 입력단자가 1이면 출력단자
는 0, 입력단자가 0이면 출력단자가 1이
되는 회로

74. 실린더의 부하 변동에 상관없이 임의의 위치에 고정시킬 수 있는 회로는?

① 로킹 회로
② 바이패스 회로
③ 크래킹 회로
④ 카운터 밸런스 회로

[해설] 로킹 회로(locking circuit) : 유압회로의
액추에이터에 걸리는 부하의 변동, 회로압
의 변화, 기타의 조작에 관계없이 유압실린
더를 필요한 위치에 고정하고 자유운동이
일어나지 못하도록 방지하기 위한 회로

75. 유압 시스템에서 조작단이 일을 하지 않을 때 작동유를 탱크로 귀환시켜 펌프를 무부하로 만드는 무부하 회로를 구성할 때의 장점이 아닌 것은?

① 펌프의 구동력 절약
② 유압유의 노화 방지
③ 유온 상승을 통한 효율 증대
④ 펌프 수명 연장

[해설] 무부하 회로(unloading circuit) : 반복 작
업 중 일을 하지 않는 동안 펌프로부터 공
급되는 압유를 기름 탱크에 저압으로 되돌
려보내 유압 펌프를 무부하로 만드는 회로
로서 다음과 같은 장점이 있다.

(1) 펌프의 구동력 절약
(2) 장치의 가열 방지로 펌프의 수명 연장
(3) 유온의 상승 방지로 압유의 열화 방지
(4) 작동장치의 성능 저하 및 손상 감소

76. 다음 그림의 회로는 A, B 두 실린더

가 순차적으로 작동이 행하여지는 회로이
다. 무슨 회로인가?

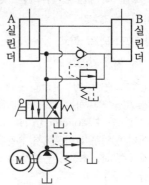

① 언로더 회로
② 디컴프레션 회로
③ 시퀀스 회로
④ 카운터 밸런스 회로

[해설] 시퀀스 회로(sequential circuit) : 동일한
유압원을 이용하여 기계 조작을 정해진 순
서에 따라 자동적으로 작동시키는 회로로서
각 기계의 조작 순서를 간단히 하여 확실히
할 수 있다.

77. 모터의 급정지 또는 회전방향을 변환할 때 사용하는 유압모터 회로는?

① 미터 아웃 회로
② 블리드 오프 회로
③ 카운터 밸런스 회로
④ 브레이크 회로

[해설] 브레이크 회로(brake circuit) : 시동 시의
서지압력 방지나 정지시키고자 할 경우에
유압적으로 제동을 부여하는 회로

78. 다음과 같은 유압 용어의 설명으로 잘못된 것은?

① 점성계수의 차원은 $ML^{-1}T$이다.
② 동점성계수의 단위는 St을 사용한다.
③ 유압작동유의 점도는 온도에 따라 변한다.

④ 점도란 액체의 내부 마찰에 기인하는 점성의 정도를 나타낸 것이다.

해설 점성계수(μ)의 단위 : Pa · s(kg/m · s)
$$= FTL^{-2} = (MLT^{-2})TL^{-2} = ML^{-1}T^{-1}$$

79. 유압 부속장치인 스풀 밸브 등에서 마찰, 고착 현상 등의 영향을 감소시켜, 그 특성을 개선하기 위하여 주는 비교적 높은 주파수의 진동을 나타내는 용어는?

① 디더(dither)

② 채터링(chattering)

③ 서지압력(surge pressure)

④ 컷인(cut in)

해설 (1) 디더(dither) : 스풀 밸브 등으로 마찰 및 고착 현상 등의 영향을 감소시켜 그 특성을 개선시키기 위하여 가하는 비교적 높은 주파수의 진동

(2) 채터링(chattering) : 감압밸브, 체크밸브, 릴리프밸브 등에서 밸브 시트를 두드려 비교적 높은 음을 내는 일종의 자려진동 현상

(3) 서지압력(surge pressure) : 과도적으로 상승한 압력의 최댓값

(4) 컷인(cut in) : 언로드 밸브(무부하 밸브) 등으로 펌프에 부하를 가하는 것

80. 슬라이드 밸브 등에서 밸브가 중립점에 있을 때 이미 포트가 열리고 유체가 흐르도록 중복된 상태를 의미하는 용어는?

① 제로 랩 　　② 오버 랩

③ 언더 랩 　　④ 랜드 랩

해설 (1) 랩(lap) : 미끄럼 밸브 등의 랜드부와 포트부 사이의 중복 상태 또는 그 양

(2) 제로 랩(zero lap) : 미끄럼 밸브 등에서 밸브가 중립점에 있을 때 포트는 닫혀 있고, 밸브가 조금이라도 변위하는 포트가 열리고, 유체가 흐르도록 중복된 상태

(3) 오버 랩(over lap) : 미끄럼 밸브 등에서 밸브가 중립점에서 조금 변위하여 처

음 포트가 열리고, 유체가 흐르도록 중복된 상태

(4) 언더 랩(under lap) : 미끄럼 밸브 등에서 밸브가 중립점에 있을 때, 이미 포트가 열리고 유체가 흐르도록 중복된 상태

81. 크래킹 압력의 설명으로 다음 중 가장 적당한 것은?

① 과도적으로 상승한 압력의 최댓값

② 릴리프 또는 체크 밸브에서 압력이 상승하여 밸브가 열리기 시작하는 압력

③ 파괴되지 않고 견디어야 하는 압력

④ 실제로 파괴되는 압력

해설 (1) 크래킹 압력(cranking pressure) : 체크 밸브 또는 릴리프 밸브 등에서 압력이 상승하여 밸브가 열리기 시작하고 어떤 일정한 흐름의 양이 확인되는 압력

(2) 리시트 압력(reseat pressure) : 체크 밸브 또는 릴리프 밸브 등의 입구 쪽 압력이 강하하고, 밸브가 닫히기 시작하여 밸브의 누설량이 어떤 규정된 양까지 감소되었을 때의 압력

82. 실린더 안을 왕복 운동하면서 유체의 압력과 힘의 주고받음을 하기 위한 지름에 비하여 길이가 긴 부품은?

① 스풀(spool)

② 랜드(land)

③ 포트(port)

④ 플런저(plunger)

해설 (1) 스풀(spool) : 원통형 미끄럼면에 내접하여 축방향으로 이동하여 유로의 개폐를 하는 꼬챙이 모양의 구성 부품

(2) 랜드(land) : 스풀의 밸브 작용을 하는 미끄럼면

(3) 포트(port) : 작동유체 통로의 열린 부분

(4) 플런저(plunger) : 실린더 안을 왕복 운동하면서 유체의 압력과 힘의 주고받음을 하기 위한 지름에 비해 길이가 긴 부품(피스톤보다 길이가 더 길다.)

83. KS 유압 및 공기압 용어 중 전자석에 의한 조작 방식은?

① 인력 조작

② 기계적 조작

③ 파일럿 조작

④ 솔레노이드 조작

[해설] 솔레노이드 조작 : 코일에 전류를 흘려서 전자석을 만들고 그 흡인력으로 가동편을 움직여서 끌어당기거나 밀어내는 등의 직선 운동을 수행한다.

84. 필요에 따라 유체의 일부 또는 전량을 분기시키는 관로는?

① 바이패스 관로

② 드레인 관로

③ 통기 관로

④ 주관로

[해설] (1) 바이패스 관로(bypass line) : 필요에 따라 유체의 일부 또는 전량을 분기시키는 관로

　(2) 드레인 관로(drain line) : 드레인을 귀환관로 또는 탱크 등으로 연결하는 관로

　(3) 통기 관로(vent line) : 대기로 언제나 개방되어 있는 회로

　(4) 주관로(main line) : 흡입관로, 압력관로 및 귀환관로를 포함하는 주요 관로

85. 압력 제어 밸브에서 어느 최소 유량에서 어느 최대 유량까지의 사이에 증대하는 압력을 무엇이라고 하는가?

① 전량 입력

② 오버라이드 압력

③ 정격 압력

④ 서지 압력

[해설] 오버라이드 압력(override pressure) : 설정압력과 크래킹 압력의 차이를 말하며, 이 압력차가 클수록 릴리프 밸브의 성능이 나쁘고 포핏을 진동시키는 원인이 된다.

86. 그림과 같은 유압 도면 기호는 어떤 밸브를 나타내는가?

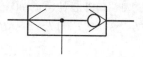

① 릴리프 밸브

② 저압 우선형 셔틀 밸브

③ 시퀀스 밸브

④ 고압 우선형 셔틀 밸브

[해설] 고압 우선형 셔틀 밸브는 2개의 입구 X와 Y를 가지고 있으며, 하나의 출구 A를 가지고 있다. 만일, 압축 공기가 X 또는 Y(X OR Y)의 어느 한쪽에만 존재해도 A에서 출력 신호를 얻을 수 있다.

87. 그림과 같은 유압 회로도에서 릴리프 밸브는?

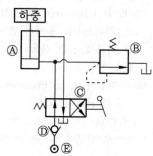

① Ⓐ　　② Ⓑ　　③ Ⓒ　　④ Ⓓ

[해설] Ⓐ : 실린더(cylinder), Ⓑ : 릴리프 밸브 (relief valve), Ⓒ : 전환 밸브, Ⓓ : 체크 밸브(check valve), Ⓔ : 압력원

88. 다음 그림과 같은 유압 기호의 설명으로 틀린 것은?

① 유압 펌프를 의미한다.

② 1방향 유동을 나타낸다.

③ 가변 용량형 구조이다.

④ 외부 드레인을 가졌다.

해설 도시된 유압 기호는 가변 용량형 유압 모터로 1방향 유동으로 외부 드레인을 가지고 있다.

89. 다음 그림과 같은 유압 기호의 명칭은 무엇인가?

① 어큐뮬레이터

② 정용량형 펌프·모터

③ 차동실린더

④ 가변용량형 펌프·모터

해설 도시된 유압기호는 정용량형 펌프·모터를 나타낸 것이다.

가변용량형 펌프·모터 :

90. 다음 기호 중 전자 방식으로 제어하는 것은?

①   ②

③   ④

해설 ① : 레버 방식, ② : 롤러 방식

③ : 스프링 방식, ④ : 전자 방식

91. 다음 그림과 같은 유압 기호가 나타내는 명칭은?

① 리밋 스위치   ② 전자 변환기

③ 압력 스위치   ④ 아날로그 변환기

제1장 기계제작법

1. 목형 및 주조

1-1 목형

(1) 목재의 수축 방지 조건

① 양재를 선택할 것
② 장년기의 수목을 동기에 벌채할 것
③ 건조재를 선택할 것
④ 많은 목편을 조합하여 만들 것
⑤ 적당한 도장을 할 것

(2) 목재의 건조

건조법 ┬ 자연 건조법 : 야적법, 가옥적법
         └ 인공 건조법 : 침재법, 훈제법, 자재법, 증재법,
                         열기 건조법, 진공건조법

(3) 목재의 방부법

① **도포법** : 목재 표면에 크레졸이나 페인트로 도포하는 방법
② **침투법** : 염화아연, 유산 등의 수용액을 침투·흡수시키는 방법
③ **자비법** : 방부제를 끓여서 부분적으로 침투시키는 방법
④ **충전법** : 목재에 구멍을 파서 방부제를 주입시키는 방법

(4) 목형의 종류

① **현형(solid pattern)** : 실제 부품과 같은 형태로 만든 모형
　㈎ 단체 목형(one piece pattern) : 간단한 주물(레버, 뚜껑 등)

(내) 분할 목형(split pattern) : 일반 복잡한 주물

(대) 조립 목형(built up pattern) : 아주 복잡한 주물(상수도관용 밸브류)

② **부분 목형(section pattern)** : 대형 기어나 프로펠러

③ **회전 목형(sweeping pattern)** : 회전체로 된 물체(pulley)

④ **고르개 목형(strickle pattern)** : 가늘고 긴 굽은 파이프(긁기형)

⑤ **골격 목형(skeleton pattern)** : 대형 파이프, 대형 주물

⑥ **코어 목형(core box)** : 코어 제작 시 사용(파이프, 수도꼭지 제작)

⑦ **매치 플레이트(match plate)** : 소형 제품 대량 생산

⑧ **잔형(loose piece)** : 주형 제작 시 목형을 먼저 뽑고 곤란한 목형 부분은 주형 속에 남겨두었다가 다시 뽑는 것

예제 1. 잔형(loose piece)에 대한 설명으로 맞는 것은?

① 제품과 동일한 형상으로 만드는 목형

② 목형을 뽑기 곤란한 부분만을 별도로 조립된 주형을 만들고 주형을 빼낼 때에는 분리해서 빼내는 형

③ 속이 빈 중공(中空) 주물을 제작할 때 사용하는 목형

④ 제품의 수량이 적고 형상이 클 때 주요부의 골격만 만들어 주는 것

정답 ②

---

(5) 목형 제작상의 주의사항

① **수축여유(shrinkage allowance)** : 용융금속은 냉각되면 수축되므로 주물의 치수는 주형의 치수보다 작아진다. 따라서 목형은 주물의 치수보다 수축되는 양만큼 크게 만들어야 하는데, 이 수축에 대한 보정량을 수축여유라 한다. 주물자는 금속의 수축을 고려하여 수축량만큼 크게 만든다.

② **가공여유(machining allowance)** : 수기가공이나 기계가공을 필요로 할 때 덧붙이는 여유 치수를 말한다.

③ **목형 구배(taper)** : 주형에서 목형을 빼내기 쉽게 하기 위해 목형의 수직면에 다소의 구배를 둔다. 목형의 크기와 모양에 따라 다르나 1 m 길이에 6~10 mm 정도의 구배를 둔다.

④ **라운딩(rounding)** : 응고할 때 경정 조직이 경계가 생겨서 약해지므로 목형의 모서리를 없애 둥글게 한다.

⑤ **덧붙임(stop off)** : 얇고 넓은 판상목형은 변형하기 쉬우므로 넓은 판면에 각제로 보충하거나 주조 시 두께가 같지 않으면 응고할 때 냉각속도가 달라서 응력에 대한 변형, 균열이 발생하므로 이것을 막기 위하여 주형이나 목형에 덧붙이를 달아서 보강한다.

⑥ 코어 프린트(core print) : 코어의 위치를 정하거나 주형에 쇳물을 부었을 때 쇳물의 부력에 코어가 움직이지 않도록 하거나, 쇳물을 주입했을 때 코어에서 발생하는 가스를 배출시키기 위해서 코어에 코어 프린트를 붙인다.

[예제] 2. 얇은 판재로 된 목형은 변형되기 쉽고 주물의 두께가 균일하지 않으면 용융금속이 냉각 응고 시에 내부 응력에 의해 변형 및 균열이 발생할 수 있으므로 이를 방지하기 위한 목적으로 쓰이고 사용한 후에 제거하는 것은?

① 목형 구배   ② 수축여유
③ 코어 프린트   ④ 덧붙임

[해설] 덧붙임(stop off)은 두께가 균일하지 않거나 형상이 복잡한 주물이 냉각 시 내부응력에 의해 변형되고 파손되기 쉬우므로 이를 방지하기 위하여 덧붙여 만든 부분을 말한다.

[정답] ④

---

(6) 주물금속의 중량(W_m) 계산식

$$W_m \fallingdotseq W_p \frac{S_m}{S_p} \,[\text{kN}]$$

여기서, W_m : 주물의 중량, S_m : 주물의 비중, W_p : 목형의 중량, S_p : 목형의 비중

[예제] 3. 목형의 중량이 3 N, 비중이 0.6인 적송일 때, 주철 주물의 무게는 약 몇 N인가?(단 주철의 비중은 7.2이다.)

① 27   ② 32   ③ 36   ④ 40

[해설] 주철무게(W_m) = 목형중량 × $\dfrac{주철비중}{목형비중}$ = $W_p \times \dfrac{S_m}{S_p} = 3 \times \dfrac{7.2}{0.6} = 36\,\text{N}$

[정답] ③

1-2   주조

(1) 주물사의 구비 조건

① 성형성이 좋을 것(제작이 용이)
② 통기성이 좋을 것
③ 내화성이 크고 화학반응을 일으키지 않을 것
④ 적당한 강도를 가질 것
⑤ 열전도성이 불량하고 보온성이 있을 것
⑥ 가격이 싸고, 구입이 용이할 것

(2) 주물사의 시험법(강도, 통기도, 내화도, 입도, 경도, 성형도)

① **수분 함유량** : 시료 50 g을 105±5℃에서 1~2 시간 건조시켜 무게를 달아 건조 전과 건조 후의 무게로 구한다.

$$수분 함유량(\%) = \frac{건조\ 전(g) - 건조\ 후(g)}{시료(g)} \times 100$$

② **입도(grain size)** : 모래 입자의 크기를 메시(mesh)로 표시하는 것

$$입도(\%) = \frac{체\ 위에\ 남아\ 있는\ 모래의\ 무게(g)}{시료(g)} \times 100$$

$$입도\ 지수 = \frac{\sum W_n S_n}{\sum W_n}$$

여기서, W_n : 각 체 위에 남아 있는 모래의 중량(g), S_n : 입도 계수

③ **통기도** : 시험편을 통기도 시험기에 넣어 일정 압력으로 한쪽에서 2000 cc 의 공기를 보낼 때 일어나는 공기압력의 차이와 그 시간을 측정하여 다음 식으로 통기도를 구한다.

$$통기도(K) = \frac{Qh}{PAt}\ [cm\ /\ min]$$

여기서, Q : 시험편을 통과한 공기량(cc)

　　　　h : 시험편 높이(cm)

　　　　P : 공기 압력(cmH_2O)

　　　　A : 시험편의 단면적(cm^2)

　　　　t : Q가 통과하는 데 필요한 시간(min)

④ **강도** : 인장강도, 압축강도, 전단강도, 굽힘강도 등

⑤ **내화도** : 용융온도와 소결도를 측정함(seger cone법 : 용융내화도)

(3) 주형 만드는 방법에 의한 분류

① 바닥 주형법

② 혼성 주형법

③ 주립 주형법

(4) 주형 각부의 제작 요령

① **다지기(ramming)** : 주형을 다지는 것은 용융된 금속의 흐름과 압력에 의해서 형이 붕괴되지 않을 정도로 다지게 되며, 너무 세게 다지면 강도는 높아지나 통기성은 불량하다.

② **가스빼기(vent)** : 주형 중의 공기, 가스 및 수증기를 배출공을 통하여 배출시키는 구멍

을 가스빼기라 한다.

③ **탕구계(gating system)** : 주형에 쇳물을 주입하기 위해 만든 통로로 쇳물받이(pouring cup), 탕구(downgate), 탕도(runner), 주입구(gate)로 구성되어 있다.

참고 **탕구계 관련 공식**

① 탕구비(gating ratio) = $\dfrac{\text{탕구봉 단면적}}{\text{탕도 단면적}}$ (탕구, 탕도, 주입구 등의 단면적비를 말한다.)

② 탕구의 높이와 유속(v) = $c\sqrt{2gh}$

여기서, v : 유속(cm/s), g : 중력 가속도, h : 탕구 높이, c : 유량 계수

③ 주입 시간(t) = $s\sqrt{W}$

여기서, t : 주입 시간, W : 주물의 중량, s : 주물 두께에 따른 계수

---

④ **덧쇳물(feeder 또는 riser)** : 주형 내에서 쇳물이 응고될 때 수축으로 쇳물의 부족을 보급하며, 수축공이 없는 치밀한 주물을 만들기 위한 것으로 덧쇳물의 위치를 주물이 두꺼운 부분이나 응고가 늦은 부분 위에 설치한다. 덧쇳물을 설치하면 다음과 같은 이점이 있다.

㉮ 주형 내의 쇳물에 압력을 준다.

㉯ 금속이 응고할 때 체적 감소로 인한 쇳물 부족을 보충한다.

㉰ 주형 내의 불순물과 용제의 일부를 밖으로 내보낸다.

㉱ 주형 내의 공기를 제거하며, 주입량을 알 수 있다.

예제 **4. 주조에서 라이저(riser)의 설치 목적으로 가장 적합한 것은?**

① 주물의 변형을 방지한다.

② 주형 내의 쇳물에 압력을 준다.

③ 주형 내에 공기를 넣어 준다.

④ 주형의 파괴를 방지한다.

해설 금속은 응고 시 수축하므로 이로 인한 쇳물 부족을 보충하고, 응고 중 주형 내의 쇳물에 압력을 가하고 주형 내 가스를 배출시켜 기공 발생과 수축공이나 편석을 방지하기 위해 라이저를 설치한다. **정답** **②**

예제 **5. 주조의 탕구계 시스템에서 라이저(riser)의 역할로서 틀린 것은?**

① 수축으로 인한 쇳물 부족을 보충한다.

② 주물의 냉각도에 따른 균열이 발생되는 것을 방지한다.

③ 주형 내의 쇳물에 압력을 가해 조직을 치밀화한다.

④ 주형 내의 가스, 기포 등을 밖으로 배출한다.

해설 라이저(riser) = 덧쇳물(feeder)의 역할

(1) 주형 내의 쇳물에 압력을 준다(조직을 치밀하게 한다).
(2) 금속이 응고할 때 체적 감소로 인한 쇳물 부족을 보충한다.
(3) 주형 내의 불순물과 용제의 일부를 밖으로 내보낸다.
(4) 주형 내의 공기·가스·기포 등을 배출한다.

정답 ②

⑤ **플로오프(flow off)** : 주형에 쇳물을 주입하면 가득 채워진 다음 넘쳐 올라오게 하여 쇳물이 주형에 가득 찬 것을 관찰하려고 주형의 높은 곳에 만든 것으로 가스빼기보다 구멍의 단면이 크다. 또 이것은 가스빼기로 같이 쓰기도 한다.

⑥ **냉강판(chilled plate)** : 두께가 같지 않은 주물에서 전체를 같게 냉각시키기 위해 두께가 두꺼운 부분에 쓰며, 부분적으로 급랭시켜 견고한 조직을 얻는 목적에도 쓰인다. 가스빼기를 생각해 주형의 측면 또는 아래쪽에 붙인다.

⑦ **코어 받침대(core chaplet)** : 코어의 자중, 쇳물의 압력이나 부력으로 코어가 주형 내의 일정 위치에 있기 곤란할 때, 코어의 양단을 주형 내에 고정시키기 위해 받침대를 붙이는데 받침대는 쇳물에 녹아 버리도록 주물과 같은 재질의 금속으로 만든다.

⑧ **중추(weight)** : 주형에 쇳물을 주입하면 주물의 압력으로 주형이 부력을 받아 윗 상자가 압상되므로 이를 막기 위해 중추를 올려놓는다. 중추의 무게는 보통 압상력의 3배 가량으로 한다.

$$\text{쇳물 압상력}(P_c) = AHS[\text{kN}]$$

여기서, A : 주물을 위에서 본 면적
H : 주물의 윗면에서 주입구 표면까지의 높이
S : 주입 금속의 비중

한편, 주형 내에 코어가 있을 경우 코어의 부력은 $\frac{3}{4}VS$로 계산한다.

$$\text{쇳물 압상력}(P_c) = AHS + \frac{3}{4}VS[\text{kN}]$$

여기서, V : 코어의 체적

(5) 금속의 용해법

① **큐폴라(cupola)** : 주철의 용해로로 매시간 지금(地金) 용해량으로 용량을 나타낸다.

② **전로(bessemer converter)** : 주강의 용해에 쓰인다(불순물을 산화연소).

③ **도가니로(crucible furnace)** : 경합금, 동합금, 합금강의 용해에 쓰이며 1회 용해할 수 있는 금속 중량으로 번호를 표시한다.

④ **전기로** : 아크로, 고주파 유도로가 있으며 제강, 특수 주철의 용해, 합금 제조, 금속 정련 등에 쓰인다.

예제 6. 주철용해에 사용되는 큐폴라(cupola)의 크기는?

① 1회에 용해하는 데 사용된 코크스의 양

② 1회에 용해할 수 있는 양

③ 1시간당 용해할 수 있는 양

④ 1시간당 송풍량

해설 큐폴라(cupola)의 크기는 1시간당 용해할 수 있는 주철의 양으로 나타낸다. 정답 ③

(6) 특수 주조법

① 다이 캐스팅(die casting)

② 칠드 주조(chilled casting)

③ 원심 주조법(centrifugal casting)

④ 셸 몰딩법(shell moulding)

⑤ CO_2법(탄산가스)

⑥ 인베스트먼트 주조법(investment casting)

⑦ 진공 주조법

예제 7. 로스트 왁스 주형법(Lost wax process)이라고도 하며, 제작하려는 제품과 동형의 모형을 양초 또는 합성수지로 만들고, 이 모형의 둘레에 유동성이 있는 조형재를 흘려서 모형은 그 속에 매몰한 다음, 건조 가열로 주형을 굳히고, 양초나 합성수지는 용해시켜 주형 밖으로 흘려 배출하여 주형을 완성하는 방법은?

① 다이캐스팅법   ② 셸 몰드법

③ 인베스트먼트법   ④ 진공 주조법

해설 인베스트먼트법(investment casting)은 주조하려는 주물과 동일한 모형을 왁스(wax), 파라핀(paraffin) 등으로 만들어 주형재에 파묻고 다진 후 가열로에서 주형을 경화시킴과 동시에 모형재인 왁스, 파라핀을 유출시켜 주형을 완성하는 방법으로 일명, 로스트 왁스 (lost wax)법이라고도 한다. 주물의 치수가 매우 정확하며, 표면이 깨끗하고 또한 복잡한 형상을 만들기 쉬우며 매우 정밀한 작은 주물을 생산하는 데 유리하다. 정답 ③

예제 8. 칠드 주조(chilled cast iron)란 무엇인가?

① 강철을 담금질하여 경화한 것

② 주철의 조직을 마텐자이트로 한 것

③ 용융 주철을 급랭하여 표면을 시멘타이트 조직으로 만든 것

④ 미세한 펄라이트 조직의 주물

해설 칠드 주조(chilled cast iron)란 주형의 일부가 금형으로 되어 있는 주조법으로 주철

이 급랭하면 표면이 단단한 탄화철(Fe₃C)이 되어 칠드층을 이루며 내부는 서서히 냉각되어 연한 주물이 된다. 이와 같이 표면은 경도가 높고, 내부는 경도가 낮은 주물을 칠드 주물이라 하며 주로, 압연롤러 등에 사용된다. **정답** ③

예제 9. 쇳물을 정밀 금속 주형에, 고속·고압으로 주입하여 표면이 우수한 주물을 얻는 주조 방법은?

① 셸몰드 주조 ② 칠드 주조

③ 다이캐스팅 주조 ④ 인베스트먼트 주조

해설 다이캐스팅법(die cating) : 대기압 이상의 압력으로 압입하여 주조하는 방법으로 Al, Cu, Zn, Sn, Mg 합금 등이 많이 사용(정밀도가 높고 표면이 아름다운 우수한 주물 주조법으로 기계 가공이 필요하지 않는다.) **정답** ③

예제 10. 표면경화법에서 금속침투법 중 아연을 침투시키는 것은?

① 칼로라이징 ② 세라다이징

③ 크로마이징 ④ 실리코나이징

해설 표면경화법에서 금속침투법 중 아연(Zn)을 침투시키는 것은 세라다이징(내식성 향상)이다. 칼로라이징은 알루미늄(Al)을, 크로마이징은 크롬(Cr)을, 실리코나이징은 규소(Si)를 침투시키는 것이다. **정답** ②

(7) 주물의 결함과 검사 및 대책 (방지책)

① **수축공(shrinkage hole)** : 용융금속이 주형 내에서 응고할 때 표면부터 수축하므로 최후의 응고부에는 수축으로 인해 쇳물이 부족하게 되어 공간이 생기게 되는 것을 말한다. 방지법으로는 쇳물 아궁이를 크게 하거나 덧쇳물을 붓는다.

② **기공(blow hole)** : 주형 내의 가스가 외부로 배출되지 못해 기공이 생기며, 방지법은 다음과 같다.

㈎ 쇳물 아궁이를 크게 할 것

㈏ 쇳물의 주입 온도를 필요 이상 높게 하지 말 것

㈐ 통기성을 좋게 할 것

㈑ 주형의 수분을 제거할 것

③ **편석(segregation)** : 용융금속에 불순물이 있을 때 이 불순물이 집중되어 석출되든지, 또는 무거운 것은 아래로 가벼운 것은 위로 분리되어 굳어지든지, 결정들의 각 부 배합이 달라지는 때가 있는데, 이 형상을 편석이라 한다.

④ **균열(crack)** : 용융금속이 응고할 때 수축이 불균일한 경우에 응력이 발생하여 이것으로 주물에 금이 생기게 되는 현상을 말하며, 방지법은 다음과 같다.

㈎ 각 부분의 온도 차이를 작게 할 것

㈏ 주물을 급랭시키지 않을 것

㈐ 각진 부분은 둥글게(rounding) 할 것

㈑ 주물의 두께 차를 갑자기 변화시키지 않을 것

⑤ **치수 불량** : 주물의 치수 불량은 주물자의 선정 잘못, 목형의 변형, 코어의 이동, 주형 상자의 맞춤 불량에 원인이 있다.

⑥ **주물 표면 불량** : 주물 표면 거칠기는 도형제, 모래 입자의 굵기, 용탕의 표면장력, 주 형면에 작용하는 용탕의 압력 등의 영향을 받는다.

> **참고** **주물의 검사**
>
> 주물의 검사에는 외관 검사, 치수 검사, 비파괴 검사, 파괴 검사가 있으며, 외관 검사는 외부에 보이는 결함의 검사이고 비파괴 검사는 내부의 주요 부분을 X선, γ선 검사로 알아본다.

> **예제** **11. 주물의 결함으로 주물의 일부분에 불순물이 집중되어 석출되거나 가벼운 부분이 위에 뜨고, 무거운 부분이 밑에 가라앉아 굳어지거나 배합이 달라지는 현상은?**
>
> ① 편석　　　　　　　　　　　② 수축공
>
> ③ 기공　　　　　　　　　　　④ 치수불량

해설 편석 : 주물의 일부분 특히 모서리 부분이나 두께 변화가 많은 부분에서 불순물이 집중되어 석출되거나, 결정이 성장하는 부분과 성장이 완료된 부분의 배합이 달라질 때가 있는데 이러한 현상을 말한다. 즉, 고상과 액상 사이에 불순물이 일정한 농도비로 분배되는 현상이다.
　　　　　　　　　　　　　　　　　　　　　　　　　　　　　　　정답 ①

---

2. 소성가공

(1) 소성가공의 종류

① **압연(rolling)** : 회전하는 롤러 사이에 재료를 넣어 소정의 제품을 가공하는 방법

② **압출(extruding)** : 재료를 실린더 모양의 컨테이너에 넣고 한쪽에 압력을 가하여 압축시켜 가공하는 방법

③ **인발(drawing)** : 재료를 다이(die)에 통과시켜 축방향으로 인발하면서 제품을 가공하는 방법

④ **단조(forging)** : 재료를 기계나 해머로 두들겨서 가공하는 방법

⑤ **전조(thread & gear forming)** : 압연과 비슷한 가공으로 나사나 기어를 가공하는 것

⑥ **프레스 가공(press working)** : 판재를 형틀에 의해서 목적하는 형으로 변형·가공하는 것

(2) 단조의 종류

① 단조방법
- 자유단조(free forging) : 늘리기, 절단, 눌러붙이기, 단짓기, 구멍뚫기, 굽히기
- 형단조(die forging) : 금형 사용, 대량 생산, 정밀도가 높고 가격이 저렴하다.

② 가열온도
- 열간단조 : 해머단조, 프레스단조, 오프셋 단조, 롤단조
- 냉간단조 : 콜드헤딩, 코이닝(coining), 스웨이징(swaging), 테이퍼 제작
- 특수단조 : 고속단조, 용탕단조, 분말단조

(3) 압연의 원리

① **압하율** : 롤러 통과 전의 두께를 H_0, 통과 후의 두께를 H_1 이라 하면

$$압하량 = H_0 - H_1$$

$$압하율 (draft\ percent) = \frac{H_0 - H_1}{H_0}$$

② **폭 증가(width spread)** : 압연 전 판재의 폭을 B_0, 압연 후의 폭을 B_1 이라 하면

$$폭\ 증가 = B_1 - B_0$$

③ **접촉각(contact angle)** : 압연 시 롤이 판재를 누르는 힘을 P, 롤과 판재의 마찰력을 μP, 롤과 판재의 접촉각을 θ 라 하면 P의 분력 $P\sin\theta$ 와 μP의 분력 $\mu P\cos\theta$ 가 서로 반대이므로 μP의 분력이 P의 분력보다 크면 압연이 가능하고, 작으면 압연이 스스로 되지 않는다.

즉, $\mu P\cos\theta \geqq P\sin\theta$

$\therefore \mu \geqq \tan\theta$

의 관계가 성립된다. 그러므로 접촉각 θ 가 작거나 마찰계수 μ 가 커지면 스스로 압연이 가능하다.

④ **인발가공**

$$단면\ 감소율 = \frac{인발\ 전의\ 단면적(A_0) - 인발\ 후의\ 단면적(A')}{인발\ 전의\ 단면적(A_0)} \times 100\,\%$$

$$가공도 = \frac{A'}{A_0} \times 100\,\%$$

※ 가공도가 크면 재결정온도는 낮아진다(가공이 용이하다).

⑤ 프레스 (press) 가공

프레스 가공 ┬ 전단작업 : 블랭킹, 전단, 트리밍, 셰이빙, 브로칭, 노칭, 분단(parting)
        ├ 성형작업 : 굽힘, 비딩, 컬링(curling), 시밍, 벌징, 스피닝, 디프 드로잉
        └ 압축작업 : 압인, 엠보싱, 스웨이징, 버니싱, 충격압출

⑺ 전단가공

• 전단가공에 요하는 힘 : 전단에 요하는 힘(P), 소요동력(N), 전단에 요하는 일량(W) 일 때

$$P = lt\tau\,[\text{kN}]$$

$$P = \pi dt\tau\,(\text{원판 블랭킹의 경우})$$

여기서, l : 전 전단 길이(mm), t : 판 두께(mm), τ : 전단저항[MPa (N/mm^2)]

$$N = \frac{Pv_m}{75 \times 60 \times \eta}$$

여기서, v_m : 평균 전단속도(m/min), η : 기계효율(0.5~0.7로 한다.)
        N : 소요동력 (PS)

$$W = \frac{mPt}{1000}\,[\text{kJ}]$$

여기서, m : 재료에 따라 정해지는 계수(0.63으로 한다.), W : 일량(kJ)

⑻ 굽힘가공

• 스프링 백 : 굽힘가공을 할 때 굽힘 힘을 제거하면 판의 탄성 때문에 탄성변형 부분이 원상태로 돌아가 굽힘 각도나 굽힘 반지름이 열려 커진다. 이것을 스프링 백(spring back)이라 한다. 스프링 백의 양은 경도가 높을수록 커지고, 같은 판재에서 구부림 반지름이 같을 때에는 두께가 얇을수록 커지며, 같은 두께의 판재에서는 구부림 각도가 작을수록 커진다.

⑼ 굽힘에 요하는 힘

• V형 다이의 경우

$$P_1 = 1.33\,\frac{bt^2}{L}\,\sigma_b\,[\text{kN}]$$

여기서, P : 펀치에 가하는 굽힘력(kN)
        b : 판의 폭(mm)
        t : 판 두께(mm)
        L : 다이의 홈 폭[mm($L = 8t$)]
        σ_b : 판의 인장강도[MPa(N/mm^2)]

• U형 굽힘의 경우

$$P_2 = 0.67 \frac{bt^2}{L} \sigma_b \, [\text{kN}]$$

예제 **12.** 금속 재료를 회전하는 롤러(roller) 사이에 넣어 가압함으로써 단면적을 감소시켜 길이 방향으로 늘리는 작업은?

① 압연   ② 압출   ③ 인발   ④ 단조

해설 금속 재료를 회전하는 롤러(roller) 사이에 넣어 가압함으로써 단면적을 감소시켜 축 방향으로 늘리는 작업을 압연가공이라 하고, 온도에 따라 열간 압연과 냉간 압연으로 구분한다.

정답 ①

예제 **13.** 자유 단조에서 업 세팅(up-setting)에 관한 설명으로 옳은 것은?

① 굵은 재료를 늘리려는 방향과 직각이 되게, 램으로 타격하여 길이를 증가시킴과 동시에 단면적을 감소시키는 작업이다.

② 재료를 축방향으로 압축하여 지름은 굵고 길이는 짧게 하는 작업이다.

③ 압력을 가하여 재료를 굽힘과 동시에 길이방향으로 늘어나게 하는 작업이다.

④ 단조 작업에서 재료에 구멍을 뚫기 위해 펀치를 사용하는 작업이다.

해설 업 세팅(up-setting) : 소재를 축방향으로 압축하여 길이를 짧게 하고 단면적을 크게 하는 작업

정답 ②

예제 **14.** 지름 100 mm의 소재를 드로잉하여 지름 70 mm의 원통을 만들었다. 이때 드로잉률은 얼마인가? 또 지름 70 mm의 용기를 재드로잉률 0.8로 재드로잉하면 용기의 지름은 얼마인가?

① 드로잉률은 80 %이고, 재드로잉한 지름은 56 mm이다.

② 드로잉률은 70 %이고, 재드로잉한 지름은 56 mm이다.

③ 드로잉률은 80 %이고, 재드로잉한 지름은 49 mm이다.

④ 드로잉률은 70 %이고, 재드로잉한 지름은 49 mm이다.

해설 드로잉률 $= \dfrac{70}{100} = 0.7 \, (70\,\%)$, 재드로잉률이 $0.8 \, (80\,\%)$이므로

용기의 지름$(D) = 70 \times 0.8 = 56 \, \text{mm}$

정답 ②

예제 **15.** 인발가공에서 인발조건의 인자가 아닌 것은?

① 역장력   ② 마찰력

③ 다이(die)각   ④ 천공기

해설 인발(drawing)가공은 선재나 파이프 등을 만들 때 다이를 통하여 인발함으로써 필요한 치수나 형상으로 만들어내는 가공법으로 인발 조건의 인자에는 역장력, 마찰력, 다이 (die)각 등이 있다. 천공기(piercing machine)는 구멍이 없는 재료에 펀치를 때려 구멍을 뚫는 기계이다. 정답 ④

예제 16. 디프 드로잉(deep drawing)으로 지름 80 mm, 높이 50 mm의 얇은 평판의 원통용기를 마들고자 한다. 블랭크의 지름은 ? (단, 모서리의 반지름은 매우 작다.)

① 약 130 mm   ② 약 150 mm

③ 약 170 mm   ④ 약 190 mm

해설 $D = \sqrt{d^2 + 4dh} = \sqrt{80^2 + 4 \times 80 \times 50} = 150\,\text{mm}$ 정답 ②

예제 17. 두께 3 mm인 연강판에 지름 40 mm 블랭킹할 때, 소요되는 펀칭력은 약 몇 kN인가 ? (단, 강판의 전단저항은 300 N/mm²이고, 펀칭력은 이론값에 마찰저항을 가산한다. 마찰저항은 이론값의 5 % 정도이다.)

① 113.0   ② 118.8

③ 116.7   ④ 102.2

해설 $P_s = \tau A = \tau \pi d t = 0.3 \times \pi \times 40 \times 3 = 113.1\,\text{N}$

마찰저항은 이론값의 5 %이므로 마찰저항 = $113.1 \times 0.05 = 5.655\,\text{kN}$

∴ $P = 113.1 + 5.665 ≒ 118.8\,\text{kN}$ 정답 ②

예제 18. 전단가공의 종류에 해당하지 않는 것은 ?

① 비딩(beading)   ② 펀칭(punching)

③ 트리밍(trimming)   ④ 블랭킹(blanking)

해설 비딩(beading)은 요철(凹凸)가공으로 성형가공법이다. 정답 ①

---

3. 측정기 및 수기가공(손다듬질)

(1) 직접 측정과 비교 측정

① **직접 측정** : 실물의 치수를 직접 읽는 측정으로 마이크로미터, 버니어 캘리퍼스, 각도자(공작물의 각도를 측정하는 기구) 등이 있다.

② **비교 측정** : 실물의 치수와 표준 치수의 차를 측정해서 치수를 아는 방법으로 다이얼 게이지, 미니미터, 옵티미터, 전기 마이크로미터, 공기 마이크로미터 등이 있다.

예제 19. 피측정물을 확대 관측하여 복잡한 모양의 윤곽, 좌표의 측정, 나사 요소의 측정 등과 같이 단독 요소의 측정기로는 측정할 수 없는 부분을 측정할 때 가장 적합한 것은?
① 피치 게이지
② 나사 마이크로미터
③ 공구 현미경
④ 센터 게이지

해설 공구 현미경(tool maker's microscope) : 제품의 길이, 각도, 형상의 윤곽을 측정할 수 있는 측정기로 복잡한 형상이나 좌표 및 나사 요소 등과 같이 길이 측정기나 각도 측정기와 같은 단독 요소의 측정기로 측정할 수 없는 부분을 측정할 때 가장 적합한 측정계기이다.
정답 ③

예제 20. 버니어 캘리퍼스는 일반적으로 아들자의 한 눈금이 어미자의 $(n-1)$ 눈금을 n등분 한 것이다. 어미자의 한 눈금 간격이 A라고 하면 아들자로 읽을 수 있는 최소 측정값은?
① nA
② $\dfrac{A}{n}$
③ $\dfrac{nA}{n-1}$
④ $\dfrac{n-1}{nA}$

해설 아들자로 읽을 수 있는 최소 측정값은 $\dfrac{A}{n}$이다.
정답 ②

예제 21. 버니어 캘리퍼스에서 어미자 49 mm를 50 등분한 경우 최소 읽기 값은? (단, 어미자의 최소 눈금은 1.0 mm이다.)
① $\dfrac{1}{50}$ mm
② $\dfrac{1}{25}$ mm
③ $\dfrac{1}{24.5}$ mm
④ $\dfrac{1}{20}$ mm

해설 $1 - \dfrac{49}{50} = \dfrac{1}{50} (0.02\,\text{mm})$
정답 ①

(2) 사인 바(sine bar)

직각 삼각형의 2변 길이로 삼각함수에 의해 각도를 구하는 것으로 삼각법에 의한 측정에 많이 이용된다. 양 원통 롤러 중심거리(L)는 일정 치수로 보통 100 mm 또는 200 mm로 만든다. 각도 α 는 다음 식으로 구한다.

$$\sin \alpha = \frac{H}{L}$$

$$\alpha = \sin^{-1}\left(\frac{H}{L}\right)$$

(3) 콤비네이션 세트(combination set)

강철자, 직각자 및 분도기 등을 조합하여 각도 측정에 쓰인다.

(4) 탄젠트 바(tangent bar)

일정한 간격 L로 놓여진 2개의 블록 게이지 H 및 h와 그 위에 놓여진 바에 의해 각도를 측정한다.

(5) 나사의 측정

① **유효지름 측정** : 삼침법(정밀측정), 나사 마이크로미터
② **피치의 측정** : 피치 게이지(pitch gauge)
③ **나사산의 각도** : 투영 검사기

(6) 줄 다듬질(filing)

줄질하는 방법에는 직진법과 사진법이 있다. 직진법은 줄 다듬질의 최후에 하는 방법이며, 사진법은 줄을 오른쪽으로 기울여 전방으로 움직이는 절삭법으로 절삭량이 커서 거친깎기 또는 면깎기 작업에 적합하다.

(7) 스크레이퍼 작업

스크레이퍼 작업은 셰이퍼(shaper)나 플레이너 등으로 절삭 가공한 평면이나 선반으로 다듬질한 베어링의 내면을 더욱 정밀도가 높은 면으로 다듬질하기 위해서 스크레이퍼(scraper)를 사용해 조금씩 절삭하는 정밀 가공법의 하나이다.

(8) 탭(tap) 작업

암나사를 손으로 만드는 방법을 탭 작업이라 하고 수나사를 만드는 방법을 다이스 작업이라 한다.
① **탭의 종류** : 등경 수동 탭, 중경 탭, 기계 탭, 가스 탭 등
② **다이스의 종류** : 솔리드 다이스, 조정 다이스(split dies)

예제 **22.** 강재에 탭을 이용하여 M10×1.5 나사를 가공하려 할 때, 탭을 가공하기 위한 드릴지름으로 적합한 것은?

① 10.0 mm   ② 8.5 mm
③ 9.1 mm   ④ 8.0 mm

해설 탭 가공 시 드릴지름(d) = 호칭지름(바깥지름) − 피치(P) = $10 - 1.5 = 8.5$ mm   정답 ②

4. 용접(welding)

(1) 용접의 장단점

① 장점

㈎ 이음효율이 좋다.

㈏ 자재가 절약된다.

㈐ 공정수가 감소된다.

㈑ 제품의 성능과 수명이 향상된다.

② 단점

㈎ 응력 집중에 대해 민감하다.

㈏ 품질검사가 곤란하다.

㈐ 용접 모재가 열 영향을 받아 변형된다.

용접부의 결함

명칭	상태	주된 원인
오버랩	용융금속이 모재와 융합되어 모재 위에 겹쳐지는 상태	• 모재에 대해 용접봉이 굵을 때 • 운봉이 불량일 때 • 용접전류가 약할 때
기공	용착금속 속에 남아 있는 가스로 인한 구멍	• 용접전류의 과대 • 용접봉에 습기가 많을 때 • 가스용접 시의 과열 • 모재에 불순물 부착
슬래그 섞임	녹은 피복제가 용착금속 표면에 떠 있거나 용착금속 속에 남아있는 것	• 운봉의 불량 • 피복제의 조성 불량 • 용접전류, 속도의 부적당
언더컷	용접선 끝에 생기는 작은 홈	• 용접전류의 과대 • 운봉의 불량 • 용접전류, 속도의 부적당

(2) 용접의 분류

용접은 용접 원리에 따라 크게 융접, 압접, 납땜으로 분류하며, 이를 다시 세분하면 다음과 같다.

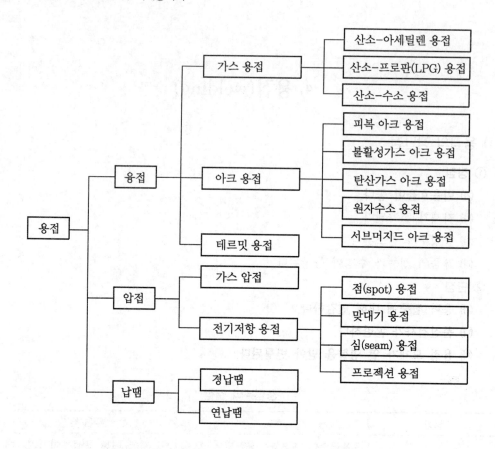

예제 **23. 테르밋 용접(thermit welding)의 설명으로 옳은 것은?**

① 피복 아크 용접법 중의 하나이다.

② 산화철과 알루미늄의 반응열을 이용한 방법이다.

③ 원자 수소의 발열을 이용한 방법이다.

④ 액체 산소를 사용한 가스용접법의 일종이다.

해설 테르밋 용접 : 알루미늄(Al)과 산화철(Fe₂O₃)을 혼합한 분말의 화학 반응열을 이용한 용접법으로 레일 접합에 사용되며, 반응열의 온도는 3000℃ 정도이다. 정답 ②

예제 **24. 가스 용접에서 산소와 아세틸렌의 혼합량에 따라 여러 종류의 화염이 생긴다. 이 중 틀린 것은?**

① 탄화성 화염   ② 산화성 화염

③ 융화성 화염   ④ 중성 화염

해설 가스(산소) 용접은 주로 산소(O_2)-아세틸렌(C_2H_2) 용접을 의미한다.

(1) 표준불꽃(중성불꽃)

(2) 탄화불꽃(아세틸렌 과잉불꽃)

(3) 산화불꽃(산소 과잉불꽃) 정답 ③

예제 25. 전기저항열을 이용한 압접이 아닌 것은?

① 스폿 용접(spot welding)　　　　② 심 용접(seam welding)

③ 테르밋 용접(thermit welding)　　④ 프로젝션 용접(projection welding)

해설 전기저항열을 이용한 압접에는 점(spot) 용접, 심(seam) 용접, 프로젝션 용접, 플래시
(flash) 용접, 버트(맞대기) 용접 등이 있다.　　　　　　　　　　　　**정답** ③

5. 절삭 이론

(1) 공작기계의 절삭방식과 그 종류

① 절인 절삭에 의한 가공

　㉮ 선삭(turning)　　　　　　　　㉯ 평삭(planing)

　㉰ 밀링(milling)　　　　　　　　㉱ 드릴링(drilling) 및 보링(boring)

② 입자에 의한 가공

　㉮ 연삭(grinding)　　　　　　　　㉯ 호닝(horning)

　㉰ 래핑(lapping)　　　　　　　　㉱ 슈퍼 피니싱(superfinishing)

(2) 절삭현상 및 절삭가공

① 칩의 기본 형태

　㉮ 유동형 칩(flow type chip) : 칩이 공구의 경사면 위를 유동하는 것 같이 이동하므로
칩의 슬라이딩이 연속적으로 진행되어 절삭작업이 원활하다. 연성재료를 고속절삭할
때, 절삭량이 적을 때, 바이트의 경사각이 클 때, 절삭제를 사용할 때 생기기 쉽다.

　㉯ 전단형 칩(shear type chip) : 칩이 공구의 경사면 위에서 압축을 받아 어느 면에 가
서 전단을 일으키므로 칩은 연속되어 나오기는 하나 슬라이딩의 간격이 유동형보다
크다. 이 때문에 바이트면에 걸리는 힘이 변동되어 진동을 일으킨다. 연성재료를 저
속절삭할 때, 바이트의 경사각이 작을 때, 절삭깊이가 클 때 생긴다.

　㉰ 열단형 칩(tear type chip) : 공구 경사면 위의 재료가 세게 압축되어 슬라이딩이 되
지 않아 공구날 끝 앞쪽에서 균열이 나타나는 상태의 칩으로 피삭재료가 점성이 있을
때 생긴다.

　㉱ 균열형 칩(crack type chip) : 취성 재료에서 균열이 날 끝에서부터 공작물 표면까지
순간적으로 발생하는 칩이다.

② 구성인선(built up edge) : 금속을 절삭할 때 칩과 공구 경사면 사이에 높은 압력과 큰
마찰저항 및 절삭열에 의하여, 칩의 일부가 가공 경화하여 절삭날 끝에 부착되어 절
삭날과 같이 실제절삭을 하므로, 절삭작용에 악영향을 미치며, 1/100초∼1/300초의

주기로 발생, 성장, 분열, 탈락이 일어난다.

(카) 구성인선의 영향

- 가공물의 다듬면이 불량하게 된다.
- 발생~탈락을 반복하므로 절삭저항이 변화하여 공구에 진동을 준다.
- 초경합금 공구는 날 끝이 같이 탈락되므로 결손이나 미세한 파괴가 일어나기 쉽다.

참고 구성인선 방지법

① 절삭깊이를 얇게 할 것
② 공구(bite)의 윗면 경사각을 크게 할 것
③ 공구의 인선을 예리하게 할 것
④ 절삭속도를 크게 할 것(절삭저항을 작게 할 것)
⑤ 칩(chip)과 공구 사이의 윤활을 완전하게 할 것

(나) 구성인선의 이용 : 일반적으로 인성이 큰 재료는 구성인선이 일어나기 쉽다. 그러나 구성인선은 경사각이 크므로 절삭저항이 감소하며, 또 공구의 날 끝이 구성인선에 보호되므로 공구수명이 길어지는 이점이 있다. 이러한 이점을 이용한 것이 silver white cutting method이다. 이때 사용되는 바이트가 SWC 바이트이다.

예제 26. 구성인선(built-up edge)에 대한 설명으로 옳은 것은?

① 저속으로 절삭할수록 구성인선이 방지된다.
② 마찰계수가 큰 절삭공구를 사용하면 구성인선이 방지된다.
③ 칩의 두께를 증가시키면 구성인선이 방지된다.
④ 경사각(rake angle)을 크게 하면 구성인선이 방지된다.

해설 구성인선을 방지하려면 절삭속도를 크게(120 m/min) 하고 마찰계수가 작은 절삭공구를 사용하며 칩 두께(절삭 깊이)를 얇게 하고 공구의 윗면 경사각은 30° 이상 크게 한다. **정답** ④

---

③ **절삭저항** : 절삭저항(P)은 서로 직각으로 된 3개의 분력으로 나누어 생각할 수 있으며, 절삭방향과 평행한 분력을 주분력(P_1), 이송방향과 평행한 분력을 횡분력(P_2), 이들에 수직인 분력을 배분력(P_3)이라 한다.

$$P_1 : P_2 : P_3 = 10 : (1 \sim 2) : (2 \sim 4)$$

④ **절삭동력** : 절삭저항의 주분력과 정미 절삭동력은 다음 식으로 계산할 수 있다.

$$N_c = \frac{P_1 V}{1000} [\text{kW}]$$

여기서, N_c : 정미 절삭동력(kW), P_1 : 절삭저항의 주분력(N), V : 절삭속도(m/s)

이송을 주기 위한 소요동력 N_f [kW]는 이송속도를 S[m/min]라 하면 다음과 같다.

$$N_f = \frac{P_2 S}{1000 \times 60} [\text{kW}]$$

여기서, P_2 : 이송분력(N)

⑤ **절삭속도** : 절삭 시 공구에 대한 공작물의 상대적 속도를 절삭속도(cutting speed) 라 하며, 단위는 m/min으로서 표시한다. 선반에서 환봉의 외주를 절삭할 때 같은 회전수라도 환봉의 지름에 따라 절삭속도는 달라진다. 절삭속도와 회전수와의 관계는 다음 식으로 나타낸다.

$$V = \frac{\pi d N}{1000} \, [\text{m/min}]$$

여기서, V : 절삭속도(m/min), d : 공작물의 지름(mm), N : 매분 회전수(rpm)

예제 27. 선반 절삭작업에서 절삭력 $P = 100\,\text{kgf}$이고 절삭속도 $V = 60\,\text{m/min}$일 때 절삭동력은? (단, 선반의 효율 $\eta = 0.9$로 한다.)

① 약 0.6 kW　　② 약 1.1 kW　　③ 약 2.6 kW　　④ 약 3.1 kW

해설 절삭동력 $= \dfrac{PV}{102\eta} = \dfrac{100 \times 1}{102 \times 0.9} = 1.089 \fallingdotseq 1.1\,\text{kW}$

SI 단위인 경우 절삭동력(kW) $= \dfrac{PV}{1000\eta}$

여기서, P : 절삭력(N), V : 절삭속도(m/s), η : 효율　　　**정답** ②

---

6. 선반가공 / 밀링가공 / 드릴링

6-1　선반가공

(1) 선반의 종류

① 보통 선반(engine lathe)　　② 탁상 선반(bench lathe)
③ 터릿 선반(turret lathe)　　④ 자동 선반(automatic lathe)
⑤ 모방 선반(copying lathe)　　⑥ 수직 선반(vertical lathe)
⑦ 다인 선반(multi cut lathe)　　⑧ 차륜 선반(wheel lathe)
⑨ 차축 선반(axle lathe)　　⑩ 크랭크축 선반(crank shaft lathe)
⑪ 캠축 선반(cam shaft lathe)　　⑫ 롤 선반(roll lathe)

(2) 선반의 크기 표시

각종 선반에 따라 차이가 있으나 보통 선반에서는 베드 위의 스윙(swing), 양 센터 사이의 최대 거리, 왕복대상의 스윙으로 나타낸다.

① **베드상의 스윙** : 베드에 닿지 않게 주축에 설치할 수 있는 공작물의 최대 지름이다.

② 양 센터 사이의 최대 거리 : 심압대를 주축에서 가장 멀리 했을 때 양 센터에 설치할 수 있는 공작물의 길이이다.

(3) 보통 선반의 주요부

① **주축대(head stock)** : 선반의 가장 중요한 부분으로 공작물을 지지, 회전 및 변경을 하거나 동력 전달을 하는 일련의 기어 기구로 구성되어 있다.

② **심압대(tail stock)** : 주축 맞은편에 설치하여 공작물을 지지하거나 드릴 등의 공구를 고정할 때 사용한다.

③ **왕복대(carriage)** : 베드 위에 있으며, 바이트 및 각종 공구를 설치한 공구대를 평행하게 전후, 좌우로 이송시키며, 새들과 에이프런으로 구성되어 있다.

④ **베드(bed)** : 주축대, 왕복대, 심압대 등 주요한 부분을 지지하고 있는 곳

(4) 보통 선반의 부속장치

① **센터(center)** : 선반 작업에 있어서 주축대와 심압대 사이에 공작물을 끼워 지지하는 공구

② **척(chuck)** : 일감을 고정할 때 사용하며, 연동 척, 단동 척, 복동 척, 콜릿 척 등이 있다.

③ **돌림판(driving plate) 및 돌리개(lathe dog)** : 주축의 회전을 공작물에 전달하는 장치

④ **심봉(맨드릴 : mandrel)** : 중심에 구멍이 뚫린 공작물을 가공할 때 그대로 가공할 수 없으므로 그것을 지지하기 위해 구멍에 끼우는 막대

⑤ **방진구(work rest)** : 선반 작업이나 연삭 작업 시 가느다란 공작물을 깎을 때 공작물이 휘어서 흔들리지 않도록 반지름방향에서 지지하는 장치

(5) 바이트의 주요부

① **주절인(principle edge)** : 실제 절삭작용을 하는 절인 부분

② **측면절인(back edge)** : 주절인에 연결되는 절인 부분

③ **경사면(rake surface)** : 칩이 절삭될 때 접촉되면서 제거되는 면

④ **여유면(clearance surface)** : 절삭된 가공물에 인접된 바이트 면

예제 28. 선반용 부속공구 중 주축에 끼워 공작물을 3개 또는 4개의 조(jaw)로 확실하게 물고 이를 지지한 채로 회전하는 도구는 무엇인가?

① 센터(center)   ② 척(chuck)

③ 돌리개(lathe dog)   ④ 면판(face plate)

해설 (1) 척 : 가공물을 주축에 고정하여 회전시키는 데 사용
  (2) 센터 : 주축과 심압대 축에 삽입되어 공작물 지지
  (3) 돌리개 : 돌림판과 같이 사용하는 것으로 양 센터 작업 시 주축에서 공작물 고정
  (4) 면판 : 척으로 고정할 수 없는 큰 공작물, 불규칙한 일감의 고정   정답 ②

(6) 선반 작업(테이퍼 작업)

① **복식 공구대를 회전시키는 방법** : 테이퍼 절삭 시 복식 공구대(compound rest)를 사용
하는 경우는 테이퍼 부분이 비교적 짧은 경우로 복식 공구대의 선회 각도는 다음 식
으로 구한다.

$$\tan\theta = \frac{x}{l}, \quad x = \frac{D-d}{2}, \quad \tan\theta = \frac{D-d}{2l}$$

여기서, D : 큰 쪽 지름, d : 작은 쪽 지름, l : 테이퍼부의 지름

② **심압대를 편위시키는 방법** : 테이퍼 부분이 비교적 길고, 테이퍼량이 작아 양 센터로
지지하여 가공하는 경우로 심압대의 편위량(x)은 다음 식으로 구한다.

$$x = \frac{D-d}{2} [(a)의 \; 경우], \quad x = \frac{(D-d)L}{(2l)} [(b)의 \; 경우]$$

여기서, L : 공작물 전체의 길이

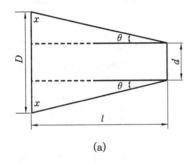

(a)

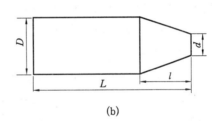

(b)

6-2 **밀링 머신**

(1) 밀링 머신의 종류

① 니형 밀링 머신(knee type milling machine)
② 생산형 밀링 머신(production milling machine)
③ 특수 밀링 머신(special type milling machine)

(2) 밀링 머신의 크기 표시

밀링 머신은 테이블의 크기(길이×폭), 테이블의 이동거리(좌우×전후×상하), 주축 중
심에서 테이블면까지의 최대거리로 크기를 표시하는데 이 중 테이블의 이동거리가 주가
되며, 테이블의 이동거리 중 전후 이동거리(새들의 이송범위)를 기준하여 번호로 나타낸
다. 즉, 전후 이동량이 200 mm인 것이 1번이고, 이에 따라 50 mm씩 증감함에 따라 번호

가 1씩 증감된다.

(3) 밀링 머신의 부속 장치

① **아버(arbor or milling arbor)** : 주축단에 고정할 수 있도록 각종 테이퍼를 갖고 있는 환봉재로 아버 컬러(arbor color)에 의해 커터의 위치를 조정하여 고정하고 회전시 킨다.

② **어댑터와 콜릿(adapter and collet)** : 자루가 있는 밀링 커터(엔드밀)를 고정할 때 사용 한다.

③ **밀링 바이스(milling vise)** : 테이블 위에 홈을 이용하여 바이스를 고정하고 간단한 공 작물을 고정하는 것이며 수평식, 회전식, 만능식 등의 형식이 있다.

④ **회전 테이블(circular table, rotary table)** : 수동 또는 테이블 자동이송으로 원판, 원형 홈 및 윤곽가공을 할 수 있으며, 간단한 분할도 가능하다. 보통 사용되는 테이블의 지 름은 300, 400, 500 mm 등이 있다.

⑤ **분할대(index head, dividing head or spiral head)** : 밀링 머신의 테이블상에 설치하 고 공작물의 각도 분할에 주로 사용한다.

⑥ **수직축 장치(vertical attachment)** : 수평식 밀링 머신의 칼럼상의 주축부에 고정하고 주축에서 기어로 회전이 전달된다. 수직축은 칼럼면과 평행한 면내에서 임의의 각도 로 경사시킬 수 있다.

⑦ **슬로팅 장치(slotting attachment)** : 니형 밀링 머신의 칼럼을 설치하여 회전운동을 직 선 왕복운동으로 바꾸는 데 사용한다.

⑧ **랙 절삭 장치(rack cutting attachment)** : 만능식 밀링 머신에 사용되며 긴 랙을 절삭하 는 장치이다.

⑨ **만능 밀링 장치(universal milling attachment)** : 니형 밀링 머신의 칼럼면에 고정하여 수평 및 수직면 대에서 임의의 각도로 스핀들을 고정시키는 장치이다.

(4) 분할법

① **직접분할법** : 직접분할판을 써서 분할하는 방법으로 브라운 샤프형에는 24등분 구멍 이 있어 24의 인자인 2, 4, 6, 8, 12, 24의 분할이 된다.

② **단식분할법** : 이것은 분할판과 크랭크를 사용해 분할하는 방법이다.

$$\text{크랭크의 회전수}(n) = \frac{R}{N} = \frac{40}{N} \cdots\cdots (\text{브라운 샤프형과 신시내티형})$$

$$n = \frac{R}{N} = \frac{5}{N} \cdots\cdots (\text{밀워키형})$$

여기서, n : 분할 크랭크의 회전수, N : 분할 수, R : 웜 기어의 회전비

③ **차동분할법(브라운 샤프형에 의한)** : 이것은 단식분할법으로도 분할할 수 없는 수를 분할할 때 쓰는 것으로 변환기어로 분할판을 차동시켜 분할하는 방법이다. 변환기어로는 24(2개), 28, 32, 40, 44, 48, 56, 64, 72, 86, 100의 12개가 있다.

(5) 상향절삭과 하향절삭의 장단점

구분	상향절삭	하향절삭
장점	① 칩이 날을 방해하지 않는다. ② 밀링커터의 진행방향과 테이블의 이송방향이 반대이므로 이송기구의 백래시가 제거된다. ③ 기계에 무리를 주지 않는다.	① 커터가 공작물을 아래로 누르는 것과 같은 작용을 하므로 공작물 고정이 간단하다. ② 커터의 마모가 적고 또한 동력 소비가 적다. ③ 가공면이 깨끗하다
단점	① 커터가 공작물을 올리는 작용을 하므로 공작물을 견고히 고정해야 한다. ② 커터의 수명이 짧다. ③ 동력의 낭비가 많다. ④ 가공면이 깨끗하지 못하다.	① 칩이 커터와 공작물 사이에 끼어 절삭을 방해한다. ② 떨림이 나타나 공작물과 커터를 손상시키며 백래시(back lash) 제거장치가 없으면 작업을 할 수 없다.

(6) 절삭속도 및 이송(feed)

① **절삭속도의 선정**

㈎ 커터의 수명을 길게 하기 위해서는 절삭속도를 낮게 한다.

㈏ 거친 가공에는 저속과 큰 이송, 다듬질가공에는 고속과 저이송을 한다.

㈐ 커터의 날끝이 빨리 마찰손상될 때에는 절삭속도를 감소시킨다.

② **절삭속도** : V

$$V = \frac{\pi d n}{1000} \,[\mathrm{m/min}]$$

여기서, d : 밀링 커터의 지름(mm), n : 커터의 회전수(rpm)

③ **1분간의 테이블 이송량** : f

$$f = f_z Z n = f_z Z \frac{1000\,V}{\pi d} \,[\mathrm{mm/min}]$$

여기서, f_z : 날당 이송(mm), Z : 커터 날의 수

④ **단위시간에 절삭되는 칩의 체적** : Q

$$Q = \frac{b t f}{1000} \,[\mathrm{cm^3/min}]$$

여기서, b : 칩의 폭(mm), t : 칩의 두께(mm), f : 1분간 이송량(mm/min)

6-3 | 드릴링 머신

(1) 드릴링 머신의 기본작업

① **드릴링(drilling)** : 드릴로 구멍을 뚫는 작업이다.

② **스폿 페이싱(spot facing)** : 너트가 닿는 부분을 절삭하여 자리를 만드는 작업이다.

③ **카운터 보링(counter boring)** : 작은 나사, 둥근머리 볼트의 머리를 공작물에 묻히게 하기 위한 턱 있는 구멍 뚫기 가공이다.

④ **카운터 싱킹(counter sinking)** : 접시머리 볼트의 머리 부분이 묻히도록 원뿔자리 파기 작업이다.

⑤ **보링(boring)** : 뚫린 구멍이나 주조한 구멍을 넓히는 작업이다.

⑥ **리밍(reaming)** : 뚫린 구멍을 리머로 다듬는 작업이다.

⑦ **태핑(tapping)** : 탭을 사용하여 드릴링 머신으로 암나사를 가공하는 작업이다.

예제 29. 드릴의 홈을 따라서 만들어진 좁은 날이며, 드릴을 안내하는 역할을 하는 것은?

① 탱(tang)

② 마진(margine)

③ 섕크(shank)

④ 윗면 경사각(rake angle)

정답 ②

---

(2) 드릴의 절삭속도

$$V = \frac{\pi dN}{1000} \, [\text{m/min}]$$

여기서, V : 절삭속도(m/min), d : 드릴의 지름(mm), N : 드릴의 회전수(rpm)

(3) 드릴의 절삭시간

$$T = \frac{t+h}{ns} = \frac{\pi d(t+h)}{1000\,VS} \, [\text{min}]$$

여기서, t : 구멍의 깊이(mm)

h : 드릴 끝 원뿔의 높이(mm)

S : 드릴이 1회전하는 동안 이송거리(mm)

예제 30. 절삭속도 120 m/min, 이송속도 0.25 mm/rev로 지름 80 mm의 원형 단면봉을 선삭한다. 500 mm 길이를 1회 선삭하는 데 필요한 가공시간(분)은?

① 약 1.5분

② 약 4.2분

③ 약 7.3분

④ 약 10.1분

[해설] $T = \dfrac{L}{ns} = \dfrac{L}{\left(\dfrac{1000\,V}{\pi d}\right) \times s} = \dfrac{500}{\left(\dfrac{1000 \times 120}{\pi \times 80}\right) \times 0.25} \fallingdotseq 4.2\,\text{min}$ [정답] ②

[예제] **31.** 다음 중 박스 지그(box jig)가 가장 많이 사용되는 경우는?

① 밀링머신에서 헬리컬기어를 가공하는 경우

② 선반에서 테이퍼를 가공하는 경우

③ 드릴링에서 대량 생산하는 경우

④ 내면 연삭가공을 하는 경우

[해설] 박스 지그는 공작물의 전체면이 지그로 둘러싸여 있으며, 드릴링에서 대량 생산에 많이 이용된다. [정답] ③

6-4 **급속귀환 행정기계(셰이퍼/슬로터/플레이너)**

(1) 셰이퍼

① **셰이퍼의 가공 분야** : 셰이퍼(shaper)는 램(ram)에 설치된 바이트를 왕복운동시켜 비교적 소형 공작물의 평면이나 홈 등을 절삭하는 공작기계이다. 셰이퍼의 크기는 램의 최대 행정·테이블의 크기 및 테이블의 최대 이동거리로 표시한다.

② **절삭속도와 램의 왕복 회전수** : 절삭속도는 공작물의 재질, 바이트의 재질, 절삭깊이와 이송량, 기계 강도 등에 관계된다. 절삭속도를 알고 바이트의 매분 왕복 횟수를 구하려면 다음 식으로 계산한다.

$$N = \frac{1000\,av}{l}$$

여기서, v : 절삭속도(m/min)

a : 바이트의 1왕복 시간에 대해 절삭행정의 시간비(보통 $a = \dfrac{3}{5} \sim \dfrac{2}{3}$)

l : 행정 길이(mm)

N : 1분간 바이트의 왕복 횟수

(2) 슬로터

슬로터(slotter)는 셰이퍼를 수직으로 놓인 기계로 바이트를 설치한 램은 수직 왕복운동을 한다. 키홈, 평면, 기타 특수한 형상, 곡면의 절삭가공에 적합하다. 기계의 크기는 램의 최대 행정으로 표기한다.

(3) 플레이너

① **플레이너의 가공 분야** : 플레이너(planer)는 공작물을 테이블에 설치하여 왕복시키고, 바이트를 이송시켜 공작물의 수평면, 수직면, 경사면, 홈곡면 등을 절삭하는 공작기계로 작업의 종류는 셰이퍼와 거의 같으며 셰이퍼에서 가공할 수 없는 대형 공작물을 가공한다. 크기는 테이블의 최대 행정과 가공할 수 있는 공작물의 최대 폭 및 높이로 나타낸다.

② **공구수명(tool life)** : 절삭을 개시하여 공구를 재연삭할 필요가 생기기까지의 실제 절삭시간을 공구수명이라 한다.

  (가) 공구수명의 판정기준

    • 가공면에 광택이 있는 무늬 또는 점이 생길 때

    • 날의 마멸이 일정량에 달할 때

    • 완성치수의 변화가 일정량에 달할 때

    • 절삭저항의 주분력에는 변화가 없어도 배분력이나 이송 분력이 급격히 증가하였을 때

  (나) Taylor 공구 수명식 : 절삭속도와 절삭시간과의 사이에는 다음과 같은 관계가 있다.

$$VT^n = C$$

여기서, V : 절삭속도, T : 공구수명,

n, C : 정수, n은 보통 $\frac{1}{5} \sim \frac{1}{10}$로 한다.

7. 연삭기

(1) 연삭기의 가공 분야

연삭기(grinder)는 천연 또는 인조숫돌 입자를 굳혀 만든 숫돌바퀴를 고속 회전시켜 주로 원통의 외면, 내면 또는 판의 평면 등을 정밀 다듬질하는 공작기계이며, 보통 강재는 물론 담금질된 강 또는 보통 절삭공구로는 절삭할 수 없는 것을 다듬질할 수 있다.

① **연삭기의 종류**

  (가) 원통 연삭기 : 원통의 바깥둘레를 연삭하는 연삭기이다.

  (나) 평면 연삭기 : 공작물의 평면을 연삭하는 연삭기로 테이블이 왕복운동하는 것과 회전 운동하는 것이 있다.

  (다) 내면 연삭기 : 공작물의 내면과 끝면을 연삭하는 연삭기로 보통형과 유성형이 있다.

  (라) 만능 연삭기 : 원통 연삭기의 일종으로 테이블 주축대 숫돌대가 각각 선회할 수 있게 되어 있고 내면 연삭 장치도 붙어 있다. 보통 원통 연삭 · 내면 연삭 외에 내 · 외경 테

이퍼 연삭도 된다.

(마) 센터리스 연삭기 : 연삭용 숫돌차 외에 1개의 바퀴를 사용하여 공작물에 회전과 이송을 주어 연삭하는 것으로 지름이 작은 공작물을 다량 생산하는 데 적합하다.

(바) 공구 연삭기 : 바이트, 리머 드릴, 밀링 커터, 호브 등을 정확하게 연삭하는 전용 연삭기이다.

(사) 특수 연삭기 : 나사, 캠, 크랭크 등을 연삭하는 전용 연삭기이다.

② **연삭기의 구조**

(가) 주축대(고정식과 선회식) (나) 심압대

(다) 숫돌대 (라) 테이블

③ **연삭기의 크기 표시법**

종류		크기의 표시
원통 연삭기, 만능 연삭기		스윙 (swing) 과 양 센터간의 최대거리 및 숫돌바퀴의 크기로 나타낸다.
내면 연삭기		스윙 (swing) 과 연삭할 수 있는 공작물의 구멍 지름 범위 및 연삭숫돌의 최대 왕복거리로 나타낸다.
평면 연삭기	회전식 (둥근 테이블형)	원형 테이블의 지름, 숫돌바퀴 원주면과 테이블면까지의 거리 및 연삭숫돌의 크기로 나타낸다.
	가로형 (긴 테이블형)	테이블의 최대이동거리, 테이블의 크기, 숫돌바퀴와 테이블면과의 최대거리 및 숫돌바퀴의 크기로 나타낸다.

(2) 연삭숫돌

① **연삭숫돌의 연삭 작용** : 연삭숫돌이 금속을 깎는 모양은 하나하나의 숫돌 입자가 밀링 커터의 날과 같이 움직여 금속을 깎아낸다. 따라서 숫돌바퀴는 무수한 날을 가진 밀링 커터로 생각하면 된다. 연삭숫돌이 연삭과정 중에 입자가 마멸→파쇄→탈락→생성의 과정을 되풀이하여 새로운 입자가 생성되는 작용을 자생작용이라 한다.

② **연삭숫돌의 구성 요소** : 연삭숫돌의 구조는 숫돌입자, 결합제, 기공의 3요소로 되어 있다. 숫돌입자는 절삭을 하는 날이고, 결합제는 숫돌입자를 성형시키며, 기공은 칩을 피하는 장소이다.

(가) 숫돌입자(abrasive) : 입자에는 천연산과 인조산이 있는데 보통 인공연삭 입자가 쓰이며 용융 알루미나(Al_2O_3) 와 탄화규소(SiC)의 두 종류가 있다.

• 알루미나 : 순도가 높은 WA 입자와 암갈색을 띤 A 입자가 있다. WA는 담금질강에, A는 일반 강재의 연삭에 적합하다.

• 탄화규소 : 암자색의 C 입자와 녹색의 GC 입자가 있다. C는 주철, 자석 등 단단한 것이나 비철금속에 적합하고, GC는 초경합금의 연삭에 적합하다.

(나) 입도 : 입자의 크기를 입도라 하며 번호로 나타낸다.

호칭 구분	황목	중목	세목	극세목
입도	10, 12, 14, 16, 20, 24	30, 36, 46, 54, 60	70, 80, 90, 100, 120, 150, 180, 200	240, 280, 320, 400, 500, 600, 700, 800
용도별	거치 연삭	다듬질 연삭	경질 연삭	광택내기

㈐ 결합도 : 입자를 결합하고 있는 결합제의 세기를 결합도라 한다. 연삭숫돌이 단단하고 연한 것은 결합도로 나타낸다.

결합도 번호	E, F, G	H, I, J, K	L, M, N, O	P, Q, R, S	T, U, V, W, X, Y, Z
결합도 호칭	극연	연	중	경	극경

㈑ 조직 : 숫돌 내부의 입자밀도로, 입도가 같을 때 일정 용적 내에 입자가 많을수록 조직이 '밀(密)하다'하고 반대로 적은 것은 '조(粗)하다'한다.

입자의 밀도	밀	중	조
기호	0, 1, 2, 3	4, 5, 6	7, 8, 9, 10, 11, 12

㈒ 결합제 : 입자를 결합하여 숫돌바퀴를 형성하는 것은 결합제로 비트리파이드(V), 실리케이트(S), 러버(R), 레지노이드(B), 셸락(F), 메탈(M) 등이 있다.

예제 32. 다음 중 연삭숫돌의 3요소에 해당하지 않는 것은?
① 연삭입자   ② 결합제   ③ 기공   ④ 조직

정답 ④

③ **연삭숫돌의 표시법** : 연삭숫돌을 표시하는 방법은 구성요소를 기호로 나타내 일정 순서로 나열한다.

WA	60	K	5	V	300	×	25	×	100
↓	↓	↓	↓	↓	↓		↓		↓
입자	입도	결합도	조직	결합제	바깥지름		두께		구멍지름

④ **숫돌차 부착 시의 주의사항**

㈎ 숫돌차는 반드시 사용 전에 두들겨 보거나 육안으로 균열을 검사한다.

㈏ 숫돌차의 구멍 지름은 축 지름보다 0.1 mm 정도 커야 한다.

㈐ 플랜지의 바깥지름은 평숫돌의 경우 숫돌차 지름의 1/3 이상이어야 한다.

㈑ 숫돌차와 플랜지는 직접 접촉시켜서는 안 된다.

㈒ 양측의 플랜지는 지름이 같아야 한다.

㈓ 플랜지의 부착 후 밸런스를 맞춘다.

㈔ 숫돌차의 연삭기에 부착시킨 후 짧은 시간(10분 정도) 공회전시킨다.

⑤ **연삭숫돌의 수정**

(가) 글레이징(glazing) : 숫돌차의 입자가 탈락이 되지 않고 마모에 의해서 납작하게 된 그대로 연삭되는 상태로 원인과 결과는 다음과 같다.

- 원인 : 연삭숫돌의 결합도가 높거나, 연삭숫돌의 원주속도가 너무 클 때, 그리고 숫돌의 재료가 공작물의 재료에 부적합할 때 발생한다.
- 결과 : 연삭성이 불량하고 가공물이 발열하며, 연삭 소실이 생긴다.

(나) 로딩 (loading) : 연삭작업 중 숫돌입자의 표면이나 가공에 쇳가루가 차 있는 상태를 말하며 원인과 결과는 다음과 같다.

- 원인 : 숫돌입자가 너무 잘고, 조직이 너무 치밀하거나 연삭깊이가 깊을 때, 그리고 숫돌차의 원주속도가 너무 느릴 때 발생한다.
- 결과 : 연삭성이 불량하고 다듬면이 거칠어지며(다듬면에 상처가 생기며), 숫돌입자가 마모되기 쉽다.

→ 이상 두 가지의 현상이 일어나면 새로 나타난 연삭입자로 연삭해야 하기 때문에 연삭숫돌의 면을 수정해야 한다.

(다) 드레싱(dressing) : 숫돌면의 표면층을 깎아 떨어뜨려서 절삭성이 나빠진 숫돌의 면에 새롭고 날카로운 날 끝을 발생시켜 주는 방법이다. 사용하는 드레서로는 성형 드레서, 정밀강철 드레서, 입자봉 드레서, 연삭숫돌 드레서, 다이아몬드 드레서가 있다.

(라) 트루잉(truing) : 숫돌의 연삭면을 숫돌과 축에 대하여 평행 또는 일정한 형태로 성형시켜 주는 방법이다. 그러므로 드레싱과 동반하게 된다. 트루잉을 할 때는 다이아몬드 드레서, 프레스 롤러 또는 크러시 롤러를 쓴다.

8. 기타 가공법(호닝, 슈퍼 피니싱, 래핑)

(1) 정밀입자 가공

① **호닝 가공** : 호닝 머신(honing machine)은 혼(hone) 이라고 하는 몇 개의 숫돌을 공작물에 대고 압력을 가하면서 회전운동과 왕복운동을 시켜 보링 또는 연삭 다듬질한 원통 내면의 미세한 돌기를 없애고 극히 아름다운 표면으로 다듬질하는 것이다.

(가) 혼(hone) : 혼은 그 바깥쪽에 막대 모양의 숫돌을 붙여 회전축에 의하여 회전과 왕복운동을 주어 숫돌로 연삭하는 공구로서, 여기에 붙이는 숫돌의 입도는 120~600 메시 정도이며 결합도는 J~N 정도이다.

(나) 호닝의 가공 조건

- 호닝속도 : 숫돌의 원주속도는 보통 40~70 m/min 로 하며, 왕복 운동속도는 원주속도의 $\frac{1}{2} \sim \frac{1}{3}$ 로 한다.

- 호닝압력 : 압력은 보통 $10 \sim 30 \, kgf/cm^2$ 정도이나, 최종 다듬질에서는 $4 \sim 60 \, kgf/cm^2$으로 한다.

② 슈퍼 피니싱 : 입도가 작고 연한 숫돌을 작은 압력으로 가공물 표면에 가압하면서 가공물에 피드를 주고, 또 숫돌을 진동시키면서 가공물을 완성 가공하는 방법이다. 이 가공은 주로 원통의 외면, 내면은 물론 평면도 가공할 수 있다.

㉮ 숫돌 : 입도는 미세하고 결합도는 비교적 약한 것이 쓰이며 탄소강, 합금강에는 WA, 주철, 알루미늄, 동합금에는 GC 숫돌이 쓰인다.

㉯ 숫돌의 압력 : 슈퍼 피니싱은 연삭에 비해 발열을 일으키지 않고, 가공 표면을 변질시키지 않는 것이 특징이므로 압력은 $0.2 \sim 1.5 \, kgf/cm^3$로 한다.

㉰ 다듬질면 : 슈퍼 피니싱은 변질층을 제거하는 것이므로 표면 조도는 0.1μ 정도이다.

③ 래핑(lapping) : 래핑은 마모현상을 기계가공에 응용한 것으로 가공물과 랩공구(lap tool) 사이에 미세한 분말 상태의 랩제와 윤활유를 넣고, 이들 사이에 상대운동을 시켜 표면을 매끈하게 하는 가공법이다. 주로 연삭가공으로 정밀하게 가공된 원통외면, 평면, 기어 등의 면을 매끈하게 한다.

㉮ 습식 래핑(wet lapping) : 랩제와 기름을 혼합하여 가공물에 주입하여 래핑하는 것으로 거치른 랩, 고압력, 고속도로 가공되는 곳에 쓰인다.

㉯ 건식 래핑(dry lapping) : 주로 건조 상태에서 래핑하는 것으로 습식 래핑 후 표면을 더욱 매끈하게 하기 위해 사용한다.

예제 33. 입도가 작고 연한 숫돌을 작은 압력으로 공작물 표면에 가압하면서 공작물에 이송을 주고 또 숫돌을 좌우로 진동시키면서 가공하는 방법은?

① 래핑(lapping)   ② 호닝(honing)

③ 쇼트 피닝(shot peening)   ④ 슈퍼 피니싱(super finishing)

해설 (1) 래핑 : 공작물과 랩공구 사이에 미세한 분말 상태의 랩제와 윤활유를 넣고, 이들 사이에 상대운동을 시켜 정밀한 표면으로 가공하는 방법

(2) 슈퍼 피니싱 : 입도가 작고, 연한 숫돌을 작은 압력으로 공작물 표면에 가압하면서 공작물에 피드를 주고 또한 숫돌을 진동시키면서 가공물을 완성·가공하는 방법(가공면이 깨끗하고, 방향성이 없고, 가공에 의한 표면의 변질부가 극히 적어 주로 원통의 외면, 내면은 물론 평면도 가공할 수 있다.)

구분	운동	작업	정밀도
호닝	혼이 회전 및 직선왕복운동	내면을 정밀가공	약간 정밀
슈퍼 피니싱	숫돌이 진동하면서 직선왕복운동	변질층, 흠집 제거	중간
래핑	랩공구와 공작물의 상대(마멸)운동	게이지류 제작	가장 정밀

정답 ④

(2) 특수 가공

① **화학 연마**(chemical polishing) : 화학약품 중에 침지시켜 열에너지로 화학반응을 일으켜 매끈하고 광택 있는 표면을 만드는 작업이다.

② **전해 연마**(electrolytic polishing) : 호닝, 슈퍼 피니싱, 래핑이 숫돌이나 숫돌입자 등으로 연삭 마찰로 다듬질하는 방법이라고 하면, 전기 화학적 방법으로 표면을 다듬질하는 것을 전해 연마라 한다. 가공물을 인산이나 황산 등의 전해액 속에 넣어서 (+)전극을 연결하고 직류 전류를 짧은 시간 동안 세게 흐르게 하여 전기적으로 그 표면을 녹여 매끈하게 하여 광택을 내는 방법으로서 원리적으로는 전기도금의 반대적인 방법이며, 기계적으로 연마하는 방법에 비해서 훨씬 아름답고 매끈한 표면처리를 단시간에 할 수 있다.

③ **방전 가공** : 방전 가공은 불꽃 방전에 의하여 재료를 미소량 용해시켜 금속의 절단, 구멍뚫기, 연마를 하는 가공법으로 금속 이외에 다이아몬드, 루비, 사파이어 등의 가공에도 응용된다. 일반적으로 공작물을 (+)극, 공구를 (−)극으로 하여 방전하는 동안에 가공된다. 이때 음극과 양극 사이에 항상 일정한 간격을 유지하도록 이송기구에 의하여 공구에 이송을 준다. 공작물을 공작액 속에 넣어 냉각을 하면서 칩의 미립자가 가공부에서 제거되기 쉽도록 한다. 공작액으로는 변압기유, 석유, 물 또는 비눗물이 사용된다.

④ **초음파 가공**(ultrasonic machining) : 초음파를 이용하여 단단한 금속 또는 도자기 등을 가공하는 것이다. 초음파란 가청음보다 높은 음, 즉 주파수 16 kHz 이상의 음파를 말하며, 초음파 가공에는 16∼30 kHz 정도의 고주파수가 사용된다. 가공하고자 하는 형의 금속공구를 만들어 이것을 가공물에 대고 공구에 상하 진폭을 30∼100 μm 정도의 공작물 사이에 있는 연삭입자가 공구의 진동으로 인해서 충격적으로 가공물에 부딪쳐 정밀하게 다듬는다. 이 가공법은 담금질된 강철, 수정, 유리, 자기, 초경합금 등의 경질 물질에 이용된다.

⑤ **쇼트 피닝, 액체 호닝**

㈎ **쇼트 피닝**(shot peening) : 주철, 주강제의 작은 구상의 쇼트(지름 0.7∼0.9 mm의 볼)를 40∼50 m/s 의 속도로 공작물 표면에 분사하여 표면을 매끈하게 하는 동시에 0.2 mm의 경화층을 얻게 되며, 쇼트가 해머와 같은 작용을 하여 피로강도나 기계적 성질을 향상시킨다. 크랭크축, 판 스프링, 커넥팅 로드, 기어, 로커 암에 이용된다. 쇼트를 분산하는 방법으로 압축공기에 의한 방법과 원심력에 의한 방법이 있는데, 원심력에 의해서 다량의 쇼트를 고속으로 투사하는 것이 능률적으로 좋다.

㈏ **액체 호닝**(liquid honing) : 압축공기로 연마제와 용액이 혼합된 혼합용액을 가공물 표면에 고속으로 분사시켜 매끈한 다듬면을 얻는 가공법이다. 피로한도와 크리프를 증가시키고 기계적 성질을 향상시킨다.

㈐ 기어 절삭법
- 성형법 : 플레이너, 셰이퍼에서 바이트를 치형에 맞추어 점점 절삭깊이를 조절하여 치형을 성형하는 방법이다.
- 창성법 : 절삭공구와 가공물이 서로 기어가 회전운동 할 때에 접촉하는 것과 같은 상대운동으로 깎는 방법이다.
- 형판법 : 형판에 따라 바이트를 이동시켜 기어를 절삭하는 방법이다.

예제 34. 전해 연마의 결점에 해당되지 않는 것은?
① 복잡한 형상의 공작물만 연마하기가 어렵다.
② 연마량이 적어 깊은 층이 제거되지 않는다.
③ 모서리가 둥글게 된다.
④ 주물의 경우 광택이 있는 가공면을 얻을 수 없다.

[해설] 전해 연마는 복잡한 형상의 공작물도 연마가 가능하다는 장점이 있다.   [정답] ①

예제 35. 방전 가공의 특징에 대한 설명으로 틀린 것은?
① 전극의 형상대로 정밀하게 가공할 수 있다.
② 숙련된 전문 기술자만 할 수 있다.
③ 전극 및 가공물에 큰 힘이 가해지지 않는다.
④ 가공물의 경도와 관계없이 가공이 가능하다.

[해설] 방전 가공은 숙련된 기술자가 아니더라도 가공이 가능하다.   [정답] ②

예제 36. 강판재의 곡선 윤곽의 구멍을 뚫어서 형판(template)을 제작하려 할 때 가장 적합한 가공법은?
① 버니싱 가공   ② 와이어 컷 방전 가공
③ 초음파 가공   ④ 플라스마 제트 가공

[해설] 와이어 컷 방전 가공 : 연속적으로 이송하는 와이어를 전극으로 하여 피가공물과 와이어 전극 사이에서 발생되는 방전기화현상을 이용하여 가공물을 임의의 윤곽현상으로 가공하는 방법   [정답] ②

예제 37. 강구를 압축공기나 원심력을 이용하여 가공물의 표면에 분사시켜 가공물의 표면을 다듬질하고 동시에 피로강도 및 기계적 성질을 개선하는 것은?
① 버핑(buffing)   ② 쇼트 피닝(shot peening)
③ 버니싱(burnishing)   ④ 나사전조(thread rolling)

해설 쇼트 피닝(shot peening)은 금속으로 만든 쇼트(shot)라고 부르는 작은 강구를 고속도로
일감 표면에 투사하여 피로 강도를 증가시키기 위한 일종의 냉간가공법이다. 정답 ②

9. NC 공작기계

9-1 CNC 기초

(1) NC의 개요

NC는 "Numerical Control(수치 제어)"의 약호로 '부호와 수치로써 구성된 수치 정보로
기계의 운전을 자동제어한다.'는 것을 말한다. 즉, 사람이 알아보도록 작성된 설계나 도면
을 기계가 이해할 수 있는 고유의 언어로 정보화(파트 프로그램)하고, 이를 천공 테이프
또는 플로피 디스크 등을 이용하여 수치제어장치에 입력시켜 입력된 정보대로 기계를 자
동제어하는 것이다.

(2) NC의 특징

① 복잡한 형상이라도 짧은 시간에 높은 정밀도로 가공할 수가 있다.
② 기능의 융통성과 가변성이 높아 다품종 중·소량 생산에 적합하다.
③ 생산공장에서 가공의 능률화와 자동화에 중요한 역할을 한다.
④ 비숙련자도 가공이 가능하고 한 사람이 여러 대의 기계를 다룰 수 있다.

(3) NC 공작기계의 3가지 기본 동작

① **위치 정하기** : 공구의 최종 위치만 제어하는 것
② **직선 절삭** : 공구가 이동 중에 직선 절삭을 하는 기능
③ **원호 절삭** : 공구가 이동 중에 원호 절삭을 하는 기능

(4) NC 공작기계 발전의 4단계

① **제1단계** : 공작기계 1대에 NC 장치가 1대 붙어 있어 단순제어하는 단계(NC)
② **제2단계** : 1대의 공작기계가 몇 종류의 공구를 가지고 자동적으로 교환하면서(ATC 장
치) 순차적으로 몇 종류의 가공을 행하는 기계, 즉 머시닝 센터(machining center)라
고 불리는 공작기계(CNC : 컴퓨터를 내장한 NC)
③ **제3단계** : 1대의 컴퓨터로 몇 대의 공작기계를 제어하며 생산관리적 요소를 생략한 시
스템으로 DNC(Direct Numerical Control) 단계 또는 군관리 시스템이라고도 한다.
④ **제4단계** : 여러 종류의 다른 공작기계를 제어함과 동시에 생산관리도 같은 컴퓨터로

행하게 하여 기계공장 전체를 자동화한 시스템으로 FMS(Flexible Manufacturing System) 단계라 한다.

(5) CNC의 장점

① 공작 중에도 파트 프로그램 수정이 가능하며 단위를 자동변환할 수 있다.(inch/mm)
② NC에 비해 유연성이 높고, 계산능력도 훨씬 크다.
③ 가공에 자주 사용되는 파트 프로그램을 사용자가 매크로(macro) 형태로 짜서 컴퓨터의 기억장치에 저장해 두고, 필요할 때 항상 불러 쓸 수 있다.
④ 전체 생산 시스템의 CNC는 컴퓨터와 생산 공장과의 상호 연결이 쉽다.
⑤ 고장 발생 시 자기 진단을 할 수 있으며, 고장 발생 시기와 상황을 파악할 수 있다.

(6) DNC의 장점

① 천공 테이프를 사용하지 않는다.
② 유연성과 높은 계산 능력을 가지고 있으며 가공이 어려운 금형과 같은 복잡한 일감도 쉽게 가공할 수 있다.
③ CNC 프로그램들을 컴퓨터 파일로 저장할 수 있다.
④ 공장에서 생산성에 관계되는 데이터를 수집하고, 일괄 처리할 수 있다.
⑤ 공장 자동화의 기반이 된다.

> **참고** DNC 시스템의 4가지 기본 구성 요소
> ① 중앙컴퓨터   ② CNC 프로그램을 저장하는 기억장치
> ③ 통신선   ④ 공작기계

(7) 서보 기구의 구성

① **정보처리 회로** : 인간의 머리에 해당하는 부분
② **서보 기구** : 인간의 손과 발에 해당하는 부분으로 정보처리회로의 지령에 따라 공작기계의 테이블 등을 움직이는 역할을 한다.

(8) 서보 기구의 종류

기계를 직접 움직이는 구동 모터로써 우수한 특성을 지닌 DC 서보 모터가 널리 사용된다. 서보 모터는 속도 검출기와 위치 검출기에 의해 각각 속도와 위치를 검출하고 그 정보를 제어회로에 피드백(feed back)하여 제어한다.
① **개방회로방식(open loop system)**
  (가) 되먹임(feed back)이 없는 오픈 루프 방식

(나) 간단하여 값이 저렴, 소형, 경량, 정밀도가 낮아 NC에서는 거의 쓰이지 않는다.

※ 스테핑 모터(stepping motor & pulse motor) : 1개의 펄스가 주어지면 일정한 각도만 회전하는 모터

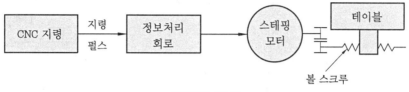

개방회로방식

② **폐쇄회로방식(closed loop system)** : 기계의 테이블 등에 직선자(linear scale)를 부착해 위치를 검출하여 되먹임하는 방식이다. 이 방식은 높은 정밀도를 요구하는 공작기계나 대형의 기계에 많이 이용된다.

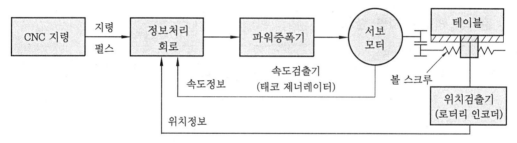

폐쇄회로방식

③ **반폐쇄회로방식(semi-closed system)** : 서보 모터의 축이나 볼 나사의 회전 각도로 위치와 속도를 검출하는 방식이다. 최근에는 고정밀도의 볼 나사 생산과 뒤틈 보정 및 피치 오차 보정이 가능하게 되어 대부분의 NC 공작기계에 이 방식이 사용된다.

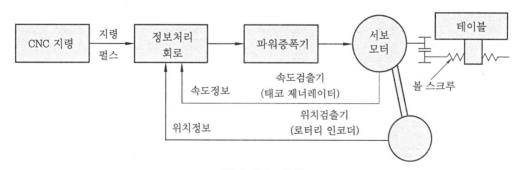

반폐쇄회로방식

④ **하이브리드 서보 방식(hybrid servo system)** : 반폐쇄회로방식과 폐쇄회로방식을 절충한 것으로 높은 정밀도가 요구되며, 공작기계의 중량이 커서 기계의 강성을 높이기 어려운 경우와 안정된 제어가 어려운 경우에 많이 이용된다.

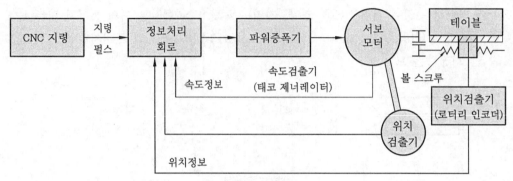

하이브리드 서보 방식

9-2 프로그래밍의 기초

(1) 주소의 의미와 지령 범위

기능	주소	의미	지령 범위
프로그램 번호	O	프로그램 인식 번호	1~9999
전개 번호	N	블록 전개 번호(작업 순서)	1~9999
준비 기능	G	이동 형태(직선, 원호보간 등)	0~99
좌표값	X Y Z	절대방식의 이동 위치 지정	±0.001 ~±99999.999
	U V W	증분방식의 이동 위치 지정	
	A B C	회전축의 이동 위치	
	I J K	원호 중심의 각 축 성분, 모따기량	
	R	원호 반지름, 구석 R, 모서리 R 등	
이송 기능	F	회전당 이송속도	0.01~500.000 mm/rev
		분당 이송속도	1~1500 mm/min
		나사의 리드	0.01~500 mm
	E	나사의 리드	0.0001~500.0000
주축 기능	S	주축 속도	0~9999
공구 기능	T	공구 번호 및 공구 보정 번호	0~9932
보조 기능	M	기계작동 부위의 ON/OFF 지령	0~99
일시 정지	P, U, X	일시 정지(dwell) 지정	0~99999.999s
공구 보정 번호	H, D	공구 반지름 보정 및 공구 보정 번호 지령	0~64
프로그램 번호 지정	P	보정 프로그램 번호의 지정	1~9999
전개 번호 지정	P, Q	복합 반복주기의 호출, 종료 전개 번호	1~9999

반복 횟수	L	보조 프로그램의 반복 횟수	1~9999
매개 변수	A, D, I, K	가공 주기에서의 파라미터	

(2) CNC 선반의 기능

① **좌표값 명령** : CNC 선반에서는 공구대의 전후 방향을 X축, 길이 방향을 Z축이라 한다.

② **준비 기능**(preparatory function) : G

CNC 선반의 준비 기능

G-코드	그룹	G-코드의 지속성	기능
■G00	01	modal (계속 유효)	위치결정(급속 이송) : 전원 ON이면 기본값은 정해짐
■G01			직선가공(절삭 이송)
G02			원호가공(시계방향, CW)
G03			원호가공(반시계방향, CCW)
G04	00	one shot (1회 유효)	일시정지(dwell : 휴지)
G10			데이터(data) 설정(공구 보정량 설정)
G20	06	modal (계속 유효)	inch 입력
■G21			metric 입력
■G22	04		금지(경계)구역 설정(ON)
G23			금지(경계)구역 설정 취소(OFF)
G27	00	one shot (1회 유효)	원점복귀 확인
G28			자동원점복귀
G29			원점으로부터 복귀
G30			제2, 제3, 제4 원점 복귀
G32	01		나사절삭 기능(반드시 G97 명령 사용)
G40	07	modal (계속 유효)	공구 인선 반지름 보정 취소
G41			공구 인선 반지름 보정 좌측
G42			공구 인선 반지름 보정 우측
G50	00	one shot (1회 유효)	공작물 좌표계 설정, 주축 최고 회전수 설정
G70			정삭가공 사이클
G71			안지름·바깥지름 황삭 사이클
G72			단면 황삭 사이클
G73			형상 반복 사이클
G74			단면 홈 가공 사이클(펙 드릴링 : Z방향)
G75			X방향 홈 가공 사이클
G76			나사 가공 사이클

G90	01	안지름·바깥지름 절삭 사이클
G92		나사 절삭 사이클
G94		단면 절삭 사이클
G96	02	원주속도 일정 제어
■G97		원주속도 일정 제어 취소, 회전수(rpm) 일정
■G98	05	분당 이송 지정(mm/min)
■G99		회전당 이송 지정(mm/rev)

modal (계속 유효)

※ ■표시는 전원을 공급할 때 설정되는 G코드를 나타낸다.

③ 공구 기능(tool function) : T

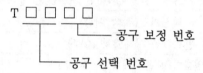

```
T □□□□
     └──── 공구 보정 번호
  └──────── 공구 선택 번호
```

예제 38. CNC 공작기계의 프로그램에서 G01이 뜻하는 것은?

① 위치결정 ② 직선보간 ③ 원호보간 ④ 절대치 좌표지령

[해설] (1) G00 : 위치결정   (2) G01 : 직선보간
(3) G02 : (시계방향) 원호보간   (4) G03 : (반시계방향) 원호보간
(5) G04 : 드웰(dwell)   (6) G90 : 절대좌표계   **정답** ②

예제 39. CNC 공작기계에서 서보기구의 형식 중 모터에 내장된 태코 제너레이터에서 속도를 검출하고 인코더에서 위치를 검출하여 피드백하는 제어방식은?

① 개방회로방식   ② 반폐쇄회로방식
③ 폐쇄회로방식   ④ 디코더방식

[해설] 서보기구의 종류
(1) 개방회로방식 : 구동전동기로 펄스전동기를 이용하며 제어장치로 입력된 펄스수만큼 움직이고 검출기나 피드백회로가 없으므로 구조가 간단하며 펄스전동기의 회전정밀도와 볼나사의 정밀도에 직접적인 영향을 받는다.
(2) 반폐쇄회로방식 : 서보 모터의 축이나 볼나사의 회전각도로 위치와 속도를 검출하는 방식으로 최근에는 고정밀도의 볼나사 생산과 백래시 보정 및 피치오차 보정이 가능하게 되어 대부분의 CNC 공작기계에서 이 방식을 채택하고 있다.
(3) 폐쇄회로방식 : 기계의 테이블 등에 스케일을 부착해 위치를 검출하여 피드백하는 방식으로 높은 정밀도를 요구하는 공작기계나 대형기계에 많이 이용된다.
(4) 하이브리드 서보 방식 : 반폐쇄회로방식과 폐쇄회로방식을 합하여 사용하는 방식으로서 반폐쇄회로방식의 높은 게인(gain)으로 제어하고 기계의 오차를 스케일에 의한 폐쇄회로방식으로 보정하여 정밀도를 향상시킬 수 있어 높은 정밀도가 요구되고 공작기계의 중량이 커서 기계의 강성을 높이기 어려운 경우와 안정된 제어가 어려운 경우에 이용된다.   **정답** ②

출제 예상 문제

1. 주조작업에서 목형 제작 시 고려해야 할 사항이 아닌 것은?

① 수축 여유　　　② 가공 여유

③ 코어 프린트　　④ 구성인선

해설 목형 제작 시 고려사항

(1) 수축 여유

(2) 가공 여유

(3) 목형 구배(기울기)

(4) 코어 프린트(core print)

(5) 라운딩(rounding)

(6) 덧붙임(stop off)

2. 주조품의 수량이 적고 형상이 큰 곡관 (bend pipe)을 만들 때 가장 적합한 목형은?

① 회전형　　　　② 부분형

③ 코어형　　　　④ 골격형

해설 목형의 종류

(1) 현형(solid pattern) : 단체 목형(간단한 주물), 분할 목형(일반 복잡한 주물), 조립 목형(아주 복잡한 주물)

(2) 회전 목형 : 벨트 풀리나 단차 제작(회전체로 된 물건), 비교적 지름이 크고 제작 수량이 적은 주물 제작 시 주로 이용

(3) 고르개 목형(긁기형) : 단면이 일정하면서 가늘고 긴 굽은 파이프 제작 시(안내 판을 따라 모래를 긁어내어 주형을 만드는 방법)

(4) 부분 목형(section pattern) : 대형 기어 및 프로펠러 풀리 제작 시

(5) 골격형 : 제작수량이 적고 대형 파이프, 대형 주물에 주로 이용

(6) 코어형(core pattern) : 속이 빈 중공주물 (수도꼭지나 파이프) 제작 시

※ 코어를 지지하는 돌출부를 코어 프린트

라고 한다.

(7) 매치 플레이트(match plate) : 소형 주물 제품을 대량으로 생산할 때 사용

3. 목형 제작 시 주형이 손상되지 않고 목형을 주형으로부터 뽑아내기 위하여 목형의 수직면에 필요한 사항은?

① 코어 상자　　　② 다웰 핀

③ 목형 구배　　　④ 코어

해설 목형 구배(기울기) : 목형을 주형에서 뽑을 때 주형이 손상되는 것을 방지하기 위하여 목형의 수직면을 경사지게 한다(목형 길이 1 m에 대해 6~30 mm 정도의 구배를 주어 제작함으로 목형의 분리를 쉽게 할 수 있다).

4. 상수도관용 밸브류의 주조용 목형은 다음 중 어느 것이 가장 좋은가?

① 조립 목형(built-up pattern)

② 회전 목형(sweeping pattern)

③ 골격 목형(skeleton pattern)

④ 긁기 목형(strickle pattern)

해설 목형(pattern)의 종류

(1) 현형(solid pattern) : 단체 목형, 분할 목형, 조립 목형

※ 조립 목형 : 상수도관용 밸브류를 제작할 때 사용

(2) 부분 목형 : 대형 기어, 프로펠러, 풀리 등 주물이 대형 대칭인 경우

(3) 회전 목형 : 벨트 풀리, 기어, 단차 등을 제작할 때

(4) 고르개 목형(긁기형) : 가늘고 긴 굽은 파이프 제작 시

(5) 골격 목형(골격형) : 주조품의 수량이 적고, 큰 곡관을 제작할 때

(6) 잔형(loose piece) : 주형에서 뽑기 곤란

한 목형 부분만을 별도로 만든 주형(원형을 먼저 뽑고 주형 속에 남아 있는 잔형을 나중에 뽑는다.)

5. 주물사의 구비조건으로 거리가 먼 것은?

① 성형성　　　　② 통기성

③ 내화성　　　　④ 열전도성

[해설] 주물사의 구비조건 : 성형성, 내화성, 통기성, 보온성, 적당한 강도, 값이 싸고 구입이 용이할 것

6. 주조 시 탕구의 높이와 유속과의 관계가 옳은 것은 어느 것인가? (단, V : 유속 (cm/s), h : 탕구의 높이(쇳물이 채워진 높이, cm), g : 중력 가속도(cm/s^2), C : 유량계수이다.)

① $V = \dfrac{2gh}{C}$　　　② $V = C\sqrt{2gh}$

③ $V = C(2gh)^2$　　④ $V = h\sqrt{2Cg}$

[해설] $V = C\sqrt{2gh}$ [cm/s]

7. 인베스트먼트 주조법과 비교한 셀 몰드법(shell molding process)에 대한 설명으로 틀린 것은?

① 셀 몰드법은 얇은 셀을 사용하므로 조형재가 소량으로 사용된다.

② 주물 온도가 높은 강이나 스텔라이트의 주조에 적합하다.

③ 조형 제작방법이 간단해서 고가의 기계설비가 필요 없고 생산성이 높다.

④ 이 조형법을 발명한 사람의 이름을 따서 크로닝법(Croning process)이라고도 한다.

[해설] 셀 몰드 주조(shell mold casting) : 독일의 Croning이 개발한 주조법으로 Croning 주조법이라고도 한다. 제작된 금형을 150~300℃의 노안에서 가열하고 주물사를 덮은 후 약 10초 동안 경과하면 조형재료 중의 합

성수지가 모형의 열로 녹아서 조형재료에 피막인 셀(shell)이 생기는데, 이것을 떼어내어 주형을 만드는 방법이다. 점결제로 열경화성 수지를 사용하여 주형을 제작하는 주조법이며, 특징은 다음과 같다.

(1) 주물을 신속하게 대량생산할 수 있다.

(2) 숙련공이 필요 없으며 완전 기계화가 가능하다.

(3) 주물 표면이 깨끗하고 정밀도가 높으나 금형의 제작 비용이 비싸다.

(4) 수분이 없어 기공이 생기지 않는다(외관이 미려하다).

(5) 통기성 불량에 의한 주물 결함이 없다.

8. 피스톤링, 실린더 라이너 등의 주물을 주조하는 데 쓰이는 적합한 주조법은?

① 셀 주조법

② 탄산가스 주조법

③ 원심 주조법

④ 인베스트먼트 주조법

[해설] 원심 주조법(centrifugal casting)은 속이 빈 주형(중공주물)을 수평 또는 수직상태로 놓고 중심선을 축으로 회전시키면서 용탕을 주입하여 그때에 작용하는 원심력으로 치밀하고 결함이 없는 주물을 대량생산하는 방법이다. 수도용 주철관, 피스톤링, 실린더 라이너 등의 주물을 주조하는 데 적합하다.

※ 슬래그(slag)와 가스 제거가 용이하여 기포가 생기기 않는다. 코어, 탕구, 피더, 라이저가 필요 없으며 조직이 치밀하고 균일하여 강도가 높다.

9. 금속재료에 처음 한 방향으로 하중을 가하고, 다음에 반대 방향으로 하중을 가하였을 때, 전자보다는 후자의 경우가 비례한도가 저하한다. 이 현상은?

① 크리프 현상　　② 바우싱거 효과

③ 피로 현상　　　④ 탄성파손 효과

[해설] 바우싱거 효과(Bauschinger's effect) : 역방향으로 소성변형을 받았을 때 항복응력이

변형을 받지 않은 경우 항복응력보다 작아지는 현상

10. 금속을 소성가공할 때 열간가공과 냉간가공의 구별은 어떤 온도를 기준으로 하는가?

① 담금질 온도   ② 변태 온도

③ 재결정 온도   ④ 단조 온도

해설 금속을 소성가공 시 열간(고온)가공과 냉간(상온)가공의 구별은 재결정 온도를 기준으로 한다. 열간가공은 재결정 온도 이상으로, 냉간가공은 재결정 온도 이하로 한다.

11. 냉간가공에 의하여 경도 및 항복강도가 증가하나 연신율은 감소하는 현상은?

① 가공경화   ② 탄성경화

③ 표면경화   ④ 시효경화

해설 가공경화(hardening) : 재결정 온도 이하에서 가공(냉간가공)하면 할수록 단단해지는 것으로 결정함수의 밀도 증가 때문에 일어난다. 강도·경도는 증가하며, 연신율, 단면수축률, 인성은 감소한다.

12. 소성 가공의 방법이 아닌 것은?

① 컬링(curling)

② 엠보싱(embossing)

③ 카핑(copying)

④ 코이닝(coining)

해설 (1) 전단 가공 : 펀칭, 블랭킹, 전단, 분단, 노칭, 트리밍, 셰이빙
 (2) 성형 가공 : 시밍, 컬링, 벌징, 마폼법, 하이드로폼법, 비딩, 스피닝
 (3) 압축 가공 : 코이닝(압인), 엠보싱, 스웨이징, 충격압출

13. 단조의 기본 작업 방법에 해당하지 않는 것은?

① 늘리기(drawing)

② 업세팅(up-setting)

③ 굽히기(bending)

④ 스피닝(spinning)

해설 단조의 종류
 (1) 자유단조(free forging) : 절단, 늘리기, 넓히기, 굽히기, 압축, 구멍뚫기, 비틀림, 단짓기(setting down), 업세팅(up setting) 등
 (2) 형단조(die forging) : 금형(가격이 비싸다.)을 사용하여 소형 제품을 대량생산할 때

14. 다음 중 단조에 관한 설명으로 틀린 것은?

① 자유 단조는 앤빌 위에 단조물을 고정하고 해머로서 타격하여 목적하는 형상을 만드는 것이다.

② 형 단조는 제품의 형상을 조형한 한 쌍의 다이 사이에 가열한 소재를 넣고 가압하여 제품을 만드는 것이다.

③ 업셋 단조는 가열된 재료를 수평틀에 고정하고 한쪽 끝을 돌출시키고 축방향으로 헤딩공구로서 타격을 주어 길이를 짧게 하고 면적을 크게 성형한다.

④ 열간단조에는 콜드헤딩, 코이닝, 스웨이징이 있다.

해설 가열온도에 따른 단조의 종류
 (1) 열간단조 : 해머단조, 프레스단조, 업셋단조, 롤단조
 (2) 냉간단조 : 콜드헤딩(cold heading), 코이닝(coining), 스웨이징(swaging)

15. 압연 롤러의 주요 구성 3요소가 아닌 것은?

① 캘리버(caliber)   ② 네크(neck)

③ 웨블러(webbler)   ④ 보디(body)

해설 압연 롤러의 주요 구성 3요소
 (1) 네크(neck)
 (2) 웨블러(webbler)

정답 **10.** ③   **11.** ①   **12.** ③   **13.** ④   **14.** ④   **15.** ①

(3) 보디(body)

16. 압연가공의 특징에 대한 설명으로 틀린 것은?

① 금속조직에서는 주조조직을 파괴하고 기포를 압착시켜 우수한 조직을 얻을 수 있다.

② 주조나 단조에 비하여 작업속도는 느리나 생산비가 저렴하여 대량생산에 적합하다.

③ 금속의 압연은 작업 온도에 따라 열간 압연과 냉간 압연으로 구별한다.

④ 냉간 압연 시 압연 방향으로 섬유 조직상이 발생하여 제품 조직에 방향성이 생긴다.

[해설] 압연가공(rolling)의 특징

(1) 금속조직의 주조조직을 파괴하고 기포(기공)를 압착하여 우수한 조직을 얻을 수 있다(재질이 균일하고 미세하다).

(2) 주조 및 단조에 비하여 작업속도가 빠르다.

(3) 정밀한 제품을 얻고자 할 경우는 일반적으로 냉간 압연을 한다.

(4) 열간 압연 재료는 재질에 방향성이 생기지 않는다.

(5) 냉간 압연한 재료는 방향성이 생겨 세로 방향과 가로방향과의 기계적, 물리적 성질이 달라 풀림하여 사용한다.

(6) 생산비가 저렴하다.

17. 분괴압연 작업에서 만들어진 강편으로서 4각형 또는 정방형 단면의 소재로서 250 mm×250 mm에서 450 mm×450 mm 정도의 크기를 갖는 비교적 큰 재료의 명칭은?

① 블룸(bloom)　② 슬래브(slab)

③ 빌릿(billet)　④ 플랫(flat)

[해설] 분괴압연 : 강괴나 주괴(ingot)를 제품의

중간재로 만드는 압연

(1) 블룸(bloom) : 사각형 또는 정방형 단면의 소재로 치수는 250 mm×250 mm에서 450 mm×450 mm 정도의 크기를 갖는 재료

(2) 슬래브(slab) : 장방형 단면을 가지며 두께 50~150 mm, 폭 600~150 mm인 판재

(3) 빌릿(billet) : 사각형 단면을 가지며 치수는 50 mm×50 mm에서 120 mm×120 mm 정도의 단면의 치수를 갖는 작은 강재의 4각형 봉재

(4) 플랫(flat) : 두께 6~18mm, 폭 20~450 mm 정도의 평평한 폭재

18. 만네스만 압연기와 유사한 방법으로 파이프의 지름을 확대하는 데 많이 이용하는 그림과 같은 구조로 되어 있는 것은?

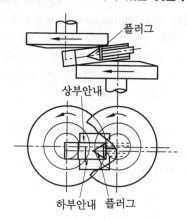

① 플러그밀(plug mill)

② 필거 압연기(pilger mill)

③ 스티펠 천공기(stiefel piercer)

④ 마관기(reeling machine)

[해설] (1) 만네스만 압연기(mannesmann piercing mill) : 봉상의 가공물이 양쪽으로부터 회전압축력을 받을 때 중심에는 공극이 생기기 쉬운 상태가 되는 원리를 이용한 것이다.

(2) 플러그밀(plug mill) : 2개의 롤러에 공형(caliber)을 만들고 그 사이에 고온의 관

(pipe) 소재와 관 소재 안에 플러그 심봉 (plug mandrel)을 넣은 상태에서 회전시켜 압연하는 것으로서 관의 지름을 조정하고 벽의 두께를 감소시킬 수 있다.

(3) 마관기(reeling machine) : 관의 내외면을 매끈하게 하여 이음매 없는 강관의 최종 작업은 홈이 파진 2단압연기를 통과시켜 소정의 치수로 완성 압연하는 압연기이다.

19. 이음매 없는 관(管)을 제조하는 방법이 아닌 것은?

① 버트(butt)용접법

② 압출법

③ 만네스만 천공법

④ 에르하르트법

[해설] 제관법에서 이음매 없는 강관 제작 방법으로는 천공법이 대표적이며, 종류에는 만네스만 천공법, 압출법, 에르하르트법, 스티펠(stifer)법 등이 있다.

20. 다음 빈칸에 들어갈 숫자로 옳게 짝지어진 것은?

───〈보 기〉───

지름 100 mm의 소재를 드로잉하여 지름 60 mm의 원통을 가공할 때 드로잉률은 (A)이다. 또한, 이 60 mm의 용기를 재드로잉률 0.8로 드로잉을 하면 용기의 지름은 (B)mm가 된다.

① A : 0.60, B : 48

② A : 0.36, B : 48

③ A : 0.60, B : 75

④ A : 0.36, B : 75

[해설] (1) 드로잉률 $= \dfrac{\text{제품의 지름}(d_1)}{\text{소재의 지름}(d_0)}$

$= \dfrac{60}{100} = 0.6$

(2) 재드로잉률 $= \dfrac{\text{용기의 지름}}{\text{제품의 지름}(d_1)}$

∴ 용기의 지름 = 재드로잉률 $\times d_1$

$= 0.8 \times 60 = 48$ mm

21. 지름 4 mm의 가는 봉재를 선재인발 (wire drawing)하에 3.5 mm가 되었다면 감소율은?

① 23.4 %

② 14.2 %

③ 12.5 %

④ 5.7 %

[해설] 단면 감소율(ϕ)

$= \dfrac{A_0 - A_1}{A_0} \times 100\,\%$

$= \left(1 - \dfrac{A_1}{A_0}\right) \times 100\,\%$

$= \left\{1 - \left(\dfrac{d_1}{d_2}\right)^2\right\} \times 100\%$

$= \left\{1 - \left(\dfrac{3.5}{4}\right)^2\right\} \times 100\% = 23.4\,\%$

22. 다이에 아연, 납, 주석 등의 연질금속을 넣고 펀치에 타격을 가하여 길이가 짧은 치약튜브, 약품튜브 등을 제작하는 압출은?

① 직접 압출

② 간접 압출

③ 열간 압출

④ 충격 압출

[해설] 충격 압출(impact extruding) : Zn, Pb, Sn, Cu와 같은 연질금속을 다이에 넣고 충격을 가하여 치약튜브, 크림튜브, 화장품, 약품 등의 용기, 건전지 케이스의 제작에 이용된다.

23. 압출 가공(extrusion)에 관한 일반적인 설명으로 틀린 것은?

① 압출 방식으로는 직접(전방) 압출과 간접(후방) 압출 등이 있다.

② 직접 압출보다 간접 압출에서 마찰력이 적다.

③ 직접 압출보다 간접 압출에서 소요동력이 적게 든다.

④ 직접 압출이 간접 압출보다 압출 종료 시 컨테이너에 남는 소재량이 적다.

[해설] 압출(extrusion process)

(1) 직접 압출(전방 압출) : 램(ram)의 진행 방향과 압출재(billet)의 이동방향이 동일한 경우이다. 압출재는 외주의 마찰로 인하여 내부가 효과적으로 압축된다. 압출이 끝나면 20~30 %의 압출재가 잔류한다.

(2) 간접 압출(후방 압출) : 램(ram)의 진행 방향과 압출재(billet)의 이동방향이 반대인 경우이다. 직접 압출에 비하여 재료의 손실이 적고 소요동력이 적게 드는 이점이 있으나 조작이 불편하고 표면상태가 좋지 못한 단점이 있다.

(3) 충격 압출법(impact extruding) : 크랭크 프레스나 토글 프레스 등을 사용하여 힘을 충격적으로 가하면서 제품을 압출하는 방법

24. 프레스(press)작업에서 전단(shearing) 가공이 아닌 것은?

① 블랭킹(blanking)
② 코이닝(coining)
③ 피어싱(piercing)
④ 트리밍(triming)

[해설] 전단 가공의 종류 : 펀칭, 블랭킹, 전단, 분단, 노칭, 트리밍, 셰이빙, 피어싱

※ 코이닝(coining)은 압인 가공이라고도 하며 주화, 메달, 장식품 등의 가공에 이용된다.

25. 전단 가공에 의해 판재를 소정의 모양으로 뽑아낸 것이 제품일 때의 작업은?

① 엠보싱(embossing)
② 트리밍(trimming)
③ 브로칭(broaching)
④ 블랭킹(blanking)

[해설] (1) 펀칭(punching) : 남은 쪽이 제품, 떨어진 쪽이 폐품

(2) 블랭킹(blanking) : 남은 쪽이 폐품, 떨어진 쪽이 제품

26. 두께 1.5 mm인 연질 탄소 강판에 ϕ 3.2 mm의 구멍을 펀칭할 때 전단력은 약 몇 N인가? (단, 전단저항력 $\tau = 250$ N/mm²이다.)

① 3770   ② 4852
③ 2893   ④ 6568

[해설] $\tau = \dfrac{P_s}{A}$ [MPa]에서

$P_s = \tau A = \tau \pi d t = 250 \times (\pi \times 3.2 \times 1.5)$
$\fallingdotseq 3770 \text{N}$

27. 판두께 3 mm인 연강판에 지름이 30 mm인 구멍을 펀칭 가공하려고 한다. 슬라이드 평균속도를 5 m/min, 기계효율을 72 %라 한다면 소요 동력은 약 몇 kW인가? (단, 판의 전단 저항은 245 N/mm²이다.)

① 11.62   ② 8.02
③ 2.54   ④ 5.27

[해설] $P_s = \tau A = \tau \pi d t = 245 \times (\pi \times 30 \times 3)$
$= 69272 \text{N} \fallingdotseq 69.27 \text{kN}$

$V = 5 \text{ m/min} = \dfrac{5}{60} (= 0.83) \text{ m/s}$

$H = \dfrac{\text{power}}{\eta_m} = \dfrac{P_s \times V}{0.72} = \dfrac{69.27 \times 0.83}{0.72}$

$= \dfrac{69.27}{0.72} \fallingdotseq 8.02 \text{kW}$

28. 두께 2 mm의 연강판에 지름 20 mm의 구멍을 펀칭하는 데 소요되는 동력은 약 몇 kW인가? (단, 프레스 평균전단속도는 5 m/min, 판의 전단응력은 275 MPa, 기계효율은 60 %이다.)

① 3.2   ② 3.9
③ 4.8   ④ 5.4

정답 24. ② 25. ④ 26. ① 27. ② 28. ③

[해설] $\tau = \dfrac{P_s}{A}$ [MPa]에서 $P_s = \tau A = \tau \pi d t$

$\qquad = 275 \times 10^3 \times (\pi \times 0.02 \times 0.002)$

$\qquad = 34.56 \text{ kN}$

$H = \dfrac{\text{power}}{\eta_m} = \dfrac{P_s \times V_m}{0.6} = \dfrac{34.56 \times 0.83}{0.6}$

$\qquad = 4.8 \text{ kW}$

29. 제품 가공을 위한 성형 다이를 주축에 장착하고, 소재의 판을 밀어 부친 후 회전시키면서 롤러, 스틱으로 가압하여 성형하는 가공법은?

① 스피닝(spinning)

② 스탬핑(stamping)

③ 코이닝(coining)

④ 액압성형법(hydroforming)

[해설] 스피닝(spinning) : 선반 주축에 제품을 고정한 후 이 원형과 심압대 사이에 소재면을 끼워서 회전시키고 스틱 또는 롤러로 눌러서 원형과 같은 모양의 제품을 만드는 가공법

30. 특수 드로잉 가공에서 다이 대신 고무를 사용하는 성형 가공법은 어느 것인가?

① 액압성형법(hydroforming)

② 마폼법(marforming)

③ 벌징법(bulging)

④ 폭발성형법(explosive forming)

[해설] 마폼법(marforming) : 용기 모양의 홈 안에 고무를 넣고 고무를 다이 대신 사용하여 밑이 굴곡이 있는 용기를 제작하는 가공법

31. 판금 제품의 보강 또는 장식을 목적으로 판금가공품의 일부분에 긴 돌기부를 만드는 가공법은?

① 비딩(beading)

② 컬링(curing)

③ 시밍(seaming)

④ 프레싱(pressing)

[해설] (1) 비딩(beading) : 가공된 용기에 좁은 선 모양의 돌기를 만드는 가공법

(2) 컬링(curling) : 원통용기의 끝부분을 말아 테두리를 둥글게 만드는 가공법

(3) 시밍(seaming) : 여러 겹으로 소재를 구부려 두 장의 소재를 연결하는 가공법

32. 판재의 두께 6 mm, 원통의 바깥지름 500 mm인 원통의 마름질한 판뜨기의 길이는?

① 약 1532 mm ② 약 1552 mm

③ 약 1657 mm ④ 약 1670 mm

[해설] 판뜨기의 길이(L)

$= \pi(d_2 - t) \fallingdotseq \pi(500-6) = 1552 \text{ mm}$

33. 굽힘가공 시 발생할 수 있는 스프링 백에 대한 설명으로 틀린 것은?

① 탄성한계가 클수록 스프링 백의 양은 커진다.

② 동일한 판 두께에 대해서는 굽힘 반지름이 클수록 스프링 백의 양은 커진다.

③ 같은 두께의 판재에서 다이의 어깨 나비가 작아질수록 스프링 백의 양은 커진다.

④ 동일한 굽힘 반지름에 대해서는 판 두께가 클수록 스프링 백의 양은 커진다.

[해설] 스프링 백(spring back) : 굽힘가공을 할 때 굽힘 힘을 제거하면 관의 탄성 때문에 변형 부분이 원상태로 되돌아가는 현상

※ 스프링 백의 양이 커지려면

(1) 탄성한계, 피로한계, 항복점이 높아야 한다.

(2) 구부림 각도가 작아야 한다.

(3) 굽힘 반지름이 커야 한다.

(4) 판 두께가 얇아야 한다.

34. 공기 중에 냉각하여도 수중에 담금질한 것과 같은 효과를 나타내는 것은?

① 공랭성   ② 시효성

③ 냉각성   ④ 자경성

해설 자경성(self hardening) : 대기(공기) 중에 방랭(방치시켜 냉각)하여도 담금질 온도에서 마텐자이트 조직이 생성되어 단단해지는 성질로 Ni, Cr, Mn 등이 함유된 특수강에서 볼 수 있는 현상이다.

35. 원뿔을 전개한 다음 그림에서 원뿔 밑면의 지름을 d라고 하면 전개도의 각도 θ는 다음 어떤 식으로 표시하는가?

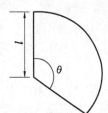

① $\theta = \dfrac{d}{l} \times 360°$ ② $\theta = \dfrac{d}{l} \times 180°$

③ $\theta = \dfrac{l}{d} \times 360°$ ④ $\theta = \dfrac{l}{d} \times 180°$

해설 $\pi d = l\theta$에서

$$\therefore \theta = \frac{d}{l}\pi\,[\mathrm{rad}] = \frac{d}{l}\pi \times \frac{180}{\pi}\,[°]$$
$$= \frac{d}{l} \times 180°$$

36. 아래 그림에서 굽힘가공에 필요한 판재의 거리를 구하는 식으로 맞는 것은? (단, L은 판재의 전체 길이, a, b는 직선 부분 길이, R은 원호의 안쪽 반지름, θ는 원호의 굽힘각도(°), t는 판재의 두께이다.)

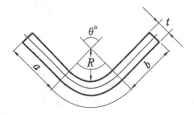

① $L = a + b + \dfrac{\pi\theta°}{360}(R + t)$

② $L = a + b + \dfrac{\pi\theta°}{360}(2R + t)$

③ $L = a + b + \dfrac{2\pi\theta°}{360}(R + t)$

④ $L = a + b + \dfrac{2\pi\theta°}{360}(2R + t)$

해설 굽힘가공 시 판재 길이(L)

$$L = a + b + \left(R + \frac{t}{2}\right)\theta° \times \frac{\pi}{180}$$
$$= a + b + \frac{\pi\theta°}{360}(2R + t)\,[\mathrm{mm}]$$

37. 강을 임계온도 이상의 상태로부터 물 또는 기름과 같은 냉각제 중에 급랭시켜서 강을 강화시키는 작업은?

① 풀림   ② 불림

③ 담금질   ④ 뜨임

해설 담금질(quenching) : 강을 오스테나이트 상태의 고온보다 30~50℃ 정도 높은 온도에서 일정 시간 가열한 후 물이나 기름 중에 담가서 급랭시키는 조작으로 재료를 경화시키며 이 조작에 의해 페라이트에 탄소가 억지로 고용당한 마텐자이트 조직을 얻을 수 있다.

38. 판재 굽힘 가공에서 굽힘각(도) α, 굽힘반지름 R, 재료두께 t, t에 대한 굽힘 내면에서 중립축까지의 거리와의 비(상수)를 K라면 굽힘량(중립축 위의 원호길이) A를 구하는 식으로 옳은 것은?

① $A = \dfrac{2\pi\alpha}{180}(R + kt)$

② $A = \dfrac{2\pi\alpha}{360}(R + kt)$

③ $A = \dfrac{360}{2\pi\alpha}(R + kt)$

④ $A = \dfrac{180}{2\pi\alpha}(R + kt)$

해설 원호길이(A)

= 곡률반지름×원호각(사잇각)

= $(R+kt) \times \dfrac{2\pi\alpha}{360}$ [mm]

39. 표면이 서로 다른 모양으로 조각된 1쌍의 다이를 이용하여 메달, 주화 등을 가공하는 방법은?

① 엠보싱(embossing)

② 비딩(beading)

③ 벌징(bulging)

④ 코이닝(coining)

해설 (1) 엠보싱 : 소재에 두께의 변화를 일으키지 않고 상하 반대로 여러 가지 모양의 요철을 만드는 가공

(2) 비딩 : 용기 또는 판재에 폭이 좁은 선 모양의 돌기(beed)를 만드는 가공

(3) 벌징 : 밑이 볼록한 용기를 제작

(4) 코이닝(압인) : 상하형이 서로 관계없이 요철을 가지고 있으며 두께 변화가 있는 제품을 얻는 가공

예 주화, 메달

40. 경화된 작은 철구(鐵球)를 피가공물에 고압으로 분사하여 표면의 경도를 증가시켜 기계적 성질, 특히 피로강도(fatigue strength)를 향상시키는 가공법은?

① 버핑

② 버니싱

③ 전해연마

④ 쇼트피닝

해설 쇼트피닝(shot peening) : 금속재료의 표면에 강이나 주철의 작은 입자들을 고속으로 분사시켜 표면층의 경도를 높이는 방법으로 피로한도, 탄성한계를 향상시킨다.

41. 버니어 캘리퍼스의 어미자에 새겨진 0.5 mm의 24눈금(12 mm)을 아들자에게 25등분할 때, 어미자와 아들자의 1눈금의 차는 얼마인가?

① $\dfrac{1}{50}$ mm

② $\dfrac{1}{25}$ mm

③ $\dfrac{1}{24}$ mm

④ $\dfrac{1}{20}$ mm

해설 최소 측정값

= $\dfrac{A(본 척의 한눈금)}{n(등분수)} = \dfrac{0.5}{25} = \dfrac{1}{50}$

= 0.02 mm

42. 마이크로미터 스핀들 나사의 피치가 0.5 mm이고, 심블을 100등분하였다면 최소 측정값은?

① 0.01 mm

② 0.001 mm

③ 0.005 mm

④ 0.05 mm

해설 최소 측정값

= $\dfrac{스핀들 나사의 피치}{심블의 등분수} = \dfrac{0.5}{100} = 0.005$

= 0.005 mm

43. 공기 마이크로미터의 특징을 설명한 것 중 틀린 것은?

① 배율이 높다.

② 정도(精度)가 좋다.

③ 압축 공기원(컴프레서 등)은 필요 없다.

④ 1개의 피측정물의 여러 곳을 1번에 측정한다.

해설 공기 마이크로미터의 특징

(1) 배율이 높다(1000~4000배).

(2) 측정력이 거의 0에 가까워 정확한 측정이 가능하다.

(3) 공기의 분사에 의하여 측정되기 때문에 오차가 작은 측정값을 얻을 수 있다. (정도가 높다.)

(4) 안지름 측정이 용이하고 대량생산에 효과적이다.

(5) 치수가 중간 과정에서 확대되는 일이 없기 때문에 항상 그 정도를 유지할 수 있다.

(6) 다원측정이 쉽다.

(7) 복잡한 구조나 형상, 숙련을 요하는 것도 간단하게 측정할 수 있다.

44. 그림과 같은 고정구에 의하여 테이퍼

1/30의 검사를 할 때 A로부터 B까지 다이얼 게이지를 이동시키면 다이얼 게이지의 지시눈금의 차는 얼마인가?

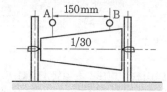

① 3.0 mm   ② 3.5 mm
③ 5.0 mm   ④ 2.5 mm

해설 $\dfrac{1}{30} = \dfrac{b-a}{150}$ 에서 $b-a = \dfrac{150}{30} = 5\,\text{mm}$

(a는 작은 쪽 지름, b는 큰 쪽 지름이므로 높이차는 $b-a$의 $\dfrac{1}{2}$이므로 다이얼 게이지의 지시눈금 차이는 2.5 mm가 된다.)

45. 다음 중 주로 안지름 측정에 이용되는 측정기는?

① 실린더 게이지   ② 하이트 게이지
③ 측장기   ④ 게이지 블록

해설 실린더 게이지(cylinder gauge)는 주로 안지름(실린더 bore) 측정에 사용한다.

46. 다음 중 각도 측정 게이지에 해당되지 않는 것은?

① 하이트 게이지(height gauge)
② 오토콜리메이터(auto-collimator)
③ 수준기(precision level)
④ 사인바(sine bar)

해설 하이트 게이지(height gauge)는 공작물의 높이를 측정하는 게이지이다.

47. 200 mm 사인바로 10° 각을 만들려면 사인바 양단의 게이지 블록의 높이차는 약 몇 mm이어야 하는가? (단, 경사면과 측정면이 일치한다.)

① 34.73 mm   ② 39.70 mm

③ 44.76 mm   ④ 49.10 mm

해설 $\sin\alpha = \dfrac{H-h}{L}$ 에서
$\therefore H-h = L\sin\alpha = 200 \times \sin 10°$
$\qquad = 34.73\,\text{mm}$

48. 피측정물의 경사면과 사인바의 측정면이 일치하는 경우 100 mm의 사인바에 의해서 30°를 만들 때 불필요한 게이지 블록은?

① 4.5 mm   ② 5.5 mm
③ 30 mm   ④ 40 mm

해설 $\sin\alpha = \dfrac{H}{L}$ (L : 사인바의 호칭치수)에서
$H = L\sin\alpha = 100 \times \sin 30°$
$\quad = 50\,\text{mm}$
∴ 블록 게이지를 조합하여 50 mm가 되게 만들면 다음과 같다.
$4.5 + 5.5 + 40 = 50\,\text{mm}$

49. 광파 간섭 현상을 이용하여 평면도를 측정하는 것은?

① 옵티컬 플랫(optical flat)
② 공구 현미경
③ 오토콜리메이터(autocollimator)
④ NF식 표면 거칠기 측정기

해설 옵티컬 플랫(optical flat)은 수정 또는 유리로 만든 것으로 광파 간섭 현상을 이용한 평면도 측정용 계기이다. 비교적 작은 부분의 평면도 측정에 이용되고 있으며 광학 유리와 표면 사이의 굴곡이 생기면 빛의 간섭무늬에 의해 평면도를 측정하는 측정계기이다. 특히, 외측 마이크로미터 측정면의 평면도 검사에 필요한 기기다.

50. 나사의 유효지름을 측정할 때, 다음 중 가장 정밀도가 높은 측정법은?

① 버니어 캘리퍼스에 의한 측정
② 측장기에 의한 측정

③ 삼침법에 의한 측정

④ 투영기에 의한 측정

해설 삼침법(three wire method) : 나사 게이지와 같이 가장 정밀도가 높은 나사의 유효지름 측정에 쓰인다.

51. 그림과 같이 삼침을 이용하여 미터나사의 유효지름(d_2)을 구하고자 한다. 올바른 식은? (단 P : 나사의 피치, d : 삼침의 지름, M : 삼침을 넣고 마이크로미터로 측정한 치수)

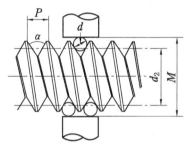

① $d_2 = M + d + 0.86603P$

② $d_2 = M - d + 0.86603P$

③ $d_2 = M - 2d + 0.86603P$

④ $d_2 = M - 3d + 0.86603P$

해설 미터나사의 유효지름(d_2)

$= M - 3d + 0.86603P$ [mm]

52. 수나사의 바깥지름(호칭지름), 골지름, 유효지름, 나사산의 각도, 피치를 모두 측정할 수 있는 측정기는?

① 나사 마이크로미터

② 피치 게이지

③ 나사 게이지

④ 투영기

해설 투영기(projector) : 광원을 물체에 투사하여 그 형상을 광학적으로 확대시켜 물체의 형상, 크기, 표면상태를 관찰할 수 있는 광학적 측정기

53. M6×1.0의 나사에서 탭(tap)을 가공하고자 할 때 가장 적당한 드릴의 지름은?

① 7 mm

② 6 mm

③ 5 mm

④ 4 mm

해설 탭구멍 지름(d) $= D - p$

(여기서, D : 호칭지름, p : 피치)

∴ $d = D - p = 6 - 1 = 5$mm

54. 다음 탭에 관한 설명 중 옳은 것은 어느 것인가?

① 1/16 테이퍼의 파이프탭은 기밀을 필요로 하는 부분에 태핑을 하는 데 쓰인다.

② 핸드탭 등경 1번 탭으로 나사를 깎을 때에는 탭구멍 입구에 모따기할 필요가 없다.

③ 핸드탭 등경 1번 탭은 약간 테이퍼를 주어 탭구멍에 잘 들어가게 하며 이 테이퍼부는 절삭을 하지 않고 나사부의 안내가 된다.

④ 탭의 드릴 사이즈 d는 나사의 호칭 지름을 D, 피치를 p라고 하면 $d = D - 3p$로 계산된다.

해설 (1) 핸드탭(hand tap)은 3개가 1조로 구성 : 1번 탭(55 % 절삭), 2번 탭(25 % 절삭), 3번 탭(20 % 절삭)

(2) 탭은 테이퍼 부분에서도 절삭을 한다.

(3) 나사는 입구 부분에 모따기한다.

(4) 탭드릴 지름(d) $= D - p$[mm]

여기서, D : 나사의 호칭지름(나사의 외경), p : 나사의 피치

55. 수기(手技) 가공에서 수나사를 가공할 수 있는 공구는?

① 탭(tap)

② 다이스(dies)

③ 펀치(punch)

④ 바이트(bite)

해설 다이스(dies)는 수나사(볼트) 가공용 공

구이고, 탭(tap)은 암나사(너트) 가공용 공구이다.

56. 용접(welding) 시에 발생한 잔류응력을 제거하려면 어떤 처리를 하는 것이 좋은가?

① 담금질
② 뜨임
③ 파텐팅
④ 풀림

[해설] 재료를 단조, 주조 및 기계가공을 하게 되면 가공경화나 내부응력이 생기게 되는데, 풀림은 이를 제거하여 재료를 연화시키기 위한 열처리 방법이다.

57. 용접을 압접(壓接)과 융접(融接)으로 분류할 때, 압접에 속하는 것은?

① 불활성 가스 아크 용접
② 산소 아세틸렌 가스 용접
③ 플래시 용접
④ 테르밋 용접

[해설] 압접(pressure welding)
(1) 냉간 압접
(2) 마찰 용접
(3) 전기저항 용접
　(가) 겹치기 : 점(spot) 용접, 심(seam) 용접, 프로젝션(projection) 용접
　(나) 맞대기 : 플래시(flash) 용접, 업셋(upset) 용접, 방전 충격 용접(퍼커션 용접)
(4) 가스 압접
(5) 단접 : 해머 압접, 다이 압접, 롤 압접

58. 모재를 (+)극에, 용접봉을(−)극에 연결하는 용접법은?

① 정극성
② 역극성
③ 비용극성
④ 용극성

[해설] 직류(DC) 아크 용접의 극성
(1) 직류 정극성(DCSP) : 모재에 ⊕극, 전극봉에 ⊖극, 후판(두꺼운 판) 용접, ⊕극쪽에 열이 70 %
(2) 직류 역극성(DCRP) : 모재에 ⊖극, 전극봉에 ⊕극, 박판(얇은 판) 용접, ⊖극쪽에 열이 30 %

59. 산소 아세틸렌가스 용접에서 프랑스식 팁 100번의 1시간당 아세틸렌 소비량은 몇 L인가?

① 50
② 100
③ 150
④ 200

[해설] 팁의 능력(규격)
(1) 프랑스식 : 1시간 동안 표준불꽃으로 용접하는 경우 아세틸렌의 소비량(L)으로 표시
　예 100번, 200번, 300번 : 100 L, 200 L, 300 L인 것을 의미
(2) 독일식 : 연강판의 용접을 기준으로 하여 용접할 판두께로 표시
　예 1번, 2번, 3번 : 연강판의 두께 1 mm, 2 mm, 3 mm에 사용되는 팁을 의미

60. 용접에서 가스 가우징(gas gouging)이란?

① 열원을 가스 화염에서 얻는 일종의 맞대기 용접이다.
② 용접 부분의 뒷면을 따내든지, 강재의 표면에 둥근 홈을 파내는 가스 가공이다.
③ 모재에 홈을 파고 가스건으로 모재와 용접봉을 가열하여 눌러붙이는 작업이다.
④ 가스 절단 시 절단성을 판정하는 기준이다.

[해설] 가스 가우징(gas gouging) : 가스 절단과 비슷한 토치를 사용하며 강재의 표면에 둥근 홈을 파내는 방법으로 일명 가스파내기라 한다.

61. 다음 재료 중에서 가스 절단이 가장 곤란한 것은?

① 연강
② 주철
③ 알루미늄
④ 고속도강

해설 (1) 절단이 가능한 금속 : 연강, 순철, 주강

(2) 절단이 약간 곤란한 금속 : 경강, 합금강, 고속도강

(3) 절단이 어느 정도 곤란한 금속 : 주철

(4) 절단이 되지 않는 금속 : 구리, 황동, 청동, 알루미늄, 납, 주석, 아연

62. 판재가 5 mm 이상인 보일러에서 리벳 이음을 한 후 리벳머리를 때려서 기밀 유지하도록 하는 작업은?

① 코킹(caulking)

② 패킹(packing)

③ 처킹(chucking)

④ 피팅(fitting)

해설 리벳(rivet) 이음 후 기밀·수밀 작업

(1) 코킹(caulking) : 강판의 가장 자리를 75~85° 경사시켜 정으로 때리는 반영구적인 작업

(2) 풀러링(fullering) : 작업 후에 완전히 기밀을 요할 때 강판과 같은 나비의 풀러링 공구로 때려 붙이는 영구적인 작업(풀러링은 코킹 작업을 할 수 없는 얇은 판인 경우 기름종이, 석면 등을 끼워 넣어 기밀 및 수밀을 유지하는 작업이다.)

63. 피복금속 아크 용접에서 피복제의 주된 역할이 아닌 것은?

① 아크를 안정하게 한다.

② 질화를 촉진한다.

③ 용착효율을 높인다.

④ 스패터링을 적게 한다.

해설 피복제(flux)의 역할

(1) 대기 중의 산화방지 및 슬래그(slag) 형성

(2) 아크를 안정시킨다.

(3) 모재표면의 산화물 제거

(4) 탈산 및 정련작용

(5) 응고와 냉각속도를 느리게 한다.

(6) 전기절연 작용

(7) 용착효율을 높인다.

64. 탄산칼슘($CaCO_3$), 불화칼슘(CaF_2)을 주성분으로 하며 용착 금속의 연성과 인성이 좋고 구조물, 고장력 강재, 합금강 등을 용접하는 데 적합한 피복제는?

① 저소수계

② 일미나이트계

③ 고산화티탄계

④ 고셀룰로오스계

해설 저수소계(E7016, E4316) 봉은 용착 금속의 연성과 인성이 좋고, 구조물, 고장력 강재, 합금강 등을 용접하는 데 적합하다.

65. 정격 2차 전류 300 A인 용접기를 이용하여 실제 270 A의 전류로 용접을 하였을 때, 허용 사용률이 94 %이었다면 정격사용률은 약 얼마인가?

① 68 %   ② 72 %

③ 76 %   ④ 80 %

해설 정격사용률

$$= \left(\frac{\text{실제 용접 전류}}{\text{정격 2차 전류}} \right)^2 \times \text{허용사용률}$$

$$= \left(\frac{270}{300} \right)^2 \times 94 = 76.14 \%$$

66. 접합하는 부재 한쪽에 구멍을 뚫고 그 부분을 판의 표면까지 가득하게 용접하여 다른 쪽 부재와 접합하는 방법은?

① 맞대기 용접   ② 겹치기 용접

③ 모서리 용접   ④ 플러그 용접

해설 플러그 용접(plug welding) : 겹친 판의 한쪽에 구멍을 뚫어 그 구멍이 나 있는 판을 용접불꽃으로 용해하여 구멍을 메꿈과 동시에 다른 한쪽의 모재와 접합시키는 용접을 말하며 선용접이라고도 한다.

67. 일명 잠호 용접이라 하며, 입상의 미세한 용제를 용접부에 산포하고, 그 속에 전극 와이어를 연속적으로 공급하여 용제 속에서 모재와 와이어 사이에 아크를 발

생시켜 용접하는 것은?

① 서브머지드 아크 용접

② 불활성 가스 아크 용접

③ 원자 수소 용접

④ 프로젝션 용접

[해설] 서브머지드 아크 용접(submerged arc welding : 유니언 멜트 용접) : 아크나 발생 가스가 다 같이 용제 속에 잠겨 있어서 잠호 용접이라고 하며 상품명으로는 링컨 용접법이라고도 한다. 용제를 살포하고 이 용제 속에 용접봉을 꽂아 넣어 용접하는 방법으로 아크가 눈에 보이지 않으며 열에너지 손실이 가장 적다.

68. 불활성가스 아크 용접에서 주로 사용되는 보호가스는?

① Xe, Ne

② Kr, Ne

③ Rn, Ar

④ Ar, He

[해설] 불활성가스란 고온에서도 금속과 반응하지 않는 가스를 말한다. 아르곤(Ar), 헬륨(He), 네온(Ne), 크립톤(Kr), 크세논(Xe), 라돈(Rn) 등이 있다.

69. 불활성가스를 보호가스로 사용하여 용가제인 전극 와이어를 연속적으로 송급하여 모재 사이에 아크를 발생시켜서 용접하는 것은?

① 점(spot) 용접

② 미그(MIG) 용접

③ 스터드(stud) 용접

④ 테르밋(thermit) 용접

[해설] 불활성가스 아크 용접 : 불활성가스(Ar, He)를 공급하면서 용접

(1) MIG 용접(불활성가스 금속 아크 용접)
→ 전극 : 금속용접봉(소모식)

(2) TIG 용접(불활성가스 텅스텐 아크 용접 =아르곤 용접) → 전극 : 텅스텐전극봉(비소모식)

70. 다음의 용접법 중에서 전기저항 용접이 아닌 것은?

① 스폿(spot) 용접

② 프로젝션 용접

③ 티그(TIG) 용접

④ 플래시 용접

[해설] 티그(TIG) 용접은 아르곤(Ar) 가스를 사용하는 특수 용접이다.

71. 프로젝션 용접(projection welding)에 대한 설명으로 틀린 것은?

① 돌기부는 모재의 두께가 서로 다른 경우, 얇은 판재에 만든다.

② 돌기부는 모재가 서로 다른 금속일 때, 열전도율이 큰 쪽에 만든다.

③ 판의 두께나 열용량이 서로 다른 것을 쉽게 용접할 수 있다.

④ 용접속도가 빠르고, 돌기부에 전류와 가압력이 균일해 용접의 신뢰도가 높다.

[해설] 프로젝션 용접(projection welding)

(1) 점용접과 같은 원리로서 접합할 모재의 한쪽 판에 돌기(projection)를 만들어 고정 전극 위에 겹쳐 놓고 가동 전극으로 통전과 동시에 가압하여 저항열로 가열된 돌기를 접합시키는 용접법이다.

(2) 돌기부는 모재의 두께가 서로 다른 경우, 두꺼운 판재에 만들며, 모재가 서로 다른 금속일 때, 열전도율이 큰 쪽에 만든다.

(3) 두께가 다른 판의 용접이 가능하고, 용량이 다른 판을 쉽게 용접할 수 있다.

72. 용접봉의 용융점이 모재의 용융점보다 낮거나 용입이 얕아서 비드가 정상적으로 형성되지 못하고 위로 겹쳐지는 현상은?

① 스패터링

② 언더컷

③ 오버랩

④ 크레이터

[해설] (1) 스패터(spatter) : 용융 상태의 슬래그와 금속 내의 가스 팽창폭발로 용융 금속이 비산하여 용접 부분 주변에 작은

　방울 형태로 접착되는 현상

(2) 언더컷(under cut) : 모재의 용접 부분에 용착 금속이 완전히 채워지지 않아 정상적인 비드가 형성되지 못하고 부분적으로 홈이나 오목한 부분이 생기는 현상

(3) 오버랩(overlap) : 용접봉의 용융점이 모재의 용융점보다 낮거나 비드의 용융지가 작고, 용입이 얕아서 비드가 정상적으로 형성되지 못하고 위로 겹쳐지는 현상

(4) 크레이터(crater) : 아크 용접에서 비드의 끝에 약간 움푹 들어간 부분

73. 용접 부위의 검사 방법으로 파괴검사는 어느 것인가?

① 방사선 투과 검사
② 자기분말 검사
③ 초음파 검사
④ 금속조직 검사

해설 비파괴검사법 : 방사선탐상법(RT), 초음파탐상법(UT), 자기탐상법(MT), 침투탐상법(PT), 육안검사법(VT)

74. 다음 중 연강의 절삭작업에서 칩이 경사면 위를 연속적으로 원활하게 흘러 나가는 모양으로 연속칩이라고도 하며, 매끄러운 가공 표면을 얻을 수 있는 칩의 형태는 어느 것인가?

① 열단형
② 전단형
③ 유동형
④ 균열형

해설 칩(chip)의 형태

(1) 유동형 : 연속적인 칩으로 가장 이상적이며 바람직한 칩이다. 연성 재료를 고속절삭 시, 경사각이 클 때, 절삭깊이가 작을 때 생긴다.

(2) 전단형 : 연성 재료를 저속절삭 시, 경사각이 작을 때, 절삭깊이가 클 때 생긴다.

(3) 균열형 : 주철과 같은 취성 재료의 저속절삭 시 생긴다.

(4) 열단형 : 점성 재료 절삭 시 생긴다.

75. 선반에서 사용하는 칩 브레이커 중 연삭형 칩 브레이커의 단점에 해당하지 않는 것은?

① 절삭 시 이송 범위가 한정된다.
② 연삭에 따른 시간 및 숫돌 소모가 많다.
③ 칩 브레이커 연삭 시 절삭날의 일부가 손실된다.
④ 크레이터 마모를 촉진시킨다.

해설 칩 브레이커 : 선반작업에서 유동형 칩은 잘 끊어지지 않고 연속되기 쉽다. 이것은 다듬질면에 상처를 주거나 공작물에 엉켜서 회전하여 작업자에게 상처를 주는 일이 있으므로 칩이 짧게 파단되도록 칩 브레이커를 만들어 널리 사용되고 있으나 다음과 같은 결점이 있다.

(1) 칩 브레이커 연삭 시 공구의 절삭날이 일부 손실된다.

(2) 연삭에 시간이 걸리고 연삭숫돌의 소모가 많다.

(3) 절삭작용에 사용되는 이송 범위가 한정된다.

※ 크레이터 마모 : 절삭된 칩이 공구경사면을 유동할 때 고온, 고압, 마찰 등으로 경사면이 오목하게 마모작용이 일어나는데 이를 경사면 마모라 하며, 마모되어 패인 부분을 크레이터라 한다.

76. 절삭가공 시 발생하는 구성인선(built up edge)에 관한 설명으로 옳은 것은?

① 공구 윗면 경사각이 작을수록 구성인선은 감소한다.
② 고속으로 절삭할수록 구성인선은 감소한다.
③ 마찰계수가 큰 절삭공구를 사용하면 칩의 흐름에 대한 저항을 감소시킬 수 있어 구성인선을 감소시킬 수 있다.
④ 칩의 두께를 증가시키면 구성인선을 감소시킬 수 있다.

정답 **73.** ④　**74.** ③　**75.** ④　**76.** ②

[해설] 구성인선(built up edge)의 방지법
(1) 절삭깊이를 작게 한다.
(2) 공구(바이트) 윗면 경사각을 크게(30°이상) 한다.
(3) 절삭공구의 인선을 예리하게 한다.
(4) 윤활성이 좋은 절삭유를 사용한다.
(5) 마찰계수가 작은 초경합금과 같은 절삭공구를 사용한다(SWC 바이트 사용).
(6) 절삭속도를 크게(120 m/min 이상) 한다 (절삭저항 감소).

77. 절삭공구에 발생하는 구성인선의 방지법이 아닌 것은?
① 절삭공구의 인선을 예리하게 할 것
② 절삭속도를 느리게 할 것
③ 절삭깊이를 작게 할 것
④ 공구 윗면 경사각(rake angle)을 크게할 것

[해설] 절삭속도를 빠르게 하면 절삭저항이 감소한다(구성인선 방지책).

78. 공작물의 절삭속도(V)를 구하는 올바른 공식은? (단, d : 공작물의 지름(m), n : 공작물의 회전수(rpm), V : 절삭속도(m/min)라 한다.)
① $V = \dfrac{\pi d n}{1000}$ ② $V = \dfrac{\pi d}{100 n}$
③ $V = \pi d n$ ④ $V = 2\pi d n$

[해설] $V = \dfrac{\pi d n}{1000}$ [m/min]
여기서, d : 공작물의 지름(mm)
n : 공작물의 회전수(rpm)
※ 공작물의 지름이 m인 경우 절삭속도(V)
$= \pi d n$ [m/min]이다.

79. 지름 91 mm의 강봉을 회전수 700 rpm으로 선삭하는 데 절삭저항의 주분력이 75 kgf이다. 이때의 기계적 효율이 80 %라고 하면 여기에 공급되어야 할 동력은

몇 PS인가?
① 약 2.56 ② 약 4.17
③ 약 6.56 ④ 약 8.17

[해설] $V = \dfrac{\pi d n}{1000} = \dfrac{\pi \times 91 \times 700}{1000}$
$= 200.12 \text{ m/min}$
$H = \dfrac{P_1 V}{75 \times 60 \times \eta_m} = \dfrac{75 \times 200.12}{4500 \times 0.8}$
$≒ 4.17 \text{ PS}$

80. 노즈 반지름이 있는 바이트로 선삭할 때 가공면의 이론적 표면 거칠기를 나타내는 식은? (단, f는 이송, R은 공구의 날끝 반지름이다.)
① $\dfrac{f}{8R^2}$ ② $\dfrac{f^2}{8R}$
③ $\dfrac{f}{8R}$ ④ $\dfrac{f}{4R}$

[해설] 가공면의 굴곡을 나타내는 최대높이(H)
즉, 표면거칠기는 $H = \dfrac{f^2}{8R}$ (여기서, R : 둥근 바이트의 날끝 곡률 반지름, f : 이송)

81. 절삭온도를 측정하는 방법으로 틀린것은?
① 칩의 색에 의한 방법
② 시온도료에 의한 방법
③ 열전대에 의한 방법
④ 공구동력계를 사용하는 방법

[해설] 절삭온도의 측정법
(1) 칩의 색깔로 측정하는 방법
(2) 온도 지시 페인트에 의한 측정
(3) 칼로리미터에 의한 측정
(4) 공구와 공작물을 열전대로 하는 측정
(5) 삽입된 열전대에 의한 측정
(6) 복사고온계에 의한 측정

82. 공구의 재료적 결함이나 미세한 균열이 잠재적 원인이 되며 공구 인선의 일부

정답 77. ② 78. ③ 79. ② 80. ② 81. ④ 82. ③

가 미세하게 파괴되어 탈락하는 현상은?

① 크레이터 마모(crater wear)

② 플랭크 마모(flank wear)

③ 치핑(cheaping)

④ 온도 파손(temperature failure)

[해설] 치핑(cheaping, 결손) : 공구 날끝의 일부가 충격에 의하여 떨어져 나가는 것으로서 순간적으로 발생한다. 밀링이나 평삭 등과 같이 절삭날이 충격을 받거나 초경합금공구와 같이 충격에 약한 공구를 사용하는 경우에 많이 발생한다.

83. 공구수명의 판정기준과 가장 거리가 먼 것은?

① 절삭저항의 변화가 급격히 증가될 때

② 공구 인선의 마모가 없을 때

③ 가공면에 광택이 있는 색조 또는 반점이 생길 때

④ 완성 가공물의 치수 변화가 일정량에 달할 때

[해설] 공구수명의 판정기준

(1) 가공면에 광택이 있는 색조 또는 반점이 생길 때

(2) 공구 인선의 마모가 일정량에 달했을 때

(3) 완성품(가공물)의 치수 변화가 일정량에 달할 때

(4) 절삭저항 주분력의 변화가 적어도 이송분력, 배분력이 급격히 증가할 때

(5) 절삭저항 주분력이 절삭을 시작했을 때와 비교하여 일정량 증가할 때

(6) 고속도강 : 600℃에서 급격하게 경도 저하, 공구수명 저하, 저온 절삭 : -20~ -150℃

84. 공구의 수명 시험을 가장 적절히 설명한 것은?

① 공구 옆면의 마멸폭까지의 공구수명을 실측한다.

② 일정한 절삭 체적에서 공구수명을 실측한다.

③ Taylor의 공구수명식의 지수 n과 상수 C의 값을 구하는 것이다.

④ 일정한 절삭깊이와 절삭속도에서 공구의 수명을 시간으로 실측하는 것이다.

[해설] Taylor의 공구수명식 : $VT^m = C$ (대수식으로 직선적으로 도시된다.)

여기서, V : 절삭속도(m/min)

T : 공구수명(min)

n : 공구와 공작물에 따른 상수(고속도강 : 0.1, 초경합금 : 0.125~0.25, 세라믹공구 : 0.4~0.55)

C : 공구, 공작물, 절삭조건에 따른 상수

85. 주철 중에서 흑연의 분리를 촉진시키는 원소는?

① 황(S)　　　　② 인(P)

③ 망간(iMn)　　④ 규소(Si)

[해설] (1) 흑연화 촉진 원소 : Si, Ni, Al, Ti

(2) 흑연화 방지 원소 : Mo, S, Cr, Mn, V

86. 프레스용 및 가정용 기구를 만드는 데 사용되는 양은(german silver)은 은백색의 금속이다. 그 성분은?

① Al의 합금

② Ni와 Ag의 합금

③ Cu, Zn 및 Ni의 합금

④ Zn과 Sn의 합금

[해설] 양은 또는 양백 : 7 · 3 황동(Cu 70 % - Zn 30 %) + Ni 10~20 %의 합금으로 니켈 황동이라고도 한다.

87. Al_2O_3 분말에 약 70 %의 TiC 또는 TiN 분말을 30 % 정도 혼합하여 수소 분위기 속에서 소결하여 제작한 절삭공구는?

[정답] 83. ②　84. ④　85. ④　86. ③　87. ①

① 서멧(cermet)

② 입방정 질화붕소(CBN)

③ 세라믹(ceramic)

④ 스텔라이트(stellite)

해설 서멧(cermet) : 세라믹(ceramic)과 금속 (metal)의 합성어로 세라믹의 취성을 보완하기 위하여 개발한 내화물과 금속 복합체의 총칭이다. Al_2O_3 분말에 티타늄 탄화물(TiC) 또는 티타늄 질화물(TiN) 분말을 30 % 정도 혼합하여 수소 분위기 속에서 소결하여 제작한다.

88. 다음 중 연강에서 청열취성이 일어나기 쉬운 온도는?

① 200~300℃

② 500~550℃

③ 700~723℃

④ 900~1000℃

해설 (1) 청열취성(메짐) : 탄소강이 200~300 ℃에서 강도는 커지고, 연신율은 대단히 작아지는 현상

(2) 적열취성(메짐) : 황(S)이 많은 강이 고온에서 여린 성질을 나타내는 현상(950 ~1900℃에서 발생)

89. 선반가공에서 가공시간과 관련성을 가지는 것은?

① 절삭깊이×이송

② 절삭률×절삭원가

③ 이송×분당회전수

④ 절삭속도×이송×절삭깊이

해설 선반의 가공시간(T) : 선삭에서 공작물의 길이를 l이라 하면 바이트가 1분 동안 이송하는 거리는 회전수(N)×이송(S)으로 나타낸다. 따라서 가공시간(T)은 다음과 같다.

$$T = \frac{l}{NS} \quad (단, \ N = \frac{1000V}{\pi d})$$

90. 다음 중 선반의 크기를 표시하는 방법은 어느 것인가?

① 양센터간 최대거리, 왕복대 위의 스윙, 베드 위의 스윙

② 스핀들의 지름, 센터높이, 베드 위의 스윙

③ 스핀들의 회전속도, 베드길이×폭, 센터높이

④ 선반의 높이, 선반의 폭, 전동기의 마력

해설 선반의 크기

(1) 베드 위의 스윙(공작물의 최대지름)

(2) 왕복대 위의 스윙

(3) 양센터 사이의 최대거리(공작물의 최대 길이)

91. 선반에 사용되는 부속품으로 잘못된 것은?

① 센터(center)

② 맨드릴(mandrel)

③ 아버(arbor)

④ 면판(face plate)

해설 아버(arbor) : 밀링 머신에서 주축단에 고정할 수 있도록 각종 테이퍼를 갖고 있는 환봉재로 아버 칼라에 의해 커터의 위치를 조정하여 고정하고 회전시킨다.

92. 절삭속도 120 m/min, 이송속도 0.25 mm/rev로 지름 80 mm의 원형 단면 봉을 선삭한다. 500 mm 길이를 1회 선삭하는 데 필요한 가공시간(분)은?

① 약 1.5분

② 약 4.2분

③ 약 7.3분

④ 약 10.1분

해설 $V = \dfrac{\pi d N}{1000}$ [m/min]에서

$$N = \frac{1000V}{\pi d} = \frac{1000 \times 120}{\pi \times 80} = 477.46 \, rpm$$

$$\therefore \ 가공시간(T) = \frac{l}{Nf} = \frac{500}{477.46 \times 0.25}$$
$$\fallingdotseq 4.2 \, min$$

93. 선반에서 주분력이 1.8 kN, 절삭속도가

150 m/min일 때 절삭동력은 몇 kW인가?

① 4.5　　　　　② 6

③ 7.5　　　　　④ 9

[해설] 절삭동력(kW)

$$=\frac{P_1 V}{1000}=\frac{1.8\times10^3\times\dfrac{150}{60}}{1000}=4.5\,\text{kW}$$

[별해] 절삭동력(kW) $=FV=1.8\times\left(\dfrac{150}{60}\right)$

$$=4.5\,\text{kW(kJ/s)}$$

94. NC 서보기구(servo system)의 형식을 피드백장치의 유무와 검출위치에 따라 분류할 때 그 형식이 아닌 것은?

① 반개방회로방식

② 개방회로방식

③ 반폐쇄회로방식

④ 폐쇄회로방식

[해설] NC 서보기구의 형식(피드백을 실행하는 방법)

(1) 개방회로방식(open loop system)

(2) 폐쇄회로방식(closed loop system)

(3) 반폐쇄회로방식(semi closed loop system)

(4) 하이브리드방식(hybrid system)

95. 밀링 머신에서 사용하는 부속품 또는 부속장치가 아닌 것은?

① 바이스(vise)

② 슬로팅 장치(slotting attachment)

③ 분할대(indexing head)

④ 드레서(dresser)

[해설] (1) 바이스 : 밀링가공에서 공작물을 고정시키는 데 많이 사용한다.

(2) 슬로팅 장치 : 수평 및 만능 밀링 머신의 기둥면에 설치하는 것으로 스핀들의 회전운동을 수직왕복운동으로 변환시켜 주는 장치

(3) 분할대 : 밀링 머신의 테이블상에 설치

하고, 공작물의 각도 분할에 주로 사용한다.

(4) 드레서 : 연삭에서 드레싱할 때 사용하는 공구

96. 상향 밀링(up-milling) 가공의 장점 설명으로 틀린 것은?

① 절삭된 가공 칩이 가공된 면에 쌓이므로 가공할 면을 잘 볼 수 있어 좋다.

② 밀링 머신의 테이블이나 니에 무리를 주지 않는다.

③ 절삭된 칩에 의한 전열이 적으므로 치수 정밀도의 변화가 적다.

④ 절삭저항이 0에서 점차적으로 증가하므로 날이 부려질 염려가 없다.

[해설] ①은 하향 밀링 가공의 장점에 해당된다.

97. 다음 중 슈퍼 피니싱의 특징이 아닌 것은 어느 것인가?

① 다듬질 면은 평활하고, 방향성이 없다.

② 원통형의 가공물 외면, 내면의 정밀다듬질이 가능하다.

③ 가공에 의한 표면 변질층이 극히 미세하다.

④ 입도가 비교적 크며, 경한 숫돌에 큰 압력으로 가압한다.

[해설] 슈퍼 피니싱은 입도가 작고, 연한 숫돌을 작은 압력으로 공작물 표면에 가압하면서 공작물에 이송을 주고 또한 숫돌을 좌우로 진동시키는 고정밀 가공 방법이다.

98. 지름이 50 mm인 밀링커터를 사용하여 60 m/min의 절삭속도로 절삭하는 경우 밀링커터의 회전수는 약 몇 rpm인가?

① 224　　　　　② 382

③ 468　　　　　④ 820

[해설]　$V=\dfrac{\pi dN}{1000}$ [m/min]에서

$$N=\dfrac{1000\,V}{\pi d}=\dfrac{1000\times 60}{\pi\times 50}=382\,\text{rpm}$$

99. 밀링작업의 단식 분할법으로 이(tooth) 수가 28개인 스퍼 기어를 가공할 때 브라운 샤프트형 분할판 No2 21구멍 열에서 분할 크랭크의 회전수와 구멍수는?

① 0회전시키고 6구멍씩 진전

② 0회전시키고 9구멍씩 진전

③ 1회전시키고 6구멍씩 진전

④ 1회전시키고 9구멍씩 진전

[해설]　$n=\dfrac{40}{N}=\dfrac{40}{28}=1\dfrac{12}{28}=1\dfrac{3}{7}$

$$=1\dfrac{3\times 3}{7\times 3}=1\dfrac{9}{21}$$

∴ 21구멍열, 1회전시키고 9구멍씩 진전

100. CNC 프로그램의 주요 기능 중 주축 기능을 나타내는 것은?

① F　　　　　　② S

③ T　　　　　　④ M

[해설]　프로그래밍의 용어

(1) 준비 기능 : G　　(2) 주축 기능 : S

(3) 공구 기능 : T　　(4) 보조 기능 : M

(5) 프로그램 번호 : O　(6) 시퀀스 번호 : N

(7) 이송 기능 : F

101. 드릴링 머신으로 할 수 있는 기본 작업 중에 접시머리 볼트의 머리 부분이 묻히도록 원뿔자리 파기 작업을 하는 가공은 무엇인가?

① 스폿 페이싱(spot facing)

② 카운터 싱킹(counter sinking)

③ 심공 드릴링(deep hole drilling)

④ 리밍(reaming)

[해설]　(1) 스폿 페이싱(spot facing) : 볼트 또는 나사를 고정할 때 접촉부가 안정되기

위하여 자리를 만드는 작업

(2) 카운터 싱킹(counter sinking) : 접시머리 볼트의 머리 부분이 공작물에 묻히도록 구멍을 뚫는 작업

(3) 심공 드릴링(deep hole drilling) : 지름이 작고, 깊은 구멍 가공 시

(4) 리밍(reaming) : 이미 뚫은 구멍을 정밀하게 다듬는 작업

102. 지름 50 mm의 드릴로 연강판에 구멍을 뚫을 때 절삭속도가 62.8 m/min이라면 드릴의 회전수는 얼마인가?

① 300 rpm　　　　② 400 rpm

③ 500 rpm　　　　④ 600 rpm

[해설]　$V=\dfrac{\pi dN}{1000}$ [m/min]에서

$$N=\dfrac{1000\,V}{\pi d}=\dfrac{1000\times 62.8}{\pi\times 50}=400\ \text{rpm}$$

103. 다음은 지그나 고정구의 설계와 그 동작에 있어서 가장 중요한 영향을 가지는 인자 중 그 지그에 대하여만 적용되는 것은?

① 공작물의 조임

② 공구의 작용력에 대한 공작물 지지

③ 칩에 대한 대책

④ 공작물의 위치 결정

[해설]　지그(jig)는 공작물을 고정하기 위한 요소로서 공작물의 위치를 결정할 때 매우 중요한 요소이다.

104. 공작물의 두 개 이상의 면에 구멍을 뚫을 때 또는 기준면을 잡을 때, 지그의 구조는 다음 중 어느 것이 적합한가?

① 평지그　　　　　② 회전지그

③ 검사용 지그　　　④ 상자형 지그

[해설]　지그 : 공구의 안내

(1) 평지그 : 관통된 구멍을 한쪽 면에 뚫을 때 사용

(2) 회전지그

(3) 박스 지그(상자형 지그) : 2면 이상을 가공 시, 대량생산 시

105. 볼 베어링의 외륜이나 내륜(outer or inner race)의 면을 연삭하는 데 보통 많이 사용되는 기계는?

① 호닝 머신

② 슈퍼 피니싱 머신

③ 센터리스 연삭기

④ 래핑 머신

해설 센터리스 연삭기 : 보통 외경 연삭기의 일종으로 가공물을 센터나 척으로 지지하지 않고 조정숫돌과 지지판으로 지지하고, 가공물에 회전운동과 이송운동을 동시에 실시하며 연삭한다. 주로 가늘고 긴 일감의 원통 연삭에 적합하다.

106. 센터리스 연삭기에서 공작물의 이송속도 f[mm/min]를 구하는 식은? (단, d : 저장숫돌의 지름(mm), α : 연삭숫돌에 대한 조정숫돌의 경사각, N : 조정숫돌의 회전수(rpm))

① $f = \pi dN \sin\alpha$ 　② $f = \pi dN \cos\alpha$

③ $f = \pi d \cos\alpha$ 　　④ $f = \pi d \sin\alpha$

해설 센터리스 연삭기에서 공작물의 이송속도

$$V = \frac{\pi dN}{1000} \times \sin\alpha \, [\text{m/min}]$$

$$= \pi dN \times \sin\alpha \, [\text{mm/min}]$$

107. 센터리스 연삭의 특징에 대한 설명으로 틀린 것은?

① 연속작업을 할 수 있어 대량생산이 용이하다.

② 축 방향의 추력이 있으므로 연삭 여유가 커야 한다.

③ 높은 숙련도를 요구하지 않는다.

④ 키 홈과 같은 긴 홈이 있는 가공물은

연삭하기 어렵다.

해설 센터리스 연삭기의 특징

(1) 센터구멍을 뚫을 필요가 없고 속이 빈 원통을 연삭하는 데 편리하다.

(2) 연속작업을 할 수 있어 대량생산에 적합하다.

(3) 길이가 긴 축재료의 연삭이 가능하다.

(4) 연삭여유가 작아도 된다.

(5) 공작물의 축방향 추력이 없어 작은 공작물 연삭에 적합하다.

(6) 작업자 숙련이 필요 없다.

(7) 긴 홈이 있는 가공물은 연삭할 수 없다 (대형 중량물도 연삭할 수 없다).

108. 유성형 내면 연삭기는 다음 중 무엇을 연삭할 때 가장 적합한가?

① 블록게이지의 끝마무리 가공

② 암나사의 연삭

③ 작은 관의 정밀 내면 연삭

④ 내연기관 실린더의 내면 연삭

해설 유성형 내면 연삭기 : 공작물은 정지시키고 숫돌축이 회전 연삭운동과 동시에 공전운동을 하는 방식으로 공작물의 형상이 복잡하거나 또는 대형이기 때문에 회전운동을 가하기 어려울 경우에 사용된다.

109. 연삭작업에서 진동으로 떠는 것을 연삭떨림(grinding chatter)이라 한다. 연삭떨림과 관계가 없는 것은?

① 연삭숫돌의 불균형

② 숫돌이 진원이 아닐 때

③ 연삭 중 과열이 생겼을 때

④ 재질의 불균일

해설 연삭 중 과열이 되면 공작물의 표면이 타게 되나 떨림은 생기지 않는다.

110. 공구연삭기에 A60N5V의 연삭숫돌을 고정하였다. 숫돌의 지름 300 mm,

회전수가 1800 rpm일 때 숫돌의 원주속도는 몇 m/min 정도인가?

① 약 1321.2 　　② 약 1450.3
③ 약 1625.5 　　④ 약 1696.5

해설 $V = \dfrac{\pi dN}{1000} = \dfrac{\pi \times 300 \times 1800}{1000}$

　　　$\fallingdotseq 1696.5\,\text{m/min}$

111. "WA 46 H 8 V"라고 표시된 연삭숫돌에서 H는 무엇을 나타내는가?

① 숫돌입자의 재질 　② 조직
③ 결합도 　　　　　④ 입도

해설 WA : 숫돌입자, 46 : 입도, H : 결합도, 8 : 조직, V : 결합제(비트리파이드)

112. 숫돌의 색이 녹색이며 초경합금의 연삭에 사용하는 것은?

① D 숫돌 　　　② A 숫돌
③ WA 숫돌 　　④ GC 숫돌

해설 연삭숫돌 입자
　(1) 알루미나(Al_2O_3)계
　　㉮ A 입자(갈색) : 일반 강재
　　㉯ WA 입자(백색) : 담금질강, 특수강 (합금강), 고속도강
　(2) 탄화규소(SiC)계
　　㉮ C 입자(암자색) : 주철, 비철금속
　　㉯ GC 입자(녹색) : 초경합금

113. 연삭숫돌의 조직(structure)에 대한 설명으로 가장 적합한 것은?

① 지립과 결합제의 체적 비율
② 지립, 결합제, 가공의 체적 비율
③ 지립의 단위체적당 입자수
④ 결합제의 분자 구조

해설 조직 : 숫돌 입자의 밀도, 즉 단위체적당 입자의 양

114. 연삭 중에 떨림(chattering)이 발생

하면 표면거칠기가 나빠지고 정밀도가 저하된다. 떨림의 원인이 아닌 것은?

① 숫돌이 불균형일 때
② 숫돌의 결합도가 너무 낮을 때
③ 센터 및 방진구가 부적당할 때
④ 숫돌이 진원이 아닐 때

해설 연삭작업 중 떨림의 원인
　(1) 숫돌이 불균형일 때
　(2) 숫돌이 진원이 아닐 때
　(3) 센터 및 방진구가 부적당할 때
　(4) 숫돌의 측면에 무리한 압력이 가해졌을 때
　※ 숫돌의 결합도 : 입자를 결합하고 있는 결합제의 세기

115. 내접 기어(internal gear)를 절삭하는 공작기계로 다음 중 가장 적당한 것은 어느 것인가?

① 플레이너
② 브로칭 머신
③ 글리슨 기어 제너레이터
④ 펠로즈 기어 셰이퍼

해설 펠로즈 기어 셰이퍼 : 피니언 커터로 내접 기어를 가공

116. 직사각형의 숫돌을 스프링으로 축에 방사형으로 부착한 원통 형태의 공구를 회전 및 직선왕복운동시켜 공작물을 가공하는 기계는?

① 호닝 머신 　　　② 브로칭 머신
③ 호빙 머신 　　　④ 기어 셰이퍼

해설 호닝 머신 : 정밀 보링 머신, 연삭기 등으로 가공한 공형 내면, 외형 표면 및 평면 등의 가공 표면을 혼(hone)이라고 부르는 각 봉상의 세립자로 만든 공구를 회전운동과 동시에 왕복운동을 시켜 공작물에 스프링 또는 유압으로 접촉시켜 매끈하고 정밀하게 가공하는 기계

정답 111. ③　112. ④　113. ③　114. ②　115. ④　116. ①

117. 래핑 가공의 특징에 대한 설명으로 틀린 것은?

① 경면(鏡面)을 얻을 수 있다.
② 평면도, 진원도, 진직도 등 기하학적 정밀도가 높은 제품을 얻을 수 있다.
③ 고도의 정밀가공은 숙련이 필요하다.
④ 가공면에 랩제가 잔류하여 제품의 부식을 막아준다.

[해설] 래핑 가공의 특징
(1) 다듬질면(가공면)이 매끈하고 유리면 (mirror finish)을 얻을 수 있다.
(2) 기하학적 공차를 요구하는 정밀도가 높은 제품을 만들 수 있다(평면도, 진원도, 진직도).
(3) 래핑 가공면은 내식성 및 내마모성이 증가된다.
(4) 미끄럼면이 원활하게 되고, 마찰계수가 작아진다.
(5) 작업방법이 간단하고 대량생산이 가능하다.
(6) 가공면에 랩제가 잔류하여 부식이 촉진된다.
(7) 고도의 정밀 가공은 오랜 기간 숙련이 필요하다.

118. 다음 가공법 중 연삭 입자를 사용하지 않는 것은?

① 방전 가공   ② 초음파 가공
③ 액체 호닝   ④ 래핑

[해설] 연삭 입자에 의한 정밀 가공에는 래핑 (lapping), 호닝(honing), 슈퍼 피니싱, 초음파 가공, 폴리싱, 버핑 등이 있다.

119. 방전 가공에 대한 설명 중 틀린 것은?

① 경도가 높은 재료는 가공이 곤란하다.
② 가공물과 전극 사이에 발생하는 아크 (arc) 열을 이용한다.
③ 가공 정도는 전극의 정밀도에 따라 영향을 받는다.
④ 가공 전극은 동, 흑연 등이 쓰인다.

[해설] 방전 가공법(EDM)의 특징
(1) 경질 합금, 내열강, 스테인리스강, 다이아몬드, 수정 등의 절단, 천공, 연마 등에 쓰인다.
(2) 가공 변질층이 얇고 내마멸성, 내부식성이 높은 표면을 얻을 수 있다.
(3) 전극의 제작이 쉽다(가공 전극 : 구리, 흑연).
(4) 공작물과 전극 사이 간격을 조절하는 정밀한 제어가 필요하다.

120. 방전 가공의 설명으로 잘못된 것은?

① 전극 재료는 전기전도도가 높아야 한다.
② 방전 가공은 가공 변질층이 깊고 가공면에 방향성이 있다.
③ 초경공구, 담금질강, 특수강 등도 가공할 수 있다.
④ 경도가 높은 공작물의 가공이 용이하다.

[해설] 방전 가공(EDM)은 열의 영향이 적으므로 가공 변질층이 얇고 내마멸성, 내부식성이 높은 표면을 얻을 수 있다.

121. 방전 가공 시 전극(가공공구) 재질로 사용되지 않는 것은?

① 황동   ② 텅스텐
③ 구리   ④ 알루미늄

[해설] 방전 가공 시 전극 재질 : 청동, 구리, 황동, 텅스텐, 흑연

122. 가공액은 물이나 경유를 사용하며 세라믹에 구멍을 가공할 수 있는 것은?

① 래핑 가공   ② 전주 가공
③ 전해 가공   ④ 초음파 가공

[해설] 초음파 가공(ultrasonic machining) : 초음파란 가청주파수 20~20000 Hz(16 kHz) 보다 높은 주파수를 말하며, 공구와 공작

물 사이에 입자와 가공액을 넣은 상태에서 초음파 진동을 주어 연삭 입자가 공작물에 진동을 일으켜 공작물 표면을 가공하는 방법이다.

(1) 전기에너지를 기계적 진동에너지로 변화시켜 가공하므로 공작물을 전기의 양도체 또는 부도체 여부에 관계없이 가공할 수 있다.

(2) 가공 속도가 느리고 공구마멸이 크며, 공작물의 크기에 제한이 있다.

(3) 초경합금, 보석류, 세라믹, 유리, 반도체 등 비금속 또는 귀금속의 구멍뚫기, 전단, 평면가공, 표면 다듬질 가공 등에 이용된다.

(4) 연삭숫돌 가공에 비해 가공면의 변질과 변형이 적다.

123. 다이아몬드, 수정 등 보석류 가공에 가장 적합한 것은?

① 방전 가공과 초음파 가공
② 배럴 및 텀블러 가공
③ 슈퍼 피니싱과 호닝
④ 전해 가공과 전해 연마

해설 (1) 방전 가공 : 방전을 연속적으로 일으켜 가공에 이용하는 방법, 열처리 경화강, 보석류 가공
(2) 초음파 가공 : 초음파를 이용하여 가공, 경질 물질 가공에 적합, 담금질된 강철, 수정, 유리자기

124. 전해 연마의 특징에 대한 설명으로 틀린 것은?

① 가공면에는 방향성이 있다.
② 복잡한 형상을 가진 공작물의 연마도 가능하다.
③ 내마멸성, 내부식성이 좋아진다.
④ 가공 변질층이 없다.

해설 전해 연마의 특징
(1) 가공 변질층이 나타나지 않으므로 평활한 면을 얻을 수 있다.(표면을 전기화학

적으로 용해시켜 이물질을 제거한다.)

(2) 대형 부품, 선재, 박판 등 복잡한 형상의 연마도 할 수 있다.

(3) 가공면에는 방향성이 없다.

(4) 작은 요철(1~2 μm)은 쉽게 연마되지만 큰 요철은 전해 연마 후에도 흠집이 남는다.

(5) 연질의 금속, 알루미늄, 동, 황동, 청동, 코발트, 크롬, 탄소강, 니켈 등도 쉽게 연마할 수 있다.(표면에 연마 입자나 연삭 입자의 잔류 걱정이 없다.)

125. 다음 중 화학 가공의 특징에 대한 설명으로 틀린 것은?

① 재료의 강도나 경도에 관계없이 가공할 수 있다.
② 변형이나 거스러미가 발생하지 않는다.
③ 가공 경화 또는 표면 변질층이 발생한다.
④ 표면 전체를 한번에 가공할 수 있다.

해설 화학 가공(chemical machining) : 공작물을 부식액 속에 넣고 화학반응을 일으켜 공작물 표면에서 여러 가지 형상으로 파내거나 잘라내는 방법이며, 특징은 다음과 같다.
(1) 재료의 강도 및 경도에 관계없이 가공할 수 있다.
(2) 변형 및 거스러미(burr)가 발생하지 않는다.
(3) 가공 경화 및 표면 변질층이 발생하지 않는다.
(4) 공작물의 면적, 수량, 복잡한 형상에 관계없이 표면 전체를 한번에 가공할 수 있다.

126. 다음 중 정밀입자에 의한 가공이 아닌 것은?

① 호닝　　　　　② 래핑
③ 버핑　　　　　④ 버니싱

해설 정밀 입자에 의한 가공에는 래핑(lapping), 호닝(honing), 슈퍼 피니싱, 버핑, 배럴 가

공(barrel finishing), 폴리싱(polishing) 등이
있다.

127. 머시닝 센터에 사용되는 준비 기능(G
code) 중 공구 지름 보정(compensa-
tion) 기능과 무관한 것은?

① G40   ② G41

③ G42   ④ G43

해설 준비 기능 : G 코드에 연속되는 수치를
입력하고 이 명령에 의해 제어장치는 그
기능을 발휘하기 위한 동작의 준비를 하는
기능
(1) G40 : 공구인선 반지름 보정 취소
(2) G41 : 공구인선 반지름 보정 좌측
(3) G42 : 공구인선 반지름 보정 우측

128. CNC 선반에서 G 기능 중 G01의 의
미는?

① 위치결정 ② 직선보간

③ 원호보간 ④ 나사절삭

해설 CNC 공작기계의 기본 동작
(1) G00 : 위치보간(위치결정/급속이송)
(2) G01 : 직선보간(직선가공/절삭이송)
(3) G02 : 원호보간(시계방향)
(4) G03 : 원호보간(반시계방향)

기계동력학

1. 진동 및 기본 공식

진동(vibration)이란 물체 또는 질점이 외력을 받아 평형 위치에서 요동(oscillation)하거나 떨리는 현상을 말하며, 주기 운동(일정 시간마다 같은 운동이 반복되는 운동)과 비주기 운동(과도운동 및 불규칙운동)을 포함하여 기계나 구조물 등에서 발생되는 대부분의 진동은 응력(stress)의 증가와 더불어 에너지 손실을 일으키므로 바람직하지 않다.

(1) 속도(velocity) V

$$V = \frac{s}{t} = \frac{ds}{dt} \,[\text{m/s}]$$

$$\omega = \frac{d\theta}{dt} = \dot{\theta} = \frac{2\pi N}{60} \,[\text{rad/s}]$$

$$V = \frac{dr}{dt} = \dot{r} \,[\text{m/s}]$$

(2) 가속도(acceleration) a

$$a = \frac{dV}{dt} = \frac{d^2 s}{dt^2} = \ddot{r} \,[\text{m/s}^2]$$

$$각가속도(\alpha) = \frac{d\omega}{dt} = \frac{d^2\theta}{dt^2} = \ddot{\theta} \,[\text{rad/s}^2]$$

$$a_t = \frac{dV}{dt} = \frac{rd\omega}{dt} = r\alpha \,[\text{m/s}^2]$$

$$법선 \ 가속도(a_n) = r\omega^2 = \frac{V^2}{r} \,[\text{m/s}^2]$$

$$접선 \ 가속도(a_t) = r\alpha \,[\text{m/s}^2]$$

예제 1. 자동차의 엔진이 시동 후 3초에서 1500 rpm으로 회전되었을 때 이 엔진의 각가속도는 얼마인가?

① 150

② 500

③ 25.3

④ 52.3

해설 $\omega = \dfrac{2\pi N}{60} = \dfrac{2\pi \times 1500}{60} = 157\,\text{rad/s}$

$\alpha = \dfrac{\omega}{t} = \dfrac{157}{3} = 52.3\,\text{rad/s}^2$

정답 ④

(3) 힘(force) F

$$F = ma\,[\text{N}]\ \ (1\,\text{N} = 1\,\text{kg} \times 1\,\text{m/s}^2)$$

$$W = mg\ \ (1\,\text{kgf} = 1\,\text{kg} \times 9.8\,\text{m/s}^2 = 9.8\,\text{N})$$

(4) 일량(work) W

$$W = F \times S\,[\text{N} \cdot \text{m} = \text{J}]$$

(5) 동력(power), 일률(공률)

단위시간(s)당 행한 일량(N·m=J)

$$\text{동력}(P) = \frac{\text{일량}(W)}{\text{시간}(t)} = \frac{F \times S}{t} = F \times V\,[\text{J/s} = \text{W}]$$

(6) 역적(impulse)과 운동량(momentum)

Newton's 운동 제2법칙 $\Sigma F = ma = m\dfrac{dV}{dt}$

$$\Sigma F \cdot dt = d(mV)$$

$\therefore$ 역적(impulse) = 운동량(momentum)

예제 2. 체중이 600 N인 사람이 타고 있는 무게 5 kN의 엘리베이터가 200 m의 케이블에 매달려 있다. 이 케이블을 모두 감아올리는 데 필요한 일은 몇 kJ인가?

① 1120

② 1170

③ 2250

④ 1350

해설 $W = F \times S = (5 + 0.6) \times 200 = 1120\,\text{kJ}$

정답 ①

예제 3. 전동기가 회전축에 400 J의 토크로 3600 rpm으로 회전할 때 전동기에 공급되는 동력 (kW)은?

① 130.8

② 140.8

③ 150.8

④ 160.8

해설 $T = 9.55 \dfrac{kW}{N}[kJ]$

$kW = \dfrac{TN}{9.55} = \dfrac{0.4 \times 3600}{9.55} = 150.8 \text{ kW}$

정답 ③

예제 4. 동력(power)에 대한 설명 중 틀린 것은?

① 단위시간당 행하여진 일의 양과 같다.

② 힘과 속도의 내적(inner product)이다.

③ 토크와 각속도의 내적이다.

④ 단위는 N · m/s²이다.

해설 동력(일률)의 단위는 watt(N · m/s=J/s)이다.

정답 ④

예제 5. 다음 중 물리량의 단위로 옳은 것은?

① 일량 : kg · m/s

② 관성 모멘트 : kg · m²/s

③ 각운동량 : kg · m²/s

④ 각속도 : rad/s²

해설 ① 일량(work) : N · m(J) = kg · m²/s²

② 관성 모멘트 : kg · m²

③ 각운동량(mvr) : kg · m²/s

④ 각속도(ω) : rad/s

정답 ③

예제 6. 물체의 변위 x가 $x = 6t^2 - t^3[m]$로 주어졌을 때 최대속도의 크기는 몇 m/s인가? (단, 시간의 단위는 초이다.)

① 10

② 12

③ 14

④ 16

해설 $V = \dfrac{dx}{dt} = 12t - 3t^2[m/s]$

$a = \dfrac{dV}{dt} = 12 - 6t[m/s^2]$

가속도(a)가 0일 때 속도는 최대가 되므로, $0 = 12 - 6t$

$\therefore t = 2 \text{ s}$

$\therefore V_{max} = 12 \times 2 - 3(2)^2 = 24 - 12 = 12 \text{ m/s}$

정답 ②

2. 동력학 기본 이론

(1) 용수철에 연결된 물체의 운동

마찰이 없는 수평면 위에서 움직이고 있는 용수철에 매달린 물체의 운동은 다음과 같이 세 가지 형태가 있다.

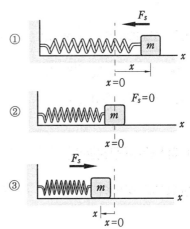

① 물체가 평형 위치로부터 오른쪽으로 변위되었 을 때$(x > 0)$, 용수철에 의해 작용한 힘은 왼쪽으로 작용한다.

② 물체가 평형 위치에 있을 때$(x = 0)$, 용수철에 의해 작용한 힘은 0이다.

③ 물체가 평형 위치로부터 왼쪽으로 변위되었을 때$(x < 0)$, 용수철에 의해 작용한 힘은 오른쪽으로 작용한다.

위의 그림에서 복원력을 F_s라 할 때 이 힘은 항상 평형 위치를 향하고 변위와 반대 방향이기 때문에 $F_s = -kx$ [N]의 관계가 성립하는데, 이를 혹의 법칙이라 한다. 물체가 $x = 0$의 오른쪽으로 변위되었을 때 변위는 양(+)이고 복원력은 왼쪽으로 향한다. 물체가 $x = 0$의 왼쪽으로 변위되었을 때 변위는 음(−)이고 복원력은 오른쪽으로 향한다.

x 방향으로 작용하는 알짜힘에 관한 식$(F_s = -kx)$에 물체의 운동에 관한 뉴턴의 제2법칙 $\Sigma F_x = ma_x$를 적용하면 다음과 같다.

$$-kx = ma_x (ma_x + k_x = 0)$$

$$\therefore a_x = -\frac{k}{m}x$$

가속도는 평형 위치로부터 물체의 변위에 비례하고 변위와 반대 방향으로 향한다. 이와 같이 운동하는 계를 단순조화 운동(simple harmonic motion)이라 한다. 가속도가 항상 변위에 비례하고 평형 위치로부터 변위에 반대 방향으로 향하면 그 물체는 단순조화 운동을 하게 된다.

(2) 단순조화 운동의 수학적 표현

sin과 cos 함수로 표시하며 반복운동이 시간에 따라 되풀이되는 운동을 조화운동이라 한다(즉 $x = A\sin\omega_n t$, $x = A\cos\omega_n t$로 표기한다).

① 변위$(x) = A\sin(\omega t + \phi)$[m]

② 속도$(v) = \dfrac{dx}{dt} = \omega A\cos(\omega t + \phi)$[m/s]

③ 가속도$(a) = \dfrac{d^2 x}{dt^2} = -\omega^2 A\sin(\omega t + \phi)$[m/s^2]

참고 단순조화 운동 시 최대속도$(V_{\max})$와 최대가속도$(a_{\max})$의 크기

$$V_{\max} = \omega A = \sqrt{\frac{k}{m}}\,A\,[\text{m/s}]$$

$$a_{\max} = \omega^2 A = \frac{k}{m}A\,[\text{m/s}^2]$$

---

(3) 각진동수(원진동수)

단위시간 동안의 사이클각 $\omega = \dfrac{2\pi}{t} = 2\pi f\left(=\dfrac{\theta}{t}\right)$[rad/s]

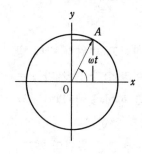

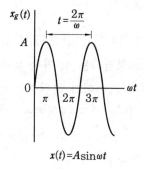

$x(t) = A\sin\omega t$

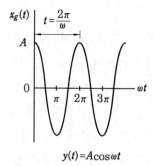

$y(t) = A\cos\omega t$

① 주기$(T) = \dfrac{2\pi}{\omega} = 2\pi\sqrt{\dfrac{m}{k}}$ [s]

② 주파수$(f) = \dfrac{1}{T} = \dfrac{1}{2\pi}\sqrt{\dfrac{k}{m}}$ [Hz]

(4) 단진자(simple pendulum) 주기 운동

θ가 작을 때 단진자는 평형 위치$(\theta = 0)$ 주변에서 단조화 운동으로 진동한다. 복원력은 호에 대한 무게의 접선 성분 $-mg\sin\theta$이다.

$$F_t = -mg\sin\theta = m\frac{d^2s}{dt^2}\,[\text{N}]$$

$$\frac{d^2\theta}{dt^2} = -\frac{g}{L}\sin\theta$$

$$\frac{d^2\theta}{dt^2} = -\frac{g}{L}\theta\,(\theta\text{가 작은 경우})$$

$$\ddot{\theta} + \left(\frac{g}{L}\right)\theta = 0 \qquad \ddot{\theta} + \omega^2\theta = 0$$

$$\omega = \sqrt{\frac{g}{L}}\,[\text{rad/s}]$$

$$f = \frac{\omega}{2\pi} = \frac{1}{2\pi}\sqrt{\frac{g}{L}}\,[\text{Hz}]$$

$$T = \frac{2\pi}{\omega} = 2\pi\sqrt{\frac{L}{g}}\,[\text{s}]$$

단진자 주기 운동

진동수는 줄의 길이와 중력가속도만의 함수이다.

예제 **7.** 스프링으로 지지되어 있는 진동계가 있다. 질량에 의한 정적 처짐이 0.7 cm일 때 진동수는 몇 c/s인가?

① 4.26 ② 7.62
③ 5.96 ④ 6.22

해설 $f = \dfrac{\omega_n}{2\pi} = \dfrac{1}{2\pi}\sqrt{\dfrac{k}{m}}$

$= \dfrac{1}{2\pi}\sqrt{\dfrac{g}{\delta}} = \dfrac{1}{2\pi}\sqrt{\dfrac{980}{0.7}} = 5.96\,\text{Hz(c/s)}$

정답 ③

예제 **8.** 단진자의 주기 T가 2s일 때 이 진자의 길이 l은 몇 cm인가?

① 99.5 ② 102.2
③ 88.2 ④ 72.5

해설 단진자의 주기(T) 구하는 공식에 대입하면

$T = 2\pi\sqrt{\dfrac{l}{g}}\,[\text{s}]$에서

$l = \dfrac{T^2 g}{4\pi^2} = \dfrac{2^2 \times 9.81}{4 \times \pi^2} = 0.995\,\text{m} = 99.5\,\text{cm}$

정답 ①

> **예제** 9. 길이가 L인 단진자에서 길이를 $2L$로 할 때 주기는 몇 배가 되는가?
>
> ① $\dfrac{1}{\sqrt{2}}$ ② 2   ③ $\sqrt{2}$ ④ $2\sqrt{3}$

해설 단진자에서 주기$(T) = 2\pi\sqrt{\dfrac{L}{g}}$ [s]이므로 $T \propto \sqrt{L}$

$$\therefore \frac{T_2}{T_1} = \frac{\sqrt{2L}}{\sqrt{L}} = \sqrt{2}$$

정답 ③

> **예제** 10. 자동차 운전사가 브레이크를 밟는 순간에 바퀴의 회전이 완전히 멈춘다 하고, 바퀴와 지면 간의 마찰계수가 0.5 라고 가정한다. 시속 72 km로 가는 자동차가 정지하려면 정지점으로부터 최소 약 몇 m 앞에서 브레이크를 밟아야 할까? (단, 중력가속도 $g = 10 \text{ m/s}^2$)
>
> ① 10 m   ② 20 m   ③ 30 m   ④ 40 m

해설 운동에너지$(\text{KE}) = \dfrac{1}{2}mV^2$과 마찰일량$(W_f) = \mu mgS$은 같다.

$$\therefore \text{거리}(S) = \frac{V^2}{2\mu g} = \frac{\left(\dfrac{72}{3.6}\right)^2}{2 \times 0.5 \times 10} = 40 \text{ m}$$

정답 ④

(5) 흔들리는 막대(막대 진자 운동)

질량이 M, 길이가 L인 균일한 막대가 그림과 같이 한끝이 고정되어 수직 평면에서 진동한다. 운동의 진폭이 작을 때 진동의 주기를 구해 보면 다음과 같다.

한끝을 통과하는 축에 대한 균일한 막대의 관성 모멘트는 $\dfrac{1}{3}ML^2$이고, 고정된 점으로부터 질량 중심까지의 거리 d는 $\dfrac{L}{2}$이므로

$$\text{주기}(T) = 2\pi\sqrt{\frac{\dfrac{1}{3}ML^2}{Mg\left(\dfrac{L}{2}\right)}} = 2\pi\sqrt{\frac{2L}{3g}} \text{ [s]}$$

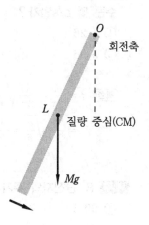

(6) 비틀림 진자(torsional pendulum) : 회전계 운동방정식

비틀림 진자는 다음 그림과 같이 지지대에 연결된 철사에 의해 매달린 강체(선 OP에 대하여 진폭 $\theta_{\max}$)로 구성되어 있다.

질량 관성 모멘트$(\text{J}) = \dfrac{1}{2}mR^2 [\text{kg} \cdot \text{m}^2]$

$$T = k_t \theta (k_t : \text{비틀림 스프링 상수})$$

$$J\alpha + k_t \theta = 0 \qquad J\ddot{\theta} + k_t \theta = 0$$

$$\ddot{\theta} + \frac{k_t}{J}\theta = 0 \qquad \ddot{\theta} + \omega_n^2 \theta = 0$$

$$\omega_n = \sqrt{\frac{k_t}{J}} \text{ [rad/s]}$$

$$f_n = \frac{\omega_n}{2\pi} = \frac{1}{2\pi}\sqrt{\frac{k_t}{J}} \text{ [Hz]}$$

$$T = \frac{1}{f_n} = \frac{2\pi}{\omega_n} = 2\pi\sqrt{\frac{J}{k_t}} \text{ [s]}$$

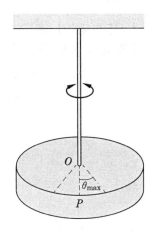

(7) 감쇠 진동(damped oscillations)

저지력이 복원력에 비교하여 작을 때 운동의 진동 특성은 보존되지만 진폭은 시간에 따라 줄어들며 운동은 궁극적으로 멈추게 된다. 이런 식으로 움직이는 계를 감쇠 진동자 (damped oscillators)라고 한다.

감쇠 진동자의 변위 대 시간의 그래프를 보면 시간에 따라 진폭이 감소한다.

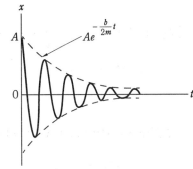

$$x = Ae^{-\frac{b}{2m}t}\cos(\omega t + \phi)$$

$$\text{운동의 각진동수}(\omega) = \sqrt{\frac{k}{m} - \left(\frac{b}{2m}\right)^2}$$

① 임계 감쇠 계수(critical damped coefficient) $C_{cr} = 2\sqrt{mk} = 2m\omega_n$

② 감쇠비(damping ratio) $\zeta = \dfrac{C}{C_c} = \dfrac{C}{2\sqrt{mk}} = \dfrac{C}{2m\omega_n}$

③ 대수감쇠율$(\delta) = \dfrac{2\pi\zeta}{\sqrt{1-\zeta^2}}$

④ 감쇠 진동의 종류

   (가) 아임계 감쇠(subcritical damped),

    부족 감쇠(under damped) : $C_{cr} < 2\sqrt{mk}$ 그림 (a)

   (나) 임계 감쇠(critical damped) : $C_{cr} = 2\sqrt{mk}$ 그림 (b)

   (다) 초임계 감쇠(supercritical damped),

    과도 감쇠(over damped) : $C_{cr} > 2\sqrt{mk}$ 그림 (c)

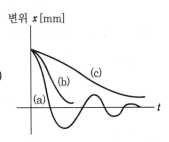

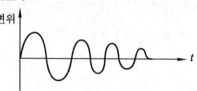

예제 11. 1 자유도계에서 질량을 m, 감쇠계수를 C, 스프링 상수를 k라 할 때 임펄스 응답이 다음 그림과 같기 위한 조건은?

① $C > 2\sqrt{mk}$

② $C > 2mk$

③ $C < 4mk$

④ $C < 2\sqrt{mk}$

해설 운동방정식($m\ddot{x} + C\dot{x} + kx = 0$)으로 표시되는 1자유도계에서 부족 감쇠(under damping)는 $C < 2\sqrt{mk}$ 의 상태를 말한다.　　　　　　　　　　　**정답** ④

예제 12. $2\ddot{x} + 3\dot{x} + 8x = 0$으로 주어지는 진동계에서 대수감쇠율은?

① 1.28

② 2.18

③ 1.58

④ 2.54

해설 감쇠비$(\zeta) = \dfrac{C}{C_c} = \dfrac{C}{2\sqrt{mk}} = \dfrac{3}{2\sqrt{2 \times 8}} = 0.375$

대수감쇠율$(\delta) = \dfrac{2\pi\zeta}{\sqrt{1 - \zeta^2}} = \dfrac{2\pi \times 0.375}{\sqrt{1 - (0.375)^2}} = 2.54$　　　　**정답** ④

---

(8) 반발계수(coefficient of restitution) e

$$e = \frac{\text{충돌 후 상대속도}}{\text{충돌 전 상대속도}} = -\frac{V_1' - V_2'}{V_1 - V_2} = \frac{V_2' - V_1'}{V_1 - V_2}$$

① 완전 탄성 충돌($e = 1$) : 충돌 전후의 전체 에너지(운동량 및 운동에너지)가 보존된다.

② 불완전 비탄성 충돌($0 < e < 1$) : 운동량은 보존되고 운동에너지는 보존되지 않는다.

③ 완전 비탄성(소성) 충돌($e = 0$) : 충돌 후 두 질점의 속도는 같다. (충돌 후 반발됨이 없이 한 덩어리가 된다 : 상대속도가 0이다.)

참고 충돌 후 두 물체의 속도(V_1', V_2')

$$V_1' = V_1 - \frac{m_2}{m_1 + m_2}(1 + e)(V_1 - V_2) [\text{m/s}]$$

$$V_2' = V_2 + \frac{m_1}{m_1 + m_2}(1 + e)(V_1 - V_2) [\text{m/s}]$$

(9) 직선진동계와 비틀림진동계

직선진동계와 비틀림진동계의 비교

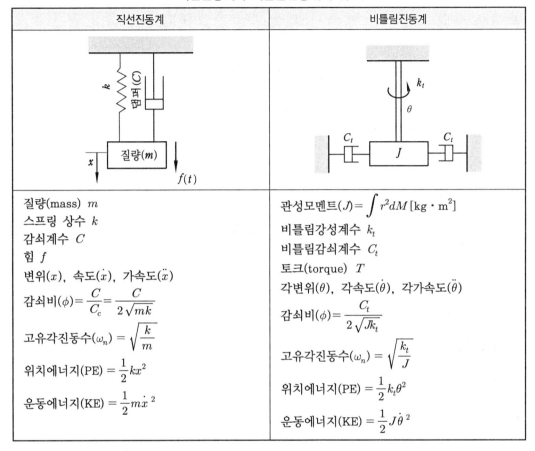

직선진동계	비틀림진동계
질량(mass) m 스프링 상수 k 감쇠계수 C 힘 f 변위(x), 속도($\dot{x}$), 가속도($\ddot{x}$) 감쇠비(ϕ)$=\dfrac{C}{C_c}=\dfrac{C}{2\sqrt{mk}}$ 고유각진동수(ω_n)$=\sqrt{\dfrac{k}{m}}$ 위치에너지(PE)$=\dfrac{1}{2}kx^2$ 운동에너지(KE)$=\dfrac{1}{2}m\dot{x}^2$	관성모멘트(J)$=\displaystyle\int r^2 dM\,[\text{kg}\cdot\text{m}^2]$ 비틀림강성계수 k_t 비틀림감쇠계수 C_t 토크(torque) T 각변위(θ), 각속도($\dot{\theta}$), 각가속도($\ddot{\theta}$) 감쇠비(ϕ)$=\dfrac{C_t}{2\sqrt{Jk_t}}$ 고유각진동수(ω_n)$=\sqrt{\dfrac{k_t}{J}}$ 위치에너지(PE)$=\dfrac{1}{2}k_t\theta^2$ 운동에너지(KE)$=\dfrac{1}{2}J\dot{\theta}^2$

(10) 비감쇠 자유 진동

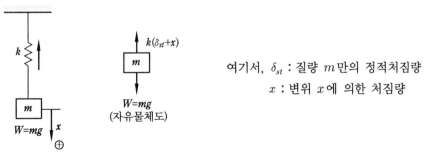

여기서, δ_{st} : 질량 m만의 정적처짐량

x : 변위 x에 의한 처짐량

$\Sigma F_y = m\ddot{x}$ 에서 $W - k(\delta_{st} + x) = m\ddot{x}$, $W = mg = k\delta_{st}[\text{N}]$

$\therefore\ m\ddot{x} + kx = 0$, $\ddot{x} + \dfrac{k}{m}x = 0$, $\ddot{x} + \omega_n^2 x = 0$

(11) 감쇠 자유 진동

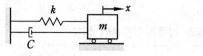

(자유물체도)

$\Sigma F_x = m\ddot{x}$ 에서 $-kx - C\dot{x} = m\ddot{x}$,

$$m\ddot{x} + C\dot{x} + kx = 0, \quad \ddot{x} + \frac{C}{m}\dot{x} + \frac{k}{m}x = 0$$

(12) 등가(상당) 스프링 상수(k_{eq})

① 직렬연결

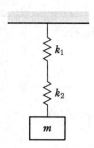

$$\frac{1}{k_{eq}} = \frac{1}{k_1} + \frac{1}{k_2}$$

$$\therefore k_{eq} = \frac{1}{\dfrac{1}{k_1} + \dfrac{1}{k_2}} = \frac{k_1 k_2}{k_1 + k_2}\,[\text{N/m}]$$

② 병렬연결

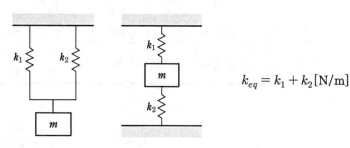

$$k_{eq} = k_1 + k_2\,[\text{N/m}]$$

③ 외팔보(cantilever beam)

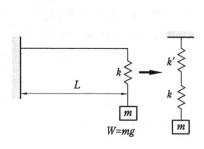

(beam) $k' = \dfrac{W}{\delta} = \dfrac{W}{\dfrac{WL^3}{3EI}} = \dfrac{3EI}{L^3}$

$$\frac{1}{k_{eq}} = \frac{1}{k'} + \frac{1}{k} = \frac{k + k'}{kk'}\,[\text{N/m}]$$

$$\therefore k_{eq} = \frac{kk'}{k + k'} = \frac{k \times \dfrac{3EI}{L^3}}{k + \dfrac{3EI}{L^3}} = \frac{3EIk}{3EI + kL^3}$$

④ 단순보(simple beam)

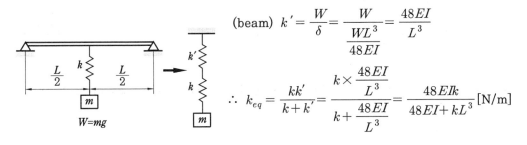

$$(beam)\ k'=\frac{W}{\delta}=\frac{W}{\frac{WL^3}{48EI}}=\frac{48EI}{L^3}$$

$$\therefore k_{eq}=\frac{kk'}{k+k'}=\frac{k\times\frac{48EI}{L^3}}{k+\frac{48EI}{L^3}}=\frac{48EIk}{48EI+kL^3}[N/m]$$

⑤ 양단고정보(fixed beam)

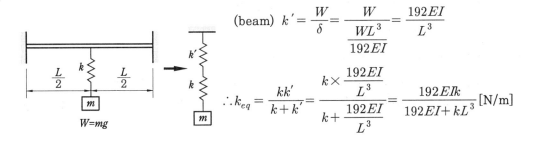

$$(beam)\ k'=\frac{W}{\delta}=\frac{W}{\frac{WL^3}{192EI}}=\frac{192EI}{L^3}$$

$$\therefore k_{eq}=\frac{kk'}{k+k'}=\frac{k\times\frac{192EI}{L^3}}{k+\frac{192EI}{L^3}}=\frac{192EIk}{192EI+kL^3}[N/m]$$

[예제] 13. 다음 그림과 같은 진동계에서 등가 스프링 상수는 얼마인가?

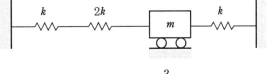

① $\frac{2}{5}k$ ② $\frac{3}{4}k$

③ $\frac{5}{3}k$ ④ $4k$

[해설] 등가 스프링 상수(k_{eq})$=k+\frac{k\times2k}{k+2k}=\frac{5}{3}k$ [정답] ③

[예제] 14. 밀도 0.8 g/cm³인 액체가 채워진 U자 관이 수직으로 놓여 있다. 관의 지름은 1 cm로 균일하며 액체가 채워져 있는 부분의 길이는 50 cm, 중력가속도는 9.81 m/s²이다. 이 액체의 진동 주기는 몇 초인가?

① 0.89 ② 1.00
③ 1.42 ④ 1.50

[해설] $\sum F_x=m\ddot{x}\ -2A\gamma x=\frac{A\gamma l}{g}\ddot{x}\ \ \ddot{x}+\frac{2g}{l}x=0$(선형 2계 미분방정식)

고유진동수$(f_n) = \dfrac{1}{2\pi} \sqrt{\dfrac{2g}{l}}$

$\therefore$ 주기$(T) = \dfrac{1}{f_n} = 2\pi \sqrt{\dfrac{l}{2g}} = 2\pi \sqrt{\dfrac{0.5}{2 \times 9.81}} \fallingdotseq 1.00\,\text{s}$ 정답 ②

예제 **15.** $m\ddot{x} + C\dot{x} + kx = 0$으로 나타나는 감쇠자유진동에서 임계감쇠(critical damping)가 되는 조건은?

① $C = 2\sqrt{mk}$ 　　　　　　　② $C > 2\sqrt{mk}$

③ $C < 2\sqrt{mk}$ 　　　　　　　④ $C \leq 2\sqrt{mk}$

해설 $m\ddot{x} + C\dot{x} + kx = 0$ 상수계수를 갖는 선형 미분 방정식은

그 해를 $x = Be^{rt}$ (put), $x = Be^{rt}[mr^2 + cr + k] = 0$

$B = 0, \ mr^2 + Cr + k = 0 \quad r_{1,\,2} = \dfrac{-C \pm \sqrt{C^2 - 4mk}}{2m}$

임계감쇠계수(critical damping coefficient)는 평방근의 값이 0이 되게 하는 C 값이다.

$\therefore C = 2\sqrt{mk}$ (임계감쇠계수는 진동이 일어나지 않는 최소의 감쇠량을 나타낸다.) 정답 ①

예제 **16.** 스프링과 질량으로 구성된 계에서 스프링 상수를 k, 링의 질량을 m_s, 질량을 M 이라 할 때 고유진동수는?

① $\dfrac{1}{2\pi} \sqrt{k/(M + m_s)}$

② $\dfrac{1}{2\pi} \sqrt{k/\left(M + \dfrac{1}{2}m_s\right)}$

③ $\dfrac{1}{2\pi} \sqrt{k/\left(M + \dfrac{1}{3}m_s\right)}$

④ $\dfrac{1}{2\pi} \sqrt{k/\left(M + \dfrac{1}{4}m_s\right)}$

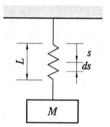

해설 고유진동수$(f_n) = \dfrac{1}{T} = \dfrac{1}{2\pi} \sqrt{k/\left(M + \dfrac{1}{3}m_s\right)}$ 정답 ③

예제 **17.** 감쇠비 ζ의 값이 극히 작을 때 대수감쇠율을 바르게 표시한 것은?

① $2\pi\zeta$ 　　　　　　　　　　② $2\pi^2\zeta\sqrt{1 - \zeta^2}$

③ $2\pi^2\zeta/1 - \zeta^2$ 　　　　　　④ $2\pi/\sqrt{1 - \zeta^2}$

해설 대수감쇠율$(\delta) = \dfrac{2\pi\zeta}{\sqrt{1 - \zeta^2}} \fallingdotseq 2\pi\zeta$ (미소량의 고차항 $\zeta^2 = 0$) 정답 ①

예제 18. $m = 18 \text{ kg}$, $k = 50 \text{ N/cm}$, $c = 0.6 \text{ N} \cdot \text{s/cm}$인 1자유도 점성감쇠계가 있다. 이 진동계의 감쇠비는?

① 0.1   ② 0.20   ③ 0.33   ④ 0.50

해설 진동계 감쇠비$(\zeta) = \dfrac{C}{C_c} = \dfrac{C}{2\sqrt{mk}} = \dfrac{0.6 \times 100}{2\sqrt{18 \times 50 \times 100}} = 0.1$ 정답 ①

예제 19. 다음 중 감쇠의 종류가 아닌 것은?

① hysteresis damping   ② coulomb damping

③ viscous damping   ④ critical damping

해설 진동의 진폭이 점차적으로 감소되어 가는 과정을 감쇠(damping)라고 하며 유체감쇠로서는 점성감쇠(viscous damping) 또는 난류(turbulent flow)로 기인하는 것이 있다. 점성감쇠에서는 마찰력이 속도에 비례한다. 난류감쇠에서 힘은 속도의 제곱에 비례한다. 건마찰 또는 쿨롱 감쇠(coulomb damping)에서는 감쇠력이 일정하다. 고체감쇠나 히스테릭 감쇠(hysteric damping)는 고체가 변형될 때 내부마찰이나 히스테리시스에 의해서 생긴다. 임계감쇠(critical damping)는 감쇠의 종류가 아니고 조건해이다.

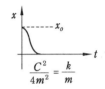

즉, C_{cr}(임계감쇠계수) $= \sqrt{4mk} = 2m\omega_n$ 정답 ④

예제 20. 압축된 스프링으로 100 g의 추를 밀어 올려 위에 있는 종을 치는 완구를 설계하려고 한다. 그림의 상태는 스프링이 압축되지 않은 상태이며 추가 종을 치게 될 때 스프링과 추는 분리된다. 또한 중력은 아래로 작용하고 봉의 질량은 무시할 수 있을 때 스프링 상수가 80 N/m라면 종을 치게 하기 위한 최소의 압축량은 몇 cm인가?

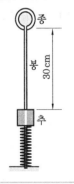

① 8.5 cm   ② 9.9 cm

③ 10.6 cm   ④ 12.4 cm

해설 $u = \dfrac{1}{2}k\delta^2 = mg(h + \delta)$, $\dfrac{1}{2} \times 80 \times \delta^2 = 0.1 \times 9.8 \times (0.3 + \delta)$

$40\delta^2 - 0.98\delta - 0.294 = 0$ (근의 공식에 대입)

$\delta = \dfrac{-b \pm \sqrt{b^2 - 4ac}}{2a} = \dfrac{0.98 + \sqrt{0.98^2 + 4 \times 40 \times 0.294}}{2 \times 40} = 0.099 \text{ m} = 9.9 \text{ cm}$ 정답 ②

---

(13) 맥놀이(beat) 현상

맥놀이 현상은 주파수가 서로 비슷한 두 음이 중첩되어 간섭할 때 두 주파수의 평균주파수(중간주파수)의 소리로 들리며 주기적으로 커졌다 작아졌다 반복되는 현상으로 울림 현상이라고도 한다. 반복되는 비트(beat) 주기는 두 주파수의 차이가 작을수록 길어진다.

$$x_1 = A\sin\omega_1 t, \quad x_2 = A\sin\omega_2 t$$

① 울림진동수(beat frequency) f_b

$$f_b = f_{b_2} - f_{b_1} = \frac{\omega_2 - \omega_1}{2\pi}\,[\text{Hz}]$$

② 울림주기(beat period) T_b

$$T_b = \frac{1}{f_b} = \frac{2\pi}{\omega_2 - \omega_1}\,[\text{s}]$$

(14) 비감쇠 강제 진동

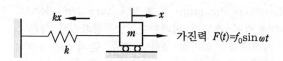

$$\Sigma F_x = m\ddot{x} \text{에서} \quad -kx + F(t) = m\ddot{x}, \quad m\ddot{x} + kx = F(t)$$

$$\therefore \ m\ddot{x} + kx = f_0 \sin\omega t$$

여기서, f_0 : 최대가진력(N), k : 스프링 상수(N/m)

(15) 감쇠 강제 진동

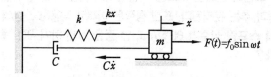

$$\Sigma F_x = m\ddot{x} \text{에서} \quad -kx - C\dot{x} + F(t) = m\ddot{x}, \quad m\ddot{x} + C\dot{x} + kx = F(t)$$

$$\therefore \ m\ddot{x} + C\dot{x} + kx = f_0 \sin\omega t$$

여기서, f_0 : 최대가진력(N), C : 감쇠계수(N·s/m)

(16) 전달률(transmissibility) TR

얼마만큼의 힘을 주어서 전달되는가를 알려주는 물성치

$$\text{전달률}(TR) = \frac{\text{최대전달력}(F_{tr})}{\text{최대가진력}(f_0)}$$

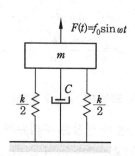

> **참고** 감쇠계수 $c[\mathrm{N \cdot s/m}]$가 무시되는 경우
>
> $$TR = \frac{1}{1-\gamma^2} \quad \text{진동수비}(\gamma) = \frac{\omega}{\omega_n}$$
>
> 여기서, $\omega = \dfrac{2\pi N}{60}[\mathrm{rad/s}]$, $\omega_n = \sqrt{\dfrac{k}{m}} = \sqrt{\dfrac{g}{\delta_{st}}}[\mathrm{rad/s}]$

① 정상상태에서의 진폭$(X) = \dfrac{f_0}{\sqrt{(k-m\omega^2)^2 + (c\omega)^2}} = \dfrac{f_0/k}{\sqrt{(1-\gamma^2)^2 + (2\zeta\gamma)^2}}$

⑺ 최대진폭$\left(\dfrac{dX}{d\gamma} = 0\right)$을 만족시키는 진동수비$(\gamma)$

$$\gamma = \frac{\omega}{\omega_n} = \sqrt{1-2\zeta^2}$$

⑻ 공진진폭(X)

$$X = \frac{f_0}{c\omega_n}$$

② 정상상태에서의 위상각$(\phi) = \tan^{-1}\left(\dfrac{C\omega}{k-m\omega^2}\right)$

$$\tan\phi = \frac{C\omega}{k-m\omega^2} = \frac{\dfrac{C\omega}{k}}{1-\dfrac{m\omega^2}{k}} = \frac{\dfrac{C\omega}{k}}{1-\left(\dfrac{\omega}{\omega_n}\right)^2} = \frac{\dfrac{C\omega}{k}}{1-\gamma^2}$$

$$= \frac{\omega\left(\dfrac{2\zeta}{\omega_n}\right)}{1-\gamma^2} = \frac{2\gamma\zeta}{1-\gamma^2}$$

단, $\omega_n = \sqrt{\dfrac{k}{m}}$ 에서 $\omega_n^2 = \dfrac{k}{m}$ $(k = m\omega_n^2)$

> **참고** **전달률(TR)과 진동수비(γ)의 관계**
>
> 진동수비$(\gamma) = 1$이면 즉 $\omega = \omega_n$이면 공진이 일어난다.
>
> ① 전달률$(TR) > 1$이면 진동수비$(\gamma) = \dfrac{\omega}{\omega_n} < \sqrt{2}$ (감쇠비 증가)
>
> ② 전달률$(TR) = 1$이면 진동수비$(\gamma) = \dfrac{\omega}{\omega_n} = \sqrt{2}$ (임계값)
>
> ③ 전달률$(TR) < 1$이면 진동수비$(\gamma) = \dfrac{\omega}{\omega_n} > \sqrt{2}$ (감쇠비 감소 : 진동절연)

예제 21. 2000 kg의 트럭이 평탄한 도로를 20 m/s의 속도로 달리다가 브레이크가 작동되어 일정하게 감속하여 정지하였다. 정지할 때까지 움직인 거리가 15 m이면 이 차량의 감가속도는 몇 m/s²인가?

① 10.3   ② 11.3   ③ 12.3   ④ 13.3

해설 $V^2 - V_0^2 = 2as$ (초기속도 $V_0 = 0$)

$$\therefore a = \frac{V^2}{2s} = \frac{20^2}{2 \times 15} = 13.3 \, \text{m/s}^2$$ **정답** ④

예제 22. 회전속도가 2000 rpm인 원심 팬이 있다. 방진고무로 탄성 지지시켜 진동 전달률을 0.3으로 하고자 할 때, 정적 수축량은 약 몇 mm인가? (단, 방진고무의 감쇠계수는 영으로 가정한다.)

① 0.71   ② 0.97   ③ 1.41   ④ 2.20

해설 전달률$(TR) = \dfrac{1}{\left|1 - \left(\dfrac{\omega}{\omega_n}\right)^2\right|} = \dfrac{1}{|1 - \gamma^2|}$

$|1 - \gamma^2| = \dfrac{1}{TR} = \dfrac{1}{0.3} = 3.33$

$\gamma^2 = \left(\dfrac{\omega}{\omega_n}\right)^2 = 4.33, \quad \dfrac{\omega}{\omega_n} = 2.08$

$\omega = \dfrac{2\pi N}{60} = \dfrac{2\pi \times 2000}{60} = 209.44 \, \text{rad/s}$

$\omega_n = \sqrt{\dfrac{k}{m}} = \sqrt{\dfrac{g}{\delta}}$ 에서 $\delta = \dfrac{g}{\omega_n^2} = \dfrac{9800}{\left(\dfrac{209.44}{2.08}\right)^2} = 0.97 \, \text{mm}$ **정답** ②

예제 23. 그림과 같은 감쇠 강제 진동의 특별해는 $x(t) = X\cos(\omega t - \phi)$이다. 이때 진동수비 $\gamma = 1$, 감쇠비 $\zeta = \dfrac{1}{2}$이고, $\dfrac{f_0}{k} = 2$ cm이면 정상진동의 진폭 X는 몇 cm인가?

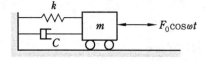

① 0.5

② $\dfrac{4}{\sqrt{3}}$

③ 2

④ $2\sqrt{2}$

해설 정상상태 진폭$(X) = \dfrac{f_0/k}{\sqrt{(1 - \gamma^2)^2 + (2\zeta\gamma)^2}} = \dfrac{2}{\sqrt{(1 - 1^2)^2 + \left(2 \times \dfrac{1}{2} \times 1\right)^2}} = 2\text{cm}$ **정답** ③

[예제] 24. 그림과 같이 진동계에 가진력 $F(t)$가 작용한다. 바닥으로 전달되는 힘의 최대 크기가 F_1보다 작기 위한 조건은? (단, $\omega_n = \sqrt{\dfrac{k}{m}}$)

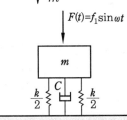

$F(t)=f_1\sin\omega t$

① $\dfrac{\omega}{\omega_n} < 1$

② $\dfrac{\omega}{\omega_n} > 1$

③ $\dfrac{\omega}{\omega_n} > \sqrt{2}$

④ $\dfrac{\omega}{\omega_n} < \sqrt{2}$

[해설] 전달률(TR)과 진동수비$\left(\gamma = \dfrac{\omega}{\omega_n}\right)$의 관계

(1) $TR=1$이면 $\gamma = \sqrt{2}$

(2) $TR<1$이면 $\gamma > \sqrt{2}$

(3) $TR>1$이면 $\gamma < \sqrt{2}$

전달률$(TR) = \dfrac{최대전달력(F_{tr})}{최대가진력(f_0)}$에서 $F_{tr} < F_1$이 되려면

$TR<1$ 즉, $\gamma = \dfrac{\omega}{\omega_n} > \sqrt{2}$

[정답] ③

[예제] 25. 공이 수직 상방향으로 9.81 m/s의 속도로 던져졌을 때 최대 도달 높이는 몇 m인가?

① 4.91

② 9.81

③ 14.72

④ 19.62

[해설] $h = \dfrac{V_0^2}{2g} = \dfrac{9.81^2}{2 \times 9.81} ≒ 4.91 \text{m}$

[정답] ①

출제 예상 문제

1. $x = A\sin(\omega t + \phi)$의 단순조화 운동에서 위상각은?

① ωt ② $\omega t + \phi$

③ ϕ ④ $\sin(\omega t + \phi)$

[해설] A는 진폭, ω는 각진동수, ϕ는 초기위상이며, t는 시간을 표시하므로 위상각에 해당되는 것은 $\omega t + \phi$이다.

2. 진동수 f, 각속도(원진동수) ω, 주기 T의 상호관계식을 바르게 나타낸 것은?

① $2\pi f = \omega$ ② $T = \dfrac{\omega}{2\pi}$

③ $2\pi\omega = f$ ④ $f = \dfrac{\omega}{\pi}$

[해설] 주기마다 운동이 반복되므로 주기운동에서 $\omega T = 2\pi$가 되면 변위는 반복해서 나타나므로, $T = \dfrac{1}{f}$에서 $2\pi f = \omega$가 성립된다.

3. 스프링으로 지지되어 있는 어느 물체가 매분 120회를 반복하면서 상하운동을 한다면 운동이 조화운동이라고 가정하였을 때, 각속도와 진동수는?

① $6.28\,\text{rad/s},\ 0.5\,\text{cps}$

② $62.8\,\text{rad/s},\ 2\,\text{cps}$

③ $12.56\,\text{rad/s},\ 0.5\,\text{cps}$

④ $12.56\,\text{rad/s},\ 2\,\text{cps}$

[해설] $\omega = \dfrac{2\pi N}{60} = \dfrac{2\pi \times 120}{60} = 12.56\,\text{rad/s}$

$f = \dfrac{\omega}{2\pi} = \dfrac{12.56}{2\pi} = 2\,\text{Hz(cps)}$

4. 어느 물체가 10 mm와 16 mm 사이를 상하로 조화운동을 매분 60회 하였을 때, 이

운동의 진폭과 가속도 진폭은?

① $6\,\text{mm},\ 6.28\,\text{mm/s}^2$

② $3\,\text{mm},\ 12.56\,\text{mm/s}^2$

③ $6\,\text{mm},\ 12.56\,\text{mm/s}^2$

④ $3\,\text{mm},\ 118.3\,\text{mm/s}^2$

[해설] $16 - 10 = 6\,\text{mm}$이므로 진폭은 반인 3 mm,

$\omega = \dfrac{2\pi N}{60} = \dfrac{2\pi \times 60}{60} = 2\pi = 6.28\,\text{rad/s}$

가속도 진폭은

$A\omega^2 = 3 \times 6.28^2 = 118.3\,\text{mm/s}^2$

5. 1점에 $x_1 = 2\sin(2\pi \times 50)t$와 $x_2 = 3\cos(2\pi \times 49)t$의 진동이 동시에 작용했을 때 울림(beat)의 진동수와 최대진폭은?

① $1\,\text{cps},\ 5\,\text{mm}$ ② $1\,\text{cps},\ 1\,\text{mm}$

③ $2\,\text{cps},\ 5\,\text{mm}$ ④ $2\,\text{cps},\ 1\,\text{mm}$

[해설] $f_b = \dfrac{\omega_1 - \omega_2}{2\pi} = 1\,\text{cps}$이며 최대진폭은 2진동의 진폭의 합의 절댓값을 취해야 하므로 $|2 + 3| = 5\,\text{mm}$이다.

6. $x = Ae^{j(\omega t + \phi)}$로 표시된 조화진동의 복소진폭은 다음 중 어느 것인가?

① A ② $Ae^{j\phi}$

③ $Ae^{j\omega t}$ ④ A

[해설] $x = Ae^{j(\omega t + \phi)}$를 $x = Ce^{j\omega t}$의 형태로 표시하면 $C = Ae^{j\phi}$가 된다. 따라서 C는 진폭과 초기위상을 포함하며 이를 복소진폭이라고 한다.

7. 최대 가속도가 720 cm/s², 매분 480 사이클의 진동수로서 조화운동을 하고 있는 물체의 진동의 진폭은 얼마인가?

[정답] 1. ②   2. ①   3. ④   4. ④   5. ①   6. ②   7. ①

① 2.85 mm   ② 5.7 mm

③ 11.4 mm   ④ 85.5 mm

[해설] $a_{max} = A\omega^2 = 720 \text{ cm/s}^2$

$$\omega = \frac{2\pi N}{60} = \frac{2\pi \times 480}{60} = 50.24 \text{ rad/s}$$

$$A = \frac{720}{\omega^2} = \frac{720}{50.24^2} = 0.285 \text{ cm} = 2.85 \text{ mm}$$

8. 주어진 조화운동이 9 cm의 진폭, 2초의 주기를 가지고 있을 때 최대속도는 얼마인가?

① 14.2 cm/s   ② 28.3 cm/s

③ 56.6 cm/s   ④ 84.9 cm/s

[해설] $T = 2s$ 이므로 $f = \dfrac{1}{T} = 0.5 \text{ Hz(cps)}$이며,

$\omega = 2\pi f = 2\pi \times 0.5 = \pi \text{ rad/s}$,

$\therefore V_{max} = A\omega = 9 \times \pi = 28.3 \text{ cm/s}$

9. 합성진동 $x = A\cos\omega t + A\cos(\omega + \varepsilon)t$ 에서 울림(beat)의 진동수는 어느 것이 옳은가?

① $\dfrac{\omega + \varepsilon}{2\pi}$ ② $\dfrac{\varepsilon}{2\pi}$

③ $\dfrac{\omega}{2\pi}$ ④ $\dfrac{\omega - \varepsilon}{2\pi}$

[해설] $\varepsilon \ll \omega$인 경우, 합성진동은 울림 현상이 일어나며, 진폭은 0에서 $2A$ 사이를 $\dfrac{2\pi}{\varepsilon}$ 의 주기로 변한다. 이때 울림의 진동수는 $\dfrac{\omega + \varepsilon}{2\pi} - \dfrac{\omega}{2\pi} = \dfrac{\varepsilon}{2\pi}$이 된다.

10. 2개의 조화진동이 합성되어 울림(beat) 현상이 일어나는 경우는?

① 2개의 진동 진폭이 다를 때

② 2개의 진동 각진동수가 약간 다를 때

③ 2개의 진동 속도가 약간 다를 때

④ 2개의 진동 가속도가 약간 다를 때

[해설] 2개의 진동이 합성할 때 각진동수가 약

간 다르면 울림 현상이 발생한다.

11. 그림과 같은 진동계의 운동방정식을 세울 때 진동계의 주기는?

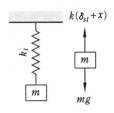

① $\dfrac{2\pi}{m}$ ② $\dfrac{2\pi}{k}$

③ $\dfrac{2\pi}{\omega_n}$ ④ $\dfrac{2\pi}{mk}$

[해설] $m\ddot{x} = -k(\delta_{st} + x) + mg$,

$mg = \delta_{st}k$이므로 $m\ddot{x} + kx = 0$

$\ddot{x} + \dfrac{k}{m}x = 0$

$\ddot{x} + \omega_n^2 x = 0 \left(\omega_n = \sqrt{\dfrac{k}{m}}\right)$

$\therefore$ 주기$(T) = \dfrac{2\pi}{\omega_n} = 2\pi\sqrt{\dfrac{m}{k}}$ [s]

12. 그림과 같이 원판이 비틀림 진동을 할 때 진동수는 얼마가 되는가?

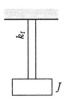

① $\dfrac{1}{2\pi}\sqrt{\dfrac{k_t}{J}}$ ② $2\pi\sqrt{\dfrac{k_t}{J}}$

③ $\dfrac{1}{2\pi} \cdot \dfrac{J}{k_t}$ ④ $2\pi\dfrac{k_t}{J}$

[해설] $J\dfrac{d^2\theta}{dt^2} = -k_t\theta$이므로 $\ddot{\theta} + \dfrac{k_t}{J}\theta = 0$

$(\ddot{\theta} + \omega_n^2\theta = 0)$

$$\omega_n = \sqrt{\frac{k_t}{J}}\ ,\ f = \frac{1}{2\pi}\sqrt{\frac{k_t}{J}}\ [\text{Hz}]$$

13. 그림과 같이 k_1과 k_2의 스프링상수를 가진 2개의 스프링을 병렬로 연결했을 때 등가 스프링상수는 얼마인가?

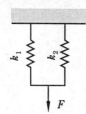

① $k_1 k_2$ ② $k_1 + k_2$

③ $\dfrac{1}{k_1} + k_2$ ④ $k_1 + \dfrac{1}{k_2}$

해설 늘어난 길이 x는 일정하므로
$$F_1 = k_1 x,\ \ F_2 = k_2 x$$
$$F = F_1 + F_2 = (k_1 + k_2)\,x$$
∴ 등가 스프링상수(k_{eq})
$$= \frac{F}{x} = k_1 + k_2 [\text{N/cm}]$$

14. 그림과 같이 k_1과 k_2의 스프링상수를 가진 2개의 스프링을 직렬로 연결했을 때 등가 스프링상수는 얼마인가?

① $\dfrac{1}{k_1} + \dfrac{1}{k_2}$ ② $k_1 + k_2$

③ $\dfrac{k_1 k_2}{k_1 + k_2}$ ④ $\dfrac{k_1 + k_2}{k_1 k_2}$

해설 전달되는 힘은 같으나 늘어나는 길이는 각각 다르게 나타난다.

$$F = k_1 x_1 = k_2 x_2$$
$$x = x_1 + x_2 = \frac{F}{k_1} + \frac{F}{k_2} = F\left(\frac{1}{k_1} + \frac{1}{k_2}\right)$$
$$\therefore\ k_{eq} = \frac{F}{x} = \frac{1}{1/k_1 + 1/k_2}$$
$$= \frac{k_1 k_2}{k_1 + k_2}\,[\text{N/cm}]$$

15. 중앙에 집중하중을 가지는 단순보가 그림과 같이 지지되어 있다. 보의 질량을 무시한다면 이 계의 고유 원진동수는?

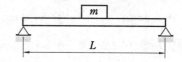

① $\sqrt{\dfrac{24EI}{mL^2}}$ ② $\dfrac{24EI}{mL}$

③ $\sqrt{\dfrac{48EI}{mL^3}}$ ④ $\dfrac{48EI}{mL^3}$

해설 보의 처짐은 $\delta = \dfrac{PL^3}{48EI}$ 이며, 처짐이 작을 때 $k = \dfrac{P}{\delta}$ 이므로 $k = \dfrac{48EI}{L^3}$가 된다.
$$\therefore\ \omega_n = \sqrt{\frac{k}{m}} = \sqrt{\frac{48EI}{mL^3}}\ [\text{rad/s}]$$

16. 양쪽 끝이 열린 U관 압력계의 진동수는? (단, 수은의 전 길이는 l이고, 비중량은 γ이다.)

① $\dfrac{1}{2\pi}\sqrt{\dfrac{l}{g}}$ ② $\dfrac{1}{2\pi}\sqrt{\dfrac{g}{2l}}$

③ $\dfrac{1}{2\pi}\sqrt{\dfrac{2l}{g}}$ ④ $\dfrac{1}{2\pi}\sqrt{\dfrac{2g}{l}}$

해설 관의 단면적을 A, 수은주의 미소변위를 x라고 하면
$$-2A\gamma x = \frac{A\gamma l}{g}\ddot{x},\ \ \ddot{x} + \frac{2g}{l}x = 0$$

$$\therefore f = \frac{1}{2\pi} \sqrt{\frac{2g}{l}} \text{ [Hz]}$$

17. 인덕턴스 L, 커패시턴스 C가 직렬로 연결된 전기회로의 고유진동수는 어느 것인가?

① $2\pi \sqrt{LC}$ ② $\frac{1}{2\pi} \sqrt{LC}$

③ $2\pi \sqrt{\dfrac{C}{L}}$ ④ $\dfrac{1}{2\pi} \sqrt{\dfrac{1}{LC}}$

해설 키르히호프의 법칙에 따라

$$L \frac{di}{dt} + \frac{1}{C} \int i \, dt = 0$$

위 식을 미분하여 정리하면

$$\frac{d^2 i}{dt^2} + \left(\frac{1}{LC}\right) i = 0$$

∴ 회로의 고유진동수(f)

$$= \frac{1}{2\pi} \sqrt{\frac{1}{LC}} \text{ [Hz]}$$

18. 무게 1.2 kg인 기구가 스프링상수 $\dfrac{1}{15}$ kg/cm으로 정해진 3개의 고무대 위에 설치되어 있다. 이때의 진동의 고유진동수는 얼마인가?

① 2.04 cps ② 3.08 cps
③ 4.05 cps ④ 5.12 cps

해설 등가 스프링상수는 $3 \times \dfrac{1}{15} = \dfrac{1}{5}$ kg/cm

기구의 질량(m) $= \dfrac{W}{g} = \dfrac{1.2}{980}$ kg·s²/cm

$$\therefore f = \frac{1}{2\pi} \sqrt{\frac{980}{5 \times 1.2}} = 2.04 \text{ cps[Hz]}$$

19. 스프링으로 지지되어 있는 질량의 정적 휨이 0.5 cm일 때 진동의 고유진동수는 얼마인가?

① 5.12 cps ② 7.05 cps
③ 9.03 cps ④ 11.21 cps

해설 정적 휨을 δ라고 하면

$$f = \frac{1}{2\pi} \sqrt{\frac{g}{\delta}} \text{ 이므로}$$

$$f = \frac{1}{2\pi} \sqrt{\frac{980}{0.5}} = 7.05 \text{ cps[Hz]}$$

20. 질량 m인 복진자(compound pendulum)가 중심 G에서 거리 d 되는 곳에 피벗되어 있다. 중력의 영향으로 진동하는 이 진자의 각진동수는?

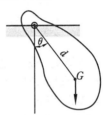

① $\sqrt{\dfrac{md}{J}}$ ② $\sqrt{\dfrac{mg}{J}}$

③ $\sqrt{\dfrac{mgd}{J}}$ ④ $\sqrt{\dfrac{mgd^2}{J}}$

해설 $J\ddot{\theta} = -mgd\sin\theta$가 되고 진폭이 크지 않을 때는 $\sin\theta \approx \theta$이므로 $J\ddot{\theta} = -mgd\theta$,

$$\therefore \omega_n = \sqrt{\frac{mgd}{J}} \text{ [rad/s]}$$

21. 질량 m이 길이 L인 실 끝에 매달려 있는 단진자가 그림과 같이 진폭이 작은 상태에서 운동할 때 진동수는?

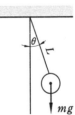

① $\dfrac{1}{2\pi} \sqrt{\dfrac{L}{g}}$ ② $\dfrac{1}{2\pi} \sqrt{\dfrac{2L}{g}}$

③ $\dfrac{1}{2\pi} \sqrt{\dfrac{L}{2g}}$ ④ $\dfrac{1}{2\pi} \sqrt{\dfrac{g}{L}}$

[해설] 질량 m의 운동의 접선방향의 복원력은 $-mg\sin\theta$이며,

그 방향의 가속도는 $L\dfrac{d^2\theta}{dt^2}$이다.

따라서 운동방정식은 $mL\ddot{\theta} = -mg\sin\theta$
진폭이 작으면 $\sin\theta \approx \theta$이므로
$$\ddot{\theta} + \left(\dfrac{g}{L}\right)\theta = 0$$

$$\therefore f = \dfrac{1}{2\pi}\sqrt{\dfrac{g}{L}}\ [\text{Hz}]$$

$$주기(T) = \dfrac{1}{f} = 2\pi\sqrt{\dfrac{L}{g}}\ [\text{s}]$$

22. 질량 m, 반지름 r인 원통이 스프링상수 k인 스프링으로 그림과 같이 연결되어 있다. 미끄럼 없이 거친 수평면을 원통이 구를 때의 각진동수는?

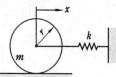

① $\sqrt{\dfrac{3m}{k}}$　　② $\sqrt{\dfrac{k}{3m}}$

③ $\sqrt{\dfrac{3m}{2k}}$　　④ $\sqrt{\dfrac{2k}{3m}}$

[해설] 마찰력을 F_f라 하면 $\sum F = ma$에서
$$m\ddot{x} = -kx + F_f$$

$\sum M = J_0\ddot{\theta}$에서 $J_0\ddot{\theta} = -F_f r$이며
$$\left(\dfrac{1}{2}mr^2\right)\left(\dfrac{\ddot{x}}{r}\right) = -F_f r$$

따라서 $F_f = -\dfrac{1}{2}m\ddot{x}$가 되므로

$$m\ddot{x} = -kx - \dfrac{1}{2}m\ddot{x},\ \dfrac{3}{2}m\ddot{x} + kx = 0$$

$$\therefore \omega_n = \sqrt{\dfrac{2k}{3m}}\ [\text{rad/s}]$$

23. 다음 중 임계감쇠계수 C_c를 바르게 표시한 것은? (단, 점성감쇠계수 : C, 질량 :

m, 스프링상수 : k, 고유 원진동수 : ω_n, 감쇠비 : ζ이다.)

① $C\zeta = C_c$　　② $\omega_n = \dfrac{C_c}{m}$

③ $C_c = \sqrt{mk}$　　④ $\dfrac{C}{2m} = \zeta\omega_n$

[해설] $\dfrac{C}{2m} = \dfrac{C}{C_c}\cdot\dfrac{C_c}{2m} = \zeta\cdot\dfrac{2\sqrt{mk}}{2m}$

$$= \zeta\cdot\sqrt{\dfrac{k}{m}} = \zeta\omega_n$$

24. 부족감쇠(underdamping)란 감쇠비가 어떤 값을 가지는 경우인가?

① 1이다.　　② 1보다 작다.
③ 1보다 크다.　　④ 0이다.

[해설] 감쇠비$(\zeta) = \dfrac{C}{C_c} = \dfrac{C}{2\sqrt{mk}}$

(1) 과도감쇠(초임계감쇠) $C > C_c(\zeta > 1)$

(2) 임계감쇠 $C = C_c(\zeta = 1)$

(3) 부족감쇠(아임계감쇠) $C < C_c(\zeta < 1)$

25. 점성감쇠를 가지는 자유진동은 비감쇠 자유진동에 비해서 진동수가 얼마만큼 변하는가?

① $\dfrac{1}{\sqrt{1-\zeta^2}}$ 배만큼 증가

② $\sqrt{\zeta^2 - 1}$ 만큼 증가 또는 감소

③ $\sqrt{1-\zeta^2}$ 배만큼 감소

④ $\dfrac{1}{\sqrt{\zeta^2 - 1}}$ 만큼 증가 또는 감소

[해설] 부족감쇠의 경우 진동은
$$x = Xe^{-\zeta\omega_n t}\sin\left(\sqrt{1-\zeta^2}\,\omega_n t + \phi\right)$$
따라서 진동수는 $\sqrt{1-\zeta^2}$ 배만큼 감소한다.

26. 감쇠비 ζ가 주어졌을 때 대수감쇠율을 바르게 표시한 것은?

① $2\pi\zeta$

② $\dfrac{2\pi\zeta}{\sqrt{1-\zeta^2}}$

③ $2\pi\zeta\sqrt{1-\zeta^2}$

④ $\sqrt{\dfrac{2\pi\zeta}{1-\zeta^2}}$

해설 대수감쇠율 δ는 다음과 같이 정의한다.

$$\delta=\frac{1}{n}\ln\frac{x_0}{x_n}$$

여기서, n : 사이클수

x_0 : 최초 진폭

x_n : n 사이클 경과 후의 진폭

대수감쇠율(δ)과 감쇠비(ζ)의 관계식

$$\zeta=\frac{C}{C_c}=\frac{C}{2\sqrt{mk}}$$

$$\delta=\frac{2\pi\zeta}{\sqrt{1-\zeta^2}}\fallingdotseq 2\pi\zeta(\zeta\ll 1)$$

27. 처음 진폭을 x_0, n 사이클 후의 진폭을 x_n이라고 할 때의 대수감쇠율은?

① $n\ln\dfrac{x_0}{x_n}$

② $n\ln\dfrac{x_n}{x_0}$

③ $\dfrac{1}{n}\ln\dfrac{x_n}{x_0}$

④ $\dfrac{1}{n}\ln\dfrac{x_0}{x_n}$

해설 2개의 이웃하고 있는 진동의 진폭비

$$\frac{x_0}{x_1}=\frac{x_1}{x_2}=\frac{x_2}{x_3}=\cdots\cdots=\frac{x_{n-1}}{x_n}=e^{\delta}$$

$$\frac{x_0}{x_n}=\left(\frac{x_0}{x_1}\right)\left(\frac{x_1}{x_2}\right)\left(\frac{x_2}{x_3}\right)(\cdots)\left(\frac{x_{n-1}}{x_n}\right)$$

$$=(e^{\delta})^n=e^{\delta n}$$

$$\therefore \delta=\frac{1}{n}\ln\frac{x_0}{x_n}\,[\text{cm}]$$

28. 공진점에서 공진현상이 일어나는 경우 어떻게 되는가?

① 공진점에서 순간적으로 진폭이 갑자기 커진다.

② 공진점에서 시간이 흐름에 따라 진폭이

점점 커진다.

③ 공진점에서 시간이 흐름에 따라 점점 진폭이 커지고 나중에는 감소된다.

④ 공진점에서 순간적으로 진폭이 커지고 시간이 흐름에 따라 점점 감소한다.

해설 공진점에서 진폭은 시간의 1차 함수로 나타나므로 시간과 더불어 직선적으로 증가한다.

29. $m\ddot{x}+C\dot{x}+kx=0$인 진동계의 기계임피던스는 다음 중 어느 것인가?

① $k+m\omega^2+jC\omega$

② $k-m\omega^2-jC\omega$

③ $k+m\omega^2-jC\omega$

④ $k-m\omega^2+jC\omega$

해설 질량, 감쇠, 스프링에 대한 각각의 임피던스는 $-m\omega^2$, $jC\omega$, k이다.

30. 2개의 독립된 1 자유도 진동계가 연결되어 2 자유도 진동계로 작용시키는 요소는?

① 연성 스프링   ② 고무 스프링

③ 외력   ④ 감쇠기

해설 연성 스프링으로 1 자유도계를 연결시키면 2 자유도계의 진동이 생긴다.

31. 다음 중 기본조화파에 해당되는 진동수는?

① 1

② 가장 높은 것

③ 가장 낮은 것

④ 중간의 값

해설 기본주파수(조화파)는 가장 낮은 주파수(진동수)를 말한다.

PART 06

기계설계

제1장 나사

나사의 종류

(1) 삼각 나사(체결용 나사)

① 미터 나사(metric screw : 나사산 각(α) = 60°) : 피치(p)는 mm 단위로 쓰며, 호칭치수는 바깥지름(외경)을 mm로 나타낸다.

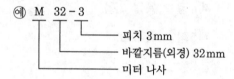

예) M 32 - 3
— 피치 3 mm
— 바깥지름(외경) 32 mm
— 미터 나사

② 유니파이 나사(unified screw : 나사산각(α) = 60°) : 호칭치수는 바깥지름을 inch(인치)로 표시한 값과 1인치당 나사산 수로 나타낸다. 유니파이 나사는 ABC 나사라고도 하며, 유니파이 가는 나사(UNF)와 유니파이 보통 나사(UNC)가 있다.

예) $\frac{1}{4} - 20$ UNC

여기서, $\frac{1}{4}$: 바깥지름 $\frac{1}{4}$ 인치, 20 : 1 inch당 나사산 수, UNC : 유니파이 보통 나사

③ 휘트워트 나사(whitworth screw : 나사산 각(α) = 55°) : 인치 계열 나사로 가장 오래된 영국 표준형 나사이다. 우리나라 KS 규격에서는 1971년 폐지된 나사이다.

④ 관용 나사(pipe screw : 나사산 각(α) = 55°) : 파이프를 연결할 때 누설을 방지하고 기밀을 유지하기 위해 사용되는 나사로서 관용 테이퍼 나사(PT)와 관용 평행 나사(PF)가 있다.

⑤ 셀러 나사(seller's screw : 나사산 각(α) = 60°) : 미국 표준 나사라고도 불리며, Seller에 의해 제안된 이 나사는 산마루와 골이 각각 $\frac{p}{8}$ 로 평평하게 깎여져 있으며 미국 기계에 많이 사용된다.

(2) 운동 및 동력 전달용 나사

① **사각 나사(square screw : 나사산각(α) = 90°)** : 나사산의 모양이 정사각형에 가까운 모양이며, 용도는 잭(jack)이나 프레스(press) 등의 운동 부분에 적합하고 교번하중을 받을 때 효과적인 운동용 나사이다.

② **사다리꼴 나사(trapezodial screw : 애크미(acme) 나사)** : 스러스트를 전달시키는 운동용 나사로는 순수 사각 나사가 우수하지만 제작이 곤란해서 사다리꼴로 대응한 나사이다. 나사산 각은 미터계(TM)에서는 30°, 인치계(TW)에서는 29°로 정하고 있으며 공작기계의 이송 나사(feed screw), 리드 스크루(lead screw)로 널리 쓰인다.

③ **톱니 나사(buttress screw)** : 나사산의 단면이 톱니 모양이며 삼각 나사와 사각 나사의 장점만을 공통으로 취한 나사로서 나사산의 각도는 45°와 30°가 있다. 경사 단면이 없는 면에서 한쪽으로 집중하중이 작용하여 동력을 전달하는 나사이다.

④ **너클 나사(round screw : 둥근 나사)** : 나사산 각(α) = 30°이며, 먼지, 모래, 녹 등이 나사산에 들어갈 염려가 있는 곳에 사용한다.

⑤ **볼 나사(ball screw)** : 수나사, 암나사 양쪽에 홈을 파서 2개 홈이 막대에 향하도록 맞대어 홈 사이에 수많은 볼을 배치한 나사로서 자동차의 스티어링부(steerings), NC 공작기계 이송 나사, 항공기 이송 나사, 공업용 카메라 초점 조정용, 잠망경 등에 사용된다.

볼 나사의 장점과 단점

장점	단점
① 나사 효율이 좋다.	① 자동체결이 곤란하다.
② 먼지에 대한 손상이 적다.	② 피치가 매우 커진다.
③ 백래시를 작게 할 수 있다.	③ 너트의 크기도 커진다.
④ 윤활에 크게 주의할 필요가 없다.	④ 고속회전에서 소음이 발생한다.
⑤ 고정밀도를 오래 유지할 수 있다.	⑤ 가격이 비싸다.

1-2 리드와 피치

(1) 리드(lead) l

나사를 한 바퀴 돌릴 때 축방향으로 이동한 거리

(2) 피치(pitch) p

서로 인접한 나사산과 나사산 사이의 수평거리

$$l = np\,[\text{mm}]$$

여기서, n : 줄 수(1줄 나사이면 $l=p$, 2줄 나사이면 $l=2p$)

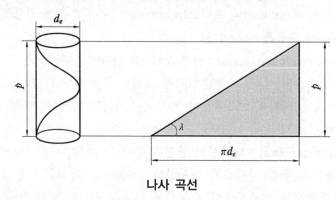

나사 곡선

$$\tan\lambda = \frac{p}{\pi d_e}$$

$$경사각 = 리드각(\lambda) = \tan^{-1}\!\left(\frac{p}{\pi d_e}\right)$$

1-3 나사의 효율(η)

(1) 사각 나사의 효율(η)

$$\eta = \frac{\text{마찰이 없는 경우 회전력}(P_0)}{\text{마찰이 있는 경우 회전력}(P)} = \frac{\tan\lambda}{\tan(\lambda+\rho)} = \frac{Wp}{2\pi T}$$

(2) 삼각 나사의 효율(η)

$$\eta = \frac{\tan\lambda}{\tan(\lambda+\rho')}$$

$$\tan\rho' = \mu' = \frac{\mu}{\cos\dfrac{\alpha}{2}}$$

여기서, μ' : 상당(유효＝등가) 마찰계수

나사가 스스로 풀리지 않는 한계는 $\lambda = \rho$ 이므로

$$\eta = \frac{\tan\rho}{\tan 2\rho} = \frac{\tan\rho(1-\tan^2\rho)}{2\tan\rho} = \frac{1}{2}(1-\tan^2\rho) < 0.5$$

따라서, 자립상태를 유지하는 나사의 효율은 반드시 50 % 미만이다.

1-4 **나사의 역학**

(1) 나사를 죄는 힘(회전력)(P)

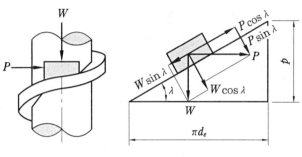

나사의 역학

여기서, W : 축방향 하중(N)

P : 나사의 회전력(N)

μ : 나사면의 마찰계수($\mu = \tan\rho$)

λ : 리드각(경사각)

T : 회전토크(비틀림 모멘트)

d_e : 나사의 유효지름$\left(d_e = \dfrac{d_1 + d_2}{2}\right)$

경사면에 평행한 힘 = 마찰계수(μ)×(경사면에 수직한 힘)

$$P\cos\lambda - W\sin\lambda = \mu(W\cos\lambda + P\sin\lambda)$$

$$\therefore \ P = W\frac{\mu\cos\lambda + \sin\lambda}{\cos\lambda - \mu\sin\lambda} = W\frac{\tan\rho\cos\lambda + \sin\lambda}{\cos\lambda - \tan\rho\sin\lambda}$$

분모, 분자를 $\cos\lambda$ 로 나누고, 삼각함수 2배각 공식을 적용하면

$$P = W\frac{\tan\rho + \tan\lambda}{1 - \tan\rho\tan\lambda} = W\tan(\rho + \lambda)[\text{N}]$$

$$\tan(\alpha \pm \beta) = \frac{\tan\alpha \pm \tan\beta}{1 \mp \tan\alpha\tan\beta}$$

여기서, $\tan\rho = \mu$, $\tan\lambda = \dfrac{p}{\pi d_e}$ 이므로,

$$P = W\frac{p + \mu\pi d_e}{\pi d_e - \mu p} = W\tan(\rho + \lambda)[\text{N}]$$

(2) 나사를 푸는 힘(P')

$$P' = W\tan(\rho - \lambda) = W\frac{\mu\pi d_e - p}{\pi d_e + \mu p}[\text{N}]$$

(3) 나사를 체결할 때 토크(비틀림 모멘트) $T[\text{N} \cdot \text{mm}]$

$$T = P\frac{d_e}{2} = W\frac{d_e}{2}\tan(\rho + \lambda) = W \cdot \frac{d_e}{2} \cdot \frac{p + \mu\pi d_e}{\pi d_e - \mu p}[\text{N} \cdot \text{mm}]$$

> **참고** 나사를 푸는 힘$(P') = W\tan(\rho - \lambda)[\text{N}]$에서
>
> ① $\lambda = \rho$이면, $P' = 0$이므로 임의의 위치에 정지(self locking : 자동체결)
> ② $\lambda > \rho$이면, $P' < 0$이므로 저절로 풀린다.
> ③ $\lambda < \rho$이면, $P' > 0$이므로 나사를 푸는 데 힘이 필요하다.
> 나사가 저절로 풀리지 않기 위해서는 $\lambda \leq \rho$의 조건이 필요하다. 즉, 마찰각이 리드각보다 커야 한다.
> 이것을 나사의 자립 조건이라 한다.

1-5 나사의 설계(볼트의 지름)

(1) 축방향으로 인장하중(W)만 작용하는 경우

예 훅(hook), 아이 볼트(eye bolt)

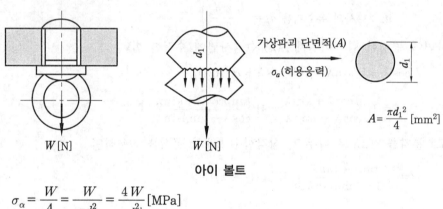

$$A = \frac{\pi d_1^2}{4}[\text{mm}^2]$$

$W[\text{N}]$ $W[\text{N}]$

아이 볼트

$$\sigma_\alpha = \frac{W}{A} = \frac{W}{\dfrac{\pi d_1^2}{4}} = \frac{4W}{\pi d_1^2}[\text{MPa}]$$

$$d_1 = \sqrt{\frac{4W}{\pi \sigma_a}}[\text{mm}]$$

시험지에서 주어지는 표를 참조하여 호칭지름(외경)을 구한다.

지름이 3 mm 이상인 나사에서는 보통 $d_1 > 0.8d$이므로 $d_1 \fallingdotseq 0.8d$로 하면 안전하다.

$$\sigma_a = \frac{4W}{\pi(0.8d)^2}$$

$$\therefore d = \sqrt{\frac{2W}{\sigma_a}}[\text{mm}]$$

(2) 축방향 하중과 동시에 비틀림을 받는 경우

축방향 하중과 비틀림에 의한 영향을 생각하여 인장 또는 압축의 $\left(1+\dfrac{1}{3}\right)$배의 하중이 축방향에 작용하는 것으로 보고 나사의 바깥지름(d)을 구한다.

　㉽ 쬠용 나사, 나사 잭, 압력 용기

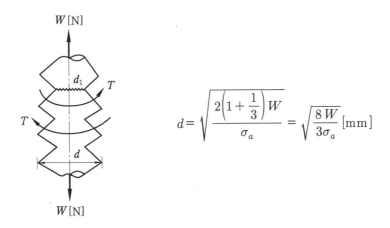

$$d = \sqrt{\frac{2\left(1+\dfrac{1}{3}\right)W}{\sigma_a}} = \sqrt{\frac{8W}{3\sigma_a}}\,[\mathrm{mm}]$$

1-6　나사를 스패너로 죌 때 모멘트

나사로 어떤 물체를 충분히 죄어서 고정시킬 경우 각 모멘트 값은 다음과 같다.

(1) 너트 자리면에서 마찰 저항 모멘트(T_1)

$$T_1 = \mu W r_m\,[\mathrm{N \cdot mm}]$$

여기서, μ : 너트 자리면 마찰계수
　　　　W : 축방향 하중(N)
　　　　r_m : 너트와 물체와의 접촉면 평균 반지름(mm)

(2) 나사를 죄는 데 필요한 모멘트(T_2)

$$T_2 = P \cdot \frac{d_e}{2} = W \cdot \frac{d_e}{2}\tan(\lambda+\rho)\,[\mathrm{N \cdot mm}]$$

(3) 전체를 돌려서 죄는 데 필요한 모멘트(T)

$$T = T_1 + T_2 = W\left[\mu r_m + \frac{d_e}{2}\tan(\lambda+\rho)\right] = Pl\,[\mathrm{N \cdot mm}]$$

$$\therefore \ W = \frac{T(T_1 + T_2) = Pl}{\mu r_m + \dfrac{d_e}{2}\tan(\lambda + \rho)}\ [\text{N}]$$

여기서, P : 레버(lever)를 돌리는 힘

l : 레버의 길이(mm)

<h2>1-7   너트의 높이(H : 암나사부 길이)</h2>

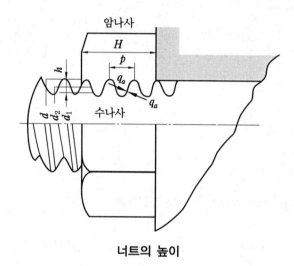

너트의 높이

$$H = Zp = \frac{Wp}{\pi d_e h q_a} = \frac{4\,Wp}{\pi(d_2^2 - d_1^2)q_a}\ [\text{mm}]$$

여기서, Z : 끼워지는 부분의 나사산 수

p : 피치

W : 축방향 하중

q_a : 허용 접촉면 압력(MPa)

h : 나사산의 높이

d_1 : 골지름

d_2 : 바깥지름(외경)

d_e : 유효지름

$H = (0.8 \sim 1)d$ 정도로 규격에 규정하고 있다.

출제 예상 문제

1. 나사의 크기는 다음 중 어느 것으로 나타내는가?

① 안지름 　　　 ② 유효지름

③ 골지름 　　　 ④ 바깥지름

[해설] 나사의 크기(호칭지름)는 바깥지름으로 나타낸다.

2. 2줄 나사의 피치가 0.75 mm일 때 이 나사의 리드(lead)는 얼마인가?

① 0.75 mm 　　 ② 1.5 mm

③ 3 mm 　　　 ④ 3.75 mm

[해설] $l = np$ 이므로, $l = 2 \times 0.75 = 1.5$ mm

3. 미터 가는 나사의 나사산 각도는 얼마인가?

① 30° 　　　 ② 50°

③ 55° 　　　 ④ 60°

[해설] 미터 보통(가는) 나사 60°, 휘트워트 나사 55°, 유니파이 보통(가는) 나사 60°, 사다리꼴 나사, 미터계(TM) 30°, 인치계(TW) 29°

4. 유니파이 보통나사 $\frac{1}{4} - 20$ UNC의 피치는 얼마인가?

① 0.25 mm 　　 ② 0.8 mm

③ 1.27 mm 　　 ④ 2.54 mm

[해설] $\frac{1}{4}$은 나사의 바깥(호칭)지름을 나타내며, 이것은 인치 계열의 나사이므로 바깥지름이 $\frac{1}{4}''$(인치)를 뜻한다. 20은 1인치당 나사산 수를 나타내고, 또 UNC는 유니파이 보통 나사이며, UNF는 유니파이 가는

나사이다. 나사의 피치는 1인치를 나사산 수로 나누어서 얻어지므로 $\frac{25.4}{20} = 1.27$ mm 이다.

5. 나사의 리드각을 α, 마찰각을 ρ 라 할 때 나사의 자립조건을 표시한 식은 어느 것인가?

① $\alpha > \rho$ 　　 ② $\alpha > 2\rho$

③ $\alpha < \rho$ 　　 ④ $\alpha \leq 3\rho$

[해설] 나사를 죌 때 필요한 힘 $P = Q \tan(\alpha + \rho)$ [N]이고, 나사를 풀 때 필요한 힘 $P' = Q \tan(\alpha - \rho)$ [N]이다. 따라서, 외력의 작용 없이 스스로 풀어지지 않는 조건(자립조건)은 $P' < 0$이 되는 것이다.

$Q \tan(\alpha - \rho) < 0$ ∴ $\alpha < \rho$

6. 나사가 축방향 하중만을 받을 때 나사의 바깥지름을 계산하는 식은?

① $d = \sqrt{\dfrac{4W}{\pi \sigma_a}}$ 　　 ② $d = \sqrt{\dfrac{2W}{\sigma_a}}$

③ $d = \sqrt{\dfrac{2W}{\pi \sigma_a}}$ 　　 ④ $d = \sqrt{\dfrac{8W}{3\sigma_a}}$

[해설] ①은 골지름(안지름)을 구하는 식이고, ④는 축방향 하중과 비틀림 모멘트를 동시에 받는 나사의 바깥지름을 구하는 식이다.

7. 사각 나사에서 리드각 α, 마찰계수 $\mu = 0.1$이다. 이 나사가 자립할 수 있는 최대효율은 얼마인가?

① 35.6 % 　　 ② 42.5 %

③ 49.5 % 　　 ④ 51.6 %

해설 $\eta = \dfrac{1}{2}(1 - \tan^2 \rho) = \dfrac{1}{2}(1 - 0.1^2)$
$= 0.495 = 49.5\%$

8. 유니파이 가는 나사 $\dfrac{1}{4} - 28$ UNF의 바깥(호칭) 지름은 얼마인가?

① 5.25 mm
② 5.85 mm
③ 6.35 mm
④ 7.25 mm

해설 유니파이 계열 나사는 첫머리 숫자가 바깥지름$\left(\dfrac{1}{4}''\right)$을 나타낸다. 따라서, 1인치 $= 25.4$ mm이므로 $25.4 \times \dfrac{1}{4} = 6.35$ mm이다.

9. 바깥지름이 24 mm, 유효지름 22.052 mm, 피치가 3 mm인 미터 나사에서 마찰계수 $\mu = 0.1$이라면 효율은 얼마인가?

① 15 %
② 27.5 %
③ 35 %
④ 49 %

해설 미터 나사는 삼각 나사이므로 나사산 각 $(\alpha) = 60°$이다.

$\tan \rho' = \mu' = \dfrac{\mu}{\cos \dfrac{\alpha}{2}} = \dfrac{0.1}{\cos \dfrac{60°}{2}} = 0.1155$

$\therefore \rho' = 6° 30'$

$\tan \lambda = \dfrac{p}{\pi d_e} = \dfrac{3}{3.14 \times 22.052} = 0.0434$

$\therefore \lambda = 2° 30'$

$\therefore \eta = \dfrac{\tan \lambda}{\tan(\lambda + \rho')} = \dfrac{\tan 2° 30'}{\tan(2° 30' + 6° 30')}$
$= 0.275 = 27.5\%$

10. 나사의 유효지름 63.5 mm, 피치 3.17 mm일 때, 나사잭으로 5 ton의 중량을 올리는 데 레버의 길이를 얼마로 하는 것이 좋은가? (단, 레버를 누르는 힘은 30 N, 마찰계수 $\mu = 0.1$로 한다.)

① 480 mm
② 520 mm
③ 614 mm
④ 720 mm

해설 $T = W \dfrac{d_e}{2} \dfrac{p + \mu \pi d_e}{\pi d_e - \mu p}$
$= 5000 \times \dfrac{63.5}{2} \times \dfrac{3.17 + 0.1 \times \pi \times 63.5}{\pi \times 63.5 - 0.1 \times 3.17}$
$= 18428$ N $\cdot$ mm

$T = Fl$에서, $l = \dfrac{T}{F} = \dfrac{18428}{30} = 614$ mm

11. 사각 나사에서 자립한계에 있는 효율 η를 구하는 식으로 맞는 것은? (단, λ는 경사각, ρ는 마찰각이다.)

① $\eta = \dfrac{\tan \rho}{\tan(\lambda + \rho)}$
② $\eta = 1 - \tan^2 \rho$
③ $\eta = \tan^2 \left(45° + \dfrac{\rho}{2}\right)$
④ $\eta = \dfrac{\tan \rho}{\tan 2\rho}$

12. 볼트를 고정하기 전에 볼트 구멍에 리밍 작업을 한 후 사용하는 볼트는 어느 것인가?

① 전단 볼트
② 충격 볼트
③ 스터드 볼트
④ 스테이 볼트

13. 삼각 나사의 나사산 각도를 맞게 나타낸 것은? (단, M은 메트릭 나사, W는 휘트워트 나사, U는 유니파이 나사이다.)

① $M = 60°$, $W = 60°$, $U = 60°$
② $M = 60°$, $W = 55°$, $U = 60°$
③ $M = 60°$, $W = 55°$, $U = 55°$
④ $M = 60°$, $W = 60°$, $U = 55°$

14. 관용 나사산의 각도는?

① 20°
② 30°
③ 55°
④ 60°

정답 8. ③ 9. ② 10. ③ 11. ④ 12. ① 13. ② 14. ③

15. 5 ton을 지탱할 수 있는 훅 나사부의 바깥지름은 몇 mm인가? (단, 허용응력은 60 N/mm²이다.)

① 13 mm   ② 30 mm

③ 41 mm   ④ 54 mm

16. 유효지름이 22.052 mm, 피치가 3 mm인 미터 나사에서 경사각은 약 몇 도인가?

① 5° 30′   ② 6° 30′

③ 3° 30′   ④ 2° 30′

17. 회전 각속도 ω [rad / s]를 N [rpm]으로 환산한 식은 어느 것인가?

① $N = \dfrac{30\omega}{\pi}$ ② $N = \dfrac{60\omega}{\pi}$

③ $N = \dfrac{\omega}{30\pi}$ ④ $N = \dfrac{\omega}{60\pi}$

18. 나사가 자립상태를 유지하고 있을 경우에는 나사의 효율은 몇 %보다 작게 되는가?

① 70 %   ② 60 %

③ 50 %   ④ 40 %

19. 2줄 나사의 피치가 0.75 mm일 때, 리드는 몇 mm인가?

① 0.75 mm   ② 3 mm

③ 1.5 mm   ④ 3.75 mm

20. 다음 중 리드각 α, 마찰각 ρ라 할 때, 나사의 효율이 최대가 되는 것은?

① $\alpha = \dfrac{\pi}{4} - \dfrac{\rho}{2}$ ② $\alpha = \dfrac{\pi}{2} - \rho$

③ $\alpha = \dfrac{\pi}{4} - \rho$ ④ $\alpha = \dfrac{\pi}{2} - \dfrac{\rho}{2}$

21. 다음 그림과 같은 연강재 훅으로 40 kN의 하중을 달 때, 훅 나사부의 지름은 몇 mm인가? (단, 허용응력 $\sigma_a = 48$ MPa이다.)

① 60 mm   ② 40.8 mm

③ 50.8 mm   ④ 43 mm

[해설] $d = \sqrt{\dfrac{2W}{\sigma}} = \sqrt{\dfrac{2 \times 40000}{48}}$

     $= 40.82$ mm

22. 지름 20 mm, 피치 2 mm인 3줄 나사를 $\dfrac{1}{2}$ 회전하였을 때, 이 나사의 진행거리는 몇 mm인가?

① 2 mm   ② 3 mm

③ 4 mm   ④ 6 mm

[해설] $l = np = \dfrac{1}{2} \times 2 \times 3 = 3$ mm

23. M 18×2인 미터 가는 나사의 치수를 설명한 것으로 맞는 것은?

① 미터 가는 나사 바깥지름 18 mm, 산수 2

② 미터 가는 나사 유효지름 18 mm, 피치 2 mm

③ 미터 가는 나사 바깥지름 18 mm, 피치 2 mm

④ 미터 가는 나사 골지름 18 mm, 2줄 나사

정답   15. ①   16. ④   17. ①   18. ③   19. ③   20. ①   21. ②   22. ②   23. ③

24. 삼각 나사에서 나사산의 각도를 α, 볼트와 너트 재료 사이의 마찰계수를 μ 라 할 때, 상당 마찰계수 μ'는?

① $\mu' = \dfrac{\mu}{\sin\alpha}$ ② $\mu' = \dfrac{\mu}{\cos\alpha}$

③ $\mu' = \dfrac{\mu}{\sin\dfrac{\alpha}{2}}$ ④ $\mu' = \dfrac{\mu}{\cos\dfrac{\alpha}{2}}$

25. 피치 6 mm의 사각 나사가 30 kN의 하중을 받는다. 이때 나사의 비틀림 모멘트가 70000 N·mm인 경우, 나사의 효율은 얼마인가?

① 20.4 % ② 40.9 %

③ 13.1 % ④ 52.1 %

해설 $\eta = \dfrac{Wp}{2\pi T} = \dfrac{30000 \times 6}{2\pi \times 70000}$
$= 0.409 = 40.9\%$

제2장   키, 코터, 핀

2-1   키(key)

축에 풀리, 기어, 플라이 휠, 커플링 등의 회전체를 고정시키고 축과 회전체를 일체로 하여 회전을 전달시키는 기계 요소이다. 축 재료보다 약간 강한 재료로 만든다.

(1) 키의 종류

① **성크 키(sunk key)** : 가장 널리 사용되는 일반적인 키로서 축과 보스의 양쪽에 모두 키 홈을 파서 토크를 전달시키고, 윗면에 $\frac{1}{100}$ 정도 기울기를 가지고 있는 경우가 많으며 기울기가 없는 평행 성크 키도 있다.

    성크 키는 조립 방법에 따라 축과 보스를 맞추고 키를 때려 박는 드라이빙 키 (driving key)와 축에 끼운 다음 보스로 때려 박는 세트(set) 키가 있다. 드라이빙 키 는 머리가 달린 비녀 키(gib-headed key)가 널리 쓰인다.

② **새들(안장) 키(saddle key)** : 축에는 홈을 파지 않고 보스에만 키 홈이 파여 있고 축과 키 사이의 마찰력으로 회전력을 전달시키는 것으로 아주 작은 힘을 전달시킨다.

③ **평 키(flat key)** : 축에 키 너비만큼 평평하게 깎은 키로서 새들 키보다 약간 큰 힘을 전달시킬 수 있다.

④ **반달 키(woodruff key)** : 반달 모양의 키로서 축에 홈이 깊게 파져 있으므로 축의 강 도가 약하게 된다. 그러나 키와 키 홈이 모두 가공하기 쉽고, 키가 자동적으로 축과 보스 사이에 자리를 잘 잡을 수 있는 장점이 있으므로 자동차, 공작기계 등에 널리 사 용된다.

⑤ **둥근 키(round key) = 핀 키(pin key)** : 핸들과 같이 토크가 작은 것의 고정에 사용된다.

⑥ **접선 키(tangential key)** : 접선방향에 설치하는 키로서 $\frac{1}{100}$ 기울기를 가진 2개의 키 를 1쌍으로 사용하고, 회전방향이 한 방향이면 1쌍도 충분하지만 양쪽 방향일 때는 중 심각이 120°로 되는 위치의 2쌍을 설치하며, 아주 큰 토크의 회전에 알맞다. 정사각 형 단면 키를 90°로 배치한 것을 케네디 키(kennedy key)라고 한다.

⑦ **원뿔 키(cone key)** : 축과 보스의 양쪽에 모두 키 홈을 파지 않고 축 구멍을 테이터 구멍으로 하여 속이 빈 원뿔을 박아서 마찰력만으로 밀착시킨 키로서 바퀴가 편식되지 않고 축 어느 위치에나 설치할 수 있는 것이 특징이다.

⑧ **미끄럼 키(sliding key)** : 회전력을 전달하는 동시에 축방향으로 보스를 이동시킬 필요가 있을 때 사용하는 것으로 키를 보스에 고정하는 경우와 축에 고정하는 경우가 있다.

⑨ **스플라인(spline)** : 축의 둘레에 많은 키를 쌓아 붙인 것과 같은 것으로 키보다 훨씬 큰 토크를 전달할 수 있으며, 내구력이 크다. 또한, 축과 보스의 중심축을 정확하게 맞출 수 있는 특성이 있다.

자동차, 공작기계, 항공기 발전용 증기 터빈에 널리 쓰이며, 축 쪽을 스플라인 축, 보스 쪽을 스플라인이라 한다. 턱의 수는 4~20개로 원주를 등분하여 만들고, 보스도 같은 모양으로 만들어 준다.

⑩ **세레이션(serration)** : 둥근 축 또는 원뿔 축의 둘레에 같은 간격의 나사산 모양으로 된 삼각형의 작은 이를 무수히 깎아 만든 것이다. 같은 바깥지름의 스플라인 축보다 큰 회전력을 전달시킬 수 있으며, 자동차 핸들의 고정용 전동기나 발전기의 전기자 축 등에 사용된다.

2-2 성크 키(sunk key)의 강도 계산

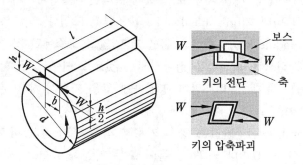

성크 키의 강도 계산

여기서, W : 키 측면에 작용하는 하중(N)
b : 키 폭(mm)
h : 키 높이(mm)
l : 키 길이(mm)

회전 토크 $T = W\dfrac{d}{2}$ [N·mm]

(1) 축과 보스의 접촉면에서 전단이 될 경우

$$\tau = \frac{W}{A} = \frac{W}{bl} = \frac{2T}{bld} \, [\text{MPa}]$$

(2) 키의 측면이 압축력을 받아 압축되는 경우

$$\sigma_c = \frac{W}{A} = \frac{W}{tl} = \frac{W}{\frac{h}{2}l} = \frac{2W}{hl} = \frac{4T}{hld} \, [\text{MPa}]$$

※ 키의 크기는 $b \times h \times l = 15 \times 10 \times 75$ 로 표시된다.

2-3 스플라인이 전달시킬 수 있는 토크(T)

$$T = \eta P \frac{d_m}{2} = \eta Z(h - 2c)lq_a \frac{d_m}{2}$$

$$= \eta Z(h - 2c)lq_a \frac{d_1 + d_2}{4} = 9.55 \times 10^6 \frac{kW}{N} \, [\text{N} \cdot \text{mm}]$$

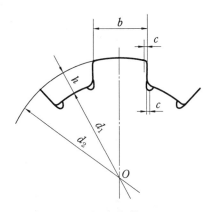

스플라인 축

여기서, b : 이의 너비(mm) $\qquad$ c : 잇면의 모따기(mm)

$\qquad$ d_m : 평균지름(mm) $\qquad$ d_1 : 스플라인의 작은 지름(mm)

$\qquad$ d_2 : 스플라인의 큰 지름(mm) $\qquad$ h : 이 높이(mm)

$\qquad$ l : 보스의 길이(mm) $\qquad$ q_a : 이 옆면의 허용 접촉면 압력(N/mm^2)

$\qquad$ z : 스플라인의 잇수 $\qquad$ η : 이 측면의 접촉효율(75 %)

$\qquad$ T : 전달토크(N · mm) $\qquad$ P : 이 하나의 측면에 작용하는 힘(N)

2-4 코터 이음(cotter joint)

두께가 같고 폭이 구배 또는 테이퍼로 되어 있는 일종의 쐐기로 주로 인장 또는 압축력이 축방향으로 작용하는 축과 축, 피스톤과 피스톤, 로드 등을 연결하는 데 사용하는 것을 코터(cotter)라 한다.

코터는 평평한 키의 일종으로 한쪽 기울기와 양쪽 기울기의 것이 있으나 한쪽 기울기의 코터가 많이 사용된다. 기울기는 빼기 쉽게 하기 위해 $\frac{1}{5} \sim \frac{1}{10}$ 로 하고 보통은 $\frac{1}{20}$ 이나 반영구적으로 부착시킬 때에는 $\frac{1}{100}$ 로 한다.

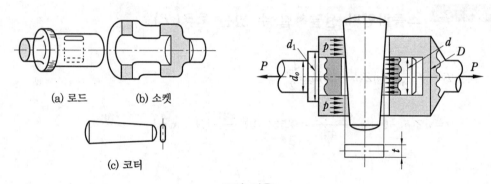

코터 이음

(1) 양쪽 구배의 경우

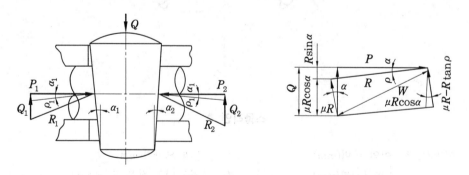

양쪽 구배인 코터의 타격에 의한 힘의 균형

양쪽 구배의 경우 축방향에 P의 힘을 받으며 코터를 박는 힘(N)은,

$$Q = P[\tan(\alpha_1 + \rho_1) + \tan(\alpha_2 + \rho_2)] \,[\text{N}]$$

코터를 빼낼 때(빠져나오는) 힘을 Q'[N]라 하면,

$$Q' = p[\tan(\alpha_1 - \rho_1) + \tan(\alpha_2 - \rho_2)][N]$$

코터가 스스로 빠져 나오지 않으려면, 즉 자립상태(self-sustenance)를 유지하려면 $Q' \leq 0$이어야 한다.

즉, $\tan(\alpha_1 - \rho_1) + \tan(\alpha_2 - \rho_2) \leq 0$

$\alpha_1 = \alpha_2 = \alpha,\ \rho_1 = \rho_2 = \rho$라고 하면

$2\tan(\alpha - \rho) \leq 0$

$\therefore\ \tan(\alpha - \rho) \leq 0$

$\angle\alpha,\ \angle\rho$를 모두 극히 작다고 하면, $\alpha - \rho \leq 0$

$\therefore\ \alpha \leq \rho$(양쪽 구배 자립조건)

(2) 한쪽 구배의 경우

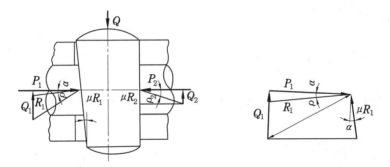

한쪽 구배인 경우 코터의 타격력

한쪽 테이퍼(구배)의 경우 자립상태를 유지하려면,

$\alpha_2 = 0,\ \alpha_1 = \alpha,\ \rho_1 = \rho_2 = \rho$일 때

$Q' \leq 0$

$\therefore\ \tan(\alpha - \rho) + \tan(-\rho) \leq 0$

$\alpha - \rho - \rho \leq 0$

$\therefore\ \alpha \leq 2\rho$(한쪽 구배 자립조건)

2-5 코터 이음의 파괴강도 계산

① 로드의 절단

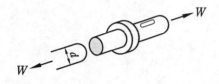

$$W = \sigma_t A = \sigma_t \frac{\pi d^2}{4}\,[\text{N}]$$

② 로드 코터 구멍 부분의 절단

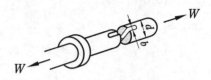

$$W = \sigma_t A = \sigma_t \left(\frac{\pi d^2}{4} - bd \right)[\text{N}]$$

③ 로드 엔드 끝과 소켓 끝의 전단응력(파괴)

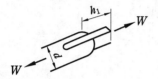

$$W = \tau A = \tau 2 h_1 d\,[\text{N}]$$

④ 코터 압축에 의한 로드 칼라 압축

$$W = \sigma_c A = \sigma_c bd\,[\text{N}]$$

⑤ 소켓 끝의 압축에 의한 로드 칼라 압축

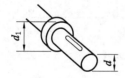

$$W = \sigma_c A = \sigma_c \frac{\pi}{4}(d_1^2 - d^2)\,[\text{N}]$$

⑥ 소켓 끝의 압축력에 의한 로드 칼라 전단

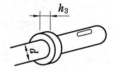

$$W = \tau A = \tau \pi d h_3\,[\text{N}]$$

⑦ 소켓 구멍 단면의 절단

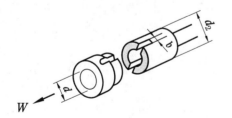

$$W = \sigma_t A = \sigma_t \left\{ \frac{\pi}{4}(d_2^2 - d^2) - (d_2 - d)b \right\}[\text{N}]$$

⑧ 코터의 이면 전단

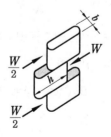

$$W = \tau A = \tau 2 bh\,[\text{N}]$$

⑨ 소켓 코터 구멍 측벽과 소켓 플랜지 사이 전단

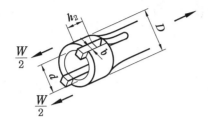

$$W = \tau A = \tau 2h_2 (D - d) \,[\mathrm{N}]$$

2-6 너클 핀의 지름(d) 및 파괴강도 계산

① 너클 핀의 지름

$$p = \frac{W}{bd} \,[\mathrm{N/mm^2}] \qquad W = dbp = md^2 p \,(b = md, \ m = 1 \sim 1.5)$$

$$d = \sqrt{\frac{W}{mp}} \,[\mathrm{mm}]$$

여기서, W : 하중(N) b : 핀의 링크와의 접촉길이(mm)

m : 상수 p : 회전 개소에 쓰이는 핀의 투영면에서의 면압력(N/mm^2)

d : 너클 핀의 지름(mm)

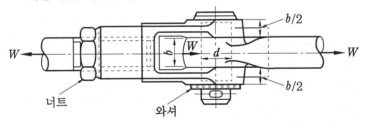

너클 핀 이음

② 전단강도

$$W = 2 \times \frac{\pi}{4} d^2 \tau \,[\mathrm{N}]$$

③ 굽힘강도

$$\frac{Wl}{8} = \frac{\pi}{32} d^3 \sigma_b \,(l = 1.5md)$$

$$W = 0.52 \frac{d^2 \sigma_b}{m} \,[\mathrm{N}]$$

여기서, l : 핀과 이음과의 총 접촉길이

출제 예상 문제

1. 다음 중 가장 큰 회전력을 전달할 수 있는 키는?

① 성크 키 ② 스플라인

③ 평 키 ④ 안장 키

[해설] 스플라인>성크 키>평 키>안장 (새들) 키의 순이다.

2. 접선 키에서 120° 각도로 두 곳에 키를 끼우는 이유는?

① 축을 강하게 하기 위해서

② 큰 동력을 전달하기 위해서

③ 역회전을 하기 위해서

④ 측압력을 막기 위해서

[해설] 역회전을 가능하게 하기 위해서 120° 각도로 두 곳에 키를 끼운다. 정사각형 단면의 키를 90°로 배치한 것을 케네디 키라 한다.

3. 키(key) 설계상 주로 강도상 검토해야 하는 것은 어느 것인가?

① 인장과 압축 ② 굽힘과 전단

③ 전단과 인장 ④ 전단과 압축

[해설] 성크 키의 강도 계산을 하려면 축과 보스의 경계면에서 키가 전단 파괴되는 경우와 키(보스)의 측면이 압축(압궤) 되는 경우를 고려한다.

4. 키의 전달토크 T, 키의 규격 $b \times h \times l$, 축의 지름 d 라고 할 때, 키에 생기는 전단응력(τ_k)을 계산하는 식은?

① $\tau_k = \dfrac{2T}{bld}$　　② $\tau_k = \dfrac{4T}{bld}$

③ $\tau_k = \dfrac{2Tb}{hld}$　　④ $\tau_k = \dfrac{2T}{hbl}$

[해설]
$$\tau_k = \frac{W}{A} = \frac{W}{bl} = \frac{\left(\dfrac{2T}{d}\right)}{bl}$$
$$= \frac{2T}{bld}\,[\text{N/mm}^2]$$

$$\sigma_c = \frac{W}{A} = \frac{W}{tl} = \frac{W}{\dfrac{h}{2}l} = \frac{2W}{hl}$$

$$= \frac{2\left(\dfrac{2T}{d}\right)}{hl} = \frac{4T}{hld}\,[\text{N/mm}^2]$$

5. 코터의 기울기각을 α, 코터와 로드 및 소켓 사이의 마찰각을 ρ 라 할 때 한쪽 구배인 경우 자립조건은?

① $\alpha \leq 2\rho$ ② $\alpha \leq \rho$

③ $\alpha \geq 2\rho$ ④ $\rho' \leq 2\alpha$

[해설] 코터의 자립조건은 한쪽 구배인 경우 $\alpha \leq 2\rho$이고, 양쪽 구배인 경우는 $\alpha \leq \rho$ 이다.

6. 성크 키에 생기는 전단응력 τ_k, 압축응력 σ_c 에 대해서 $\dfrac{\tau_k}{\sigma_c} = \dfrac{1}{4}$이면 키 폭 b와 높이 h의 관계식은?

① $h = \dfrac{b}{2}$　　② $h = b$

③ $h = \dfrac{b}{3}$　　④ $h = \dfrac{b}{4}$

[해설] $\sigma_c = \dfrac{4T}{hld}$, $\tau_k = \dfrac{2T}{bld}$ 에서

$\sigma_c = 4\tau_k$, $\dfrac{4T}{hld} = \dfrac{4 \times 2T}{bld}$이므로

$h=\dfrac{b}{2}$가 된다.

7. 묻힘 키 12×8×100에서 첫 번째 숫자는 무엇을 뜻하는가?

① 키 폭 ② 키 높이
③ 키 길이 ④ 키 기울기

해설 키의 규격은 b (폭)×h (높이)×l (길이) 의 순으로 표시한다.

8. 다음 중 축에는 하등의 가공을 하지 않으므로 강도를 감소시키지 않는 점 또는 벨트 및 풀리, 기어 등을 임의의 위치에 매달 수 있는 이점이 있으나, 마찰력에 의해서만 회전을 전달시키므로 큰 동력을 전달시킬 수 없고, 불확실한 키는 어느 것인가?

① 새들 키 ② 성크 키
③ 평 키 ④ 반달 키

9. 축 지름 50 mm, 키 폭 5 mm일 때, 키가 전단으로 파괴되지 않기 위한 키의 길이는 얼마인가? (단, 축과 키는 동일 재료이다.)

① 197 mm ② 166 mm
③ 180 mm ④ 170 mm

10. 다음 중 가장 큰 회전력을 전달시킬 수 있는 키는?

① 납작 키 ② 안장 키
③ 핀 키 ④ 접선 키

11. 다음 중 키 전달력이 큰 것부터 작은 것 순서로 나열된 것은?

① 반달 키>새들 키>묻힘 키>접선 키
② 접선 키>묻힘 키>플랫 키>새들 키

③ 묻힘 키>새들 키>접선 키>반달 키
④ 접선 키>묻힘 키>새들 키>플랫 키

12. 성크 키에서 전달토크 T, 키의 높이×폭×길이가 $b\times b\times l$ 이고, 축의 지름을 d 라 할 때, 키에 생기는 압축응력(σ_c)은 다음 식 중 어느 것인가?

① $\sigma_c=\dfrac{2T}{hld}$ ② $\sigma_c=\dfrac{2T}{bld}$

③ $\sigma_c=\dfrac{4T}{hld}$ ④ $\sigma_c=\dfrac{4T}{bld}$

13. 다음 중 코터 연결(cotter joint)을 하기에 가장 알맞은 곳은?

① 리벳 연결(rivet joint)을 해야 될 부분
② 커플링 연결(coupling joint)을 설치할 부분
③ 인장이나 압축력이 축에 수직한 방향으로 작용하면서 회전하는 부분
④ 인장이나 압축력이 축방향으로 작용하면서 회전하는 부분

14. 지름 75 mm의 강축에 2500 rpm으로 600 kW를 전달시키는 성크 키의 길이는 얼마인가? (단, 규격표에서 $d=75$ mm에 대하여 키 폭 $b=20$ mm이고 높이 $h=13$ mm이며, 키 재료의 응력 $\tau=47$ N/mm^2 이다.)

① 65 mm ② 75 mm
③ 85 mm ④ 95 mm

해설 $T=9.55\times10^6\dfrac{kW}{N}$

$=9.55\times10^6\times\dfrac{600}{2500}=2292000$ N · mm

$\tau_k=\dfrac{W}{A}=\dfrac{W}{bl}=\dfrac{2T}{bld}$ [MPa]

$\therefore\ l=\dfrac{2T}{\tau_k bd}=\dfrac{2\times2292000}{47\times20\times75}=65.02$ mm

정답 7. ① 8. ① 9. ① 10. ④ 11. ② 12. ③ 13. ④ 14. ①

15. 풀리의 지름 200 mm, 전동축의 지름 50 mm에 사용하는 묻힘 키가 15×10×100일 때, 풀리 바깥둘레에 5000 N의 힘을 작용하면 키에 생기는 전단응력은 얼마인가?

① 13.33 N/mm^2 ② 25.33 N/mm^2
③ 31.43 N/mm^2 ④ 36.33 N/mm^2

[해설] $T = W\dfrac{d}{2} = 20000 \times \dfrac{50}{2}$
$= 500000 \text{ N} \cdot \text{mm}$

$\tau_k = \dfrac{W}{A} = \dfrac{W}{bl} = \dfrac{2T}{bld} = \dfrac{2 \times 500000}{15 \times 100 \times 50}$
$= 13.33 \text{ N/mm}^2$

16. 다음 중 미끄럼 키와 같은 역할을 하는 키는 어느 것인가?

① 묻힘 키 (sunk key)
② 스플라인 (spline)
③ 반달 키 (woodruff key)
④ 안장 키 (saddle key)

17. 지름 50 mm의 축에 지름 400 mm의 풀리가 묻힘 키로 고정되어 있고, 풀리에 1500 N의 회전력이 작용한다면 키에 작용하는 전단력은 얼마인가?

① 15000 N   ② 1500 N
③ 2500 N   ④ 12000 N

[해설] $T = P\dfrac{D}{2} = W\dfrac{d}{2} \text{ [N} \cdot \text{mm]에서}$
$W = P\left(\dfrac{D}{d}\right) = 1500 \times \dfrac{400}{50} = 12000 \text{ N}$

18. 다음 중 코터가 받는 응력은 어느 것인가?

① 압축응력과 전단응력
② 인장응력과 전단응력
③ 전단응력과 굽힘응력
④ 인장응력과 굽힘응력

19. 573000 N · mm의 토크를 전달하는 축 지름이 55 mm이고, 15×10×85 mm인 키의 허용 전단응력은 얼마인가?

① 16.35 N/mm^2 ② 18.35 N/mm^2
③ 21.35 N/mm^2 ④ 25.35 N/mm^2

[해설] $\tau_k = \dfrac{2T}{bld} = \dfrac{2 \times 573000}{15 \times 85 \times 55}$
$\fallingdotseq 16.35 \text{ N/mm}^2 \text{(MPa)}$

20. 다음의 키 중에서 축방향으로 이동이 가능한 키는 어느 것인가?

① 묻힘 키   ② 미끄럼 키
③ 접선 키   ④ 납작 키

21. 다음 그림과 같은 키의 호칭치수를 표시하는 식은?

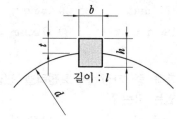

① $d \times h \times b$ ② $h \times l$
③ $h \times t$ ④ $b \times h$

제**3**장 리벳 이음

3-1 리벳 이음의 개요

리벳 이음은 결합하려는 강판에 미리 구멍을 뚫고 리벳을 끼워 머리를 만들어 결합시키는 이음이다. 압력용기, 기계부품, 철근 구조물, 교량, 선박 등에 널리 사용되어 왔으나 요즘에는 용접 기술이 발달되어 보일러, 선박, 연료탱크 등은 용접 이음을 하게 되었으며, 철근 구조물, 경합금 구조물(항공기 기체) 등은 아직도 리벳 이음을 하고 있다.

(1) 리벳 이음의 장점

① 용접 이음과는 달리 초기응력에 의한 잔류 변형률이 생기지 않으므로 취약 파괴가 일어나지 않는다.
② 구조물 등에서 현장 조립할 때는 용접 이음보다 쉽다.
③ 경합금과 같이 용접이 곤란한 재료에는 신뢰성이 있다.

(2) 사용 목적에 의한 분류

① **보일러용 리벳** : 강도와 기밀을 필요로 하는 리벳 이음(보일러, 고압탱크)
② **저압용 리벳** : 주로 수밀을 필요로 하는 리벳(저압탱크)
③ **구조용 리벳** : 주로 강도를 목적으로 하는 리벳(차량, 철교, 구조물)

고압탱크, 보일러 등과 같이 기밀을 필요로 할 때는 리베팅이 끝난 뒤에 리벳머리의 주위 또는 강판의 가장자리 끌(chisel)로 때려 그 부분을 밀착시켜 틈을 없애는 작업을 코킹(caulking)이라 하며, 강판의 가장자리는 75~85° 기울어지게 절단한다. 기밀을 더욱 완전하게 하기 위해 끝이 넓은 끌로 때리는데, 이것을 풀러링(fullering)이라 한다. 두께가 5 mm 이하인 강판에서는 곤란하므로 안료를 묻힌 베, 기름을 먹인 종이, 석면 등의 패킹(packing)을 끼워 리베팅한다.

$$리벳의 길이(l) = \text{grip(강의 죔두께)} + (1.3 \sim 1.6)d\,[\text{mm}]$$

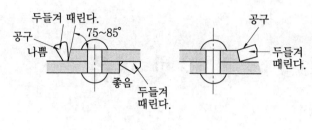

(a) 코킹   (b) 풀러링

코킹과 풀러링

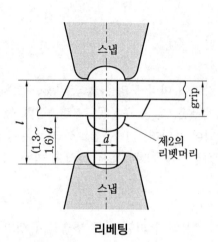

리베팅

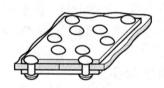

(a) 겹치기 이음   (b) 맞대기 이음

(c) 평행형   (d) 지그재그형
리벳 이음   리벳 이음

리벳 이음의 종류

3-2	리벳 이음의 파괴강도 계산

리벳 이음은 다음 그림과 같은 경우에 파괴되며, 리벳 설계를 할 때에는 각각의 경우에
대해 파괴가 생기지 않도록 치수의 강도를 결정해야 한다.

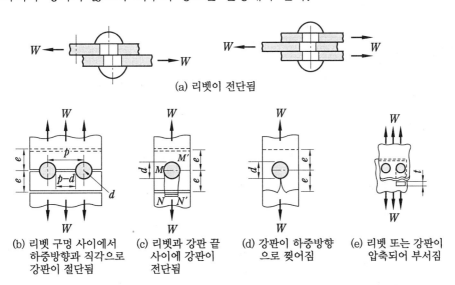

(a) 리벳이 전단됨

(b) 리벳 구멍 사이에서 하중방향과 직각으로 강판이 절단됨 (c) 리벳과 강판 끝 사이에 강판이 전단됨 (d) 강판이 하중방향 으로 찢어짐 (e) 리벳 또는 강판이 압축되어 부서짐

리벳 이음의 파괴 상태

여기서, W : 1피치당 작용하중(N) t : 강판의 두께(mm)

d : 리벳의 지름(mm) τ_0 : 강판의 전단응력(N/mm²)

p : 리벳의 피치(mm) d_0 : 리벳 구멍의 지름(mm)

σ_t : 판재의 인장응력(N/mm²) σ_c : 판재의 압축응력(N/mm²)

τ : 리벳의 전단응력(N/mm²)

e : 리벳의 중심에서 관재의 가장자리까지의 거리(mm)

(1) 리벳의 전단응력

위의 그림 (a)에서 $W = \dfrac{\pi}{4} d^2 \tau \, [\text{N}]$

$$\therefore \ \tau = \frac{4W}{\pi d^2} \, [\text{N/mm}^2]$$

복수전단의 경우에는 전단면적이 2배로 되므로,

$$W = 2 \times \frac{\pi}{4} d^2 \tau = \frac{\pi}{2} d^2 \tau \, [\text{N}]$$

$$\therefore \ \tau = \frac{2W}{\pi d^2} \, [\text{N/mm}^2]$$

(2) 판재의 인장응력

그림 (b)와 같이 판재는 리벳 구멍 사이의 단면적이 가장 작은 곳에서 전단되므로,

$$W = t(p - d)\sigma_t \,[\text{N}]$$

$$\therefore \ \sigma_t = \frac{W}{(p-d)t} \,[\text{N/mm}^2]$$

(3) 판재의 전단응력

그림 (c)와 같이 응력이 발생하는 면이 단면 MN과 $M'N'$이므로 면적은 $2et$로 된다. 따라서 $W = \tau_0 2et \,[\text{N}]$

$$\therefore \ \tau_0 = \frac{W}{2et} \,[\text{N/mm}^2]$$

(4) 판재의 압축응력

그림 (e)에서, $W = \sigma_c dt \,[\text{N}]$

$$\therefore \ \sigma_c = \frac{W}{dt} \,[\text{N/mm}^2]$$

(5) 강판의 절개에 대한 응력

$e > d$이면 이 응력에 대해서는 안전하므로 생략한다. 위와 같은 여러 가지 응력을 생각할 수 있지만, 이 응력들은 동시에 발생하므로 각 부분의 강도가 같게 되도록 설계하면 가장 경제적인 설계가 된다.

3-3 리벳 이음의 설계

여러 가지 저항력이 모두 같은 값을 가지도록 각 부분의 치수를 설계하는 것이 바람직하지만, 이것을 모두 만족시킬 수는 없다. 그러므로 실제적인 경험값을 기초로 하여 결정한 값에 대하여 강도 계산식을 적용시켜 그 한계 이내에 있도록 설계한다.

(1) 리벳 지름(d)의 설계

전단저항과 압축저항이 같다고 하면,

$$\frac{\pi}{4}d^2\tau = dt\sigma_c$$

$$\therefore \ d = \frac{4t\sigma_c}{\pi r} \,[\text{mm}]$$

(2) 리벳 피치(p)의 설계

전단저항과 인장저항이 같다고 하면,

$$\frac{\pi}{4}d^2\tau = (p-d)t\sigma_t$$

$$\therefore\ p = d + \frac{\pi d^2 \tau}{4t\sigma_t}\,[\text{mm}]$$

τ와 σ_t의 적당한 값을 취할 수 있으므로, 위에 식에서와 같이 t의 값에 대하여 p를 계산할 수 있다.

(3) 경험식

바하(Bach)에 의한 겹치기 리벳 이음의 경우

$$d = \sqrt{50t} - 4\,[\text{mm}]$$

양쪽 덮개판 리벳 이음의 경우

1열일 때 $d = \sqrt{50t} - 5\,[\text{mm}]$

2열일 때 $d = \sqrt{50t} - 6\,[\text{mm}]$

3열일 때 $d = \sqrt{50t} - 7\,[\text{mm}]$

(4) 구조용 리벳 이음

구조용 리벳 이음에서는 강도만을 생각하여 리벳의 수, 배열 등을 알맞게 정한다. 대략의 치수 비율은,

$$d = \sqrt{5t} - 0.2\,[\text{cm}]$$

$$p = (3 \sim 3.5)d$$

$$e = (2 \sim 2.5)d$$

3-4 리벳의 효율

강판에 구멍을 뚫으면 약하게 된다. 리벳 구멍을 뚫은 강판의 강도와 구멍을 뚫기 전 강판의 강도와의 비를 강판의 효율(η_1)이라 하고, 강판의 인장강도를 σ_t라 하면

$$\eta_1 = \frac{1\text{피치 너비의 구멍이 있는 강판의 인장 파괴강도}}{1\text{피치 너비마다의 강판의 인장 파괴강도}}$$

$$= \frac{\sigma_t(p-d)t}{\sigma_t pt} = \frac{p-d}{p} = 1 - \frac{d}{p}$$

또, 리벳의 전단 파괴강도와 구멍 뚫기 전 강판의 강도와의 비를 리벳의 효율(η_2)이라 하고 리벳의 전단강도를 τ라 하면,

$$\eta_2 = \frac{1\text{피치 내에 있는 리벳의 전단 파괴강도}}{1\text{피치 너비마다의 강판의 인장 파괴강도}} = \frac{\tau n \cdot \frac{\pi}{4} d^2}{\sigma_t p t} = \frac{n\pi d^2 \tau}{4 p t \sigma_t}$$

여기서, n : 1피치 안에 있는 리벳의 전단면 수

리벳 이음의 효율은 이음 강도를 나타내는 기준이 되므로 η_1과 η_2 중에서 작은 쪽의 값으로 나타낸다.

예제 1. 두께 10 mm인 강판을 지름 18 mm(구멍지름 19.5 mm)의 리벳을 사용하여 1열 겹치기 리벳 이음으로 결합한다고 하면, 피치는 몇 mm로 해야 되는가? (단, 강판의 인장응력은 40 N/mm², 리벳의 전단응력은 36 N/mm²이다.)

해답 1피치마다의 허용하중 $W = \frac{\pi}{4} d^2 \tau = \frac{\pi}{4} \times 18^2 \times 36 \fallingdotseq 9160\,\text{N}$

$\therefore\ p = d_0 + \frac{W}{t\sigma_t} = 19.5 + \frac{9160}{10 \times 40} = 42.4\,\text{mm}$

예제 2. 다음 그림과 같은 리벳 이음은 몇 N의 하중을 사용해야 하는가? (단, 리벳의 전단응력은 70 N/mm², 강판의 인장응력은 90 N/mm²이다.)

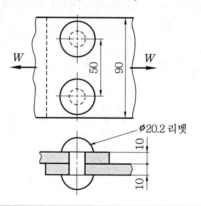

해답 리벳의 강도는 $W_1 = \frac{\pi}{4} d^2 \tau_a \times 2 = \frac{\pi}{4} \times (20.2)^2 \times 70 \times 2 = 44867\,\text{N}$

강판의 강도는 $W_2 = \sigma_a (b - 2d)t = 90 \times (90 - 2 \times 20.2) \times 10 = 44640\,\text{N}$

따라서 위 결과로부터 판재로 허용응력을 생각할 때는 $W = 44640\,\text{N}$ 이하에서 사용해야 한다.

예제 3. 다음 그림과 같이 피치 54 mm, 강판 두께 14 mm, 리벳 지름 22 mm, 리벳중심에서 강판의 가장자리까지의 길이 35 mm인 1열 겹치기 이음이 있다. 1피치마다의 하중을 13000 N이라 할 때 다음 물음에 답하여라.

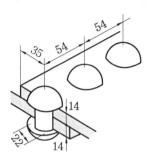

(1) 리벳에 생기는 전단응력(MPa)은 얼마인가 ?

(2) 강판에 생기는 인장응력(MPa)은 얼마인가 ?

(3) 강판에 생기는 전단응력(MPa)은 얼마인가 ?

해답 (1) $\tau = \dfrac{W}{A} = \dfrac{W}{\dfrac{\pi d^2}{4}} = \dfrac{4W}{\pi d^2} = \dfrac{4 \times 13000}{\pi \times 22^2} = 34.2\,\text{MPa}$

(2) $\sigma_t = \dfrac{W}{A} = \dfrac{W}{(p-d)t} = \dfrac{13000}{(54-22) \times 14} \fallingdotseq 29\,\text{MPa}$

(3) $\tau_0 = \dfrac{W}{A} = \dfrac{W}{2et} = \dfrac{13000}{2 \times 35 \times 14} = 13.3\,\text{MPa}$

3-5 편심하중을 받는 리벳 이음

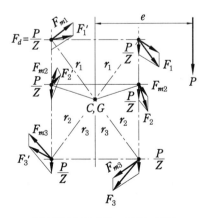

편심하중을 받는 리벳 이음

편심하중을 받고 있는 리벳 이음에 있어서 리벳 수를 Z, 하중을 $P[\mathrm{N}]$이라 하고 고르게 각 리벳에 분포하고 있다고 하면 리벳은 직접하중$(F_d) = \dfrac{P}{Z}[\mathrm{N}]$과 편심에 의한 모멘트의 영향을 받는다 $(M = P \cdot e[\mathrm{N \cdot mm}])$.

모멘트에 의해 생기는 힘은 리벳군의 중심에서 리벳까지의 거리에 비례하고 중심까지의 반지름에 직각으로 작용한다고 하면 다음과 같다.

$$F_{m_1} = kr_1, \ F_{m_2} = kr_2, \ F_{m_3} = kr_3$$

$$M = P \cdot e = Z_1 F_{m_1} r_1 + Z_2 F_{m_2} r_2 + Z_3 F_{m_3} r_3$$

$$= k(Z_1 r_1^2 + Z_2 r_2^2 + Z_3 r_3^2)[\mathrm{N \cdot mm}]$$

비례상수$(k) = \dfrac{Pe}{Z_1 r_1^2 + Z_2 r_2^2 + Z_3 r_3^2}[\mathrm{N/mm}]$

3-6　보일러 강판의 두께(t) 계산

판의 허용 인장응력을 $\sigma_a[\mathrm{N/mm^2}]$, 안전계수를 S, 리벳 이음의 효율을 η, 보일러 최고 사용압력을 $p[\mathrm{N/cm^2}]$, 보일러의 몸통 안지름을 D, 강판의 인장강도를 $\sigma_t[\mathrm{N/mm^2}]$, C를 부식상수(1 mm)라고 하면

$$t = \frac{pD}{200\sigma_a \eta} + C[\mathrm{mm}] \quad \left(\sigma_a = \frac{\sigma_t}{S}\right)$$

$$t = \frac{pDS}{200\sigma_t \eta} + C[\mathrm{mm}]$$

예제 4. 지름 500 mm, 압력 120 N/cm^{2}의 보일러 세로 이음에서 판 두께를 계산하여라. (단, 강판의 인장강도는 350 N/mm^2, 안전계수는 4.75, 강판의 리벳 이음의 효율은 58 %이다.)

해답 허용응력$(\sigma_a) = \dfrac{\text{인장강도}(\sigma_t)}{\text{안전계수}(S)} = \dfrac{350}{4.75} = 73.68 \ \mathrm{N/mm^2}$

$\therefore$ 판 두께$(t) = \dfrac{pD}{200\sigma_a \eta} + C = \dfrac{120 \times 500}{200 \times 73.68 \times 0.58} + 1 = 8.02 \ \mathrm{mm}$

출제 예상 문제

1. 리벳 작업에서 코킹(caulking)을 하는 이유는 무엇인가?

① 패킹 재료를 끼우기 위해서

② 리벳 구멍을 뚫기 위해서

③ 기밀을 좋게 하기 위해서

④ 파손된 부분을 수리하기 위해서

[해설] 기밀을 요하는 경우는 코킹 작업을 하고 강판 두께가 5 mm 이하인 경우는 코킹 효과가 없으므로, 종이, 대마, 천, 석면 같은 패킹 재료를 강판 사이에 끼워 리베팅 작업을 한다. 코킹 시 끌(정)의 작업 경사 각도는 75~85°로 한다.

2. 리벳 이음에서 강판의 효율(η_t)을 나타낸 식은? (단, p : 피치, d : 리벳 구멍 지름이다.)

① $\eta_t = \dfrac{p}{d}$

② $\eta_t = \dfrac{d}{p} + 1$

③ $\eta_t = 1 - \dfrac{d}{p}$

④ $\eta_t = \dfrac{d}{p}$

[해설] $\eta_t = \dfrac{1\text{피치 내 구멍이 있는 강판 인장강도}}{1\text{피치 내 무지강판 인장강도}}$

$= \dfrac{\sigma_t(p-d)t}{\sigma_t p_t} = \dfrac{p-d}{p} = 1 - \dfrac{d}{p}$

3. 리벳 구멍의 지름 17 mm, 피치 75 mm, 판두께 10 mm인 양쪽 덮개판 두 줄 리벳 맞대기 이음의 효율은 얼마인가? (단, 리벳의 전단강도는 판의 인장강도의 85 % 이다.)

① 70.2 %

② 77.3 %

③ 85.5 %

④ 92 %

[해설] 리벳 이음 효율은 강판 효율(η_t)과 리

벳 효율(η_s) 중 작은 값을 답으로 한다.

$\eta_t = 1 - \dfrac{d}{p} = 1 - \dfrac{17}{75} = 0.773 = 77.3\%$

리벳 효율에서 리벳 1개의 전단면이 2개이나 2배로 하지 않고 1.8배로 계산한다.

$\eta_s = \dfrac{2 \times 1.8 \times \dfrac{\pi}{4} d^2 \tau}{\sigma_t\, p_t}$

$= \dfrac{2 \times 1.8 \times \dfrac{\pi}{4} \times 17^2 \times 0.85}{1 \times 75 \times 17}$

$= 0.925 = 92.5\%$

∴ 리벳 이음 효율은 77.3 %이다.

4. 지름 500 mm, 압력 10 N/cm²의 보일러용 리벳 이음에서 강판의 인장강도는 35 N/mm²이고 안전율은 5로 하면, 여기에 사용될 판의 두께는 얼마인가? (단, η = 60 %이다.)

① 2 mm

② 3 mm

③ 5 mm

④ 7 mm

[해설] $t = \dfrac{PDS}{200\sigma_u\eta} + C = \dfrac{10 \times 500 \times 5}{200 \times 35 \times 0.6} + 1$

$\fallingdotseq 7\,\text{mm}$

5. 양쪽 덮개판 2줄 리벳 맞대기 이음에서 리벳 구멍의 지름이 18 mm, 각 줄의 피치가 60 mm, 강판의 두께가 8 mm일 때, 강판의 효율은 얼마인가?

① 55 %

② 65 %

③ 70 %

④ 75 %

6. 다음 그림과 같은 2렬 리벳 지그재그식 랩 조인트에서 리벳의 효율 η은 얼마인

가? (단, 강판 두께 t[mm], 리벳 지름 d[mm], 피치 p[mm], 전단응력 τ[N/mm²], 인장응력 σ_t[N/mm²]이다.)

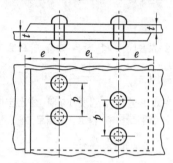

① $\eta = \dfrac{\dfrac{\pi}{4}d^2\tau}{pt\sigma_t} \times 100\,\%$

② $\eta = \dfrac{1.8 \times \dfrac{\pi}{4}d^2\tau}{pt\sigma_t} \times 100\,\%$

③ $\eta = \dfrac{2 \times \dfrac{\pi}{4}d^2\tau}{pt\sigma_t} \times 100\,\%$

④ $\eta = \dfrac{1.8 \times 2 \times \dfrac{\pi}{4}d^2\tau}{pt\sigma_t} \times 100\,\%$

7. 다음은 리벳 이음이 파괴되는 경우로서 고려할 사항이다. 틀린 것은?
① 리벳이 전단되어 파괴되는 경우
② 리벳이 굽혀져서 파괴되는 경우
③ 리벳 구멍을 뚫기 때문에 약해진 강판이 절단되는 경우
④ 리벳 또는 리벳 구멍이 압축을 당하여 파괴되는 경우

8. 리벳 이음에서 피치 p, 리벳 지름 d, 판의 두께 t, 판의 인장강도 f_t 라고 할 때, 판이 파단한다고 생각할 때의 리벳 효율(η)은? (단, f_s 는 리벳 재료의 전단

응력이다.)

① $\eta = \dfrac{\pi d^2 f_s}{4pt f_t}$

② $\eta = \dfrac{\pi d^2 f_t}{4pt f_s}$

③ $\eta = \dfrac{p-d}{p}$

④ $\eta = \dfrac{p-d}{d}$

9. 강판의 두께 12 mm, 리벳의 지름 20 mm 및 피치 48 mm인 1렬 겹치기 리벳 이음이 있다. 1피치마다 15000 N의 하중이 작용할 때, 강판에 생기는 인장응력은 얼마인가?
① 15.33 N/mm²
② 20.82 N/mm²
③ 35.72 N/mm²
④ 44.65 N/mm²

10. 판의 두께 12 mm, 리벳의 지름 19 mm, 피치 50 mm, 리벳의 중심에서 판 끝까지의 거리 30 mm에 1렬 리벳 겹치기 이음을 한다. 한 피치당 12500 N의 하중이 작용할 때 생기는 인장응력과 리벳 이음의 판의 효율은 얼마인가?
① 5.6 N/mm², 46 %
② 3.4 N/mm², 62 %
③ 56 N/mm², 46 %
④ 34 N/mm², 62 %

11. 지름 500 mm, 최고 사용압력 120 N/cm²인 보일러 강판의 두께는 얼마인가? (단, 강판의 인장강도는 350 MPa, 안전율은 4.75, 리벳의 이음 효율 $\eta = 0.58$, 부식상수(C) = 1 mm로 한다.)
① 802.7 mm
② 6.05 mm
③ 7.02 mm
④ 8.02 mm

해설 $t = \dfrac{PDS}{200\sigma_u \eta} + C$

$= \dfrac{120 \times 500 \times 4.75}{200 \times 350 \times 0.58} + 1 = 8.02\,\text{mm}$

제**4**장　　　용접 이음

4-1　용접 이음의 장·단점

　금속과 금속의 원자간 거리를 충분히 접근시키면 금속 원자 간에 인력이 작용하여 스스로 결합하게 된다. 그러나 금속의 표면에는 매우 얇은 산화 피막이 덮여 있고 울퉁불퉁한 요철이 있어 상온에서 스스로 결합할 수 있는 1cm의 1억분의 1 정도($\mathring{A}=10^{-8}$cm)까지 접근시킬 수 없으므로 전기나 가스와 같은 열원을 이용하여 접합하고자 하는 부분의 산화 피막과 요철을 제거하므로 금속 원자 간에 영구 결합을 이루는 것을 용접이라고 한다.

　용접 이음은 리벳 이음에 비해 다음과 같은 여러 가지 장점이 있다.

(1) 장점

　① 설계를 자유롭게 할 수 있고, 또한 용접한 물체의 무게를 가볍게 할 수 있을 뿐만 아니라 강도가 크다.

　② 용접물의 구조가 간단하여 작업 공정수가 적어지므로 제작비가 싸다.

　③ 수밀, 기밀이 가능하므로 제품의 성능을 충분히 신뢰받을 수 있다.

　④ 몇 개의 블록으로 분할하면 초대형품도 제작할 수 있다.

　⑤ 강판의 두께에 규제가 없으므로 높은 이음 효율을 얻을 수 있다.

　⑥ 용접부에 내마멸성·내식성·내열성을 가지게 할 수 있다.

　그러나 짧은 시간에 높은 열을 이용하여 재료를 국부적으로 접합하므로 다음과 같은 단점이 있다.

(2) 단점

　① 용접 이음에는 수축변형 및 잔류 응력이 일어나 응력이 집중된다.

　② 용접부에 균열이 생기면 계속 금이 가므로 용접 부분 및 용접 연장에 제한을 받게 된다.

　따라서, 용접 이음을 설계할 때는 용접의 장·단점 및 실제의 작업을 잘 알고 있어야 한다.

4-2 용접 이음의 강도 계산

(1) 맞대기 이음

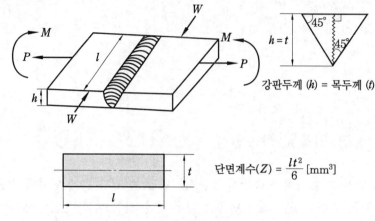

맞대기 이음

① 인장응력$(\sigma_t) = \dfrac{P}{A} = \dfrac{P}{tl} = \dfrac{P}{hl}$ [N/mm^2]

② 전단응력$(\tau) = \dfrac{W}{A} = \dfrac{W}{tl} = \dfrac{W}{hl}$ [N/mm^2]

③ 굽힘응력$(\sigma_b) = \dfrac{M}{Z} = \dfrac{M}{\dfrac{lt^2}{6}} = \dfrac{6M}{lt^2}$ [N/mm^2]

(2) 필릿 용접 이음

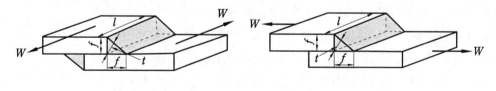

(a) 측면 필릿 용접 이음   (b) 전면 필릿 용접 이음

필릿 용접 이음

① 앞의 그림 (a) 측면 필릿 용접 이음에서 목 단면에 전단력이 작용하므로

$$\tau = \frac{W}{A} = \frac{W}{2tl} = \frac{W}{2f\cos 45°l} = \frac{0.707\,W}{fl} \ [\text{N/mm}^2]$$

② 앞의 그림 (b) 전면 필릿 용접 이음에서

수직응력$(\sigma) = \dfrac{W}{A} = \dfrac{W}{tl} = \dfrac{W}{0.707fl} = \dfrac{1.4142\,W}{fl}$ [N/mm^2]

(3) 축심이 편심되어 있는 경우 인장부재의 필릿 용접 길이(l_1, l_2)

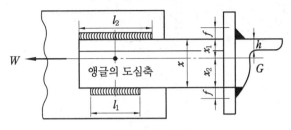

필릿 용접 길이

$$W = 0.707 f l \tau = t l \tau = 0.707 f (l_1 + l_2) \tau \,[\mathrm{N}]$$

$$l = l_1 + l_2, \quad x = x_1 + x_2$$

$$l_1 = \frac{l x_1}{x} \,[\mathrm{mm}], \quad l_2 = \frac{l x_2}{x} \,[\mathrm{mm}]$$

(4) 편심하중을 받는 필릿 용접 이음에서 최대(합성) 전단응력($\tau_{\max}$)

도심(O)에 작용하는 직접 전단력(W)과 O 주위에 작용하는 모멘트(WL)는 같아야 평형을 유지한다.

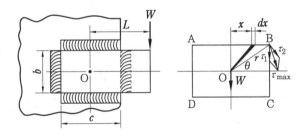

4측 필릿 용접 이음

① 직접 전단응력

$$\tau_1 = \frac{W}{A} = \frac{W}{0.707 f l}$$

여기서, $l = 2(b + c) \,[\mathrm{mm}]$

② 모멘트에 의한 전단응력(τ_2)은 B점에서 최대응력을 받으므로,

$$\tau_2 = \frac{W L r_B}{0.707 f I_0} \,[\mathrm{N/mm^2}]$$

③ $\tau_{\max} = \sqrt{\tau_1^2 + \tau_2^2 + 2\tau_1\tau_2\cos\theta} \,[\mathrm{N/mm^2}]$

참고 l 및 Z_p(극단면계수)의 값

① 4측 필릿

$$l = 2(b+l_1), \quad Z_p = \frac{(l_1+b)^3}{6}$$

② 상하 2측 필릿

$$l = 2l_1, \quad Z_p = \frac{l_1(3b^2+l_1^2)}{6}$$

③ 좌우 2측 필릿

$$l = 2b, \quad Z_p = \frac{b(3l_1^2+b^2)}{6}$$

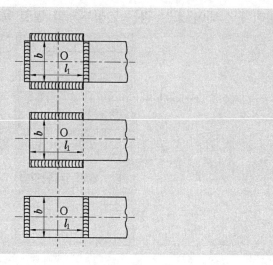

각종 용접 이음에 대한 설계 공식

σ_t : 인장 응력(N / mm²) W : 하중(N)
σ_b : 휨 응력(N / mm²) h : 용접 치수(mm)
τ : 전단 응력(N / mm²) l : 용접 길이(mm)

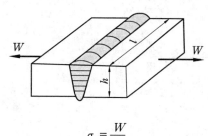

$$\sigma_t = \frac{W}{hl}$$

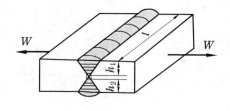

$$\sigma_t = \frac{W}{l(h_1+h_2)}$$

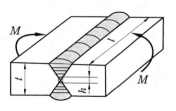

$$\sigma_b = \frac{3tM}{lh(3t^2-6th+4h^2)}$$

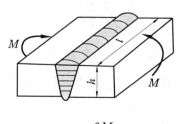

$$\sigma_b = \frac{6M}{lh^2}$$

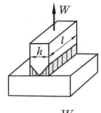

$$\sigma = \frac{W}{h\,l}$$

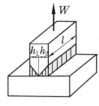

$$\sigma_t = \frac{W}{(h_1 + h_2)\,l}$$

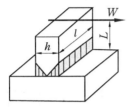

$$\sigma = \frac{6\,W L}{l\,h^2}, \quad \tau_s = \frac{W}{l\,h}$$

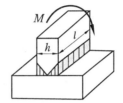

$$\sigma_b = \frac{6\,M}{l\,h^2}$$

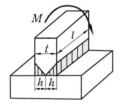

$$\sigma_b = \frac{3t\,M}{l\,h\,(3t^2 - 6th + 4h^2)}$$

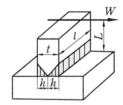

$$\sigma_b = \frac{3t\,M}{l\,h\,(3t^2 - 6th + 4h^2)}, \quad \tau_s = \frac{W}{2l\,h}$$

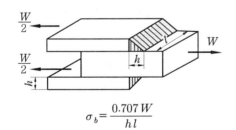

$$\sigma_b = \frac{0.707\,W}{h\,l}$$

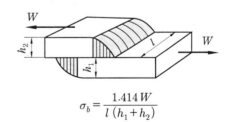

$$\sigma_b = \frac{1.414\,W}{l\,(h_1 + h_2)}$$

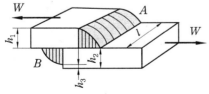

$$\sigma_A = \frac{1.414\,W}{l\,(h_1 + h_2)}, \quad \sigma_B = \frac{1.414\,W h_2}{l\,h_3\,(h_1 + h_2)}$$

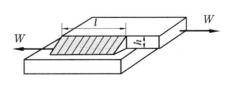

$$\sigma_b = \frac{0.707\,W}{h\,l}$$

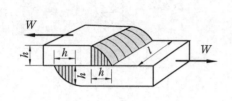

$$\sigma_b = \frac{0.707\,W}{h\,l}$$

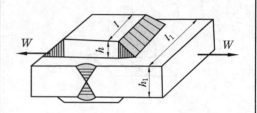

필릿 $\sigma = \dfrac{1.414\,W}{2h\,l + l_1 h_1}$, 비드 $\sigma = \dfrac{W}{2h\,l - l_1 h_1}$

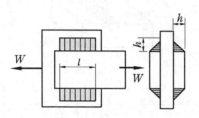

$$\sigma = \frac{0.354\,W}{h\,l}$$

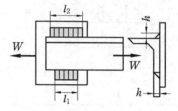

$$l_2 = \frac{1.414\,W_{e1}}{\sigma\,h\,b},\ \ \sigma = \frac{1.414\,W}{h\,(l_1 - l_2)} = \frac{1.414\,W}{\sigma\,b\,h}$$

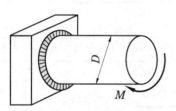

$$\tau_s = \frac{2.83\,M}{\pi D^2 h}$$

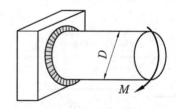

$$\sigma = \frac{5.66\,M}{\pi D^2 h}$$

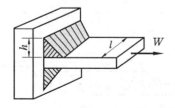

$$\sigma = \frac{0.707\,W}{h\,l}$$

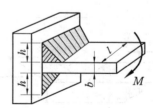

$$\sigma = \frac{1.414\,M}{h\,l\,(b + h)}$$

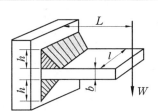

$$\text{평균 } \tau_s = \frac{0.707\,W}{h\,l}$$

$$\text{최대 } \sigma = \frac{W}{H\,l\,(b+h)} \times \sqrt{\frac{2L^2-(b+h)^2}{2}}$$

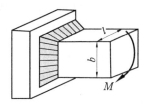

$$\sigma = \frac{4.24M}{h\left(b^2+3l\,(b+h)\right)}$$

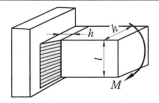

$$\sigma = \frac{4.24M}{h\,l^2}$$

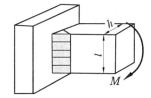

$$\sigma = \frac{6M}{h\,l^2}$$

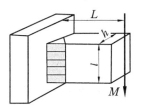

$$\sigma = \frac{6\,Wl}{h\,l^2}, \quad \tau = \frac{W}{h\,l}$$

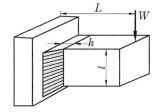

$$\text{최대 } \sigma = \frac{4.24\,Wl}{h\,l^2}, \quad \text{평균 } \tau_s = \frac{0.707\,W}{h\,l}$$

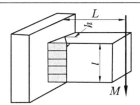

$$\sigma = \frac{3\,Wl}{h\,l^2}, \quad \tau = \frac{W}{2h\,l}$$

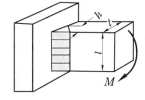

$$\tau = \frac{M}{2(t-h)(l-h)h}$$

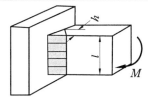

$$\sigma = \frac{3\,Wl}{h\,l^2}$$

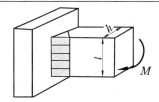

$$\tau_s = \frac{M(3l+1.8h)}{h^2\,l^2}$$

출제 예상 문제

1. 용접부에 생기는 잔류응력을 없애려면 어떻게 하면 되는가?

① 풀림 처리를 한다.
② 담금질(퀜칭)을 한다.
③ 뜨임(템퍼링)을 한다.
④ 불림(노멀라이징)을 한다.

[해설] 용접부는 열을 받기 때문에 변형이나 잔류응력이 생긴다. 없애는 방법으로는 풀림(어닐링) 처리를 한다.

2. 용접 이음에서 실제 이음 효율을 나타내는 식은 어느 것인가?

① η = 형상계수 ÷ 용접계수
② η = 형상계수 × 용접계수
③ η = 사용계수 ÷ 형상계수
④ η = 사용계수 × 용접계수

[해설] $\eta = k_1$(형상계수) $\times k_2$(용접계수)

3. 용접 이음이 리벳 이음에 비해 장점인 것은?

① 진동을 쉽게 감소시킨다.
② 응력집중에 대해 둔하다.
③ 용접부 비파괴성 검사가 용이하다.
④ 재질이 균일하고 견고한 것이 얻어지며 보수가 쉽다.

4. 다음 중 서로 직교하는 2개의 면을 결합하는 삼각형 모양의 용접을 무엇이라 하는가?

① 맞대기 용접   ② 필릿 용접
③ 플러그 용접   ④ 프로젝션 용접

5. 다음 중 용접 작업 시 용접 홈을 만드는 이유가 될 수 없는 것은?

① 용접 변형을 작게 하기 위해서
② 용입을 좋게 하기 위해서
③ 용접 이음의 효율을 좋게 하기 위해서
④ 용접봉의 소비를 적게 하기 위해서

6. 두께 10 mm, 너비 50 mm인 강판을 용접 이음(맞대기)하여 $W = 25$ kN의 인장 하중을 가하면 용접부에 생기는 응력(N/mm²)은 얼마인가?

① 30   ② 50
③ 70   ④ 100

7. 용접 이음이 리벳에 비하여 우수한 점 중 틀린 것은?

① 기밀성이 좋다.
② 재료를 절감할 수 있다.
③ 중량을 경감시킨다.
④ 잔류응력을 남기지 않는다.

정답 1. ① 2. ② 3. ④ 4. ② 5. ④ 6. ② 7. ④

제5장 축(shaft)

(1) 비틀림만을 고려할 때

전동축의 경우 원동기(motor)에서 공급하는 회전 모멘트 T에 의해 직접 축에 동력이 전달되면 축은 재질상으로 이 동력에 대한 비틀림 저항 모멘트의 한계 영역에 있는지를 검토해야 한다. 즉, 축의 비틀림 응력의 저항한계 내에 있는지를 판별해야만 한다는 것이다.

만일, 축이 작용 비틀림 모멘트를 이기지 못하면 축은 파괴되기 때문이다. 따라서, 이와 같은 상태를 수치적으로 검토해 보면,

$$\tau = \frac{T}{Z_p} \, [\text{N/mm}^2]$$

이고, 축의 허용 비틀림 응력을 τ_a라 하면 반드시 $\tau_a \geq \tau$가 되어야 한다는 점이다. 이때 τ는 축에 작용된 비틀림 모멘트 T에 의하여 발생되는 비틀림 응력(또는 전단응력)이며 수학적인 의미 이외에는 아무런 물성적 의미가 없는 표현식이다.

즉, 안전한 설계를 위해서는 τ는 최댓값이 τ_a와 같거나 작아야 한다는 데 그 의의가 있는 것이다. 따라서, 그 임계값인 $\tau = \tau_a$를 취하여 축의 지름(d)을 구하여 보자.

또한, 축에 공급되는 비틀림 모멘트 T는 전달동력(kW)에 따라

$$T = 7.02 \times 10^6 \frac{PS}{N} \, [\text{N} \cdot \text{mm}]$$

$$T = 9.55 \times 10^6 \frac{kW}{N} \, [\text{N} \cdot \text{mm}]$$

여기서, 마력(PS), 킬로와트(kW), N : 회전수(rpm)

① 중실원축

$$T = \tau_a Z_p = \tau_a \frac{\pi d^3}{16} \, [\text{kg} \cdot \text{mm}]$$

$$\therefore \ d = \sqrt[3]{\frac{16T}{\pi \tau_a}} = \sqrt[3]{\frac{5.1T}{\tau_a}} \, [\text{mm}]$$

② 중공원축

$$T = \tau_a Z_p = \tau_a \frac{\pi(d_2^4 - d_1^4)}{16 d_2} = \tau_a \frac{\pi}{16} d_2^3 (1 - x^4) [\text{N} \cdot \text{mm}]$$

$$\therefore \ d_2 = \sqrt[3]{\frac{16T}{\pi \tau_a (1 - x^4)}} = \sqrt[3]{\frac{5.1T}{\tau_a (1 - x^4)}} \ [\text{mm}]$$

여기서, 내외경비$(x) = \dfrac{d_1}{d_2}$

원형 단면의 제원

단면제원 축 종류	단면 2차 모멘트(I)	극단면 2차 모멘트(I_p)	단면계수(Z)	극단면계수(Z_p)
실제축(중실축) d	$I = \dfrac{\pi d^4}{64}$	$I_p = \dfrac{\pi d^4}{32}$	$Z = \dfrac{I}{\dfrac{d}{2}}$ $Z = \dfrac{\pi d^3}{32}$	$Z_p = \dfrac{I_p}{\dfrac{d}{2}}$ $Z_p = \dfrac{\pi d^3}{16}$
중공축(중공원축) d_2	$I = \dfrac{\pi(d_2^4 - d_1^4)}{64}$	$I_p = \dfrac{\pi(d_2^4 - d_1^4)}{32}$	$Z = \dfrac{\pi(d_2^4 - d_1^4)}{32 d_2}$	$Z = \dfrac{\pi(d_2^4 - d_1^4)}{16d}$

(2) 굽힘만을 고려할 때

축을 일종의 보(beam)라고 생각할 수 있고 여기에 횡하중이 걸리면 축은 굽힘 모멘트를 받게 된다. 이때에도 물론 굽힘 저항의 한계영역 내에 있는지의 여부가 중요하며, 축에 생기는 굽힘응력을 σ_b, 굽힘 모멘트를 M이라고 하면, $\sigma_b = \dfrac{M}{Z}[\text{N/mm}^2]$이 된다. 이때에도 물론 이 식에 아무런 물성적 의미가 없으며, 축의 허용 굽힘응력을 σ_b라 할 때 다음을 만족해야 한다.

$$\sigma_a \geq \sigma_b$$

① 중실원축

$$M = \sigma_a Z = \sigma_a \frac{\pi d^3}{32} = \sigma_a \frac{d^3}{10.2} [\text{N} \cdot \text{mm}]$$

$$d = \sqrt[3]{\frac{32M}{\pi \sigma_a}} = \sqrt[3]{\frac{10.2M}{\sigma_a}} \ [\text{mm}]$$

② 중공원축

$$M = \sigma_a Z = \sigma_a \frac{\pi(d_2^4 - d_1^4)}{32 d_2} = \sigma_a \frac{d_2^4 \left[1 - \left(\dfrac{d_1}{d_2}\right)^4\right]}{10.2 d_2} = \sigma_a \frac{d_2^3(1 - x^4)}{10.2} [\text{N} \cdot \text{mm}]$$

$$d_2 = \sqrt[3]{\frac{32M}{\pi \sigma_a (1 - x^4)}} = \sqrt[3]{\frac{10.2M}{\sigma_a (1 - x^4)}} [\text{mm}]$$

(3) 굽힘과 비틀림을 동시에 받을 때

대부분의 축은 비틀림 또는 굽힘작용을 단독적으로 받는 것이 아니라 거의 동시에 받고 있다. 그래서 기계 공학자들은 이런 실제적 문제에서의 해결을 위해 노력하여 왔다. 이의 해결에는 조합응력에의 지식이 선결되어야 하나 여기서는 간단히 그 방법만을 기술하고자 한다. 지금, 어떤 축에 비틀림 모멘트 T와 굽힘 모멘트 M이 상호 작용하며 운동상태를 계속한다고 하자. 조합응력에의 지식이 있다면 충분히 그러한 이전 식들의 응용을 할 수 있을 것이다.

만일, 굽힘 모멘트를 굽힘 모멘트가 아닌 비틀림 모멘트로 바꿀 수 있다면 손쉽게 처리를 할 수 있다. 이러한 것을 실험 및 지식적 체계에 의하여 게스트(Guest)가 제창하여 인정을 받은 최대 전단응력설로서 설명해 보면 굽힘 모멘트의 비틀림 모멘트화, 즉 상당 비틀림 모멘트 또는 등가 비틀림 모멘트 T_e의 식은 다음과 같다.

$$T_e = \sqrt{M^2 + T^2} [\text{N} \cdot \text{mm}]$$

또한, 이와는 반대로 비틀림 모멘트의 굽힘 모멘트화도 생각할 수 있겠는데 이는 랭킨(Rankine)이 주장한 최대 주응력설로서 상당 굽힘 모멘트 또는 등가 굽힘 모멘트 M_e의 식이다.

$$M_e = \frac{1}{2}(M + \sqrt{M^2 + T^2})[\text{N} \cdot \text{mm}]$$

이 두 가지 학설 중 어느 학설이 더욱 만족스러운지는 명확히 가려지지는 않았으나 사용하는 축의 재질에 관계가 있음이 확인되었다. 즉, 연강일 때는 최대 전단응력설(게스트의 식), 주철일 때는 최대 주응력설(랭킨의 식)이 실험값과 거의 근사하다. 그러나 일반적으로 두 가지 방법을 다 적용시켜서 보다 안전한 쪽으로 설계하는 것이 좋다.

① 중실원축

$$\left.\begin{array}{l} d = \sqrt[3]{\dfrac{16 T_e}{\pi \tau_a}} \\[4mm] d = \sqrt[3]{\dfrac{32 M_e}{\pi \sigma_a}} \end{array}\right\} \text{중 큰 것으로 택하면 안전하다.}$$

② 중공원축

$$d_2 = \sqrt[3]{\dfrac{16\,T_e}{\pi\tau_a(1-x^4)}}$$

$$d = \sqrt[3]{\dfrac{32M_e}{\pi\sigma_a(1-x^4)}}$$

$\Big\}$ 중 큰 것의 지름으로 택하면 안전하다.

5-2 강성도 면에서의 축지름 설계

축에 비틀림 모멘트가 작용하면 축은 비틀림이 일어난다. 이때 작용하는 비틀림 모멘트에 대해 축의 허용 비틀림을 기준값 이상으로 되지 않도록 설계해야 안전하다.

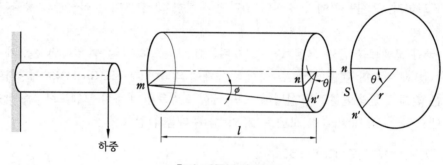

축의 비틀림 모멘트

한 곳에 고정되어 있는 축의 외주에 하중을 작용시키면 축은 비틀려 $\overline{mm}$ 선분이 $\overline{mn'}$ 선분으로 각 ϕ만큼의 비틀림을 일으키게 된다. 이때 다음과 같은 기본적 가정이 성립한다고 보아,

① 원형 부재의 축선에 수직한 단면은 변형 후에도 평면상태를 유지한다.
② 비틀림을 받는 원형 부재에서 전단변형률 γ는 중심축으로부터 선형적으로 변한다.
③ 전단응력은 전단변형률에 비례한다($\tau = \gamma G$). (단, G는 가로 탄성계수)

$\overline{nn'} = s$ 는

호도법으로 $s = r\theta$
전단변형률 $\gamma = \dfrac{s}{l} = \dfrac{r\theta}{l}$ $\Big\}$ 에서, $\tau = \dfrac{r\theta}{l}G[\text{N/mm}^2]$

비틀림 또는 전단응력 $\tau = \gamma G$, $\tau = \dfrac{T_r}{I_p}$ 이므로 이것과 연립시키면 비틀림각 θ는,

$\theta = \dfrac{Tl}{GI_p}$[radian]을 얻는다. 이때 주의해야 할 점은 θ는 반드시 radian 각도라는 점이다.

그러므로 비틀림각을 degree(도 : °)로 표시하려면,

$$\theta° = \frac{360°}{2\pi} \times \theta = 57.3° \times \frac{Tl}{GI_p} \,[\text{degree}]$$

로서 해야 한다.

바하(Bach)는 여러 실험적 사실을 거쳐 축길이 1 m당 비틀림 각도가 $\frac{1}{4}$° 이내($\theta° \leq \frac{1}{4}$°)로 제한되도록 축지름을 설계하는 것이 안전하다는 연구를 발표하였는데, 이것은 매우 타당한 이론이라는 것이 입증되었다.

즉, 연강의 가로 탄성계수(G) $= 0.83 \times 10^4 \,\text{kgf/mm}^2$, $l = 1000$ mm, $\theta° \leq \frac{1}{4}$°, 비틀림 모멘트 $T = 716200 \frac{PS}{N} [\text{kgf} \cdot \text{mm}]$, $T' = 974000 \frac{kW}{N} [\text{kgf} \cdot \text{mm}]$를 윗식에 대입하여 다음과 같은 대표적인 축지름 설계 공식을 제창하였다.

$$\theta° = 57.3 \times \frac{Tl}{G\frac{\pi d^4}{32}} \quad ; \quad \frac{1}{4} = 57.3 \times \frac{32 \times 716200 \frac{PS}{N} \times 1000}{0.83 \times 10^4 \times 3.14 \times d^4}$$

$$; \quad \frac{1}{4} = 57.3 \times \frac{32 \times 974000 \times \frac{kW}{N} \times 1000}{0.83 \times 10^4 \times 3.14 \times d^4}$$

$$d = 120 \sqrt[4]{\frac{PS}{N}} \,[\text{mm}], \quad d = 130 \sqrt[4]{\frac{KW}{N}} \,[\text{mm}]$$

$$d_2 = 120 \sqrt[4]{\frac{PS}{N(1-x^4)}} \,[\text{mm}], \quad d_2 = 130 \sqrt[4]{\frac{KW}{N(1-x^4)}} \,[\text{mm}]$$

여기서, 마력(PS), 킬로와트(kW), 내외경비(x) $= \frac{d_1}{d_2}$

5-3 축의 위험속도

물체에는 어느 것이나 자기 고유의 진동수를 가지고 있다. 이 진동수는 외부의 조건여하에 관계없이 재료에 따라 일정한 것이며, 만일 외부에서 이러한 물체의 고유 진동수를 발산하면 그 물체는 공진(resonance)하여 파괴될 수도 있는 위험 상태까지 가게 된다.

여기서 이러한 고유 진동수의 언급은 아니지만 진동의 문제는 중요한 비중을 두고 공부해야 되는 만큼 축에서 적용을 살펴봄으로써 안전설계의 밑거름으로 삼고자 한다.

(1) 축에 하나의 회전체가 있는 경우의 고찰

비교적 가벼운 축에 풀리 등의 회전체가 그림과 같이 고정되어 있다고 하자. 풀리의 무게 때문에 축은 처짐이 일어나게 되며 단순보로 생각하여 처짐량 δ의 값은

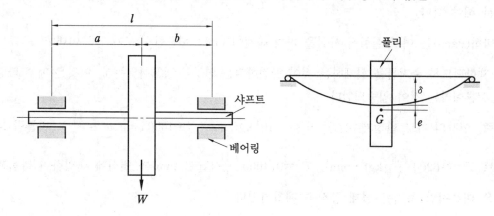

$$\delta = \frac{Wa^2b^2}{48EIl} [\text{mm}]$$

보의 중앙에 풀리가 매달려 있다면 $a = b = \dfrac{l}{2}$이므로 δ는 다음과 같다.

$$\delta = \frac{Wl^3}{48EI} [\text{mm}]$$

여기서, I : 단면 2차 모멘트(mm^4) E : 세로 탄성계수(N/mm^2)

a, b, l : 치수(mm) δ : 처짐량(mm)

또, 회전체의 질량 m, 무게 중심점 G라고 할 때 무게 중심점과 중립축과의 편심거리를 e라 놓으면, 훅의 탄성법칙에 의해 탄성한계 내에서 축의 복원력(F)은 탄성계수 k와 처짐 δ에 따라

$$F = k\delta [\text{N}] \quad \cdots\cdots\cdots\cdots\cdots\cdots\cdots\cdots\cdots\cdots\cdots\cdots\cdots\cdots \text{①}$$

이다. 이제 축이 동력을 받아 회전하고 있다면 원심력(F)은 각속도 $\omega [\text{rad/s}]$, 수평기준축과 무게 중심점 G과의 거리 $t = \delta + e$에서

$$F = mr\omega^2 = m(\delta + e)\omega^2 [\text{N}] \quad \cdots\cdots\cdots\cdots\cdots\cdots\cdots\cdots\cdots \text{②}$$

이다. 이때 복원력 = 원심력의 관계에서 ① 식과 ② 식을 등치시켜 처짐량(δ)는,

$$k\delta = m(\delta + e)\omega^2$$

$$\delta = \frac{m\omega^2 e}{k - m\omega^2} = \frac{e}{\dfrac{k}{m\omega^2} - 1}$$

가 된다. 여기서, $e \neq 0$, $\dfrac{k}{m\omega^2} = 1$이 될 때 $\delta = \infty$ (무한대)가 되어 축의 회전으로 인한 손을 의미하게 되며, 이때의 각속도는

$$\omega = \sqrt{\frac{k}{m}}\,[\text{rad/s}]$$

가 위험속도가 된다. 또한, 축에 설치된 계(系)에서 중력(중량) $= mg$ 이고, 중력 $=$ 복원력의 관계에서 $mg = k\delta$

$$\therefore \frac{k}{m} = \frac{g}{\delta}$$

을 얻을 수 있고 각속도(ω)와 회전수(N)와의 관계에 의해

$$\omega = \frac{2\pi N}{60}\,[\text{rad/s}]$$

$$N = \frac{30\omega}{\pi}\,[\text{rpm}]$$

이 된다. 위험속도(위험 회전수)를 N_c 로 나타내 보면,

$$N_c = \frac{30}{\pi}\omega_c = \frac{30}{\pi}\sqrt{\frac{k}{m}} = \frac{30}{\pi}\sqrt{\frac{g}{\delta}}\,[\text{rpm}]$$

을 얻는다. 이때 δ의 단위가 cm일 때 $g = 980\,\text{cm/s}^2$이 되어 다음의 식이 된다.

$$N_c = \frac{30}{\pi}\sqrt{\frac{980}{\delta}} = 300\sqrt{\frac{1}{\delta}}\,[\text{rpm}]$$

(2) 축에 여러 개의 회전체가 고정 설치된 경우의 고찰

이 때에는 여러 개의 회전체의 하나하나씩만을 축에 설치하였을 때의 경우로 가정하여 다음과 같은 던커레이(Dunkerley)의 실험식을 이용한다.

$$\frac{1}{N_c^2} = \frac{1}{N_0^2} + \frac{1}{N_1^2} + \frac{1}{N_2^2} + \frac{1}{N_3^2} + \cdots$$

여기서, N_c : 전체의 위험속도(rpm)

N_0 : 자중(自重)을 고려한 축만의 위험속도(rpm)

$N_1, N_2, \cdots$: 각 회전체가 단독으로 자중을 무시한 축에 설치되는 경우로서 위험속도 (rpm)

이상에서 살펴본 바와 같이 축의 회전으로 인하여 파괴 가능성의 위험속도를 고려하여 축의 설계에 있어서는 이러한 위험속도 범위를 25 % 이상 벗어나도록 축의 회전속도를 부여해야 한다. 즉, 위험 회전수 $N_c = 1000\,\text{rpm}$이라면 가능한 한 축의 회전수를 750 rpm 이하나 1250 rpm 이상으로 되도록 설계해야 한다.

기계 진동학적인 연구에서는 위험속도 범위를 고유 진동수의 $\sqrt{2} = 1.4$배 이상으로 하여야 함이 증명되어 있지만, 실용적 가치면을 고려하면 고유 진동수 범위의 25 % 밖으로 잡는다.

출제 예상 문제

1. 축의 설계 시 주의할 점이 아닌 것은 ?

① 변형   ② 강도

③ 회전방향   ④ 열응력

해설 축의 설계 시 검토해야 할 사항은 충분한 강도, 피로, 충격, 응력집중, 열응력, 부식, 진동 등이다.

2. 둥근 축에서 굽힘응력을 σ_a, 단면계수를 Z라 할 때 굽힘 모멘트(M)를 구하는 식은 ?

① $M = \dfrac{\sigma_a}{Z}$ ② $M = \sigma_a Z$

③ $M = \dfrac{Z}{\sigma_a}$ ④ $M = \pi \sigma_a Z$

해설 둥근 실제 축인 경우

$M = \sigma_a Z = \sigma_a \dfrac{\pi d^3}{32}$ 이므로,

$d = \sqrt[3]{\dfrac{32M}{\pi \sigma_a}} = \sqrt[3]{\dfrac{10.2M}{\sigma_a}}$

3. 비틀림 모멘트(T)만을 받는 둥근 축의 지름을 구하는 식은 ?

① $d = \sqrt[3]{\dfrac{5.1T}{\tau_a}}$ ② $d = \sqrt[4]{\dfrac{5.1T}{\tau_a}}$

③ $d = \sqrt[3]{\dfrac{T}{5.1\tau_a}}$ ④ $d = \sqrt[4]{\dfrac{T}{16\tau_a}}$

해설 $T = \tau_a Z_p = \tau_a \dfrac{\pi d^3}{16}$ 이므로,

$d = \sqrt[3]{\dfrac{16T}{\pi \tau_a}} = \sqrt[3]{\dfrac{5.1T}{\tau_a}}$

4. 전동축에서 토크를 T, 전달마력을 PS, 회전수를 N이라 할 때, T를 계산하는 식은 어느 것인가 ?

① $T = 71620 \dfrac{\text{PS}}{N} [\text{kg} \cdot \text{mm}]$

② $T = 716200 \dfrac{\text{PS}}{N} [\text{kg} \cdot \text{mm}]$

③ $T = 9740 \dfrac{\text{kW}}{N} [\text{kg} \cdot \text{mm}]$

④ $T = 974000 \dfrac{\text{kW}}{N} [\text{kg} \cdot \text{mm}]$

해설 $T = 716.2 \dfrac{\text{PS}}{N} [\text{kg} \cdot \text{m}]$

$= 71620 \dfrac{\text{PS}}{N} [\text{kg} \cdot \text{cm}]$

$= 716200 \dfrac{\text{PS}}{N} [\text{kg} \cdot \text{mm}]$

$= 7.02 \times 10^6 \dfrac{\text{PS}}{N} [\text{N} \cdot \text{mm}]$

$T = 974 \dfrac{\text{kW}}{N} [\text{kg} \cdot \text{m}]$

$= 97400 \dfrac{\text{kW}}{N} [\text{kg} \cdot \text{cm}]$

$= 974000 \dfrac{\text{kW}}{N} [\text{kg} \cdot \text{mm}]$

$= 9.55 \times 10^6 \dfrac{\text{kW}}{N} [\text{N} \cdot \text{mm}]$

5. 다음 중 전달마력을 PS, 회전수를 N, 축 지름을 d라고 할 때 바하의 공식은 ?

① $d = 12 \sqrt[4]{\dfrac{N}{\text{PS}}} \ [\text{cm}]$

② $d = 12 \sqrt[4]{\dfrac{\text{PS}}{N}} \ [\text{cm}]$

③ $d = 12 \sqrt[3]{\dfrac{N}{\text{PS}}} \ [\text{cm}]$

정답   1. ③   2. ②   3. ①   4. ②   5. ②

④ $d = 12 \sqrt[3]{\dfrac{PS}{N}}$ [cm]

[해설] 바하(Bach)의 공식

$$d = 12 \sqrt[4]{\dfrac{PS}{N}} \text{ [cm]}, \quad d = 13 \sqrt[4]{\dfrac{kW}{N}} \text{ [cm]}$$

6. 비틀림만을 받는 축에서 전달마력을 PS, 회전수를 N, 축의 허용 전단응력을 τ_a라 하면 축지름(d)을 계산하는 식은?

① $d = 71.5 \sqrt[3]{\dfrac{\tau_a \cdot N}{PS}}$ [cm]

② $d = 71.5 \sqrt[3]{\dfrac{PS}{\tau_a \cdot N}}$ [cm]

③ $d = 71.5 \sqrt[3]{\dfrac{\tau_a}{PS \cdot N}}$ [cm]

④ $d = 79.2 \sqrt[3]{\dfrac{\tau_a}{PS \cdot N}}$ [cm]

[해설] $T = \tau_a \cdot Z_p = \tau_a \dfrac{\pi d^3}{16}$

$$T = 71620 \dfrac{PS}{N} \text{[kg} \cdot \text{cm]}$$

$\tau_a \dfrac{\pi d^3}{16} = 71620 \dfrac{PS}{N}$ 에서,

$$d = 71.5 \sqrt[3]{\dfrac{PS}{\tau_a \cdot N}} \text{ [cm]}$$

만약 전달동력이 kW이면,

$T = 97400 \dfrac{kW}{N}$ [kg · cm]을 대입하면,

$$d = 79.2 \sqrt[3]{\dfrac{kW}{\tau_a \cdot N}} \text{ [cm]}$$

7. 굽힘과 비틀림을 동시에 받는 축에서 상당 굽힘 모멘트 (M_e)를 구하는 식은 어느 것인가?

① $M_e = \sqrt{M^2 + T^2}$

② $M_e = M + \sqrt{M^2 + T^2}$

③ $M_e = \dfrac{1}{2}(M + T)$

④ $M_e = \dfrac{1}{2}(M + \sqrt{M^2 + T^2})$

[해설] ① 상당 비틀림 모멘트(T_e)

$$= \sqrt{M^2 + T^2} = M\sqrt{1 + \left(\dfrac{T}{M}\right)^2} \text{[kg} \cdot \text{mm]}$$

② 상당 굽힘 모멘트(M_e)

$$= \dfrac{1}{2}(M + \sqrt{M^2 + T^2})$$

$$= \dfrac{1}{2}(M + T_e) \text{[kg} \cdot \text{mm]}$$

8. 다음과 같은 단면의 축이 전달할 수 있는 토크의 비 $\dfrac{T_A}{T_B}$의 값은 얼마인가? (단, 재질은 같다.)

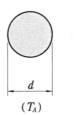
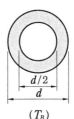

(T_A) (T_B)

① $\dfrac{15}{16}$ ② $\dfrac{9}{16}$ ③ $\dfrac{16}{9}$ ④ $\dfrac{16}{15}$

[해설] $T_A = \tau_a \dfrac{\pi d^3}{16}$

$$T_B = \tau_a \dfrac{\pi}{16} \dfrac{d^4 - \left(\dfrac{d}{2}\right)^4}{d}$$

$$\therefore \dfrac{T_A}{T_B} = d^3 \Big/ \dfrac{d^4 - \left(\dfrac{d}{2}\right)^4}{d} = \dfrac{d^4}{d^4 - \dfrac{d^4}{16}}$$

$$= \dfrac{d^4}{\dfrac{15}{16}d^4} = \dfrac{16}{15}$$

9. 400 rpm 으로 2.5 kW를 전달시키고 있는 축의 비틀림 모멘트는 몇 N · mm인가?

① 4365.2 N · mm

---

② 4876.3 N · mm

③ 5647.4 N · mm

④ 59687.5 N · mm

[해설] $T = 9.55 \times 10^6 \dfrac{kW}{N} = 9.55 \times 10^6 \times \dfrac{2.5}{400}$

$\qquad\quad = 59687.5 \, N \cdot mm$

10. 지름이 60 mm의 축 중앙에 55 kg의 기어를 달고 자중을 무시하고 이 축의 위험속도를 구하면 얼마인가? (단, 축의 길이는 600 mm이고, $E = 2.1 \times 10^6$ kg / cm^2 이다.)

① 5875 rpm ② 6975 rpm

③ 7875 rpm ④ 8875 rpm

[해설] $I = \dfrac{\pi d^4}{64} = \dfrac{\pi \times 6^4}{64} = 63.6 \, cm^4$

$\delta = \dfrac{W l^3}{48EI} = \dfrac{55 \times 60^3}{48 \times 2.1 \times 10^6 \times 63.6}$

$\quad = 1.85 \times 10^{-3} cm$

$W = \dfrac{2\pi N_{cr}}{60} = \dfrac{\pi N_{cr}}{30}$

$N_{cr} = \dfrac{30}{\pi} W = \dfrac{30}{\pi} \sqrt{\dfrac{g}{\delta}}$

$\quad = \dfrac{30}{\pi} \sqrt{\dfrac{980}{\delta}} = 300 \sqrt{\dfrac{1}{\delta}}$

$\quad = 300 \sqrt{\dfrac{1}{1.85 \times 10^{-3}}} = 6975 \, rpm$

11. 45000 N의 하중을 받는 엔드 저널의 지름은 얼마인가? (단, 지름과 길이의 비 $\dfrac{l}{d} = 1.5$, 평균압력 $p = 5$ N/mm^{2}이다.)

① 70 mm ② 74 mm

③ 78 mm ④ 82 mm

12. 지름 6 cm인 축에서 허용 비틀림 응력은 90 kg / cm^{2}라 할 때, 이 축이 전달할 수 있는 최대토크는 얼마인가?

① 3800 kg · cm ② 3815 kg · cm

③ 3810 kg · cm ④ 3820 kg · cm

13. 다음 그림에서 A점에서의 모멘트는 얼마인가?

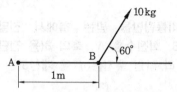

① 5 kg · cm ② 8.66 kg · cm

③ 10 kg · cm ④ 12 kg · cm

14. 둥근 단면축의 비틀림 응력 τ [kg / mm^2]를 지름 d [mm]와 비틀림 모멘트 T [kg · mm^2]로 표시하면?

① $\tau = \dfrac{32T}{\pi d^3}$ ② $\tau = \dfrac{32T}{\pi d^4}$

③ $\tau = \dfrac{16T}{\pi d^3}$ ④ $\tau = \dfrac{16T}{\pi d^4}$

15. 굽힘 모멘트 M [kg · cm]을 받는 축 지름 d [cm]는?

① $d = \sqrt[3]{\dfrac{8M}{\pi \sigma}}$ ② $d = \sqrt[3]{\dfrac{64M}{\pi \sigma}}$

③ $d = \sqrt[3]{\dfrac{16M}{\pi \sigma}}$ ④ $d = \sqrt[3]{\dfrac{32M}{\pi \sigma}}$

16. 4마력을 전달하는 90 rpm의 길이 2 m인 회전축이 있다. 지금 무게 65 kg의 풀리가 축의 중앙에 고정되어 있을 때, 축의 지름을 구하면? (단, 축의 허용응력은 300 kg/cm^{2}라고 한다.)

① 45 mm ② 48 mm

③ 51 mm ④ 53 mm

17. N [rpm]으로 H [kW]를 전달하는 전동축에서 허용 전단응력이 210 kg/cm^2

일 때, 축 지름 d [mm]를 구하는 식은?

① $d \fallingdotseq 62\sqrt[3]{\dfrac{H}{N}}$ 　 ② $d \fallingdotseq 133\sqrt[3]{\dfrac{H}{N}}$

③ $d \fallingdotseq 120\sqrt[3]{\dfrac{H}{N}}$ 　 ④ $d \fallingdotseq 110\sqrt[3]{\dfrac{H}{N}}$

18. 지름 4 cm의 압연 강축이 200 rpm으로 10 PS을 전달할 때, 축에 작용하는 전단응력의 크기는 얼마인가?

① 895 kg/ cm^2 　 ② 716 kg/ cm^2

③ 570 kg/ cm^2 　 ④ 285 kg/ cm^2

19. 1800 rpm으로 3 PS을 전달하는 중공 축의 안·바깥지름비를 0.95로 할 때, 축의 바깥지름과 안지름은 얼마인가? (단, $\tau = 2$ kg/mm^{2}이다.)

① $d_2 = 12$ mm, $d_1 = 7.8$ mm

② $d_2 = 16$ mm, $d_1 = 10.4$ mm

③ $d_2 = 18$ mm, $d_1 = 11.7$ mm

④ $d_2 = 72$ mm, $d_1 = 46.8$ mm

20. 90 rpm으로 4 PS을 전달하는 길이 1 m의 중심원축이 있다. 65 kg의 풀리가 축의 중앙에 고정되어 있을 경우 적당한 축의 지름은 얼마인가? (단, 축의 허용응력은 300 kg/cm^{2}이고, 키 홈은 무시한다.)

① 40 mm 　 ② 45 mm

③ 48 mm 　 ④ 51 mm

21. 길이 6 m의 속이 찬 둥근 축에 400 kg·m의 비틀림 모멘트가 작용할 때, 비틀림각이 전길이에 대하여 3° 이내가 되게 하기 위해 축의 지름을 얼마로 하면 되는가? (단, 전단 탄성계수 $G = 8.1 \times 10^5$ kg/cm^{2}이다.)

① 80 mm 　 ② 85 mm

③ 88 mm 　 ④ 92 mm

22. 400 rpm으로 5 PS을 전동하는 연강 축의 지름을 강성도 (stiffness)의 견지에서 계산하면 얼마인가?

① 30 mm 　 ② 40 mm

③ 50 mm 　 ④ 60 mm

23. 길이 5 m인 축이 전길이에 대하여 3° 비틀렸다. 1 m에는 몇 라디안 (radian)이 비틀렸는가?

① 0.01 rad 　 ② 0.052 rad

③ 0.725 rad 　 ④ 1.32 rad

[해설] $\theta = \dfrac{\pi}{180} \times \dfrac{\theta}{l} = \dfrac{\pi}{180} \times \dfrac{3}{5} = 0.01\text{rad}$

24. 선박용 디젤 엔진축이 400 rpm으로 회전하면서 5 ton의 추력을 받고 있다. 저널 지름 80 mm, 칼라 수는 4개이다. 허용 베어링 압력 0.2 kg/mm^{2}이 되도록 하려면 칼라의 바깥지름은 얼마인가?

① 90 mm 　 ② 100 mm

③ 110 mm 　 ④ 120 mm

25. 450000 N·mm의 굽힘 모멘트를 받는 연강재 실축의 지름은 얼마인가? (단, 굽힘응력 $\sigma_b = 40$ MPa이다.)

① 45 mm 　 ② 49 mm

③ 55 mm 　 ④ 60 mm

26. 지름 50 mm의 연강축을 300 rpm으로 축길이 1 m당 $\dfrac{1}{4}°$ 이내로 비틀림을 허용할 경우, 몇 마력(PS)을 전달할 수 있는가? (단, 연강의 가로 탄성계수는 8300 kg/mm^{2}이다.)

① 7 PS 　 ② 9 PS

③ 15 PS 　 ④ 27 PS

[정답] 18. ④   19. ②   20. ①   21. ③   22. ②   23. ①   24. ④   25. ②   26. ②

제6장 베어링

6-1 베어링(bearing)의 분류

베어링은 다음과 같이 크게 두 가지 기준에 따라 분류하는데, 레이디얼 베어링 중에서도 구름 베어링이나 미끄럼 베어링이 있을 수 있고, 스러스트 베어링 중에서도 구름 베어링과 미끄럼 베어링이 있을 수 있으므로 베어링의 구분에 있어서 경우의 수는 모두 4가지이다.

(1) 작용 하중의 방향에 따른 분류

① 레이디얼(radial) 베어링 : 축과 직각방향의 하중이 작용
② 스러스트(thrust) 베어링 : 축방향의 하중이 작용

(2) 전동체의 유무에 따른 분류

① 구름(rolling) 베어링 : 볼(ball) 베어링, 롤러(roller) 베어링
② 미끄럼(sliding) 베어링

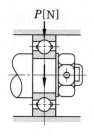
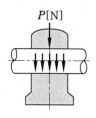
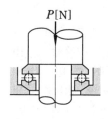
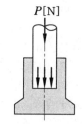

(a) 레이디얼 구름 베어링   (b) 레이디얼 미끄럼 베어링   (c) 스러스트 구름 베어링   (d) 스러스트 미끄럼 베어링

베어링의 종류

6-2 롤링 베어링(rolling bearing)

(1) 롤링 베어링의 구조

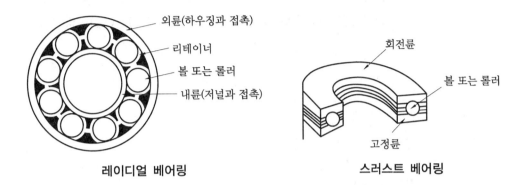

레이디얼 베어링   스러스트 베어링

(2) 롤링 베어링의 호칭

베어링 형식 기호 또는 번호	작용 하중 표시 숫자 (지름 숫자 기호)	안지름 번호	등급 번호

① 베어링 형식 기호(번호)

   ⑺ 1, 2, 3 : 복렬 자동 조심형

   ⑻ 6 : 단열 홈형

   ⑼ 7 : 단열 앵귤러 콘택트형

   ⑽ N : 원통 롤러형

② 지름 기호

   ⑺ 0, 1 : 특별 경하중형

   ⑻ 2 : 경하중형

   ⑼ 3 : 중간 하중형

③ 안지름 번호

   ⑺ 안지름이 1~9 mm, 500 mm 이상 : 그대로 표시

   ⑻ 안지름 10 mm : 00

               12 mm : 01

               15 mm : 02

               17 mm : 03

               20 mm : 04

   ⑼ 안지름이 20~495 mm는 5 mm 간격으로 안지름을 5로 나눈 숫자로 표시

④ 등급 기호 : 무기호-보통급, H-상급, P-정밀급, SP-초정밀급

(3) 롤링 베어링의 수명 계산

어느 일정 하중하에서 백만 회전을 하는 동안 구조적 결함이 발생되지 않는 회전을 계산수명(L)이라 하고, 또 이것을 시간으로 표시한 것을 계산 수명시간(L_h)이라 한다.

$$L = \left(\frac{C}{P}\right)^r \times 10^6 \, [\text{rev}]$$

$$L_h = \frac{L}{60N} = \frac{\left(\frac{C}{P}\right)^r \times 10^6}{60N} \, [\text{h}]$$

여기서, P : 베어링에 작용하는 실제 하중(N)

C : 동적 기본 부하용량(N)

N : 회전수(rpm)

r : 볼 베어링일 때 3, 롤러 베어링일 때 $\frac{10}{3}$

또, 속도계수(f_n)$= \sqrt[r]{\frac{33.3}{N}}$, 수명계수(f_h) $= \frac{C}{P} \cdot f_n = \frac{C}{P}\sqrt[r]{\frac{33.3}{N}}$ 이라 할 때 수명시간은 다음과 같이 표시할 수 있다.

$$L_h = \frac{500 \times 60 \times 33.3}{60N}\left(\frac{C}{P}\right)^r = 500 \times \frac{33.3}{N}\left(\frac{C}{P}\right)^r = 500\left(f_n\frac{C}{P}\right)^r = 500f_h{}^r$$

(4) 베어링의 실제 하중(P)

기계의 설치로 인하여 충격, 진동 등을 고려한 하중계수 f_w 및 벨트 풀리, 기어 등에 의한 계수(벨트계수 f_b, 기어계수 f_g)를 고려하여 이론적 하중에 곱한 값을 실제 하중으로 정한다.

① 일반적인 경우

$$P = f_w P_s$$

② 기어가 설치된 경우

$$P = f_w f_g P_g$$

③ 벨트 풀리 축의 경우

$$P = f_w f_b P_b$$

여기서, f_w : 하중계수(일반)

f_g : 기어계수

f_b : 벨트계수

$P_s, \ P_g, \ P_b$: 이론 하중

(5) 등가 하중

레이디얼 하중(P_r)과 스러스트 하중(P_t)을 동시에 받을 때는 이것의 합성력이 작용하는 것이므로 사용할 베어링에 따라,

① 레이디얼 베어링일 때

$$P = XVP_r + YP_t$$

② 스러스트 베어링일 때

$$P = XP_r + YP_t$$

여기서, X : 레이디얼 계수
V : 회전계수
Y : 스러스트 계수

하중계수 f_w의 값

운전 조건(기계 상태)	f_w
충격이 없는 원활한 운전(발전기, 전동기, 회전로, 터빈, 송풍기)	1.0~1.2
보통의 운전 상태(내연기관, 요동식 선별기, 크랭크축)	1.2~1.5
충격, 진동이 심한 운전 상태(압연기, 분쇄기)	1.5~3.0

기어계수 f_g의 값

기어의 종류	f_g
정밀기계 가공 기어(피치오차, 형상오차 모두 20μ 이하의 것)	1.05~1.1
보통기계 가공 기어(피치오차, 형상오차 모두 $20\sim100\mu$의 것)	1.1~1.3

벨트계수 f_b의 값

벨트의 종류	f_b
V벨트	2.0~2.5
1 플라이(겹) 평벨트(고무, 가죽)	3.5~4.0
2 플라이(겹) 평벨트(고무, 가죽)	4.5~5.0

$$X, \ Y\text{의 값}$$

베어링의 종류	베어링 번호	$\dfrac{P_t}{C_0}$	$\dfrac{P_t}{P_r} \leqq e$		$\dfrac{P_t}{P_r} > e$		e
			X	Y	X	Y	
단열 고정형 레이디얼 볼 베어링	60, 62, 63, 64 등의 각 번호	0.04	1	0	0.35	2	0.32
		0.08			0.35	1.8	0.36
		0.12			0.34	1.6	0.41
		0.25			0.33	1.4	0.48
		0.40			0.31	1.2	0.57
원추 롤러 베어링 (테이퍼 롤러 베어링)	30203~30204		1	0	0.4	1.75	0.34
	30205~30208					1.60	0.37
	30209~30222					1.45	0.41
	30223~30230					1.35	0.44
	30302~30303					2.10	0.28
	30304~30307					1.95	0.31
	30308~30324					1.75	0.34
자동 조심형 레이디얼 볼 베어링	1200~1203		1	2	0.65	3.1	0.31
	1204~1205			2.3		3.6	0.27
	1206~1207			2.7		4.2	0.23
	1208~1209			2.9		4.5	0.21
	1210~1212			3.4		5.2	0.19
	1213~1222			3.6		5.6	0.17
	1224~1230			3.3		5.0	0.20
	1300~1303			1.8		2.8	0.34
	1304~1305			2.2		3.4	0.29
	1306~1309			2.5		3.9	0.25
	1310~1324			2.8		4.3	0.23
	1326~1328			2.6		4.0	0.24

㈜ $e = \dfrac{P_t}{P_r}$

6-3 미끄럼 베어링(sliding bearing)

축을 지지하며, 회전체를 사용하지 않고 회전축의 마찰 저항을 줄이는 데 이용되는 요소를 미끄럼 베어링(sliding bearing)이라 한다.

구름 베어링이 구름 마찰 효과의 극소화를 위한 설계이나 충격 등에 약한 반면 미끄럼 베어링은 고속 고하중에도 능히 견딜 수 있는 부시 메탈(bush metal)로 제작된다.

미끄럼 베어링은 보통 원통형으로 가공되어 하우징에 끼워지기 때문에 부시 베어링(bush bearing)이라고도 한다.

미끄럼 베어링은 회전체가 이용되지 않기 때문에 저널과 베어링의 직접 접촉을 방지하고 마찰을 감소시키기 위하여 그들 사이에 윤활제를 주입한다.

미끄럼 베어링의 장점과 단점

장점	단점
• 큰 하중을 받을 수 있다. • 구조가 간단하고 일반적으로 가격이 싸다. • 진동과 소음이 적다. • 충격에 강하다. • 윤활이 원활한 경우 반영구적으로 사용할 수 있다.	• 초기 기동 마찰이 크고 운전 중에 발열이 많다. • 일반적으로 윤활장치에 세심한 주의를 기울여야 한다. • 규격화되지 않아 호환성이 거의 없다. • 윤활유의 점도 변화에 따른 영향을 많이 받는다.

6-4 저널(journal)

베어링에 접촉된 축부분을 저널(journal)이라 하고 축이 작용하는 방향에 따라 분류한다.

(1) 레이디얼 저널

하중의 방향이 회전축에 직각인 저널을 레이디얼 저널(radial journal) 또는 반경 저널이라 하며, 엔드 저널(end journal)과 중간 저널(neck journal)이 있다.

(2) 스러스트 저널

하중의 방향이 회전축 선상인 저널을 스러스트 저널(thrust journal) 또는 추력 저널이라 하며, 피벗 저널(pivot journal)과 칼라 저널(collar journal)이 있다.

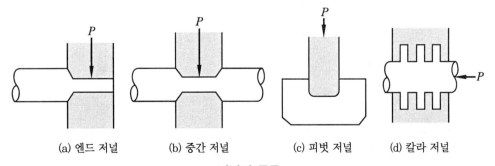

(a) 엔드 저널   (b) 중간 저널   (c) 피벗 저널   (d) 칼라 저널

저널의 종류

(3) 베어링 압력(P)

① 레이디얼 저널의 경우

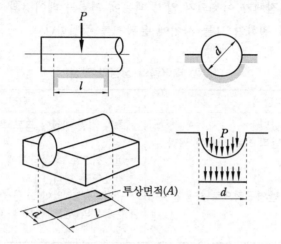

레이디얼 저널 베어링의 투상면적

그림에서 보는 바와 같이 베어링 면적은 하중 P의 방향에 수직인 평면상에 투상한 면적이 된다. 즉, $A = dl\,[\mathrm{mm}^2]$

$$\therefore\ p = \frac{P}{A} = \frac{P}{dl}\ [\mathrm{N/mm^2}]$$

② 스러스트 저널의 경우

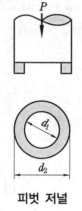

피벗 저널

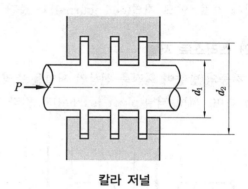

칼라 저널

(가) 피벗 저널의 경우의 베어링 압력

$$p = \frac{P}{A} = \frac{P}{\dfrac{\pi}{4}(d_2^2 - d_1^2)}\,[\mathrm{N/mm^2}]$$

(나) 칼라 저널의 경우

$$p = \frac{P}{Az} = \frac{P}{\frac{\pi}{4}(d_2^2 - d_1^2)Z} \, [\text{N/mm}^2]$$

여기서, Z : 칼라의 수

(4) 레이디얼 저널의 설계

① 엔드 저널(end journal)

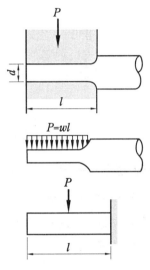

엔드 저널은 축의 지름보다 약간 가늘게 설계한다. 이 때 저널 부분의 허용 수압력을 p라 하면 작용하중 P는 $P = pdl[\text{N}]$이다. 또, 이것을 외팔보로 생각하면 고정점에서의 최대 굽힘 모멘트 공식에서 다음의 식들이 성립한다.

$$M = \sigma_b Z$$

$$M = \frac{1}{2}Pl, \quad Z = \frac{\pi d^3}{32}$$

$$\frac{1}{2}Pl = \sigma_b \cdot \frac{\pi d^3}{32}$$

$$\therefore \ d = \sqrt[3]{\frac{16Pl}{\pi \sigma_b}} = \sqrt[3]{\frac{5.1Pl}{\sigma_b}} \, [\text{mm}]$$

여기서, σ_b : 허용 굽힘응력

엔드 저널의 설계

또, P 대신 pdl을 대입하여 축 지름비 $\dfrac{l}{d}$을 구해 보면,

$$\frac{1}{2}pdl \cdot l = \sigma_b \cdot \frac{\pi d^3}{32}$$

$$\therefore \ \frac{l}{d} = \sqrt{\frac{\pi \sigma_b}{16p}} = \sqrt{\frac{\sigma_b}{5.1p}}$$

② 중간 저널(neck journal)

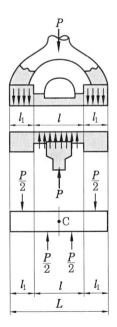

중심 C에서의 굽힘 모멘트는

$$M = \frac{P}{2}\left(\frac{l}{2} + \frac{l_1}{2}\right) - \frac{P}{2}\left(\frac{l}{4}\right)$$

$L = l + 2l_1$ 이므로, $M = \dfrac{PL}{8}$

또, $M = \sigma_b \cdot Z$

중간 저널의 설계

$$\frac{PL}{8} = \sigma_b \cdot \frac{\pi d^3}{32}$$

$$\therefore \ d = \sqrt[3]{\frac{4PL}{\pi \sigma_b}} \ [\text{mm}]$$

여기서, $\frac{L}{l} = 1.5$ 정도이며 $P = pdl$ 이므로

축 지름비 $\frac{l}{d}$ 은,

$$\frac{pdl}{8} \times 1.5l = \sigma_b \cdot \frac{\pi}{32} d^3$$

$$\therefore \ \frac{l}{d} = \sqrt{\frac{\pi \sigma_b}{6p}} = \sqrt{\frac{\sigma_b}{1.91p}}$$

(5) 발열계수 또는 압력속도계수(pv)

베어링을 안전하게 설계하는 데 필요한 자료로서 완전 윤활이 지속되지 못하는 부분에 대해 허용 pv값을 정하여 이 수치 이내에서 베어링의 회전수를 제한하는 계수이다. 다음 표는 뢰첼(Rotsher)의 실험값이다.

pv값의 설계 자료

적용 베어링	pv값(N/mm^2 · m/s)
증기기관 메인 베어링	1.5~2.0
내연기관 화이트 메탈 베어링	3 이하
내연기관 포금(건메탈) 베어링	2.5 이하
선박 등의 베어링	3~4
전동축의 베어링	1~2
왕복기계의 크랭크 핀	2.5~3.5
철도차량 차축	5

① 레이디얼 베어링

$$pv = \frac{P}{dl} \frac{\pi d N}{60 \times 1000} = \frac{\pi PN}{60000l} \ [\text{N/mm}^2 \cdot \text{m/s}]$$

$$\therefore \ l = \frac{\pi PN}{60000pv} \ [\text{mm}]$$

② 스러스트 베어링

㈎ 피벗 저널의 경우

$$pv = \frac{4P}{\pi(d_2^2 - d_1^2)} \cdot \frac{\pi \left(\dfrac{d_1 + d_2}{2} \right) N}{60 \times 1000} = \frac{PN}{30000(d_2 - d_1)} \ [\text{N/mm}^2 \cdot \text{m/s}]$$

⒩ 칼라 저널의 경우

$$pv = \frac{4P}{\pi(d_2^2 - d_1^2)Z} \cdot \frac{\pi\left(\dfrac{d_1 + d_2}{2}\right)N}{60 \times 1000} = \frac{PN}{30000(d_2 - d_1)Z}$$

$$Zb = \frac{PN}{60000pv}$$

여기서, 칼라부의 폭 $b = \dfrac{d_2 - d_1}{2}$

(6) 마찰열을 고려한 저널의 설계

① 마찰력(F)

$$F = \mu P[\text{N}]$$

② 단위시간당 마찰일량(A_f)

$$A_f = \frac{마찰력 \times 거리}{시간} = F \cdot v = \mu Pv[\text{N} \cdot \text{m/s}]$$

③ 마찰손실 동력(kW)

$$kW = \frac{Fv}{1000} = \frac{\mu Pv}{1000}[\text{kW}]$$

④ 비(比)마찰일량(a_f)(= 단위면적당 A_f)

$$a_f = \frac{A_f}{A} = \mu\left(\frac{P}{A}\right)v = \mu pv[\text{N/mm}^2 \cdot \text{m/s}]$$

(7) 윤활

베어링 계수$\left(\dfrac{\eta N}{p}\right)$는 유막의 두께나 윤활 상태를 측정하는 데 사용하는 계수로 미끄럼 베어링의 설계에서 대하중 베어링에서는 pv값, 일반적으로는 베어링 계수$\left(\dfrac{\eta N}{p}\right)$를 기준으로 하고 마찰계수 μ에 대한 안전성을 검토해야 한다 (η : 기름의 점도, N : 축의 회전수, p : 베어링의 수압력).

즉, 마찰계수 μ는 베어링 계수에 따라 크게 좌우되므로 양호한 윤활 상태를 얻으려면 베어링 계수의 값을 어느 한도 이하로 낮게 잡으면 곤란하다. 즉, 세로축에 μ를, 가로축에 베어링 계수$\left(\dfrac{\eta N}{p}\right)$를 잡아 그래프로 그려 보면 오른쪽 그림과 같다.

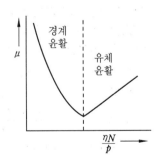

윤활과 베어링 계수

출제 예상 문제

1. 롤링 베어링의 호칭번호가 6202라면 베어링의 안지름은 얼마인가?

① 10 mm   ② 12 mm
③ 15 mm   ④ 17 mm

[해설] 호칭번호 끝의 2자리는 베어링의 안지름을 나타낸다. 00이면 10 mm, 01이면 12 mm, 02면 15 mm, 03이면 17 mm이며, 04부터는 5배수가 안지름이다. 즉, 04이면 20 mm, 05이면 25 mm, 12이면 $12 \times 5 = 60$ mm가 된다.

2. 다음 중 베어링 메탈(bearing metal)로 사용되지 않는 것은?

① 청동   ② 켈밋
③ 침탄강   ④ 화이트 메탈

[해설] 베어링 메탈로 사용되는 재료
(1) 동합금 : 켈밋(kelmet), 청동, 연청동, 인청동
(2) 화이트 메탈 : Sn계(배빗 메탈), Pb계, Zn계, Pb과 알칼리 및 알칼리토 금속과의 합금
(3) 비금속 재료 : 경질고무, 합성수지, 리그넘 바이티(lignum vitae)

3. 베어링 하중 400 kg을 받고 회전하는 저널 베어링에서 마찰로 인하여 소비되는 손실동력은 얼마인가? (단, 마찰계수 $\mu = 0.03$, 미끄럼 속도 $v = 0.75$ m/s이다.)

① 0.12 PS   ② 0.15 PS
③ 0.25 PS   ④ 0.75 PS

[해설] $H_{PS} = \dfrac{\mu P v}{75} = \dfrac{0.03 \times 400 \times 0.75}{75}$
$= 0.12$ PS $= 0.12 \times 0.7355 = 0.088$ kW

4. 베어링 하중 1500 kg을 받는 저널 베어링의 지름은 얼마인가? (단, 허용 베어링 압력 $p = 10$ kg/cm², 폭 지름비 $\dfrac{l}{d} = 1.5$이다.)

① 80 mm   ② 85 mm
③ 90 mm   ④ 100 mm

[해설] 저널 베어링이란 레이디얼(반지름 방향) 하중을 받는 미끄럼 베어링이다.
베어링 하중 $(P) = pdl$에서, $l = 1.5d$
$\therefore P = 1.5pd^2$
$\therefore d = \sqrt{\dfrac{P}{1.5p}} = \sqrt{\dfrac{1500}{1.5 \times 10}} = 10$ cm
$= 100$ mm

5. 다음 구름 베어링에 대한 설명 중 옳지 않은 것은?

① 미끄럼 베어링보다 충격에 강하다.
② 미끄럼 베어링에 비해 마찰손실이 적다.
③ 미끄럼 베어링보다 윤활과 보수가 용이하다.
④ 미끄럼 베어링보다 소음이나 진동이 생기기 쉽다.

[해설] (1) 구름 베어링이 미끄럼 베어링에 비해 유리한 점
• 저널 길이가 짧다.
• 마찰계수가 작고 시동이 용이하며, 동력손실이 적다.
• 베어링의 폭이 작다.
• 윤활에 그리스를 사용할 수 있으며 보수가 쉽다.
• 베어링 교환이나 선택이 용이하다.

[정답] 1. ③   2. ③   3. ①   4. ④   5. ①

(2) 구름 베어링의 결점
- 충격에 약하다.
- 고가이다.
- 소음, 진동이 생기기 쉽다.
- 베어링의 바깥지름이 커진다.

6. 볼 베어링에서 계산수명을 L_n, 기본 부하용량을 C, 베어링에 걸리는 하중을 P 라고 할 때 다음 중 옳은 것은?

① $L_n = \left(\dfrac{P}{C}\right)^3$ ② $L_n = \left(\dfrac{C}{P}\right)^3$

③ $L_n = \left(\dfrac{P}{C}\right)^{\frac{10}{3}}$ ④ $L_n = \left(\dfrac{C}{P}\right)^{\frac{10}{3}}$

해설 베어링의 계산수명은 회전수(L_n)와 수명시간(L_h)으로 나타낼 수 있다.

$$L_n = \left(\frac{C}{P}\right)^r \times 10^6$$

베어링 지수는 볼 베어링이면 3이고, 롤러 베어링이면 $\dfrac{10}{3}$ 이 된다.

$$\text{수명시간}(L_h) = \frac{L_n}{60N} = \frac{\left(\dfrac{C}{P}\right)^r \times 10^6}{60\,N}$$
$$= 500 f_h{}^r \text{ 시간}$$

여기서, 수명계수(f_h)=속도계수(f_n) $\cdot \dfrac{C}{P}$
$$= \sqrt{\frac{33.3}{N}} \cdot \frac{C}{P} \text{이다.}$$

7. 레이디얼 볼 베어링 No. 6311의 안지름은 얼마인가?

① 11 mm   ② 22 mm
③ 44 mm   ④ 55 mm

8. 회전수 900 rpm으로 베어링 하중 530 kg을 받는 엔드 저널 베어링의 지름을 구하면 얼마인가? (단, 허용 베어링 압력 $p = 0.085\,\text{kg/mm}^2$, 허용 압력 속도계수 $pv = 0.2\,\text{kg/mm}^2 \cdot \text{m/s}$, 마찰계수 $\mu =$

0.006이다.)

① 40 mm   ② 50 mm
③ 60 mm   ④ 70 mm

해설 $pv = \dfrac{P}{dl} \cdot \dfrac{\pi d N}{60000}$ 에서,

$$l = \frac{\pi P N}{60000 p v} = \frac{\pi \times 530 \times 900}{60000 \times 0.2} = 125\,\text{mm}$$

$$p = \frac{P}{A} = \frac{P}{dl} \text{에서},$$

$$\therefore \ d = \frac{P}{pl} = \frac{530}{0.085 \times 125} = 50\,\text{mm}$$

9. 300 rpm, 지름 125 mm의 수직축 하단에 축저 베어링이 있다. 베어링 면은 바깥지름 120 mm, 안지름 50 mm이다. 허용 베어링 압력을 0.15 kg/mm²라 할 때 견딜 수 있는 스러스트 하중(P_{th})과 이때 마찰계수를 0.012로 하면 마찰손실 마력은 얼마인가?

① $P_{th} = 1200\,\text{kg}, \ H_l = 0.5\,\text{PS}$

② $P_{th} = 1400\,\text{kg}, \ H_l = 0.2\,\text{PS}$

③ $P_{th} = 1400\,\text{kg}, \ H_l = 0.3\,\text{PS}$

④ $P_{th} = 1200\,\text{kg}, \ H_l = 0.2\,\text{PS}$

해설 (1) $P_{th} = p \dfrac{\pi}{4}(d_2{}^2 - d_1{}^2)$

$$= 0.15 \times \frac{\pi}{4}(120^2 - 50^2) = 1400\,\text{kg}$$

(2) $V = \dfrac{\pi d_m N}{60000} = \dfrac{\pi(d_1 + d_2)N}{60000 \times 2}$

$$= \frac{\pi(120 + 50) \times 300}{120000} = 1.34\,\text{m/s}$$

$$\therefore \ H_l = \frac{\mu P_{th} V}{75} = \frac{0.012 \times 1400 \times 1.34}{75}$$
$$= 0.3\,\text{PS}$$

10. 베어링 번호 6310의 단열 레이디얼 볼 베어링에 그리스 윤활로 30000 시간의 수명을 주고자 한다. 이 베어링의 한계속도 지수가 200000일 때, 이 베어링의 최대 사용 회전수 (rpm)는 얼마인가?

정답 6. ② 7. ④ 8. ② 9. ③ 10. ③

① 3000 rpm   ② 3500 rpm
③ 4000 rpm   ④ 4500 rpm

[해설] $d N_{max} = 2 \times 10^5$ 에서,

$$N_{max} = \frac{2 \times 10^5}{d} = \frac{2 \times 10^5}{10 \times 5} = 4000 \text{ rpm}$$

11. 볼 베어링에서 계산수명(L_n)에 대한 설명 중 맞는 것은?

① L_n은 베어링 하중의 3승에 비례한다.
② L_n은 베어링 하중의 3승에 반비례한다.
③ L_n은 베어링 하중의 3승에 비례하고, 부하용량에 반비례한다.
④ L_n은 베어링 하중의 2배에 비례한다.

12. 다음 중 슬라이딩 베어링에서 압력 속도계수 $pv = 20 \text{ kg} \cdot \text{m/cm}^2 \cdot \text{s}$ 로 허용하고, 하중 1000 kg을 걸어서 600 rpm으로 회전시키면 저널의 길이는 몇 cm가 필요한가?

① 5.28 cm   ② 15.7 cm
③ 51.2 cm   ④ 36.28 cm

13. 150 rpm으로 100 kg을 지지하는 감속 기어축용 볼 베어링을 3만 시간 수명이 되게 하려면, 다음 기본 부하용량 중 어느 것을 선택해야 적당한가? (단, 하중계수는 1로 계산한다.)

① 430 kg   ② 646 kg
③ 870 kg   ④ 1260 kg

14. 420 rpm으로 1620 kg의 하중을 받고 있는 슬라이딩 베어링의 지름과 폭은 얼마인가? (단, 허용 베어링 압력은 0.1 kg/mm², 폭 지름비 $\frac{l}{d} = 2.0$ 이다.)

① $d = 90$ mm, $l = 180$ mm
② $d = 85$ mm, $l = 170$ mm
③ $d = 80$ mm, $l = 160$ mm
④ $d = 75$ mm, $l = 150$ mm

15. 어떤 공기 압축기 크랭크 축의 매분 회전수 $N = 300$ rpm이고, 축 지름 $d = 55$ mm, 베어링의 길이 $l = 95$ mm일 때, 이것에 가해지는 수직 하중 $P = 900$ kg 이다. 이 베어링 압력은 안전한 유막 형성 범위 내에 있는가? (단, 공기 압축기의 베어링의 허용압력은 10~20 kg/cm² 이다.)

① 범위 내에 미치지 못하고 있다.
② 범위 밖에 있다.
③ 범위 내에 있다.
④ 범위를 상당히 넘고 있다.

16. 다음 중 베어링을 설계할 때 유의하여야 할 요건이 아닌 것은?

① 마찰저항이 크며, 손실동력이 되도록 작아야 한다.
② 구조가 간단하여 수리나 유지비가 적게 들어야 한다.
③ 내열성이 있어서 고열에도 강도가 떨어지지 않아야 한다.
④ 신축성이 좋아서 유동성이 있어야 한다.

17. 구름 베어링의 동작 기본 부하용량에 관한 다음 설명 중 틀린 것은?

① 100만 회전의 계산수명을 주는 일정 하중이다.
② 개개 베어링의 수명은 궤도륜 중 모두 최초 피로가 생길 때까지 총회전수로서 정의한다.
③ 같은 종류 베어링들의 계산수명은 그

들 베어링의 90 %가 피로되지 않는 총 회전수로 한다.

④ 500 rpm, 33.3 시간의 계산수명을 주는 일정하중이다.

18. 베어링 하중 4000 N을 받고 회전하는 저널 베어링에서 마찰로 인하여 소비되는 손실동력은 얼마인가? (단, 미끄럼 속도 $v = 0.75$ m / s, 마찰계수 $\mu = 0.03$이다.)

① 0.12 PS   ② 0.25 PS

③ 0.50 PS   ④ 0.75 PS

해설 $H_f = \dfrac{\mu P v}{735}$

$= \dfrac{0.03 \times 4000 \times 0.75}{735} = 0.12\,\text{PS}$

19. 슬라이딩 베어링(sliding bearing)의 재료에 있어서 배빗 메탈(babbit metal)이란 다음 중 어느 것인가?

① 연과 알칼리의 합금

② 아연계 화이트 메탈

③ 연계 화이트 메탈

④ 주석계 화이트 메탈

20. 400 rpm으로 전동축을 지지하고 있는 미끄럼 베어링에서 축 지름 $d = 6$ cm, 베어링의 길이 $l = 10$ cm, $W = 420$ N의 레이디얼 하중이 작용할 때, 베어링 압력은 얼마인가?

① 0.05 N/mm^2 ② 0.06 N/mm^2

③ 0.07 N/mm^2 ④ 0.08 N/mm^2

21. 강제 엔드 저널에 1500 kg의 하중이 가해진다고 하면 저널의 길이를 몇 mm로 하면 좋은가? (단, $l / d = 1.8$, $\sigma_a = 4.5$ kg/mm^{2}이다.)

① 60 mm   ② 80 mm

③ 100 mm   ④ 140 mm

22. 기본 부하용량이 2400 kg인 볼 베어링이 베어링 하중 200 kg을 받고 500 rpm으로 회전할 때 베어링의 수명은 약 몇 시간인가?

① 57600 시간   ② 75600 시간

③ 45600 시간   ④ 65000 시간

23. 2100 kg의 추력을 3개의 칼라 베어링으로 지지하려면 축 지름이 20 mm일 때, 칼라의 바깥지름은 얼마인가? (단, $\sigma_a = 0.4$ kg/mm^{2}이다.)

① 12 mm   ② 15 mm

③ 20 mm   ④ 26 mm

24. 베어링 하중 20000 N을 받는 미끄럼 베어링의 지름은 얼마인가? (단, 허용 베어링 압력은 2 N/mm^2, 폭 지름비는 2로 한다.)

① 50 mm   ② 71 mm

③ 90 mm   ④ 101 mm

25. 엔드 저널로서 지름 50 mm의 전동축을 받치고, 허용 최대 베어링 압력을 0.6 kg/mm^2, 저널의 길이를 100 mm라 할 때, 최대 베어링 하중은 몇 kg인가?

① 1000 kg   ② 2000 kg

③ 3000 kg   ④ 4000 kg

26. 지름 150 mm이고, 500 rpm인 수직축 하단에 추력 베어링이 있다. 베어링면은 바깥지름 150 mm, 안지름 50 mm이다. 허용 베어링 압력을 0.1 kg/mm^{2}이라 할 때 안전한 추력 하중은 얼마인가?

① 1570 kg   ② 1767 kg

③ 6283 kg   ④ 3142 kg

정답   18. ①   19. ④   20. ③   21. ③   22. ①   23. ②   24. ②   25. ③   26. ①

제7장 축 이음

7-1 클러치(clutch)

원동축의 동력을 직접 종동축에 전달시키기 위한 기계장치로서 영구 이음이 아니라는 점에서 커플링(coupling)과 구별된다.

클러치에는 마찰력으로 동력을 전달하는 마찰 클러치와 직접 맞물려서 동력을 전달하는 맞물림 클러치(claw clutch)가 있다.

(1) 마찰 클러치

마찰 클러치에는 원판 마찰 클러치와 원추 마찰 클러치의 두 종류가 있으며 어느 것이나 종동축을 원동축에 밀어붙여 목적하는 회전력을 얻는다. 즉, 축방향으로 밀어붙이는 힘(thrust)에 의해서 동력이 전달된다.

① 원판 클러치의 설계

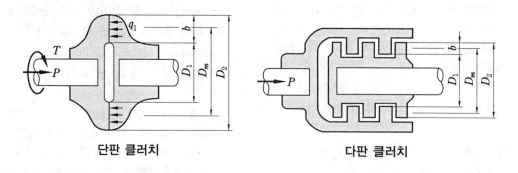

단판 클러치   다판 클러치

접촉면의 수(Z)가 2 이상인 원판 클러치를 다판 클러치라 하면 $Z=1$일 때는 물론 단판 클러치가 된다. 이때 접촉면의 평균압력을 $q[\text{N/mm}^2]$, 접촉면에서의 마찰계수를 μ, 스러스트 하중을 $P[\text{N}]$, 접촉면의 바깥지름을 $D_2[\text{mm}]$, 안지름을 $D_1[\text{mm}]$, 평균지름을 $D_m[\text{mm}]$, 접촉면의 폭을 $b[\text{mm}]$라 할 때

$$D_m = \frac{D_1 + D_2}{2} \quad b = \frac{D_2 - D_1}{2}$$

(가) 접촉면의 평균압력(q)

압력 $= \dfrac{\text{작용하중}}{\text{단면적}}$ 에서, 단면적$(A) = \pi D_m b$이므로

$$q = \frac{P}{AZ} = \frac{P}{\pi D_m b Z} \, [\text{N/mm}^2]$$

$$q = \frac{P}{AZ} = \frac{4P}{\pi (D_2^2 - D_1^2) Z} = \frac{P}{\pi b D_m Z} \, [\text{N/mm}^2]$$

(나) 회전력(F)과 회전 토크(비틀림 모멘트)(T) : 마찰력만이 회전시키는 데 드는 힘이므로 마찰력이 곧 회전력이다.

$$F = \mu P \, [\text{N}]$$

$$T = F \frac{D_m}{2} = \mu P \frac{D_m}{2} \, [\text{N} \cdot \text{mm}]$$

$$T = \mu P \frac{D_m}{2} = \mu \pi D_m b q \frac{D_m}{2} Z = \mu \pi b q \frac{D_m^2}{2} Z \, [\text{N} \cdot \text{mm}]$$

$$T = \mu P \frac{D_m}{2} = \mu \frac{\pi}{4} (D_2^2 - D_1^2) q \frac{D_1 + D_2}{4} Z \, [\text{N} \cdot \text{mm}]$$

(다) 전달동력(kW)

$$kW = \frac{Fv}{1000} = \frac{\mu Pv}{1000} = \frac{\mu P}{1000} \times \frac{\pi D_m Z}{60000} \, [\text{kW}]$$

$(1\text{kW} = 1.36\text{PS})$

$$PS = \frac{TN}{7.02 \times 10^6} = \frac{N}{7.02 \times 10^6} \mu \pi D_m b q \frac{D_m}{2} Z \, [\text{PS}]$$

$$kW = \frac{TN}{9.55 \times 10^6} = \frac{N}{9.55 \times 10^6} \mu \pi D_m b q \frac{D_m}{2} Z \, [\text{kW}]$$

② 원추 클러치의 설계

(가) 접촉면의 폭(b)

그림에서, $b \sin\alpha = \dfrac{D_2 - D_1}{2}$

$$b = \frac{D_2 - D_1}{2\sin\alpha} \, [\text{mm}]$$

여기서, α : 원추반각($°$)

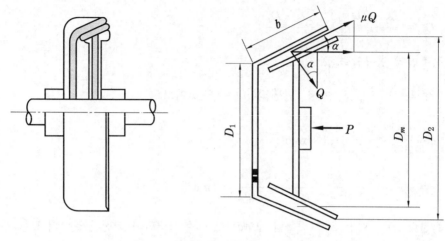

원추 클러치의 설계

(나) 수직력(Q)과 스러스트(P)와의 관계 : 종동차를 밀어붙이는 힘(스러스트) P에 의해서 접촉면에 수직으로 작용하는 힘 Q와 차의 회전으로 인하여 회전력 μQ가 접선방향으로 발생된다. 이때 각 힘들의 수평방향의 합이 영이 되어야 하므로 다음의 관계식이 성립한다.

$$-P + Q\sin\alpha + \mu Q\cos\alpha = 0$$

$$P = Q(\sin\alpha + \mu\cos\alpha)\,[\text{N}]$$

$$\therefore\ Q = \frac{P}{\sin\alpha + \mu\cos\alpha}\,[\text{N}]$$

(다) 접촉면의 압력(q)

$$q = \frac{Q}{A} = \frac{Q}{\pi D_m b} = \frac{P}{\pi D_m b(\sin\alpha + \mu\cos\alpha)}\,[\text{N/mm}^2]$$

(라) 회전력(F), 회전 토크(T), 상당마찰계수(μ')

$$F = \mu Q = \frac{\mu}{\sin\alpha + \mu\cos\alpha}P = \mu' P$$

$$\text{상당마찰계수}(\mu') = \frac{\mu}{\sin\alpha + \mu\cos\alpha}$$

$$T = F\frac{D_m}{2} = \mu Q\frac{D_m}{2} = \mu' P\frac{D_m}{2}\,[\text{N}\cdot\text{mm}]\text{에서}$$

Q 또는 P를 소거한 식으로 나타내보면

$$T = \mu\pi D_m b q\frac{D_m}{2},\quad b = \frac{D_2 - D_1}{2\sin\alpha}\,[\text{mm}]$$

(마) 전달동력(H_{kW})

$$H_{kW} = \frac{Fv}{1000} = \frac{\mu Q v}{1000} = \frac{\mu' P v}{1000}\quad (1\,\text{kW} = 1.36\,\text{PS})$$

(2) 맞물림 클러치

두 축의 양 끝에 여러 형상의 턱(claw)을 설치하여 직접 맞물리게 해서 동력을 전달시킨다. 클로(claw)의 형상에 따라 다음과 같은 특징을 갖는다.

맞물림 클러치의 특성

구분	삼각형	삼각 톱니형	스파이럴형	직사각형	사다리꼴	사각 톱니형
형상						
회전방향	변화	일정	일정	변화	변화	일정
전달하중	경(輕) 하중 ──────────────────────→ 중(重) 하중					

다음 그림 중 (a)는 원동차와 종동차가 맞물려 있는 상태를 표시한 것이고, 그림 (b)는 그림 (a)의 AA 단면도를, 그림 (c)는 그림 (b)의 BB 단면도를 그린 것이다.

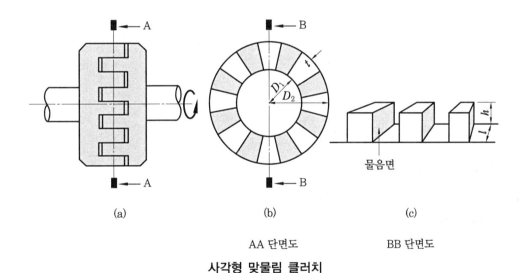

(a)   (b)   (c)

AA 단면도   BB 단면도

사각형 맞물림 클러치

① **물음면 압력(q)과 회전토크(T)**

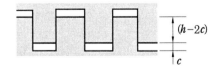

물음 실제 면적(전체 면적) : $A = (h-2c)tZ = (h-2c)\dfrac{D_2-D_1}{2}Z$

$$T = P\frac{D_m}{2} = qA\frac{D_m}{2} = q(h-2c)\frac{D_2-D_1}{2}Z\frac{D_2+D_1}{4}$$

$$= q(h-2c)\cdot Z \cdot \frac{D_2^2-D_1^2}{8}[\text{N}\cdot\text{mm}]$$

여기서, c : 물음 틈새, Z : 이의 개수

② **클로 뿌리 부분의 전단응력과 토크** : 위의 그림 (b)에서 음영 부분이 전단응력이 걸리는 단면이다. 지금 토크 T에 의해서 생기는 전단응력을 τ라 하고 이 클러치의 허용 전단응력을 τ_a라 하면 반드시 $\tau_a \geqq \tau$가 되어야 안전하다.

음영 부분의 면적은 전체 면적의 반이므로 $A = \frac{1}{2}\frac{\pi}{4}(D_2^2-D_1^2)$이다.

$$\therefore \quad T = \tau A\frac{D_m}{2} = \tau\frac{\pi}{8}(D_2^2-D_1^2)\frac{D_1+D_2}{4} \quad \cdots\cdots\cdots\cdots\cdots\cdots ①$$

$$\therefore \quad \tau = \frac{32T}{\pi(D_2^2-D_1^2)(D_1+D_2)}[\text{N/mm}^2] \quad \cdots\cdots\cdots\cdots\cdots\cdots ②$$

여기서, τ는 τ_a보다 클 수 없으며 τ_a를 식 ②의 τ대신 대입하여 구한 T는 작용시킬 수 있는 최대 토크임을 주의해야 한다.

7-2 커플링(coupling)

클러치는 운전 중에 단속할 수 있으나 커플링은 축을 사용하기 전에 고정시키는 반영구 이음이다. 즉, 분해하지 않으면 분리될 수 없는 축 이음이다. 커플링 중 가장 널리 쓰이는 것은 플랜지 커플링이다.

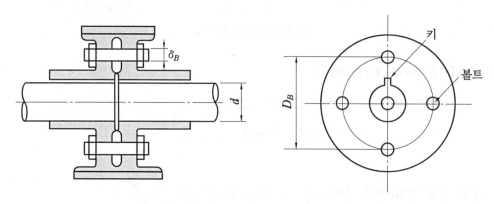

플랜지 커플링의 회전력과 전단저항 토크

n개의 볼트로 체결한 플랜지 커플링에서,

$$회전력(P) = n\frac{\pi}{4}\delta_B{}^2\tau$$

전단저항 토크 $T =$ 회전력 × 반지름이므로,

$$T = n\frac{\pi}{4}\delta_B{}^2\tau\frac{D_B}{2} = \frac{n\pi\delta_B{}^2\tau_B D_B}{8}[\text{N}\cdot\text{mm}]$$

여기서 δ_B : 볼트의 지름

τ_B : 볼트의 전단응력

D_B : 플랜지 피치원의 지름

참고 **커플링 설계 시 유의사항**

- 회전균형, 동적균형 등이 잡혀 있어야 한다.
- 중심 맞추기가 완전히 되어 있어야 한다.
- 조립, 분해, 붙이기 작업 등이 쉬워야 한다.
- 경량, 소형이어야 한다.
- 파동에 대하여 강해야 한다.
- 전동 용량이 충분해야 한다.
- 회전면에 되도록 돌기물이 없어야 한다.
- 윤활 등은 되도록 필요하지 않도록 해야 한다.
- 전동토크의 특성을 충분히 고려하여 특성에 적응한 형식으로 해야 한다.
- 가격이 저렴해야 한다.

출제 예상 문제

1. 두 축 거리가 짧고 평행이며 중심이 어긋나 있을 때 사용하는 것은?

① 물림 클러치　　　② 플랜지 커플링

③ 올덤 커플링　　　④ 훅의 만능 이음

[해설] 훅의 만능 이음(Hooke's universal joint) : $\alpha \leq 30°$의 변화각을 가지며, 두 축이 한 평면 위에 있고 어느 각도로 교차하는 축 이음이다.

(1) 물림 클러치(claw clutch) : 마찰 클러치와 더불어 운전 중에 동력의 단속이 쉽고, 두 축이 일직선으로 되어 있는 경우이다.

(2) 플랜지 커플링 : 영구 축 이음으로 두 축이 일직선으로 되어 있는 축 이음이다.

2. 다음 중 고정 축 이음이 아닌 것은?

① 셀러 커플링

② 머프 커플링

③ 플렉시블 커플링

④ 마찰 원통 커플링

[해설] (1) 고정축 커플링 : 플랜지 커플링, 원통형 커플링

(2) 원통형 커플링 : 머프 커플링, 셀러 커플링, 분할 원통 커플링

(3) 플렉시블 (휨) 커플링 : 두 축의 중심선을 완전히 일치시키기 어려운 경우와 전달토크의 변동으로 충격이나 고속회전으로 진동을 받는 경우에 사용한다.

3. 다음 중 마찰 클러치의 특징이 아닌 것은?

① 충격을 일으킨다.

② 마찰과 과열을 피할 수 없다.

③ 안전장치의 역할을 한다.

④ 과대한 하중이 걸리면 미끄러져 안전하다.

4. 머프 커플링에서 축 지름이 40 mm일 때 원통이 축을 누르는 힘이 1000 N이고, 마찰계수가 0.2이면, 이 커플링이 전달할 수 있는 토크는 얼마인가?

① 11000 N · mm　　② 11200 N · mm

③ 12566 N · mm　　④ 13000 N · mm

[해설] $T = \dfrac{\mu \pi W d}{2} = \dfrac{0.2 \times \pi \times 1000 \times 40}{2}$
$= 12566.4\ N \cdot mm$

5. 다음 중 마찰 클러치가 아닌 것은?

① 나사선 클러치　　② 밴드 클러치

③ 원판 클러치　　　④ 분할 링 클러치

[해설] 마찰 클러치에는 밴드, 원판, 원뿔, 분할 링, 블록 클러치 등이 있다.

6. 내연기관과 같이 전달토크 변동이 많은 원동기에서 다른 기계로 동력을 전달하는 경우, 또는 고속으로 진동을 일으키는 경우에 베어링이나 축에 무리를 적게 하고 진동이나 충격을 완화시키기 위한 축 이음은?

① 플렉시블 커플링

② 자재 이음 (universal joint)

③ 고정 커플링

④ 올덤 커플링

[해설] 올덤 커플링은 두 축이 평행이고 교차하지 않을 때, 그 편심거리가 크지 않을 때 사용하는 축 이음이고, 유니버설 조인트는 두 축이 어떤 각도로 교차하는 경우의 축 이음이다.

[정답] **1.** ③　**2.** ③　**3.** ①　**4.** ③　**5.** ①　**6.** ①

7. 유니버설 조인트 (자재 이음)에서 원동차와 종동차의 각속도가 ω_A, ω_B이고, 원동축과 종동축의 교각을 α, 원동축의 회전각을 θ라 할 경우 두 축의 각속도비 $\dfrac{\omega_B}{\omega_A}$를 나타낸 식은 어느 것인가? (단, $\alpha \leqq 30°$이다.)

① $\dfrac{\omega_B}{\omega_A} = \dfrac{\cos \alpha}{1 - \sin^2 \theta \sin^2 \theta}$

② $\dfrac{\omega_B}{\omega_A} = \dfrac{\cos \alpha}{1 - \sin^2 \alpha \sin^2 \theta}$

③ $\dfrac{\omega_B}{\omega_A} = \dfrac{1 - \cos \theta \sin \theta}{\sin \alpha}$

④ $\dfrac{\omega_B}{\omega_A} = \dfrac{1 - \cos \theta \sin^2 \alpha}{\sin \alpha}$

8. 유니버설 조인트는 언제 사용하는가?

① 탄성 고리를 종동축 플런저 볼트 구멍에 끼울 때

② 두 축의 중심선이 평행하고, 교차하지 않을 때

③ 두 축이 일직선상에 있지 않으나 서로 교차할 때

④ 두 축의 중심선이 평행하지도 교차하지도 않을 때

9. 접촉면의 평균지름 $D_m = 80$ mm, 전달 토크 495 N·mm, 마찰계수 0.2인 단판 클러치에서 토크를 전달하려면 얼마의 힘으로 밀어붙여야 하는가?

① 55.4 N　　　　② 61.8 N

③ 66.5 N　　　　④ 50 N

해설　$T = \mu P \dfrac{D_m}{2}$ [N·mm]에서

$P = \dfrac{2T}{\mu D_m} = \dfrac{2 \times 495}{0.2 \times 80} \fallingdotseq 61.88$ N

10. 배관 파이핑 (piping)에서 열응력 발생에 무관한 연결방법은 어느 것인가?

① 유니언 이음　　② 리벳 이음

③ 자재 이음　　　④ 신축 이음

11. 길이 1000 mm, 지름 50 mm의 축이 양단에서 베어링으로 받쳐 있고, 중앙에 무게 $W = 1000$ N의 풀리가 달려 있다. 축의 자중을 무시할 경우, 위험속도를 구하면 얼마인가? (단, $E = 205.8$ GPa이다.)

① 1464 rpm　　　② 1662 rpm

③ 1864 rpm　　　④ 2064 rpm

12. 300 rpm으로 10 PS을 전달하는 축에 작용하는 토크는 얼마인가?

① 239 N·cm　　　② 23400 N·cm

③ 2930 N·cm　　④ 29400 N·cm

해설　$T = 7.02 \times 10^5 \times \dfrac{PS}{N}$

　　　$= 7.02 \times 10^5 \times \dfrac{10}{300} = 23400$ N·cm

13. H [PS], N [rpm]을 전달하는 축에 작용하는 토크 T의 식에서 단위가 kg·m 인 것은?

① $T = 7162 \dfrac{H}{N}$　　② $T = 716.2 \dfrac{H}{N}$

③ $T = 716200 \dfrac{H}{N}$　④ $T = 71620 \dfrac{H}{N}$

14. 3000 rpm으로 25 kW를 전달시키고 있는 축의 비틀림 모멘트는 약 몇 N·mm인가?

① 81172　　　　② 79583

③ 59682　　　　④ 46302

해설　$T = 9.55 \times 10^6 \times \dfrac{kW}{N}$

　　　$= 9.55 \times 10^6 \times \dfrac{25}{3000} = 79583.33$ N·mm

---

정답 7. ②　8. ③　9. ②　10. ④　11. ②　12. ②　13. ②　14. ②

15. 마찰판의 수가 4인 다판 클러치에서 접촉면의 안지름이 500 mm, 바깥지름이 900 mm이며, 스러스트 600 N을 작용시킬 때 전달할 수 있는 토크는 얼마인가? (단, $\mu = 0.3$이다.)

① 162000 N · mm

② 186000 N · mm

③ 192000 N · mm

④ 252000 N · mm

[해설] $T = \mu P Z \dfrac{D_m}{2} = 0.3 \times 600 \times 4 \times \dfrac{700}{2}$
$= 252000$ N · mm

16. 전달마력 H_{PS}이고, 회전수 N[rpm]인 축에서 발생하는 전달토크 T[N · cm]를 구하는 식은?

① $T = 7.02 \times 10^6 \dfrac{H_{PS}}{N}$

② $T = 7.02 \times 10^5 \dfrac{H_{PS}}{N}$

③ $T = 7.02 \times 10^7 \dfrac{H_{PS}}{N}$

④ $T = 7.02 \times 10^8 \dfrac{H_{PS}}{N}$

[해설] $T = 7.02 \times 10^5 \dfrac{H_{PS}}{N}$ [N · cm]

17. 비틀림 모멘트 T[N · mm]와 굽힘 모멘트 M[N · mm]을 동시에 받는 전동축에 등가 비틀림 모멘트 (상당 비틀림 모멘트) T_e 를 구하는 식은?

① $T_e = \dfrac{1}{2}(M + \sqrt{M^2 + T^2})$

② $T_e = M + \sqrt{M^2 + T^2}$

③ $T_e = \sqrt{M^2 + T^2}$

④ $T_e = \dfrac{1}{2}\sqrt{M^2 + T^2}$

18. 다음 중 마찰 클러치의 장점이 아닌 것은?

① 주동축의 운전 중에도 단속이 가능하다.

② 등련 단속에도 충격 없이 단속시킬 수 있다.

③ 토크가 걸리면 미끄럼이 일어나 안전장치의 작용을 한다.

④ 클러치의 재료는 마멸 및 열에 관계없이 쉽게 얻을 수 있는 재료이면 된다.

19. 홈마찰의 홈 깊이가 h, 전 접촉부분의 길이가 l일 때, 홈의 수 Z를 구하는 경험식은 어느 것인가?

① $Z \fallingdotseq 2lh$ ② $Z \fallingdotseq \dfrac{2l}{h}$

③ $Z \fallingdotseq \dfrac{h}{2l}$ ④ $Z \fallingdotseq \dfrac{l}{2h}$

제8장　브레이크와 플라이 휠

8-1 **브레이크의 일반적 사항**

(1) 브레이크(brake)

운동 부분의 에너지를 흡수하여 그 운동을 정지시키거나 속도를 조절하여 위험을 방지하는 제동장치이다.

(2) 브레이크의 구성

① **작동 부분** : 마찰력을 생기게 하는 부분

　㉠ 브레이크 드럼, 블록, 밴드, 브레이크 막대

② **조작 부분** : 작동 부분에 힘을 주는 부분

　㉠ 인력(사람의 힘), 스프링의 힘, 공기력, 유압력, 원심력, 자기력

8-2 **블록 브레이크**

① 브레이크 륜, 브레이크 블록, 브레이크 막대로 구성

② **단식 블록 브레이크**

　㈎ 구조가 간단하다.

　㈏ 굽힘 모멘트가 작용한다.

　㈐ 제동토크가 큰 곳에서는 사용하지 못한다.

　㈑ 축지름 50 mm 이하에 사용한다.

③ 브레이크 륜의 회전방향 : 우회전, 좌회전

  (가) 브레이크 막대 비율 : $\dfrac{a}{b}=3{\sim}6$, 최대 10을 초과해서는 안 됨

  (나) 블록과 륜의 사이는 2~3 mm 정도가 적당함

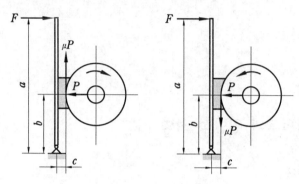

브레이크 륜의 회전방향

④ 제동토크(T)

$$T=f\cdot\dfrac{D}{2}=\mu P\dfrac{D}{2}[\text{N}\cdot\text{mm}]$$

⑤ 막대의 조작력(F) 계산

    한 지점에 대한 모멘트의 합 $=0(\sum M_{hinge}=0)$

  (가) 내작용 우회전

    $F\cdot a-P\cdot b-\mu P\cdot c=0$

    $\therefore\ F=\dfrac{P}{a}(b+\mu c)=\dfrac{f}{\mu a}(b+\mu c)[\text{N}]$

  (나) 내작용 좌회전

    $F\cdot a-P\cdot b+\mu P\cdot c=0$

    $\therefore\ F=\dfrac{P}{a}(b-\mu c)=\dfrac{f}{\mu a}(b-\mu c)[\text{N}]$

    내작용 선형($c>0$)

  (다) 중작용 우회전과 좌회전은 $c=0$이므로 회전방향과 관계없다.

    $F\cdot a-P\cdot b=0$

    $\therefore\ F=\dfrac{b}{a}P=\dfrac{fb}{\mu a}[\text{N}]$

    중작용 선형($c=0$)

㈐ 외작용 우회전

$$F \cdot a - P \cdot b + \mu P \cdot c = 0$$

$$\therefore \ F = \frac{P}{a}(b - \mu c) = \frac{f}{\mu a}(b - \mu c)[\text{N}]$$

외작용 선형($c < 0$)

㈑ 외작용 좌회전

$$F \cdot a - P \cdot b - \mu P \cdot c = 0$$

$$\therefore \ F = \frac{P}{a}(b + \mu c) = \frac{f}{\mu a}(b + \mu c)[\text{N}]$$

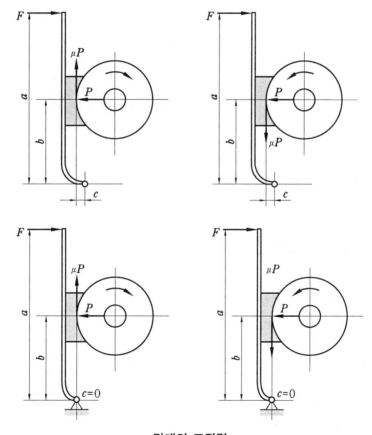

막대의 조작력

⑥ **브레이크 자결작용** : 내작용의 좌회전, 외작용의 우회전에서 $b \leqq \mu c$이면 자동적으로 회전이 정지된다. 즉, $F \leqq 0$이다.

8-3 **내확 브레이크(internal expansion brake)**

복식 블록 브레이크의 일종으로 브레이크 블록이 브레이크 륜의 안쪽에 있어서 바깥쪽으로 확장 접촉되면서 제동이 되는 형식이다. 마찰면이 안쪽에 있으므로 먼지와 기름 등이 마찰면에 부착하지 않고 브레이크 륜의 바깥면에서 열 발산이 용이하다.

① 우회전의 경우

$$F_1 a - P_1 b + \mu P_1 c = 0$$

$$\therefore F_1 = \frac{P_1}{a}(b - \mu c)$$

$$-F_2 a + P_2 b + \mu P_2 c = 0$$

$$\therefore F_2 = \frac{P_2}{a}(b + \mu c)$$

② 좌회전의 경우

$$F_1 = \frac{P_1}{a}(b + \mu c)$$

$$F_2 = \frac{P_2}{a}(b - \mu c)$$

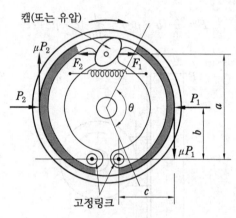

내확 브레이크

8-4 **브레이크 용량**

① 제동마력(단위시간당 마찰일량)

$$kW = \frac{\mu P v}{1000}[\text{kW}] \quad PS = \frac{\mu P v}{735}[\text{PS}]$$

여기서, $P = pA =$ 압력 $\times$ 투상면적 $= \text{N/mm}^2 \times \text{mm}^2 = \text{N}$

$$kW = \frac{\mu p v A}{1000}[\text{kW}]$$

② 브레이크 용량(brake capacity)

$$\mu p v = \frac{\mu P v}{A} = \frac{1000 kW}{A}[\text{N/mm}^2 \cdot \text{m/s}]$$

$$= \text{마찰계수}(\mu) \times \text{압력속도계수}(pv)$$

8-5 밴드 브레이크

브레이크 륜의 외주에 강제의 밴드(band)를 감고 밴드에 장력을 주어 브레이크 륜과의 마찰에 의하여 제동작용을 한다. μ를 크게 하기 위해 밴드 안쪽에 라이닝을 한다.

① **제동토크(T)**

$$T = f\frac{D}{2} = (T_t - T_s)\frac{D}{2}[\text{N·mm}]$$

여기서, f : 유효장력(회전력)
T_t : 긴장측 장력
T_s : 이완측 장력

$$T_t = f\frac{e^{\mu\theta}}{e^{\mu\theta}-1}, \quad T_s = f\frac{1}{e^{\mu\theta}-1}$$

② **제동력의 계산 :** 형식과 회전방향에 따라 구하면 다음과 같다.

(가) 단동식 우회전

$$F \cdot l - T_s \cdot a = 0$$

$$\therefore \ F = \frac{a}{l}T_s = \frac{a}{l}f\frac{1}{e^{\mu\theta}-1}$$

(나) 단동식 좌회전 : 우회전 때와 $T_t \cdot T_s$가 바뀜

$$F \cdot l - T_t \cdot a = 0$$

$$\therefore \ F = \frac{a}{l}T_t = \frac{a}{l}f\frac{e^{\mu\theta}}{e^{\mu\theta}-1}$$

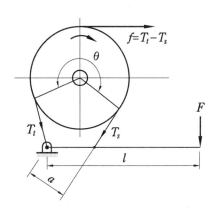

단동식 밴드 브레이크

(다) 차동식 우회전

$$F \cdot l + T_t \cdot a - T_s \cdot b = 0$$

$$\therefore \ F = \frac{f(b-ae^{\mu\theta})}{l(e^{\mu\theta}-1)}$$

(라) 차동식 좌회전

$$F \cdot l + T_s \cdot a - T_t \cdot b = 0$$

$$\therefore \ F = \frac{f(be^{\mu\theta}-a)}{l(e^{\mu\theta}-1)}$$

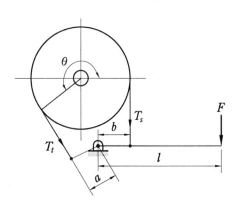

차동식 밴드 브레이크

㈜ 합동식(우회전=좌회전)

$$F \cdot l - T_t \cdot a - T_s \cdot a = 0$$

$$\therefore F = \frac{a}{l}(T_t + T_s)$$

$$= \frac{f \cdot a(e^{\mu\theta} + 1)}{l(e^{\mu\theta} - 1)}$$

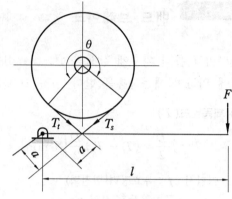

합동식 밴드 브레이크

③ 밴드 브레이크의 자결작용

차동식에서, $\left.\begin{array}{l} \text{우회전 } b \leqq ae^{\mu\theta} \\ \text{좌회전 } be^{\mu\theta} \leqq a \end{array}\right\} F \leqq 0$

④ 밴드 브레이크의 제동마력

접촉압력 p

밴드 길이 $dx = rd\theta$

밴드의 폭 b

$$pbdx = 2F\sin\frac{d\theta}{2} \fallingdotseq Fd\theta = F \cdot \frac{dx}{r}$$

$$\therefore p = \frac{F}{br}$$

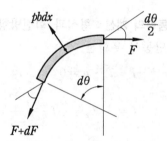

밴드 브레이크의 제동마력

여기서, $p_{\max} = \dfrac{T_t}{br}$, $p_{\min} = \dfrac{T_s}{br}$, $p_{mean} = p_m = \dfrac{p_{\max} + p_{\min}}{2}$

제동력을 P라 하면, $P = \mu br\theta p_m\,[\text{N}]$

$$\text{제동동력}(kW) = \frac{Pv}{1000} = \frac{\mu P_m vbr\theta}{1000}[\text{kW}]$$

8-6 래칫 휠과 폴

축의 역전방지기구로 사용 $D = \dfrac{pZ}{\pi}$

$$P = 3.75\sqrt[3]{\frac{T}{\sigma_a \cdot z\Phi}}\left(\Phi = \frac{\text{이폭}}{\text{이의 피치}}\right)$$

회전 토크$(T) = F \cdot \dfrac{D}{2}[\text{N·mm}]$

폴에 작용하는 힘$(F)=\dfrac{2\,T}{D}=\dfrac{2\pi\,T}{pZ}[\text{N}]$

래칫 휠의 면압$(q)=\dfrac{F}{A}=\dfrac{F}{bh}[\text{N/mm}^2]$

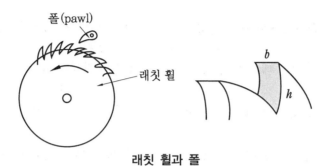

래칫 휠과 폴

8-7 **플라이 휠(관성차)**

플라이 휠은 속도조절장치의 하나로서 운동에너지를 저축하거나 방출함으로써 기계의 회전속도 변동을 어느 한정된 범위 내로 유지하는 작용을 한다. (기관의 회전을 고르게 하기 위한 장치이다.) 1사이클 중의 토크가 역방향으로 작용하는 경우에도 운전을 가능하도록 하며 각속도의 변동을 억제하는 기능을 갖는다.

① 운동에너지 변화량

$$\Delta E=\frac{1}{2}I(\omega_1^2-\omega_2^2)=I\omega^2\delta,\;\;I=\frac{\gamma\pi t}{2g}(R_2^4-R_1^4)$$

여기서, I : 플라이 휠의 관성 모멘트(N·m^2)
ω_1 : 최대 각속도 $\qquad\qquad\omega_2$: 최소 각속도
ω : 평균 각속도$\left(\dfrac{\omega_1+\omega_2}{\omega}\right)\qquad\delta$: 속도 변동률$\left(\dfrac{\omega_1-\omega_2}{\omega}\right)$

② 1사이클당 얻을 수 있는 에너지

$$E=4\pi\,T_m$$

여기서, T_m : 평균토크

③ 에너지 변동률

$$\xi=\frac{\Delta E}{E}$$

④ 플라이 휠의 강도(회전하는 얇은 원판)

$$\sigma=\frac{\gamma}{g}v^2=\frac{\gamma}{g}(r\omega)^2=\frac{\gamma}{g}r^2\omega^2[\text{N/mm}^2]$$

출제 예상 문제

1. 다음 중 자동 하중 브레이크의 종류를 나타낸 것은?

① 웜 브레이크, 나사 브레이크, 캠 브레이크

② 로프 브레이크, 밴드 브레이크, 원심력 브레이크

③ 웜 브레이크, 블록 브레이크, 캠 브레이크

④ 밴드 브레이크, 나사 브레이크, 원추 브레이크

[해설] 자동 브레이크에는 웜, 나사, 코일, 캠, 로프, 원심력 브레이크 등이 있다.

2. 다음 중 래칫 휠의 작용으로 틀린 것은?

① 완충작용   ② 조속작용

③ 역전방지작용   ④ 분할작용

[해설] 래칫 휠과 폴 장치는 역전방지작용, 조속작용, 분할작용을 하는 기계요소로 토크 및 힘의 전달에 사용된다.

3. 브레이크 용량을 나타내는 식은?

① 속도계수×마찰력

② 마찰계수×속도×압력

③ 마찰계수×속도 변화율

④ 마찰 압력계수×속도

[해설] 브레이크 용량 = $\mu q v$ = 마찰계수×허용압력×원주속도 $(\mathrm{kg/mm^2 \cdot m/s})$이다.

4. 브레이크 라이닝의 구비조건으로 적당하지 않은 것은?

① 내열성이 클 것

② 제동효과가 양호할 것

③ 마찰계수가 작을 것

④ 내마멸성이 클 것

[해설] 마찰계수가 클수록 브레이크 용량이 크다(제동력이 크다).

5. 단식 블록 브레이크에서 $c > 0$인 경우 좌회전할 때와 $c < 0$인 경우 우회전할 때 자동체결(self locking of brake)이 되는 조건은?

① $b \geqq \mu c$ ② $b \leqq \mu a$

③ $b \geqq \mu a$ ④ $b \leqq \mu c$

[해설] 단식 블록 브레이크에서 $c > 0$인 경우 좌회전할 때와, $c < 0$인 경우 우회전할 때는 $b \leqq \mu c$의 경우에는 $F \leqq 0$으로 되어 브레이크 레버에 힘을 가하지 않아도 자동적으로 브레이크가 걸린다.

6. 다음 중 차동식 밴드 브레이크에서 우회전의 경우 자동체결이 되는 조건은 어느 것인가?

① $ae^{\mu\theta} \leqq b$ ② $a \geqq be^{\mu\theta}$

③ $ae^{\mu\theta} \geqq b$ ④ $a \geqq be^{\mu\theta}$

[해설] 차동식 밴드 브레이크의 경우 $F \leqq 0$이면 자동으로 브레이크가 걸린다. $F \leqq 0$이 되려면 우회전의 경우는 $ae^{\mu\theta} \geqq b$, 좌회전의 경우는 $a \geqq be^{\mu\theta}$가 되어야 한다.

7. 어느 단식 블록 브레이크의 제동마력이 10 PS이다. 이 브레이크의 블록 길이가 100 mm, 폭이 25 mm일 때, 브레이크의 용량$(\mathrm{kg/mm^2 \cdot m/s})$을 구하면?

[정답] 1. ①   2. ①   3. ②   4. ③   5. ④   6. ③   7. ③

① 0.1　② 0.2　③ 0.3　④ 0.4

8. 단식 블록 브레이크에서 $c<0$이 되는 경우 좌회전, 우회전 모두 $F=Qb/\mu a$가 되려면 c의 값을 얼마로 하면 되겠는가?

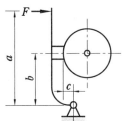

①　0　　　　　　②　$\dfrac{1}{2}$

③　1　　　　　　④　2

해설 우회전인 경우 $F=Q(b-\mu c)/\mu a$이고, 좌회전인 경우 $F=Q(b+\mu c)/\mu a$이므로 두 식에서 c가 0이 되면 $\mu c=0$이 되므로 $F=Qb/\mu a$가 된다. 또, 내작용선식도 마찬가지로 $c=0$이 되면 $F=Qb/\mu a$가 된다.

9. 위 문제 8의 그림에서 좌회전할 때 레버에 가하는 힘을 F_1, 우회전할 때의 힘을 F_2라 하면 F_1-F_2의 값은 어떻게 되겠는가?

①　$\dfrac{2Qc}{b}$　　　　②　$\dfrac{2Qc}{a}$

③　$\dfrac{2Qb}{c}$　　　　④　$\dfrac{2Qb}{a}$

해설 외작용선식에서 좌회전인 경우 레버에 가하는 힘 $F_1=\dfrac{P}{a}(b+\mu c)$이고, 우회전인 경우는 $F_2=\dfrac{P}{a}(b-\mu c)$이므로,

$$F_1-F_2=\frac{P}{a}(b+\mu c)-\frac{P}{a}(b-\mu c)$$
$$=\frac{P}{a}[(b+\mu c)-(b-\mu c)]$$
$$=\frac{P}{a}\times 2\mu c=\frac{2\mu Pc}{a}=\frac{2Qc}{a}$$

10. 다음 그림과 같은 단식 블록 브레이크에서 좌회전의 경우 레버 끝에 가할 힘 F_1과 우회전의 경우 레버 끝에 가할 힘 F_2의 차(F_1-F_2)는 얼마인가?

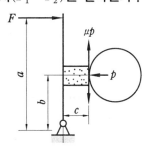

①　$F_1-F_2=\dfrac{\mu p c}{a}$

②　$F_1-F_2=\dfrac{2\mu p c}{a}$

③　$F_1-F_2=-\dfrac{\mu p c}{a}$

④　$F_1-F_2=-\dfrac{2\mu p c}{a}$

11. 차동 밴드 브레이크의 자체작용 조건은 어느 것인가? (단, μ는 밴드와 브레이크 드럼 사이의 마찰계수이다.)

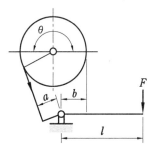

① 좌회전에서는 $a\geqq be^{\mu\theta}$이다.

② 우회전에서는 $a\geqq be^{\mu\theta}$이다.

③ 좌회전에서는 $b\geqq ae^{\mu\theta}$이다.

④ 우회전에서는 $a=be^{\mu\theta}$이다.

해설 차동식 밴드 브레이크의 자결작용
　(1) 우회전 : $b\leqq ae^{\mu\theta}$
　(2) 좌회전 : $a\geqq be^{\mu\theta}$

12. 접촉면 압력 q, 속도 v, 마찰계수 μ 일 때 브레이크 용량을 표시하는 것은 어느 것인가?

① $\dfrac{\mu q}{v}$

② $\mu q v$

③ $\dfrac{\mu v}{q}$

④ $\dfrac{q v}{\mu}$

13. 블록 브레이크에서 브레이크 휠과 브레이크 블록 사이의 마찰계수를 μ, 브레이크 드럼의 원주속도를 v, 블록과 브레이크 사이의 제동압력을 p, 블록의 접촉면적을 A라 할 때, 브레이크 용량을 구하는 식은?

① $\mu p v$

② $\dfrac{\mu p v}{735}$

③ $\dfrac{\mu p v}{A}$

④ $\dfrac{\mu p A}{v}$

[해설] 브레이크 용량 $= \mu p v = \dfrac{\mu P v}{A} = \dfrac{f V}{A}$

$= \dfrac{1000 kW}{A} = \dfrac{735 PS}{A} \, [\mathrm{N/mm^2 \cdot m/s}]$

14. 블록 브레이크에서 지름 450 mm의 브레이크 드럼에 브레이크 블록을 밀어붙이는 힘 200 N을 작용시킬 때, 제동축의 토크는 얼마인가? (단, 마찰계수 $\mu = 0.2$ 이다.)

① $3000 \, \mathrm{N \cdot mm}$

② $4500 \, \mathrm{N \cdot mm}$

③ $9000 \, \mathrm{N \cdot mm}$

④ $18000 \, \mathrm{N \cdot mm}$

[해설] $T = f\dfrac{D}{2} = \mu P \dfrac{D}{2}$

$= 0.2 \times 200 \times \dfrac{450}{2} = 9000 \, \mathrm{N \cdot mm}$

제9장 스프링

9-1 코일 스프링의 실용 설계

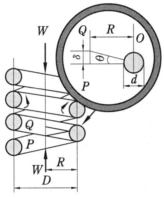

압축 코일 스프링

여기서, W : 하중(N) D : 코일의 평균지름(mm)

   d : 소선의 지름(mm) p : 코일의 피치(mm)

   δ : 스프링의 처짐(mm) n : 유효권수(감김수)

   K : 왈의 응력수정계수 E : 세로 탄성계수(N/mm^2)

   G : 가로 탄성계수(N/mm^2) τ : 최대 전단응력(N/mm^2)

   θ : 비틀림 각(°) σ : 최대 굽힘응력(N/mm^2)

   U : 단위면적당 에너지(N·mm/mm^2)

(1) 스프링 지수

$$C = \frac{2R}{d} = \frac{D}{d} = \frac{\text{코일의 평균지름}}{\text{소선의 지름}}$$

C를 스프링 지수라 하고, $12 > C > 5$의 범위에 있다.

(2) 응력값의 계산

실제의 전단응력은 스프링의 곡률 반지름과 기타의 영향을 받아 이론 계산식과 일치하지 않으므로 왈의 수정계수 K를 곱하여 수정한다.

$$\tau = K\frac{16RW}{\pi d^3} = K\frac{8D}{\pi d^3}W = K\frac{8C}{\pi d^2}W$$

$$\tau = K\frac{8C^3}{\pi D^2}W[\text{N/mm}^2]$$

그리고 K는 스프링 지수 C만의 함수이다. 즉,

$$K = \frac{4C-1}{4C-4} + \frac{0.615}{C} = f(C)$$

다음 표는 C에 대한 K의 값을 표시한 것이다.

C에 대한 K의 값

$C = \dfrac{D}{d}$	K	$C = \dfrac{D}{d}$	K
4.0	1.39	6.0	1.24
4.25	1.36	6.5	1.22
4.5	1.34	7.0	1.20
4.75	1.32	7.5	1.18
5.0	1.30	8.0	1.17
5.25	1.28	8.5	1.16
5.5	1.27	9.0	1.15

(3) 스프링 상수와 처짐

$$k = \frac{W}{\delta} = \frac{Gd^4}{8nD^3} = \frac{Gd}{8nC^3} = \frac{GD}{8nC^4} = \frac{Gd^4}{64nR^3}[\text{N/mm}]$$

$$\delta = \frac{8nD^3}{Gd^4}W = \frac{8nC^3}{Gd}W = \frac{8nC^4}{GD}W[\text{mm}]$$

(4) 에너지의 계산

$$U = \frac{W\delta}{2} = \frac{32nR^3W^2}{gD^4} = \frac{V\tau^2}{4K^2G}[\text{N·mm}]$$

단, V는 스프링 대강의 부피이다.

$$V = \frac{\pi d^2}{4}\cdot 2\pi Rn[\text{mm}^3]$$

따라서, 단위체적마다 흡수되는 에너지를 크게 하려면 좋은 재료를 사용하여 τ를 크게

취하고, 또는 K를 작게, 즉 $C = \dfrac{D}{d} = \dfrac{2R}{d}$ 을 크게 할 필요가 있다.

재료의 기호 및 가로 탄성계수(G) 값

재료	기호	G의 값(N/mm²)
스프링 강선	SUP	8×10^4
경강선	SW	8×10^4
피아노선	SWP	8×10^4
스테인리스 강선(SUS 27, 32, 40)	SUS	7.5×10^4
황동선	BSW	4×10^4
양백선	NSWS	4×10^4
인청동선	PBW	4.5×10^4
베릴륨동선	BeCuW	5×10^4

(5) 서징(surging)

서징의 1차 고유진동수 $f_1 = \dfrac{d}{2\pi n D^2} \sqrt{\dfrac{gG}{2\gamma}}\,[\text{cps}]$

스프링강의 경우, $f_1 = 3.56 \times 10^5 \dfrac{d}{nD^2}\,[\text{cps}]$

여기서, γ : 스프링 재료의 비중량

9-2 삼각형 스프링 및 겹판 스프링의 실용 설계

여기서, W : 하중(N) l : 스팬(mm)

E : 세로 탄성계수(N/mm²) λ_1 : 모판의 수정계수

h : 강판의 두께(mm) λ_2 : 판간 마찰 수정계수

n : 강판의 수 b : 강판의 너비(mm)

(1) 삼각형 스프링

① 굽힘응력(σ_b)

$$\sigma_b = \frac{6Wl}{bh^2}\,[\text{N/mm}^2]$$

② 고정단의 너비(b)

$$b = \frac{6\,Wl}{\sigma_b h^2}\,[\text{mm}]$$

③ 자유단에 생기는 처짐(δ)

$$\delta = \frac{6\,Wl^3}{bh^3 E}\,[\text{mm}]$$

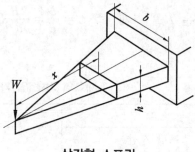

삼각형 스프링

(2) 겹판 스프링(leaf spring)

(양단받침 · 중앙집중하중)

① $\sigma_b = \dfrac{3}{2}\dfrac{Wl}{nbh^2}\,[\text{N}/\text{mm}^2]$

② $\delta = \dfrac{3}{8}\dfrac{Wl^3}{nbh^3 E}\,[\text{mm}]$

허리쬠의 폭을 b라 하면, l 대신에 $l - 0.6e$를 대입한다.

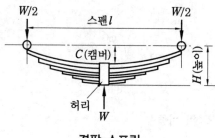

겹판 스프링

출제 예상 문제

1. 2개의 스프링을 그림과 같이 연결하였을 때 합성 스프링 상수 k를 구하는 식은 어느 것인가?

① $k = k_1 + k_2$

② $k = k_1 - k_2$

③ $\dfrac{1}{k} = \dfrac{1}{k_1} + \dfrac{1}{k_2}$

④ $k = \dfrac{1}{k_1} - \dfrac{1}{k_2}$

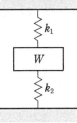

[해설] 병렬연결이므로 합성 스프링 상수 $k = k_1 + k_2$[N/mm]이다.

2. 스프링 지수 C를 나타내는 공식은 어느 것인가? (단, 코일의 평균지름을 D, 소선의 지름을 d 라 한다.)

① $C = Dd$ ② $C = \dfrac{D}{d}$

③ $C = \dfrac{d}{D}$ ④ $C = \dfrac{\pi D}{d}$

3. 다음 중 스프링에 작용하는 힘을 P [N], 변위량을 δ [mm], 마찰계수를 μ, 스프링 상수를 k 라 할 때, P 를 구하는 식은 어느 것인가?

① $P = k\delta$ ② $P = \dfrac{k}{\delta}$

③ $P = \mu k\delta$ ④ $P = \dfrac{k}{\mu\delta}$

4. 코일 스프링에서 스프링 지수 C와 왈(Wahl)의 응력수정계수 K와의 사이에는 어떤 관계가 있는가?

① C의 값은 K의 값이 클수록 커진다.

② K의 값은 C의 값이 작을수록 커진다.

③ K는 C^2에 비례한다.

④ C는 K^2에 반비례한다.

[해설] 왈의 응력수정계수 K는 스프링 지수 C만의 함수이다. 즉, C의 값이 커지면 K의 값은 작아진다.

5. 다음 그림과 같이 스프링을 직렬로 연결할 때 합성 스프링 장치에서 처짐량이 60 mm이다. 이때 작용하는 하중을 구하면 얼마인가? (단, $k_1 = 60$ N/cm, $k_2 = 20$ N/cm이다.)

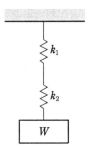

① 40 N   ② 60 N

③ 80 N   ④ 90 N

[해설] 하중은 $P = k\delta$ 식으로 구한다.

여기서, 합성 스프링 상수 k가 미지수이므로 값을 먼저 구한다. 직렬연결일 때 합성 스프링 상수 k는,

$$k = \dfrac{1}{\dfrac{1}{k_1} + \dfrac{1}{k_2}} = \dfrac{1}{\dfrac{1}{60} + \dfrac{1}{20}} = \dfrac{1}{\dfrac{1}{60} + \dfrac{3}{60}}$$

$= 15$ N/cm

$\therefore P = k\delta = 15 \times 6 = 90$ N

정답   **1.** ①   **2.** ②   **3.** ①   **4.** ②   **5.** ④

6. 다음 그림과 같은 스프링 장치에서 P 가 100 N일 때, 이 스프링 장치의 하중방향의 처짐은 얼마인가? (단, $k_1 = 20$ N/cm, $k_2 = 30$ N/cm이다.)

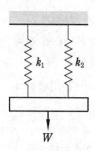

① 1 cm ② 2 cm
③ 3 cm ④ 4 cm

해설 병렬연결이므로
$$k = k_1 + k_2 = 20 + 30 = 50 \, \text{N/cm}$$
$$P = k\delta \text{에서,} \quad \delta = \frac{P}{k} = \frac{100}{50} = 2 \, \text{cm}$$

7. 압축 코일 스프링에서 스프링 지수를 C, 왈의 응력수정계수를 K라 할 때, 이들의 관계식을 나타낸 것은?

① $K = \dfrac{4C-1}{4C-4} + \dfrac{0.615}{C}$

② $K = \dfrac{4C-1}{4C-4}$

③ $K = \dfrac{4C-1}{4C-4} + \dfrac{C}{0.615}$

④ $K = \dfrac{4C-4}{4C-1}$

8. 코일 스프링에서 유효 감김수만을 2배로 하면 같은 축하중에 대하여 처짐은 몇 배가 되는가?

① $\dfrac{1}{2}$ 배 ② 2 배
③ 4 배 ④ 8 배

해설 코일 스프링의 처짐식 $\delta = \dfrac{8nD^3P}{Gd^4}$에서 D, P, G, d 가 일정하면 δ는 n에 비례한다. 따라서, 유효 감김수가 2배가 되면 처짐량은 2배가 된다.

9. 단면적 A, 세로 탄성계수 E, 길이 l인 강봉에 인장하중이 작용하여 δ만큼 늘어났다. 이 막대의 스프링 상수는 어느 것인가?

① $\dfrac{AE}{l}$ ② $\dfrac{E\delta}{l}$

③ $\dfrac{AE}{\delta}$ ④ $\dfrac{A\delta}{E}$

해설 $k = \dfrac{P}{\delta} = \dfrac{P}{\dfrac{Pl}{AE}} = \dfrac{AE}{l}$

10. 코일 스프링에서 하중을 P, 코일의 평균지름을 D, 소선의 지름을 d라 할 때, 비틀림 응력(τ)을 계산하는 식은?

① $\tau = \dfrac{\pi d^3}{8PD}K$ ② $\tau = \dfrac{8PD}{\pi d^3}K$

③ $\tau = \dfrac{\pi d^3 n}{16PD}K$ ④ $\tau = \dfrac{8Pd}{\pi D^3}K$

11. 코일 스프링에서 감김수를 n이라 할 때 코일 스프링의 처짐량 δ를 구하는 식은 어느 것인가?

① $\delta = \dfrac{16nPD^3}{Gd^4}$ ② $\delta = \dfrac{8PD^4n}{Gd^4}$

③ $\delta = \dfrac{8nPD^3}{Gd^4}$ ④ $\delta = \dfrac{8PGd}{D^3n}$

12. 코일 스프링의 자유높이와 평균지름의 비를 무엇이라 하는가?

① 스프링 지수 ② 스프링 종횡비
③ 스프링 상수 ④ 스프링 지름

정답 6. ② 7. ① 8. ② 9. ① 10. ② 11. ③ 12. ②

해설 스프링에 하중이 작용하지 않고 있을 때의 높이를 자유높이(H)라 하고, 이 자유높이와 평균지름(D)과의 비를 스프링의 종횡비(λ)라 하며, 다음과 같이 나타낸다.

$$\lambda = \frac{H}{D}$$

13. 코일 스프링에서 응력을 구하는 식은? (단, τ : 응력, K : 왈의 정수, W : 작용하는 하중, D : 코일의 지름, d : 소재의 지름이다.)

① $\tau = \dfrac{8DW}{\pi d^4}$ ② $\tau = K\dfrac{8DW}{\pi d^3}$

③ $\tau = \dfrac{8DW}{\pi d^4}$ ④ $\tau = K\dfrac{\pi d^3}{8DW}$

14. 스프링에 작용하는 진동수가 스프링의 고유 진동수와 같아 공진하는 현상을 무엇이라 하는가?

① 스프링의 완화현상
② 스프링의 서징현상
③ 스프링의 피로현상
④ 스프링의 지수현상

15. 다음 중 코일 스프링에서 하중을 W, 코일 반지름을 R, 전단응력을 τ 라 하고, 소선의 지름을 d 라 하면 전단응력(τ)은 얼마인가? (단, 왈(Wahl)의 수정계수를 K 라 한다.)

① $\tau = K\dfrac{16WR}{\pi d^2}$ ② $\tau = K\dfrac{16WR}{\pi d^3}$

③ $\tau = K\dfrac{16d^3 W}{\pi R^3}$ ④ $\tau = K\dfrac{16d W}{\pi R^3}$

16. 코일 스프링에 있어서 스프링 지수를 C 라 하고, 왈 수정계수를 K 라 할 때 C 와 K 의 관계로서 옳은 것은?

① C와 K는 정비례하여 증감한다.
② C는 K의 제곱에 정비례한다.
③ C는 K의 3제곱에 정비례한다.
④ C는 K에 반비례하여 증감된다.

17. 2개의 코일 스프링을 다음 그림과 같이 연결했을 때, 합성 스프링 상수는 얼마인가? (단, $k_1 = 1.0$ N/mm, $k_2 = 1.5$ N/mm이다.)

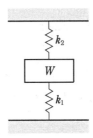

① 9.4 N/mm ② 2.5 N/mm
③ 0.06 N/mm ④ 1 N/mm

해설 병렬연결이므로
$$k_{eq} = k_1 + k_2 = 1 + 1.5 = 2.5 \text{ N/mm}$$

18. 다음 중 500 N의 하중을 받아 처짐이 15 mm 생긴 인장 코일 스프링의 평균지름이 20 mm, 소선의 지름이 4 mm일 때, 최대 전단응력은 얼마인가? (단, 응력수정계수 $K = \dfrac{4C-1}{4C-4} + \dfrac{0.615}{C}$ 이다.)

① 274 N/mm^2 ② 365 N/mm^2
③ 485 N/mm^2 ④ 521 N/mm^2

19. 어떤 코일 스프링에서 코일의 지름만을 3배로 하여 다시 만들면 같은 축하중에 의한 처짐은 몇 배로 되는가?

① 3 배 ② 16 배
③ 27 배 ④ 32 배

해설 $\delta \propto D^3$ 이므로 $\delta = 3^3 = 27$배

정답 13. ② 14. ② 15. ② 16. ④ 17. ② 18. ④ 19. ③

제10장 벨트 전동장치

10-1 **평벨트(flat belt)**

평벨트 풀리는 림, 암, 보스의 세 부분으로 구성되어 있다. 소형의 평벨트 풀리는 일체형으로, 대형은 분리형으로 만든다.

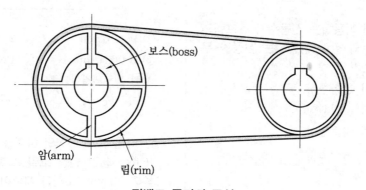

보스(boss)

암(arm)

림(rim)

평벨트 풀리의 구성

(1) 거는 방법

① **평행걸기(open belting type)** : 두 풀리의 회전방향이 같다.

② **엇걸기(cross belting type)** : 두 풀리의 회전방향이 반대이다.

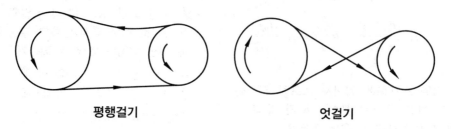

평행걸기   **엇걸기**

평행걸기에서 아래쪽의 벨트가 긴장측이 되도록 한다.

(2) 풀리의 원주속도(v)

원동풀리나 종동풀리의 원주속도는 서로 같다.

$$v = \frac{\pi D_1 N_1}{60 \times 1000} = \frac{\pi D_2 N_2}{60 \times 1000}[\text{m/s}]$$

여기서, D : 풀리의 피치원 지름(mm)

D' : 풀리의 지름(mm)

t : 벨트의 두께(mm) ($\therefore D = D' + t$)

N : 풀리의 1분당 회전수(rpm)

첨자 1, 2 : 원동차, 종동차

※ 벨트의 두께를 무시할 수 있다면 $D = D'$로 한다.

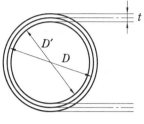

풀리의 원주속도

(3) 회전비(속비)(ε)

$$\varepsilon = \frac{\text{종동풀리의 회전수}(N_2)}{\text{원동풀리의 회전수}(N_1)} = \frac{\text{원동풀리의 지름}(D_1)}{\text{종동풀리의 지름}(D_2)}$$

속비가 6 : 1보다 클 때에는 중간축을 설치하여 풀리 열(pulley train)을 만든다.

$$\varepsilon = \varepsilon_{12} \times \varepsilon_{34} = \frac{D_1}{D_2} \times \frac{D_3}{D_4}$$

예를 들면, 1분에 150회전하는 원동풀리 A로서 1분에 1800회전하는 종동풀리 B를 회전시키고자 할 때 회전속비 ε_{AB}는 12 : 1이므로 다음 그림과 같이 중간풀리 C, D를 달아서 조합시킨다.

$$\varepsilon_{AB} = \frac{1800}{150} = \frac{12}{1} = \frac{3}{1} \times \frac{4}{1}$$

$$\frac{N_B}{N_A} = \frac{N_C}{N_A} \times \frac{N_B}{N_D}$$

$(\therefore N_C = N_D$ 동일축이므로)

$\therefore D_A = 900, \; D_C = 300, \; D_D = 800,$

$D_B = 200$으로 하면 된다.

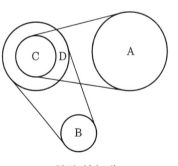

회전비(속비)

(4) 벨트의 길이(L)

① 평행걸기

$$L = 2C + \frac{\pi}{2}(D_1 + D_2) + \frac{(D_2 - D_1)^2}{4C}[\text{mm}]$$

② 엇걸기

$$L = 2C + \frac{\pi}{2}(D_1 + D_2) + \frac{(D_1 + D_2)^2}{4C}\,[\text{mm}]$$

여기서, C : 두 축 사이의 거리(축간 거리)

(5) 접촉 중심각(θ_1, θ_2)

① 평행걸기

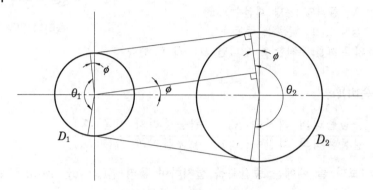

평행걸기의 접촉 중심각

$$\text{작은 각}(\theta_1) = \pi - 2\phi = 180° - 2\sin^{-1}\!\left(\frac{D_2 - D_1}{2C}\right)$$

$$\text{큰 각}(\theta_2) = \pi + 2\phi = 180° + 2\sin^{-1}\!\left(\frac{D_2 - D_1}{2C}\right)$$

② 엇걸기

$$\theta_1 = \theta_2 = \pi + 2\phi = 180° + 2\sin^{-1}\!\left(\frac{D_1 + D_2}{2C}\right)$$

C는 보통 10 m 이하로 한다.

$$\sin\phi = \frac{D_1}{2} + \frac{D_2}{2} = \left(\frac{D_1 + D_2}{2C}\right)$$

$$\therefore\ \phi = \sin^{-1}\!\left(\frac{D_1 + D_2}{2C}\right)$$

(6) 벨트의 장력

① 긴장측의 장력 : T_t

② 이완측의 장력 : T_s

③ 초기장력(T_0) $= \dfrac{T_t + T_s}{2}\,[\text{N}]$

④ 유효장력$(P_e) = T_t - T_s$[N]

⑤ **원심력(부가장력)을 고려할 때** : 풀리의 원주속도가 10 m/s 이상일 때는 원심력의 영향을 받아 원심장력이 생긴다. 벨트의 단위길이당 중량을 w[N/m]라고 하면,

(가) 원심장력$(T_f) = \dfrac{wv^2}{g} = mv^2$[N]

여기서, w : 단위길이당 중량(N/m), v : 원주속도(m/s), g : 중력가속도(9.8m/s^2)

(나) 장력비$(e^{\mu\theta}) = \dfrac{T_t - \dfrac{wv^2}{g}}{T_s - \dfrac{wv^2}{g}}$

여기서, μ : 벨트와 풀리 사이의 마찰계수, θ : 접촉각(rad)

(다) 유효장력$(T_e) = T_t - T_s = \left(T_t - \dfrac{wv^2}{g}\right) \cdot \dfrac{e^{\mu\theta} - 1}{e^{\mu\theta}}$[N]

(라) 긴장측 장력$(T_t) = P_e \dfrac{e^{\mu\theta}}{e^{\mu\theta} - 1} + \dfrac{wv^2}{g}$[N]

(마) 이완측 장력$(T_s) = P_e \dfrac{1}{e^{\mu\theta} - 1} + \dfrac{wv^2}{g}$[N]

⑥ **원심력을 무시할 때**

위의 식에서 $\dfrac{wv^2}{g}$ 항을 0으로 처리한다.

(가) 장력비$(e^{\mu\theta}) = \dfrac{T_t}{T_s}$

(나) 유효장력$(P_e) = T_t - T_s = T_t \dfrac{e^{\mu\theta} - 1}{e^{\mu\theta}}$[N]

(다) 긴장측 장력$(T_t) = P_e \dfrac{e^{\mu\theta}}{e^{\mu\theta} - 1}$[N]

(라) 이완측 장력$(T_s) = P_e \dfrac{1}{e^{\mu\theta} - 1}$[N]

(7) 전달동력(H_{kW}) 및 전달마력(H_{PS})

$$H_{kW} = \dfrac{P_e v}{1000}\text{[kW]}, \quad H_{PS} = \dfrac{P_e v}{735}\text{[PS]}$$

$v = 10$m/s 이상일 때

$$H_{kW} = \frac{v}{1000}\left(T_t - \frac{wv^2}{g}\right)\frac{e^{\mu\theta} - 1}{e^{\mu\theta}}[\text{kW}]$$

$$H_{PS} = \frac{v}{735}\left(T_t - \frac{wv^2}{g}\right)\frac{e^{\mu\theta} - 1}{e^{\mu\theta}}[\text{PS}]$$

(8) 벨트의 강도 및 허용응력에 의한 치수 설계

풀리를 감고 있는 벨트에서 인장응력 σ_t와 굽힘응력 σ_b가 동시에 작용한다. 문제의 조건에 따라 지시된 경우에 맞게 문제를 풀면 되나 일반적으로는 다음과 같다.

$$\sigma = \sigma_t + \sigma_b = \frac{T_t}{bt} + \frac{Et}{D}[\text{N/mm}^2]$$

여기서, b : 벨트의 폭(mm)

t : 벨트의 두께(mm)

E : 벨트의 세로 탄성계수(N/mm^2)

D : 풀리의 피치원 지름(mm)

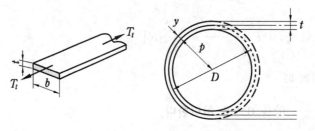

벨트의 치수 설계

$$\sigma_t = \frac{T_t}{A} = \frac{T_t}{bt}[\text{N/mm}^2]$$

$$\sigma_b = E\varepsilon = E\frac{y}{\rho} = E\frac{\dfrac{t}{2}}{\dfrac{D}{2}} = E\frac{t}{D}[\text{N/mm}^2]$$

벨트에 가할 수 있는 최대 인장력은 곧 허용한계의 긴장측 장력과 같으므로 굽힘에 의한 영향을 무시하고 안전율 S, 허용 인장응력 σ_a, 이음 효율 η라 하면,

$$T_t = \sigma_a A\eta = \sigma_a bt\eta[\text{N}]$$

$$\sigma_a = \frac{\sigma}{S}[\text{N/mm}^2]$$

여기서, σ : 인장강도, S : 안전율(보통 10)으로 계산할 수도 있다.

가죽 벨트의 표준 치수 (단위 : mm)

1겹(1 플라이) 평벨트			2겹(2 플라이) 평벨트			3겹(3 플라이) 평벨트		
폭(b)과 허용차		두께(t)	폭(b)와 허용차		두께(t)	폭(b)와 허용차		두께(t)
25	±1.5	3 이상	51	±1.5	6 이상	203	±4.0	10 이상
32			63			229		
38			76	±3.0		254		
44			89			279		
51			102			305		
57	±3.0	4 이상	114		7 이상	330	±5.0	
63			127			356		
70			140			381		
76			152	±4.0		406		
83			165			432		
89			178			457		
95			191			483		
102			203			508		
114	±4.0	5 이상	229		8 이상	559		
127			254	±5.0		610	±1.0	
140			279			660		
152			305			711		

가죽 벨트의 강도

품명	인장강도(N/mm^2)	연신율(%)	허용응력(N/mm^2)
1급품	25 이상	16 이하	2.5 이상
2급품	20 이상	20 이하	2 이상

마찰계수 μ의 값

재질	μ
가죽 벨트와 주철제 풀리	0.2~0.3
가죽 벨트와 목재 라이닝 풀리	0.4
면직물 벨트와 주철제 풀리	0.2~0.3
고무 벨트와 주철제 풀리	0.2~0.25

벨트의 이음 효율

이음의 종류	효율(%)
아교 이음	80~90
철사 이음	85~90
가죽끈 이음	약 50
이음쇠를 사용하는 경우	30~65

참고 장력비 $e^{\mu\theta}$의 계산 방법

풀리와 벨트가 접촉하고 있는 부분을 나타내는 각 θ는 큰 풀리와 작은 풀리에 있어서 각각 다르다. 물론, 큰 풀리에서의 접촉각은 180°보다 큰 값이고 작은 풀리에서의 접촉각은 180°보다 작다. 이때 장력비 $e^{\mu\theta}$에서의 θ값은 작은 풀리의 접촉각을 대입하여 전달동력을 구한다. 왜냐하면 큰 풀리와 작은 풀리가 서로 벨트에 의해서 동력을 전달하기 때문에 작은 값을 취해주면 더욱 안전한 설계가 되기 때문이다.

이때 주의해야 할 점은 계산치 $e^{\mu\theta}$에서 θ의 대입각은 반드시 라디안(rad) 각도가 되어야 한다는 점이다. 그러나 실용 설계에 있어서 θ의 값을 도(°: deg)로 표시하여 쉽게 찾아볼 수 있게 $\dfrac{e^{\mu\theta}-1}{e^{\mu\theta}}$의 값을 정량적으로 계산한 표를 이용할 수 있다.

벨트와 풀리 사이의 마찰계수가 0.2이고 접촉각이 170°라고 하면,

$$\theta = \frac{2\pi}{360} \times 170° = 2.967 \text{rad}$$

$$\therefore\ e^{\mu\theta} = e^{0.2 \times 2.967} = 1.810$$

$$\frac{e^{\mu\theta}-1}{e^{\mu\theta}} = \frac{1.810-1}{1.810} = 0.4475 = 0.448 \text{(표에서 찾은 값과 같다.)}$$

$$\frac{e^{\mu\theta}-1}{e^{\mu\theta}} \text{의 값}$$

μ	접촉각($\theta°$)									
	90°	100°	110°	120°	130°	140°	150°	160°	170°	180°
0.10	0.145	0.160	0.175	0.189	0.203	0.217	0.230	0.244	0.257	0.270
0.15	0.210	0.230	0.250	0.270	0.288	0.307	0.325	0.342	0.359	0.376
0.20	0.270	0.295	0.319	0.342	0.364	0.386	0.408	0.428	0.448	0.3467
0.25	0.325	0.354	0.381	0.407	0.342	0.457	0.480	0.503	0.524	0.524
0.30	0.376	0.408	0.439	0.467	0.464	0.520	0.544	0.567	0.590	0.610
0.35	0.423	0.457	0.489	0.520	0.548	0.575	0.600	0.624	0.646	0.667
0.40	0.467	0.502	0.536	0.567	0.597	0.624	0.649	0.673	0.695	0.715
0.45	0.507	0.544	0.579	0.610	0.640	0.667	0.692	0.715	0.737	0.757
0.50	0.549	0.582	0.617	0.649	0.678	0.705	0.730	0.752	0.773	0.792

10-2 V벨트

(1) V벨트

V벨트는 사다리꼴의 단면을 가지고, 이음매가 없는 고리 모양의 벨트로서, V형의 홈이 패어 있는 V 풀리(V-pulley)에 밀착시켜 홈 마찰차의 경우와 같이 쐐기 작용에 의하여

마찰력을 증대시킨 벨트이다. V벨트는 벨트 풀리와의 마찰이 크므로 접촉각이 작더라도 미끄럼이 생기기 어려워 축간거리가 짧고, 속도비가 큰 경우의 동력 전달에 좋다.

(2) V벨트 풀리

V벨트 풀리는 단면이 V형인 벨트를 V형 홈이 파져 있는 풀리에 밀착시켜 구동하는 장치이다. V벨트의 구조에는 여러 가지가 있으나, 보통 중앙 부분과 윗부분에 질이 좋은 강한 무명으로 만든 끈을 몇 겹으로 하여 고무 속에 밀착시켜 장력에 견딜 수 있게 하며, 운전 중에 늘어나는 것을 방지하도록 되어 있다.

(3) V벨트 풀리의 종류

V벨트 풀리는 단면의 치수에 따라 M형, A형, B형, C형, D형, E형의 6종류가 있다.

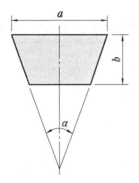

V벨트 단면의 모양과 치수

V벨트의 표준 치수(KS M 6535)

종류	$a[\mathrm{mm}]$	$b[\mathrm{mm}]$	$\alpha[°]$
M	10.0	5.5	
A	12.5	9.0	
B	16.5	11.0	
C	22.0	14.0	40
D	31.5	19.0	
E	38.0	24.0	

(4) V벨트 풀리의 홈 부분의 모양과 치수

V벨트 풀리는 다음 그림과 같이 홈이 여러 개인 형상으로 되어 있다. 이때 홈의 수를 그루수라고도 하며, V벨트가 풀리 홈에 쐐기 형상과 같이 박히게 되어 평벨트에서보다도

강한 마력을 전달할 수 있다.

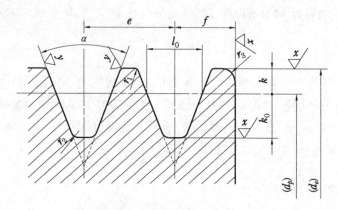

V벨트 풀리의 홈 부분의 모양과 치수

V벨트 풀리의 홈 부분의 모양과 치수(KS B 1400)   (단위 : mm)

구분	호칭지름(d_p)	α	l_0	k	k_0	e	f	r_1	r_2	r_3	V벨트 두께
M	50 이상 71 이하 71 초과 90 이하 90 초과	34° 36° 38°	8.0	2.7	6.3	–	9.5	0.2~0.5	0.5~1.0	1~2	5.5
A	71 이상 100 이하 100 초과 125 이하 125 초과	34° 36° 38°	9.2	4.5	8.0	15.0	10.0	0.2~0.5	0.5~1.0	1~2	9
B	125 이상 165 이하 165 초과 200 이하 200 초과	34° 36° 38°	12.5	5.5	9.5	19.0	12.5	0.2~0.5	0.5~1.0	1~2	11
C	200 이상 250 이하 250 초과 315 이하 315 초과	34° 36° 38°	16.9	7.0	12.0	25.5	17.0	0.2~0.5	1.0~1.6	2~3	14
D	355 이상 450 이하 450 초과	36° 38°	24.6	9.5	15.5	37.0	24.0	0.2~0.5	1.6~2.0	3~4	19
E	500 이상 630 이하 630 초과	36° 38°	28.7	12.7	19.3	44.5	29.0	0.2~0.5	1.6~2.0	4~5	25.5

(5) V벨트의 길이(L)

$$L = 2C + \frac{\pi}{2}(D_1 + D_2) + \frac{(D_1 - D_2)^2}{4C} \,[\text{mm}]$$

여기서, D_1, D_2 : 원동차, 종동차 풀리의 피치원 지름

(6) V벨트의 접촉 중심각(θ_1, θ_2)

$$\text{큰 각}(\theta_2) = \pi + 2\phi = 180° + 2\sin^{-1}\left(\frac{D_1 - D_2}{2C}\right)[\text{rad}]$$

$$\text{작은 각}(\theta_1) = \pi - 2\phi = 180° - 2\sin\left(\frac{D_1 - D_2}{2C}\right)[\text{rad}]$$

(7) V벨트의 장력

평벨트의 경우에서 μ 대신 상당마찰계수(μ')를 대입한다.

① 긴장측 장력(T_t) $= T_e \dfrac{e^{\mu'\theta}}{e^{\mu'\theta} - 1} + \dfrac{wv^2}{g}[\text{N}]$

② 이완측 장력(T_s) $= T_e \dfrac{1}{e^{\mu'\theta} - 1} + \dfrac{wv^2}{g}[\text{N}]$

③ 유효장력(T_e) $= \left(T_t - \dfrac{wv^2}{g}\right) \cdot \dfrac{e^{\mu'\theta} - 1}{e^{\mu'\theta}} = T_t\left(1 - \dfrac{wv^2}{T_t g}\right) \cdot \dfrac{e^{\mu'\theta} - 1}{e^{\mu'\theta}}[\text{N}]$

원심력을 무시한다는 조건이면 $\dfrac{wv^2}{g} = 0$으로 하면 된다.

(8) V벨트의 상당마찰계수(μ')

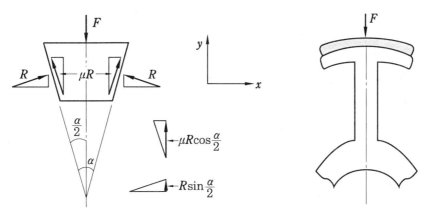

여기서, F : 풀리의 홈에 밀어붙이는 힘
R : 홈 면에 수직으로 생기는 저항력
μ : V벨트와 홈 면 사이의 마찰계수

라 할 때 반지름 방향(y 방향)에서의 힘의 평형 조건에 의해,

$$F = 2\left(R\sin\frac{\alpha}{2} + \mu R\cos\frac{\alpha}{2}\right)$$

$$\therefore \ 2R = \frac{1}{\sin\dfrac{\alpha}{2} + \mu\cos\dfrac{\alpha}{2}}F$$

V벨트의 마찰력은 $2\mu R$이므로,

$$마찰력 = \frac{\mu}{\sin\dfrac{\alpha}{2} + \mu\cos\dfrac{\alpha}{2}} F$$

또, 평벨트의 마찰력은 μF이므로 V벨트의 마찰력도 $\mu' F$꼴로 표시해 보면 상당마찰계수(등가마찰계수, 유효마찰계수) μ'는 다음과 같다.

$$\mu' = \frac{\mu}{\sin\dfrac{\alpha}{2} + \mu\cos\dfrac{\alpha}{2}}$$

　　　여기서, α : 풀리 홈의 각도(°)

이제 V벨트에서는 등가마찰계수 μ'의 값을 결정하여 평벨트에서 유도한 식들의 μ값 대신 μ'를 대입하면 평벨트와 똑같이 취급할 수 있다. 예를 들어 다음 예제를 익혀두자.

예제 1. 마찰계수 0.2인 V벨트가 풀리 홈의 각도 37°인 V벨트 풀리에 끼워져 있을 때 장력비 $e^{\mu'\theta}$를 계산하여라. (단, 접촉각은 150°라 한다.)

해답 먼저, μ'값을 계산한다.

$$\mu' = \frac{0.2}{\sin\dfrac{37°}{2} + 0.2\cos\dfrac{37°}{2}} = 0.3945$$

다음에 접촉각 θ를 rad 각도로 고친다.

$$\theta = \frac{2\pi}{360°} \times 150° = 2.618$$

$$\therefore e^{\mu'\theta} = e^{0.3945 \times 2.618} = 2.809$$

또한, $\dfrac{e^{\mu'\theta} - 1}{e^{\mu'\theta}} = \dfrac{2.809 - 1}{2.809} = 0.644$

이상과 같이 직접 계산할 수 있으나 실전문제에서는 표로서 주는 경향이 있으므로 문제를 풀어보면서 확실히 익혀두어야 한다.

(9) V벨트의 전달마력

① V벨트 1가닥의 전달마력(H_0)

$$H_0 = \frac{P_e v}{735} = \frac{v}{735}\left(T_t - \frac{wv^2}{g}\right)\frac{e^{\mu'\theta} - 1}{e^{\mu'\theta}}[\text{PS}]$$

$$= \frac{T_t v}{735} \times \left(1 - \frac{wv^2}{T_t g}\right)\frac{e^{\mu'\theta} - 1}{e^{\mu'\theta}}[\text{PS}]$$

② Z가닥의 전달마력(H)

$$H = ZH_0 = \frac{ZT_t v}{735}\left(1 - \frac{wv^2}{T_t g}\right)\frac{e^{\mu'\theta} - 1}{e^{\mu'\theta}}[\text{PS}]$$

(10) V벨트의 선정

V벨트의 종류(M, A, B, C, D, E형) 중 어느 것을 택해서 설계하느냐 하는 것은 다음과 같은 표를 참고한다. 예를 들어 V벨트의 속도가 15 m/s이고 전달마력이 7 PS라 하면 다음 표에 의하여 B형을 선택한다.

또한, V벨트의 속도가 15 m/s이고 전달마력이 20 PS라면 B형 또는 C형 중 어느 것 하나를 택하면 된다.

V벨트의 선택 기준

전달마력(PS) ＼ V벨트의 속도 (m/s)	10 이하	10~17	17 이상
2 이하	A	A	A
2~5	B	B	A, B
5~10	B, C	B	B
10~25	C	B, C	B, C
25~50	C, D	C	C
50~100	D	C, D	C, D
100~150	E	D	D
150 초과	E	E	E

(11) V벨트의 가닥수(Z) 산정

가닥수 Z를 산정하는 방법으로는 (9)의 ② 식에서 구할 수 있으나 다음과 같은 조건이 주어지면 아래의 방법을 취한다. 먼저 다음의 표 (1)은 V벨트 1가닥의 최대전달마력(H_0)을 표시하고 있으며, 이때에는 접촉각이 π[rad], 180°일 때의 수치이다. 즉, 접촉각이 180°보다 작을 때에는 표 (2)의 접촉각 수정계수 k_1을 곱해야만 된다. 또한, 하중의 상태에 따른 부하의 변동을 고려한 표 (3)의 부하 수정계수 k_2를 취하여 곱해주면 된다.

즉, 전달마력이 H, 접촉각이 180°일 때의 벨트 1가닥의 최대전달마력 H_0, 접촉각 수정계수 k_1, 부하 수정계수 k_2라 할 때 구하고자 하는 V벨트의 가닥수 Z는,

$$Z = \frac{H}{H_0 k_1 k_2}(\text{가닥})$$

로서 계산하면 된다. 이때 Z는 물론 정수값을 취해야 하므로 계산값의 소수점은 올림한다.

V벨트 1개당 최대전달마력(H_0)(1)

형식\\속도(m/s)	접촉각 $\theta=180°$인 경우의 V벨트의 1개의 전달마력(PS)					형식\\속도(m/s)	접촉각 $\theta=180°$인 경우의 V벨트의 1개의 전달마력(PS)				
	A	B	C	D	E		A	B	C	D	E
5.0	0.9	1.2	3.0	5.5	7.5	13.0	2.2	2.8	6.7	12.9	17.5
5.5	1.0	1.3	3.2	6.0	8.2	13.5	2.2	2.9	6.9	13.3	18.0
6.0	1.0	1.4	3.4	6.5	8.9	14.0	2.3	3.0	7.1	13.7	18.5
6.5	1.1	1.5	3.6	7.0	9.9	14.5	2.3	3.1	7.3	14.1	19.0
7.0	1.2	1.6	3.8	7.5	10.3	15.0	2.4	3.2	7.5	14.5	19.5
7.5	1.3	1.7	4.0	8.0	11.0	15.5	2.5	3.3	7.7	14.8	20.0
8.0	1.4	1.8	4.3	8.4	11.6	16.0	2.5	3.4	7.9	15.1	20.5
8.5	1.5	1.9	4.6	8.8	12.2	16.5	2.5	3.5	8.1	15.4	21.0
9.0	1.6	2.1	4.9	9.2	12.8	17.0	2.6	3.6	8.3	15.7	21.4
9.5	1.6	2.2	5.2	9.6	13.4	17.5	2.6	3.7	8.5	16.0	21.8
10.0	1.7	2.3	5.5	10.0	14.0	18.0	2.7	3.8	8.6	16.3	22.2
10.5	1.8	2.4	5.7	10.5	14.6	18.5	2.7	3.9	8.7	16.6	22.6
11.0	1.9	2.5	5.9	11.0	15.2	19.0	2.8	4.0	8.8	16.9	23.0
11.5	1.9	2.6	6.1	11.5	15.8	19.5	2.8	4.1	8.9	17.2	23.3
12.0	2.0	2.7	6.3	12.0	16.4	20.0	2.8	4.2	9.0	17.5	23.5
12.5	2.1	2.8	6.5	12.5	17.0						

접촉각 수정계수 k_1의 값(2)

각도($\theta°$)	180	176	172	170	168	164	160	156	153	150	145
k_1	1.00	0.99	0.98	0.98	0.97	0.96	0.96	0.95	0.95	0.94	0.93
각도($\theta°$)	140	137	135	130	128	125	123	120	115	100	90
k_1	0.92	0.91	0.90	0.89	0.89	0.88	0.87	0.86	0.85	0.74	0.69

부하 수정계수 k_2의 값(3)

기계의 종류 또는 하중의 상태	k_2
송풍기, 원심펌프, 발전기, 컨베이어, 엘리베이터, 각반기, 인쇄기, 기타 하중의 변화가 적고 완만한 것	1.0
경공작기계, 세탁기계, 면조기계 등 약간 충격이 있는 것	0.90
왕복압축기	0.85
제지기, 제재기, 제빙기	0.80
분쇄기, 전단기, 광산기계, 제분기, 원심분리기	0.75
피크 부하가 100~150 %인 것	0.72
150~200 %인 것	0.64
200~250 %인 것	0.50

10-3   V벨트의 설계 순서

① V벨트의 속도 결정

② 형식의 선정(선택 기준표에서)

③ V벨트의 길이 계산

④ V벨트 1가닥수당의 전달마력 H_0 계산

⑤ 접촉 중심각의 계산

⑥ 접촉 중심각의 수정계수 k_1을 구한다.

⑦ 과부하 수정계수 k_2를 구한다.

⑧ 1개의 실제 전달동력 $H = k_1 k_2 H_0$을 구한다.

⑨ $Z = \dfrac{H}{H_0 k_1 k_2}$ 에서 그루수를 계산한다.

10-4   롤러 체인의 설계

(1) 체인의 길이

① 링크의 수(L_n)

$$L_n = \frac{2C}{P} + \frac{1}{2}(z_1 + z_2) + \frac{0.0257p}{C}(z_1 - z_2)^2 [\text{개}]$$

또는,

$$L_n = \frac{2C}{p} + \frac{1}{2}(z_1 + z_2) + \frac{\dfrac{(z_2 - z_1)}{2\pi^2}}{\dfrac{C}{p}} [\text{개}]$$

여기서, C : 2축 사이의 거리(mm)

② 체인의 길이

$$L = pL_n [\text{mm}] = \text{피치} \times \text{링크수}$$

$$C = (30 \sim 50)p$$

(2) 체인의 속도

① 체인의 속비(ε) $= \dfrac{N_B}{N_A} = \dfrac{Z_A}{Z_B}$

② 체인의 속도(v) : 2~5 m/s가 적당하다.

$$v = \frac{\pi D_A N_A}{1000 \times 60} = 0.000524 D_A N_A = \frac{p Z_A N_A}{60000} [\text{m/s}]$$

$$v = \frac{\pi D_B N_B}{1000 \times 60} = 0.000524 D_B N_B = \frac{p Z_B N_B}{60000} [\text{m/s}]$$

$$(\pi D = pZ)$$

③ 최대속도($v_{\max}$)$= \dfrac{2Z}{\sqrt{p}} [\text{m/s}]$

④ 체인 피치(p)$= \left(\dfrac{115000}{N}\right)^{\frac{2}{3}} [\text{mm}]$

(3) 체인장치의 전달마력 및 전달동력

$$H_{PS} = \frac{Fv}{735k} = \frac{F_u v}{735 k S} [\text{PS}]$$

$$H_{kW} = \frac{Fv}{1000k} = \frac{F_u v}{1000 k S} [\text{kW}]$$

여기서, k : 사용계수, F_u : 파단하중(N), S : 안전율

v : 속도, F : 체인 장력(N)

사용계수(k)의 값

부하의 특징		1일의 사용시간			
		10시간	24시간	10시간	24시간
보통의 전동	원심 펌프, 송풍기, 일반수송 장치 등 부하가 균일한 것	1.0	1.2	1.4	1.7
충격을 수반하는 전동	다통 펌프, 컴프레서, 공작기계 등 부하 변동이 중간쯤 되는 것	1.2	1.4	1.7	2.0
큰 충격을 수반하는 전동	프레스, 크러셔, 토목 광산기계 등 부하 변동이 아주 심한 것	1.4	1.7	2.0	2.4
원동기의 종류		모터, 터빈, 다통 엔진 등으로 구동하는 경우		디젤 엔진, 기타 단통 엔진 등으로 구동하는 경우	

안전율(S)의 값

체인의 속도(m/s)	S
0.4 이하	7 이상
0.4~1	8 이상

10-5 　스프로킷 휠의 계산식

스프로킷 휠(sprocket wheel)은 체인이 감겨지는 바퀴를 말하며, 스프로킷 휠의 재료로는 강철 또는 고급 주철이 쓰인다. 롤러 체인의 스프로킷 휠의 잇수는 17~70개로 하며, 잇수가 적으면 굴곡 각도가 커져서 원활한 운전을 할 수가 없으며 진동을 일으켜 수명을 단축시킨다.

잇수는 골고루 마멸시키기 위하여 홀수가 되게 한다. 그리고 중심거리는 체인 피치의 40~50배가 되게 한다.

스프로킷 휠의 기준 치형은 S치형과 U치형의 2종류가 있으며, 호칭 번호는 그 스프로킷에 걸리는 전동용 롤러 체인(KS B 1407)의 호칭 번호로 한다.

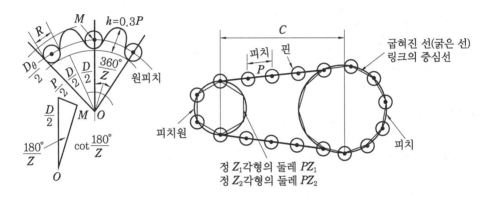

스프로킷 휠의 치형 및 설계

피치원의 지름을 D, 바깥지름을 D_0, 이뿌리원의 지름을 D_r, 보스의 지름을 D_H라 할 때 계산식은 다음과 같다.

(1) 피치원의 지름(D)

$$\frac{D}{2}\sin\frac{180°}{Z} = \frac{p}{2}$$

$$D\sin\frac{180°}{Z} = p$$

$$\therefore D = p\cosec\frac{180°}{Z} = \frac{p}{\sin\frac{180°}{Z}}\,[\text{mm}]$$

여기서, p : 피치(mm), Z : 잇수

(2) 중심선상의 이의 높이(h)

$$h = 0.3p$$

(3) 바깥지름(D_0)

$$\frac{D_0}{2} = h + \overline{OM} = 0.3p + \frac{p}{2}\cot\frac{180°}{Z}$$

$$\therefore \ D_0 = p\left(0.6 + \cot\frac{180°}{Z}\right)[\text{mm}]$$

(4) 이뿌리원의 지름(D_r)

D_r은 체인 기어의 이뿌리 부분의 내접원의 지름을 말한다.

$$\frac{D_r}{2} = \frac{D}{2} - \frac{R}{2}$$

$$\therefore \ D_r = D - R$$

(5) 보스의 지름(D_H)

$$D_H \leqq p\left(\cot\frac{180°}{Z} - 1\right) - 0.76$$

참고 **스프로킷 휠 그리기(KS B 1408)**

① 스프로킷 휠의 부품도에는 도면과 요목표를 같이 나타낸다.
② 바깥지름은 굵은 실선으로, 피치원은 가는 1점 쇄선으로 그린다. 이뿌리원은 가는 실선 또는 가는 파선으로 그리며 생략할 수 있다.
③ 축과 직각인 방향에서 본 그림을 단면으로 그릴 때에는 이뿌리선을 굵은 실선으로 그린다.

출제 예상 문제

1. 벨트 전동에서 평행 걸기와 십자 걸기를 할 때 접촉각에 대한 설명으로 맞는 것은? (단, 속도비는 1:1이다.)

① 십자 걸기가 항상 크다.

② 평행 걸기가 항상 크다.

③ 두 가지 모두 같다.

④ 일정하지가 않다.

[해설] 평행 걸기에서 두 풀리의 지름이 같은 경우 접촉각은 180°이나, 십자 걸기에서는 두 풀리의 지름이 같아도 항상 접촉각은 180°보다 크다. 벨트의 미끄럼을 적게 하려면 마찰계수, 접촉압력, 접촉각을 크게 하면 된다.

2. 벨트 전동에서 유효장력 P 를 구하는 식은? (T_t : 긴장측 장력, T_s : 이완측 장력이다.)

① $P = T_s - T_t$ ② $P = \dfrac{T_s}{T_t}$

③ $P = T_t - T_s$ ④ $P = \dfrac{T_t - T_s}{2}$

3. 양 풀리의 지름을 D_1, D_2, 축간거리를 C 라 할 때 평행 걸기의 경우 벨트 길이 L을 구하는 식은?

① $L ≒ 2C - \dfrac{\pi(D_2 - D_1)}{2} + \dfrac{(D_2 - D_1)^2}{4C}$

② $L ≒ 2C + \dfrac{\pi(D_2 - D_1)}{2} + \dfrac{(D_2 - D_1)^2}{4C}$

③ $L ≒ 2C + \dfrac{\pi(D_2 + D_1)}{2} + \dfrac{(D_2 + D_1)^2}{4C}$

④ $L ≒ 2C + \dfrac{\pi(D_2 + D_1)}{2} + \dfrac{(D_2 - D_1)^2}{4C}$

4. 체인 전동에서 두 축의 중심거리는 체인의 피치 p 의 크기에 몇 배가 적당한가?

① 10~20배   ② 20~30배

③ 30~40배   ④ 40~50배

[해설] 체인 전동에서 중심거리 C는 (40~50) p 로 하며, 최대 중심거리는 $80p$로, 최소 중심거리는 $30p$로 한다.

5. 벨트 전동장치에서 전달동력에 대한 설명 중 틀린 것은?

① 마찰계수의 값이 크면 클수록 큰 동력을 전달시킬 수 있다.

② 접촉각이 클수록 큰 동력을 전달시킬 수 있다.

③ 원심장력이 크면 클수록 전달동력이 증가된다.

④ 장력비가 클수록 전달동력이 커진다.

[해설] 벨트 전동에서 전달동력을 크게 하려면,
(1) 마찰계수를 크게 한다.
(2) 접촉각을 크게 한다.
(3) 접촉압력을 크게 한다.
(4) 원심력(부가장력)을 작게 한다.

6. V 벨트에서 풀리의 지름이 작을수록 어떻게 하면 좋은가?

---

① V 홈의 각도를 약간 크게 한다.

② V 홈의 각도를 약간 작게 한다.

③ V 홈의 깊이를 더욱 깊게 한다.

④ V 홈의 깊이를 더욱 얕게 한다.

해설 V 벨트에서 풀리의 지름을 작게 하면 접촉각이 작아져 전동이 불가능해진다. 그러므로 이것을 해결하기 위해 V 홈의 각도를 작게 하면 접촉압력이 커지게 되므로 전동이 된다.

7. 롤러 체인에서 피치를 p, 회전수를 N, 스프로킷의 잇수를 Z 라 할 때 롤러 체인의 평균속도(v_m)를 구하는 식은?

① $\dfrac{\pi p N Z}{60000}$ ② $\dfrac{N p Z}{60000}$

③ $\dfrac{N p}{60000 Z}$ ④ $\dfrac{p Z}{6000 N}$

8. 사일런트 체인의 면각을 α, 스프로킷 휠에서 1개 이의 양면이 맞는 각을 β, 잇수를 Z 라 할 때, β를 구하는 식은 어느 것인가?

① $\beta = \alpha - \dfrac{4\pi}{Z}$ ② $\beta = \alpha + \dfrac{\pi}{Z}$

③ $\beta = \alpha + \dfrac{4\pi}{Z}$ ④ $\beta = \alpha - \dfrac{2\pi}{Z}$

9. 벨트를 걸었을 때 이완측에 설치하여 벨트와 벨트 풀리의 접촉각을 크게 하는 것은?

① 긴장차 ② 안내차

③ 공전차 ④ 단차

해설 벨트 풀리에 벨트를 걸어 회전시키면 회전방향에 따라 다음 그림과 같이 이완측과 긴장측이 생긴다. 위쪽이 이완측이 되면 벨트와 풀리의 접촉각이 커 전동 효율이 좋으나, 반대로 긴장측이 위쪽이 되면 전동 효율이 떨어진다. 이를 방지하기 위해 이완측에 긴장차를 설치하여 전동 효율

을 높여준다.

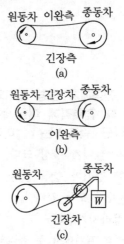

원동차 이완측 종동차

긴장측

(a)

원동차 긴장차 종동차

이완측

(b)

원동차 종동차

W

긴장차

(c)

10. 벨트 전동에서 유효장력을 P, 긴장측 장력을 T_t, 마찰계수를 μ, 접촉각을 θ 라고 할 때, T_t 를 나타내는 식은?

① $T_t = P \dfrac{1}{e^{\mu\theta} - 1}$ ② $T_t = P \dfrac{e^{\mu\theta}}{e^{\mu\theta} + 1}$

③ $T_t = P \dfrac{e^{\mu\theta}}{e^{\mu\theta} - 1}$ ④ $T_t = P \dfrac{1}{e^{\mu\theta} + 1}$

11. 다음 중 벨트 전동에서 긴장측의 장력을 T_t, 이완측의 장력을 T_s, 마찰계수를 μ, 접촉각을 θ 라 할 때, 이들 사이의 관계식은 어느 것인가?

① $\dfrac{T_t}{T_s} = e^{\mu\theta}$ ② $\dfrac{T_s}{T_t} = e^{\mu\theta}$

③ $T_t \, T_s = e^{\mu\theta}$ ④ $\dfrac{T_s}{T_t} = \dfrac{\mu}{e^{\mu\theta}}$

12. 벨트의 길이 1 m 에 대한 무게 w는 $w \fallingdotseq 0.001bt$ [N/ m]로 표시된다. 지금 b 및 t 를 cm 단위로 나타낸다면 w의 식은? (단, b : 벨트의 폭(mm), t : 벨트의 두께(mm)이다.)

① $0.1bt$ ② $0.01bt$

③ $0.001bt$ ④ $0.0001bt$

[해설] bt 는 벨트의 단면적을 나타내므로 bt 의 단위는 mm^2이다. mm^2를 cm^2로 나타내려면 100배를 해야 한다.

$$\therefore w = 0.001bt \times 100 = 0.1bt[N/cm]$$

13. V 벨트 풀리의 홈각도를 α 라 할 때 V 벨트가 자립상태에 있는 조건은? (단, μ 는 마찰계수이다.)

① $\mu > \tan\alpha$ ② $\mu > \tan\dfrac{\alpha}{2}$

③ $\mu < \cos\alpha$ ④ $\mu < \tan\alpha$

[해설] 그림에서 벨트가 누르는 힘 $2\mu R\cos\dfrac{\alpha}{2}$

와 풀리가 받치는 힘 $2R\sin\dfrac{\alpha}{2}$ 를 비교하여 위에서 누르는 힘이 커야 자립상태를 유지하게 된다.

$$2\mu R\cos\frac{\alpha}{2} > 2R\sin\frac{\alpha}{2}$$

$$\mu > \frac{\sin\dfrac{\alpha}{2}}{\cos\dfrac{\alpha}{2}} \qquad \therefore \ \mu > \tan\frac{\alpha}{2}$$

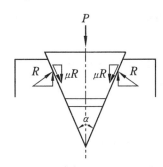

14. 십자형 벨트 전동에서 속도비 N_1/N_2 =3일 때, 양쪽 풀리의 접촉각 θ_1 및 θ_2 사이의 관계는?

① $\theta_1 = \dfrac{1}{3}\theta_2$ ② $\theta_1 = 3\theta_2$

③ $\theta_1 = \theta_2$ ④ $\theta_2 = \dfrac{1}{3}\theta_1$

[해설] 십자형 벨트 전동에서 접촉각은 속도비에 관계없이 항상 $\theta_1 = \theta_2$이고, 180°보다 크다.

15. V 벨트 전동에서 마찰계수를 μ, 벨트 풀리의 홈각도를 α 라 할 때, 상당마찰계수(μ')는 어느 것인가?

① $\mu' = \cos\alpha + \dfrac{\sin\alpha}{2}\mu$

② $\mu' = \dfrac{\mu}{\sin\dfrac{\alpha}{2} + \mu\cos\dfrac{\alpha}{2}}$

③ $\mu' = \mu\sin\alpha + \mu\cos\alpha$

④ $\mu' = \dfrac{\mu}{\cos\alpha + \mu\sin\alpha}$

16. V 벨트 전동에서 V 벨트 1개당의 전달동력을 H_0, 접촉각 수정계수를 k_1, 부하수정계수를 k_2 라 할 때, V 벨트의 수 Z 를 계산하는 식은? (단, H는 전체 전달동력이다.)

① $Z = \dfrac{k_1\,k_2}{H_0}$ ② $Z = \dfrac{Hk_2}{H_0\,k_1}$

③ $Z = \dfrac{H}{H_0\,k_1\,k_2}$ ④ $Z = \dfrac{H\,k_1\,k_2}{H_0}$

17. 다음 중 체인에 대한 설명으로 틀린 것은 어느 것인가?

① 체인의 피치가 늘어나면 소리가 난다.

② 속도비를 5 : 1 이상은 할 수 없다.

③ 체인의 길이는 피치의 정수배로 한다.

④ 4 m 이하의 축간거리에 사용한다.

[해설] 체인 전동에서 속도비는 5 : 1 까지가 가장 적당하나 최대로 7 : 1 까지도 한다.

18. 다음 중 체인의 특성이 아닌 것은?

① 일정 속도비를 얻을 수 있다.

② 대동력을 전달할 수 있다.

③ 내유, 내열, 내습성이 크다.

④ 마찰력이 크다.

19. 체인 전동에서 피치를 p, 중심거리를 C, 잇수를 Z_1, Z_2라 할 때, 링크의 수 L_n를 구하는 식은?

① $L_n = \dfrac{C}{2p} + \dfrac{(Z_1 + Z_2)}{2}$
$\qquad + \dfrac{0.257p}{C}(Z_2 - Z_1)^2$

② $L_n = \dfrac{2C}{p} + \dfrac{(Z_1 + Z_2)}{2}$
$\qquad + \dfrac{0.257p}{C}(Z_2 + Z_1)^2$

③ $L_n = \dfrac{2C}{p} + \dfrac{(Z_1 + Z_2)}{2}$
$\qquad + \dfrac{0.257p}{C}(Z_2 - Z_1)^2$

④ $L_n = \dfrac{C}{2p} + \dfrac{0.257p}{C}(Z_2 - Z_1)^2$

20. 롤러 체인의 스프로킷 휠에서 피치원의 지름을 D, 잇수를 Z, 피치를 p라 하면, D를 계산하는 식은?

① $D = \dfrac{p}{\tan\dfrac{\pi}{Z}}$　　② $D = \dfrac{Z}{\cos\dfrac{\pi}{p}}$

③ $D = \dfrac{Z}{\tan\dfrac{\pi}{p}}$　　④ $D = \dfrac{p}{\sin\dfrac{\pi}{Z}}$

21. 엇걸기 벨트 전동장치에서 그림과 같이 속도비가 $N_1 / N_2 = 3$일 때, 양쪽 풀리의

접촉각 θ_1 및 θ_2 사이의 옳은 관계는?

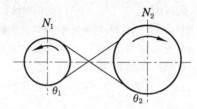

① $\theta_1 = \dfrac{1}{3}\theta_2$　　② $\theta_1 = 2\theta_2$

③ $\theta_1 = \theta_2$　　④ $\theta_2 = \dfrac{1}{3}\theta_1$

22. 평벨트가 3.4 m/s로 회전하고, 긴장측 장력이 280 kg, 이완측 장력이 85 kg일 때, 전달동력을 구하면 얼마인가?

① 3.4 kW　　② 6.5 kW

③ 9.8 kW　　④ 19.5 kW

23. 롤러 체인이 500 rpm으로 회전하고, 체인의 평균속도가 6 m/s, 피치가 15.88 mm일 때, 스프로킷 휠의 잇수를 구하면 얼마인가?

① 45개　　② 50개

③ 55개　　④ 60개

24. 벨트 전동에서 동력 손실의 원인 중 틀린 것은?

① 공기저항 손실

② 벨트와 풀리와의 마찰손실

③ 미끄럼 손실

④ 히스테리시스 손실

[해설] 벨트 전동에서 동력 손실의 원인으로는 ①, ③, ④ 외에 베어링 마찰손실 등이 있다.

25. 8 PS을 750 rpm의 원동축에서 축간 거리 820 mm, 250 rpm의 종동차에 전달하고자 한다. 롤러 체인을 사용하여 체

인의 평균속도 3 m/s, 안전율 15로 할 때, 양쪽 스프로킷의 잇수 (개) 는 얼마인가 ? (단, 피치는 19.05 mm이다.)

① $Z_1 = 13$, $Z_2 = 39$

② $Z_1 = 15$, $Z_2 = 45$

③ $Z_1 = 20$, $Z_2 = 60$

④ $Z_1 = 30$, $Z_2 = 90$

26. 평벨트 전동장치에서 $e^{\mu\theta} = 2$이고, 벨트의 속도가 5 m/s라면 전달동력(kW)은 얼마인가 ? (단, 긴장측의 장력을 800 N으로 한다.)

① 1 ② 2 ③ 3 ④ 4

27. 5 kW를 전달시키는 롤러 체인의 파단하중은 얼마인가 ? (단, 롤러 체인의 평균속도를 2 m/s, 안전율은 15로 한다.)

① 14200 N ② 20100 N

③ 32000 N ④ 37500 N

해설 $kW = \dfrac{F_a V}{1000} = \dfrac{F_u V}{1000 S}$ [kW]에서

$F_u = \dfrac{1000 S kW}{V} = \dfrac{1000 \times 15 \times 5}{2}$

$\qquad = 37500 \, \text{N}$

28. 축간거리를 C, 풀리의 지름을 D_A, D_B라 하고, 오픈형으로 벨트를 풀리에 감을 때, 벨트의 길이 l은 ?

① $l = 2C + \dfrac{\pi}{2}(D_A - D_B)$

$\qquad + \dfrac{(D_A + D_B)^2}{4C}$

② $l = 2C + \dfrac{\pi}{2}(D_A + D_B)$

$\qquad + \dfrac{(D_A - D_B)^2}{2C}$

③ $l = 2C + \dfrac{\pi}{2}(D_A + D_B)$

$\qquad + \dfrac{(D_A - D_B)^2}{4C}$

④ $l = 2C + \dfrac{\pi}{2}(D_A + D_B)$

$\qquad + \dfrac{(D_A + D_B)^2}{4C}$

29. 다음 중 V 벨트 단면의 밑부분 각도 (α)와 V 벨트 풀리 홈의 각도(β)는 얼마인가 ?

① $\alpha = 40°$, $\beta = 38°$

② $\alpha = 38°$, $\beta = 40°$

③ $\alpha = 40°$, $\beta = 40°$

④ $\alpha = 40°$, $\beta = 42°$

30. 원주 피치 12.7 mm, 잇수 20인 체인 휠이 매분 500회 회전할 때, 이 체인의 평균속도는 얼마인가 ?

① 약 1.56 m/s ② 약 2.16 m/s

③ 약 3.52 m/s ④ 약 4.05 m/s

31. 4 m/s의 속도로 전동하고 있는 벨트 전동에서 긴장측의 장력이 1250 N, 이완측의 장력이 500 N일 때, 동력은 몇 kW인가 ?

① 0.5 ② 1 ③ 2 ④ 3

해설 $kW = \dfrac{P_e V}{1000} = \dfrac{(T_t - T_s) V}{1000}$

$= \dfrac{(1250 - 500) \times 4}{1000} = 3 \, \text{kW}$

32. 긴장측 장력을 F, 원주속도를 v, 접촉각을 θ, 마찰계수를 μ라 할 때, 벨트의 전달마력을 구하는 식은 ?

① $H = \dfrac{Fv}{735} \cdot \dfrac{e^{\mu\theta} + 1}{e^{\mu\theta}}$

정답 26. ② 27. ④ 28. ② 29. ④ 30. ② 31. ④ 32. ②

② $H = \dfrac{Fv}{735} \cdot \dfrac{e^{\mu\theta} - 1}{e^{\mu\theta}}$

③ $H = \dfrac{Fv}{735} \cdot \dfrac{1 - \varepsilon^{\mu\theta}}{e^{\mu\theta}}$

④ $H = \dfrac{Fv}{735} \cdot \dfrac{e^{\mu\theta}}{e^{\mu\theta} - 1}$

33. 평벨트 전동에서 긴장측의 장력을 T_1, 이완측의 장력을 T_2로 할 때, 회전력 P 는 어떻게 되는가 ? (단, θ : 접촉각, μ : 마찰계수이다.)

① $P = T_1 \dfrac{e^{\mu\theta} - 1}{e^{\mu\theta}}$ ② $P = \dfrac{T_1}{T_2} e^{\mu\theta}$

③ $P = T_2 \dfrac{e^{\mu\theta} - 1}{e^{\mu\theta}}$ ④ $P = \dfrac{T_2}{T_1} e^{\mu\theta}$

[해설] $T_1 = P \dfrac{e^{\mu\theta}}{e^{\mu\theta} - 1}$ [N]에서

$P = T_1 \dfrac{e^{\mu\theta} - 1}{e^{\mu\theta}}$ [N]

34. 지름 100 cm와 200 cm인 평벨트 풀리가 중심거리 5 m 떨어져서 설치되어 있다. 엇걸기할 때 벨트의 길이는 바로 걸기할 때보다 약 몇 mm 더 길어야 되는가 ?

① 200 mm ② 300 mm

③ 400 mm ④ 500 mm

35. 8 m/s의 속도로서 10 kW를 전달하는 벨트 전동장치에서 긴장측의 장력은 얼마인가 ? (단, 긴장측의 장력은 이완측 장력의 2배이다.)

① 2500 N ② 3000 N

③ 3500 N ④ 7500 N

[해설] $T_t = P_e \dfrac{e^{\mu\theta}}{e^{\mu\theta} - 1}$ [N]

$= \dfrac{1000 kW}{V} \dfrac{e^{\mu\theta}}{e^{\mu\theta} - 1}$

$= \dfrac{1000 \times 10}{8} \times \dfrac{2}{2 - 1} = 2500$ N

36. 다음 그림에서 $Z_A = 40$, $Z_B = 20$, $Z_C = 30$일 때 A를 고정하고, H 를 우측으로 1회전시키면 C는 몇 회전하는가 ?

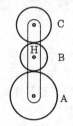

① 우측으로 3회전

② 우측으로 $\dfrac{1}{3}$ 회전

③ 좌측으로 3회전

④ 좌측으로 $\dfrac{1}{3}$ 회전

[해설] C는 다음 표와 같은 상태로 되며, 좌측으로 $\dfrac{1}{3}$ 회전한다.

구분	A	B	C	H
전체 고정	+1	+1	+1	+1
암 고정	-1	$(-1)\times(-1)$ $\times\dfrac{40}{20}=+2$	$(+2)\times(-1)$ $\times\dfrac{20}{30}=-\dfrac{4}{3}$	0
정미 회전수	0	+3	$-\dfrac{1}{3}$	+1

37. 풀리 전동에 있어서 긴장측의 장력을 F_1, 유효장력을 P 라 하고, 벨트의 접촉각을 θ, 마찰계수를 μ 라 할 때 옳은 식은 ?

① $F_1 = P \dfrac{e^{\mu\theta}}{e^{\mu\theta} + 1}$ ② $F_1 = P \dfrac{1}{e^{\mu\theta} - 1}$

③ $F_1 = P \dfrac{e^{\mu\theta}}{e^{\mu\theta} - 1}$ ④ $F_1 = P \dfrac{1}{e^{\mu\theta} + 1}$

[정답] **33.** ① **34.** ③ **35.** ① **36.** ④ **37.** ③

제11장 마찰차 전동장치

11-1 마찰차의 개요

2개의 바퀴를 서로 밀어 그 사이에 생기는 마찰력을 이용하여 두 축 사이에 동력을 전달하는 장치를 마찰차(friction wheel)라 한다.

2개의 바퀴가 구름 접촉(rolling contact)을 하면서 회전하므로, 두 바퀴 사이에 미끄럼이 없는 한 두 바퀴의 표면속도는 같다. 그러나 실제의 경우 대부분 미끄럼이 발생하며, 따라서 정확한 회전운동의 전달이나 큰 동력의 전달에는 적합하지 않다.

(1) 마찰차의 응용 범위

① 속도비를 중요시하지 않는 경우
② 회전속도비가 커서 기어를 사용할 수 없는 경우
③ 전달해야 될 힘이 그다지 크지 않는 경우
④ 양축 사이를 빈번히 단속할 필요가 있는 경우
⑤ 무단 변속을 해야 할 경우

(2 마찰차의 특성

① 운전이 정숙하게 행하여진다.
② 미끄럼에 의해 다른 부분의 손상을 방지할 수 있다.
③ 효율은 그다지 좋지 못하다.

11-2 원통 마찰차(평마찰차)

평행한 두 축 사이에서 외접 또는 내접하여 동력을 전달하는 원통형 바퀴를 원통 마찰차(spur friction wheel)라 한다.

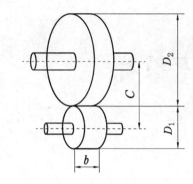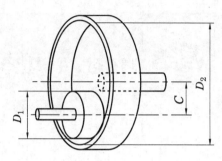

C : 중심거리
D_1 : 원동차 지름
D_2 : 종동차 지름
b : 접촉면 폭

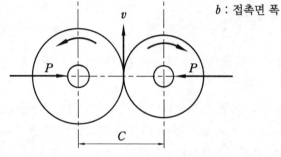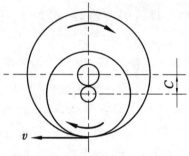

외접 마찰차

내접 마찰차

(1) 원주속도(v)

미끄러짐이 없는 완전한 회전이 일어날 때는 접촉선 상의 원주속도는 원동차, 종동차가
서로 같다.

$$v = \frac{\pi D_1 N_1}{60 \times 1000} = \frac{\pi D_2 N_2}{60 \times 1000}[\text{m/s}]$$

(2) 속도비(ε)

$$\varepsilon = \frac{N_2}{N_1} = \frac{D_1}{D_2}$$

(3) 중심거리(C)

외접 $C = \dfrac{D_2 + D_1}{2}$, 내접 $C = \dfrac{D_2 - D_1}{2}$

(4) 밀어붙이는 힘(P)의 계산

회전하고 있는 원동차에 정지된 상태의 종동차를 밀어붙이면 처음에는 저항 때문에 돌
지 않다가 종동차가 회전할 수 있는 힘(F)보다 마찰력(μP)이 클 때에 비로소 회전이 시작

된다. 즉, $\mu P \geqq F[\text{N}]$이어야 동력이 전달된다. 또한, 마찰을 크게 하기 위하여 양쪽 차 사이에 가죽 또는 목재 등의 비금속 재료를 라이닝하는데 반드시 원동차의 표면에 라이닝을 해야 한다. 왜냐하면 마찰력이 회전력보다 작으면 종동차는 정지 상태가 되며 원동차만이 회전하여 마모 상태가 다음 그림과 같이 되기 때문이다.

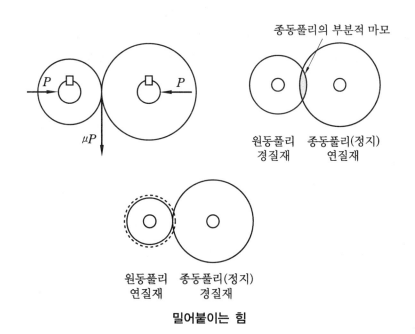

밀어붙이는 힘

(5) 전달토크(T)

$$T = F\frac{D_2}{2} = \mu P \frac{D_2}{2}[\text{N·mm}]$$

(6) 전달동력(H_{kW}) 및 전달마력(H_{PS})

$$H_{kW} = \frac{Fv}{1000} = \frac{\mu P}{1000} \times \frac{\pi DN}{60000}[\text{kW}]$$

$$H_{PS} = \frac{Fv}{735} = \frac{\mu P}{735} \times \frac{\pi DN}{60000}[\text{PS}]$$

(7) 폭(b)의 계산

마찰차는 선 접촉을 한다. 접촉선 1 mm당 해당하는 힘의 강도(f)를 접촉선 압력이라 하면 폭(b) = $\dfrac{P}{f}$[mm]

여기서, P : 동종차를 밀어붙이는 힘(N), f : 허용선 압력(N/mm)

11-3 홈붙이 마찰차

V자 모양의 홈 5~10개를 표면에 파서 마찰하는 면을 늘려 회전력을 크게 한 원통형 바퀴를 홈붙이 마찰차(grooved friction wheel)라 한다. 마찰차에 큰 동력을 전달시키려고 하면 양쪽 바퀴를 큰 힘으로 밀어붙여야 하나 이 힘이 베어링을 통하여 전달되므로 베어링에 큰 부하가 걸린다. 그러므로 홈을 파서 쐐기 작용으로 하면 적은 힘으로도 큰 동력 전달이 가능하다. 홈 중앙 부분의 한 곳에서 정확하게 구름 접촉을 하고 그 밖의 다른 곳에서는 미끄럼 접촉을 하므로, 전동할 때에 마멸과 소음을 일으키는 단점을 가지고 있다.

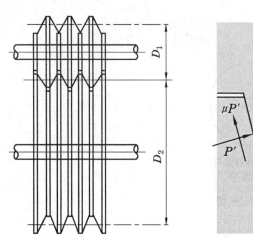
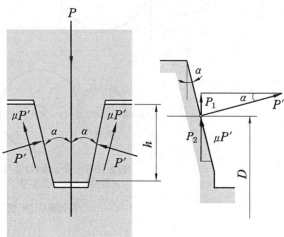

홈붙이 마찰차

(1) 상당마찰계수(μ')

$$P = P_1 + P_2 = P'\sin\alpha + \mu P'\cos\alpha$$

$$\therefore P' = \frac{1}{\sin\alpha + \mu\cos\alpha} \cdot P$$

$$\therefore \mu P' = \frac{\mu}{\sin\alpha + \mu\cos\alpha} \cdot P = \mu' P$$

$$\therefore \mu' = \frac{\mu}{\sin\alpha + \mu\cos\alpha}$$

(2) 전달동력(H_{kW}) 및 전달마력(H_{PS})

$$H_{kW} = \frac{\mu' Pv}{1000} = \frac{\mu P'v}{1000}[\text{kW}] \qquad H_{PS} = \frac{\mu' Pv}{735} = \frac{\mu P'v}{735}[\text{PS}]$$

(3) 홈의 깊이(h)

경험식으로, $h = 0.94\sqrt{\mu' P} = 0.94\sqrt{\mu P'}$

(4) 접촉선의 전 길이(l)

허용선 압력을 $f[\text{N/mm}]$라 하면, $l = \dfrac{P'}{f}[\text{mm}]$

(5) 홈의 수(Z)

접촉선의 전 길이 l은 그림에서 보는 바와 같이,

$$l = 2Z \cdot \frac{h}{\cos\alpha}$$

$$\therefore \ Z = \frac{l\cos\alpha}{2h}$$

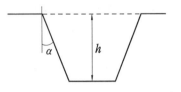

11-4 ### 원추 마찰차

동일 평면 내의 서로 어긋나는 두 축 사이에서 외접하여 동력을 전달하는 원뿔형 바퀴를 원추 마찰차(bevel friction wheel)라 하며, 주로 무단 변속장치의 변속 기구로 쓰인다.

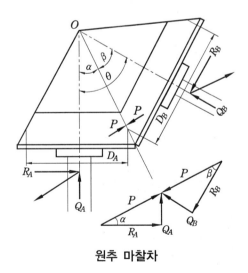

원추 마찰차

위의 그림에서 $D_A = 2\overline{OP}\sin\alpha$, $D_B = 2\overline{OP}\sin\beta$이므로, $\theta = \alpha + \beta$에서 $\alpha = \theta - \beta$, $\sin\alpha = \sin(\theta - \beta) = \sin\theta\cos\beta - \cos\theta\sin\beta$를 대입하여 정리하면 다음의 식들을 얻는다.

(1) 속비(ε)

$$\varepsilon = \frac{N_B}{N_A} = \frac{D_A}{D_B} = \frac{\sin\alpha}{\sin\beta}$$

(2) 원추의 꼭지각(2α, 2β)

$$\tan\alpha = \frac{\sin\theta}{\dfrac{1}{\varepsilon} + \cos\theta} \qquad\qquad \tan\beta = \frac{\sin\theta}{\varepsilon + \cos\theta}$$

양축이 직교할 때는 $\theta = 90°$

$$\tan\alpha = \varepsilon = \frac{N_B}{N_A} \qquad\qquad \tan\beta = \frac{1}{\varepsilon} = \frac{N_A}{N_B}$$

(3) 원주속도(v)

$$D = \frac{D_1 + D_2}{2}$$

여기서, D : 평균지름(mm)

$\quad\quad\quad\ D_1$: 최소지름(mm)

$\quad\quad\quad\ D_2$: 최대지름(mm)

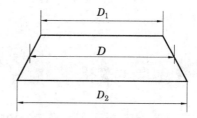

$$v = \frac{\pi D N}{60 \times 1000} = \frac{\pi \left(\dfrac{D_1 + D_2}{2}\right) N}{60 \times 1000} [\text{m/s}]$$

(4) 축 방향으로 미는 힘(Q_A, Q_B)

$$Q_A = P\sin\alpha, \quad Q_B = P\sin\beta$$

(5) 전달동력(H_{kW}) 및 전달마력(H_{PS})

$$H_{kW} = \frac{\mu P v}{1000} = \frac{\mu Q_A v}{1000\sin\alpha} = \frac{\mu Q_B v}{1000\sin\beta} [\text{kW}]$$

$$H_{PS} = \frac{\mu P v}{735} = \frac{\mu Q_A v}{735\sin\alpha} = \frac{\mu Q_B v}{735\sin\beta} [\text{PS}]$$

(6) 원추 마찰차의 접촉부분의 너비(b)

허용선 압력을 $f[\text{N/mm}]$라고 하면, $b = \dfrac{P}{f} = \dfrac{Q_A}{f\sin\alpha} = \dfrac{Q_B}{f\sin\beta} [\text{mm}]$

출제 예상 문제

1. 마찰차에서 원뿔의 꼭지각이 같으며, 축각이 직각인 것을 무엇이라 하는가?

① 원판차   ② 변속 마찰차

③ 마이터 휠   ④ 원뿔 마찰차

[해설] 꼭지각이 같고 축각이 90°인 경우, 즉 속도비가 1인 한 쌍의 원추 마찰차를 마이터 휠이라 한다.

2. 마찰차에서는 접촉면에 마찰을 크게 하기 위하여 마찰재를 쓰고, 또 축압력을 높여주는데, 이렇게 하면 베어링에 무리가 생기게 된다. 이런 결점을 없애고 접촉면에 마찰력을 높인 마찰차는 어느 것인가?

① 원뿔 마찰차   ② 크럼 마찰차

③ 홈붙이 마찰차   ④ 이반스 마찰차

3. 원추 마찰차의 속도비는 어떻게 되는가?

① 원추각의 sin에 반비례한다.

② 원추각의 sin에 비례한다.

③ 원추각의 cos에 비례한다.

④ 원추각의 tan에 반비례한다.

[해설] 속도비$(\varepsilon) = \dfrac{\text{종동차 회전수}(N_B)}{\text{원동차 회전수}(N_A)}$

$\qquad\qquad = \dfrac{\sin\alpha}{\sin\beta}$

4. 다음 마찰차의 특성 중 틀린 것은?

① 운전이 정숙하다.

② 전동의 단속이 무리없이 행해진다.

③ 정확한 운동 전달이 가능하다.

④ 무단 변속을 하기 쉬운 구조로 할 수 있다.

5. 원통 마찰차에서 속도비에 관한 설명 중 맞는 것은?

① 지름에 비례한다.

② 반지름에 반비례한다.

③ 회전수에 반비례한다.

④ 지름과 회전수를 곱한 것에 반비례한다.

[해설] 속도비$(\varepsilon) = \dfrac{N_B}{N_A} = \dfrac{D_A}{D_B} = \dfrac{R_A}{R_B}$

6. 마찰차에서 양차를 누르는 힘을 $P[\text{N}]$, 마찰차의 허용압력을 $p_0[\text{N/mm}]$, 마찰차의 폭을 b라 할 때, b를 구하는 식은?

① $b = \dfrac{p_0}{P}$ ② $b = \dfrac{P}{p_0}$

③ $b = p_0 P$ ④ $b = 10.2\dfrac{P}{p_0}$

7. 평마찰차와 홈마찰차가 같은 힘으로 밀어붙일 때 회전력은 어떻게 되겠는가? (단, $\alpha = 15°$, $\mu = 0.1$이다.)

① 평마찰차가 2배 가량 크다.

② 홈마찰차가 더 크다.

③ 어느 것이나 다 같다.

④ 평마찰차가 1.5배 가량 크다.

[해설] $\mu' : \mu = \dfrac{\mu}{\sin\alpha + \mu\cos\alpha} : \mu$가 홈마찰차와 평마찰차의 비이다. $\mu = 0.1$이고 $\alpha = 15°$일 때 $\mu' : \mu = 2.8 : 1$이 된다.

8. 10 m/s의 속도로 회전하는 원통 마찰차의 두 차를 밀어주는 힘이 700 N, 마찰

계수 μ는 0.2일 때 전달동력은 몇 kW인가?

① 0.75 kW
② 1.2 kW
③ 1.4 kW
④ 2.5 kW

[해설] $H_{kW} = \dfrac{\mu P v}{1000} = \dfrac{0.2 \times 700 \times 10}{1000}$
$= 1.4\ kW$

9. 원동차, 종동차의 지름이 125 mm, 375 mm인 원통 마찰차에서 마찰계수 μ는 0.2, 누르는 힘은 2000 N일 때 최대 전달토크는 얼마인가?

① 50000 N · mm
② 75000 N · mm
③ 25000 N · mm
④ 100000 N · mm

[해설] $T = \mu P \dfrac{D_B}{2} = 0.2 \times 2000 \times \dfrac{375}{2}$
$= 75000\ N \cdot mm$

10. 다음 그림과 같은 원추 마찰차에서 속도비 ε 를 나타내는 식은?

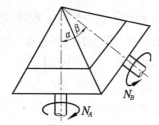

① $\varepsilon = \dfrac{N_B}{N_A} = \dfrac{\sin\alpha}{\sin\beta}$

② $\varepsilon = \dfrac{N_B}{N_A} = \dfrac{\sin\beta}{\sin\alpha}$

③ $\varepsilon = \dfrac{N_B}{N_A} = \dfrac{\cos\alpha}{\cos\beta}$

④ $\varepsilon = \dfrac{N_B}{N_A} = \dfrac{\cos\beta}{\cos\alpha}$

11. 홈붙이 마찰차에서 홈의 깊이를 h, 접촉부의 길이를 l, 홈의 수를 Z 라 할 때, 홈의 수를 구하는 식은?

① $Z = \dfrac{l}{2h}$
② $Z = \dfrac{2h}{l}$
③ $Z = \dfrac{h}{2l}$
④ $Z = \dfrac{h}{l}$

12. 두 축의 축각 θ인 원추 마찰차에서 A차의 원추각은 α 이고, 속도비 $\varepsilon = \dfrac{\omega_B}{\omega_A}$ 일 때 $\tan\alpha$를 구하는 식은?

① $\dfrac{\sin\theta}{\varepsilon + \cos\theta}$
② $\dfrac{\cos\theta}{\varepsilon + \sin\theta}$
③ $\dfrac{\tan\theta}{\sin\theta + \varepsilon\cos\theta}$
④ $\dfrac{\sin\theta}{\dfrac{1}{\varepsilon} + \cos\theta}$

13. 축간거리 300 mm, 원동차 회전수 N_1 =200 rpm, 종동차 회전수 N_2 =100 rpm 인 한 쌍의 마찰차 지름은 몇 mm인가? (단, 원동차의 지름은 D_1, 종동차의 지름은 D_2 이다.)

① $D_1 = 100,\ D_2 = 200$
② $D_1 = 200,\ D_2 = 400$
③ $D_1 = 200,\ D_2 = 100$
④ $D_1 = 400,\ D_2 = 200$

14. 원통 마찰차의 전동 기구에서 원동차와 종동차의 재질의 강도는 어떤 것이 좋은가?

① 강도가 둘다 같아야 좋다.
② 둘다 되도록 단단한 것이 좋다.
③ 원동차가 더 단단한 것이 좋다.
④ 종동차가 더 단단한 것이 좋다.

제**12**장 　기어 전동장치

12-1　스퍼 기어(평치차)의 기본 공식

스퍼 기어(spur gear)는 이끝이 직선이며 축에 나란한 원통형 기어로 평기어라고도 하며, 일반적으로 가장 많이 사용된다. 감속비는 최고 1 : 6까지 가능하며, 효율은 가공 상태에 따라 95~98 % 정도이다.

기준 래크의 기준 피치선이 기어의 기준 피치원과 인접하고 있는 것을 표준 스퍼 기어라 한다. 표준 스퍼 기어의 이두께(circular thickness)는 원주 피치의 $\frac{1}{2}$ 이다.

그러나 윤활유의 유막 두께, 기어의 가공, 조립할 때의 오차, 중심 거리의 변동, 열팽창, 부하에 의한 이의 변형, 전달력에 의한 축의 변형 등을 고려하여 물림 상태에서 이의 뒷면에 적당한 틈새를 두는데, 이 틈새를 뒤틈(back lash) 또는 잇면의 놀음이라고 한다.

이와 같은 뒤틈을 주지 않으며 원활한 전동을 할 수 없다. 그러나 뒤틈을 너무 크게 하면 소음과 진동의 원인이 되므로 지장이 없는 한도 내에서 작게 하는 것이 좋다.

(1) 이의 크기

원주 피치를 p, 모듈을 m, 지름 피치를 d_p로 표시하면,

$$p = \pi m = \frac{\pi D}{Z}, \quad m = \frac{D}{Z}$$

$$d_p = \frac{25.4}{m} = \frac{25.4Z}{D}$$

여기서, D : 피치원 지름(mm), Z : 기어의 잇수

(2) 회전비(속비)(ε)

$$\varepsilon = \frac{N_B}{N_A} = \frac{D_A}{D_B} = \frac{Z_A}{Z_B}$$

여기서, N_A : 원동기어 회전수(rpm), N_B : 종동기어의 회전수(rpm)

(3) 바깥지름(D_0)

$$D_0 = D + 2a = m(Z+2)[\text{mm}]$$

여기서, a : 이끝 높이(addendum)로 표준 기어의 경우 모듈과 같다($a = m$).

전위 기어인 경우에는 m보다 크거나 작다.

(4) 기초원 지름(D_g)

$$D_g = D\cos\alpha = mZ\cos\alpha[\text{mm}]$$

여기서, α : 압력각($^\circ$)으로서 20°와 14.5°

(5) 법선 피치(p_n)

법선 피치를 기초원 피치(p_g)라고도 한다.

$$p_n = \pi m\cos\alpha = \frac{\pi D_g}{Z}[\text{mm}]$$

(6) 중심거리(C)

$$C = \frac{D_A + D_B}{2} = \frac{m(Z_A + Z_B)}{2} = \frac{D_{g1} + D_{g2}}{2\cos\alpha}[\text{mm}]$$

여기서, D_{g1}, D_{g2} : 원동차(pinion), 종동차(gear)의 기초원 지름

(7) 물림률(contact ratio)(η)

$$\eta = \frac{S}{p_n} = \frac{\text{물림 길이}}{\text{법선 피치}}$$

물림률이 너무 낮으면 진동과 소음이 크며, 이에 가해지는 부담도 크고, 물림률이 너무 크면 동시에 물리는 치수가 많아지나, 맞물리는 2개의 기어 이가 모두 접촉하지 않을 가능성이 높으므로 기어를 설계할 때 물림률이 대개 1.2~2.0 사이의 값이 되도록 한다. 물림률은 반드시 1보다 크다.

(8) 언더컷(under cut) 한계잇수(Z_g)

$$Z_g \geq \frac{2a}{m\sin^2\alpha} = \frac{2a}{m(1-\cos^2\alpha)} = \frac{2}{\sin^2\alpha}$$

표준 기어일 때는 $a = m$이므로 20° 압력각 피니언의 경우 17이 되지만, 실제는 14개까지도 허용된다.

12-2 스퍼 기어의 강도 설계

(1) 굽힘강도

루이스(W. Lewis)의 식

기본식(정하중 상태) : $P = \sigma_b bm Y$

수정식(동하중 상태) : $P = f_v \sigma_b bm Y$

실제 사용 안전식 : $P = f_w f_v \sigma_b bm Y$

여기서, P : 허용 전달하중(N)으로 전달동력 $kW = \dfrac{Pv}{1000}[\mathrm{kW}]$

(v는 피치 원주속도(m/s)에 사용하는 값)

σ_b : 허용 반복 굽힘응력(N/mm^2)으로 다음 페이지의 표 (1)에 표시된 값

b : 이폭(mm)으로 모듈 m을 기준으로 정하며, $b = km$에서 이폭계수 k값은 표 (4)에 표시되었다.

Y : 치형계수(무차원)로서 강도계수 또는 루이스 계수라고도 하며, 보통 잇수(Z)와 압력각(α)의 함수가 된다. 표 (3)은 표준 평치차의 치형계수 값을 모듈 기준으로 표시한 것이다.

치형계수 값이 모듈 기준이 아니라 원주 피치 기준으로 표시된 표를 이용하는 경우에는 다음과 같은 요령으로 문제를 해결한다. 보통 원주 피치 기준 치형계수는 y로 표시하며 Y 대신 πy값을 대입한다.

$P = \sigma_b bm \pi y$

$P = f_v \sigma_b bm \pi y$

$P = f_w f_v f_c \sigma_b bm \pi y$

여기서, f_v : 속도계수(무차원)로 기어의 원주속도의 영향으로 발생되는 실험값이다. 표 (2)에 속도계수의 적용 범위 및 예를 표시하였다.

f_w : 하중계수(무차원)로 기어의 오차 및 재료의 탄성에 의하여 부가되는 동적 하중에 대한 실험값이다. 보통 하중 상태에 따라 다음과 같은 수치가 된다.

• 조용히 하중이 작용할 때 $f_w = 0.80$

• 하중이 변동하는 경우 $f_w = 0.74$

• 충격을 동반하는 경우 $f_w = 0.67$

f_c : 물림계수(무차원)로 물림률을 고려한 설계 안전값이며, 보통 1보다 큰 값이 되나 안전한 설계가 되도록 $f_c = 1$로 잡는다.

기어 재료의 허용응력 (1)

종별	기호	인장강도(σ) [kg/mm^2]	경도(H_B)	허용 반복 굽힘응력(σ_b) [kg/mm^2]
주철	GC 15	>13	140~160	7
	GC 20	>17	160~180	9
	GC 25	>22	180~240	11
	GC 30	>27	190~240	13
주강	SC 42	>42	140	12
	SC 46	>46	160	19
	SC 49	>49	190	20
기계구조용 탄소강	SM 25C	>45	111~163	21
	SM 35C	>52	121~235	26
	SM 45C	>58	163~269	30
표면경화강	SM 15CK	>50	기름 담금질 400	30
	SNC 21	>80	물 담금질 600	30~40
	SNC 22	>95	물 담금질 600	40~55
니켈 크롬강	SNC 1	>70	212~255	35~40
	SNC 2	>80	248~302	40~60
	SNC 3	>90	269~321	40~60
포금	–	>18	85	>5
델타메탈		35~60	–	10~20
인청동(주물)		19~30	70~100	5~7
니켈청동(주조)		64~90	180~260	20~30
베이클라이트 등	–	–	–	3~5

㉾ 인장강도에 9.8을 곱하면 N/mm^2(MPa)이다.

속도계수 f_v (2)

f_v의 식	적용 범위	적용 예
$f_v = \dfrac{3.05}{3.05+v}$	기계 다듬질을 하지 않거나 거친 기계 다듬질을 한 기어 $v = 0.5 \sim 10\,\text{m/s}$ (저속용)	크레인, 윈치, 시멘트 밀 등
$f_v = \dfrac{6.1}{6.1+v}$	기계 다듬질을 한 기어 $v = 5 \sim 20\,\text{m/s}$ (중속용)	전동기, 그 밖의 일반 기계
$f_v = \dfrac{5.55}{5.55+\sqrt{v}}$	정밀한 절삭가공, 셰이빙, 연삭 다듬질, 래핑 다듬질을 한 기어 $v = 20 \sim 50\,\text{m/s}$ (고속용)	증기터빈, 송풍기, 그 밖의 고속 기계
$f_v = \dfrac{0.75}{1+v}+0.25$	비금속 기어 $v < 20\,\text{m/s}$	전동기용 소형 기어, 그 밖의 경하중용 소형 기어

표준 평치차의 치형계수 Y의 값(모듈 기준) (3)

잇수(z)	압력각 $\alpha = 14.5°$ Y	압력각 $\alpha = 20°$ Y	잇수(z)	압력각 $\alpha = 14.5°$ Y	압력각 $\alpha = 20°$ Y
12	0.237	0.277	28	0.332	0.372
13	0.249	0.292	30	0.334	0.377
14	0.261	0.308	34	0.342	0.388
15	0.270	0.319	38	0.347	0.400
16	0.279	0.325	43	0.352	0.411
17	0.289	0.330	50	0.357	0.422
18	0.293	0.335	60	0.365	0.433
19	0.299	0.340	75	0.369	0.443
20	0.305	0.346	100	0.374	0.454
21	0.311	0.352	150	0.378	0.464
22	0.313	0.354	300	0.385	0.474
24	0.318	0.359	랙	0.390	0.484
26	0.327	0.367			

이폭계수 k(모듈 기준) (4)

종별	스퍼 기어	헬리컬 기어	베벨 기어
보통 전동용 기어(보통의 경우)	6~11	10~18	5~8
대동력 전달용 기어(특수한 경우)	16~20	18~20	8~10

㈜ 헬리컬 기어에서는 축직각 모듈 기준임

(2) 면압강도

헤르츠(Herz)의 식

$$P = f_v kmb \frac{2Z_1 Z_2}{Z_1 + Z_2} [\text{N}]$$

여기서, k : 비응력계수(N/mm²)로서 접촉면 압력계수라고도 하며, 압력각과 재질에 의하여 결정되는 값으로 다음과 같이 표시된다.

$$k = \frac{\sigma_a^2 \sin 2\alpha}{2.8} \left(\frac{1}{E_1} + \frac{1}{E_2} \right)$$

위의 식으로부터 각 기어와 피니언의 재질별로 값을 구해 보면 다음 표와 같이 표시된다.

기어 재료의 비응력계수 k의 값

기어의 재료		$\sigma_a[\text{kg}/\text{mm}^2]$	$k[\text{kg}/\text{mm}^2]$	
피니언(경도 H_B)	기어(경도 H_B)		$\alpha = 14.5°$	$\alpha = 20°$
강(150)	강(150)	35	0.020	0.027
강(200)	강(150)	42	0.029	0.039
강(250)	강(150)	49	0.040	0.053
강(200)	강(200)	49	0.040	0.053
강(250)	강(200)	56	0.052	0.069
강(300)	강(200)	63	0.066	0.086
강(250)	강(250)	63	0.066	0.086
강(300)	강(250)	70	0.081	0.107
강(350)	강(250)	77	0.098	0.130
강(300)	강(300)	77	0.098	0.130
강(350)	강(300)	84	0.116	0.154
강(400)	강(300)	88	0.127	0.168
강(350)	강(350)	91	0.137	0.182
강(400)	강(350)	99	0.159	0.210
강(500)	강(350)	102	0.170	0.226
강(400)	강(400)	120	0.234	0.311
강(500)	강(400)	123	0.248	0.329
강(600)	강(400)	127	0.262	0.348
강(500)	강(500)	134	0.293	0.389
강(600)	강(600)	162	0.430	0.569
강(150)	주철	35	0.303	0.039
강(200)	주철	49	0.059	0.079
강(250)	주철	63	0.098	0.130
강(300)	주철	65	0.105	0.139
강(150)	인청동	35	0.031	0.041
강(200)	인청동	49	0.062	0.082
강(250)	인청동	60	0.092	0.135
주철	주철	63	0.132	0.188
니켈주철	니켈주철	65	0.140	0.186
니켈주철	인청동	58	0.116	0.155

㊁ σ_a, k값에 9.8을 곱하면 $\text{N}/\text{mm}^2(\text{MPa})$이다.

12-3 **헬리컬 기어(helical gear)의 기본 공식**

(1) 치형의 표시 방식

① **축직각 방식** : 첨자 s로 표시하며 축과 직각인 단면의 치형
② **치직각 방식** : 첨자 n으로 표시하며 이와 직각인 단면의 치형

(2) 원주 피치와 모듈

$$p_s = \frac{p_n}{\cos\beta} \ , \ m_s = \frac{m_n}{\cos\beta}$$

여기서, β : 비틀림각($^\circ$), p_s : 축직각 피치, p_n : 치직각 피치,

   m_s : 축직각 모듈, m_n : 치직각 모듈

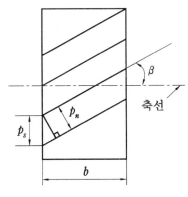

원주 피치와 모듈

(3) 압력각(α_s)

$$\tan\alpha_s = \frac{\tan\alpha_n}{\cos\beta}$$

여기서, α_n : 공구압력각

(4) 피치원 지름(D_s)

$$D_s = m_s Z_s = \frac{m_n Z_s}{\cos\beta}[\text{mm}]$$

(5) 바깥지름(D_k)

$$D_k = D_s + 2m_n = m_n\left(\frac{Z_s}{\cos\beta} + 2\right)[\text{mm}]$$

(6) 중심거리(C)

$$C = \frac{D_{s1} + D_{s2}}{2} = \frac{m_s(Z_{s1} + Z_{s2})}{2} = \frac{m_n(Z_{s1} + Z_{s2})}{2\cos\beta}[\text{mm}]$$

(7) 전달하중 및 스러스트

$$P_n = \frac{P}{\cos\beta}[\text{N}]$$

$$P_a = P\tan\beta[\text{N}]$$

여기서, P : 축에 직각방향으로 작용하는 전달하중으로 $kW = \dfrac{Pv}{1000}[\text{kW}]$

P_n : 치직각 방향으로 작용하는 하중(N)

P_a : 축방향으로 작용하는 하중(스러스트)

(8) 상당 평치차 지름(D_e)

$$D_e = \frac{D_s}{\cos^2\beta}$$

(9) 상당 평치차 잇수(Z_e)

$$Z_e = \frac{Z_s}{\cos^3\beta}$$

(10) 헬리컬 기어의 치폭(b_s)

$$b_s = \frac{b}{\cos\beta}$$

12-4 헬리컬 기어의 강도 계산

(1) 굽힘강도

$$P = f_v f_w \sigma_b b m_n Y_e[\text{N}]$$

여기서, Y_e : 상당 치형계수로서 상당 잇수 Z_e로 앞의 표 (3)에서 구한 값이다. 보통 보간법을 사용하여 구한다. 평치차와 마찬가지로 $Y_e = \pi y_e$가 되며, 이때 y_e는 원주 피치 기준 치형계수이다. 위의 식은 평치차의 식에서 P 대신 P_n을, b 대신 b_s를 각각 대입하고 정리해서 얻은 식이다.

(2) 면압강도

$$P = f_v \frac{C_w}{\cos^2\beta} kbm_s \frac{2Z_{s1}Z_{s2}}{Z_{s1} + Z_{s2}} [\text{N}]$$

여기서, C_w : 공작 정밀도를 고려한 계수로서 보통 $C_w = 0.75$로 잡고, 한 쌍의 기어가 똑같이 정밀하게 가공된 경우에는 $C_w = 1$로 한다.

12-5 베벨 기어(bevel gear)의 기본 공식

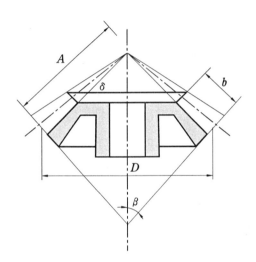
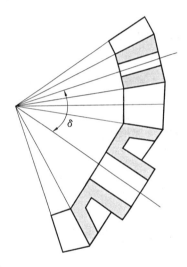

베벨 기어의 설계

(1) 피치 원추각(δ_1, δ_2)

마찰차(원추 마찰차)의 경우와 똑같다.

$$\tan\delta_1 = \frac{\sin\theta}{\dfrac{N_1}{N_2} + \cos\theta} , \ \ \tan\delta_2 = \frac{\sin\theta}{\dfrac{N_2}{N_1} + \cos\theta}$$

직각 베벨 기어 $\theta = 90°$일 때

$$\tan\delta_1 = \frac{N_2}{N_1} = \frac{Z_1}{Z_2}, \ \ \tan\delta_2 = \frac{N_1}{N_2} = \frac{Z_2}{Z_1}$$

(2) 배원추각(β_1, β_2)

$$\beta_1 = 90° - \delta_1, \ \ \beta_2 = 90° - \delta_2$$

(3) 축각(θ)

$$\theta = \delta_1 + \delta_2$$

(4) 피치원 지름(D_1, D_2)

$$D_1 = mZ_1, \ \ D_2 = mZ_2$$

(5) 바깥지름(D_{k1}, D_{k2})

$$D_{k1} = m(Z_1 + 2\cos\delta_1), \ \ D_{k2} = m(Z_2 + 2\cos\delta_2)$$

(6) 원추거리(A)

$$A = \frac{D_1}{2\sin\delta_1} = \frac{D_2}{2\sin\delta_2}[\mathrm{mm}]$$

(7) 속도비(회전비)(ε)

$$\varepsilon = \frac{N_2}{N_1} = \frac{D_1}{D_2} = \frac{Z_1}{Z_2} = \frac{\sin\delta_1}{\sin\delta_2}$$

(8) 베벨 기어의 상당 평치차 잇수(Z_{e1}, Z_{e2})

$$Z_{e1} = \frac{Z_1}{\cos\delta_1}, \ \ Z_{e2} = \frac{Z_2}{\cos\delta_2}$$

12-6 베벨 기어의 강도 계산

(1) 굽힘강도

$$P = f_v f_w \sigma_b bm \, Y_e \frac{A-b}{A}[\mathrm{N}]$$

여기서, Y_e : 모듈 기준 치형계수로서 상당 잇수 Z_e 에 의하여 앞의 표 (3)에서 구한다.

$\dfrac{A-b}{A}$: 베벨 기어의 계수(수정계수)

(2) 면압강도

미국기어제작협회(AGMA)의 식

$$P = 1.67b \sqrt{D_1} \cdot f_m \cdot f_s \, [\text{N}]$$

여기서, b : 치폭(mm)

D_1 : 피니언의 피치원 지름(mm)

f_m : 재료에 의한 계수

f_s : 사용기계에 의한 계수

베벨 기어의 재료에 의한 계수 f_w

피니언의 재료	기어의 재료	f_w	피니언의 재료	기어의 재료	f_w
주철 또는 주강	주철	0.3	기름담금질 강	연강 또는 주강	0.45
조질강	조질강	0.35	침탄강	조질강	0.5
침탄강	주철	0.4	기름담금질 강	기름담금질 강	0.80
기름담금질강	주철	0.4	침탄강	기름담금질 강	0.85
침탄강	연강 또는 주강	0.45	침탄강	침탄강	0.100

베벨 기어의 사용기계에 의한 계수 f_s

f_s	사용기계
2.0	자동차, 전차(시동토크에 의함)
1.0	항공기, 송풍기, 원심분리기, 기중기, 공작기계(벨트구동), 인쇄기, 원심펌프, 감속기, 방적기, 목공기
0.75	공기압축기, 전기공구(대용), 광산기계, 신선기, 컨베이어
0.65~0.5	분쇄기, 공작기계(모터 직결구동), 왕복펌프, 압연기

12-7 웜 기어(worm gear)의 기본 공식

(1) 구성

① 웜(worm) : 사다리꼴 나사

② 웜 휠(worm wheel) : 사다리꼴 암나사를 휠의 바깥둘레에 깎은 것

(2) 속비(ε)

$$\varepsilon = \frac{N_g}{N_w} = \frac{Z_w}{Z_g} = \frac{l}{\pi d_g} = \frac{d_w}{d_g} \tan \beta$$

여기서, N_w : 웜의 회전속도(mm) N_g : 웜 휠의 회전속도(rpm)

Z_w : 웜의 줄수 Z_g : 웜 휠의 잇수

d_w : 웜의 피치원 지름 d_g : 웜 휠의 피치원 지름

β : 리드각

l : 웜의 리드($l = Z_w p$, $p Z_g = \pi d_g$의 관계를 가지며 p는 피치이다.)

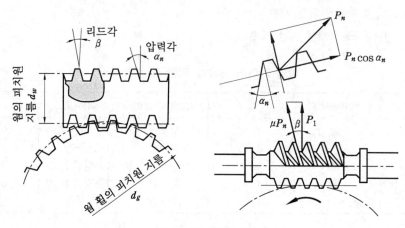

웜 기어장치의 설계

(3) 웜축 및 웜 휠축에 작용하는 스러스트

$$P_1 = P_n \cos\alpha_n \sin\beta + \mu P_n \cos\beta$$

$$P_2 = P_n \cos\alpha_n \cos\beta - \mu P_n \cos\beta$$

여기서, P_n : 치면에 직각으로 작용하는 힘

P_1 : 웜 휠축에 작용하는 스러스트(즉, 웜의 피치원상에서 그 회전방향으로 작용하는 힘으로 웜의 회전력이다.)

P_2 : 웜축에 작용하는 스러스트(즉, 웜 휠의 피치원상에서 그 회전방향으로 작용하는 힘으로 웜 휠의 회전력이다.)

α_n : 치직각 압력각

μ : 접촉면의 마찰계수($\mu = \tan\rho$)

위 식에서 $\dfrac{\mu}{\cos\alpha_n} = \mu' = \tan\rho'$ 라 놓고 정리하면 다음과 같다.

$$P_1 = P_2 \tan(\beta + \rho')$$

여기서, μ' : 상당 마찰계수, ρ' : 상당 마찰각

(4) 웜 휠을 돌리기 위해 웜에 가해지는 토크(T)

$$T = P_1 \frac{d_w}{2} = P_2 \frac{d_w}{2} \tan(\beta + \rho')$$

만일 마찰이 없는 경우는 $\mu' = 0(\rho' = 0)$이므로

$$T' = P_2 \frac{d_w}{2} \tan\beta$$

(5) 웜 기어의 효율(η)

$$\eta = \frac{T'}{T} = \frac{\tan\beta}{\tan(\beta + \rho')} \, (\beta : \text{진입각}, \ \rho' : \text{상당 마찰각})$$

(6) 웜 휠을 구동기어로 하여 웜을 돌리는 경우의 효율(η')

$$\eta' = \frac{\tan(\beta + \rho')}{\tan\beta}$$

여기서, $\eta' \leq 0$, 즉 $\beta \leq \rho'$일 때 자동체결(self locking)되어 웜 휠로서 웜을 돌리지 못한다. 즉, 역전방지기구에 사용되는 원리가 된다.

12-8 압력각과 미끄럼 및 물림률의 관계

압력각을 크게 하면,
① 절하(under cut)를 방지할 수 있다.
② 물림률이 감소된다.
③ 잇면의 미끄럼률이 감소된다.
④ 베어링에 걸리는 하중이 증가된다.
⑤ 잇면의 곡률 반지름이 커진다.
⑥ 받칠 수 있는 접촉압력이 커진다.
⑦ 이의 강도가 증대된다.

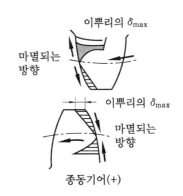

인벌류트 이의 미끄럼 특성

12-9 전위 기어의 계산식

(1) 중심거리(A_f)

$$A_f = \frac{Z_1 + Z_2}{2} m + \frac{Z_1 + Z_2}{2} \left(\frac{\cos\alpha}{\cos\alpha_b} - 1 \right) m$$

표준 기어의 중심거리를 A라 하면,

$$A_f = A + ym = \frac{Z_1 + Z_2}{2}m + ym = \left[\left(\frac{Z_1 + Z_2}{2}\right) + y\right]m$$

(2) 중심거리 증가계수(y)

$A_f = A + ym$에서 y를 중심거리 증가계수라 한다.

(3) 기초원 지름(D_g)

$$D_g = mZ\cos\alpha$$

(4) 바깥지름(D_0)

그림에서 바깥반지름 $= \dfrac{Zm}{2} + xm + m \cdots$

$$D_0 = Zm + 2m(x+1)$$

$$= (Z+2)m + 2xm$$

(5) 층 높이(H)

$$H = (2+k)m$$

$$km = C(\text{이끝 틈새})$$

여기서, k : 이끝 틈새 계수

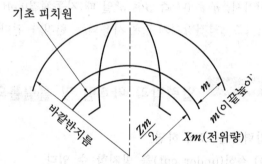

전위 기어의 계산

12-10 **스퍼 기어의 설계**

스퍼 기어(spur gear : 평치차)의 강도를 생각할 때, 이의 굽힘강도와 잇면의 접촉압력에 대한 강도, 고부하, 고속에서는 스코링 강도(strength of scoring) 등 3가지 견지에서 검토된다.

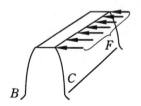

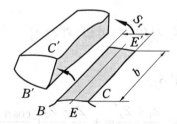

이의 절손

그러나 스코링 강도에 대해서는 극도의 이론이 필요하므로 여기서 생략한다. 위의 그림은 굽힘에 의한 이의 절손을 도시한 것이다.

스퍼 기어에서 이에 작용하는 힘은 다음과 같다.

$$F = \frac{1000kw}{v} = \frac{735Ps}{v} [\text{N}]$$

$$v = \frac{\pi DN}{60 \times 1000} [\text{m/s}]$$

여기서, F : 피치원의 접선방향에 작용하는 힘, 즉 회전력(N)

앞의 그림에서 보는 것처럼 물림을 시작할 때 이의 선단에 작용하는 힘 $F_n[\text{N}]$은 이의 곡면에 수직하게 작용하고 작용선상에 작용하고 있는, 따라서 회전력으로 작용하는 힘 $F[\text{N}]$은, $F = F_n \cos\alpha$ (α : 압력각)

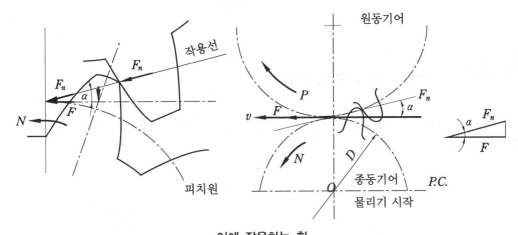

이에 작용하는 힘

12-11 베벨 기어의 설계

(1) 속비

$$\varepsilon = \frac{N_2}{N_1} = \frac{D_1}{D_2} = \frac{Z_1}{Z_2} = \frac{\omega_2}{\omega_1} = \frac{\sin\gamma_1}{\sin\gamma_2}$$

(2) 피치 원뿔각

$$\tan\gamma_1 = \frac{\sin\Sigma}{\dfrac{Z_2}{Z_1} + \cos\Sigma} , \quad \tan\gamma_2 = \frac{\sin\Sigma}{\dfrac{Z_1}{Z_2} + \cos\Sigma}$$

축각 $\Sigma = \gamma_1 + \gamma_2 = 90°$ 이면,

$$\tan\gamma_1 = \frac{Z_1}{Z_2}, \quad \tan\gamma_2 = \frac{Z_2}{Z_1}$$

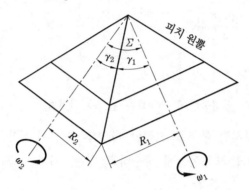

베벨 기어의 피치 원뿔

12-12 ## 베벨 기어의 명칭과 계산

베벨 기어의 치형은 백콘의 모선의 길이를 반지름으로 하는 피치원을 가진 스퍼 기어의 치형이고, 외단부의 치형으로 표시한다.

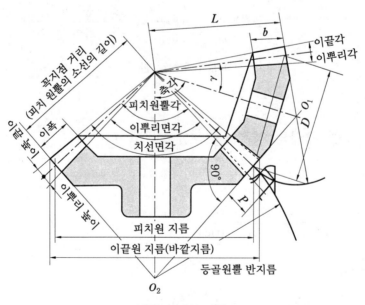

베벨 기어의 명칭

베벨 기어의 계산식

외단 원뿔거리(꼭지점 거리 L)	$L=\dfrac{D_1}{2\sin\gamma_1}=\dfrac{D_2}{2\sin\gamma_2}$ (단, $\gamma=$피치 원뿔각)
이끝각(θ_a)	$\tan\theta_a=\dfrac{a}{L}$ (단, a : 이끝 높이)
이뿌리각(θ_d)	$\tan\theta_d=\dfrac{d}{L}$ (단, d : 이뿌리 높이)
이끝 원뿔각(γ_a)	$\gamma_{a1}=\gamma_1+\theta_{a1},\ \ \gamma_{a2}=\gamma_2+\theta_{a2}$
이뿌리 원뿔각(γ_d)	$\gamma_{d1}=\gamma_1+\theta_{d_1},\ \ \gamma_{d_2}=\gamma_2+\theta_{d_2}$
외단 이끝원 지름(D_g)	$D_g=D+2a\cos\gamma$
후원뿔각(δ)	$\delta_1=90°-\gamma,\ \ \delta_2=90°-\gamma_2$

$$m'=m\frac{L-b}{L}=m\lambda$$

$$L=\frac{D}{2\sin\gamma},\ \ D=mZ$$

$$m'=m\lambda=m\frac{L-b}{L}$$

$$=m\left(1-\frac{b}{L}\right)=m\left(1-\frac{2b\sin\gamma}{D}\right)$$

$$=m-\frac{2bm\sin\gamma}{D}=m-\frac{2b\sin\gamma}{Z}$$

참고 베벨 기어의 분류

교차되는 두 축 간에 운동을 전달하는 원뿔형의 기어를 총칭하여 베벨 기어라 하며, 이끝의 모양에 따라 직선 베벨 기어(straight bevel gear), 헬리컬 베벨 기어(herical bevel gear), 스파이럴 베벨 기어(spiral bevel gear)로 분류된다.

출제 예상 문제

1. 전위 기어는 어떤 목적에서 사용되는가?

① 기어의 마멸을 방지하기 위해서

② 언더컷을 피하기 위해서

③ 전동 효율을 높이기 위해서

④ 속도비를 크게 하기 위해서

2. 기어에서 기초원의 지름을 D_g, 법선 피치를 p_n, 피치원 지름을 D, 압력각을 α 라 할 때, 기초원 지름을 구하는 공식은?

① $D_g = D \cos\alpha$ ② $D_g = D \sin\alpha$

③ $D_g = D \tan\alpha$ ④ $D_g = D \cot\alpha$

3. 웜 기어에서 N_1 : 웜의 회전수 (rpm), N_2 : 웜 휠의 회전수 (rpm), D : 웜 휠의 피치원 지름, l : 웜의 리드라고 할 때, 속도비 $i = N_2 / N_1$ 을 나타내는 식은?

① $\dfrac{\pi l}{D}$ ② $\dfrac{l}{\pi D}$

③ $\dfrac{\pi D}{l}$ ④ $\dfrac{D}{\pi l}$

$\boxed{\text{해설}}$ $i = \dfrac{N_2}{N_1} = \dfrac{Z_w}{Z_g}$ 로 표시되며, p_s 를 웜의 축방향 피치라고 하면 $l = p_s Z_w$ 이고, p_s 는 동시에 웜 휠의 축직각 피치가 되어야 하므로 $Z_g = \dfrac{\pi D}{p_s}$ 가 된다. 따라서, 속도비 i 는 다음과 같이 표시되기도 한다.

$i = \dfrac{N_2}{N_1} = \dfrac{Z_w}{Z_g} = \dfrac{l / p_s}{\pi D / p_s} = \dfrac{l}{\pi D}$

4. 한 쌍의 헬리컬 기어에서 잇수를 각각 Z_1, Z_2, 모듈을 m_n, 비틀림각을 β 라 할 때 중심거리 C 를 나타내는 식은?

① $C = \dfrac{(Z_1 + Z_2)\cos\beta}{3m_n}$

② $C = \dfrac{(Z_1 + Z_2)m_n}{2\cos\beta}$

③ $C = \dfrac{2m_n\cos\beta}{Z_1 + Z_2}$

④ $C = \dfrac{3Z_1 m_n}{Z_2\cos\beta}$

5. 직선 베벨 기어에서 등가 스퍼 기어의 잇수 Z_e 로 나타내는 식은? (단, Z : 베벨 기어의 잇수, α : 피치 원추각이다.)

① $Z_e = \dfrac{Z}{\sin\alpha}$ ② $Z_e = \dfrac{Z}{\cos\alpha}$

③ $Z_e = \dfrac{\sin\alpha}{Z}$ ④ $Z_e = \dfrac{Z}{\sin\alpha}$

6. 베벨 기어에서 모듈을 m, 피치 원추각을 α, 잇수를 Z 라 할 때 바깥지름 D_k 를 나타내는 식은?

① $D_k = (m + 2\cos\alpha)\,Z$

② $D_k = (m + 2\sin\alpha)\,Z$

③ $D_k = (Z + 2\sin\alpha)\,m$

④ $D_k = (Z + 2\cos\alpha)\,m$

7. 직선 베벨 기어에서 이폭의 중앙부를 기준으로 할 때 평균 모듈(m_m)을 나타내는 식은 어느 것인가? (단, m : 모듈, b : 이폭, α : 피치 원추각, Z : 잇수이다.)

① $m_m = m - \dfrac{b\sin\alpha}{Z}$

$\boxed{\text{정답}}$ 1. ② 2. ① 3. ② 4. ② 5. ② 6. ④ 7. ①

② $m_m = m - \dfrac{Z\sin\alpha}{b}$

③ $m_m = m - \dfrac{2b\sin\alpha}{Z}$

④ $m_m = m - \dfrac{b\sin\alpha}{2Z}$

[해설] 이폭의 중앙 치형은 외단부 치형을 $\dfrac{A-b/2}{A}$ 로 축소한 것임을 알 수 있다.

$$m_m = m\left(1 - \dfrac{b}{2A}\right) = m - \dfrac{mb}{2A}$$
$$= m - \dfrac{2mb\sin\alpha}{2D} = m - \dfrac{mb}{D}\sin\alpha$$
$$= m - \dfrac{b\sin\alpha}{Z}$$

8. 표준 스퍼 기어에서 바깥지름(D_0)을 구하는 식은?

① $D_0 = mZ$　　② $D_0 = \dfrac{m}{Z}$

③ $D_0 = m(2 + Z)$　　④ $D_0 = \dfrac{2+Z}{m}$

9. 스퍼 기어에서 원동차와 종동차의 잇수를 각각 Z_1, Z_2, 지름을 D_1, D_2, 회전수를 N_1, N_2라 할 때 속도비(i)를 나타내는 식은?

① $i = \dfrac{N_2}{N_1} = \dfrac{D_1}{D_2} = \dfrac{Z_1}{Z_2}$

② $i = \dfrac{Z_1}{Z_2} = \dfrac{N_2}{N_1} = \dfrac{D_2}{D_1}$

③ $i = \dfrac{N_2}{N_1} = \dfrac{D_2}{D_1} = \dfrac{Z_2}{Z_1}$

④ $i = \dfrac{N_2}{N_1} = \dfrac{D_1}{D_2} = \dfrac{Z_2}{Z_1}$

10. 스퍼 기어에서 전달마력을 H_{PS}, 피치원상의 원주속도를 v 라 할 때, 기어를 회전시키는 힘 P를 계산하는 식은?

① $P = \dfrac{735\,H_{PS}}{v}$　　② $P = \dfrac{v}{735\,H_{PS}}$

③ $P = \dfrac{735\,H_{PS}}{\pi v}$　　④ $P = \dfrac{\pi v}{735\,H_{PS}}$

11. 스퍼 기어에서 압력각을 증가시킬 때 나타나는 현상이 아닌 것은?

① 언더컷을 일으키는 최소 잇수가 감소한다.

② 이에 작용시킬 수 있는 하중이 증가한다.

③ 치면의 곡률 반지름이 작아진다.

④ 물림률이 감소한다.

[해설] 압력각을 증가시킬 때 나타나는 현상

(1) 베어링에 걸리는 하중이 증가한다.

(2) 물림률이 감소한다.

(3) 받을 수 있는 접촉면 압력이 증가한다.

(4) 치면의 곡률 반지름이 커진다.

(5) 치면의 미끄럼률이 작아진다.

(6) 이의 강도가 커진다.

12. 헬리컬 기어에서 실제의 잇수를 Z_s, 상당 잇수를 Z_e, 비틀림각을 β 라 할 때, 상당 잇수를 구하는 식은?

① $Z_e = \dfrac{\cos^3\beta}{Z_s}$　　② $Z_e = \dfrac{Z_s}{\cos^3\beta}$

③ $Z_e = \cos^3\beta\, Z_s$　　④ $Z_e = \dfrac{Z_s}{\sin^3\beta}$

13. 기어에서 피치원의 접선방향으로 작용하는 힘을 P, 모듈을 m, 치형계수를 y, 치폭을 b, 허용 굽힘응력을 σ_b 라 할 때, 루이스의 굽힘강도 공식에 해당되는 것은?

① $P = \dfrac{by\sigma_b m}{\pi}$　　② $P = bmy\sigma_b$

③ $P = 25.4 \, by \, \dfrac{\sigma_b}{DP}$ ④ $P = \dfrac{by\sigma_b}{y}$

14. 스퍼 기어에서 이끝 높이를 a, 모듈을 m, 압력각을 α 라 할 때 언더컷을 일으키지 않는 이론적 최소 잇수 (Z_g)를 구하는 식은?

① $Z_g = \dfrac{\alpha}{\cos^2\alpha}$ ② $Z_g = \dfrac{\alpha}{m\cos^2\alpha}$

③ $Z_g = \dfrac{\sin^2\alpha}{2}$ ④ $Z_g = \dfrac{2}{\sin^2\alpha}$

15. 스퍼 기어에서 물림률 (contact ratio) 이란 무엇인가?

① 물림 길이를 원주 피치로 나눈 값이다.
② 물림 길이를 모듈로 나눈 값이다.
③ 접촉호의 길이를 원주 피치로 나눈 값이다.
④ 접촉호의 길이를 법선 피치로 나눈 값이다.

[해설] 물림률

$$= \dfrac{\text{접촉호의 길이}}{\text{원주 피치}} = \dfrac{\text{물림 길이}}{\text{법선 피치}}$$

16. 다음 그림과 같은 인벌류트 기어에서 이두께란 어느 것을 말하는가?

① $\overline{ab}$
② $\overline{ef}$
③ $\overset{\frown}{ce}$
④ $\overset{\frown}{cd}$

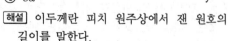

[해설] 이두께란 피치 원주상에서 잰 원호의 길이를 말한다.

17. 인벌류트 기어에서 압력각을 증가시켰을 때 일어나는 현상 중 틀린 것은?

① 언더컷을 방지시킬 수 있다.
② 물림률이 증대된다.
③ 잇면의 미끄럼률이 감소된다.
④ 이의 강도가 커진다.

[해설] 압력각을 증가시킬 때 일어나는 현상
(1) 언더컷 방지
(2) 물림률 감소
(3) 잇면의 미끄럼률 감소
(4) 베어링에 걸리는 하중 증가
(5) 받칠 수 있는 접촉압력 커짐
(6) 이의 강도 증대

18. 피치점에 있어서 피치원의 공통 접선과 작용선이 이루는 각을 무엇이라 하는가?

① 접선각 ② 중심각
③ 압력각 ④ 꼭지각

19. 피치원의 지름을 D, 잇수를 Z, 지름 피치를 p_d라 할 때, 원주 피치 p를 구하는 공식이 아닌 것은?

① $p = \dfrac{\pi D}{Z}$ ② $p = \pi m$

③ $p = \dfrac{\pi Z}{D}$ ④ $p = \dfrac{25.4\pi}{p_d}$

20. 인벌류트 치형에 대한 설명 중 틀린 것은?

① 중심거리가 다소 어긋나도 속도비는 변하지 않고 원활한 맞물림이 가능하다.
② 동력 전달용으로 널리 쓰인다.
③ 접촉면의 미끄럼이 적어 마멸되기 쉽다.
④ 압력각이 일정하다.

21. 기어에서 이의 크기를 표시하는 방법이 될 수 없는 것은?

① 모듈 ② 원주 피치

정답 14. ④ 15. ③ 16. ④ 17. ② 18. ③ 19. ③ 20. ③ 21. ③

③ 피치원의 지름　④ 지름 피치

22. 모듈을 바르게 설명한 것은?

① 피치원의 원주를 잇수로 나눈 원호의 길이이다.
② 피치원의 지름을 잇수로 나눈 값이다.
③ 잇수를 인치로 나타낸 피치원의 지름으로 나눈 값이다.
④ 원주율과 피치와의 곱이다.

23. 인벌류트 기어에서 이의 간섭을 막기 위한 대책이 아닌 것은?

① 압력각을 크게 한다.
② 잇수비를 크게 한다.
③ 이끝 높이를 낮게 한다.
④ 이끝을 둥글게 한다.

24. 기어의 간섭현상은 어떤 경우에 생기는가?

① 기어의 피치가 맞지 않을 때
② 축간거리가 맞지 않을 때
③ 잇수비가 아주 큰 경우
④ 이의 절삭이 잘못되었을 때

25. 사이클로이드 치형에 대한 설명 중 틀린 것은?

① 정확한 공작이 어렵다.
② 시계, 계기류에 널리 쓰인다.
③ 잇수가 적은 것을 만들 수 있고, 이의 마멸이 적다.
④ 기어의 중심거리가 맞지 않아도 원활한 물림이 된다.

26. 헬리컬 기어로 큰 동력을 전달할 수 있는 이유는 무엇인가?

① 소음이 적기 때문에
② 접촉률이 커서 운전 성능이 좋다.
③ 이의 두께가 스퍼 기어보다 크기 때문에
④ 헬리컬 기어의 재질은 스퍼 기어보다 좋은 재료를 쓰기 때문에

27. 기어 트레인 값을 바르게 나타낸 식은 어느 것인가?

① $\dfrac{\text{종동 기어 잇수의 서로 곱한 값}}{\text{원동 기어 잇수의 서로 곱한 값}}$
② $\dfrac{\text{원동 기어 회전수를 서로 곱한 값}}{\text{종동 기어 회전수를 서로 곱한 값}}$
③ $\dfrac{\text{종동 기어 지름을 서로 곱한 값}}{\text{원동 기어 지름을 서로 곱한 값}}$
④ $\dfrac{\text{원동 기어 지름을 서로 곱한 값}}{\text{종동 기어 지름을 서로 곱한 값}}$

28. 웜과 웜 휠의 전동 효율을 높이려면 어떻게 해야 하는가?

① 마찰각을 크게, 마찰계수를 작게 하거나 리드각을 크게 한다.
② 마찰각과 마찰계수를 작게 하거나 리드각을 크게 한다.
③ 마찰각을 작게 하거나 마찰계수와 리드각을 크게 한다.
④ 마찰각과 마찰계수를 크게 하거나 리드각을 작게 한다.

29. 헬리컬 기어에서 이직각 모듈이 4이고 나선각이 30°일 때, 정면 모듈은 얼마인가?

① 3.5　② 4.6
③ 5.2　④ 5.6

30. 바깥지름 186 mm, 잇수 60인 표준 스퍼 기어의 모듈은 얼마인가?

① 2　② 3

정답　22. ②　23. ②　24. ③　25. ④　26. ②　27. ④　28. ②　29. ②　30. ②

③ 4　　　　　　　④ 5

해설 $D_o = mZ + 2m = m(Z+2)$ [mm]

$$\therefore m = \frac{D_o}{Z+2} = \frac{186}{60+2} = 3$$

31. 한 쌍의 표준 스퍼 기어에서 모듈이 4 mm, 잇수가 각각 36, 79일 때, 중심거리는 얼마인가?

① 22.6 cm　　　　　② 230 mm

③ 22.6 mm　　　　　④ 250 mm

해설 $C = \dfrac{D_1 + D_2}{2} = \dfrac{m(Z_1 + Z_2)}{2}$

$$= \frac{4(36+79)}{2} = 230 \text{ mm}$$

32. 잇수 Z, 비틀림각 $\beta[°]$인 헬리컬 기어의 잇줄에 대한 직각 단면상 상당 평기어의 잇수(Z_1)는?

① $Z_1 = \dfrac{Z}{\cos \beta}$　　　② $Z_1 = \dfrac{Z}{\cos^3 \beta}$

③ $Z_1 = \dfrac{Z}{\cos^2 \beta}$　　　④ $Z_1 = \dfrac{Z}{\cos^4 \beta}$

33. 다음 중 올바른 식은? (단, m : 모듈, d : 피치원 지름, p : 원주 피치, Z : 잇수)

① $m = \dfrac{Z}{d} = \dfrac{\pi}{p}$　　　② $m = \dfrac{d}{Z} = \dfrac{\pi}{p}$

③ $m = \dfrac{d}{Z} = \dfrac{\pi}{p}$　　　④ $m = \dfrac{d}{Z} = \dfrac{p}{\pi}$

34. 인벌류트 기어의 압력이 커지면 어떻게 되는가?

① 이의 간섭과 언더컷이 커진다.

② 물림률이 증가한다.

③ 베어링 하중이 증가한다.

④ 이뿌리가 점점 약해진다.

35. 직각 단면의 모듈 $m = 5$, 나선각 $\beta = 12°$, 잇수 $Z_1 = 20$, $Z_2 = 50$인 한 쌍의 헬리컬 기어의 중심거리는 얼마인가? (단, $\cos 12° = 0.928$이다.)

① 178.94 mm　　　　② 175 mm

③ 171.15 mm　　　　④ 188.57 mm

36. 다음 그림과 같은 유성 기어에서 암을 화살표 방향으로 1회전하면 기어 G의 회전은? (단, 시계 방향의 회전을 (+), 반시계 방향의 회전을 (−)로 한다.)

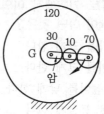

① −3　　② +3　　③ −4　　④ +4

37. 모듈 $m = 8$, 잇수 $Z = 46$의 표준 기어의 바깥지름은 얼마인가?

① 368 mm　　　　② 376 mm

③ 384 mm　　　　④ 486 mm

해설 $D_o = m(Z+2) = 8(46+2) = 384$ mm

38. 기어 가공 중에서 웜 기어의 장점은 무엇인가?

① 기어 가공이 용이하다.

② 기어의 효율이 좋다.

③ 마모가 적다.

④ 큰 감속비를 얻을 수 있다.

39. 인벌류트 스퍼 기어에서 기초원 지름이 150 cm, 잇수가 50일 때, 법선 피치는 얼마인가?

① 10.5 mm　　　　② 9.5 mm

③ 94.2 mm　　　　④ 30 mm

정답　**31.** ②　**32.** ②　**33.** ④　**34.** ③　**35.** ④　**36.** ①　**37.** ③　**38.** ④　**39.** ③

40. 헬리컬 기어에서 축직각 피치와 이직각 피치 중 어느 것이 더 큰가?

① 축직각 피치＝이직각 피치

② 축직각 피치≦이직각 피치

③ 축직각 피치＜이직각 피치

④ 축직각 피치＞이직각 피치

41. 이직각 모듈 $m=6$, 잇수 $Z=60$인 헬리컬 기어의 피치원 지름은 얼마인가? (단, $\beta=30°$이다.)

① 311.769 mm ② 372.769 mm

③ 415.692 mm ④ 447.692 mm

42. $m=5$, $Z=40$, $\alpha=20°$인 인벌류트 표준 스퍼 기어의 기초원 지름을 구하면? (단, $\sin 20° = 0.3420$, $\cos 20° = 0.9397$이다.)

① 187.94 mm ② 178.44 mm

③ 164.27 mm ④ 148.26 mm

43. 그림과 같은 한 쌍의 헬리컬 기어 전동에서 축 추력(P_a)의 방향은 다음 중 어느 것이 옳은가?

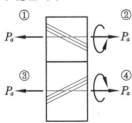

① ②와 ③ 방향   ② ②와 ④ 방향

③ ④와 ① 방향   ④ ①과 ③ 방향

44. 웜 기어에서 Z_1 = 웜의 줄 수, Z_2 = 웜 휠의 잇수, l = 웜의 리드, p = 웜의 피치, D = 웜 휠의 피치원 지름, N_1, N_2 = 웜 및 웜 휠의 회전속도일 때,

$i = \dfrac{N_1}{N_2}$를 나타내는 식은?

① $\dfrac{\pi D}{l}$ ② $\dfrac{\pi D}{p}$

③ $\dfrac{\pi l}{D}$ ④ $\dfrac{l}{\pi D}$

45. 회전수 320 rpm, 전달마력 1.5 PS, 피치원 지름 200 mm인 스퍼 기어의 전달하중은 얼마인가?

① 3.36 kg   ② 4.67 kg

③ 33.6 kg   ④ 46.7 kg

46. 허용 굽힘응력 13 kg/mm²인 스퍼 기어가 있다. 모듈 $m=2.5$, 이폭 $l=50$ mm, 치형계수 $y=0.283$, 원주속도 $v=1.6$ m/s일 때 이 기어의 전달마력은 얼마인가?

① 4.82 PS   ② 6.46 PS

③ 14.97 PS   ④ 20.36 PS

47. 압력각 α, 모듈 m이라 할 때, 언더컷을 일으키지 않는 한계 잇수 Z_g를 구하는 식은?

① $Z_g = \dfrac{2}{\sin^2\alpha}$ ② $Z_g = \dfrac{2m}{\cos^2\alpha}$

③ $Z_g = \dfrac{m}{\sin 2\alpha}$ ④ $Z_g = \dfrac{\alpha}{\cos 2\alpha}$

48. 3중 웜이 120개의 이를 가진 웜 기어와 물려서 2회전할 때의 속도비는 얼마인가?

① 1 : 40   ② 1 : 80

③ 1 : 160   ④ 1 : 180

49. 래크 공구 또는 호브를 사용한 경우의 언더컷의 한계 잇수는 이론적으로 어떻게

표시되는가 ? (단, a : 어덴덤, m : 모듈, α : 압력각이다.)

① $Z_g = \dfrac{2a}{m(\cos^2\alpha - 1)}$

② $Z_g = \dfrac{2a}{m(1 - \cos^2\alpha)}$

③ $Z_g = \dfrac{m}{2a(\cos^2\alpha - 1)}$

④ $Z_g = \dfrac{m}{2a(1 - \cos^2\alpha)}$

50. 피치원의 지름이 40 cm인 기어가 600 rpm으로 회전하고, 10 PS을 전달시키려고 한다. 이 피치원에 작용하는 힘은 얼마인가 ?

① 50 kg　　　　② 55 kg

③ 60 kg　　　　④ 65 kg

51. 다음의 관계식에서 맞는 것은 ? (단, m =모듈, d =피치원 지름, Z =잇수, p =원주 피치이다.)

① $m = \dfrac{Z}{d} = \dfrac{\pi}{p}$　　② $m = \dfrac{d}{Z} = \dfrac{\pi}{p}$

③ $m = \dfrac{Z}{d} = \dfrac{p}{\pi}$　　④ $m = \dfrac{d}{Z} = \dfrac{p}{\pi}$

52. 중심거리 C = 160 mm이고, 모듈 m =4이며, 속도비 3 / 5인 한 쌍의 스퍼 기어의 잇수를 구한 것은 ?

① $Z_1 = 80,\ Z_2 = 30$

② $Z_1 = 80,\ Z_2 = 50$

③ $Z_1 = 30,\ Z_2 = 50$

④ $Z_1 = 30,\ Z_2 = 20$

53. 스퍼 기어에서 D_b : 기초원 지름, D : 피치원 지름, p_n : 법선 피치, Z : 잇수, α

: 압력각이라고 하면, 이들 사이에 다음과 같은 관계식이 성립한다. 옳은 것은 ?

① $D_b = D\sin\alpha = \dfrac{\pi p_n}{Z}$

② $D_b = D\sin\alpha = \dfrac{p_n Z}{\pi}$

③ $D_b = D\cos\alpha = \dfrac{p_n \pi}{Z}$

④ $D_b = D\cos\alpha = \dfrac{\pi Z}{p_n}$

54. 웜 기어에서 웜이 3줄, 웜 휠의 잇수가 90개이면 감속비는 얼마인가 ?

① $\dfrac{1}{30}$　② $\dfrac{1}{60}$　③ $\dfrac{1}{90}$　④ $\dfrac{1}{10}$

55. 잇수가 동일한 4개의 표준 스퍼 기어가 있다. 다음 중 바깥지름이 가장 큰 기어는 어느 것인가 ? (단, m : 모듈, s : 지름 피치이다.)

① $m = 4$　　　　② $s = 5$

③ $m = 6$　　　　④ $s = 6$

56. 롤러 체인의 스프로킷 휠 피치원의 지름을 D, 잇수를 Z, 피치를 p 라 하면 다음 식으로 표시된다. 맞는 것은 ?

① $D = \dfrac{Z}{\tan\dfrac{\pi}{p}}$　　② $D = \dfrac{p}{\cos\dfrac{\pi}{Z}}$

③ $D = \dfrac{p}{\sin\dfrac{\pi}{Z}}$　　④ $D = \dfrac{Z}{\cos\dfrac{\pi}{p}}$

57. 피치원 지름 600 mm, 잇수 120인 스퍼 기어의 지름 피치(p_d)는 얼마인가 ?

① 50.8 inch　　② 5.08 inch

③ 5.08 mm　　　④ 5.08 cm

정답　50. ③　51. ④　52. ③　53. ③　54. ①　55. ③　56. ③　57. ②

제13장 관의 지름 및 두께 계산

13-1 파이프의 안지름

다음 그림에서 보는 것처럼 파이프의 안지름은 유량으로 결정된다. 파이프 내의 흘러가는 유체는 파이프의 중앙부에서는 빠르고 관 벽면에서는 마찰 때문에 흐름이 늦게 되어 0으로 되기 때문에 속도는 포물선으로 분포된다.

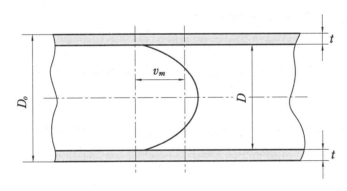

파이프 내의 속도 분포

$$Q = A v_m = \frac{\pi}{4}\left(\frac{D}{1000}\right)^2 v_m \, [\mathrm{m^3/s}]$$

$$\therefore \ D = 2000\sqrt{\frac{Q}{\pi v_m}} = 1128\sqrt{\frac{Q}{v_m}} \, [\mathrm{mm}]$$

$$D \fallingdotseq 1130\sqrt{\frac{Q}{v_m}} \, [\mathrm{mm}]$$

여기서, A : 파이프 내의 단면적($\mathrm{m^2}$), v_m : 평균유속(m/s)

물, 공기, 가스 증기 등 관내에 흐르는 유체의 용도에 따른 평균속도를 나타내면 다음 표와 같다.

관내 유속의 기준

유체	용도	평균속도 $v[\text{m/s}]$	유체	용도	평균속도 $v[\text{m/s}]$
물	상수도(장거리)	0.5~0.7	물	왕복펌프 배출관(단관)	2
	상수도(중거리)	~1		난방탕관	0.1~3
	지름 3~15 mm	~0.5	공기	저압공기관	10~15
	상수도 지름 ~30mm	~1		고압공기관	20~25
	(근거리) 지름<100mm	~2		소형 가스 석유기관 흡입관	15~20
	수력원동소 도수관	2~5		대형 가스 석유기관 흡인관	20~25
	소방용 호스	6~10		소형 디젤기관 흡입관	14~20
	저수두 원심펌프 흡입배출관	1~2		대형 디젤기관 흡입관	20~30
	고수두 원심펌프 흡입배출관	2~4	가스	석탄가스관	2~6
	왕복펌프 흡입관(장관)	0.7 이하	증기	포화증기관	12~40
	왕복펌프 흡입관(단관)	1		과열증기관	40~80
	왕복펌프 배출관(장관)	1			

13-2 얇은 원통의 두께

다음 그림에서 보는 것처럼 원통을 절반$\left(\dfrac{1}{2}\right)$으로 쪼개어 내압을 $p[\text{N/cm}^2]$, 두께를 $t[\text{mm}]$, 안지름을 $D[\text{mm}]$라 하면,

① 원주응력(후프응력 : hoop stress) σ_t는 다음 식으로 주어진다.

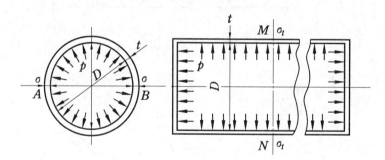

파이프의 두께

$$\sigma_t = \frac{pD}{2t \times 100} = \frac{pD}{200t}[\text{N/mm}^2]$$

② 축응력 σ_z는 다음 식으로 주어진다.

$$\sigma_z = \frac{pD}{4t \times 100} = \frac{1}{2}\sigma_t$$

③ 경험식 두께 t는, 경험식으로부터 부식 상수(부식에 대한 정수)를 $c[\mathrm{mm}]$, 이음 효율을 η, 재료의 허용 인장응력을 $\sigma_a[\mathrm{N/mm^2}]$이라 하면 다음 식으로 주어진다.

$$t = \frac{pD}{200\sigma_a\eta} + c\,[\mathrm{mm}]$$

만일 강판의 인장강도를 $\sigma_u[\mathrm{N/mm^2}]$, 안전율을 S라 하면, $\sigma_a = \dfrac{\sigma_u}{S}$

$$\therefore\ t = \frac{DpS}{2\sigma_u\eta \times 100} + c\,[\mathrm{mm}]$$

얇은 원통이라 함은 $\dfrac{t}{D} \leqq \dfrac{1}{10}$의 경우를 말한다.

출제 예상 문제

1. 유속 v [m/s], 유량 Q [m³/s]라 할 때, 파이프의 지름 D [cm]를 구하는 식은?

① $D = 113\sqrt{\dfrac{Q}{v}}$

② $D = 100\sqrt{\dfrac{Q}{\pi v}}$

③ $D = 200\sqrt{\dfrac{Q}{v}}$

④ $D = 100\sqrt{\dfrac{Q}{v}}$

2. 관의 안지름을 D [cm], 1초간의 평균유속을 v [m/s]라 하면, 1초간의 평균유량 Q [m³/s]를 구하는 식은?

① $Q = \dfrac{\pi}{4}\left(\dfrac{D}{100}\right)^2 v$ ② $Q = \left(\dfrac{v}{100}\right)^2 D$

③ $Q = Dv$ ④ $Q = \pi D^2 v$

3. 파이프의 지름을 D [mm], 내압을 p [N/cm²], 파이프 재료의 허용 인장응력을 σ_a, 이음 효율을 η, 부식에 대한 상수를 C 라 할 때, 파이프의 두께 t 를 구하는 식은?

① $t = \dfrac{Dp}{200\sigma_a \eta} + C$

② $t = \dfrac{Dp\sigma_a}{200\eta} + C$

③ $t = \dfrac{Dp\eta}{200\sigma_a} + C$

④ $t = \dfrac{200\sigma_a \eta}{Dp} + C$

4. 다음 중 구리 · 황동관의 호칭지름은?

① 파이프의 바깥지름

② 파이프의 유효지름

③ 파이프 나사의 바깥지름

④ 파이프의 안지름

[해설] 파이프 중에서 주철관, 강관, 연관 및 연합금관은 호칭이 안지름을 표시하나 동관, 황동관, 알루미늄관은 바깥지름 호칭으로 나타낸다.

5. 역류를 방지하여 유체를 일정한 방향으로 흐르게 하는 밸브는?

① 슬루스 밸브 ② 체크 밸브

③ 안전 밸브 ④ 니들 밸브

6. 일반적으로 관의 지름이 크고, 가끔 분해할 필요가 있을 경우 사용되는 파이프 이음에 해당되는 것은?

① 신축 이음

② 밴드와 엘보 이음

③ 턱걸이 이음

④ 플랜지 이음

7. 다음 중 밸브의 역할이 아닌 것은?

① 유체의 유량 조절

② 유체의 속도 조절

③ 유체의 흐름 단속

④ 유체의 방향 전환

[해설] 밸브와 콕은 유체의 유량, 흐름의 단속, 방향의 전환, 압력 등을 조절하는 데 쓰인다.

정답 1. ① 2. ① 3. ① 4. ① 5. ② 6. ④ 7. ②

부 록

실전 모의고사

실전 모의고사

1. 원형 단면의 봉에 15 kN의 인장력이 작용하고 원형 봉의 지름이 10 mm일 때 원형 봉에 작용하는 인장응력은 몇 MPa인가? (단, $\pi=3$으로 계산한다.)

① 20   ② 50   ③ 100   ④ 200

해설 $\sigma_t = \dfrac{4P}{\pi d^2} = \dfrac{4 \times 15 \times 10^3}{3 \times 10^2} = 200 \, \text{MPa}$

2. 다이캐스팅의 장점에 대한 설명으로 옳지 않은 것은?

① 생산속도가 빠르다.
② 대량생산에 적합하다.
③ 금속주형의 비용이 저렴하다.
④ 복잡한 형상의 주조가 가능하다.

해설 다이캐스팅의 장점과 단점
(1) 장점
• 생산속도가 빠르기 때문에 대량생산에 적합하다.
• 주물표면이 깨끗하고 치수가 정밀하다.
• 얇은 주물과 복잡한 형상도 주조가 가능하다.
• 기공이 적고 결정립을 미세화하면서 치밀한 조직을 얻을 수 있다.
• 두께가 얇아 경량화가 가능하다.
(2) 단점
• 설비비가 고가이므로 소량생산에는 부적합하다.
• 저용융금속에 한정된다.
• 금속주형의 크기와 구조상 제품 치수에 한정되어 있다.
※ 금속주형의 비용이 고가이므로 소량생산에는 부적합하다.

3. 다음 열역학 상태량 중 종량적 상태량에 해당하는 것은?

① 압력   ② 밀도
③ 체적   ④ 온도

해설 (1) 종량성 상태량 : 물질의 질량에 따라 그 크기가 결정되는 상태량 예 체적, 내부에너지, 엔탈피, 엔트로피, 질량 등
(2) 강도성 상태량 : 물질의 질량에 관계없이 그 크기가 결정되는 상태량 예 온도, 압력, 비체적, 밀도 등

4. 지름이 10 cm인 비눗방울 모양의 풍선 속의 초과압력은 240 Pa이다. 이 비누막의 표면 장력은 몇 N/m인가?

① 2   ② 3   ③ 4   ④ 5

해설 표면 장력$(\sigma) = \dfrac{\Delta P d}{8}$

$= \dfrac{240 \times 0.1}{8} = 3 \, \text{N/m}$

※ 구형 물방울의 표면 장력(σ)
$= \dfrac{\Delta P d}{4} \, [\text{N/m}]$

5. 미끄럼(슬라이딩) 베어링에 대한 설명으로 옳지 않은 것은?

① 내충격성이 우수하다.
② 진동과 소음이 발생하기 어렵다.
③ 구조가 간단하다.
④ 작은 하중에 사용한다.

해설 미끄럼 베어링은 작용하중이 클 경우에 사용된다.

6. 청동의 종류 중 Cu + Sn 8~12 % + Zn 1~2 %의 합금으로 주물재료로 사용되며,

정답   1. ④   2. ③   3. ③   4. ②   5. ④   6. ①

내해수성이 강하고 수압 및 증기압에도 견디므로 선박 등의 부품 재료로 널리 사용되는 것은?

① 포금 ② 인청동
③ 알루미늄청동 ④ 켈밋

[해설] 포금은 Cu + Sn 8~12 % + Zn 1~2 %의 합금으로 적재량이 크고 속력이 느릴 때 사용되는 기어나 베어링에 쓰인다. 내식성과 내마모성이 뛰어나므로 밸브, 콕, 톱니바퀴, 플랜지 등에 많이 사용되며, 대포를 만들 때 사용된다고 하여 '포신'이라고도 불린다.

7. 내부에너지가 50 kJ, 절대압력이 180 kPa, 체적이 0.2 m³, 절대온도가 350 K인 시스템의 엔탈피는 약 몇 kJ인가?

① 82 ② 86
③ 90 ④ 94

[해설] $H = U + PV = 50 + 180 \times 0.2 = 86$ kJ

8. 다음 보기에서 정정보에 해당하는 것은 몇 개인가?

〈보기〉
㉠ 단순보 ㉡ 연속보
㉢ 돌출보 ㉣ 게르버보

① 4 ② 3 ③ 2 ④ 1

[해설] (1) 정정보 : 외팔보, 단순보, 게르버보, 돌출보
(2) 부정정보 : 고정지지보, 양단고정보, 연속보

9. 금속 침투법에서 아연을 침투시키는 방법은?

① 크로마이징 ② 보로나이징
③ 칼로라이징 ④ 세라다이징

[해설] (1) 크로마이징 : 크롬(Cr) 침투
(2) 칼로라이징 : 알루미늄(Al) 침투
(3) 실리코나이징 : 규소(Si) 침투

(4) 보로나이징 : 붕소(B) 침투
(5) 세라다이징 : 아연(Zn) 침투

10. 지름 40 mm의 재료를 540 rpm의 선반으로 절삭한다면 절삭속도(m/min)는? (단, π =3으로 계산한다.)

① 6.48 ② 32.4
③ 64.8 ④ 324

[해설] $V = \dfrac{\pi dN}{1000} = \dfrac{3 \times 40 \times 540}{1000}$
$= 64.8$ m/min

11. 다음 중 용적형 펌프의 범주에 해당되지 않는 것은?

① 기어 펌프 ② 베인 펌프
③ 터빈 펌프 ④ 나사 펌프

[해설] (1) 용적형 펌프 : 부하압력에 관계없이 토출량이 거의 일정한 펌프
• 회전 펌프 : 기어 펌프, 베인 펌프, 나사 펌프
• 피스톤 펌프 : 회전 피스톤 펌프, 왕복 운동 펌프
• 특수 펌프 : 단단 펌프, 복합 펌프
(2) 비용적형 펌프 : 토출량이 일정하지 않으며 저압에서 대량의 유체를 수송하는 펌프
• 원심 펌프 : 터빈 펌프, 벌류트 펌프
• 축류 펌프
• 혼류 펌프

12. 푸아송 비가 0.3인 재료에서 종탄성계수(E)와 횡탄성계수(G)의 비 $\dfrac{E}{G}$의 값은 얼마인가?

① 2 ② 2.2
③ 2.4 ④ 2.6

[해설] $mE = 2G(m+1)$
$E = 2G\left(1 + \dfrac{1}{m}\right) = 2G(1+\nu)$

$$\frac{E}{G} = 2(1+\nu) = 2(1+0.3) = 2.6$$

13. 종동차의 지름이 750 mm인 외접 원통 마찰차의 회전수를 $\frac{1}{3}$으로 감속시킨다고 할 때 두 축의 중심거리는 몇 mm인가?

① 600 ② 500
③ 400 ④ 300

[해설] $D_2 = 3D_1 = 750$에서 $D_1 = 250\,\text{mm}$

$$\therefore C = \frac{D_1 + D_2}{2} = \frac{250 + 750}{2} = 500\,\text{mm}$$

14. 다음 중 비행기의 속도를 측정하기에 가장 적합한 장치는?

① 피에조미터 ② 오리피스
③ 태코미터 ④ 피토관

[해설] 비행기의 속도를 측정하기 위해서는 유속을 측정하는 계기인 피토관을 사용할 수 있다.
① 피에조미터 : 정압 측정
② 오리피스 : 유량 측정
③ 태코미터 : 원동기의 회전속도 측정

15. 비열이 1kJ/kg·K인 금속 13 kg을 25℃에서 75℃로 올리는 데 필요한 열량(kJ)은?

① 650 ② 715
③ 520 ④ 585

[해설] $Q = mC\Delta T = 13 \times 1 \times (75 - 25)$
$= 650\,\text{kJ}$

16. 다음 중 합금에 대한 설명으로 옳지 않은 것은?

① 연성과 전성이 작다.
② 강도와 경도가 작다.

③ 용융점이 낮다.
④ 열전도율과 전기전도율이 낮다.

[해설] 합금의 특징
(1) 연성과 전성이 작다.
(2) 열전도율과 전기전도율이 낮다.
(3) 용융점이 낮다.
(4) 강도, 경도, 담금질효과가 크다.
(5) 내열성, 내산성, 주조성이 좋다.

17. 그림과 같이 고정된 노즐로부터 물 제트의 속도가 14 m/s로 분출하여 평판에 수직으로 충돌하고 있다. 이때 물 제트의 단면적은 5 cm²이고 평판이 6 m/s인 속도로 물 제트와 동일한 방향으로 운동한다면 평판에 작용하는 힘(N)은?

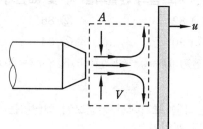

① 20 ② 200
③ 32 ④ 320

[해설] $F = \rho_{H_2O} Q(V-u) = \rho_{H_2O} A(V-u)^2$
$= 1000 \times 5 \times 10^{-4} \times (14-6)^2 = 32\,\text{N}$

18. 원통 코일 스프링의 평균지름을 3배, 유효감김수를 2배로 하면 처짐은 몇 배가 되는가?

① 54 ② 6
③ 18 ④ 108

[해설] 처짐량$(\delta) = \frac{8nPD^3}{Gd^4}$ [mm]일 때

평균지름을 3배, 유효감김수를 2배로 하면
$$\delta' = \frac{8(2n)P(3D)^3}{Gd^4} = 54 \times \frac{8nPD^3}{Gd^4}$$
따라서 변화 후의 처짐량은 54배가 된다.

19. 그림과 같은 두 종류의 보 A, B에서 A의 처짐량을 α, B의 처짐량을 β라고 할 때 $\dfrac{\alpha}{\beta}$ 의 값은 얼마인가?

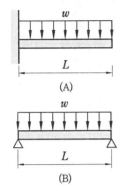

(A)

(B)

① $\dfrac{24}{7}$　　　　② $\dfrac{7}{24}$

③ $\dfrac{48}{5}$　　　　④ $\dfrac{5}{48}$

[해설] 보 A의 처짐량 $\alpha = \dfrac{wL^4}{8EI}$

보 B의 처짐량 $\beta = \dfrac{5wL^4}{384EI}$

$\therefore \ \dfrac{\alpha}{\beta} = \dfrac{\dfrac{wL^4}{8EI}}{\dfrac{5wL^4}{384EI}} = \dfrac{48}{5}$

20. 비가역 단열변화에서의 엔트로피는 어떻게 변화하는가?

① 증가한다.

② 불변이다.

③ 감소한다.

④ 경우에 따라 증가 또는 감소한다.

[해설] 엔트로피는 가역이면 불변이고, 비가역이면 증가한다. 실제로 자연계에서 일어나는 모든 상태는 비가역을 동반하므로 엔트로피는 항상 증가한다.

21. 잔류 오스테나이트를 0℃ 이하로 냉

각하여 마텐자이트화하는 열처리법은?

① 풀림　　　　　② 불림

③ 오스포밍　　　④ 서브제로

[해설] ① 풀림 : 내부응력을 제거하고 A_1 또는 A_3 변태점 이상으로 가열 후 냉각시켜 재질을 연화시키는 열처리 방법

② 불림 : A_3, A_{cm}보다 30~50℃ 높게 가열 후 공기 중에서 냉각시켜 미세한 소르바이트 조직을 얻는 열처리 방법

③ 오스포밍 : 과랭 오스트나이트 상태에서 소성 가공을 한 후 냉각 중 마텐자이트화하는 항온 열처리 방법

④ 서브제로(심랭처리) : 담금질된 잔류 오스테나이트(A)를 0℃ 이하의 온도로 냉각시켜 마텐자이트(M)화하는 열처리 방법

22. 다음 프레스 가공 분류 중에서 압축 가공의 종류가 아닌 것은?

① 엠보싱　　　　② 스웨이징

③ 컬링　　　　　④ 코이닝

[해설] 프레스 가공의 분류

(1) 압축 가공 : 코이닝, 엠보싱, 스웨이징

(2) 전단 가공 : 펀칭, 블랭킹, 전단, 트리밍, 셰이빙, 노칭, 분단

(3) 성형 가공 : 스피닝, 시밍, 컬링, 벌징, 비딩, 드로잉, 마폼법

23. 관의 직경이 100 mm이고 관 속을 2 m/s로 물이 흐르고 있을 때 유량은 몇 L/s인가? (단, $\pi = 3$으로 계산한다.)

① 5　　　　　　② 1

③ 15　　　　　④ 3

[해설] 유량$(Q) = AV = \dfrac{\pi}{4}d^2 V$

$\quad\quad = \dfrac{3}{4} \times 0.1^2 \times 2 = 0.015 \ \text{m}^3/\text{s} = 15 \ \text{L/s}$

24. 그림과 같은 오토 사이클에서 열효율 η 식을 바르게 표현한 것은?

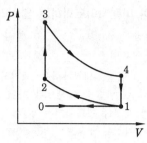

① $1 - \dfrac{T_3 - T_2}{T_4 - T_1}$ ② $1 - \dfrac{T_4 - T_1}{T_3 - T_2}$

③ $1 - \dfrac{T_3 - T_4}{T_2 - T_1}$ ④ $1 - \dfrac{T_2 - T_1}{T_3 - T_4}$

해설 흡열이 진행되는 2~3 과정인 정적가열 단계 및 방열이 진행되는 4~1 과정인 정적방열 단계에서 열의 출입이 이루어지므로 고온체에서 저온체로 열이 이동하는 특성에 근거하여 공급열량은 $T_3 - T_2$가 되고, 유효열량은 $T_4 - T_1$가 된다.

$$\therefore \ \text{열효율}(\eta) = \frac{\text{유효열량}}{\text{공급열량}} = \frac{W}{Q_1}$$
$$= 1 - \frac{Q_2}{Q_1} = 1 - \frac{T_4 - T_1}{T_3 - T_2}$$

※ 오토 사이클의 진행 순서 : 흡입(0~1) → 단열압축(1~2) → 정적가열(2~3) → 단열팽창(3~4) → 정적방열(4~1) → 배기(1~0)

25. 다음 중 흑연화를 방지하는 원소가 아닌 것은?

① V   ② Mn

③ Cr   ④ Ni

해설 (1) 흑연화 촉진제 : Si, Ni, Ti, Al, Co
(2) 흑연화 방지제 : Mo, Mn, Cr, S, V, W

제 2 회   **기계일반**

1. 다음 보기에서 설명하는 이론과 가장 밀접한 것은?

〈보기〉
두 열역학계 A와 B가 열역학계 C와 각각 열평형 상태이면, A와 B도 열평형 상태라고 한다.

① 열역학 제0법칙
② 열역학 제1법칙
③ 열역학 제2법칙
④ 열역학 제3법칙

해설 문제에서 제시하는 이론은 열평형의 관계를 나타내는 열역학 제0법칙이다.
② 열역학 제1법칙 : 열역학의 기초가 성립하는 법칙으로 열과 일 사이의 에너지 보존의 법칙을 적용한 열역학의 법칙
③ 열역학 제2법칙 : 엔트로피가 항상 증가하거나 일정하게 되는 방향으로 자연과정이 진행하는 방향을 규정하는 열역학의 법칙
④ 열역학 제3법칙 : 어떠한 이상적인 방법으로도 어떤 계를 절대온도 0 K(-273℃)에는 이르게 할 수 없다는 절대영도에서의 엔트로피에 관한 열역학의 법칙

2. 두 축이 같은 평면 안에 있으면서 그 중심선이 서로 어느 각도로 마주치고 있을 때 사용하는 축이음의 명칭은?

① 플렉시블 커플링
② 플랜지 커플링
③ 올덤 커플링
④ 유니버설 조인트

해설 ① 플렉시블 커플링 : 두 축의 중심선을 완전히 일치시키기 어려운 경우나 전동과 전달토크의 변동이 심한 경우에 고무, 가죽, 금속판과 같이 유연성이 있는 것을 매개로 사용하는 커플링
② 플랜지 커플링 : 큰 축과 고속도 정밀 회전축에 적당하고 공장 전동축 또는 일반 기계용으로 가장 널리 사용되는 커플링
③ 올덤 커플링 : 두 축이 서로 평행하고 거리가 짧으면서 교차하지 않는 경우에 사용하는 커플링

정답 25. ④   1. ①   2. ④

3. 다음 그림과 같은 보에서 $a = 0.2\,m$, $b = 0.8\,m$이고, 10 kN의 하중이 작용한다고 할 때 A와 B점에서의 반력 R_A와 R_B 합은 몇 kN인가?

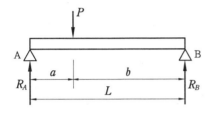

① 1   ② 10

③ 2   ④ 5

해설 (1) $\Sigma Y = 0$

$R_A + R_B - P = 0$

$\therefore R_A + R_B = P = 10\,kN$

(2) $\Sigma M = 0$

(가) A점을 기준으로 $\Sigma M_A = 0$

$Pa - R_B L = 0$에서

$R_B = \dfrac{Pa}{L} = \dfrac{10 \times 0.2}{1} = 2\,kN$

(나) B점을 기준으로 $\Sigma M_B = 0$

$Pb - R_A L = 0$에서

$R_A = \dfrac{Pb}{L} = \dfrac{10 \times 0.8}{1} = 8\,kN$

$\therefore R_A + R_B = 8 + 2 = 10\,kN$

결국, 어떠한 방법으로 풀어도 문제에서 주어진 보의 반력에 대한 합은 10 kN이 된다.

4. 다음 중 차원이 바르게 표기된 것은? (단, M : 질량, L : 길이, T : 시간)

① 에너지 : $[MLT^{-2}T^{-2}]$

② 압력 : $[MLT^{-2}]$

③ 점성계수 : $[MLT^{-1}]$

④ 동력 : $[ML^2T^{-3}]$

해설 ① 에너지 : $[ML^2T^{-2}]$

② 압력 : $[ML^{-1}T^{-2}]$

③ 점성계수 : $[ML^{-1}T^{-1}]$

5. 다음 제시된 네 개의 원소 중 비중이 가장 큰 원소는?

① Fe   ② Al

③ Ir   ④ Mg

해설 금속의 비중

① Fe : 7.87   ② Al : 2.7

③ Ir : 22.5   ④ Mg : 1.74

6. 다음 그림이 나타내는 유압 기호의 명칭은?

① 증압기

② 보조 가스 용기

③ 어큐뮬레이터

④ 공기 탱크

7. 용접 방식 중 모재의 용접부에 용제 공급관을 통하여 입상의 용제를 쌓아 놓고 그 속에 와이어 전극을 송급하면 모재 사이에서 아크가 발생하며 이 열에 의하여 와이어 자체가 용융되어 접합하는 용접은?

① 불가시 아크 용접

② 탄산가스 아크 용접

③ 테르밋 용접

④ 플래시 용접

해설 ② 탄산가스 아크 용접 : 불활성가스 대신 탄산가스를 이용하며, 소모식 용접법으로 연강의 용접에 적합한 용접 방식

③ 테르밋 용접 : 알루미늄과 산화철을 혼합한 분말을 이용한 용접 방식으로 레일, 차축, 선박의 선미 프레임 등의 맞대기 용접과 보수 용접에 사용된다.

※ 테르밋 용접의 화학 반응식

$FeO_3 + 2Al = Al_2O_3 + 2Fe$

④ 플래시 용접 : 두 모재에 전류를 공급하고 가까이 하면 접합할 단면과 단면 사이에 아크가 발생하여 고온 상태가 되는데 이때 모재의 길이 방향으로 압축하여 접합하는 용접 방식

※ 불가시 아크 용접=서브머지드 아크 용접=잠호 용접=링컨 용접=유니언 멜트 용접=자동 금속 아크 용접

8. 스퍼 기어의 피치원 지름이 150 mm이고 잇수가 50개일 때 모듈 m은 얼마인가?

① 5　　② 4　　③ 3　　④ 2

[해설] $D=mZ$에서 $m=\dfrac{D}{Z}=\dfrac{150}{50}=3$

9. 카르노 사이클의 과정이 바르게 나열된 것은?

① 등온팽창 – 단열압축 – 단열팽창 – 등온압축

② 등온팽창 – 단열팽창 – 등온압축 – 단열압축

③ 등온팽창 – 등온압축 – 단열압축 – 단열팽창

④ 등온팽창 – 단열팽창 – 단열압축 – 등온압축

[해설] 다음 그림은 카르노 사이클의 P-V 선도로 등온압축→단열압축→등온팽창→단열팽창의 순서대로 한 사이클을 구성한다.

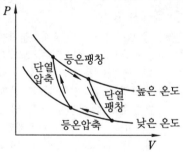

10. 안지름이 d_1, 바깥지름이 d_2이고 길이가 l인 좌굴 하중을 받는 파이프 압축 부재의 세장비를 표현한 식은?

① $\dfrac{4l}{\sqrt{d_2^2 - d_1^2}}$　　② $\dfrac{4l}{\sqrt{d_2^2 + d_1^2}}$

③ $\dfrac{16l}{\sqrt{d_2^2 - d_1^2}}$　　④ $\dfrac{16l}{\sqrt{d_2^2 + d_1^2}}$

[해설] 단면적$(A)=\dfrac{\pi}{4}(d_2^2 - d_1^2)$

단면 2차 모멘트$(I)=\dfrac{\pi}{64}(d_2^4 - d_1^4)$

$=\dfrac{\pi}{64}(d_2^2 + d_1^2)(d_2^2 - d_1^2)$

기둥의 최소회전반경$(K)=\sqrt{\dfrac{I}{A}}$

$=\sqrt{\dfrac{\dfrac{\pi}{64}(d_2^2 + d_1^2)(d_2^2 - d_1^2)}{\dfrac{\pi}{4}(d_2^2 - d_1^2)}}=\dfrac{\sqrt{d_2^2 + d_1^2}}{4}$

$\therefore$ 세장비$(\lambda)=\dfrac{l}{K}=\dfrac{l}{\dfrac{\sqrt{d_2^2 + d_1^2}}{4}}$

$=\dfrac{4l}{\sqrt{d_2^2 + d_1^2}}$

11. 다음 중 특수강의 목적으로 옳지 않은 설명은?

① 기계적, 물리적, 화학적 성질 개선

② 내식성, 내마멸성, 담금질성의 향상

③ 결정입도의 성장 방지

④ 마텐자이트의 입자 조정

[해설] 특수강은 오스테나이트의 입자 조정을 한다.

12. 수평 원관에서 유체가 완전 발달된 층류로 흐를 때 전단응력은 어떻게 변화하는가?

① 전단응력은 항상 일정하다.

② 관 벽에서 0이고, 관 중심에서 최댓값을 갖는다.

③ 관 중심에서 0이고, 관 벽에서 최댓값을 갖는다.

④ 포물선 변화를 한다.

정답　8. ③　9. ②　10. ②　11. ④　12. ③

해설 관 벽면의 전단응력 $\tau_{\max} = \dfrac{\Delta p d}{4l}$ [MPa]

이므로 전단응력의 분포는 관 중심에서 0이고, 관 벽에서는 최댓값을 갖는다. 그리고 관 중심에서 관 벽으로 직선(선형) 변화를 한다.

※ 속도의 분포는 관 벽에서 0이고 관 중심에서 최댓값을 가지며, 관 벽에서 관 중심으로 포물선(이차곡선) 변화를 한다.

13. 탄피나 치약튜브를 제조할 때 가장 널리 사용되는 제조법은?

① 충격압출   ② 전조
③ 인발   ④ 압연

해설 충격압출 : 다이에 소재를 넣고 램으로 타격하면 램의 외측을 감싸면서 금속재가 성형되는 소성 가공법으로 탄피나 치약튜브를 제조할 때 널리 사용되는 방법이다.

② 전조 : 다이나 롤러 사이에 소재를 넣고 회전시켜 제품을 만드는 소성 가공법으로 나사, 기어, 볼, 링, 스플라인축을 가공할 때 사용되는 방법이다.

③ 인발 : 금속의 봉이나 관을 다이에 넣어 축 방향으로 통과시켜 외경을 감소시키는 소성 가공법으로 중요 인자는 단면감소율, 다이각, 윤활, 인발속도, 재료, 역장력 등이다.

④ 압연 : 재료를 회전하는 두 개의 롤러 사이에 통과시키면서 압축하중을 가하여 두께, 폭, 직경 등을 감소시키는 소성 가공법

14. 히터가 저온체에서 1200 kJ/h로 열을 흡수하여 고온체에 2400 kJ/h의 열로 방출한다. 히터의 성능계수는 얼마인가?

① 1   ② 1.2   ③ 2   ④ 2.4

해설 히터의 성능계수(ε_h)

$= \dfrac{q_1}{q_1 - q_2} = \dfrac{2400}{2400 - 1200} = 2$

15. 탄소강의 5대 원소 중 인(P)에 대한 설명으로 옳지 않은 것은?

① 상온취성의 원인이 된다.
② 제강 시 편석을 발생시킨다.
③ 강도와 경도를 증가시킨다.
④ 결정립을 미세화시킨다.

해설 인(P)은 결정립을 조대화시키는 역할을 한다.

16. 240 J의 회전력을 전달하는 지름이 50 mm인 축에 사용될 성크 키의 규격($b \times h \times l$)이 12 mm×8 mm×80 mm일 때 성크 키의 전단응력은 몇 MPa인가?

① 10   ② 2   ③ 5   ④ 1

해설 $\tau_k = \dfrac{2T}{bdl} = \dfrac{2 \times 240 \times 10^3}{12 \times 50 \times 80} = 10 \, \text{MPa}$

17. 다음 보기의 설명과 일치한 경도 시험법은?

───〈보기〉───
압입체를 사용하지 않고 낙하체를 이용하여 반발시키는 경도 시험법

① 비커스   ② 쇼어
③ 로크웰   ④ 브리넬

해설 ① 비커스 경도 : 대면각 136°의 다이아몬드 피라미드를 사용하여 시편에 일정한 하중을 가하면서 경도를 시험하는 방법

③ 로크웰 경도 : 경질의 재료에는 다이아몬드 원뿔로, 연질의 재료에는 강구로 시편에 일정한 하중을 가하여 압입된 깊이로 경도를 시험하는 방법으로 B 스케일과 C 스케일이 존재한다.

④ 브리넬 경도 : 일정한 크기의 고탄소강 강구로 시편에 일정 하중을 가하여 경도를 시험하는 방법

18. 삼침법은 나사의 무엇을 측정할 때 가장 유용한 방법인가?

① 평면　　　　　② 각도
③ 유효지름　　　④ 길이

[해설] 삼침법은 나사의 유효지름을 측정할 때 가장 정밀도가 높은 방법이다. 지름이 같은 3개의 와이어를 나사산에 대고 와이어의 바깥부분을 마이크로미터로 측정한다. 미터나사 또는 유니파이 나사일 때 유효지름 $d_2 = M - 3d + 0.8660255p$

여기서, M : 마이크로미터 읽음값
　　　　d : 와이어의 지름
　　　　p : 나사의 피치

19. 점성계수 0.18 poise, 비중이 0.03인 유체의 동점성계수는 몇 stokes인가?

① 0.6　　　　　② 0.06
③ 60　　　　　 ④ 6

[해설] 동점성계수(ν)

$$= \frac{\mu}{\rho} = \frac{\mu}{\rho_{H_2O}S} = \frac{0.18 \times 0.1 \,\mathrm{N \cdot s/m^2}}{1000 \,\mathrm{kg/m^3} \times 0.03}$$

$$= 0.0006 \,\mathrm{m^2/s} = 6 \,\mathrm{cm^2/s} = 6 \,\mathrm{stokes}$$

20. 벨트 전동에서 유효장력을 T_e, 초기장력을 T_0라고 정의한다. 이때 장력비가 3이라면 유효장력에 대한 초기장력의 비는 얼마인가? (단, 벨트의 속도는 10 m/s 이하이고 μ는 마찰계수, θ는 벨트의 접촉각이다.)

① 0.5　　　　　② 1
③ 2　　　　　　④ 3

[해설] 벨트의 유효장력 $T_e = T_t - T_s [\mathrm{N}]$

벨트의 초기장력 $T_0 = \dfrac{T_t + T_s}{2} [\mathrm{N}]$

장력비 $e^{\mu\theta} = \dfrac{T_t}{T_s} = 3$에서

$T_t = 3T_s$을 대입하여 구하면

벨트의 유효장력 $T_e = 2T_s$, 벨트의 초기장력 $T_0 = 2T_s$이다.

$$\therefore \frac{T_0}{T_e} = \frac{2T_s}{2T_s} = 1$$

21. 구상흑연주철에서 흑연을 구상으로 만드는 데 사용하는 원소가 아닌 것은?

① Ca　　　　　② Ce
③ Cu　　　　　④ Mg

[해설] 구상흑연주철은 보통주철을 용융상태에서 Mg, Ca, Ce를 첨가하여 흑연을 구상화한 것으로 흑연에 의한 노치작용이 적어 강인하고 기계적 성질도 우수한 것이 특징이다. 구상흑연주철은 시멘타이트형, 펄라이트형, 페라이트형의 조직으로 구성되어 있고 주철 중에서도 인장강도가 가장 크다.

22. 다음 펌프 중 비교회전도가 가장 작은 것은?

① 축류 펌프　　　② 혼류 펌프
③ 벌류트 펌프　　④ 터빈 펌프

[해설] 펌프의 비교회전도(n_s)
① 축류 펌프 : $1200 < n_s < 2000$
② 혼류 펌프 : $n_s = 550$
③ 벌류트 펌프 : $n_s = 350$
④ 터빈 펌프 : $120 < n_s < 350$

23. 완전가스 상태방정식을 만족할 조건으로 옳지 않은 설명은?

① 압력은 낮을 것
② 온도는 낮을 것
③ 분자량은 작을 것
④ 비체적은 클 것

[해설] 온도는 높을 것

24. 나사의 축 방향에 인장하중 2 kN이 작용하면 나사의 바깥지름은 몇 mm인가? (단, 허용인장응력은 10 MPa이다.)

① 10　　② 15　　③ 20　　④ 25

[해설] 나사의 바깥지름(d)

$$= \sqrt{\frac{2P}{\sigma_a}} = \sqrt{\frac{2 \times 2 \times 10^3}{10}} = 20 \text{ mm}$$

25. 다음 중 곡률에 대한 설명으로 옳지 않은 것은?

① 굽힘모멘트에 반비례한다.

② 종탄성계수에 반비례한다.

③ 보의 단면 2차 모멘트에 반비례한다.

④ 곡률 반경은 곡률의 역수이다.

[해설] 곡률 $\dfrac{1}{\rho} = \dfrac{M}{EI}$ 에서 M은 굽힘모멘트, E는 종탄성계수, I는 단면 2차 모멘트이다. 곡률 반경 ρ는 곡률과 역수 관계이며 곡률은 굽힘모멘트와 비례한다.

제3회 **기계일반**

1. 다음 중 피로한도와 가장 관계가 깊은 하중은?

① 반복하중   ② 충격하중

③ 교번하중   ④ 수직하중

[해설] 재료가 정하중상태에서 충분한 강도를 갖고 있더라도 반복하중을 받게 되면 즉시 파괴되는 현상을 피로라 정의하고 이러한 한계를 피로한도라고 한다. 피로한도와 관계가 가장 깊은 하중은 반복하중이다.

2. 단면이 폭×높이＝$b \times h$로 구성된 직사각형의 단면 보에서 전단력이 F라고 하면 최대 전단응력의 식을 바르게 표현한 것은?

① $\dfrac{3F}{bh}$ ② $\dfrac{5F}{2bh}$

③ $\dfrac{3F}{2bh}$ ④ $\dfrac{F}{bh}$

[해설] 직사각형의 단면적(A) = bh

∴ 최대전단응력($\tau_{\max}$) = $\dfrac{3F}{2A} = \dfrac{3F}{2bh}$

3. 그림과 같이 부재의 온도를 ΔT만큼 증가시켰을 때, 부재 내부에 발생하는 응력은? (단, 단면적은 A, 탄성계수는 E, 열팽창계수는 α이다.)

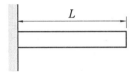

① 0   ② $\alpha \Delta T$

③ $E\alpha \Delta T$ ④ $E\alpha \Delta TL$

[해설] 부재의 온도를 ΔT만큼 증가시키면 부재는 늘어나게 되지만, 부재 자유단에 작용하는 것이 아무것도 존재하지 않으므로 부재에는 응력이 작용하지 않게 된다. 열응력의 경우, 양단이 고정되었을 때 부재 내에서 응력이 발생하기 때문에 부재 내의 응력은 0이 된다.

4. 긴 기둥에서 단말 조건과 재료의 재질이 동일하다고 가정하면 좌굴응력에 대한 설명으로 옳은 것은?

① 좌굴응력은 세장비의 제곱에 정비례한다.

② 좌굴응력은 세장비의 제곱에 반비례한다.

③ 좌굴응력은 세장비에 정비례한다.

④ 좌굴응력은 세장비에 반비례한다.

[해설] 좌굴응력(σ_B) = $\dfrac{n\pi^2 E}{\lambda^2}$

여기서, n : 단말계수

E : 세로탄성계수

λ : 세장비

∴ 좌굴응력은 세장비의 제곱에 반비례한다.

---

5. 그림과 같이 삼각형 분포하중 w을 받는 외팔보 자유단의 처짐을 나타내는 식은? (단, 재료의 세로탄성계수는 E, 단면 2차 모멘트는 I이다.)

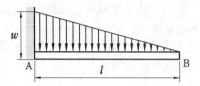

① $\delta_B = \dfrac{wl^4}{6EI}$　　　② $\delta_B = \dfrac{wl^4}{8EI}$

③ $\delta_B = \dfrac{wl^4}{24EI}$　　　④ $\delta_B = \dfrac{wl^4}{30EI}$

[해설] 처짐각(θ_B)

$= \dfrac{A_M}{EI} = \dfrac{1}{EI} \times \dfrac{1}{4} \times l \times \dfrac{wl^2}{6} = \dfrac{wl^3}{24EI}$

∴ 최대 처짐량(δ_B)

$= \dfrac{A_M}{EI}\bar{x} = \dfrac{wl^3}{24EI} \times \dfrac{4}{5}l = \dfrac{wl^4}{30EI}$

6. 다음 중 경로함수에 해당되는 것은 어느 것인가?

① 내부에너지　　　② 엔트로피

③ 엔탈피　　　　　④ 일

[해설] (1) 경로함수(과정함수) : 일, 열
(2) 상태함수(점함수) : 압력, 부피, 내부에너지, 엔탈피, 엔트로피 등

7. 왕복식 압축기의 회전수를 N[rpm], 피스톤의 행정을 S[m]라 할 때 피스톤의 평균속도 V[m/s]를 나타내는 식은?

① $V = \dfrac{SN}{60}$　　　② $V = \dfrac{SN}{30}$

③ $V = \dfrac{SN}{600}$　　　④ $V = \dfrac{SN}{120}$

[해설] 피스톤의 평균속도(V)

$= \dfrac{2SN}{60} = \dfrac{SN}{30}$[m/s]

8. 몰리에르 선도에서 등건조도선의 건조도(x)=0.3이 의미하는 바는?

① 건증기 중의 액체인 상태 30%(중량 비율)

② 건증기 중의 건포화 증기 30%(중량 비율)

③ 습증기 중의 건포화 증기 30%(중량 비율)

④ 습증기 중의 액체인 상태 30%(중량 비율)

[해설] 몰리에르 선도($h-s$ 선도)에서 등건조도선의 건조도(x)=0.3은 습증기 중의 건포화 증기 30%(중량 비율)를 의미한다.

9. 냉매로서 갖추어야 할 요구 조건이 아닌 것은?

① 인화나 폭발의 위험성이 없을 것

② 가능하면 윤활유에 녹지 않을 것

③ 점성계수가 작을 것

④ 열전도계수가 작을 것

[해설] 냉매는 열전도계수가 커야 한다.

10. 내부에너지가 120 kJ, 압력이 500 Pa, 체적이 2 m³인 공기의 엔탈피는 몇 kJ인가?

① 100　　　　　② 120

③ 121　　　　　④ 1120

[해설] 엔탈피(H) = $U + PV$
$= 120 + 0.5 \times 2 = 121$ kJ

11. 다음 중 이상유체를 가장 바르게 정의한 설명으로 옳은 것은?

① 실제 유체

② 뉴턴 유체

③ 점성만 존재하는 유체

④ 비점성, 비압축성 유체

정답 **5.** ④　**6.** ④　**7.** ②　**8.** ③　**9.** ④　**10.** ③　**11.** ④

해설 이상유체는 마찰이 없고(비점성), 비압축성인 유체를 의미한다.

12. 풍동 실험에서 고려해야 할 무차원수 중 가장 거리가 먼 것은?

① 레이놀즈(Reynolds)수

② 프루드(Froude)수

③ 코시(Cauchy)수

④ 마하(Mach)수

해설 풍동 실험은 레이놀즈수, 마하수와 관계있고, 코시수는 마하수와 물리적인 의미가 동일하므로 고려할 수 있다.

13. 다음 중 유량을 측정하는 장치가 아닌 것은?

① 벤투리미터   ② 오리피스

③ 노즐   ④ 피에조미터

해설 유량 측정 장치에는 벤투리미터, 노즐, 오리피스, 위어 등이 있으며, 피에조미터는 정압 측정 장치에 해당한다.

14. 무게 15 kN인 로켓이 10 kg/s의 가스를 900 m/s의 속도로 분출할 때 추력은 몇 kN인가?

① 9   ② 90

③ 135   ④ 150

해설 추력$(F) = \dot{m} V$
$= 10 \times 900 = 9000 \, \text{N} = 9 \, \text{kN}$

15. 원형 단면의 중공축에서 외경 D_2, 내경 D_1일 때, 수력반경(R_h) 식이 바르게 표기된 것은?

① $R_h = \dfrac{D_2 - D_1}{2}$

② $R_h = \dfrac{D_2 + D_1}{2}$

③ $R_h = \dfrac{D_2 - D_1}{4}$

④ $R_h = \dfrac{D_2 + D_1}{4}$

해설 $R_h = \dfrac{A}{P} = \dfrac{\dfrac{\pi(D_2^2 - D_1^2)}{4}}{\pi(D_2 + D_1)} = \dfrac{D_2 - D_1}{4}$

16. 키의 전달력이 큰 것에서 작은 순서로 바르게 나열된 것은?

① 접선 키>스플라인>안장 키>성크 키

② 스플라인>접선 키>성크 키>안장 키

③ 안장 키>성크 키>접선 키>스플라인

④ 성크 키>안장 키>스플라인>접선 키

해설 전달력의 크기 : 스플라인>접선 키>성크 키>안장 키

17. 리벳 이음에서 기밀을 목적으로 실시하는 작업은?

① 리베팅   ② 펀칭

③ 코킹   ④ 리밍

해설 리벳(rivet) 이음 후 기밀 · 수밀 작업

(1) 코킹(caulking) : 강판의 가장 자리를 75~85° 경사시켜 정으로 때리는 반영구적인 작업

(2) 풀러링(fullering) : 작업 후에 완전히 기밀을 요할 때 강판과 같은 너비의 풀러링 공구로 때려 붙이는 영구적인 작업(풀러링은 코킹 작업을 할 수 없는 얇은 판인 경우 기름종이, 석면 등을 끼워 넣어 기밀 및 수밀을 유지하는 작업이다.)

18. 코일 스프링을 설계할 경우 고려 사항과 가장 관계가 적은 것은?

① 전단응력   ② 인장응력

③ 유효감김수   ④ 좌굴

해설 코일 스프링이 축 방향 하중을 받을 때

정답 12. ②   13. ④   14. ①   15. ③   16. ②   17. ③   18. ②

축 방향 하중에 의한 전단응력, 비틀림에 의한 전단응력이 동시에 작용하게 되고 인장응력은 미소하여 무시해도 된다.

19. 구름 베어링의 호칭번호가 6203인 베어링의 안지름(mm)은?

① 3　　② 13　　③ 15　　④ 17

해설 00→10mm, 01→12 mm, 02→15 mm, 03→17 mm, 04~99→5를 곱한 값이 베어링의 안지름 치수가 된다.

20. 언더컷을 방지하기 위한 방법으로 옳지 않은 설명은?

① 한계 잇수 이하로 한다.
② 압력각을 크게 한다.
③ 이의 높이를 낮춘다.
④ 전위기어를 제작한다.

해설 언더컷을 방지하기 위한 방법
(1) 이의 높이를 낮춘다.
(2) 한계 잇수 이상으로 한다.
(3) 전위기어를 제작한다.
(4) 압력각을 크게 한다(20° 또는 그 이상).

21. 압하율을 크게 하기 위한 방법으로 옳지 않은 것은?

① 지름이 작은 롤러를 사용한다.
② 롤러의 회전속도를 늦춘다.
③ 압연재의 온도를 높인다.
④ 롤 축에 평행인 홈을 롤 표면에 만든다.

해설 압하율을 크게 하기 위한 방법
(1) 지름이 큰 롤러를 사용한다.
(2) 롤러의 회전속도를 늦춘다.
(3) 압연재의 온도를 높인다.
(4) 롤 축에 평행인 홈을 롤 표면에 만든다.

22. 펌프 운전 시 발생하는 캐비테이션 현상에 대한 방지 대책으로 옳지 않은 것은?

① 흡입 양정을 짧게 한다.
② 펌프의 회전속도를 낮춘다.
③ 단흡입 펌프를 사용한다.
④ 흡입관의 관경을 굵게 한다.

해설 캐비테이션을 방지하기 위한 방법
(1) 흡입 양정을 짧게 한다.
(2) 펌프의 회전속도를 낮춘다.
(3) 양흡입 펌프를 사용한다.
(4) 흡입관의 관경을 굵게 한다.

23. 철에 존재하는 동소체의 개수는?

① 4　　② 3　　③ 2　　④ 1

해설 철에는 총 3개의 동소체(α, γ, δ)가 존재한다.

24. 일반적으로 재료를 드릴링할 때 적당한 드릴 날의 끝각은 몇 도인가?

① 90　　　　　　② 100
③ 115　　　　　④ 118

해설 양쪽 날이 이루고 있는 각도를 드릴 끝각이라고 하며, 드릴의 날끝각은 118°이다. 공작물의 재질에 따라 다르고 경도가 클수록 날끝각을 더 크게 해야 한다.

25. 다음 중 구리의 특성이 아닌 것은?

① 내식성이 우수하다.
② 전기전도율이 크다.
③ 경도가 크다.
④ 열전도율이 높다.

해설 구리는 연한 성질을 가지므로 경도가 낮다.

제4회　　　　　**기계일반**

1. 지름이 10 mm이고, 물의 표면 장력이 0.08 N/m인 중공 물방울의 내부 압력(Pa)은?

① 8   ② 16

③ 32   ④ 64

[해설] 표면 장력$(\sigma) = \dfrac{Pd}{4}$ 에서

압력$(P) = \dfrac{4\sigma}{d} = \dfrac{4 \times 0.08}{0.01} = 32\,\text{Pa}$

2. 벤투리 유량계(venturi meter)에 적용되는 두 가지 원리와 가장 밀접한 것은?

① 연속 방정식, 각운동량 방정식

② 연속 방정식, 베르누이 방정식

③ 운동량 방정식, 에너지 방정식

④ 에너지 방정식, 각운동량 방정식

[해설] (1) 연속 방정식 : $Q = AV$

(2) 베르누이 방정식 : $\dfrac{P}{\gamma} + \dfrac{V^2}{2g} + Z = C = H$

3. 얼음의 밀도가 920 kg/m³이고, 해수의 밀도가 1030 kg/m³이라고 가정하면 빙산은 그 체적에 대하여 몇 분의 몇이 노출되어 있는가?

① $\dfrac{4}{5}$ ② $\dfrac{1}{5}$ ③ $\dfrac{9}{10}$ ④ $\dfrac{1}{10}$

[해설] 공기 중 물체의 무게(W)=부력(F_B)

$\gamma_{\text{빙산}} V_{\text{빙산}} = \gamma_{\text{액체}} V_{\text{잠긴물체}}$

$920 \times 9.8 \times V_{\text{빙산}} = 1030 \times 9.8 \times V_{\text{잠긴물체}}$

$\therefore \dfrac{V_{\text{잠긴물체}}}{V_{\text{빙산}}} = \dfrac{920}{1030} \fallingdotseq \dfrac{9}{10}$

잠긴 물체 대비 빙산의 체적이 $\dfrac{9}{10}$ 이므로

노출된 체적은 전체 체적의 $\dfrac{1}{10}$ 이 된다.

4. 수평 원관 내의 층류 유동에서 유량이 일정하다면 압력강하와의 관계는?

① 관의 지름에 반비례한다.

② 관의 지름의 제곱에 반비례한다.

③ 관의 지름의 세제곱에 반비례한다.

④ 관의 지름의 네제곱에 반비례한다.

[해설] 유량 $Q = \dfrac{\Delta P \pi d^4}{128 \mu l}\,[\text{m}^3/\text{s}]$에서 압력강하

$\Delta P = \dfrac{128 Q \mu l}{\pi d^4}\,[\text{Pa}]$이다.

∴ 압력강하는 지름의 네제곱에 반비례함을 알 수 있다.

5. 파이프의 마찰계수가 $\dfrac{1}{40}$ 이고, 관의 지름이 20 mm인 파이프 엘보의 부차적 손실 합이 15라면 부차적 손실에 상당하는 관의 등가길이는 몇 m인가?

① 12   ② 4   ③ 0.5   ④ 120

[해설] 관의 상당길이(l_e)

$= \dfrac{Kd}{f} = \dfrac{15 \times 0.02}{\dfrac{1}{40}} = 12\,\text{m}$

6. 마찰차의 특징으로 옳지 않은 것은?

① 운전이 정숙하다.

② 정확한 속도비를 기대할 수 있다.

③ 전동의 단속이 무리 없이 행해진다.

④ 무단변속이 쉽다.

[해설] 마찰차는 일정 속도비를 얻을 수 없다.

7. 사이클로이드 곡선에 대한 설명으로 옳지 않은 것은?

① 접촉면에 미끄럼이 적어 마멸과 소음이 적다.

② 잇면의 마멸이 균일하다.

③ 효율이 높다.

④ 치형의 제작 가공이 용이하다.

[해설] 사이클로이드 곡선의 특징

(1) 접촉면에 미끄럼이 적어 마멸과 소음이 적다.

(2) 잇면의 마멸이 균일하다.

(3) 효율이 높다.

(4) 피치점이 완전히 일치하지 않을 경우 물림이 불량해진다.

정답 2. ②   3. ④   4. ④   5. ①   6. ②   7. ④

(5) 치형의 가공이 어렵고 호환성이 적다.

8. 원통 코일 스프링에서 코일의 평균지름을 2배로 하여 다시 제작하면 동일한 크기의 축 하중에 의한 처짐량은 처음의 몇 배가 되는가?

① 16 ② 8 ③ 4 ④ 2

[해설] 원통 코일 스프링의 처짐량$(\delta) = \dfrac{8nPD^3}{Gd^4}$

[mm]에서 처짐량(δ)은 평균지름(D)의 세제곱에 비례하므로 평균지름을 2배로 하면 처짐량은 $2^3 = 8$배가 된다.

9. 고정 커플링은 원통형 커플링과 플랜지 커플링의 두 가지 종류가 있다. 다음 보기에서 원통형 커플링의 개수는 모두 몇 개인가?

┌─────〈보기〉─────┐
│ ㉠ 올덤   ㉡ 셀러   ㉢ 머프 │
│ ㉣ 플렉시블   ㉤ 유니버설 조인트 │
└───────────────┘

① 1 ② 2 ③ 3 ④ 4

[해설] (1) 원통형 커플링 : 머프, 슬리브, 클램프, 분할 원통, 셀러

　　(2) 플랜지 커플링 : 단조, 조립 플랜지

10. 용접 이음에서 실제 이음효율(η)을 나타내는 식을 바르게 표기한 것은?

① $\eta =$ 용접계수 + 형상계수
② $\eta =$ 용접계수 − 형상계수
③ $\eta =$ 용접계수 × 형상계수
④ $\eta =$ 용접계수 ÷ 형상계수

[해설] $\eta = \dfrac{용접부의\ 강도}{모재의\ 강도}$
　　　　$=$ 용접계수 × 형상계수

11. 계가 비가역 사이클을 이룰 때 클라우지우스의 적분값은?

① $\oint \dfrac{\delta Q}{T} < 0$ 　　② $\oint \dfrac{\delta Q}{T} > 0$

③ $\oint \dfrac{\delta Q}{T} \leq 0$ 　　④ $\oint \dfrac{\delta Q}{T} \geq 0$

[해설] (1) 가역 사이클 : $\oint \dfrac{\delta Q}{T} = 0$

　　　(2) 비가역 사이클 : $\oint \dfrac{\delta Q}{T} < 0$

12. 포화수와 건포화증기의 엔탈피 차이를 무엇이라 하는가?

① 내부에너지 　　② 엔트로피
③ 현열 　　　　　④ 잠열

[해설] 증발열(잠열) : 임의의 정압하에서 1kg 포화액을 건포화증기로 모두 증발시키는 데 필요한 열량을 의미하며, 내부 증발열과 외부 증발열의 합으로 표현된다.

13. 그림과 같은 오토 사이클의 압력(P)–체적(V) 선도에서 이 사이클의 열효율을 온도를 이용하여 나타낼 때 옳은 것은?

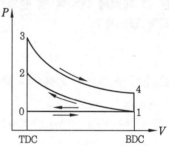

① $\eta = 1 - \dfrac{T_4 - T_3}{T_2 - T_1}$

② $\eta = 1 - \dfrac{T_4 - T_1}{T_3 - T_2}$

③ $\eta = 1 - \dfrac{T_2 - T_1}{T_3 - T_4}$

④ $\eta = 1 - \dfrac{T_3 - T_2}{T_4 - T_1}$

[해설] 오토 사이클의 열효율(η)

$= 1 - \dfrac{정적방열량}{정적가열량} = 1 - \dfrac{T_4 - T_1}{T_3 - T_2}$

정답 8. ② 9. ② 10. ③ 11. ① 12. ④ 13. ②

14. 고열원의 온도가 450 K이고, 저열원의 온도가 300 K인 카르노 냉동기의 성적계수는?

① 1　　② 1.5　　③ 2　　④ 2.5

해설 냉동기의 성적계수(ε_r)

$$= \frac{T_2}{T_1 - T_2} = \frac{300}{450 - 300} = 2$$

15. 다음 중 $P-h$(압력-엔탈피) 선도에서 나타낼 수 없는 것은?

① 엔탈피　　② 건조도
③ 비체적　　④ 습구온도

16. 구성인선(built up-edge)이 발생하는 것을 방지하기 위한 대책으로 옳지 않은 것은?

① 절삭 깊이를 크게 한다.
② 경사각을 크게 한다.
③ 절삭속도를 크게 한다.
④ 절삭공구의 인선을 예리하게 한다.

해설 구성인선 방지 대책
(1) 절삭깊이를 작게 한다.
(2) 경사각을 크게 한다.
(3) 절삭속도를 크게 한다.
(4) 절삭공구의 인선을 예리하게 한다.
(5) 윤활유가 좋은 절삭유를 사용한다.
(6) 마찰계수가 작은 초경합금과 같은 절삭공구를 사용한다.

17. 드릴링 머신에 의한 가공 방법 중 작은 나사 혹은 둥근머리 볼트의 머리를 공작물에 묻히게 하는 가공 작업은?

① 카운터 싱킹　　② 스폿 페이싱
③ 카운터 보링　　④ 리밍

해설 ① 카운터 싱킹 : 접시머리 볼트의 머리 부분이 묻히도록 원뿔자리 파기 작업이다.
② 스폿 페이싱 : 너트가 닿는 부분을 절삭하여 자리를 만드는 작업이다.
③ 카운터 보링 : 작은 나사, 둥근머리 볼트의 머리를 공작물에 묻히게 하기 위한 턱 있는 구멍 뚫기 가공이다.
④ 리밍 : 뚫린 구멍을 리머로 다듬는 작업이다.

18. 다음 중 KS 강재 기호와 명칭이 바르게 연결되지 않은 것은?

① STS-스테인리스강
② SKH-고속도강
③ GC-회주철품
④ SC-탄소 공구강

해설 SC는 탄소강 주강품이다.

19. 다음 중 시효성 비철합금의 시효 열처리 순서가 바르게 나열된 것은?

① 풀림→용체화 처리→담금질→시효 처리
② 담금질→풀림→시효 처리→용체화 처리
③ 용체화 처리→담금질→시효 처리→풀림
④ 용체화 처리→시효 처리→풀림→담금질

해설 시효 열처리 순서 : 용체화 처리→담금질→시효 처리→풀림

20. 작동유의 점도 장치에 대하여 부적당하면 운전성상에 미치는 영향을 점도가 지나치게 높을 때와 낮을 때로 구분한다고 할 때, 점도가 지나치게 높은 경우에는 어떤 현상이 발생하게 되는가?

① 와류 발생
② 유온의 상승
③ 인화성 감소
④ 동력 발생 감소

정답 **14.** ③　**15.** ④　**16.** ①　**17.** ③　**18.** ④　**19.** ③　**20.** ②

[해설] 작동유의 점도가 지나치게 높은 경우 내부마찰 증가, 온도 상승, 압력손실 증대, 동력 소비량 증대의 현상이 일어난다.

21. 다음 중 활하중이라고도 불리는 동하중의 종류가 아닌 것은?

① 반복하중   ② 교번하중
③ 전단하중   ④ 충격하중

[해설] (1) 정하중 : 수직하중, 전단하중
  (2) 동하중 : 반복하중, 교번하중, 충격하중

22. 축 방향 단면적 A인 임의의 재료를 인장하여 균일한 인장응력이 작용할 때 인장방향의 변형률을 ε, 푸아송의 비를 μ라 하면 단면적의 변화량은?

① $\mu\varepsilon A$ ② $2\mu\varepsilon A$
③ $3\mu\varepsilon A$ ④ $4\mu\varepsilon A$

[해설] 단면적의 변화율 $\dfrac{\Delta A}{A} = 2\mu\varepsilon$

$\therefore \Delta A = 2\mu\varepsilon A$

23. 그림과 같은 직사각형 단면의 단면계수가 $3000\,\mathrm{cm}^3$이고 높이가 $30\,\mathrm{cm}$라면 직사각형의 폭은 몇 cm인가?

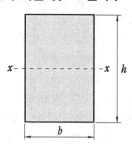

① 6   ② 12   ③ 15   ④ 20

[해설] $b = \dfrac{6Z}{h^2} = \dfrac{6 \times 3000}{30^2} = 20\,\mathrm{cm}$

24. 전단력과 굽힘모멘트에 대한 설명으로 옳은 것은?

① 전단력이 일정하면 굽힘모멘트도 일정하다.
② 전단력이 직선적으로 변화하면 굽힘모멘트도 직선적으로 변화한다.
③ 전단력이 직선적으로 변화하면 굽힘모멘트는 포물선으로 변화한다.
④ 전단력이 일정하면 굽힘모멘트는 포물선으로 변화한다.

[해설] $w = \dfrac{dF}{dx} = \dfrac{d^2M}{dx^2}$ 이므로 전단력이 직선적으로 변화하면 굽힘모멘트는 포물선으로 변화한다.

25. 그림과 같이 길이가 2 m인 양단고정 보의 중앙에 집중하중이 아래로 가해져 C점에서 굽힘모멘트 $600\,\mathrm{N \cdot m}$가 발생하였다면 집중하중의 크기는 몇 $\mathrm{kN \cdot m}$이 되는가?

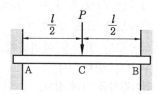

① 2.4   ② 4.8
③ 6   ④ 9.6

[해설] $M_{\max} = \dfrac{Pl}{8}\,[\mathrm{N \cdot m}]$ 에서

$P = \dfrac{8M_{\max}}{L} = \dfrac{8 \times 0.6}{2} = 2.4\,\mathrm{kN \cdot m}$

제5회   **기계일반**

1. 다음 중 테일러의 공구수명(T)을 바르게 표현한 식은? (단, 계수는 n, 절삭속도는 V, 공구수명상수는 C이다.)

① $V^n T = C$ ② $VT^n = C$

---

③ $\dfrac{V}{T^n} = C$ ④ $\dfrac{T}{V^n} = C$

[해설] V : 절삭속도(m/min)

T : 공구수명(min)

n : 공구와 공작물에 의한 계수 $\left(\dfrac{1}{5} \sim \dfrac{1}{10}\right)$

테일러의 공구수명식은 $VT^n = C$이고, 대수 선도에서 직선으로 나타난다.

2. 다음 중 오스트나이트계 스테인리스강에 대한 설명으로 옳지 않은 것은?

① 비자성이다.

② 산과 알칼리에 강하다.

③ 염산이나 묽은 황산에 대한 저항이 우수하다.

④ 인성이 우수하여 가공이 용이하다.

[해설] 오스테나이트 스테인리스강(Cr–Ni계)의 특징

(1) 비자성이다.

(2) 인성이 우수하여 가공이 용이하다.

(3) 산과 알칼리에 강하다.

(4) 용접이 쉽다.

(5) 내산 및 내식성이 13 % Cr보다 우수하다.

(6) 염산, 묽은 황산 등에 대한 저항이 충분하지 못하다.

(7) 탄화물이 결정입계에 석출하기 쉽다는 단점이 존재한다.

3. 다음 중 면심입방격자에 해당하는 원소가 아닌 것은?

① Li ② Au

③ Ca ④ Pb

[해설] (1) 체심입방격자 : Cr, Mo, Li, Ta, W, K, V, Ba

(2) 면심입방격자 : Au, Ag, Al, Cu, Ca, Ni, Pb, Pt

(3) 조밀육방격자 : Cd, Co, Mg, Zn, Ti, Be, Te, La, Zr

4. 다음 그림과 같은 수압기에서 지름의

비 $D_1 : D_2 = 1 : 2$의 관계를 갖는다면 누르는 힘 F_1과 F_2의 관계를 표현한 식은 $F_2 = xF_1$이다. 여기서, x의 값은?

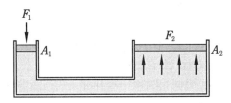

① 2 ② $\dfrac{1}{2}$

③ 4 ④ $\dfrac{1}{4}$

[해설] 파스칼의 원리를 식으로 표현한 압력의 관계식 $p = \dfrac{F_1}{A_1} = \dfrac{F_2}{A_2}$

원형 단면적 $A = \dfrac{\pi}{4}D^2$에서

$p = \dfrac{4F_1}{\pi D_1^2} = \dfrac{4F_2}{\pi D_2^2}$

$D_2 = 2D_1$을 대입하면

$\dfrac{F_1}{D_1^2} = \dfrac{F_2}{4D_1^2}$에서 $4D_1^2 F_1 = D_1^2 F_2$

$F_2 = \dfrac{4D_1^2 F_1}{D_1^2} = 4F_1$

$\therefore x = 4$

5. 다음 중 유압기기의 4대 요소에 해당되지 않는 것은?

① 유압탱크 ② 유압밸브

③ 어큐뮬레이터 ④ 유압펌프

[해설] 유압기기의 4대 요소는 유압탱크, 유압펌프, 유압밸브, 액추에이터이며, 어큐뮬레이터는 부속기기에 해당된다.

6. 바닷속 임의의 깊이에서 측정한 게이지 압력은 100 MPa이고, 바닷물의 비중량이 10 kN/m³이면 이 지점에서의 깊이는 몇 km인가?

정답 2. ③ 3. ① 4. ③ 5. ③ 6. ①

① 10 ② 1 ③ 0.5 ④ 0.1

[해설] 게이지 압력 $P = \gamma h$에서

$$h = \frac{P}{\gamma} = \frac{100 \times 10^3}{10} = 10000\,\text{m} = 10\,\text{km}$$

7. 수력도약(hydraulic jump)에 관한 설명으로 옳은 것은?

① 빠른 흐름이 갑자기 느린 흐름으로 변할 때 발생

② 상류에서 사류로 바뀔 때 발생

③ 위치에너지가 운동에너지로 변하는 현상 발생

④ 완만한 경사에서 급경사로 바뀔 때 발생

[해설] 개수로 흐름 중 수력도약 발생률이 높아지는 경우

(1) 빠른 흐름이 갑자기 느린 흐름으로 변할 때 발생한다.

(2) 사류에서 상류로 바뀔 때 발생한다.

(3) 운동에너지가 위치에너지로 변하는 현상이다.

(4) 급경사에서 완만한 경사로 바뀔 때 발생한다.

8. 유량 Q, 비중량 γ, 속도 V, 중력가속도 g일 때 $X = \dfrac{Q\gamma V}{g}$에서 X의 차원에 대한 물리량은 무엇인가?

① 동점성계수 ② 점성계수

③ 압력 ④ 힘

[해설] $X = \dfrac{Q\gamma V}{g} = Q\rho V = \dfrac{\text{m}^3}{\text{s}} \cdot \dfrac{\text{kg}}{\text{m}^3} \cdot \dfrac{\text{m}}{\text{s}}$

$= \text{kg} \cdot \text{m/s}^2 = [MLT^{-2}]$

∴ $[MLT^{-2}]$에 대한 물리량은 힘이다.

9. 프란틀의 혼합거리에 대한 설명으로 옳은 것은?

① 항상 일정하다.

② 전단응력과 무관하다.

③ 벽에서는 0이다.

④ 비례상수 k는 거친 원관일 경우 실험치로 0.4이다.

[해설] 프란틀의 혼합거리란 난동하는 유체입자가 운동량의 변화 없이 진행방향과 수직하게 이동한 거리($l = ky$)를 말한다. 프란틀의 혼합거리는 관 벽에서는 0($y = 0$)이 되고, 관 벽에서 떨어진 임의의 거리와 비례함을 알 수 있다. 또한, 상수 k는 매끈한 원관의 경우에는 실험치로 0.4이다.

10. 공기 속을 비행기가 날고 있을 때 비행기가 얻는 양력은 어떤 원리와 관계가 있는가?

① 파스칼의 원리

② 오일러 방정식

③ 연속 방정식

④ 베르누이 방정식

[해설] 비행기가 전진하게 되면 날개에 미치는 공기의 유동은 날개 윗면의 속도가 밑면의 속도보다 빠르게 되고 베르누이 방정식에 의하면 압력과 속도는 반비례의 관계에 있어 날개 밑면의 압력이 윗면의 압력보다 커지게 되므로 비행기는 위로 뜨게 되는 원리를 갖게 된다. 따라서 문제에서 비행기가 얻는 양력의 원리는 베르누이 방정식과 관련이 있다.

11. 체인의 피치가 16 mm, 잇수가 30, 회전수가 600 rpm이면 체인의 평균속도(m/s)는?

① 3.6 ② 4.8 ③ 6 ④ 7.2

[해설] $V = \dfrac{NpZ}{60000} = \dfrac{600 \times 16 \times 30}{60000} = 4.8\,\text{m/s}$

12. 다음 중 웜 기어의 장점으로 잘못 설명한 것은?

정답 **7.** ① **8.** ④ **9.** ③ **10.** ④ **11.** ② **12.** ③

① 작은 용량으로 큰 감속비를 얻는다.

② 부하용량이 크다.

③ 웜휠을 연삭할 수 있다.

④ 역전을 방지할 수 있다.

[해설] 웜휠을 연삭할 수 없는 것이 웜 기어의 단점이다.

13. 관을 설계하기 전에는 유체의 종류, 압력, 습도, 유량 등을 조사한 후 경제적, 공학적, 수리상의 조건을 고려해야 한다. 다음 중 공학적 조건에 해당하지 않는 것은 어느 것인가?

① 압력손실　　　　② 관 지름

③ 열팽창　　　　　④ 충격

[해설] (1) 경제적 조건 : 관 내 유속, 관 지름, 보온재료 두께

(2) 공학적 조건 : 강도, 열팽창, 압력손실, 부피, 무게, 구조, 충격, 진동 등

(3) 수리상의 조건 : 부식에 대한 성질, 조립·분해가 용이할 것, 점검과 수리 등의 난이도 고려

14. 기계의 뚜껑을 자주 분해하거나 기계를 자주 옮겨야 하는 중량물에 적당한 볼트는?

① 탭 볼트　　　　② 스터드 볼트

③ T 볼트　　　　　④ 아이 볼트

15. 어떤 축이 60 J의 비틀림 모멘트와 80 J의 굽힘 모멘트를 동시에 받을 때 상당 비틀림 모멘트의 값을 α[J], 상당 굽힘 모멘트의 값을 β[J]라고 하면 $\alpha+\beta$의 값은?

① 200　　　　　② 190

③ 180　　　　　④ 170

[해설] 상당 비틀림 모멘트$(T_e)=\alpha$

$=\sqrt{T^2+M^2}=\sqrt{60^2+80^2}=100\,J$

상당 굽힘 모멘트$(M_e)=\beta$

$=\dfrac{1}{2}(M+T_e)=\dfrac{1}{2}(80+100)=90\,J$

$\therefore \alpha+\beta=190$

16. 다음 중 탄성계수 E와 변형률 ε의 관계는?

① E는 ε의 제곱에 반비례

② E는 ε의 제곱에 비례

③ E는 ε에 반비례

④ E와 ε는 서로 비례

[해설] 관계식 $\sigma=E\varepsilon$에서 탄성계수 E와 변형률 ε은 반비례함을 알 수 있다.

17. 다음 그림에서 외팔보가 균일분포하중을 받을 때, 굽힘에 의한 탄성변형 에너지는 어느 것인가? (단, 굽힘강성 EI는 일정하다.)

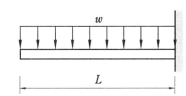

① $\dfrac{w^2L^5}{6EI}$　　　　② $\dfrac{w^2L^5}{24EI}$

③ $\dfrac{w^2L^5}{30EI}$　　　　④ $\dfrac{w^2L^5}{40EI}$

[해설] $U=\displaystyle\int_0^L \frac{M_x^2}{2EI}dx=\int_0^L \frac{\left(-\frac{wx^2}{2}\right)^2}{2EI}dx$

$=\displaystyle\int_0^L \frac{w^2x^4}{8EI}dx=\frac{w^2}{8EI}\left[\frac{x^5}{5}\right]_0^L=\frac{w^2L^5}{40EI}$

18. 다음 그림과 같이 삼각형 분포하중이 작용할 때, 단순보의 B지점 반력(R_B)은 어느 것인가?

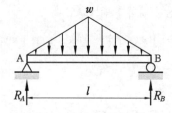

① $\dfrac{wl}{4}$　　② $\dfrac{wl}{6}$

③ $\dfrac{wl}{2}$　　④ $\dfrac{wl}{3}$

해설 $R_A = R_B = \dfrac{1}{2} \times$ 분포하중의 면적

$$\therefore R_B = \frac{1}{2} \times \frac{l}{2} \times w = \frac{wl}{4}$$

19. 보기 중 제시된 값이 항상 0이 되는 것을 고르면?

───〈보기〉───
ⓐ 주축의 대칭이 성립하는 경우의 단면 상승 모멘트
ⓑ 구형 단면의 회전반경
ⓒ 도심축에 대한 단면 1차 모멘트
ⓓ 도심축에 대한 단면 2차 모멘트

① ⓐ, ⓑ　　② ⓐ, ⓒ

③ ⓑ, ⓒ　　④ ⓑ, ⓓ

해설 주축의 대칭이 성립하는 경우의 단면 상승 모멘트와 도심축에 대한 단면 1차 모멘트는 0이다.

20. 내부 반지름이 125 cm, 압력 1.2 MPa, 두께가 10 mm인 원형 단면의 실린더형 압력용기에서 축 방향의 응력을 x[MPa], 후프응력을 y[MPa]이라고 할 때 $\sqrt{x+y}$의 값은?

① 10　　② 12

③ 15　　④ 20

해설 $x = \dfrac{PD}{4t} = \dfrac{1.2 \times 2.5}{4 \times 0.01} = 75\,\text{MPa}$

$$y = \frac{PD}{2t} = \frac{1.2 \times 2.5}{2 \times 0.01} = 150\,\text{MPa}$$

$$\sqrt{x+y} = \sqrt{75+150} = \sqrt{225} = 15$$

21. 외부에서 받은 열량이 모두 내부에너지 변화만을 가져오는 완전가스의 상태변화는?

① 정압　　② 정적

③ 단열　　④ 등온

해설 $\delta q = du + Apdv$에서 정적인 경우 $v = c$ → $dv = 0$을 만족한다.

$\therefore \delta q = du$이므로 정적변화이다.

22. 상대습도와 절대습도에 관한 설명으로 옳지 않은 것은?

① 공기를 냉각하면 상대습도는 낮아지고 공기를 가열하면 상대습도는 높아진다.
② 상대습도는 수증기의 양을 그 온도의 포화 수증기량으로 나눈 것이다.
③ 공기를 감습하면 건구온도가 감소하고 공기를 가습하면 건구온도가 증가한다.
④ 건구온도와 습구온도가 동일하다는 것은 상대습도 100 %인 포화공기임을 의미한다.

해설 공기를 냉각하면 상대습도는 높아지고 공기를 가열하면 상대습도는 낮아진다.

23. 다음 중 가스 터빈의 3대 기본 요소가 아닌 것은?

① 압축기　　② 연소기

③ 기화기　　④ 터빈

해설 가스 터빈의 3대 기본 요소는 압축기, 연소기, 터빈이다.

24. 어느 과학자가 해수로부터 매시간 2520 kJ의 열량을 공급받아 0.7 kW 출력의 열기관을 만들었다고 주장한다면, 이 사실은 열역학 제 몇 법칙에 위배되는가?

① 열역학 제0법칙

② 열역학 제1법칙

③ 열역학 제2법칙

④ 열역학 제3법칙

[해설] $\eta = \dfrac{W}{Q_1} = \dfrac{0.7\,\mathrm{kW}}{2520\,\mathrm{kJ/h}}$

$= \dfrac{0.7 \times 3600\,\mathrm{kJ/h}}{2520\,\mathrm{kJ/h}} = 1 = 100\%$

∴ 열효율이 100%이므로 제2종 영구기관이고, 이는 열역학 제2법칙에 위배된다.

25. 어떤 밀폐계가 240 kJ의 열을 받고 외부에 40 kJ의 일을 한다면 이 계의 내부에너지는 어떻게 변화하는가?

① $(-)240\,\mathrm{kJ}$

② $(+)240\,\mathrm{kJ}$

③ $(-)200\,\mathrm{kJ}$

④ $(+)200\,\mathrm{kJ}$

[해설] $_1Q_2 = \Delta U + _1W_2$에서

$\Delta U = 240 - 40 = (+)200\,\mathrm{kJ}$

∴ 내부에너지는 200 kJ 증가하였다.

실전 모의고사

1. 다음 중 KS 강재 기호와 명칭이 바르게 연결되지 않은 것은?

① GC – 회주철품

② STS – 스테인리스강

③ SKH – 고속도강

④ SC – 탄소공구강

⑤ SPS – 스프링강

[해설] SC – 탄소강 주강품

2. 그림과 같은 부정정보에서 지점 B에 발생하는 수직반력 R_B의 크기(kN)는 어느 것인가? (단, 보의 굽힘강성 EI는 일정하며, 자중은 무시한다.)

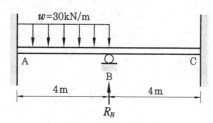

① 55　　　　② 60　　　　③ 65

④ 70　　　　⑤ 75

[해설] $\Sigma F_y = 0, \ R_A + R_B - wl = 0$

$R_A + R_B = wl$

$\Sigma M_A = 0$

$-R_B l + wl \dfrac{l}{2} = 0$

$R_B = \dfrac{wl}{2}$

$\therefore R_B = \dfrac{30 \times 4}{2} = 60 \, \text{N}$

3. 관을 설계하기 전에는 유체의 종류, 압력, 습도, 유량 등을 조사한 후 경제적, 공학적, 수리상의 조건을 고려해야 한다. 다음 중 공학적 조건에 해당하지 않는 것은 어느 것인가?

① 강도　　　② 부피　　　③ 열팽창

④ 압력손실　⑤ 관 지름

[해설] (1) 경제적 조건 : 관 내 유속, 관 지름, 보온재료 두께

(2) 공학적 조건 : 강도, 열팽창, 압력손실, 부피, 무게, 구조, 충격, 진동 등

(3) 수리상의 조건 : 부식에 대한 성질, 조립·분해가 용이할 것, 점검과 수리 등의 난이도 고려

4. 어느 내연기관에서 피스톤의 흡기과정의 실린더 내부 기체 0.25 kg이 들어왔을 때, 30 kJ의 일이 필요하고 12 kJ의 열을 방출한다고 하면, 이 기체의 1 kg당 내부에너지 증가량(kJ)은?

① 18　　　　② 36　　　　③ 48

④ 72　　　　⑤ 168

[해설] $_1Q_2 = \Delta U + {_1W_2}$

$\Delta U = {_1Q_2} - {_1W_2} = -12 + 30 = 18 \, \text{kJ}$

$\therefore \Delta u = \dfrac{\Delta U}{m} = \dfrac{18}{0.25} = 72 \, \text{kJ/kg}$

5. 다음 보기 중 단위가 서로 동일한 것만 묶인 것을 고르면?

〈보기〉

ⓐ energy　　ⓑ pressure　　ⓒ work

ⓓ density　　ⓔ power　　　ⓕ torque

① ⓐ, ⓑ, ⓓ　　　　　② ⓐ, ⓒ, ⓕ

③ ⓑ, ⓓ, ⓔ　　　　　④ ⓐ, ⓒ, ⓔ, ⓕ

[정답] 1. ④　2. ②　3. ⑤　4. ④　5. ②

⑤ ⓒ, ⓓ, ⓔ, ⓕ

[해설] ⓐ energy(에너지) : J=N·m
ⓑ pressure(압력) : N/m²
ⓒ work(일량) : J=N·m
ⓓ density(밀도) : kg/m³=N·s²/m⁴
ⓔ power(동력, 일률, 공률) : W=J/s =N·m/s
ⓕ torque(토크, 회전력) : J=N·m

6. 시간당 2700 kg의 연료를 소비하여 5400 kW의 출력을 발생시키는 증기터빈을 사용하는 화력발전소가 있다면, 이 발전소의 열효율(%)은 얼마인가? (단, 연료의 발열량은 30×10^3 kJ/kg이다.)

① 24   ② 23   ③ 22
④ 21   ⑤ 20

[해설] 발전소의 열효율(η)

$$= \frac{정미출력(N_e)}{저위발열량(H_l) \times 연료소비율(m_f)} \times 100(\%)$$

$$= \frac{5400 \times 3600}{30000 \times 2700} \times 100 = 24\%$$

7. 구리합금의 범주에 포함되는 황동에 대한 설명으로 옳지 않은 것은?

① 애드미럴티 황동은 7 : 3 황동에 주석 1%를 첨가한 합금이다.
② 금빛에 가까운 빛을 띠는 황동은 톰백으로, 아연의 성분이 20 % 전후일 때 연성이 크다.
③ 델타 메탈은 결정 입자가 미세하여 강도, 경도가 크고, 내식성이 강하다.
④ 망가닌은 온도에 의한 전기 저항의 온도계수가 매우 크므로 저항기 재료로 사용된다.
⑤ 쾌삭황동은 피절삭성 향상을 목적으로 납을 약 0.5~3 % 첨가한 황동이다.

[해설] 망가닌(manganin)은 6 : 4 황동에 망

간(Mn)이 10~15 % 첨가된 합금으로 저항의 온도계수 및 구리에 대한 열기전력이 매우 작으므로 표준 저항기 및 측정기용 저항기 재료로 사용된다.

8. 다음 보기에서 설명하는 스프링의 종류는 무엇인가?

〈보기〉
사각형 단면의 강판을 원뿔 형상으로 감은 압축 스프링으로, 압축된 후의 모양은 소형으로 변형되지만 공간용적 대비 큰 에너지의 흡수 능력과 판과 판 사이의 마찰을 이용하여 진동을 감쇠시키는 능력이 우수하여 오토바이의 완충용으로 사용된다.

① torsion bar   ② disk   ③ volute
④ washer   ⑤ spiral

[해설] 보기는 벌류트 스프링(volute spring)에 관한 설명이다.
① 토션 바 : 원형의 봉에 비틀림 모멘트를 가하면 탄성한도 내에서 비틀림 변형이 발생하여 전단응력이 복원되는 원리를 이용한 것으로 주로 자동차의 현가장치에 사용된다.
② 디스크 스프링 : 중앙에 구멍이 뚫린 접시형 원판 주위를 지지한 상태로 중앙 구멍의 가장자리에서 하중이 작용하는 스프링으로 비선형 스프링의 특성을 쉽게 얻을 수 있다.
④ 와셔 스프링 : 충격을 흡수하기 위해 사용한다.
⑤ 스파이럴 스프링 : 시계의 태엽과 같이 비교적 좁은 장소에서 큰 에너지를 축적하는 특성을 갖고 있으며 굽힘응력이 작용한다.

9. 다음 그림과 같이 양단이 고정된 직사각형 단면을 갖는 기둥의 최소 임계하중의 크기(kN)는? (단, 기둥의 탄성계수 $E = 204$ GPa, $\pi^2 = 10$으로 계산하며, 자중은 무시한다.)

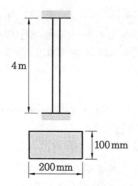

4 m

100 mm
200 mm

① 9×10^3 　　② 9×10^2

③ 8.5×10^3 　④ 8.5×10^2

⑤ 8×10^3

[해설] $P_B = n\pi^2 \dfrac{EI}{l^2} = n\pi^2 \dfrac{Ebh^3}{12l^2}$

$= 4 \times 10 \times \dfrac{204 \times 10^9 \times 0.2 \times 0.1^3}{12 \times 4^2}$

$= 8.5 \times 10^6 \, \text{N} = 8.5 \times 10^3 \, \text{kN}$

10. 밀도가 900 kg/m³이고 체적탄성계수가 2304 MPa인 액체 내의 음속을 a [m/s]라고 할 때 $\sqrt{\dfrac{a}{4}}$ 의 값은?

① 20 ② 25 ③ 30 ④ 35 ⑤ 40

[해설] $a = \sqrt{\dfrac{E_v}{\rho}} = \sqrt{\dfrac{2304 \times 10^6}{900}} = 1600 \, \text{m/s}$

$\therefore \sqrt{\dfrac{a}{4}} = \sqrt{\dfrac{1600}{4}} = 20$

11. 내부 반지름이 125 cm, 압력 1.2 MPa, 두께가 10 mm인 원형 단면의 실린더형 압력용기에서 축 방향의 응력을 x[MPa], 후프응력을 y[MPa]이라고 할 때 $\sqrt{x+y}$ 의 값은?

① 12 　　② 15 　　③ 7.5
④ 10 　　⑤ 25

[해설] $x = \dfrac{PD}{4t} = \dfrac{1.2 \times 2.5}{4 \times 0.01} = 75 \, \text{MPa}$

$y = \dfrac{PD}{2t} = \dfrac{1.2 \times 2.5}{2 \times 0.01} = 150 \, \text{MPa}$

$\sqrt{x+y} = \sqrt{75 + 150} = \sqrt{225} = 15$

12. 용적식 유량계의 종류가 아닌 것은?

① 오벌 유량계

② 루츠식 유량계

③ 로터리 피스톤형 유량계

④ 피스톤형 유량계

⑤ 가스미터 형식

[해설] (1) 용적식 유량계 : 오벌, 루츠식, 로터리 피스톤형, 가스미터

(2) 면적식 유량계 : 피스톤형, 로터미터, 유리/금속 튜브형

(3) 차압식 유량계 : 오리피스, 플로 노즐, 벤투리관

※ 용적식 유량계 : 회전자와 케이스 사이에 생기는 일정한 용적과 회전수로부터 유량을 측정하는 계기

13. 가스터빈은 항공기, 자동차, 선박용, 발전용 등에 사용되는 고온 및 고압의 연소가스로 터빈을 가동시키는 회전형 열기관이다. 다음 중 가스터빈 사이클의 종류에 대하여 순서가 바르게 나열되지 않은 것은?

① 스털링 사이클 : 등온압축 → 정적가열 → 등온팽창 → 정적방열

② 르누아 사이클 : 정적가열 → 단열팽창 → 정압압축

③ 에릭슨 사이클 : 등온압축 → 정압가열 → 등온팽창 → 정압방열

④ 아트킨슨 사이클 : 단열압축 → 정적가열 → 단열팽창 → 정적방열

⑤ 브레이턴 사이클 : 단열압축 → 정압가열 → 단열팽창 → 정압방열

[해설] 아트킨슨 사이클은 단열과정 2, 정적과정 1, 정압과정 1로 구성된 사이클이다. 따

라서 정적방열이 아닌 정압방열이다.

14. 고정 커플링은 실린더리컬 커플링과 플랜지 커플링의 두 가지 종류가 있다. 다음 보기에서 실린더리컬 커플링의 개수는 모두 몇 개인가?

─〈보기〉─
ⓐ flexible   ⓑ muff   ⓒ seller
ⓓ oldham   ⓔ universal joint

① 1   ② 2   ③ 3   ④ 4   ⑤ 5

해설 (1) 실린더리컬 커플링 : 머프, 슬리브, 클램프, 분할 원통, 셀러
(2) 플랜지 커플링 : 단조, 조립 플랜지

15. 내산주철 중 고규소주철의 규소 함유량(%)은?

① 7   ② 11   ③ 14
④ 18   ⑤ 22

해설 내산주철은 니켈, 크롬, 규소 등을 첨가하여 내산성을 높인 주철로 고규소주철의 규소(Si) 함유량은 14%이다.

16. 어떤 물체의 체적이 $x\,[\text{m}^3]$이고, 상공에서 측정한 무게는 0.7 kN, 수중에서 측정한 무게가 112 N이었다. 이때 x의 값은 얼마인가?

① $\dfrac{3}{100}$ ② $\dfrac{3}{25}$ ③ $\dfrac{3}{250}$

④ $\dfrac{3}{500}$ ⑤ $\dfrac{3}{50}$

해설 공기 중 물체의 무게(W)
=부력(F_B)+액체 속 물체의 무게
$0.7 \times 10^3 = 9800x + 112$
$\therefore x = 0.06 = \dfrac{3}{50}$

17. 제1종 영구기관이 불가능한 이유로 옳게 설명한 것은?

① 무질서도 증가법칙 위배
② 에너지 보존 법칙 위배
③ 에너지 흐름의 방향성 위배
④ 영구기관의 경우 열에서 일로의 전환 불가
⑤ 영구기관의 에너지 효율이 100%보다 낮음

해설 영구기관이란 밖으로부터 에너지의 공급을 받지 아니하고 외부에 대하여 영원히 일을 계속하는 가상의 기관으로 제1종 영구기관이라고도 하며, 이 밖에 열원에서 공급한 열을 100% 역학적인 일로 바꿀 수 있는 제2종 영구기관이 있다. 각각은 열역학 제1법칙, 열역학 제2법칙에 위배되므로 존재하지 않는다.

18. 철강에 '이것'을 확산 침투시키면 경도가 약 1300~1400으로 커진다고 할 때 '이것'을 침투시키는 금속침투법(metallic cementation)은 무엇인가?

① 크로마이징   ② 칼로라이징
③ 보로나이징   ④ 세라다이징
⑤ 실리코나이징

해설 철강에 붕소(B)를 확산 침투시키면 경도가 커진다.

19. 다음 중 웜 기어에 대한 장점으로 틀린 것은?

① 웜과 웜휠에 추력하중이 발생하지 않는다.
② 부하용량이 크다.
③ 역전 방지가 가능하다.
④ 적은 용량으로 큰 감속비를 얻는다.
⑤ 소음과 진동이 경감된다.

해설 웜과 웜휠에 추력하중이 발생한다.
※ 웜 기어는 나사 기어의 일종으로 두 축이 서로 평행하거나 교차하지 않으면서 두 축이 이루는 각이 일반적으로 직교

한다면 작은 기어는 잇수가 매우 적고 나사 모양으로 되어 있어서 웜(worm)이라 하고 물리는 기어를 웜휠(worm wheel)이라 한다.

20. 한 변의 길이가 1 m인 정사각형 단면의 봉이 압축하중을 받고 있다. 봉에 3 kN의 인장하중이 작용하여 균일하게 신장되었다면 단면적의 감소량을 $A[\text{cm}^2]$라고 할 때 $10^4 \times A$의 값은? (단, 탄성계수는 60 GPa, 푸아송 비는 $\frac{1}{4}$이다.)

① 0.025 ② 2.5
③ 0.25 ④ 0.00025
⑤ 0.0025

해설 단면적의 변화량 $\Delta A = 2\mu\varepsilon A$에

$\varepsilon = \dfrac{\sigma}{E} = \dfrac{P}{AE}$를 대입하면

$\Delta A = 2\mu\dfrac{P}{AE}A = \dfrac{2\mu P}{E}$

$= \dfrac{2 \times 0.25 \times 3000}{60 \times 10^3}$

$= 0.025\ \text{mm}^2 = 2.5 \times 10^{-4}\ \text{cm}^2$

$\therefore\ 10^4 \times A = 10^4 \times 2.5 \times 10^{-4} = 2.5$

21. 물질의 이동과 열 이동의 상관관계를 나타내는 무차원수는?

① 루이스 수 ② 넛셀 수
③ 크누센 수 ④ 스테판 수
⑤ 푸리에 수

해설 ② 넛셀 수 : 흐름 속에 침적된 물체의 표면을 통해서 열이 출입하는 비율을 나타내는 무차원수
③ 크누센 수 : 열 이동 및 확산을 취급하는 경우에 사용하는 무차원수
④ 스테판 수 : 고체와 액체의 상변화의 비율을 나타내는 무차원수
⑤ 푸리에 수 : 물체의 열전도와 열저장의 상대적인 비율을 나타내는 무차원수

22. 그림과 같은 보의 최대 처짐을 나타내는 식은? (단, 보의 길이는 l이며, 보의 굽힘강성 EI는 일정하다.)

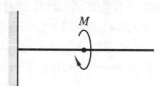

① $\dfrac{Ml^2}{2EI}$ ② $\dfrac{Ml^2}{16EI}$ ③ $\dfrac{Ml^2}{8EI}$

④ $\dfrac{3Ml^2}{8EI}$ ⑤ $\dfrac{3Ml^2}{16EI}$

해설 $\theta_B = \dfrac{A_M}{EI} = \dfrac{1}{EI} \times \dfrac{l}{2} \times M = \dfrac{Ml}{2EI}$

$\delta_B = \dfrac{A_M}{EI}\bar{x} = \dfrac{Ml}{2EI} \times \left(\dfrac{l}{2} + \dfrac{l}{4}\right) = \dfrac{3Ml^2}{8EI}$

23. 750 kPa, 456℃의 수증기를 250 kPa, 432℃로 교축한다고 할 때 운동에너지의 변화를 무시할 수 있다면 이 수증기의 Joule-Thomson 계수(K/kPa)는?

① 0.024 ② 0.048 ③ 0.06
④ 0.072 ⑤ 0.09

해설 온도 변화량$(\partial T) = 456 - 432 = 24℃$
압력 변화량$(\partial P) = 750 - 250 = 500\ \text{kPa}$
줄-톰슨 계수(μ)
$= \left(\dfrac{\partial T}{\partial P}\right)_h = \dfrac{24}{500} = 0.048\ \text{K/kPa}$

24. 다음 중 아크 용접의 종류가 아닌 것은 어느 것인가?

① 유니언 멜트 ② 스터드
③ TIG ④ 탄산가스
⑤ 플래시

해설 아크 용접의 종류
(1) 불활성가스 아크 용접(2가지)
  • MIG : 후판 용접으로 모든 금속의 용접

이 가능하고 용제를 사용하지 않아 슬래그가 없다.

- TIG : 박판 용접으로 용제가 필요 없으며 직류와 교류 전원을 모두 사용한다.

(2) 스터드 용접 : 볼트, 둥근 막대 등의 앞끝과 모재 사이에 아크를 발생시켜 가압하여 행하는 용접

(3) 서브머지드 아크 용접 : 열에너지 손실이 가장 적은 용접법

(4) 탄산가스 아크 용접 : 소모식 용접 방식으로 불활성가스 대신 탄산가스를 이용한 방식이며 연강의 용접에 적합하다.

※ 플래시 용접은 전기저항 방식의 맞대기용접이다.

---

25. 직경이 400 mm인 평벨트의 원동풀리를 520 rpm으로 18.2 kW의 동력을 축에 전달한다고 할 때 긴장측 장력과 이완측 장력의 비가 3.5이면 긴장측 장력과 이완측 장력의 합은 몇 kN인가? (단, $\pi = 3$으로 계산한다.)

① 2450   ② 3150

③ 3.15   ④ 31.5

⑤ 2.45

[해설] 원주속도(v)

$$= \frac{\pi DN}{60000} = \frac{3 \times 400 \times 520}{60000} = 10.4\,\text{m/s}$$

유효장력(P_e)

$$= \frac{H}{v} = \frac{18.2 \times 10^3}{10.4} = 1750\,\text{N}$$

장력비$(e^{\mu\theta}) = \dfrac{T_t}{T_s} = 3.5$에서

$T_t = 3.5\,T_s$

유효장력$(P_e) = T_t - T_s[\text{N}]$

$2.5\,T_s = 1750$

$T_s = 700\,\text{N}$

$T_t = 3.5 \times 700 = 2450\,\text{N}$

$\therefore\ T_t + T_s = 2450 + 700$

$$= 3150\,\text{N} = 3.15\,\text{kN}$$

---

1. 진응력–진변형률에 대한 설명으로 옳지 않은 것은?

① 탄성 변형 시 공칭응력–공칭변형률과 별 차이가 없다.

② 진응력은 작용 하중을 변형 중의 단면적으로 나눈 값이다.

③ 압축시험에서는 진응력이 공칭응력보다 절댓값으로 큰 값을 갖는다.

④ 인장시험에서는 공칭변형률이 진변형률보다 큰 값을 갖는다.

⑤ 진변형률은 대수변형률이라고도 하며 ln(변형 후 길이/초기길이)로 정의된다.

[해설] 압축시험에서는 절댓값을 적용하게 되면 원래의 단면적이 변형 후 단면적보다 커지게 되므로 진응력이 공칭응력보다 작은 값을 갖게 된다.

---

2. 기준면보다 12 m 높은 곳에서 물의 속도가 3 m/s이다. 이곳의 압력이 0.98 kPa일 때 전 수두는 약 몇 m인가?

① 12.44   ② 12.56   ③ 12.66

④ 12.78   ⑤ 12.84

[해설] $H = \dfrac{P}{\gamma} + \dfrac{V^2}{2g} + Z$

$$= \frac{0.98 \times 10^3}{9800} + \frac{3^2}{2 \times 9.8} + 12 ≒ 12.56\,\text{m}$$

---

3. 다음 중 동력전달용 기계요소가 아닌 것은?

① gear   ② belt

③ chain   ④ brake

⑤ friction wheel

[해설] (1) 동력전달용 기계요소 : 기어, 벨트, 체인, 마찰차, 애크미 나사

---

(2) 결합용 기계요소 : 나사, 볼트, 너트, 키, 핀, 리벳

(3) 완충용/제동용 기계요소 : 스프링/브레이크

(4) 축용 기계요소 : 크랭크축, 저널, 아버, 베어링

※ 직접 전동장치와 간접 전동장치

· 직접 전동장치 : 기어, 마찰차

· 간접 전동장치 : 벨트, 체인, 로프

4. 계(系) 내부의 엔트로피 변화량은 16 kJ/kg · K일 때 모든 과정은 비가역 과정을 동반한다고 하면 계 주위의 엔트로피(kJ/kg · K)는 어떻게 되는가?

① 13　　　② 14　　　③ 15
④ 16　　　⑤ 17

해설 계(系) 내부의 엔트로피 변화량에 대한 과정은 비가역 과정을 동반한다고 하였으므로 16 kJ/kg · K가 된다. 비가역 과정에서는 엔트로피가 항상 증가하므로 16 kJ/kg · K보다 큰 17 kJ/kg · K을 답으로 골라야 한다.

5. 문츠메탈에 대한 설명으로 옳지 않은 것은?

① Cu 6 : Zn 4의 비율로 조합된 합금이다.
② 인장강도가 최대이다.
③ $\alpha + \beta$의 고용체이다.
④ 전연성이 낮다.
⑤ 내식성이 높다.

해설 문츠메탈은 내식성이 적고 탈아연부식을 일으키기 쉽지만 강도가 크기 때문에 기계부품으로 널리 사용된다.

6. 안지름이 60 mm, 길이가 128 m인 파이프 속 유체의 점성계수가 0.36 Pa · s, 압력강하는 1.5 kPa일 때 유량이 $\dfrac{3^a}{2^b \cdot 5^c}$π

[m³/s]라고 하면 $a + b + c$의 값은?

① 21　　　② 22　　　③ 23
④ 24　　　⑤ 25

해설 수평원관 층류유동에서의 유량(Q)

$$= \frac{\Delta P \pi d^4}{128 \mu l} \, [\text{m}^3/\text{s}]$$

$$Q = \frac{1500 \times 0.06^4}{128 \times 0.36 \times 128} \pi$$

$$= \frac{5^3 \times 2^2 \times 3 \times \left(\dfrac{3}{5^2 \times 2}\right)^4}{2^7 \times \dfrac{3^2}{5^2} \times 2^7} \pi$$

$$= \frac{3^3}{2^{16} \times 5^3} \pi$$

$a = 3, \ b = 16, \ c = 3$

$\therefore \ a + b + c = 22$

7. 다음 그림과 같은 철도차량용의 차축에서 중량(W)이 36 kN, 길이(l)가 180 mm, 축의 굽힘응력이 40 MPa일 때 철도차량의 축 지름(mm)을 설계하면 얼마인가? (단, $\pi = 3$으로 계산한다.)

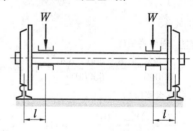

① 105　　　　② 110
③ 115　　　　④ 120
⑤ 125

해설 $M = Wl$

$M = \sigma Z$

$Wl = \sigma \dfrac{\pi d^3}{32} \left(Z = \dfrac{\pi d^3}{32} \right)$

$d = \sqrt[3]{\dfrac{32 \, Wl}{\pi \sigma}} = \sqrt[3]{\dfrac{32 \times 36 \times 10^3 \times 180}{3 \times 40}}$

$= 120 \text{ mm}$

정답　**4.** ⑤　**5.** ⑤　**6.** ②　**7.** ④

8. 비정질금속(amorphous metal) 재료에 대한 설명으로 옳지 않은 것은?

① 어모퍼스 금속과 동의어이다.

② 변압기나 비디오테이프에 사용된다.

③ 강도가 크고 자기화 특성이 강하다.

④ 내마모성과 내식성이 크다.

⑤ 전기전도성이 우수하고 내열성이 강하다.

[해설] 전기전도성은 우수하지만 400~500℃의 열을 가하면 결정으로 돌아간다.

9. 슬라이딩 베어링에서 끝부분에 모서리를 따내는 이유로 가장 적합한 것은?

① 조립을 쉽게 하기 위함

② 마찰면을 적게 하기 위함

③ 재료를 절약하기 위함

④ 축의 처짐과 미세한 변형을 방지하기 위함

⑤ 유막이 끊기지 않기 위함

[해설] 미끄럼마찰을 일으키기 위해서는 축과 베어링 사이에 윤활유에 의한 유막이 형성되어야 한다.

10. 강에 인(P)이 석출될 경우 주조와 압연의 효과를 감소시키는 현상을 무엇이라 하는가?

① ghost line

② barreling

③ aged deterioration

④ delayed fracture

⑤ embrittlement

[해설] ① 고스트 라인 : 강에 인이 석출될 경우 주조와 압연의 효과를 감소시키는 현상

② 배럴링 : 단조 공정이나 부피 성형 가공 또는 압축 관련 가공 시 가공품의 옆구리가 볼록하게 나오는 현상

③ 경년열화 : 장기간에 걸쳐 사용한 부품의 물리적 성질이 열화되는 현상

④ 지연파괴 : 금속재료가 인장강도 이하의 부하응력이나 잔류응력에 의하여 일정 시간이 경과한 후에 갑자기 파괴를 일으키는 것

⑤ 취화 : 재료가 외력에 의하여 영구 변형을 일으키지 않고 파괴되는 현상

11. "물의 액체열은 x[℃] 이하에서 포화수의 엔탈피와 포화수의 내부에너지 값과 거의 일치하게 된다." 여기서 x의 값은?

① 0　　　　② 25　　　　③ 100

④ 200　　　⑤ 273

[해설] 액체열이란 임의의 압력하에서 0℃의 압축수 1 kg을 포화온도까지 높이는 데 필요한 열량으로 물의 경우에는 200℃ 이하에서 포화수의 엔탈피와 포화수의 내부에너지 값과 거의 일치한다.

액체열(q_l)

$= (u' - u_0) + p(v' - v_0) = h' - h_0 [\text{kJ/kg}]$

물의 액체열$(q_l) ≒ u' ≒ h'$

12. 다음 그림과 같이 두 카르노 기관 A와 B에서 순환 과정 동안 두 열원 사이에서 일정량의 열을 받아 일을 하고 나머지는 열량을 내보내며 A는 1350 K의 열원과 온도 T 열원 사이에 위치하고, B는 온도 T 열원과 300 K의 열원 사이에 위치한다. 내보내는 A와 B의 열량은 서로 동일하고, A는 B가 하는 일의 2배일 때 W의 값은?

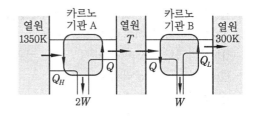

① 350 ② 450 ③ 550
④ 650 ⑤ 750

[해설] $1350 - T = 2W$

$T - 300 = W$

$W = 350$, $T = 650\,\mathrm{K}$

13. 재료의 성질에 대한 설명으로 옳지 않은 것은?

① 경도 : 영구적인 압입에 대한 저항성
② 크리프 : 동하중이 가해진 상태에서 시간의 경과에 따라 더불어 변형이 계속되는 현상
③ 인성 : 파단될 때까지 단위 체적당 흡수한 에너지의 열량
④ 연성 : 파단 없이 소성될 수 있는 능력
⑤ 취성 : 재료가 외력에 의하여 파괴되거나 극히 일부만 영구변형을 하고 파괴되는 성질

[해설] 크리프는 정하중이 가해진 상태에서 시간의 경과에 따라 더불어 변형이 계속되는 현상이다.

14. 다음 중 주철관에 대한 특징으로 옳지 않은 것은?

① 강관보다 중량이 크다.
② 내식성과 내압성이 우수하다.
③ 충격에 강하다.
④ 가격이 저렴하다.
⑤ 호칭치수는 관의 안지름이다.

[해설] 주철관은 강관보다 무겁고 충격에 약하다.

15. 물과 글리세린과 공기의 점성계수를 크기 순서대로 바르게 나열한 것은?

① 글리세린 > 공기 > 물
② 공기 > 물 > 글리세린
③ 공기 > 글리세린 > 물

④ 물 > 공기 > 글리세린
⑤ 글리세린 > 물 > 공기

16. "압력 차이당 열 흐름 양과 온도 차이당 밀도 흐름 양이 동일하다"와 관련 있는 것은?

① 네른스트-플랑크 정리
② 온사게르 상반 정리
③ 반데르발스 상태 방정식
④ 켈빈-플랑크 서술
⑤ 헬름홀츠 자유 에너지

[해설] 온사게르 상반 정리 : 고온에서 저온으로 열이 흐르듯, 고압에서 저압으로 밀도가 흐른다. 반대로 압력이 동일하다면 온도 차이로 인해 밀도가 흐르고, 온도가 동일하다면 압력 차이로 인해 열의 흐름이 관찰되며, 압력 차이당 열 흐름 양과 온도 차이당 밀도 흐름 양이 동일하다는 법칙이 열역학 제4법칙의 이론이다.

17. 그림과 같이 300 N의 편심하중을 받는 리벳 이음에서 리벳에 발생하는 최대 전단력의 크기(kN)는 얼마인가?

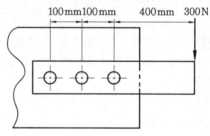

① 0.75 ② 750 ③ 0.85
④ 850 ⑤ 1

[해설] 리벳의 직접전단하중(F_1)

$= \dfrac{P}{Z} = \dfrac{300}{3} = 100\,\mathrm{N}$

중심거리(L) $= 400 + 100 = 500\,\mathrm{mm}$

최대반경(r_1) $= 100\,\mathrm{mm}$

비례상수(K)

$$= \frac{PL}{2r_1^2} = \frac{300 \times 500}{2 \times 100^2} = 7.5 \, \text{N/mm}$$

각 리벳의 전단력(F_m)

$$= Kr_1 = 7.5 \times 100 = 750 \, \text{N}$$

∴ 리벳에 작용하는 최대전단력(R_{max})

$$= F_1 + F_m = 100 + 750$$

$$= 850 \, \text{N} = 0.85 \, \text{kN}$$

18. 그림과 같은 원형 봉에 인장하중 P가 작용할 때, 축경비를 7 : 5로 하면 d_1 부분에 발생하는 응력 σ_1과 d_2 부분에 발생하는 응력 σ_2의 비 $\sigma_1 : \sigma_2$의 값은?

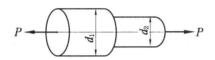

① 1 : 1.96
② 1.96 : 1
③ 1 : 1.4
④ 1.4 : 1
⑤ 1 : 0.98

해설 원형 봉의 인장응력(σ) $= \dfrac{P}{A} = \dfrac{4P}{\pi d^2}$

[MPa]에서 동일한 하중이 작용하므로 지름의 비를 이용하여 응력의 비를 계산하면 된다.
응력은 지름의 제곱에 반비례하므로
$d_1^2 : d_2^2 = 49 : 25$가 되고
이를 응력 공식에 적용하면
$\sigma_1 : \sigma_2 = 25 : 49 = 1 : 1.96$이다.

19. 수인법에 이용되는 재료로 가장 적합한 것은?

① 탄소공구강
② 쾌삭강
③ 스테인리스강
④ 하드필드강
⑤ 불변강

해설 수인법은 오스테나이트 조직을 1000~1100℃ 정도에서 수중 담금질하여 인성을 부여하는 방법으로 고망간강(하드필드강)에 이용한다.

20. 직사각형 모양으로 건설된 철탑의 높이는 30 m이고 수평의 길이가 24 m일 때 27 km/h 풍속에 대하여 철탑에 작용하는 힘의 크기(kN)를 구하면? (단, 공기의 밀도는 1.2 kg/m³, 항력계수는 1.10이다.)

① 30.24
② 18.44
③ 13.37
④ 21.32
⑤ 26.73

해설 속도 단위 변환

$$\rightarrow \frac{27 \times 10^3 \, \text{m}}{3600 \, \text{s}} = 7.5 \, \text{m/s}$$

직사각형 모양의 단면적(A)
$$= bh = 30 \times 24 = 720 \, \text{m}^2$$

항력(D) $= C_D \dfrac{\rho v^2}{2} A$

$$= 1.1 \times \frac{1.2 \times 7.5^2}{2} \times 720 \times 10^{-3}$$

$$= 26.73 \, \text{kN}$$

21. 공기 3 kg이 27℃ 온도 상태에서 0.75 m³의 비체적을 차지한다면 공기의 압력 (kPa)은? (단, 공기의 기체상수는 $R = 287$ J/kg · K이다.)

① 344.4
② 229.6
③ 34.4
④ 22.9
⑤ 172.2

해설 $Pv = mRT$에서

$$P = \frac{mRT}{v} = \frac{3 \times 0.287 \times 300}{0.75} = 344.4 \, \text{kPa}$$

22. 실린더 내부에 액체가 흐르고 있다. 점성계수가 0.03 Pa · s인 액체가 가득 차 있을 때 내벽에서의 속도를 $u = 1 - 50(2-y)^2$[m/s]라고 정의한다면 내벽에서의 전단응력은 몇 N/m²인가?

① 4
② 10
③ 2
④ 8
⑤ 6

해설 속도구배 $\dfrac{du}{dy}$의 값을 계산하기 위해서는 속도 식 $u = 1 - 50(2-y)^2$을 미분한다.

$\dfrac{du}{dy} = -50(2y-4)$에 $y=0$을 대입하면 속도구배의 값은 200이 된다.

전단응력 $\tau = \mu \dfrac{du}{dy} = 0.03 \times 200 = 6\,\text{N/m}^2$

23. 탄소강에 특수 원소를 첨가하면 담금질성이 향상된다. 담금질의 효과가 큰 것에서 작은 순서로 바르게 나열한 것은?

① $Mn > B > Cu > Cr > P$

② $B > Mn > P > Mo > Cr$

③ $B > Mo > P > Cr > Cu$

④ $Cu > Ni > Si > Cr > P$

⑤ $Cu > Ni > Mo > Si > B$

[해설] 원소의 담금질 효과 크기 비교 : 붕소(B) > 몰리브덴(Mo) > 인(P) > 크롬(Cr) > 구리(Cu)

24. 외경이 120 mm, 내경이 80 mm인 사각형 맞물림 클러치의 턱의 높이가 6 mm, 너비가 12.5 mm, 두께가 8 mm일 때 4개의 턱에 200 N·m의 토크가 균일하게 작용한다면 맞물림 클러치의 굽힘강도 (MPa)는?

① 0.28 ② 28.8 ③ 14.2

④ 288 ⑤ 142

[해설] $\sigma_b = \dfrac{24\,Th}{(D_1 + D_2)tb^2 Z}$

$= \dfrac{24 \times 200 \times 10^3 \times 6}{(120+80) \times 8 \times 12.5^2 \times 4} = 28.8\,\text{MPa}$

25. 다음 그림에서 B지점의 반력을 $\dfrac{Q}{3}$ [N]이라고 할 때 Q의 값은?

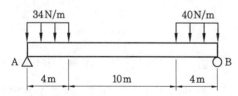

① 139 **②** 444 **③** 416

④ 472 **⑤** 157

[해설] $R_B \times 18 - 40 \times 4 \times (2+10+4)$

$\qquad -34 \times 4 \times \left(\dfrac{1}{2} \times 4\right) = 0$

$\therefore\ R_B = \dfrac{2832}{18} = \dfrac{472}{3}$

$\qquad Q = 472$

제3회 **기계일반**

1. 두 축의 위치가 어긋난 축의 기어 종류가 아닌 것은?

① screw gear

② crown gear

③ hypoid gear

④ hourglass worm gear

⑤ cylindrical worm gear

[해설] (1) 평행 축 기어 : 스퍼 기어, 헬리컬 기어, 더블 헬리컬 기어, 래크와 피니언

(2) 교차 축 기어 : 베벨 기어, 마이터 기어, 크라운 기어

(3) 어긋난 축 기어 : 나사 기어, 원통 웜 기어, 장고형 웜 기어, 하이포이드 기어

2. 다음 그림과 같은 삼각형의 분포하중에서 보의 길이가 200 cm, 분포하중이 $6\sqrt{3}$ [N/m]일 때 최대 모멘트의 크기(N·m)는?

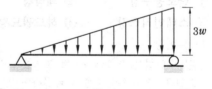

① 16 ② 4 ③ 2

④ 8 ⑤ 6

[해설] $M_{max} = \dfrac{wl^2}{9\sqrt{3}}$

$= \dfrac{3 \times 6\sqrt{3} \times 2^2}{9\sqrt{3}} = 8\,\text{N} \cdot \text{m}$

3. 페라이트와 펄라이트의 인장강도(kgf/mm²) 값이 바르게 짝지어진 것은?

① 25, 80   ② 35, 80

③ 35, 90   ④ 45, 90

⑤ 45, 100

[해설] 표준조직의 인장강도(kgf/mm²)

  (1) 페라이트(ferrite) : 35

  (2) 펄라이트(pearlite) : 90

  (3) 시멘타이트(cementite) : 3.5 이하

4. 그림과 같은 원형 오리피스에서 분류가 분출할 때 오리피스의 면적이 2 m², 속도계수가 0.8, 수축계수가 0.75일 때 수면이 일정하게 유지되어 있고 오리피스에서 분출하는 물이 초당 0.9 m³씩 흐른다고 하면 오리피스의 높이는 약 몇 mm인가?(단, $g = 10\,\text{m/s}^2$으로 계산한다.)

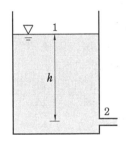

① 20.21   ② 22.66

③ 24.24   ④ 26.62

⑤ 28.13

[해설] 유량 $Q = AC_vC_c\sqrt{2gh}\,[\text{m}^3/\text{s}]$에서

$h = \left(\dfrac{Q}{AC_vC_c}\right)^2 \times \dfrac{1}{2g}$

$= \left(\dfrac{0.9}{2 \times 0.8 \times 0.75}\right)^2 \times \dfrac{1}{2 \times 10} \times 10^3$

$\fallingdotseq 28.13\,\text{mm}$

5. 발전용량이 120 MW이고 천연가스를 연료로 사용하는 발전소에서 보일러는 477℃에서 운전되고 응축기는 27℃에서 폐열을 방출한다. 천연가스의 연소열이 25 MJ/kg일 때 카르노 효율 개념에 입각한 초당 연료의 소비량(kg/s)은?

① 8   ② 16   ③ 24

④ 32   ⑤ 40

[해설] 열효율$(\eta) = 1 - \dfrac{T_2}{T_1} = 1 - \dfrac{300}{750} = 0.6$

연료소비량 $= \dfrac{\text{발전용량(MW)}}{\text{열효율} \times \text{연소열(MJ/kg)}}$

$= \dfrac{120}{0.6 \times 25} = 8\,\text{kg/s}$

6. 알브락 메탈(albrac metal)에 대한 설명으로 옳지 않은 것은?

① 7 : 3 황동에 2 %의 알루미늄을 첨가한 합금이다.

② 내해수성이 알루미늄 황동 중 가장 우수하다.

③ 강도와 경도가 크다.

④ 알루미늄을 2 % 이상 첨가하면 연신율이 급격히 증가한다.

⑤ 열교환기 부품에 주로 사용된다.

[해설] 알루미늄을 2 % 이상 첨가하면 연신율은 급격히 감소한다.

7. 다음 베어링에 대한 종합적인 내용 중 바르게 설명한 것은?

① 축의 회전을 원활하게 하고 축을 지지하는 기계요소를 저널이라 한다.

② 베어링을 설계할 때 베어링의 사용온도는 높이고 마찰저항은 작게 해야 한다.

③ 롤링 베어링에서는 윤활유의 점도가 높고 하중이 낮을수록 유막이 두껍게 되어 마찰이 작아진다.

④ 펌프급유방식은 고속내연기관에 널리 사용되는 급유방식이다.

⑤ 호칭번호 NA 4902 VK인 니들 롤러 베어링의 안지름은 15 mm, 리테이너가 존재하는 양륜 테이퍼 구멍의 기준 테이퍼가 $\frac{1}{12}$인 베어링이다.

해설 ① 베어링의 정의를 설명한 내용이다.

② 마찰저항은 작게 하고, 사용온도는 높이지 않아야 한다.

③ 슬라이딩 베어링의 특징이다.

⑤ 폭 계열 4, 직경 계열 9인 니들 롤러 베어링으로 베어링 안지름은 15 mm이고, 리테이너가 존재하지 않는 궤도륜 형상 기호로서 내륜 기준 테이퍼가 $\frac{1}{12}$인 베어링이다.

8. 그림에서 색칠된 부분의 도형의 호의 길이는 2π[mm], 각도가 120°인 도형의 단면 2차 모멘트가 $I = \frac{b^3}{a^2}\pi - \left(\frac{b}{a}\right)^4 \cdot \sqrt{3}$ [mm⁴]이라면 a^b의 값은?

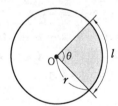

① 9   ② 8   ③ 64

④ 25   ⑤ 81

해설 $\theta = 120° = \frac{2}{3}\pi$

$r = \frac{l}{\theta} = \frac{2\pi}{\frac{2\pi}{3}} = 3 \text{ mm}$

단면 2차 모멘트 I

$= (\theta - \sin\theta) \times \frac{r^4}{8} = \left(\frac{2}{3}\pi - \frac{\sqrt{3}}{2}\right) \times \frac{3^4}{8}$

$= \frac{3^3}{2^2} - \left(\frac{3}{2}\right)^4 \cdot \sqrt{3}$

$= \frac{b^3}{a^2} - \left(\frac{b}{a}\right)^4 \cdot \sqrt{3} \text{ [mm}^4]$

$a = 2, \ b = 3$

$\therefore \ a^b = 2^3 = 8$

9. 평균시속 270 km/h로 주행하는 중량 400톤의 고속열차가 도착 지점 3 km에서 제동을 걸고 완전히 정지하였다. 레일과 차륜 사이의 마찰계수는 0.6이고 브레이크만으로 정지를 했다고 가정한다면 제동 중 발생한 열량(MJ)은?

① 712   ② 728   ③ 720

④ 704   ⑤ 736

해설 마찰열량(Q)

$= \mu WS = 0.6 \times 400 \times 10^3 \times 3000 \times 10^{-3}$

$= 720 \text{ MJ}$

10. 유체 유동의 정상류와 비정상류의 상태에서 변수에 해당하지 않는 것은?

① pressure   ② velocity

③ density   ④ temperature

⑤ acceleration

해설 (1) 정상류

$\frac{\partial P}{\partial t} = 0, \ \frac{\partial V}{\partial t} = 0, \ \frac{\partial \rho}{\partial t} = 0, \ \frac{\partial T}{\partial t} = 0$

(2) 비정상류

$\frac{\partial P}{\partial t} \neq 0, \ \frac{\partial V}{\partial t} \neq 0, \ \frac{\partial \rho}{\partial t} \neq 0, \ \frac{\partial T}{\partial t} \neq 0$

→ 정상류와 비정상류의 상태에서 변수는 압력, 속도, 밀도, 온도가 된다.

11. 톱니나사는 하중이 작용하는 쪽은 제작 용이성을 목적으로 나사산이 30°와 45°이면 경사를 붙인다. 이때 각각에 대하여 경사각도가 각각 바르게 짝지어진 것은?

① 2, 3　　② 2, 4　　③ 3, 4

④ 3, 5　　⑤ 4, 5

해설 톱니나사는 힘을 한쪽 방향으로만 전달하거나 운동용으로 사용되는 나사로 압착기, 바이스 등의 이송에 사용된다. 나사산의 각도는 30°와 45°가 있고 하중을 받는 면에 제작 용이성을 목적으로 각각 3°와 5°의 경사를 붙이고 하중을 받지 않는 면에는 0.2 mm의 틈새를 주어야 한다.

12. 다음 5명의 학생들이 엔트로피 법칙의 실생활에 관한 대화를 나누고 있다. 나머지 네 학생과 다른 대답을 한 학생은 누구인가?

> • 경미 : 오늘 아침에 내가 책상 정리정돈을 깔끔히 했는데 열심히 공부를 하다 보니 어수선해져 있어서 다시 정돈을 해야겠네.
>
> • 성필 : 날씨가 더워서 컵에 물을 담아 냉장고에 넣었더니 물이 얼음으로 변했고 이 과정을 보면서 나도 집에서 매 여름마다 시원한 물을 마실 수 있어.
>
> • 기호 : 나는 후식으로 핫커피를 시켰는데 뜨거워서 얼음 몇 조각을 넣었더니 커피가 차가워져서 시원한 맛에 먹는다네.
>
> • 경수 : 오늘 점심에 비빔밥을 먹었는데 밥과 야채들이 흩어져 있다가 숟가락으로 비벼서 고추장과 야채들이 골고루 섞여져 더 맛있게 먹었어.
>
> • 원식 : 나는 친구들과 캠프파이어에 가서 고기 구워먹으려고 불을 지폈는데 연기가 생기면서 계속 흩어지고 하늘 위로 계속 그을리는 한 장면들을 보고 사진을 찍었어.

① 원식　　② 기호　　③ 성필

④ 경미　　⑤ 경수

해설 원식, 기호, 경미, 경수의 대화는 열역학 제2법칙에 관한 내용이고 성필의 대화는 열역학 제1법칙에 관한 내용이다.

13. 충격파(shock wave)란 초음속으로 움직이는 물체에 의하여 유체에 형성된 물리량의 불연속면을 의미한다. 다음 중 충격파의 영향으로 감소하는 인자 하나는 무엇인가?

① 속도　　　　② 밀도

③ 압력　　　　④ 온도

⑤ 비중량

해설 충격파는 초음속 흐름에서 아음속 흐름으로 갑자기 변하게 되면 이 흐름 속에서 발생되는 불연속면을 의미한다. 충격파의 의 영향으로 마찰열이 발생되어 비가역 과정을 동반하게 되며, 압력, 온도, 밀도, 비중량은 증가하고 속도는 감소한다.

14. 단면 치수 24 mm×12 mm인 강대가 18 kN의 인장력을 받고 있다. 그림과 같이 30° 경사진 면에 작용하는 전단응력의 크기는 x[MPa]일 때 $\sqrt[3]{\dfrac{x}{\sqrt{3}}}$ 의 값은 얼마인가?

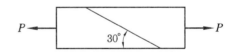

① $\dfrac{5}{2}$　　② $\dfrac{5}{4}$　　③ $\dfrac{25}{2}$

④ $\dfrac{25}{4}$　　⑤ $\dfrac{125}{8}$

해설 전단응력 x

$= \dfrac{1}{2}\sigma_x\sin2\theta = \dfrac{1}{2}\cdot\dfrac{P}{A}\cdot\sin2\theta$

$= \dfrac{1}{2}\times\dfrac{18\times10^3}{0.024\times0.012}\times\dfrac{\sqrt{3}}{2}$

$= 15.625\sqrt{3}\times10^6\,\mathrm{Pa}$

$= 15.625\sqrt{3}\,\mathrm{MPa}$

$\therefore \sqrt[3]{\dfrac{x}{\sqrt{3}}} = \sqrt[3]{\dfrac{15.625\sqrt{3}}{\sqrt{3}}} = 2.5 = \dfrac{5}{2}$

15. 도가니로에 대한 설명으로 옳지 않은 것은?

① 합금강을 용해한다.

② 1회 용해 가능한 Cu 중량을 번호로 표시한다.

③ 화학적인 변화가 적다.

④ 이용범위가 넓다.

⑤ 열효율이 높다.

[해설] 도가니로는 설비비가 적게 들지만 열효율이 낮은 것이 단점이다.

16. 탈아연 부식에 대한 설명으로 옳지 않은 것은?

① 탈성분 부식 또는 선택 부식이라고도 한다.

② 아연량이 많을수록 해수에 침식되어 아연이 용해되어 발생한다.

③ As, P, Sb의 원소를 첨가하여 방지할 수 있다.

④ 보통 황동의 색상과 달리 붉은색을 띤다.

⑤ 발생했을 경우 육안으로 확인이 어렵다.

[해설] 탈아연 부식이 발생하면 육안으로 쉽게 확인이 가능하다.

17. 봉이 축 방향으로 단면에 $420 \, \text{N/mm}^2$의 인장응력을 받고 있다. 푸아송 비가 0.35, 탄성계수가 210 GPa일 때 체적변형률은 얼마인가?

① 6×10^{-4} 　 ② 6×10^{-3}

③ 2×10^{-4} 　 ④ 2×10^{-3}

⑤ 3×10^{-4}

[해설] $\sigma = E\varepsilon$에서

$$\varepsilon = \frac{\sigma}{E} = \frac{420}{210 \times 10^3} = 2 \times 10^{-3}$$

체적변형률(ε_V)

$$= \varepsilon(1 - 2\nu) = 2 \times 10^{-3} \times (1 - 2 \times 0.35)$$

$$= 6 \times 10^{-4}$$

18. 압력의 단위 1 atm$= A \, [\text{kPa}]$, 1 torr $= B \, [\text{Pa}]$, 1 ksi$= C \, [\text{psi}]$의 세 식에서 $A + B + C$의 값을 구하면? (단, 소수점 셋째 자리에서 반올림하여 둘째 자리에서 계산한다.)

① 123.54 　 ② 234.65

③ 456.87 　 ④ 1234.65

⑤ 2345.76

[해설] 1 atm$= A \, [\text{kPa}]$

→ $A = 101.325 ≒ 101.33$

1 torr $= B \, [\text{Pa}] → B = 133.322 ≒ 133.32$

1 ksi$= C \, [\text{psi}] → C = 1000$

$A + B + C = 101.33 + 133.32 + 1000$

$\qquad = 1234.65$

※ 표준대기압 1 atm의 기본단위

1 atm $= 101325 \text{N/m}^2 = 101325 \, \text{Pa}$

$\qquad = 760 \, \text{mmHg} = 1.0332 \, \text{kgf/cm}^2$

$\qquad = 10.332 \, \text{mAq} = 14.7 \, \text{psi(lb/in}^2)$

$\qquad = 101.325 \, \text{kPa} = 1.01325 \, \text{bar}$

19. 그림과 같은 직렬접속 스프링에 질량 $m = 13.5$ kg이 작용한다면 스프링 상수 $k_1 = 30$ kg/mm, $k_2 = 45$ kg/mm일 때 스프링의 처짐량(mm)은 얼마인가?

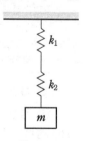

① 6.15 　 ② 6.75 　 ③ 7.35

④ 7.95 　 ⑤ 8.55

[정답] 15. ⑤ 　 16. ⑤ 　 17. ① 　 18. ④ 　 19. ③

[해설] $\dfrac{1}{k_{eq}} = \dfrac{1}{k_1} + \dfrac{1}{k_2} = \dfrac{1}{30} + \dfrac{1}{45} = \dfrac{1}{18}$ 에서

$k_{eq} = 18\,\text{kg/mm}$

스프링의 처짐량(δ)

$= \dfrac{mg}{k_{eq}} = \dfrac{13.5 \times 9.8}{18} = 7.35\,\text{mm}$

20. 단면적이 0.35 m²인 피스톤이 달린 실린더 안에 1 atm의 기체를 넣고 5 kcal 의 열을 가한 후 실린더 내압은 일정하게 유지되면서 피스톤이 40 cm 뒤로 밀려났다. 1 atm = 10⁵ Pa이라고 정의할 때 기체의 내부에너지 증가량(kJ)은?

① 3.5   ② 7   ③ 10.5
④ 14   ⑤ 21

[해설] $\delta Q = 5\,\text{kcal} \times 4.2 = 21\,\text{kJ}$

$pdV = 10^2\,\text{kN/m}^2 \times 0.35\,\text{m}^2 \times 0.4\,\text{m}$

$= 14\,\text{kN} \cdot \text{m} = 14\,\text{kJ}$

$\therefore du = \delta Q - pdV = 21 - 14 = 7\,\text{kJ}$

21. 다음 그림과 같이 지름이 50 mm인 원형 판에 인장력 33 kN을 받고 있다. 판의 응력집중계수가 2.5일 때 판의 최대응력(MPa)은? (단, $\pi = 3$으로 계산한다.)

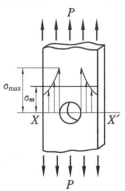

① 40   ② 44   ③ 48
④ 52   ⑤ 56

[해설] 공칭응력(σ_n)

$= \dfrac{P}{A} = \dfrac{4P}{\pi d^2} = \dfrac{4 \times 33 \times 10^3}{3 \times 50^2} = 17.6\,\text{MPa}$

최대응력(σ_{max})

$= \alpha_K \times \sigma_n = 2.5 \times 17.6 = 44\,\text{MPa}$

22. 25 mm당 적당한 풀림(annealing) 시간은 몇 분인가?

① 20   ② 25   ③ 30
④ 45   ⑤ 60

[해설] 심랭처리(sub-zero) 시 처리온도에서 유지시간이 반드시 필요한 것은 아니지만 일반적으로는 두께 25 mm당 30분을 유지하고 있다.

23. 축의 지름에 비하여 길이가 짧은 축으로 형상과 치수가 정밀하고 변형량이 극히 작아야 하는 축의 명칭은 무엇인가?

① crank   ② straight
③ axle   ④ flexible
⑤ spindle

[해설] ① 크랭크 축 : 직선운동을 회전운동 또는 회전운동을 직선운동으로 변환시키는 곡선으로 형성된 축

② 직선 축 : 일반적인 동력전달용으로 축선이 일직선으로 된 축

③ 차 축 : 동력을 전달시키지 않는 굽힘모멘트만 받는 축

④ 플렉시블 축 : 축이 자유롭게 휠 수 있도록 2중, 3중으로 감은 나사 모양의 축으로 일직선 형태로 사용할 수 없을 때 사용하는 축

⑤ 스핀들 축 : 주로 비틀림 작용을 받고 축 지름에 비하여 길이가 짧은 축으로 형상과 치수가 정밀하고 변형량이 극히 작을 때 사용하는 축

24. 수력도약에서 중요한 무차원수는?

① 마하 수   ② 웨버 수
③ 레이놀즈수   ④ 프루드 수
⑤ 오일러 수

[해설] ① 마하 수 : 풍동실험 압축성 유동에서 중요한 무차원수

② 웨버 수 : 기체–액체 또는 비중이 서로 다른 액체와 액체의 경계면 표면 장력, 오리피스나 위어, 물방울 형성에 중요한 무차원수

③ 레이놀즈 수 : 비행체의 항력과 양력, 관로 내의 마찰손실, 경계층 문제 등을 다룰 때 중요한 무차원수

④ 프루드 수 : 수력도약, 선박, 개수로, 댐 공사에 중요한 무차원수

⑤ 오일러 수 : 오리피스를 통과하는 유동, 공동현상을 판단하는 데에 있어서 중요한 무차원수

25. 완전가스가 등온일 경우 외부에 대하여 333.33 kJ의 일을 했다면 이 일에 대하여 열량(kJ)으로 환산한 값은 얼마인가?

① 333.33   ② 222.22
③ 111.11   ④ 33.33
⑤ 0

[해설] 등온과정에서는 열역학 제1법칙 이론에 근거하여 일량(W)=열량(Q) 관계가 성립한다. 따라서 열량은 Q=333.33 kJ이다.

제4회   **기계일반**

1. 강과 주철의 표준조직이 바르게 연결되지 않은 것은?

① 과공석강 : 펄라이트 + 시멘타이트

② 아공정주철 : 레데부라이트 + 오스테나이트

③ 공정주철 : 레데부라이트

④ 아공석강 : 펄라이트 + 레데부라이트

⑤ 과공정주철 : 레데부라이트 + 시멘타이트

[해설] 아공석강은 탄소 함유량이 0.02~0.77 % C인 강으로 펄라이트(P)로 구성되어 있다.

2. 온도가 87℃, 비체적이 0.45 m³인 이상기체가 정압하에서 0.36 m³으로 되었을 때 변화 전과 후의 온도차는 몇 ℃인가?

① 288   ② 87   ③ 72
④ 15   ⑤ 360

[해설] 정압과정이므로 $\dfrac{T}{v} = C$

$$\frac{T_1}{v_1} = \frac{T_2}{v_2}, \ \frac{360}{0.45} = \frac{T_2}{0.36}$$

$\therefore \ T_2 = 288 \text{K} = 15℃$

$\Delta T = T_1 - T_2 = 87 - 15 = 72℃$

3. 그림과 같이 외팔보의 자유단에 집중하중과 굽힘모멘트가 동시에 작용할 때 중앙점에서의 처짐량 식을 바르게 표현한 것은?

① $\dfrac{3Pl^3}{2EI}$ ② $\dfrac{2Pl^3}{3EI}$ ③ $\dfrac{5Pl^3}{6EI}$

④ $\dfrac{6Pl^3}{5EI}$ ⑤ $\dfrac{3Pl^3}{8EI}$

[해설] $M = Pl$이고 우력과 집중하중이 중첩되는 중앙점의 처짐량(δ_c)은 다음과 같다.

$$\delta_c = \frac{Ml^2}{2EI} + \frac{Pl^3}{3EI} = \frac{Pl^3}{2EI} + \frac{Pl^3}{3EI} = \frac{5Pl^3}{6EI}$$

4. Reynolds의 윤활 방정식에 대한 가정으로 옳지 않은 설명은?

① 곡률을 고려해야 한다.

② 윤활유는 비압축성이다.

③ 축 방향으로 압력 변화가 없다.

④ 윤활유는 뉴턴의 점성 법칙을 따른다.

⑤ 윤활유의 관성에 의한 힘은 무시한다.

[해설] 유막 두께가 베어링의 반지름에 비해 매우 작으므로 곡률은 무시해도 된다.

5. 원추 확대관에서의 손실계수에 대한 설명으로 옳은 것은?

① 확대각 θ에 관계없이 일정하다.

② 확대각 $\theta = 7°$ 근방에서 최소, 확대각 $\theta = 62°$ 근방에서 최대이다.

③ 확대각 $\theta = 6°$ 근방에서 최소, 확대각 $\theta = 26°$ 근방에서 최대이다.

④ 확대각 $\theta = 70°$ 근방에서 최소, 확대각 $\theta = 45°$ 근방에서 최대이다.

⑤ 확대각 $\theta = 60°$ 근방에서 최소, 확대각 $\theta = 90°$ 근방에서 최대이다.

[해설] 원추각 $\theta = 7°$ 근방에서 최소이고, 원추각 $\theta = 62°$ 근방에서 최대이다.

6. 저열원의 온도는 300 K이고, 고열원의 온도는 각각 600 K, 1200 K이다. 고온체에서 등온 과정으로 고열원의 온도가 600 K일 때 2400 kJ의 열을 받는다면 1200 K일 때의 열은 고열원의 온도가 600 K일 때보다 25 %를 더 받는다고 한다. 600 K일 때의 무효에너지를 A, 1200 K일 때의 무효에너지를 B라고 할 때 $A - B$의 값은 얼마인가?

① −600   ② 600   ③ −450

④ 450   ⑤ 0

[해설] 열량 Q_B의 값은 $Q_A = 2400 \, kJ$의 25 % 증가한 값이므로 $Q_B = 3000 \, kJ$

$$A = T_2 \times \frac{Q_A}{T_{II}} = 300 \times \frac{2400}{600} = 1200 \, kJ$$

$$B = T_2 \times \frac{Q_B}{T_{III}} = 300 \times \frac{3000}{1200} = 750 \, kJ$$

$$\therefore A - B = 1200 - 750 = 450$$

7. 롤러 체인의 구동 스프로킷의 잇수가 22개, 피치가 16 mm, 회전수가 600 rpm인 스프로킷 휠을 사용한다면 전달동력(W)은 얼마인가? (단, 파단하중은 24.2 kN, 안전율은 11이다.)

① 7474   ② 7744

③ 7777   ④ 7788

⑤ 7878

[해설] 체인의 속도(V)

$$= \frac{N_1 p Z_1}{60000} = \frac{600 \times 16 \times 22}{60000} = 3.52 \, m/s$$

전달동력(H)

$$= \frac{P_B V}{S} = \frac{24.2 \times 10^3 \times 3.52}{11} = 7744 \, W$$

8. 로크웰 경도 시험법에서 다이아몬드 압자의 경우 로크웰 경도의 식이 바르게 표기된 것은? (단, t는 10 kgf 하중 상태 기준에서 압흔의 깊이(mm)이다.)

① $H_R = 300 - \dfrac{t}{0.001}$

② $H_R = 200 - \dfrac{t}{0.001}$

③ $H_R = 200 - \dfrac{t}{0.002}$

④ $H_R = 100 - \dfrac{t}{0.001}$

⑤ $H_R = 100 - \dfrac{t}{0.002}$

[해설] 다이아몬드 압자의 경우 로크웰 경도의 식은 $H_R = 100 - \dfrac{t}{0.002}$ 이다.

※ 로크웰 경도 : 일정한 크기의 고탄소강 강구로 시편에 일정한 하중을 가하여 생긴 자국의 넓이로 하중을 나눈 값을 의미하고 B 스케일과 C 스케일이 있다.

B 스케일은 100 kgf 하중에서 $\dfrac{1}{16}''$ 의 강구를 사용하고 C 스케일은 꼭지각이 120°인 다이아몬드 원뿔, 선단 반지름은 0.2 mm인 다이아몬드 압자를 사용한다.

[정답] 5. ②   6. ④   7. ②   8. ⑤

9. 그림과 같이 날카로운 사각 모서리 입, 출구를 갖는 관로에서 흐르는 물의 평균 속도는 5 m/s이다. 부차적 손실계수는 3, 관 마찰계수는 $\frac{1}{30}$, 관의 길이는 9 m, 지름은 2 cm일 때, 전수두(m)는? (단, 중력가속도는 10 m/s²으로 계산한다.)

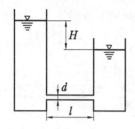

① 13.5   ② 18   ③ 22.5
④ 25   ⑤ 30

[해설] $H = \left(K + f\frac{l}{d}\right)\frac{V^2}{2g}$

$= \left(3 + \frac{1}{30} \times \frac{9}{0.02}\right) \times \frac{5^2}{2 \times 10} = 22.5$ m

10. 그림과 같은 두 종류의 보 A, B의 처짐량을 각각 α, β라고 할 때 $\frac{\alpha}{\beta}$의 값은?

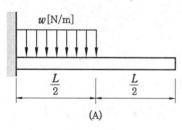

(A)

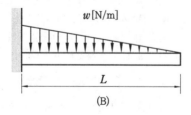

(B)

① $\frac{35}{48}$ ② $\frac{128}{35}$ ③ $\frac{64}{35}$

④ $\frac{35}{64}$ ⑤ $\frac{35}{128}$

[해설] 보 A의 처짐량 $\alpha = \frac{7wl^4}{384EI}$

보 B의 처짐량 $\beta = \frac{wl^4}{30EI}$

$\therefore \frac{\alpha}{\beta} = \dfrac{\dfrac{7wl^4}{384EI}}{\dfrac{wl^4}{30EI}} = \frac{35}{64}$

11. 무차원수의 종류와 설명에 대하여 잘못 서술한 것은?

① 레일리 수 : 자연대류의 유체층 속에서 열대류가 일어나는지의 여부를 결정한다.

② 슈미트 수 : 물질 이동과 확산의 상관관계가 있고, 전열에 있어서 프란틀 수와 대응된다.

③ 프루드 수 : 수차, 선박 등 자유표면을 갖는 유동에서 중요한 매개변수로 작용한다.

④ 에커트 수 : 유체의 운동에너지와 엔탈피의 비율이다.

⑤ 비오트 수 : 클수록 대류저항의 비중이, 작을수록 전도저항의 비중이 커지게 된다.

[해설] 비오트 수가 클수록 상대적으로 전도저항의 비중은 커지게 되고 비오트 수가 작을수록 상대적으로 대류저항의 비중이 커지게 된다.

12. 40 mm의 오리피스로부터 유체가 분출할 때 물의 축소된 부분의 지름이 36 mm, 실제 유속과 이론 유속의 비는 0.9라고 할 때 압력 강하는 200 kPa이라면 오리피스에서 분출하는 물의 유량(m³/h)은 약 얼마인가? (단, $\pi = 3$으로 계산한다.)

정답   9. ③   10. ④   11. ⑤   12. ③

① 51   ② 57   ③ 63

④ 69   ⑤ 75

해설 $C_c = \dfrac{\text{수축부의 단면적}(A_0)}{\text{오리피스의 단면적}(A_2)}$

$= \dfrac{\dfrac{\pi}{4} \times 36^2}{\dfrac{\pi}{4} \times 40^2} = 0.81$

$Q = A_2 C_c C_v \sqrt{2g\dfrac{\Delta P}{\gamma}}$

$= \dfrac{\pi}{4} \times 0.04^2 \times 0.81 \times 0.9$

$\times \sqrt{\dfrac{2 \times 9.8 \times 200 \times 10^3}{9800}} \times 3600$

$= 62.9856 \fallingdotseq 63 \text{ m}^3/\text{h}$

13. 그림과 같은 사다리꼴 단면의 윗변과 아랫변 길이의 합은 20 cm이고, 아랫변의 길이는 윗변의 길이의 1.5배이다. 높이가 9 cm일 때 사다리꼴의 단면 1차 모멘트(cm³)는?

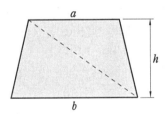

① 324   ② 342   ③ 360

④ 378   ⑤ 396

해설 $a + b = 20$

$b = 1.5a$

$\therefore a = 8 \text{ cm}, \ b = 12 \text{ cm}$

단면 1차 모멘트 $I = \dfrac{h^2(2a+b)}{6}\,[\text{cm}^3]$

$= \dfrac{9^2(2 \times 8 + 12)}{6} = 378 \text{ cm}^3$

14. 금속탄화물을 Co 분말과 혼합하여 프레스로 성형한 후 고온에서 소결하는 것

으로 고온, 고속 절삭에 있어서 높은 경도를 유지하는 공구용 특수강은?

① 고속도강   ② 초경합금

③ 탄소공구강   ④ 합금공구강

⑤ 스텔라이트

해설 ① 고속도강 : 금속재료를 빠른 속도로 절삭하는 공구에 사용되는 특수강으로 가장 중요한 인자는 고온경도이다.

② 초경합금 : 금속탄화물을 코발트 분말과 혼합하여 프레스로 성형한 후 고온에서 소결하는 것으로 고온, 고속 절삭에 있어서 높은 경도를 유지하는 특수강

③ 탄소공구강 : 특별한 합금원소를 첨가하지 않은 탄소강으로 인(P), 황(S)이 적은 것이 양질이다.

④ 합금공구강 : 탄소공구강의 담금질성을 향상시키고, 균열과 비틀림을 방지하기 위하여 Cr, W, V, Ni 등을 첨가하며, 고온경도를 갖게 한 공구강

⑤ 스텔라이트 : 주조한 상태로 연삭하여 사용하는 공구로 열처리가 불필요한 내열 합금

15. 이상기체가 폴리트로픽 변화에 의하여 초기 상태 압력 P_1, 체적 V_1이었다가 압력 P_2, 체적 V_2로 변했다고 하면 이상기체의 폴리트로픽 지수 n은?

① $\dfrac{\ln\dfrac{P_2}{P_1}}{\ln\dfrac{V_1}{V_2}}$ ② $\dfrac{\ln\dfrac{P_2}{P_1}}{\ln\dfrac{V_2}{V_1}}$ ③ $\dfrac{\ln\dfrac{P_1}{P_2}}{\ln\dfrac{V_1}{V_2}}$

④ $\dfrac{\ln\dfrac{V_1}{V_2}}{\ln\dfrac{P_1}{P_2}}$ ⑤ $\dfrac{\ln\dfrac{V_2}{V_1}}{\ln\dfrac{P_2}{P_1}}$

해설 $PV^n = C$

$P_1 V_1^n = P_2 V_2^n$ 에서 양변에 대수를 취하면

$\ln P_1 + n \ln V_1 = \ln P_2 + n \ln V_2$

$$n(\ln V_1 - \ln V_2) = \ln P_2 - \ln P_1$$

$$\therefore n = \frac{\ln \dfrac{P_2}{P_1}}{\ln \dfrac{V_1}{V_2}}$$

16. 수력도약 전의 수심의 깊이는 0.4 m이고, 9.8 m/s의 속도로 흐르는 개수로에서 수력도약이 발생했다면 수력도약 후의 수심의 깊이는 약 몇 cm인가?

① 252 ② 256 ③ 261
④ 264 ⑤ 267

해설 $y_2 = \dfrac{y_1}{2}\left(-1 + \sqrt{1 + \dfrac{8 V_1^2}{g y_1}}\right)$

$= \dfrac{0.4}{2}\left(-1 + \sqrt{1 + \dfrac{8 \times 9.8^2}{9.8 \times 0.4}}\right)$

$= 2.607\,\mathrm{m} = 260.7\,\mathrm{cm} ≒ 261\,\mathrm{cm}$

17. Which of the following is not a type of isothermal heat treatment?

① austempering
② ausannealing
③ ausforming
④ time quenching
⑤ hardfacing

해설 ① 오스템퍼링 : 베이나이트(bainite) 조직을 얻는 항온열처리 방법
② 항온풀림 : 오스테나이트 구역까지 가열 후 TTT(Time Temperature Transformation) 곡선의 노즈 구역인 650℃ 구역에서 항온하여 오스테나이트 조직을 얻는 항온열처리 방법
③ 오스포밍 : 과랭 오스테나이트 상태에서 소성가공을 하여 냉각 중에 마텐자이트화하는 항온열처리 방법
④ 시간 담금질 : 담금질 온도에서 냉각액 속에 담금질하여 일정 시간 유지 후 온도를 인상하여 서랭시킨 항온열처리 방법

⑤ 하드페이싱 : 금속의 표면에 스텔라이트나 경합금 등의 특수금속을 용착시켜 표면경화층을 만드는 방법

18. 다음 그림에 해당하는 용접의 기호는 어느 것인가?

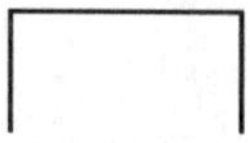

① 플러그 ② 심 ③ 이면
④ 점 ⑤ 필릿

해설 ② 심 용접 : ⊖ 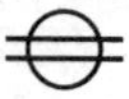
③ 이면 용접 : ▽
④ 점 용접 : ○
⑤ 필릿 용접 : ◺

19. 체적이 0.13 m³인 용기 내압이 4.5 MPa이고 온도가 520 K인 물질이 들어있다면 이 물질의 압축성 인자가 0.75일 때 이 물질의 질량(kg)은? (단, 기체 상수는 300 J/kg · K이다.)

① 0.5 ② 1 ③ 2
④ 5 ⑤ 10

해설 $Z = \dfrac{Pv}{RT}$ 에서 비체적 $v = \dfrac{ZRT}{P}$

$= \dfrac{0.75 \times 0.3 \times 520}{4.5 \times 10^3} = 0.026\,\mathrm{m^3/kg}$

$v = \dfrac{V}{m}$ 에서 $m = \dfrac{V}{v} = \dfrac{0.13}{0.026} = 5\,\mathrm{kg}$

20. 같은 재료로 구성된 한 변의 길이가 d인 정사각형의 단면 A와 지름이 d인 원형 단면 B로 보를 설계한다고 할 때 굽힘에 대하여 같은 강도를 갖는다고 하면 A와 B의 단면계수의 비 $\left(\dfrac{Z_A}{Z_B}\right)$의 값은?

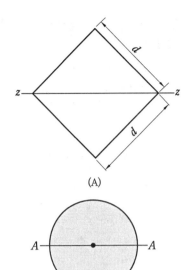

(A)

(B)

① $\dfrac{8\sqrt{3}}{3\pi}$　② $\dfrac{8\sqrt{2}}{3\pi}$　③ $\dfrac{3\sqrt{2}\,\pi}{16}$

④ $\dfrac{16}{3\pi}$　⑤ $\dfrac{16\pi}{3}$

해설 $Z_A = \dfrac{I}{e} = \dfrac{\dfrac{d^4}{12}}{\dfrac{\sqrt{2}}{2}d} = \dfrac{d^3}{6\sqrt{2}}$

$Z_B = \dfrac{I}{e} = \dfrac{\dfrac{\pi d^4}{64}}{\dfrac{d}{2}} = \dfrac{\pi d^3}{32}$

$\therefore \dfrac{Z_A}{Z_B} = \dfrac{\dfrac{d^3}{6\sqrt{2}}}{\dfrac{\pi d^3}{32}} = \dfrac{8\sqrt{2}}{3\pi}$

21. 지름이 0.2 mm인 구(球)가 밀도 0.25 kg/m³, 동점성계수 2×10^{-5} m²/s인 기체 속을 0.144 km/h로 운동한다고 하면 구(球)에 작용하는 항력이 $(a\times10^{-b})\pi$ [N]이다. 이때 $a\times b$의 값은? (단, a와 b는 서로 다른 두 자리 자연수이다.)

① 110　② 120　③ 132
④ 143　⑤ 156

해설 $V = 0.144 \times \dfrac{1000\,\mathrm{m}}{3600\,\mathrm{s}} = 0.04\,\mathrm{m/s}$

$Re = \dfrac{\rho Vd}{\nu} = \dfrac{0.25\times0.04\times0.2\times10^{-3}}{2\times10^{-5}}$

$= 0.1$

레이놀즈수가 1보다 작은 값으로 박리가 존재하지 않아 마찰항력이 지배적이므로 항력은 Stokes의 법칙을 따른다.

$D = 3\pi\mu Vd = 3\pi\rho\nu Vd$

$= (3\times0.25\times2\times10^{-5}\times0.04\times0.2\times10^{-3})\pi$

$= (12\times10^{-11})\pi\,[\mathrm{N}]$

$a=12,\quad b=11$

$\therefore a\times b = 12\times11 = 132$

22. 화학적 표면경화법 중 질화법은 강을 암모니아 가스 속에서 약 500~550℃로 50~100시간 동안 가열하여 표면에 질화물을 형성하여 표면을 경화하는 방식이다. 다음 중 질화가 진행될 때 경화되지 않는 원소는?

① Al　② Cr　③ Ti
④ Ni　⑤ Mo

해설 질화법 : 암모니아(NH_3) 가스 중 500~550℃ 정도로 50~100시간 동안 가열하면 $NH_3 = N + 3H$로 되어 이때 발생한 질소와 수소가 분해되는데, 질소를 강의 표면에 침투, 확산시켜 경화하는 방법이다.
(1) 경화되지 않는 재료 : 주철, 탄소강, Ni, Co를 함유한 강
(2) 경화되는 재료 : Al, Cr, Ti, V를 함유한 강
(3) 일부분의 질화층 생성 방지하는 법 : Ni, Sn 도금
(4) 용도 : 기어의 잇면, 크랭크축, 캠, 스핀들, 펌프축, 동력전달체인

23. 다음 중 아황산가스와 접촉하면 백색

연기를 내는 냉매는?

① 클로로메틸 가스 　② Freon-12 가스

③ 암모니아 가스 　④ 공기

⑤ 물

해설 냉매 누설을 점검할 경우 누설 개소에 암모니아를 접촉하여 백색의 연기를 발생하는 것을 이용하면서 검출한다.

24. 다음 그림과 같은 밴드 브레이크에서 긴장측 장력은 이완측 장력의 3배이고, 길이가 540 mm인 레버 자유단에 작용하는 힘이 120 N이다. 레버의 치수가 100 mm, 밴드의 인장응력이 90 MPa, 밴드의 두께가 2.7 mm일 때 밴드의 폭(mm)은?

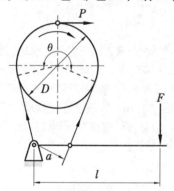

① 4 　② 5 　③ 6 　④ 7 　⑤ 8

해설 $e^{\mu\theta} = \dfrac{T_t}{T_s} = 3$

$\Sigma M = 0, \ -Fl + T_s a = 0$

$T_s = \dfrac{Fl}{a} = \dfrac{120 \times 540}{100} = 648\,\text{N}$

$T_t = e^{\mu\theta} T_s = 3 \times 648 = 1944\,\text{N}$

$\sigma_a = \dfrac{T_t}{bt}\,[\text{MPa}]$에서

$\therefore \ b = \dfrac{T_t}{\sigma_a t} = \dfrac{1944}{90 \times 2.7} = 8\,\text{mm}$

25. 다연이가 좋아하는 명언이 있다. 아래 제시된 모든 문제에 대하여 알파벳을 유추하여 순서대로 조합하면 힌트를 찾을

수 있을 때 다연이의 명언으로 가장 적절한 것은?

> (1) 은백색의 무른 금속으로, 비중이 1.55, 알칼리 토금속 중에서는 가장 가볍다.
> (2) 한국 산업 규격의 수송기계 기호는 KS □이다.
> (3) 주철의 5대 원소 중 용융점을 낮게 하고 유동성을 향상시키는 원소이다.
> (4) 압축력과 관성력의 비로 정의되는 무차원수의 알파벳 맨 앞 글자이다.

① 말 대신 행동으로

② 현재 이 순간에 충실하라.

③ 시작이 반이다.

④ 인생은 짧고 예술은 길다.

⑤ 필요는 발명의 어머니

해설 (1) 은백색의 무른 금속으로 비중이 1.55이고 알칼리 토금속 중에서 가장 가벼운 금속은 칼슘(Ca)이다.

(2) 한국 산업 규격의 수송기계 기호는 KS R이다.

(3) 주철의 5대 원소 중 용융점을 낮게 하고 유동성을 향상시키는 원소는 인(P)이다.

(4) 압축력과 관성력의 비로 정의되는 무차원수는 오일러 수로 오일러 수의 앞 글자는 Eu의 E이다.

※ 문제의 정답들을 순서대로 조합하면 CARPE이므로 선지에서 유추할 수 있는 CARPE DIEM의 뜻인 "현재 이 순간에 충실하라."를 고르면 된다.

> 제 5 회 　　**기계일반**

1. 압축식 냉동기의 냉매 순환 경로 중 빈 칸에 들어갈 말이 순서대로 바르게 짝지어진 것은?

> 증발기 - (　) - (　) - 응축기 - (　) - 팽창밸브

① 수액기, 압축기, 유분리기
② 압축기, 수액기, 유분리기
③ 압축기, 유분리기, 수액기
④ 유분리기, 압축기, 수액기
⑤ 유분리기, 수액기, 압축기

해설 압축식 냉동기의 냉매 순환 경로 : 증발기-압축기-유분리기-응축기-수액기-팽창밸브

2. 게이지강에 대한 설명으로 옳지 않은 것은?

① 내마멸성과 내식성이 우수하다.
② 가공이 용이하다.
③ 열팽창계수가 작아야 한다.
④ 담금질한 다음 변형을 일으키지 않아야 한다.
⑤ 고탄소강에 많이 쓰인다.

해설 게이지강은 저탄소강에 많이 쓰인다.

3. 지름이 60 mm인 축에 보스를 끼웠을 때 성크 키의 규격은 12 mm×8 mm×80 mm이고, 360 N·m의 회전토크가 작용한다면 키의 전단응력(MPa)과 압축응력(MPa)의 합은 얼마인가?

① 25 ② 30 ③ 40
④ 45 ⑤ 50

해설 키의 전단응력(τ_k)

$$= \frac{2T}{bdl} = \frac{2\times360\times10^3}{12\times60\times80} = 12.5\,\text{MPa}$$

키의 압축응력(σ_k)

$$= \frac{4T}{hdl} = \frac{4\times360\times10^3}{8\times60\times80} = 37.5\,\text{MPa}$$

$$\therefore \tau_k + \sigma_k = 12.5 + 37.5 = 50\,\text{MPa}$$

4. 충격파에 대한 설명으로 틀린 것은?

① 물체가 유체 속으로 음속보다 빠른

속도로 통과할 때 형성되는 강력한 압력파이다.
② 충격파는 소밀파로 전파방향이 파면에 수직인 상태의 횡파이다.
③ 공기가 충격파 속을 통과할 때 공기의 속도는 느려지고 정적인 압력은 증가한다.
④ 충격파의 전달속도는 압력 증가가 클수록 빠르고 항상 음속보다 느리다.
⑤ 불연속적인 파동인 충격파의 세기는 압축부와 팽창부의 압력 비로 표현한다.

해설 충격파의 전달속도는 압력 증가가 클수록 빠르고 항상 음속보다 빠르다. 예시로, 비행체의 속도가 음속에 가까워지면 날개 근처에서 충격파가 발생하고, 비행체의 속도가 음속을 능가함에 따라 비행기의 기수를 꼭짓점으로 하는 마하 원뿔이라는 원뿔 모양의 파면이 발생하면서 원뿔면 위에서 충격파가 발생하는 원리이다.

5. 응력 집중의 경감 대책으로 옳지 않은 설명은?

① 필릿부의 곡률반경은 되도록 작게 한다.
② 축단부 가까이에 2~3단의 단부를 설치하여 응력의 흐름을 완만하게 한다.
③ 단면 변화 부분에 보강재를 결합한다.
④ 단면 변화 부분에 쇼트 피닝을 실시한다.
⑤ 롤러 압연 처리와 열처리를 시행하여 그 부분을 강화한다.

해설 필릿부의 곡률반지름은 되도록 크게 하고 단면의 변화가 변화하도록 테이퍼지게 설계한다.

6. 나사의 리드각이 15°, 마찰각이 30°, 유효지름이 34 mm인 사각나사 잭으로 14 kN의 하중을 들어 올린다고 할 때 레버를 누르는 힘이 250 N이라면 레버의 길

이(mm)는? (단, $\sin 15° = 0.259$, $\cos 15°$
$= 0.966$, $\tan 15° = 0.268$이다.)

① 964   ② 952   ③ 972

④ 920   ⑤ 936

해설 나사의 회전력 T

$$= P\tan(\alpha+\rho)\frac{d_e}{2} = FL[\text{N}\cdot\text{mm}]에서$$

$$L = \frac{P\tan(\alpha+\rho)d_e}{2F}$$

$$= \frac{14\times10^3\times\tan(15°+30°)\times34}{2\times250}$$

$$= 952\,\text{mm}$$

※ $\tan 45° = 1$

7. Stokes의 법칙을 이용하여 낙구식 점도계로 점성계수를 측정할 수 있다. 직경이 d인 강구를 액체 내부에서 속도 V로 거리 l만큼 낙하시킨다면 걸리는 시간만큼 측정하여 평형방정식을 적용하였을 때 점성계수 μ 식을 바르게 표현한 것은? (단, γ는 비중량이다.)

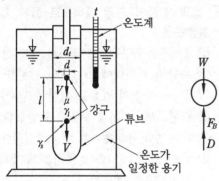

① $\dfrac{d^2(\gamma_s-\gamma_l)}{3V}$ ② $\dfrac{d^2(\gamma_s-\gamma_l)}{6V}$

③ $\dfrac{d^3(\gamma_s-\gamma_l)}{6V}$ ④ $\dfrac{d^2(\gamma_s-\gamma_l)}{18V}$

⑤ $\dfrac{d^3(\gamma_s-\gamma_l)}{18V}$

해설 우측 그림과 같은 자유물체도를 참고하여 Stokes의 항력 $D = 3\pi\mu Vd$, 부력과 공

기 중에서의 물체 무게를 고려한 평형방정식을 적용하면 $D + F_B = W$에서 다음의 관계식이 성립한다.

$$3\pi\mu Vd + \gamma_l\frac{\pi d^3}{6} = \gamma_s\frac{\pi d^3}{6}$$

구의 체적은 $V = \dfrac{4}{3}\pi r^3 = \dfrac{\pi d^3}{6}$로 적용할 수 있고, 낙하 거리의 비중량 γ_l은 튜브의 비중량 γ_s보다 더 위에 위치하고 있음을 알 수 있다. 위 평형방정식을 μ에 관한 식으로 정리하면 점성계수 μ는 다음과 같다.

$$\mu = \frac{1}{3\pi Vd}(\gamma_s-\gamma_l)\frac{\pi d^3}{6} = \frac{d^2(\gamma_s-\gamma_l)}{18V}$$

8. 그림과 같은 연속보에서 A, B 지점의 반력을 각각 α[kN], β[kN]라고 할 때 $\beta-\alpha$의 값은 얼마인가?

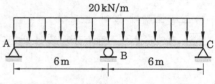

① 100   ② 105   ③ 120

④ 145   ⑤ 150

해설 $\alpha = R_A = R_c = \dfrac{3wl}{8}$

$$= \frac{3\times20\times6}{8} = 45\,\text{kN}$$

$$\beta = R_B = \frac{5wl}{4} = \frac{5\times20\times6}{4} = 105\,\text{kN}$$

$$\therefore\ \beta-\alpha = 150-45 = 105$$

9. 인장 응력이 걸린 상태의 재료가 어느 정도 시간이 경과한 후에 거의 소성변형을 일으키지 않고 균열이 발생하거나 파괴되는 현상을 무엇이라 하는가?

① 크리프파괴   ② 연성파괴

③ 지연파괴   ④ 취성파괴

⑤ 정적 피로파괴

해설 ① 크리프파괴 : 재료가 장시간에 걸쳐

외력을 받아 시간의 경과에 따라 소성
변형이 증대하여 발생하는 파괴 현상
② 연성파괴 : 재료가 외부의 힘에 의해 소
성변형이 충분히 진행된 후에 일어나는
파괴 현상
③ 지연파괴 : 인장 응력이 걸린 상태의 재
료가 어느 정도 시간이 경과한 후 거의
소성변형을 일으키지 않고 균열이 발생
하거나 파괴되는 현상
④ 취성파괴 : 재료가 외력에 의해 거의 소
성변형을 동반하지 않고 파괴되는 현상
⑤ 정적 피로파괴 : 고강도강이 일정한 부
하가 걸린 상태에서 어떤 시간이 경과
한 후 돌연 파괴되는 현상

10. What is not correct about the type
of Nickel alloy and its characteristics?

① Nickel is a silver-white metal with
good corrosion resistance, thermal
conductivity.

② Monel metal has strong seawater
resistance and low oxidation resistance.

③ Invar has a very small linear
expansion coefficient and is used
for weighting tape measure and
watch.

④ In the case of nickel-molybdenum
alloy, when molybdenum is 30 % or
more, the amount of corrosion decreases
and ductility increases.

⑤ Ellinbar's modulus of elasticity hardly
changes even with temperature changes
and the linear expansion coefficient is
small.

해설 문제 해석 : 니켈 합금의 종류와 특성의
설명으로 옳지 않은 것은?
① 니켈은 은백색의 금속으로 내식성과
열전도성이 우수하다. → 옳은 설명

② 모넬 메탈은 내해수성이 강하고 산화성
이 작다. → 옳은 설명
③ 인바는 선형팽창계수가 대단히 작고 줄
자와 시계추에 사용된다. → 옳은 설명
④ 니켈-몰리브덴 합금의 경우 몰리브덴
이 30 % 이상이 되면 부식량이 적어지
고 연성이 커진다. → 니켈-몰리브덴 합
금은 산에 대한 내식성이 몰리브덴 함
유량이 30 % 부근에서 최대가 되고 몰
리브덴이 30 %까지는 기계적 성질이 우
수하지만, 함유량이 30 % 이상이 되면
부식량이 증가하고 경도가 과도하게 증
가하면서 연성은 거의 소멸한다.
⑤ 엘린바의 탄성계수는 온도가 바뀌어도
거의 변하지 않고 선형팽창계수도 작다.
→ 옳은 설명

11. 화학 반응이 기체 사이에서 일어날 때
같은 온도와 같은 압력에서 반응하는 기
체와 생성되는 기체의 부피 사이에는 간
단한 정수비가 성립한다는 법칙은 무엇인
가?

① 게이-뤼삭 법칙
② 아보가드로 법칙
③ 보일의 법칙
④ 돌턴의 법칙
⑤ 이상기체의 법칙

해설 ① 게이-뤼삭 법칙 : 화학 반응이 기체
사이에서 발생한다면 동일 온도 및 압력
에서 반응하는 기체와 생성되는 기체의
부피 사이에는 간단한 정수비가 성립한
다는 법칙
② 아보가드로 법칙 : 온도와 압력이 모두
같은 상태에서 같은 체적 속에 있는 모
든 가스는 같은 수의 분자를 가진다는
법칙
③ 보일의 법칙 : 기체의 온도가 일정할 때
기체의 비체적은 절대압력에 반비례한다
는 법칙
④ 돌턴의 법칙 : 완전가스를 혼합할 때 혼

합가스의 압력은 성분 분압의 합과 같다는 법칙

⑤ 이상기체의 법칙 : 이상기체를 다루는 상태방정식으로 보일의 법칙, 샤를의 법칙, 보일-샤를의 법칙 및 아보가드로 법칙 등을 포함하며, 기체의 분자량을 구할 수 있다.

12. 그림과 같은 균일분포하중을 받는 외팔보에서 자유단의 처짐이 2.4 cm, 경사각이 0.016 rad이라면 굽힘강성 EI는 동일하다고 가정할 때 보의 길이(cm)는 얼마인가?

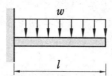

① 300   ② 250   ③ 200
④ 150   ⑤ 100

[해설] 처짐각 $\theta_{max} = \dfrac{w l^3}{6EI} = 0.016$ rad

처짐량 $\delta_{max} = \dfrac{w l^4}{8EI} = 2.4$ cm

$$\dfrac{\delta_{max}}{\theta_{max}} = \dfrac{\dfrac{w l^4}{8EI}}{\dfrac{w l^3}{6EI}} = \dfrac{3l}{4} = \dfrac{2.4}{0.016}$$

$\therefore\ l = 200$ cm

13. 다음 기계 재료의 시험 방식 중 특수재료 시험 방식으로만 묶인 것을 고르면?

ⓐ 전단 시험	ⓑ 압축 시험
ⓒ 연성 시험	ⓓ 인장 시험
ⓔ 스프링 시험	ⓕ 피로 시험

① ⓐ, ⓓ   ② ⓐ, ⓒ, ⓕ
③ ⓑ, ⓒ, ⓔ   ④ ⓒ, ⓔ
⑤ ⓑ, ⓓ, ⓕ

[해설] (1) 일반 재료 시험
• 정적 시험 : 인장 시험, 압축 시험, 굽힘

시험, 전단 시험, 경도 시험
• 동적 시험 : 충격 시험, 피로 시험
(2) 특수 재료 시험 : 연성 시험, 스프링 시험

14. 축간거리가 12 m인 로프 풀리의 최대 처짐량은 200 mm, 로프의 단위 길이당 무게는 4.9 N/m일 때 로프에 발생하는 인장력은 몇 N인가?

① 432.1   ② 441.1   ③ 414.1
④ 423.1   ⑤ 450.1

[해설] $T = \dfrac{w C^2}{8\delta} + \dfrac{w\delta}{g}$

$\qquad = \dfrac{4.9 \times 12^2}{8 \times 0.2} + \dfrac{4.9 \times 0.2}{9.8} = 441.1\,\text{N}$

15. 레일리 수(Rayleigh number)에 관한 설명으로 옳지 않은 것은?

① 그라쇼프 수와 프란틀 수의 곱으로 표현한다.
② 중력장에서 정지 유체의 안전성이나 자연 대류의 전열에 관계되는 무차원수이다.
③ 대류 발생에 필요한 값을 임계 레일리 수라고 정의하고, 보통 10^3 값을 갖는다.
④ 임계 레일리 수 값을 초과하면 자연 대류가 발생한다.
⑤ 레일리 수는 유체의 열팽창률과 동점성계수에 비례한다.

[해설] 그라쇼프 수 $Gr = \dfrac{g\beta(T_s - T_a)L^3}{\nu^2}$

프란틀 수 $Pr = \dfrac{\nu}{\alpha}$

레일리 수 Ra

$= Gr \times Pr = \dfrac{\beta g L^3 (T_s - T_a)}{\alpha\nu}$

여기서, g : 중력가속도(9.8 m/s^2)

[정답] **12.** ③   **13.** ④   **14.** ②   **15.** ⑤

β : 열팽창계수(1/K)

L : 특성길이(m)

T_s : 표면온도(K)

T_a : 공기온도(K)

ν : 동점성계수(m^2/s)

α : 열확산도(m^2/s)

※ 유체 사이의 열전달과 관련된 무차원수 인 레일리 수는 그라쇼프 수에 프란틀 수를 곱한 값으로 정의된다. 레일리 수 가 일정한 값이 되면 대류가 발생하는 실험 결과를 설명할 수 있다. 레일리 수 는 열확산도 및 동점성계수와 반비례하 고 특성길이의 세제곱에 비례하며 나머 지는 비례 관계이다.

16. 보기와 같은 P, Q, R, S의 장주가 재질과 단면이 모두 동일하다면 좌굴하중 의 크기 비교가 바르게 표기된 것은?

---〈보기〉---

• P : 일단고정 타단회전(길이 2 m)
• Q : 양단회전(길이 0.003 km)
• R : 양단고정(길이 500 cm)
• S : 일단고정 타단자유(길이 1500 mm)

① $P = Q > R > S$

② $P > Q = R > S$

③ $P > Q > R = S$

④ $P > R > Q = S$

⑤ $P > R > Q > S$

해설 좌굴하중(P_B) $= n\pi^2 \dfrac{EI}{l^2}$ 에서 $P_B \propto \dfrac{n}{l^2}$ 관

계를 이용한다.

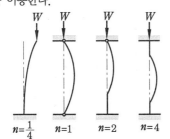

$n = \frac{1}{4}$ $n = 1$ $n = 2$ $n = 4$

기둥의 상태에 따른 단말 조건

(1) $P = \dfrac{2}{(2l)^2} = \dfrac{1}{2l^2}$

(2) $Q = \dfrac{1}{(3l)^2} = \dfrac{1}{9l^2}$

(3) $R = \dfrac{4}{(5l)^2} = \dfrac{4}{25l^2}$

(4) $S = \dfrac{1}{4(1.5l)^2} = \dfrac{1}{9l^2}$

∴ 강도의 크기 : $P > R > Q = S$

17. 다우메탈(dow metal)에 대한 설명으 로 옳지 않은 것은?

① Mg−Al계 합금으로 2~8 %의 Al을 포 함한 주물용 마그네슘 합금이다.

② 마그네슘 합금 중에서 비중이 가장 작다.

③ Al이 7 % 이하로 함유된 것은 425℃ 로 가열하여 급랭하면 특수한 조직이 된다.

④ 용해, 주조, 단조가 비교적 용이하다.

⑤ 경도는 Al 10 %에서 급격히 증가한다.

해설 Al이 7 % 이상으로 함유된 것을 425℃ 로 가열하여 급랭하면 특수한 조직이 되고 그 전후의 온도로 담금질한 것에 비하여 인장강도와 연신율이 모두 크다.

18. 안지름이 D인 베어링에 지름 d인 축 을 끼우고 그 틈을 점도 μ인 기름으로 윤활하고 있다. 이 축을 각속도 ω로 회 전시킬 때 축의 단위 길이당 소비 동력이 $\dfrac{\pi\mu^{\alpha}\omega^{\beta}d^{\gamma}}{\delta(D-d)}$ 이면 $\alpha + \beta + \gamma + \delta$의 값은? (단, α, β, γ, δ의 값은 모두 양의 정수 이다.)

① 6　　　　② 7　　　　③ 8

④ 9　　　　⑤ 10

해설 선속도 $v = r\omega$, 반지름 $r = \dfrac{d}{2}$

단면적 $A = \pi dl$, 수직거리 $h = \dfrac{D-d}{2}$

평판을 움직이는 힘 $F = \mu \dfrac{v}{h} A = \dfrac{\mu \pi d^2 l \omega}{D-d}$

동력 $H = T\omega = Fr\omega = F\dfrac{d}{2}\omega$

$$= \dfrac{\pi \mu d^2 l \omega}{D-d} \dfrac{d\omega}{2} = \dfrac{\mu \pi \omega^2 d^3 l}{2(D-d)}$$

따라서 단위 길이당 소비 동력은 l을 나눈 식인 $\dfrac{H}{l} = \dfrac{\pi \mu \omega^2 d^3}{2(D-d)}$ 이므로

$\alpha = 1$, $\beta = 2$, $\gamma = 3$, $\delta = 2$

$\therefore \alpha + \beta + \gamma + \delta = 8$

19. 열전 효과(heat effect)에 관한 설명으로 옳지 않은 것은?

① 시스템의 온도에 변화를 줄 수 있는 모든 물리적, 화학적 현상 혹은 시스템으로의 열전달과 관련된 모든 물리적, 화학적 현상을 의미한다.

② 현열 효과는 상(床) 변화, 화학 반응, 조성의 변화가 아무것도 없는 열 효과이다.

③ 양단간의 온도차를 이용하여 기전력을 얻는 현상을 제베크 효과라 한다.

④ 클라페이롱-클라우지우스의 식은 열역학 제2법칙에서 유도될 수 있다.

⑤ 서로 다른 금속에 있어서 부분적인 온도차가 있을 때 전류를 흘리면 발열 또는 흡열이 일어나는 현상을 톰슨 효과라 한다.

[해설] 톰슨 효과는 서로 다른 금속이 아닌 동일 금속에서 서로 다른 온도를 유지하면서 온도차로 인하여 생기는 전위차에 의해 전류가 흐르게 되는 현상이다.

20. 다음 그림과 같은 제네바 기어(Geneva gear)에 대한 설명으로 옳지 않은 것은?

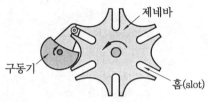

① 캠과 같은 기능을 한다.

② 제네바 기어가 회전하는 동안 제네바 기어의 각속도는 일정하다.

③ 원동차가 회전하면 핀이 종동차의 홈에 점차적으로 맞물려 간헐 운동을 한다.

④ 구동 기어가 1회전하는 동안 제네바 기어는 60°만큼 회전한다.

⑤ 투영기나 인쇄기 등에 이용된다.

[해설] 제네바 기어는 캠과 같은 기능을 하며 원동차가 회전하면 핀이 종동차의 홈에 점차적으로 맞물려 간헐 운동을 하는 기어이다. 구동 기어가 1회전하는 동안 제네바 기어는 60°만큼 회전하지만, 제네바 기어가 회전하며, 제네바 기어의 각속도는 일정하지 않다.

21. The lengths of a and b are the same when a uniformly distributed load of 1.6 kN/m and the length of the beam is 15 m acts as shown in picture. Find the value of $X - Y$ if the maximum bending moment is X [kN · m] and the sum of the A and B point reaction forces is Y [kN].

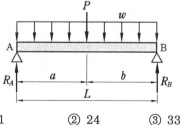

① 21   ② 24   ③ 33

④ 45   ⑤ 69

[해설] 문제 해석 : 그림과 같이 균일분포하중

1.6 kN/m이 작용하고 보의 a와 b의 길이가 서로 같을 때 보의 전체 길이는 15 m이다. 최대굽힘모멘트를 X, A, B지점 반력의 합을 Y라고 할 때 $X-Y$의 값을 구하시오.

최대굽힘모멘트 X

$$= \frac{wL^2}{8} = \frac{1.6 \times 15^2}{8} = 45 \text{kN} \cdot \text{m}$$

반력의 합 $\Sigma P_y = 0$의 조건을 만족해야 하므로 $R_A + R_B - wL = 0$이 되어야 한다.

$Y = R_A + R_B = wL = 1.6 \times 15 = 24 \text{ kN}$

$\therefore \ X - Y = 21$

22. What is true about an eye bolts?

① It is a bolt used to fix a machine or structure to a concrete foundation.

② Both ends are screws made of external thread and are used when penetrating holes cannot be drilled.

③ It is used to fix the workpiece to the table.

④ There is a hole at the head of the bolt to insert the pin, which is used to combine frequently detached lids.

⑤ A bolt that combines while keeping the distance between two objects constant.

[해설] 문제 해석 : 아이볼트에 대한 설명으로 옳은 것은?

① 기계나 구조물을 콘크리트 기초에 고정시키기 위하여 사용하는 볼트이다.→ 기초 볼트

② 양쪽 끝 모두 수나사로 되어 있는 나사로서 관통하는 구멍을 뚫을 수 없는 경우에 사용한다.→ 스터드 볼트

③ 공작물을 테이블에 고정하는 데 사용한다.→ T 볼트

④ 볼트의 머리부에 핀을 끼울 구멍이 있어 자주 탈착하는 뚜껑의 결합에 사용된다.→ 아이 볼트

⑤ 두 물체 사이의 거리를 일정하게 유지하면서 결합하는 볼트→ 스테이 볼트

23. Navier-Stokes equation에 대한 설명으로 옳지 않은 것은?

① 점성을 가진 유체에 대한 일반적인 운동 방정식이다.

② 뉴턴의 제2법칙을 확장한 선형 편미분 방정식이다.

③ 이 방정식은 3차원 상에 해가 항상 존재하는가에 증명되지 않은 식이다.

④ 경계층에서 소용돌이가 발생하거나 흐름이 불안정하여 난류가 생기는 데까지 광범위한 현상에 응용되고 있다.

⑤ 뉴턴의 운동 법칙을 매우 작은 유체 요소에 적용하면 운동량 보존에 대한 법칙을 미분 방정식의 형태로 표현할 수 있다.

[해설] 나비에-스토크스 방정식은 뉴턴의 제2법칙을 확장시킨 비선형 편미분 방정식이다.

24. 담금질에 의한 용적 팽창의 크기 순서가 바르게 나열된 것은?

① 마텐자이트 > 트루스타이트 > 오스테나이트 > 펄라이트 > 소르바이트

② 마텐자이트 > 펄라이트 > 오스테나이트 > 소르바이트 > 트루스타이트

③ 마텐자이트 > 트루스타이트 > 소르바이트 > 오스테나이트 > 펄라이트

④ 마텐자이트 > 소르바이트 > 트루스타이트 > 펄라이트 > 오스테나이트

⑤ 마텐자이트 > 오스테나이트 > 펄라이트 > 트루스타이트 > 소르바이트

[해설] 담금질에 의한 용적 팽창의 크기 순서 : 마텐자이트(martensite) > 소르바이트(sorbite) > 트루스타이트(troostite) > 펄라이트(pearlite) > 오스테나이트(austenite)

25. 3가지 종류의 액체 A, B, C의 온도는 각각 100℃, 50℃, 25℃이고, A와 B를 동일 중량으로 혼합시키면 70℃, B와 C를 동일 중량으로 혼합시키면 40℃가 된다. A와 C를 동일 중량으로 혼합시킨 온도는 실린더 내부에 공기가 2 kg 채워져 있을 때의 초기온도 상태로, 가역정압과정으로 팽창시켜 체적이 4배 증가하였다면 공기가 이 과정 중에 전달한 열량(kJ)은 얼마인가? (단, 정압비열은 1kJ/kg·℃이다.)

① 187.5 ② 62.5 ③ 250
④ 500 ⑤ 375

[해설] (1) $Q_A = Q_B$

$\rightarrow m C_A(100 - 70) = m C_B(70 - 50)$

$\therefore 3C_A = 2C_B$

(2) $Q_B = Q_C$

$\rightarrow m C_B(50 - 40) = m C_C(40 - 25)$

$\therefore 3C_C = 2C_B$

위 두 식을 종합하여 연립하면 $C_A = C_C$이므로, 이 관계를 적용하여 A와 C가 동일 중량으로 혼합된 온도를 구할 수 있다.

$Q_A = Q_C$

$\rightarrow m C_A(100 - T_1) = m C_C(T_1 - 25)$

$\therefore T_1 = 62.5℃$

T_1은 실린더 내부에 공기 $m = 2\,kg$이 채워져 있을 때 가역정압과정이 발생한 초기온도이므로 $\dfrac{V}{T} = C$의 조건을 이용한다.

$\dfrac{V_1}{T_1} = \dfrac{V_2}{T_2}$에서 비체적은 4배 증가했으므로

$V_2 = 4 V_1$에 대입하여 T_2를 구하면

$T_2 = 62.5 \times 4 = 250℃$ 가 된다.

$\therefore {}_1 Q_2 = m C_p(T_2 - T_1)$

$= 2 \times 1 \times (250 - 62.5) = 375\,kJ$

실전 모의고사

1. 전달 회전력(토크)이 매우 커 자동차 등의 변속기어 축에 사용되는 기계요소는?

① 평 키　　　　　② 묻힘 키
③ 접선 키　　　　④ 스플라인

해설 동일 간격으로 홈을 만든 축을 스플라인 축이라 하고, 이 스플라인 축에 끼워지는 상대편 보스를 스플라인이라 한다.

2. 유압 제어 밸브 중 압력 제어용이 아닌 것은?

① 릴리프(relief) 밸브
② 카운터밸런스(counter balance) 밸브
③ 체크(check) 밸브
④ 시퀀스(sequence) 밸브

해설 ③ 체크 밸브 : 방향 제어

3. ㉠~㉢에 들어갈 용어를 바르게 연결한 것은? (순서대로 ㉠, ㉡, ㉢)

> • 용광로에 코크스, 철광석, 석회석을 교대로 장입하고 용해하여 나오는 철을 (㉠)이라 하며, 이 과정을 (㉡) 과정이라 한다.
> • 용광로에서 나온 (㉠)을 다시 평로, 전기로 등에 넣어 불순물을 제거하여 제품을 만드는 과정을 (㉢) 과정이라 한다.

① 선철, 제선, 제강
② 선철, 제강, 제선
③ 강철, 제선, 제강
④ 강철, 제강, 제선

해설 용광로에 코크스, 철광석, 석회석을 교대로 장입하고 용해하여 나오는 철을 선철(pig iron)이라 하며, 이 과정을 제선 과정이라 한다. 용광로에서 나온 선철을 다시 평로, 전기로 등에 넣어 불순물을 제거하여 제품을 만드는 과정을 제강 과정이라 한다.

4. 사형주조에서 코어(core)가 필요한 주물은?

① 내부에 구멍이 있는 주물
② 외형이 복잡한 주물
③ 치수정확도가 필요한 주물
④ 크기가 큰 주물

해설 코어는 엔진 블록이나 밸브같이 내부에 구멍이 있거나 통로를 갖는 주물에 이용된다.

5. 용융 플라스틱이 캐비티 내에서 분리되어 흐르다 서로 만나는 부분에서 생기는 것으로, 주조 과정에서 나타나는 콜드셧(cold shut)과 유사한 형태의 사출 결함은 어느 것인가?

① 플래시(flash)
② 용접선(weld line)
③ 함몰자국(sink mark)
④ 주입부족(short shot)

해설 용접선(weld line)은 용융된 수지가 금형 캐비티 내에서 분류하였다가 합류하는 부분에 생기는 가느다란 선 모양을 말한다. 두 개 이상의 다점 게이트의 경우 수지가 합류하는 곳, 구멍이 있는 성형품에 있어서 수지가 재합류하는 곳, 또는 살두께가 국부적으로 얇은 곳에 발생한다.

6. 자동차 엔진의 피스톤 링에 대한 설명으로 옳지 않은 것은?

① 피스톤 링은 압축 링과 오일 링으로

정답 1. ④　2. ③　3. ①　4. ①　5. ②　6. ④

구분할 수 있다.

② 압축 링의 주 기능은 피스톤과 실린더 사이의 기밀 유지이다.

③ 오일 링은 실린더 벽에 뿌려진 과잉 오일을 긁어내린다.

④ 피스톤 링은 탄성을 주기 위하여 절개부가 없는 원형으로 만든다.

[해설] 피스톤 링은 탄성을 주기 위하여 절개부가 있는 원형으로 만든다.

7. 절삭가공에서 발생하는 열에 대한 설명으로 옳지 않은 것은?

① 공작물의 강도가 크고 비열이 낮을수록 절삭열에 의한 온도 상승이 커진다.

② 절삭가공 시 공구의 날 끝에서 최고 온도점이 나타난다.

③ 전단면에서의 전단변형과 공구와 칩의 마찰 작용이 절삭열 발생의 주 원인이다.

④ 절삭속도가 증가할수록 공구나 공작물로 배출되는 열의 비율보다 칩으로 배출되는 열의 비율이 커진다.

[해설] 절삭가공 시 공구 끝단에서 약간 떨어진 부분에서 최고 온도점이 나타난다.

8. 강에 첨가되는 합금 원소의 효과에 대한 설명으로 옳지 않은 것은?

① 망간(Mn)은 황(S)과 화합하여 취성을 방지한다.

② 니켈(Ni)은 절삭성과 취성을 증가시킨다.

③ 크롬(Cr)은 경도와 내식성을 향상시킨다.

④ 바나듐(V)은 열처리 과정에서 결정립의 성장을 억제하여 강도와 인성을 향상시킨다.

[해설] 니켈은 인성과 내식성을 증가시키고, 담금질성을 증대시키며, 페라이트 조직을 안정화한다.

9. 금속 판재의 딥드로잉(deep drawing) 시 판재의 두께보다 펀치와 다이 간의 간극을 작게 하여 두께를 줄이거나 균일하게 하는 공정은?

① 이어링(earing)

② 아이어닝(ironing)

③ 벌징(bulging)

④ 헤밍(hemming)

[해설] 아이어닝(ironing) : 다이 공동부로 빨려 들어가는 판재의 두께가 펀치와 다이 사이의 간극보다 클 때, 두께가 얇아지는 효과

10. 금속의 재결정에 대한 설명으로 옳지 않은 것은?

① 재결정 온도는 일반적으로 약 1시간 이내에 재결정이 완료되는 온도이다.

② 금속의 용융 온도를 T_m이라 할 때 재결정 온도는 대략 $0.3T_m \sim 0.5T_m$ 범위 내에 있다.

③ 냉간가공률이 커질수록 재결정 온도는 높아진다.

④ 재결정은 금속의 연성은 증가시키고 강도는 저하시킨다.

[해설] 냉간가공도가 커질수록 재결정 온도는 낮아진다.

11. 압연공정에서 압하력을 감소시키는 방법으로 옳지 않은 것은?

① 반지름이 큰 롤을 사용한다.

② 롤과 소재 사이의 마찰력을 감소시킨다.

③ 압하율을 작게 한다.

④ 소재에 후방장력을 가한다.

[해설] 반지름이 작은 롤을 사용한다.

12. 레이저 빔 가공에 대한 설명으로 옳지 않은 것은?

① 레이저를 이용하여 재료 표면의 일부를 용융·증발시켜 제거하는 가공법이다.

② 금속 재료에는 적용이 가능하나 비금속 재료에는 적용이 불가능하다.

③ 구멍 뚫기, 홈파기, 절단, 마이크로 가공 등에 응용될 수 있다.

④ 가공할 수 있는 재료의 두께와 가공 깊이에 한계가 있다.

[해설] 금속 및 비금속 재료에 적용이 가능하다.

13. 유압실린더를 사용하는 쓰레기 수거 차량 ㈎의 평면 기구를 ㈏와 같이 도시할 때 기구의 자유도는? (단, ㈏의 검게 색칠된 부분은 하나의 링크이며, 음영 처리된 원은 조인트를 나타낸다.)

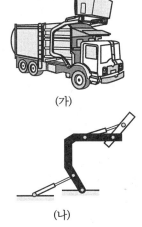

(가)

(나)

① 0   ② 1   ③ 2   ④ 3

[해설] 자유도 $m = 3(n-1) - 2j_1 - j_2$
$= 3 \times (7-1) - 2 \times 8 - 0 = 2$

여기서, n : 링크의 수

j_1 : 자유도가 1인 조인트의 수

j_2 : 자유도가 2인 조인트의 수

14. 한 쌍의 평기어에서 모듈이 4이고 잇수가 각각 25개와 50개일 때 두 기어의 축간 중심 거리는?

① 150 mm   ② 158 mm

③ 300 mm   ④ 316 mm

[해설] $C = \dfrac{D_1 + D_2}{2} = \dfrac{m(Z_1 + Z_2)}{2}$

$= \dfrac{4 \times (25 + 50)}{2} = 150 \text{ mm}$

15. 수소 취성(hydrogen embrittlement)과 관련한 설명으로 옳지 않은 것은?

① 재료 표면의 산화물을 제거하는 산세 척공정(pickling)에서 나타날 수 있다.

② 재료 내로 침투되는 수소에 의하여 연성이 떨어지는 현상을 의미한다.

③ 충분히 건조되지 않은 용접봉으로 용접하면 이 현상이 나타날 수 있다.

④ 강도가 낮은 강일수록 수소 취성에 더욱 취약해진다.

[해설] 강도가 높은 강일수록 수소 취성에 더욱 취약해진다.

16. ㈎, ㈏의 설명에 해당하는 것은? (순서대로 ㈎, ㈏)

> ㈎ 회전하는 휠 또는 롤러 형태의 전극으로 금속판재를 연속적으로 점용접하는 방법이다.
>
> ㈏ 주축과 함께 회전하며 반경 방향으로 왕복 운동하는 다수의 다이로 봉재나 관재를 타격하여 직경을 줄이는 작업이다.

① 마찰 용접, 스웨이징

② 심 용접, 스웨이징

③ 심 용접, 헤딩

④ 플래시 용접, 전조

[해설] 심 용접(seam welding)은 원판상의 롤러 전극 사이에 용접물을 끼워 전극에 압

력을 주면서 전극을 회전시켜 연속적으로 점용접을 반복하는 방법으로 주로 수밀, 기밀이 요구되는 0.2~4 mm 정도의 얇은 판에 이용된다. 스웨이징(swaging)은 반경 방향으로 왕복 운동하는 다이로 봉재나 관재의 직경이나 공정 두께, 길이 등을 줄이는 압축가공이다.

17. 다이캐스팅에 대한 설명으로 옳지 않은 것은?

① 분리선 주위로 소량의 플래시(flash)가 형성될 수 있다.
② 사형주조보다 주물의 표면정도가 우수하다.
③ 고온 체임버 공정과 저온 체임버 공정으로 구분된다.
④ 축, 나사 등을 이용한 인서트 성형이 불가능하다.

해설 축, 나사 등을 이용한 인서트 성형이 가능하다.

18. 연삭숫돌과 관련된 용어의 설명으로 옳은 것은?

① 드레싱(dressing) – 숫돌의 원형 형상과 직선 원주면을 복원시키는 공정
② 로딩(loading) – 마멸된 숫돌 입자가 탈락하지 않아 입자의 표면이 평탄해지는 현상
③ 셰딩(shedding) – 자생 작용이 과도하게 일어나 숫돌의 소모가 심해지는 현상
④ 글레이징(glazing) – 숫돌의 입자 사이에 연삭칩이 메워지는 현상

해설 ① 드레싱(dressing) – 글레이징이나 로딩 현상이 생길 때 강판 드레서 또는 다이아몬드 드레서로 숫돌 표면을 정형하거나 칩을 제거하는 작업
② 로딩(loading) – 숫돌 입자의 표면이나

기공에 칩이 끼어 연삭성이 나빠지는 현상으로 눈메움이라고도 한다.
④ 글레이징(glazing) – 자생 작용이 잘 되지 않아 입자가 납작해지는 현상

19. 너트의 풀림을 방지하기 위한 기계요소로 옳은 것만을 모두 고른 것은?

| ㉠ 로크 너트 | ㉡ 이붙이 와셔 |
| ㉢ 나비 너트 | ㉣ 스프링 와셔 |

① ㉠, ㉡, ㉢   ② ㉠, ㉡, ㉣
③ ㉠, ㉢, ㉣   ④ ㉡, ㉢, ㉣

해설 너트의 풀림 방지법
(1) 탄성 와셔에 의한 법 : 주로 스프링 와셔가 쓰이며, 와셔의 탄성에 의한다.
(2) 로크 너트(lock nut)에 의한 법 : 가장 많이 사용되는 방법으로서 2개의 너트를 조인 후에 아래의 너트를 약간 풀어서 마찰 저항면을 엇갈리게 하는 것이다.
(3) 핀 또는 작은 나사를 쓰는 법 : 볼트, 홈붙이 너트에 핀이나 작은 나사를 넣는 것으로 가장 확실한 고정 방법이다.
(4) 철사에 의한 법 : 철사로 잡아맨다.
(5) 너트의 회전 방향에 의한 법 : 자동차 바퀴의 고정 나사처럼 반대 방향(축의 회전 방향에 대한)으로 너트를 조이면 풀림 방지가 된다.
(6) 자동죔 너트에 의한 법
(7) 세트 스크루에 의한 법

20. 오늘날 대부분의 화력발전소에서 사용되고 있는 보일러는?

① 노통 보일러
② 연관 보일러
③ 노통 연관 보일러
④ 수관 보일러

해설 수관 보일러(water tube boiler)는 보일러 내에 다수의 수관을 넣고, 그 속에 물을 통하게 하여 외부에서의 연소가스로 열기를 발생시키는 보일러이다.

제2회   **기계일반**

1. 다음 중 금속재료의 연성과 전성을 이용한 가공방법만을 모두 고르면?

㉠ 자유단조	㉡ 구멍뚫기
㉢ 굽힘가공	㉣ 밀링가공
㉤ 압연가공	㉥ 선삭가공

① ㉠, ㉡, ㉣
② ㉠, ㉢, ㉤
③ ㉡, ㉢, ㉥
④ ㉣, ㉤, ㉥

해설 ㉠ 자유단조 : 업세팅(upsetting)이라고도 하며, 원통 소재를 두 개의 평금형 사이에 놓고 압축하여 높이를 감소시키는 작업으로 가장 간단한 단조 공정이다.
㉢ 굽힘가공(bending working) : 재료를 굽히는 가공으로 굽힘 방법에 따라 충격 굽힘, 이송 굽힘, 접기 등 여러 가지 방법이 있다.
㉤ 압연(rolling) : 긴 소재를 한 조의 롤 사이로 통과시키며 압축하중을 가하여 두께를 감소시키고, 단면 형상을 변화시키는 공정

2. 자동공구교환장치를 활용하여 구멍 가공, 보링, 평면 가공, 윤곽 가공을 할 경우 적합한 공작기계는?

① 선반
② 밀링 머신
③ 드릴링 머신
④ 머시닝 센터

해설 머시닝 센터(machining center)는 CNC 밀링에 자동공구교환장치(ATC : automatic tool changer)와 자동팰릿교환장치(APC : automatic pallet changer)를 부착한 기계를 말한다. 직선절삭, 드릴링, 태핑, 보링작업 등을 연속적으로 가공함으로써 공구 교환 시간을 단축하여 가공 시간을 줄일 수 있다.

3. 주물의 균열을 방지하기 위한 대책으로 옳지 않은 것은?

① 각 부의 온도 차이를 될 수 있는 한 작게 한다.
② 주물을 최대한 빨리 냉각하여 열응력이 발생하지 않도록 한다.
③ 주물 두께 차이의 변화를 작게 한다.
④ 각이 진 부분은 둥글게 한다.

해설 주물의 급랭은 피한다.

4. 회전력을 전달할 때 축방향으로 추력이 발생하는 기어는?

① 스퍼 기어
② 전위 기어
③ 헬리컬 기어
④ 래크와 피니언

해설 헬리컬 기어는 회전력을 전달할 때 축방향으로 추력이 발생하므로 추력을 지지할 수 있는 스러스트 베어링이 필요하다.

5. 공장 자동화의 구성 요소로 옳은 것만을 모두 고르면?

㉠ CAD/CAM	㉡ CNC 공작기계
㉢ 무인 반송차	㉣ 산업용 로봇
㉤ 자동창고	

① ㉠, ㉡, ㉣
② ㉢, ㉣, ㉤
③ ㉠, ㉡, ㉢, ㉤
④ ㉠, ㉡, ㉢, ㉣, ㉤

해설 공장 자동화의 구성 요소 : CAD/CAM, CNC 공작기계, 무인 반송차, 산업용 로봇, 자동창고 등

6. 정적 인장 시험으로 구할 수 있는 기계 재료의 특성에 해당하지 않는 것은?

① 변형경화지수
② 점탄성
③ 인장강도
④ 인성

해설 점탄성은 동적 점탄성 시험으로 구할 수 있다.

7. 탄소강의 열처리에 대한 설명으로 옳지 않은 것은?

① 담금질을 하면 경도가 증가한다.

② 풀림을 하면 연성이 증가된다.

③ 뜨임을 하면 담금질한 강의 인성이 감소된다.

④ 불림을 하면 결정립이 미세화되어 강도가 증가한다.

[해설] 뜨임을 하면 담금질한 강의 인성이 증가한다.

8. 유압 기기와 비교하여 공압 기기의 장점으로 옳은 것은?

① 구조가 간단하고 취급이 용이하다.

② 사용압력이 낮아 정확한 위치 제어를 할 수 있다.

③ 효율이 좋아 대용량에 적합하다.

④ 부하가 변화해도 압축공기의 영향으로 균일한 작업속도를 얻을 수 있다.

[해설] ② 정확한 위치 제어가 어렵다.

③ 유압 기기에 비해 효율이 떨어진다.

④ 균일한 작업속도를 얻기 어렵다.

9. 동일한 치수와 형상의 제품을 제작할 때 강도가 가장 높은 제품을 얻을 수 있는 공정은?

① 광조형법(stereo-lithography apparatus)

② 융해용착법(fused deposition modeling)

③ 선택적레이저소결법(selective laser sintering)

④ 박판적층법(laminated object manufacturing)

[해설] 선택적레이저소결법(SLS)은 폴리머 분말을 조형하고자 하는 제품의 형상대로 선택적으로 소결하는 방법으로 강도가 매우 높은 제품을 얻을 수 있다.

10. 선반의 절삭조건과 표면거칠기에 대한 설명으로 옳은 것은?

① 절삭유를 사용하면 공작물의 표면거칠기가 나빠진다.

② 절삭속도가 빨라지면 절삭능률은 향상되지만 절삭온도가 올라가고 공구수명이 줄어든다.

③ 절삭깊이를 크게 하면 절삭저항이 작아져 절삭온도가 내려가고 공구수명이 향상된다.

④ 공작물의 표면거칠기는 절삭속도, 절삭깊이, 공구 및 공작물의 재질에 따라 달라지지 않는다.

[해설] ① 절삭유를 사용하면 공작물의 표면거칠기가 좋아진다.

③ 절삭깊이를 크게 하면 절삭저항이 커져 절삭온도가 올라가고 공구수명이 줄어든다.

④ 공작물의 표면거칠기는 절삭속도, 절삭깊이, 공구 및 공작물의 재질에 따라 달라진다.

11. 다음 설명에 해당하는 작업은?

> 튜브 형상의 소재를 금형에 넣고 유체 압력을 이용하여 소재를 변형시켜 가공하는 작업으로 자동차 산업 등에서 많이 활용하는 기술이다.

① 아이어닝　　　　② 하이드로포밍

③ 엠보싱　　　　　④ 스피닝

[해설] 하이드로포밍 : 판금 가공에 있어서 다이에 고무막과 액압을 이용하여 행하는 드로잉 가공의 일종

12. 열간압연과 냉간압연을 비교한 설명으로 옳지 않은 것은?

① 큰 변형량이 필요한 재료를 압연할 때는 열간압연을 많이 사용한다.

정답　7. ③　　8. ①　　9. ③　　10. ②　　11. ②　　12. ③

② 냉간압연은 재결정온도 이하에서 작업하며 강한 제품을 얻을 수 있다.

③ 열간압연판에서는 이방성이 나타나므로 2차 가공에서 주의하여야 한다.

④ 냉간압연은 치수가 정확하고 표면이 깨끗한 제품을 얻을 수 있어 마무리 작업에 많이 사용된다.

해설 냉간압연판에서는 이방성이 나타나므로 2차 가공에서 주의해야 한다.

13. 4행정 사이클 기관에서 크랭크 축이 12회 회전하는 동안 흡기 밸브가 열리는 횟수는?

① 3회   ② 4회
③ 6회   ④ 12회

해설 4행정 사이클 기관은 1사이클 동안 2회 회전하므로 12회 회전하는 동안 흡기 밸브는 6회 열린다.

14. 결합에 사용되는 기계요소만으로 옳게 묶인 것은?

① 관통 볼트, 묻힘 키, 플랜지 너트, 분할 핀

② 삼각나사, 유체 커플링, 롤러 체인, 플랜지

③ 드럼 브레이크, 공기 스프링, 웜 기어, 스플라인

④ 스터드 볼트, 테이퍼 핀, 전자 클러치, 원추 마찰차

해설 결합용 기계요소 : 나사, 볼트와 너트, 키, 핀, 코터, 리벳 등

15. 폭 30 mm, 두께 20 mm, 길이 60 mm인 강재의 길이방향으로 최대허용하중 36 kN이 작용할 때 안전계수는? (단, 재료의 기준강도는 240 MPa이다.)

① 2   ② 4   ③ 8   ④ 12

해설 $\sigma_a = \dfrac{P}{A} = \dfrac{P}{bt} = \dfrac{36 \times 10^3}{30 \times 20} = 60\,MPa$

$\therefore S = \dfrac{\sigma_u}{\sigma_a} = \dfrac{240}{60} = 4$

16. 다음 설명에 해당하는 주철은?

- 주철의 인성과 연성을 현저히 개선시킨 것으로 자동차의 크랭크 축, 캠 축 및 브레이크 드럼 등에 사용된다.
- 용융상태의 주철에 Mg 합금, Ce, Ca 등을 첨가한다.

① 구상 흑연 주철
② 백심 가단 주철
③ 흑심 가단 주철
④ 칠드 주철

해설 구상 흑연 주철(nodular cast iron)은 황(S) 성분이 적은 선철을 용해로, 전기로에서 용해한 후 주형에 주입하기 전에 마그네슘(Mg), 칼슘(Ca), 세륨(Ce) 등을 첨가하여 편상의 흑연을 구상화하여 기지 조직의 균열을 지연시킴으로써 강인성을 높인 주철이다.

17. 플라이휠(fly wheel)에 대한 설명으로 옳은 것만을 모두 고르면?

㉠ 회전모멘트를 증대시키기 위해 사용된다.
㉡ 에너지를 비축하기 위해 사용된다.
㉢ 회전방향을 바꾸기 위해 사용된다.
㉣ 구동력을 일정하게 유지하기 위해 사용된다.
㉤ 속도 변화를 일으키기 위해 사용된다.

① ㉠, ㉣   ② ㉡, ㉢
③ ㉡, ㉣   ④ ㉢, ㉤

해설 플라이휠(fly wheel)은 크랭크축의 출력측에 설치되어 회전에너지를 일시적으로 흡수하였다가 다시 방출하여 회전의 불균형을 줄이고, 회전 진동을 억제하는 역할을 한다.

정답 13. ③   14. ①   15. ②   16. ①   17. ③

18. 친환경 가공을 위하여 최근 절삭유 사용을 최소화하는 가공 방법이 도입되고 있다. 이에 대한 설명으로 옳지 않은 것은?

① 건절삭(dry cutting)법으로 가공한다.

② 절삭속도를 가능하면 느리게 하여 가공한다.

③ 공기 - 절삭유 혼합물을 미세 분무하며 가공한다.

④ 극저온의 액체질소를 공구 - 공작물 접촉면에 분사하며 가공한다.

[해설] 절삭속도가 빠를수록 절삭열이 어느 정도 칩으로 배출될 수 있으므로 절삭속도를 가능하면 빠르게 하여 가공한다.

19. 화학공업, 식품설비, 원자력산업 등에 널리 사용되는 오스테나이트계 스테인리스 강재에 대한 설명으로 옳은 것은?

① STS304L은 STS304에서 탄소함유량을 낮춘 저탄소강으로 STS304보다 용접성, 내식성, 내열성이 우수하다.

② STS316은 STS304 표준 조성에 알루미늄을 첨가하여 석출경화성을 부여한 것으로 STS304보다 내해수성이 우수하다.

③ STS304는 고크롬계 스테인리스강에 니켈을 8 % 이상 첨가한 것으로 일반적으로 자성을 가진다.

④ STS304, STS316은 체심입방구조의 강재로 가공성은 떨어지지만 내부식성이 우수하다.

[해설] ② STS316은 고크롬계 스테인리스강에 니켈을 12 %, 몰리브덴을 2.5 % 정도 첨가한 것으로 STS304보다 내해수성이 우수하다.

③ STS304는 고크롬계 스테인리스강에 니켈을 8 % 이상 첨가한 것으로 일반적으로 자성을 가지지 않는다.

④ STS304, STS316은 면심입방구조의 강재로 가공성과 내부식성이 우수하다.

20. 다음 용접 방법 중 모재의 열변형이 가장 적은 것은?

① 가스 용접법

② 서브머지드 아크 용접법

③ 플라스마 용접법

④ 전자 빔 용접법

[해설] 전자 빔 용접(electron-beam welding, EBW)은 진공 상태에서 고속의 전자 빔에 의해 발생되는 열을 이용한 용접법으로 열변형이 매우 적다.

제 3 회 **기계일반**

1. 사형주조법에서 주형을 구성하는 요소로 옳지 않은 것은?

① 라이저(riser)　　② 탕구(sprue)

③ 플래시(flash)　　④ 코어(core)

[해설] 주형의 구성 요소 : 용탕받이, 탕구, 탕도, 코어, 라이저 등

※ 플래시(flash) : 재료가 금형 사이로 삐져 나온 것으로 주물의 결함 중 하나이다.

2. 소성가공에 대한 설명으로 옳지 않은 것은?

① 열간가공은 냉간가공보다 치수 정밀도가 높고 표면상태가 우수한 가공법이다.

② 압연가공은 회전하는 롤 사이로 재료를 통과시켜 두께를 감소시키는 가공법이다.

③ 인발가공은 다이 구멍을 통해 재료를 잡아당김으로써 단면적을 줄이는 가공법이다.

정답 **18.** ②　**19.** ①　**20.** ④　**1.** ③　**2.** ①

④ 전조가공은 소재 또는 소재와 공구를 회전시키면서 기어, 나사 등을 만드는 가공법이다.

해설 냉간가공은 열간가공보다 치수 정밀도가 높고 표면상태가 우수한 가공법이다.

3. TIG 용접에 대한 설명으로 옳지 않은 것은?

① 용제를 사용하지 않으므로 후처리가 용이하다.

② 텅스텐 전극을 사용한다.

③ 소모성 전극을 사용하는 아크 용접법이다.

④ 불활성 가스인 아르곤이나 헬륨 등을 이용한다.

해설 비소모성 전극을 사용하는 아크 용접법이다.

4. 드릴 가공에서 회전당 공구 이송(feed)이 1 mm/rev, 드릴 끝 원추 높이가 5 mm, 가공할 구멍 깊이가 95 mm, 드릴의 회전 속도가 200 rpm일 때, 가공 시간은?

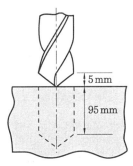

5 mm

95 mm

① 10초   ② 30초

③ 1분   ④ 0.5시간

해설 $t = \dfrac{l}{Nf} = \dfrac{(5+95)}{200 \times 1} = 0.5 \, \text{min} = 30 \, \text{s}$

5. 플라스틱 사출성형공정에서 수축에 대한 설명으로 옳지 않은 것은?

① 동일한 금형으로 성형된 사출품이라도 고분자재료의 종류에 따라 제품의 크기가 달라진다.

② 사출압력이 증가하면 수축량은 감소한다.

③ 성형온도가 높으면 수축량이 감소한다.

④ 제품의 두께가 두꺼우면 수축량이 감소한다.

해설 제품의 두께가 두꺼우면 수축량이 증가한다.

6. 관용 나사에 대한 설명으로 옳지 않은 것은?

① 관용 나사의 나사산각은 60°이다.

② 관 내부를 흐르는 유체의 누설을 방지하기 위해 사용한다.

③ 관용 평행 나사와 관용 테이퍼 나사가 있다.

④ 관용 테이퍼 나사의 테이퍼 값은 1/16이다.

해설 관용 나사의 나사산각은 55°이다.

7. 절삭가공에 대한 설명으로 옳지 않은 것은?

① 초정밀가공(ultra-precision machining)은 광학 부품 제작 시 단결정 다이아몬드 공구를 사용하여 주로 탄소강의 경면을 얻는 가공법이다.

② 경식선삭(hard turning)은 경도가 높거나 경화처리된 금속재료를 경제적으로 제거하는 가공법이다.

③ 열간절삭(thermal assisted machining)은 소재에 레이저빔, 플라스마 아크 같은 열원을 집중시켜 절삭하는 가공법이다.

④ 고속절삭(high-speed machining)은

강성과 회전정밀도가 높은 주축으로 고속 가공함으로써 공작물의 열팽창이나 변형을 줄일 수 있는 이점이 있는 가공법이다.

[해설] 초정밀가공은 광학 부품 제작 시 단결정 다이아몬드 공구를 사용하여 주로 비철금속의 경면을 얻는 가공법이다.

8. 다음과 같은 수치제어 공작기계 프로그래밍의 블록 구성에서, ㉠~㉤에 들어갈 내용을 바르게 연결한 것은? (순서대로 ㉠, ㉡, ㉢, ㉣, ㉤)

N_	G_	X_	Y_	Z_	F_	S_	T_	M_	;
전개 번호	㉠	좌표어			㉡	㉢	㉣	㉤	EOB

① 준비 기능, 이송 기능, 주축 기능, 공구 기능, 보조 기능

② 준비 기능, 주축 기능, 이송 기능, 공구 기능, 보조 기능

③ 준비 기능, 이송 기능, 주축 기능, 보조기능, 공구 기능

④ 보조 기능, 주축 기능, 이송 기능, 공구 기능, 준비 기능

[해설] 어드레스의 종류
- N : 전개 번호
- G : 준비 기능
- X, Y, Z : 좌표어
- F : 이송 기능
- S : 주축 기능
- T : 공구 기능
- M : 보조 기능
- ; End of Block(EOB)

9. 벨트 전동의 한 종류로 벨트와 풀리(pulley)에 이(tooth)를 붙여서 이들의 접촉에 의하여 구동되는 전동 장치의 일반적인 특징으로 옳지 않은 것은?

① 초기 장력이 작으므로 베어링에 작용

하는 하중을 작게 할 수 있다.

② 정확한 회전비를 얻을 수 있다.

③ 미끄럼이 대체로 발생하지 않는다.

④ 효과적인 윤활이 필수적으로 요구된다.

[해설] 금속끼리의 접촉이 없으므로 윤활이 불필요하다.

10. 다음 설명에 해당하는 경도 시험법은?

- 끝에 다이아몬드가 부착된 해머를 시편의 표면에 낙하시켜 반발 높이를 측정한다.
- 경도값은 해머의 낙하 높이와 반발 높이로 구해진다.
- 시편에는 경미한 압입자국이 생기며, 반발 높이가 높을수록 시편의 경도가 높다.

① 누프 시험(Knoop test)

② 쇼어 시험(Shore test)

③ 비커스 시험(Vickers test)

④ 로크웰 시험(Rockwell test)

[해설] 쇼어 시험(Shore test) : 다이아몬드 해머를 시험면 위에 일정한 높이(mm)에서 낙하시켜 해머가 반발하여 올라간 높이(mm)를 측정하여 경도값을 구한다.

11. 다음 설명에 해당하는 스프링은?

- 비틀었을 때 강성에 의해 원래 위치로 되돌아가려는 성질을 이용한 막대 모양의 스프링이다.
- 가벼우면서 큰 비틀림 에너지를 축적할 수 있다.
- 자동차와 전동차에 주로 사용된다.

① 코일 스프링(coil spring)

② 판 스프링(leaf spring)

③ 토션 바(torsion bar)

④ 공기 스프링(air spring)

[해설] ① 코일 스프링(coil spring) : 단면이 둥글거나 각이 진 봉재를 코일형으로 감은 것으로 용도에 따라 인장, 압축, 비틀

림용으로 분류된다.

② 판 스프링(leaf spring) : 직사각형 단면으로 된 보의 일종으로 굽힘을 받으며, 박판을 겹치는 방법에 따라 평판 스프링과 겹판 스프링으로 나눈다.

③ 토션 스프링(torsion spring) : 비틀림 변위를 이용한 스프링으로 단위 체적당 축적 탄성에너지가 크고 모양이 간단하여 좁은 장소에 설치할 수 있어 자동차, 열차 등에 사용된다.

④ 공기 스프링(air spring) : 공기의 탄성을 이용한 완충기로서, 매우 유연하게 충격을 흡수할 수 있고 승차감 또한 매우 우수하다.

12. 다음 중 디젤 기관에 대한 설명으로 옳지 않은 것은 ?

① 공기만을 흡입 압축하여 압축열에 의해 착화되는 자기착화 방식이다.

② 노크를 방지하기 위해 착화지연을 길게 해주어야 한다.

③ 가솔린 기관에 비해 압축 및 폭발압력이 높아 소음, 진동이 심하다.

④ 가솔린 기관에 비해 열효율이 높고, 연료소비율이 낮다.

[해설] 노크를 방지하기 위해 착화지연을 짧게 해주어야 한다.

13. 프레스 가공에 해당하지 않는 것은 ?

① 리소그래피(lithography)

② 트리밍(trimming)

③ 전단(shearing)

④ 블랭킹(blanking)

[해설] 리소그래피(lithography) : 소자의 기하학적 형상을 레티클(reticle)로부터 모재 표면으로 옮기는 공정

14. 다음 중 방전 가공에 대한 설명으로 옳지 않은 것은 ?

① 소재 제거율은 공작물의 경도, 강도, 인성에 따라 달라진다.

② 스파크 방전에 의한 침식을 이용한 가공법이다.

③ 전도체이면 어떤 재료도 가공할 수 있다.

④ 전류밀도가 클수록 소재 제거율은 커지나 표면 거칠기는 나빠진다.

[해설] 소재 제거율은 방전 주파수와 방전 에너지에 따라 달라진다.

15. 합성수지에 대한 설명으로 옳지 않은 것은 ?

① 합성수지는 전기 절연성이 좋고 착색이 자유롭다.

② 열경화성 수지는 성형 후 재가열하면 다시 재생할 수 없으며 에폭시 수지, 요소 수지 등이 있다.

③ 열가소성 수지는 성형 후 재가열하면 용융되며 페놀 수지, 멜라민 수지 등이 있다.

④ 아크릴 수지는 투명도가 좋아 투명 부품, 조명 기구에 사용된다.

[해설] 페놀 수지와 멜라민 수지는 열경화성 수지이다.

16. 기계 제도에서 사용하는 선에 대한 설명으로 옳지 않은 것은 ?

① 중심선은 굵은 1점 쇄선으로 표시한다.

② 가상선은 가는 2점 쇄선으로 표시한다.

③ 지시선은 가는 실선으로 표시한다.

④ 외형선은 굵은 실선으로 표시한다.

[해설] 중심선은 가는 1점 쇄선으로 표시한다.

17. 측정 대상물을 지지대에 올린 후 촉침이 부착된 이동대를 이동하면서 촉침(probe)의 좌표를 기록함으로써, 복잡한

형상을 가진 제품의 윤곽선을 측정하여 기록하는 측정기기는?

① 공구 현미경　　② 윤곽 투영기
③ 삼차원 측정기　④ 마이크로미터

해설 3차원 측정기란 주로 측정점 검출기(probe)가 서로 직각인 X, Y, Z축 방향으로 운동하고 각 축이 움직인 이동량을 측정장치에 의해 측정점의 공간 좌푯값을 읽어 피측정물의 위치, 거리, 윤곽, 형상 등을 측정하는 만능 측정기를 말한다.

18. 다음 중 물리량과 단위의 연결로 옳지 않은 것은?

① 일률 – N · m/s
② 압력 – N/m²
③ 힘 – kg · m/s²
④ 관성모멘트 – kg · m/s

해설 관성모멘트 – kg · m²

19. 담금질에 의한 잔류 응력을 제거하고, 재질에 적당한 인성을 부여하기 위해 담금질 온도보다 낮은 변태점 이하의 온도에서 일정 시간을 유지하고 나서 냉각시키는 열처리 방법은?

① 표면경화(surface hardening)
② 풀림(annealing)
③ 뜨임(tempering)
④ 불림(normalizing)

해설 뜨임(tempering, 소려): 담금질한 강의 내부 응력을 제거하고, 인성을 증가시키기 위해 A_1 변태점 이하에서 재가열한 후 냉각시키는 열처리

20. 응력 – 변형률 선도에 대한 설명으로 옳은 것은?

① 탄성한도 내에서 응력을 제거하면 변형된 상태가 유지된다.

② 진응력 – 진변형률 선도에서의 파괴강도는 공칭응력 – 공칭변형률 선도에서 나타나는 값보다 크다.

③ 연성재료의 경우, 공칭응력 – 공칭변형률 선도 상에서 파괴강도는 극한강도보다 크다.

④ 취성재료의 경우, 공칭응력 – 공칭변형률 선도 상에 하항복점과 상항복점이 뚜렷이 구별된다.

해설 ① 탄성한도 내에서 응력을 제거하면 변형이 제거되고, 하중이 가해지기 전의 상태로 회복된다.
③ 연성재료의 경우, 공칭응력 – 공칭변형률 선도 상에서 파괴강도는 극한강도보다 작다.
④ 취성재료의 경우, 공칭응력 – 공칭변형률 선도 상에 항복점이 뚜렷하게 나타나지 않는다.

제4회　　**기계일반**

1. 최소 측정 단위가 0.05 mm인 버니어 캘리퍼스를 이용한 측정 결과가 그림과 같을 때 측정값(mm)은? (단, 아들자와 어미자 눈금이 일직선으로 만나는 화살표 부분의 아들자 눈금은 4이다.)

① 13.2　　　　　② 13.4
③ 26.2　　　　　④ 26.4

해설 • 아들자 눈금이 0인 곳의 어미자 눈금: 13과 14 사이 → 13 mm
• 아들자와 어미자의 눈금이 일치하는 곳의 아들자 눈금: 4 → 0.4 mm
∴ 측정값 = 13 + 0.4 = 13.4 mm

---

2. 한쪽 방향으로만 힘을 받는 바이스(vice)의 이송 나사로 가장 적합한 것은?

① 삼각 나사
② 사각 나사
③ 톱니 나사
④ 관용 나사

해설 톱니 나사(buttless thread)는 나사산이 톱니 모양인 비대칭 단면의 나사로 압착기, 바이스, 나사잭 등 하중이 한쪽 방향으로만 작용하는 경우에 사용된다.

3. 물체에 가한 힘을 제거해도 원래 형태로 돌아가지 않고 변형된 상태로 남는 성질은?

① 탄성(elasticity)
② 소성(plasticity)
③ 항복점(yield point)
④ 상변태(phase transformation)

해설 소성(plasticity) : 재료에 하중을 가하면 변형이 생기지만, 하중을 제거한 후에도 완전하게 변형 전의 상태로 되돌아가지 않고 변형이 남아 있는 성질

4. 연삭 작업 중 공작물과 연삭숫돌 간의 마찰열로 인하여 공작물의 다듬질면이 타서 색깔을 띠게 되는 연삭 버닝의 발생 조건이 아닌 것은?

① 숫돌입자의 자생 작용이 일어날 때
② 매우 연한 공작물을 연삭할 때
③ 공작물과 연삭숫돌 간에 과도한 압력이 가해질 때
④ 연삭액을 사용하지 않거나 부적합하게 사용할 때

해설 연삭 버닝의 발생 조건
(1) 매우 연한 공작물을 연삭할 때
(2) 공작물과 연삭숫돌 간에 과도한 압력이 가해질 때
(3) 연삭액을 사용하지 않거나 부적합하게 사용할 때

5. 선삭의 외경 절삭 공정 시 공구의 온도가 최대가 되는 영역에서 발생하는 공구 마모는?

① 플랭크 마모(flank wear)
② 노즈반경 마모(nose radius wear)
③ 크레이터 마모(crater wear)
④ 노치 마모(notch wear)

해설 크레이터 마모(crater wear)는 절삭 중 공작물에서 발생한 칩과 공구의 경사면과의 지속적인 마찰로 인해 경사면이 오목하게 파여지는 현상으로 공구의 온도가 최대가 되는 영역에서 발생한다.

6. 보통의 주철 쇳물을 금형에 넣어 표면만 급랭시켜 내열성과 내마모성을 향상시킨 것은?

① 회주철
② 가단주철
③ 칠드주철
④ 구상흑연주철

해설 칠드주철(냉경주철)은 용융 상태에서 금형에 주입하여 접촉면을 백주철로 만든 것으로 각종 용도의 롤러, 기차 바퀴에 사용된다.

7. 양쪽 끝에 플랜지(flange)가 있는 대형 곡관을 주조할 때 사용하는 모형은?

① 회전 모형
② 분할 모형
③ 단체 모형
④ 골격 모형

해설 골격 모형(skeleton patten)은 주조품의 크기가 대형일 때, 주요 부분의 골격만 제작하고, 나머지 공간은 점토 및 석고를 채워 넣어서 주형을 만드는 것으로 제작비를 절약할 수 있다.

8. 주로 대형 공작물의 길이방향 홈이나 노치 가공에 사용되는 공정으로, 고정된 공구를 이용하여 공작물의 직선 운동에 따라 절삭 행정과 귀환 행정이 반복되는 가공법은?

① 브로칭(broaching)

② 평삭(planning)

③ 형삭(shaping)

④ 보링(boring)

[해설] 평삭은 셰이퍼나 플레이너, 슬로터에 의한 가공법으로 바이트 또는 공작물의 직선 왕복 운동과 직선 이송 운동을 하면서 절삭하는 가공법이며, 절삭 행정과 급속 귀환 행정이 필요하다.

9. 마찰이 없는 관속 유동에서 베르누이(Bernoulli) 방정식에 대한 설명으로 옳은 것은?

① 압력수두, 속도수두, 온도수두로 구성된다.

② 벤투리미터(venturimeter)를 이용한 유량 측정에 사용되는 식이다.

③ 가열부 또는 냉각부 등 온도 변화가 큰 압축성 유체에도 적용할 수 있다.

④ 각 항은 무차원 수이다.

[해설] ① 압력수두, 속도수두, 위치수두로 구성된다.

③ 비압축성 유체에만 적용할 수 있다.

④ 각 항의 단위는 m로, 차원은 $[L]$이다.

10. 형 단조(impression die forging)의 예비 성형 공정에서 오목면을 가지는 금형을 이용하여 최종 제품의 부피가 큰 영역으로 재료를 모으는 단계는?

① 트리밍(trimming)

② 풀러링(fullering)

③ 에징(edging)

④ 블로킹(blocking)

11. 프란츠 룈로(Franz Reuleaux)가 정의한 기계의 구비 조건에 해당하지 않는 것은?

① 물체의 조합으로 구성되어 있을 것

② 각 부분의 운동은 한정되어 있을 것

③ 구성된 조립체는 저항력이 없을 것

④ 에너지를 공급받아서 유효한 기계적 일을 할 것

[해설] 프란츠 룈로(Franz Reuleaux)가 정의한 기계의 구비 조건

(1) 저항체의 조합으로 구성되어 있을 것

(2) 각 부분의 운동은 한정되어 있을 것

(3) 에너지를 공급받아서 유효한 기계적 일을 할 것

12. 결합용 기계요소인 나사에 대한 설명으로 옳은 것은?

① 미터 보통 나사의 수나사 호칭 지름은 바깥지름을 기준으로 한다.

② 원기둥의 바깥 표면에 나사산이 있는 것을 암나사라고 한다.

③ 오른나사는 반시계방향으로 돌리면 죄어지며, 왼나사는 시계방향으로 돌리면 죄어진다.

④ 한줄 나사는 빨리 풀거나 죌 때 편리하나, 풀어지기 쉬우므로 죔나사로 적합하지 않다.

[해설] ② 원기둥의 바깥 표면에 나사산이 있는 것을 수나사라고 한다.

③ 오른나사는 시계방향으로 돌리면 죄어지며, 왼나사는 반시계방향으로 돌리면 죄어진다.

④ 다줄 나사는 1회전에 대해 리드가 크게 되고 큰 장력을 가지므로 빨리 풀거나 죌 때 편리하나, 풀어지기 쉬우므로 죔나사로 적합하지 않다.

13. 가공 공정에 대한 설명으로 옳지 않은 것은?

① 리밍(reaming)은 구멍을 조금 확장하

여 치수 정확도를 향상할 때 사용한다.

② 드릴 작업 시 손 부상을 방지하기 위하여 장갑을 끼고 작업한다.

③ 카운터 싱킹(counter sinking)은 원뿔 형상의 단이 진 구멍을 만들 때 사용한다.

④ 태핑(tapping)은 구멍의 내면에 나사산을 만들 때 사용한다.

[해설] 드릴 작업 시 장갑을 끼면 회전하는 공구에 말려 들어 갈 수 있기 때문에 위험하다.

14. 실린더 행정과 안지름이 각 10 cm이고, 연소실 체적이 250 cm³인 4행정 가솔린 엔진의 압축비는 얼마인가? (단, π = 3으로 계산한다.)

① $\dfrac{4}{3}$ ② 2

③ 3   ④ 4

[해설] 압축비(ε) $= \dfrac{\text{실린더 체적}}{\text{연소실 체적}}$

$= \dfrac{\text{행정 체적} + \text{연소실 체적}}{\text{연소실 체적}}$

$= \dfrac{\text{행정 체적}}{\text{연소실 체적}} + 1$

$= \dfrac{\frac{3}{4} \times 10^2 \times 10}{250} + 1 = 4$

15. 일반적으로 CAD에 사용되는 모델링 가운데 솔리드 모델링(solid modeling)의 특징이 아닌 것은?

① 숨은선 제거와 복잡한 형상 표현이 가능하다.

② 표면적, 부피 및 관성모멘트 등을 계산할 수 있다.

③ 실물과 근접한 3차원 형상의 모델을 만들 수 있다.

④ 간단한 자료 구조를 갖추고 있어 처리해야 할 데이터양이 적다.

[해설] 와이어 프레임 모델과 비교하여 형상 구현에 필요한 데이터양이 많다.

16. 카르노(Carnot) 사이클의 $P-v$ 선도에서 각 사이클 과정에 대한 설명으로 옳은 것은? (단, q_1 및 q_2는 열량이다.)

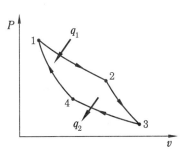

① 상태 1 → 상태 2 : 가역단열팽창과정

② 상태 2 → 상태 3 : 등온팽창과정

③ 상태 3 → 상태 4 : 등온팽창과정

④ 상태 4 → 상태 1 : 가역단열압축과정

[해설] ① 상태 1 → 상태 2 : 가역등온팽창과정

    ② 상태 2 → 상태 3 : 가역단열팽창과정

    ③ 상태 3 → 상태 4 : 가역등온압축과정

17. 다음은 탄소강에 포함된 원소의 영향에 대한 설명이다. 이에 해당하는 원소는?

> 고온에서 결정 성장을 방지하고 강의 점성을 증가시켜 주조성과 고온 가공성을 향상시킨다. 탄소강의 인성을 증가시키고, 열처리에 의한 변형을 감소시키며, 적열취성을 방지한다.

① 인(P)   ② 황(S)

③ 규소(Si)   ④ 망간(Mn)

[해설] 망간(M)은 흑연화, 적열취성을 방지하고, 고온에서 결정립 성장을 억제하며 인장강도, 고온 가공성을 증가시키고, 주조성, 담금질 효과를 향상시킨다.

18. 다음 중 실온에서 탄성계수가 가장 작은 재료는?

① 납(lead)

② 구리(copper)

③ 알루미늄(aluminum)

④ 마그네슘(magnesium)

[해설] 탄성계수($kgf/cm^2 \times 10^6$)

   ① 납 : 0.17

   ② 구리 : 1.25

   ③ 알루미늄 : 0.72

   ④ 마그네슘 : 41.16

19. 구름 베어링의 호칭번호가 6208 C1 P2일 때, 옳은 것은?

① 안지름이 8 mm이다.

② 단열 앵귤러 콘택트 볼 베어링이다.

③ 정밀도 2급으로 매우 우수한 정밀도를 가진다.

④ 내륜과 외륜 사이의 내부 틈새는 가장 큰 것을 의미한다.

[해설] • 62 : 베어링 계열 번호(깊은 홈 볼 베어링 치수 계열 2)

   • 08 : 안지름 번호(안지름 40 mm)

   • C1 : 틈새 기호

   • P2 : 정밀도 등급(2급)

   ※ C5 기호의 틈새가 가장 크다.

20. 반도체 제조 공정에서 기판 표면에 코팅된 양성 포토레지스트(positive photoresist)에 마스크(mask)를 이용하여 노광공정(exposing)을 수행한 후, 자외선이 조사된 영역의 포토레지스트만 선택적으로 제거하는 공정은?

① 현상(developing)

② 식각(etching)

③ 애싱(ashing)

④ 스트리핑(stripping)

---

1. 금속재료의 연성 및 취성에 대한 설명으로 옳지 않은 것은?

① 온도가 올라가면 재료의 연성은 증가한다.

② 온도가 내려가면 재료의 취성은 증가한다.

③ 높은 취성재료는 소성가공에 적합하지 않다.

④ 탄소강에서는 탄소의 함량이 높아질수록 연성이 증가한다.

[해설] 탄소강에서는 탄소의 함량이 높아질수록 연성이 감소한다.

2. 간접 접촉에 의한 동력 전달 방법에 대한 설명으로 옳지 않은 것은?

① 축간 거리가 멀 때 동력을 전달하는 방법이다.

② 타이밍 벨트 전동 방법은 정확한 회전비를 얻을 수 있다.

③ 체인은 벨트 전동 방법보다 고속 회전에 적합하며 진동 및 소음이 적다.

④ 평벨트 전동 방법은 약간의 미끄럼이 생겨 두 축 간의 속도비가 변경될 수 있다.

[해설] 체인 전동은 진동과 소음이 나기 쉽고 회전각의 전달 정확도가 좋지 않으며, 고속 회전에는 부적당하다.

3. 원추형 소재의 표면에 이(teeth)를 만들어 넣은 것으로 서로 교차하는 두 축 사이에 동력을 전달하기 위해 사용되는 기어는?

① 웜 기어   ② 베벨 기어

③ 스퍼 기어   ④ 헬리컬 기어

해설 교차되는 두 축 간에 운동을 전달하는 원뿔형의 기어를 총칭하여 베벨 기어(bevel gear)라 하며, 이 끝의 모양에 따라 직선 베벨 기어, 헬리컬 베벨 기어, 스파이럴 베벨 기어로 분류된다.

4. 단면적 500 mm², 길이 100 mm의 금속 시편에 축방향으로 인장하중 75 kN이 작용했을 때, 늘어난 길이(mm)는? (단, 탄성계수는 40 GPa, 항복강도는 250 MPa 이다.)

① 0.125 　　　　② 0.25
③ 0.375 　　　　④ 0.5

해설 $\Delta l = \dfrac{PL}{AE} = \dfrac{75 \times 100}{500 \times 40} = 0.375 \text{ mm}$

5. 금속의 미세 조직에서 결정립(grain)과 결정립계(grain boundary)에 대한 설명으로 옳지 않은 것은?

① 결정립의 크기는 냉각속도에 반비례한다.
② 결정립이 작을수록 금속의 항복강도가 커진다.
③ 결정립계는 결정립이 성장하면서 다른 결정립들과 분리되는 경계이다.
④ 결정립계는 금속의 강도 및 연성과는 무관하나 가공경화에는 영향을 미친다.

해설 결정립계가 많을수록 금속의 강도가 증가하고 연성이 감소한다.

6. 기계재료에 대한 설명으로 옳지 않은 것은?

① 비정질합금은 용융상태에서 급랭시켜 얻어진 무질서한 원자 배열을 갖는다.
② 초고장력합금은 로켓, 미사일 등의 구조 재료로 개발된 것으로 우수한 인장강도와 인성을 갖는다.
③ 형상기억합금은 소성변형을 하였더라도 재료의 온도를 올리면 원래의 형상으로 되돌아가는 성질을 가진다.
④ 초탄성합금은 재료가 파단에 이르기까지 수백 % 이상의 큰 신장률을 보이며 복잡한 형상의 성형이 가능하다.

해설 ④는 초소성합금에 대한 설명이며, 초탄성이란 특정 온도 이상에서 형상기억합금에 힘을 가하고 탄성한계를 넘겨 소성변형을 시켰어도 힘을 제거하면 원래의 형태로 돌아오는 것이다.

7. 축과 축을 연결하여 회전토크를 전달하는 기계요소가 아닌 것은?

① 클러치(clutch)
② 새들 키(saddle key)
③ 유니버설 조인트(universal joint)
④ 원통형 커플링(cylindrical coupling)

해설 새들 키는 기어, 풀리 등과 축을 연결하는 기계요소로 축에 키 홈을 파지 않고 축과 키 사이의 마찰력만으로 회전력을 전달한다.

8. 나사의 풀림 방지 방법 중 로크너트(lock nut)에 대한 설명으로 옳은 것은?

① 홈붙이 6각 너트의 홈과 볼트 구멍에 분할핀을 끼워 너트를 고정한다.
② 너트의 옆면에 나사 구멍을 뚫고 멈춤나사를 박아 볼트의 나사부를 고정한다.
③ 너트와 결합된 부품 사이에 일정한 축방향의 힘을 유지하도록 탄성이 큰 스프링 와셔를 끼운다.
④ 2개의 너트로 충분히 조인 후 안쪽 너트를 반대방향으로 약간 풀어 바깥쪽 너트에 밀착시킨다.

해설 로크너트는 2개의 너트로 조인 후 안쪽

정답 **4.** ③ **5.** ④ **6.** ④ **7.** ② **8.** ④

너트를 바깥쪽 너트에 밀착시키는 것을 통해 마찰되는 면을 늘려 풀림을 방지하는 방법이다.

9. 다음 설명에 해당하는 용접법은?

- 산화철 분말과 알루미늄 분말을 혼합하여 점화시키면 산화알루미늄(Al_2O_3)과 철(Fe)을 생성하면서 높은 열이 발생한다.
- 철도레일, 잉곳몰드와 같은 대형 강주조물이나 단조물의 균열 보수, 기계 프레임, 선박용 키의 접합 등에 적용된다.

① 가스 용접(gas welding)
② 아크 용접(arc welding)
③ 테르밋 용접(thermit welding)
④ 저항 용접(resistance welding)

해설 테르밋 용접(thermit welding)은 미세한 알루미늄 분말(Al)과 산화철 분말(Fe_3O_4)을 약 1:3~4의 중량비로 혼합한 테르밋제(thermit mixture)에 과산화바륨과 마그네슘(또는 알루미늄)의 혼합 분말을 넣었을 때 일어나는 테르밋 반응에 의한 발열을 이용하는 용접법이다.

10. 주조법의 종류와 그 특징에 대한 설명으로 옳지 않은 것은?

① 다이캐스팅(die casting)은 용탕을 고압으로 주형 공동에 사출하는 영구주형 주조 방식이다.
② 원심 주조(centrifugal casting)는 주형을 빠른 속도로 회전시켜 발생하는 원심력을 이용한 주조 방식이다.
③ 셸 주조(shell molding)는 모래와 열경화성수지 결합제로 만들어진 얇은 셸 주형을 이용한 주조 방식이다.
④ 인베스트먼트 주조(investment casting)는 주형 표면에서 응고가 시작된 후에 주형을 뒤집어 주형 공동 중앙의 용탕

을 배출함으로써 속이 빈 주물을 만드는 주조 방식이다.

해설 ④는 슬러시 주조에 대한 설명이다.

11. 축과 관련된 기계요소에 대한 설명으로 옳지 않은 것은?

① 저널(journal)은 회전운동을 하는 축에서 베어링(bearing)과 접촉하는 부분이다.
② 커플링(coupling)은 운전 중 결합을 풀거나 연결할 수 있는 축이음 기계요소이다.
③ 구름 베어링(rolling bearing)은 미끄럼 베어링(sliding bearing)보다 소음이 발생하기 쉽다.
④ 베어링(bearing)은 축에 작용하는 하중을 지지하면서 원활한 회전을 유지하도록 한다.

해설 커플링은 운전 중 결합을 풀거나 연결할 수 없는 영구적 이음이다.

12. 역학적 물리량을 SI 단위로 나타낸 것으로 옳지 않은 것은?

① 일 - [N·m]
② 힘 - [kg·m/s^2]
③ 동력 - [N·m/s]
④ 에너지 - [N·m/s^2]

해설 에너지 - [N·m]

13. 다음 가공 공정 중 연마 입자를 사용하여 가공물의 표면정도를 향상시키는 것은?

① 선삭　　　　② 밀링
③ 래핑　　　　④ 드릴링

해설 래핑(lapping)은 랩과 일감 사이에 랩제를 넣어 서로 누르고 비비면서 다듬는 방법으로 정밀도가 향상되며, 다듬질면은 내식성, 내마멸성이 높다.

14. NC 공작기계에서 사용하는 코드에 대한 설명으로 옳지 않은 것은?

① F코드 : 주축모터 각속도 지령
② M코드 : 주축모터 on/off 제어 지령
③ T코드 : 공구교환 등 공구 기능 지령
④ G코드 : 직선 및 원호 등 공구이송 운동을 위한 지령

해설 F코드 : 이송 기능(주축 1회전당 공구를 어느 속도로 이송할까를 F에 계속되는 수치로 지령)

15. 유압 작동유에 기포가 발생할 경우 생기는 현상으로 옳은 것만을 모두 고른 것은 어느 것인가?

⊙ 윤활작용이 저하된다.
ⓒ 작동유의 열화가 촉진된다.
ⓒ 압축성이 감소하여 유압기기 작동이 불안정하게 된다.

① ⊙, ⓒ
② ⊙, ⓒ
③ ⓒ, ⓒ
④ ⊙, ⓒ, ⓒ

해설 기포(기체)는 작동유(액체)에 비해 압축성이 높으므로 압축성이 증가하여 유압기기 작동이 불안정하게 된다.

16. 다음 중 공구재료에 대한 설명으로 옳은 것은?

① 세라믹 공구는 저온보다 고온에서 경도가 높아지는 장점이 있다.
② 다이아몬드 공구는 철계 금속보다 비철금속이나 비금속 가공에 적합하다.
③ 파괴파손을 피하기 위해 인성(toughness)이 낮은 공구 재료가 유리하다.
④ 고속도강은 초경합금보다 고온 경도가 높아 높은 절삭속도로 가공하기에 적합하다.

해설 ① 세라믹은 고온경도가 높으며, 고온

경도란 고온에서도 경도가 유지되는 성질을 말하나 저온보다 고온에서 경도가 높아진다고 볼 수 없다.
② 다이아몬드 공구는 탄소와의 화학적 친화성 때문에 비철금속 및 비금속 가공에 적합하다.
③ 파괴파손을 피하기 위해 인성이 높은 공구 재료가 유리하다.
④ 고속도강은 초경합금보다 고온 경도가 낮다.

17. 동일한 가공 조건으로 연삭했을 때, 가장 좋은 표면거칠기를 얻을 수 있는 연삭 숫돌은? (단, 표면거칠기는 연마재의 입자 크기에만 의존한다고 가정한다.)

① 25-A-36-L-9-V-23
② 35-C-50-B-8-B-51
③ 45-A-90-G-5-S-45
④ 51-C-70-Y-7-R-12

해설 연삭 숫돌은 숫돌 입자, 입도, 결합도, 조직, 결합제 순으로 표기되며 입도는 메시(mesh, 체의 1인치 사각형의 분할수)로 나타낸다. 입도를 나타내는 숫자가 클수록 입자의 크기가 작으며 좋은 표면거칠기를 얻을 수 있다. 숫돌 입자(A, C) 다음에 나오는 숫자가 입도를 의미하며, ③에서 제일 크다.

18. 폴리염화비닐, ABS, 인베스트먼트 주조용 왁스, 금속, 세라믹 등 재료를 분말 형태로 사용하는 쾌속조형법은?

① 광조형법(stereolithography)
② 고체평면노광법(solid ground curing)
③ 선택적레이저소결법(selective laser sinte-ring)
④ 용융-용착모델링법(fused-deposition modeling)

해설 ① 광조형법은 액상 광폴리머에 레이저

정답 **14.** ① **15.** ① **16.** ② **17.** ③ **18.** ③

빔을 쬐어 굳히고 적층한다.

② 고체평면노광법은 광경화수지에 마스크를 통해 자외선을 노출시켜 층을 경화하여 적층시킨다.

③ 선택적레이저소결법은 플라스틱 분말에 리이저를 쏘아 소결하는 방식이다.

④ 용융－용착모델링법은 열가소성 플라스틱 필라멘트(광경화수지)를 재료로 하여 녹였다가 분사하여 적층시킨다.

19. 내연기관의 배기가스 유해성분에 대한 설명으로 옳지 않은 것은?

① 배기가스 재순환(EGR)율을 낮추면 질소산화물(NOx) 배출량이 감소한다.

② 3원 촉매(three way catalytic converter)는 일산화탄소(CO), 탄화수소(HC), 질소산화물(NOx)을 정화할 수 있는 촉매이다.

③ 경유 자동차의 배출가스 중에서 유해가스로 규제되는 성분 중 입자상 물질(PM : particulate matters)과 질소산화물(NOx)의 배출량이 많아 문제시되고 있다.

④ 매연여과장치(DPF : diesel particulate filter trap)는 디젤기관에서 배출되는 입자상 물질(PM)을 80 % 이상 저감할 수 있다.

해설 배기가스 재순환(EGR) 장치는 배기가스의 일부를 흡입 계통으로 재순환시키고 연소 시의 최고 온도를 내려 NOx의 생성을 적게 하는 장치이다. 배기가스 재순환(EGR)율을 낮추면 질소산화물(NOx) 배출량이 증가한다.

20. 전해연마(electrolytic polishing)의 특징으로 옳지 않은 것은?

① 미세한 버(burr) 제거 작업에도 사용된다.

② 복잡한 형상, 박판 부품의 연마가 가능하다.

③ 표면에 물리적인 힘을 가하지 않고 매끄러운 면을 얻을 수 있다.

④ 철강 재료는 불활성 탄소를 함유하고 있으므로 연마가 용이하다.

해설 철강 재료에는 불활성 탄소가 포함되어 있기 때문에 연마가 어려우며 유리탄소를 함유한 주철은 전해연마가 불가능하다. 즉, 탄소량이 적을수록 전해연마가 용이하다.

실전 모의고사

제1회 　　　　**기계일반**

1. 최초로 증기기관을 발명한 사람은?

① 베서머　　　　② 하그리브스
③ 와트　　　　　④ 윌킨슨
⑤ 모즐리

해설 제임스 와트는 세계 최초로 증기기관을 상용화하여 산업혁명을 일으켰다.

2. 다음 중 겹치기 저항 용접법이 아닌 것만 고르면?

ⓐ 플래시 용접	ⓑ 프로젝션 용접
ⓒ 충격 용접	ⓓ 스폿 용접
ⓔ 심 용접	ⓕ 업셋 용접

① ⓐ, ⓑ, ⓔ　　　② ⓐ, ⓒ, ⓕ
③ ⓑ, ⓓ, ⓔ　　　④ ⓒ, ⓓ, ⓔ
⑤ ⓓ, ⓔ, ⓕ

해설 저항 용접
　(1) 겹치기 저항 용접 : 점 용접, 심 용접, 프로젝션 용접
　(2) 맞대기 저항 용접 : 플래시 용접, 업셋 용접, 충격 용접

3. 스프링강에서 반드시 첨가해야 할 원소는 어느 것인가?

① Mn　　　② Al　　　③ Mg
④ Mo　　　⑤ Cu

해설 스프링강에는 탄성한계, 항복점이 높은 Si-Mn강이 사용된다.

4. 아세틸렌에 대한 설명으로 옳지 않은 것은?

① 무색, 무취의 기체이다.

② 불안정하여 폭발사고를 일으킬 수 있다.
③ 물에 카바이드를 작용하여 발생시킨다.
④ 공기보다 무거운 기체이다.
⑤ 아세톤에 가장 많이 용해된다.

해설 아세틸렌(C_2H_2)은 분자량이 26으로 공기(29)보다 가볍다.

5. 기어 소재의 지름을 구하는 공식 중 옳은 것은?

> D =기어 소재의 지름
> m =모듈
> Z =잇수

① $D = \dfrac{m}{Z}$　　　② $D = mZ$

③ $D = m(Z+2)$　　④ $D = Z(m+2)$

⑤ $D = \dfrac{Z}{m}$

6. 다음 중 다이캐스팅의 장점으로 옳지 않은 것은?

① 정도가 높고 주물 표면이 깨끗하다.
② 강도가 높다.
③ 얇은 주물의 주조가 가능하다.
④ 용융점이 높은 금속의 주조도 가능하다.
⑤ 대량, 고속생산이 가능하다.

해설 다이(die)의 내열강도 때문에 재료가 용융점이 낮은 알루미늄(Al), 아연(Zn), 주석(Sn)과 같은 비철금속에 제한된다.

7. 주물을 제작한 후 주물 표면의 모래를 제거하는 방법이 아닌 것은?

① 브러시 이용
② 숏 블라스트 이용

정답 1. ③　2. ②　3. ①　4. ④　5. ②　6. ④　7. ④

③ 텀블러 이용

④ 샌드 블렌더 이용

⑤ 하이드로 블라스트 이용

해설 주물 표면의 모래를 제거하는 방법
(1) 와이어 브러시 사용
(2) 공기, 물, 숏 블라스트 사용
(3) 텀블러 사용

8. 다음 설명에 해당하는 경도 시험법은 무엇인가?

- 끝에 다이아몬드가 부착된 해머를 시편의 표면에 낙하시켜 반발 높이를 측정한다.
- 경도 값은 해머의 낙하 높이와 반발 높이로 구해진다.
- 시편에는 경미한 압입자국이 생기고, 반발 높이가 높을수록 시편의 경도가 높다.

① Knoop　　　　② Vickers

③ Rockwell　　　④ Charpy

⑤ Shore

해설 쇼어 경도 (Shore hardness) : 작은 강구나 다이아몬드를 붙인 소형의 추(2.5 g)를 일정 높이(25 cm)에서 시험 표면에 낙하시켜, 그 튀어오르는 높이에 의해 경도를 측정하는 것으로서 오목 자국이 남지 않기 때문에 정밀품의 경도 시험에 널리 쓰인다.

9. 큰 토크를 전달할 수 있고 자동차의 속도 변환 기구에 주로 사용되는 것은?

① cone key　　　② spline

③ flat key　　　④ serration

⑤ woodruff key

해설 ① 원뿔 키(cone key) : 한 군데가 갈라진 원뿔통을 끼워 넣어 마찰력으로 고정시키며 축과 보스에 홈을 파지 않는다.
② 스플라인(spline) : 축의 둘레에 4~20개의 턱을 만들어 큰 회전력을 전달할 경우에 쓰인다.
③ 평 키(flat key) : 축은 자리만 편편하게

다듬고 보스에 홈을 판다.
④ 세레이션(serration) : 축에 작은 삼각형의 작은 이를 만들어 축과 보스를 고정시킨 것으로 같은 지름의 스플라인에 비해 많은 이가 있으므로 전동력이 크다.
⑤ 반달 키(woodruff key) : 홈에 키를 끼워 넣은 다음 보스를 밀어 넣는다.

10. 냉매를 사용하고 압축, 응축, 팽창, 증발의 과정으로 이루어진 냉동법은?

① 증기 압축식　　② 증기 분사식

③ 전자 냉동법　　④ 흡수식 냉동법

⑤ 공기 압축식

해설 증기 압축식 냉동법 : 전동기로 압축기를 운전하여 기체 상태인 냉매를 압축해서 응축기로 보내고, 이것을 냉동기 밖에 있는 물이나 공기 등으로 냉각해서 액화한다. 이 액체 상태로 된 냉매가 팽창 밸브에서 유량이 조정되면서 증발기로 분사되면 급팽창하여 기화하고, 증발기 주위로부터 열을 흡수하여 용기 속을 냉각한다. 기체로 된 냉매는 다시 압축기로 돌아와서 압축되어 액체 상태가 된다. 이와 같이 반복되는 압축·응축·팽창·증발의 4단계 변화를 냉동 사이클이라고 한다.

11. 다음 중 결합용 기계요소로만 바르게 묶인 것은?

① friction wheel, flange nut, sunk key, split pin

② triangular thread, universal joint, roller chain, clutch

③ drum brake, air spring, worm gear, spline

④ stud bolt, taper pin, electric clutch, cone brake

⑤ eye bolt, tangent key, welding joint, cap nut

정답 8. ⑤　9. ②　10. ①　11. ⑤

해설 ① 마찰차(friction wheel)–동력전달용, 플랜지 너트(flange nut)–결합용, 성크 키(sunk key)–결합용, 분할 핀(split pin)–결합용

② 삼각 나사(triangular thread)–결합용, 유니버설 조인트(universal joint)–동력전달용, 롤러 체인(roller chain)–동력전달용, 클러치(clutch)–동력전달용

③ 드럼 브레이크(drum brake)–제동용, 공기 스프링(air spring)–완충용, 웜 기어(worm gear)–동력전달용, 스플라인(spline)–결합용

④ 스터드 볼트(stud bolt)–결합용, 테이퍼 핀(taper pin)–결합용, 전자 클러치(electric clutch)–동력전달용, 원추 브레이크(cone brake)–제동용

⑤ 아이 볼트(eye bolt)–결합용, 접선 키(tangent key)–결합용, 용접 이음(welding joint)–결합용, 캡 너트(cap nut)–결합용

12. 다음 중 기계적 특수 가공으로 바르게 묶인 것은?

① 전해연마, 샌드 블라스트
② 전해연삭, 그릿 블라스트
③ 방전 가공, 그릿 블라스트
④ 방전 가공, 버니싱
⑤ 버핑, 쇼트 피닝

해설 기계적 특수 가공
(1) 연마 가공에 속하는 버핑 가공
(2) 입자의 마찰을 이용한 배럴 가공
(3) 분사 입자로 가공하는 쇼트 피닝
(4) 미립자의 피닝 작용을 이용한 액체 호닝
(5) 다듬질면의 가공도를 향상시키기 위한 버니싱

13. 푸아송 비 $\nu = 0.25$인 재료에서 세로 탄성계수(E)와 가로탄성계수(G)의 비(E/G)는?

① 2.4 ② 2.5 ③ 2.7
④ 3 ⑤ 3.2

해설 $G = \dfrac{E}{2(1+\nu)}$ 에서

$$\frac{E}{G} = 2(1+\nu) = 2(1+0.25) = 2.5$$

14. 다음 중 부력에 관한 설명으로 옳지 않은 것은?

① 부력은 배제된 유체의 무게중심을 통과하여 상향으로 작용한다.

② 유체 위에 떠 있는 물체에 작용하는 부력은 그 물체의 무게와 같다.

③ 일정한 밀도를 갖는 유체 내의 부력은 자유표면으로부터 거리가 멀어질수록 증가한다.

④ 유체 내 잠겨 있는 물체에 작용하는 부력은 그 물체에 의해 배제된 유체의 무게와 같다.

⑤ 무중력 상태에서는 무게가 작용하지 않기 때문에 유체의 압력이 없고 부력이 발생하지 않는다.

해설 일정한 밀도를 갖는 유체 내에서의 부력은 자유표면으로부터 거리와는 관계없고, 물체의 부피가 클수록 증가한다.

15. 구리 합금 중 가장 높은 경도와 강도를 갖고, 피로한도가 우수하여 고급 스프링에 사용되는 것은?

① Cu–Mn ② Cu–Si ③ Cu–Ag
④ Cu–Be ⑤ Cu–Cd

해설 베릴륨 청동 합금(Cu–Be)은 석출경화성이며, 구리 합금 중 가장 높은 경도와 강도를 얻을 수 있으나, 값이 비싸고 산화하기 쉬우며 경도가 커서 가공하기 곤란한 단점이 있다.

16. 무심연삭(centerless grinding machine)에서 지름이 300 mm, 회전수가 1500

rpm이고 경사각이 30°일 때 원주속도는 몇 m/min이 되는가? (단, $\pi = 3$으로 계산한다.)

① 22.5　　② 675　　③ 955

④ 1170　　⑤ 1350

해설　$V = \dfrac{\pi DN \sin\alpha}{1000}$

$= \dfrac{3 \times 300 \times 1500 \times \sin 30°}{1000} = 675 \, \text{m/min}$

17. 절삭온도와 절삭조건의 관계로 옳지 않은 설명은?

① 절삭속도의 증가는 칩으로 방출되는 열의 비율을 증가시킨다.

② 절삭온도는 절삭속도에 비례한다.

③ 절삭온도의 증가는 공구 연화, 공구 마멸 경감, 공구수명을 증가시킨다.

④ 절삭온도는 공작물의 경도와 강도가 크고 열전도도가 작을수록 상승한다.

⑤ 절삭가공 시 발생되는 경사면 상의 온도는 nose 부분의 약간 떨어진 부분에서 최고온도점을 달성한다.

해설　절삭온도의 증가는 공구를 연화시키고, 공구의 마멸을 촉진시키며, 공구수명을 감소시킨다.

18. 온도가 160℃ 변화할 때 정적 비열이 0.72 kJ/kg · ℃이다. 이 온도 변화에서 공기 2 kg의 내부에너지의 변화량(kJ)은 얼마인가?

① 204.2　　② 211.8　　③ 217.6

④ 223.2　　⑤ 230.4

해설　$\Delta U = m C_v \Delta T$

$= 2 \times 0.72 \times 160 = 230.4 \, \text{kJ}$

19. 다음 중 무차원 항이 아닌 것은?

① sound velocity

② specific gravity

③ Reynolds number

④ lift coefficient

⑤ pipe friction factor

해설　음속(sound velocity)의 단위는 m/s로 차원은 LT^{-1}이다.

20. 삼각형 단면의 밑변과 높이가 $b \times h = 12\,\text{cm} \times 24\,\text{cm}$일 때 밑변에 평행하고 도심을 지나는 축에 대한 2차 단면 모멘트는 몇 cm⁴인가?

① 1152　　② 2304　　③ 3456

④ 4608　　⑤ 13824

해설　$I = \dfrac{bh^3}{36} = \dfrac{12 \times 24^3}{36} = 4608 \, \text{cm}^4$

21. 세장비의 값이 목재 재료인 경우 몇 보다 작아야 하는가?

① 70　　② 80　　③ 90

④ 100　　⑤ 110

22. 다음 이상 유체를 정의한 것 중 옳은 설명은?

① 실제 유체이다.

② 뉴턴 유체이다.

③ 점성만 없는 유체이다.

④ 점성이 없고 비압축성인 유체이다.

⑤ 마찰이 있는 유체이다.

해설　이상 유체(ideal fluid)란 점성이 없고, 비압축성인 유체를 말하며, 실제 유체(real fluid)란 점성과 압축성을 동시에 가지는 유체를 말한다.

23. 제품 가공을 위한 성형 다이를 주축에 장착시키고, 소재의 판을 밀어붙인 후 회전시키면서 롤, 스틱으로 가압하여 성형한 가공법은?

---

① bulging　　　　② coining

③ spinning　　　　④ hydroforming

⑤ curling

해설 스피닝(spinning)은 선반의 주축과 같은 회전 축에 다이를 고정하고 그 다이에 블랭크를 심압대로 눌러 블랭크를 다이와 함께 회전시키면서 스틱이나 롤러로 원통형 제품을 성형하는 가공법이다.

24. 원판 클러치에서 큰 회전력을 전달하려고 할 때 관계가 없는 것은?

① 마찰면의 마찰계수를 크게 한다.

② 마찰면의 평균지름을 크게 한다.

③ 마찰면의 폭을 크게 한다.

④ 접촉압력을 크게 한다.

⑤ 마찰면의 원판 중앙에서 접촉한다.

25. 하중 $P = 400\,\text{N}$, 전단탄성계수 $G = 90\,\text{GPa}$, $R_1 = 30\,\text{mm}$, $R_2 = 45\,\text{mm}$, 감김 수 $n = 6$, 소선의 지름 $d = 8\,\text{mm}$일 때 원추 코일 스프링의 처짐량(mm)은 얼마인가?

① 16　　　　② 19　　　　③ 23

④ 28　　　　⑤ 34

해설 $\delta = \dfrac{16nP}{Gd^4}(R_1 + R_2)(R_1{}^2 + R_2{}^2)$

$= \dfrac{16 \times 6 \times 400}{90 \times 10^3 \times 8^4}(30 + 45)(30^2 + 45^2)$

$= 22.85 \fallingdotseq 23\,\text{mm}$

26. 플라이휠 속도 8 m/s, 비중 11일 때 회전에 의하여 링에 발생하는 인장응력(kPa)은?

① 704　　　　② 768　　　　③ 842

④ 900　　　　⑤ 972

해설 $\sigma_t = \dfrac{\gamma}{g}v^2 = \dfrac{11 \times 9800}{9.8} \times 8^2$

$= 704000\,\text{Pa} = 704\,\text{kPa}$

27. 다음 중 자유단조에 속하지 않는 것은 어느 것인가?

① 펀칭　　　　② 벤딩

③ 절단　　　　④ 드롭형 단조

⑤ 눌러 붙이기

해설 자유단조의 종류

(1) 늘리기(drawing down)

(2) 업세팅(upsetting, 눌러 붙이기)

(3) 단짓기(setting down)

(4) 굽히기(bending)

(5) 절단(cutting)

(6) 펀칭(punching)

28. 체인 전동에서 스프로킷 휠의 회전 반지름에 대한 설명으로 옳은 것은?

① 스프로킷 휠의 회전 반지름은 체인 1개의 회전을 주기로 계속 변동한다. 이때 최대 회전 반지름에 대한 최소 회전 반지름의 비는 $1 - \cos\dfrac{\pi}{Z}$이다. 여기서, Z는 스프로킷 휠의 잇수이다.

② 회전 반지름 변화와 관련된 속도 변동률(%)은 $100 \times \cos\dfrac{\pi}{Z}$이다.

③ 각속도가 일정한 경우 회전 반지름 변동에 따른 체인의 최대속도에 대한 최소속도의 비는 최대 회전 반지름에 대한 최소 회전 반지름의 비와 동일하다.

④ 체인의 평균속도(m/s)는 $\dfrac{NpZ}{6 \times 10^3}$이다. 여기서, N은 스프로킷 회전수(rpm), p는 체인의 피치(mm), Z는 스프로킷 휠의 잇수이다.

⑤ 스프로킷 휠의 속도 변동률이 클수록 장력의 변동이 작아지고 소음과 진동이 감쇠된다.

해설 ① 최대 회전 반지름에 대한 최소 회전

반지름의 비는 $\cos\dfrac{\pi}{Z}$이다.

② 회전 반지름 변화와 관련된 속도 변동률(%)은 $100\times\left(1-\cos\dfrac{\pi}{Z}\right)$이다.

④ 체인의 평균속도(m/s)는 $\dfrac{NpZ}{60000}$이다.

29. 다음 중 전압과 정압의 차이를 이용하여 유체의 속도를 측정하는 계측기는?

① 위어
② 열선 풍속계
③ 열선 유속계
④ U자관 마노미터
⑤ 피토 정압관

해설 피토 정압관은 피토관과 정압관을 결합시켜 유속을 측정할 수 있게 만든 것으로 전압과 정압의 차이, 즉 동압을 이용해 유속을 측정할 수 있다.

30. 다음 중 이상 Rankine 사이클과 Carnot 사이클의 유사성이 가장 큰 두 과정은?

① 등온가열, 등압방열
② 단열팽창, 등온방열
③ 단열압축, 등온가열
④ 단열압축, 등압방열
⑤ 단열팽창, 등적가열

해설 (1) Rankine 사이클 : 정압가열 → 단열팽창 → 정압방열 → 단열압축

(2) Carnot 사이클 : 단열압축 → 등온팽창 → 단열팽창 → 등온압축

31. WA48L6V라고 표시된 연삭 숫돌에서 잘못 표기된 것은?

① WA-숫돌 입자
② 48-입도
③ L-결합도
④ 6-입자
⑤ V-결합제

해설 WA : 입자(종류), 48 : 입도(보통), L : 결합도(보통), 6 : 조직(보통), V : 결합제(비트리파이드)

32. 2400 N의 하중이 작용하고 있는 너클 핀의 직경이 8 mm라고 할 때 너클 핀의 전단응력(N/mm²)은? (단, $\pi = 3$으로 계산한다.)

① 16
② 20
③ 25
④ 32
⑤ 36

해설 $\tau = \dfrac{P}{2A} = \dfrac{P}{2\times\dfrac{\pi d^2}{4}} = \dfrac{2P}{\pi d^2}$

$= \dfrac{2\times 2400}{3\times 8^2} = 25 \text{ N/mm}^2$

33. 다음 중 일반 열처리에 대한 설명으로 옳지 않게 말한 사람들을 모두 고르면?

- 소연 : 담금질을 하면 경도를 증가시키고 마텐자이트(M) 조직을 얻을 수 있는데, 마텐자이트는 침상조직이고 부식이 강하면서도 경도가 시멘타이트 다음으로 큰 거야.
- 현정 : 뜨임은 인성을 부여하고 스트레인을 증가시키기 위해 하는 열처리법이야. 그리고 마텐자이트 조직을 트루스타이트 조직으로 변화시키는 역할을 하는 거야.
- 유림 : 소둔이라고 하는 풀림을 하면 전연성을 증가시키고 내부응력을 제거시킬 수 있지, 게다가 기계적 성질을 향상시키고 흑연을 구상화시키기도 해.
- 세미 : 불림을 하면 미세한 소르바이트 조직을 얻음과 동시에 내부응력을 제거시키고 결정조직을 조대화시키는 과정을 통해 표준화를 해.

① 소연, 현정
② 소연, 세미
③ 현정, 유림
④ 현정, 세미
⑤ 유림, 세미

해설 뜨임(tempering)은 스트레인을 감소시키기 위한 열처리이며, 불림(normalizing)은 결정조직을 미세화시키는 열처리이다.

34. 250 mm의 사인 바로 12° 각을 만들 때, 게이지 블록의 높이는 $H = 64$ mm, $h = x$[mm]라고 한다. $\sin 12° = 0.208$

로 계산한다면 x의 값은 얼마인가?

① 10　　② 12　　③ 14
④ 16　　⑤ 18

해설 $\sin\phi = \dfrac{H-h}{L}$에 각 수치를 대입하면

$\sin 12° = \dfrac{64-x}{250} = 0.208$

$\therefore x = 12$

35. 유체 컨버터에 대한 특징 설명으로 틀린 것은?

① 무단 변속이 가능하다.
② 원동기와 종동기 모두 수명 연장을 할 수 있다.
③ 부하를 건 채로 원동기를 시동하는 것이 불가능하다.
④ 과부하로 인하여 기관이 정지하거나 손상되는 일이 없다.
⑤ 펌프, 스테이터, 터빈으로 구성되어 있다.

36. 작동유의 점도는 기계적 효율, 마찰손실, 발열량, 마모량 등 장치에 직접적인 영향을 미치므로 작동유의 인자 중 가장 중요한 것이다. 작동유의 점도가 너무 높을 경우의 영향이 아닌 것은?

① 캐비테이션의 발생률이 높아진다.
② 동력손실의 증가로 기계효율이 저하된다.
③ 유동저항의 증가로 인하여 압력손실이 증대된다.
④ 내부 마찰에 의한 온도가 상승된다.
⑤ 내부 오일 누설이 증대된다.

해설 작동유의 점도가 너무 낮을 경우의 영향
(1) 펌프 및 모터의 용적효율 저하
(2) 오일 누설 증대
(3) 압력 유지 곤란
(4) 마모 증대
(5) 압력 발생 저하로 정확한 작동 불가능

37. 그림과 같은 단순지지보에서 2 kN/m의 분포하중이 작용할 경우 중앙의 처짐이 0이 되도록 하기 위한 힘 P의 크기는 몇 kN인가?

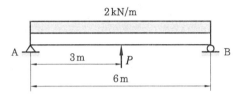

① 6　　② 6.5　　③ 7
④ 7.5　　⑤ 8

해설 $\dfrac{5wL^4}{384EI} = \dfrac{PL^3}{48EI}$

$P = \dfrac{5wL}{8} = \dfrac{5\times2\times6}{8} = 7.5\,\text{kN}$

38. 그림과 같은 유압 회로는 어떤 회로에 속하는가?

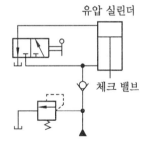

① 로크 회로
② 무부하 회로
③ 블리드 오프 회로
④ 어큐뮬레이터 회로
⑤ 릴리프 회로

해설 로크 회로 : 실린더 행정 중에 임의 위치에서, 혹은 행정 끝에서 실린더를 고정시켜 놓을 필요가 있을 때 피스톤의 이동을 방지하는 회로이다.

39. 주조 작업의 목형을 제작한다면 고려해야 할 사항과 거리가 먼 것은?

① 수축 여유   ② 팽창 여유

③ 구배 여유   ④ 코어 프린트

⑤ 기계가공 여유

해설 목형 제작 시 고려해야 할 사항

(1) 수축 여유   (2) 가공 여유

(3) 목형 구배   (4) 라운딩

(5) 덧붙임   (6) 코어 프린트

40. 칼라 베어링의 평균압력이 1.5 MPa, 중공축의 내경이 180 mm, 외경이 120 mm이고 $P = a^4$[kN]의 하중이 작용한다고 할 때 칼라의 개수는? (단, $\pi = 3$으로 계산하고, a의 값은 볼베어링의 지수와 같다.)

① 2   ② 3   ③ 4

④ 5   ⑤ 6

해설 $P_m = \dfrac{P}{\dfrac{\pi}{4}(d_2^2 - d_1^2)Z}$ 에서

$$Z = \dfrac{P}{\dfrac{\pi}{4}(d_2^2 - d_1^2)P_m}$$

$$= \dfrac{81000}{\dfrac{3}{4} \times (180^2 - 120^2) \times 1.5} = 4$$

※ a = 볼베어링의 지수 = 3

$P = 3^4 = 81$ kN

제2회   **기계일반**

1. 다음 그림과 같은 사다리꼴 단면의 높이는 6 cm이고 $X-X'$ 축과 일치한 사다리꼴의 치수는 윗변의 치수보다 2.5배가 더 길다고 할 때 윗변의 치수는 4 cm이다. 이때 $X-X'$ 축에 대한 단면 2차 모멘트는 몇 cm^{4}가 되는가?

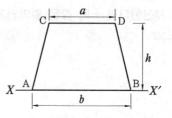

① 372   ② 384   ③ 396

④ 408   ⑤ 420

해설 $I = \dfrac{h^3}{12}(b + 3a) = \dfrac{6^3}{12}(10 + 3 \times 4)$

$$= 396 \text{ cm}^4$$

※ $b = 2.5a = 2.5 \times 4 = 10$ cm

2. 다음 중 재료의 기계적 성질과 그 특성에 대하여 설명이 잘못된 것은?

① 강도 : 재료에 외력을 가하면 변형되거나 파괴가 될 때 외력에 대한 최대 저항력

② 전성 : 재료에 외력을 가하면 얇은 판으로 넓게 펼 수 있는 성질

③ 연성 : 재료를 잡아당겼을 때 가느다란 선으로 늘어나는 성질

④ 경도 : 재료의 단단한 정도를 표시하는 성질

⑤ 항복점 : 재료에 하중을 증가시키면 재료가 늘어나는 현상

해설 재료에 하중을 증가시키면 재료가 늘어나는 현상을 크리프(creep)라 하고, 항복점이란 탄성한도 이상에서 외력을 가하지 않도록 늘어나는 현상을 말한다.

3. 정압비열이 216 J/kg · K이고 정적비열이 150 J/kg · K인 이상기체의 비열비를 A, 기체상수를 B라고 할 때 $B\sqrt{A}$의 값은?

① 45.83   ② 55   ③ 66

④ 79.2   ⑤ 95.04

해설 비열비 $k = A = \dfrac{C_p}{C_v} = \dfrac{216}{150} = 1.44$

$$\therefore \sqrt{A} = 1.2$$

기체상수 $R = B = C_p - C_v$

$$= 216 - 150 = 66$$

$$\therefore B = 66$$

$$B\sqrt{A} = 66 \times 1.2 = 79.2$$

4. $\sigma_x = 750\,\mathrm{MPa}$, $\sigma_y = -450\,\mathrm{MPa}$이 작용하는 평면응력 상태에서 최대 수직응력 $\alpha\,[\mathrm{MPa}]$와 최대 전단응력 $\beta\,[\mathrm{MPa}]$에 대하여 $\alpha - \beta$의 값은?

① 50　　　　② 100　　　　③ 150

④ 200　　　　⑤ 250

해설 $\sigma_{\max} = \alpha = 750\,\mathrm{MPa}$

$$\tau_{\max} = \beta = \frac{1}{2}(\sigma_x - \sigma_y)$$

$$= \frac{1}{2}(750 + 450) = 600\,\mathrm{MPa}$$

$$\therefore \alpha - \beta = 750 - 600 = 150$$

5. 다음 보기에서 냉동사이클에 대한 설명으로 옳지 않은 것은 모두 몇 개인가?

─〈보기〉─

㉠ 열기관의 이상 사이클인 카르노 사이클을 역방향으로 한 사이클은 공기 냉동기의 표준 사이클이다.

㉡ 응축기의 온도가 일정할 경우 증발기의 온도가 높을수록 성적계수가 감소한다.

㉢ 흡수식 냉동사이클의 성능계수는 압축식 냉동장치의 성능계수와 비슷하고 흡수기 내부는 진공 상태로 되어 있다.

㉣ 이원 냉동 사이클은 이단 압축 사이클보다 높은 온도를 얻을 목적으로 사용한다.

㉤ 어떤 냉장고의 질량유량이 90 kg/h인 냉매가 15 kJ/kg의 엔탈피로 들어가고 엔탈피가 38 kJ/kg이 되어 나오면 이 냉장고의 냉동능력은 1분당 36.5 kJ이다.

① 5　　　　② 4　　　　③ 3

④ 2　　　　⑤ 1

해설 ㉠ 카르노 사이클의 역방향 사이클은 역카르노 사이클이고, 이는 냉동기의 이상 사이클이다.

㉢ 흡수식 냉동사이클은 암모니아와 같이 열에너지를 흡수하고 압축식 냉동사이클은 증발기의 냉매를 고온으로 압축시키므로 성능계수의 차이는 냉매와 흡수제 냉동기의 크기에 따라 달라진다.

㉣ 이원 냉동 사이클은 이단 압축 사이클보다 낮은 온도를 얻을 목적으로 사용한다.

㉤ 냉동능력 q_2

$$= \dot{m}\Delta h = 90(38 - 15) = 2070\,\mathrm{kJ/h}$$

1분 단위로 표현한 냉장고의 냉동능력은

$$q_2 = \frac{2070}{60} = 34.5\,\mathrm{kJ/min}$$

6. 지름이 20 cm이고 레이놀즈수가 38416인 난류 유동에서의 관 마찰계수 값에 10000을 곱한 값은 얼마인가?

① 116　　　　② 126　　　　③ 166

④ 216　　　　⑤ 226

해설 $f = \dfrac{0.3164}{\sqrt[4]{Re}} = \dfrac{0.3164}{\sqrt[4]{38416}}$

$$= \frac{0.3164}{14} = 0.0226$$

$$\therefore f \times 10000 = 0.0226 \times 10000 = 226$$

7. From the following example, choose the type of attenuation that most closely matches the description.

When the door is tightly closed, the damping force is constant due to friction between the dried surfaces, such as when the door vibrates several times and then gradually stops moving.

① coulomb　　　　② hysteric

③ critical　　　　④ viscous

정답 **4.** ③　**5.** ②　**6.** ⑤　**7.** ①

⑤ proportional

해설 원문 해석

(1) 문제 : 다음 보기에서 설명과 가장 밀접한 감쇠의 종류를 고르시오.

(2) 보기 내용 : 문을 세게 닫으면 몇 번 진동하다가 점차 움직임이 잦아들면서 멈추는 현상과 같이 건조된 면 사이의 마찰로 인하여 감쇠력이 일정하다.

(3) 선지

① 쿨롱 ② 히스테릭

③ 크리티컬 ④ 점성

⑤ 비례

→ 쿨롱 감쇠는 건조한 고체면의 미끄럼마찰에 의한 건성 저항으로 진동의 진폭이 감소되는 현상을 말한다.

8. 전해연마에 대한 특징으로 옳지 않은 것은?

① 철과 강은 다른 금속에 비하여 전해연마가 쉽다.

② 가공표면의 변질층이 없고 가공면에 방향성이 없다.

③ 광택이 매우 좋고 내식성과 내마멸성이 우수하다.

④ 복잡한 형상도 연마가 가능하다.

⑤ 연마량이 적어 깊은 상처가 발생하면 제거하기가 곤란하다.

해설 철과 강은 다른 금속에 비하여 전해연마가 어려운 단점을 갖는다.

9. 압력 제어 밸브의 종류와 그 특징에 대한 설명으로 옳지 않은 것은?

① 시퀀스 밸브는 두 개 이상의 분기 회로에서 실린더나 모터의 작동 순서를 부여한다.

② 유체 퓨즈는 미리 설정한 압력에 달하면 격막이 파괴되어 회로의 최고 압

력이 한정된다.

③ 릴리프 밸브는 과부하를 제거해주고 유압 회로의 압력 설정치까지 일정하게 유지시킨다.

④ 리듀싱 밸브는 회로 내 압력이 설정 압력에 이르러 동력 절감을 시도할 경우에 사용된다.

⑤ 카운터 밸런스 밸브는 회로의 일부에 배압을 발생시키고자 할 때 사용한다.

해설 리듀싱 밸브(감압 밸브)는 유압 회로에서 어떤 부분 회로의 압력을 주회로의 압력보다 저압으로 하여 사용하려는 목적이 있을 경우 사용하는 밸브이며, 회로 내 압력이 설정 압력에 이르러 동력 절감을 시도할 경우에 사용되는 밸브는 언로딩 밸브(무부하 밸브)이다.

10. 그림과 같은 구조물에 20 kN의 하중이 작용하고 있다면 하중 P는 몇 kN인가? (단, $\alpha = 120°$이다.)

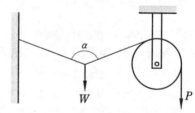

① 10 ② 20 ③ 25

④ 40 ⑤ 80

해설 $\Sigma Y = 0$

$2P\cos\dfrac{\alpha}{2} - W = 0$에서

$P = \dfrac{W}{2\cos\dfrac{\alpha}{2}} = \dfrac{20}{2\cos\dfrac{120°}{2}} = 20\,\text{kN}$

11. 그림과 같이 사잇각이 직각인 이등변 삼각형 모양 위어의 폭이 1.5 m, 수심이 2 m일 때 유량은 $Q = \dfrac{p}{q}\sqrt{5}\,[\text{m}^3/\text{s}]$이다.

이때 $p+q$의 값은 얼마인가? (단, 유량계수는 1이고 중력가속도 $g=9.8$ m/s^{2}으로 계산한다.)

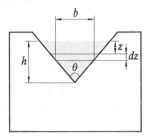

① 133   ② 223   ③ 333

④ 433   ⑤ 523

해설 일반적으로 유량계수 $C=1$을 적용하고, 사잇각은 직각이므로 θ는 $90°$임을 알 수 있다. 삼각위어의 유량 공식은 다음과 같다.

$$Q=\frac{8}{15}C\tan\frac{\theta}{2}\sqrt{2gH^5}\,[\text{m}^3/\text{min}]$$

상기 식에 미지수를 대입하여 계산하면

$$Q=\frac{8}{15}\times1\times\tan\frac{90°}{2}\times\sqrt{2\times9.8\times2^5}$$
$$=\frac{8}{15}\times\tan45°\times\sqrt{\frac{3136}{5}}$$
$$=\frac{8}{15}\times1\times\frac{56}{\sqrt5}=\frac{448}{15\sqrt5}$$
$$=\frac{448}{15\times5}\sqrt5=\frac{448}{75}\sqrt5$$

$p=448$, $q=75$
$$\therefore\ p+q=448+75=523$$

12. 뚜껑이 열린 큰 탱크 속에 물이 들어 있을 때 자유 표면에서 62 cm 위치에 단면적이 0.4 m^{2}인 노즐을 통하여 물이 대기 중으로 분출한다면 마찰손실을 무시한다는 전제 조건이 있다고 가정할 때 탱크가 받는 추력은 몇 kN인가? (단, 중력가속도 $g=10$ m/s^{2}으로 계산한다.)

① 3.2   ② 3.72

③ 4.24   ④ 4.96

⑤ 5.28

해설 토리첼리에 의한 노즐의 출구속도
$$V_2=V=\sqrt{2gh}\,[\text{m/s}]$$

추력 $F=\rho QV=\rho AV^2$에 출구속도 V_2를 대입한다.
$$F=\rho A(\sqrt{2gh})^2=\rho A\cdot2gh=2\gamma Ah\,[\text{N}]$$
$$(\gamma=\rho g)$$
$$\gamma=\rho g=10^3\text{kg/m}^3\times10\,\text{m/s}^2$$
$$=10^4\text{N/m}^3=10\,\text{kN/m}^3$$
$$\therefore\ F=2\times10\times0.4\times0.62=4.96\,\text{kN}$$

13. 어떤 내연기관의 간극체적이 행정체적의 20 %일 때 이 내연기관의 압축비는 얼마인가?

① 5   ② 6   ③ 7

④ 8   ⑤ 9

해설 $\varepsilon=\dfrac{\text{실린더 체적}}{\text{통극 체적}}=\dfrac{V_c+V_s}{V_c}=1+\dfrac{V_s}{V_c}$

$$=1+\frac{1}{0.2}=6$$

$$※\ \frac{V_c}{V_s}=0.2$$

14. 다음은 두 학생들이 과제를 해결하기 위하여 문제들을 각각 분담하여 풀이하기로 했다. 두 학생들의 대화를 참고하여 각각 계산한 x, y에 대하여 xy의 값은 얼마인가?

> • 두영 : 지름이 40 mm인 전동축에 조립된 성크 키가 압축저항이나 전단저항 모두 동일한 토크를 전달할 때 압축저항이 32 MPa에 대한 키의 측면적(mm^2)은 전단저항이 20 MPa에 대한 키의 측면적(mm^2)의 x배이다.
>
> • 혜민 : 체인 길이가 2772 mm이고 피치가 16.5 mm인 실무에서 사용하기에 적합한 링크의 개수는 y개이다.

① 170   ② 180   ③ 190

④ 200   ⑤ 210

정답 12. ④   13. ②   14. ⑤

해설 (1) 압축저항을 받는 키의 측면적 $h \times l$

$$= \frac{4T}{\sigma_k d}[\text{mm}^2]$$

전단저항을 받는 키의 측면적 $b \times l$

$$= \frac{2T}{\tau_k d}[\text{mm}^2]$$

$$\frac{4T}{\sigma_k d} = x \times \frac{2T}{\tau_k d}, \quad \frac{4}{32} = x \times \frac{2}{20}$$

$$\therefore \ x = 1.25$$

(2) $L_n = \dfrac{L}{p} = \dfrac{2772}{16.5} = 168$개

$$\therefore \ y = 168$$

$$\rightarrow xy = 1.25 \times 168 = 210$$

15. 다음 중 액정 폴리머의 특징으로 옳지 않은 것은?

① 성형수축률이 높다.

② 고정밀도의 성형품을 얻을 수 있다.

③ 난연소성이고 내가수분해성이 우수하다.

④ 강도와 탄성계수가 우수하다.

⑤ 자동차수송기기 분야에 사용된다.

해설 액정 폴리머는 성형수축률 및 선팽창률이 낮다.

16. '스크롤 척(scroll chuck)'이라고도 불리는 만능 척의 기능을 하는 이 척은 3개의 jaw가 동시에 움직이도록 되어 있어 원형, 정삼각형의 공작물을 고정하는 데 편리한 이 척은 무엇인가?

① 복동 척   ② 연동 척

③ 단동 척   ④ 콜릿 척

⑤ 압축공기 척

해설 ① 복동 척 : 양용 척과 동의어, 조(jaw)를 개별적으로 조절하는 장치

③ 단동 척 : 4개의 조가 각각 단독으로 움직일 수 있어 불규칙한 일감을 고정하는 데 편리한 척

④ 콜릿 척 : 자동 선반·터릿(turret) 선반 등에 있어서 주축을 통하여 봉재를 물

릴 때에 사용하는 척

⑤ 압축공기 척 : 압축공기를 이용하여 조를 자동으로 움직여 공작물을 고정시키는 척(고정력은 공기의 압력으로 조정 가능)

17. 다음 그림과 같은 부정정보에 32 kN의 하중이 작용할 때 전체 4 m 길이 보의 고정단에 작용하는 모멘트는 몇 kN·m 인가?

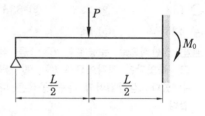

① 8   ② 16   ③ 20

④ 24   ⑤ 32

해설 $M_0 = \dfrac{3}{16}PL = \dfrac{3}{16} \times 32 \times 4 = 24\,\text{k}\cdot\text{m}$

18. 어느 완전가스가 등온하에서 초기 압력이 600 kPa, 초기 체적이 0.7 m³인 상태에서 2배 팽창하였을 때 밀폐계가 하는 일량 $_1W_2 = a \ln b[\text{kJ}]$이 된다면 ab의 값은 얼마인가?

① 180   ② 300   ③ 420

④ 600   ⑤ 840

해설 $_1W_2 = p_1 v_1 \ln \dfrac{v_2}{v_1}$

$$= 600 \times 0.7 \times \ln \frac{2v_1}{v_1} = 420 \ln 2$$

$$a = 420, \ b = 2$$

$$\therefore \ ab = 420 \times 2 = 840$$

19. 1자유도계 기계 부품이 조화가진력을 받을 때 고유진동수가 105 rad/s이고 이에 대한 반동력점 주파수가 각각 102

rad/s와 108 rad/s로 측정되었다면 이 계의 최대 증폭률은 얼마인가?

① 3.5 ② 17.5 ③ 21

④ 35 ⑤ 70

[해설] 감쇠비 $\zeta \cong \dfrac{\omega_2 - \omega_1}{2\omega_n} = \dfrac{108 - 102}{2 \times 105} = \dfrac{1}{35}$

최대 증폭률 $Q \cong \dfrac{1}{2\zeta} = \dfrac{35}{2} = 17.5$

20. 곡선반경이 45 m인 구간에 자동차가 달리고 있다. 자동차의 횡방향 가속도는 9.8 m/s²이라고 할 때 자동차의 가속도를 초과하지 않도록 달릴 수 있는 최대속도는 몇 km/h인가?

① 57.6 ② 64.8 ③ 68.4

④ 72 ⑤ 75.6

[해설] 지면으로부터 떨어지지 않고 달리려면 법선가속도의 식은 다음과 같이 되어야 한다.

$a_n = r\omega^2 = \dfrac{V^2}{r} = g$의 조건을 만족하기 위해서는 $V \geq \sqrt{rg} = \sqrt{\rho g}$ 식이 성립해야 한다. 미지수를 대입하여 계산하면

$V = \sqrt{45 \times 9.8} = 21$ m/s이므로 km/h로 환산하면 다음과 같다.

$21 \text{ m/s} \times 1 \text{ km}/1000 \text{ m} \times 3600 \text{ s}/1 \text{ h}$
$= 75.6 \text{ km/h}$

21. 그림과 같은 유압 기호의 명칭은 무엇인가?

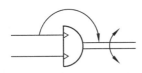

① A fluctuating type of air pressure actuator

② A fluctuating type of hydraulic actuator

③ Variable electronic actuator

④ A fixed displacement pump and motor

⑤ Variable capacity pump and motor

[해설] 선지 해석

① 요동형 공기압 액추에이터

② 요동형 유압 액추에이터

③ 가변식 전자 액추에이터

④ 정용량형 펌프와 모터

⑤ 가변용량형 펌프와 모터

22. 경계층 밖의 유속은 u_∞, 물체 표면에서의 거리는 y, 경계층의 두께를 δ라고 할 때 경계층 내 흐름의 속도는 다음의 식과 같이 표현된다고 할 때 경계층의 배제두께는 최종적으로 $\dfrac{\delta}{A}$의 값이 도출된다고 한다. 이때 A의 값은 얼마인가?

$$u = u_\infty \left\{ 1 - \left(1 - \dfrac{y}{\delta} \right)^2 \right\}$$

① 5 ② 4 ③ 3 ④ 2 ⑤ 1

[해설] 배제두께 $\delta^* = \displaystyle\int_0^\delta \left(1 - \dfrac{u}{u_\infty} \right) dy$에서

$\dfrac{u}{u_\infty} = \left\{ 1 - \left(1 - \dfrac{y}{\delta} \right)^2 \right\}$을 대입한다.

본 전개식에 대입하여

$\delta^* = \displaystyle\int_0^\delta \left\{ 1 - \dfrac{2y}{\delta} + \left(\dfrac{y}{\delta} \right)^2 \right\} dy$ 식을 적분한다.

$\left[y - \dfrac{y^2}{\delta} + \dfrac{y^3}{3\delta^2} \right]_0^\delta = \delta - \delta + \dfrac{\delta}{3} = \dfrac{\delta}{3}$

$\therefore A = 3$

23. 뜨임온도가 높을수록 경도가 감소하고, 연성이 증가되어 기계적 성질의 가감이 가능해진다. 뜨임할 때 표면에 생기는 산화피막의 색에 의하여 그 정도를 알 수 있을 때 뜨임온도가 320℃라면 무슨 색인가?

① 황갈색　② 암청색　③ 담회청색

④ 회색　⑤ 담황색

해설 뜨임 온도에 따른 뜨임 색상

뜨임 온도(℃)	뜨임색
200	담황색
220	황색
240	갈색
260	황갈색
280	적갈색
290	암청색
300	청색
320	담회청색
350	회청색
400	회색

24. 랭킨 사이클의 각 점에 대하여 엔탈피가 보기와 같을 때 펌프 동력을 고려한 이론적인 열효율은 몇 %인가 ?

<보기>

- 보일러 입구 : 100 kJ/kg
- 보일러 출구 : 1350 kJ/kg
- 응축기 입구 : 930 kJ/kg
- 응축기 출구 : 80 kJ/kg

① 30　② 32　③ 34　④ 36　⑤ 38

해설 열효율(η)

$$= \frac{\text{터빈일량} - \text{펌프일량}}{\text{정압가열량}}$$

$$= \frac{(h_3 - h_4) - (h_2 - h_1)}{(h_3 - h_2)}$$

$$= \frac{(1350 - 930) - (100 - 80)}{1350 - 100}$$

$$= 0.32 = 32\%$$

25. 불규칙한 형상이나 곡면 등을 밀링 절삭 가공으로 절삭할 때 사용하는 밀링 커터는 무엇인가 ?

① 정면 커터　② 플라이 커터

③ 총형 커터　④ 플레인 커터

⑤ 엔드밀

해설 ① 정면 커터 : 주로 수직 밀링 머신에서 사용하며 넓은 평면 가공에 사용된다.

② 플라이 커터 : 아버에 고정하여 사용하는 단인공구이며, 절삭날을 요구하는 형상으로 연삭하여 사용한다.

③ 총형 커터 : 기어의 이 모양과 같이 공작물의 형상과 동일한 윤곽을 가진 커터로 회전축과 직각방향의 절삭깊이를 주고 이송을 하여 가공한다.

④ 플레인 커터 : 원통 외주면에만 절삭날을 갖고 있고 평면 가공에 사용된다.

⑤ 엔드밀 : 원기둥 및 밑면에 바이트가 있고 홈 절삭 및 측면 절삭 등에 사용된다.

26. 그림과 같은 원기둥의 반지름이 6 m 이고 높이는 반지름의 길이의 2.5배일 때 질량이 8 kg인 원기둥의 x축에 대한 관성 모멘트는 몇 kg·m²인가 ?

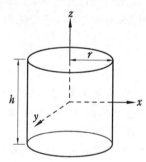

① 111　② 222　③ 333

④ 444　⑤ 555

해설 $I_x = I_y = \dfrac{1}{12} m (3r^2 + h^2)$

$$= \frac{1}{12} \times 8 \times (3 \times 6^2 + 15^2) = 222 \text{ kg} \cdot \text{m}^2$$

27. 그림과 같이 높이와 수평 길이가 모두 3 m인 형태로 폭이 75 cm인 L형 수문이 힌지로 연결되어 있을 경우 수문이 닫힌 상태를 유지하기 위하여 수문의 끝에 가해야하는 힘은 몇 kN인가 ? (단, 중력가속도 $g = 9.8$ m/s²으로 계산한다.)

정답　24. ②　25. ③　26. ②　27. ④

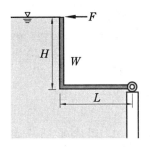

① 132.3   ② 66.15   ③ 33.08

④ 44.1   ⑤ 41.4

해설 (1) 수압에 의한 힘

$$F_h = \frac{1}{2}\rho g H^2 b = \frac{1}{2} \times 10^3 \times 9.8 \times 3^2 \times 0.75$$

$$= 33075\,\text{N}$$

$$F_v = \rho g H L b = 10^3 \times 9.8 \times 3 \times 3 \times 0.75$$

$$= 66150\,\text{N}$$

(2) 두 힘에 의하여 힌지에 발생하는 모멘트

$$M = \frac{1}{3}HF_h + \frac{1}{2}LF_v$$

$$= \frac{1}{3} \times 3 \times 33075 + \frac{1}{2} \times 3 \times 66150$$

$$= 132300\,\text{N} \cdot \text{m}$$

(3) 필요한 저항 모멘트를 발생시키는 힘

$F \times H = M$에서

$$F = \frac{M}{H} = \frac{132300}{3} = 44100\,\text{N} = 44.1\,\text{kN}$$

28. 그림과 같이 이축응력을 받고 있는 요소의 탄성계수는 $E = 2 \times 10^6$ MPa이고, 푸아송 비 $\nu = 0.28$ 이라면 체적변형률은 $a \times 10^{-b}$이다. 이때 ab의 값은 얼마인가?

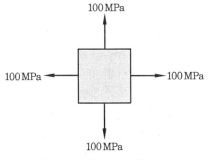

① 56   ② 44   ③ 28   ④ 22   ⑤ 16

해설 체적변형률 $\varepsilon_v = \dfrac{1-2\nu}{E}(\sigma_x + \sigma_y)$

$$= \frac{1-2 \times 0.28}{2 \times 10^6} \times (100 + 100)$$

$$= 4.4 \times 10^{-5}$$

$$a = 4.4, \quad b = 5$$

$$\therefore \ ab = 4.4 \times 5 = 22$$

29. H형 단면의 단순보가 그림과 같이 등분포하중 $w = 12\,\text{N/m}$를 받고 단면 2차 모멘트는 $3.75 \times 10^4\,\text{mm}^4$인 보의 높이가 100 mm일 때 최대 굽힘응력은 몇 MPa 인가?

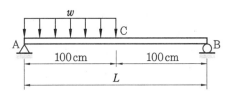

① 375   ② 750   ③ 625

④ 187.5   ⑤ 312.5

해설 $R_A \times 2 - 10 \times 1 \times 1.5 = 0$

$$\therefore \ R_A = 7.5\,\text{N}$$

A점으로부터 x만큼 떨어진 곳의 전단력

$$F_x = R_A - wx = 7.5 - 12x$$

최대 모멘트의 위치는 $F_x = 0$인 곳에서 발생하므로 $7.5 - 12x = 0$

$$\therefore \ x = 0.625\,\text{m}$$

$$M_x = R_A x - \frac{wx^2}{2}$$

$$= 7.5 \times 0.625 - \frac{12 \times 0.625^2}{2}$$

$$= 2.34375 = \frac{75}{32}\,\text{N} \cdot \text{m}$$

$$Z = \frac{I}{e} = \frac{3.75 \times 10^{-4}}{\dfrac{100 \times 10^{-3}}{2}} = 7.5 \times 10^{-3}\,\text{m}^3$$

$$\therefore \ \sigma_{\max} = \frac{M_x}{Z} = \frac{75}{32} \times \frac{1}{7.5 \times 10^{-3}}$$

$$= 312.5\,\text{MPa}$$

정답 **28.** ④   **29.** ⑤

30. 압력을 크게 저하시켜 동작유체의 증발을 목적으로 하는 과정을 무엇이라 하는가?

① 정적   ② 교축   ③ 단열
④ 정온   ⑤ 폴리트로픽

31. 개수로의 흐름에 대한 설명으로 옳은 것은?

① 수력구배선은 자유표면과 일치한다.
② 수력구배선은 에너지선과 일치한다.
③ 에너지선은 자유표면과 일치한다.
④ 개수로 흐름의 대부분은 층류이다.
⑤ 수력구배선은 에너지선과 항상 평행이다.

[해설] 개수로의 흐름은 대부분 난류로 수력구배선은 자유표면과 일치하며 에너지선은 자유표면에서 속도수두 $\dfrac{V^2}{2g}$ 만큼 위에 있다.

32. 라이너식과 비교한 일체식 실린더의 장점으로 잘못 서술한 것은?

① 냉각수 유출의 염려가 없다.
② 가공성 및 강도가 양호하다.
③ 부품수가 적고 무게가 가볍다.
④ 내마멸성이 더 우수하다.
⑤ 소형화가 가능하다.

[해설] 일체식 실린더의 내마멸성은 라이너식과 비교하면 더 저하된다.

33. 지름이 12 mm이고 길이가 2.5 m인 원형 막대 봉을 한 끝은 고정하고 타단은 자유롭게 설계하여 5°만큼 비틀 경우 막대 봉에 발생하는 최대 전단응력은 몇 MPa인가? (단, 전단탄성계수는 80 GPa이고, $\pi = 3$으로 계산한다.)

① 12   ② 14   ③ 16
④ 18   ⑤ 20

[해설] 비틀림 응력 τ
$$= \frac{Gr\theta}{l} = \frac{80 \times 10^3 \times 12 \times 10^{-3} \times 5}{2 \times 2.5} \times \frac{3}{180}$$
$$= 16 \text{ MPa}$$

34. 다음 보기의 식에 대한 설명으로 옳지 않은 것은?

---〈보기〉---
$$e = \frac{V_2' - V_1'}{V_1 - V_2}$$

① 물체의 충돌 전후 속도의 비율을 나타내는 계수이다.
② 이 계수는 항상 0과 1 사이 범위의 수로 이 계수가 1인 경우에는 탄성 충돌을 한다.
③ 이 계수에 대한 속도는 벡터이므로 한 방향은 양수, 다른 방향은 음수로 정의된다.
④ V_1은 첫 번째 물체, V_2는 두 번째 물체가 충돌하기 직전의 속도를 의미한다.
⑤ 이 식에는 질량이 들어가지 않아 운동량과 연관되지 않는다.

[해설] 반발계수란 물체의 충돌 전후 속도의 비율을 나타내는 척도(계수)로 반발계수가 1인 물체는 탄성 충돌을 하며, 반발계수가 1보다 작은 물체는 비탄성 충돌을 한다. 이 계수에 대한 속도는 벡터이므로 한 방향은 양수, 다른 방향은 음수로 정의된다. 문제에 제시된 식에서 V_1'은 첫 번째 물체가 충돌한 직후의 속도, V_2'은 두 번째 물체가 충돌한 직후의 속도, V_1은 첫 번째 물체가 충돌하기 직전의 속도, V_2는 두 번째 물체가 충돌하기 직전의 속도를 의미한다. 또한 방정식에서 질량은 인자에 포함되지 않지만 최종 속도가 질량에 연관되므로 여전히 운동량과 관계가 있다.

[정답] **30.** ② **31.** ① **32.** ④ **33.** ③ **34.** ⑤

35. 지름이 8 mm인 물방울의 내부 압력이 40 Pa일 때 그림과 같이 관의 지름 4 mm인 원통 모세관에서 액주계의 높이 h 는 몇 mm인가? (단, $\cos 10° = 0.985$, 중력가속도 $g = 10 \text{ m/s}^2$으로 계산한다.)

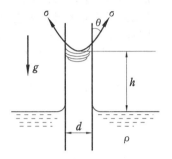

① 6.56   ② 7   ③ 7.44
④ 7.88   ⑤ 8.32

해설 물방울의 표면 장력(σ)

$$= \frac{\Delta Pd}{4} = \frac{40 \times 8 \times 10^{-3}}{4} = 0.08 \text{ N/m}$$

액주계의 높이(h)

$$= \frac{4\sigma \cos \beta}{\gamma d} = \frac{4\sigma \cos \beta}{\rho g d}$$

$$= \frac{4 \times 0.08 \cos 10°}{1000 \times 10 \times 4 \times 10^{-3}} = 7.88 \text{ mm}$$

36. 엑서지(exergy)에 관한 설명으로 옳지 않은 것은?

① 이 용어의 정의는 에너지원에서 얻을 수 있는 최대 유용일을 의미한다.

② 화학적 불활성 상태인 주변 환경에 영향을 미친다.

③ 전기적, 자기적, 표면 장력 등이 균형을 이루고 있는 상태이다.

④ 엑서지율(exergy ratio)은 보유한 에너지의 유용도를 의미한다.

⑤ 에너지원의 상태에서 사장 상태(dead state)로 나아가는 과정에서 최대로 얻는다.

해설 엑서지란 어떤 주어진 상태의 에너지원이 환경 상태와 열역학적 평형 상태에 도달할 때까지 얻을 수 있는 최대 일의 양을 의미한다. 결국, 에너지원에서 얻을 수 있는 최대 유용일과 동일한 의미로 해석할 수 있고 '가용에너지'라고도 불린다. 엑서지를 분석하기 위해서는 우선 사장 상태(dead stat)를 선정해 주어야 하는데 계가 주위와 열역학적 평형을 이루고 있으면 사장 상태에 있다고 해석한다. 이 경우 열교환이나 일의 변화가 존재하지 않으므로 화학적 불활성 상태라면 주변 환경에 영향을 미치지 않는다. 이뿐만 아니라 이 상태는 전기적, 자기적, 표면 장력 등 주변 환경이 동일하여 모두 균형을 이루고 있다.

37. 길이가 5 m인 원형 단면의 기둥이 장주가 되기 위한 지름의 범위가 $d \boxed{} x$ [mm]이다. 이때 ☐ 안에 들어갈 적합한 부등호와 x의 값은 어느 것인가?

① $\leq$, $x = 500$ ② $\leq$, $x = 250$
③ $\leq$, $x = 125$ ④ $\geq$, $x = 125$
⑤ $\geq$, $x = 250$

해설 장주가 되기 위해서는 세장비 $\lambda \geq 160$의 조건을 만족해야 한다.

원형 기둥의 최소 회전반경 K

$$= \sqrt{\frac{I}{A}} = \sqrt{\frac{\frac{\pi d^4}{64}}{\frac{\pi d^2}{4}}} = \sqrt{\frac{d^2}{16}} = \frac{d}{4}$$

세장비의 공식 $\lambda = \dfrac{l}{K}$에

K를 대입하면 $\lambda = \dfrac{4l}{d}$

$160 \leq \dfrac{4l}{d}$ 에서

$d \leq \dfrac{4 \times 5}{160} = 0.125 \text{ m} = 125 \text{ mm}$

따라서 ☐ 안에 들어갈 부등호는 $\leq$, $x = 125$이다.

38. Read the following text and choose the one that is not contextually correct.

In general, since a metal has a high deformation resistance, it is not easy to form a desired shape, and thus the liquid metal is injected into a mold to be manufactured by dissolving a metal in a solid state in a liquid state having a low deformation resistance and ⓐ melted. In order to make castings, molds must be made, and the technology called casting is still ⓑ widely used in mass production products through processing methods that existed before ancient times. Casting is easy to produce large and complex shapes, but compared to castings, the dimensions are more ⓒ accurate, the machined surface is clean, and the plasticity that increases mechanical properties is almost ⓓ opposite to casting. Plasticity refers to the characteristic of a material that causes permanent deformation when deformed by applying force. When the clay is touched, its shape changes and remains deformed even when the hands are removed. For example, plasticity, which is one of the important characteristic in plastic working, is the characteristic of being deformed by the tempering of a hammer. The deformation that remains after the load is completely removed is called permanent deformation or residual deformation. In particular, since this characteristic means of ⓔ easiness in processing, it is used importantly in metal processing.

① ⓐ　② ⓑ　③ ⓒ　④ ⓓ　⑤ ⓔ

해설 원문 해석
(a) 문제 : 다음 글을 읽고 문맥상으로 올바르지 않은 하나를 고르시오.
(b) 보기 내용 : 금속은 일반적으로 변형저항이 크기 때문에 원하는 형태로 만들기 쉽지 않아 주조 공정을 통하여 고체 상태의 금속을 변형저항이 작은 액체

상태로 용해하여 만들고자 하는 모양의 주형에 이 액체 금속을 주입하고 ⓐ 용해시켜서 원하는 모양의 제품을 한 번에 만들어낸다. 주물을 만들기 위해서는 주형을 만들어야 하는데 고대 이전부터 있던 가공 방법으로 지금도 주조라는 기술을 대량생산 제품에 ⓑ 폭넓게 활용되고 있다. 주조는 크고 복잡한 형상의 제작이 용이하지만 주물에 비하여 치수가 ⓒ 정확하면서 가공면이 깨끗하고 기계적 성질을 증대시키는 소성의 경우 주조와 거의 ⓓ 상반되는 성질을 갖고 있다. 소성이란 힘을 가하여 변형시킬 때, 영구 변형을 일으키는 물질의 특성을 가리킨다. 점토를 손으로 만지면 그 모양이 변하여 손을 치워도 변형된 채로 남는 것이 그 예로 소성가공에 중요한 성질 중 하나인 해머의 단련에 의하여 변형되는 성질인 가소성이다. 하중을 완전히 제거한 후에도 남아 있는 변형을 영구 변형 또는 잔류 변형이라고 한다. 특히, 이 특성은 가공 ⓔ 용이성을 의미하므로, 금속 가공에서 중요하게 쓰이고 있다.

※ 문맥상 올바르지 않은 내용 : ⓐ 용해시켜서(melted) → 응고시켜서(coagulated)

39. 자연의 어떤 물리적 현상에 관여하는 물리량은 n개이고 이들 물리량들의 기본 차원의 수를 m개라고 할 때 물리 현상을 나타내는 버킹엄의 π 정리에 의한 독립 무차원수의 개수를 바르게 표현한 것은?

① $\dfrac{m}{n}$　② mn　③ $m+n$

④ $m-n$　⑤ $n-m$

해설 버킹엄의 파이(π) 정리
무차원수의 개수(π)
= 물리량의 개수(n) - 기본 차원의 개수(m)

40. 다음 중 용어와 그 정의에 대한 설명으로 잘못 서술한 것은?

① 비열 : 단위 질량의 어떤 물질의 온도를 단위 온도만큼 올리는 데 필요한 열량

② 엔탈피 : 물체의 열적 상태를 나타내는 물리량의 하나

③ 상태량 : 물질계 또는 장(場)의 거시적 상태에 대하여 정해진 값을 취하는 양

④ 이상기체 : 무질서하게 운동하는 원자 혹은 분자로 이루어진 가상의 기체

⑤ 내부에너지 : 시스템을 구성하는 입자의 미시적인 에너지

해설 물체의 열적 상태를 나타내는 물리량의 하나는 '무질서도'의 동의어인 엔트로피를 의미한다. 엔탈피는 에너지를 나타내는 척도인 '질서도'와 동의어이다.

제 3 회 **기계일반**

1. 질량이 10 kg이고 온도가 100℃인 금속을 질량이 2 kg이고 온도가 20℃인 물속에 넣었더니 전체가 균일한 온도 50℃로 되었다면 이 금속의 비열은 몇 kJ/kg · ℃인가? (단, 물의 비열은 4.2 kJ/kg · ℃이다.)

① 0.504   ② 0.512   ③ 0.52

④ 0.528   ⑤ 0.536

해설 $Q_1 = Q_2$에서

$$m_1 C_1 (t_1 - t_m) = m_2 C_2 (t_m - t_2)$$

$$C_1 = \frac{m_2 C_2 (t_m - t_2)}{m_1 (t_1 - t_m)}$$

$$= \frac{2 \times 4.2 \times (50 - 20)}{10 \times (100 - 50)} = 0.504 \text{ kJ/kg} \cdot ℃$$

2. 공작물은 수평면의 회전 테이블에 고정되고 공구는 높이를 조절할 수 있는 크로스 레일(cross rail)을 움직여 이송하는

보링 머신의 명칭은 ?

① jig   ② vertical

③ horizontal   ④ fine

⑤ deep hole

해설 ① 지그 보링 머신 : 지그로 다수의 구멍을 매우 정확한 위치에 정밀한 구멍 뚫기 혹은 보링 가공을 하는 보링 머신

② 직립 보행 머신 : 공작물은 수평면의 회전 테이블에 고정되고 공구는 높이를 조절할 수 있는 크로스 레일을 움직여 이송하는 보링 머신

③ 수평 보링 머신 : 주축이 수평으로 설치된 보링 머신으로 가장 많이 사용된다.

④ 정밀 보링 머신 : 고속경절삭으로 정밀한 보링을 하는 보링 머신으로 다이아몬드나 초경합금 공구를 사용한다.

⑤ 심공 보링 머신 : 절삭공구는 회전하지 않고 공작물이 직접 회전하는 보링 머신 (구멍깊이가 구멍지름의 10~20배일 때)

3. 그림과 같은 단면의 단면 상승모멘트는 몇 mm⁴인가? (단, 모든 치수 길이에 대한 단위는 mm이다.)

① 3240000   ② 8437500

③ 11676000   ④ 11677500

⑤ 16666000

해설

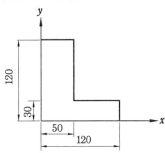

$$I_{xyA} = Ax_1y_1 = 120 \times 30 \times \frac{120}{2} \times \frac{30}{2}$$
$$= 3240000 \text{ mm}^4$$

$$I_{xyB} = Ax_2y_2 = 90 \times 50 \times \frac{50}{2} \times \left(30 + \frac{90}{2}\right)$$
$$= 8437500 \text{ mm}^4$$

$$\therefore I = I_{xyA} + I_{xyB} = 3240000 + 8437500$$
$$= 11677500 \text{ mm}^4$$

4. 상대조도만에 의하여 좌우되는 경우 사용되는 관 마찰계수 공식이 바르게 표현된 것은? (단, 레이놀즈수는 Re, 모래알의 직경은 e, 관의 직경은 d이다.)

① $f = \dfrac{24}{Re}$

② $f = \dfrac{64}{Re}$

③ $f = \dfrac{0.3164}{\sqrt[4]{Re}}$

④ $f = \dfrac{1}{1.14 - 0.86 \ln \dfrac{e}{d}}$

⑤ $f = \left(\dfrac{1}{1.14 - 0.86 \ln \dfrac{e}{d}}\right)^2$

해설 (1) 관 마찰계수가 레이놀즈수만에 의하여 좌우되는 매끈한 관 : $f = \dfrac{0.3164}{\sqrt[4]{Re}}$

(2) 관 마찰계수가 상대조도만에 의하여 좌우되는 거친 관 : $f = \left(\dfrac{1}{1.14 - 0.86 \ln \dfrac{e}{d}}\right)^2$

5. 세라믹에 함유된 불순물에 의하여 가장 크게 영향을 받는 기계적 성질은?

① 종파단강도   ② 횡파단강도
③ 탄성한도   ④ 고온경도
⑤ 항복강도

해설 세라믹은 충격을 받으면 금속처럼 부서지는 것이 아닌 쉽게 깨지는 성질로 인하여 횡파단강도에 가장 큰 영향을 미친다.

6. 그림과 같이 질량이 5 kg, 감쇠계수가 80 N · s/m, 스프링 상수가 32 kN/m인 1 자유도 계에서 $F = 70 \sin 60t$[N]으로 가진할 경우 출력변위의 크기는 몇 m인가? (단, 시간 t의 단위는 s이다.)

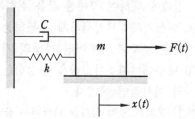

① $\dfrac{7}{1480}$ ② $\dfrac{7}{2960}$ ③ $\dfrac{5}{148}$

④ $\dfrac{5}{296}$ ⑤ $\dfrac{3}{74}$

해설 운동방정식 $m\ddot{x} + C\dot{x} + kx = F_0 e^{iwt}$

$$\ddot{x} + 2\zeta\omega_n\dot{x} + \omega_n^2 x = \frac{F_0}{m} e^{iwt}$$

비감쇠 고유진동수 ω_n

$$= \sqrt{\frac{k}{m}} = \sqrt{\frac{32 \times 10^3}{5}} = 80 \text{ rad/s}$$

감쇠비 ζ

$$= \frac{C}{\sqrt{4mk}} = \frac{80}{\sqrt{4 \times 5 \times 32 \times 10^3}} = 0.1$$

$F = 70 \sin 60t$[N]에서 $F_0 = 70$, $\omega = 60$

$$|X| = \frac{F_0}{m} \cdot \frac{1}{\sqrt{(\omega_n^2 - \omega^2)^2 + (2\zeta\omega_n\omega)^2}}$$

$$= \frac{70}{5} \times \frac{1}{\sqrt{(80^2 - 60^2)^2 + (2 \times 0.1 \times 80 \times 60)^2}}$$

$$= 14 \times \frac{1}{2960} = \frac{7}{1480} \text{ m}$$

7. 다음 그림과 같이 외팔보의 자유단에 4 kN/m의 분포하중이 작용할 때, 지점 A 에서 발생하는 모멘트를 p[kN · m], 중간점 C에서 발생하는 모멘트를 q[kN · m] 라고 한다면 보 길이 $L_1 = L_2 = 2$ m이

다. 이때 $p+q$의 값은 얼마인가?

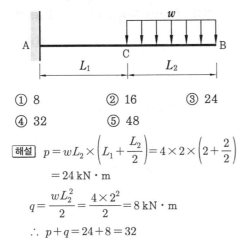

① 8   ② 16   ③ 24

④ 32   ⑤ 48

해설 $p = wL_2 \times \left(L_1 + \dfrac{L_2}{2} \right) = 4 \times 2 \times \left(2 + \dfrac{2}{2} \right)$

$\qquad = 24 \, \text{kN} \cdot \text{m}$

$\qquad q = \dfrac{wL_2^2}{2} = \dfrac{4 \times 2^2}{2} = 8 \, \text{kN} \cdot \text{m}$

$\qquad \therefore \ p + q = 24 + 8 = 32$

8. 그림과 같이 동일 차종 자동차 B, C가 브레이크가 풀린 상태로 정지하고 있다. 자동차 A가 1.6 m/s의 속력으로 B와 충돌하면, 이후 B와 C가 다시 충돌하게 되어 결국 3대의 자동차가 연쇄 충돌하게 된다고 할 때 B와 C가 충돌한 직후의 자동차 B와 C의 속도에 대하여 옳게 서술한 것은?(단, 모든 자동차 사이의 반발계수는 $e = 0.8$, 모든 자동차는 같은 종류로 질량이 같다.)

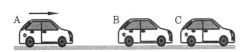

① 자동차 B의 속도가 자동차 C의 속도보다 0.144 m/s만큼 더 빠르다.

② 자동차 B의 속도가 자동차 C의 속도보다 0.144 m/s만큼 더 느리다.

③ 자동차 B의 속도가 자동차 C의 속도보다 0.144 m/s만큼 더 빠르다.

④ 자동차 B의 속도가 자동차 C의 속도보다 0.144 m/s만큼 더 느리다.

⑤ 자동차 B의 속도가 자동차 C의 속도보다 0.144 m/s만큼 더 빠르다.

해설 (1) 충돌 후 B의 속도 V_B'은 다음과 같은 식으로 계산할 수 있다.

$$V_B' = V_B + \frac{m_A}{m_A + m_B}(1+e)(V_A - V_B)$$

에서 $V_B = 0$이다.

$$V_B' = \frac{m_A V_A}{m_A + m_B}(1+e)$$

$$= \frac{1}{2} \times 1.6 \times (1+0.8) = 1.44 \, \text{m/s}$$

(2) 충돌 후 C의 속도 V_C'은 다음과 같은 식으로 계산할 수 있다.

$$V_C' = V_C + \frac{m_B'}{m_B' + m_C}(1+e)(V_B' - V_C)$$

에서 $V_C = 0$이다.

$$V_C' = \frac{m_B' V_B'}{m_B' + m_C}(1+e)$$

$$= \frac{1}{2} \times 1.44 \times (1+0.8) = 1.296 \, \text{m/s}$$

결국, 충돌 후의 자동차 속도는 V_B'가 V_C'보다 $1.44 - 1.296 = 0.144 \, \text{m/s}$만큼 더 빠른 것을 알 수 있다.

9. 어떤 열기관이 1기압하에서 물의 빙점과 비등점 사이에서 작동할 때 최대 열효율과 공기가 등압하에서 공급한 열량이 전부 일로 변환되었을 때의 효율 차이는 약 몇 %p인가?(단, 소수점 둘째 자리에서 반올림하여 소수점 첫째 자리에서 계산한다.)

① 1   ② 1.5   ③ 1.8

④ 2   ⑤ 2.5

해설 (1) 1기압하에서 물의 빙점과 비등점 사이에서 작동할 때 최대 열효율은 카르노 사이클의 최대 효율과 동일한 의미로 해석한다. 물의 빙점은 0℃(=273 K), 비등점은 100℃(=373 K)이므로 카르노 사이클 열효율의 공식을 적용하여 계산한다.

$$\eta_c = 1 - \frac{T_2}{T_1} = 1 - \frac{273}{373} = 0.268 = 26.8 \%$$

(2) 공기가 등압하에서 공급한 열량이 전부 일로 변환되었을 때의 효율은 다음과 같다.

공기의 비열비 $k = 1.4$

정압인 경우 $p = C$, $dp = 0$

$\delta q = dh - Apdv$에서

$Apdv = 0$으로 $\delta q = C_p dT$

$$_1q_2 = C_p(T_2 - T_1) = \frac{kR}{k-1}(T_2 - T_1)$$

$$_1w_2 = \int_1^2 p\,dv = p(v_2 - v_1) = R(T_2 - T_1)$$

$$\eta = \frac{출력}{입력} = \frac{_1w_2}{_1q_2} = \frac{R(T_2 - T_1)}{\frac{kR}{k-1}(T_2 - T_1)}$$

$$= \frac{k-1}{k} = \frac{1.4-1}{1.4} = 0.286 = 28.6\%$$

$$\therefore 28.6 - 26.8 = 1.8\%\,\text{p}$$

10. 3차원 유동의 속도장이 $V = x\,i - 2y\,j + 3z\,k$이라고 할 때 점 (1, 4, 9)를 지나는 유선의 방정식으로 보기에서 옳게 표현된 것만을 모두 고르면?

<보기>

㉠ $x^2 y = 2$	㉡ $x^2 y = 4$
㉢ $x = \sqrt[3]{3z}$	㉣ $3x = \sqrt[3]{3z}$

① ㉡ 　② ㉠, ㉢ 　③ ㉠, ㉣

④ ㉡, ㉢ 　⑤ ㉡, ㉣

[해설] 유선의 방정식 $\dfrac{dx}{u} = \dfrac{dy}{v} = \dfrac{dz}{w}$

$$\rightarrow \frac{dx}{x} = \frac{dy}{-2y} = \frac{dz}{3z}$$

우선, $\dfrac{dx}{x} = \dfrac{dy}{-2y}$에서

$$\frac{dx}{x} + \frac{dy}{2y} = 0 \cdots ①$$

양변을 적분하면

$$\ln x + \ln\sqrt{y} = \ln C_1 \cdots ②$$

② 식을 정리하면 $\ln x\sqrt{y} = \ln C_1$

$$\therefore x\sqrt{y} = C_1 \cdots ③$$

③ 식에 대하여 점 (1, 4)를 지나므로 대입

하면 $1\sqrt{4} = C_1$ $\therefore C_1 = 2$

결국, ③ 식에 대한 방정식은 $x\sqrt{y} = 2$

다음, $\dfrac{dx}{x} = \dfrac{dz}{3z}$에서 $3z = t$로 치환하고

$z = \dfrac{t}{3}$ 식을 이용한다.

양변을 t에 대하여 미분하면 $\dfrac{dz}{dt} = \dfrac{1}{3}$이

되고 $dz = \dfrac{dt}{3}$ 식을 얻는다,

$\dfrac{dx}{x} = \dfrac{dt}{3t}$에서 $\dfrac{dx}{x} - \dfrac{dt}{3t} = 0 \cdots ④$

양변을 적분하면

$$\ln x - \frac{1}{3}\ln t = \ln C_2 \cdots ⑤$$

⑤ 식을 정리하면 $\ln \dfrac{x}{\sqrt[3]{t}} = \ln C_2$

$$\therefore \frac{x}{\sqrt[3]{t}} = C_2 \cdots ⑥$$

$3z = t$를 다시 환원시키면

⑥ 식은 $\dfrac{x}{\sqrt[3]{3z}} = C_2$

⑥ 식에 대하여 점 (1, 9)를 지나므로 대입

하면 $\dfrac{1}{\sqrt[3]{27}} = C_2$ $\therefore C_2 = \dfrac{1}{3}$

결국, ⑥ 식에 대한 방정식은 $\dfrac{x}{\sqrt[3]{3z}} = \dfrac{1}{3}$

따라서 최종적으로 얻는 두 식은

$$x\sqrt{y} = 2, \quad \frac{x}{\sqrt[3]{3z}} = \frac{1}{3}$$

$$\therefore x^2 y = 4, \quad 3x = \sqrt[3]{3z}$$

11. 3줄 웜의 회전수가 3000 rpm을 웜휠로 60 rpm으로 감속시킬 때 웜휠의 잇수는?

① 50 　② 100 　③ 150

④ 200 　⑤ 250

[해설] $i = \dfrac{Z_w}{Z_g} = \dfrac{N_g}{N_w}$

$$\frac{3000}{60} = \frac{Z_w}{3}에서 \ Z_w = 150$$

12. 다음 중 화염경화법의 장점에 해당하지 않는 것은?

① 모든 재질에 담금질이 가능하다.

② 가열온도가 정확하게 측정된다.

③ 담금질 깊이 조절이 가능하다.

④ 장치가 간단하고 설비비가 저렴하다.

⑤ 담금질 변형을 일으키는 경우가 적다.

해설 화염경화법은 가열온도가 정확하게 측정되지 못하여 담금질에 숙련을 요하는 단점이 있다.

13. 셰이퍼의 행정이 400 mm, 바이트의 왕복횟수가 54회/min, 행정의 시간 비는 $\frac{3}{5}$일 때 절삭속도는 α[m/min], 알루미늄 합금을 직경 10 mm인 드릴로 0.12 mm/rev의 이송속도로 가공할 때 드릴 축이 480 rpm으로 회전한다면 드릴의 MRR은 β[mm³/s]이다. 이때 $\frac{\beta}{\alpha}$의 값은 얼마인가? (단, $\pi=3$으로 계산한다.)

① 1   ② 2   ③ 3

④ 4   ⑤ 5

해설 (1) 셰이퍼의 절삭속도 α[m/min]

$$V = \alpha = \frac{Nl}{1000a} = \frac{400 \times 54}{1000 \times \frac{3}{5}} = 36\,\mathrm{m/min}$$

(2) 드릴의 금속 제거율 β[mm³/s]

$$MRR = \beta = NfA$$
$$= \frac{480}{60} \times 0.12 \times \frac{3}{4} \times 10^2 = 72\,\mathrm{mm^3/s}$$
$$\therefore \frac{\beta}{\alpha} = \frac{72}{36} = 2$$

※ MRR(metal removal rate)이란 금속 제거율을 의미하며 단위 시간당 절삭부 피로 나타낸다.

14. 다음 중 냉매 R134a의 분자식으로 옳은 것은?

① CCl_3F ② CH_2CClF_3

③ CH_2FCF_3 ④ CCl_2F_2

⑤ CCl_2FCF_3

해설 CH_2FCF_3의 구조식

※ 냉매번호 표기법

$R-xyz$에서 x : 탄소 원자수 -1

$\qquad\qquad\quad$ y : 수소 원자수 $+1$

$\qquad\qquad\quad$ z : 불소 원자수

15. 그림과 같은 구조물에서 하중이 작용하는 위치에서 일어나는 처짐의 크기는?

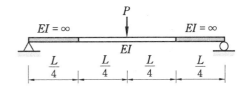

① $\dfrac{PL^3}{384EI}$ ② $\dfrac{3PL^3}{384EI}$ ③ $\dfrac{5PL^3}{384EI}$

④ $\dfrac{7PL^3}{384EI}$ ⑤ $\dfrac{9PL^3}{384EI}$

해설 $EI=\infty$인 경우 탄성하중은 0이므로 보 중앙에 탄성하중이 작용한다. 보의 힌지로 지지하는 부분을 A, 롤러로 지지하는 부분을 B, 보 중앙에 작용하는 힘이 존재하는 부분을 C로 가정한다.

(1) $\Sigma M_B = 0$

$$R_A L - \left(\frac{PL}{8EI} - \frac{L}{2}\right) \times \frac{L}{2}$$
$$-\left(\frac{1}{2} \times \frac{PL}{8EI} \times \frac{L}{2}\right) \times \frac{L}{2} = 0$$
$$\therefore R_A = \frac{3PL^2}{64EI}$$

(2) $\Sigma M_C = 0 \rightarrow \delta_C$

$$\delta_C = \frac{3PL^2}{64EI} \times \frac{L}{2} - \left(\frac{PL}{8EI} \times \frac{L}{4}\right) \times \left(\frac{L}{4} \times \frac{1}{2}\right)$$

$$-\left(\frac{1}{2}\times\frac{PL}{8EI}\times\frac{L}{4}\right)\times\left(\frac{L}{4}\times\frac{1}{3}\right)$$

$$=\frac{3PL^3}{128EI}-\frac{PL^3}{256EI}-\frac{PL^3}{768EI}=\frac{7PL^3}{384EI}$$

16. 그림과 같은 진동계에서 질량이 3 kg, 스프링 상수가 7.2 kN/m일 때 고유진동수는 $\frac{A}{\pi}$[Hz]이다. 이때 A의 값은?

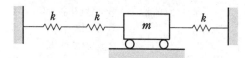

① 15   ② 18   ③ 25
④ 30   ⑤ 32

해설 진동계에서 질량의 좌측에 매달린 두 개의 합성 스프링 상수는 직렬로 연결되어 있고 합성 스프링 상수는 다음과 같다.

$$\frac{1}{k_{eq}}=\frac{1}{k}+\frac{1}{k}=\frac{2}{k}$$

$$\therefore\ k_{eq}=\frac{k}{2}$$

우측에 매달린 하나의 스프링과 좌측 합성 스프링은 병렬연결이므로 등가 스프링 상수를 구하면 다음과 같다.

$$k_{eq}=k+\frac{k}{2}=\frac{3}{2}k$$

등가 스프링 상수 및 주어진 미지수를 대입하여 고유진동수를 구한다.

$$f_n=\frac{1}{2\pi}\sqrt{\frac{k_{eq}}{m}}=\frac{1}{2\pi}\sqrt{\frac{3k}{2m}}$$

$$=\frac{1}{2\pi}\sqrt{\frac{3\times7.2\times10^3}{2\times3}}=\frac{\sqrt{3600}}{2\pi}=\frac{60}{2\pi}$$

$$=\frac{30}{\pi}=\frac{A}{\pi}$$

$$\therefore\ A=30$$

17. 압력 P, 속도 V, 중력가속도 g, 길이 L, 유량 Q, 밀도 ρ, 점성계수 μ, 힘 F 에서 다음 보기 중 무차원수가 아닌 것을 모두 고르면?

〈보기〉

ⓐ $\dfrac{V^2}{gL}$ ⓑ $\dfrac{\rho V^6}{gF}$ ⓒ $\dfrac{Q^2}{gL^6}$

ⓓ $\dfrac{g^2F}{\rho V^6}$ ⓔ $\dfrac{PL^3}{\mu Q}$

① ⓐ, ⓑ   ② ⓑ, ⓒ   ③ ⓑ, ⓓ
④ ⓒ, ⓔ   ⑤ ⓓ, ⓔ

해설 ⓐ $\dfrac{V^2}{gL}=\dfrac{(\text{m/s})^2}{(\text{m/s}^2)\cdot\text{m}}=1=$ 무차원수

ⓑ $\dfrac{\rho V^6}{gF}=\dfrac{(\text{kg/m}^3)\cdot(\text{m/s})^6}{(\text{m/s}^2)\cdot(\text{kg}\cdot\text{m/s}^2)}=\text{m/s}^2$

ⓒ $\dfrac{Q^2}{gL^6}=\dfrac{(\text{m}^3/\text{s})^2}{(\text{m/s}^2)\cdot\text{m}^6}=1/\text{m}$

ⓓ $\dfrac{g^2F}{\rho V^6}=\dfrac{(\text{m/s}^2)\cdot(\text{kg}\cdot\text{m/s}^2)}{(\text{kg/m}^3)\cdot(\text{m/s})^6}$
$\qquad=1=$ 무차원수

ⓔ $\dfrac{PL^3}{\mu Q}=\dfrac{(\text{kg/m}\cdot\text{s}^2)\cdot\text{m}^3}{(\text{kg/m}\cdot\text{s})\cdot(\text{m}^3/\text{s})}$
$\qquad=1=$ 무차원수

18. 베인 펌프의 특징에 대한 설명으로 옳지 않은 것은?
① 토출압력의 맥동과 소음이 적다.
② 단위무게당 용량이 크다.
③ 압력 저하량과 기동 토크가 크다.
④ 다른 펌프에 비하여 부품수가 적다.
⑤ 작동유의 점도에 제한이 있다.

해설 베인 펌프는 압력 저하량과 기동 토크가 작아 베인의 마모로 인한 압력 저하가 적게 되므로 수명이 길다.

19. 조수 간만의 주기가 12시간인 항구의 모형을 900 : 1로 축소 제작하려고 한다면 모형 항구 조수 간만의 주기는 몇 분이 되는가?
① 24   ② 30   ③ 36
④ 42   ⑤ 48

[해설] $\left(\dfrac{V}{\sqrt{gl}}\right)_p = \left(\dfrac{V}{\sqrt{gl}}\right)_m$ 에서

$\left(\dfrac{V_p}{V_m}\right)^2 = \dfrac{l_p}{l_m} = \dfrac{900}{1}$

$\therefore \ \dfrac{V_p}{V_m} = 30$

$\dfrac{V_p}{V_m} = \dfrac{\dfrac{l_p}{T_p}}{\dfrac{l_m}{T_m}}$ 에서 $30 = \dfrac{\dfrac{900}{12}}{\dfrac{1}{T_m}} = \dfrac{900\,T_m}{12}$

$\therefore \ T_m = 0.4$ 시간

0.4시간을 분으로 환산하면 $60 \times 0.4 = 24$ 분이 된다.

20. 피스톤 – 실린더로 구성된 용기 내부에 들어 있는 이상 기체가 100 kPa, 300 K인 상태로 가역 단열 압축하여 압력이 4배 팽창하였다. 기체의 정적 비열을 0.75 kJ/kg · K, 비열비를 2로 계산한다면 기체의 1 kg당 필요한 압축일은 몇 kJ이 되는가?

① 165   ② 180   ③ 200

④ 210   ⑤ 225

[해설] 공업일 $W_t = \dfrac{mkR}{k-1}(T_1 - T_2)$

$= \dfrac{mkRT_1}{k-1}\left(1 - \dfrac{T_1}{T_2}\right)$

$= \dfrac{mkRT_1}{k-1}\left[1 - \left(\dfrac{P_2}{P_1}\right)^{\frac{k-1}{k}}\right]$

$= mkC_v T_1\left[1 - \left(\dfrac{P_2}{P_1}\right)^{\frac{k-1}{k}}\right]$

$= 1 \times 2 \times 0.75 \times 300 \times \left\{1 - \left(\dfrac{400}{100}\right)^{\frac{2-1}{2}}\right\}$

$= 1 \times 2 \times 0.75 \times 300 \times (1 - 2)$

$= -450 \text{ kJ}$

$W_t = k \cdot {}_1W_2$ 에서

압축일 ${}_1W_2 = \dfrac{W_t}{k} = \dfrac{-450}{2} = -225 \text{ kJ}$

21. 다음 세 학생들의 대화를 참고하면 괄호 안의 모든 숫자 값의 합은 얼마인가?

- 아라 : 금속의 물리적 성질 중 하나인 열전도율은 길이 ( )cm에 대하여 ( )℃ 온도차가 있을 때 ( )cm²의 단면적을 통하여 1초 사이에 전달되는 열량을 의미한다. 순도가 높은 금속일수록 열전도율이 더 좋은 특성을 갖게 된다.
- 아리 : 입방체의 각 모서리에 각 한 개씩의 원자와 입방체의 중심에 한 개의 원자가 존재하는 매우 간단한 결정격자 구조의 인접 원자 수는 ( )개, 격자 내의 원자 수는 ( )개이다.
- 아름 : 선철을 용해하는 데 사용하는 용광로의 크기는 ( )시간 동안 생산된 선철의 무게를 톤으로 표시하고 합금강을 용해하는 데 사용하는 도가니로의 크기는 ( )회에 용해할 수 있는 구리의 중량을 번호로 표시한다.

① 15   ② 17   ③ 38   ④ 42   ⑤ 44

[해설] (1) 열전도율은 길이 1 cm에 대하여 1℃ 온도차가 있을 때 1 cm²의 단면적을 통하여 1초 사이에 전달되는 열량을 의미한다.

(2) 입방체의 각 모서리에 각 한 개씩의 원자와 입방체의 중심에 한 개의 원자가 존재하는 매우 간단한 결정격자 구조의 인접 원자 수는 8개, 격자 내의 원자 수는 2개이다.

(3) 선철을 용해하는 데 사용하는 용광로의 크기는 24시간 동안 생산된 선철의 무게를 톤으로 표시하고 합금강을 용해하는 데 사용하는 도가니로의 크기는 1회에 용해할 수 있는 구리의 중량을 번호로 표시한다.

$\therefore \ 1 + 1 + 1 + 8 + 2 + 24 + 1 = 38$

22. 결합도에 따라 연삭 숫돌의 기준을 정할 때 단단한 숫돌의 조건으로 잘못 서술

된 것은?

① 연한 재료를 연삭할 경우

② 원주 속도가 빠를 경우

③ 연삭 깊이가 얕을 경우

④ 접촉 면적이 작을 경우

⑤ 재료 표면이 거친 경우

[해설] 결합도에 따른 연삭 숫돌의 선택 기준

구분	결합도 높은 숫돌 (단단한 숫돌)	결합도 낮은 숫돌 (연한 숫돌)
재료	연한 재료의 연삭	단단한 재료의 연삭
원주 속도	느릴 때	빠를 때
연삭 깊이	얕을 때	깊을 때
접촉 면적	작을 때	클 때
재료 표면 정도	거칠 때	치밀할 때

23. 그림과 같이 바닥은 고정되어 있고, 상단은 자유로운 기둥의 좌굴형상에 대하여 기둥의 전체 길이는 6 m일 때 단면의 규격은 20 cm × 30 cm이라면 임계 좌굴 하중은 몇 kN인가? (단, 탄성계수는 200 GPa, $\pi^2 = 10$으로 계산한다.)

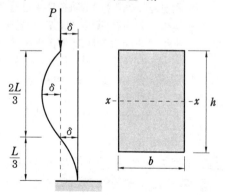

① 6.25　　② 25　　③ 37.5

④ 56.25　　⑤ 62.5

[해설] $I = \dfrac{bh^3}{12} = \dfrac{0.2 \times 0.3^3}{12} = 4.5 \times 10^{-4} \, \text{m}^4$

$$P_B = \frac{n\pi^2 EI}{l_k} = \frac{n\pi^2 EI}{\left(\dfrac{2}{3}l\right)^2}$$

$$= \frac{1 \times 10 \times 200 \times 10^6 \times 4.5 \times 10^{-4}}{\dfrac{4}{9} \times 6^2}$$

$$= 56250 \, \text{N} = 56.25 \, \text{kN}$$

24. 밸브 개폐 선도에서 밸브 오버랩을 두는 주목적은 무엇인가?

① 밸브 과열 방지

② 연료소비율 감소

③ 노킹 현상 방지

④ 열효율 증대

⑤ 체적 효율 증대

[해설] 밸브 오버랩을 두면 흡입 효율이 향상되고 잔류배기가스 배출을 높여 체적 효율이 증대된다.

[25~27] Read the following article and answer the question.

An airplane means an aircraft that has the ability to fly artificially using its wings and the lift generated by it. First of all, there are several forces acting on an airplane. Among them, the forces in opposite directions are applied to the vertical and horizontal, respectively. First of all, gravity acts on the downward force based on the vertical, and the weight of the plane. The lift force acts in the opposite direction. Lift is the force that allows an airplane to remain in the air and is mainly generated by airplane wings. Thrust is applied in the direction in which the airplane is moving in the horizontal direction, and it is generated through the engine. The drag force acts in the opposite direction that prevents an airplane from moving forward, and the typical examples are friction drag caused by friction with air and ⓐ pressure drag applied to the surface of the airplane.

Thrust corresponds to a force moving forward with respect to the horizontal, and gravity corresponds to a force acting downward with respect to the vertical, so an airplane cannot be lifted into the air. In order to overcome the gravity acting on the airplane and to keep the airplane in the air, the action of lift is the most important. Therefore, more effort must be made to smoothly generate lift acting on the plane. How can we increase lift?

ⓑ Bernoulli's theorem can be used to examine lift. Bernoulli's theorem states that air flow and pressure are in inverse proportion to each other. If you look at the cross section of an airplane wing, the top is convex and the bottom is flat. When an airplane moves forward in the horizontal direction and the thrust is strong and the velocity increases, the air flow acting in the opposite direction to the thrust is generated in the wing. At this time, because the upper part of the wing is curved, the air flow is faster, and the lower part of the wing is relatively slow. The air pressure becomes lower at the top of the wing, where the air flow is faster, than at the bottom, and the air with the property of moving from a place of high pressure to a place of low pressure pushes the wing upward. Therefore, in order to increase the amount of lift, it is necessary to _____ _____ _____ ____.

해설 원문 해석

비행기는 날개와 그에 의해 발생하는 양력을 이용해 인공적으로 하늘을 나는 능력을 가진 항공기를 의미한다. 우선, 비행기에는 여러 가지 힘이 작용한다. 그중에서 수직과 수평을 기준으로 각각 반대 방향의 힘이 작용한다. 우선 수직을 기준으로 아래 방향의 힘에는 중력이 작용하는데 비행기의 무게가 여기에 해당한다. 이와 반대 방향의 힘으로는 양력이 작용한다. 양력은 비행기가 공중에 뜬 상태를 유지할 수 있게 해 주는 힘으로 주로 비행기 날개에 의해 발생한다. 수평을 기준으로는 비행기가 전진하는 방향으로 추력이 작용하는데 엔진을 통해 발생한다. 이와 반대 방향의 힘으로는 항력이 작용한다. 항력은 비행기가 전진하는 것을 방해하는 힘으로 공기와의 마찰로 인해 발생하는 마찰 항력과 비행기 표면에 가해지는 ⓐ 압력 항력이 대표적이다. 추력은 수평을 기준으로 전진하는 힘에 해당하고, 중력은 수직을 기준으로 아래로 작용하는 힘에 해당하기 때문에 비행기를 공중에 띄우지는 못한다. 비행기에 작용하는 중력을 이겨 내고 비행기를 공중에 띄우기 위해서는 양력의 작용이 가장 중요하다. 따라서 비행기에 작용하는 양력을 원활하게 발생시키기 위해 더 많은 노력을 기울여야 하는데, 양력을 높이려면 어떻게 할까? ⓑ 베르누이의 정리를 통해 양력에 대해 살펴볼 수 있다. 베르누이의 정리는 공기의 흐름과 압력은 서로 반비례 관계에 놓여 있다는 내용이다. 비행기 날개의 단면을 살펴보면 위쪽은 볼록하게 되어 있고 아래쪽은 평평하게 되어 있다. 비행기가 수평을 기준으로 전진하는 중에 추력이 강하게 작용하여 속도가 빨라지게 되면, 날개에는 추력과 반대 방향으로 작용하는 공기의 흐름이 발생하게 된다. 이때 날개의 위쪽은 곡선으로 되어 있기 때문에 공기의 흐름이 빨라지고, 날개의 아래쪽은 공기의 흐름이 상대적으로 느려진다. 공기의 압력은 공기의 흐름이 빨라진 날개 위쪽이 아래쪽보다 상대적으로 낮아지게 되고, 압력이 높은 곳에서 낮은 곳으로 이동하려는 성질을 지닌 공기는 날개를 위쪽으로 밀어 올린다. 따라서 양력의 크기를 높이기 위해서는 <u>비행기의 날개와 비행기가 전진하는 방향 사이 기울기를 크게 만들어서 날개의 위쪽과 아래쪽으로 공기 압력의 차이를 크게 만들어야 한다.</u>

25. Choose the correct sentence to fill in the blank.

① Increasing the inclination between the wing and the direction in which the plane is advancing, the difference in air pressure between the top and bottom of the wing must be large.

② Reducing the inclination between the wing and the direction in which the plane is advancing, the difference in air pressure between the top and bottom of the wing must be large.

③ Increasing the inclination between the wing and the direction in which the plane is going backwards, the difference in air pressure between the top and bottom of the wing must be large.

④ Reducing the inclination between the wing and the direction in which the plane is going backwards, the difference in air pressure between the top and bottom of the wing must be small.

⑤ Increasing the inclination between the wing and the direction in which the plane is advancing, the difference in air pressure between the top and bottom of the wing must be small.

해설 문제 : 빈칸에 들어갈 알맞은 문장을 고르시오.

① 비행기의 날개와 비행기가 전진하는 방향 사이 기울기를 크게 만들어서 날개의 위쪽과 아래쪽으로 공기 압력의 차이를 크게 만들어야 한다.

② 비행기의 날개와 비행기가 전진하는 방향 사이 기울기를 작게 만들어서 날개의 위쪽과 아래쪽으로 공기 압력의 차이를 크게 만들어야 한다.

③ 비행기의 날개와 비행기가 후진하는 방향 사이 기울기를 크게 만들어서 날개의 위쪽과 아래쪽으로 공기 압력의 차이를 크게 만들어야 한다.

④ 비행기의 날개와 비행기가 후진하는 방향 사이 기울기를 작게 만들어서 날개의 위쪽과 아래쪽으로 공기 압력의 차이를 작게 만들어야 한다.

⑤ 비행기의 날개와 비행기가 전진하는 방향 사이 기울기를 크게 만들어서 날개의 위쪽과 아래쪽으로 공기 압력의 차이를 작게 만들어야 한다.

26. Which of the following statements about the underlined ⓐ is incorrect?

① It is the component of the flow direction of the force obtained by summing the pressure acting on the surface of the object in the middle of the flow.

② It is used in contrast to friction drag, and wakes are generated by this.

③ Separation, which is closely related to the pressure drag, occurs in the reverse pressure gradient.

정답 25. ① 26. ⑤

④ It occurs as the flow separates from the object representation and generates a vortex downstream.

⑤ The more streamlined the surface of an object, the greater.

해설 문제 : 밑줄 친 ⓐ에 대한 설명으로 옳지 않은 것은?

① 흐름 가운데에 있는 물체의 표면에 작용하는 압력을 종합하여 얻어지는 힘의 흐름 방향의 성분이다.

② 마찰저항과 대비하여 사용되고 이것에 의하여 후류가 발생한다.

③ 압력 항력과 밀접한 관계가 있는 박리는 역압력구배에서 발생한다.

④ 흐름이 물체 표현으로부터 분리되면서 하류 쪽으로 와류를 발생시키면서 생긴다.

⑤ 물체 표면이 유선형일수록 압력 항력이 크다.

→ 물체 표면이 유선형일수록 압력 항력이 작다.

27. Which of the following is an example application of the underlined ⓑ?

① The hot coffee cooled and became the same temperature as the room.

② Even if the ping-pong ball is thrown to one side, the ping-pong ball will float in the air without falling.

③ If you collect the fallen leaves in one place with a broom and leave them in a natural state, the leaves will be scattered again.

④ From the beginning to the end of cosmic energy, the total physical quantity does not change.

⑤ The width of the highway toll gate was made wider than the road.

해설 문제 : 밑줄 친 ⓑ에 대한 예시 적용으로 옳은 것은?

① 뜨거운 커피가 식어서 방의 온도와 같아졌다. → 열역학 제0법칙

② 탁구공이 한쪽으로 쏠려도 탁구공이 떨어지지 않고 공중에 떠있게 된다. → 베르누이 법칙에 적용하면 공기의 흐름이 느린 쪽에서 빠른 쪽으로 힘을 받기 때문이다.

③ 빗자루로 낙엽을 한 곳에 모아 두고 자연 상태에 두면 낙엽은 다시 흩어지게 된다. → 열역학 제2법칙(엔트로피 법칙)

④ 우주 에너지는 시작부터 종말에 이르기까지 총 물리량은 변하지 않는다. → 열역학 제1법칙(에너지 보존의 법칙)

⑤ 고속도로 톨게이트의 폭이 도로에 비하여 넓게 만들어졌다. → 연속방정식

28. 무게가 98 N인 모터가 1500 rpm으로 운전되고 있다. 이 모터를 스프링으로 지지하여 진동전달률을 0.125로 하고자 할 때 모터의 스프링 상수는 몇 kN/m인가? (단, 감쇠비는 0으로 가정하고, $\pi = 3$, 중력가속도 $g = 10 \, m/s^2$으로 계산한다.)

① 20 ② 25 ③ 30

④ 35 ⑤ 40

해설 $\omega = \dfrac{2\pi N}{60} = \dfrac{2 \times 3 \times 1500}{60} = 150 \, \text{rad/s}$

$TR = \dfrac{1}{\gamma^2 - 1}$ 에서

$0.125 = \dfrac{1}{8} = \dfrac{1}{\gamma^2 - 1}$

$\therefore \; \gamma = 3$

$\omega_n = \dfrac{\omega}{\gamma} = \dfrac{150}{3} = 50 \, \text{rad/s}$

$W = mg$ 에서 $m = \dfrac{W}{g} = \dfrac{98}{9.8} = 10 \, \text{kg}$

$\omega_n = \sqrt{\dfrac{k}{m}}$ 에서

$k = \omega_n^2 \times m = 50^2 \times 10$
$= 25000 \, \text{N/m} = 25 \, \text{kN/m}$

29. 그림과 같이 마찰손실과 제반손실이 없다고 가정하고 표면 장력의 영향도 무시할 경우 분류의 반지름 r을 표현하는 식으로 바르게 나타낸 것은?

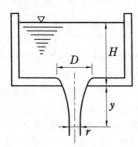

① $r = \dfrac{\pi D^2}{4}\sqrt{\dfrac{H+y}{H}}$

② $r = \dfrac{\pi D^2}{4}\sqrt{\dfrac{H}{H+y}}$

③ $r = \dfrac{D}{2}\sqrt[4]{\dfrac{H+y}{H}}$

④ $r = \dfrac{D}{2}\sqrt[4]{\dfrac{H}{H+y}}$

⑤ $r = \dfrac{D}{4}\sqrt[4]{\dfrac{H}{H+y}}$

해설 우선, 토리첼리 정리에 의하여 각각의 속도는 다음과 같다.

$$V_1 = \sqrt{2gH}, \quad V_2 = \sqrt{2g(H+y)}$$

연속방정식을 이용하면 $Q = A_1 V_1 = A_2 V_2$ 관계식이 성립한다.

$$\frac{\pi D^2}{4} \times \sqrt{2gH} = \pi r^2 \times \sqrt{2g(H+y)}$$

식을 r에 관하여 정리하면

$$r^2 = \frac{D^2}{4}\sqrt{\frac{H}{H+y}}$$

$$\therefore \ r = \frac{D}{2}\sqrt[4]{\frac{H}{H+y}}$$

30. 그림과 같이 4 kN/m의 분포하중을 받는 단순보의 길이가 12 m일 때 A 지점의 반력을 A[kN], B지점의 반력 B[kN]라고 한다면 $A-B$의 값은 얼마인가?

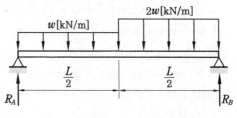

① -4　　② 4　　③ 0

④ 12　　⑤ -12

해설 $R_A = A = \dfrac{5}{8}wL, \quad R_B = B = \dfrac{7}{8}wL$

$$A - B = \frac{5-7}{8}wL = -\frac{1}{4}wL$$

$$= -\frac{1}{4} \times 4 \times 12 = -12$$

31. 다음 그림과 같은 브레이턴 사이클의 온도는 각각 $T_1 = 180\,\mathrm{K}$, $T_2 = 500\,\mathrm{K}$, $T_3 = 1250\,\mathrm{K}$, $T_4 = 600\,\mathrm{K}$ 이고 공기의 정압비열은 $C_p = 1\,\mathrm{kJ/kg \cdot K}$ 이다. 이때 브레이턴 사이클 열효율은 얼마인가? 또 어느 사이클에 가장 근접한가?

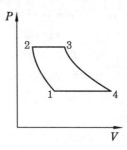

① 열효율 40 %, 등적연소사이클
② 열효율 40 %, 등압연소사이클
③ 열효율 44 %, 등적연소사이클
④ 열효율 44 %, 등압연소사이클
⑤ 열효율 48 %, 등적연소사이클

해설 (1) 열효율(η)

$$= 1 - \frac{T_4 - T_1}{T_3 - T_2} = 1 - \frac{600 - 180}{1250 - 500}$$

정답 29. ④　30. ⑤　31. ④

$$= 1 - \frac{420}{750} = 0.44 = 44\%$$

(2) 정압하에서 연소가 진행되므로 "등압연소사이클"이라고도 불린다.

32. 5 kg 상자가 초기속도 20 m/s로 30° 경사진 면 위로 올라간다. 상자와 경사면 사이의 운동 마찰계수는 0.12일 때 상자가 올라가는 최대거리 x는 약 몇 m인가? (단, 중력가속도 $g = 10 \text{ m/s}^2$, $\sqrt{3} = 1.7$ 로 계산한다.)

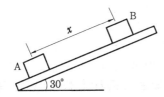

① 30.3   ② 32.32   ③ 33.22

④ 34.56   ⑤ 36.48

해설 운동에너지 $\Delta T = \frac{1}{2}m(V_B^2 - V_A^2)$

(단, $V_B = 0$)

$(-mg\sin 30° - \mu mg\cos 30°)x = -\frac{1}{2}mV_A^2$

$(g\sin 30° + \mu g\cos 30°)x = \frac{1}{2}V_A^2$

$\therefore x = \dfrac{\frac{1}{2}V_A^2}{g(\sin 30° + \mu\cos 30°)}$

$= \dfrac{\frac{1}{2} \times 20^2}{10\left(\frac{1}{2} + 0.12 \times \frac{1.7}{2}\right)} \fallingdotseq 33.22\,\text{m}$

33. 축압기의 용량을 계산하기 위해서는 어느 법칙에 기초를 두는가?

① Boyle   ② Charle

③ Clausius   ④ Pascal

⑤ Dalton

해설 축압기는 보일의 법칙(등온 법칙)에 기초를 둔다.

$$p_0 V_0 = p_1 V_1 = p_2 V_2$$

여기서, 아래첨자 "0"은 처음 봉입된 기체의 절대압력, 기체 체적, "1"은 최고압력 및 최고압력 작용 시 기체 체적, "2"는 최저압력 및 최저압력 작용 시 기체 체적을 의미한다.

34. Which of the following statements about welding is not correct?

① Welding improves airtightness and watertightness, but generates residual stress.

② Thermit welding requires electricity and is simple, and the welding time is short.

③ During welding, tack welding is performed to prevent deformation, and after welding, peening is performed to prevent deformation.

④ Excessive welding current or long arc length will cause undercut.

⑤ Inert gas arc welding is a welding method that uses an inert gas such as argon or helium instead of a solvent to generate an arc between the core wire and the base material.

해설 문제 해석 : 용접에 대한 설명으로 옳지 않은 것은?

① 용접은 기밀성과 수밀성이 향상되지만 잔류응력을 발생시킨다.

② 테르밋 용접은 전력이 필요하고 작업이 간단하면서도 용접시간이 짧다. → 테르밋 용접은 전력이 필요 없는 용접 방식이다.

③ 용접 중의 변형을 방지하기 위해 가접을 하고, 용접 후의 변형을 방지하기 위해 피닝을 한다.

④ 용접 전류가 과다하거나 아크 길이가

길면 언더컷이 발생한다.

⑤ 불활성가스 아크 용접은 용제 대신 아르곤이나 헬륨 등의 불활성가스를 이용하여 심선과 모재 사이에 아크를 발생시키는 용접 방식이다.

35. 다음 중 구조용 특수강에 해당되지 않는 것은?

① Ni-Cr강   ② 스프링강
③ 고속도강   ④ 쾌삭강
⑤ 침탄용강

해설 고속도강은 공구용 특수강에 해당된다.

36. 지름이 d인 원통형 탱크를 제작하여 내압 p가 가해졌을 때 탱크에서 발생한 평면 응력 상태에서 최대 전단 변형률이 $\gamma_{\max}$이라고 한다면 탱크 재료의 탄성계수는 E이고, ν는 푸아송 비를 나타낼 때 이 탱크의 두께를 나타내는 식으로 바르게 표현된 것은?

① $t=\dfrac{pd(1+\nu)}{2E\gamma_{\max}}$ ② $t=\dfrac{pd(1+\nu)}{4E\gamma_{\max}}$

③ $t=\dfrac{2pd(1+\nu)}{E\gamma_{\max}}$ ④ $t=\dfrac{4pd(1+\nu)}{E\gamma_{\max}}$

⑤ $t=\dfrac{pd(1+\nu)}{E\gamma_{\max}}$

해설 이축 응력에서 원주 응력은 $\sigma_x=\dfrac{pd}{2t}$, 축 방향 응력은 $\sigma_y=\dfrac{pd}{4t}$이다. E, G, K 관계식 $mE=2G(m+1)=3K(m-2)$에서 $G=\dfrac{E}{2(1+\nu)}$을 얻을 수 있다. 혹의 법칙에 의하여 $\tau_{\max}=G\gamma_{\max}$ 식이 성립한다. 최대 전단응력은 결국 모어원의 최대 반경이 되므로 식을 정리하면

$\dfrac{1}{2}(\sigma_x-\sigma_y)=\dfrac{E}{2(1+\nu)}\times\gamma_{\max}$에 대하여 t에 관한 식으로 표현한다.

$\dfrac{1}{2}\left(\dfrac{pd}{2t}-\dfrac{pd}{4t}\right)=\dfrac{E}{2(1+\nu)}\times\gamma_{\max}$에서

$\dfrac{1}{2}\times\dfrac{pd}{4t}=\dfrac{E}{2(1+\nu)}\times\gamma_{\max}$

$\therefore t=\dfrac{pd(1+\nu)}{4E\gamma_{\max}}$

37. 증기터빈으로 질량유량이 3 kg/s이고, 엔탈피 $h_1=3600$ kJ/kg만큼 수증기가 유입된다. 중간 단에서는 $h_2=3000$ kJ/kg만큼의 수증기가 추출되고 나머지는 계속 팽창하여 $h_3=2600$ kJ/kg 상태로 방출될 때 열손실이 없다고 가정한다면 위치, 운동 에너지의 변화는 없다. 총 터빈 출력이 2 MW일 때 중간 단에서 추출되는 수증기의 질량유량은 몇 kg/s인가?

① 0.1   ② 0.2
③ 0.3   ④ 0.4
⑤ 0.5

해설 $W_T=m(h_1-h_2)+(1-x)(h_2-h_3)$
$2000=3(3600-3000)$
$\qquad+(1-x)(3000-2600)$
$400(1-x)=2000-1800=200$
$\therefore x=0.5\,\text{kg/s}$

38. 측정치는 온도에 의하여 오차가 발생하는데 정밀측정에서의 표준온도를 x [℃], 사인바 각도 측정에 있어서 y [°]를 초과하지 않는 범위 내에서 사용한다고 정의할 때 $x+y$의 값은 얼마인가?

① 45   ② 50
③ 60   ④ 65
⑤ 70

해설 KS 규격에 의하여 정밀측정에서 표준온도는 20℃이고, 사인바로 각도를 측정하는 경우 45°를 초과하게 되면 오차가 많이 발생하게 된다. 따라서 $x=20$, $y=45$의 값을 얻게 되므로 $x+y=65$이다.

39. 그림과 같은 사바테 사이클에서 압력 상승비를 의미하는 구간을 고르면?

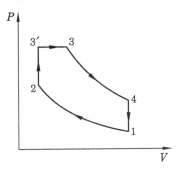

㉠ 1-2	㉡ 2-3′	㉢ 3′-3
㉣ 3-4	㉤ 4-1	

① ㉠, ㉡   ② ㉠, ㉢   ③ ㉡, ㉢

④ ㉢, ㉣   ⑤ ㉣, ㉤

해설 $2 \to 3'$(등적가열) 과정 : $\dfrac{P_2}{T_2} = \dfrac{P_3{}'}{T_3{}'}$ 에서

$$T_3{}' = T_2\left(\dfrac{P_3{}'}{P_2}\right) = T_2\,\alpha = T_1\varepsilon^{k-1}\alpha$$

여기서, $\dfrac{P_3{}'}{P_2}(=\alpha)$: 압력상승비(폭발비)

$3' \to 3$ (등압가열) 과정 : $\dfrac{v_3{}'}{T_3{}'} = \dfrac{v_3}{T_3}$ 에서

$$T_3 = \left(\dfrac{v_3}{v_3{}'}\right)T_3{}' = \sigma\,T_3{}' = \sigma\,\alpha\,\varepsilon^{k-1}T_1$$

여기서, $\dfrac{v_3}{v_3{}'}(=\sigma)$: 단절비

40. 외팔보 형태로 축을 지지하는 엔드 저 널이 있다. 축의 분당 회전수는 1200 rpm이고, 저널의 지름 $d = 150$ mm, 길 이 $l = 200$ mm, 반경 방향의 베어링 하 중은 3 kN일 때 안전율 $S = 2.2$인 경우 제시된 표에서 적당한 재질을 선택한 것 은? (단, $\pi = 3$으로 계산한다.)

재질	발열계수 p_v[kW/m^2]
구리-주철	2625
납-청동	2100
청동	1750
PTFE 조직	875

① 구리-주철   ② 납-청동

③ 청동   ④ PTFE 조직

⑤ 모두 부적합

해설 베어링 압력(p)

$$= \frac{Q}{dl} = \frac{3000}{150 \times 200} = 0.1\,\text{MPa} = 100\,\text{kPa}$$

압력속도계수(p_v)

$$= p \times v = 100 \times \frac{3 \times 150 \times 1200}{60000}$$

$$= 900\,\text{kW/m}^2$$

재질을 선정하는 데 있어서 압력속도계수보 다 큰 것을 선택해야 더 안전하게 사용할 수 있다. 안전율 2.2는 "현재 발생되는 압 력속도계수의 2.2배가 되었을 때 베어링이 안전해야 한다."는 의미로 해석해야 하므로 안전율을 고려한 $900 \times 2.2 = 1980\,\text{kW/m}^2$ 보다 큰 재질인 납-청동을 표에서 선택하 는 것이 가장 적합하다.

일반기계공학 문제해설 총정리

2023년 1월 10일 인쇄
2023년 1월 15일 발행

저 자 : 허원회
펴낸이 : 이정일

펴낸곳 : 도서출판 일진사
www.iljinsa.com
(우) 04317 서울시 용산구 효창원로 64길 6
전화 : 704-1616 / 팩스 : 715-3536
등록 : 제1979-000009호 (1979.4.2)

값 48,000 원

ISBN : 978-89-429-1752-5